国家重大出版工程项目

Sheep and Goat Medicine

绵羊与山羊医学

第2版

D. G. PUGH　A. N. BAIRD　著
王凤阳　于向春　杜丽　主译

中国农业大学出版社
·北京·

内 容 简 介

该书系统地介绍了绵羊与山羊医学的最新进展，包括疾病的治疗、外科手术、兽医产科和羊的营养需求等。书中详细介绍了羊疾病防治的常规程序和技术，如疾病检查、药物管理、血液采集和修饰等，这些描述都附有解释性图表，大量清晰的图片为读者提供了直观地了解病理变化的机理。书中还包含羊的系统组织疾病、手术和治疗等内容。本版增加了寄生虫防治、羊的营养需求以及如何对羊进行尸检等实践性内容。

图书在版编目(CIP)数据

绵羊与山羊医学(第 2 版) / (美)D.G. 皮尤(D.G. PUGH),(美)A. N. 贝尔德(A. N. BAIRD)著;王凤阳,于向春,杜丽主译. —北京:中国农业大学出版社,2020. 7

书名原文:Sheep and Goat Medicine (2nd Edition)

ISBN 978-7-5655-2359-5

Ⅰ. ①绵… Ⅱ. ①D. …②A. …③王…⑤于…⑥杜… Ⅲ. ①羊病－兽医学 Ⅳ. ①S858.26

中国版本图书馆 CIP 数据核字(2020)第 091892 号

书　　名　绵羊与山羊医学(第 2 版)
　　　　　Sheep and Goat Medicine (2nd Edition)

作　　者　D.G. PUGH,A.N. BAIRD 著　　王凤阳　于向春　杜丽　主译

策划编辑	梁爱荣	**责任编辑**	梁爱荣
封面设计	郑　川		
出版发行	中国农业大学出版社		
社　　址	北京市海淀区圆明园西路 2 号	**邮政编码**	100193
电　　话	发行部 010-62733489,1190		读者服务部 010-62732336
	编辑部 010-62732617,2618		出　版　部 010-62733440
网　　址	http://www.caupress.cn	**E-mail**	cbsszs @ cau.edu.cn
经　　销	新华书店		
印　　刷	涿州市星河印刷有限公司		
版　　次	2020 年 7 月第 1 版　　2020 年 7 月第 1 次印刷		
规　　格	889×1194　16 开本　39.75 印张　1170 千字　彩插 4		
定　　价	118.00 元		

图书如有质量问题本社发行部负责调换

Sheep and Goat Medicine

绵羊与山羊医学

第 2 版

D. G. PUGH, DVM, MS
Diplomate, American College of Theriogenologists
Diplomate, American College of Veterinary Nutrition
Southern Traxx Veterinary Services
Waverly, Alabama

A. N. BAIRD, DVM, MS
Diplomate, American College of Veterinary Surgeons
Section Chief, Large Animal Surgery
Department of Veterinary Clinical Sciences
Purdue University, School of Veterinary Medicine
West Lafayette, Indiana

ELSEVIER

Elsevier (Singapore) Pte Ltd.
3 Killiney Road, #08-01 Winsland House I, Singapore 239519
Tel: (65) 6349-0200; Fax: (65) 6733-1817

Sheep and Goat Medicine, 2E

ISBN: 9781437723533

This Translation of Sheep and Goat Medicine, 2E by David G. Pugh and A. N. Baird was undertaken by China Agricultural University Press and is published by arrangement with Elsevier (Singapore) Pte Ltd.
Sheep and Goat Medicine, 2E by David G. Pugh and A. N. Baird 由中国农业大学出版社进行翻译，并根据中国农业大学出版社与爱思唯尔(新加坡)私人有限公司的协议约定出版。

绵羊与山羊医学(第 2 版)(王凤阳 于向春 杜丽 主译)

ISBN: 978-7-5655-2359-5

著作权合同登记图字:01-2020-1051

译审校人员

主　　译　王凤阳　于向春　杜　丽

副 主 译　王学梅　宁晓冬　石慧宇　那　威　李连彬
李天森　肖　倩　陈　思　陈巧玲　杨　斌
张　红　胡日查　赵世华　赵启南　郭定乾
覃　尧　谭　振　裴师敏　满初日嘎

参译人员　王成强　安　琪　刘　昂　李　彬　陈　杰
陈　珍　杨晓红　庞　峰　郑义盈　张萌萌
张振兴　章泸尹　程逸文

审　　校　宁长申　李　昌　杨雨辉

谨以此书献给我的父母 Terry 和 Jack Pugh，他们是极其和谐的一对夫妻；献给我的妻子 Jayne Moore Pugh，她是我的灵魂伴侣、最好的朋友、生命挚爱；献给我的孩子们 Rebekah、Natalie、Dylan，我的孙子 Ella 以及 Elijah，我的女婿 Aaron 和 Brent。感谢上帝给了我如此之多的美好机会！

D.G. Pugh

谨以此书纪念我的父母 Aubrey 和 Arline，他们教育我要永远尽职尽责，我也希望能够像他们一样擅长教育我的后代；将此书献给我的爱人 Debra，她是我生命之爱，我绝对享受和她在一起的每一步生活旅程；将此书也献给我的孩子们 Taylor、Tanner 和 Kaycee，他们每天都给 Debra 和我如此多的快乐，这让我有更大的理由期待明天。这项工作最重要的是，就像所有的事情一样，一切归于上帝的荣耀！

A.N. Baird

著者简介

A. N. (Nickie) Baird, DVM, MS, DACVS
Section Chief, Large Animal Surgery
Department of Veterinary Clinical Sciences
School of Veterinary Medicine
Purdue University, West Lafayette, Indiana

Debra K. Baird, DVM, PhD, DACVR
Department of Veterinary Clinical Sciences
School of Veterinary Medicine
Purdue University, West Lafayette, Indiana

Melanie J. Boileau, DVM, MS, DACVIM
Assistant Professor, Food Animal Medicine and Surgery
Department of Veterinary Clinical Sciences
Oklahoma State University Center for Veterinary Health Sciences
Stillwater, Oklahoma

Stan Bychawski, DVM, Dipl ACT
Optimum Genetics Ltd.
Regina, Saskatchewan, Canada

Fred Caldwell, DVM, DACVS
Department of Clinical Sciences
College of Veterinary Medicine
Auburn University, Auburn, Alabama

Christopher Cebra, VMD, MA, MS, DACVIM
Department Head, Clinical Sciences
Oregon State University, Corvallis, Oregon

Margaret Cebra, VMD, DACVIM
Philomouth, Oregon

John A. Christian, DVM, PhD
Associate Professor of Clinical Biology
Laboratory Director
VTH Clinical Pathology Laboratory
School of Veterinary Medicine
Purdue University, West Lafayette, Indiana

Elizabeth A. Coffman, DVM
Department of Large Animal Clinical Sciences
College of Veterinary Medicine
University of Tennessee, Knoxville, Tennessee

Misty A. Edmondson, DVM, MS, DACT
Assistant Professor
Department of Clinical Sciences
College of Veterinary Medicine
Auburn University, Auburn, Alabama

Virginia R. Fajt, DVM, PhD
Clinical Assistant Professor
Department of Veterinary Physiology and Pharmacology
College of Veterinary Medicine and Biomedical Sciences
Texas A&M University, College Station, Texas

Margi A. Gilmour, DVM, DACVO
Associate Professor
Department of Veterinary Clinical Sciences
Oklahoma State University Center for Veterinary Health Sciences
Stillwater, Oklahoma

Jason W. Johnson, DVM, MS, DACT
Clinical Sciences, Theriogenology
Ross University School of Veterinary Medicine
Basseterre, St. Kitts

Meredyth Jones, DVM, MS, DACVIM-LA
Clinical Assistant Professor
Veterinary Medicine Teaching Hospital
College of Veterinary Medicine
Kansas State University, Manhattan, Kansas

Ray M. Kaplan, DVM, PhD, DEVPC
Department of Infectious Diseases
College of Veterinary Medicine
University of Georgia, Athens, Georgia

Hui-Chu Lin, DVM, MS, DACVA
Section Chief, Equine Medicine and Surgery
Department of Clinical Sciences
College of Veterinary Medicine
Auburn University, Auburn, Alabama

Matt D. Miesner, DVM, MS, DACVIM
Veterinary Medicine Teaching Hospital
College of Veterinary Medicine
Kansas State University, Manhattan, Kansas

James E. Miller, DVM, MPVM, PhD
Professor, Department of Pathobiological Sciences
College of Veterinary Medicine
Louisiana State University, Baton Rouge, Louisiana

Seyedmehdi Mobini, DVM, MS, DACT
Professor and Head
Department of Veterinary Science
Fort Valley State University, Fort Valley, Georgia

Dusty W. Nagy, DVM, PhD, DACVIM
Food Animal Medicine and Surgery
Department of Veterinary Medicine and Surgery
College of Veterinary Medicine
University of Missouri, Columbia, Missouri

Christine B. Navarre, DVM, MS, DACVIM
Extension Veterinarian, LSU AgCenter
Department of Veterinary Science
Louisiana State University, Baton Rouge, Louisiana

Thomas Passler, DVM, DACVIM
Assistant Professor
Department of Clinical Sciences
College of Veterinary Medicine
Auburn University, Auburn, Alabama

Cassandra Plummer, DVM
Small Ruminant Medicine and Surgery, Theriogenology
College of Veterinary Medicine
Iowa State University, Ames, Iowa

Paul J. Plummer, DVM, DACVIM
Food Supply Veterinary Services
Veterinary Diagnostic and Production Animal Medicine
College of Veterinary Medicine
Iowa State University, Ames, Iowa

D.G. Pugh, DVM, MS, DACT, DACVN
SouthernTraxx Veterinary Services
Waverly, Alabama

Darrell L. Rankins Jr., MS, PhD
Extension Specialist
Department of Animal Sciences
Auburn University, Alabama

Laura K. Reilly, VMD, DACVIM
New Bolton Center
University of Pennsylvania
Kennett Square, Pennsylvania

Jerry R. Roberson, DVM, PhD, DACVIM
Department of Large Animal Clinical Sciences
College of Veterinary Medicine
The University of Tennessee, Knoxville, Tennessee

John F. Roberts, DVM, DACVP
Pathologist
Thompson-Bishop-Sparks Alabama State Diagnostic Laboratory
Alabama Department of Agriculture and Industries
Auburn, Alabama

Patty Scharko, DVM, MPH, DACVPM
Field/Extension Veterinarian
Livestock Poultry Health
Clemson University, Columbia, South Carolina

Kelly M. Still, DVM
Visiting Instructor
Food Supply Veterinary Services
Veterinary Diagnostic and Production Animal Medicine
College of Veterinary Medicine
Iowa State University, Ames, Iowa

Debra Taylor, DVM, MS, DACVIM
Department of Clinical Sciences
College of Veterinary Medicine
Auburn University, Auburn, Alabama

Paul H. Walz, DVM, PhD, DACVIM
Departments of Clinical Sciences and Pathobiology
College of Veterinary Medicine
Auburn University, Alabama

Brian K. Whitlock, PhD, DVM, DACT
Field Services
Department of Large Animal Clinical Sciences
College of Veterinary Medicine
University of Tennessee, Knoxville, Tennessee

原著各章作者

Chapter 1：Dusty W. Nagy and D.G. Pugh

Chapter 2：Darrell L. Rankins, Jr., and D.G. Pugh

Chapter 3：Paul H. Walz and Debra Taylor

Chapter 4：A.N. Baird and Debra K. Baird

Chapter 5：Christine B. Navarre, A.N. Baird, and D.G. Pugh

Chapter 6：James E. Miller, Ray M. Kaplan, and D.G. Pugh

Chapter 7：Paul J. Plummer, Cassandra L. Plummer, and Kelly M. Still

Chapter 8：Misty A. Edmondson, John F. Roberts, A.N. Baird, Stan Bychawski, and D.G. Pugh

Chapter 9：Brian K. Whitlock, Elizabeth A. Coffman, and D.G. Pugh

Chapter 10：Jerry R. Roberson, A.N. Baird, and D.G. Pugh

Chapter 11：Laura K. Reilly, A.N. Baird, and D.G. Pugh

Chapter 12：Meredyth Jones, Matt D. Miesner, A.N. Baird, and D.G. Pugh

Chapter 13：Thomas Passler, Paul H. Walz, and D.G. Pugh

Chapter 14：Melanie J. Boileau and Margi A. Gilmour

Chapter 15：Paul J. Plummer and Cassandra Plummer

Chapter 16：Christopher Cebra and Margaret Cebra

Chapter 17：Christopher Cebra and Margaret Cebra

Chapter 18：Hui-Chu Lin, Fred Caldwell, and D.G. Pugh

Chapter 19：Patty Scharko, Jason Johnson, Seyedmehdi Mobini, and D.G. Pugh

Chapter 20：John F. Roberts

Appendix 1：Virginia R. Fajt and D.G. Pugh

Appendix 2：John A. Christian and D.G. Pugh

序　一

我国绵羊和山羊产业是关乎国计民生的支柱产业，其养殖总量居世界首位。近年来，在广大畜牧兽医科技工作者的共同努力下，其整体养殖水平有了很大提升。但是，养殖数量大和养殖模式差异显著的产业特点也制约了其快速、健康发展，其中，疾病问题尤其值得关注。

D.G. Pugh 博士和 A.N. Baird 博士主编的 *Sheep and Goat Medicine*（Second Edition）是一本优秀的兽医学专著，多位参编人员具备丰富的兽医临床经验，专业涵盖了兽医学科的多个领域。该书中文版的问世，可以为我国从事羊病学研究的学者和技术人员提供很有价值的工作参考。王凤阳等多位学者能够在完成本职教学、科研工作的同时，笔耕不辍，历时两载有余，完成这本逾百万字专著的翻译工作，既为推进我国羊病学研究，促进行业发展做出了贡献，也反映了这一批中青年学者专业水平的进步与提高。我感到由衷的高兴。

译著完稿之时，欣然为序。同时希望有更多高水平的羊病学专著和译著面世，为我国的现代畜牧业发展提供更好的科技支撑。

军事科学院军事医学研究院军事兽医研究所　研究员

中国工程院　院　士

序　二

我国是养羊大国，羊是我国分布最广的牲畜。羊产业既是满足国民营养均衡和优质畜产品供给的主要产业，也是农牧民脱贫致富的首选产业之一，承载着少数民族地区及边疆偏远贫困地区农牧民赖以生存的历史责任，其健康发展对推动国家农业产业结构调整与绿色发展等重大战略的实施具有重要意义。然而，相比遗传、营养、环境等领域，在集约化养殖条件下，羊病防控的问题尤为突出。由于涉及疾病种类多，分布地域广，各地区在防治技术上各有优势和短板。

王凤阳教授领衔翻译的 *Sheep and Goat Medicine*（Second Edition）一书以绵羊和山羊各生理系统为轴线，以危害绵羊和山羊健康的各类疾病为研究目标，以解决绵羊和山羊养殖过程中的实际问题为导向，针对绵羊和山羊疾病发生情况及其防治进行了科学、系统的梳理与总结。书中内容有理论，有方法，同时结合了现代兽医学前沿的研究成果与实用技术，是国际上绵羊和山羊医学领域内结构较为完整的一部专著。该译著的出版对于推进我国绵羊和山羊疫病的综合防控，保障我国羊产业健康发展都极具价值。

数载辛劳，涓涓不壅，终为江河，乃成是书。展读粗有收获，应凤阳教授之邀，欣然命笔，以此为序。

内蒙古农牧业科学院　研　究　员

国家肉羊产业技术体系　首席科学家

2020 年 4 月于内蒙古呼和浩特市

主译自序

自20世纪80年代末以来，我国绵羊及山羊的存栏量、出栏量、肉产量均居世界首位，且集约化程度、产业集中度迅速提升，但是，生产方式改变引起的羊病的流行加剧严重制约了产业发展。我国的羊病防治水平亟待提升。

作为从事绵羊和山羊医学工作的学者，尽绵薄之力，将世界绵羊和山羊医学研究领域前沿的理论、技术系统地介绍给行业，助力同行更好地解决实际问题的想法由来已久，可惜一直未能如愿。*Sheep and Goat Medicine*（Second Edition）的翻译工作，终使之如愿以偿。

该书代表了世界绵羊和山羊医学研究领域的前沿水平。较之第1版，增加了液体治疗和营养支持、寄生虫防控、尸体剖检等内容，其整个知识体系更趋科学、合理。稿成之时，恰逢COVID-19肆虐华夏，作为该书的译者，面对动物疫病的兽医科技人员，以重大产业问题为导向，怀匠人之心，理论和实践并重，解决问题、服务社会的职业使命，较以往更为强烈。重视理论和实践的融合是该书的突出特点，其中文版面世后，希望能帮助读者更好地开展羊病防治工作，推动我国养羊业科技水平的提升。

焚膏继晷，分工合作，两载有余，终于成稿。中国农业大学出版社的梁爱荣编辑功不可没，在此深表谢意。在两年多的翻译工作中，来自国家肉羊产业技术体系的支持给了我克服困难、完成使命的强大动力，对于金海首席、宁长申老师、余忠祥老师等多位老师、同行专家的鼓励、支持和帮助，在此一并致谢。

回顾兽医从业之旅，一路走来，感谢仙逝的殷震院士、旭日干院士、霍澍田教授，他们为人、为学的格局与风范，已成为滋养我成长与进步的宝贵精神源泉。这本译著的出版，就作为怀念恩师、前辈，传承学术薪火的一种努力吧。

该书不仅可作为绵羊和山羊医学研究的工具书，亦可供科研人员以及高校相关专业的研究生和高年级本科生在工作和学习中参考。但由于水平有限，译文中难免存在瑕疵，希望读者给予批评指正，以期在重印时更正。

海南大学　教授
国家肉羊产业技术体系疾病防控研究室　主任
王凤阳

2020年初春于海口

英文版序

2002 年，历时两年编撰的 *Sheep and Goat Medicine*（第 1 版）面世。其间，与 Saunders 出版社编辑们和作者团队的沟通与交流贯穿始终。我本人从这一特殊的经历中受益良多。驻扎在阿富汗和伊拉克的美国军方兽医、世界各地兽医工作人员、遍布北美的同行将该书作为日常工具书，并通过邮件、电话的方式表达了他们的好评。2004 年，我放弃了奥本大学大动物医学教授的职位，成为富道动物健康公司兽医团队中的一员。2009 年，Elsevier 出版社的执行编辑 Teri Merchant 希望我编写第 2 版。于我而言，却再也不想编著这样一本巨著了。同年，随着辉瑞动物健康公司收购富道动物健康公司，我的职业生涯再次改变。我的夫人 Jayne 女士劝说我再版该书。我的好朋友加同事 Nickie Baird 博士共同主编成为我后来同意再版的动力，他是我 30 年来接触过的最优秀外科医生。2009 年 3 月，我们开始设计新的版本。Nickie 独立或共同编写两章，并参与编写了该书中全部的外科部分，提供了超过一半的图。当该书进入杀青阶段，我在为一家私人小反刍动物实践项目工作，同时参与了奥本大学正在开展的一个研究项目，有趣却无助于编书。没有我最好搭档的不倦工作，就没有第 2 版的面世。

对于参与撰写第 1 版的杰出作者们，部分作者由于职业方向改变不能参加，我们进行了调整。第 2 版中，Darrell Rankins, Jr.（第 2 章，营养与饲料），Debra Taylor（第 3 章，非肠道营养），Christine Navarre（第 5 章，消化系统疾病），Laura Reilly（第 11 章，肌肉骨骼系统疾病），Chris Cebra 和 Margaret Cebra（第 16 章，多系统疾病；第 17 章，心血管系统疾病），Hui-Chu Lin（第 18 章，麻醉管理），Seyedmehdi Mobini（第 19 章，羊群健康方案），Virginia Fajt（附录 1，绵羊和山羊常用药物和建议剂量）修订了相应章节的内容。Patty Scharko（克莱姆森大学的推广兽医）和 Jason Johnson（罗斯大学的动物生殖学家）与 Mobini 共同撰写了第 19 章。Fred Caldwell 与我们共同撰写了第 18 章。Baird 邀请 John Christian 校对了附录 2。

由于第 1 版结构的改变，第 2 版增加了单独的第 3 章[液体疗法和营养支持（Walz 和Taylor 著）]、第 6 章[体内寄生虫病（Miller 和 Kaplan 著）]和第 20 章[尸体剖检（Roberts 著）]。全书的作者从 24 人增加到 34 人。美国和加拿大的多位专家独自或共同撰写了相关章节。

在富道动物健康公司工作的 6 年，我有幸接触到许多优秀的同行，这些经历对第 2 版的编写影响很大。在密苏里大学，Dusty Nagy 和我为来自 6 家兽医学院的学生讲授绵羊和山羊的处理和体格检查。在聆听了她的体检授课后，我知道我们需要她参与该书的编写；在路易斯安那州立大学，当我为一个绵羊/山羊生产短期课程帮忙时，我说服 Jim Miller 成为寄生虫控治章节的主要作者。Miller 随后邀请了 Ray Kaplan 加盟。二人皆是我寄生虫方面的老师。在一次参加衣阿华州的小反刍动物会议时，我从 Cassandra Plummer 和 Paul J. Plummer 那里收获良多，当他们同意加盟时，我非常高兴。在奥本大学以北生活时，我受邀参加了周二早上的动物餐。当 Walz，Edmondson 和 Passler 同意加盟时，我们特别高兴。他们是世界上最好的食品动物教学团队、小反刍动物的支柱。Jerry Roberson 曾邀请我在田纳西大学的山羊健康护理短期课程做一个讲座，但我从他那里收获更多。当他同意加盟时，我如释重负。在我聆听了 Jones，Miesner 和 Boileau 的讲座并且拜读了他们的一些论著后，成功邀请他们加盟，我们也大为高兴。

与优秀的 Stanislaw Bychawski 一起学习小反刍动物精液处理的两周时间使我受益匪浅，并对他的加盟深表感谢。Caldwell，Edmondson，Fajt，Roberts 和 Whitlock 等医生是读书时曾坐过我驾驶的卡车的学生，现在已经成长为比他们年长的临床老师更优秀的临床兽医、研究人员和作家，他们的参与我引以为豪。

具备不同专业背景的作者来自北美的不同地区。来自美国东北部宾夕法尼亚州肯尼特斯奎尔的 Reilly；来自美国东南部佐治亚州雅典城的 Kaplan，Caldwell，Edmondson，Lin，Passler，Rankins，Roberts 和 Taylor；以及来自亚拉巴马州奥本 Walz；佐治亚州瓦利堡的 S Mobini；南卡罗来纳州克莱姆森的 Scharko，Coffman，Roberson 和田纳西州诺克斯维尔的 Whitlock；来自美国西海湾沿岸洛杉矶巴吞鲁日的 Navarre and Miller 及得克萨斯州大学城的 Fajt；来自美国中部的 Baird，Baird 以及印第安纳州西拉斐特 Christian，密苏里州哥伦比亚 Nagy，堪萨斯州曼哈顿的 Jones 和 Miesner，两位 Plummer 博士；洛杉矶艾姆斯的 Still 以及俄克拉何马州斯蒂尔沃特的 Boileau 和 Gilmour；来自美国西海岸的 Cebra 和 Cebra，来自加拿大萨斯喀彻温里贾纳的 Bychawski；来自西印度群岛圣基茨巴斯特尔的 Johnson。他们来自不同的专业领域，具体包括：1 位放射学家，2 位外科医生，13 位内科医生，6 位动物繁殖学家，2 位营养学家，1 位麻醉专家，1 位临床病理学家，1 位解剖病理学家，1 位眼科专家，2 位寄生虫学家，1 位流行病学家和 1 位药物学家。

D.G.Pugh

致 谢

就像该书的第1版一样，不幸的是，因为我个人的原因，缺点和错误颇多；然而值得庆幸的是，Nickie Baird博士努力克服了我的缺点，使这个版本比第1版更好。第2版的《绵羊与山羊医学》和第1版一样，反映了许多老师、教授和同事对我职业生涯的影响，也使大动物医学深入我的大脑。我很幸运有机会和一些非常优秀的动物生殖学家一起工作，这些人包括已故的D. John Williams，Al Caudle，RG Elmore，Dave Hardin，Jim Bowen和Beverly Purswell。我从John McCormack和已故的Tom McDaniel那里学到了很多关于畜群健康医学的想法；我从Jack Miller，Tom Meacham，LaRue Johnson和Gatz Riddell那里学到了大量关于动物营养的知识。我很幸运能和这么多有才华的兽医一起工作。其中Dilmus Blackmon，Tommy Divers，Dwight Wolfe，Bobby Lee Carson，Christine Navarre和Gatz Riddell在我的职业生涯中留下了不可磨灭的印记。如果这本书是有价值的，那么在上面提及到的所有人中，Nickie Baird博士和Lord尤其值得赞扬。

D.G. Pugh

在前言中，Pugh博士简要描述了这本著作以及该书讨论的主题，许多人都为该书的出版做了大量工作。我的愿望是，该书可以为临床医师、学生，甚至动物生产者提供重要的知识资源。我必须特别感谢我的朋友，也是我25年的合作伙伴David Pugh，感谢他让我有幸来协助参与著作的编写。对我来说，这是一次富有教育意义和挑战性的经历。自从我们第一次作为"两个东南男孩"一起在得州农工大学工作以来，我一直尊重David Pugh作为一个男人和专业人士的地位。在这次著作完成之后，我对他的耐心、忠诚、坚持和愿意付出额外努力使这本书成为最好的作品的意愿产生了新的敬意。

感谢我在普渡大学的同事们，特别是住院医生们（医学和外科），他们帮助我获得了本文中使用的许多照片和超声波图像。我也欣赏相关手术和成像技术的工作，尤其是Jessica Engen。以前的老师、住院医生、同事和学生对我的职业生涯都有很大的贡献，不胜枚举，但你们都值得我说几句感谢的话，我感谢你们的影响和启发。

最后，有很多榜样对我（大多数人甚至没有意识到他们是我的榜样）——这个小镇的男孩的成长产生了巨大的影响。除了我父亲，这些导师还包括Elton，Van，Arthur，J. R.，B. L.，J. B.，Cecil以及Doc，他们都已经去世了。我很荣幸能够感谢我家乡仍然健在的两位先生，Cirven Burnette和Tom Willey，他们是社区领袖、教会工作人员、朋友和真正的榜样。谢谢大家！

A.N. Baird

目录
CONTENTS

第1章 绵羊和山羊的检查

体格检查

完整的体格检查是所有羊只内科、外科和维持羊群健康的基础。适当地鉴别临床问题及其在器官、系统中的定位，可以使临床医生列出疾病清单，以便进行鉴别诊断。在此基础上可制定诊断和治疗计划，若有必要则制定预防方案。

体格检查从收集表现异常羊和羊群的病例信息以及患病史开始。接着，从一定距离对动物进行体况评估，然后再进行传统的“徒手（hands-on）”检查。完整体格检查中的任何一步缺失都可能导致信息错失并破坏适当和有效处理可能存在问题的能力。

病例信息和患病史

查明病例信息和收集相关病史是体格检查的重要组成部分。由于许多疾病在不同的种群中流行性是不同的（如萨福克绵羊中的羊痒病），所以，记录动物的年龄、品种和性别将有助于引导临床医生获得病史和执行体格评估。与病史相关的问题可能会随着病例的特殊程度、兽医的熟悉程度以及农场主的经验和观察而有所变化。信息收集应该包括农场主的描述、临床表现的持续时间和持续性、体征和症状以及个体动物的生殖或哺乳情况。饲养管理和羊群的详细情况也是任何临床病例病史的重要方面。信息收集应该包括以下几方面。

畜舍——包括畜舍遮盖物的类型、牧场大小和牧场轮作方式，以及牧场的可用性。

饲养——包括饲料种类、饲养方式、水源以及饲料或饲养方案的近期变化和牧草的可用性。

动物接触信息——包括最近用于畜群的物品、最近购买的动物来源、到展览或集市的运输工具，以及与非农场动物的所有接触情况。

畜群健康信息——包括在畜群水平监测的疾病状况，如山羊关节炎-脑炎（CAE）病毒感染、干酪性淋巴结炎或内寄生虫病；常规监测试验的结果；该场所先前已经存在的疾病；所有疫苗免疫接种程序或所使用的驱虫剂、抗球虫药等在农场完成的其他常规治疗；任何可能的标准操作程序（SOPs）。

动物用途（宠物、毛用、皮革用、肉用、奶用）——所有护理和管理的各个方面。

远距离检查

通常，对感兴趣的动物进行约束可便于有效的兽医检查。然而，这种做法不利，或潜在地排除了做适当的远距离检查的机会。作为身体检查的组成部分，远距离检查可准确地观察动物及其与环境和群伴的互动。作为被捕食动物，即使患病时，绵羊和山羊也会在身体条件允许的情况下尽可能地留在群体中。

落后于群体或脱离群体的动物需要更仔细地检查。此外，呼吸模式异常、耳朵下垂、流鼻涕和会阴部沾污粪便可能均是动物患病的征兆，需要进一步评估。远距离检查中也可对跛行（改变姿势或步态）、身体状况、体型、身体对称性，以及神经状态等做出初步评估。远距离检查也可让兽医识别出更多的未被农场主观察到但却需要加强护理的动物。一旦完成了远距离检查，就可以适当地限制动物从而进行个体的身体检查。

徒手检查

徒手检查能够用多种方式进行。每个临床兽医都应该采取一种适宜的常规程序并始终如一地使用。执行体格检查程序的一致性使得重要信息不至于被遗漏。在本章中，我们的首选常规程序是从头部开始，一直到尾部。然而，也可以建立其他有效的徒手检查的方法，以满足不同个体临床医生的需要。即使有系统的方法，在身体系统或结构上获得的某些信息重叠是不可避免的，但是这样的重复有助于确保完整的体格检查。

处理动物时应始终戴手套和穿防护服，以减少人畜共患病传播的可能性，并控制兽医衣物所携带病原的场间传播。

体况评分

进行体况评分(BCS)是管理动物个体和畜群的有效工具(第 2 章)。在动物个体中，体况评分低可能指示某种疾病或饲料缺乏。在羊群里，体况评分低可能预示着饲料数量或质量不足，或存在着与管理相关的疾病，如体内寄生虫疾病。体况评分低提示应调查饲养管理类疾病或进行补饲；相反，体况评分高可能表明需要减少补饲。

体况评分需要对动物进行徒手检查评估。这不是目视检查。评估在背部和横向棘突之间覆盖腰部区域的肌肉和脂肪以及覆盖在胸骨上的脂肪以用来确定体况评分。绵羊和山羊有一个 1～5 分的评分系统，1 代表消瘦，5 代表极度肥胖(表 1-1)。当动物的状态介于两个传统的得分之间时，可以分配半分(0.5 分为增量)以供评分参考。理想情况下，体况评分应该在 2.5～4，这取决于动物所处的繁殖和生产周期中的哪个阶段。

表 1-1　绵羊和山羊的体况评分

得分分配	体格发现			
	棘突	横突	腰眼肌	腰肌脂肪覆盖
1 分	尖锐突出	尖锐	较浅	没有
2 分	尖锐突出	光滑，略微丰满	中等厚度	少许
3 分	光滑丰满	光滑，很好的覆盖脂肪	完整	中等
4 分	明显可触及的分界线	未能触及	完整	较厚
5 分	未能触及	未能触及	非常完整	非常厚

动物的整个身体表面都应该人工用手探察和触诊。被毛能够掩盖皮肤肿胀和皮肤异常。应该注意被毛的质量状况，因为劣质的皮毛可能是疾病的征兆。全身性疾病或严重的营养不良可能导致绵羊毛断裂或山羊、毛用绵羊的脱毛症。局部斑片状羊毛或脱毛可能是瘙痒症或其他潜在皮肤病。微量元素缺乏，特别是铜的缺乏，可能导致绵羊毛卷曲度丧失并变硬、山羊毛色暗淡且毛皮质量差。锌缺乏会导致斑疹、结痂和角化过度。此外，缺锌动物的蹄可能会过度生长或畸形。

应将羊毛分开，以便对纤维和底层皮肤进行仔细检查。这方面的检查在绵羊身上尤其重要，因为厚羊毛可以掩盖皮肤的严重疾病。对被毛和皮肤表面的仔细检查可识别螨虫、虱子、羊蜱蝇和虫害的侵袭。在冬季，当动物被安置在较拥挤的环境中时，体外寄生虫通常更常见。瘙痒性疾病，如羊痒病，可能与皮肤表皮脱落和被毛脱落有关。在真菌和细菌引起的皮炎中，表现的形式可能是伴随分泌物渗出而被毛纠结。嗜皮菌感染常表现为厚痂病灶并伴随皮下渗出物，但非瘙痒性区域的脱毛可能是轻度病例的唯一临床体征。

浅色皮肤的品种或患有严重肝病的动物可能会患光性皮炎或光敏化。在这种情况下，可在浅色被毛的皮肤上发现红斑和水肿伴随瘙痒和剧烈疼痛。在严重病例中，可能会出现无菌性坏死和皮肤脱落。在较冷的月份，冻伤可导致肿胀和红斑脱毛；严重的病例可表现为干性坏疽、坏死或远端肢体皮肤的剥落。

身体系统和结构的检查

头和脖子

应该评估头部的对称性。嘴唇、鼻孔、口角、脸颊、眼睛和耳朵都应该是对称的，而且动物的头部应该在脖子上呈方形，没有外侧、背侧或腹侧偏离的迹象。头部和颈部的不对称可能是由于李斯特菌病继发的颅神经缺损，也可能是单耳或双耳感染。口腔内残留的反刍食物或肿块可表现为脸颊肿胀。这可以通过口腔检测进一步评估。口鼻应该检查，包括对嘴唇、鼻和口腔黏膜的仔细观察。在面部的黏膜交界处有囊泡或硬皮病变，通常与传染性脓包病有关。与感染性心肌病相关的病灶也可在冠状带、包皮、乳房和近期剪切伤口或尾巴部位发现。一种非典型的传染性脓包病的描述中，在头部和后肢以及其他非黏膜部位发现典型的硬壳增生病变。下巴以下的肿胀与颌下水肿一致（通常由内寄生虫继发的低蛋白血症引起），也可能是下颌骨下淋巴结肿大。喉部的肿胀可能是甲状腺肿大扩增导致的。

每个动物的耳朵和眼睛至少都应该做粗略的检查。应该评估耳朵是否有耳外伤和渗出性病变。耳螨、细菌性中耳炎和耳道内碎屑都可能是头摇晃或头部不正常移动的原因。眼睛要清澈，无分泌物和结膜炎症。分泌物的存在可能表明病毒或细菌性呼吸道感染、创伤性病变、异物或内翻，而角膜呈蓝色则表明水肿。角膜水肿最常见的是继发于外伤或角膜结膜炎。这一发现值得对眼睛深层结构进行更详细的检查。瞳孔应该是对称的。两个眼睛中都应该有直接和间接的瞳孔反应。瞳孔直径和功能的评估应考虑到环境光照，因为瞳孔可能会在阳光充足时最大限度地收缩。

如果没有检查颜色变化和灌注评估，口腔和结膜的评估是不完整的。这方面的检查对于使用FAMACHA方法（见第6章）控制寄生虫是非常重要的。有些品种的羊可能有色素性口腔黏膜，将使这些评估变得困难。在这类动物中，可以使用包皮或外阴膜检查代替。黏膜苍白可能表明贫血，最有可能是由捻转血矛线虫感染引起的。黄疸可能出现于肝脏疾病的动物中，或者发生过溶血性事件的动物身上，如铜中毒。黏膜充血发红可能是发热、败血症或毒血症的征兆。

通过对上眼睑皮肤进行触捏，可以粗略地评估水分状况。在正常含水量的动物中，触捏的皮肤应该迅速恢复原位。也可以检查头部的正常结构，如羊角。无角的山羊将有一个中心螺旋状的羊毛，而有角山羊可能有明显的角芽并且覆盖着螺旋状的毛发。羊角在公羊和母羊均可出现。

口腔应评估结构和气味是否异常。牙齿可以用来估计动物的年龄（第4章）。在检查头部时，凸颌和短颌畸形是显而易见的。然而，当口腔张开时，上颌骨和下颌骨可以更好地评价校准，也将更加明显观察到更细微的病变。腭裂可被认为是背腭间隙，而使硬腭无法融合。在动物中嘴巴不能充分张开显示硬腭，可将手指扫过腭面会发现缺陷。反刍动物的正常硬腭有一种与粗糙瓦楞纸板相似的粗糙感觉。

呼吸的气味可能表明口腔、瘤胃或呼吸道的疾病。脓肿的牙齿、口腔或喉部的感染可能导致带有或没有伴随分泌物的恶臭。唇腭裂的新生动物呼吸中可能有一种恶臭奶气味，这与通过口腔和鼻子回流的羊奶有关。咽部或食管阻塞和前胃运动障碍的动物可能会反胃并有一种瘤胃气味。酮体酸中毒或母羊妊娠毒血症时呼吸可能有甜味。

牙齿应评估其磨损和疾病情况。异常磨损牙齿或牙齿发育不良（没有牙齿、牙齿脱落）的动物可能难以进食和维持身体状况，特别是在涉及食物竞争的情况下。绵羊和山羊的年龄也可以根据牙列的萌出而定。年龄通常是通过门牙的长出时间和门齿的磨损情况来估计。恒门牙长出后，由于某些饲料和行为对牙齿磨损的影响，通过牙齿判定年龄老化变得不那么精确。尽管一些个体和品种的变异已经被记录下来，但绵羊和山羊的牙齿长出时间是相似的。

非永久性门齿生长时间如下。

1对：从出生到1周龄。

2对：1～2周龄。

3对：2～3周龄。

4对：3～4周龄。

恒门齿生长时间如下。

1对：1～1.5岁。

2对：1.5～2岁。

3对：2.5～3岁。

4对：3.5～4岁。

心血管系统

高质量的听诊器对有效听诊至关重要。在绵羊和长毛品种山羊中，厚厚的被毛可能阻碍声音传播，与没有这种被毛障碍的动物相比，听诊器的质量对这种有毛动物显得尤为重要。

心脏听诊是通过在瓣膜区缓慢移动听诊器并定位在声音最大强度点来完成的。在胸腔左侧，临床医生可以听诊肺动脉瓣（位于肘部下方的第三肋间间隙）、主动脉瓣（位于肘部上方的第四肋间间隙）和左房室（AV）瓣膜，也称为二尖瓣或双尖瓣（在第五肋间间隙）。在胸部右侧，临床医生可以听诊右房室瓣或三尖瓣（位于肘部上方的第四肋间间隙）。

心率、节律、特征和心跳的强度都应该被评估。成年山羊的正常心率在 70～90 次/min，而成年绵羊的正常心率在 70～80 次/min 之间(表 1-2)。山羊羔羊和绵羊羔羊的心率分别在 90～150 次/min 和 80～130 次/min 间，比成年羊变化更大(表 1-3)。心脏搏动和外周脉搏可同时通过听诊心脏和股动脉(位于骨盆内侧髋关节和膝关节之间近端 1/3 距离处)触诊来评估。

表 1-2　成年绵羊和山羊的体温、脉搏和呼吸频率

参数	绵羊	山羊
直肠温度/℉	102～103.5	100.5～103.5
直肠温度/℃	39～40	38～40
脉搏/(次/min)	70～80	70～90
呼吸/(次/min)	12～20	15～30

表 1-3　绵羊羔羊和山羊羔羊的体温、脉搏和呼吸频率

参数	绵羊羔羊	山羊羔羊
直肠温度/℉	102.5～104	102～104
直肠温度/℃	39.5～40.5	39.5～40.5
脉搏/(次/min)	80～130	90～150
呼吸/(次/min)	20～40	20～40

在绵羊和山羊的体格检查中，心动过速并不罕见，可能是动物兴奋的正常变化，也可能是某些病理过程所致。心动过速在羔羊、反刍时、哺乳期、妊娠晚期和兴奋时可能被认为是正常的。可引起心动过速的病理状况包括贫血、心力衰竭、疼痛和炎症。心动过缓可能来自传导阻滞(房室结阻滞)或迷走神经综合征引起。窦性心律失常通常可在吸气后期被发现，被认为是一种正常的发现。房颤是反刍动物中最常见的节律异常，但有时也能听到其他心律失常。心脏节律异常的动物通常会有不规则的脉搏。

通过评估末梢器官如耳、蹄的温度、黏膜颜色、毛细血管充盈时间和颈静脉充盈时间，可以对外周血回流进行估计。在心力衰竭、低钙血症、低血容量血症或体温过低的动物中，可观察到外周血回流障碍。颈静脉扩张和脉搏跳动的出现可能表明心脏衰竭。外周水肿也与心力衰竭一致，但应排除其他引起水肿的原因，如低蛋白血症、血管炎和淋巴管阻塞。双侧腹胀伴腹水也可能存在于心力衰竭的动物中。

呼吸系统

临床医生可以通过在一定距离范围内观察肋弓或鼻孔的呼吸运行情况来确定呼吸速率。成年山羊的平均呼吸速率为 15～30 次/min，成年绵羊为 12～20 次/min(表 1-2)；山羊羔羊和绵羊羔羊的呼吸速率为 20～40 次/min(表 1-3)。呼吸速率增加可能是兴奋、高温或高湿环境、疼痛、发热、呼吸或心血管疾病或代谢性酸中毒的呼吸代偿的标志。呼吸速率降低可能是由于代谢性碱中毒的呼吸代偿。临床医生应仔细寻找并注意呼吸困难或呼吸窘迫的症状，包括呼吸急促、头颈部伸展、张口呼吸、鼻孔张开、肘部外展、腹部剧烈运动和肛门抽动。

肺部区域的颅骨边界深至肱三头肌，背侧边界从肩关节点延伸到最后一根肋骨，尾侧边界从肘关节点到最后一根肋骨。临床医生可以刚好将听诊器放置在肱三头肌下方，以听诊颅骨的肺区。由于山羊的胸壁相对较薄，正常的呼吸和支气管的声音很容易检听到，并且可能具有刺耳的声音(吸气时比呼气时更响亮)。支气管音通常在支气管分叉处颅骨背侧肺区处最大。呼吸音增强表明可以考虑引起呼吸急促的原因。呼吸音减弱可能与气胸有关。

异常肺音包括湿啰音(空气通过肺泡内的炎性液体)和哮鸣音(空气通过发炎的、狭窄气道)。引起肺音异常的呼吸系统疾病包括肺水肿和肺炎。因为严重的肺部疾病可以在不引起听觉异常的情况下出现，所以必须评估呼吸系统疾病的其他症状(如呼吸困难伴随的发热、咳嗽和流鼻涕)。认识呼吸系统和心血管系统的相互关系是必要的，因此检查一个系统发现疾病时也需要仔细检查其他系统。

鼻孔气流的对称性可以用手背或羽毛来评估。不均匀气流可能是由于异物阻塞鼻腔通道，或也有很少情况下，由鼻腺癌引起的。任何性质的鼻分泌物都应该注意(如分泌物的一致性、分泌物的量、单侧或双侧、连续性还是间歇性)。应检查食物和水容器中的鼻腔分泌物。鼻部"烫伤样"表面或鼻孔下方脱毛都提示鼻孔有间歇性分泌物。双侧鼻孔排出少量分泌物，特别是绵羊，在通风条件较差的情况下可能是正常的。然而，鼻流浆液性分泌物也可能是鼻炎或早期病毒感染的征兆。鼻流黏液样分泌物可能是早期肺炎、肺线虫感染、羊狂蝇幼虫感染(绵羊的一种疾病,山羊偶尔发生)、创伤性损伤或脓肿的表现。在细菌性感染的晚期肺炎中可见到黏液脓性鼻分泌物。出血性分泌物通常意味着更严重的鼻损伤。单侧出血性分泌物表明鼻中隔的头端疾病,双侧分泌物则伴随鼻中隔的尾端疾病。

难闻的、有腐臭气味的呼吸提示咽炎、喉炎或真菌性肺炎。在窦区叩诊产生的钝音表明由炎症性疾病的液体积聚引起的[如牙根脓肿(在上颌窦中),受感染的脱角部位,上行呼吸道感染(额窦)]。此外,极少情况下也有组织肿块(如息肉、肿瘤)引起窦性叩诊异常。

临床医生应听诊气管有无哮鸣音(在气管塌陷或阻塞性病变时可听到)和湿啰音(气管炎的特征)。有时由于触诊喉咙和挤压气管而引起咳嗽。正常动物可咳嗽一次或两次,而患病动物在气管压迫后会反复咳嗽。上呼吸道疾病(如鼻炎、气管炎、异物、压迫性病变)通常以急性发作的大声、刺痛、干咳为特征。受疾病影响的动物咳嗽后不能吞咽。下呼吸道疾病通常以慢性、温和的、排痰型咳嗽为特征。患有下呼吸道疾病的动物通常咳嗽频繁,咳嗽后会吞咽。下呼吸道疾病的例子有慢性肺炎、肺脓肿和肺线虫感染。咳血表示吸入性肺炎或咽部脓肿(第 7 章)。

消化系统

胃肠系统是身体中最大、最广布的系统之一,从口腔延伸到直肠。当医生进行体格检查时,应该对其进行分段评估。应观察口腔有无糜烂、溃疡、肿胀、流涎过多或牙周病的症状。对牙齿应评估其健全存在和是否稳固。对于过度磨损、咬合不良、损坏或缺失牙齿的动物应进行仔细的评估。牙齿不好是摄食的主要障碍,并可能导致动物死亡。在所有的羔羊被保留在畜群之前都应该检查牙齿。成年动物牙齿应每年检查一次。由于饲料和土壤类型的不同,牙齿磨损模式会有很大的差异。在恶劣的环境中,动物可能会过早的牙齿异常,该类动物需要从牧群中移除。臼齿的评估是困难的,因为大多数绵羊和山羊都会抵抗这种检查。使用开口器和明亮的光源会有帮助。动物有良好的臼齿是很重要的,因为这些牙齿在进食的初级阶段和反刍阶段用来磨碎饲料都是至关重要的。

对于颈部,应该沿其方向触诊,以感觉任何可能阻碍进食或食道的肿胀。患有食管疾病或不能吞咽的动物可能会在食管受疾病影响的区域出现过多的唾液分泌或局部疼痛。

因为胃肠消化系统占腹腔的大部分,所以腹部轮廓是体格检查的重要部分。应该从后面观察动物,比较两侧。左侧因为有瘤胃的存在导致绵羊和山羊的腹部轮廓出现自然轻度的不对称。浓密厚重的羊毛可以掩盖轮廓的异常,因此这些动物应该触诊检查轮廓是否正常。临床医生应评估腹部的所有区域,交替触诊和叩诊。瘤胃收缩可在左侧腰椎窝听诊和触诊。健康的绵羊和山羊中,每分钟会发生 1～2 次原发性瘤胃收缩(食物的混合)和一次继发性收缩(嗳气)(表 1-4)。在健康动物中,临床检查时背侧会出现一个气体层,致密纤维层位于其下方。瘤胃收缩率降低和内容物异常可能是由于消化不良或瘤胃疾病所致。然而,由于其他非消化性疾病,也导致动物的瘤胃收缩率往往是不正常的。"砰"音表明有一个液体-气体交界面,通常存在大量液体。液体可能被限制在瘤胃内或在腹部游离存在。冲击触诊法可检测到大的腹部肿块或胎儿,视其大小而定。

表 1-4　绵羊和山羊的一些生理参数

参数	绵羊	山羊
瘤胃收缩速度/(次/min)	1～2	1～2
青春期/月龄	5～12	4～12
发情持续时间/h	36	12～24
发情周期/d	16～17	18～23
妊娠期/d	147	150
平均出生体重/lb	取决于品种	取决于品种
单胎	8～13	
双胎	7～10	
奶羊		6.5～9.5
肉羊		6～15
羊毛产量/lb	7～15	

清楚了解正常反刍动物的胃肠道解剖结构对于准确判断腹胀是必要的。在左侧高度扩张并伴有"砰"音提示瘤胃臌胀。严重的瘤胃臌胀可能引起腹部右下侧的扩张。瘤胃阻塞可能导致从左侧开始,引起从左到右的扩张。在这种情况下,左下方腹部和右腹侧的臌胀将是非常坚实的。

腹部右上方的扩张通常与盲肠、螺旋状结肠或小肠扩张有关。根据其中液体和气体的积累量，可能存在"砰"音和液体流动音。右下方的扩张通常是由于皱胃阻塞，或妊娠后期胎儿存在的原因。极少情况下，严重的瘤胃阻塞将表现为右下方和左侧的扩张。

双侧腹胀通常是由胃肠道外的腹部疾病引起的，但是慢性消化不良或肠梗阻也可能以这种方式出现。腹腔积液性臌胀可能是由肝功能衰竭、内寄生虫或严重充血性心力衰竭引起的。

绵羊和山羊的正常直肠温度分别在 102～103.5℉和 100.5～104℉间(表 1-2 和表 1-3)。体温升高可能是由于环境温度和湿度升高、压力和兴奋或炎症性疾病引起的。营养不良或老龄的动物也可能发生低体温。成年绵羊和山羊中直肠疾病是不常见的。绵羊尾巴过短或某些喂养方式容易导致其出现直肠脱垂。这时应评价粪便稠度。值得注意的是，粪便中水含量的增加可归因于多种生理过程，并不总是传染病的征兆。患有持续腹泻的动物，会阴部和后腿后部都有一致的粪便污染。

应触诊羔羊的腹部是否疼痛和肿胀。应特别注意脐部的内外结构。脐静脉的残余物可在腹部向肝脏方向触诊到，而脐尿管残余物和脐动脉尾部向着后端膀胱方向延伸。任何有或没有肿胀的疼痛都表明发生了感染。应对羔羊会阴部和盆腔进行粪便污染情况评估。山羊羔羊和绵羊羔羊腹泻可迅速导致危及生命的酸碱和电解质异常。在新生小羔羊中，应注意是否存在肛门闭锁(第 5 章)。

泌尿生殖道

在远距离检查中，腹部轮廓也可以显示出一些泌尿生殖道疾病的迹象。腹胀可指示膀胱破裂，而后腹部水肿可提示尿道破裂。患有阻塞性尿石症的动物可能会伸展四肢站立，前肢至胸廓前方，后肢至盆腔后方。此外，它们还会在排尿过程中嘶鸣、努责或尾巴竖起。绵羊和山羊的尿液样本通常可以通过短暂地阻塞鼻孔来获得。对于母羊尿道插管是困难的，因为骨盆底部有尿道憩室存在；而对于公羊几乎不可能，因为公羊有多个解剖部位(尿道、乙状结肠弯曲、尿道憩室)，导尿管很难穿过。

公羊和母羊外生殖器都要检查(第 8 章)。应检查公羊包皮是否有创伤性病变和肿胀。如果处理不当，伤口、脓肿和血肿都可能潜在地损害生育能力和影响尿液的通过。对包皮的开口处，应该检查是否存在晶体、血液、是否过度干燥、结痂或溃疡，因为这其中任何一种症状都可能预示着尿道结石、阻塞性尿结石或溃疡性包皮炎。在绵羊和山羊中，若不用麻醉镇静剂，阴茎是很难检查的。可以在动物侧卧位或动物臀部着地(动物坐着的姿势)时进行检查，检查从会阴部位开始，向后推动包皮而向头部方向推动乙状弯曲(第 8 章)。这种操作往往更容易通过助理来完成。阴茎一旦外露就可以被抓住。使用一块盐水浸泡过的纱布可以更容易抓住阴茎。应检查阴茎表面颜色、结痂和有无任何外伤性病变。触诊阴茎可能会发现尿路结石或肿胀或病灶区疼痛。应仔细检查尿道是否存在尿结石或沙砾，这可能预示尿路结石或尿道阻塞(第 12 章)。

阴囊应无病变、皮肤完整、被毛均匀。疥癣、外伤、疝气和冻伤都可能是阴囊异常的原因。应仔细观察睾丸和附睾的形状(附睾炎)或大小(睾丸炎、发育不全)是否异常，其在阴囊内的活动自由度(粘连、精子囊肿或精索静脉曲张、脓肿)和充盈度(睾丸张力差，通常与精子生成不佳有关)。"大即美，移动性是有意义的，弹性好，柔软度是可疑的"这句话有助于记住评估雄性在繁殖中的稳健性。选作种用的公绵羊或公山羊必须有匀称的睾丸，并符合相应品种和年龄的测定标准。在阴茎末端通常可见尿道末端。

应检查母羊外阴和乳房的颜色和大小。肿胀和充血可能表明发情或即将分娩。尿道口下方的外阴毛上的晶体提示尿路感染。临床医生应注意外阴的任何分泌物的颜色、浓度和量。在发情后期，通常有中度浆液性至浑浊的分泌物排出。分娩后1～3 周若出现红褐色无臭分泌物，可能是子宫附件的正常分解产物发生恶露。发现大的突出的外阴唇、阴蒂或肛门与生殖器距离过短则暗示可能是兼性情况。

腹部触诊对泌尿生殖系统的评估有一定的实用价值。在新生动物中，应该评估脐和其内部结构，包括应评估脐尿管是否扩大、疼痛或有分泌物，这可能指示有感染或脐尿管未闭合。在成年动物中，腹部的液体(如尿液)经常会臌胀产生流体波。左肾，可在腹中部背侧触及，应评估其大小、形状、稳定性，以及痛感的存在。患有阻塞性尿路结石的动物可能有一个可触及的、扩大的膀胱，从骨盆延伸到腹部。最后，胎儿可以在母羊腹部触诊到，这取决于妊娠的阶段(第 8 章和第 12 章)。

肌肉骨骼系统

绵羊和山羊肌肉骨骼系统的检查应该从远处开始。应进行姿势和步态评估。当动物从正面走向和离开检查者,或者从侧面走近和离开检查者时,步态是最好的评价。腿部疼痛的动物可能更喜欢在休息时不在肢体上承受重量,而在运动时谨慎使用。腐蹄病的绵羊和山羊或患有关节炎的山羊放牧或爬行时,因为双侧前肢疼痛而用腕部。应特别注意肌肉骨骼构造,因为较差的构造是大范围放牧中的致命缺陷。应观察羊蹄是否磨损、蹄壁与下层敏感板的分离,以及蹄底的缺陷。应检查羊蹄指间隙是否有疼痛、渗出液或恶臭气味。应观察冠状动脉带是否疼痛、肿胀或与足部分离。所有关节均应触诊并检查是否有合适的运动范围。疼痛评估应在整个运动过程中进行。在新生羔羊中,脓毒症关节可能会变得疼痛,特别是在运动期间,出现明显肿胀之前。在成年动物中,囊肿和感染性关节炎继发的滑膜炎可在临床检查中加以区分:关节炎引起的关节肿胀在运动中具有典型的疼痛,而囊肿则无痛。

神经系统

神经系统疾病可局限于中枢或外周系统。一个完整的神经系统检查是关键的开始,以产生一个适当的鉴别神经系统患畜的鉴别诊断列表。这种检查应该从远处开始,并且应该注意动物的姿势、步态和与环境的相互作用。外伤性和感染性外周神经病变在绵羊和山羊中很少发生。各种外周神经可能会受损伤,这将改变肢体姿势或动物的负重能力或动物向前移动肢体的能力。股骨损伤(不能负重和向前移动肢体、缺失髌骨反射)、坐骨神经损伤(关节下垂、完整的髌骨反射)、腓骨损伤(球关节过度屈曲、肘关节过度伸展、足趾不能扩张)、胫骨损伤(球关节扭曲、无下垂肘关节)或闭孔神经损坏(不能收缩四肢)可能都会影响到下肢。坐骨神经和闭孔神经麻痹或瘫痪是绵羊和山羊最常见的外周骨盆疾病。坐骨神经缺损通常与注射部位的病变有关,而闭孔神经问题则是由压力性缺血引起的,继发于胎儿在骨盆中的长期楔入。桡神经麻痹导致肢体无力,是影响前肢最常见的神经麻痹。肉毒杆菌中毒和蜱麻痹可能导致渐进性弛缓性麻痹,尽管这些情况在绵羊和山羊中都不常见。

中枢神经系统可分为四个主要解剖部位,临床体征可定位于这些部位:皮质、大脑、小脑和脊髓。此外,在这些部位的任何疾病都可以通过精神状态(动物与环境的相互作用)、步态、姿势和脊柱反射的改变来呈现。皮质或脑疾病的特点是精神状态的改变,有正常的步态、姿势和脊柱反射。压迫头部、强迫行走、抽搐和失明在患有皮质疾病的绵羊和山羊中也很常见。患有小脑和脊髓疾病的动物在正常的精神状态下通常会改变步态和姿势。根据疾病的过程和病变的确切位置,小脑和脊髓疾病的脊柱反射可能存在或不存在。受小脑疾病影响的动物常见的特征是正常力量和本体感觉的共济失调、躯干摇晃、运动范围过度和头震颤。患脊髓疾病的动物可能表现为伸肌张力增加和脊柱反射增强或脊髓反射减弱的麻痹性痴呆瘫痪,这都取决于受影响的脊髓部位。脑干疾病的表现形式可能是最多变的,因为根据疾病的发展过程,精神状态、步态、姿势和脊柱反射的变化可能出现或消失。脑干疾病通常与颅神经缺损有关,可表现为头部倾斜、舌无力、面神经麻痹、转圈或眼睑下垂(第13章)。

淋巴系统

作为常规检查的一部分,应触诊羊的浅表淋巴结以确定其一致性和大小。对于绵羊,细致的检查技术尤为重要,因为较小的淋巴结可能难以通过厚的羊毛被识别。淋巴结肿大可能是由于感染过程的引流、假结核棒状杆菌感染,或偶见于淋巴肉瘤或其他癌症扩散到局部淋巴结。尽管有时可以在外部触摸到极度肿大的内部淋巴结,但其评估通常需要影像学诊断。通常可触及的浅表淋巴结包括颌下淋巴结、咽后淋巴结、腮腺淋巴结、肩胛前淋巴结、股前淋巴结、乳腺淋巴结(雌性)、腘淋巴结和阴囊淋巴结(雄性)。

乳腺

应该触诊检查乳腺的对称性、大小、形状、颜色、一致性和温度。传染性脓包、乳房脓肿、哺乳时的咬伤或磨损会导致乳房基底部或乳头的外部病变。一些绵羊和山羊出现了生理上的产前乳腺水肿,这种情况通常对称分布,位于乳房前侧。产羔后头几天出现的弥漫性硬或坚硬的乳房可能表明绵羊患有绵羊进行性肺炎(OPP)或山羊患有山羊关节炎-脑炎(CAE)。受影响的乳腺体只分泌少量外观正常的乳汁。在大多数OPP和CAE病例中并不表现炎症症状,而两个乳房腺体都受到同样的影响。乳房不对称、肿大、异常颜色、异常温度(过热或过冷)均可能是乳腺炎所致。形状或对称性异常可能反映乳房中存在肿块(肿瘤或脓肿)。在所有哺乳的动物,每一个乳腺体中都应该挤出几股乳汁。这一操作可用于评估乳头的通透性和分泌性。有或者没有凝块、雪花状或者变色的异常稀薄或者浓稠的乳汁都是乳腺炎的征兆。

重要的是要认识到,乳腺疾病的最初症状可能会被认为是绵羊羔或山羊羔的问题,或者是母羊与羔羊关系的问题。新生羔羊虚弱、营养不良可能反映母羊产奶不足或乳房疼痛(第15章)。

皮肤和被毛

应该检查整个动物的皮肤有无擦伤、裂口、丘疹、脓疱、结痂、毛发或羊毛脱落。毛用绵羊(如巴巴多斯 Barbados、卡塔哈丁 Katahdin、威尔特郡角 Wiltshire Horn、圣克罗伊 St. Croix)和山羊会在春天脱掉冬毛。在绵羊中,过多的羊毛可能会遮住眼睛,生理性地削弱视力——这种情况被称为羊毛失明。在寒冷的月份里,冰雪可能会冻结羊毛表面,加重先前存在的羊毛失明。如发现伴有分泌物的暗淡羊毛,可能是霉菌性皮炎。如果羊毛暗淡无光泽但是没有分泌物,受影响的绵羊可能有超过1年的羊毛生长期或者长期患病或者营养不良。随着温暖的天气到来,羊只开始出汗,羊毛会变得更加柔软。当发现许多绵羊出现羊毛卷曲缺失、羊毛呈现出铁质硬的外观时,应怀疑其缺乏营养(铜)。羊毛腐烂的原因是长时间的潮湿并伴随细菌的繁殖。放牧绵羊可能会发生草籽黏附。毛色异常或羊毛色素沉着,如毛用绵羊颈部上方有棕色纤维,可能表明患边界病(第10章)。

皮肤、被毛疾病的一些常见临床症状及其相关原因如下。

瘙痒症——疥癣、过敏和羊痒病是发生瘙痒的三个常见原因。

被毛脱落——毛癣、疥癣、营养不良或营养不当都可能导致全身或局部被毛脱落。

皮肤结节——脓肿、脓疱和蠕形螨引起大部分皮肤结节。

皮屑——皮屑和皮肤斑点通常是疾病或营养不良或营养不当的非特异性标志。

皮肤硬壳——皮肤硬壳最明显的是悬蹄下的硬壳,可能表明有足螨病。

晒伤——皮肤白皙、细嫩的动物会被晒伤,尤其是乳房和背中线的皮肤。

绵羊和山羊的控制和处理

安全和健康因素

2007年,美国劳工统计局将农业列为美国最危险的六大职业之一,每10万名工人中约有37.1人死亡。这一统计数据强调了设施规划对人类和动物最优福利的重要性。设计较差和维护不良的设施可能导致人员或动物受伤,以及效率降低和时间金钱的损失。在处理过程中应避免对家畜造成紧张焦虑和创伤。处理过程中的过度兴奋对处理者和动物本身都是危险的。不合格设施的条件会加剧这个问题。那些能够经常与绵羊和山羊进行无威胁互动的饲养者,会减少畜群被处理时的恐惧,从而总体上创造一个更安全的环境。

在动物常规处理过程中,接触人畜共患疾病的可能性是一个重要的考虑因素。通过使用病例信息和体格检查对畜群的健康状况进行评估,应确定在畜群中出现人畜共患疾病的潜在风险。然而,在这种评估中即使缺乏疾病的证据也不能保证万无一失。因此,应穿戴防护服和手套,以确保所有动物饲养员得到最佳保护。

行为

清楚地了解绵羊和山羊的行为是临床医生处理治疗这些动物的有利条件(表1-5)。在处理绵羊和山羊时,最基本的概念是争斗区——动物的独有空间,在那里它感到舒适和不受威胁。当处理者在动物的争斗区域外时,动物会转身面对这个人。如果处理者平静地进入争斗区,动物会以类似的方式离开处理者。如果进入争斗区太深,或者以一种侵略性或奇怪的方式进入,动物的行为可能是不可预测的和危险的。绵羊和山羊并不大,但它们的腿脚很快,体格也很强壮。惊慌失措的动物簇拥在小笼具内会造成伤害,尤其是弱小动物。

表 1-5 绵羊和山羊的行为模式

特性/活动	行为模式	
	绵羊	山羊
食物选择	草和多汁牧草	放牧(野草、叶子、小树枝)
食物多样化	接受单一的饮食	需要多样化饮食
栖息地选择	低地或丘陵草原	攀岩爬高
斗争性行为	以头抵撞;碰撞	横向接触运动
战斗	以头抵撞;碰撞	靠后腿弹跳
性行为	较少在牧群中	牧群中的雌性
新生羔羊行为	跟着母亲("躺着")	站立不动或与母亲保持一定距离("躺着")
警报信号	喷鼻音、跺前脚	频繁的高音"喷嚏"
警报	聚集变成紧密的小群	形成线性群
无角条件	能生育的	能生育的雄性(通常)
尾巴	垂下来	翘尾
胡须	没有	公羊和部分母羊有
围墙篱笆	没有	可能有
低空飞行飞机的反应	害怕,可能会逃跑	经常站着看
压力	是孤立或屈服于陌生环境的结果	更大的问题是在羔羊和饲喂行为上

动物争斗区的大小各不相同,这取决于动物与人类的共处经验。没有太多人类接触的绵羊和山羊的争斗区很大,而宠物的争斗区可能非常有限或没有争斗区。小空间的绵羊比大空间的绵羊争斗区更小。频繁温和的处理互动倾向于减少动物争斗区的大小。不适当的处理会使动物对后续的限制和约束保持警惕。对动物耐心和随和的治疗方式对临床医生也是有好处的。

平衡点是家畜处理的另一个重要概念。平衡点位于动物的肩膀上。如果饲养员走在平衡点后面,所有牲畜物种的动物都会向前移动,如果饲养员站在平衡点前面,它们就会后退。许多人会犯站在平衡点前这样的错误,试图让牲畜通过溜槽前进。绵羊和山羊如果看到前面的人或大的物体,通常会拒绝前进。

利用争斗区和平衡点是成功操作的基础。这些原则也可以成功地应用于动物群体,以促进运动。绵羊和山羊会很容易地相互跟随,并且会远离使它们害怕的东西。它们在轻微的转弯或弯道附近移动得更好,不会走向一个看起来是死胡同的区域。它们远离建筑物,更喜欢向坡上爬。它们喜欢光线充足的地方,并且会抵制进入阴暗的谷仓、小巷和陡坡道。处理区域应该光线充足,没有可能投射阴影到动物视线范围内的物体。在巷道中坚固的侧壁将有助于保持前进的方向,并减少试图逃跑。

绵羊的防御手段非常少。面对可能的危险,它们可能会踩踢或用头撞击,但通常它们会试图逃跑。群体的存在为其中的个体提供了一些保护。然而,在捕食有困难的情况下,一些个体可能会成为受害者,从而使群体其他成员相对安全。绵羊有极强的群居本能。在正常情况下,健康的动物很少会远离群体。因此,任何从羊群中离开的动物都应该被怀疑有进一步检查的需要。

为了便于捕捉单个动物并对群体行为进行初步评估,临床医生应该首先将群体移动到一个小院子里或围栏中。为了抓羊,处理者可以把一只手放在羊的颌下,抓住颌骨的骨质部分,而不是喉咙。一旦抓住它,另一只手应该放在羊头后部的耳朵下面。羊的鼻子应该向上翘起,以阻止它向前运动。

当羊的头向下时，它们的力量更大。因此，保持羊的头向上将便于处理者保持对羊的控制。不应该抓羊毛或被毛。曲柄杖或套索也是可以接受的捕捉手段。绵羊可以用不同的点来处理，如下颌骨下方、尾巴和侧腹(图 1-1)。当抓住绵羊后，可以把它的臀部“倾斜”以进行检查、剪毛、修剪蹄部和其他常规程序(图 1-2)。无论采用何种捕捉方式，都应避免羊只兴奋和紧张。因为这些绵羊倾向群居，一只惊慌就有可能使整个羊群陷入混乱。

图 1-1　绵羊的保定要点。保定者将右手放在动物下颌或颈部的下方，左手握住尾巴。注意：保定者可以单膝跪地(通常是右膝)，右手握住右臀部。

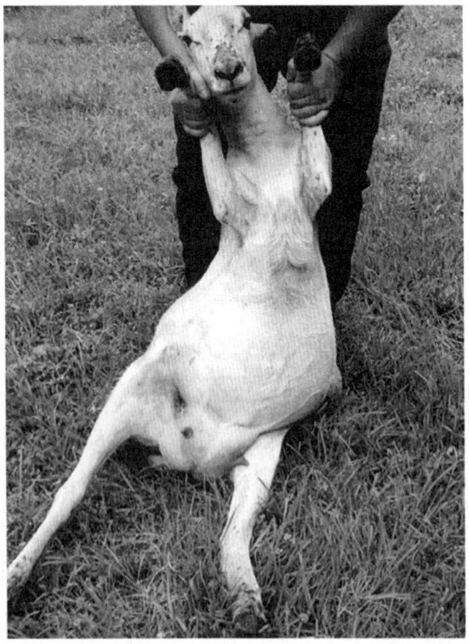

图 1-2　可以用不同的方式使绵羊坐下。建议采用以下技术：保定者的左臂放于动物与肩部水平的颈部。右手向下，同时抓住羊的右后肢，置于其臀部上。本图中，母羊已经起立，保定者使其保持固定。

与绵羊相比，山羊不太关心羊群。它们会与其他动物形成紧密的关系，可以看到它们与牧群伙伴玩耍和互动。然而，它们比绵羊更有可能在放牧和反刍时分散开来。山羊和绵羊大小相似，所以大多数用来抓绵羊的技术也同样适用于山羊。与绵羊不同的是，山羊的角和胡子可以用来约束它们。然而，耳朵却不行，用耳朵约束山羊会很疼。带项圈或笼头的动物可以用这些器具牵着走。捕捉和抓住一只山羊的技巧包括将一只手臂绕在山羊的脖子上，抓住它的腓肠肌肌腱。一只山羊如果被抱住后腿，尤其是在四肢的远端，可能会导致其在试图挣脱时髋关节脱臼。

体格检查时羊只的约束

临床兽医在对绵羊和山羊进行身体约束时，应考虑工作设施的布局和周围环境、要限制的动物的身体状况和性情以及人与动物的安全。有良好的群居性，经常被人以安静、不具攻击性的方式对待的动物通常可以被一个人控制和处理。处理那些与人类偶尔有过接触的动物或者那些曾被粗暴对待的动物时，需要一个助手或使用一个约束装置。

使用辅助或约束装置有助于动物身体检查、接种疫苗、采集血液、人工授精、修剪蹄子和其他程序。可以使用像柱栏、倾斜台、挤压槽、笼子和通道等设备或设施。当助手将绵羊或山羊固定在墙壁或栅栏上时，例如，当将一条腿牢牢地固定在羊的腹侧面或其肘部后面的胸部时可以完成一些检查操作。绵羊和山羊都可以靠放在它们的臀部上，并以这种方式约束，从而进行各种各样的操作。另一个有用的方法是让驯兽人员跨在山羊背上，把它放在一个角落里，然后把膝盖紧紧地压在山羊的肩膀或脖子上。这种方法可能会使不习惯于约束的羊感到害怕和挣扎。处理时也可以轻轻“翻转”绵羊或山羊使其侧躺着，可以把一个膝盖放在羊的脖子上进行辅助约束(图 1-3A 和 B)。对重达 30 lb 的羔羊进行约束时，可将它们的腿折叠放置在助理的大腿上，从而方便临床医生进行检查。约束技术的选择取决于临床医生的偏好和经验、被检查动物的临床表现和性情，以及要进行的程序的要求。一般来说，管理者应该尽可能少的约束动物，以使其安全。

图 1-3　如果需要更强的限制，可以进行山羊侧卧位保定。保定者靠在山羊身上(在这种情况下，从左边)，用右手抓住山羊的左后肢，用左手抓住山羊的左前肢。A. 山羊被抬起，靠在保定者身上。B. 山羊被放在地上，保定者膝盖放在它的颈部上。

头部约束

在山羊的检查过程中，临床医生可以通过抓住动物的脸颊、胡须或角来控制头部，同时跨坐在鬐甲部或脖子上用两腿夹住。头部约束的一种方法是将一只手放在脸颊上，将手指放在下颌骨下，注意避免对气管造成压力。另外，临床医生可以用一只手握住胡子，另一只手握住山羊的脖子(图 1-4)。第三种方法是握住角。控制有角山羊的头的能力取决于羊的性情以及操作者的技巧和力量。

稳定头部后，可以检查山羊的耳朵、眼睛、鼻子和嘴巴。对于口腔检查，建议使用窥镜，以确保清晰查看口腔并防止山羊咬坏器械或人的手指。

图 1-4　可以用一只手放在山羊的下颌下方，轻轻抬起它的下颌来控制和牵着它，另一只手放在头部耳朵后面。

药物使用的管理

兽医、绵羊和山羊饲养者作为一个团队可以确保只有健康的肉类和奶制品进入人类食物链。不适当的挤奶、屠宰前停药方案及饲料和牧草的化学污染可能导致供人消费的产品中存在药物残留。尽管有些绵羊和山羊被主人认为是宠物，但重要的一点是，不管它们的主人预期目的是什么，美国食品和药物管理局(FDA)将绵羊和山羊归类为可生产食物的动物。

由于绵羊和山羊中标记的药品数量有限，兽医通常会以特别标签药品的方式使用处方药。根据 1996 年《动物药物使用澄清法》(AMDUCA)，只有在下列条件下才允许特别标签药品的使用。

- 药物必须在兽医的监督下服用。
- 只能使用 FDA 批准的用于人和动物的药物。
- 必须存在有效的兽医-客户-病畜关系。
- 药物只能用于治疗。
- 只有在水给药和剂型药物才能体外应用。
- 在饲料中禁止使用特别标签药物。
- 严禁使用会造成食物残留量超标的特别标签药物。

如果一种药物要以超常规的方式使用，必须满足适当的标签和记录标准。此外，处方兽医有责任制定一个适合肉类和牛奶生产的停药方案，以避免潜在的食物链污染。符合 AMDUCA 要求的记录保存应包括：个人或群体动物身份；接受治疗的物种；治疗的动物数量；接受治疗的状态；药品名称及活性成分；规定的剂量和治疗持续时间；适当的停药期、禁药期或弃奶期。此外，这些记录必须保存至少 2 年，并且 FDA 必须能够方便获得这些记录。在农场的角度，生产者也可能想要考虑记录外用药物的日期和实施治疗的人的联系方式。符合 AMDUCA 的处方标签应包括：处方兽医的姓名和地址;药物名称;具体使用说明,包括对待治疗动物的鉴别检查、剂量、给药间隔、给药途径和治疗时间;警示语句;适当的停药、禁药期或弃奶期。

兽医应告知他们的客户相关道德和法律后果,关于不遵循药物标签的使用方法,以及在食品生产动物中使用药物。意识到疾病的潜在危险因素,并坚持自觉管理实践的生产者将降低疾病发病率和药物使用量。通过这些方式,个体所有者可以确保他们的绵羊和山羊的产品在供人类使用或消费时是健康和安全的。

兽医在使用任何药物前,应确定动物的用途(如皮革、肉类、饲养、展览、宠物)。对疫苗和抗生素的反应可以导致有商业价值的动物,如宠物和展览山羊的皮肤、肌肉和装饰品的损害。肉类生产商更倾向在颈部注射,这样会产生低价值的肉块。饲养者更愿意在腋窝注射,在这种情况下,结节状的瘢痕组织是看不见的,不易被误诊为干酪性淋巴结炎。

口服药物

当经口灌药、投服大丸药,或通过胃管给药时,临床医生应将动物的头保持在一个笔直、自然的位置,下颌骨与地面平行。把剂量注射器插入到唇口处的颊囊中。当药液被缓慢灌给时,动物必须有时间吞咽。头部向上倾斜会导致吸入性肺炎。为了安全、正确地放置药丸,临床医生将圆珠枪移动到舌底,但不要进入咽部。给药后,临床医生固定住动物头部,将嘴紧闭,直到咽下去。这个动作能防止动物吐出药物。通过窥镜,临床医生可以将直径1.2～1.5 cm的胃管通过成年绵羊或山羊的嘴。8号法国红橡胶导尿管带有附加的60 mL的导管尖端注射器可以为羔羊或小羊作为胃管来喂给或提供口服药物。

注射用药品

(1)肌内注射。肌内注射通常在颈椎前侧、颈韧带背侧和肩尾侧包围的颈部。可用于肌内注射的其他部位包括腰部的最长肌,以及臀肌、半腱肌、半膜肌和三头肌。临床医生必须特别注意大腿坐骨神经的位置,因为在这个区域引入刺激性药物会造成永久性损伤。此外,幼小山羊的肌肉块小,限制了注射液的体积。

(2)皮下注射。皮下注射可以在腋窝或胸壁进行。如前所述,颈部的三角形区域也可以进行。然而,肩胛前淋巴结附近的任何注射部位反应都可能被错误地诊断为淋巴结炎。

(3)静脉注射。颈静脉常用于静脉注射药物和采集血样(图1-5A和B)。在绵羊和山羊中,颈静脉位于从耳的基部开始,从颈部一直延伸到胸部入口。在绵羊中,需要将羊毛分开,以使静脉得到充分的显示。适当的限制对于避免其他结构如气管或食道的意外刺穿是至关重要的。静脉穿刺可用4 cm长的20号针。

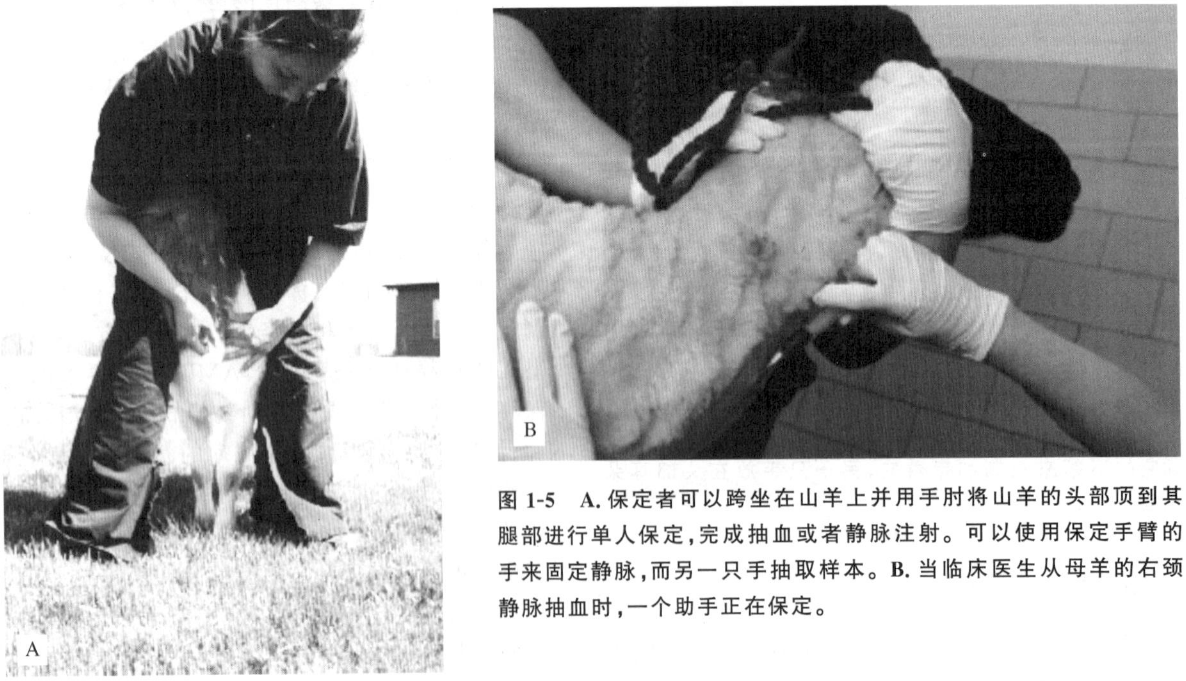

图1-5 A.保定者可以跨坐在山羊上并用手肘将山羊的头部顶到其腿部进行单人保定,完成抽血或者静脉注射。可以使用保定手臂的手来固定静脉,而另一只手抽取样本。B.当临床医生从母羊的右颈静脉抽血时,一个助手正在保定。

(4)其他注射方式。皮内注射需要 1.8 cm、25 号的结核菌素针。腹腔内注射，主要用于新生动物，用 1 in、18 号或 20 号规格的针插入不超过 1.8 cm。当幼畜用前腿支撑起来时，临床医生将针头垂直地插入肚脐处左侧约 1 cm 的皮肤。

临床医生应在进行乳房内注射前用酒精擦拭乳头。每一乳头单独使用乳头套管，并插入足够深，以进入乳头池。在母羊的小乳头孔，可以用无菌导管来灌注药物。

对修蹄的约束

让绵羊臀部着地(倾倒)是最简单的修蹄的约束方式(框 1-1)。羊在这个位置上很少挣扎，而且即使是一个人也很容易处理。为了舒适，羊会臀部着地。如果羊挣扎，处理者可以将一只手放在它的胸上，把它移动到一个更好的位置。

与绵羊不同的是，修剪山羊的蹄子时通常是当动物站立时完成的。当山羊站着的时候，临床医生抬起它的蹄和四肢，直到蹄底朝上。然后，临床医生可以在动物的一侧，面对山羊的头部或尾巴。助手可以抱着山羊，把它放在支架上，或者在医生修蹄时把它绑起来固定。在处理倔强的山羊时，让它们臀部着地(和绵羊一样)可能是有用的。

框 1-1　如何翻倒倾斜绵羊？

1. 站在绵羊的左边。
2. 把左手放在绵羊的颌下，握住羊的头部。
3. 左膝应靠近或刚好在羊的左肩后方。
4. 右腿应触到羊的左边臀部一侧。
5. 把右手放在羊的臀部背侧。
6. 把羊的鼻子从人身边侧转到羊的肩上。
7. 应该感觉到羊靠在腿上的重量。
8. 用右手给羊的臀部施加压力，这样羊就不会从地板上抬起后腿。
9. 右腿后退一步。
10. 羊的后腿应该开始下沉。
11. 继续转动羊的头部，直到羊坐下来，背部靠在人的腿上。

新生仔畜的约束

绵羊羔和山羊羔可以很容易地被约束进行身体检查。阉割、断角和断尾通常需要一个人去约束动物，另一个人去执行。绵羊羔和山羊羔都可以用同样的方式进行阉割和断尾。当处理者坐着的时候，动物的右胸和右侧肢可以握在约束者的右手里，而左胸和左侧肢则握在约束者的左手里。然后将动物的背部支撑在处理者的两腿之间(图 1-6，另见彩插)。在胸骨横卧时抱着动物的操作者可以完成断角。断角的操作者可以把羊头放在台面上控制住头部。将一个卷起来的毛巾放在羊脖子下面，可以更好地支撑头部和颈部。另一种方法是，将动物放在一个断角箱中，这样一个人就可以操作断角过程(图 1-7)。

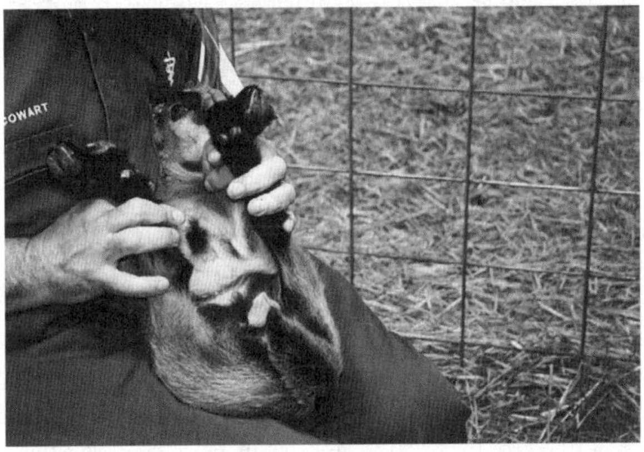

图 1-6　绵羊的阉割和断尾的保定示范

图 1-7　示范如何使用断角箱为山羊断角

设施

对小反刍动物进行管理工作的一个重要目标是在最小应激下聚集、限制和处理动物。同时也应考虑预防对动物和人员的伤害。规划良好的工作设施将促进这些目标的实现。

围栏

将动物分成不同小组的围栏可被用来限制牲畜、阻拦捕食者、保护观赏植物和经济作物不受山羊损坏。山羊通常比绵羊更难约束。选择合适的围栏材料取决于限制的目的、围栏尺寸和经济成本。在规划永久性围栏时，农场主可能需要咨询围栏承包商和商业装卸设备供应商，以及其他绵羊和山羊饲养者，他们可能已经有了经过验证的经验可供参考。

光滑的金属丝或高强度的、多股的电围栏都能阻止山羊和其他捕食者，而且易于维护。对动物进行适当的电围栏训练，可以最大限度地减少动物逃跑，从而使围栏更有效。这种训练对于产毛的绵羊来说尤为重要，因为它们可能无法通过羊毛感受到电冲击。电网围栏的主要缺点是可能失去电力，因为电流是家畜和捕食者出入电网的主要障碍。

山羊用后腿站立、前脚靠在栅栏上，这样会破坏场地围栏。一根电线放在靠近顶部的地方，另一根电线放在编织的铁丝网的底部，这将阻止山羊靠在围栏上，并能防止捕食者从下面爬行。有角的绵羊和山羊，尤其是那些向后长角的山羊，很可能会被在编织围栏 6 in 宽、5 in 高的空间缩回头部时卡住。然后，被困住的动物就无法抵抗同伴的冲撞和捕食者的攻击，可能的致命后果是窒息。类似地，绵羊和山羊可以用一只脚抓住开放空间链网或 2×2 铁丝网栅栏，并在挣脱的过程中折断一条腿。

虽然焊接线板可以承受山羊的压力，但如果板开口是 8 in 宽、6 in 高的标准尺寸，它们可以卡住有角的动物。此外，体重不足 15 lb 的绵羊羔和山羊羔可以通过这些空间来逃脱围栏的约束。小于 8 in 宽、4 in 高的焊丝板可以消除这些问题。

畜舍

房屋设施可为牲畜提供住所，储存饲料、设备和用品，以及作为动物日常护理程序的工作区域。住所提供温暖、阴凉和抵御风、降水和掠食者，为群体建立了一个舒适和平静的环境。不像放牧的牛，绵羊和山羊需要寻找避雨的地方。动物住所应该提高居住动物的生产力和福利。

畜舍的供暖和制冷、通风、地板和供水等问题应在有农场建筑知识和经验的人的指导下设计。此外，应该规划一定的空间用于自由活动的区域、饲料和水槽、产羔和护理区，以及为伤病动物和特定需求的动物群体提供庇护区域(如青年母羊和公羊、刚剪毛的山羊、用于研究的动物群体)。饲料和设备储存区域的设计必须消除过度消耗谷物和摄入储存化学品的可能性。

仅仅是建筑面积并不能决定动物有足够的生存空间。围栏的形状、地板类型、天花板高度、给水器的位置和尺寸以及其他物理和社会因素都影响着空间的实用性。成熟的母羊，平均需要 16 ft^2 的空间，不包括水槽。一只公羊可能需要 30 ft^2，而一只绵羊羔或山羊羔需要大约 10 ft^2。在户外围栏或牧场上的庇护所应该为每只动物提供 5.5 ft^2 的空间。围栏的高度需求也不同，母羊需要的高度在 4～5 ft，公羊的高度在 5～6 ft。

一个干净、干燥、通风良好、羊床铺得很好的小隔间是“母羊用来产羔和与其后代建立良好关系”的理想选择。为分娩的母绵羊和母山羊提供产房有利于观察，并能够使生产者及时处理难产的母羊或其绵羊羔、山羊羔。将怀孕羊限制在一个小隔间里，给它一个不少于 5 min 的、安静的、不受干扰的环境，这是一个至关重要的事情。

在大型牧群中，为产前母绵羊或母山羊提供单独的产房是不切实际的。在这种情况下，它们可能在分娩前 2～4 周被集体圈养，这给了饲养者足够的机会来监控潜在的问题。仔畜在寒冷或潮湿的天气里非常容易出现低体温。因此，饲养者应采取预防措施，以确保母羊在恶劣天气时不在野外分娩。

饲料和水

良好的饲料和水卫生对促进动物健康和减少饲料浪费至关重要。绵羊不像山羊那样对喂食器和饮水器的清洁那么挑剔。与山羊形成对比的是，绵羊将会减少潮湿或发霉饲料和脏水的摄入。应使用精心设计的槽具提供饲料，以减少粪便、尿液和蹄脚留下的污垢的污染。

一个 15 in 长的饲槽空间可以容纳一只成年绵羊或山羊。绵羊羔和山羊羔在与成年绵羊和山羊一起饲养活动时，应该自由地使用用于幼畜补饲的低矮栅栏，可有效地消除与成年动物的竞争。在爬行区域的床位应该是每个小羊 10 in。尽管使用足够的食槽空间和幼畜补饲的低矮栅栏，低等级的动物可能被限制获得饲料。为了减轻优势地位的影响，可以使用多个喂食器，或者分离出受困的动物单独喂食。

家畜的耗水量受饲料的含水量、环境温度和水质的影响。一个粗略的估计是每 45 kg 体重的个体每天需要 3 L 水(每 100 lb 体重¾ gal)。为了鼓励采食，生产者应该提供洁净的水以供自由饮用。可以使用典型的水槽或自动饮水装置。在寒冷的气候条件下，热水器的使用可以提高水的摄入量。在饮水设备下应提供足够的排水设备。

生物安全性

生病或受伤的动物

患病的动物对疾病传播有很大的危险。因此，应该把它们从羊群中移出。生产者应该有一个专门的“隔离区”，与羊群分开，伤病动物可以在那里接受兽医治疗和护理。重要的是，这一区域不能成为多用途设施（如产房、展示动物区间），因为这种做法可能促进疾病在羊群中的传播。隔离区的隔间或围栏应采用无孔材料，以尽量减少微生物的定殖。动物恢复离开隔离区后，必须对该区域进行清理和消毒，以防止把病原体传播给后来者。

在畜群中引入新的动物

在购买前，动物的健康检查是预防疾病和建立新的兽医-客户-病畜关系的一个重要方面。采取预防措施以降低将疾病引入稳定群体的风险是一个明智的商业决策，通过减少兽医费用、时间和精力来提高盈利。一个理想的购买前评估包括对购买动物来源群体和考虑购买个体的健康评估。根据病史资料、体格检查结果和附近家畜养殖场发生疾病的知识，兽医可进行诊断性测试，以评估出售的动物身体健康和生殖健康。同样重要的是，要考虑对有兴趣的动物进行疾病筛查，因为购买者试图在这些动物到达农场之前消除患病动物，使畜群处于健康无感染状态（如山羊关节炎-脑炎病毒、干酪性淋巴结炎）。在内寄生虫感染的地区应予关注，在动物到达前进行粪便漂浮法检查，如果证明感染，应考虑对所有新购买动物进行治疗。

所有新增加的羊群应该被隔离至少 4 周。隔离区设施应尽量减少与现有动物的接触。尽管隔离区是检疫隔离新引进动物的场所，但出于这一目的，它的使用可能会使患病的动物在极度易受感染的时期暴露于新的病原体之下，这是不推荐的。除了允许观察潜伏疾病、营养需求和行为模式外，还应给予动物最小的应激以适应新的环境（第 19 章）。

推荐阅读

Amoah EA，et al：Breeding season and aspects of reproduction in female goats，*J Anim Sci* 74：723-728，1996.

Animal Medicinal Drug Use Clarification Act Brochure and Extralabel drug use algorithm. http：// www. avma. org/reference/amduca/amduca1. asp

Clinical examination and making a diagnosis. In Radostits OM，et al，editors：*Veterinary medicine*，ed 10，Philadelphia，2007，Saunders.

Constable PD：Clinical examination of the ruminant nervous system，*Vet Clin Food Anim* 20：185-214，2004.

Fajt VR：Label and extralabel drugs in small ruminants，*Vet Clin Food Anim* 17：403-420，2001.

Grandin T：Design of loading facilities and holding pens，*Appl Anim Behav Sci* 28：187-201，1990.

Hutson GD：Behavioural principles of sheep handling. In Grandin T，editor：*Livestock handling and transport*，Wallingford，UK，1993，CAB International，pp 127-146.

Jackson PGG，Cockcroft PD：*Clinical examination of farm animals*，Oxford，UK，2002，Blackwell Science.

Leahy JR，Barrow P：*Restraint of animals*，ed 2，Ithaca，NY，1953，Cornell Campus Store.

New South Wales Department of Agriculture，Division of Animal Production：How to tell the age of sheep，*Agfact* A3. 0. 1，2003.

Ramírez A，et al：Effects if immediate and early post-partum separation on maintenance of maternal responsiveness in parturient multiparous goats，*Appl Anim Behav Sci* 48：215-224，1996.

Sheldon CC，Sonsthagen，Topel JA：*Animal restraint for veterinary professionals*，St Louis，2006，Mosby.

Sherman DM，Robinson RA：Clinical examination of sheep and goats，*Vet Clin North Am Large Anim Pract* 5：409-426，1983.

Smith GW，et al：Atypical parapoxvirus infection in sheep，*J Vet Intern Med* 16：287-292，2008.

U. S. Food and Drug Administration Animal and Veterinary webpage. http：// www. fda. gov/Animal-Veterinary/default. htm

Wilson JH：The art of physical diagnosis，*Vet Clin North Am Food Anim* 8：169-176，1992.

第2章 营养与饲料

在绵羊和山羊的兽医管理中，与任何其他因素比较而言，日粮对动物个体和羊群或牛群的总体健康有着深远的影响。日粮对动物健康和生产力的各个方面都产生影响，因此本书几乎每一章都会讨论这一点。饲养绵羊和山羊的目标是从生产力、繁殖和生产性能上反映出最佳的健康状况。

绵羊和山羊能够以最佳方式将牧草、饲料和其他几乎不可用的饲料转换为可用的动物产品（如肉、牛奶、毛），或达到最佳性能（如宠物、生产、繁育）。这两种小反刍动物的嘴唇和舌头具有高度的灵活性，可以从环境中的植物和其他食物中选择性地采食饲料。像其他反刍动物一样，绵羊和山羊都具有放牧偏好的特点。绵羊更喜欢采食植物中品质较高的部分，而山羊作为杂食性的草食动物更愿意采食牧草的易消化部分。它们也能够采食木本植物的嫩叶和枝条、花、果以及叶；通常情况禾本科草优先于豆科植物，嫩叶优先于禾本科草；它们更喜欢沿着围栏，在高低不平或多岩石的草地上采食。在平坦的、经过改良的、单一植被的牧场上，山羊的表现通常不如绵羊或牛，但在茂盛或多种植物品种可供放牧的放牧地，山羊的表现通常很好。如果可以选择，许多肉用山羊（如波尔山羊等）更喜欢以15%～20%的草和80%～85%的嫩叶组成的饲草为食。

山羊对饲料非常挑剔，它们拒绝食用已经被污染的饲料，因而在世界上许多地区都要进行饲料监管。密切监管山羊的体重、体况评分（BCS）和被毛的变化；临床兽医也应该关注任何中毒的症状。无论什么时候，以根系较深的牧草为主要饲料时，矿物质的摄入量可能比采食同一土地上种植的草的摄入量要高。绵羊和山羊都是很好的能够把草和灌木转化为肉、奶和毛的动物，但它们主要是作为放牧动物饲养的[1]。

水

虽然水常常被认为是理所当然的，但它是一种极其重要的营养物质。它是动物机体的主要组成部分。如果一种动物被剥夺了所有的营养，它首先会缺水。尽管绵羊和山羊可能在失去绝大部分的体脂和高达40%～50%的身体蛋白质的情况下仍能存活下来，但是失水只要达到10%就可能是致命的。

绵羊和山羊对水源的质量都很挑剔。任何时候都应该提供新鲜、干净、无死水的水源。水源应该容易获得、安全，并应加以监测，使其不成为毒素或病原体的来源。在水箱或水槽周围铺上8～10 ft的路面有助于防止环境污染，这种污染会导致许多疾病，包括腐蹄病。

羊只每日摄水量会受多个因素的影响。妊娠期和哺乳期的需水量会增加，从妊娠第1个月到第5个月的用水量可增加126%。此外，怀双胞胎的母羊比只怀单胎的摄水量更多[2]。同样地，泌乳母羊或哺乳母羊消耗的水是非泌乳母羊的2倍，分别为7～15 L/d和3.5～7 L/d。在牧草含水量可能超过80%的春季牧场上放牧的动物，消耗水的量明显少于那些饲喂干草的动物，因为干草的含水量只有12%～15%。显然，哺乳动物需要更多的水。当高蛋白质饮食或矿物质消耗增加时，水的消耗也会增加。绵羊在夏季的摄水量可能比冬季增加12倍[2]。水质也会影响日常用水量。每只山羊或绵羊通常每天消耗3.5～15 L的水用以维持需要[3]。

水的质量因污染物的数量和种类而异。水中最常见的溶解物质是钙、镁、钠、氯、硫酸盐和碳酸氢盐[3]。如果这些矿物质浓度太高，就会导致生产力下降、疾病，有时甚至死亡。此外，溶解盐除了对动物造成各种特定的问题外，还会对生产和健康产生不利影响。随着盐浓度的增加，水的消耗通常会降低，年幼的动物通常比成年动物受到的影响更大。随着时间的推移，动物逐渐适应含有高浓度溶解盐的水。然而，从含溶解物质浓度相对较低的水到浓度较高的水的快速或突然变化是很难耐受的。浓度在0.35%～0.5%的高浓度硫酸盐可能会抑制肠道对铜的吸收[3-6]。地下水的有毒物质中偶尔会有硝酸盐和较不常见的亚硝酸盐存在。最安全的饮用水pH为7～8。随着水碱度的增加，其消耗的适宜性降低。

虽然被大肠杆菌污染的水与人类的疾病有关，但在绵羊和山羊生产中，饮用水中的大肠杆菌污染很少被认为是致病因素。一般来说，只有非常年幼的动物才会受到影响。山羊比其他反刍动物更容易适应较高的环境温度，并且需要较少的水分蒸发来控制体温[7]。此外，山羊还具有在缺水期间减少尿液和粪便水分流失的能力。

总而言之，绵羊和山羊应该通过获得持续供应的新鲜、干净的饮水，以确保生产力不受影响。

能量

在世界范围内，大多数绵羊和山羊实际饲养中的能量需要，通常是首要的营养限制因素。能量需要量随着生产水平和阶段、活动强度和动物用途的不同而变化很大。通常在中高等能量水平情况下能够满足羊的能量需要，但是快速生长和高水平产奶条件下需要最高水平的能量。然而，生产水平最大化要求补充多种添加物。低能量水平饲粮能导致生长慢、体况评分较差、羊毛产量降低、羊毛直径减小、免疫机能下降、增加寄生虫病的感染以及对其他疾病的敏感性。安哥拉山羊和许多产羊毛品种的绵羊容易发生各种羊毛产品变化，而绒山羊则不容易受到影响。

绵羊和山羊所需要的大部分能量来源于粗饲料中结构性碳水化合物的降解。因此粗饲料构成了它们饲粮的大部分。能量可以用净能体系（卡路里）或总可消化养分（TDN）占饲粮的百分比表示。这两种表示方式可以互换，在本章中，采用总可消化养分作为衡量指标。目前大部分饲料和饲料检测实验室用范氏（Van Soest）纤维测定分析估计总可消化养分。分析代表性样品的中性洗涤纤维和酸性洗涤纤维的含量，然后基于其中之一或二者估计总可消化养分。这个体系能够有效地评价大部分饲草型饲料，但是对淀粉含量高的饲料（如玉米）评价的可靠性较差。通常暖季型多年生牧草总可消化养分含量为50%～54%，而很多谷类作物一般总可消化养分含量为80%～90%。大部分鲜绿、营养期牧草干物质中总可消化养分为62%～70%。茎多、干燥、品质差的干草总可消化养分低于50%。管理者可以通过将这些典型营养价值与各阶段羊的需求做对比，从而确定调整粗饲料为基础的日粮来满足能量需要。例如，一只150 lb的母羊52.5% TDN用于维持，在刚开始泌乳几周需要66%的TDN，而在妊娠期间则从53%增加到66%。因此，在干奶期（不分泌乳汁）和非妊娠期母羊可以饲喂低质饲草，但是妊娠或泌乳母羊则需要高品质营养期牧草。妊娠后期或哺乳期母羊一旦不能利用某种优质牧草，则需要多种能量补充途径以满足其需要。这种方式同样适用于山羊：一只110 lb的母羊其中53%的TDN用于维持需要，而在妊娠和哺乳阶段则需要更高[2]。

能量补充有多种形式。最常用的是谷类饲料，尤其是玉米。玉米是高能饲粮，且主要供能形式是淀粉。当消耗牧草型饲粮的反刍动物被饲喂大量淀粉时，通常会使饲料的吸收和消化率降低。然而，玉米提供的能量将会改善那些采食玉米的绵羊或山羊的能量利用。其他几种谷类也适用于为反刍动物提供能量（如高粱、燕麦、大麦、黑麦）。另外两种非常规能量补充料是大豆皮和小麦麸。大豆皮是大豆籽实最外层的皮，含有大量可消化的纤维。与玉米不同的是大豆皮不会抑制纤维消化，但是可以提高干草消化率。尽管大豆皮总可消化养分含量为62%，比玉米低，但是在作为反刍动物能量补充方面二者相当。小麦麸是小麦加工副产物，可获得相近的效果。甜菜渣、柑橘渣和啤酒糟等副产物饲料可有效应用在绵羊和山羊饲养中，这些副产物比玉米更经济。所有副产物饲料应分析组分并应用在饲料配方中。

补充能量的另一个来源是脂肪。一般来说饲粮中总脂肪水平不超过8%，4%～5%是添加的脂肪。在美国南部棉花栽培广泛，全棉籽（脂肪含量约24%）主要用来补充绵羊和山羊的能量需要。对于这两种动物而言，假设饲粮的其余的原料不含有脂肪的话，全棉籽每天摄入量可以达到采食量的20%。

蛋白质

一般来说，饲粮粗蛋白质水平至少达到 7%才能够满足正常的绵羊和山羊瘤胃细菌生长和功能维持。如果日粮蛋白质水平低于 7%，饲粮摄入量和消化率下降。蛋白质不足会降低羊毛产量、导致生长缓慢、免疫机能下降、贫血、饲料利用率下降、水肿甚至死亡。所有到达小肠的蛋白质都是细菌、真菌或逃过瘤胃降解的饲料蛋白质。细菌蛋白质的质量(氨基酸含量)相当好。因此提供给成年反刍动物的蛋白质数量比质量更重要。羔羊恰恰相反，如果羔羊饲喂代乳品，应该由提供充足氨基酸的乳品副产物组成以达到最大的增长速度。

不同的饲料粗蛋白质含量变化很大。暖季型多年生牧草粗蛋白质在低于 6%到高于 12%范围内变化，然而营养期豆科植物粗蛋白质可能超过 28%。植物中蛋白质含量随着成熟期不断下降。与能量需求一样，粗蛋白质的需要随着生产阶段的不同而改变。母羊及生长期母羊维持蛋白质需要量占饲粮的 7%～8%。哺乳期母羊蛋白质需要量在 13%～15%，主要取决于哺乳后代的数量。对于增重而言蛋白质的补充也是必要的。当饲喂干草时一定要关注蛋白质的不足，尤其是生长或哺乳动物。哺乳期蛋白质缺乏最显著的特征是羔羊生长慢，尤其是双胎和多胎羔羊[2]。

典型的蛋白质补充料有油料作物的饼粕(棉籽饼粕、大豆饼粕)，商业上的蛋白质补充料一般是天然蛋白质饲料和非蛋白氮(如立方体或球形颗粒或浆液型产品)二者的混合物及各种副产物(整粒棉籽、玉米蛋白质粉、玉米酒糟粕)。饲喂的蛋白质水平应该满足需要而不是超过需要量。过量的蛋白质通常会增加饲料成本和疾病发生率(如热应激、阴茎溃烂)。

饲喂非蛋白氮(NPN)是一种提高绵羊和山羊日粮蛋白质含量的廉价的方式。NPN 是指任何一种非蛋白质形式的氮源，但是最常用的是尿素。无论什么时候使用 NPN，饲粮中都应该有充足的可发酵能源。谷物和非蛋白氮一起饲喂可以降低瘤胃 pH。在异常的环境中，脲酶降解尿素的能力降低，导致氨和二氧化碳的释放速度变慢。这种代谢减缓可以使瘤胃微生物更有效地合成蛋白质。相比之下，质量较差的粗饲料会导致瘤胃 pH 降低，脲酶活性增强。这些条件导致氨快速释放，微生物蛋白质合成所需的碳和氮结合较差，且提高了动物尿素和氨中毒的概率。无论何时在饲料中添加非蛋白氮，都应限制或避免在高脲酶活性的饲料中添加。含脲酶饲料包括生大豆和野生芥菜。尿素或氨中毒的症状有行为呆滞、肌肉震颤、尿频、流涎、呼吸急促、共济失调和强直性痉挛，甚至死亡。治疗措施是用 5%的醋酸溶液(醋和水)通过胃管灌注瘤胃。在严重的情况下，采用瘤胃切开术或液体治疗。

利用尿素作为蛋白质源时的原则如下。

(1) 当饲粮中蛋白质超过 1/3 或谷物蛋白质高于 3%时，则不能使用尿素。

(2)确保碳水化合物(如玉米、高粱)的发酵速度与非蛋白氮相适应。

(3) 避免在日粮中突然添加尿素(需要 8～10 d 的适应期)。

(4) 当使用尿素时要与饲料混合均匀。

(5) 如果 1 lb 尿素加上 6 lb 玉米粉比 7 lb 棉籽粕或大豆粕便宜的话，那么前者饲粮饲喂效果会更好。然而，如果 7 lb 棉籽粕或大豆粕都比较便宜的话就避免使用尿素。

(6)如果饲粮粗蛋白质水平高于日粮总可消化养分的 14%时，使用非蛋白氮的价值不高。例如，如果很多典型冬季干草中总可消化养分含量为 45%，若日粮中粗蛋白质水平高于 6.3% ($45\times0.14 = 6.3$)时，使用非蛋白氮的价值是有限的或没有价值。

基于采食量的变化与体况评分的联系，NPN 最好用于体况评分高于 2.5 的绵羊或山羊；体况评分低于 2 的羊应该避免饲喂 NPN。一旦给羊饲喂 NPN 就要每天饲喂，如果少量多次饲喂则少部分 NPN 用于蛋白质合成。有研究报告指出，在难于消化的饲草型羔羊日粮中添加非蛋白氮，会使其增重和羊毛产量增加，并且降低了寄生线虫的感染[8]。

矿物质

临床上通常考虑以 7 种常量矿物元素和 8 种微量矿物元素评价绵羊或山羊的矿物质营养状况。其常量和微量的命名不是反映矿物元素的重要性而是描述每种矿物元素在饲粮中的含量。常量矿物元素一般以占饲粮百分比表示，而微量矿物元素以 ppm 或 mg/kg 表示。

7 种常量矿物元素有钙、磷、钠、氯、镁、钾和硫。8 种微量元素有铜、钼、钴、铁、碘、锌、锰和硒。微量矿物元素缺乏比能量、蛋白质和常量矿物元素缺乏更常见。这样的缺乏随着时间的推移缓慢发展，很少像蛋白质缺乏那样表现出生产力和机体状态的急剧变化[2]。在矿物质缺乏的病例中经常选用肝活检的方式进行诊断。在第5章介绍了肝活检技术。

钙和磷

钙和磷在机体内的功能是相互关联的，因此我们放在一起讨论。机体内几乎所有的钙和大部分磷都存在于骨骼组织中。羔羊的日粮中钙和磷不足可能影响生长发育，并容易患代谢性骨病（如佝偻病、骨软症）（见第11章）。同样，泌乳母羊钙和磷不足可以显著地减少乳产量。

血清磷虽未向高调控，但在绵羊仍能维持在4～7 mg/dL，山羊仍能维持在4～9.5 mg/dL。磷缺乏是放牧或冬季放牧动物最常见的矿物质缺乏。大多数草料的钙含量较高而磷含量相对较低，豆科植物尤其如此。甜菜粕和豆科植物（如三叶草和紫花苜蓿）是极好的钙源。对于哺乳期的奶山羊和绵羊需要补充钙和磷以满足高产奶量的要求。放牧的山羊与绵羊相比，需要补磷的比较少，因为它们采食的牧草含有丰富的磷。血清磷浓度低于4 mg/dL预示磷不足。缺磷会导致生长缓慢、精神沉郁、被毛凌乱、繁殖率下降及异食癖[2]。

食用高谷物或高浓度养分饲粮的绵羊或山羊，通常需要补充钙，几乎不需要补充磷。谷物中钙含量相对较低，但含有中等或高浓度的磷。虽然血清钙浓度被严格控制在一个狭窄的范围内，但当血清钙浓度低于9 mg/dL时则预示着慢性钙缺乏[2]。长期寄生虫病会导致机体钙磷降低[2]。常见的钙补充剂有贝壳粉和石灰石。脱氟磷矿石是一种优良的磷源。磷酸二氢钙或蒸骨粉（如果有的话）则是非常好的钙磷资源。钙和磷的比例应该在（1～2）∶1[2]。

钠和氯

钠和氯是构成机体许多功能所必需的成分。食盐（氯化钠，NaCl）是绝大部分矿物质添加剂的载体。食盐不能自由采食，而按照0.5%的比例混合到日粮中进行饲喂。钠是主要的细胞外离子，对于机体维持正常的水代谢、细胞内外离子平衡及酸碱平衡是非常重要的，也是胃液的组成部分。食盐摄入量不足的绵羊或山羊会经常咀嚼木头、舔舐土壤或采食其他不喜欢的植物或垃圾。饲料中食盐的含量可以提高到5%，尤其对雄性动物，有助于水分的摄入并降低尿结石的发生（见第12章）。

因为绵羊和山羊对饲料中的食盐具有天然的趋向，所以食盐通常作为保证微量元素吸收的载体。在决定使用含盐矿物质预混料以保证矿物质的摄入量，要考虑的重要因素就是个体消耗的变化。此外，处理不当的食盐或舔砖、饲料添加剂、液体饲料、某种饲料或水的污染物可能都与矿物质组分的急剧变化有关。

食盐也是能量-蛋白质补充剂的限制因子。含10%～15%氯化钠2份玉米粉和1份豆粕的混合物中约含20%粗蛋白质。在成年绵羊或山羊中添加食盐，通常将这种混合物的摄入量限制在每天0.45 kg。当使用限制食盐的饲料时，饲养员应注意在2～3周内缓慢引入该饲料，并提供充足的新鲜清洁的饮水。只能使用精制盐作为限制因子。如果使用微量矿物盐或离子化盐，矿物（如铜、碘）有可能引起中毒，特别是对绵羊。

镁

镁对维持机体神经系统的正常功能很重要，许多酶反应中都需要镁元素。在镁缺乏时，机体可以动用骨中镁，但是骨中镁的储备量比骨钙少很多。很多长得快、肥力好的谷类饲料和草地，镁比较缺乏。植物中钾的含量和瘤胃氨浓度会抑制镁的吸收。豆类和豆科牧草混合是镁的良好来源。不论绵羊还是山羊缺镁均会导致牧草痉挛。镁中毒是非常罕见的。

钾

钾作为细胞内离子维持酸碱平衡和构成很多酶反应途径的组成部分，要求占饲粮的0.5%～0.8%，这取决于动物所处的生产阶段。大多数谷物中钾含量低于0.4%，而新鲜的绿色牧草一般钾含量超过1%。然而，休眠的牧草钾浓度低得多。

在绵羊或山羊饲养管理中，缺钾或钾中毒都非常少见。然而缺钾往往发生在应激的并且以谷物饲料为主的动物身上。因此，在应激条件下（如断奶）可以给予谷物为食的动物补充钾[2]。

硫

硫是机体许多蛋白质的组成成分。羊毛和马海毛中含有高浓度的硫，与角蛋白中的大量含硫氨基酸（胱氨酸、半胱氨酸和蛋氨酸）保持一致。缺硫可降低安哥拉山羊的马海毛产量[9]。一般建议在绵羊和山羊饲料中，氮硫比保持在10:1[2]。在生长山羊中，获得最大增重的理想氮硫比为10.4:1，最大采食量的理想氮硫比为9.5:1[10]。然而，为获得最佳马海毛产量，建议的比例为7.2:1[11]。如果饲料含硫量较低，或者使用大量尿素，则可以通过补充硫来增加体重和羊毛产量。

在绵羊和山羊生产中，硫缺乏可能导致厌食、体重降低、产奶量减少、产毛量下降、流泪、流涎，严重者会死亡。像山羊等草食动物可能会摄入较多的单宁酸，从而降低硫效价。缺硫也会抑制消化、减少微生物蛋白质合成、减少NPN的利用、降低瘤胃微生物产量。毛用动物饲喂NPN时，就需要补充硫。除了燕麦和大麦之外，大多数谷物的硫含量通常都很低，并且不足，但是玉米-大豆型饲料通常能满足瘤胃合成含硫氨基酸的要求。

硫中毒偶尔出现在以硫酸钙作为摄入量限制因子的饲料中。当硫酸铵作为NPN的来源或作为尿液酸化剂时，也会发生硫中毒。如果以硫酸盐的形式补充硫，则可能发生中毒，特别是当饲料中硫含量大于0.4%时。硫酸盐在瘤胃或肠道中可还原为硫化物。一旦硫化物浓度足够大，可能导致脑灰质软化症，对硫胺素反应不全(见第13章)。

在美国东南部，随着商品氮成本的上升，硫酸铵作为肥料的使用已经明显增加。如果任何一群绵羊或山羊开始出现临界微量矿物质缺乏的症状，则应该检测饲料硫的含量。日粮中过量的硫会导致几种微量矿物质(如铜、锌)的缺乏，但不会引起任何明显的毒性问题。

铜

缺铜有原发性(铜摄入不足)和继发性(饲料中钼、硫和铁或其他物质浓度过高引起)两种类型。在瘤胃中，铜、钼和硫形成硫钼酸盐，从而降低了铜的利用率。尤其是铜作为酶体系特定生化反应的功能被抑制，这种代谢障碍导致铜缺乏的临床症状。改变铜吸收的另一些因素包括高浓度的镉、铁、硒、锌、维生素C以及碱性土壤。日粮中锌浓度(高于100 ppm)会降低铜的效价和肝储备。来源改良(施肥、用石灰改良的)牧场的粗饲料更缺乏铜。石灰减少植物对铜的吸收，并且许多肥料含有钼元素。优质茂盛的牧草中铜含量少于大部分干草，豆科牧草铜含量高于大部分禾本科牧草。绵羊肝脏铜含量可维持6个月[2]。

铜缺乏症

铜缺乏症表现细胞性贫血、产奶量下降、被毛颜色变浅或褪色、羊毛质量不佳、心力衰竭、不育；对疾病的易感性增加、生长迟缓、关节肿大，跛行、胃溃疡及腹泻。原发性缺乏导致的临床症状比铜钼比降低更严重。缺铜绵羊的羊毛质量差，常被描述成“弹性差”或“坚硬”。这种羊毛既缺乏抗拉强度又缺乏卷曲性。生长期的羊和羔羊最容易缺铜，其次是哺乳母羊。

铜代谢在品种间是有差异的。例如，在吸收相近的情况下，芬兰长白绵羊血清铜浓度低于美利奴绵羊，反过来美利奴绵羊血清铜浓度低于英国绵羊[12]。羊奶中通常铜比较缺乏，但是钼浓度较集中。对于疑似异常凹背的羔羊，肝铜水平通常低于干重的80 ppm。

有报道称，按照绵羊的矿物质供给(低铜到不添加铜而添加钼)饲喂给山羊会导致其死亡。在侏儒山羊和羔羊、生长期羊中，这种铜缺陷的风险可能会被夸大。美利奴绵羊和侏儒山羊比其他品种对铜的需要量多1～2 ppm。幼龄动物比成年动物更能有效地吸收铜[2]。补充铜对线虫寄生有一定的防控作用。

幼龄绵羊羔或山羊羔可能出现共济失调。受影响的动物是缺铜母绵羊或母山羊生产的。绵羊羔或山羊羔的异常凹背症状通常在出生时就能看到，但一直到3月龄时才可以确诊。新生羔羊可能经历进行性上行麻痹。这种共济失调的临床表现包括肌肉运动不协调(特别是后腿)和无法护理。大多数新生羔羊在出现最初的临床征兆和症状后3～4 d内死亡。得病的较大龄动物可能存活也可能死亡，这取决于严重程度。2周龄至3月龄绵羊羔或山羊羔呈现明显的后肢共济失调、肌肉萎缩和体弱症状。

尸体剖检可以明确诊断。脊髓组织病理学检查显示髓鞘变性和脑白质空化。肝铜浓度总是降低。预防和治疗措施有补充铜剂(使用口服铜剂、铜针、微量元素混合剂或注射铜剂)，以及维持合适的日粮中铜钼比(见第13章)。

如果怀疑缺铜，应该检测日粮中钼、硫和铁的浓度。营养学家或临床医生应该检测机体组织铜浓度用以确定是否缺铜。血清铜水平常用来衡量机体铜的状态，但是大部分铜都与血凝块结合，因此血浆中铜水平是更可靠的衡量机体铜营养状况的指标。遗憾的是，从机体评估角度看，应激和疾病会使血液中铜的水平假性升高。如果血清铜含量明显偏低，并且在取样时没有对动物施加刺激，很可能存在铜缺乏。如果使用血清铜浓度评估铜营养状况，而铜浓度在正常范围内，则补充铜几乎没有意义。例外情况是血清铜正常，但是日粮钼含量高或铜钼比低于 4∶1。在这种情况下，检测到的铜不能有效地利用在机体代谢上。日粮中铜钼比应保持在(5～10)∶1。肝脏是衡量机体铜状态的最佳组织，但是由于其中一些其他限制因素，肝组织不是短期铜平衡的良好指示者。如果肝铜浓度处于临界水平，而血浆或血清铜处于正常范围内，那么动物对于补充铜有良好的效果。如果羊群发生相似的问题，临床兽医不应该只抽检有临床症状的动物，年龄和生产状况相似的个体也应该尽可能被抽检。

采集饲料样本分析铜和微量矿物质。采集干草的中心样本。将饲料样本置于塑料袋中，不能放于棕色纸袋中。日粮铜水平一般在 4～15 ppm。在铜缺乏地区，对于自由采食的山羊应该饲喂含 0.5%硫酸铜的矿物质混合物。然而这样浓度的铜对绵羊而言是有毒害作用的。在极度缺铜地区可以通过口服或非肠道注射铜剂补充铜。

铜中毒

与山羊比较来说，绵羊铜中毒更突出。在绵羊体内，铜缺乏与铜中毒的差异程度相当小。在配制矿物预混料时，简单的混合错误、饲喂了非绵羊矿物质预混料、摄入有毒植物(如羽豆莱、含生物碱的品种)及应激等因素都会导致绵羊铜中毒。铜中毒的来源有预混料、非绵羊用的微量矿物元素添加剂、含有硫酸铜的蹄浴液、高铜饲料(马、犬或鸡的饲料)和一些非常规饲料(肉鸡饲料)。铜中毒的症状包括呼吸频率增加、抑郁、虚弱、血红蛋白尿和黄疸，有时会突然死亡。被感染的动物肉眼可见的病理特征有大量溶血危相和充满血红蛋白的黑色肾脏。注射 *D*-青霉胺(26 mg/kg，每天 1 次，持续 6 d)和四硫钼酸铵(每隔 1 d 静脉注射 1.7 mg/kg，处理 3 次)进行治疗。应特别注意高铁血红蛋白血症的控制(见第 12 章)。与绵羊相比，山羊对铜毒性的敏感性更接近牛。

钴

钴被瘤胃细菌用来合成维生素 B_{12}。在一些高有机质或排水不良的土壤中缺乏钴。绵羊或山羊的钴缺乏症是典型的维生素 B_{12} 缺乏症，其临床症状和体征包括食欲不振、消瘦、贫血和“消耗性疾病”。钴缺乏症与白肝病有关，但磷、铜缺乏症和慢性寄生虫病也在发病过程中发挥作用。患有这种疾病的动物眼部分泌物过多、皮肤变得显著苍白。尸检显示脂肪肝(见第 5 章)。

为了确定是否存在钴缺乏，临床医生必须评估完整的日粮。缺铜会使血清或尿甲基丙二酸升高、血清维生素 B_{12} 和肝脏钴浓度降低。然而，由于钴在组织中的正常浓度通常较低，诊断可能很困难。在大多数情况下，日粮中钴浓度为 0.1 ppm 是足够的，但低于 0.06 ppm 水平则被认为不足。如果存在明显的缺乏，则应添加补充钴的微量矿物质混合物。在北美，大多数绵羊和山羊在典型饲养条件下，对钴的毒性几乎不被关注[2]。

铁

在放牧条件下，绵羊和山羊缺铁的情况十分罕见。然而，在完全限制的条件下长大、禁止进入牧场和用泥土铺的地面或围场的绵羊羔或山羊羔就会出现铁不足。当给幼小动物喂食缺铁的代乳品时，铁缺乏会加剧。新生山羊羔和绵羊羔出生时就只有很少的铁储备。铁是血红蛋白的重要组成部分，缺铁可导致细胞性低色素性贫血。除患有严重寄生虫病外，缺铁对于成年羊是一个罕见的问题。

对于诊断为缺铁的山羊羔和绵羊羔，每隔 2～3 周给予一次右旋糖酐铁(150 mg，肌肉注射)是一种有效的治疗方法[9]。肠外右旋糖酐铁有毒，使用时要小心。如果同时还存在缺硒的话，使用右旋糖酐铁会导致肌肉疼痛[9]。日粮铁需求量一般为 30～40 ppm。

碘

碘缺乏症在北美的某些地理区域更为常见，尤其是美国的北部地区。甲硫氧嘧啶、硝酸盐、高氯酸盐、豆粕和硫氰酸盐会降低碘的有效性。铷、砷、氟、钙和钾这几种矿物质会干扰碘吸收。在冬季和哺乳期使用碘是最有效的。在饲料中碘的形式或“状态”改变碘的有效性——碘酸盐比碘化物更容易被吸收。碘缺乏的症状包括甲状腺肿，生长不良，产奶量降低，妊娠毒血症和生殖异常(包括流产、死产、胎盘滞留)，发情不规律、不孕、性欲低下，新生羔羊小、弱、无毛或短毛和绒毛。缺碘母羊所生的羔羊甲状腺可能增大。缺碘羔羊可以用鲁氏碘液按每天 3～6 滴治疗 7 d。

羔羊甲状腺肿大通常是一种先天性疾病，与日粮中碘无关(见第 9 章)。在全面检测日粮后，如果仍怀疑缺碘，临床兽医应该检测血清或血浆中的甲状腺素水平，根据其降低的程度评估身体状况。碘很容易被吸收，所以大多数来源的碘在矿物盐混合物或饲料补充剂中都很有效。通常哺乳期动物的碘浓度为 0.8 ppm、非哺乳期母羊的碘浓度为 0.2 ppm 足以维持正常功能。每周在妊娠动物的皮肤上涂一次碘(1～2 mL 碘酊或鲁氏碘液)是一种劳动密集但有效的预防碘不足引起甲状腺功能减退的方法。甲状腺功能减退有时与海带或相关植物的摄食有关。这一临床问题偶尔会在宠物或奶山羊中遇到。治疗碘中毒只需要去除碘源就可以了[2]。

锌

据报道，绵羊和山羊存在与锌缺乏相关的疾病或功能障碍。饲料中维生素 C、乳糖和柠檬酸可以提高锌的有效性。草酸盐、植酸盐以及饲料中高浓度的钙、镉、铁、钼和磷酸盐都会降低锌的利用率。豆类中的锌浓度通常高于禾本科植物，但豆类中总是含有大量的钙，这可能会降低锌的利用。锌在谷物中不易获得。锌的缺乏症状包括皮炎和角化病、产奶量减少、食欲下降、饲料利用率低、生长缓慢、对腐蹄病的易感性增加、腿部和头部毛发生长缓慢、关节肿胀、生长不良、繁殖性能下降、睾丸发育不良、维生素 A 代谢障碍和维生素 E 需求增加。公山羊似乎对锌临界摄入量的潜在副作用更为敏感。

一旦怀疑缺锌，临床兽医应该仔细检测饲料样本的成分。适当收集血清或血浆用于微量元素分析。因为红细胞中含有高浓度的锌，所以溶血改变了血清和血浆样本的准确性。肝脏样本检测结果对动物机体锌的状态的评估最具可重复性。聚苯乙烯容器和棕色纸袋都可能被锌污染，不应用于样品采集。除了那些摄入大量豆类饲料的动物外，饲料中通常含有 20～50 ppm 锌就足够了，在这种情况下，表明锌是螯合形式的。一般情况下提供含 0.5%～2% 的锌微量矿物盐可以预防锌缺乏。锌的需要量和中毒量相差很大，所以在大多数情况下锌中毒是罕见的[2]。

硒

饲料中适当的维生素 E、维生素 A 和组氨酸水平可增强小肠对硒的吸收。饲料中大量的砷、钙、维生素 C、铜、硝酸盐、硫酸盐和不饱和脂肪会抑制硒的吸收。豆科植物通常比禾本科植物含有更多的硒，而禾本科植物又比谷类籽实含有更多的硒(见第 11 章)。

缺硒的症状包括营养性肌营养不良，特别是生长迅速的小羊羔的骨骼肌和心肌，以及胎盘滞留。与硒不足相关的其他症状包括生长不良、虚弱或早产、免疫功能低下、乳腺炎和子宫炎。硒缺乏最常见于自出生至 8 周龄的绵羊羔羊。

血清硒浓度很难解释硒营养状况，因为它们可能反映了过去 2～4 周的日粮硒摄入情况。全血硒浓度反映了过去 100 多天的日粮硒摄入情况。

肝活检是诊断硒缺乏症最准确的方法。然而，通常用全血硒浓度来判断硒的营养水平。一般日粮中硒的含量为 0.1～0.3 ppm 就足够了。在妊娠期的最后 3 个月内，应饲喂到上限水平(0.3 ppm)。在缺硒地区，矿物盐混合物硒含量为 24～90 ppm。当然，在不同的国家和美国的一些地区，饲料中硒含量限制在不同的水平。在硒缺乏的情况下，可以注射维生素 E 和硒制剂。也可能会发生硒中毒，但硒缺乏的情况却更普遍存在。中毒的症状是羊毛断裂、厌食、抑郁、运动失调和死亡[2]。

维生素

因为在健康的绵羊和山羊中，瘤胃会合成 B 族维生素，所以在无应激动物日粮中唯一需要的维生素是脂溶性维生素 A、维生素 D、维生素 E 和维生素 K。如果动物的瘤胃功能被改变了，或者被虫体寄生，或者饲喂的日粮纤维含量低，或者正在长期接受抗生素治疗，这时有必要给动物补充 B 族维生素。

维生素 A

维生素 A 与多种机能有关，其对生长、骨骼发育、正常生殖、视力和上皮组织完整性至关重要。维生素 A 缺乏的症状有体重减轻、免疫功能下降、夜盲症、繁育能力下降和脱毛。维生素 A 可以在肝脏中储存 4～6 个月或更长时间。绿色、植物性的牧草可以满足绵羊和山羊日常维生素 A 的需求，非哺乳动物的日常需求为 105 IU/kg 体重[2]。在妊娠后期，日需求增加到 150 IU/kg 体重，哺乳期日需求量增加到 175 IU/kg 体重。为了便于转换，一个维生素A当量(RE)等于3.33 IU。植物不会合成维生素A,而是形成能够转化成维生素A的类胡萝卜素前体[2]。

褐色、干燥且长期存放的干草会缺乏维生素A,含有氧化剂(如铜、铁)的维生素矿物质补充剂在储存过程中维生素A也会受到氧化破坏。尽管商品标签中注明可能存在维生素A,但其活性可能很小。

维生素D

如果动物长期照射阳光,一般可以满足机体维生素D的需求。在圈栏饲养、连雨或阴天条件下,应当补充维生素D。维生素D缺乏症通常会发生在毛厚的羊身上,这些羊接触阳光的时间和吃到的干草料都比较有限。而冬季往往是血液中维生素D浓度最低的季节。

维生素D以及钙和磷对维持骨骼完整性很重要。缺乏维生素D会导致佝偻病(见第11章)。鲜草和干草(特别是晒干的干草)等植物中含有大量的麦角钙化醇(维生素D_2和维生素D_3)。绵羊的维生素D每天需求量为5～6 IU/kg体重,早期断奶的羔羊则每天需要6～7 IU/kg体重[2]。转换过来是1 IU维生素D等于0.025 μg结晶维生素D_3[2]。

维生素E

维生素E是一种生物抗氧化剂,在维持细胞膜完整性方面发挥着重要作用。其作用机制与硒密切相关,二者缺乏任何一种都会导致绵羊和山羊白肌病的发生、免疫功能下降和生育能力降低。缺乏维生素E的母羊产下的羔羊可能会出现机体僵硬、麻痹和肺炎等症状。如果在羊群中发现发病率高于预期,饲养员或临床兽医应调查维生素E的摄入量是否充足。在某些缺硒地区,羔羊需额外注射维生素E和硒。维生素E很难储存在体内,因此每日摄入量至关重要。维生素E存在于大多数优质牧草中,如果母羊食用劣质干草(特别是在缺硒地区),则需要额外补充维生素E。富含维生素E的饲料包括苜蓿粉、棉籽粕和啤酒糟。但一些饲料原料(如玉米、富含硫的饲料、洋葱等)会降低维生素E的利用率。2007年美国国家研究委员会(NRC)建议小反刍动物维生素E每天的摄入量为5.3 IU/kg体重。这一建议适用于所有类型的绵羊和山羊[2]。

维生素K

如果反刍动物是健康的,则不需要补充维生素K。维生素K对正常血液凝固和视力都很重要。在健康的动物中,瘤胃和肠道会合成足够数量的维生素K。

矿物质饲料

块盐或散盐就是块状或松散的氯化钠混合物。块状或松散的微量无机盐由氯化钠(98%～99%)和微量矿物质组成。通常没有规定块盐或散盐某些矿物质的含量和种类。营养学家或临床兽医应仔细评估饲喂给绵羊或山羊矿物盐补充剂的类型。

大多数成年母羊每月消耗0.3～0.8 kg的矿物质混合物,即每天消耗10～28 g。在干旱地区的绵羊和山羊通常消耗更多,而在牧场上放牧的绵羊和山羊消耗较少。块盐不适合饲喂绵羊和山羊,它会导致矿物质摄入不足,偶尔会导致牙齿断裂。

全矿物质混合物应喂给食用劣质牧草的动物,以及处于繁殖、怀孕和哺乳期的动物。由40%磷酸氢钙和60%的微量无机盐组成的混合物通常作为有效且廉价的矿物盐补充剂。如果需要补充维生素E,可将1 kg(22.5 lb)含有44 100 IU/kg的维生素E补充剂与22.7 kg(50 lb)的微量矿物盐混合使用。如果动物每天食用10～17 g这种混合物,则会满足动物日常维生素E的需求。在消耗量不足以满足这些要求的情况下,饲养员可以通过对提供的矿物进行每周称重来监测摄入情况。如果动物没有摄入足够的补充剂,添加玉米、糖蜜或豆粕可能会增加摄入量。如果混合物消耗过多,添加白盐可以减少摄入。矿物盐补充剂的使用应以各自农场的实际情况、饲料分析、生产阶段和品种为基础。总之,应该全年补充矿物盐补充剂。

饲料添加剂

迄今为止,美国食品和药物管理局(FDA)已批准可以将极少数饲料添加剂用于绵羊和山羊。金霉素和土霉素两种抗生素,在美国已被批准作为绵羊的饲料添加剂。在绵羊羔和山羊羔的教槽料或育肥料中加入饲用抗生素,可以提高平均日增重和饲料转化率,并降低由某些疾病(如肺炎、肠毒血症)导致的损失。其结果取决于管理水平和羔羊应激程度。在美国,金霉素和四环素被用来提高羊饲料效率和提高日增重(20～60 g/t饲料的添加量),也用于预防母羊由于弯曲杆菌感染导致的胎儿流产(每只动物 80 mg/d),还用于治疗由多杀性巴氏杆菌引起的细菌性肺炎和由大肠杆菌引起的肠炎(日用量 22 mg/kg 体重)。这两种抗生素已成功地在山羊中以与治疗所列绵羊疾病相似的剂量使用。在个别动物治疗困难的情况下,可将这些抗生素研磨加入全饲粮颗粒饲料中或涂抹在饲料表面以治疗腐蹄病或结膜炎。不同动物摄入量不同,因此治疗的效果存在差异。无论何时使用以饲料为基础的抗生素,对于厌食动物来说,摄入量都不足以进行适当的治疗。

两种离子载体类药物,拉沙里菌素和莫能菌素,被 FDA 批准作为饲料添加剂,分别用于控制绵羊和山羊的球虫病。在美国,两者都仅被批准用于圈栏饲养的动物,并且都未被批准用于给人类提供奶品的动物。将这些离子载体类药物喂养给母羊或在它们分娩前 30 d 喂养,可减少感染性卵囊的排出,减少牧场污染和预防羔羊球虫病发生。这两种药物在提高成年和幼年动物的增重和饲料效率方面都有一定效果。离子载体类药物还可以提高繁殖率。离子载体物也增强瘤胃中的丙酸发酵,从而增加葡萄糖前体的储备,并有助于预防怀孕晚期母羊的妊娠毒血症。这两种药剂还有一个额外的好处,即降低高谷物低牧草日粮中动物胃胀气的发生率(如放养羔羊、圈养羔羊)。

癸氧喹酯是另一种抗球虫饲料添加剂,在美国被批准用于绵羊和山羊,但同样未被批准用于给人类提供奶品的动物。癸氧喹酯在球虫生命周期的早期起作用,在球虫引起胃肠道损伤之前避免球虫感染引起的一些严重后果。癸氧喹酯非常安全,可以添加到饲料、矿物质混合物、奶或代乳品中。处于球虫病激发感染应激或环境污染风险的羔羊,以及妊娠后期的母羊,可使用该饲料添加剂预防疾病。为了最大限度地发挥药效,饲喂含有癸氧喹酯的饲料应连续供给至少 28 d。

驱虫剂莫仑太尔被批准作为山羊饲料添加剂以控制胃肠道线虫。添加驱虫剂的饲料对于因性情或缺乏设施而难以单独处理的动物很有用。然而,如果持续饲喂驱虫药且不能提供一致的摄入量,则会发生对驱虫药的抗药性。

阴离子盐(氯化铵和硫酸铵)都是尿液酸化剂,当添加到育成公羊、散养公羊和阉割公羊的日粮中有助于预防某些类型的尿石症。尿石症可能发生在喜食高谷物饲料的公羊身上(尿道直径比母羊小)。这在宠物山羊、育种公羊、散养公羊和圈养公羊中也是如此。然而,这些阴离子盐往往是不适口的,并且在有效剂量(日用量 200 mg/kg)下,它们的使用可能导致饲料摄入量降低。

酵母培养物是指酵母及其生长的培养基。该产品可以干燥保存,并用作饲料添加剂。虽然作用模式尚未确定,但一些酵母培养物的摄入可能会促进干物质摄入和纤维消化,特别是处于轻度应激中的动物。这些酵母培养物可以促进能够利用乳酸的瘤胃细菌的生长。使用前应仔细检查这些制剂的质量。酵母培养物可能有助于缓解动物摄入含谷物丰富的饲料并最大限度减少处在饮食过渡阶段的瘤胃不适。

缓冲剂是防止酸碱度变化的盐,而中和剂可以中和酸以及提高 pH。一些饲料级缓冲剂包括碳酸氢钠、碳酸氢三钠、皂基钠膨润土和碳酸钙。氧化镁、碳酸钠和氢氧化钠是中和剂。缓冲剂和中和剂可以添加到高谷物日粮中(如饲喂散养羔羊、圈养羔羊和奶用羔羊的日粮)以帮助限制与摄入过量浓缩物相关的瘤胃 pH 的快速变化。碳酸氢钠可能是这些化学品中使用最广泛的。对饲喂缓冲液的效果可能是可变的,除非用于饲喂高谷物饲料的奶用羔羊。当用于基础日粮时,缓冲剂价值较低。在奶用山羊和绵羊中,缓冲剂可以改善产奶量、减少乳脂肪、降低乳酸性酸中毒-瘤胃综合征的发生率,并改善整体健康状况。这些缓冲液可以不用限定方式来饲喂奶用山羊,在全混合日粮中可以添加 1%,也可以添加在饲料表面。

纤维

纤维是反刍动物日粮的重要组成部分。如果日粮中没有足够的纤维,就不会发生正常的反刍。在绵羊中,当动物寻找粗饲料来源时,饲喂含有限纤维的浓缩基础日粮会导致“羊毛脱落”。为了促进瘤胃的健康,日粮中的纤维含量一般应大于 50%。

日粮中还需要纤维来维持一定的乳脂水平。纤维的粒径很重要。人们普遍认为,最小粒径为 1～2.5 cm 的颗粒较适宜,可刺激正常反刍,尽管较小颗粒的影响在绵羊和山羊中没有得到很好的证明,但颗粒状粗饲料不符合纤维尺寸的要求。对饲喂颗粒饲料或处在草场茂盛的动物应该提供干草[13]。

颗粒饲料

饲料制粒压胚是用模具压成的。饲料制粒可减少浪费、便于储存和机械化、减少劳动力。但是，饲料制粒通常会增加饲料总成本。压实饲料原料可减少或清除粉末和灰尘，从而增加适口性。制粒过程减少了饲料的分选，避免动物仅摄入饲料中的某些部分。因为制粒通常需要研磨，会减小颗粒大小，从而略微提高消化率。然而，喂食颗粒料会导致动物乳制品中的乳脂减少、溃疡和窒息以及公羊的尿石症的发病率增加。由于唾液产生减少，颗粒日粮可增加磷酸盐结石的发病率，从而降低胃肠道的磷酸盐排泄。因此，饲喂颗粒日粮可以增加尿液中的磷排泄量。颗粒日粮也与尿液中黏蛋白排泄增加有关。制粒还可以降低饲料中的维生素A、维生素E和维生素K的含量，甚至彻底消除这些营养素。在配制颗粒饲料时，制造商应该在颗粒饲料中增添这些营养素。饲养员或生产者应权衡颗粒饲料的成本与效益。

饲料分析

绵羊和山羊都可以从众多的饲料中获得营养。在2007年NRC针对小反刍动物的建议中可以找到各种饲料及其营养成分的列表[2]。为简单起见，能值报告为TDN。许多饲料由于受到脂肪含量、适口性、含水量、抗营养因子和其他超出本章讨论范围的一些因素的影响，它们的使用会受到限制。

为了分析给定饲料的营养含量，分析员必须获得一部分具有代表性的样品。对于干草分析，打捆成包后随机抽样10%就足够了。对于大圆形草捆，核心的样品理想取样是从草捆的表面到深度约为78 cm处取样。大多数取样装置都从一捆中抽取直径约为2.5 cm的芯。所有核心样品应该放到一个容器中并充分混合。从混合物中，分析员应正确包装约0.22 kg的子样品并将其送至实验室进行分析。青贮饲料和其他高水分饲料的样品应在运送到测试实验室之前进行冷冻。为了分析存储在料仓或其他存储设施中的散装饲料，分析员应该在给料或卸料时随机抽取几个样品。

牧草可以通过外观来评价，但其准确度比实验室分析要低得多。没有霉菌或杂草的绿色多叶牧草通常更有营养。山羊在饲喂干草时往往选择叶子；因此分析干草可能并不总是适用于营养摄入。

在代表性样品到达实验室后，对其进行各种营养成分分析。首先测定样品的水分含量。大多数饲料含有10%～15%的水分，但在干旱环境中的样品可能会少一些。因此，饲料中的干物质很重要，为了进行比较，饲料中的营养成分以占干物质的百分比表示。如果水分含量超过15%，霉菌污染通常是个问题。此外，还可以测定总灰分含量和测量单个矿物质的含量。总灰分含量对于分析各种副产品饲料可能是有价值的，其中灰尘或土壤污染可能是个问题。

同时应该确定纤维含量。大多数实验室采用的是基于使用洗涤剂的范氏(Van Soest)洗涤纤维分析法。第一步是将样品在中性洗涤剂溶液中煮沸，并将细胞内容物与纤维分离。未溶解的部分称为中性洗涤纤维(NDF)。然后，将NDF部分在酸性洗涤剂溶液中煮沸以溶解半纤维素，剩下的是酸性洗涤纤维(ADF)。将该部分溶于72%的硫酸，使纤维素溶解。通过灰化样品来分离剩下的木质素和二氧化硅。NDF是对样品中半纤维素、纤维素和木质素含量的估计，而ADF只估计酸纤维素和木质素的含量。随着饲料中NDF含量的增加，饲料体积也随之增大，即NDF与干物质摄入量呈负相关。随着饲料中ADF含量的增加，其消化率降低。造粒或研磨通常会导致更多的干物质摄入，即使是对于NDF含量相对较高的饲料也是如此。根据各种纤维组分的确定水平，使用预测方程计算TDN含量和其他各种能量含量值(如可代谢能量、净能量)。

最后一个测定的比较重要的营养成分是粗蛋白质。分析样品的氮含量，然后粗蛋白质的含氮量为氮百分比乘以6.25。粗蛋白质值不能表明蛋白质中是否有或者有多少被热量破坏，热损伤往往导致消化率下降。这种蛋白质分析方法不能区分NPN和天然蛋白质。报告为可消化蛋白质的蛋白质含量由粗蛋白质含量配制而成。不幸的是，可消化蛋白质在开发日粮方面的实用价值有限。此外，有时可以对样品进行脂肪分析。表2-1说明了干草样品分析。

不同的实验室使用不同的方程来预测能量值。一个常用的公式如下。

TDN(%)= 88.9−[0.79× ADF(%)]

该等式使用表 2-1 中提供的分析中的 ADF (39%)或 TDN(58.09%)值进行平衡。与这个简单的等式相比,各种净能量预测方程使用的是更为复杂的二次和三次项。NDF 数值可用于估计动物的干物质摄入量。

干物质摄入量(占体重的百分比)= 120 ÷ NDF(%)

同样,利用表 2-1 中的信息,等式的解如下。

干物质摄入量=120 ÷ 62 = 1.94%(占体重的)

因此,表 2-1 中提供的干草,动物的干物质消耗量约为其体重的 1.9%。

饲料分析报告的另一种营养措施是相对饲料价值(RFV),其计算如下。

相对饲料价值=可消化干物质(%)×干物质摄入量(%)÷1.29

其中可消化干物质(%)=88.9−[0.779×ADF(%)]。因此,对于这个例子,完整的等式如下。

相对饲料价值=(58.52×1.94)÷1.29=88

相对饲料价值(RFVs)可以超过 100,如苜蓿。然而,该措施没有考虑到草料的粗蛋白质含量,必须单独评估。草料质量越差,消化所需的时间越长。质量差的草料在瘤胃中停留较长时间,从而间接限制了采食量。饲养员购买草料可以根据相对饲料价值成功地做出决定。然而,在日粮配方中通常用 TDN 和蛋白质含量做指导。

表 2-1　羊茅干草样品分析

成分	干物质含量测定
水分	12.75%
干物质	87.25%
粗蛋白质	12.31%
纤维	
NDF	62.00%
ADF	39.00%
总可消化养分*	58.09%
净能——泌乳*	1.31 Mcal/kg
净能——维持*	1.25 Mcal/kg
净能——谷物*	0.58 Mcal/kg

*根据预测方程计算。ADF:酸性洗涤纤维;NDF:中性洗涤纤维。

平衡配给

替代法

当动物营养计划中只使用两种或三种饲料时,平衡日粮的替代方法效果最好。在本章中,用 lb 而不是 kg 来演示这个定量计算方法。在下面的示例中,为一组平均体重为 150 lb 的母羊的日粮组成。这些动物也处于妊娠晚期,有很大可能是双胞胎。可以使用一些干草,已分析出这些干草含有 51%的 TDN 和 8.8%的粗蛋白质。玉米和豆粕都可以根据需要购买。每日需求量可根据 NRC 建议确定[2]。干物质摄入量预计为 4.0 lb/d,母羊需要 2.7 lb TDN 和 0.42 lb 蛋白质。如果 X=干草(lb),则 4.0 −X=玉米重(lb)。TDN 的确定方法如下。

$$0.51(X)+0.881(4.0-X)=2.7$$

其中,0.51 和 0.881 分别是干草和玉米中 TDN 的比例,2.7 是每日 TDN 要求(lb)。对 X 的求解表明,每天喂入 2.2 lb 干草和 1.8 lb 玉米(基于干物质)可以满足母羊的能量需求。

下一步是确定蛋白质的充足性。干草提供 0.19 lb 蛋白质(2.2×0.088);玉米提供 0.18 lb 蛋白质(1.8×0.1)。因此,每日总蛋白质摄入量为 0.37 lb(0.19+0.18)。然而,由于蛋白质需求量为 0.42 lb,这个配方仍然缺少了 0.05 lb 蛋白质(0.42−0.37)。如豆粕等蛋白质资源可以用来补充谷物(玉米)。每磅豆粕替代玉米(0.44−0.1),蛋白质净增加 0.34 lb。将不足量(0.05 lb)除以用豆粕代替玉米(0.34 lb)获得的蛋白质净增加量,表明可以通过添加 0.15 lb 豆粕和减去 0.15 lb 玉米来平衡日粮。因此,最终的日粮是 1.65 lb 玉米、0.15 lb 豆粕和 2.2 lb 干草。

为了将该定量成分转换为基础饲料,并且为了简单起见,在本例中,假设所有饲料均为 90%干物质。因此,每种饲料的量应除以 0.9,得到 1.8 lb 玉米、0.17 lb 豆粕和 2.4 lb 干草。

从实用的角度来看,建议为母羊提供随意采食的干草,并添加 2 lb 玉米-豆粕混合物,其中包含 90%的玉米和 10%的豆粕。用这种日粮一直喂到开始产羔,在那时需要重新配制配方以满足哺乳的需要。

固定成分方法

接下来介绍一种使用固定成分平衡日粮的方法。在这个例子中，使用了3种不同的谷物来源：玉米、燕麦和小麦。这种日粮配方让30 lb的羊羔以0.20 lb/d的速度稳定生长。此外，棉籽壳可作为粗饲料来源，棉籽粕也是一种蛋白质资源。小麦是以便宜的价格购买的，但大量饲喂小麦会产生一些潜在的问题。因此，小麦仅限于日粮的15%。在这个例子中，养殖者要求在日粮配方中使用等量的玉米和燕麦。这些山羊的每日需求量如下：干物质摄入量为0.9 lb，蛋白质摄入量为0.119 lb，TDN摄入量为0.59 lb。首先，应考虑到固定水平的小麦可提供的营养物质。

小麦日摄入量＝0.90 lb×15%＝0.135 lb/d
来自小麦的TDN＝0.135 lb×0.873＝0.12 lb
蛋白质＝0.135 lb×0.151＝0.020 lb

从需求中减去这些量会得到以下结果。

干物质＝0.90－0.135＝0.765
TDN＝0.59－0.12＝0.47 lb
粗蛋白质＝0.119－0.020＝0.099 lb

类似于前一个例子的方程，其中 X＝棉籽壳的磅数和 0.765－X＝玉米和燕麦混合物（1∶1），现在用于求解TDN：

$$0.451(X)+0.8275(0.765-X)=0.47$$

其中0.451是棉籽壳的TDN含量，0.8275是玉米（0.881）和燕麦（0.774）等份混合物的TDN含量（0.881＋0.774）/2＝0.8275。对 X 的求解表明，平衡配给需要0.52 lb棉籽壳和0.24 lb玉米加燕麦混合物，玉米加燕麦分别相当于0.12 lb（0.24 lb÷2）。

到目前为止，日粮由0.52 lb棉籽壳、0.135 lb小麦、0.12 lb玉米和0.12 lb燕麦组成。棉籽壳提供0.022 lb蛋白质（0.52 lb×0.042），玉米提供0.012 lb蛋白质（0.12 lb×0.10），燕麦提供0.016 lb蛋白质（0.12×0.132）。至此，日粮中的总蛋白质为0.05 lb（0.022＋0.012＋0.016）。蛋白质需求为0.099 lb，还缺0.049 lb。

棉籽粕可以代替部分谷物。等量混合饲料包含11.6%，因此替代物净高32.7%（44.3%－11.6%）。因此，为了平衡日粮，饲养员应添加0.15 lb棉籽粉（0.47 lb÷0.327），并从日粮中取出0.075 lb玉米和0.075 lb燕麦。最终日配给见表2-2。

表2-2 最终确定每日的定量固定组分

组分	干物质/lb	饲喂/lb*	饲喂占比/%
棉籽壳	0.52	0.58	58.0
小麦	0.135	0.15	15.0
玉米	0.045	0.05	5.0
燕麦	0.045	0.05	5.0
棉籽粕	0.15	0.15	17.0

* 为了计算“饲喂时的磅值”，饲养员应确定干物质的百分比，并将其分为饲喂的干物质的量（例如，棉籽壳在90%干物质下为0.52 lb，或0.52÷0.9＝0.58 lb饲喂）。在这个例子中，所有的饲料都是90%干物质。

Pearson积矩法

Pearson积矩法是一个简单的工具，非常适合以一种营养为基础来混合两种不同的成分。在下面的示例中，将玉米和豆粕混合以获得16%粗蛋白质的浓缩混合物。将所需营养的百分比放在中间，然后将两个饲料中该营养的百分比放在左角，形成积矩。

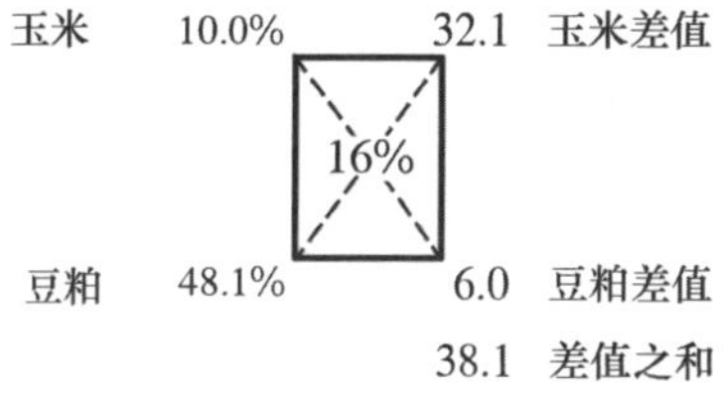

通过在积矩上对角线减法来解决积矩，而不考虑差异的符号并记录右角处的差异（换句话说，没有负数）。使用单个部分和总部分，可以计算出每个成分的百分比。

32.1/38.1＝84.25%玉米
6/38.1＝15.75%豆粕

因此，由84.25%玉米和15.75%豆粕组成的混合物产生粗蛋白质含量为16%的饲料。这种快速方法可用于测定任何种类营养的含量。

计算磷和钙的补充需求

下一个示例说明了使用前一个示例中84.25%玉米和15.75%豆粕混合物计算磷和钙补充需求的方法。这两种饲料的钙和磷含量值来自2007年NRC对小反刍动物的建议[2]。所有数值均以干物质为基础提供。钙以石灰石补充，磷以磷酸二氢钙补充。玉米-豆粕混合物占日粮的97%。钙、磷源（磷酸二氢钙）和钙源（石灰石）以及尿液酸化剂（如果需要）可以添加到所需的微量矿物质中。因此，玉米占日粮的81.7%（84.25%×0.97），而豆粕占日粮的15.3%（15.75%×0.97）。根据磷的补充要求为0.5%和磷酸二氢钙（18.5%）中磷的百分比，补充磷的量（如磷酸二氢钙）可以通过将每种饲料成分乘以该饲料中的磷百分比来计算。添加结果如下。

	钙含量	磷含量
玉米粒，2级	0.02%	0.33%
豆粕，机械提取	0.26%	0.62%

$$0.5\% = (81.75\% \times 0.0033) + (15.3\% \times 0.0062) + (X \times 0.185\%)$$

其中0.5%为日需磷量，81.75%是日粮中玉米所占的比例，0.0033是玉米中磷占的比例，15.3%是日粮中豆粕所占的比例，0.0062是豆粕中磷占的比例。X为日粮中所需磷酸二氢钙的含量，0.185%为磷酸二氢钙中磷占的比例。方程的解如下。

$$0.5\% = 0.27\% + 0.095\% + (X \times 0.185\%)$$
$$0.5\% = 0.365\% + (X \times 0.185\%)$$
$$(0.5\% - 0.365\%) \div 0.185\% = X$$
$$X = 0.73\%$$

因此，磷酸二氢钙必须占日粮的0.73%以满足磷的需求。

于是可以以石灰石的形式解决钙补充的问题，以0.6%的日需求钙量和日粮中磷酸二氢钙的含量（0.73%）和石灰石中钙的含量（38%）为基础：

$$0.6\% = (81.75\% \times 0.0002) + (15.3\% \times 0.0026) + (0.73\% \times 0.22\%) + (X \times 0.38\%)$$

其中0.6%为日需钙量，81.75%为日粮中玉米所占比例，0.0002为玉米中钙所占比例，15.3%为日粮中豆粕所占比例，0.0026为豆粕中钙所占比例，0.73%为日粮中磷酸二氢钙所占比例，0.22%为磷酸二氢钙中钙所占比例。X为补充石灰石所需的量，0.38%为石灰石中钙所占比例。方程的求解如下。

$$0.6\% = 0.016\% + 0.04\% + 0.16\% + (X \times 0.38\%)$$
$$0.6\% = 0.216\% + (X \times 0.38\%)$$
$$0.6\% - 0.216\% \div 0.38\% = X$$
$$X = 1\%$$

因此，石灰石必须占日粮的1%以满足钙的需求。

综上，在前面的例子中计算的比例将由以下部分组成：

玉米	81.7%
豆粕	15.3%
磷酸二氢钙	0.73%
石灰石	1%
总比列	98.73%

该比例是以进食为基础的。通过标准添加0.5 lb（相当于0.5%）的氯化钠和0.05 lb（相当于0.05%）的微量矿物质，所得混合物以干物质计为99.28%。

位于俄克拉荷马州的兰斯顿大学创办了一个网站，该网站允许农场主、生产者、护理人员、营养师和兽医来平衡各营养成分的比例提供总日粮，计算钙和磷的需求、估算精料补充料，以及山羊的其他日粮和营养（http://www.luresext.edu/goats/research/nutreqgoats.html）。

参考文献

[1] Hofmann RR: Anatomy of the gastrointestinal tract. In Church DC, editor: *The ruminant animal digestive physiology and nutrition*, Englewood Cliffs, NJ, 1988, Prentice-Hall.

[2] *Nutrient requirements of small ruminants; sheep, goats, cervids and New World camelids*, Washington, DC, 2007, National Academy Press.

[3] Water requirements for livestock, *Alberta Agriculture Food andRural Development Extension Bulletin*, 2000.

[4] Bauder J: When is water good enough for livestock? *Montana State Extension Bulletin*, 2000.

[5] Guyer PQ: Livestock water quality, *University of Nebraska Extension Service Bulletin* G79-46A.

[6] Meyer KB: *Water quality in animals*, *Purdue University Extension Bulletin* WQ9, 1999.

[7] Maloiy GMO, Taylor CR: Water requirements of African goats and haired sheep, *J Agr Sci* 77: 203, 1971.

[8] Knox MR, Steel JW: The effects of urea supplementation on pro-duction and parasitological responses of sheep infected with *Hae-monchus contortus* and, *Trichostrongylus colubriformis*, *Vet Parasitol* 3: 123, 1999.

[9] Bratzlaff K, Henlein G, Huston J: Common nutritional problems feeding the sick goat. In Naylor JM, Ralston SL, editors: *Large animal clinical nutrition*, St Louis, 1991, Mosby.

[10] Qi K, Lu CD, Owens FN: Sulfate supplementation of growing goats: effects on performance, acid-base balance, and nutrient digestibilities, *J Anim Sci* 71: 1579, 1993.

[11] Qi K, et al: Sulfate supplementation of Angora goats: metabolic and mohair responses, *J Anim Sci* 70: 2828, 1992.

[12] Hayter S, Wiener G: Variation in the concentration of copper in the blood plasma of Finnish-Landrace and Merino sheep and heir crosses with reference to reproductive performance and age, *Anim Prod* 16: 261, 1973.

[13] Holland C, Kezar W: *Pioneer forage manual. A nutritional guide*, *DesMoines*, IA, 1995, Pioneer Hi-Bred International.

延伸阅读

Ensminger ME, Oldfield JE, Heinemann WW: *Feeds and nutrition*, ed 2, Clovis, Calif, 1990, Ensminger Publishing.

Naylor JM, Ralston SL: *Large animal clinical nutrition*, St Louis, 1991.

体况评分

从理论上讲,养殖场的动物应该获得每个生产阶段所需的确切营养;然而,在野外条件下,这通常是不可行的。因此,这些动物将遭受季节性的营养不足或营养过剩。身体状况评分是评估羊群整体营养状况的一个有用工具。绵羊和山羊最常用的评分系统的范围是 1～5 分,身体状况评分(BCS)为 1 分的是非常瘦弱的动物,BCS 为 5 分的是非常肥胖的动物。身体状况评分是通过触诊一只放松的绵羊或山羊来获得腰椎区棘突和横突上脂肪覆盖的程度[1](图 2-1)。因为超过 85%～90%的健康母羊的得分都是 2 分、3 分或 4 分,所以为了更准确,通常会给半分。例如,如果总体得分高于 3 分,但不完全是 4 分,那么应该给动物分配 3.5 分的 BCS。理想情况下,大多数个体在繁殖和分娩时的 BCS 应该在 2.5～3。

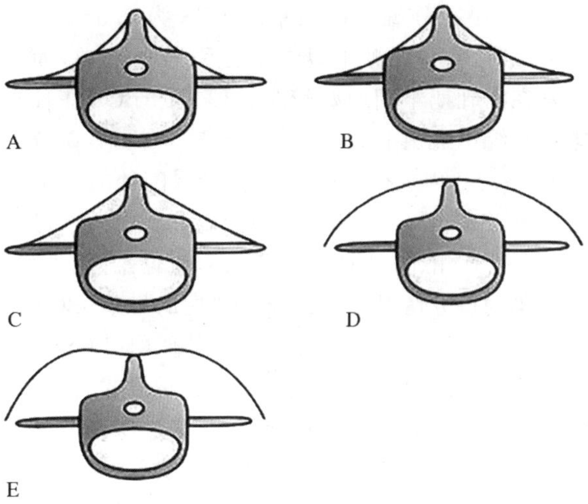

图 2-1 绵羊和山羊的体况评分(BCSs)。上图展示腰部横截面并描绘脂肪的分布。

A. 体况评分 1 分。绵羊:脊椎和横突明显,腰部区域没有检出脂肪。山羊:可见的脊椎和肋骨以及两侧空处没有脂肪覆盖,腰椎横突处几乎没有肌肉覆盖。山羊和绵羊体态羸弱。对策:进行体格检查、寄生虫评估、临床化学等其他可能的检测(专业测定 CL、约内氏病、绵羊进行性肺炎/山羊关节炎-脑炎等)以及逐渐引进优质干草、控制寄生虫,附加治疗应谨慎使用,因为肝功能可能会受损。

B. 体况评分 2 分。绵羊:仍旧瘦小,具有明显的脊椎和微圆的横突。测试者的手指能通过横突边缘的下部。山羊:脊椎可见,出现部分肋骨脂肪,但骨骼明显;可观测到腰椎横突。对策:与体况评分 1 分相同,饲料中可逐渐加入部分谷物。繁殖(催情)前增加谷物摄入量有一定益处。

C. 体况评分 3 分。绵羊:具有流畅、略圆的脊椎和横突。触摸横突需要轻微压力。山羊:脊椎和肋骨几乎不可见,几乎摸不到横突,胸骨脂肪层薄。对策:与体况评分 2 分相同;应保持目前的脂肪覆盖级别。繁殖(催情)前增加谷物摄入量有一定益处。

D. 体况评分 4 分。绵羊:处于微胖状态,脊突几乎不能被触摸到。山羊:脊突和肋骨不可见,胸骨脂肪突出。对策:考虑减少饲喂量和体脂覆盖,妊娠山羊除外。妊娠后期注意妊娠毒血症。繁殖(催情)前增加谷物摄入有较少或没有益处。

E. 体况评分 5 分。绵羊:处于肥胖状态,中部有凹面横贯脊突。山羊:脊突位于脂肪层下,脂肪覆盖肋骨和胸骨。对策:减少饲喂量和体脂覆盖,妊娠山羊除外。妊娠后期注意妊娠毒血症。繁殖(催情)前增加谷物摄入量没有益处。注:由于本评分宽泛,如果羊脂肪覆盖高于一个分数但达不到下一个整数分值,许多牧场主或管理人员会将其取半分(如 2.5 分)。(来源:Jayne Pugh, RD, LD, MEd, Southern Traxx Farm)

如果在分娩前 45 d 对羊群动物进行评分,平均得分低于 2.5～3 分,那么饲养员应增加羊群的能量摄入，以便在分娩时达到平均 BCS 为 2.5～3 分。在分娩时，身体较瘦的动物会生下较弱的羔，而且通常在哺乳期早期产奶较少。理想的 BCS 在加速繁殖系统中尤其重要，在这种系统中，母羊在分娩后 60～90 d 内进行配种。同样，如果配种前 30 d 的平均 BCS 小于 3 分，饲养员应该考虑“催情”母羊（推荐的“催情”方法将在本章后面讨论）。此外，所有母羊的得分情况允许饲养员把瘦的母羊（BCS 小于 2 分者）移到一个喂养组，而把其他的（BCS 大于 3 分者）留在另一个喂养组。通过这种方式，消瘦的母羊可以得到额外的补养，而不会有过度调节其他母羊的风险。山羊没有普遍接受的状况评分系统。在实践中通常遵循图 2-1 所示的系统，并使用许多与绵羊评分相同的原则[2]。

饲养程序

在北美，大多数农场的绵羊和山羊饲养在草场或山脉基础牧场。在世界范围内，绵羊和山羊大约 80%的营养来自饲料[3]。这两个物种都擅长将饲料转化为供人类食用和使用的高品质产品。当绵羊（可能还有山羊）在大型牧场采食时，它们对能量的维持需求可能比在干燥地块上饲养的动物高 60%以上[4]。走得越多或走得越远，动物必须做的工作就越多，需消耗足够的饲料来维持生命、生长、哺乳和产毛。

牧草

生产和提供优质饲料最终将降低饲养成本、提高整体健康水平，通常会带来更有利可图的农业经营。在典型的秋季配种-春季产羔过程中，如果遵循良好的饲草管理程序，可将补充谷物饲喂量保持在最低水平。

绵羊和山羊可食用多种多年生牧草（如羊茅、果树）。策略地结合豆类（如三叶草）和一些一年生草（如黑麦草）可以为羊群提供良好的营养。在草地上种植 30%的豆类可以提高土壤的氮含量，提高草地的生产力。三叶草可以是临时牧场计划的一部分，也可以在冬季牧场上播种。豆类提高了牧场的营养价值，但可能使放牧牧场的动物易于形成结石或浮肿。在分娩繁殖的 1 个月内应避免 40%～50%三叶草的牧场，因为可能摄入过多的植物雌激素。不过，如果恰当地使用豆类，其益处远远大于弊端。

在可能的情况下，牧场放牧系统应包括暖季多年生牧草，供母羊断奶后使用。在妊娠早期，这些草可以作为成熟的饲料。大约在分娩前 60 d 和哺乳期的前 90 d，母羊可以吃冷季型的一年生草本植物。在一些环境中，温暖季节的草开始它们的季节性生产。在这个系统中，几乎不需要补充饲料。只要各种牧草的数量不受限制，通常就不需要补充谷物。然而，在实践中，天气通常会限制每年 60 d 或更长时间的饲料数量。一个高质量的、以牧草为基础的饲喂系统通常需要最低的能量和蛋白质补充非哺乳期、非生长期的动物。堆积性牧草是一种经济的非收获性饲料来源，当“条状放牧”时，其利用率最高。利用冬季一年生牧草放牧，允许牧草在动物进入前达到 8 in 的高度，“条状放牧”和限制放牧都提高了利用效率。

为了进行适当的牧草管理，轮牧计划需要在可放牧的土地和几个牧场上有足够的面积。牧草从放牧到保持最佳生产力需要一段时间的休息。因此，草场轮作是必要的。

牧场的布局不需要精心设计，也不需要包含许多小牧场。然而，为了使牧草产量最大化，牧场确实需要被分割。需要 6～10 个单独的围场或小牧场，如果需要还可以添加更多的分区。这种划分应该基于土壤的生产力和地形。它们的大小不一定相等。饲草应以产生最佳叶料的方式放牧。根据一年的时间和水分的多少，在一个区域放牧的时间长度和每轮之间的休息时长将有所不同。例如，饲养员可能决定让羊群在 10 个围场中的每个围场平均每次放牧 3 d；在轮作结束时，第一个围场已经休息了 30 d，应该有良好的饲料再生。这种放牧管理方式不一定会增加动物的收益，但可能会增加土地的承载能力以及牧场的整体质量。增加牧草产量的牧草轮作制度不一定有助于控制寄生虫。4～6 只母绵羊（和它们的羊羔）或 5～8 只母山羊（和它们的羊羔）可以被养在足够养活一头母牛和它的犊牛的同一块土地上。在林地或灌木丛生的地区，可以养活一头母牛和它的犊牛的同样的土地，可为大约 10 只山羊和它们的羊羔提供足够的饲料。

任何时候都应该提供完整的矿物质补充。对于放牧的动物来说，充足的矿物质补充剂包括 15%～30%的盐、6%～12%的钙、6%～12%的磷和 1%～4%的镁（早春时，镁应占矿物质的 8%～14%）。还应提供适合该地区和土壤类型的微量矿物元素。

放牧

世界范围内多数绵羊和山羊采用放牧方式。企业的共同目标是尽可能多地使用未收割的牧草，同时尽量减少使用收割牧草或其他补充料。只有在营养需要量远远超过饲料养分供应的情况下，才会进行补饲。有些不足是正常的，因为母羊有能力从断奶到繁殖期间恢复身体状况。

所需的添加剂的数量和种类在不同条件下是可变的。决定补充剂的最重要的两个因素是动物生产的阶段（如哺乳）和天气状况（如下雨或积雪）。一种优良的矿物质混合物应包括等量的磷酸二钙和微量矿物质。微量矿物质成分应针对当地牧草和土壤类型而设计。一般来说，在大多数范围的土地条件下都应补充磷。无论其成分如何，微量矿物质补充剂应作为食盐的唯一来源并自由采食。

可根据需要使用含有蛋白质或能量的额外补充剂。体况评分是补充能量的依据之一。如果可以通过使用相当于体重 0.5% 或更大的补充谷物来达到理想的生产水平，则喂养谷物是很经济的。但是，如果需要更多的谷物，则对饲料的利用产生负面的影响（如降低饲料的消化率）。一些谷物副产品是反刍动物饲粮的基本构成。例如，大豆壳和小麦麸可以提供较经济的能源，而不影响饲料的利用。豆粕或棉籽粕是常用的蛋白质补充料，实际上可以提高中等或劣质饲料的消化率。

当人工喂养困难时，限盐配给可能对牧场放养的绵羊或用于灌木围栏的山羊有用。根据需要，添加能量饲料（如玉米、燕麦）或蛋白质饲料（如棉籽粕、豆粕）应磨碎，并按食盐与谷物的比为（3～6）∶1进行混合。如果摄入量过大，应添加更多的盐。如果摄入量过低，应降低盐。在所有情况下，只应使用精盐（NaCl）。饲喂限盐饲料会减少微量矿物质的摄入。如果当地存在微量矿物质缺乏，并且要使用含盐量有限的饲料，饲养员应在饲料中添加适当的微量矿物盐，使微量矿物质消耗量不超过动物体重的 0.02%。在 2～3 周内缓慢引入限盐补充饲料，并应每天监测动物的表现，尤其是在面临应激时（捕食者攻击、天气变化）。

圈养

在一年的全部或部分时间里，绵羊或山羊被圈养在没有植被的小围场或干燥地块上。在寒冷的冬天和缺乏冬季放牧的地区，将绵羊（偶尔还有山羊）转移到隐蔽的干地或谷仓进行保护。在这种情况下，通常需要比牧场或牧场作业所需的还要多的启动资金（用于建造饲养动物的谷仓、饲养场或地块，以及供水系统）。圈养管理还可能增加一些传染病、外部寄生虫（特别是在冬季）、饲养成本、草垫成本和处理粪便的需要。然而，有些优点多过可获得廉价饲料和劳动力在管理中的不足。

如果管理得当，禁闭或干燥畜圈饲养几乎可以消除绵羊和山羊生产中最严重的两个问题：体内寄生虫和捕食者。然而，在圈养期间，需要室外干燥地方以改善羊蹄部和乳房健康并减少对维生素 D 的需求。由于不放牧，饲料（干草、青贮饲料、谷物）是存放在谷仓等其他地方寄生虫造成的生产损失可以减少。此外，维持能量消耗减少（步行到饲料投放地与放牧相比）。动物需要 2～4 h 来消耗与 16～22 h 放牧所消耗的干草相同数量的干物质。羊毛浓密品种的绵羊需要的空间是那些被剪掉的羊的 1.5 倍。成年绵羊和山羊每只动物分别需要 0.6 m 和 0.3 m 的空间。

在圈养条件下，母羊更容易通过年龄（母羊羔、成年母羊）和生产（哺乳期、干性或早期泌乳期、哺乳期后期）分开。分组饲养可以改善饲料的使用和效率，并有助于降低某些生产疾病（如妊娠毒血症、低钙血症）的发生率。分组管理不仅可以在冬季使用，而且可以在牧场变得稀少时使用，或用于喂养绵羊羔或山羊羔，以迅速增加产量。

在圈养中，绵羊或山羊可以喂干草、青贮饲料、“半干青贮”（干草青贮饲料）或青饲料。对于干草喂养，“方形”草捆浪费较少，但它们往往比较大的圆形草捆更昂贵。圆形草捆的营养损失可高达 50%。将干草存放在掩蔽处，并用喂草机饲喂将减少浪费。

绵羊和山羊的采食习惯不同而影响摄入量。然而，对于山羊而言，在饲喂某种饲料的时候其偏好是更重要的限制因素。饲料的气味，味道及变化也会影响摄入量。青贮饲料可以喂养绵羊和山羊，但两种动物都需要时间来适应它的气味和质地。绵羊和山羊似乎更容易感染李斯特菌，并且包装不良或暴露在空气中或未达到足够低的 pH（小于 4.5）的青贮饲料可能被李斯特菌或霉菌污染。避免饲喂这种青贮饲料，如打捆饲料、剩料、冷冻、发霉或变质的青贮饲料。半干青贮（低水分青贮）和玉米青贮饲料的 pH 应分别为 3.8～4.5 和 4.0～

4.2。玉米青贮饲料缺乏蛋白质和钙(注意:每吨青贮饲料添加 20 lb 尿素、2 lb 石灰石和 4 lb 磷酸二钙可改善营养)。

饲料槽的设计应尽量减少动物污染。应防止成年羊和小羊(羔羊)爬进饲料槽并污染饲料。

干燥畜圈饲养对于控制寄生虫感染也很有价值。如果在驱虫程序中使用苯并咪唑类口服驱虫剂,在驱虫前使动物禁食或喂干草 12～24 h,然后在干燥畜圈中饲养长达 72 h 将改善效果。该技术还允许在将动物放置在安全的牧场上之前将寄生的含虫卵粪便“清洁”或从肠道排出。动物在驱虫后可以在相对无寄生虫的状态下转移到牧场,减少牧场污染。圈养或干燥畜圈饲养的示例如表 2-3 所示。

表 2-3 非乳制品动物干饲料的示例日粮 lb/d

组成成分*	150 lb 母羊						70 lb 母羊					
	围产期		孕期		哺乳期		围产期		孕期		哺乳期	
	A†	B†	A	B	A	B	A	B	A	B	A	B
苜蓿干草	2.9		4.25		5.5		2.0		2.8		2.6	
禾本科干草		2.9		3.6		4.8		1.67		2.3		2.2
玉米			0.25	0.75	1.0	1.0		0.33		0.5	0.4	0.4
大豆粉				0.15		0.75						0.4

* 每种成分的平均营养含量见表 2-5。†A 和 B 是不同生产阶段的样品饲料。

成年公羊饲养

公羊应以良好的身体状态进入繁殖季节,而不应过肥。公羊繁殖前身体状况评分应保持在 3～4 分,因为它们可能在繁殖季节的 1.5 个月内失重超过其体重的 10%～12%。在配种前约 2 个月应评估条件评分。

在繁殖季节前 4～6 周开始向公羊饲料饲喂浓缩的能量蛋白质补充剂通常是有益的。根据公羊的身体状况、体型大小以及饲料质量,一般每天 6～8 lb 的草料和 1～2 lb 的 12%～14%的粗蛋白质浓缩物就足够了。牧草饲料的优质补充是 80%玉米和 20%豆粕。在繁殖季节过后,可能需要喂食一些浓缩物以帮助动物恢复适当的体况。在其他的时间里,成年公羊可以保持饲喂优质干草。如果饲喂禾本科饲草,动物应自由采食 50%磷酸氢钙和 50%微量无机盐的混合物。如果豆科牧草占饲料的重要部分,可以提供 50%微量矿物盐,25%磷酸氢钙和 25%脱氟磷酸盐的混合物。在这两种情况下,这些矿物质混合物应该能提供足够食盐来源。微量矿物质成分应根据当地土壤类型进行设计。对于绵羊来说,低铜矿物质混合物是最佳的,但山羊可以安全地食用为牛制作的微量矿物质混合物。由于公羊尿石症的可能性,饲养员应采取措施,通过向矿物质混合物中添加氯化铵或其他尿液酸化剂来防止结石形成。

母羊的饲养

繁殖母羊随着繁殖期的改变营养需求也发生改变,尽管维持期间营养需求比哺乳期低得多,但为了高效生产,满足这些需求尤为重要。每 2～3 周对所有母羊的身体状况进行一次体况评分是一种重要且经济有效的管理手段。上述的供成年公羊饲用的矿物质饲料也适用于母羊。

维持

维持状态的目标是保持母羊的体重和健康,并补充上一个哺乳期间引起的任何损失。大多数牧场提供适量的营养摄入量,保持绵羊和山羊干奶期、空怀的维持需要。如果出现极端环境(如干旱、降雪)的话则需要再补充一些饲粮。

繁殖

在繁殖的时期,母羊催情技术已经取得了一些成功。基本的前提是在繁殖前和繁殖早期增加营养,特别是能量,这会增加排卵率,从而增加产羔率或产仔率。母羊的年龄、身体状况和发情时间都会影响对催情的反应。身体处于边缘状态的成熟母羊通常对催情反应效果最好。此外,与繁殖季的高峰期相比,这种做法似乎更有利于早期或晚期繁殖群体。过度处理的母羊要么没有反应，要么看起来只对催情有轻微反应。催情可以通过提供草被繁茂的牧场或每天每只母羊补充约 0.14 kg(0.33 lb)至 0.45 kg(1 lb)的 10%～12%粗蛋白谷物来实现。最好在公羊引入前 2 周左右开始进入高营养状态，并在繁殖季节再继续 2～3 周。

催情可以改善身体状况、提高排卵率，以及增加产羔数。只有身体状况合格才能提高受孕率。在某些生物限度之外，没有观察到催情效果。例如，一个非常瘦的母羊(BCS 为 1)由于太瘦无法有正常的生殖周期，所以排卵率可能不会增加。然而，在正常范围内(BCS 为 2.5～3)，排卵率似乎对短期内增加能量和蛋白质摄入量有效果(图 2-1)。催情也并不总能增加产羔率或产仔率；但是，它确实增加了繁殖季节早期的母羊发情数量，结果在产羔或产仔季节早期出生更多的后代。对于大多数繁殖期母羊 BCS 的最佳选择在 2.5～3 或略低于 2.5～3。

早中期妊娠

母羊受孕后，妊娠早期是胎儿和胎盘部分发育的时期。营养在发育的过程中起到很重要的作用，但对营养的需求并没有比维持期高很多。如果饲料缺乏能量、蛋白质和某些矿物质，胎盘发育可能会很差，导致胎儿生长不良。出生时羔羊存活率的降低可能是由于妊娠早期营养不足造成的。同样，要使胚胎准确地附着在子宫上，也需要足够的营养。安哥拉山羊由于能量不足，可能出现中期应激性流产。这种应激效应在放牧条件下更为常见，特别是在天气变化、捕食者攻击或减少摄食量之后。在母羊达到预期成熟体重的 60%～70%之前，不应进行繁殖，且在其怀孕期间保持稳定的营养状态，可以将发病率降至最低[5]。

在妊娠早期，母羊可以在冬季牧场或草原放牧或饲喂中等质量的干草，但最好是优质干草、豆科牧草或牧草颗粒。如果饲喂玉米青贮饲料，在这一阶段的母羊可能需要每日补充 1/4～1/3 lb 的蛋白质。随着季节性饲料供应的减少或饲料需求增加，这就需要再补充一些谷物饲料。母羊在妊娠早期体况评分应保持在 2.5～3 的 BCS。每 2～3 周应进行一次体况评估，任何羊群状况评分发生变化都要立即采取措施。

妊娠后期

母羊在妊娠期最后 6 周的营养极为重要。大约 70%的胎儿生长发生在这一时期。营养不足会导致初乳产量低、羔羊和小山羊出生体重低、新生动物的能量储备降低、死亡率增加，特别是在寒冷和恶劣的天气中。出生体重是影响新生儿生存的重要因素。它可能受到品种、出生数量、母羊年龄和母羊产前饮食的影响。出生体重极低(小于 2 kg)的羔羊在出生的最初 24 h 内会使死亡率增加。相反，过度摄入能量会肥胖并导致难产。适当的营养是至关重要的。一般来说，更多的问题是由营养不足引起的，而不是由妊娠晚期的过度营养引起的。

将饲料能量转化为胎儿生长的效率相对较低。由于胎儿生长的 70%～80%发生在妊娠的最后 6 周，母羊的能量需要大幅增加。在许多情况下，提供额外营养的唯一方法是提高精料的供应量。如果怀孕多胎，迅速增加的能量需求会加大。子宫里怀了多个胎儿将会限制瘤胃的容量。在这种情况下，成熟的母羊可能无法消耗足够多的饲料来满足其需要。饲养员需要每天为山羊和绵羊分别补充 1/3～1 lb 和 3/4～2 lb 谷物。自由采食干草，1～2 lb 20%蛋白质(取决于母羊体型)通常就足够了。

在妊娠后期，喂养方案应尽量减少利用身体脂肪储备来提供能量。这一点对妊娠晚期的母羊尤为重要。体脂过度分解代谢可导致妊娠毒血症。在这种情况下，母羊将面临更大的风险，同时也受到一些环境因素或疾病的应激。妊娠毒血症的特征是加速脂肪分解代谢而在血液中积聚酮体。患病母羊表现的无精打采且呼吸时有明显的丙酮味。

在妊娠后期，保持 2.5～3 的 BCSs 并且有足够的能量摄入将有助于预防妊娠毒血症。在妊娠后期，单胎母羊的干物质、谷物或优质牧草的消耗量可能高达其体重的 3.5%～4%。有些母羊的摄入量可能达到 5%。如果饲喂劣质饲料，这些怀孕的母羊可能只能消耗其体重 2%～3%的干物质。治疗可能是有效的，但正如所有的营养问题一样，预防是最好的策略。在妊娠最后 1 个月应给母羊喂饲大约 1 kg(2.2 lb)谷类(如玉米、燕麦)，以防止妊娠毒血症。

山羊也会发生妊娠毒血症，但抵抗力可能更低(见第 5 章)。在妊娠期最后 1.5 个月内，放牧或喂饲优质牧草的奶山羊每 100 lb 体重每天可喂饲 0.5～1 kg(1～2 lb)16%粗蛋白质谷物。谷物的数量可能需要根据身体状况进行调整。

除了改善出生羔羊或小山羊的健康，以及预防妊娠毒血症，在这段时间内的充足营养还促进了妊娠最后 30 d 的乳房发育。死胎、妊娠毒血症和产奶量低都是妊娠后期缺乏能量饮食的标志。应提供足够的营养以满足羊奶和初乳生产。

添加了离子载体、抗生素或去喹啉的饲料或矿物质补充剂可能有助于控制或预防球虫病、流产和妊娠毒血症（见前面的“饲料添加剂”，以及第 5 章、第 6 章和附录 1）。

泌乳

绵羊和山羊泌乳量在分娩后 2～3 周内达到高峰，在分娩后 8～10 周迅速下降到最低点。在产奶动物中，产奶量的下降幅度较小。哺乳一只羔羊的母羊产奶量比哺乳双胞胎或三胞胎的母羊产奶量要少。这是因为一只羊羔无法完全消耗全部生产量，从而导致乳腺总产量减少。哺育双胞胎的产奶量大约比哺乳一只羔羊的产奶量多 30%。同样，每天挤 2～3 次奶以达到最大产量的泌乳山羊也会产生更多的乳汁。奶用山羊的体重通常是奶牛的 10%，但可能需要 12%～14%的营养。泌乳可以消耗山羊体重的 4%～5%（一些母羊可以达到10%～11%），这使得摄食量成为影响产奶量的最重要的限制因素。

泌乳前 4 周的产奶量对羔羊的生长发育很重要。如果产奶量不足，绵羊羔或山羊羔可以通过增加固体饲料来补偿。然而，由于饲料比乳汁更不易消化，哺乳动物不能消耗足够的饲料来弥补乳汁的不足，因此在哺乳早期可能表现出抑制生长的情况。

妊娠晚期或哺乳期早期能量不足会导致羔羊死亡率大于预期，尤其是双胞胎。产奶量下降会导致羊羔“邋遢”、饲养不良、消瘦和虚弱。羊的尸检结果并不明显——胃肠道充满了稻草，羊的腹部几乎没有脂肪。超过 1 个月大的羊羔能够自己进食不太可能饿死（见第 20 章）。

在哺乳高峰期，母羊几乎不可能采食足够的饲料来满足其营养需求。在这段时间内，身体状况良好的产奶动物利用体脂来弥补这一缺陷，因此 BCS 经历一个向下的变化（通常超过 1 分）。这种程度的损失是为什么在临产前保持良好的身体状况是至关重要的。为了有效利用体内脂肪，母羊饲料中必须含有足够的蛋白质。当饲粮中含有大量谷物时，应在饲粮中加入某种形式的瘤胃缓冲液，或在自由采食的基础上供应。

由于进食量会限制高产奶畜的生产，因此可能需要在泌乳早期增加日粮的能量密度。在饲料中添加脂肪是增加饮食能量密度的极好方法。一般来说，补充脂肪不应超过饲料的 4%～5%。如果当地有的话，油籽（全棉籽）是日粮中额外能量的极好来源。2%～3%的脂肪可以有效地来自油籽。如果需要更多的脂肪，可以以特殊饲料脂肪的形式添加 2%～3%，包括钙、镁盐或脂肪酸。这些特殊脂肪很贵，但大部分都是过瘤胃脂肪。脂肪酸、钙或镁盐被分解后在小肠中消化。

显然，浓缩谷物可以在 BCS 的基础上进行调整。这些建议表明了适当的蛋白质浓度对最大产奶量的重要性。全棉籽可以作为能量（大于 90%的 TDN）和蛋白质（21%～23%的粗蛋白质）的极好来源被纳入哺乳动物的饮食中。全棉籽应不超过饮食的 20%。大多数泌乳母羊可通过饲喂 3.2～3.6 kg（7～8 lb）、12%～14%粗蛋白质、55%～60% TDN 日粮来满足需要。如果喂饲干草，一种豆科牧草或仅豆科干草有助于满足蛋白质需求。如果饲喂青贮饲料（2～3 lb），则应提供蛋白质（0.25～0.5 lb）、谷物（1～1.5 lb）和磨碎石灰石（0.02～0.04 lb）。如果提供干草（2～4 lb），则应提供蛋白质（1/3 lb）和谷物（1～2 lb）。除奶山羊或母羊外，产奶量下降很快，到产后 8～10 周，已成为哺乳期羔羊一个微不足道的营养来源。到目前为止，母羊产奶的营养需要能够通过在中等质量到良好质量的牧场放牧来满足。如果动物是按生产能力分组饲喂的，那么只有一只羊羔的第一次哺乳的母羊应该与有双胞胎的成年母羊一起喂养。此外，如果这些第一次哺乳的母羊有双胞胎，它们应该与成熟的有三胞胎的母羊一起喂养。

一些奶山羊容易产生“异味”乳汁。卷心菜、洋葱、野生大蒜和一些杂草或食草动物都会对乳汁的味道产生负面影响。如果某些饲料来源是不可避免的，在刚刚挤奶后就饲喂无味道的饲料可能会控制它们的一些不良影响。不过，避免违规饲料是最好的预防方法。其他对乳汁风味的影响包括疾病（子宫炎、乳腺炎）、不卫生的饲养环境和肠胃不适。

羔羊饲养

奶瓶喂养

用代乳品饲喂孤绵羊羔或山羊羔价格相当昂

贵且劳动强度大。如果可能的话，饲养员应该尝试将孤羔寄养给另一只母羊，只有在无法做到寄养的情况下才用代乳品喂养孤羔。在理想情况下，孤羔每天需要多次、每次食用少量乳品，这对大多数绵羊和山羊生产者来说通常是不可能的。大多数生产者每天只喂1～3次代乳品。许多奶山羊羔或绵羊羔从出生到72 h之间都会被从寄养母羊移走到某个地方，并作为孤羔来喂养。喂养这些孤羔最经济的方法是尽快给它们饲喂干浓缩饲料。

最好在出生后3～12 h内，新生羔羊需要获得的初乳是其体重的10%～20%。如果找不到适宜的寄养母羊，可以将冷冻的初乳解冻并使用。初乳吸收从出生到36 h后会迅速减少。在一些饲喂牛初乳的绵羔羊中观察到溶血危象。不过，跨物种初乳往往比没有初乳要好。奶牛初乳通常是可用的，但其免疫球蛋白含量相对较低。饲喂给孤羔的初乳都应该没有山羊关节炎-脑炎(CAE)和约内氏病。如果绵羊羔或山羊羔不能哺乳，就需要给它们插上管子，通过一根管子进行喂饲。从绵羊羔或山羊羔的鼻尖沿颈部放置一根14～18号法式橡胶尿道导管进行喂养，使其位于最后一根肋骨处，在鼻子处做记号。轻轻地打开绵羊羔或山羊羔的嘴，把管子放在舌头上，进入食道，一直到标记就在嘴的前面。当管子进入食道后，通常可以在喉部左侧触摸到管子。

在达到最初的初乳喂养量后，应在将要用奶瓶喂养的新生动物身上保留5 h的额外喂养。这一策略鼓励吸吮、缓和过渡并辅助训练使用奶瓶、奶嘴。如果主人想用手喂，一个羔羊奶嘴装在汽水瓶上是一个很好的工具。奶嘴应该放入口中，新生羔羊的下巴在咀嚼动作中由处理者移动。离开母羊2 d以上的绵羊羔或山羊羔需要更长的时间来训练才能习惯奶瓶。

当母羊的乳汁太少而不能养活一个以上的新生羔羊时，但又必须给新生羔羊足够的初乳。所以，饲养员应该把最健壮、最有活力的新生羔羊留给代养母羊，并人工喂养最弱的羔羊。虽然免疫球蛋白在12～36 h后可能不会被吸收，但初乳是维生素A、能量、蛋白质和作用于局部肠道抗体的丰富来源，还具有通便作用。如果可能，初乳应喂养2～3 d。

如果要用手喂养绵羊羔或山羊羔，以优质代乳品的形式喂养的量是其体重的10%～20%，分为每日平均4次喂食，这通常是可以接受的。山羊的代乳品应为20%左右的蛋白质和20%左右的脂肪，其中大部分蛋白质由动物源(乳清蛋白)提供。如果代乳品呈褐色，则蛋白质来源可能已经过热，导致消化率降低。通常添加抗生素以帮助减少细菌性呼吸道疾病和肠道疾病的发生率。代乳品应添加维生素A(20 000～30 000 IU/kg干物质)、维生素E(30～40 mg/kg干物质)和维生素D(2 500～3 500 IU/kg干物质)。绵羊和山羊奶的成分可在多个出版物中找到[4]。如果把绵羊羔代乳品用于山羊羔，应该稀释，因为它们含有的脂肪多于天然山羊奶中存在的脂肪。为犊牛设计的优质代乳品可以少量多次喂养山羊羔和绵羊羔(体重的10%～20%，分为4～6个等量饲喂)。当喂养混合代乳品时，饲养员应注意确保将奶粉和水适当混合成悬浮液。小动物少量多次进食将有助于减少瘤胃臌胀的发生率。到3周龄时，一些山羊羔或绵羊羔可以转换成每天2次的喂养方式。由于代乳品价格昂贵，动物应该尽快断奶。如果绵羊羔或山羊羔吃不饱或喂食了不易消化的代乳品，它们可能会变得消瘦、虚弱或昏迷甚至死亡。喂养不足的羔羊血糖低于正常值，尸检时会发现缺乏脂肪储备。饥饿新生羔羊的皱胃常受到消化不良的影响。

最有效和劳动强度最低的方法是使用冷冻牛奶或代乳粉将孤羔放在一个自动喂食器上。这一策略有助于限制牛奶消耗，使孤羔在24 h内得到很好的护理。自动喂养方案实际上模仿了正常的新生羔代养母羊护理方案。保持奶品的低温有助于防止变质，也减少代乳粉从悬浮液中分离出来。此外，使用自动喂食器的山羊羔或绵羊羔能获得非常美味的干饲料。对于孤羔应尽快断奶而引入固体饲料。每天供给0.25 lb的玉米、燕麦、苜蓿颗粒、糖蜜和豆粕混合物能提供14%～16%的粗蛋白质，效果很好。用干的代乳粉对饲料表面进行处理也可能刺激新生羔羊对干饲料的早期摄入。其他已知被幼龄反刍动物来说极受欢迎的饲材是大豆壳和各种来源的麸皮，包括小麦麸皮。

补饲

补饲是指对正在哺乳的绵羊羔或山羊羔使用补充饲料。该计划的目标是使用美味的饲料促进足够的摄入量，并以最经济的方式提供所有必要的营养。使得绵羊羔和山羊羔在断奶前都能更有效地使用饲料。

绵羊羔和山羊羔只有在3～4周龄时才会吃这种补充饲料。然而，应尽快提供补充饲料，以帮助孤羔适应从一个地方进食，并建立瘤胃功能。喂食器应放置在干燥、光线充足的地方，羔羊可以很容易地摄取，但仍能与母羊保持可视化的接触，并保持清洁，每只羔羊至少有 2 in 的空间。可以采用各种方法来最大化的使用补饲区域，包括在动物喂食器上挂一盏灯，在该区域保留一两只母羊和它们的后代几天(当然是在饲料有限的情况下)，并将所有动物放在靠近补饲区域的小而狭窄的空间内。

补充饲料不需要很复杂，但它们必须是可口的，因为它们与乳品竞争。颗粒料或粗磨饲料通常会增加摄入量。当动物(特别是绵羊羔)的年龄逐渐增大时，精细研磨的料通常导致摄入减少。颗粒应该足够小才能供饲用。在山羊中，大于 5～7 mm 的颗粒可能会导致摄入量减少。当羔羊开始食用这种补充饲料后，便宜的原料可用于当作更经济有效的方案。然而，在动物达到 3～4 周龄之前，适口性成为补饲的关键成功点。如果从补饲羔羊中获得更高的性能，它们从 3 周龄到断奶必须每天消耗超过 0.23 kg(0.5 lb)的饲料。低纤维补充饲料中含有 16%～20%的蛋白质通常效果最佳。如果在大多数补充饲料中添加盐(补充饲料的 0.5%)、氯化铵(0.2 kg/440 kg 饲料，或 10 lb/t)和维生素 E，可提高性能。关于幼畜补充饲料的一些例子如表 2-4 所示。

一般来说，补饲每消耗 1.8～3.2 kg(4～7 lb)饲料，就应有 0.5 kg 的额外增益。效率的水平因条件的不同而不同，但通常，当饲料成本低而销售价格高时，补饲是经济有效的。当饲料成本高且销售价格低时，它的利润较低。在最后的分析中，补饲的可行性仅仅取决于饲料成本与动物销售价格的关系。

表 2-4 绵羊羔和山羊羔的补充饲料样本成分[*]

组成	样品 1	样品 2	样品 3	样品 4
玉米粉	33%	60%	63%	40%
燕麦	—	—	—	11%
大豆皮	—	—	10%	—
豆粕	6%	8.5%	10%	6.5%
紫花苜蓿干草	55%	25%	—	35%
麸皮	—	—	10%	—
糖蜜	5%	5%	5%	6%
微量矿物质盐	0.5%	0.5%	0.5%	0.5%
氯化铵	0.5%	0.5%	0.5%	0.5%
石灰石	—	0.5%	1%	0.5%

[*] 样本 1、2 和 3 应该提供自由选择的优质干草；样本 4 是完整的颗粒饲料。

断奶

绵羊羔和山羊羔可以在 3 或 4 周龄时断奶，但如果延迟到 8～12 周龄断奶，可能会获得更好的结果。由于劳动力的限制，许多饲养员试图尽快断奶以替代饲料喂养幼龄动物。大多数肉用和乳用品种的山羊羔体重应至少为 9.1～11.4 kg(20～25 lb)，每天消耗 0.23 kg(0.5 lb)含有 16%～18%粗蛋白质的颗粒料。

因为断奶是一个应激事件，所以主要的目标应该是让绵羊羔或山羊羔习惯从饲喂槽中进食和从水槽中饮水。羔羊断奶取决于年龄、出生季节、是否已经在补饲、农场存在的寄生虫或捕食性外寄生虫问题、市场价格和可用劳动力。饲喂槽的位置对于鼓励新断奶的动物消耗足量的干物质非常重要。但是，如果有优质饲料，它可以作为唯一的饲料来源。好的策略是将饲喂槽垂直放置于围栏线上，以便断奶的动物行走在围栏线时看到或者对饲料进行研判。在断奶期的前 2 d，应该提供优质干草供自由选食。然后应在断奶动物的饲料中加入浓缩饲料，其量以每天约 1%体重的水平提供。因此，一只重 31.8 kg(70 lb)的羔羊每天大约消耗 0.32 kg(0.75 lb)的饲料。在羔羊的饲料中加入谷物后，饲养员可以逐渐增加添加量。

一些管理人员喜欢在断奶前 1 周移除所有谷物补充剂，并给母羊放一些劣质饲草。这减少了产奶量也降低了乳腺炎的发病率。到 7 月龄时，大多数奶用品种的羔羊体重应该达到 27.3～36.4 kg(60～80 lb)。应提供优质矿物质混合物自由选食。应确定一种潜在的替代喂养动物方案，以尽量减少脂肪过度沉积和最大化地提高断奶后的生长速度。上述同样的矿物质饲料指导方案适用于雄性(50%磷酸氢钙和 50%微量矿物质盐)也适用于断奶期。

育肥

屠宰用羔羊的育肥可以通过多种方式来完成。目前还没有一种完美的育肥日粮。相反，每个饲喂设施是通过对地理区域可用且经济的饲料的使用来实现此目标，专为山羊设计的饲养场不像绵羊羔那样常见。屠宰的大多数山羊是以饲料为基础的日粮，很少使用浓缩饲料。

屠宰时，绵羊羔羊应含有 0.23～0.46 cm 的背部脂肪。然而，背部脂肪的量通常取决于特定的市场偏好。由于北美绵羊的体型大小不同，屠宰重量变化范围也很大，尽管它们通常会略低于45.4 kg(100 lb)和68 kg(150 lb)。理想情况下，不论体重如何，市场销售的绵羊羔羊都应育肥到适当的程度。由于饲料效率降低，饲喂到超过理想状态的羊羔会导致成本增加。增加肌肉比增加体脂更节能。黑面羊和肉用山羊品种通常育肥到较大的体重。

如果在羔羊育肥上可以用高质量的饲料，这种方案通常最适合较小的、幼龄的绵羊羔。日龄大、较重的羔羊需要一些浓缩饲料。例如，一只1月出生在美国东南部的小型绵羊羔可能在6月就可以屠宰了，因为它只吃过冷季型的一年生草(黑麦草)或豆科牧草。相比之下，美国西部的一只体格大的、春季出生的绵羊羔可能会在秋季6个月时体重为31.8～41 kg(70～90 lb)，并且需要以浓缩饲料为基础日粮育肥饲喂1年。

北美的许多绵羊羔都是在饲育场育肥。这些场合的大小各不相同，可能是开放区、限制室或两者的结合。一种好的喂养方案是分阶段喂养，随着绵羊羔(有时是山羊羔)逐渐长大，会得到更多的谷物类精料。到育肥结束时，许多动物通常消耗大约80%的浓缩料和20%的粗饲料。然而，当给予粗饲料和精饲料的自由摄食时，绵羊羔消耗60%～70%的精饲料和30%～40%的粗饲料。绵羊羔可以利用各种谷物，包括玉米、燕麦、大麦、西非高粱，在某种程度上还可以利用小麦。使用的数量基于当地经济。根据粗饲料来源提供的蛋白质数量，包括蛋白质补充剂。苜蓿因其广泛的可利用性，通常被用作粗饲料，以其为食的动物可能不需要额外的蛋白质。矿物质和维生素预混料也添加到一些日粮中。因为育肥阶段通常会注意谷物的日粮制度，营养学家或者临床医生必须意识到摄入过量的谷物会使动物易患尿石症、肠毒血症和腹胀。

除了高粱之外，谷物的加工并不能显著提高绵羊羔的性能，而破碎、碾轧或剥皮高粱坚硬的种皮会提高其在绵羊羔中的可用性。整体喂养其他谷物实际上可能会降低酸中毒和其他消化紊乱的发生率。由于消费水平的提高，大型颗粒料可能会带来一些益处。颗粒饲料有助于确保更均匀的摄入量，减少灰尘和更容易处理。关于造粒或其他加工，最重要的考虑因素是绵羊羔或山羊羔有可能因挑食而仅消耗日粮的一部分。挑食在自由采食和分组饲喂时是更大的问题。因此，颗粒饲料最好用于自由选择、自由采食系统。例如，如果蛋白质、矿物质和维生素预混料是松散的物质，尽管对可用性没有影响，但是破碎谷物可能有利于最小化挑食。然而，这种饲料配方更昂贵，并且它们的使用可能与某些疾病的发病率增加有关。

如前所述，山羊一般不进行商业化育肥。在北美，大多数肉用山羊都是由消费者在当地的小型加工厂或者根据市场商机屠宰的；除了一些例外，山羊在一年中往往以小群体形式出售。由于采用这种营销方法，山羊通常采用以饲料为基础的日粮，而不是一年四季饲喂谷物。尽管如此，确实存在一些饲养场或“草地上的谷物”的运作。如果一组山羊羔被放到一个精饲料为基础的日粮来进行育肥，那么之前讨论过的绵羊羔所用的相同的基本原则也适用。表2-5提供了绵羊羔和山羊羔的生长和育肥日粮的例子。含有14.5%蛋白质和68%总可消化养分的生长期日粮被用于幼龄和体重轻的绵羊羔和山羊羔。含10%蛋白质和80%总可消化养分的育肥日粮饲喂年龄和体重较大的动物更有效。

表2-5 绵羊羔和山羊羔的生长和育肥饲料配方

成分	生长1	生长2	生长3	育肥1*	育肥2*	育肥3*
玉米	33.5%	28.5%	32.1%	73.2%	76.0%	74.6%
苜蓿	55%	—	—	20%	—	—
禾本科干草	—	50%	—	—	17%	—
棉籽壳	—	—	40%	—	—	14%
豆粕	5.5%	15%	21%	—	—	4%
糖蜜	5%	5%	5%	5%	5%	5%
微量矿物质盐	0.5%	0.5%	0.5%	0.5%	0.5%	0.5%
石灰石	—	0.5%	0.9%	0.8%	1.0%	1.4%
氯化铵	0.5%	0.5%	0.5%	0.5%	0.5%	0.5%

* 育肥配方应含有足够的石灰石(或其他钙源)，以提供2:1的钙磷比。

无论饲养的物种如何，在饲养场环境中引入日粮的能量密度都会带来压力，并与许多代谢疾病有关。营养学家或临床医生应确保将在育肥阶段喂养的动物慢慢引入这些日粮并接种疫苗预防C型产气荚膜梭菌和D型产气荚膜梭菌的感染，以及当地可能存在的其他疾病（如传染性脓疱和巴氏杆菌病）。到达育肥点后，应提供优质豆科牧草的干草、新鲜干净的水和矿物质混合物供动物自由采食。应有2～4周及以上时间为动物慢慢引入育肥日粮。对于公羊，应该喂食氯化铵或其他尿液酸化剂以预防尿石症（见第12章）。瘤胃缓冲剂、抗生素、离子载体类（参见前文“饲料添加剂”）和自由采食的干草都能有效减少某些疾病的发生。

后备羊饲养

母羊

每个绵羊和山羊企业其总体目标方面都是独一无二的。某些措施对繁殖母羊具有重要作用，因此它们在1岁之前就有了第一个后代。其他农场或牧场可能会发现动物在2岁以后生产后代会更加实际和经济。如果一只雌性羊不是作为青年羊而被作为母羊用于繁殖，那么它一生的产羔量可能提高20%[6]。

如果目标是让母羔羊作为后备羊，那么从断奶到繁殖，其营养至关重要。后备母羊应保持一个稳定的增重计划。

根据断奶重量的不同，从断奶到繁殖，大多数母羊每天需要增重0.11～0.23 kg(0.25～0.5 lb)。后备母羊应留在最佳牧场上。然而，在大多数情况下，这种管理方法需要一些补充能量或精饲料喂养。在劣质牧草的环境中，应提供0.5～2 lb含12%～14%的粗蛋白质浓缩饲料（取决于品种、种类、大小等）。然而，过度喂养的青年母羊可导致乳腺中过多的脂肪沉积并降低其一生的产奶量。

如果要将母羊培育成种母羊，最理想的是适度的生长速度。到繁殖时，母羊应获得其预计成熟体重的65%。实际上，可能存在一系列重量，其中小型绵羊和山羊的可接受比率为达到其预计成熟体重的55%～60%，而一些大型动物可能需要接近其成熟体重的70%。只要有良好的、精心策划的饲草系统，母羊可以在很少或没有谷物补充的情况下实现所需的体重增加。如果绵羊或山羊能够成功地季节性繁殖，那么它们应该在13个月时进行配种，这样它们就可以在18个月时产下绵羊羔或山羊羔。与7个月大时育种的母羊相比，这种方法需要较少的营养投入，但提高了可接受的世代间隔和提高母羊生产力。在母羊配种后，在分娩前需要适度和稳定的体重增加，其重量目标是1岁时达到预计成熟体重的85%～90%。

优质草场是补充额外的能量和蛋白质来源。以草-豆科植物混合物饲养的动物需要较少的补充。

无论繁殖系统如何，应尽可能对动物进行称重并定期对身体状况进行评分。如果该组的BCS开始降至2.5分以下，则饲养员应提供补充能量来源；相反，如果分数超过3.5，则需要较少的能量补充。对成年公羊所述的优质矿物质混合物适用于后备羊。

公羊

饲喂生长期公羊是非常简单的。应尽可能饲喂足够的草料来达到理想的收益(0.34 kg/d或0.75 lb/d)。在遗传学上这一目标很容易实现。如前所述，应向生长公羊提供优质矿物质混合饲料，同时饲养员应采取措施来预防尿石症及其他与生产有关的疾病。

饲喂展示动物

向所有展示动物提供优质矿物质混合物，并让其自由饮用新鲜、干净的水。

羔羊

饲喂结果表明，饲喂展示羔羊应使用简单的饲料来提供所要达到的增长率和适当的快速增长。理想情况下，羔羊所需要的优质干草或草料应占每日总摄入量的30%～40%；其余60%～70%应是浓缩料（精料）或谷物混合物的形式（表2-6）。一只羊羔每天需要的饲料占体重的3%～4%。每天至少应饲喂0.45 kg(1 lb)混有浓缩饲料（精料）的干草。应该逐渐增加羔羊饲料中的浓缩料（精料）部分，需要10～14 d从少量谷物饲料过渡到全谷物饲料。饲料不应突然改变，应始终提供新鲜、干净的水并能让羔羊自由饮用。

成年绵羊

成年展示母羊和公羊每天应消耗1.36～2.27 kg(3～5 lb)的浓缩料（精料），具体需要量取决于它们的体型。应当饲喂优质干草并让绵羊自由采食。成年绵羊的营养需求见2007年NRC关于小反刍动物的建议[4]。成年展示动物应保持良好状态且不肥胖。为了防止过度肥胖，有必要保持良好的运动习惯。在可能的情况下，迫使动物吃草或走一段距离来吃谷物、干草和饮水是有价值的。

展示山羊

如前所述，幼龄山羊的饲养方式与展示羊羔相似。推荐的方法是使用简单饮食来提供所要达到的增长率和适度快速增长的要求。表2-6所示的羔羊草料和精料也适用于幼龄山羊。

表2-6 展示羔羊的浓缩混合料

成分	样品1	样品2
玉米	50%	45%
燕麦	35%	—
大豆皮	—	40%
大豆粉	10%	10%
糖分	4%	4%
矿物质混合物	1%	1%

* 动物应在2～3周内缓慢引入高谷物日粮。

产毛动物的饲养

绵羊

羊毛产量具有高度遗传性，然而，营养可以影响羊毛的生长和特性。在一定的生物学范围内，虽然难以将蛋白质效应与能量效应分开，但能量的摄入与羊毛产量成正比[6,7]。然而只要满足最低限度的蛋白质需求，额外的膳食蛋白质似乎不会增加羊毛产量。羊毛含有丰富的含硫氨基酸和胱氨酸。因此，含硫氨基酸丰富的饲料对增加羊毛产量具有重要意义。

一般来说，营养对羊毛产量的影响与数量有关，而与质量无关。在一定范围内，增加营养摄入量可以增加羊毛产量。然而，在严重缺乏营养的时期，羊毛质量也会受到影响。且在此条件下，纤维直径减小。严重的营养不足会导致纤维变弱、价值降低[4]。

母羊在妊娠期的营养状况会影响后代的产毛量。Kelly和他的同事[8]将胚胎分割，产生克隆体，然后将克隆体放入母羊中，从妊娠第50～140天以维持或低于维持所需能量和蛋白质水平饲喂。在0.4～1.4岁年龄段，饲喂亚营养水平的日粮的母羊所产的羔羊产毛量减少了0.136 kg(0.3 lb)。这些羔羊的毛比在维持所需能量和蛋白质水平下喂养的母羊所产羔羊的毛粗。这些影响被归因于胚胎毛囊发育的减少，这些胚胎的毛囊发育是由于饲喂亚营养日粮导致的，并且这种影响会持续影响后代的一生。

山羊

安哥拉山羊每单位体重可以生产大量纤维。每次剪2～3.6 kg(4.5～8 lb)马海毛可以大大增加营养需求。与绵羊羊毛一样，可通过增加能量摄入来提高安哥拉山羊羊毛产量。不过，蛋白质对安哥拉山羊羊毛生长的影响似乎大于对绵羊羊毛生长的影响。然而，日粮调控似乎对羊绒影响最小，增加日粮蛋白质水平可以增加安哥拉山羊羊毛体积和纤维直径[6,9]。对于安哥拉山羊，饲喂含有12%～19%蛋白质的等热量日粮时，随着蛋白质摄入量[6]的增加，毛脂重量[约0.57 kg(1.25 lb)]和纤维直径也增加。安哥拉山羊羊毛中还含有丰富的硫，因此含硫氨基酸在安哥拉山羊日粮中占有重要地位。Qi及其同事[9]表示，NCR建议[4]最大安哥拉山羊羊毛产量的日粮中氮硫比为10∶1可能偏低，建议7.2∶1可能更有效。因此，如果将NPN作为饲料蛋白质来源，则必须补充硫。

安哥拉山羊在妊娠晚期和泌乳早期应进行营养补充，在一定的饲养条件下，可采用限盐饲料控制能量和蛋白质的消耗。棉籽粕或豆粕(或其他蛋白质来源)、玉米和盐(非碘化、有机盐)可按1∶3∶1的比例添加。饲养员应该采用逐渐过渡的方式补充，如果动物消耗过多，就添加更多的精盐，如果消耗过少，就减少盐的添加。这种限制性饲喂盐的方式可以有效地增加山羊(可能还有绵羊)的能量和蛋白质摄入量。密切监测动物摄入量是很重要的。

应为刚剪毛的产毛动物，特别是幼龄动物和安哥拉山羊提供适当的圈舍。在早春或晚秋，动物在剪羊毛后的4周内易受冷应激。提供庇护所或防风设施，并在正常饲喂日粮的基础上每天额外补充0.23～4.5 kg(0.5～1 lb)的能量(破碎的玉米)，可以帮助降低冷应激和压力应激。

宠物和老龄绵羊及山羊的饲养

宠物绵羊和山羊比用于生产的羊寿命长得多。本章所介绍的营养原理也适用于正确喂养宠物羊。唯一与长寿有关的饲料配方、操作或计划是降低摄入量。因此，饲养员应努力使宠物维持良好的身体状况和适当的体重，以帮助它们实现长期健康的生活。

在宠物群体中，包括绵羊和山羊，肥胖一直是一个主要的问题。与用于生产的绵羊和山羊相比，宠物山羊更容易受到与过度饲喂有关的疾病的影响。除了饲养场的动物和展示动物外，宠物绵羊和山羊在肥胖、腹胀、酸中毒或反刍性鼻炎和尿路结石的病例中所占比例过高。这些疾病发病率的增加与许多饲主缺乏喂养知识、动物缺乏活动以及宠物缺乏表现或生产目标有关。谷仓或围场的布局需要适当的面积以供动物活动、告知饲养员一些相关方面的注意事项和适当的饮食设计，这些都是对抗肥胖的关键，并将有助于宠物的长期健康。强迫有能力这样做的动物多走些路（如放牧或取水、盐或矿物质）将增加减肥计划成功的机会。在怀孕的动物身上以及哺乳期的动物不应该实施减肥计划。

减肥计划应该从完整的体检开始，然后进行准确体重的测量、BCS 的测定，以及完整的血细胞计数和血清化学分析（如果可能的话）。如果动物没有明显的疾病，减肥计划主要为体重和 BCS 设定目标，并计划在 4～8 个月内达到这些目标。一种通用的减肥饮食调整可能如下：(1)第 4～6 周：以体重的 2%饲喂中等质量的草料干草（动物和干草的准确重量）；(2)第 2～6 周：饲喂目标体重 2%的中等品质牧草（注意：干草中应含有 8%～10%的粗蛋白质；应提供为农场设计的自由选择水和矿物质混合物；并应为某种形式的运动提供棚舍）。

体重和身体状况下降是老年动物中常见的问题。完整的体检、完整的血细胞计数和血清化学分析可以用来确定老年动物所患的疾病。老年动物可能需要特殊的饲养来解决牙齿疾病、寄生虫对肠道的损害和其他健康问题。有牙病的动物通常需要优质的干草、湿润的颗粒、茂盛的草料和可口的浓缩料（见第 4 章）。

老年动物可以随时进食，特别是当它们的社会地位发生变化时，再加上较长时间的非竞争性进食，将有助于保持良好的身体状况。由于许多老年动物都患有关节炎，尽量减少动物的负荷、适当修剪蹄、在合适的位置放置水和饲料，这样动物就不会被迫走很远的距离，所有这些都是很有价值的病例管理方案。也可以饲喂为老年马设计的饲粮。然而，由于铜的浓度大于 10 ppm，这些饲料不应该用于饲喂任何绵羊或有肝脏病史的山羊。如果动物患有肾病，饮食中的蛋白质含量应保持在 7%～8%，钙磷比应保持在 1∶1。应在自由择食的基础上提供由等量磷酸氢钙和微量无机盐组成的优质颗粒状矿物质混合物。

如果老年动物体重减轻，饲养员可以以脂肪的形式慢慢增加 7%～10%的热量摄入。然而，在患有肝病的动物中，应该限制蛋白质、脂肪和铜的摄入。患有肝肾疾病的动物可口服或非口服 B 族维生素。如果患有肾脏疾病，应满足但不超过蛋白质需求量。如果患有厌食症则可以通过改变饮食、提供茂盛的牧场及添加高能量饲料的方式进行调控。显然，所有有助于整体健康的畜牧措施（如适当的圈舍、驱虫）都将有助于提高生存率。

营养失调

山羊和绵羊妊娠后期最常见的营养相关疾病是妊娠毒血症（将在第 8 章论述）、低钙血症和低镁血症。

低钙血症

低钙血症通常发生在奶山羊，在某种程度上也可能发生在母绵羊、肉用山羊、产毛山羊以及宠物羊。通常在分娩之前或之后症状变得明显，并且是由于血清中钙的浓度过低导致的。有些病例也因低磷血症、高镁血症或低镁血症而变得复杂化。母羊似乎在妊娠后期和泌乳早期最容易受到影响，尤其是在经历某种应激时（如牵引、捕食者攻击、缺乏食物）。在分娩前 6 周至分娩后 10 周，绵羊可能会死于低钙血症。由于胎儿骨骼的钙化，对于非乳用动物来说，钙的最大需求发生在分娩前 3～4 周并且有一个以上胎儿的母羊。山羊在分娩前可能患低钙血症；然而，在高产奶山羊中，这种疾病通常发生在分娩之后。当钙需求量突然增加时，身体需要 1 d 或更长时间才能产生动员钙储存的必需酶。大量摄入钙、磷或一些阳离子（钾、钠）会减少甲状旁腺激素的产生。在甲状旁腺功能下降期间，产生较少的 1,25-二羟胆钙化醇。缺乏这种激素导致钙从肠道和骨骼中的吸收和动员减少。低钙日粮或增加阴离子日粮可提高甲状旁腺激素的产生和释放。

临床症状

在疾病早期，受影响的动物会表现出步态强拘、震颤、四肢强直、瘤胃运动减弱、共济失调或便秘。随着病情的发展，心脏和呼吸频率增加、瘤胃内容物反流、臌胀，甚至可能会出现角弓反张。角膜和瞳孔光反射最初是正常的，但在完全消失之前会迟钝。直肠温度会保持在正常范围内，但可能略低。

诊断

诊断通常基于低钙血症发展的病史和信号，以及对治疗的反应。当绵羊和山羊血清钙浓度低于4～5 mL/dL 时，基本可以确诊。

治疗

在临床病例中，需要立即进行治疗，通常采用静脉注射葡萄糖硼酸钙（50～100 mL 的 23%溶液）。根据绵羊或山羊的体重皮下注射钙溶液或口服钙凝胶，有助于防止复发。如果选择皮下注射的方式为受影响的动物开发钙的“储库”，则应尽可能避免使用含有葡萄糖或多种电解质的溶液，因为这些制剂中的一些成分与脓肿形成有关。在治疗期间，监测心脏状态，并且如果发生心律失常，应该减慢或停止治疗。如果治疗成功，动物将在 20 min 内站立并排尿。如果治疗不及时，受影响的动物通常会死亡。

预防

为了预防或尽量降低低钙血症的风险，特别是在乳用山羊中，日粮中钙的含量应较低，阳离子与阴离子的比例应较低。用于预防牛乳热的日粮结构在乳用山羊和绵羊中可能具有一定效果。因此，在干乳后期减少或消除富含阳离子（苜蓿）或钙、磷的日粮可能有助于预防。许多豆类富含钾和钙，因此可导致低钙血症。分娩后，应立即增加饲料中的钙含量。该方法改善了骨骼和肠道对钙的重吸收。在妊娠最后 8 周，应尽量减少绵羊的牵引或其他形式的应激。因为即使采用这种方法，也有可能会出现低钙血症。

低镁血症

表现为青草性强直的低镁血症可能发生在绵羊身上，较少发生于饲养在生长快速且茂密的牧场上的山羊。通常发生在早春牧场上，这些牧场经过施肥，氮和钾的含量丰富。饲料中氮和钾含量的升高会导致胃肠道对镁的吸收减少。

低镁血症的主要问题是动物的吸收减少，而不是牧草中镁的浓度低。饲喂生长茂盛的谷物（如小麦、黑麦）的绵羊和山羊，特别是在泌乳早期或妊娠晚期，易患这种疾病。任何类型的应激（如天气变化、运输、捕食者攻击）都会增加血液中游离脂肪酸的浓度，并且脂肪酸浓度过高会降低血液中镁的含量。其他形式的低镁血症发生在冬季，以劣质干草（含镁量低）饲喂动物和饮用低镁代乳品的羔羊。可以获得谷物或豆类干草的羔羊对低镁血症的抵抗力更强。牙齿不好和冬季体重过轻的母羊容易患该病。

临床症状

低镁血症通常发生于产羔后 2～4 周的绵羊母羊。在怀双羔的母羊中更为常见。受影响的动物兴奋，并可能表现出抽搐、阵发性肌肉痉挛和呼吸频率增加。病羊也可能突然被发现死在牧场上。直肠温度一般正常。抽搐可能由任何刺激触发，从被捕食者追逐到天气剧烈变化。羔羊食用与低镁血症相关的代乳品通常表现厌食和过度兴奋，并可能流涎。

诊断

诊断通常基于低镁血症发展的病史和信号，以及对治疗的反应。血清中镁水平低于1.5 mg/dL 时可以确诊；低于 1 mg/dL 时可以考虑该病。死后尸检血清样本的价值有限。脑脊髓液（死后 12 h）、尿液（死后 24 h）或前眼房液（死后 48 h）中的镁浓度是很好的死后检测样品。

治疗

治疗包括静脉注射含 20%～25%葡萄糖硼酸钙和 4%～5%镁的溶液（50 mL）。口服钙镁凝胶和皮下注射钙镁盐都有利于预防复发。

预防

由于青草性强直是由于镁的减少引起的，因此可以使用许多方法来增加消耗。可以将适当平衡的肥料和镁化合物施用于土壤以增加植物的镁浓度。添加这些化合物是有帮助的但不是非常经济的，因为如上所述，发生低镁血症的主要问题是动物吸收的减少，而不是牧草含镁浓度低。因此，最好通过在茂密的春季牧草生长之前和产羔前几周，提供高镁矿物质补充剂来实现预防。大多数镁含量高的矿物质补充剂都不适口；应经常检查喂食器以确保适量的消耗。为了增加摄入量，饲养员可以将氧化镁与糖蜜、玉米、盐或其他饲料混合。日常消耗很重要，因为身体易于吸收的镁很难储存在体内。成年哺乳期母羊平均每天需要 7～9 g 氧化镁。微量矿物质盐和氧化镁的 1∶1混合物补充剂是经济的，但不适口。可以加入相同比例的磨碎的玉米、微量无机盐和氧化镁。也可以使用其他可口的谷物代替玉米。豆科植物（如苜蓿、三叶草、花叶呈鸟爪形植物、葛根）是钙和镁的更好来源，它们有助于降低低镁血症的发生率。保持土壤 pH（大于 5.5）可提高植物的镁利用率和摄入量。在代乳品中加入维生素 D（日添加量 5～10 IU/kg）有助于预防舍饲羔羊低镁血症。

尿石症

对于公绵羊和公山羊，特别是宠物山羊的主人以及参与管理的临床医生来说，尿石症是一个常见且难以解决的问题。在第 12 章中，尿石症的病理生理学和临床症状以及相关的治疗方式讲解更为详细。

磷结石的形成是通过高浓度磷饲料、低粗饲料、低钙磷比饲料、高镁饲料和碱性尿液等管理实践发现的。高谷物日粮导致尿液中大量磷的排出。草酸盐结石的形成与含草酸盐植物的消耗有关（表 2-7）。尿路结石由排列在有机病灶周围晶格中的盐和矿物质组成[10]。当尿黏蛋白或黏多糖和饱和尿液沉淀形成晶体时形成病灶。随着雌激素化合物的摄入，维生素 A 水平不足、某些饲料（如棉籽粕、高粱）的消耗、颗粒饲料的使用以及动物的快速生长，尿黏蛋白-黏多糖的产生增加[4,10]。

尿石症的日粮致病因子包括高谷物-低粗饲料、唾液形成减少、尿液中磷排泄量增加和日粮镁含量增加。钙磷比应保持在（1～2）∶1。谷物的钙磷比异常，为 1∶（4～6）[4,10]。高谷物-低粗饲日粮通常缺乏维生素 A 或其前体。缺乏维生素 A 可导致膀胱内膜细胞脱落，这可能是结石形成的一个病因。临床症状可能包括排尿困难、尿淋漓、血尿、滴尿、排尿呻吟、排尿时间延长、尾下垂、绞痛和磨牙症。应立即进行全面检查，做出适当诊断，并进行内科或外科治疗[4,10]（见第 12 章）。

表 2-7 草酸含量高的植物

常用名	种名
盐生草	盐生草（*Halogeton glomeratus*）
白花藜	黎科植物（*Chenopodium album*）
花商陆	美洲商陆（*Phytolacca americana*）
猪毛菜	刺沙蓬（*Salsola kali*）
马齿苋	苋科（*Portulaca oleracea*）
巴西亚	钩刺雾冰藜（*Bassia hyssopifolia*）
猪草	反枝苋（*Amaranthus retroflexus*）
刺果番荔枝	紫草（*Oxalis cernua and Oxalis pes-caprae*）
油桐	黑肉叶刺茎藜（*Sarcobatus vermiculatus*）
酸叶草	酸模（*Rumex acetosella and Rumex acetosa*）
栽培的大黄	食用大黄（*Rheum rhaponticum*）
甜菜叶	甜菜（*Beta vulgaris*）
真菌	黑曲霉（*Aspergillus niger*）

获得新鲜、干净的水对预防该病至关重要。水应该充足、新鲜、干净、可口，并且容易获取。在许多地区，在冬季更加需要注意供水。在饮食中添加氯化钠（占日粮干物质摄入量的 3%～5%）会增加水的消耗，过量的氯离子可能会减少形成结石盐类的产生[10]。应避免日粮中富含阳离子的成分（如苜蓿、糖蜜-甜食）。阴离子日粮可增加尿中氢离子的排泄、降低尿中的酸碱度、增加尿中钙的排泄，并减少鸟粪石的沉积[10]。日粮中应均衡摄入矿物质（即钙、磷、镁和硫）。可能需要在日粮中添加碳酸钙或氯化钙，以达到 2∶1的钙磷比，日粮中磷含量保持在 0.45%以下。在有尿结石病史的动物或易患尿路结石的动物中，应尽可能避免使用颗粒饲料，因为这种饲料与黏膜蛋白基质的形成和尿磷排泄的增加有关。所有谷物（如玉米、燕麦、高粱）的磷含量都很高，而钙含量相对较低，因此应尽量减少谷物的消耗。如果饲喂谷物，应在日粮中添加钙以保持适当的钙磷比（2∶1）。添加金霉素、四环素、β-胡萝卜素或维生素 A 来完善日粮，矿物质混合物或饲料补充剂也是有帮助的。含有 30%绿色植物的日粮可能含有足够的 β-胡萝卜素[10]。

为了预防草酸钙或碳酸钙结石，应限制饲喂豆科植物（如苜蓿、三叶草、葛根）。表 2-7 中列出的所有植物都与草酸钙结石的形成有关，因此应避免或尽量减少它们的摄入。预防草酸钙结石形成的管理实践包括缓慢引入新的放牧方式和控制积累草酸盐的植物的生长[4]。

日粮中蛋白质的饲喂应满足但不能大大超过维持或生长的要求，因为过量的蛋白质摄入（如宠物山羊、圈养羔羊）可导致尿黏蛋白的增加。应尽量减少或避免日粮中的雌激素化合物，包括植物雌激素，因为它们可能与继发性腺大小和尿黏蛋白输出的增加有关。许多豆科植物（如白三叶草）含有的雌激素化合物、不利于动物的钙磷比和大于动物必需的蛋白质含量，均会促使某些类型的结石的形成。虽然干草和饲料中的豆科植物可以改善生长和生产性能，但应该谨慎饲喂给易患尿结石的公羊。添加氯化铵[200～300 mg/(kg·d)，或总日粮的 2%]似乎可有效维持适当的 pH。可以将氯化铵添加到饲料中或与蜂蜜混合并喷洒到饲料中以确保足够的摄入量。当个别药物成本过高时，可以使用含有阴离子盐的散状矿物质混合物（例如：2.5 lb 氯化铵与 5 lb 微量无机盐混合，作为可用盐的唯一来源）。维生素 C（日添加量 3～4 mg/kg）也可以帮助维持 pH 平衡，但是经常饲喂维生素以使其具有实用价值可能是困难的，因为这可能使动物形成尿草酸盐晶体。尿液 pH 应保持在或略低于 6.8。尿路结石应交给实验室进行分析，以帮助制定羊群其余羊的预防计划[4,10]。

胃肠道寄生虫

胃肠道寄生虫对能量和氨基酸代谢具有负面影响，并且还增加了绵羊和山羊对这些营养素的需求。这种效应是由于胃肠道蛋白质转化增加、寄生虫刺激免疫系统、胃肠道直接失血以及饲料摄入量减少所致[4,11-13]。胃肠道寄生虫似乎对蛋白质需求的影响大于对能量的影响。面对亚临床寄生虫感染，增加日粮代谢蛋白质摄入量将有助于实现生产目标[4]。与其他大多数氨基酸相比，含硫氨基酸受寄生虫的影响更大，这会对羊毛质量产生负面影响。

饲喂代谢性蛋白质的方法可以提高绵羊的恢复力和对寄生虫的抵抗力，特别是在蛋白质未在瘤胃中降解的情况下[14-16]。日粮质量似乎比数量更重要[17]。在妊娠后期，将过瘤胃蛋白质鱼粉（8%）饲喂给感染寄生虫的绵羊，可将蛇形毛圆线虫和环纹毛圆线虫对身体造成的负担减轻 3～4 倍，并可改善身体状况和体重[15]。蛋氨酸也对感染蛇形毛圆线虫的羔羊的产毛和增重有积极的影响[18]。补充豆粕和能量也将有助于身体恢复[4]。如果有针对性的话，日粮的补充似乎对寄生虫影响最大。也就是说，当特定营养素在日粮中缺乏、动物的发育阶段或健康状态决定了对这些营养素的最大要求时，则补充这些营养素（如蛋白质、碳水化合物、铜、磷）。有针对性补充的一个例子是在怀孕早期向日粮中添加蛋白质，这可能促进绵羊在分娩时对寄生虫的免疫[16,19,20]。在获得含有浓缩单宁植物饲料的动物中，预期益处包括减少胃肠道寄生虫负荷、改变寄生虫生命周期、减少寄生虫幼虫数量和刺激宿主免疫系统[21-23]。许多含有浓缩单宁的植物也是豆科植物，这也将提高蛋白质的摄入量（如苏拉、苜蓿、截叶铁扫帚）[23]。但是，饲喂单宁也不是没有缺点，一些相关的问题包括食物摄入的抑制、膳食蛋白质和消化酶的结合（导致蛋白质供应和消化的减少），以及胃肠道部分的损伤[24]。在摄入浓缩单宁的同时，必须保持平衡，以最大限度地发挥对肠道内寄生虫控制的积极作用，同时最大限度地减少其有害作用。

确保充足的营养摄入（能量、蛋白质、微量矿物质）、补充过瘤胃蛋白质、有针对性的营养补充、允许饲喂含有浓缩单宁的饲料、良好的放牧策略（如降低放牧率、牧场轮牧）、合理使用驱虫药（如靶向寄生虫控制、仅使用有效的驱虫剂），以及选择具有寄生虫抗性的动物，所有这些，都是在实施寄生虫控制计划时所必需[20,25]（见第 6 章）。

参考文献

[1] Russell A: Body condition scoring of sheep. In Boden E, editor: *Sheep and goat practice*, London, 1911, Baillière Tindall.

[2] Santucci PM, et al: Body condition scoring of goats in extensive conditions. In Morand-Fehr P, editor: *Goat nutrition*, Wageningen, Netherlands, 1991, Pudoc.

[3] Holland C, Kezar W: *Pioneer forage manual. A nutritional guide*, Des Moines, Iowa, 1995, Pioneer Hi-Bred International.

[4] *Nutrient requirements of small ruminants; sheep, goats, cervids and New World camelids*, Washington, DC, 2007, National Academy Press.

[5] Bratzlaff K, Henlein G, Huston J: Common nutritional problems feeding the sick goat. In Naylor JM, Ralston SL, editors: *Large animal clinical nutrition*, St Louis, 1991, Mosby.

[6] Sahlu T, et al: Dietary protein level and ruminal degradability for mohair production in Angora goats, *J Anim Sci* 70: 1526, 1992.

[7] Allden WG: Undernutrition of the Merino sheep and

its sequelae: Ⅱ. The influence of finite periods of arrested growth on the subsequent wool growth, fleece development, and utilization of feed for wool production of lambs, *Austr J Agr Res* 19: 639, 1968.

[8] Kelly RW, et al: Nutrition during fetal life alters annual wool production and quality in young Merino sheep, *Austr J Exp Agr* 36: 259, 1996.

[9] Qi K, et al: Sulfate supplementation of Angora goats: metabolic and mohair responses, *J Anim Sci* 70: 2828, 1992.

[10] Belknap EB, Pugh DG: Diseases of the urinary system. In Pugh DG, editor: *Sheep and goat medicine*, Philadelphia, 2002, WB Saunders, pp 255-276.

[11] Adams NR, Liu SM: Principles of nutrient partitioning for wool, growth and reproduction: implications for nematode parasitism, *Aust J Exp Agr* 43: 1399-1407, 2003.

[12] Sykes AR, Greer AW: Effects of parasitism on the nutrient economy in sheep: an overview, *Aust J Exp Agr* 43: 1393-1398, 2003.

[13] Sykes AR: Parasitism and production in farm animals, *Anim Prod* 59: 155-172, 1994.

[14] Coop RL, Kyriazakis I: Nutrition-parasite interaction, *Vet Parasitol* 84: 187-204, 1999.

[15] Donaldson JD, van Field MFJ, Sykes AR: The effect of nutrition on the periparturient status of mature sheep, *Anim Sci* 67: 523-533,1998.

[16] Kidane A, et al: Consequences of infection pressure and protein nutrition on periparturient resistance to *Teldorsagia circumcincta* and performance in ewes, *Vet Parasitol* 165: 78-87, 2009.

[17] McClure SJ: Dietary impacts on the resistance of Merino lambs to *Trichostrongylus colubriformis*, *N Z Vet J* 57: 102-108, 2009.

[18] Coop RL, et al: The influence of protein and amino acid on the resilience of sheep to intestinal parasitism, Proceedings of the 4th International Congress for Sheep Vets, Armidale, New South Wales, Australia, 196-198, 1997.

[19] Valderrabano J, Gomez-Rincon C, Uriarte J: Effect of nutritional status and fat reserves on the periparturient immune response to Haemonchus contortus infection in sheep, *Vet Parasitol* 141: 122-131, 2006.

[20] Kahn LP, et al: Enhancing immunity to nematode parasites in single-bearing Merino ewes through nutrition and genetic selection, *Vet Parasitol* 112: 211-225, 2003.

[21] Min BR, Hart SP: Tannins for suppression of internal parasites, *J Anim Sci* 81(Suppl 2): E102-E109, 2003.

[22] Athanasiadou S, et al: Direct anthelmintic effects of condensed tannins towards different gastrointestinal nematodes of sheep: in vitro and in vivo studies, *Vet Parasitol* 99: 205-219, 2001.

[23] Zafar I, et al: Review. Anthelmintic effects of condensed tannins, *Int J Agr Biol* 4: 438-440, 2002.

[24] Athanasiadou S, Kyriazakis I: Plant antimetabolites: antiparasitic effects and their role in ruminant production systems, *Proc Nutr Soc* 63: 631-639, 2004.

[25] Kahn LP, et al: Regulation of the resistance to nematode parasites of single-and twin-bearing Merino ewes through nutrition and genetic selection, *Vet Parasitol* 114: 15-31, 2003.

延伸阅读

Ensminger ME, Oldfield JE, Heinemann WW: *Feeds and nutrition*, ed 2, Clovis, Calif, 1990, Ensminger Publishing.

Naylor JM, Ralston SL: *Large animal clinical nutrition*, St Louis, 1991, Mosby.

第3章

液体疗法和营养支持

液体疗法和营养支持是最基本的治疗方法，在对疾病或受伤动物的日常管理中，这些疗法必不可少。恰当的给予液体和营养支持对动物十分有益，甚至可以挽救其生命。因此，这些治疗手段对患病或虚弱的山羊或绵羊个体来说，其重要性不亚于给动物注射抗生素、消炎药或其他类型的药物。当然，与其他药物治疗手段一样，不恰当的使用液体疗法和营养支持也会对养殖对象造成伤害甚至导致其死亡的不良后果。

液体疗法和营养支持适用于养殖动物多种疾病的治疗。液体疗法的直接作用是扩大血管容积，从而提高心输出量以及器官和组织中血液的灌注。由于体液过度流失或液体摄入不足引起的脱水是液体疗法最常见的适应证。动物无法摄入液体的情况包括神经抑郁或中毒引起的口渴，或者由于口腔创伤或食道阻塞而无法饮水。腹泻是导致体液大量流失最常见的因素，但是呕吐（如杜鹃花中毒）和多尿症（如肾病）有时也可能是诱因。由寄生虫感染、皮肤和组织损伤（犬的攻击）导致的失血和失水也是液体或血液成分治疗方法的常见适应证。液体治疗的其他适应证包括低血容量休克、电解质异常、酸碱平衡紊乱、低血糖、体温过低、毒素暴露后多尿、营养不良、创伤和被动转移失败。肠外营养（PN）适用于小反刍动物表现出的饥饿、妊娠毒血症或严重的肠道疾病。

体液生理学

为了能够适宜地注射液体和电解质，有必要对患病动物所属物种的体液组成以及体液在疾病状态下是如何流失的情况进行全面了解。绵羊或山羊的体重约有60%是由水分构成的[1]，这个比例会随着年龄、身体组成和品种的不同而发生改变。一般来说，新生绵羊羔或山羊羔体内的水分要多于成年动物，新生动物体内水分可能接近体重的75%～80%。大量的细胞外液是其体内水分的主要构成部分。到6月龄时，体内水分含量和细胞外液含量就与成年动物近似。但是新生动物体内较大的水分和细胞外液并不能为这些患病的动物提供足够需要的水分[2]。与较瘦体格的动物相比，超重的绵羊和山羊身体总水分有所下降。因为脂肪组织中含有的水分很少。据估计，育肥绵羊的全身水分约占体重的50%[1]。

身体水分主要分布在细胞外液和细胞内液这两大腔室中。体内大约2/3的水分是细胞内液（占体重的40%），1/3是细胞外液（占体重的20%）。细胞外液可进一步细分为血管内液或血浆容积（占体重的5%）和间质液（占体重的15%）。间质液部分包括周围细胞的液体、脑脊液、结缔组织和瘤网胃内容物以及胃肠道其他部分。瘤网胃是成年动物在限制饮水期间的重要水分储集地，而胃肠道也是动物在发生过食谷物或内毒素血症等疾病时的储水部位。虽然细胞内液和细胞外液的电解质组成不同，但它们都处于等渗状态，水可以在它们之间自由扩散。水和电解质在腔室之间的交换受静水力和细胞肿胀程度的调控。钠是细胞外液最重要的阳离子，约占总阳离子数量的95%；而钾是细胞内液最重要的阳离子。细胞内外钠、钾离子的浓度通过Na^+，K^+-ATP酶转运泵进行维持。氯离子和碳酸氢盐是细胞外液腔内的主要阴离子，而磷酸盐、蛋白质和其他阴离子与细胞内液腔内的钾离子保持电中性。当给脱水的绵羊或山羊补液时，细胞外液的损失得到补充。因此，所给的液体应具有与细胞外液相似的离子浓度。血液电解质浓度的评估和酸碱状态的测定是以反映细胞外液状态的方式进行的。

脱水是许多疾病的共同表征。脱水是由于在液体损失增加的情况下，同时液体摄入不足造成的。脱水时，所有的细胞外液都会受到影响。脱水早期阶段会导致血管内液体含量减少，其次是间质和血管内液的收缩。大多数疾病过程会造成同时损失体液和电解质，由此导致的病理生理条件称为等渗脱水。在这种情况下，同时提供液体和电解质（主要是钠）非常重要。当水的损失超过电解质的损失时，就会发生高渗脱水或相对缺水；缺水就是一个例子。相反，当电解质损失超过水分损失时，就会发生低渗脱水或相对水分过剩。腹泻时也常发生低渗性脱水，此时电解质和水的损失同时发生（等渗性脱水），但缺水的状态可以通过饮水或摄入5%葡萄糖溶液进行恢复。另一个低渗性脱水的例子发生在患有梗阻性尿石症的山羊或绵羊身上，当钠进入腹腔时，钠的消耗超过了水分的流失。在尿路结石和膀胱破裂的病例中，给予含钠的液体是很重要的（见第 12 章）。

患畜评估

对低血容量或脱水的绵羊和山羊进行身体检查非常重要，以此可以确保以适当的速度提供正确的液体类型，并确定潜在的疾病类型。一些并发症、体温过低和围产期窒息会导致静脉输液难以适应。液体疗法也可能有副作用，如输液过量和水肿，因此应特别注意心血管和肾脏系统。心血管疾病可能导致无法应付急性液体负荷，而少尿性肾功能衰竭导致排泄多余液体的能力受损（见第 17 章）。

脱水最准确的评估方法是通过疾病发生前后体重的变化来评定。但是临床兽医通常无法获得这些信息，因此常用一些临床检查来评估动物体脱水程度。红细胞比容和血浆总蛋白可作为评估水合状态的指标，但这些测量结果不能代替体格检查对水合状态的估计。健康绵羊和山羊红细胞比容的参考范围分别为 27%～45% 和 22%～38%[3]。但是由于这些值的范围较大，通常无法用于估计水合状态。新生动物血浆总蛋白浓度与初乳摄入量有关，并可能随着慢性炎症的发生而升高。此外，患有贫血和低蛋白血症并伴有脱水的绵羊或山羊（如肠道寄生虫病）仍然可以有正常的红细胞比容和血浆总蛋白浓度。红细胞比容和血浆总蛋白浓度是监测液体治疗过程中防止过度水合最有用的指标。

虽然没有标准的方法来评估绵羊和山羊的脱水，但脱水率可以通过心率、眼球凹陷、黏液细胞膜的黏性、颜色和毛细血管充盈时间、皮肤弹性或膨压等来评估（表 3-1）。眼球凹陷程度可用于测定犊牛的水合状况[4]，也可用于绵羊和山羊的水合评估。可以通过测量眼球凹陷的毫米数乘以 2 来估算脱水率。例如，眼球凹陷 4 mm 的绵羊或山羊估计有 8% 的脱水率。也可以用皮肤皱褶展开时间来估计脱水状态。可以通过测量皮肤皱褶展开时间（以 s 为单位），乘以 2，然后再减去 4 来估计脱水率。例如，一只皮肤皱褶展开时间为 6 s 的绵羊或山羊估计有 8%的脱水率（6×2＝12－4＝8%）。对这种存在于脱水临床评估中的一些注意事项，研究者必须认识到，在瘦弱的小反刍动物中也可以看到脱水引起的皮肤弹性差和眼球内陷的现象。

表 3-1 根据体格检查结果估计脱水率

脱水率	体检结果
＜5%	有脱水病史，但无其他异常症状
5%	轻度沉郁，正常至轻度黏液性黏膜，眼球轻度内陷，心率正常，毛细血管充盈时间正常（＜2 s）
8%	沉郁，皮肤充盈轻度至中度下降（皮肤臌胀持续 2～4 s），眼球内陷，轻度心动过速（心率＞90 次/min），毛细血管充盈时间增加（3～4 s）
≥10%	严重沉郁，虚弱，中度至显著程度的皮肤充盈下降（皮肤臌胀持续时间＞5 s），干燥和黑暗的黏膜，心动过速（＞120 次/min），增加毛细血管充盈时间（＞5 s），四肢冰凉

没有实验室检测手段的帮助，对酸碱和电解质异常的评估更加困难。血清生化和血气分析可以提供关于血清电解质（钠、钾、氯、碳酸氢盐、钙、镁和磷）异常、酸碱紊乱或葡萄糖异常的信息，这些异常需要纠正。一般来说，新生动物腹泻和成年动物过食谷物的大多数病例以代谢性酸中毒为特征，而肠梗阻和肾脏疾病则与代谢性碱中毒有关。虽然使用临床评分系统可以估计腹泻犊牛的酸中毒程度[5]，但尚未建立用于新生绵羊或新生山羊腹泻的类似临床评分系统（见附录 1）。

液体和电解质替代疗法

当绵羊和山羊的液体摄入量不足以满足代谢需要时，就需要对它们进行液体和电解质代偿治疗。补水、补充流失的电解质和恢复酸碱平衡是液体疗法的目标。静脉输液可以充分恢复循环能力和精神状态，从而可以通过口服体液补充营养和弥补正在发生的损失。治疗的积极程度取决于病情的严重程度和经济因素。在制订液体和电解质代偿治疗方案时，需要从三个方面进行评估：(1)补液量和补液速度；(2)液体类型；(3)液体给药方法。

补液量和补液速度

液体治疗的目的是在补充维持量和与疾病过程中的持续液体丢失量的同时，补充脱水量(表3-2)。治疗绵羊或山羊脱水的首要任务是使细胞外液量恢复正常。以下公式可用于计算动物恢复正常水合状态所需的推荐液体量：

估计脱水率×体重(kg)=所需液体(L)

表3-2　液体治疗计划的组成和公式

类别	数量/公式
脱水量	脱水率×体重(kg)
维持液需要量	成年动物：50 mL/(kg·d) 新生动物：80 mL/(kg·d)
持续的损失量	高达体重的5%(kg)
碳酸氢盐需要量	成年动物：体重(kg)×0.3×碱缺乏量 新生动物：体重(kg)×0.6×碱缺乏量
休克治疗液体给药速度	90 mL/(kg·h)

在估计脱水率为8%或更高的情况下，推荐静脉液体治疗，这种情况下口服液体治疗是无效的[6]。例如，一只体重50 kg、脱水率8%的绵羊，需要补充4 L的液体(0.08×50 = 4.00)。一个患有腹泻、体重5 kg、脱水率10%的山羊羔需要补充500 mL的液体。由于无法精确测量脱水程度，因此，在临床治疗时，补充的水分是否精确不重要，相反及时口服补充损失量有助于动物恢复组织、改善精神状态。一般的补液规则是4～6 h补足一半的损失量，12～24 h达到平衡。常见的情况是补充液体损失量的速度更快(6 h)；然而在低温新生动物或败血症的情况下应注意，输液过快可能会导致全身性水肿，尤其容易导致肺水肿和脑水肿。另外，液体给药速度可设定为50 mL/(kg·h)，低于休克治疗的速度90 mL/(kg·h)。

维持液的估算是基于物种和特定年龄的生理需求。正常的成年绵羊或山羊需要大约50 mL/(kg·d)的水来维持消耗和补充尿液和排便(可感知失水)、出汗和呼吸(不可感知失水)所造成的水分损失。如前所述，新生动物的身体总含水量比成年动物高，因此需要更高的维持液。绵羊羔和山羊羔的维持液需求量可达80 mL/(kg·d)。在制订液体治疗计划时，应同时考虑补充损失量和补充维持液的需求。绵羊和山羊所需维持液50 mL/(kg·d)，可以简单地转换为1 mL/(lb·h)或2～4 mL/(kg·h)。需要注意的是，维持液的需求随着环境温度和饲料摄入量的变化而变化，因为日粮中的水分含量可能不同。对于持续静脉输液或短时间内接受大量液体治疗的患畜可能会出现低蛋白血症和水肿，因此需要对其进行仔细监测。为了防止水合过度，需要对细胞体积和血浆总蛋白进行连续测量。

即使正在进行液体治疗(如患有感染性腹泻)，病理性失水仍然可能继续发生。以第三空间截留液体为特征的疾病，如过食谷物或膀胱破裂，也会继续损失水分。预期的损失应包括在液体治疗计划中。虽然很难准确估计出这些损失的水分，但对于患有严重腹泻的动物来说，每天额外的体液损失估计可能高达体重的5%。

液体类型

多种类型的适宜配方液体可用于绵羊和山羊的静脉注射。决定静脉输液以扩大液体体积远比液体类型和流速的具体选择更重要。大多数患病动物对任何平衡的电解质液体都有充分的反应。理想的给药液体类型应该根据患病动物的疾病过程和必须纠正的计算值或预估的酸碱或电解质缺乏量来决定。在临床实践中，有4种基本类型的液体可供静脉输液使用：晶体、胶体、全血和肠外营养溶液。

晶体液是液体治疗的主要成分，主要由含有钠或葡萄糖的水组成。晶体液可按用途分为4种类型：补充液、维持液、高渗盐水和葡萄糖溶液。晶体液还可以按张力分为低渗液、等渗液和高渗液。需要缺电解质或缺水，最常见的是两者同时缺乏的绵羊和山羊需要补充晶体液。在小反刍动物医学常用的补充晶体液的解决方案是等渗，包括不平衡盐液，如生理盐水（0.9%的氯化钠）和碳酸氢盐液（1.3%的 $NaHCO_3$）；平衡盐液，如林格氏溶液（含乳酸或乙酸），Normosol-R（美国赫士瑞有限公司）和 Plasma-Lyte A（美国百特医疗有限公司）。平衡溶液的组成类似于细胞外液。所有的补充和维持晶体液都具有类似于血浆的渗透压，可以进入所有的体液组成中。这些液体将很快与间质液平衡，因此只有 20%～25%的注入液体在注射后 1 h 内仍留在血管内腔内。

生理盐水（0.9%的 NaCl）的钠和氯浓度略高于血浆。生理盐水被认为是一种酸化溶液，因为它通过体积膨胀降低血浆中碳酸氢盐的水平，降低肾脏对碳酸氢盐的吸收，增加肾小管氯离子的水平，从而促进肾脏收集管中碳酸氢盐的排泄。对于患有代谢性酸中毒的绵羊和山羊，如发生过食谷物中毒或腹泻，不能选择生理盐水。生理盐水是一种晶体液，适用于代谢性碱中毒或低钠血症的绵羊和山羊，如发生了胃肠道梗阻或淤滞、梗阻性尿石症或膀胱破裂。

平衡晶体液的电解质含量各不相同，但总的来说，平衡晶体液中电解质的浓度与血浆中电解质的浓度相似。林格氏溶液是一种酸化溶液，除了钠含量稍低、氯含量较高、钾和钙含量较高外，它与生理盐水非常相似。乳酸林格液被认为是一种碱性溶液，但其中的乳酸需要肝脏代谢才能产生碳酸氢盐，只有乳酸的 *L*-异构体能被有效代谢产生碳酸氢盐。平衡晶体液 Normosol-R 和 Plasma-Lyte A 也被认为是碱性溶液，因为它们含有乙酸钠和葡萄糖酸钠。乙酸盐和葡萄糖酸盐是碳酸氢盐的前体。乳酸由肝脏代谢，与乳酸不同，醋酸盐由肌肉组织代谢。葡萄糖酸盐在犊牛静脉注射时已被证明是无效的碱性溶液，但口服有效[7]。虽然这些平衡晶体液中有些是碱性的，但它们的碱化能力低于 1.3%、5%或 8.4%的碳酸氢钠[2]。

代谢性酸中毒可选择碳酸氢钠晶体液纠正，可用等渗性碳酸氢钠（1.3%）或高渗性碳酸氢钠（5%或 8.4%），或添加到其他晶体溶液中。代谢性酸中毒的常见原因包括胃肠道对 *D*-乳酸的吸收（如过食谷物或小肠结肠炎）和分泌性腹泻引起的钠流失。败血症或其他引起全身性休克也可导致代谢性酸中毒，其原因是组织灌注不良导致 *L*-乳酸累积。为了纠正代谢性酸中毒，需要血清生化分析或血气分析测定总二氧化碳（CO_2）含量。碱缺乏量可由正常总 CO_2 减去测定的总 CO_2 量代替（正常总 CO_2 近似为 25 mEq/mL）。碳酸氢盐的用量计算如下。

初生动物：需要 mEq 碳酸氢盐＝碱缺乏量×体重（kg）× 0.6

成年动物：需要 mEq 碳酸氢盐＝碱缺乏量×体重（kg）× 0.3

新生动物比成年动物有更大的碳酸氢盐需求，因此当碱丢失时需要补充更多的碳酸氢盐[6]。例如，一个碱缺乏量为 15、体重 5 kg 的山羊羔需要 45 mEq 的碳酸氢盐来纠正代谢性酸中毒：15（碱缺乏量）×5 kg（体重）×0.6＝45 mEq。如果 5 kg 体重的山羊羔有 10%脱水，则体液丢失量为 500 mL。之前讨论过的晶体液中没有一种能够在 500 mL 中提供足够的碱来纠正本例中的酸中毒，这强调了在反刍动物代谢性酸中毒的情况下，碳酸氢盐治疗的必要性。用于纠正绵羊或山羊代谢性酸中毒的碳酸氢盐可用 1.3%等渗溶液；或者，将缺乏的量添加到正常的生理盐水中静脉注射。一般来说，如果仅仅是由于脱水引起的代谢性酸中毒，只需要补充计算出的碱缺乏量的一半。如果脱水是由于新生动物腹泻或过食谷物引起的，则应该补充所有的缺损量。碳酸氢钠 5%（0.6 mEq/mL）或 8.4%（1 mEq/mL）的高渗溶液可用于商业用途。如果需要同时纠正脱水，可以给予 5%碳酸氢钠溶液静脉注射而不需要将其稀释。5%碳酸氢钠的静脉注射速度不应超过 2 mL/（kg·min）[8]。

含右旋葡萄糖的静脉晶体液，如 5%葡萄糖水溶液（D_5W），不应常规用于小反刍动物单独治疗，因为一旦葡萄糖代谢，液体中不含活性溶质。输注 5%葡萄糖可导致血清电解质的稀释和水肿的发生。然而，补充葡萄糖对低血糖、低体温的新生小反刍动物和妊娠毒性血症的母绵羊很重要。用市面上有售的手持血糖仪可以很容易地测量血糖。为了治疗低血糖，可以静脉注射 50%葡萄糖溶液（剂量为 0.2 mL/kg 体重）或 5%～10%的溶液。葡萄糖可以添加到其他晶体液中，形成 1%或 2%的溶液（20 mL、50%葡萄糖稀释至 1 L 即为所需的 1%的葡萄糖）。对于妊娠毒血症母绵羊，建议每天静脉注射 6～8 次葡萄糖，每次 5～7 g[9]。

高渗盐溶液作为晶体液的一种，过去 20 年里在反刍动物中得到了越来越多的应用。高渗盐水溶液（7.2%的 NaCl）通过增加血管内高渗透压迅速增加血管内体积，从细胞内和间质液中吸取液体。但这种效果是暂时的，必须额外补充液体。高渗盐水应在3～10 min按4 mL/kg体重的剂量注射。小反刍动物注射高渗盐水的适应证有严重脱水、内毒素休克和失血性休克。失血性休克患畜，应在高渗盐水治疗后输血。脱水的情况下，高渗盐水溶液治疗后应遵循静脉注射等渗溶液或口服液治疗。

胶体是高分子量的化合物，与晶体不同，它不容易离开血管内空间。胶体常见的有血浆、血清白蛋白和合成化合物，如羟乙基淀粉、右旋糖酐和改进的明胶溶液。血浆主要用于被动转运失败和低蛋白血症的病例，其剂量为20～40 mL/kg体重[10]。血浆的胶体效应相对无效，因为50～100 mL/kg体重需要提高血清白蛋白浓度到1 g/dL。绵羊和山羊血浆制剂在商业上是可用的(美国中西部动物血液服务公司)。胶体在患病小反刍动物中扩大血管内体积的应用效果尚未评价。

全血输血主要指红细胞体积不足以向周围组织输送氧。对于临床表现提示组织缺氧的动物，如心脏和呼吸频率升高、虚弱和嗜睡，或急性贫血(细胞体积低于15%～20%)、慢性贫血(细胞体积低于10%～15%)的动物，建议进行全血输血。全血的剂量为10～15 mL/kg体重；然而，这只能增加患病动物细胞体积的3%～4%。对于失血性休克，至少一半的失血应该用全血替代[10]。全血也可以作为血浆的来源，剂量为40～80 mL/kg体重。输血监测很重要，整个输血过程应慢速开始(每小时0.1 mL/kg)，每5 min评估一次生命体征。全身输血过敏反应的临床症状包括发热、呼吸困难、打嗝、肌肉震颤、流涎和流泪。如发现输血反应，应停止输血，可静脉注射肾上腺素(1∶1 000)，剂量为0.01～0.02 mL/kg体重。

给药方法

给药途径主要是通过口服或静脉。给药途径的选择基于水合状态和病畜是否可以口服液体。皮下、腹腔和骨内途径并不常用。由于吸收不良而严重脱水的动物禁用皮下注射补液。严重脱水时，需要静脉注射。静脉输液可以是团注，也可以是恒速输液。口服液的优点是成本最低，但这种方法在胃肠道积滞或严重脱水的情况下效果较差。

静脉注射给药

颈静脉非常浅表，大多数绵羊和山羊剪毛后就很容易看到。放置颈静脉导管的最佳方法是让患病的小反刍动物侧卧位。颈静脉沟无菌处理后，使用3 mL注射器和25号5或8 in针头，用0.5～1 mL、2%利多卡因在导管部位进行局部阻滞。部位堵塞后，用15号手术刀在皮肤上开一个小切口。为了防止意外切开颈静脉，可以从颈静脉处捏起皮肤或向后滑过颈部肌肉。在此过程中使用小的皮肤切口有助于减少组织阻力，减少导管放置过程中颈静脉的潜在塌陷。在插入导管之前，颈静脉通过胸腔入口时保持不动并留出时间使其最大限度地扩张。对于严重脱水或低血压的绵羊和山羊，适当的血管扩张可能需要额外的时间。导管水平放置，并用无菌的肝素钠盐水润洗。肝素钠盐水可以在市场上购买，也可以用浓度为10 U/mL的生理盐水配制。导管由其中心支撑，食指置于中心之上并阻塞中心的末端。导管通过皮肤切口插入。如果发现皮肤有任何阻力，则将导管放置一旁，并用手术刀刀片加深或延长皮肤切口。一旦导管穿过皮肤，与臌胀的颈静脉成45°～60°对齐，就可以快速、短而有力地向前插入。为了检查导管的正确位置，将手指从导管中心抬起，观察导管内容物是否有回血。如果有明显的回血，导管和导管丝向前推进1 cm。再次检查回血、确认其在颈静脉中的位置，导管就会从导管丝上滑入静脉，然后取出导管丝。严重低血容量或血浓度时，导管内可能看不到回血。当动物站立或胸骨横卧时，这种体征的消失比动物侧卧时更为常见。在这种情况下，评估导管在颈静脉内的位置如下：将一个装满肝素钠盐水的注射器连接到一个延长管上，并在初始静脉穿刺时用于定期抽吸。导管插入后，可将注射口或延长管固定在导管上，检查导管是否回血，然后用肝素钠盐水冲洗。

有几种方法可以用来固定和保护颈静脉导管：导管和延长管或注射口可以缝合到皮肤上。白色多孔胶带也可以贴在导管注射口或延长管上，并可缝合到皮肤上。此外，还可以使用氰基丙烯酸酯胶(超强力胶)将导管固定在皮肤上。胶水也可以应用在毂端和导管进入皮肤的入口点。延长管非常有用，但必须固定在身体的另一个部位，以防止导管在延长管或输液线缠绕时被拔出。肝素钠盐水可用于保持导管顺畅，当静脉液体不运行时，导管应每6～8 h用肝素钠盐水冲洗一次。

有各种长度、直径和材料的静脉导管。聚四氟乙烯、聚丙烯、聚氨酯和硅橡胶导管类型可用于患病小反刍动物。聚四氟乙烯导管需要每3 d更换一次，而聚氨酯导管可以保持在原位长达2周。对于成年绵羊和山羊，通常使用16号、3.25 in的聚四氟乙烯导管。对于山羊羔和绵羊羔，选择18号、2 in的颈静脉导管，其大小和长度比较合适。给药速度与导管直径成正比，与导管长度成反比。

口服给药

口服补液治疗可用于新生动物和成年动物。一般来说，口服补液疗法比其他疗法更受欢迎，因为它是最具生理性的。口服液体可以通过经胃或鼻胃插管或通过先前创建的瘤胃造口术进行。注射器针筒可以用作窥视器。在成年小反刍动物中，乳管或小口细胃管可向下通过食道。对于新生动物，小的红色橡胶喂养管是合适的，是口服补液向下传递到食管中部区域的理想导管。沉积的牛奶或碳酸氢盐或富含钠的液体将刺激食管沟关闭，并将液体转移到皱胃消化和吸收。用于犊牛的口服补液盐可以有效地应用，这些补液盐都含有不同浓度的葡萄糖、钠、钾和氯，而且许多补液盐都含有碱化剂（碳酸氢盐、乙酸盐、丙酸盐），而其他口服补液盐则不含有这些。所有口服补液盐必须按照标签上的说明混合使用，以避免张力的改变。对于腹泻的绵羊和山羊，如果代谢性酸中毒是通过实验室分析记录的或根据临床症状预测的，则应使用含有碱化剂的口服补液盐。非碱化口服补液盐可用于没有腹泻或在疾病早期阶段发现的患病动物。

口服液在任何一次的剂量都可以达到体重的3.5%。例如，对于一只体重5 kg、脱水超过8%、轻度腹泻和轻度抑郁的绵羊羔，可以使用市面上有售的175～250 mL口服补液盐进行口服治疗。

肠外营养

肠外营养（PN）是指静脉注射能量、蛋白质、脂肪、维生素或矿物质以用于营养支持。在任何一种虚弱状态下，口服营养支持要么是禁忌的（如肠炎或梗阻），要么是不可能的（如食道疾病），PN或许是可行的。全肠外营养（TPN）可静脉提供100%的营养需求，而部分肠外营养（PPN）可能更可行。当有限的口服营养可行时，PPN被用来提供部分的营养需求。当只有外周静脉可用时，PPN是唯一安全的方法。字母缩写PPN也用于“外围肠外营养”[11]。这种双重命名法似乎令人困惑，然而，对于这两个术语，PPN都可以部分满足营养需求。由于没有关于TPN在小反刍动物中应用的科学研究的文献报道，这里提出的建议是根据其他物种TPN的基本原理进行推断。

TPN解决方案必须包括碳水化合物和脂类作为能源，以及蛋白质（氨基酸）的体内平衡和修复。虽然TPN和PPN适用于所有年龄段的绵羊和山羊，但出于经济考虑，可能会限制PN的使用仅限于幼畜或有价值的成年羊。对于预期持续时间少于2周的PN，除了正在进行的液体和电解质治疗外，能量和蛋白质需求是最需要考虑的关键因素。如果PN使用2周或更长时间，溶液不仅要平衡能量和蛋白质，还要平衡微量元素和维生素。然而，从治疗开始时就补充B族维生素可能是有益的。在接受TPN治疗的患畜中，有一种类似于脊髓灰质炎软化症的综合征[12]，虽然低白蛋白血症患畜的风险似乎在增加，但补充硫胺素可以预防该综合征[12]。

所有的体液亏损和电解质异常应在PN前纠正，并在整个PN过程中保持足够的水平[13]。大多数PN溶液是高渗的，血栓性静脉炎与它们的使用有关[14]。使用硅橡胶或聚氨酯导管可降低血栓性静脉炎的风险[14]。PN的动物发生脓毒症的风险非常高，应密切监测脓毒症的临床症状，包括体温升高、嗜中性白细胞增多或左移、高纤维蛋白原血症和高血糖[15]。在混合PN溶液和处理含有PN溶液的静脉输液时应严格注意无菌操作。还应密切监测患畜血清电解质紊乱、酸碱状态改变、血脂升高、血糖波动和血尿素氮变化（表3-3）。此外，应监测尿量，以确保正常的水合作用和适当的肾灌注。

表3-3 肠外营养（PN）并发症的血清生化指标变化

症状	原因
低血糖症	需要的热量不够
高血糖症	脓毒症或肠外营养液热量过高
高BUN	脱水或热量-非蛋白氮失衡
低BUN	蛋白质补充不足或肝病
肝酶活性升高	溶液中脂肪含量过高导致的脂肪肝或其他肝病

BUN：血尿素氮。

在准备PN溶液时，建议先计算动物的能量需求。表3-4列出了不同体重的热量需求，其中也包括了相关计算所用的公式。碳水化合物和脂肪是使用的两种能源。葡萄糖是最常用的碳水化合物来源,其能量值为 3.4 kcal/g。碳水化合物的最大输注速度不应超过 5～7 mg/(kg·min)。高浓度的葡萄糖溶液是高渗的,如果在外周静脉中注入的速度大于 10%,将增加外周血管血栓形成的风险。成年动物一般可以通过颈静脉导管耐受高达 20%的葡萄糖溶液。

表 3-4 不同体重的绵羊或山羊日热量需求

体重/kg	2	3	4	5	8	10	15	20	25	30	35	40	50
kcal/d	235	319	395	468	666	787	1 067	1 324	1 565	1 795	2 015	2 227	2 632

所示值按下式计算*:

能量需要量＝140 kcal/($kg^{0.75}$体重·d)

使用科学计算器,输入体重(kg),按 x^y 键,然后输入 0.75,再按 x^y 键;这个数字乘以 140 就是每天所需的千卡。

注:上述方程得出的能量需求与总能量需求(TER)方程计算量非常接近:30×体重(kg)＋70×"疾病因子"为 1.8～2.0。使用这么大的疾病因子被认为会导致过量补充[20]。建议从上面列出的 25%的能量需求量开始 TPN,并在患畜耐受的情况下增加营养。

*数据来自 *Nutrient requirements of small ruminants; sheep, goats, cervids and new world camelids*. Washington, DC, 2007, National Academy Press.

脂质等渗的 PN 溶液,能量密度为 9.1 kcal/g。PN 的脂质浓度为 20%时,最高注入速率为 2.5～3 g/(kg·d)[15 mL/(kg·d)、20%溶液]。PN 溶液中 30%～60%的热量应由脂质提供。在有肝脏疾病的动物中,应以该脂质范围的低值(30%)为目标,并密切监测血清山梨醇脱氢酶等肝酶活性。

蛋白质以 8.5%的氨基酸溶液供应,含氮量约为 1.3 g/100 mL。幼龄绵羊羔和山羊羔对蛋白质的需求量(根据其他物种的数据推断)可能在 2.0～3.75 g(氨基酸)/(kg·d)[13,16]。成年动物(从其他物种推断)的氨基酸需要量是 1.0～1.5 g/(kg·d)[13]。非蛋白质卡路里与氮的克数比例应保持在(100～300)∶1,以避免蛋白质的负平衡。氮的克数可以用氨基酸的克数除以 6.25 来计算[17]。

氨基酸克数/6.25＝氮的克数

超过 1～1.5 g/(kg·d)的蛋白质需要量需要通过中央静脉导管注射。幼羔和成年动物分别需要 8.5%氨基酸溶液 23 mL/(kg·d)和 11 mL/(kg·d)以实现 TPN。

最方便和实用的混合容器是 1 L 大小的。玻璃和塑料无菌容器都适合配制混合溶液[18]。当使用塑料袋时它们应该由乙烯醋酸乙烯酯制成[19]。在制备 TPN 溶液时,添加顺序是一个重要的考虑因素,因为将脂质直接添加到 50%葡萄糖中会破坏脂滴,混合时应最后加入脂质。

由于维持液的需要量为 50 mL/(kg·d),因此必须从每日总需要量中减去营养液的量,以避免动物过度水合。如前所述,持续或不间断的体液流失也应计入总补充量。

采用以下方法处理 PN 线,可让 PN 并发症降至最低。

- 将导管置于无菌状态。
- 用无菌敷料覆盖。
- 仅对 PN 使用。
- 除非添加一个新的 PN 包,否则不要断开连接。

如果需要,补充电解质液并使用独立的导管,这样也可以防止 PPN 与浓缩电解质溶液的沉淀。无菌聚维酮碘软膏可以放置在所有连接处,并覆盖胶带,以减少污染的机会[19,20]。

为了使患病动物更好地适应 PN,在开始时,使用只含有计算出的 TPN 中葡萄糖、脂质和氨基酸总量的 25%的溶液[15]。在 2～3 d 的时间里,能量和蛋白质的量应该逐渐增加。在这个适应期,应密切监测动物并发症。同时缓慢增加 PN 溶液的能量和蛋白质摄入量,允许临床医生调整溶液的蛋白质、脂质、碳水化合物和电解质组成,以满足动物的个体需要和耐受性。如果动物的血液在适应期间保持正常,可在第 3 天或第 4 天开始全面维持 TPN 方案。如果可能的话,应该每天给患病动物称重,以确保在治疗期间体重保持或增加。向肠内营养的过渡也应该非常缓慢地进行[15]。在可能的情况下,PN 期间应继续少量的肠内喂养。

在 PN 的第 7～10 天之前,很少需要补充矿物质。矿物质应通过测定血清电解质进行监测,如有必要再补充(表 3-5)。外伤和腹泻都会增加锌的流失(可能还有其他营养成分)。维生素补充剂(表 3-6)在第 7～10 天 PN 后一般不需要补充,可能的例外是 B 族维生素。如果从 TPN 开始时每 2～

3 d 按说明书剂量服用 B 族维生素可能会有益处。通常情况会肌肉注射 10 mg 维生素 K,1 周 1 次。

表 3-5 矿物质需要的补充量

矿物质	需要量*
钙	0.8 mEq(生长期或泌乳期×2)
镁	0.33 mEq
钠	2.26 mEq
磷	3.6 mmol/d(生长期或泌乳期×2)
锌	0.6 mg
铁	0.6 mg
碘	1.5 μg

当 PPN 或 TPN 少于 7 d 时,PN 溶液一般不需要补充矿物质;当 PN 时间更长时,应通过监测血清中的电解质,进行适当的补充矿物质。

* 每千克体重的每日需要量。

表 3-6 长时间肠外营养部分维生素需要的估算量*

维生素	需要量†
维生素 A	25 IU
维生素 D	6.6 IU
维生素 E	224 μg

* PN 超过 7 d。

† 每千克体重每日的需要量。

高浓度的葡萄糖溶液足以满足全部热量需求(即浓度大于 10%),但是外周静脉注射会形成血栓。外周 PN,如前所述,也通常缩写为 PPN(MacEntire D. 的私人信件,2009),有学者在犬身上应用并做了临床评估[21]。这种 PN 的目的是通过外周血管提供每日所需热量的一部分,而不引起由过度高渗造成的继发性血栓性静脉炎。使用这种溶液已被证明能改善氮平衡[21]。Chandler 等使用一种商业上可用的三合一溶液进行了一项前瞻性研究[21]。这种溶液的渗透压、热量密度(0.63 kcal/mL)和氨基酸浓度都高于前面描述的“自定义”溶液,其以 2 mL/(kg·h)用于犬。如果溶液是 24 h 给予(即每天 24 h),36 h 便在外周静脉形成静脉血栓。如果每天注射该溶液 10～12 h,然后再给予注射 12～14 h 等渗液,则不会发生血栓形成。

定制的外周 PN 解决方案,在小型动物重症监护环境中耐受良好,制备如下(MacEntire D. 的私人信件,2009)。

• 从 1 L 袋中去除 400 mL 多离子静脉注射液。

• 加入 50% 葡萄糖 100 mL、8.5% 氨基酸 200 mL、20%脂质溶液 100 mL。

该溶液提供能量 0.35 kcal/mL,可连续输注(即每天 24 h)。按维持率给药可提供体重 10 kg 动物所需热量的 30%,提供体重 40 kg 动物所需热量的为 40%。这个方案在热量上类似于提供工作表中计算值的 25%。

参考文献

[1] Carlson GP, Bruss ML: Fluid, electrolyte, and acid-base balance. In Kaneko JJ, Harvey JW, Bruss ML, editors: *Clinical biochemistry of domestic animals*, ed 6, San Diego, 2008, Elsevier, pp 529-560.

[2] Berchtold J: Intravenous fluid therapy of calves, *Vet Clin North Am Food Anim Pract* 15: 505-531, 1999.

[3] Kaneko JJ, et al: Appendix Ⅷ. Blood analyte reference values in large animals. In Kaneko JJ, Harvey JW, Bruss ML, editors: *Clinical biochemistry of domestic animals*, ed 5, San Diego, 1997, Academic Press, pp 890-894.

[4] Constable PD, et al: Clinical and laboratory assessment of hydration status of neonatal calves with diarrhea, *J Am Vet Med Assoc* 212: 991-996, 1998.

[5] Naylor JM: A retrospective study of the relationship between clinical signs and severity of acidosis in diarrheic calves, *Can Vet J* 30: 577-580, 1989.

[6] Roussel AJ Jr, Navarre CB: Fluid therapy, transfusion, and shock therapy. In Anderson DE, Rings DM, editors: *Current veterinary therapy: food animal practice*, St Louis, 2009, Saunders, pp 526-533.

[7] Naylor JM, Forsyth GW: The alkalinizing effects of metabolizable bases in the healthy calf, *Can J Vet Res* 50: 509-516, 1986.

[8] Constable PD: Fluid and electrolyte therapy in ruminants, *Vet Clin North Am Food Anim Pract* 19: 557-597, 2003.

[9] Rook JS: Pregnancy toxemia of ewes, does, and beef cows, *Vet Clin North Am Food Anim Pract* 16: 293-317, 2000.

[10] Divers TJ: Blood component transfusions, *Vet Clin North Am Food Anim Pract* 21: 615-622, 2005.

[11] Chandler ML, Payne-James JJ: Prospective evaluation of a peripherally administered three-in-one parenteral nutrition product in dogs, *J Small Anim Pract* 47: 518-523, 2006.

[12] Francini-Pesenti F, et al: Wernicke's syndrome

during parenteral feeding: not an unusual complication, *Nutrition* 25: 142-146, 2009.

[13] Spurlock SL, Ward MV: Parenteral nutrition in equine patients: principles and theory, *Comp Cont Educ Pract Vet* 13: 461-469, 1991.

[14] Chandler ML, Guilford WG, Payne-James J: Use of peripheral parenteral nutritional support in dogs and cats, *J Am Vet Med Assoc* 216: 669-673, 2000.

[15] Lippert AC, Fulton RB, Parr AM: A retrospective study of the use of total parenteral nutrition in dogs and cats, *J Vet Intern Med* 7: 52-64, 1993.

[16] Baker JC, Lippert AC: Total parenteral nutrition in the calf, *Compend Food Anim* 9: F71-F80, 1987.

[17] Spurlock SL, Ward MV: Providing parenteral nutritional support for equine patients, *Vet Med* 85: 883-890, 1990.

[18] Gonyon T, et al: Container effects on the physicochemical properties of parenteral lipid emulsions, *Nutrition* 24: 1182-1188, 2008.

[19] Thomovsky E, et al: Parenteral nutrition: formulation, monitoring and complications, *Compend Contin Educ Vet* 29:88-102, 2007.

[20] Thomovsky E, et al: Parenteral nutrition: uses, indications and compounding, *Compend Contin Educ Vet* 29:76-85, 2007.

[21] Chandler ML, Payne-James JJ: Prospective evaluation of a peripherally administered three-in-one prarenteral nutrition product in dogs, *J Small Anim Pract* 47:518-523, 2006.

第4章

口腔-食道疾病

通常，病理性口腔-食道疾病在小型反刍动物临床实践中占很小的一部分，但这类疾病可能会导致羊群显著的生产和经济损失。对于调查口腔-食道疾病的兽医来说，收集完整的动物病史、管理程序和治疗方法是非常重要的，可通过观察动物进食、走动和反刍来评估动物的身体状况。

口腔的初步评估可以借助对动物身体的约束、开口器和良好的光线来完成。齿龈通常呈淡粉色，虽然轻微的齿龈炎是很常见的，但它与明显的口腔疾病产生联系则是不寻常的。严重的齿龈炎常常伴有更严重的牙齿问题，包括1～2岁的牙齿脱落。若口腔中的红肿和水肿现象明显扩散，更深层的组织可能会受到影响，导致牙周病，以及潜在的牙齿脱落和随之而来的疾病问题。如果此类疾病成为一个重要的畜群问题，则需要定期进行口腔检查以确定牙齿的变化，并确定是否有何种特定的管理或饮食变化可能有助于群体发育[1]。

对绵羊和山羊进行彻底的口腔检查比较困难。因为小反刍动物具有相对狭窄的颌间隙，并且口部不像其他物种那样张开。当必须要在动物中进行彻底的口腔检查时，应使用镇静剂或短效麻醉剂。在适当的约束下，可以翻开唇部以暴露切齿和齿龈的颊面。进一步收缩嘴唇可以诱导动物张开嘴，检查切齿的舌面和舌头的一部分。应检查切齿是否有正常的牙齿萌出、磨损和牙齿脱落。还应注意切齿的任何异常倾斜及其导致与牙床的不正确咬合。在检查期间，口腔结构的持续活动是意料之中的，因此在这种情况下，无法对口腔进行长时间的研究。

触诊面颊可以对面颊部牙齿的健康状况有一些了解。颊齿的直接观察需要使用开口器和灯光。即便如此，彻底的检查仍然是很困难的，因为动物会持续地咬嚼开口器。应检查颊齿是否有异常磨损的迹象，如波浪口和牙齿脱落，这可能导致牙齿相对的过度生长或草料残留。由于草的染色，臼齿往往是黑色的，但没有任何有害作用。[2]还应仔细触诊下颌骨以检测是否有任何的骨质肿胀，这可能与齿根病有关[1]。

牙齿护理如漂洗或修剪异常生长的牙齿应依据具体情况考虑。实施一个管理程序之后，最好是避免这样的牙科护理。这可能非常耗时，并且每次干预都可能引起齿系的进一步不平衡，导致群体内更广泛的牙科问题。在治疗过的动物中，如果变短的牙齿敏感，牙髓腔暴露出来，它也可能会使牙齿问题更严重。在缩短的颊齿的对牙过度生长的情况下，涂敷只是短期的作用，因为缺失的牙齿才是出现这个问题的真正原因。饲养者必须做出决定，管理这些牙齿异常的动物，放牧和维持身体状况已成为一个问题。这一决定会关系到补充饲养还是维持动物的生产与淘汰。具体要考虑补充喂养的费用和喂养附属设施的可用性等。[1]

在大多数放牧的动物管理系统中，切齿的丧失对生产率有重要的影响。口腔的正常齿系由短而紧密排列的切齿组成。在一些放牧的幼畜中，切齿可能变得短而似豌豆。由于受影响动物的放牧效率降低，齿系受损可能随着时间推移而成为整个羊群的问题。异常长的牙齿中间有间隙可能是最终牙齿缺失的预兆，从而引起显著的营养问题。

在小型反刍动物手术中，兽医发现患有口腔-食管疾病的动物经常有慢性病，这主要是因为它们是群居动物：食物摄取、身体状况和生产方面的特殊变化不会像宠物饲养或展览动物那么快被注意到。牙齿不好的绵羊在被主人发现之前可能已经减掉了很多体重，因为这些动物在群体当中，较难观察它们的进食（虽然不是很有效）和日常活动[3]。

参考文献

[1] Spence J, Aitchison G: Clinical aspects of dental disease in sheep. In Boden E, editor: *Sheep and goat practice*, London, 1991, Baillière Tindall.

[2] Bruere AN, West DM: Dental abnormalities. In *The sheep: health, disease and production*, Palmerston North, NZ, 1993, Foundation for Continuing Education of the New Zealand Veterinary Association.

[3] Scott PR: Digestive system. In *Sheep medicine*, London, 2007, Manson Publishing.

诊断程序

超声检查在兽医学的各个方面都越来越受欢迎,包括小型反刍动物诊断。虽然超声检查在生殖检查中已经使用了一段时间,但是越来越多的实践表明也可以使用这种方式来调查任何软组织异常。本章讨论的影响头部、口腔和食道的情况也不例外。超声检查可以描绘脓肿腔、提供引流管的后续监测、寻找异物,也有助于评估食管阻塞。它也是一个有助于软组织肿块或淋巴结活检的成像工具。某些地区的羊毛会影响与探针的良好接触,因此剪羊毛对绵羊来说比山羊更重要。尽管取决于羊毛的位置和长度,山羊通常也需要修剪,以便对该区域进行有意义的研究。在施加超声凝胶之前,用酒精彻底浸泡待检查的区域有助于获得高质量的图像,因为这种制剂去除了小的气泡,从而允许凝胶与皮肤的均匀耦合。检查浅表病变如淋巴结或可触及肿块时最好用高频探头,其范围为 7.5～8.0 MHz。更深的结构如肌肉脓肿和咽后淋巴结通常需要用较低频率 5.0 MHz 探头成像,以使超声波束更好地穿透到更深的组织中。权衡是分辨率的损失,但是可以看到更深层的组织。脓肿的超声表现可能不同。根据成熟度和内容物,脓肿可以通过超声成像看到无回声(黑色)到低回声(灰色)。如果脓肿含有厚的干酪样物质,它可能在外观上是低回声的,在回声纹理上类似于淋巴结。脓肿内的气体通常表现为小的高回声病灶,并伴有"彗星尾"。脓肿中心呈液体状,通常呈黑色或无回声。

为寻找异物而进行的超声成像通常是非常有益的。普通 X 光照片上可能会遗漏木头等异物,但超声波检查很容易发现。木材、骨头或金属等材料将产生带有"阴影"的线性高回声焦点。异物强烈地反射超声波束,从而在异物下方形成黑色阴影或"尾部"。排泄通道内通常有液体或气体,在这种情况下,超声成像有助于监控分辨率。异物本身通常被低回声的液体边缘包围。超声引导下的软组织肿块活检,这对于获得用于组织病理学评估和诊断的样本非常有用。活检器械可以使用超声成像来可视化,以引导针到正确的位置,同时避免要活检肿块内的血管。超声引导活检在兽医学中很常见,但在反刍动物和其他大型动物中没有得到充分利用。

射线照相可以增加头部状况的重要信息,尤其是牙齿状况。通常需要切向视图,通常是横向的(图 4-1)和背腹投影,来进行准确诊断和定位异常。倾斜视图在牙齿状况成像中特别有用。在斜视图中,可以在不重叠对侧拱廊的情况下评估牙根。倾角大约为 30°(从侧面),X 射线束从腹侧指向背侧(图 4-2)。受影响的一面应该靠着盒子放置。在 30°左右的左腹侧-右背侧视图中,右下颌骨和左上颌将会在图像上显示出来。通常,获得相反的倾斜视图也是有帮助的,这样就可以比较两个拱廊的齿根,而不需要重叠其他的齿。偶尔,45°斜视图可以用于评估没有重叠的牙齿牙冠(图 4-3)。牙根脓肿、断牙、颅骨骨折以及鼻腔或鼻窦肿块是颅骨影像提供重要诊断信息的几种不同情况。

对比造影在调查食道病情方面非常有用。钡是首选的造影剂,除非怀疑穿孔,在这种情况下应使用碘基造影剂。食管的对比研究将确定憩室的类型和位置,并将提供关于食道阻塞的一些信息。瘘管造影是评价引流道的另一个有价值的对比研究。这个程序可以确定引流管的范围,勾画出可透过射线的异物轮廓,并确定需要手术切除的感染骨或其他结构。通过将碘化造影剂注入引流道的开口中来进行瘘管造影。通常使用小导管如聚乙烯导尿管,以便将其较快速地插入通道中。应该注射足够的造影剂来完全冲洗引流道。如果引流管的开口是腹侧大的引流道,则可以在球囊扩张的情况下使用 Foley 导管来保持引流道内的对比度。克服重力对对比度影响的另一种方法是在全身麻醉下对动物进行研究,将患畜定位成背侧开口。毛巾夹也可用于帮助关闭导管周围的开口。在所有情况下,应在注射造影剂之前制作初始胶片或图像。可能需要多个薄膜来确保排水管道完全堵塞。在某些情况下,射线照片最好在注射结束时曝光,这样管道内容物就能减压。

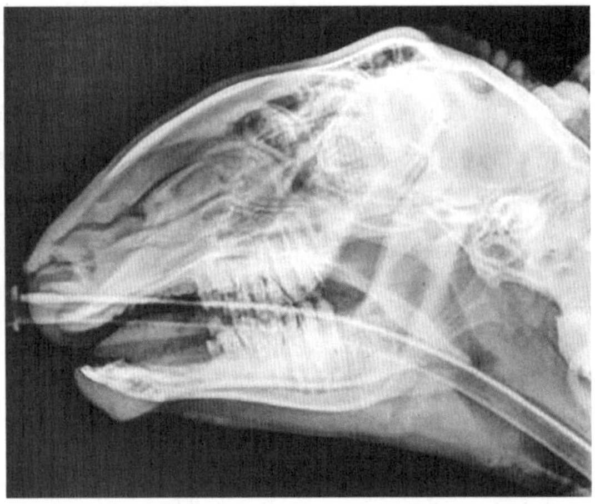

图 4-1　6 月龄的萨福克羊在全身麻醉下获得的头颅侧位 X 光照片

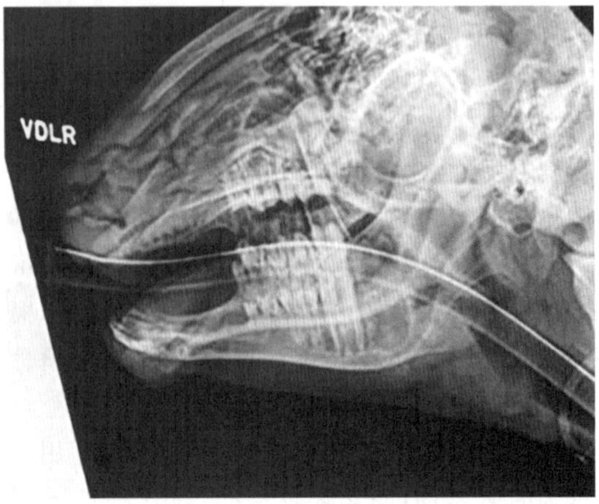

图 4-2　6 月龄的萨福克羊在全身麻醉下获得的头颅 X 光照片。与图 4-3 相比 30°腹内侧-背外侧斜视图。

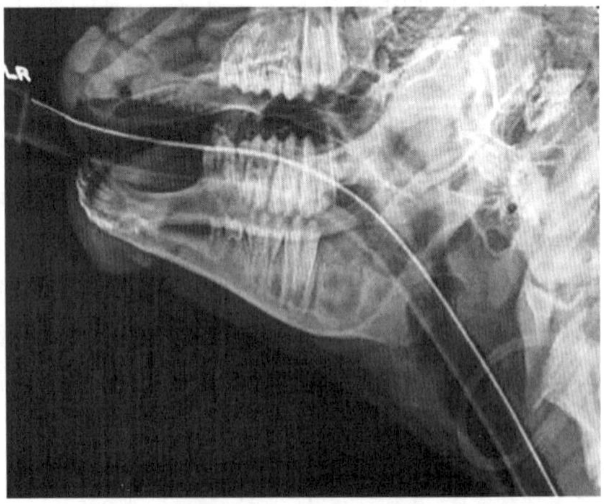

图 4-3　与图 4-2 相同动物的 45°腹内侧-背外侧斜视图颅骨 X 光照片。可能需要不同的倾斜视图来对牙根和牙冠进行最佳成像。

内窥镜检查可用于诊断咽部和食道疾病。绵羊和山羊的鼻腔相对较小，禁止采用在大动物诊断中使用的大多数直径 10 mm 或更大直径的鼻内窥镜。可以使用较小直径的"儿科"内窥镜，但是同样，对于动物和设备均安全的彻底检查来说，在非镇定的小反刍动物中很难实现足够的约束。口腔咽区和食管可以通过放置在口腔中的内窥镜检查，使用管状窥镜保护内窥镜免受牙齿损害，但是仍然建议重度镇静或麻醉以获得最佳效果和最大安全性。

口腔

绵羊和山羊的口鼻和口腔的特点是嘴唇非常灵活，相对于较大的反刍动物如牛来说，嘴唇很薄。上唇有明显的人中，舌头和上腭比牛更平滑。与牛相比，绵羊和山羊口的开口相对较窄，使牙齿和口腔的检查更加困难。与在所有反刍动物中的所见相一致，牙垫均位于上腭的顶端，上切齿在其他物种中也有发现。[1]小反刍动物有 3 对下切齿和 1 对下犬齿，它们的外形和功能与切齿相似(因此，为了本次讨论的目的，在将前齿视为一个整体时，这些犬齿被称为切齿)。绵羊和山羊的乳齿齿式为 2(Di0/3，Dc0/0，Dp3/3)，恒齿齿式为 2(I0/3，C0/1，P3/3，M3/3)。绵羊和山羊的乳齿在 4 周时就已经出现。牙齿萌发的衰老是基于通过观察小反刍动物中组成四对嘴侧下颌牙齿的切齿和尖齿来完成的(表 4-1)。这些牙齿的萌出时间可能会变化 6 个月或更长时间，这主要取决于营养水平。犬齿是这些牙齿中最不可预知的一种，甚至在一些成熟的羊中也不存在。一项研究发现，266 只被检查的绵羊中，多达 15.4%的羊缺少一颗或两颗犬齿，这可能通过牙齿萌发而影响衰老[2]。

表 4-1　绵羊和山羊的恒齿萌出年龄

恒齿	萌出年龄
切齿 1	1～1.5 岁
切齿 2	1.5～2 岁
切齿 3	2.5～3 岁
切齿 4	3.5～4 岁
前磨齿	1.5～2 岁
磨齿 1	3 月龄
磨齿 2	9～12 月龄
磨齿 3	1.5～2 岁

与其他大小相似的动物相比，羊切齿的牙周韧带相对较大。这种较宽的韧带允许反刍动物正常看到切齿的运动。绵羊和山羊的正常切齿足够松，可以在轻微的压力下移动几毫米。这种运动可以

最大限度地减少咬合对软骨牙床造成的创伤,并且在放牧时帮助摄取植物。然而,随着放牧时间的推移,这种可移动性也使小型反刍动物容易丧失切齿。虽然切齿的丢失对受影响的动物来说是有问题的,但如果大部分的牧群或群体遭受切齿损失,特别是在相对年轻群体,它可能会导致严重的牧场管理问题。随着切齿的丢失,与摄取受损相关的营养不足可能导致个体动物或动物群体表现不佳[3](图4-4)。切齿的丢失对山羊来说并不是一个太大的问题,山羊主要是食草,而绵羊则是放牧。山羊通常会在比绵羊更大的年龄失去切齿,但是在切齿失去后,保持身体状况比绵羊更好[4]。

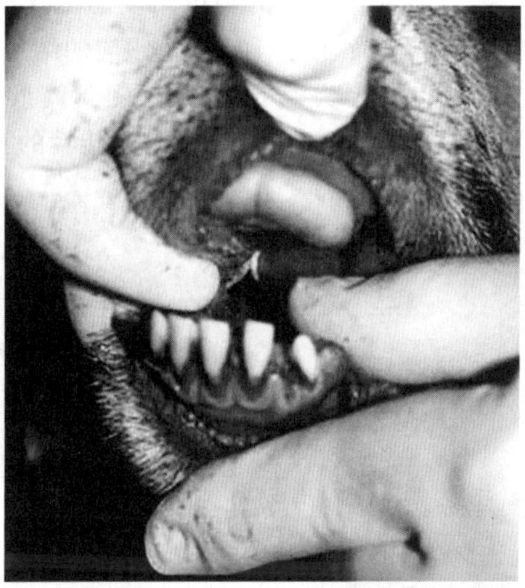

图4-4　就像这只绵羊的情况一样,缺少切齿可能导致早期淘汰。

切齿的损失可能是由于牧场使用沙土,以及放牧过程中捡拾土壤对牙齿的磨损。牙齿的侧面和牙冠都磨损,这增加了其他原因导致切齿过度磨损的可能性。酸性土壤可能会导致这种牙齿脱落,因为牙齿牙本质在暴露于(离子化)钙和磷酸盐时会在与某些草料和土壤相适应的pH下脱矿质[5]。

与放牧能力(或无放牧能力)相关的牙齿的健康是决定绵羊采食率的一个非常重要的因素,尤其是在放牧可能比喂养更重要的地区或国家。在一些管理系统中,将牙口不好的老母羊转移到补充喂养以获得另外一两年的产量在经济上是可行的,而不是直接淘汰和替换。切齿损失的真正成本将包括补充饲料成本的增加、母羊生产年限的损失、精选母羊的替换成本、齿列不良母羊的羊毛和后代产量的损失,以及母羊售价的降低。断齿是一个用来描述有一颗或多颗切齿缺失的术语;牙龈描述了所有切齿缺失的绵羊[5]。

与切齿相比,颊齿非常稳定,有韧带支持和骨骼帮助咀嚼食物和反刍。当母羊由于不能摄取足够的营养来维持妊娠和良好的身体状况而发生高于正常比例的妊娠毒血症时,颊齿的不当磨损可能导致羊群健康问题。颊部牙齿的异常磨损或缺失可能导致剩余牙齿的颊黏膜和牙龈磨损,因为它们在没有对牙的情况下过长而导致口腔组织的损伤。口腔的无效咀嚼和疼痛会损害营养的摄入,导致身体状况不佳[3]。

如前所述,绵羊比山羊更容易受到牙齿缺失的不利影响;然而,山羊也可能出现影响身体状况的牙齿问题:颊部牙齿可能磨损不均匀,导致尖端会损伤口腔软组织并引起咀嚼疼痛。在一些动物中,牙根脓肿可能引起冷敏感性,导致水摄入量减少。颊齿在上颌牙齿的外侧面和下颌牙齿的内侧面且通常具有锋利的边缘。这些锋利的边缘可能是引起软组织损伤、异常咀嚼的原因,则需要通过锉削或切割来减少异常点。可以用合适尺寸的牙锉来锉掉尖端,或者用钳子或吉利线切割来移除尖端。山羊的颊齿有问题,可以观察到只在嘴的一侧咀嚼,或在咀嚼时掉食物。有些羊会饿着肚子,因为嘴巴痛而无法吃东西。在老山羊中,口腔肿瘤如肉瘤、腺肉瘤、骨瘤、纤维肉瘤,可能是牙齿松动、牙齿脱落和口腔疼痛的原因。颊齿根部脓肿可引起患牙根部肿胀。在某些情况下,连续几周施用广谱抗生素可以获得一些好的效果。大多数这样的脓肿不会单独使用抗生素治愈,并且除了最有价值的山羊以外,通常很难证明手术拔除或根尖周刮除术是合理的[4]。

颊齿异常更难确定,因为颊齿的检查和可视化是非常难的。虽然牙龈炎可能导致异常磨损甚至颊部牙齿脱落,但颊部牙齿脱落的首要临床症状可能是身体状况的丧失。仔细观察可发现受食物摄入影响的羊只会导致面颊肿胀,或触诊可显示特定牙齿缺失。由于牙齿脱落,相对的牙齿在没有正常磨损的情况下会长得更长。食物对牙齿缺失组织的影响或在剩余牙齿上形成尖端可能损害面颊、牙龈和舌头的软组织结构[7]。

牙列质量差导致口腔撕裂的绵羊会日渐消瘦,因为口腔疼痛会妨碍正常的食物摄入。在一些动物中,可能会注意到有口水从嘴中流出来,也可能注意到会有口臭。颊齿异常通常因口腔病变或受食物的影响而导致颊部肿胀。有时仅通过目测观察肿胀可能被误认为是软组织肿胀。臼齿异常可表现为颌骨短而急促地运动,有时口腔稍微张开。伴随着过多的吐草,在口腔的连合处可以看到大量的纤维状食物。射线照片有助于评估颊部牙齿;应获得适当的斜视图以避免牙根叠加。如果动物在全身麻醉下进行射线照相研究,可以获得最有用的信息。触诊下颌骨可以检测颊齿上缺失的牙齿或尖锐点。在绵羊中不常见到带有排液管道的颊齿脓肿[8]。

下颌骨可能会出现骨肿胀,通过触诊下颌骨可以很容易地在身体检查中发现。有些肿胀是由于牙根周围的骨膜炎引起的。许多羊在没有被治疗的情况下几乎没有什么差异。事实上,一些病变可能未被主人注意到。可能是由于牙根的脓肿削弱放牧能力。这些骨性病变很少构成群体问题,尽管外科手术可以提供改善,但它通常比除了最有价值的小反刍动物之外的所有动物都更昂贵、更耗时。抗生素治疗已经取得了很好的结果,但这通常值得尝试改善动物的状况,特别是在某些情况下,如孕畜的情况,其中抗生素可能有助于确保生产出健康的后代[3]。

氟中毒

氟中毒的骨骼损害通常不明显,直到动物出现牙骨质疏松症之后才会逐渐显现。牙齿异常的病理机制是氟化物引起发育中牙齿的矿物质的非正常沉积。因此,氟中毒变化的程度和严重程度取决于牙齿暴露的时间和动物的年龄。临床表现在氟中毒很久后才显现出来。牙列发育异常的临床症状包括牙齿变色、白垩和点状釉质磨损较快。所观察到的牙齿异常可能非常简单,就像在受影响的动物短期暴露于有毒的氟化物之后,在一对牙齿周围形成一个沟槽一样[7]。具体的发病机理和骨病变的细节将在第 11 章中介绍。

牙齿咬合不正

牙齿咬合不正会对放牧产生负面影响,从而影响动物身体状况和生产。短颌畸形(鹦鹉嘴)偶尔会发生为先天性缺陷,其中切齿在牙床上尾部碰撞,或者在严重情况下,在腭部牙床后面碰撞[3]。有报道认为,下腭短腭畸形是一种少基因型,包括显性和隐性位点,可能存在进一步的改变位点。下腭短腭畸形的颅面部畸形可能与病毒感染、植物生物碱或致畸药物有关[9]。对这种情况的外科治疗在马中已有记述[10],但是治疗费用和获得完美结果的概率低,使得这种干预在极少数小反刍动物中是可行的。缺乏上切齿作为生长阻滞线的锚点,在治疗中也存在困难。

这种疾病可能具有遗传性,这就提出了治疗的伦理问题:如果所有者选择接受这种疾病的治疗,就需要进行早期手术干预,并根据需要参考马的手术资料。然而,在这种情况下,最好的做法可能是直接宰杀动物以减少损失。更常见的情况是,切齿位于牙床的前方,无论是由于切齿的角度或长度异常,还是下颌骨与上颌深度不匹配,都会干扰进食。切齿的长度和角度会随年龄变化而变化。一些研究者认为,导致异常咬合的切齿角度的变化更多的是牙周病导致的,而不是任何遗传倾向的结果[3](图 4-5)。然而,也有人认为下颌畸形(短腭畸形)和上颌畸形(前腭畸形)的切齿错合都是遗传性的[6]。

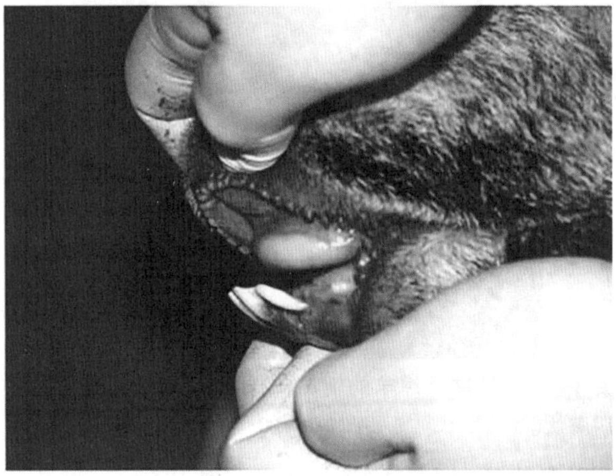

图 4-5　3 岁萨福克绵羊体况不佳,牙齿咬合不正。

咽喉损伤

生长中的绵羊羔可能患有坏死梭菌引起的坏死性口腔炎。山羊中也存在这种情况[11]。病因可能包括使用代乳品喂养羔羊卫生状况不良,以及口服药物或口服液造成的创伤。口腔黏膜破裂后会被感染。受影响的羔羊将导致养殖户经济损失,因为口腔疼痛导致采食量减少。由于口水过多,口周被毛被浸湿可能是这种情况的一个指示。当感染因子迁移到肺部形成脓肿时,可能会出现呼吸症状。继发于脓肿形成的胸膜炎难以治疗,还伴随口腔气味恶臭。注射青霉素,每天 50 000 IU/kg,至少 1 周,是一种可选择的治疗方法。该病预防优于治疗,只需注意使用奶瓶喂养的羔羊的良好卫生以及使用任何给药工具给予口服药物时的适当护理。

使用投药器或在幼羔使用后,咽部损伤很常见。不幸的是,直到伤口脓肿并且压缩喉部导致异常呼吸,或甚至扩散到颈椎管引起神经症状,这种损伤才会被重视。彻底检查和可视化(或内窥镜检查)至少需要非常强的镇静作用,所以最好在对动物全身麻醉下进行。任何生物体感染引起的咽部脓肿可能继发于口服药物治疗期间引起的咽部创伤,无论液体或胶囊制剂[8]。器械尖端对咽壁的创伤不仅可能导致伤口的二次感染,而且常常将药物直接引入组织表面,在那里药物充当异物,引起刺激和炎症反应。感染可能转移到颈部脊髓,肿胀压迫脊髓,可能导致轻瘫。创伤也可能是呼吸受损或吞咽疼痛的根本原因[8,12]。咽部不适会导致食物摄入减少,因此体重减轻可能是主人注意到的第一个迹象。最近的口周浸润病史(不到 2 周之前)将有助于诊断。到发现临床症状时,抗生素治疗的效果很差。可能应该考虑安乐死。当然,适当的技术和预防比治疗更受欢迎[8]。

有时投药器给药常常会伴随着咽脓肿的群体暴发。据报道,发病率高达 15%。受影响的动物可能会表现出快速发病到死亡的急性迹象(恶性水肿),而其他动物可能会在死亡或需要安乐死之前伴随体重下降存活几个月。在一些动物中,脓肿在口腔或咽中形成,然后通过面部皮肤流出[12]。

放线杆菌病偶尔会与面部皮下脓肿有关,这种脓肿可以通过皮肤排出,或者少部分进入咽部。在绵羊中,这种感染通常是由于在长有荆棘的牧场上吃草,或者是一些可能造成口腔损伤的潜在创伤性植物引起感染。在没有任何食物摄入减少或呼吸困难的临床迹象的情况下,不需要治疗。如果呼吸噪音是由于咽部压迫引起的,尽管这种情况下的预后很差,但是还是可以使用类固醇和抗生素治疗。

参考文献

[1] Habel RE: Ruminant digestive system. In Getty R, editor: *Sisson and Grossman's The anatomy of the domestic animals*, ed 5, Philadelphia, 1975, WB Saunders.

[2] Cocquyt G, et al: Variations of the canine teeth in sheep, *Vlaams Diergeneesk Tijdschr* 72: 332-339, 2003.

[3] Spence J, Aitchison G: Clinical aspects of dental disease in sheep. In Boden E, editor: *Sheep and goat practice*, London, 1991, Baillière Tindall.

[4] Matthews J: The geriatric goat. In *Diseases of the goat*, ed 3, Oxford, 2009, Wiley-Blackwell.

[5] Bloxham GP, Purton DG: Demineralisation and incisor wear: anin vitro study, *N Z J Agr Res* 34: 277-279, 1991.

[6] Bruere AN, West DM: Dental abnormailites. In *The sheep: health, disease and production*, Palmerston North, NZ, 1993, Foundation for Continuing Education of the New Zealand Veterinary Association.

[7] West DM, Spence JA: Disease of the oral cavity. In Martin WB, Aitken ID, editors: *Disease of sheep*, ed 3, Oxford, 2000, Blackwell Science.

[8] Scott PR: Digestive system. *Sheep medicine*, London, 2007, Manson Publishing.

[9] Kerkmann A, et al: Review of literature and results from test matings of East Friesian milk sheep affected with brachygnathia inferior, *Berl Munch Tierarztl Wochenschr* 121:292-305, 2008.

[10] DeBowes RM: Brachynathia. In White NA, Moore JN, editors: *Current practice of equine surgery*, Grand Rapids, Mich, 1990, JB Lippincott.

[11] Yeruham I, Elad D: Necrotizing stomatitis associated with *Fusobacterium necrophorum* in two goats, *J Vet Med B Infect Dis Vet Public Health* 51 1:46-47, 2004.

[12] de Sant'Ana FJF, et al: Oropharyngeal and neurologic lesions in sheep associated with the use of drenching guns, *Pesq Vet Bras* 27:282-286, 2007.

头部和颈部的状况

在 2～4 岁的绵羊中,称为牙源性囊肿的嘴侧下颌骨发生硬肿已有报道。发病率可能高到足以对整个群体产生显著影响。肿胀在成分上是骨性的,会导致一颗或多颗牙齿移位或缺失。射线照片上,肿胀显示典型的"囊性"外观,累及囊性区域或其附近的牙齿。显微镜下,可以看到一个薄牙槽骨腔,衬有层状上皮,充满无菌液体。这种囊性病变的原因尚不清楚。偶尔会在牙齿异常磨损的羊看到肿胀。一些研究者认为这种疾病是一种牙齿错位和畸形。另外一个尚未证实的理论是,囊肿是由于恒牙发育过程中牙周组织脓肿造成的。当牙齿脱落妨碍正常放牧以维持身体状况时,受影响的动物通常会被淘汰[1]。只有当主人希望减轻动物的疼痛并愿意补饲喂养时,才可以通过嘴侧下颌骨切除术治疗这种疾病,因为如果不手术动物将无法进食。

头颈部软组织肿胀的原因可能包括胸腺增生、胸腺瘤、肉垂囊肿、唾液黏液囊肿和干酪性淋巴结炎(CLA),以及本章其他部分阐述的一些食管损伤。胸腺增生可被诊断为幼龄的山羊颈部腹侧的软组织肿胀[2,3]。这种正常的肿大最早可以在产后2周看到,通常会在6个月大时消失,不需要治疗。只不过临床医生需要确认引起肿胀的实质,并提供给相关畜主使其安心。

胸腺瘤是一种影响老龄山羊的肿瘤性疾病。可以在胸部入口处观察到该肿瘤的肿胀情况;在某些情况下,肿瘤会在胸腔内。胸腺瘤通常没有临床意义,尸检时会偶然发现。它们可以在胸部入口处变得足够大,挤压食道,引起食道阻塞,如吞咽困难或嗳气引起的肿胀。

肉垂囊肿是肉垂底部的肿胀。肉垂本身没有真正的用途,如果这些肉垂不对称,养殖户可能会出于美观的原因要求去除肿胀的肉垂。在展览动物中,特别不希望存在肉垂囊肿。虽然肿胀的位置对这些囊肿有诊断意义,但病变的大小从几乎看不到至肉垂底部直径几厘米。囊肿形成的趋势是可遗传的,因此在一些羊群中更常见。切除囊肿是不能完全治愈的。切除囊肿的组织病理学检查发现有分层鳞状上皮并伴有成熟的毛囊。

唾液囊肿是面部肿胀的另一个潜在原因,也称为唾液黏液囊肿。这些损伤是充满液体的肿胀,不会给动物带来疼痛。它们可能出现在头部一侧,也有可能出现在下颌间区域,这取决于它们是与腮腺还是与下颌下唾液腺有关。囊肿可以通过手术切除,并结扎唾液管[3]。偶尔唾液管可能会被撕裂,导致慢性排泄管道在动物进食时产生大量的唾液。这些病变也应该通过结扎导管来治疗,但是会伴有相关腺体的萎缩。

干酪性淋巴结炎(CLA)会引起头颈部淋巴结肿大和脓肿。CLA的致病因子是伪结核棒状杆菌(*Corynebactrium pseudotuberculosis*)。这种疾病存在于各大洲,可以影响所有的山羊品种。自20世纪90年代初以来,波尔山羊的交易和进口可能加强了这种传播。伪结核棒状杆菌从脓肿排到体外之后,可以在环境中存活几个月。然后通过伤口感染其他动物。伤口不一定非得是头部对撞或吃饲料造成的皮肤破裂。这种微生物可以通过使用受污染的设备如剪刀或纹身钳,或通过与受感染的动物接触传播。潜伏期达2～6个月。在绵羊中比在山羊中更常见的是内淋巴结脓肿和内脏脓肿,伴有CLA的血源性传播。有外淋巴结脓肿的动物没有表现出其他临床症状,但那些有内淋巴结脓肿的动物会表现出体重逐渐减轻,如果涉及胸淋巴结,还会有呼吸道症状。关于诊断和治疗的进一步讨论可以从其他来源获得。

参考文献

[1] Gardner DG, Orr MB: Dentigerous cysts (ovine odontogenic cysts) in sheep, *N Z Vet J* 38: 148-150, 1990.

[2] West DM, Spence JA: Disease of the oral cavity. In Martin WB, Aitken ID, editors: *Disease of sheep*, ed 3, Oxford, 2000, Blackwell Science.

[3] Matthews J: External swellings. *Disease of the goat*, ed 3, Oxford, 2009, Wiley- Blackwell.

病毒病

口蹄疫(FMD)

口蹄疫是一种高度传染性的病毒性疾病,对整个偶蹄类畜牧业具有巨大的经济和生物安全重要性。病原体是小核糖核酸病毒。当受到影响时,小反刍动物可能只表现出轻微的临床症状,但更重要的是,该个体可能成为其他动物的感染源[1,2]。绵羊通常会有轻微的临床过程,在某些情况下,临床康复后可能会成为病毒的携带者,因此同群的其他易感动物接触潜在传染性动物的风险会大大增加[3]。被感染的幼龄绵羊和山羊会表现出更严重的症状,死亡率也会更高。患口蹄疫动物的口腔损害从小水疱到黏膜糜烂[1,2]。对于绵羊口腔损伤,鉴别诊断中的考虑也必须包括传染性脓疱(Orf),以及非感染性成分的外伤性病变[2]。

溃疡也可见于冠状带,如口蹄疫的名称所指的[4]。临床表现可能是绵羊急性严重跛行[5,6]。齿龈上的糜烂也很常见[5]。然而,在一份报告中,多达27%已知的口蹄疫绵羊没有表现出糜烂或跛行的临床症状[7]。绵羊易经呼吸道和破损皮肤被病毒污染而感染[8]。

需要实验室检测确定水疱病的类型,因为所有这些病的临床症状是相似的。在美国(和许多其他国家),当怀疑是口蹄疫时,应该是政府机构来帮助诊断和处理。口蹄疫是制约牲畜和动物产品国际贸易的最重要疾病。口蹄疫病毒对低于6和高于9的pH范围敏感，但对酒精、乙醚、氯仿和清洁剂具有抵抗力[8]。在第11章会介绍关于肌肉骨骼的口蹄疫更多详细信息。

传染性脓疱病(Orf)

传染性脓疱病，又称Orf和羊口疮，是由痘病毒引起的绵羊和山羊的常见疾病。典型的临床症状是鼻和嘴的黏膜皮肤交界处结痂(图4-6，另见彩插)。也可能存在影响口腔黏膜的增生性病变[9]。口腔病变通常见于出生自有本病羊群的幼龄动物。未免疫的老龄动物，在接触无临床症状的病毒携带动物后可能出现临床症状[10]。与糜烂和溃疡性病变相比，传染性脓疱病变通过结痂的临床表现与口蹄疫和蓝舌病的口腔病变相区别。传染性脓疱病的临床症状通常是自限性的，在3～6周内消失。如果口腔溃疡严重妨碍吃奶，或者母羊乳房病变严重阻止羔羊吃奶，严重感染的动物可能需要支持性护理和辅助喂养。人类可被病毒感染，以及充当将病毒从一种动物传播到另一种动物的媒介，因此在处理受感染动物时应特别注意使用防护手套。

图4-6 杂交绵羊口腔周围的传染性脓疱病病灶

(来源：Dr. Janice Ktitchevsky, Purdue University)

动物通常在传染性脓疱病愈后能保持2～3年的免疫力，尽管一些动物在最初感染痊愈后1年可能会出现再次感染的临床症状。在随后的感染过程中，病变通常会变得更轻微，并很快消退[11]。在印度，4年多的18次传染性脓疱病暴发中(6次发生在绵羊，12次发生在山羊)，报告的山羊发病率为18.93%，绵羊发病率为21.50%，死亡率分别为2.53%和1.10%。羔羊比老龄羊更有可能在齿龈和舌头上有损伤[12]。巴西东北部传染性脓疱病是一种流行病[13]，受到传染性脓疱病暴发影响的羊羔除了鼻孔、嘴唇的结痂外，还有明显的伴有压痕性水肿的面部肿胀。虽然病程进展顺利，但治愈的羊在面部水肿部位出现一些脱毛[14]。尽管大多数传染性脓疱病病例显示临床病变在几周内痊愈，但报告指出绵羊中该病的临床症状持续长达6个月。慢性结痂黏附在皮肤上，在取下时易引起出血[15]。

在对阿根廷48个山羊群的调查中，81.2%的饲养者将传染性脓疱病认定为室内的传染病问题[16]。在美国的一份报告中，来自3个不同羊群的5只绵羊四肢出现增生性皮肤损伤，触诊疼痛，导致患病动物不愿活动。与大多数传染性脓疱病病例不同，病变不会自行消退。这种疾病在绵羊身上的传染性似乎比传统的传染性脓疱病弱。所有5只绵羊都因对抗生素和局部药物的经验性治疗缺乏反应而被安乐死。从这份报告中可以明显看出，尽管传染性脓疱病通常是根据典型的临床症状和病程诊断的，但经典特征的表现并不是一成不变的[17]。

蓝舌病

蓝舌病是一种由节肢动物传播的环状病毒病，影响所有反刍动物。临床症状在绵羊比在其他反刍动物更常见。蓝舌病更常与生殖疾病相关，但在此讨论，因为相关血管炎会导致头部、口腔以及其他器官出现临床症状。舌头很少会发绀(或发蓝)，更常见的是鼻口水肿。口腔病变包括糜烂，会发展为齿龈溃疡和嘴唇连合的侵蚀。尤其是在口腔溃疡导致口腔变得非常疼痛的情况下，只能进行基本的支持性护理[18]。

蓝舌病会导致死亡、生产性能下降、羊毛生长不良和生殖能力下降，包括公羊不育。在家养反刍动物中，绵羊可能比其他动物更容易受到临床症状的影响[19]。蓝舌病的临床症状与小血管损伤有关。胎儿受感染可能是经胎盘传播引起的[20,21]。

参考文献

[1] Smith BP: Foot-and-mouth disease (Aftosa, Aphthous Fever). In Smith BP, editor: *Large animal internal medicine*, ed 4, St Louis, 2009, Mosby Elsevier, pp 802-803.

[2] Watson P: Differential diagnosis of oral lesions and FMD in heep, *In Practice* 26:182-191, 2004.

[3] Donaldson AI, Sellers RF: Foot-and-mouth disease. In Martin WB, Aitken ID, editors: *Disease of sheep*,

ed 3, Oxford, 2000, Blackwell sience.
[4] Cottral GE, Callis JJ: Foot-and-mouth disease. In Commission on Foreign Animal Disease, editor: *Foreign animal diseases, their diagnosis and control*, Richmond, Va, 1975, US Animal Health Association.
[5] Geering WA: Foot-and-mouth disease in sheep, *Aust Vet J* 43: 485-489, 1967.
[6] Scott PR: Miscellaneous diseases. In *Sheep medicine*, London, 2007, Manson Publishing.
[7] Gibson CF, Donaldson AI, Ferris NP: Response of sheep vaccinated with large doses of vaccine to challenge by airborne foot and mouth disease virus, *Vaccine* 2:157-161, 1984.
[8] Donaldson AI: Foot-and-mouth disease: the principal features, *Irish Vet J* 41:325-327, 1987.
[9] Michelsen PGE: Contagious ecthyma. In Smith BP, editor: *Large animal internal medicine*, ed 3, St Louis, 2002, Mosby.
[10] Nettleton PF, et al: Natural transmission of orf virus from clinically normal ewes to orf-naive sheep, *Vet Rec* 139:364-366, 1996.
[11] Matthews J: External swellings. In *Diseases of the goat*, ed 3, Oxford, 2009, Wiley-Blackwell.
[12] Ramesh A, et al: Confirmatory diagnosis of contagious ecthyma by PCR and electron microscopy, *Indian Vet J* 86:770-772, 2009.
[13] Nobrega JE Jr, et al: Contagious ecthyma in sheep and goats in the semi-arid area of Paraiba, Brazil, *Pesq Vet Bras* 28:135-139, 2008.
[14] Casey MJ, Robinson JHM, Sammin DJ: Severe facial oedema associated with orf in an Irish sheep flock, *Vet Rec* 161:600, 2007.
[15] Housawi FMT: Chronic and acute natural sheep orf infection: comparative clinico-pathological observations, *Vet Med J Giza* 56:89-96, 2008.
[16] Bedotti DO, Snachez RM: Observations on animal health problems of goats in the west of the province of La Pampa (Argentina), *Vet Arg* 19: 100-112, 2002.
[17] Smith GW, et al: Atypical parapoxvirus infection in sheep, *J Vet Int Med* 16:287-292, 2002.
[18] Michelsen PGE: Bluetongue. In Smith BP, editor: *Large animal internal medicine*, ed 3, St Louis, 2002, Mosby.
[19] Scott PR: Miscellaneous diseases. In *Sheep medicine*, London, 2007, Manson Publishing.
[20] Maclachlan NJ, et al: The pathology and pathogenesis of bluetongue, *J Comp Pathol* 141: 1-16, 2009.
[21] Worwa G, et al: Experimental transplacental infection of sheep with bluetongue virus serotype 8, *Vet Rec* 164:499-500, 2009.

食道疾病

食道位于颈前 1/3 的气管背侧;然后通过气管的左侧,直到在胸腔入口附近再次位于气管背侧。胸腔食道通过纵隔背侧到心脏基部和气管分叉处;然后直接通过纵隔位于主动脉腹侧的位置,通过膈肌的食道裂孔。

食道的肌肉被膜由螺旋纤维外层和内层的横纹肌组成。切开时,肌层很容易与黏膜下层和黏膜分离。黏膜下层非常松散,而黏膜通常位于正常松弛食管的纵向褶皱处。当食道因食物通过而臌胀时,褶皱会消失。食管的血管供应是分段的,几乎没有侧支循环,这使得在食管手术中保护血管非常重要[1]。

食管梗阻

食管梗阻在牛中常见而在小反刍动物中不常见。在绵羊中比在山羊中更常见。绵羊窒息通常是由于在唾液分泌湿润之前快速进食饲料颗粒造成的。因此,随着饲料吸收食道中的水分,大多数被饲料阻塞的情况会相对快速地解决。受影响的动物可能表现出焦虑,并表现出与不能吞咽有关的过度流涎。

由于正常的反刍动物生理和相关的排粪需求,患有完全食道梗阻的动物会出现瘤胃臌胀。医生应该首先尝试通过胃管来解决梗阻[2]。通过使用开口器来保持嘴张开,润滑良好的管子小心地通过,以避免对食道造成更多的创伤。如果这种干预不成功,而且腹胀持续存在,则表明紧急瘤胃造口术可以缓解腹胀,或者至少应该通过将大规格针头或静脉导管通过左侧瘤胃来完成减压。尽管后一种导管技术可能更快,但它也可能导致腹腔被瘤胃内容物污染。

紧急瘤胃造口术可以使用少量利多卡因在左侧肋部实现局部麻醉。2 in. 的皮肤和体壁切口足以抓住扩张的瘤胃,然后通过连续缝合的四段可吸收缝线将瘤胃外化到足以将浆膜层固定到肌肉体壁上。瘤胃可以被切开,黏膜层缝合到皮肤上。一旦食管梗阻和继发性臌胀得到解决,这种手术就可以逆转。

如果障碍物不能在合理的时间内自行解决(几小时),则需要进一步干预。可以进行第二次的尝试,通过胃管来解除梗阻。另一种方法是将动物麻醉并插管,防止在胃管向下到达阻塞处时误吸。在阻塞处,用胃管灌洗食道,试图水化分解阻塞。临床医生也可以尝试在灌洗过程中朝向口腔推阻塞物。随着梗阻持续时间的延长,可能会导致食管黏膜损伤以及随后的瘢痕形成和狭窄。这种狭窄可能与未来的梗阻再次发生有关,对患病动物预后不良。

食管切开术

如果保守治疗不能解决食管梗阻,可能需要手术。食管切开术在绵羊或山羊中并不常见;因此,医生可能希望对任何有足够价值的动物进行适当的转诊,以保证这种治疗,而不是在不太理想的情况下尝试手术。建议采用这种管理方法,特别是因为食道切开术在反刍动物中不是一种紧急手术;一种更普遍的、难度更小的瘤胃切开术可以防止食管梗阻危及生命,允许反刍气体的释放,在完全食管梗阻的情况下,提供一种途径,满足动物的热量和水的需求。

话虽如此,食管切开术最好在全身麻醉下进行,以便于暴露和缝合。动物以仰卧的方式放置。将口胃管插到障碍物的高度,以帮助识别正确的位置。或者把内窥镜放置在食道中至阻塞物的高度。该范围能够显示障碍物,并通过透照引导切口和解剖。在健康的食管组织中,最好使食管切口直接远离梗阻的部位。胸廓入口附近的阻塞物可以靠近阻塞物的部位食道切口。这种放置允许健康组织的初期愈合,或者可选择将食道切口作为食道造口术打开,以便于进食,同时允许食管炎症部分在临时食管造口愈合之前恢复正常。这一点实际上在反刍动物中不太重要,因为瘤胃造口术可以提供相同的进食途径。

与其他物种相比,反刍动物的食管初期愈合可能更难控制,因为反刍动物会有嗳气。在其他物种中,食道切口的初期愈合将通过几天禁止口服摄入来控制,因此允许切口愈合而不拉伸以适应食物通道,或者防止液体通过愈合部位的泄漏。在切开黏膜时,它很容易与食道的肌肉层分离。黏膜是食管愈合的保持层。建议用小缝线以简单的连续方式缝合黏膜,在腔内打结,然后缝合肌肉层。小心保护食道的血液循环;皮肤和肌肉切口以常规方式缝合;应该在食道旁放置一个排出口,以清除(并检测)食道愈合处的任何渗漏[3]。

巨食道症

据报道,一只2岁的山羊患有巨食道症,表现为间歇性反胃和远端颈部肿胀。通过内窥镜检查和阳性造影诊断,但最终该动物没有被治愈[4]。

也有报道在公羊中发现巨食道症[3],在其他反刍动物中并不常见[6]。

与巨食道相关的最常见临床症状是进食后不久发生的反流[5]。

其他食管疾病

食管憩室的形成可能是由于腔内阻塞或腔外损伤造成的。与憩室相关的阻塞继发于将食物包装到病变中。根据其形状,憩室可分为牵引型或搏动型。临床症状可能包括颈部出现的食道扩张和复发,通常是轻微的食道阻塞。医生可以通过内窥镜检查获得憩室的图像,但是对比造影是识别憩室类型和完整范围的最佳成像方式。

在一份报告中,一只山羊羔出生后不久出现皮下肿胀,被发现肿胀的内容物含有牛奶。通过反复抽吸,肿胀缩小,但在吃奶后又扩大。进一步的检查确定山羊羔患有先天性食管近端瘘管,这种瘘管与皮下空间相通[7]。这种特殊的病变当然很少见,但是山羊容易出现许多不同性质和严重程度的先天性畸形。

参考文献

[1] Habel RE: Ruminant digestive system. In Getty R, editor: *Sisson and Grossman's The anatomy of the domestic animals*, ed 5, Philadelphia, 1975, WB Saunders.

[2] Guard C: Choke and esophageal disorders. In Smith BP, editor: *Large animal internal medicine*, ed 3, St Louis, 2002, Mosby.

[3] Stick JA: Esophageal obstruction. In White NA, Moore JN, editors: *Current practice of equine surgery*, Grand Rapids, Mich, 1990, JB Lippincott.

[4] Mozaffari AA, Vosough D: Idiopathic megaesophagus in a goat: clinical and radiologic features, *Iranian J Vet Surg* 2:94-97, 2007.

[5] Braun U, et al: Regurgitation due to megaesophagus in a ram, *Can Vet J* 31:391-392, 1990.

[6] Guard C: Choke and esophageal disorders. In Smith BP, editor: *Large animal internal medicine*, ed 3, St Louis, 2002, Mosby.

[7] Prasad A, et al: Congenital esophageal diverticulum in a kid, *Tamilnadu J Vet Anim Sci* 4:29, 2008.

第5章 消化系统疾病

绵羊或山羊的消化系统比身体其他任何系统或结构更容易患病。在想要确定动物患病过程中身体系统受到何种影响，没有什么可以替代彻底的全身检查，尤其是消化系统疾病。全身检查应包括对身体状况的触诊、对腹部形状和瘤胃运动能力的评估、对粪便稠度的观察以及评估是否存在胀气。由于对绵羊和山羊不能进行直肠触诊，所以很难将疾病过程定位到胃肠系统的特定部分。因此，可能需要辅助诊断程序来正确描述胃肠道疾病。

诊断程序

基础实验室研究

实验室研究的临床病理数据包括全血计数(CBC)、血清生化评估(SBE)和验尿，这些数据有助于发现胃肠疾病的发生原因、进行预后诊断、制定治疗计划，以及监测治疗反应。CBC很少能够鉴定特定的疾病，但可以帮助评估脱水、贫血和低蛋白血症的严重程度。根据动物身体检查的水合状况，临床医生必须在动物进行全身检查时的水合状态下，注意理解红细胞比容(PCV)和总蛋白。贫血或脱水的低蛋白动物可能有正常的PCV和总蛋白值。CBC和SBE都有助于确定炎症的存在和严重程度。白细胞总数和差异的变化表明急性或慢性炎症；球蛋白或纤维蛋白原的增加暗示慢性炎症性疾病的发生。低蛋白水平，尤其是白蛋白，可表明肠道寄生虫或渗透性肠病的慢性失血。肝酶或胆红素水平升高则怀疑有肝病。值得注意的是，在慢性肝病中，肝酶的浓度可能是正常的。此外，患肝病的反刍动物很少像其他物种一样，白蛋白水平降低[1]。胃肠道疾病会伴随着电解质的变化，特别是患病的厌食动物。检测电解质也有助于制定治疗计划。皱胃疾病中偶有低氯血症和代谢性碱中毒。有些小反刍动物可能同时发生轻微的低钙血症和胃肠弛缓。许多患有胃肠道疾病的动物会脱水、氮血症、可能出现低蛋白血症，因此排除尿路障碍可能对这些病例有帮助。

临床病理实验室检测值的正常范围在附录2的表2-1至表2-4中，并已在其他几本教科书中发表[2-5]。然而，临床医生最好能了解正常值，特别是血清生化指标，这是在实践中最常用的实验室分析[5]。

瘤胃液分析

瘤胃液的分析有助于区分前胃中的疾病。适当大小的口胃管可以通过口腔或鼻腔采集胃液(图5-1)。在这个过程中，适当地限制动物，如果通过口腔，有必要使用口腔窥器防止咀嚼导管。如果管子被咀嚼，粗糙的表面可能会损伤食道，导管破损部分可能会被吞食。瘤胃液也可经皮肤进行瘤胃穿刺采集[1, 6-10]。在经皮穿刺技术中，一根16号针通过腹壁尾部与达剑状软骨间中线左侧插入瘤胃。然后，临床医生用注射器抽吸液体。对动物局部麻醉和镇静可能是必要的。这一技术避免了口腔胃管收集时可能发生的唾液污染，而且应激更小。瘤胃穿刺带有轻微的腹膜炎的风险，但这种风险可以通过适当地限制动物进行固定而最小化。妊娠母羊不宜进行经皮瘤胃穿刺术。

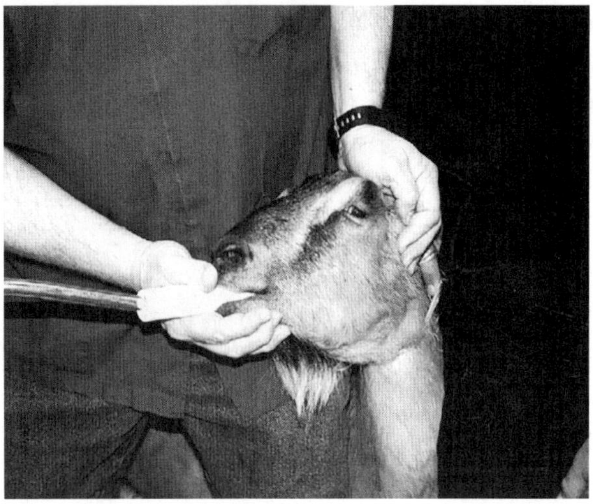

图 5-1　胃管经由聚氯乙烯(PVC)管制成的开口器通过。为了避免口腔和食道的创伤，应该很好地保定羊只，润滑管道并缓慢通过食道。

收集瘤胃液后，可以分析其颜色、气味、pH、原生生物种类和运动能力、亚甲基蓝还原时间(MBR)、革兰染色特征和氯化物水平(图 5-2)，正常值列于表 5-1。厌食症可能会导致瘤胃液颜色更暗，pH 升高，原生生物数量和活力减少。过食谷物引起的酸中毒会导致瘤胃液呈灰白色、pH 降低、原生生物数量和运动能力降低。任何类型的消化不良或消化紊乱都会延长 MBR。瘤胃酸中毒也可能使大量革兰阳性杆菌(乳酸菌)出现。瘤胃氯化物浓度升高预示瘤胃或近端小肠梗阻(功能性或机械性)。

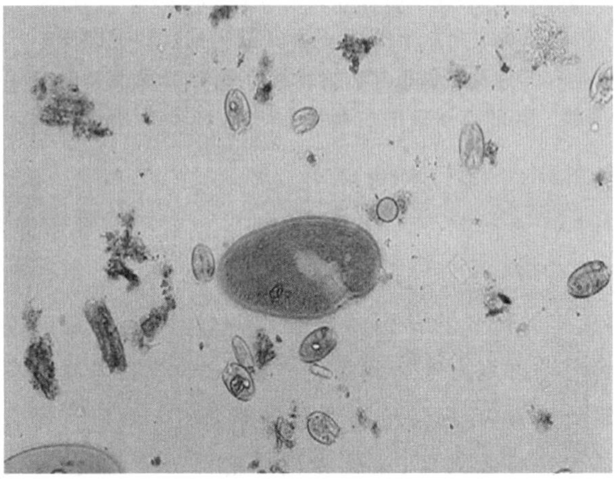

图 5-2　瘤胃穿刺术获得的液体应同时检测细菌和原生生物。一滴瘤胃液放在显微镜下的载玻片上，盖上盖玻片观察。如图所示，在低倍镜下(40×)，将会观察到一个视野内正常瘤胃液包含来自多个原生生物的 35～40 个微生物。数量过低和运动能力的丧失都表明需要医疗干预或移植。

表 5-1　绵羊和山羊正常瘤胃液的特征

特征	正常结果
颜色	绿色
气味	芳香
pH*	6.5～7.5
原生动物†	混合体型大小和种类移动迅速
亚甲基蓝还原时间‡	3～6 min
革兰染色	以革兰阴性杆菌为主
瘤胃氯化物	小于 25～30 mEq/L

数据来自 *Nordlund KV, Garrett EF: Rumenocentesis: a technique for collecting rumen fluid diagnosis of subacute rumen acidosisin diary herds, Bovine Pract* 28:109, 1994; *Keefe GP, Ogilvie TH: Comparison of oro-ruminal probe and rumenocentesis for prediction of rumen pH in dairy cattle, Proceedings of the* 30th *Annual American Association of Bovine Practice Convention*, 1997, *p*168; *Smith MC, Sherman DM: Goat medicine*, *ed*2, *Ames, Iowa*, 2009, *Wiley-Blackwell*.

* 使用不少于 0.5 单位分级 pH 试纸。

† 滴一滴液体在温热的载玻片上，然后盖上盖玻片。100 倍放大检查。

‡ 将一份 0.03%亚甲基蓝与 20 份瘤胃液混合。测量液体由蓝色至与对照组相同的变化时间。

腹腔穿刺术

腹腔穿刺术有助于辨别腹部积液臌胀的原因，可以使用两种方法。第一种技术包含腹部中线稍微偏右侧最低点的开孔，它有助于排除膀胱破裂导致的腹部积水[1,11](图 5-3)。临床医生应注意避开公羊的包皮和母羊的乳腺静脉。如果怀疑是腹膜炎，第二种方法是有用的。由于局部性腹膜炎比广泛性腹膜炎更常见，所以选择了 4 个位置点进行开孔[12]。两个前端位置在剑状软骨的稍后方和乳静脉中间位置两侧。两个尾端的位置在乳腺稍前方的中线左右两侧。对于任何一种技术，都建议使用人工镇静剂；实时超声检查可以帮助定位液体囊。

20 号针头或乳头套管可用于液体收集[11]。临床医生应对手术部位进行无菌处理，并在使用乳头套管时进行局部麻醉。液体应分别收集在小的乙二胺四乙酸(EDTA)管中用于分析和无菌管中用于培养。由于绵羊和山羊通常都只有少量的腹水，因此很难获得腹水。尽量减少样品中 EDTA 与液体的比例是重要的，因为 EDTA 会错误地提高蛋白质水平。使用为小动物制作的 EDTA 管或摇动并从大管道中移出多余的 EDTA 可以解决这个问题。正常培养结果与牛相似(透明、无色至略黄，1～5 g/dL 蛋白质，少于 10 000 个细胞)[12](见附录表 2-8)。需要进行细胞学检查以确定细胞数量并评估是否存在吞噬细菌。

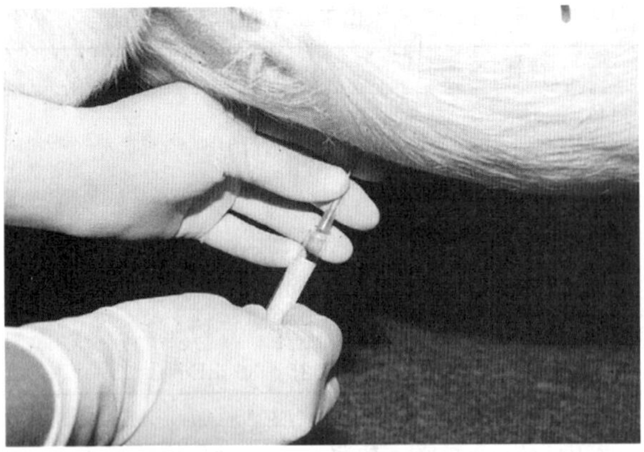

图 5-3 腹侧和尾侧进行腹腔穿刺的位置。针指示腹侧位置。尾侧位置是侧面下方的修剪区域。

X 光检查

对于小反刍动物,可以用小动物技术进行腹部 X 光检查。成年动物,瘤胃通常充满整个腹部。X 线检查可发现小肠鼓起、腹水和异物[12,13]。对比技术对诊断直肠或结肠闭锁是有用的。与其他小动物不同的是,对比技术对于描述绵羊和山羊的小肠问题并不实用,因为瘤胃稀释并减慢了对比介质的通过[14]。

超声显像

超声可以更好地描述腹胀,腹内和腹外肿块以及肝脏的明显病变。通过这种成像方式,腹水可以从肠道内的液体中鉴别出来,肠道内的气体膨胀也可与液胀相鉴别。绵羊和山羊肝脏的正常超声检查已有文献描述[15,16]。从身体右侧的第 7 或第 8 根肋骨到第 13 根肋骨可以看到肝脏(图 5-4A 和 B,另见彩插)。

超声显像还可用于帮助其他器官或肿块的组织活检取样和定位液囊。

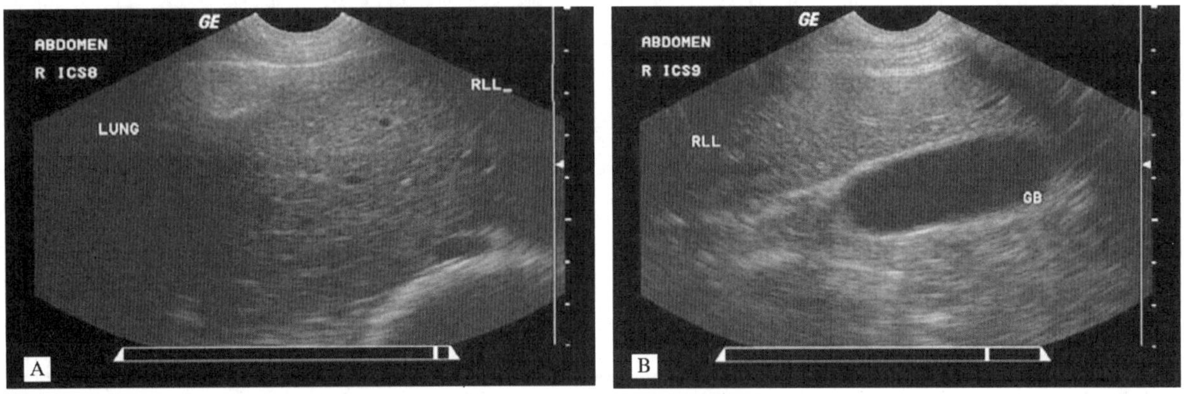

图 5-4 A. 一只 3 岁的拉曼查杂交雌羊右侧第 8 肋间隙右腹部超声图像,显示右肝叶具有特征性肝静脉和门静脉,表现肝实质内小管状无回声结构。图左侧可见肺腹缘。超声扫描是用 7 MHz 微凸探头获得的。背部在图像的左侧。B. 右腹部超声图像取自 A 动物右第 9 肋间隙,显示右肝叶及胆囊正常。胆囊呈无回声、充满液体的结构,直接毗邻右肝叶。超声扫描是用 7 MHz 微凸探头获得的。背部在图像的左侧(来源:Dr. Karine Pader, Purdue University)。

腹腔镜检查

腹腔镜检查更常用作生殖工具,但它在小反刍动物中也可替代剖腹探查用于诊断[17-21]。建议全身麻醉,这可以对更大程度的腹腔臌胀进行更彻底的检查,但腹腔镜也可以在门静脉切口部位使用镇静和局部麻醉。

牛和羊驼腹腔镜探查技术可以改进用于绵羊和山羊[18-21]。腹腔镜评估腹腔通常通过腹侧入路进行,动物保持背部卧位。腹腔会因用针或乳头套管,或之后安置腹腔镜套管二氧化碳增多而臌胀。一种节省时间的方法是制作一个"咬"穿过皮肤和外部腹直肌鞘,用缝线缝合,可以拉紧以绷紧体壁。然后,可以在皮肤和腹直肌外鞘上做一个刺伤切口,将防护套管针引入腹腔,同时用先前放置的缝合方法将张力施加到腹壁。接下来,腹腔镜通过套管针放置,在视野范围下对腹部充气。然后将套管放置在腹股沟区,在腹腔镜授精部分有描述(第 8 章)。这种技术可以更有效地利用时间,并将大网膜"臌胀"的可能性降至最低。

腹腔镜放置于身体右侧,可以看到腹部的大部分器官(图 5-5A-C,另见彩插)。显然,在将腹腔镜引入腹部时,临床医生应避开瘤胃。这一过程可以

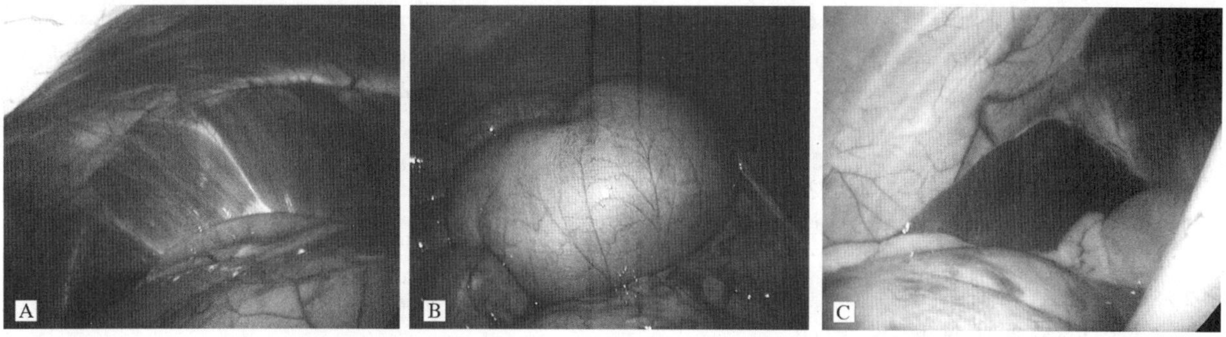

图 5-5 一头 2 岁的侏儒雄鹿的腹部腹腔镜检查(使用 10 mm 直径的直线镜头)。A. 在这张图像的中心位置横膈膜的肌肉纤维很明显。肝脏的一小部分位于图像左下方。B. 图像中央较大的器官是盲肠。与肠子的其他部分相比,它的颜色通常较深,并且含有团块状的内容物。C. 这张图像显示的是右体壁部分肝脏。

通过降低动物的头部或尾部来增强,使整个腹部更清晰可见。通过禁食 24～48 h 或至少减少食物量,可以大大提高腹腔的可视化和器官的操作能力。必须密切监测呼吸状况,并在此过程中辅助通气,因为腹部臌胀和头部下降会对横膈膜造成压力。

剖腹探查手术

当其他检查显示有腹部疾病时,剖腹探查可作为评估胃肠道疾病的一种有价值的诊断工具。在某些情况下,治疗性手术可以同时进行。牛剖腹探查手术可用于绵羊和山羊,手术时应让羊只躺下,很少站立时尝试手术[22]。

在这个过程中,小反刍动物应该服用大量镇静剂或全身麻醉。出现术后疼痛、厌食症和抑郁症状的动物应相应使用非甾体抗炎药(NSAID),如氟尼辛葡甲胺,静脉注射 1.1～2.2 mg/kg 进行治疗[12]。使用围术期和术后抗菌药物的决定应基于手术条件和手术诊断。对于在医院进行无菌、无并发症的选择性探查手术,抗菌药物是不必要的。然而,在野外条件下进行手术,如果感染已经存在,且肠道被打开,则抗菌药物是必要的。头孢噻嗪[1.1～2.2 mg/kg,肌肉注射(IM)或皮下注射(SC),每天 2 次]和普鲁卡因青霉素 G(22 000 IU/kg,IM,每天 2 次)联合使用,直到培养结果表明没有微生物(见附录 1)。

肝脏活组织检查

绵羊和山羊的肝脏活检采用与牛和羊驼相同的技术和仪器[23-24]。按建议量使用镇静剂和超声检查[24]。建议活检部位位于第 9 到第 10 肋间隙,略高于从髋部隆起到肘部的假想线(图 5-6,另见彩插)。

活检部位应像外科手术一样进行处理,并皮下注射局部麻醉剂(2%盐酸利多卡因)。用一个小手术刀在皮肤上做一个小切口。一个 14 号、11.5 cm 的肝活检仪器通过切口和肋间肌插入肝脏。在大多数情况下,活检仪器应该指向肘部的相反方向,但实时超声检查可以帮助确定方向和需要的深度(2～4 cm)。临床医生应尽量避开沿肋骨尾缘的大血管。当到达肝脏时,临床医生会注意到一个轻微增加的阻力。样品可以进行培养(在无菌塑料或玻璃小瓶或管中),组织病理学研究(福尔马林与组织的比例为 10:1),或矿物质分析(在塑料管中)。在进行肝脏活检以进行矿物质分析时,临床医生应在消毒后用蒸馏水和去离子水清洗活检部位,尽量减少样本污染。用于矿物质分析的样品不应放入福尔马林中。

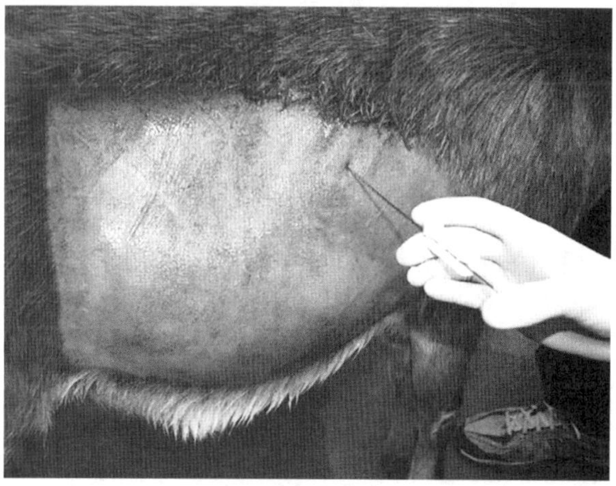

图 5-6 肝脏活检:在皮肤剪毛、麻醉、无菌处理后,外科医生在皮肤上做一个刺切口,并插入 14 号活检针。

皮肤切口的闭合可以通过缝合或钉合来完成,或者如果伤口足够小,可以让伤口独自经二期愈合痊愈。临床医生或饲养员应在该区域使用驱蝇剂。

动物的生产记录应显示有梭状芽孢杆菌预防；如果没有，则需要在活检期间或之前接种疫苗。

参考文献

[1] Roussel AJ，Whitney MS，Cole DJ：Interpreting a bovine serum chemistry profile：part 1，*Vet Med* 92：553，1997.

[2] Smith MC，Sherman DM：*Goat medicine*，ed 2，Ames，Iowa，2009，Wiley-Blackwell.

[3] Howard JL，Smith RA：*Current veterinary therapy* 4：*food animal practice*，Philadelphia，1999，WB Saunders.

[4] Howard JL：*Current veterinary therapy* 3：*food animal practice*，Philadelphia，1993，WB Saunders.

[5] Keneko JJ：*Clinical biochemistry of domestic animals*，San Diego，1989，Academic Press.

[6] Navarre CB，et al：Analysis of gastric first compartment fluid collected via percutaneous centesis from healthy llamas，*J Am Vet Med Assoc* 214：812，1999.

[7] Nordlund KV，Garrett EF：Rumenocentesis：a technique for collecting rumen fluid for diagnosis of subacute rumen acidosis in dairy herds，*Bovine Pract* 28:109，1994.

[8] Keefe GP，Ogilvie TH：Comparison of oro-ruminal probe and rumenocentesis for prediction of rumen pH in dairy cattle，*Proceedings of the 30th Annual American Association of Bovine Practitioners Convention*，Guelph，Ontario，Canada，p 168，1997.

[9] VanMetre DC，Tyler JW，Stehman SM：Diagnosis of enteric disease in small ruminants，*Vet Clin North Am Food Anim Pract* 16:87，2000.

[10] Smith MC：Commonly encountered diseases of goats，*Proceedings of the 1996 Symposium on the Health and Disease of Small Ruminants*，Kansas City，Mo，1996.

[11] Matthews J：*Colic*，ed 2，Oxford，UK，1999，Blackwell Science.

[12] House JK，et al：Ancillary tests for the assessment of the ruminant digestive system，*Vet Clin North Am Food Anim Pract* 8:203，1992.

[13] Tanwar RK，Saxena AK：Radiographic detection of foreign bodies (goat)，*Vet Med* 79:1195，1984.

[14] Cegarra IJ，Lewis RE：Contrast study of the gastrointestinal tract in the goat (Capra hircus)，*Am J Vet Res* 38:1121，1977.

[15] Braun U，Hausammann K：Ultrasonographic examination of the liver in sheep，*Am J Vet Res* 53：198，1992.

[16] Soroori S，et al：Ultrasonographic examination of the goat liver，*Turk J Vet Anim Sci* 32:385-388，2008.

[17] Seeger KH，Klatt PR：Laparoscopy in the sheep and goat. In Harrison RM，Wildt DE，editors：*Animal laparoscopy*，Baltimore，1990，Williams & Wilkins.

[18] Anderson DE，Gaughan EM，St-Jean G：Normal laparoscopic anatomy of the bovine abdomen，*Am J Vet Res* 54:1170，1993.

[19] Lin HC，et al：Effects of carbon dioxide insufflation combined with changes in body position on blood gas and acid-base status in anesthetized llamas (Lama glama)，*Vet Anesth* 26:444，1997.

[20] Baird AN，Rodgerson DH，Pugh DG：Laparoscopic ovariectomy in llamas，*Vet Surg* 25:419，1996.

[21] Anderson DE，et al：Laparoscopic surgical approach and anatomy of the abdomen in llamas，*J Am Vet Med Assoc* 208:111，1996.

[22] Hooper RN：Abdominal surgery in small ruminants，*Presented at the 1998 Symposium on the Health and Disease of Small Ruminants*，Las Vegas，1998，Nev.

[23] Montes AJ，Pugh DG：A technique for liver biopsy in sheep. In Dziuk P，Wheeler M，editors：*Handbook of methods for study of reproduction physiology in domestic animals*，Chicago，1992，University of Illinois，Section VI，D2，Sheep，p 1.

[24] Welles EG，et al：Liver biopsy in llamas，*Equine Pract* 19:24，1997.

前胃疾病

瘤胃臌胀

与牛相比，小反刍动物的腹胀不太常见，山羊的腹胀比绵羊少。臌胀是瘤胃中自由气体或气泡的积累，引起瘤胃臌胀。臌胀的原因可以分为三种类型[1,2]。

泡沫性臌胀——由促进稳定泡沫形成的饮食引起。

自由气体臌胀——由促进过量自由气体产生的饮食引起。

自由气体臌胀——由嗳气失败引起。

发病机理

泡沫性臌胀通常与食用豆科牧草或干草(特别是紫花苜蓿)以及在茂盛的谷类草场上放牧有关,也可能是因为日粮中的谷物比例过高[3]。在细碎饲料(通常是玉米)导致泡沫性臌胀的情况下,瘤胃原生动物释放的黏液蛋白使泡沫稳定在低的 pH。在豆科相关的泡沫臌胀中,植物叶绿体被释放到瘤胃的气泡中。不管泡沫性臌胀的形式如何,这些小气泡填满了大部分的瘤胃,阻止瘤胃贲门清理出空间,并导致嗳气停止。谷物饲料中也会产生气体性臌胀,特别是当动物不适应这种饮食时。嗳气失败的原因有很多。食道的物理梗阻,如有窒息或纵隔淋巴结肿大,可导致自由气体性臌胀。瘤胃壁的任何疾病都可能导致收缩和嗳气功能的损害。低钙血症、内毒素、疼痛、腹膜炎、一些药物(尤其是甲苯噻嗪),都能产生干扰瘤胃功能和嗳气的条件[1,2,4,5]。

临床症状

从食物摄入或物理梗阻食管引起的泡沫性臌胀和自由气体性臌胀的临床症状,通常比那些与瘤胃壁疾病和系统性影响相关的臌胀更严重,迅速危及生命。腹部增大,尤其是左侧背腰椎旁的凹窝。绵羊或全绒安哥拉山羊可能对瘤胃臌胀敏感。常见绞痛和焦虑的症状。瘤胃可以是缓慢运动或者快速运动。呼吸窘迫是明显的,有些动物有明显的张口呼吸;如果腹胀不治疗则会很快导致死亡[3]。

诊断和治疗

腹胀构成了医疗紧急情况,因此诊断和治疗应该几乎同时进行。如果动物没有立即死亡的危险,可以通过口胃插管。大多数情况下,自由气体臌胀可以通过插管缓解。通过详细的病史和完整的身体检查找出臌胀的原因。如果胃胀没有通过口胃管缓解,则应将胃管取出并检查是否有气泡。使用口胃管输送的泊洛扎林(44 mg/kg)或磺基琥珀酸二辛酯钠(DSS)(28 mL 或 1 oz)可以治疗起泡沫性腹胀。由于摄入细碎谷物,pH 小于 5.5,瘤胃中起泡出现泡沫性臌胀。如果动物饲喂精料时产生胃部臌胀,矿物油(100 mL)可能效果更好。在紧急情况下,也可以使用花生油(20~50 mg/kg)、植物油(100~200 mL)和肥皂液(10 mL)[3]。

如果动物有严重的呼吸困难,临床医生应在腰椎旁的凹窝位置用套管针或大针头插进瘤胃。如果气体没有逸出,或者发现有泡沫从套管针中流出,则表明需要紧急做瘤胃切开术(见后面的“瘤胃切开术”)[3]。一个放牧群体中多只动物出现臌胀时,应将全组动物从牧场移出,逐渐适应后再慢慢引入。如果只遇到一到两个臌胀的病例,健康的动物可以留在出事的牧场里,但应该限制放牧,以确保逐渐适应。

预防

防止泡沫性臌胀包括限制摄入有害的牧草或饲料;提供补充饲料以及添加泊洛扎林的矿物质补充料;并在日粮或补充料中添加离子载体。放牧或食用豆科植物作为青刈饲料的动物,应慢慢地将它们引入饲料或牧场,最好超过 2~3 周。在霜冻后和植物快速生长阶段,应该密切监测动物,因为豆科植物,尤其是紫花苜蓿在这段时间更容易引起臌胀。特定种类的豆科植物是为强化放牧系统而设计的(如放牧型苜蓿 alfagraze),种植和管理的方式应能减少臌胀的发生率(如有限放牧或隔栏放牧)。在饲喂豆科牧草之前,先用干草喂养 1~2 h,也可以帮助减少臌胀的发生。在牧草-豆科牧草的混合草地上,豆科牧草在饲草的 50%以下比例是比较安全的,但对于作为选择性食草动物的动物来说仍然是一个问题。放牧富含叶单宁的豆科植物(如箭叶三叶草、葛根)通常更安全,因为单宁有助于分解瘤胃泡沫。在饲料或矿物质补充剂中加入泊洛扎林(每日 10~20 mg/kg)有助于防止泡沫性臌胀。如果使用泊洛扎林补充剂,饲养员应该在将动物转移到有问题的牧场之前给它们喂食 1~2 周。

浓缩饲料引发的自由气体臌胀可以通过逐渐饲喂这些饲料来控制,以让瘤胃适应,并在饮食中加入离子载体[1]。莫能菌素(绵羊母羊每天 15 mg/只,山羊每天 1 mg/kg)和拉沙里菌素(绵羊和山羊每天 0.5~1 mg/kg)都能减少瘤胃自由气体的生成。通过增强丙酸的生成,这些药物不仅减少了瘤胃中甲烷的产生,而且提高了饲料营养的吸收效率。

绵羊羔和山羊羔的胀气和成年羊的胀气有相同的原因,但也可能由不正确的喂奶引起。过度喂养、饲喂大量的不常吃的食物、或喂养变质或冷鲜奶都与羔羊的胀气有关[6]。皱胃的快速过度拉伸和乳汁替代品中不正确的化学或物理成分都会抑制瘤胃运动,导致臌胀。尽管冷鲜奶喂养会导致臌胀,这种做法仍能有效地饲喂无父母的羊羔。绵羊羔和山羊羔在习惯了自由采食冷鲜奶之后往往会限制它们对冷鲜奶的摄入量。动物采用管饲时，牛奶通常停留在瘤胃中，这可能导致牛奶变质[1,6]。

单纯性消化不良

单纯性消化不良是由于饲喂习惯的改变而引起的轻度瘤网胃功能紊乱。这种变化通常涉及饲喂类型或饲喂量的改变。单纯性消化不良最常见的原因是日粮中添加了谷物，增加了谷物的摄入量，以及增加了日粮中的能量密度。这种饲料变化包括如用玉米取代燕麦，或从整粒玉米变成磨碎的玉米。如果变化剧烈，可能发生瘤胃酸中毒（随后讨论）。其他常见的原因是干草或牧草的变化、食用发霉的干草，以及在过度放牧或干旱后食用杂草和有毒植物。临床表现为轻度厌食症，持续1～2 d；轻度腹泻和胀气也可能存在。瘤胃液 pH 可能保持不变、升高或降低，取决于刺激的原因。大多数动物不经治疗也会得到改善[1]。

瘤胃酸中毒

发病机理

瘤胃酸中毒是由过量摄入非常易消化的碳水化合物而快速发酵引起的。虽然玉米通常与此有关，但其他谷物（燕麦、小麦、大麦）可能是诱发的饲料原料，特别是如果它们被磨细了。粒径越小，瘤胃细菌发酵饲料中所含碳水化合物的速度越快。这种情况的常见名称是“谷物过剩”，但面包、糖果、苹果和其他水果、甜菜和土豆也被认为是过量碳水化合物的来源。

瘤胃酸中毒通常发生在以草料为主要供给的动物身上，它们突然获得了大量易发酵的精料或精料形式的能量。也可能发生在以前一直接受精料的动物身上，如果精料数量突然急剧增加、采食途径被阻断一段时间后再突然恢复（如在天气变化或供水情况发生变化时），或者如果出现比例混合错误（如遗漏莫能菌素和瘤胃缓冲剂）。

随着非常易消化的碳水化合物发酵，瘤胃 pH 下降。产乳酸的乳酸菌在酸性的瘤胃环境中增殖，瘤胃 pH 进一步降低；随着瘤胃 pH 的下降，瘤胃原生动物和许多消耗乳酸的生物开始死亡。乳酸的产生导致瘤胃渗透压的增加，体液从体循环进入瘤胃，导致脱水并可能出现低血容量休克。乳酸浓度在血液中增加，可能导致全身性乳酸酸中毒。瘤胃中的乳酸对瘤胃上皮也有毒性。对上皮的损害可导致细菌和毒素泄漏到门静脉，进入体循环。瘤胃酸中毒的慢性后遗症包括真菌性瘤胃炎，偶尔会形成肝脓肿[1,7]。绵羊和山羊发生肝脓肿的概率比牛小。蹄叶炎也可能发生，但在绵羊身上可能比在山羊身上更严重[8]。该病的严重程度取决于饲料的组成、颗粒大小、饲料消耗量以及对饲料的适应时间。

临床症状

临床表现因摄入饲料的量、类型及摄食时间而异。在摄入问题饲料12～36 h后首次出现症状，包括厌食症、抑郁和患有严重循环性休克导致虚弱并更多时间躺卧。脱水通常是严重的，并且有毒血症的迹象（如黏膜充血、巩膜充血增多）。腹部绞痛、双侧腹部臌胀、瘤胃郁积、瘤胃有“飞溅”感。腹泻会加重脱水[1,8,9]。腹泻可以从糨糊粪便到带有泡沫的水样粪便，偶尔也会有容易辨认的谷物颗粒。脱水、乳酸酸中毒和毒血症可能导致运动失调、头部充压、角弓反张、癫痫和其他神经异常[10]。体温最初会升高，但随着病情恶化或动物中毒，体温可能会下降。继发性硫胺素（维生素 B_1）缺乏也会导致神经系统的变化[11]。

诊断

瘤胃液 pH 可能低于5.5。液体呈现浅灰色，可以明显看到饲料的颗粒。原生动物通常数量减少或消失，革兰染色可见大量革兰阳性杆菌（乳酸菌）[9]。临床病理实验室数据与脱水（PCV 和总蛋白增加、肾前性氮血症）和代谢性酸中毒一致[9]。在血清生化分析中，肝酶[谷氨酰转肽酶（GGT）、天冬氨酸转氨酶（AST）、乳酸脱氢酶（LDH）]可能升高[1,11]。白细胞计数可以根据病例的严重程度从正常到一定程度的降低。尿液分析显示比重增加。

治疗

治疗的目的是修正心血管休克、脱水、酸中毒和毒血症，并清除或中和有害饲料。使用含有5%碳酸氢钠液体进行静脉输液[1,12]。禁止口服，因为会减少吸收，可能会增加瘤胃扩张和患病动物的不适。非甾体抗炎药用于控制毒血症的疼痛和炎症（氟尼辛葡甲胺，1.1～2.2 mg/kg，IV）[1,12]。口服氢氧化镁和氧化镁（1 g/kg）在轻度情况下可中和酸性 pH。然而，如果大部分饲料仍在瘤胃中，这两种碱化剂只能暂时起作用。口服抗生素会杀灭瘤胃微生物菌群并停止发酵。然而，我们认为这些药物是禁药，因为革兰阴性厌氧菌需要大量繁殖，以重新建立正常的瘤胃微生物群，大多数的抗生素都能有效抑制乳酸菌，去除乳酸菌生长的基质更有效。由于口胃管有足够大的孔供饲料倒流，对于绵羊和山羊来说太大了，所以在严重的情况下需要通过瘤胃手术移除饲料（见前面的“瘤胃切开术”）。在对瘤胃 pH 进行校正后，利用来自另一个小反刍动物的约 1 qt 瘤胃液进行瘤胃微生物区系移植是有益的（框 5-1）。补充硫胺素（维生素 B_1，5 mg/lb 皮下注射，每天 3～4 次）直到瘤胃功能恢复[11]。在某些情况下，钙可以添加到静脉输液（如葡萄糖酸钙）。临床医生应避免混合钙盐和碳酸氢钠。

细菌渗漏到瘤胃壁、肝脏和全身循环，使抗菌治疗成为必要。全身抗菌药物的选择是青霉素（普鲁卡因青霉素 G，22 000 IU/kg，每天 2 次），因为厌氧菌是最有可能引起过敏的微生物。采用积极的治疗方式，短期生存预后良好。在瘤胃收缩回来之前，应该限制饲料（仅干草）和水，以防止瘤胃过度臌胀。先前讨论的慢性后遗症影响长期生存率。

框 5-1　转移用瘤胃液的收集、处理和储存

收集

从有瘘口的成年牛的瘤胃中收集最容易。如果没有瘘管，可以通过衡量过的口胃管收集液体；或者，瘤胃液可以在屠宰时从所有正常反刍动物身上采集。

处理

从有瘘口的牛或屠宰牛收集的瘤胃内容物，可以用纱布或粗棉布过滤，将液体从纤维内容物中分离出来；通过口胃管收集的液体应当时准备好储存。

储存

理想情况下应立即操作。但是，它可以在如下条件下储存 24～48 h：液体表面覆盖一层矿物油以维持厌氧环境，打开的容器是冷冻状态的。注意：不要将瘤胃液体储存在封闭的容器中，因为它可能会爆炸。

5.2.3.5　预防

预防包括缓慢引入精饲料，以使瘤胃微生物群适应。从低发酵能量浓度到高发酵能量浓度的精饲料变化应该缓慢进行，最好在 2～3 周进行。如果动物被饲喂高比例谷物（如圈养羔羊、饲养场羔羊、奶山羊），缓冲剂也可以添加到饲料中。瘤胃缓冲液可以提高奶产量、增加采食量、提高增长速度。粗纤维含量应至少占日粮总可消化营养素（TDN）的 20%。例如，如果 TDN 为 75%，则最低可接受粗纤维为 15%。如果瘤胃适应良好，低于这一水平的粗纤维可以在短时间内补充，但仍可能出现问题。碳酸氢钠可能是最常用的缓冲液；它可以在自由采食的基础上提供，或包括在饲料中作为 1%的干物质摄入。饲料中还可添加碳酸钙或石灰石（两者都具有较低的瘤胃溶解性）和氧化镁（其适口性较差）。氧化镁应限制在干物质摄入量的 0.5%～0.8%。

网胃炎、瘤胃炎、角化不全

发病机理

网胃炎和瘤胃炎可能是由于网状瘤胃一线的黏膜受化学或机械损伤造成的。化学损伤最常见的原因是瘤胃酸中毒。然而，摄入腐蚀性毒素也会损害黏膜。吸入异物或瘤胃结石可引起机械损伤。在牛身上，牛腹泻病毒和传染性牛鼻气管炎等病毒可以感染瘤胃壁。在绵羊和山羊中还没有发现类似的病毒。

黏膜受损后，细菌或真菌可继发感染。以往口服抗生素治疗可能使动物易患瘤胃内壁真菌感染，特别是当黏膜已经受损时。放线杆菌病、放线菌病和结核病很少影响瘤胃壁。瘤胃壁的肿瘤也有报道[1,14]。并非所有这些引起网胃炎和瘤胃炎的原因都在绵羊和山羊中报道过，但都是潜在的问题。

临床症状

这些疾病的临床表现不明确。厌食症和瘤胃运动减弱可能是仅有的临床症状。

诊断

确诊这些疾病也可能是困难的。瘤胃液样品可能仅显示与厌食症相关的变化（碱性 pH、原生动物数量和运动能力下降、MBR 时间延长，正常值见表 5-1）。有时，在瘤胃液罗曼诺夫斯基（Diff-Quick）染色片上可见真菌生物。在这种情况下，应诊断为真菌瘤胃炎。可能需要剖腹探查和瘤胃切开术来鉴别异物或肿块。瘤胃角化不全的特征是瘤胃乳头呈深色、增厚、团块状。它主要见于饲养场羔羊，尤其饲喂精细料或颗粒饲料时[15]。角化不全的瘤胃乳头异常脆弱，容易损伤，能够增加患瘤胃炎的风险[1]。

治疗和预防

治疗取决于受到刺激的原因。应改变日粮以减少能量密度和增加纤维摄入量。轻度的瘤胃炎可能会随着时间的推移和护理而消退（如动物转群、补充液体、优质饲料）。真菌瘤胃炎可通过口服噻苯达唑（25～44 mg/kg）治疗[16]。严重的病变可导致瘤胃功能瘢痕化和永久性损害。

网胃疾病

创伤性网胃腹膜炎

创伤性网胃腹膜炎在小反刍动物中不像在牛中常见，但已经有报道。山羊比绵羊更容易受到影响。总体上的低发病率可能与小反刍动物的摄食习惯有关，它们往往是选择性的食草动物，不像牛那样“清空”地面。引起创伤性网胃腹膜炎的异物包括金属丝和针头[17-19]。临床症状与牛相同，可能包括厌食症、抑郁、绞痛、心力衰竭，以及胸腔引流的症状。通常很难治疗。

瘤胃阻塞

瘤胃阻塞可发生在脱水、异物堵塞瓣胃出口、食砂或食用纤维含量高且消化率低的日粮之后[20]。在世界范围内，环境中存在的塑料垃圾袋引起的瘤胃阻塞已经成为一个日益严重的问题[18]。临床表现为非特异性，但实质性的瘤胃阻塞常可在左侧触诊。粪便可能稀少而干燥。含有硫酸镁 60 g 的口服液可能会减轻阻塞，但在严重的情况下需要做瘤胃手术[20]。

瘤胃切开术

为了减少绵羊或山羊的瘤胃内容物，需要进行瘤胃切开术，理想的情况是在手术前 24 h 内停止喂饲。然而，这种准备通常是不可能的，因为在大多数情况下，瘤胃切开术是一种紧急手术。抗菌药物的围术期使用是必要的，因为即使精细的技术，切口部位和腹膜腔的污染也是不可避免的。由于瘤胃微生物菌群主要由厌氧细菌组成，青霉素（22 000 IU/kg）是首选的抗菌剂，应在手术前 2～4 h 使用。如果在紧急情况下进行瘤胃切开术，青霉素盐（钾或钠）可以通过静脉注射的途径给予，提供治疗浓度比普鲁卡因青霉素更快。术前推荐使用非甾体抗炎药（如氟尼辛葡甲胺，1.1～2.2 mg/kg，静脉注射）。如果有必要，手术前静脉输液治疗心血管休克和脱水，并持续补液直到动物处于稳定状态（见第 3 章）。

小反刍动物的瘤胃切开术更常见的是右侧躺卧，因为站立的患病动物有可能在手术过程中转为伏卧状态，要么动物需要被限制在抬高一些的平台上，要么医生必须跪着进行手术操作。通常对大多数动物使用局部麻醉进行手术即可，辅以镇静。暴躁或非常有价值的动物可以使用全身麻醉，以减少潜在的腹部污染（见第 18 章）。临床医生应在最后一根肋骨前 5 cm 至髋骨结节，从背部中线至下腹部，包括整个左侧腹侧窝处，修剪一块方形区域并进行手术准备。

常规的皮肤和体壁切口在左侧腰椎凹窝中央。外科医生做一个比手宽稍长、大约 5 cm 长的皮肤切口，并且尾部距离最后一根肋骨 5 cm。切口通过肌肉层进入腹部。由于腹壁比较薄，外科医生应注意不要进入瘤胃或肠道。体壁切口的尺寸必须足够大，以方便医生的手和前臂进入，以便对瘤胃进行探查和清除内容物。将瘤胃固定于皮肤后，瘤胃切口小于体壁切口。在体壁切口完成后，将瘤胃固定到皮肤上之前，要对腹腔进行彻底的探查（注：切开瘤胃后切忌探查腹腔）。经腹部探查后，通过连续缝合的水密密封将瘤胃固定在皮肤上。水密密封对于防止腹部污染至关重要。瘤胃通过尼龙线（或涂层）缝合固定在皮肤上，在入针上以库欣式将组织阻力降到最低。第一层“咬合”在 3 点钟或 9 点钟方向（图 5-7，另见彩插）；然后在相反方向的瘤胃中进行第二次缝合。之后绑住缝线，尾巴留长。为防止或尽量减少渗漏，瘤胃缝合应通过浆膜层而不穿黏膜，否则可能导致渗漏。继续从切口的中点到体壁切口的背侧和腹侧采用库欣式缝合，在那里进行类似 W 形的修改，以确保这些区域的密封。如果医生在 9 点钟位置开始缝合背侧，以下技术用于体壁切口最靠近背部的一部分：标准咬合（大约 1/4 in）

是由瘤胃接近的体壁切口的最末端。然后缝合从浅表和背部切口末端大约 2 in.，在此之前，皮肤上缝制一个咬合到切口处。然后，将缝合线表面向下穿入瘤胃最后部，在瘤胃中取横向缝合（垂直于缝合线）。缝合再次通过浅表和背侧进入体壁切口，皮肤咬合口与之前的皮肤缝合平行并处于同一水平。然后库欣式从背部最后（12 点钟）位置延续到 3 点钟位置，缝合系紧。从腹侧 3 点钟到 6 点钟位置都要遵循同样的过程，重复最背面的缝合模式，并继续到最初的 9 点钟位置，缝合固定。使用两条单独的缝合线来限制由一条缝合线拉紧而造成的管腔尺寸减小。如果有助手的话，每个操作员都可以同时在两条独立的缝合线上工作。瘤胃现在可以反包皮肤产生水密密封（图 5-8）。瘤胃手术即在暴露的、固定的瘤胃中央切开切口（图 5-9）。一旦瘤胃被固定并打开，就不应该对瘤胃切开术做其他的修改。可以用手将瘤胃内容物取出，这将导致该区域的严重污染，从而表明必须进行水密密封（图 5-10）。如果内容物是呈液体状，可以用一个大的管来虹吸瘤胃内容物。在这种情况下，必须小心注意管道的末端，防止瘤胃壁被吸入管道末端堵塞流动。图 5-8 至图 5-10，另见彩插。

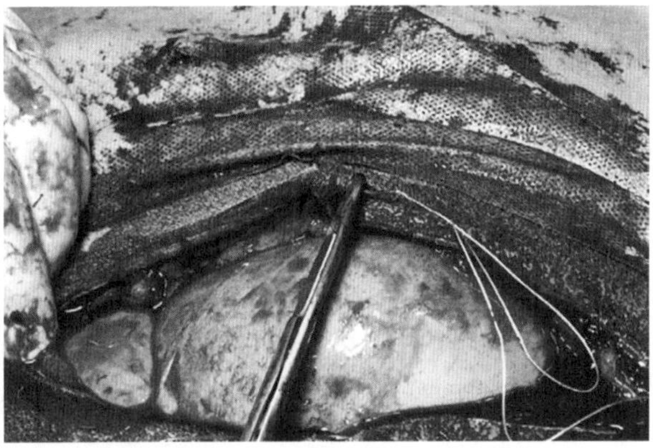

图 5-7　瘤胃切开术：第一次缝合“咬合”在皮肤的 9 点钟位置平行于切口放置在背部到腹部的方向。

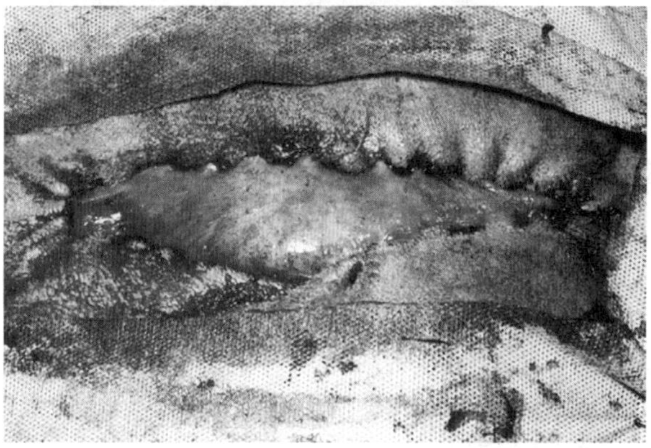

图 5-8　瘤胃切开术：使用水密密封将瘤胃缝合至皮肤上，为瘤胃手术切口做好准备。

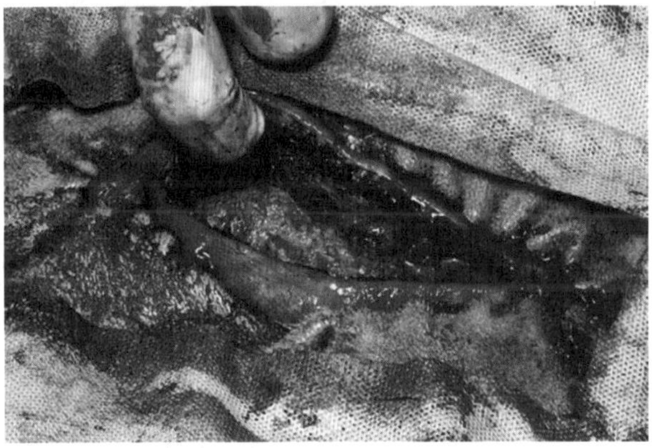

图 5-9　瘤胃切开术：瘤胃切开后切口可见瘤胃内容物。

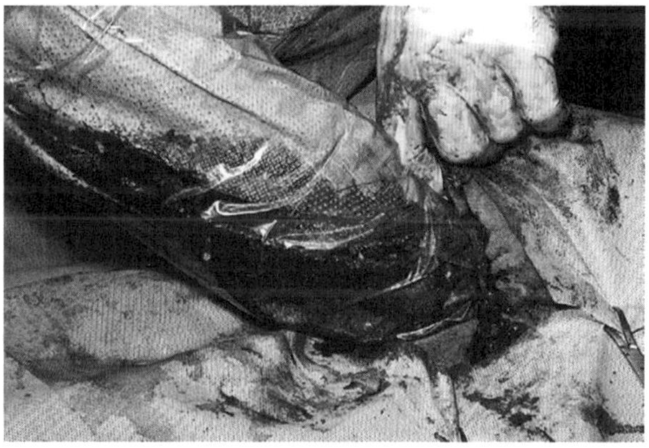

图 5-10　瘤胃切开术：用戴手套的手探查瘤胃，取出瘤胃内容物。

瘤胃闭合分两层进行。第一层的瘤胃腔采用简单连续的可吸收缝线闭合，所有的围帘都应去掉。手术场地应重新准备，所有被弄脏的材料（如手套、长袍、围帘）都应拆除和更换，消毒器具需要准备好以便进行第二层缝合。在瘤胃闭合的第二层采用反向可吸收缝线（如伦伯特、库欣）。第二层的缝合应从瘤胃切口的一端开始，并根据需要将瘤胃固定到皮肤上的保留缝合线取出，以释放足够的瘤胃闭合。第二层闭合完成后（图 5-11，另见彩插），用湿海绵清洁瘤胃，再放回腹腔（注：此时探查腹腔与感染性腹膜炎的发生率增加有关）。医生自主选择对肌肉体壁和皮肤进行常规缝合。

临床医生应密切观察绵羊或山羊的并发症，包括腹膜炎、切口裂开、切口血肿、脓肿和形成疝气。青霉素治疗(使用普鲁卡因青霉素 G,22 000 IU/kg,每天 2 次)应持续至少 5 d。手术后 10～14 d 可以取下皮肤缝线。

图 5-11 瘤胃切开术:切口最后内翻缝合。

参考文献

[1] Garry FB: Indigestion in ruminants. In Smith BP, editor: *Large animal internal medicine*, ed 2, St Louis, 1996, Mosby.

[2] Guard C: Bloat or ruminal tympany. In Smith BP, editor: *Large animal internal medicine*, ed 2, St Louis, 1996, Mosby.

[3] Matthews J: *Diseases of the goat*, ed 2, Oxford, UK, 1999, Blackwell Science.

[4] Brikas P, Tsiamitas C, Wyburn RS: On the effect of xylazine on forestomach motility in sheep, *J Vet Med* 33:174, 1986.

[5] van Miert AS, van Duin CT, Anika SM: Anorexia during febrile conditions in dwarf goats: the effect of diazepam, flurbiprofen and naloxone, *Vet Q* 8:266, 1986.

[6] Chennells D: Bloat in kids, *Goat Vet Soc J* 2:16, 1981.

[7] Nour MSM, Abusamra MT, Hago BED: Experimentally induced lactic acidosis in Nubian goats: clinical, biochemical, and pathological investigations, *Small Rumin Res* 31:7, 1999.

[8] VanMetre DC, Tyler JW, Stehman SM: Diagnosis of enteric disease in small ruminants, *Vet Clin North Am Food Anim Pract* 16:87, 2000.

[9] Braun U, Rihs T, Schefer U: Ruminal lactic acidosis in sheep and goats, *Vet Rec* 130:343, 1992.

[10] Lal SB, et al: Biochemical alterations in serum and cerebrospinal fluid in experimental acidosis in goats, *Res Vet Sci* 50:208, 1991.

[11] Karapinar T, et al: Severe thiamine deficiency in sheep with acute ruminal lactic acidosis, *J Vet Intern Med* 22:662, 2008.

[12] Smith MC: Commonly encountered diseases of goats, *Proceedings of the 1996 Symposium on the Health and Disease of Small Ruminants*, Kansas City, Mo, 1996.

[13] Perez V, et al: Generalized aspergillosis in dairy sheep, *J Vet Med* 46:613, 1999.

[14] Norval M, et al: Rumen papillomas in sheep, *Vet Microbiol* 10:219, 1985.

[15] Kutas F, Galfi P, Neogrady S: Effect of monensin on development of ruminal parakeratosis in fattening lambs, *Zentralbl Veterinarmed* 30:506, 1983.

[16] Kersting KW, Thompson JR: Lactic acidosis. In Howard JL, Smith RA, editors: *Current veterinary therapy 4: food animal practice*, Philadelphia, 1999, WB Saunders.

[17] Sharma KB, Ranka AK: Foreign body syndrome in goats-a report of five cases, *Indian Vet J* 55:413, 1978.

[18] Maddy KT: Traumatic gastritis in sheep and goats, *J Am Vet Med Assoc* 124:124, 1954.

[19] Akkoc A: Traumatic reticulopericarditis in a Saanen goat, *Turk J Vet Anim Sci* 31:283, 2007.

[20] Smith MC, Sherman DM: *Goat medicine*, ed 2, Ames, Iowa, 2009, Wiley-Blackwell.

皱胃疾病

皱胃炎和皱胃溃疡

成年绵羊和山羊的皱胃炎和皱胃溃疡与瘤胃酸中毒或慢性瘤胃炎有关,但也可由感染引起[1-5]。与非常细碎的饲料、颗粒料、全身性应激,以及饲喂茂盛的牧草都有关联。还有可能与矿物质缺乏(如铜)有关,但尚未得到证实。

临床症状和诊断

皱胃炎和皱胃溃疡可能无明显症状,抑或表现为各种临床症状,包括厌食症、腹胀、绞痛和腹泻。当前没有确定的宰前诊断存在。溃疡性疾病常伴有粪便隐血。偶尔还能看到粪便变黑、食欲改变(如咀嚼木头)和磨牙。因此,应排除其他引起绞痛的原因，并根据临床表现或尸检结果进行诊断。

治疗

很难达到有效的治疗。口服药物如被膜剂，必须首先通过瘤胃，因此到达皱胃已被稀释。静脉注射(非口服)雷尼替丁(15 mg/kg，每天 1 次)可能有效[6]。瘤胃酸中毒的问题畜群可以通过在饲料中添加缓冲剂来解决。

皱胃出血

皱胃出血、肿胀和溃疡综合征会发生在绵羊羔和 2～10 周龄的山羊羔。在许多这类病例中都分离出了类八叠球菌、镰状芽孢杆菌、污泥梭状芽孢杆菌和败血梭状芽孢杆菌[7-11]。败血梭状芽孢杆菌感染皱胃一般被称为羊炭疽。自由采食代乳品喂养方案、铁缺乏或胃肠结石被认为是诱发因素[11,13]。

临床症状

该综合征的临床表现为严重、急性腹胀和绞痛，并可能出现溃疡，所有病情均可发展到致死[7-10]。

诊断和治疗

这种疾病的诊断需通过尸检。疑似病例死前治疗无效。

预防

代乳品中添加福尔马林和接种羊梭菌病疫苗可以减少皱胃出血的发生[12,14]。在存在这种疾病的农场里，绵羊羔或山羊羔可以在出生后的第一周接种多价杆菌疫苗，以防止梭状芽孢杆菌感染。

皱胃阻塞

与瘤胃阻塞相似，皱胃阻塞通常发生在粗饲料质量较差时，但也能是由于异物阻塞幽门[4,15-17]。山羊似乎比绵羊更易患本病，波尔山羊比安哥拉山羊更常见[17]。怀孕的动物更容易出现这种情况。

临床症状和诊断

患病动物通常厌食。特征为腹部轻度臌胀，在一些情况下可通过右侧腹壁触诊[18]。可能表现出体重下降。临床病理评估表现可能是正常的，也可能存在轻度低氯血代谢性碱中毒，瘤胃氯化物浓度升高(大于 50 mEq/L)[18]。

治疗

改变日粮和口服矿物油是最常用的治疗方法。可以尝试采用皱胃切开手术，尽管在小反刍动物中很少有报道，而且通常不会改善长期预后。在手术过程中，动物背卧并全身麻醉，通过正中线的右侧到甲状旁腺的后侧进行平行切口，可以最好地观察到皱胃。不论是否手术，预后效果都很差[15]。

预防

提高饲料或草料质量是最佳的预防方式。

皱胃排空缺陷

皱胃排空缺陷是与皱胃阻塞表现方式相似的一种疾病，但只表现在萨福克羊上。其根本原因尚不清楚，但可能的病理机制是神经毒物中毒后产生的神经异常[19]。与皱胃阻塞不同，这种疾病与精饲料的饲喂有关，经常发生在产羔前后。临床表现为慢性体重下降、腹胀和厌食症。临床病理实验室检查结果和瘤胃氯化物浓度与皱胃阻塞相同。尸检时，皱胃过度臌胀，内容物可能是液体或干的。使用泻药、通便药、运动调节剂和皱胃手术的治疗大多不成功[20-22]。

月桂和杜鹃花属中毒

许多月桂和杜鹃花属植物会产生浸木毒素，改变钠的代谢，导致长期的神经去极化。这些植物对心脏有毒性，但受影响的动物通常表现为急性胃肠道紊乱。这些常绿灌木长出浓密的深绿色叶子。它们也有五瓣、白色到粉色的蝶形花，在5～7 月开花。这些植物中有一些是生长在家庭周围作为装饰灌木，而另一些则生长在溪流、悬崖和岩石山坡上。它们或矮或高(最高可达 10 m)，可以形成灌木丛。这些植物的所有部分都有毒。

临床症状

在一个新区域吃草的动物，用杜鹃花篱笆上的修剪枝叶饲喂的动物，以及没有吃饱的、饥饿的、有机会接触到这些植物的动物都可能是中毒的对象。只吃 2～3 片叶子的动物可能在 6 h 内就会出现流涎、磨牙、流鼻涕、腹痛、流泪和急性消化不良。随着中毒的持续，动物变得沉郁、脉搏变慢，并表现出喷射性呕吐和频繁排便。致命性的中毒动物会瘫痪和昏迷。在绵羊和山羊中都可能发生由中毒引起的损伤,继发吸入性肺炎。

诊断

这种情况的诊断通常是基于摄食一种有毒植物的信息和临床症状或在胃肠道中发现这些植物残留。

治疗

如果从日粮中去除有害的植物,中毒的动物可以在 1~2 d 内康复,而无须任何治疗。然而,在某些情况下,可能需要适当地给予活性炭(2~9 g/kg,口服)、阿托品(0. 05~0. 2 mg/kg,静脉注射)、其他抗心律失常药物和静脉输液。为了控制吸入性肺炎,抗生素(如青霉素 22 000 IU/kg,肌肉注射,每天 2 次),口服氢氧化镁也可能有效。任何明显存在的脱水都应该处理(见第 3 章)。

预防

山区或丘陵地区应围起来以防止动物进入。不建议喂食灌木树枝。

参考文献

[1] Kimberling CV: *Jensen and Swift's diseases of sheep*, ed 3, Philadelphia, 1988, Lea & Febiger.

[2] Matthews J: *Diseases of the goat*, ed 2, Oxford, UK, 1999, Blackwell Science.

[3] Gundula A, Shirley H: Two cases of phycomycotic ulceration in sheep, *Vet Rec* 77:675, 1965.

[4] Linklater KA, Smith MC: *Color atlas of diseases and disorders of the sheep and goat*, London, 1993, Wolfe Publishing.

[5] Maratea KA, Miller MA: Abomasal coccidiosis associated with proliferative abomasitis in sheep, *J Vet Diagn Invest* 19:118, 2007.

[6] Duran SH, et al: pH changes in abomasal fluid of sheep treated with intravenous and oral ranitidine. *Proceedings of the Eleventh ACVIM Forum*, Washington, DC, 1993, American College of Veterinary Internal Medicine.

[7] DeBey BM, Blanchard PC, Durfee PT: Abomasal bloat associated with *Sarcina*-like bacteria in goat kids, *J Am Vet Med Assoc* 209:1468, 1996.

[8] Vatn S, Tranulis MA, Hofshagen M: Sarcina-like bacteria, *Clostridium falax* and *Clostridium sordelli* in lambs with abomasal bloat, haemorrhage and ulcers, *J Comp Pathol* 122:193, 2000.

[9] Ellis TM, Rowe JB, Lloyd JM: Acute abomasitis due to *Clostridium septicum* infection in experimental sheep, *Aust Vet J* 60:308, 1983.

[10] Eustis SL, Bergeland ME: Suppurative abomasitis associated with *Clostridium septicum* infection, *J Am Vet Med Assoc* 178:732, 1981.

[11] Edwards GT, et al: *Sarcina*-like bacteria associated with bloat in young lambs and calves, *Vet Rec* 163: 391, 2008.

[12] Vatn S, Torsteinbo WO: Effects of iron dextran injections on the incidence of abomasal bloat, clinical pathology and growth rates in lambs, *Vet Rec* 146: 462, 2000.

[13] Vatn S, Ulvund MJ: Abomasal bloat, haemorrhage and ulcers in young Norwegian lambs, *Vet Rec* 146: 35, 2000.

[14] Gorrill AO, Nicholson JW, MacIntyre TM: Effects of formalin added to milk replacers on growth, feed intake, digestion and incidence of abomasal bloat in lambs, *Can J Anim Sci* 55:557, 1975.

[15] Bath GF, Bergh T: A specific form of abomasal phytobezoar in goats and sheep, *J S Afr Vet Med Assoc* 50:69, 1979.

[16] Smith MC, Sherman DM: *Goat medicine*, ed 2, Ames, Iowa, 2009, Wiley-Blackwell.

[17] Bath GF: Abomasal phytobezoariasis of goats and sheep, *J S Afr Vet Med Assoc* 49:133, 1979.

[18] Kline EE, et al: Abomasal impaction in sheep, *Vet Rec* 113:177, 1983.

[19] Pruden SJ, et al: Abomasal emptying defect of sheep may be an acquired form of dysautonomia, *Vet Pathol* 41:164, 2004.

[20] Guard C: Abomasal dilation and emptying defect of Suffolk sheep. In Smith BP, editor: *Large animal internal medicine*, ed 2, St Louis, 1996, Mosby.

[21] Rings DM, et al: Abomasal emptying defect in Suffolk sheep, *J Am Vet Med Assoc* 185:1520, 1984.

[22] Ruegg PL, George LW, East NE: Abomasal dilation and emptying defect in a flock of Suffolk ewes, *J Am Vet Med Assoc* 193:1534, 1988.

肠道疾病

羔羊腹泻概况

羔羊腹泻是一种复杂的多因素疾病，涉及动物的易感性、环境、营养、致病病原和管理。关于犊牛传染性腹泻的病理生理学的研究已有数十年。羔羊的病理生理情况很相似。尽管在管理实践、预防和治疗策略上有所改进，腹泻仍然是影响新生反刍动物最常见和损失最大的疾病[1-5]。

一些常规预防措施（如改善卫生条件）将降低不论何种原因引起腹泻的风险。相比之下，特定的防控措施如接种疫苗，需要针对具体的腹泻病因。表 5-2 列出了最可能导致羔羊腹泻的致病原、诊断所需的组织或其他样本以及常用的检测方法。许多疾病的粪便颜色、黏稠度以及肉眼可见的病变都相似。因此，实验室对感染病原的鉴定和组织病理学检查是确诊的关键（见第 16 章和第 20 章）。由于肠道的自溶和继发性细菌侵入在死亡后几分钟内就开始了，因此，从被安乐死的羔羊身上立即采取的尸检样本是最可靠的诊断材料。常见混合感染两种或两种以上病原，临床常见的农场特异性病原每年都会发生变化[3-7]。在某些情况下，潜在的营养缺乏或过剩可能与传染性疾病同时存在。因此，临床医生应采取多种样品，以确保鉴定所有病原体和涉及的诱发因素，必要时持续性重新评估腹泻的原因。评估来自多个病例的材料是重要的，重点是那些处于急性期的病例。虽然死亡前的粪便样本可用于诊断，但对组织样本的实验室检测可能会得到更准确的结果。

特定的腹泻病的治疗和预防措施是本节其余部分的重点，其次是所有传染性腹泻的常规支持性治疗和控制措施。

表 5-2　鉴别羔羊和小羊感染性腹泻最常见原因所需的诊断样本和检测方法

致病原	样本要求	检测方法*
大肠杆菌	2～3 g 粪便	K99 和 F41 的培养和血清分型
	福尔马林固定的小肠	组织病理检查
轮状病毒	2～3 g 粪便或结肠内容物	EM、ELISA、VI、CF 检验、PCR 检测
	福尔马林固定小肠和大肠	组织病理检查
	冷冻的小肠和大肠	VI、FA 检验、IP 检测
隐孢子虫	2～3 g 粪便	FA 测试，粪便漂浮
	风干粪便涂片	抗酸性染色
	福尔马林固定小肠和大肠	组织病理检查
沙门氏菌	2～3 g 粪便	培养、PCR 检测
	福尔马林固定小肠和大肠	组织病理检查
	冷冻小肠、大肠和肠系膜淋巴结	培养
贾第鞭毛虫	粪便湿涂片	碘染色
	粪便	ELISA、FA 测试
梭状芽孢杆菌	冷冻小肠内容物、皱胃、小肠、大肠	培养、毒素鉴定
	福尔马林固定的皱胃、小肠和大肠	组织病理检查
球虫	2～3 g 粪便	粪便漂浮
	福尔马林固定小肠和大肠	组织病理检查

CF：补体结合；ELISA：酶联免疫吸附试验；EM：电子显微镜；FA：荧光抗体；IP：免疫过氧化物酶；PCR：聚合酶链式反应；VI：病毒分离。

数据来自：*Rings DM*，*Rings MB*：*Managing Cryptosporidium and Giardia infections in domestic ruminants*，*Vet Med* 91：1125，1996；*Cohen ND*，*et al*：*Comparison of polymerase chain reaction and microbiological culture for detection of salmonella in equine feces and environmental samples*，*Am J Vet Res* 57：780，1996；*Drolet R*，*Fairbrother JM*，*Vaillancourt D*：*Attaching and effacing Escherichia coli in a goat with diarrhea*，*Can Vet J* 35：122，1994.

新生羔羊腹泻的原因

在出生后的第一个月里，主要有四种病原体会导致羔羊腹泻：产肠毒素大肠杆菌(ETEC)、轮状病毒、隐孢子虫和沙门氏菌。在不同的研究中，这些病原的相对患病率差别很大。这种差异可能是由于地区、季节和诊断技术的不同以及混合感染所致。新生羔羊腹泻的其他不太常见的原因是贾第虫感染和营养性腹泻。

产肠毒素大肠杆菌

发病机理

产肠毒素大肠杆菌有两个毒力因子导致疾病。第一个通过菌丝或者菌毛附着并且定殖到肠绒毛。羔羊中最重要的菌毛是K99和F41[8]。菌毛抗原可以从送往大多数诊断实验室进行分析的样本中识别出来，对鉴定这种抗原是否导致腹泻非常重要。当病菌附着在绒毛上后，它会产生第二种毒性因子——肠毒素。肠毒素干扰肠道的正常生理机能，导致腹泻[8]。犊牛与日龄相关耐受性可能与其阻碍菌毛黏附到肠道有关，因此产肠毒素大肠杆菌腹泻病主要发生在小于1周龄的犊牛[9,10]。感染的途径是粪便-口腔途径。

临床症状

产肠毒素大肠杆菌腹泻见于绵羊羔羊和10日龄以下的山羊羔，但最常见于1～4日龄，所以日龄相关的抵抗力也可能是这些新生羔羊的一个影响因素[3,7]。通常在出生12～48 h的羔羊中暴发。因为产肠毒素大肠杆菌会导致分泌型腹泻，腹泻会导致碳酸氢盐流失，产生严重的酸中毒，羔羊很快就会脱水并躺倒。然而，许多受感染的动物在出现腹泻之前就已经死亡。感染的新生动物出现抑郁、停止哺乳，可能出现过度流涎等症状。积存在皱胃内的液体在运动中会产生拍水声。如果治疗不及时，患病动物死亡率很高[7,8]。

诊断

K99和F41菌毛抗原的粪便培养和血清分型是诊断的基础。由于许多非致病性大肠杆菌是正常的肠道菌，这种微生物在培养基上的生长通常是无关紧要的[8]。有时细菌在培养中不表达菌毛抗原，所以如果培养结果出现K99和F41为阴性，也不能排除产肠毒素大肠杆菌[11]。病原定殖于小肠的组织病理学证据可以作为诊断依据。

治疗

维持疗法包括口服、静脉注射，或皮下注射多离子溶液的液体疗法是主要治疗方法。口服抗菌药物的使用是有争议的。虽然抗生素可能杀死产肠毒素大肠杆菌，但也可能干扰正常的肠道菌群。如果提供液体支持，腹泻通常会在没有抗生素治疗的情况下减弱。然而，口服新霉素(每天2次，每次10～22 mg/kg)，或甲氧苄氨嘧啶(30 mg/kg，内服)和氨苄青霉素(每天2次，每次10～20 mg/kg，肌肉注射)或阿莫西林(每天3次，每次10～20 mg/kg，肌肉注射)可能有效。非甾体抗炎药可以减轻肠道炎症并有一定的镇痛作用。氟尼辛葡甲胺(1～2 mg/kg，肌肉注射)的使用已被证明可以减少犊牛产肠毒素大肠杆菌感染时的粪便量[12]，而且似乎对羔羊也是有益的。

预防

推荐在母绵羊和母山羊产前接种牛源产肠毒素大肠杆菌疫苗，以提高新生羔羊的被动免疫能力[3,4,8]。在疫情暴发期间，给出生12 h内的绵羊羔或山羊羔使用犊牛的单克隆和多克隆抗体产品可能是有益的。在临床表现正常的羔羊中使用新霉素(每天2次，每次10～12 mg/kg，口服)可能有助于阻止腹泻暴发的持续。对母羊进行产前剪毛，以减少粪便沾染，防止新生羔羊摄入，并确保新生羔羊摄入足够的初乳，这将有助于降低该病的发病率。确保母绵羊和母山羊在分娩时有2.5～3.5分的身体状况评分，并在妊娠的最后2个月饲喂适宜的日粮，这将增加母羊生产足够初乳的机会。

轮状病毒

发病机理

羔羊感染B类轮状病毒，而大多数其他动物和人类感染A类轮状病毒[13]。轮病毒感染小肠绒毛顶端细胞，导致绒毛萎缩和吸收不良性腹泻[14]。

临床症状

轮状病毒通常会导致出生2～14 d的羔羊腹泻，但年龄较大的动物也会受到影响。幼龄动物会变得高度沉郁和出现脱水[3,13,15,16]。

诊断

通过电子显微镜检查粪便或结肠样品，或应用于粪便或组织切片的免疫检测技术是诊断的基础[13,16]。由于这些器官被病毒感染的绒毛顶端细胞所覆盖，病毒抗原与动物的抗体混合，从急性感染动物身上采集的组织样本具有最高的诊断价值[17]。在没有腹泻的动物中也发现有这种轮状病毒，因此应该调查其他引起腹泻的原因[4,6]。

治疗和预防

轮状病毒导致腹泻的治疗采用维持疗法。建议在母绵羊和母山羊分娩前接种牛轮状病毒疫苗进行预防，提高新生羔羊的被动免疫水平[3,4]。

隐孢子虫

发病机理

微小隐孢子虫是一种原生动物，能引起类似于轮状病毒感染的吸收不良性腹泻。不像其他原生动物，如引起球虫病的原生动物，隐孢子虫孢子化到感染阶段不需要通过粪便排出[18]，其在肠道内形成孢子。因此，约20%的虫体不离开肠道就能立即感染其他绒毛上皮细胞。这种自体感染的方法可能导致严重的疾病，往往会持续很长时间。由于有些卵囊在随粪排出时也立即就具有感染性，因此感染的传播速度可能很快。

临床症状

隐孢子虫能引起5～10日龄的绵羊羔和山羊羔腹泻[4,19,20]。受感染的羔羊通常都很活跃、机灵。腹泻的粪便通常呈稀液状和黄色。腹泻可以从轻度和自限性到严重，特别是混合感染[4,6,19,21]。复发是很常见的，这种病原通常作为混合感染的一个组成部分出现。

诊断

空气干燥的粪便涂片的抗酸染色是一种快速简便的诊断方法。40～100倍镜下显示圆形的隐孢子虫卵囊，在绿色背景下被石炭酸复红染成红色（图5-12，另见彩插）。尽管隐孢子虫感染可以通过粪便漂浮检测法进行诊断，但隐孢子虫非常小（4～6 μm），采用这种方法很难查到，容易出现假阴性结果[22,23]。为了提高检测效果，已建立了免疫学和聚合酶链式反应（PCR）技术[22,24]。隐孢子虫也可通过组织病理学检查鉴别。该病是一种人畜共患疾病，人们通过接触受感染的动物或粪便而感染[18]。

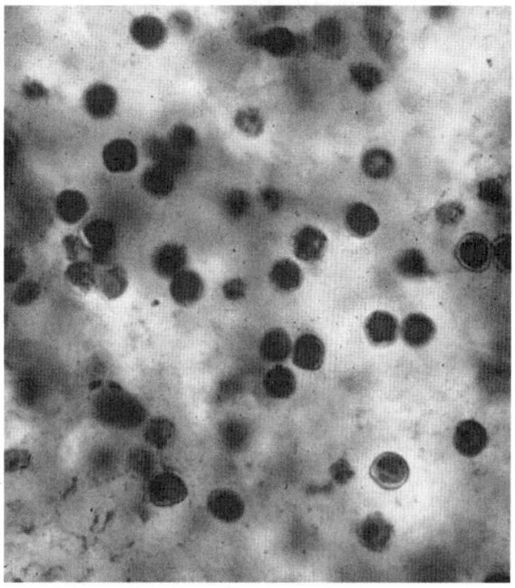

图5-12　用抗酸染色法制备的粪便涂片在蓝绿色背景上可见染红的隐孢子虫。这种原生寄生虫引起绒毛萎缩和消化减弱。

预防

反刍动物的隐孢子虫病没有持续有效的治疗方法。然而，应该保持适当的水分和电解质平衡，以及其他维持疗法。通过减少绵羊羔和山羊羔接触环境中这种原生生物来预防感染是至关重要的，特别是在新生羔羊出生时[25]。在有球虫病流行的农场或在暴发期间，改善卫生可能是有益的（如饲喂初乳前清洗乳房、仅喂养低温巴氏消毒初乳、隔离所有接触动物）。非正式的报道提示癸氧喹酯和莫能菌素钠可能对隐孢子虫病有控制作用。癸氧喹酯（2.5 mg/kg，口服）饲喂母山羊和山羊羔可能有助于降低山羊羔羊隐孢子虫病的发病率和死亡率[26]。所有受感染动物的治疗也应包括电解质液体治疗。

在疫情暴发期间，受感染的动物应与羊群中的其他动物隔离。任何新生动物都不应该被增加到已经被诊断出这种疾病的围栏里。饲养员应减少已诊断出该疾病的围栏，并尝试清洁环境。隐孢子虫病尤其难以控制，因为该病原在环境中的持久性和对大多数化学消毒剂的抵抗力。氨（5%～10%）和福尔马林（10%）似乎是最有效的药剂，但由于潜在的毒性作用，使用任何一种化学药剂都得谨慎注意[19,27]。应该建造多个喂食器以减少粪便污染。

早期牛的疫苗开发结果很有效，疫苗接种可能是未来最好的控制方法[28]。隐孢子虫病是一种潜在的人畜共患疾病。因此，临床医生和饲养员在处理感染动物时应该非常谨慎，并且应该制定计划周密的生物安全程序(见第 19 章)。

沙门氏菌

发病机理

沙门氏菌属有数千种血清型，所有这些类型都可能导致动物腹泻。沙门氏菌可以导致任何日龄的羔羊腹泻[3,4]。这些微生物产生具有侵袭性的肠毒素，并导致严重的炎症性疾病和小肠内壁坏死。

临床症状

感染的动物小于 1 周龄时，更有可能在出现临床症状前急性死亡，而大于 1 周龄的动物更有可能发生腹泻[4,7,29]。感染个体出现急性发热、抑郁、里急后重和偶尔休克。沙门氏菌引起腹泻的粪便还可能含有血液[4]。肠沙门氏菌病也是一种人畜共患疾病，需要采取保护措施。

诊断

沙门氏菌腹泻的诊断是基于粪便或组织中微生物的培养，以及小肠和大肠的组织病理学检查的特征变化[30]。更灵敏的 PCR 技术当前正用于检测粪便中的沙门氏菌。腹泻粪便有时可能含有纤维蛋白，但许多动物在观察到这种状况之前就死亡了。临床医生可能在 CBC 结果中注意到白细胞减少或白细胞增多。

治疗

沙门氏菌引起腹泻的治疗包括维持疗法，也可能用不经肠道的抗菌治疗。抗菌药物的使用是有争议的，可能不会影响胃肠道感染。然而，由于沙门氏菌是一种侵入性的微生物，采用不经肠道的抗菌剂可能有助于预防败血症。沙门氏菌菌株的药敏模式难以预测，因此抗菌治疗应以培养和药敏试验结果为基础。头孢噻呋钠(每天 2 次，每次 1.1～2.2 mg/kg，肌肉注射)或甲氧苄氨嘧啶-磺胺嘧啶(每天 1 次，每次 15 mg/kg，皮下注射)均可使用，前提是抗菌药药敏试验结果已证明这些药物是有效的。

预防

潜在的沙门氏菌携带者可能会将微生物传染给其他动物，尤其是当它们感到有压力的时候[4]。新引进的动物应隔离 1 个月，并考虑粪便培养[4]。漂白剂(次氯酸钠)和氯己定是有效的消毒剂，在疫病暴发期间应用于场地、动物处理或饲养设备。针对畜群问题，建议采用粪便培养法鉴定带菌动物。疫苗的有效性值得怀疑，到目前为止，其效果尚未在绵羊和山羊中得到彻底评估[32]。

贾第鞭毛虫属

贾第鞭毛虫引起的腹泻更常见于 2～4 周龄的羔羊，但不限于此[4,33]。腹泻通常是短暂的，但受感染动物能持续许多周随粪排出贾第虫包囊，即使临床看起来动物是正常的[22,34,35]。因此，在粪便中发现病原体并不意味着它是腹泻的原因，尤其是在年老的动物中。贾第鞭毛虫可以在没有新生动物腹泻史的畜群中发现，因此在畜群中新生动物腹泻与贾第鞭毛虫的相关性值得怀疑[36]。然而，这些动物可能是其他动物甚至可能是人类的感染源[22,33]。通过碘染色湿片法鉴定粪便或组织中的病原体是诊断贾第鞭毛虫病的经典方法，但现在有了更灵敏的免疫学技术[22,33]。感染动物均可使用芬苯达唑(5～10 mg/kg，每日 2 次，连用 3 d；或每日 1 次，连用 5 d)进行治疗[22]。贾第鞭毛虫在以往通过口服甲硝唑(50 mg/kg，每日 1 次，连续 5 d)治疗。然而，在食用动物中使用这类药物目前在美国是非法的。贾第鞭毛虫是一种潜在的人畜共患疾病。

营养性腹泻

传染性病原并不是新生羔羊腹泻的唯一原因。营养问题也可能导致腹泻，但与营养有关的病例在文献中报道较少，因为由此导致的腹泻通常是轻微的，不需要治疗就能恢复。营养性腹泻在失去母羊照管的动物中最常见，通常是由于不当的管理措施所致，如劣质代乳品、混合错误或罕见的过度饲喂(见第 2 章)。茂盛草地或高能量比例日粮引起的营养性腹泻也常见，通常是因为自身的限制。这种胃部不适的发生率可以通过缓慢引入(超过 2～3 周)高能量日粮来改善。

患传染性腹泻的犊牛会出现消化不良或吸收不良，无法消化碳水化合物(乳糖、木糖)可能会导致营养性腹泻[37,38]。据报道,山羊也有这种消化缺陷,也可能是羔羊腹泻的原因[39]。由于乳糖缺乏引起的腹泻也在犊牛中有过报道[40]。用劣质代乳品喂养的小牛造成肠大肠杆菌的过度生长,导致腹泻[41]。如果怀疑有乳糖不耐症,减少乳糖的摄入量并使用商业上可用的乳糖酶可以减轻临床问题。

稍大羔羊腹泻的原因

在稍大的羔羊中,最常见的腹泻原因是线虫感染。其他主要原因是产气荚膜梭菌感染和球虫病。球虫病在第6章有介绍。据报道,贾第鞭毛虫在2～3月龄羊羔中未导致腹泻也能使体重下降[42]。

产气荚膜梭菌

A、B、C和D四种亚型的产气荚膜梭菌均可导致羔羊腹泻,但D型是美国羔羊腹泻最常见的病因[4,7,43,44]。

发病机理

梭菌性腹泻分为特急性、急性和慢性形式,通常称为肠毒血症或暴食症。在C型感染中,β毒素可导致急性出血性肠炎。C型感染多见于绵羊羔或小于3周龄的山羊羔。在D型感染中,ε毒素是致病原因。肠毒素血症通常见于快速生长的高精料饲养场的羔羊。它还与其他饲养环境改变有关,包括牧场类型的变化。然而,有报道发现没有任何饲养条件变化的情况下该病偶尔也会发生,特别是山羊[4,7,45]。这种疾病通常发生在生长最快、条件最好的动物。即使接种疫苗的羊群(通常是山羊)也会受到感染,所以不应该排除之前接种疫苗后感染的可能性[4]。

临床症状

特急性梭状芽孢杆菌感染的特征是患畜迅速开始出现严重的沉郁、腹痛、大量和带血的腹泻,以及神经症状。发病数小时内会死亡。可能没有出现腹泻就会突然死亡。在出现神经系统症状后突然死亡在绵羊中更为常见,而山羊在死亡前更容易出现腹泻症状[4]。类似但不太严重的症状出现在该病的急性病例中。慢性形式更常见于山羊[4,44]。

诊断

死前的诊断基于临床表现。尸检时,可以从肠组织样本中培养产气荚膜梭菌。然而,组织培养可能难以解释问题,因为这些微生物可能是肠道菌群的正常组成部分,但在死亡后增殖。尤其是A型,它在实际疾病中的作用是有争议的[46]。肠道组织切片病理学检查可能有帮助。确定肠道内容物中的毒素(即ε毒素)是确诊所必需的[4,7]。由于这种毒素在死亡后的几个小时内就会降解,因此没有这种毒素并不能排除肠毒血症[43]。

治疗

治疗很少有效,主要包括积极的支持疗法。如果发现临床症状,可以在肠毒血症暴发期间给动物使用D型产气荚膜梭菌抗毒素(15～20 mL,皮下注射)。抗毒素可能更有效地作为预防疾病早期暴发的一种手段。在暴发期间,未接种疫苗的动物应同时接种抗毒素和类毒素,以前接种过疫苗的应该接受加强免疫。

预防

常规接种应在4～6周龄时开始,3～4周后加强免疫。然而,在这种疾病已成为地方病的环境中,绵羊羔或山羊羔可以在生后第1周内接种疫苗并给予抗毒素。每年接种一次疫苗,最好是在母绵羊和母山羊分娩前几周,可以提高新生羔羊的初乳免疫力,并改善预防程序。山羊对疫苗接种的反应可能不如绵羊好,因此建议每年2次、每年3次或每季度接种一次,尤其是在疾病流行地区的羊群中[4,39]。仅接种产气荚膜梭菌C型、D型疫苗和破伤风类毒素的疫苗优于使用更多的多价梭菌疫苗[4]。减少日粮中的能量密度、避免日粮突然改变或改变喂食规律是预防的关键。控制内寄生虫,特别是绦虫,可能进一步降低这些疾病的发病率。

山羊羔和绵羊羔腹泻的其他原因

腺病毒、山羊疱疹病毒、冠状病毒、空肠弯曲杆菌、埃希氏菌、耶尔森菌和乳突类圆线虫可以引起不同日龄的羔羊腹泻[2,4,6]。肠出血性大肠埃希菌(EHEC)和肠致病性大肠埃希菌(EPEC)也能从腹泻和正常的羔羊粪便中分离出来[48-52]。这些大肠杆菌的血清型为K99和F41阴性。这些从粪便分离出来的微生物的培养和血清分型以及组织样本的标准组织病理学病变可以作为诊断依据。虽然ETEC病不是人畜共患疾病,但EHEC和EPEC可能会潜在地影响人类并导致食源性疾病。

绵羊羔和山羊羔腹泻的治疗

虽然对某些原因引起的腹泻有特定的治疗方法，但不考虑刺激的原因，许多动物需要治疗脱水和代谢性酸中毒。只有轻度腹泻的动物，特别是轻度营养性腹泻的动物，除非脱水，否则可能不需要治疗。如果山羊羔或绵羊羔的脱水率低于 8%，而且只是轻度沉郁，但仍愿意吃奶，可以使用专为犊牛设计的口服电解质治疗。如果动物不愿意吃奶，可以用奶瓶或喂食管（18～24 in，直径 3/8 in，导管尖端）饲喂液体。饲养员或临床医生应仔细调整羔羊的饲喂液体量（250～500 mL 或 8～16 oz，而不是一头小牛的 4 L）。因为大多数为犊牛设计的电解质溶液都含有葡萄糖，在混合后应冷藏，并在 24 h 内将剩余丢弃。可能需要静脉输液来治疗更严重的脱水。如果绵羊羔或山羊羔虚弱得站不起来，表明需要静脉输液。相同渗透压的电解质溶液补充动物损失。葡萄糖可以添加到占溶液的 1%～2.5%。也可以使用碳酸氢钠，特别是在脱水严重的情况下。一个经验法则是提供 1/4 的计算出的输液量所需的等渗碳酸氢盐（1.3%）。额外添加钾（10～20 mEq/L）到液体中，因为大多数动物由于腹泻严重脱水，钾含量减少，尽管它们的血钾水平可能提高。如果添加了额外的钾，必须同时解决酸中毒。在改正脱水后，饲养员或临床医生可以提供口服富含电解质的溶液，以替代持续腹泻造成的不断损失（见第 3 章）。

不建议将牛奶或代乳品从日粮中移除。幼小的动物需要营养，即使是高能量、含葡萄糖的电解质溶液也不能代替牛奶。动物应继续接受正常量的代乳品或允许吃奶，如有必要，也可以口服电解质。人工饲喂的动物应少量多次喂饲，以帮助减少问题。电解质绝不能与牛奶混合，而应分开喂食。如果怀疑不耐乳糖，乳糖酶滴剂或胶囊（可在保健食品店买到）可以添加到牛奶或代乳品中[39]。

非甾体抗炎药（如氟尼辛葡甲胺，1.1～2.2 mg/kg，静脉注射；或酮洛芬，3 mg/kg，静脉注射）是有益的，特别是涉及毒血症时，如 ETEC、肠毒血症和沙门氏菌病。应对已证实的沙门氏菌病暴发以及对液体治疗和非甾体抗炎药没有反应的其他腹泻原因的动物使用抗菌药物。这些药物只能在不经肠道条件使用。口服被膜剂和抗酸剂很受欢迎，但这些药物并没有被证明有效，而且根据这些疾病的发病机理来看，它们的使用并没有治疗逻辑。益生菌的治疗作用值得怀疑，但非正式报道称，它们可能有助于重建小肠的正常菌群。通常的经验是，除了牛奶、口服电解质，可能还有益生菌，任何其他东西都不应该口服。

传染性腹泻的常规控制措施

保证高质量初乳的充足摄入和最大限度地减少刺激对于预防所有新生羔羊疾病都很重要。一只正常的羔羊会在出生后 45～60 min 内站起来吃奶。在 2～3 h 内摄入初乳对于预防低体温、低血糖和减少各种疾病的发生至关重要。出生为双胞胎或三胞胎的、虚弱或受伤、在恶劣天气下出生、出生时难产，以及那些通过剖宫产分娩的羔羊都需要补充初乳。补充的初乳应该是来自副结核性肠炎、绵羊进行性肺炎（OPP）和山羊关节炎-脑炎（CAE）检测呈阴性的母羊的优质初乳。将几头母牛的初乳混合可以降低“牛初乳相关”的溶血性疾病的发病率，这种疾病有时在羔羊中出现。如绵羔羊或山羊羔不能吃奶，应以管饲 50 mL/kg 初乳。兽医或动物饲养员可以坐着，抱着绵羔羊或山羊羔，使其贴着胸部卧在膝上。然后，一个 12～14 号法式润滑的软饲管，插入嘴的侧面，并慢慢地插到胸腔入口的深度。如果把管子插到气管内，绵羔羊或山羊羔会有不适的现象，可能会颤抖和咳嗽。可以在喉咙的左侧触摸管，在正确放置导管后，初乳可以通过重力作用进入。

产前给母羊剪毛可能会降低羔羊摄入粪便的可能性。产羔区良好的卫生条件是管理程序和预防应激中最重要的。有机物的存在干扰了许多消毒剂的效力，因此清除和妥善处理粪便、尸体和胎盘是必不可少的。处理含有隐孢子虫或贾第鞭毛虫的废物时，管理员应小心避免污染水源。应该隔离受感染的动物，以防止感染在整个羊群中传播。一般来说，受感染的动物应该留在最初被诊断为感染的环境中，因为这个环境已经被污染了。在产羔前把怀孕母绵羊或母山羊转移到新的地方，有助于减少疾病的持续传播。如果可能的话，已经出生但没有临床症状的绵羊羔和山羊羔应该被转移到第三个区域。如果有保持控制了内寄生线虫的“安全”牧场，它们是在紧急情况下控制这些疾病的理想场所（见第 6 章）。尽管一些动物可能看起来很正常，但它们可能正处于潜伏期，并可能正在排放含疾病的传染物。如果这些动物与怀孕的母畜一起转移，它们可能成为洁净地区的污染源。如果健康的小绵羊和小山羊不能被转移到第三个相对安全的地方，它们应该和临床被传染的动物待在一起，因为它们已经暴露了。

参考文献

[1] Sherman DM: Causes of kid morbidity and mortality: an overview, *Proceedings of the Fourth International Conference on Goats*, Brasilia, Brazil, 1987, EMBRAPA-DDT.

[2] Vickers MC: Enteric infections in young goats and their control, *Proceedings of the Sixteenth Seminar*, Sheep and *Beef Cattle Society*, Palmerston North, NZ, 1986.

[3] Blackwell TE: Enteritis and diarrhea, *Vet Clin North Am Large Anim Pract* 5:557, 1983.

[4] Smith MC, Sherman DM: *Goat medicine*, ed 2, Ames, Iowa, 2009, Wiley-Blackwell.

[5] Nagy B, et al: Infectious gastrointestinal diseases of young goats. *Proceedings of the Fourth International Conference on Goats*, Brasilia, Brazil, 1987, EMBRAPA-DDT.

[6] Nagy B, et al: Occurrence of cryptosporidia, rotaviruses, coronavirus-like particles and K99 + *Escherichia coli* in goat kids and lambs. *Proceedings of the Third International Symposium on Veterinary Laboratory Diagnostics*, Ames, Iowa, 1983.

[7] Kimberling CV: *Jensen and Swift's diseases of sheep*, ed 3, Philadelphia, 1988, Lea & Febiger.

[8] Hodgson JC: *Escherichia coli in domestic animals and humans*, Wallingford, UK, 1994, Cab International.

[9] Runnels PL, Moon HW, Schneider RA: Development of resistance with host age to adhesion of K99+ *Escherichia coli* to isolated intestinal epithelial cells, *Infect Immun* 28:298, 1980.

[10] Zeman DH, Thomson JU, Francis DH: Diagnosis, treatment, and management of enteric colibacillosis, *Vet Med* 84:794, 1989.

[11] Schultheiss P: Diarrheal disease in calves, *Large Anim Vet* 47:24, 1992.

[12] Roussel AJ, et al: Effect of flunixin meglumine on *Escherichia coli* heat stable enterotoxin-induced diarrhea in calves, *Am J Vet Res* 49:1431, 1988.

[13] Theil KW, et al: Group B rotavirus associated with an outbreak of neonatal lamb diarrhea, *J Vet Diagn Invest* 7:148, 1995.

[14] Babiuk LA, Sabara M, Hudson GR: Rotavirus and coronavirus infections in animals. In Karger S, editor: *Infection and immunity in farm animals*, Switzerland, 1985, Basel, p 225.

[15] Theil KW, Lance SE, McCloskey CM: Rotaviruses associated with neonatal lamb diarrhea in two Wyoming shed-lambing operations, *J Vet Diagn Invest* 8:245, 1996.

[16] Munoz M, et al: Rotavirus excretion by kids in a naturally infected goat herd, *Small Rum Res* 14:83, 1994.

[17] Heath SE: Neonatal diarrhea in calves: diagnosis and intervention in problem herds, *Comp Cont Educ Pract Vet* 14:995, 1992.

[18] Moore JA, Blagburn BL, Lindsay DS: Cryptosporidiosis in animals including humans, *Comp Cont Educ Pract Vet* 10:275, 1988.

[19] Foreyt WJ: Coccidiosis and cryptosporidiosis in sheep and goats, *Vet Clin North Am Food Anim Pract* 6:655, 1990.

[20] Berg IE, Peterson AC, Freeman TP: Ovine cryptosporidiosis, *J Am Vet Med Assoc* 173:1586, 1978.

[21] Sanford SE, et al: Cryptosporidiosis, rotaviral, and combined cryptosporidial and rotaviral infections in goat kids, *Can Vet J* 32:626, 1991.

[22] Rings DM, Rings MB: Managing *Cryptosporidium* and *Giardia* infections in domestic ruminants, *Vet Med* 91:1125, 1996.

[23] Corwin RM: Cryptosporidiosis: a coccidiosis of calves, *Comp Cont Educ Pract Vet* 14:1005, 1992.

[24] Webster KA, et al: Detection of *Cryptosporidium parvum* oocysts in feces: comparison of conventional coproscopical methods and the polymerase chain reaction, *Vet Parasitol* 61:5, 1996.

[25] Delafosse A, et al: Herd-level risk factors for *Cryptosporidium* infection in dairy-goat kids in western France, *Prev Vet Med* 77:109, 2006.

[26] Ferre I, et al: Effect of different decoquinate treatments on cryptosporidiosis in naturally infected cashmere goat kids, *Vet Rec* 157:261, 2005.

[27] Campbell I, et al: Effect of disinfectants on survival of *Cryptosporidium* oocysts, *Vet Rec* 111:414, 1982.

[28] Perryman LE, et al: Protection of calves against cryptosporidiosis with immune bovine colostrum induced by a *Cryptosporidium parvum* recombinant protein, *Vaccine* 17:2142, 1999.

[29] Bulgin MS, Anderson BC: Salmonellosis in goats, *J*

Am Vet Med Assoc 178:720, 1981.

[30] House JD, Smith BP: Current strategies for managing salmonella infections in cattle, *Vet Med* 93:756, 1998.

[31] Cohen ND, et al: Comparison of polymerase chain reaction and microbiological culture for detection of *Salmonella* in equine feces and environmental samples, *Am J Vet Res* 57:780, 1996.

[32] Li H, McFarlane RG, Wagner J: Vaccination of pregnant ewes against infection with *Salmonella* Brandenburg, *N Z Vet J* 53:416,2005.

[33] Kirkpatrick CE: Giardiasis in large animals, *Comp Cont Educ Pract Vet* 11:80, 1989.

[34] Koudela B, Vitovec J: Experimental giardiasis in goat kids, *Vet Parasitol* 74:9, 1998.

[35] Olsen ME, et al: Effects of giardiasis on production in a domestic ruminant (lamb) model, *Am J Vet Res* 56:1470, 1995.

[36] Castro-Hermida JA, et al: *Giardia duodenalis* and *Cryptosporidium parvum* infections in adult goats and their implications for neonatal kids, *Vet Rec* 157: 623-627, 2005.

[37] Nappert G, et al: Determination of lactose and xylose malabsorption in preruminant diarrhetic calves, *Can J Vet Res* 57:152, 1993.

[38] Gunn AA, Naylor JA, House JK: Diarrhea. In Smith BP, editor: *Large animal internal medicine*, ed 4, St Louis, Mosby Elsevier, pp 340-363.

[39] Weese JS, Kenney DG, O'Connor A: Secondary lactose intolerance in a neonatal goat, *J Am Vet Med Assoc* 217:372, 2000.

[40] Olchowy TW, et al: Lactose intolerance in a calf, *J Vet Intern Med* 7:12, 1993.

[41] Roy JHB: *The calf*, ed 4, London, 1980, Butterworth.

[42] Aloisio F, et al: Severe weight loss in lambs infected with *Giardia duodenalis* assemblage B, *J Vet Parasitol* 142:154, 2006.

[43] Uzal FA, Kelly WR: Enterotoxemia in goats, *Vet Res Commun* 20:481, 1996.

[44] Miyakawa ME, et al: Necrotizing enterocolitis and death in a goat kid associated with enterotoxin E (CPE)-producing *Clostridium perfringens* type A, *Can Vet J* 48:1266, 2007.

[45] Songer JG: Clostridial diseases of small ruminants, *Vet Res* 29:219, 1998.

[46] Uzal FA, Songer JG: Diagnosis of *Clostridium perfringens* intestinal infections in sheep and goats, *J Vet Diagn Invest* 20:253, 2008.

[47] Seimiya YM, et al: Caprine enteritis associated with *Yersinia pseudotuberculosis* infection, *J Vet Med Sci* 67:887, 2005.

[48] Hariharan H, et al: Isolation of *Escherichia fergusonii* from feces and internal organs of a goat with diarrhea, *Can Vet J* 48:630, 2007.

[49] Duhamel GE, Moxley RA, Maddox CW: Enteric infection of a goat with enterohemorrhagic *Escherichia coli* (O103:H2), *J Vet Diagn Invest* 4: 197, 1992.

[50] Drolet R, Fairbrother JM, Vaillancourt D: Attaching and effacing *Escherichia coli* in a goat with diarrhea, *Can Vet J* 35:122, 1994.

[51] Barlow AM, et al: Attaching and effacing lesions in the intestines of adult goats associated with natural infection with *Escherichia coli* O145, *Vet Rec* 155: 807, 2004.

[52] Capriolo A, et al: Enterohaemorrhagic *Escherichia coli*: emerging issues on virulence and modes of transmission, *Vet Res* 36:289, 2005.

成年绵羊和山羊腹泻

小反刍动物急性和慢性腹泻的鉴别诊断是有区别的[1,2]。成年绵羊和山羊腹泻最常见的原因是寄生虫病,另一个主要原因是副结核性肠炎。在第6章将讨论寄生虫病。其他引起急性腹泻的原因包括瘤胃酸中毒、腹膜炎、内毒素血症和摄入毒素。能够引起腹泻的毒素也很多,通常腹泻不是最主要的临床症状。一些能够引起腹泻的常见毒素是砷、有毒的盐、左旋咪唑、铜、栎树、硒和吡咯啶生物碱[1]。沙门氏菌感染和慢性肠毒血症可导致成年动物腹泻。球虫病可发生在严重刺激下的成年动物或由于缺乏接触而限制了免疫力的动物。肝肾疾病和铜缺乏有时伴有慢性腹泻,但在成年动物中更常见的症状是体重下降。

约内氏病(副结核杆菌病)

约内氏病(慢性细菌性肠炎)又称副结核杆菌病,是禽类分枝杆菌亚种副结核杆菌引起的慢性消瘦和腹泻病。微生物的传播主要通过粪-口途径。

幼龄动物比成年动物更容易受到感染。它可以通过乳汁和胎盘传播。

发病机理

在有临床症状的动物中，粪便和乳汁中的细菌释放和胎盘传播更为常见[3-5]。因此，受感染动物的后代，特别是有临床症状的动物的后代，比羊群或畜群的其他成员更容易感染。动物接触后，它会清除微生物或者患慢性、持续性感染。最常见的感染是在小肠回肠区域分离获得，在那里引起肠壁肉芽肿增厚和后续吸收不良性腹泻。受感染的动物可能多年没有症状表现。

临床症状

发病率很低（大约5%），但是对于每个有临床症状的感染动物，多个处于亚临床状态，可能是水平和垂直传播的来源[3]。绵羊和山羊在2～7岁之前都没有症状。绵羊和山羊最一致的临床症状是慢性体重降低。大约20%的病例发生慢性腹泻[3]。应激会使症状出现或者加重，尤其是产后[3,4]。低蛋白血症和慢性轻度贫血是临床病理实验室检查中仅有的一致发现。受感染动物的下颌水肿可能是由于蛋白质水平低引起的，而且由于寄生虫的普遍存在，很难准确诊断。

诊断

通过培养粪便中的微生物进行诊断。这种检测需要8～14周的时间，但可以识别出40%～60%的临床感染的山羊。在感染严重的畜群中，未受感染的绵羊和山羊的粪便由于微生物的口腔-粪便传递途径能够得到阳性培养结果。慢性细菌性肠炎的绵羊菌株和一些山羊变种菌株似乎更难在用于鉴定该疾病的牛菌株的培养基中培养。因此，绵羊和山羊的粪便培养在临床应用上有限[4,5]。一种相对便宜且易于操作的方法是粪便涂片的抗酸染色法，能够鉴定出大约所有临床感染动物的50%[3,4]。也可进行粪便PCR分析，但灵敏度低于粪便培养。对有临床症状的动物进行血清学检测，如琼脂凝胶免疫扩散（AGID）试验、酶联免疫吸附试验（ELISA）、补体结合试验，可获得良好的诊断结果。所有血清学检查的特异性在有临床疾病症状的绵羊和山羊中均大于95%，尽管敏感性不高[4-7]。因此，在有临床症状的动物的血清学检查结果呈阳性，表明该动物患有慢性细菌性肠炎。然而，这种疾病不能以阴性的检测结果被排除。用血清学测试来鉴定亚临床感染动物更成问题。期望值大约在50%的灵敏度。通过ELISA和补体结合试验，可能发生与假结核棒状杆菌的交叉反应，与绵羊干酪性淋巴结炎感染表现相同，从而限制了试验的价值[4,8]。与血清ELISA相比，对羊奶样品进行ELISA检测的敏感性降低，但特异性增加（交叉反应减少）[9]。绵羊和山羊对抗体的形成反应不同。在绵羊中，抗体倾向于在疾病的后期产生，而在山羊中抗体可能发现得更早。尸检的诊断是基于发现肠变厚、有褶皱，特别是在回肠区域。压印涂片（取自回肠和回盲淋巴结）抗酸染色有助于快速诊断。大量的抗酸性棒状染色区域表明患慢性细菌性肠炎。

预防

慢性细菌性肠炎没有有效的治疗方法，所以预防和控制是必要的。然而，要防止慢性细菌性肠炎进入畜群是很困难的。由于亚临床感染的动物可能不会排出或只排出少量微生物，粪便培养只有在获得阳性培养时才有用。亚临床疾病动物的血清学检测敏感性较低，且在畜群间存在差异[4,5]。亚临床感染动物检测结果普遍呈阴性。然而，血清学检测的一致性仍然很高，因此阳性检测结果是不购买动物的正当理由[4]。因为牛也会患病，所以补充初乳的供给只能来自没有患本病的奶牛群。

慢性细菌性肠炎在畜群中被诊断出之后，需要采取一些控制措施。环境卫生是很重要的，因为微生物在环境中具有很强的抵抗力（在大多数情况下可存活超过1年）。减少载畜率、勤清洗栏舍和使用自动饮水器将减少粪便传播。饲养员和牧民应该淘汰受感染动物的后代。根据全群AGID检测或ELISA和粪便培养的结果选择动物。动物每年至少要接受一次测试。如果资源允许，频繁的检测能加快识别出被感染的动物。牛的疫苗只能在一些地区使用，临床医生或饲养员可能需要得到官方许可才能用于绵羊和山羊。在牛身上接种慢性细菌性肠炎疫苗并不能消除感染，但可以降低畜群的传播，延缓临床症状的出现，并通过降低粪便中感染性细菌排泄从而减少交叉传播。

参考文献

[1] Smith BP，Magdesian KG：Alterations in alimentary and hepatic function. In Smith BP，editor：*Large animal internal medicine*，ed 4，St Louis，2009，Mosby

Elsevier, pp 92-116.
[2] Smith MC, Sherman DM: *Goat medicine*, ed 2, Ames, Iowa, 2009, Wiley-Blackwell.
[3] Greig A: Johne's disease in sheep and goats, *In Pract* 22:146, 2000.
[4] Smith MC: Paratuberculosis in small ruminants. *Proceedings of the Small Ruminants for the Mixed Animal Practitioner Western Veterinary Conference*, Las Vegas, Nev, 1998.
[5] Stehman SM: Paratuberculosis in small ruminants, deer, and South American camelids, *Vet Clin North Am Food Anim Pract* 12:441, 1996.
[6] Manning EJB, et al: Diagnostic testing patterns of natural *Mycobacterium paratuberculosis* infection in pygmy goats, *Can Vet J* 67:213, 2003.
[7] Clarke CJ, et al: Comparison of the absorbed ELISA and agar gel immunodiffusion test with clinicopathologic findings in ovine clinical paratuberculosis, *Vet Rec* 139:618, 1996.
[8] Pepin M, Marly J, Pardon P: *Corynebacterium pseudotuberculosis* infection in sheep and the complement fixation test for paratuberculosis, *Vet Rec* 120: 236, 1987.
[9] Salgado M, Manning EJ, Collins MT: Performance of a Johne's disease enzyme-linked immunosorbent assay adapted for milk samples from goats, *J Vet Diagn Invest* 17:350, 2005.

肠梗阻

导致其他反刍动物发生肠梗阻的任何原因,都可能在绵羊和山羊中发生。这些疾病大多会引起腹部不适,偶尔还会引起腹胀。由于肠大小的限制,通常排除直肠检查,因此诊断更加困难。腹部 X 光和超声检查可能有助于区分这些疾病,但可能需要进行探索性手术或腹腔镜评估,以获得明确的诊断,从而选择适当的治疗方案。

肠套叠

尽管在所有年龄段都有,但肠套叠在幼龄动物中更为常见。在这种情况下,肠的一部分会缩进相邻的一部分。各个肠段都可能受到影响,但回肠和回肠连接处是最常见的发生部位。当肠套叠发生时,肠腔渐渐缩窄至阻塞。最开始引发的原因并不总是清楚的[1,2]。这种情况与成年动物的肠道肿块和幼龄动物的肠炎有关[1]。结节虫感染被认为是绵羊患此病的一个病因[1]。

临床症状

最初的症状是绞痛(表现为踢腹、反复起卧和鸣叫),随后是慢性轻度疼痛。在羔羊中,真正的绞痛症状是多变的。在某些情况下,在最初的绞痛发作消退后,动物在腹部臌胀之前没有疼痛的迹象。肠套叠和腹胀之间的时间取决于阻塞发生的位置。回肠肠套叠,可能几天才出现两侧对称的明显腹胀。粪便排泄量减少,或只排黑色或柏油色,或者可能含有黏液的很少粪便。脱水明显,可能发生低氯代谢性碱中毒,瘤胃氯化物浓度可能随十二指肠梗阻而升高。

诊断

腹腔穿刺术可以获得与渗出液相一致的液体(蛋白质浓度提高和白细胞数增加)[1]。普通的 X 光及超声波检查均可能显示肠袢中有液体集聚。有时,肠套叠本身可以通过超声显像或通过腹壁可触及。如果不加以治疗,就可能发生肠破裂和腹膜炎。

治疗

需要外科手术矫正。如果早期矫正肠套叠,在没有腹膜炎的情况下预后良好。需要补液以纠正脱水和代谢异常。在瘤胃功能恢复前进行静脉输液。加钙剂注射液(硼葡萄糖酸钙约 25 mL/L)和钾(10～20 mEq/L)是液体治疗的好选择。

异物阻塞

摄入异物或存在结石会阻塞部分肠道[3,4]。这些症状与肠套叠引起的梗阻相似,取决于肠的哪一部分被阻塞。在某些情况下,通过 X 光或超声波检查可以看到阻塞的物体。需要手术移除。

盲肠扭转和肠系膜根部扭转

绵羊和山羊偶尔会出现盲肠扭转和肠系膜根部扭转[1,3]。症状为极度腹痛,腹部立即出现逐步臌胀、循环衰竭等典型的临床表现。需要立即手术矫正和维持循环系统。

肠闭锁

结肠、直肠或肛门的闭锁可视作先天性问题。腹部逐步臌胀的临床症状通常在出生后的第1周被发现。身体检查可发现肛门闭锁，但结肠和直肠闭锁可能需要造影才能确诊。肛门造口的外科手术可以用于解决闭锁。患有结肠和直肠闭锁的动物可能需要进行永久性的结肠造口手术。肛门和直肠闭锁在牛中被认为是可遗传的[1]。根据经验，闭锁症在绵羊中比在山羊中更常见。

如果试图通过外科手术来矫正闭锁，动物也应该在这个时候绝育，因为这种情况具有潜在遗传特性。虽然可以通过局部麻醉浸润进行矫正，但建议在矫正手术不像预期那么简单的情况下采用硬膜外麻醉。对于需要进行深度解剖以将直肠组织拉至肛门正常位置的病例，应考虑全身麻醉（见第18章）。在手术开始前，超声波可以用来定位充满粪便的直肠。偶尔位于肛门的位置可以看到皮肤上有轻微的凸起。这一发现在公羊中更为普遍。在患有闭锁的母羊中，常见通过阴道排便的直肠阴道瘘。因此，母羊的发病表现可能不会像公羊那样早。畜主或管理者可以选择让患病的母羊存活到屠宰体重时，因为外科手术矫正不容易做，并且对将进入市场的动物来说经济上不合算。此外，在更晚期的情况下进行手术矫正少有成功。一个重要的考虑是，随着时间的推移，瘘管可能不会保持足够大，难以保证正常的排便。因此，在母羊达到上市体重之前，伴随直肠的扩张，可能会发生便秘。

用于矫正手术的最佳选择是那些有上述隆起的动物，不论公母，没有直肠阴道瘘。皮肤上的这个隆起表明直肠很可能与尾部无孔的皮肤相连紧密。对于外科矫正，如果需要，则把肛门周围的区域剪短并清理干净。采用硬膜外或局部麻醉。临床医生应首先在无孔皮肤上切开一个切口，以确定直肠。当粪便可以自由排出这个切口时，可以转化为X形切口。在这种情况下，保持这个专门的肛门排出粪便。一些外科医生更倾向于做一个圆形切口，这样就不太可能一起愈合，再次阻碍排便。使用这种圆形切口，最好的方法是将直肠黏膜固定在切口皮肤的边缘，在切口周围等距的四个点处进行可吸收缝线。这些缝合线之间的空间可以通过短段连续缝合线或额外的单独缝合线来闭合。黏膜到皮肤的缝合过程对一个易于处理的病患使用适当的局部麻醉不是很困难。如果直肠进一步终止到外皮的一端，并且需要直肠后部牵引进行一些解剖，那么使用这种闭合技术是必要的。术后，动物应给予矿物油、DSS或大便软化剂。

肠粘连性肠梗阻

小肠粘连性肠梗阻是由于肠动力缺乏而引起的假梗阻。这种动物无法传输消化物，导致了类似肠套叠的症状。粘连性肠梗阻的病因通常不清楚，但常继发于全身性疾病。引起瘤胃积食的相同因素可能导致肠积滞和粘连性肠梗阻。用非甾体抗炎药治疗疼痛和炎症，用输液治疗脱水通常是有疗效的[1]。然而，如果症状持续存在，可以采用手术探查排除真正的阻塞性疾病。

腹膜炎

发病机理

腹腔腹膜感染可导致脓毒性腹膜炎。常见原因包括子宫撕裂、继发于瘤胃炎、皱胃炎或皱胃溃疡的瘤胃或皱胃破裂；瘤胃臌气时的套管针术、肠梗阻继发的肠破裂。

临床症状

腹膜炎的症状取决于潜在病因的条件和严重程度。腹部不适、腹胀、脱水、黏膜充血、沉郁和死亡都可能发生。是否发烧存在不确定性，心率和呼吸频率通常都加快，呼吸动作可能是谨慎的。动物可能早期发热，但随着病情的发展，会表现出从正常到低体温的状态。

诊断

腹部超声成像可用于定位腹腔穿刺的液体囊袋，这种穿刺术通常产生蛋白质浓度和白细胞数量增加的液体。有时在细胞学检查中观察到胞内细菌。细胞外细菌的存在不是诊断性的，因为可能发生意外的肠穿刺。腹腔液培养的抗菌药物敏感性试验指导正确的药物治疗。病原体因细菌的来源而异。典型的瘤胃细菌是革兰阴性厌氧菌。如果肠道是感染源，常见大肠杆菌和其他肠道细菌。可能需要手术探查诊断胃肠破裂。CBC的结果可能是正常的，但通常显示炎症性白细胞，严重的情况下，会出现左移衰减。

治疗

治疗包括适当的抗菌剂处方，对疼痛和内毒素血症使用非甾体抗炎药，补液纠正脱水。预后不定，特别是当发生了肠破裂时。

直肠脱

发病机理、临床症状和诊断

绵羊的直肠脱比山羊更常见。这种直肠黏膜和直肠结构（可能还有降结肠）的外翻通常与羔羊过度紧张和断尾过短有关。本病见于球虫病、沙门氏菌感染引起的腹泻，或日粮失衡；有的母绵羊或母绵羊羔阴道脱垂；公羊尿石症；以及在茂密牧草放牧（特别是像苜蓿和三叶草这样的豆类）动物中。直肠脱也可能继发于慢性咳嗽、过短断尾、使用促生长埋植剂以及极少数的狂犬病[5-11]。在绵羊羔，与长断尾（连接到尾部的尾褶）相比，短断尾（即接近身体）似乎能增加直肠脱的发生率[10,11]。因此，应该避免短断尾。无论原因如何，在直肠黏膜外翻暴露后，黏膜的刺激会导致羊只进一步的紧张，从而问题加剧。直肠脱的静脉回流可能受损，但动脉通常保持完整，并导致肿胀。

直肠脱根据直肠和远端结肠外翻的程度分级为Ⅰ～Ⅳ型。表 5-3 列出了这些分级的描述。

表 5-3　各级直肠脱肛

等级	描述	评判
Ⅰ型	肛门处出现一些小的、圆环状的黏膜下层肿胀突出；探查会发现肛门内有一个袋或穹窿	预后良好，无黏膜损伤。 修复方法：荷包缝合、碘注射、黏膜下层切除术
Ⅱ型	稍多一些的黏膜下层和黏膜肿胀，可能包含肛门中腹膜后的直肠组织；探查会发现肛门中有一个口袋	预后好，治疗迅速，无黏膜损伤。 修复方法：荷包缝合、碘注射、黏膜下层切除术、直肠切断术
Ⅲ型	完全脱垂，包括直肠和降结肠的腹膜后结构部分；探查揭示肛门内有穹窿；降结肠的受影响部分不通过肛门脱垂	随着降结肠血管损伤，预后效果下降。 修复方法：黏膜下层切除和直肠切断术是能够选择的方法
Ⅳ型	降结肠呈管状，经直肠和肛门进入肠套叠；不像以前的类型，在这种情况下，探针或手指可以插入脱垂通过肛门括约肌 5～10 cm 的距离	随着降结肠血管损伤，预后较差。 修复方法：可能需要腹部探查来确定降结肠损伤的程度

摘自 *Hooper RN*：*General surgical techniques for small ruminants*：*part* Ⅱ，*Presented at the Small Ruminants for the Mixed Animal Practitioner Western Veterinary Conference*，*Las Vegas*，*Nev*，1998.

治疗

对于饲养场的羔羊来说，纠正直肠脱可能费用昂贵，建议立即屠宰。在较有价值的动物中，非常轻微的早期病例可以通过重复使用专为人类设计的痔疮软膏和人工方法将脱垂的黏膜复位回肛门来治疗。在实践中，避免在肛门上进行缝合，因为它们往往成为感染的病灶，导致进一步的紧张。然而，如果治疗方法不能在 24 h 内缓解这个问题，那么就可能需要进行缝合，特别是对于Ⅰ型和Ⅱ型直肠脱。

在所有情况和处理方式下，建议在使用矿物油的同时限制饲喂 24～48 h。应避免使用含灰尘的饲料（精料、颗粒料、干草），因为它们可能导致咳嗽，从而加剧这种情况。在饲料中添加糖蜜和轻微湿润的干草有助于减少灰尘问题。

缝合位置很容易确定。脱垂的组织和会阴区域用温和的肥皂水清洗，用凡士林或痔膏润滑，然后放回脱垂的黏膜[5,9]。复位该组织后，临床医生将管状物（注射器套、木钉、戴手套的手指）插入直肠。将不可吸收的缝线材料（3～5 号尼龙缝线材料）缝合在肛门周围的皮肤上，在管状物体周围拧紧并系好。缝合的位置使用切割针，在 12 点钟的位置缝进缝出。在肛门上方打结可以减少缝合处的排泄物污染。临床医生应将缝合处打一个弯曲的结，以便在接下来的几天容易辨认，然后取出管状物体。缝合应该足够紧，以防止脱垂，但又应足够松，以允许粪便通过。临床医生应定期重新检查动物，如果可能的话，每隔 24 h 逐渐松解束带缝合，直到无张力为止。在一整天无张力后，可以移除缝线。如果动物继续紧张，可以使用硬膜外麻醉。凡士林和痔疮凝胶应每天涂抹在肛门上[5,9]。

直肠周围注射抗刺激剂（1 mL 或更少的鲁氏碘液），单独或与肛门束带缝合相结合，都是一种快速和廉价的治疗方法[5,6,9]。医生在肛门周围的 12、3 和 9 点钟位置处插入了一个深度为 18 号规格的针头（约为 5 cm）。应避免在 6 点钟位置，因为尿道周围肿胀会导致阻塞。

对于较严重的病例,可能需要黏膜下切除或切除相关的直肠组织[5,9]。直肠截断可以使用脱垂环或缝合技术进行。放置脱垂环是一个抢救过程。临床医生将脱垂环插入直肠,并在要切除的区域周围放置弹性带或缝合线,以使血管阻塞和组织坏死。如果使用结扎带,它应该紧固在管或环上。纤维化的发生仅仅是靠近弹性带或缝线,黏膜随后在整个区域生长[5]。狭窄、腹膜炎和脓肿是可能的并发症,但这项技术对牧场可能有用。

在脱垂组织和会阴区已进行手术准备后,可以使用硬膜外镇痛进行黏膜切除手术。临床医生在肛门括约肌远端 2～4 mm 处插入两根 9～10 cm 的脊髓针头,以 90°角相互接触,穿过整个脱垂组织[5]。

通过黏膜和肛门外侧,在脊髓针头的远侧 2～4 mm 处做一个环形切口。在脱垂的尾部远端到黏膜对应的内侧脱垂位置再做一个圆形切口。临床医生用平行于脱垂的纵向切口连接这两个切口,仔细剖开环形切口的黏膜[5]。然后用一种合适的可吸收缝合线将黏膜边缘以简单的不规则模式缝合在一起。缝合完成后,临床医生取出两根脊髓针,并在肛门括约肌处进行荷包缝合。缝合的位置和后续护理与荷包缝合技术的描述相同。与其他手术技术相比,黏膜下切除术减少了腹膜炎和狭窄的发生率,但手术费用昂贵[5]。

所有这些技术都建议使用尾部硬膜外麻醉(如 2%利多卡因,0.5 mL/45 kg 体重),以减少紧张和减轻与手术相关的镇痛[6,7]。与利多卡因相比,硬膜外甲苯噻嗪 (0.01～0.03 mg/kg,用量为 2 mL,含 2%利多卡因)缓解紧张的时间更长(4～6 h)。酒精硬膜外麻醉也可以防止长时间紧张。异丙醇或乙醇可用于脱髓鞘运动神经和感觉神经[5]。这种麻醉可以是永久性的,因此只能用在准备屠宰的动物身上。由于可能会导致部分坐骨神经功能丧失,临床医生在使用酒精前应进行局部麻醉注射试验(2%利多卡因)。如果硬膜外麻醉是有效的,并且没有发现后肢的共济失调或肌肉无力,临床医生可以将等量的利多卡因和酒精混合注射到硬膜外试验部位。酒精硬膜外麻醉可能存在的问题包括注射部位坏死、坐骨神经功能障碍以及无法排便[5]。

不管使用何种类型硬膜外麻醉,临床医生在将 2.6 cm 小针(20～21 号)插入几乎仍可活动的椎管空间,通常为 C1～C2 或 C2～C3 前,先将其夹紧、清洗和干燥。针插位置在背部中线、90°垂直皮肤,中心稍微地向后移动,然后慢慢地向前移动(见第 18 章)。

预防

管理措施应避免使动物患直肠脱垂。与绵羊羔相关的最常见原因是过短断尾[10,11]。临床医生应告知饲养员和畜主应该避免紧接尾褶的过短断尾。其他需要避免的情况包括灰尘弥漫的生活区或饲养场所(围栏、围场或谷仓)、病态(与过度肥胖的动物)以及相关的疾病——球虫病、内寄生虫、呼吸系统疾病和泌尿道结石。虽然直肠脱垂发生率的估计遗传力较低(0.14)[11],但饲养员应考虑将有直肠脱垂病史的动物,或其后代有脱垂的动物,从繁殖群中剔除。注意良好的喂养方法和监测 BCS,也将有助于预防直肠脱垂。

参考文献

[1] Francoz D, Guard C: Obstructive intestinal diseases. In Smith BP, editor: *Large animal internal medicine*, ed 4, St Louis, 2009, Mosby Elsevier, pp 866-870.

[2] Mitchell WC: Intussusception in goats, *Agri-Practice*, Dec 1983, p 1918.

[3] Smith MC, Sherman DM: *Goat medicine*, ed 2, Ames, Iowa, 2009, Wiley-Blackwell.

[4] Sherman DM: Duodenal obstruction by a phytobezoar in a goat, *J Am Vet Med Assoc* 178:139, 1981.

[5] Hooper RN: *General surgical techniques for small ruminants: part* Ⅱ, presented at the Small Ruminants for the Mixed Animal Practitioner Western Veterinary Conference, Las Vegas, Nev, 1998.

[6] Halland SK: Rectal prolapse in ruminants and horses. In Smith BP, editor: *Large animal internal medicine*, ed 4, St Louis, 2009, Mosby Elsevier, pp 891-892.

[7] Kimberling CV: *Jensen and Swift's diseases of sheep*, ed 3, Philadelphia, 1988, Lea & Febiger.

[8] Welker B, Modransky P: Rectal prolapse in food animals: Part 1: cause and conservative management, *Comp Cont Educ Pract Vet* 13:1869, 1991.

[9] Welker B, Modransky P: Rectal prolapse in food animals. Part Ⅱ: surgical options, *Comp Cont Educ Pract Vet* 14:554, 1992.

[10] Thomas DL, et al: Length of docked tail and the incidence of rectal prolapse in lambs, *J Anim Sci* 81:2725, 2003.

[11] Windels H: Factors causing rectal prolapse in feedlot lambs. *Proceedings of the 62nd Annual Sheep and Lamb Feeders Day*, 1990, University of Minnesota- St Paul, pp 10-13.

肝脏疾病

肝脓肿

牛的肝脓肿的形成通常是由牛慢性瘤胃炎所致，但这些病变在绵羊和山羊中是罕见的。它们可能发生在舍饲的绵羊羔和山羊羔以及饲喂高谷物含量饲粮的其他动物中。在绵羊羔和山羊羔中，败血症或长期脐静脉感染可导致肝脓肿的形成[1]。然而，在大多数情况下，肝脓肿是偶发的。在受影响的动物中，可能观察到体重下降、厌食症、沉郁和产量减少（如生长、产奶）。

在成年动物中，伪结核棒状杆菌是最常见的病原体。脓肿中可以培养化脓放线菌和坏死梭菌[1,2]。肝酶可能会或者不会升高。肝脏的超声诊断有助于发现脓肿，特别是如果脓肿数量多、分布广泛时。然而，目前尚无具体的治疗或控制措施。许多用于架子牛的预防措施可用于控制绵羊和山羊的脓肿。这些策略包括慢慢地将浓缩料引入饲料中，在自由采食的基础上提供长茎干草，并在饲料中添加瘤胃缓冲液（碱化剂）和抗菌剂。

妊娠毒血症和脂肪肝综合征

发病机理

在妊娠的最后 1 个月，脂肪肝与妊娠毒血症都可能会发生在母绵羊和母山羊上[3,4]。过瘦或过肥的母羊怀有单个大胎儿、双胞胎或三胞胎中最常见[1,3-5]。在妊娠后期，尤其是肥胖的母羊，腹部充满了堆积的脂肪和不断扩张的子宫。由于缺乏瘤胃空间，这些动物难以消耗足够的饲料以满足能量需求。在大多数生产管理系统中，妊娠后期一般发生在冬季月份，此时可用的牧草较少，提供的饲料质量较差。在妊娠的最后 2 个月，怀有双胞胎或三胞胎的母羊对能量的需求大大增加，因为胎儿生长所需的 70%～80%都发生在这段时间。怀有双胞胎母羊的能量需要比维持需要多 180%，怀三胞胎则需要比维持需要多 200%～250%的能量。与单胎母羊相比，妊娠双胞胎母羊的血糖维持明显更容易受到干扰而引起低血糖[4]。妊娠毒血症也与其他疾病引起的厌食症有关（如腐蹄病、OPP、CAE）或突发性刺激（如饲料或天气变化、食肉动物攻击、运输）。一段时间的厌食症或缺乏足够的能量摄入将导致负能量平衡。患病动物开始调动体内储存的脂肪并将其运输到肝脏。在肝脏中，脂肪分解成甘油和游离脂肪酸（FFAs）。FFAs 可用于三羧酸循环（Krebs 循环）中作为能量来源，但不能直接用于生成葡萄糖。厌食症动物的瘤胃底物（生产葡萄糖的前体丙酸）较少。然而，作为柠檬酸循环的一个不可缺少的组成部分——草酰乙酸，被从循环中移出并转化为葡萄糖。草酰乙酸的消耗抑制了正常柠檬酸循环的功能，从而抑制了 FFAs 的使用。随着游离脂肪酸池的增加，它们被转化为酮体或重新转化成脂蛋白。由于反刍动物不能有效地将脂蛋白从肝脏运出并运回脂肪组织，因此脂蛋白超过了肝脏处理脂肪的能力，导致大量的脂肪堆积并导致脂肪肝。由于葡萄糖生成的底物更少，更多的草酰乙酸盐从柠檬酸循环中“调拨”出来，进一步抑制了身体使用 FFAs 的能力。这种损害反过来又导致酮类的持续积累。低血糖、高酮血症、潜在的尿毒症和死亡都可能发生。

临床症状

患有脂肪肝或妊娠毒血症的动物会出现厌食症、沉郁或迟钝，行为模式发生改变，并可能在放牧时落后于群体中其他动物，或变得过度躺卧。有些动物会便秘、磨牙、呼吸带有酮类的味道，呼吸困难或尿频、有难产的症状。神经症状包括失明、打转、身体不协调、“观星状”、震颤和抽搐[6-8]。如果得不到治疗则可能导致死亡。如果胎儿宫内死亡，常见的后遗症是母体败血症、内毒素血症和死亡。

诊断

诊断基于临床症状、存在多胎和典型的临床病理表现[3]。CBC 结果可能是正常的或显示嗜酸性细胞增多、嗜中性细胞减少和淋巴细胞增多。患病动物可能出现或者不出现低血糖，但酮症酸中毒、低钙血症和低钾血症是常见的[5-8]。肝酶通常在正常范围内，但偶尔会增加。因脱水和继发性肾脏疾病引起的氮血症是常见的，可能出现致命性的尿毒症。β-羟丁酸浓度大于 7 mmol/L，这与妊娠毒血症是一致的。酮和蛋白质尿检呈阳性[3]。尿液收集是通过抓着绵羊的鼻子，或突然吓唬山羊，让其逃跑，然后停下来、蹲下、排尿。

虽然不常采用肝脏组织活检，但这可以帮助确定脂肪浸润的程度。血清蛋白类型的改变可能成为今后诊断该病的有效工具。这种综合征必须与低钙、低镁血症、脑脊髓灰质炎、脑炎、铅中毒和脑脓肿区分开来。

治疗

非常早期的病例(在出现躺卧之前)可以通过口服或静脉注射葡萄糖来治疗。需要一种平衡的加电解质的溶液,其中含钙(23%的硼葡萄糖酸钙25 mL/L)、钾(10~20 mEq/L)、5%葡萄糖[3]。在某些情况下,碳酸氢钠对于治疗酸中毒是有用的(见第3章)。必须增加能量的摄入,丙二醇可以作为葡萄糖前体使用(每12 h 15~30 mL)。也推荐瘤胃内容物转移和补充复合物维生素B(包括维生素B_{12}、生物素、烟酸和硫胺素)。

患病母羊躺卧后,必须进行积极治疗。氟尼辛葡甲胺盐(2.5 mg/kg,每日1次)似乎可以提高生存率,但应与其他疗法一起使用[3]。氟尼辛葡甲胺盐可以每天给沉郁的厌食症动物服用,似乎可以提高饲料摄入量[3]。研究人员使用重组牛促生长激素的结果显示有反应,但与对照动物相比,差异并不显著[9]。在这些情况下,对于即将分娩的患病母羊应取出胎儿。用化学方法诱导分娩(母山羊使用2.5~10 mg的前列腺素$F_{2\alpha}$或每45 kg体重使用0.75 μg的氯前列烯醇和母绵羊使用15~20 mg的地塞米松),同时对母绵羊或母山羊给予医疗上的支持(补液、B族维生素、葡萄糖),而在某些情况下,等待也是一个有用的方式。不幸的是,在分娩前,死亡胎儿的内毒素血症会进一步损害母羊的健康。因此,建议对垂死的沉郁动物立即施行剖宫产(见第8章)。对于已经处于濒死状态的动物,应提前警告其预后不良。手术期间和术后必须进行补液。

不管治疗方案如何,都应该给动物提供一种可口的、能量丰富的、易消化的饲料。在康复期,饲养员和临床医生应注意减少混杂疾病(如乳酸性酸中毒、脑脊髓灰质炎)的风险。

预防

通过适当的管理措施和提高营养可以预防脂肪肝和妊娠毒血症。全年保持动物的身体健康、确保妊娠后期的能量和蛋白质水平足够(见第2章)是两个关键的预防措施[3,6,7]。应教导畜主或管理人员评估每个动物的身体状况,避免身体状况极端化,并在恶劣天气或自然灾害发生时保持紧急饲料储备。营养过剩的母羊,应该鼓励饲养员在妊娠早期(如果有的话)确定减肥程序的限饲习惯,并避免突然的喂养变化,同时促进运动(如增加从矿物质采食位置到圈舍的行走距离)。怀单胎的母羊,可能需要1.5~2倍的能量,怀多胎的母羊,则可能需要2~3倍的能量。预防并发疾病非常重要,否则可能进一步增加能量需求或导致厌食症(如肠道寄生虫病、腐蹄病)。饲养员应注意慢慢增加日粮中的谷物比例,并确保持续供应干净的水,因为瘤胃紊乱引起的厌食症会导致妊娠毒血症。在妊娠的最后几个月,每天应向母绵羊提供0.5~1 kg谷物(玉米、燕麦、大麦或几种混合物),向母山羊可以提供0.5~1 kg的谷物。饲养员应该保持母绵羊和母山羊在妊娠期间的身体状况评分为2.5~3分(见第2章);整个妊娠期,每2~4周评估一次动物的能量摄入量。

超声波检查有助于鉴别怀有多胎。这些动物应该被单独分组,并给予相应的喂养[3]。胎儿数量的超声检测最好在配种后35~90 d内完成(见第8章)。通过适当的技术可以加强胎儿数量的检测:剪掉乳房前面的羊毛或绒毛,应用皮肤耦合剂(如酒精、油、甘油凝胶),并尽可能多的探查腹部,系统地从后腹部的一边到另一端,包括所有胎儿存在的腹部结构。

动物饲养员和临床医生应确保母羊健康,没有慢性疾病(如OPP、CAE、腐蹄病、慢性寄生虫病),并在自由采食的基础上提供优质的微量矿物质盐混合物。在饲料或矿物质混合物中添加拉沙里菌素(每日0.5~1 mg/kg)或莫能菌素(每日1 mg/kg),将促进葡萄糖前体物——丙酸的形成,提高饲料利用率。然而,莫能菌素应谨慎使用,因为已报道了其相关毒性。该药剂在完整日粮中不超过30 ppm。在饲料添加剂或矿物质混合物中加入烟酸(每头1 g/d)将有助于预防妊娠毒血症。补充拉沙里菌素、莫能菌素或烟酸应在动物分娩前2~4周开始。

也建议在母绵羊妊娠最后3个月剪毛[7]。许多绵羊生产者通常剪掉阴部周围的羊毛。如果进行全身剪毛,脂肪肝或妊娠毒血症的发生率可能会降低,有几种机制:剪掉羊毛需要更少的能量来行走和放牧。剪过毛的母羊在寒冷的天气里也会发抖,这是因为它们利用酶系统来促进高效利用FFAs作为能量底物。有些母羊倾向于在寒冷的天气里寻求庇护,这可能会减少因体温过低而造成的羔羊损失。显然,如果母羊被剪毛,饲养员应该提供足够的庇护所。

在妊娠后期，饲养员应避免搬运或移动母羊。应保持适当的食物控制措施。在以放牧为主要营养摄入形式的牧场里，应实施良好的蹄部护理计划。绵羊和山羊应该在繁殖季节前进行牙齿检查，以确保良好的齿列。牙齿不好的动物应该被淘汰。

测定血清 β-羟丁酸浓度对母羊能量水平进行评估很有用。0.8～1.6 mmol/L 的数值表明能量负平衡。饲养员应该采取措施，通过喂养质量更好、更易消化的饲料来纠正这个问题。

白肝病

白肝病是一种脂肪性肝病，仅在安哥拉山羊或安哥拉杂交山羊和绵羊中报道。它与钴类缺乏有关[10-14]。

发病机理

瘤胃微生物菌群需要钴元素来产生氰钴胺或维生素 B_{12}，而维生素 B_{12} 是甲基丙二酰辅酶 A（CoA）歧化酶的辅酶。这种酶反过来又需要通过柠檬酸循环（Krebs 循环）将丙酸盐转化为葡萄糖。钴元素缺乏会导致甲基丙二酸辅酶 A 或甲基丙二酸的积累，甲基丙二酸会转化为支链脂肪酸，在肝脏中积累。饲料中的谷物含量高，经发酵至丙酸盐，再加上缺乏或少量的钴摄入量，可能会导致这种情况。白肝病在美国尚未见报道，但是钴缺乏引起的亚健康已经被观察到。因此，这种疾病在某些情况下可能无法被发现[11-14]。

临床症状

最常见的症状出现在年轻的动物身上，包括营养不良、厌食和腹泻，绵羊可能出现光敏性。临床实验室检验结果包括红细胞贫血和低蛋白血症[1,11,14]。

诊断

血清或肝脏中维生素 B_{12} 或肝钴水平异常是诊断的基础。研究报道在干物质基础日粮条件下，白肝病山羊的肝脏钴浓度为（0.08±0.02）ppm，而对照组为（0.53±0.11）ppm[11,12]。

治疗和预防

绵羊可以口服钴（每只 1 mg/d）或注射维生素 B_{12}。这种情况通常可以通过添加高质量的微量矿物质盐来预防。然而，在钴严重缺乏或饲料中不含钴的地区，可能需要口服含钴的“药丸”，并补充含钴盐的矿物质混合物[13]。

铜中毒

发病机理

铜中毒在绵羊中比在山羊中更常见[1,6,8]。山羊似乎比绵羊排出铜的效率更高，而且山羊在对铜中毒的耐受能力上更像牛，但山羊仍然很容易受到影响[1,6,15-17]。用氧化铜颗粒治疗山羊体内寄生虫被认为是铜中毒的原因之一。毒性是由于在日粮中摄入与钼或硫酸盐相关的过量铜而在肝脏中长期积累造成的。在绵羊中，铜钼比大于 10∶1会导致过量铜的积累。绵羊和山羊中铜含量超标最常见的来源是微量矿物质混合物。临床上常表现为在慢性积累期无明显症状。急性疾病的发病与肝脏大量突然释放铜有关。应激通常使这一急性期恶化。急性释放铜和随后的高血铜浓度导致急性溶血危机，导致贫血、血红蛋白尿和急性肾功能衰竭。现有的肝脏疾病（如由肝脏意外引起的）可能使动物易患这种疾病。有些品种（如美利奴绵羊）似乎容易吸收铜和储存铜，而另一些品种（如侏儒山羊）往往更有抵抗力，容易缺乏铜（见第 2 章）。

临床症状

厌食症、沉郁、腹泻和虚弱都是铜中毒的症状。在许多情况下，发现患病动物死于溶血和黄疸；有时会出现腹痛和腹泻。葡萄酒色的尿是血红蛋白尿的证据。血红蛋白血症引起黏膜黄疸和发热。

诊断

临床病理检查结果包括贫血、血红蛋白血症、高胆红素血症、肝酶升高和氮血症。尿分析显示血红蛋白尿和等渗尿。氮血症和等渗尿一起发生意味着急性肾功能衰竭。急性疾病的最终诊断需要测定血清中铜的浓度。绵羊和山羊的正常血铜浓度为 50～200 μg/dL [18]。出现急性溶血时会增加 10～20 倍[6]。在尸检中，肾铜浓度是最能够诊断铜中毒的组织，因为肝脏的铜浓度可能经过血液循环后变回正常。一般来说，在干物质基础上，肾脏铜浓度大于 100 ppm、肝脏浓度大于 350 ppm 即可确诊。如果以湿重来计算铜的浓度，则可以通过乘以 3.5 来估计转换为干重后的浓度值。

治疗

严重患病动物的治疗往往无效。适当的管理措施包括对急性肾衰竭和贫血的维持性治疗，尝试降低肝脏存储的铜。急性肾功能衰竭的补液治疗(见第3章)具有临床疗效，如果PCV急剧下降，可能需要输血。四硫钼酸铵(1.7 mg/kg 静脉注射或3.4 mg/kg 皮下注射，每天3次交替处理)是治疗急性病例最经济的药剂。在有价值的动物中，口服*D*-青霉胺(26～50 mg/kg，每天2次或52 mg/kg，每天1次，连续6 d)增加尿铜排泄。在人类中使用曲恩汀，但在绵羊中有不同的结果。与患畜同群羊的治疗应包括口服钼酸铵(每只50～500 mg/d)和硫代硫酸钠(每只300～1 000 mg/d)3周。尽可能减少应激，饲养员和临床医生应该推迟常规的维护程序，如驱虫和修剪蹄，直到治疗后。在有条件的情况下，将钼酸铵和硫酸钠混合喷洒在含铜量低或缺铜的牧草上，以接近所需的治疗剂量，可减少每日口服化学品造成的刺激。如果可以的话，对于所有幸存的能走动的动物允许在高硫牧草地(高于0.5%的硫)自由放牧，也可以帮助减少羊群或放牧羊群的死亡损失。过分地清除过多的肝铜储存可能会导致缺乏，给动物造成过度的应激，而且代价高昂，因此应该避免。应该消除铜的有害来源。在这种情况下，应小心从日粮中去除离子载体，因为这些药剂可能有助于铜的吸收[19]。

预防

避免饲料中高铜(10 ppm以上)、高铜钼比(大于10∶1)、使用含铜的足浴盆和其他来源的铜是至关重要的。在日粮中添加钼以降低铜钼比为(6～8)∶1是有益的。在许多情况下，可能需要添加2～6 ppm的钼。

人们往往过分强调日粮中微量矿物质的组成成分。临床医生应该知道，即使微量矿物质混合物中没有添加铜，而且产品标签上没有这种元素，矿物质混合物可能仍然含有铜。许多矿物质混合物的成分都包含铜(硫酸锌可能含有400 ppm的铜，磷酸二钙可能含有30 ppm的铜)。因此临床医生需要进行日粮分析来发现并纠正问题。

中毒性肝炎

发病机理

肝脏易受有毒物质的侵害，因为它的主要功能之一是解毒。最常见具有胃肠道和肝脏毒素的植物如表5-4所示。临床症状取决于致病的毒素。急性、严重的毒性更常见于化学物品中毒，而植物毒素通常导致慢性疾病。完整的历史记录很重要，在许多情况下，有必要对动物生活环境进行检查。

表5-4 可能引起胃肠道或肝脏疾病的植物

植物	说明	症状
苍耳	在沙质土壤、泛滥平原和放牧过度的牧场上直立的一年生牧草；种子是有毒的	进食后数小时至数天内：食欲不振、呕吐、绞痛、呼吸困难、肠胃炎、慢性肝炎、肝损伤、死亡
狗舌草(缕菊)，猪屎豆，天芥菜，琴颈草(提琴颈花)，蓝蓟	生物碱；通过乳汁和尿液排出，并能穿过胎盘；幼龄动物更容易患病	迟钝、虚弱、体重减轻、黄疸、纤维化、肝细胞肥大、胆管增生、光敏化；皮下水肿、腹泻
马缨丹	在沙质、热带地区发现；浆果、树叶和干草是有毒的	慢性毒性——慢性肝功能衰竭；黄疸、光敏化、虚弱、血泻、胆汁瘀积、肝功能衰竭
堆心菊，含有苦素的植物，橡胶草	生长在过度放牧的牧场；植物的所有部分都是有毒的	急性中毒——胃肠不适、抑郁、浆液性鼻塞、流涎、腹胀；慢性毒性——呕吐、肝肾充血、胃水肿、吸入性肺炎；肺水肿
卷心菜，羽衣甘蓝，油菜，芥末，野蘑菇	避免饮食；饮食中加碘(治甲状腺肿)	胃肠炎，肝坏死，光敏化，甲状腺肿，溶血
马鬃草	停止放牧，把动物关在室内	瘙痒、不安、眼睛红肿、失明、痂血排出；肝脏退行性改变和肝酶升高
三叶草(深红色，红色，地下三叶草)		光敏化

续表 5-4

植物	说明	症状
圣约翰草	多年生草本植物；生长在路边和杂草丛生的田地里；从饮食中去掉，让动物待在阴凉处	呼吸增加、腹泻、瘙痒、皮炎、死亡
蓝绿藻	开花后有毒	呕吐、腹泻、肝功能衰竭、光敏化；尸检表现为肝肿大、胆囊周围水肿、腰椎中心细胞凋亡、坏死
美洲商陆		呕吐、痉挛、腹泻、虚弱、呼吸困难、虚脱、震颤、抽搐
棉籽	在幼龄未反刍动物中可见毒性	性能下降、抽搐、心脏毒性
大黄	含有草酸	胃肠毒性
橡树	橡子和橡树芽毒性最强	腹痛、胃肠道伪膜性炎症、血腹泻、抑郁、肾毒性
蓖麻子	种子毒性最强	胃肠刺激、血腹泻、中枢神经系统紊乱
槲寄生	浆果毒性最强	恶心、腹泻
其他潜在的致病性植物		
常春藤		
田菁属		
水仙		
接骨木莓		
大戟		
荞麦		
野胡萝卜花		
乳草属		
欧芹，猪草		

临床症状

中毒性肝炎的临床症状可能是敏感的和非特异性的。动物可能只会表现出厌食症和沉郁。黄疸多见于溶血性疾病，而不常见于肝病。光敏感性是反刍动物的一种常见临床表现，肝性脑病也可能发生。

诊断

临床病理学资料对诊断急性毒性更有帮助。随着肝细胞坏死，血清 AST 和 LDH 水平会升高，但这种变化不是肝脏特有的，因此必须排除肌肉损伤和疾病。如果血清不能及时从血块中分离出来，这些酶也会增加[1]。碱性磷酸酶(AP)和 GGT 水平升高表明胆汁淤滞。AP 浓度也不是肝特异性的，但血清中 GGT 水平的增加是肝病特异性的。在一些肝细胞疾病中，GGT 还会增加，因此检测正常浓度是很重要的[18]。不幸的是，所有这些酶的水平在肝病中可能正常，尤其是慢性肝病。以往的经验是高胆红素血症、低血糖、低血尿素氮(BUN)和低白蛋白血症并不总是很明显。如果怀疑是肝性脑病，血氨浓度可能会升高。现场血液氨分析可能是不可行的，因为血液应该放置在冰上进行操作，并且检测应该在采集后 30 min 内进行。为了提高血氨分析的准确性，临床医生应该从正常对照动物身上采集血液进行比较。氨浓度是对照动物的 3 倍作为诊断[20]。肝脏活检仍然是诊断肝病最有价值的方法。虽然肝病可能发生凝血功能障碍，但它是反刍动物的一种少见的并发症，出血的风险也不应阻止临床医生进行肝活检。

治疗

如果中毒是在急性阶段，可以给予活性炭(成年动物 500 g)。支持性护理，特别是葡萄糖溶液的支持，是主要的治疗方法。低蛋白质日粮可能会暂时抑制氨的产生，但随着时间的推移，它们可能有害，这取决于动物的生产状况。如果可能的话，表现出光敏性的动物应该被关在室内，而且可能需要广谱（全身或局部）抗生素来控制继发性细菌性皮炎。皮质类固醇（如地塞米松 0.1～1 mg/kg，静脉注射或肌肉注射）可用于早期感光过敏以减轻炎症。神经症状可以用苯巴比妥控制（初始剂量：10～20 mg/kg，在生理盐水中稀释，服用 30 min 以上；随后的剂量：1～9 mg/kg，根据需要在生理盐水中稀释，每日 3 次）。地西泮（安定）是肝性脑病的禁忌药物，因为它可能会加重患畜的精神衰弱[2]。

其他肝脏疾病

先天性高胆红素血症，或黑肝病，发生在某些突变的考力代羊上[1]。这种潜在的失调，非常类似于人类的杜宾-约翰逊综合征，是一种以结合胆红素和叶红素排泄异常为特征的隐性遗传疾病。动物疾病表现的出现，往往与食用绿色饲料有关。临床症状包括厌食症、光照性皮炎和黄疸。患病动物的肝脏活检显示，在正常的肝细胞中有暗红色到黑色的颗粒。这种综合征最初出现在大约 5 月龄的绵羊羔中[22]。

在大约 6 月龄的无角短毛绵羊羔中也有类似的情况，在人类上称为吉尔伯特综合征。这是一种隐性疾病，其特征是肝对叶红素和胆红素的摄取减少，同时发生肾功能衰竭[22]。临床症状包括黄疸、光照性皮炎、耳朵和口腔周围溃疡。肝活检显示肝组织正常。在这两种情况下，患病动物都应该远离阳光，并尽量减少绿色饲料。显然，这些动物应该被阉割或淘汰。

绵羊和山羊中已报道各种肝脏肿瘤，包括纤维肉瘤、淋巴肉瘤和胆管细胞癌[21,22]。超声造影和超声指引的肝脏活检可能有助于疾病诊断。

参考文献

[1] Fetcher A: Liver diseases of sheep and goats, *Vet Clin North Am Large Anim Pract* 5:525, 1983.

[2] Santa Rosa J, et al: A retrospective study of hepatic abscesses in goats: pathological and microbiological findings, *Br Vet J* 145:73, 1989.

[3] Zamir S, Rozov A, Gootwine E: Treatment of pregnancy toxaemia in sheep with flunixin meglumine, *Vet Rec* 165:265-266, 2009.

[4] Schlumbohm C, Harmeyer J: Twin-pregnancy increases of ewes to hypoglycaemic stress and pregnancy toxaemia, *Res Vet Sci* 84:286-299, 2007.

[5] Yarim GF, Ciftci G: Serum protein pattern in ewe with pregnancy toxemia, *Vet Res Commun* 33: 431, 2009.

[6] Smith MC, Sherman DM: *Goat medicine*, ed 2, Ames, Iowa, 2009, Wiley-Blackwell.

[7] Maas J, Pearson EG: Hepatic lipidosis. In Smith BP, editor: *Large animal internal medicine*, ed 4, St Louis, 2009, Mosby Elsevier, pp 912-916.

[8] Kimberling CV: *Jensen and Swift's Diseases of sheep*, ed 3, Philadelphia, 1988, Lea & Febiger.

[9] Scott PR, Sargison ND, Penny CD: Evaluation of recombinant bovine somatotropin in the treatment of ovine pregnancy toxaemia, *Vet J* 155: 197-199, 1998.

[10] Johnson EH, et al: Hepatic lipidosis associated with cobalt deficiency in Omani goats, *Vet Res Commun* 23:215, 1999.

[11] Black H, et al: White liver disease in goats, *N Z Vet J* 36:15-17, 1988.

[12] Kennedy S, et al: Histopathologic and ultrastructural alterations of white liver disease in sheep experimentally depleted of cobalt, *Vet Pathol* 34: 575-584, 1997.

[13] Mitchell PJ, et al: White liver disease in sheep, *Aust Vet J* 58: 181-184, 1982.

[14] Sargison ND, et al: Hepatic encephalopathy associated with cobalt defiency and white liver disease in lambs, *Vet Rec* 149: 770-772, 2001.

[15] Adam SEI, Wasfi IA, Magzoub M: Chronic copper toxicity in Nubian goats, *J Comp Pathol* 87:623-627, 1977.

[16] Belford CJ, Raven CR, Black H: Chronic copper poisoning in Angora kids, *N Z Vet J* 37: 152-154, 1989.

[17] Solaiman SG, et al: Effescts of high copper supplements on performance, health, plasma copper, and enzymes in goats, *Small Rumin Res* 41: 127-139, 2001.

[18] Kaneko JJ: *Clinical biochemistry of domestic animals*, ed 4, San Diego, 1989, Academic Press.

[19] George LW: Copper Toxicoses. In Smith BP, editor: *Large animal internal medicine*, ed 4, St Louis, 2009, Mosby Elsevier, pp 1166-1169.

[20] Roussel AJ, Whitney MS, Cole DJ: Interpreting a bovine serum chemistry profile: part I, *Vet Med* 92: 553, 1997.

[21] Divers TJ: Therapy of liver failure. In Smith BP, editor: *Large animal internal medicine*, ed 4, St Louis, 2009, Mosby Elsevier, pp 921-923.

[22] Ogilvie TH: *Large animal internal medicine*, Baltimore, 1998, Williams & Wilkins.

脐部疾病

脐疝

脐是腹侧腹壁的一个开口，连接脐血管和尿囊柄。这个开口应该在出生后几天内关闭。脐不能正常闭合被称为脐疝。

疝囊有内腹膜层和外皮肤层。脐带疝可能是遗传原因，但也可能是残余脐带感染的后遗症。腹壁的开口在触诊时类似一个环。如果临床医生可以将一根以上的手指插入疝环，或疝持续时间3～4周及以上，则需要手术干预。

填塞

夹子和带弹力的绑带对于闭合小疝（直径小于4 cm的疝）可能有用。临床医生要么使动物轻微镇静，要么用局部麻醉剂（如2%利多卡因）浸润疝周围的皮肤。使动物背着地仰卧，由一名助手扶着。任何内脏下垂进入疝囊的部位都应置入腹部。空的疝囊和皮肤应该远离体壁，以便尽可能接近体壁的位置绑上弹力带。然后，临床医生通过皮肤和疝囊插入两个金属针（可以使用老式的婴儿尿布针），刚好在离腹直肌弹力绑带远端的位置形成十字交叉，以保持弹力带立即紧靠腹直肌外鞘的位置。以这种方式填塞会导致离收缩带远端和炎症组织缺血性坏死，导致疝环附着闭合。皮肤和疝囊在距弹力带远的地方会脱落，腹部缺陷将在7～14 d内痊愈。应预防羔羊破伤风。这种方法和其他的夹紧技术对母羊和一些公羊有用。然而，一些公羊的皮肤可能出现尿灼烧。临床医生应密切监测接受夹钳的动物是否有腹部不适或伤口并发症的迹象。

手术切除

在疝环大于5 cm的情况下，可靠的结果需要进行外科手术。可以给动物注射镇静剂，然后将脐部皮肤局部麻醉或全身麻醉。疝气周围的区域剪毛，并做手术准备。临床医生在疝囊周围做椭圆形皮肤切口，向下切开腹直肌外鞘的疝环。腹腔仅打开头部（或尾部）至疝环上的白线，以便将手指引入腹腔。临床医生用这个手指触诊疝环，以确保没有脏器贴在环内壁上，也没有扩大或感染脐其余部分（脐静脉、脐动脉或脐尿管）。然后外科医生小心地切除疝环的疝囊。切除任何粘连或异常的脐带残余部分，之后修复腹壁缺损。这种闭合可以通过与腹直肌外鞘的切口相反方向的简单连续可吸收缝线来完成。对于大的疝，有张力的体壁封闭，可采用近-远-远-近缝合模式。根据个人喜好（A. N. B.），可以在切口中间使用近-远-远-近的缝合模式来缓解张力，以简单的连续缝合完成闭合。这种方法保证安全的修复与快速愈合。皮下组织应该用可吸收缝合线以简单的连续闭合，皮肤可以使用任何临床医生喜欢的模式闭合。动物应进行破伤风预防、给予抗生素。应该密切监测动物败血症和手术失败的迹象。术后应限制7～14 d的运动。

脐感染

脐动脉（脐动脉炎）、脐静脉（脐静脉炎）和泌尿系统疾病的感染可能是由于初乳抗体的被动传递失败，或部分失败和随后的败血症引起的。脐部污染物、脐部结构拉伸和断裂后的收缩，以及化学损伤（由浓碘酒）和羊膜残留可能是其他引发感染的原因[1-3]。脐部涂碘酒或氯化碘溶液是一种常见的做法。然而，大量使用这些化学物质可能会导致严重的脐带炎症。脐带的过度扭转、脐尿管近端臌胀，以及一些遗传因素都可能与开放性脐尿管相关，这也可能是大动脉炎或脐静脉炎的后遗症。

临床症状和诊断

临床症状包括脐肿胀、疼痛、偶尔排出脐带残余。触诊及经腹部超声检查将显示一个由脐头向（脐静脉）或脐尾向（脐尿管或脐动脉）上升的膨大的绳状结构。超声检查可提示脓肿或组织增厚。脐尿管未闭合与皮炎、腹部尿路烫伤和尿漏有关。如果脐尿管感染，它可能通过腹腔或皮下漏尿。这两种情况的产生都可以通过腹部触诊、球囊检查、超声评估和穿刺来鉴别[1]。CBC可能显示嗜中性细胞增多。如果同时发生败血症，就要进行血液培养。有时，可能发生内部结构的感染，而没有向外脐肿胀。采用腹部深部触诊和实时超声成像是诊断的必要条件。患有脐带感染的动物也可能表现出败血症、厌食症、沉郁、关节肿胀和发热的症状。

治疗

（1）开放性脐尿管修复。如果有明显的脐尿管未闭合，而相关组织没有发生炎症，可以每天用碘或硝酸银涂抹。然而，如果未闭合时间超过5 d，就应该通过手术关闭。在手术修复过程中，动物应全身麻醉(见第18章)。修剪肚脐周围区域的羊毛,并进行手术准备,手术前2～4 h开始使用广谱抗菌治疗。临床医生打开肚脐外侧的腹部,用手指探查形成粘连的邻近区域。识别尿路和相连的膀胱。然后切除膀胱上的尿壶附着,用双层反向(库兴)模式闭合膀胱。腹壁、皮下组织和皮肤的闭合方式如同脐疝修复中操作一样。

(2)*感染的药物和外科治疗*。有时,一些脐静脉炎-脐动脉炎可以用药物有效的治疗。可以尝试使用广谱抗菌药物(头孢噻呋,每日1次,2.2 mg/kg,或土霉素,每72 h 1次,20 mg/kg,皮下注射)进行抗生素保守治疗。然而,如果药物治疗无效,感染的脐带残留物应进行袋形缝合或切除。更推荐采用积极的手术方式切除脐带残余。与脐尿路手术一样,腹部应该在脐外侧打开。根据感染的严重程度和涉及的组织数量,临床医生可能需要对坏死组织进行剔除,可能还需要切除部分肠管[3]。

(3)*广泛感染的外科治疗*。如果脐静脉感染延及并累及肝脏,脐静脉袋形缝合是一种有效的治疗方法[2,3]。临床医生可将静脉拉至腹部切口的近头向部分,缝合至肌层和皮肤,然后关闭腹部,如脐疝修补术所述。然而,更常见的是用无菌手套或手术海绵覆盖被切开的脐静脉的末端,并将其通过刺切口拉至疝,然后可以用缝合线固定。腹部切口闭合,如疝修补术所述。这个修复方法将减少腹壁疝的发生率。只有单尼龙线、可吸收的非肠道缝合材料可以使用[3]。静脉残端应每日用消毒溶液冲洗(1%氯己定或0.1%聚乙烯吡咯烷酮碘),动物应持续使用抗生素14 d以上。静脉残端通常在1个月内关闭[3]。很少情况下,可能需要第二次手术来切除先前感染的脐静脉。

预防

通过保证摄入充足、高质量的初乳,可以预防脐带感染或大幅降低发生率。此外,绵羊羔和山羊羔应该尽量少受到应激(尤其是在出生后的2～3 d),以加强初乳吸收。在一些管理方案中,用非腐蚀性物质蘸涂肚脐也有助于降低这种感染的发生率。

参考文献

[1] Madigan JE: Omphalitis and Omphalophebitis. In Smith BP, editor: *Large animal internal medicine*, ed 4, St Louis, 2009, Mosby Elsevier, pp 321-322.

[2] Rings DM: Umbilical hernia, umbilical abscess, and auricle fistula, *Vet Clin North Am Food Anim Pract* 11: 137, 1995.

[3] Hooper RN: General surgical techniques for small ruminants: part Ⅱ. *Proceedings of the Small Ruminants for the Mixed Animal Practitioner Western Veterinary Conference*, 1998, Las Vegas, Nev.

第6章

体内寄生虫病

绵羊和山羊的体内寄生虫是影响世界大部分地区动物健康和生产的最严重的疾病。体内寄生虫是导致动物腹泻、体重减轻、贫血、生产性能差、繁殖性能差以及其他疾病的最常见原因。养殖者不进行体内寄生虫的防控，其经济损失可能是毁灭性的。体内寄生虫导致生长缓慢、羊奶和羊毛产量减少，以及生产成本的增加（如治疗的劳动力和药物成本）。缺乏足够的牧草（或牧场）抑或集约化养殖可能导致动物数量密集，这通常会导致羊群寄生虫的增加。不适当地使用驱虫药物会进一步加剧并增加羊群患寄生虫病的潜在严重性。

本章总结了生物学原理、诊断程序、治疗和预防策略防控线虫、绦虫、球虫和肝吸虫，以临床视角为重点。

线虫感染

病原学和发病机理

绵羊和山羊的胃肠道寄生线虫与牛非常相似，但由于宿主的特异性，感染的物种会有所不同（例如，牛类寄生虫不易感染绵羊和山羊，反之亦然）。主要寄生于肉用绵羊和山羊的胃肠道线虫有：捻转血矛线虫（*Haemonchus contortus*）、环纹背带线虫（*Teladorsagia circumcincta*）（原名环纹奥斯特线虫 *Ostertagia*）、毛圆线虫属（*Trichostrongylus* spp.）［主要是蛇形毛圆线虫（*Trichostrongylus colubriformis*）］、短古柏线虫（*Cooperia curticei*）和食道口线虫（*Oesophagostomum* spp.）。临床影响比较小的寄生虫有细颈线虫（*Nematodirus* spp.）、羊毛尾线虫（*Trichuris ovis*）、羊仰口线虫（*Bunostomum trigonocephalum*）和乳突类圆线虫（*Strongyloides papillosus*）。不同地区诱发疾病的特异线虫种类因地区而异，这些地区的气候通常决定了哪些病原体影响最严重，而天气决定了传播的流行病学。这些线虫大多数影响皱胃或小肠，在幼年和生长期动物中诱发最严重的临床疾病。在美国的大部分地区，从临床疾病和经济影响方面，捻转血矛线虫是最重要的线虫。虽然成年动物也受感染，但由于免疫力的作用，18 月龄以上的绵羊（和山羊，较小程度上）不常发病。高载畜率（过度拥挤）导致过度放牧，这既增加了对牧场的污染，也增加了接触性感染幼虫的概率。这种牧场的管理不善往往与营养不良（营养或蛋白质摄入量不足）同时存在；这种共同作用的结果通常会导致动物更易感染，无论什么年龄的动物[1]。

上述所有寄生线虫的生活史基本是相同的：雌虫排出虫卵经粪便传播，在有利的环境（温度和湿度）条件下孵化，释放出第 1 期幼虫。第 1 期幼虫以粪便中有机物为食，蜕皮至第 2 期幼虫，第 2 期幼虫继续进食，再蜕皮至第 3 期幼虫，成为感染性幼虫。第 3 期幼虫不进食，因为保留了第 2 期幼虫的角质层作为保护外鞘。第 1 期和第 2 期幼虫容易受到高温和干燥等不利环境条件的影响，但第 3 期幼虫受到外部角质层的保护，可以在粪便或牧场上存活较长时间（有时数月）。在干燥的环境条件下，粪球容易困住第 3 期幼虫，因为没有足够的水分帮助其从粪便中逸出。因此，干旱后雨水可能会导致牧场污染率极高，因为残留在粪便中的幼虫会被冲刷出来。无论是即刻还是延迟的，当足够的水分（雨水、洪水、露水）存在时，第 3 期幼虫便从粪便中逸出，然后放牧时被宿主摄入。在瘤胃中幼虫出鞘，沿着一定的路径感染适宜的器官，进入黏膜，蜕皮成为第 4 期幼虫。在正常发育条件下，第 4 期幼虫返回肠腔，蜕皮进入生活史的第 5 期（未成熟成虫），最终发育成具有繁殖能力的成虫，完成生活史。在对宿主外游离生存幼虫阶段的生存和发展不利的环境条件下（冬天寒冷或夏天炎热），胃肠黏膜的第 4 期幼虫会进入停止发育的状态（或低生活能力），长达 3～4 个月，之后继续发育。低生活能力与气候变化同时发生，这使得环境再次有利于宿主体外生存期寄生虫的发育和生存。

这种生活史也有例外情况。感染性第 3 期幼虫的发育过程发生于细颈线虫和绵羊毛线虫（*Trichylostrongus ovis*）的虫卵内。这些细颈线虫虫卵可以在牧场上存活很长时间（1～2 年），最终在适宜的环境条件下孵化。因此，每年只产生很少的几代，而且感染的累积是缓慢的。绵羊毛线虫虫卵不会孵出幼虫，没有体外自由生活的幼虫阶段；感染性虫卵可以在牧场、干燥土地和谷仓中存活很长一段时间（4～5 年）。细颈线虫和绵羊毛线虫通常引起轻微的临床型疾病，但其中一种细颈线虫即巴特斯细颈线虫（*N. battus*）可能对幼龄、刚断奶的羔羊造成威胁。然而，目前美国没有发现这种寄生虫。羊仰口线虫可以经口摄入或经皮肤侵入感染宿主。乳突类圆线虫的感染性幼虫可以在吃草时被摄入，但也可能隐藏于乳腺组织中，在哺乳期间通过乳汁传播给羔羊。

线虫控制的一个重要方面是喂食草料的再次感染。因此，在室内或在干燥围栏中饲养动物可使动物远离再感染源，从而中断这些寄生虫的生活史。

临床症状

每一种线虫寄生在宿主体内都会引起特定的病理变化，但感染很少是由单一寄生虫造成的，而是由许多寄生虫的混合感染造成的。大多数感染的动物不会表现出疾病的任何明显症状；然而，当感染严重到足以引起临床疾病时，症状可能包括贫血、腹泻、发育不良、体重减轻、下颌水肿、中线水肿、饲料转化率降低、产奶量减少和死亡。哪种症状占主导地位取决于哪种病原体数量最多。捻转血矛线虫感染的危害是最严重的，尤其是在炎热潮湿的热带和亚热带地区，但在许多寒冷和温带地区这也是一个问题（见第 20 章）。

诊断

胃肠道线虫感染通常通过检查粪便中的线虫卵进行诊断。虽然粪便直接涂片可以诊断，但仅仅线虫卵的存在并不能确定动物个体或动物群体的寄生虫负荷量。粪便虫卵计数（FEC）量化是估计寄生虫负荷量的最佳方法。框 6-1 和图 6-1 列出了一种定量的麦克马斯特（McMaster）技术，用于测定 FEC，以每克粪便中的虫卵数量（EPG）表示。

常见的毛圆线虫虫卵如图 6-2（另见彩插）中 A 所示。此外，所有的毛圆线虫卵看起来都很相似，无法准确地鉴定虫种。然而，知道哪些种占主导地位，对防控策略的选择具有重要意义。因此，粪便培养后幼虫分离和显微镜鉴定一直是感染动物线虫种鉴定的传统方法。然而，这种方法需要 10～14 d 的孵育时间和相当多的寄生虫学专业知识。因此，极度需要一种更快、更容易的方法。目前已经有一种可以鉴定捻转血矛线虫虫卵的这类方法[2,3]。已有研究证明花生凝集素能特异性地与捻转血矛线虫的虫卵结合，但与其他毛圆线虫卵不能结合。因此，粪便中分离的毛圆线虫卵加入标记异硫氰酸荧光素的花生凝集素，就有可能通过荧光显微镜来鉴别毛圆线虫卵。这个检测很容易操作，并且在收到样品的当天就可以得到结果。唯一限制性因素是需要荧光显微镜。因此，这项测试只能在参考实验室进行。

线虫（主要是捻转血矛线虫）引起的临床症状以贫血为主，红细胞比容（PCV）和 FAMACHA 评分都是血液丢失和相关异常的良好指标（框 6-2）。FAMACHA 卡显示 5 个颜色，从红色（健康）到白色（严重贫血），与感染动物的下眼睑内侧的颜色相匹配（图 6-3）。这个评分与 PCV 有很好的相关性，可以很容易地在现场使用（注：FAMACHA 一词来源于它的发明者的名字，Francois ‘Fafa’ Malan’s Chart 教授）。

框 6-1　线虫虫卵定量计数的改良麦克马斯特法

粪便虫卵检测方法的根据是密度差原理。寄生虫虫卵在水中沉淀，但它们会在密度比水大的各种化学溶液中漂浮，因为虫卵比漂浮液密度更轻。最经济和最容易的漂浮液是食盐。1 qt 的漂浮液可用于大约 30 次麦克马斯特法检测。

材料

复合式显微镜

天平

饱和氯化钠（食盐）溶液（如下所述准备）

50 mL 螺旋盖离心管（注：管应以 1 mL 递增标记）

压舌板

吸管（注：1 mL 注射器或滴管效果很好）

麦克马斯特虫卵计数板

纸巾

新鲜的粪便样本（检测前保存在冰箱，如下所述）

食盐，1 lb 的盒子

自来水，3 qt

饱和盐溶液的制备

在 3 qt 自来水中加热 1 lb 食盐搅拌至沸腾；然后在室温下冷却。溶液看起来混浊，一些物质会沉淀（这是意料之中的）。将溶液的透明部分倒入一种配药容器中。常温保存，不要冷藏，因为冷藏时多余的溶质会沉淀。

替代溶液的混合：添加 1/4 杯白色蔗糖至1 杯水中，获得比重大于 1.20 的溶液（注：盖上盖混合摇晃；可能需要额外的水或糖来达到特定的比重）。

注：粪便漂浮液也可直接购买，但比使用这些配方贵得多。

收集粪便样本

1. 收集未受土壤或垫草污染的新鲜粪便（注：用橡胶手套直接从直肠取出粪便。或者，如果粪便刚刚排泄，可以收集地面上的粪便）。

2. 容器上标好动物的名称或编号和收集日期。新的样品检测效果最好，但如果过渡期间冷藏样品，也能得到准确的结果。如果样品不冷藏，虫卵将于 12～24 h 内孵化。一旦孵化，就无法计数了。

麦克马斯特虫卵计数的步骤

1. 在 50 mL 离心管中称量 2 g 粪便，用盐溶液填满至 30 mL。建议购买小量程天平，以精确称重粪便，但如果没有天平，则可大约估算，将28 mL 盐溶液放入 50 mL 离心管中，加入粪便至 30 mL。

2. 倒出大约 25 mL 的盐溶液至另一个小容器中，将粪便放于管中（使用压舌板达到此目的）。

3. 浸泡几分钟，使用压舌板混合（柔软的粪便）或弄碎（粪球）。

4. 加入大约一半的盐溶液，混合均匀，尽可能地溶解剩余的粪便。

5. 加入剩余的盐溶液，将盖子旋回管子上。

6. 用力摇动试管约 1 min，使剩余的粪便尽可能均匀。

7. 管子放置几分钟，使气泡消散。

8. 用水润湿麦克马斯特腔，在纸巾上使其顶部和底部干燥。

9. 轻微摇晃管（不要摇动）左右几次，充分混匀而不产生大的气泡。

10. 使用 1 mL 注射器或滴管，立即取悬浮液样本，填满计数小室的两侧。快速操作。如果添加至第一个小室的时间超过几秒钟，那么在添加至第二个腔室前，再次混合粪便溶液，并再次充满吸管。

11. 放置 1～2 min 使虫卵漂浮于顶部。

12. 在低倍镜下（使用 10× 物镜）计数两个网格区域内的所有虫卵。聚焦在最上面一层，包含非常小的气泡（看起来像黑色的小圆圈；如果看见大量的大气泡，去除液体，并再充满）。

13. 只需计数毛圆线虫或圆线虫的虫卵（椭圆形、长度 80～90 μm）。不计数类圆线虫属虫卵（椭圆形、长度大约 50 μm）、绦虫虫卵（三角形或 D 字形）或球虫（不同大小）。发现其他种寄生虫做标记，但只计数毛圆线虫或圆线虫的虫卵。

14. 一旦充满小室，计数前放置时间不超过 60 min 不会造成任何影响。如果样品放置了更长的一段时间，就会干燥或结晶。

15. 将虫卵总数（两个小室的总数）乘以 50，确定 EPG（每克粪便所含的虫卵数）。

额外的注意事项

这是一种稀释技术，因此理论上讲，粪便与漂浮液的比值不会检测出少于每克粪便 50 个虫卵的感染（玻片可见 1 个虫卵），因此这种方法对于虫卵数量较少的样本不是很准确。然而，从临床的角度来看，低虫卵计数结果的细微差别的影响很小。

计数完成后，用流动的温水彻底冲洗麦克马斯特计数室。这样做可以保持小室的清洁，使其可以再次使用。如果粪便溶液在小室内干燥，不要长时间浸泡在肥皂水中，因为这会使小室变得混浊。如果小室脏了，在含有洗洁精的水中浸泡几分钟，然后用自来水完全冲洗干净。

这是麦克马斯特粪便虫卵计数的一种方法。许多实验室通常使用其他不同但相似的方法，因此其他地方可能会推荐稍微不同的方法。重要的是每次使用相同的操作方法。

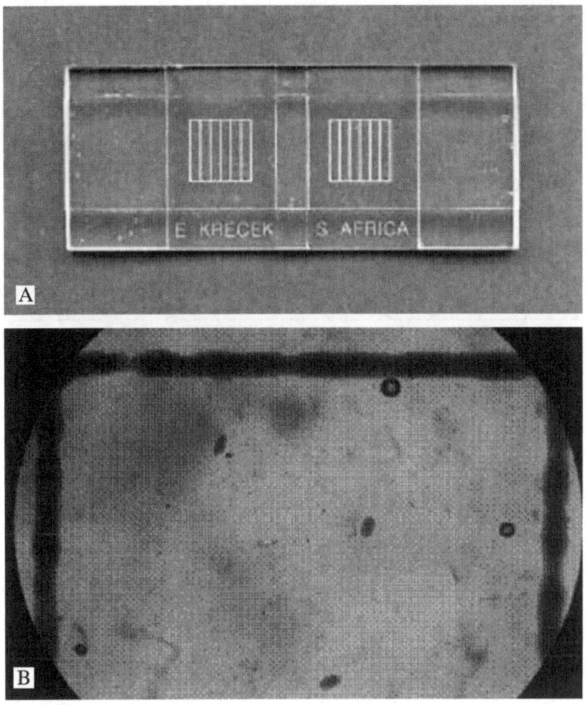

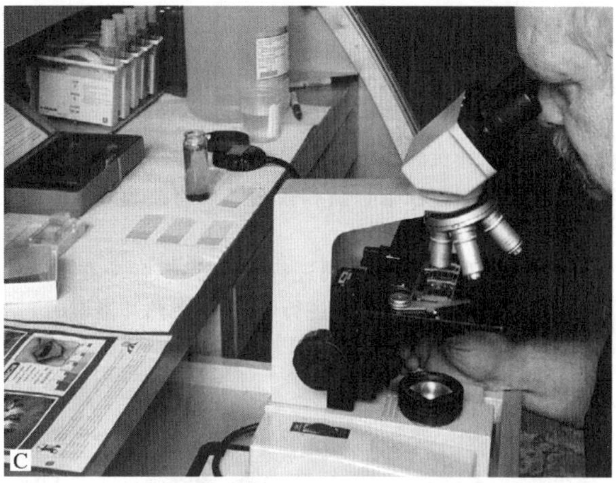

图 6-1　A. 麦克马斯特计数室，用于计数毛圆线虫虫卵的数量。B. 三个线虫虫卵位于玻片的中心位置；右边可以看见两个气泡。C. 麦克马斯特玻片在光镜下进行评估和计数。

注：在这种"农场内"的方法中，使用水置换法评估"每克粪便"，以计算虫卵数/克(EPG)。临床兽医借助手表，以确保在"网格内"计数前有足够的时间进行漂浮(B 图由 Eddy Krecek，St. Kitts，West Indies 提供)。

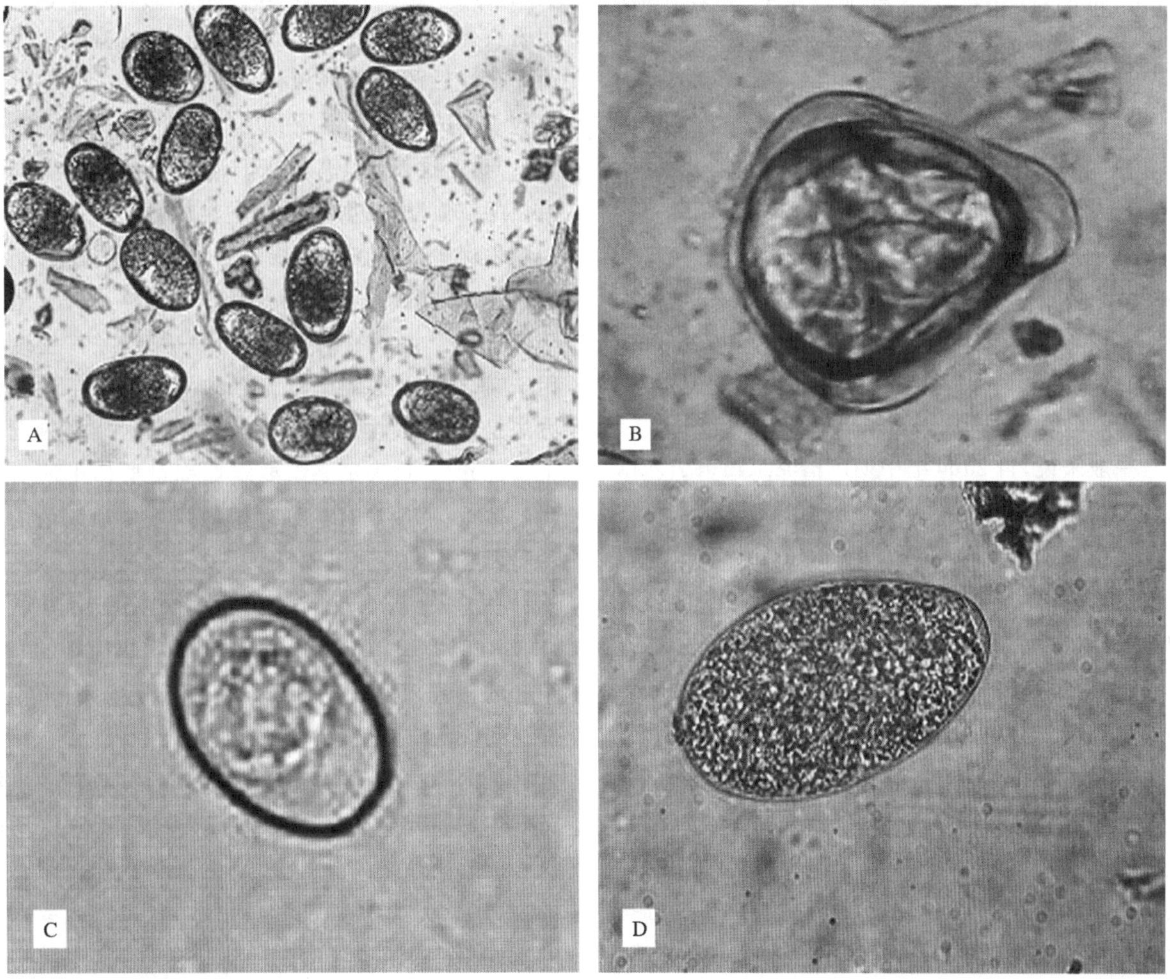

图 6-2　粪便检查可见的寄生虫诊断阶段：A. 毛圆线虫型虫卵；B. 绦虫虫卵；C. 球虫卵囊；D. 带囊盖的吸虫虫卵。

框 6-2 FAMACHA 指南

1. 确保所有使用 FAMACHA 的人员都得到了适当的培训。
2. 因为血矛线虫属是唯一 FAMACHA 监测的寄生虫，所以在需要时应注意识别和控制其他寄生虫（如粪便虫卵计数或粪便培养）。
3. 牛群或羊群应每 2～3 周进行一次检查，并应在寄生虫传播的高峰期更频繁地进行（即天气炎热和潮湿时）。
4. 仔细观察羔羊、幼山羊以及掉队的动物。
5. 识别个别动物并进行准确的记录。
6. 总的驱虫次数是羊群或牛群平均次数 3 倍的动物需要淘汰。
7. 制定合理的营养、管理和选种措施，使健康最大化，使寄生虫病最小化。

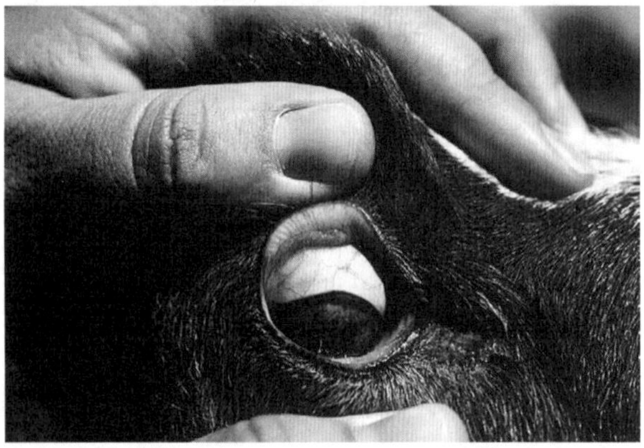

图 6-3 在 FAMACHA 评估期间，评估这只山羊眼结膜的颜色，由 1～5(1，正常的粉红色，5，非常苍白)表示。

治疗和控制程序

制定一个有效的现代蠕虫控制程序是一个动态过程，需要定期回顾和更新管理经验。首先临床兽医应全面了解病史，并对现行做法的优缺点进行分析，制定更新的控制方案。然而，在决定实施何种控制措施之前，临床兽医需要知道哪些线虫占主导地位，以及哪些驱虫药对所关注的寄生虫种有效。

一般来说，自 20 世纪中期广谱驱虫药被引入以来，控制程序一直依赖于此。然而，这些驱虫药的过度使用导致线虫种群对大部分、甚至所有可用的驱虫药产生了广泛的耐药性，从而使控制变得极其困难[5]。在过去的几十年里，传统的控制蠕虫的方法一直是清除羊群所有动物的寄生虫。大约 25% 的蠕虫种群具有耐药性之前，驱虫后少量存活的寄生虫对动物的健康或生产几乎没有明显的影响。在羊群中连续使用同一种驱虫剂（或同类驱虫剂），随着时间的推移，会导致线虫种群对特定种类的驱虫药产生耐药性。因此，对于耐药的线虫很少选择这种类型的驱虫程序。

在动物群体中线虫感染的分布不均匀；只有 30%～35% 的动物体内含有大量线虫。因此，随这些动物粪便排出的线虫卵成为牧场污染的绝大部分。因为驱虫药的抗性是遗传的，一旦存在耐药性，就不会发生易感性的逆转。因此，有必要在线虫种群中保留敏感基因，以延长有效驱虫药的使用寿命。为了达到这个目的，有必要不治疗一些动物。这就要求改变思维方式，采用靶向选择性治疗(TST)方法。现在普遍认为这种方法有助于确保形成一个敏感性线虫幼虫（来自未治疗的动物）的残遗物种保护区（refugium，一部分蠕虫种群没有使用驱虫药治疗），使其保留在牧场上，这有助于稀释治疗存活后耐药的线虫体内耐药基因。TST 已成功地应用于捻转血矛线虫为主要病原的治疗中[6,7]。通过使用 FAMACHA 系统识别需要驱虫治疗的贫血动物，因此保留下非贫血动物以提供残遗物种保护区。在其他线虫种占主导地位的地区，FAMACHA 几乎没有用处，FECs 和体况评分应用于感染最严重动物的识别。另一种已经在生产中用于确定寄生虫较严重寄生的生长期青年动物的方法是评估增重减少（寄生虫对生产性能影响的一个指标）[6]。这种策略需要定期称量群体中所有动物的体重；那些没有达到理想的体重增加阈值的动物需要隔离和驱虫。

总的来说，小反刍动物寄生虫控制南方联盟(SCSRPC)是关于 FAMACHA 和寄生虫控制的一个很好的信息资源。SCSRPC 网站（www.scsrpc.org）能找到特定链接。

靶向驱虫（strategic deworming）针对寄生虫流行病学的特定方面。线虫的传播取决于放牧期间摄入的感染性幼虫，因此牧草生长季节是控制感染的主要靶点。增加温度和可用水分（自然的或人工的）为富有营养牧草的生长提供条件，放牧动物借此生长和发育。整个放牧期间最好在特定的时间间隔(通常是2～4周,取决于问题的严重程度)建立常规的寄生虫评估体系(FEC、PCV、FAMACHA或体重增加)。TST可用于建立或维持残遗物种保护区,目的是延长驱虫药的使用寿命。不推荐将TST用于育肥或屠宰的绵羊羔或山羊羔。因为这些动物将会被转移至围栏内,后被屠宰,但是在运输前需驱除所有的寄生虫,使其处于更好的状态,没有耐药蠕虫污染牧场的危险。然而,对于作为替代品出售的绵羊羔和山羊羔(或较老的种畜),TST是适用的,以尽量减少经运输将存活的耐药蠕虫进入买方的农场。

另一个战略性方法是驱虫后转移至"安全"的牧场——该处寄生虫的污染水平很低,放牧动物再感染需要更长的时间。安全牧场包括已有3～6个月没有放牧绵羊或山羊(取决于气候)、用于干草生产的牧场、新牧场(即那些以前曾被用来种植农作物或已经停产的),以及放牧马或牛的牧场。使用安全的牧场可能是有益的,但最重要的是进行TST确保在新牧场上保持残遗物种保护区的易感性蠕虫。如果所有的动物都驱虫,那么只有具备耐药性蠕虫才会污染新牧场,这将加速正在使用的驱虫药耐药性的产生。在放牧季节,牧场通常以大约30 d为间隔轮牧,以充分利用生长牧草的营养价值。不幸的是,在适宜的温度和湿度条件下,25～30 d也是发育性幼虫很容易获得重新感染的最佳时间。因此,在放牧季节中,小于3个月的间隔轮牧牧场可能无法显著减少感染性幼虫的数量,除非是高温和低降雨量使粪便颗粒迅速干燥,这将杀死大量发育中的幼虫。在较冷月份期间,温暖气候(早冬)的轮牧通常是无效的,因为低温和保留的水分为幼虫长期存活提供了环境[8]。然而,如果虫卵或幼虫暴露于长期坚硬的冰中,远离融化的温度,那么将会杀死大多数虫卵或幼虫。

如果可行的话,牧场可耕种、焚烧和重新种植,在新的草料可供放牧时,大多数感染性幼虫死亡或数量明显减少。在土壤检测的基础上进行适当的施肥将提高牧草的产量和牲畜的总体健康水平。在炎热和潮湿的天气期间,每年利用饲料作物以及将绵羊和山羊转移至含鞣质较多的地区(如菊苣、胡枝子),都有利于减少寄生虫的数量。然而,重要的一点是,这样的牧场是相对安全的,所以对该牧场的动物使用TST是一个合理的策略。

在北部温带气候条件下,当母绵羊或母山羊被转移到干旱地区或围栏内过冬时,因为这些动物离开了牧场,在整个冬天里,策略性TST驱虫将有助于保持低的寄生虫荷虫量。在北部温带气候,滞育也很常见,大多数寄生虫在动物体内存活(令人担忧的是致病力最强的寄生虫,主要是环纹背带线虫和捻转血矛线虫),而不是在牧场上。在春天,减少滞育幼虫的出现,有助于减少围产期FEC升高和由此导致的牧场污染。为了达到这个目的,驱虫药必须有效地针对滞育幼虫。大环内酯的疗效最好,但一些苯并咪唑类可能部分有效。由于无法确定哪些动物感染的滞育幼虫数量最多,因此TST无法有效使用。所以在这种特殊的情况下(通常是在隆冬),对所有动物进行驱虫可能是合理的。然而,在放牧季节一些成年动物可能不需要治疗,而且可能也处于相对较低水平的滞育幼虫感染。因此,如果某个农场存在多重耐药性问题,明智的做法是让一些动物不接受治疗(基于之前的低水平的感染病史),春天时提供残遗物种保护区。如果母绵羊或母山羊如前所述进行驱虫,可能不需要进行春季围产期的驱虫,但需要谨慎地评估,对那些感染最严重的动物进行驱虫(使用TST)。在春季围产期,这种策略将有助于维持低水平的FEC和牧场污染。不幸的是,在温暖的温带到亚热带环境中,这种方法的效果较差,因为在冬季月份幼虫可以在牧场上存活,而且在冬天或夏天,滞育不像在牛那样是一个主要因素(如夏季的奥斯特线虫)。在这些地区,常规但减少感染间隔的监测可发现严重感染的母绵羊和母山羊,确保TST,这将有助于减少春季围产期的FEC和牧场污染。研究认为营养良好的动物也能更好地耐受寄生虫的寄生,而且在预产期期间添加一种蛋白质添加剂已被证明可以减少分娩前后排出的虫卵数量;然而,蛋白质添加剂的花费超过其效益[9]。

战术性驱虫(tactical deworming)方案用于蠕虫进入繁殖阶段之前将其从宿主体内驱除,因为繁殖阶段会污染牧场。一个战术性驱虫的例子是在长期下雨后10～14 d对动物进行驱虫,特别是在干旱之后。在牧场受到严重污染的这段时间里,蠕虫的传播会造成特别严重的后果。如果不治疗先前存在的寄生虫病,那么临床型疾病很快发生,特别是当捻转血矛线虫占主导地位时,因为第 4 期幼虫也是吸血的,因此 FECs 将不会提供那么多的参考信息。在这种情况下对所有动物进行驱虫可能是有保证的,但是如果有记录表明哪些动物是最经常性驱虫(如最易受感染的)的话,那么仅仅对这些动物进行驱虫(如 TST)可能就足够了。

在长期管理中机会性驱虫(opportunistic deworming)和抢救性驱虫(salvage deworming)的效果通常较差。很多时候,抢救性驱虫方案用于挽救严重寄生动物的生命。如果只有在动物出现寄生虫感染的严重症状(如颌下水肿、严重贫血)后才驱虫的话,动物和整个羊群的生产能力已经受到了影响。进行其他处理(如阉割、免疫接种、剪毛)时驱虫就是机会性驱虫的例子。这样虽然很方便,但不利于长期的生产力。考虑到寄生虫对小反刍动物健康和生产能力的潜在严重影响,工作应该围绕寄生虫管理规程进行,而不是相反的[10]。将其他这些管理规程与定期常规寄生虫监测规程结合起来的效果很好。

抑制性驱虫(suppressive deworming)程序需要定期使用驱虫药,通常每 2～4 周使用一次。在过去的几十年中,人们普遍长期使用这种驱虫程序,初期非常有效果。然而,值得注意的是,这种方式在劳动密集型的地区通常非常昂贵,不能发现对寄生虫具有较强免疫力的动物,并且最终(也是最重要的)成为驱虫药耐药性的主要原因。一般来说,驱虫越频繁,对驱虫药的耐药性越强。如前所述,驱虫后只有耐药的寄生虫才能自由繁殖,导致耐药性蠕虫的扩散。使用低于治疗剂量浓度的驱虫药长期滞留于组织中、或对正处于治疗和处于免疫功能不正常的动物使用驱虫药,都将进一步促进驱虫药耐药性的产生。操作中应确保剂量足够、适当给予技术和合适的驱虫药剂型[11]。动物仍然可以每隔 2～4 周进行一次驱虫,但只是为了定期监测感染情况,不应大规模开展,而应实施 TST。

就现状来看,多重耐药性是非常普遍的,且很少有新的驱虫药被开发,临床兽医应尽一切可能减少驱虫药耐药性的进一步发展,可通过自身行动以及教育农场主采取适宜的管理来加强控制程序以及驱虫药使用的重要性。应该明确之前使用的驱虫药、给药途径(如口服、皮下注射、肌肉注射、喷淋)、使用的频率和使用时间。应该保留感染评估的结果记录(如 FEC、FAMACHA、PCV)。

驱虫药的耐药性

苯并咪唑类(噻苯达唑、芬苯达唑、阿苯达唑等)属于第一类广谱驱虫药,目前已证明这类所有的药物都具有耐药性。一般来说,对一种驱虫药的耐药性会使寄生虫对这类药物的所有成员均产生耐药性,即所谓的交叉耐药性[1,9,10]。然而,在一个特定药物类别中,不同药物的效力是不同的,因此,在药效较弱的驱虫药发生耐药性后,在短期内一些更强效的驱虫药仍然有效。即使多年不使用这类药物,耐苯并咪唑类的蠕虫也不会重新对其敏感。然而,增加剂量、剂量分成两次间隔 12 h 给予以及给予前禁食的方法可以改善苯并咪唑的疗效[12]。驱虫前至少禁食 24 h 的原因是禁食后胃肠道内容物经过胃肠道的速率降低,因此驱虫药在系统中停留时间更长,与蠕虫接触的时间增加。然而,患病或虚弱的动物或怀孕晚期的母畜绝对不能禁食。

咪唑并噻唑类和四氢嘧啶(左旋咪唑、莫仑太尔和噻吩嘧啶)属于第二类广谱驱虫药。由于使用频率较低等多种原因,这类药物的耐药性不如苯并咪唑那么普遍。然而,这类药物的交叉耐药性也存在。根据一些报道,一旦出现了耐药性,如果几年内寄生虫没有接触过这类驱虫药,可能出现暂时的敏感性逆转,但长期的真正逆转尚未被证实。

大环内酯类(伊维菌素、莫西菌素以及其他药物)属于近期引进的广谱驱虫药。这类药物(尤其是伊维菌素)的耐药性现在已经普遍存在。在美国,莫西菌素已被批准用于绵羊(而非山羊),首次使用时,其对伊维菌素耐药性的地区仍是有效的[1,9,13]。然而,交叉耐药性仍然是一个问题,如果频繁使用莫西菌素,伊维菌素耐药的蠕虫迅速发展成耐莫西菌素的蠕虫。因此,莫西菌素的使用应该非常谨慎,在所有其他驱虫药都失败之前,不推荐使用其作为首选的驱虫药。不建议临床兽医将牛用注射型和喷雾型的驱虫药用于小反刍动物,因为这种做法可能会增加一些体内寄生虫耐药菌株的产生,与不恰当的药物吸收差(喷雾用途)或长期亚治疗剂量(注射用途)有关[11]。然而,山羊口服和注射用莫西菌素表现出类似的消除曲线，因此注射莫西菌素可能对山羊有用[13]。还需要进行研究揭示莫西菌素的给药途径和剂量与所有大环内酯类药物耐药性之间的关系；因此，临床兽医应该谨慎使用这种药物，以及这类的所有药物。

氨基乙腈衍生物

莫奈太尔（monepantel，Zolvix）是一类新型驱虫药的代表药物，目前正在新西兰销售[14]。这种药物何时在北美获准和使用尚不清楚，但在获得批准前，建议在其原产国谨慎地使用，避免与目前驱虫药以相同的方式产生耐药性。

一般性指导原则

如果在特定的环境中（如农场、育种场）发现对所有类型的驱虫药都产生了耐药性，那么将不同类型的两种驱虫药联合使用（如芬苯达唑-左旋咪唑、阿苯达唑-伊维菌素）可以提高药效[11,15]。在联合使用驱虫药时，临床兽医应给予动物每种药的全部治疗剂量。

绵羊和山羊代谢驱虫药的速度不同，这就要求山羊使用的剂量比绵羊的剂量高[16]。在标签外使用时，牛使用的剂量（以 mg/kg 表示）可用于绵羊，但用于山羊则需牛使用剂量的 2 倍，而具有潜在神经毒性作用的左旋咪唑，山羊的剂量仅为牛使用剂量的 1.5 倍。专为牛设计的液体驱虫药在绵羊和山羊的局部应用价值往往是有限的[11]。表 6-1 列出了批准用于绵羊和山羊的驱虫药。对于标签外的使用，当前的休药期（WDTs）可以在食品用动物残留物避免和消除数据库（FARAD）（美国化学食品安全规程的一个组成部分）查询。

目前，在寄生虫控制规程中使用驱虫药的优化建议是使用一种驱虫药直至失效，然后再更换另一种驱虫药[11]。比较频繁地更换不同类别的驱虫药可加速耐药性的产生，应尽可能地避免。如果可能的话，个体动物的驱虫（如使用 TST）的剂量应该根据体重确定，因为剂量不足也会加速耐药性的产生。

粪便虫卵计数减少试验可以测定驱虫药的效果。世界兽医寄生虫学促进协会（The World Association for the Advancement of Veterinary Parasitology，WAAVP）建议，将动物驱虫后 7～14 d 的麦克马斯特粪便虫卵计数（McMaster FEC）结果与没有驱虫的对照动物进行比较，以完成这种检测。如果设置对照组是不可能或不现实的，替代方法是比较驱虫前和驱虫后的 FECs；然而，解读可能会出错，因为 FEC 可以在短时间内发生剧烈的变化，特别是血毛线虫属。检测通常使用个体动物（农场动物的 10%，或者至少 10 只）。由于动物间 FEC 的个体差异，使用混合样本（将来自若干动物的等量粪便混合）会降低检测的准确性，因此不建议使用。如果检测是根据 WAAVP 指南进行的，那么 FEC 下降小于 95%则表明存在耐药性，并一定要更换驱虫药。如果检测比较的是用药前和用药后的粪便，尽管不能证实，但可能存在耐药性，且应该考虑更换驱虫药。FEC 减少试验应每 2～3 年进行一次，或怀疑出现耐药性时进行一次。在一些诊断实验室也可以采用体外方法来评估驱虫药的耐药性。这些测试结果非常准确，但往往费用相当昂贵。

防止驱虫药耐药性出现的最有效方法是完全不使用这些药物。临床实践中，这种方法并不现实，但最容易被忽视的管理实践之一是识别和选育抗寄生虫动物来建立羊群（见后面的“遗传选择”）[17]。选择具有抗性宿主是可能的，因为少数动物（30%～35%）会发生最严重的感染，而且这种特性已被证明是可遗传的。因此，应该考虑淘汰这些易感的动物。抢救性驱虫程序通常应该避免使用，但其可用于确定积极的选择标准。也就是说，应该保留那些很少或根本不驱虫的动物，特别是那些在严重污染牧场放牧但却表现良好的动物，而应淘汰那些需要反复驱虫的动物。正确地记录和鉴别所有动物，是选择寄生虫抗性的关键。如果认真实施，这种积极进取的方法可以产生极佳的结果；但如果管理不善，则可能造成灾难性的损失。驱虫药物的一般使用规程见框 6-3。

农场引入新动物时，需要正确执行生物安全规程以限制引入新的抗驱虫药的蠕虫。新引入的动物应隔离至少 3～4 周（最好是在容易清洁的地板上隔离，如水泥），在此期间用 2 种（最好是 3 种）不同种类的驱虫药至少驱虫 2 次。使用驱虫药的效果应依据 FEC 减少至接近于零来确认，之后才允许将这些动物与羊群一起饲养（框 6-4）。如此，任何耐药性蠕虫的污染都将最小化（见第 19 章）。

表 6-1 绵羊和山羊常用的驱虫药

药物	寄生虫	是否批准		剂量		产品剂型	肉用 WDT/d*		奶用 WDT/d	注意
		绵羊	山羊	绵羊	山羊		绵羊	山羊	山羊	
芬苯达唑	线虫	否	是	5.0 mg/kg	5.0 mg/kg	悬浮液	NE	6	NE	大角绵羊 在山羊中，推荐剂量为 10 mg/kg，但这被认为是超标签使用，需要延长 WDT*
阿苯达唑	线虫 吸虫 绦虫	是	是	7.5 mg/kg	10 mg/kg 或 15 mg/kg	悬浮液	7	7	NE	在山羊中，10 mg/kg 的剂量和 7 d 的 WDT 只被批准用于肝吸虫：15 mg/kg 用于线虫 不要在怀孕 30 d 内使用
左旋咪唑	线虫	是	否	8.0 mg/kg； 1 片/23 kg	12.0 mg/kg	可溶性浸泡粉剂 绵羊：片剂	3	NE	NE	毒副作用：治疗前流涎、躁动、肌肉挛缩 治疗前建议称重； 在炎热的天气使用这种药物要小心，因为脱水会增加毒性的风险
甲噻嘧啶	线虫	否	是	10.0 mg/kg	10.0 mg/kg	预混合饲料	NE	30	0	批准用于哺乳期奶山羊
伊维菌素（用于山羊）	线虫，节肢动物	否	是	0.2 mg/kg	0.4 mg/kg	绵羊：口服浸液	11	NE	NE	用于牛的注射剂不建议使用
莫西菌素	线虫，节肢动物	是	否	0.2 mg/kg	0.4 mg/kg	绵羊：口服浸液	7	NE	NE	在山羊中，使用 0.2 mg/kg 的牛注射剂量，严禁使用牛的喷淋制剂
癸氧喹酯	球虫	是	是	13.6 g/t	13.6 g/t	食物添加剂	0	0	NE	在绵羊和山羊中，饲料添加 0.5 mg/kg 的癸氧喹酯 在用药期间至少食用 28 d
拉沙里菌素	球虫	是	否	20～30 g/t	20～30 g/t	食物添加剂	0	NE	NE	连续给药可提供不少于 15 mg 或超过每头 70 mg/d 的拉沙里菌素
莫能菌素	球虫	否	是	20 g/t	20 g/t	食物添加剂	NE	0	NE	不间断地饲喂 不允许马或其他马种接近 含有莫能菌素的制剂，因为摄入是致命的

* NE：没有建立。这构成了标签外的使用，因此休药期（WDT）尚未确定。目前建议是可以在食品用动物残留物避免和消除（FARAD）规程网站（www.farad.org）上查询。

框 6-3　驱虫药物的一般使用规程

1. 只用于需要治疗的动物(靶向驱虫)。
2. 使用有效的驱虫药治疗。
3. 根据精确的体重确定剂量。
4. 口服给药,舌头给药(将驱虫给药器放置于口腔后部、舌头上方,以使到达瘤胃的剂量最大化)。
5. 口服给药,治疗前 24 h 减少进食量(这一策略对苯并咪唑类药物最有效,也对改善其他药物的疗效可能有一定益处。)
6. 苯并咪唑和大环内酯在 12 h 内重复给药(这将提高疗效,特别是对出现耐药性的地区)。
7. 如果耐药性是局部问题,可同时使用两种不同类型的驱虫药。

注意:重点应该是尽量减少驱虫药的使用,并尽量扩大管理方案,包括选择性驱虫药、改善放牧策略,并提高动物的整体健康。

框 6-4　体内寄生虫管理的一般生物安全规程*

1. 把所有新引进的动物放在一个安全、干燥的地方,喂养、清洗和放养这些动物,以减少任何与羊群的接触。
2. 粪便检查观察线虫虫卵。
3. 到达后 2～3 d 内,动物于同一天服用 3 种不同种类的驱虫药[注:在驱虫前,确保所有动物都已安顿好,并明显是健康的;然后给予米尔贝霉素(如莫西菌素)、苯并咪唑(如阿苯达唑)和膜去极化剂(如左旋咪唑)]。
4. 驱虫后 10～14 d 进行第二次粪便检查,以检查线虫虫卵是否存在(注:如结果为阴性,请于 5～7 d 内重新检测。如果检测到寄生虫虫卵,重复驱虫,或者不允许感染动物混入牛群或羊群)。
5. 只允许 2 次独立检测均为阴性的动物与羊群混合饲养。

* 使用的方法来源于 Southern Traxx 兽医中心临床兽医 Pugh D. G. 的临床操作规程。

辅助控制方法

营养

宿主的营养状况对寄生虫感染的危害有重要影响[18]。营养充足的动物比饮食不充足的动物更能抵御寄生虫感染。营养水平在动物的适应能力(应对感染的能力)和抵抗能力(抵抗被感染的能力)中发挥着作用。在适应力方面,接受足够营养的动物可以更有效地应对寄生虫引起的负面的生理影响。在抵抗力方面,免疫反应对蛋白质的要求较高;因此,营养不足可能导致免疫反应不足和更高的感染水平。寄生虫还会干扰宿主利用营养物质的效率,影响食欲。因此,无论一只动物饲养状况多好,感染水平加重最终会达到一个临界点,即寄生虫寄生超出宿主正常运作的能力。

肠道吸收营养物质,并将其分配至最需要的组织器官中(用于生长、繁殖、妊娠、哺乳、免疫等),一些线虫的寄生改变了正常的肠道组织健康。为了保证营养的合理利用,这种适当的平衡分配是必要的(见第 2 章)。由于蠕虫的活动导致黏膜损伤,营养的吸收受到损害,导致宿主更多地利用自身的储备。此外,寄生虫经常导致蛋白质经肠道上皮损失,这种情况被称为蛋白质丢失性肠病(protein-losing enteropathy)。如果作为免疫系统重要组成部分的蛋白质缺乏,免疫功能就会受损,因此患病动物对后续感染更加敏感。喂养不足将导致生产力下降和寄生虫病风险增加。增加日粮中的蛋白质,特别是增加瘤胃旁路能力的蛋白质种类(如鱼粉),可能会最大限度地增强抵抗力和恢复力。在体重或身体状况下降和营养需求增加时(如妊娠晚期、分娩、泌乳早期),饲料添加剂(如蛋白质、能量、矿物质、维生素)可能是最有益的,使用品质均衡日粮是最有效的。绵羊使用的大多数矿物质混合物中铜含量低或缺乏,多数还添加了钼。这些用于绵羊的矿物质混合物应避免在山羊中使用,因为这些矿物质可能使铜沉淀,造成铜的缺乏,抑制动物健康和免疫功能,并增加寄生虫病。优化动物的整体健康(通过提供足够的能量、合适的微量矿物质摄入,以及足够的草料)是控制寄生虫规程的重中之重。

混合家畜种类

大多数线虫具有宿主特异性。因此,除绵羊和山羊具有多种相同的寄生虫种类外,不同种类的家畜都有其特有的寄生线虫种类。如果牛或马和绵羊或山羊一起放牧,它们会摄入其他动物易感的寄生虫,但这些寄生虫不会感染不适宜的宿主。因此,实际上一个物种能帮助其他物种清理牧场。沿着同一路线,牛和绵羊或马和山羊可以轮流在同一牧场放牧。通过这种做法，牧场污染和再感染应该会随时间而减少。只利用绵羊和山羊的轮牧策略是无效的，甚至可能使问题加剧，因为它们都感染相同种类的寄生蠕虫。与绵羊或山羊一起饲养的美洲驼也有可能出现大量寄生虫感染的风险，因为它们也有共同的寄生蠕虫。建议仔细监测与绵羊和山羊群居和共同放牧的所有骆驼的寄生虫感染状态。

牧场轮牧

牧场轮牧主要是为放牧动物提供用于生长发育的最富营养的饲料。大部分牧草由放牧恢复至营养最丰富阶段所需要的时间大约是 30 d，所以这个轮牧间隔是很常见的。然而，这 30 d 的间隔时间与寄生虫产生大量幼虫污染草场的时间是相似的，所以这种轮牧实际上可能会导致蠕虫感染的增加。有证据表明，在热带和亚热带环境中，由于幼虫在炎热的环境下生存期较短，因此轮牧 3 个月可以有效地降低牧草的污染性。然而，这种时间间隔对于有效的饲料利用是不切实际的。在更温和的环境中，牧草的传染性可以延长至 8～12 个月，所以轮牧对控制蠕虫的作用不大。牧场长时间不放牧也可能是不现实的，除非草被割下来制成干草。一个重要的考虑是，在轮牧模式下，载畜量往往高于正常水平，这可能使问题变得更糟，粪便量增加，因此导致幼虫污染。无论选择何种轮牧方案，例行程序都建议使用 TST，以便建立残遗物种保护区。

氧化铜丝颗粒

在美国，氧化铜丝颗粒（COWP）可用于治疗牛的铜缺乏症。此外，COWP 对绵羊和山羊的皱胃蠕虫（尤其是捻转血矛线虫）具有驱虫活性，但对肠道蠕虫则没有[19,20]。绵羊对铜的毒性相当敏感，因此在绵羊中应谨慎使用 COWP，建议使用低剂量进行治疗。相比之下，山羊则不那么敏感，毒性通常不是主要问题。无论是绵羊还是山羊，剂量 0.5～2 g 对绵羊羔或山羊羔、剂量 2 g 对母绵羊或母山羊均有效。最好口服这些胶囊状药物用于 TST。也可以将其混于松散饲料或研磨加入颗粒饲料中，但应个体动物用药，用于 TST。

浓缩的含单宁牧草

浓缩的含单宁植物已被证明可以减少 FEC，有时还能减少蠕虫的数量，特别是皱胃的捻转血矛线虫。虫卵的孵化和粪便中幼虫的发育也可能受到抑制，这可通过减少流入牧场的幼虫数量而获得间接的益处。在美国，截叶胡枝子（*Lespedeza cuneata*）是一种温暖季节多年生的含浓缩单宁的豆类，可放牧或作为干草或草团喂养动物，控制捻转血矛线虫[21-23]。当使用截叶胡枝子放牧时，动物可能需要超过 4 周的时间才能适应并食用，如果是作为补饲（干草或草团），截叶胡枝子的总摄取量需要在 50%左右或更高。这种饲料似乎很有希望提供一种自然性辅助手段控制寄生虫。由于查阅了很多含有浓缩单宁的植物，其中一些是豆科植物，在管理规程中使用这些植物可以实现潜在的额外益处——即消耗高于地面的营养物质（以减少与寄生虫的接触）和增加蛋白质摄入量（以增强抵抗力和恢复力）。

基因选择

动物对蠕虫感染的先天性抵抗力具有遗传基础，通过宿主免疫系统表达。因为寄生虫的抗性是一种可遗传的特性，饲养者可以通过淘汰那些最易感染的动物并保留那些更具抗性的动物来提高整体的抗病水平。这一目标很容易实现，因为动物之间的寄生虫感染水平差别很大，多数蠕虫存在于少数的动物中。通过 FEC、PCV、FAMACHA 或类似的评估方法来发现感染严重的动物，淘汰这些动物将消除其所携带的易感基因；采用这种筛选策略的每代动物中，其抗性更强的基因会增加。识别能够产出相对抗病的后代或具有抗病动物遗传标记的种畜将会有助于加速这个过程。基因改良方法需要时间，但从长远来看是很值得的[17]。

另一种遗传方法是使用对线虫感染有相对抗性的品种。几个品种的绵羊（St. Croix、Gulf Coast Native、Katahdin、Red Maasai、Santa Ines）和山羊（East African Dwarf、Saanen）等与其他大多数品种相比，对线虫表现出一定程度的先天抗性[24-29]。然而，关于这点的一个重要顾虑是这些品种的生产率可能较低，这也限制了其作为单一品种进行饲养的可能。然而，在较少使用驱虫药方面，适当的基因选择将产生真正的益处，因此当需要时可以保留其作用。

线虫诱捕性真菌

利用真菌作为抗线虫的生物控制药物并不是一个新概念[30]。世界各地的土壤中天然地存在着诱捕线虫的真菌，它们通常以自由生活于土壤的寄生线虫为食，产生能捕获并杀死线虫的黏性环路菌丝。

为了杀死正在发育的寄生线虫幼虫，粪便中必须存在大量的真菌。这一临界水平可以通过喂食动物真菌孢子来实现，真菌孢子经过胃肠道而不发生变化，然后于粪便中萌发，在粪便中诱捕并杀死发育中的幼虫。许多种类的真菌已经被证明具有杀死线虫幼虫的能力；然而，只有一种真菌即捕食性真菌（*Duddingtonia flagrans*）的孢子具有穿过反刍动物胃肠道的能力，并且具有很强的生存能力。最终，通过杀死粪便中大量发育的幼虫，使粪便残留的幼虫很少，污染牧草的幼虫数量也会减少，从而减少寄生虫的传播[31,32]。这种方法效果良好，是一种环境安全的控制蠕虫的生物方法；然而，目前还没有任何含有这些真菌的商品化产品上市。如果这样的产品可用，该方法将成为一个寄生虫综合性控制规程的有用组成部分，但由于它不杀死动物体内的寄生虫，因此其永远不可能成为唯一的控制手段。

疫苗

抗原鉴定新技术使开发功能性疫苗成为可能。疫苗已经成功地控制了牛肺线虫和羊带绦虫[33,34]，以及由捻转血矛线虫的肠黏膜细胞中提取的抗原具有制备疫苗的潜力[35-37]。接种疫苗产生的抗体在寄生虫吸血过程中被摄入，并攻击蠕虫肠道黏膜细胞的抗原。由此造成的细胞损伤破坏了蠕虫处理营养物质的能力，不能维持正常生长和维持生命，因此蠕虫死亡。蠕虫的抗原藏匿于肠道，躲避宿主的免疫系统；因此，如果没有记忆功能，则需要多次接种才能维持足够高的抗体水平对抗感染。正在研究的重组技术，以研发一种比由蠕虫提取天然抗原更便宜的产品，但这种方法迄今为止都失败了。最近的技术已改善了天然抗原的提取，可能会出现一种有市场前景的产品[38]。

分泌产物和排泄产物一直是其他类疫苗开发的重点，这些抗原确实与宿主的免疫系统接触，以刺激抗体的产生。然而，所获得的保护力是变化的，目前不值得市场研发。

综合控制

传统的蠕虫控制依赖于放牧管理和驱虫药的使用。放牧管理方案往往不切实际，因为实施费用高以及草场上感染性幼虫的抗性强。目前，在美国，FDA 批准的用于小反刍动物的驱虫药很少，而且已经被广泛应用，并到了产生广泛耐药性的发展阶段。使用未经批准的驱虫药（即标签外使用）也导致了耐药性的产生。这个耐药性问题的演变促使上述替代策略的发展，最终替代策略可能成为可持续性蠕虫控制程序的主要组成部分。这些可用的方法中最有前景的方法是明智地使用驱虫药、COWP、截叶胡枝子和 FAMACHA。

综合控制的目标是利用多种方法组合于逻辑框架中，产生可持续的和环境安全的蠕虫控制方案。这种方法应该能够在不密集使用驱虫药的情况下，实现高效和利润化生产。基于 FAMACHA、FEC、PCV 或相似评估的数据，合适的驱虫方案和 COWP 联合用于 TST，将消除大部分的蠕虫，且截叶胡枝子放牧或补饲将有助于减少牧场的污染。因此，动物的健康和生产力将得到维持，而驱虫药的使用寿命也将延长。随着其他方法和技术（如真菌、疫苗）的出现，综合控制的方法将随着时间的推移而发展。生物安全方案应该对所有新增的羊群实施，以尽量减少引入新的或具有抗药性的寄生虫（见第 19 章）。

诊断

粪便检查

绵羊和山羊粪便检查的最重要原因是确定感染动物或种群是否寄生线虫和线虫的相对数量。框 6-1 描述了计算 FEC 的 McMaster 定量技术。一般情况下，如果存在捻转血矛线虫，粪便超过 2 000～3 000 个 EPG 则认为动物严重感染，说明需要处理。然而，临床上危及生命的疾病很少是发生于粪便少于 5 000 个 EPG 的病例的。如果捻转血矛线虫的数量不显著，粪便超过 500～1 000 EPG（如环纹背带线虫、蛇形毛圆线虫）也应予以处理，但也应考虑粪便浓度和体况等其他因素。

红细胞比容

红细胞比容（PCV）是一种有用且准确的方法，用于确定动物是否需要对吸血性线虫感染进行治疗。山羊 PCV 的正常水平要比绵羊的低一些，但两种羊的 PCV 水平都在 25%～30%。当 PCV 降至 20%或以下时，可能会开始出现贫血的征兆和临床症状（如嗜睡、厌食症）；当水平降至 15%以下时，疾病的症状会很明显；一旦 PCV 低于 10%，动物可能就会死亡，但 PCV 低至 4%的动物通常可以经输血救治。在捻转血矛线虫的荷虫量非常高的情况下，紧接着可能很快会发生大量失血和死亡。除寄生虫病外，血液丢失也可由其他原因引起，因此应用 PCV 指标时应结合其他诊断标准，不应单独应用。利用微血细胞比容离心机测定 PCV。

蠕虫的荷虫量

动物感染蠕虫的荷虫量可以通过在剖检时收集、计数和鉴定虫种来记录。往往皱胃寄生的蠕虫（捻转血矛线虫和环纹背带线虫）的致病性是最强的，因此检查的器官应该选择皱胃。剖检时，唯一一种肉眼可见的皱胃或小肠的蠕虫是捻转血矛线虫，即可见皱胃黏膜上红色或呈理发店旋转灯样的杆状蠕虫（图 6-4，另见彩插）。因此，捻转血矛线虫是唯一可以通过直接观察来计算蠕虫负荷的严重程度的一种寄生虫。由于环纹背带线虫太小，无法肉眼观察，因此可能无法检测到，只能使用显微镜检查，否则可能会造成漏诊。

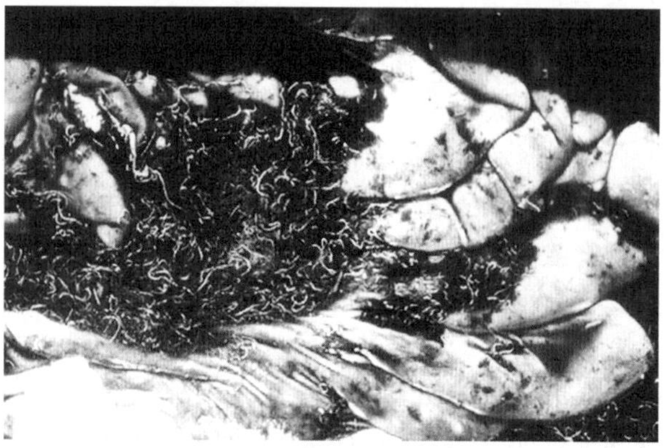

图 6-4　剖检过程中在绵羊瘤胃内发现的捻转血矛线虫。

绦虫感染

发病机理

在北美的绵羊和山羊中，最常见的绦虫属是莫尼茨属（*Moniezia*）。罕见的是，也可能发现遂体绦虫属（*Thysanosoma*），呈遂带状的绦虫，这可能是屠宰时肝脏污染造成的。

由于粪便中的莫尼茨属寄生虫是肉眼可见的，因此饲养者经常可以发现。然而，兽医通常认为这些寄生虫的存在不需要过分担忧，因为反刍动物的绦虫通常没有什么致病作用。然而，值得注意的是，当幼龄动物体内大量寄生这种蠕虫时，可能会出现以肠蠕动减弱和厌食为特征的临床综合征，更罕见的是出现肠破裂和腹膜炎。

绦虫虫卵单个地经粪便传播，或被保护于称为“节片”的蠕虫断片内，这种节片肉眼可见。绦虫的生活史由粪便排出虫卵开始。这些虫卵被作为中间寄主的土壤螨吞食。在螨虫体内，未成熟的虫体发育到具有感染性的阶段。当放牧时，绵羊或山羊吞食带有感染性虫体的螨虫完成其生活史。在小肠内，未成熟的绦虫从螨虫中被释放出来并发育成成虫。

诊断和治疗

通过发现粪便中的节片或粪便漂浮法查到虫卵可以作出推断诊断（图 6-2B）。使用阿苯达唑、芬苯达唑或吡喹酮治疗可能有效，单次或每日治疗（如芬苯达唑每日治疗，共 3～5 d）。由于中间宿主节肢动物的自由生活特性，动物在治疗后很容易再次感染，这可能会导致对治疗无效的错误判断。而且，绦虫感染可能引发疾病，但相比于动物瘤胃和小肠内的成千上万的肉眼不可见的致病性蠕虫，通常更容易将粪便中可见的绦虫节片作为疾病的病因。

囊尾蚴病

细颈囊尾蚴（*Cysticercus tenuicollis*）是犬泡状带绦虫（*Taenia hydatigena*）的幼虫期，中间宿主是绵羊和山羊。犬粪便是污染源，粪中含幼虫的虫卵被羊摄入后，卵壳被消化掉，幼虫穿透肠壁，进入肝脏。幼虫可能留在肝脏或迁移至肝脏表面、肠系膜或胃网膜的表面，附着并发育形成充满液体的囊包，称为囊尾蚴。急性疾病只发生于大量的囊尾蚴时，其特点是由肝脏损伤继发的精神沉郁和虚弱。慢性包囊期通常无症状。目前尚无治疗方法，控制也存在问题，因为需要治疗感染的犬，并防止与犬接触。

球虫感染

发病机理

球虫病是由原生动物［艾美耳属（*Eimeria*

spp.)]引起的寄生虫病，是绵羊羔和山羊羔腹泻的常见原因。绵羊和山羊具有相同种类的寄生线虫，但球虫不同，绵羊和山羊各有其独特的艾美耳属球虫。临床球虫病是由于感染后球虫无性生殖阶段破坏小肠上皮细胞造成的。有性繁殖产生卵囊，其未孢子化，必须在宿主体外进行孢子化才具有感染能力。在适宜温度和高湿度条件下，通常不到一周的时间内完成孢子生殖。孢子化卵囊能在广泛温度条件下存活，并能在有利条件下存活数年。

临床症状

1～6月龄的绵羊羔和山羊羔最容易患球虫病，而最常见于应激性条件下，如断奶、更换饲料或运输。拥挤并产生大量粪便的环境是卵囊形成和孢子化的理想场所，并且可能促进球虫的传播。在这种情况下，动物可能会接触到大量的感染性卵囊，导致腹泻。严重的情况下，腹泻的粪便可能含有血液或黏液，甚至呈水样。大多数病例会出现厌食、脱水、虚弱、被毛粗糙和减重，最终可能死亡[39]. 持续的腹泻会导致直肠脱垂。在严重的情况下，大部分肠黏膜被破坏，即使患病动物得到适当的治疗，腹泻仍可能持续数天至数周，直到黏膜痊愈。黏膜的永久性瘢痕是常见的，可能会导致慢性生长发育不良。

诊断

急性球虫病很难诊断，因为在粪便中出现卵囊之前(大约感染后2周)，临床症状和死亡就可能已经发生了(图6-2C)。如果在粪便检查中发现大量卵囊，表明疾病已达到高峰，大部分的损害已经发生。在慢性阶段，少量卵囊是典型性的。由于在临床上正常动物会经常排出少量的卵囊，含有致病性种和非致病性种的混合病原，因此很难对慢性球虫病或其他原因引起动物腹泻的粪便检查结果进行解释[40,41]. 在这种情况下，在确诊为球虫病之前兽医应该排除其他疾病。

治疗和预防

治疗具有临床症状的患病动物包括支持性治疗和给予抗球虫药物。如果大量动物出现临床症状的话，那么整个群体的所有动物都应该进行治疗。抗球虫药物的使用干扰无性繁殖，这主要有助于防止接触了感染性卵囊的动物发生感染[40]。当估计可能发生球虫病时(如施加的应激：运输、断奶、分娩等)，多种抗球虫药物被预防性使用。一旦临床症状出现后再给予抗球虫药物，其价值很小。在临床上磺胺类药物(未被批准用于控制小反刍动物球虫病的一类药)表现出治疗效果，但可能仅仅是减轻了继发性或并发性细菌引起的腹泻。表6-1列出了美国批准使用的抗球虫药物。

为了避免生长期动物中毒，剂量必须随着动物生长过程中饲料摄入量的变化进行调整。动物应至少喂满4周的抗球虫药物，使充分接触并诱发免疫反应，预防临床疾病的不利影响。幸运的是，强烈的抗球虫免疫能自然形成，而持续的低水平感染是维持这种免疫的必要条件。此外，过度应激可能使年龄较大动物的免疫受到抑制，从而诱发临床型球虫病。

因长期和不恰当地使用抗球虫药物，球虫可对药物产生耐药性[40]。因此，这类药物应该只在易感期间使用。在22 kg的微量矿化盐中加入拉沙里菌素(1 kg的6%预混料)或癸氧喹酯(1 kg的13%预混料)，将其作为产前30 d的唯一盐源，可以减少母绵羊或母山羊粪便中排出的卵囊数量。这种做法可以减少球虫的污染，从而减少绵羊羔和山羊羔的感染来源。在控制球虫感染以外的时间使用拉沙里菌素和莫能菌素的好处包括提高饲料利用率、提高生长速度和减少游离气体臌气的发生率。然而，如果在矿物质和饲料添加剂中都加入抗球虫药物，摄入不一致或减少可能导致药物剂量不足。

控制措施还包括改善管理和卫生条件。防止过度拥挤可以减少粪便和感染性卵囊的累积。此外，恰当地设计设施以防止饲料和水源的粪便污染也很重要。阳光暴晒和干燥是杀死卵囊的最有效的两种方法。减少应激和优化营养摄入是减少临床型球虫病的重要管理技术。

肝吸虫感染

肝片形吸虫(*Fasciola hepatica*)和大片形吸虫(*Fascioloides magna*)都能感染绵羊和山羊。与其他寄生虫不同，肝吸虫病的地理分布受到限制。这种分布的特殊性是由于肝吸虫需要中间宿主螺，其只生活在特定的水生和半水生环境以及土壤中。

这些寄生虫在美国的墨西哥湾、太平洋西北部和五大湖地区很常见。

发病机理

肝片形吸虫和大片形吸虫的生活史是相似的，都需要淡水螺作为中间宿主。绵羊和山羊是肝片形吸虫的终末宿主，而只有部分品种的鹿和麋鹿是肝片形吸虫的终末宿主。吸虫虫卵经粪便排出，在水中孵化，释放出幼虫阶段(毛蚴)，发现并钻入螺体内。之后，毛蚴进行无性繁殖，形态发生了多次变化。经过此过程，每一个毛蚴产生了许多尾蚴，其从螺体逸出附着于牧草上被包裹而形成感染性囊蚴。放牧时绵羊或山羊摄入囊蚴，随后在其小肠内脱囊。未成熟的吸虫穿过小肠壁进入肝脏，通过肝包膜进入实质。穿过肝脏可造成大量失血，经肝脏的迁移可造成大片的瘢痕组织(图 6-5A)。最终肝片形吸虫的成虫经肝脏迁移寄生于胆管(图 6-5B)，如果不治疗的话，成虫可以存活多年。相比之下，大片吸虫不在绵羊和山羊体内成熟，这些吸虫在肝脏中继续迁移，造成严重的损害和死亡[42]。急性肝吸虫感染的最严重并发症之一是引起黑疫(诺维氏梭状芽孢杆菌感染)，造成动物的猝死。对于这种情况，在吸虫相关疾病的高危地区必须对动物进行适宜的免疫接种。图 6-5 另见彩插。

临床症状

肝片形吸虫感染可引起急性和慢性型疾病。大量未成熟的吸虫经肝脏迁移会造成急性型疾病，特别是在对这些寄生虫免疫力有限的动物中。临床症状包括厌食、精神沉郁、虚弱、呼吸困难、贫血、腹水、疝痛样症状、粪干和突然死亡。典型的大片形吸虫感染的临床症状是类似的，但更严重，通常是致命的。胆管中寄生的成熟吸虫造成慢性肝片形吸虫病，表现为生长和产奶量下降。

诊断

临死前诊断吸虫感染是困难的。粪便中发现虫卵可以诊断肝片形吸虫。虫卵只由成虫产生，而且数量也不多，因此粪便检测结果呈阴性时也不能排除急性或慢性肝片形吸虫病。吸虫虫卵密度大，因此不能用线虫诊断的常规粪便漂浮液进行漂浮。

怀疑吸虫感染应采用沉淀技术。沉淀试验中，将 2～3 g 粪便与 50 mL 自来水混合；然后，混合物经滤茶器过滤，过滤物置于 50 mL 离心管中。过滤后的粪便样本放置几分钟，使虫卵沉淀。倒出上清液，管中加满水使沉淀物重悬。重复这个过程 2～3 次，使样品清洁，这样就便于观察虫卵。最后一次弃上清液，剩余 5～10 mL 液体，加入亚甲基蓝以染色特定的颗粒物，在立体显微镜下能很容易地在蓝色的背景下观察到黄棕色虫卵(在末端有一个卵盖)(图 6-2D)。在绵羊和山羊体内，大片形吸虫不完成整个生活史，不产生虫卵，所以粪便检查是没有意义的。

如果在粪便中没有发现吸虫虫卵，但感染吸虫的动物可能出现嗜酸性细胞增多、贫血、肝酶浓度升高和低蛋白血症。这通常需要在剖检或屠宰中才能发现成熟或不成熟的吸虫。

治疗

如果经粪便检查或剖检确诊为肝片形吸虫感

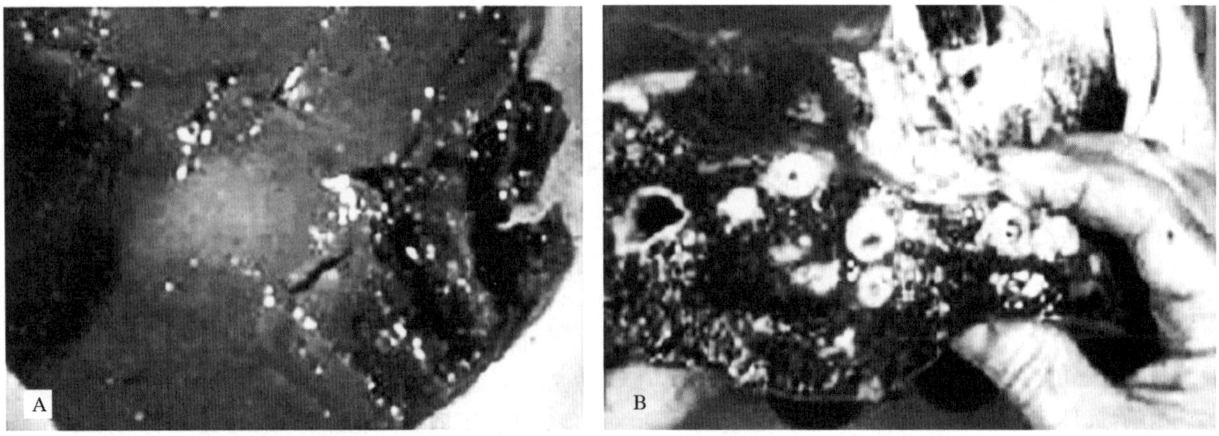

图 6-5　绵羊剖检过程中，肝吸虫感染。A. 纤维化斑痕和坏死性窦道。B. 胆管增生的切面，由胆管内挤压的吸虫(箭头)(来源：Dr. John Malone，Louisiana State University.)。

染，所有动物都应接受治疗。因为在美国能够使用的驱虫药只对成虫有效，因此治疗的时机很重要。在北美的南部地区，螺全年都存在，传播发生于螺开始活动的冬末和春季。在春末夏季，吸虫迁徙和成熟。因此，在美国南部，通常建议在夏末或初秋进行治疗。在较冷的北方，这种传播在春天晚些时候才开始，可能会持续至夏天，所以这种吸虫在秋天和冬天成熟。因此建议在深秋或冬季进行治疗。

驱除幼虫和成虫的最有效的驱虫药物是克洛索隆（clorsulon，美国没有这种药）。伊维菌素产品含有杀成虫剂量的克洛索隆，但未被批准用于绵羊或山羊。阿苯达唑可杀灭部分肝片形吸虫的成虫，但只批准用于绵羊的蠕虫控制（7.5 mg/kg）。更高剂量（10 mg/kg）的阿苯达唑被批准用于山羊的肝片形吸虫治疗。阿苯达唑和克洛索隆-伊维菌素合剂对于控制大片形吸虫是有效的，但不幸的是，这都不是100%有效的，而且只对少数吸虫是致命的。

预防

控制吸虫感染是困难的，但减少接触是成功的关键之一。在恰当的时机对动物进行治疗不仅能立即产生效果，而且当牧场上存在螺时，还能通过减少虫卵的散播，进而降低后续几年的感染。消灭螺是不现实的，但是在低洼潮湿地区用栅栏饲养动物可能会减少接触。根据当地的吸虫情况，在感染高峰期，应该尽量避免在高危地区放牧动物（如有水或水流经过的放牧牧场、溪流和灌溉沟渠）。

肺线虫感染

发病机理

在已知的引起绵羊和山羊支气管炎的寄生虫中，丝状网尾线虫（*Dictyocaulus filaria*）致病力最强，毛样缪勒线虫（*Muellerius capillaris*）最常见、致病性最低，而红色原圆线虫（*Protostrongylus rufescens*）是中等致病力。丝状网尾线虫的生活史是直接型的，而毛样缪勒线虫和红色原圆线虫的生活史都需要螺或蛞蝓作为中间宿主。在北美，丝状网尾线虫在一年中较冷的月份（秋季和冬季）进行传播，而毛样缪勒线虫和红色原圆线虫的传播发生在有螺或蛞蝓时，通常是春季或夏季。越冬存活的受感染螺和蛞蝓能从当年到翌年携带传播病原[43]。

丝状网尾线虫通常感染2～18月龄的绵羊。受感染的动物通常表现为慢性发热、咳嗽、鼻分泌物增多、呼吸急促、厌食和体重减轻。用抗生素治疗无效。剖检时，通常可见支气管内的蠕虫，尤其是膈叶（图6-6）。肺水肿、肺气肿、肺不张和含脓液的肺小叶也可能很明显。由丝状网尾线虫（和其他肺蠕虫）感染造成的损害可使动物易受继发性细菌和病毒的感染，并降低总体健康水平（图6-6，A和B，另见彩插）。

虽然在北美很少报道丝状网尾线虫的感染，但在绵羊会引起严重的疾病[44]。除了粪便中的幼虫，在鼻腔分泌物中也可能发现幼虫。成虫寄生于细

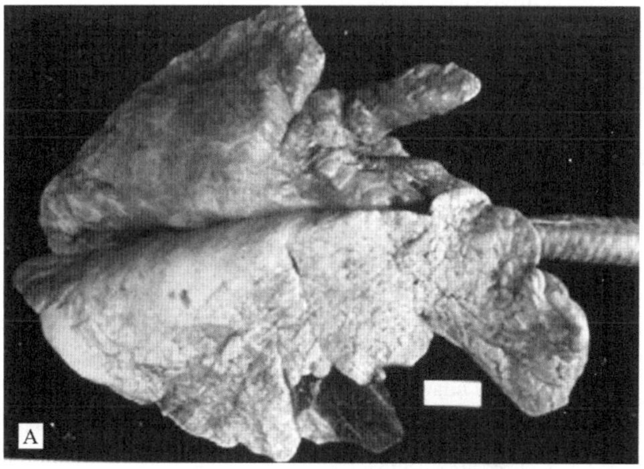

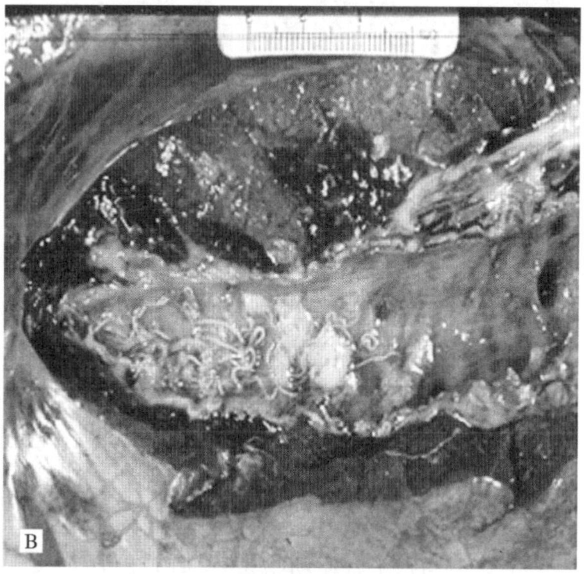

图6-6 绵羊肺内感染的丝状网尾线虫。膈叶的肺不张很明显（A），气管内可见蠕虫（B）。

支气管内，临床症状包括腹泻、体重减轻、黏液脓性鼻腔分泌物、呼吸急促和呼吸音增粗。

感染毛样缪勒线虫的动物很少出现临床症状。在感染动物的剖检中，可见肺脏尾叶内灰绿色的胸膜下肉芽肿。山羊患有广泛性的间质性肺炎，而无结节病灶[45,46]。

诊断

感染是通过应用一种简单的贝尔曼氏技术(Baermann technique)处理新鲜粪便（首选直肠采集）并观察到第1期幼虫（很容易区分虫种）来诊断的。由于幼虫数量可能很少，使用粗棉布或其他多孔材料（如化学湿巾）包裹大量的粪便（10 g左右），并用温水（敷药棒）悬浮于塑料酒杯内过夜。温暖的水促进幼虫活动和从粪便中逸出，沉积至锥形瓶的底部。清除粪球，倒出上清液后，用移液管吸取剩余的少量水，置于显微镜载玻片上；在显微镜下可鉴别幼虫。丝状网尾线虫幼虫的尾巴是直的（图6-7），而毛样缪勒线虫和红色原圆线虫幼虫的尾巴是卷曲的。

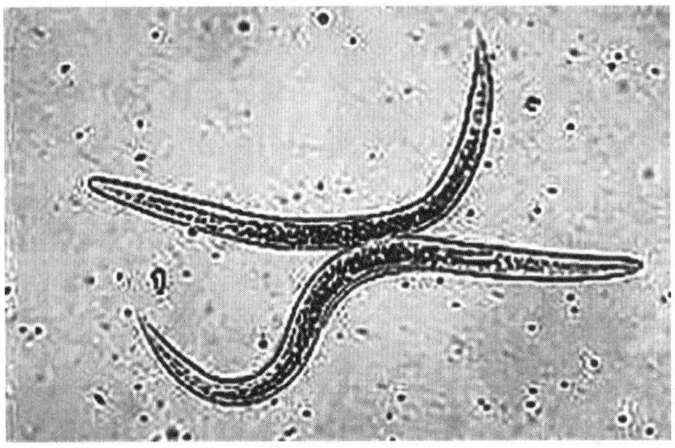

图 6-7 采用贝尔曼氏技术收集的肺线虫第1期幼虫。

治疗

治疗药物使用伊维菌素(200 μg/kg)、芬苯达唑(7.5 mg/kg)或者阿苯达唑(10 mg/kg)。顽固性毛样缪勒线虫的病例可能需要更大剂量的芬苯达唑(15 mg/kg，间隔35 d；30 mg/kg，间隔30 d)或伊维菌素(300μg/kg)，因为在低剂量或单次治疗时未成熟的毛样缪勒线虫仍可能存活。

预防

消除中间宿主软体动物是有助的，但很难实现（见第7章）。

参考文献

[1] Pugh DG, Mobini SM, Hilton CD: Control programs for gastrointestinal nematodes in sheep and goats, *Comp Cont Educ Pract Vet* 20:S112, 1998.

[2] Palmer DG, McCombe IL: Lectin staining of trichostrongylid nematode eggs of sheep: rapid identification of Haemonchus contortus eggs with peanut lectin, *Int J Parasitol* 26:447-450, 1996.

[3] Jurasek ME, et al: Modification and further evaluation of a fluorescein-labeled peanut agglutinin test for identification of Haemonchus contortus eggs, *Vet Parasitol* 169:209-213, 2010.

[4] Kaplan RM, et al: Validation of the FAMACHA8 eye color chart for detecting clinical anemia on sheep and goat farms in the south- ern United States, *Vet Parasitol* 123:105-120, 2004.

[5] Howell SB, et al: Prevalence of anthelmintic resistance on sheep and goat farms in the southeastern United States, *J Am Vet Med Assoc* 233: 1913-1919, 2008.

[6] Van Wyk JA, et al: Targeted selective treatment for worm management-how do we sell rational programs to farmers? *Vet Parasitol* 139:336-346, 2006.

[7] Kenyon F, et al: The role of targeted selective treatments in the development of refugia-based approaches to the control of gastrointestinal nematodes of small ruminants, *Vet Parasitol* 164:3-11, 2009.

[8] Donaldson J: The effects of dietary protein on establishment and maturation of nematode populations in adult sheep. In Barrel GK, editor: *Sustainable control of internal parasites in ruminants*, Canterbury, New Zealand, 1997, Lincoln University.

[9] Pugh DG, Navarre CB: Parasite control programs in sheep and goats, *Vet Clin North Am Food Anim Pract* 17:231-244, 2001.

[10] Kaplan RM: Anthelmintic treatment in the era of resistance. In Anderson DE, Rings M, editors: *Current veterinary therapy: food animal practice*, ed 5, St Louis, 2009, Saunders, pp 470-478.

[11] Craig TM: Epidemiology of internal parasites: effects of climate and host reproductive cycles on parasite survival, *Proceedings of the Small Ruminant Mixed Animal Practitioner Western Veterinary Conference*, 1998, Las Vegas, Nev.

[12] Hennessy DR: Modifying the formulation or

delivery mechanism to increase the activity of anthelmintic compounds, *Vet Parasitol* 72: 367-390, 1997.

[13] Escudero E, et al: Pharmacokinetics of moxidectin and doramec-tin in goats, *Res Vet Sci* 67: 177-181, 1999.

[14] Kaminski R, et al: A new class of anthelmintis effective against drug-resistant nematodes, *Nature* 452, 2008: U176-U119.

[15] Miller DK, Craig TM: Use of anthelmintic combinations against multiple resistant *Haemonchus contortus* in Angora goats, *Small Rumin Res* 19:281-283, 1996.

[16] Hennessy D: The disposition of antiparasitic drugs in relation to the development of resistance by parasites of livestock, *Acta Trop* 56:125-141, 1994.

[17] Hunt PW, McEwan JC, Miller JE: Future pers-pectives for the implementation of genetic markers for parasite resistance in sheep, *Trop Biomed* 25:18-33, 2008.

[18] Coop R, Kyriazakis I: Influence of host nutrition on the development and consequences of nematode parasitism in ruminants, *Trends Parasitol* 17: 325-330, 2001.

[19] Burke JM, et al: Dose of copper oxide wire particles (COWP) and feed supplement level influences *Haemonchus contortus* infection in lambs, *Vet Parasitol* 123:235-243, 2004.

[20] Burke JM, et al: Use of copper oxide wire particles to control gastrointestinal nematodes in goats, *J Anim Sci* 85:2753-2761, 2007.

[21] Min BR, et al: The effect of grazing forage containing condensed tannins on gastro-intestinal parasite infection and milk composition in Angora does, *Vet Parasitol* 130:105-113, 2005.

[22] Lange KC, et al: Effect of sericea lespedeza, fed as hay, on natural and experimental *Haemonchus contortus* infections in lambs, *Vet Parasitol* 141:273-278, 2006.

[23] Terrill TH, et al: Effect of pelleting on efficacy of sericea lespedeza hay as a natural dewormer in goats, *Vet Parasitol* 146:117-122,2007.

[24] Preston JM, Allonby EW: The influence of breed on the susceptibility of sheep and goats to a single experimental infection with *Haemonchus contortus*, *Vet Rec* 103:509-512, 1978.

[25] Courtney CH, et al: Resistance of nonlambing exotic and domes- tic ewes to naturally acquired gastrointestinal nematodes, *Int J Parasitol* 15: 239-243, 1985.

[26] Mugambi JM, et al: Response of Dorper and red Maasai lambs to trickle *Haemonchus contortus* infections, Res Vet Sci 61:218-221, 1996.

[27] Miller JE, et al: Epidemiology of gastrointestinal nematode parasitism in Suffolk and Gulf Coast Native sheep with special emphasis on relative susceptibility to *Haemonchus contortus infection*, *Vet Parasitol* 74:55-74, 1998.

[28] Baker RL, et al: Resistance of Galla and Small East African goats in the subhumid tropics to gastroin-testinal nematode infections and the periparturient rise in faecal egg counts, *Vet Parasitol* 79: 53-64, 1998.

[29] Amarante AF, et al: Resistance of Santa Ines, Suffolk and Ile de France sheep to naturally acquired gastrointestinal nematode infections, *Vet Parasitol* 120:91-106, 2004.

[30] Larsen M, et al: Biological control of gastro-intestinal nematodes-facts, future, or fiction? *Vet Parasitol* 72:479-485, 1997.

[31] Chandrawathani P, et al: Biological control of nematode parasites of small ruminants in Malaysia using the nematophagous fungus *Duddingtonia flagrans*, *Vet Parasitol* 117:173-183, 2003.

[32] Fontenot ME, et al: Efficiency of feeding *Duddingtonia flagrans* chlamydospores to grazing ewes on reducing availability of parasitic nematode larvae on pasture, *Vet Parasitol* 118:203-213, 2004.

[33] Bain RK, Urquhart GM: Parenteral vaccination of calves against the cattle lungworm, *Dictyocaulus viviparus*, *Res Vet Sci* 45:270-271, 1988.

[34] Lightowlers MW: Cestode vaccines: origins, current status and future prospects, *Parasitol* 133 (Suppl): S27-S42, 2006.

[35] Kabagambe EK, et al: Attempts to control haemonchosis in grazing ewes by vaccination with gut membrane proteins of the parasite, *Vet Parasitol* 92:15-23, 2000.

[36] Smith WD, van Wyk JA, van Strijp MF: Preliminary observations on the potential of gut membrane proteins of *Haemonchus contortus* as candidate vaccine antigens in sheep on naturally infected pasture, *Vet Parasitol* 98:285-297, 2001.

[37] Olcott DD, et al: Effect of vaccination of goats with H-gal-GP and H11 antigens from intestinal membrane cells of *Haemonchus contortus*, *Proceedings of the 21st International Conference of the World Association for the Advancement of Veterinary*

Parasitology, August 19-23, 2007: Ghent, Belgium.

[38] Smith WD, Taylor S: Twists and turns en route to a vaccine for *Haemonchus contortus*, *Proceedings of the 22nd International Conference of the World Association for the Advancement of Veterinary Parasitology*, August 8-13, 2009: Calgary, Canada.

[39] Foreyt WJ: Coccidiosis and cryptosporidiosis in sheep and goats, *Vet Clin North Am Food Anim Pract* 6: 655, 1990.

[40] Craig TM: Coccidiosis in small ruminants, *Proceedings of the Small Ruminant Mixed Animal Practitioner Western Veterinary Conference*, 1998b: Las Vegas, Nev.

[41] Smith MC: Parasitic diseases of goats, *Proceedings of the 1996 Symposium on Health and Disease of Small Ruminants*, 1996: Nashville, Tenn.

[42] Westcott RB, Foreyt WJ: Epidemiology and control of trematodes in small ruminants, *Vet Clin North Am Food Anim Pract* 17:373, 1986.

[43] Helle O: The efficacy of fenbendazole and albendazole against the lungworm *Muellerius capillaris in goats*, *Vet Parasitol* 22:293, 1986.

[44] Mansfield LS, et al: Lungworm infection in a sheep flock in Maryland, *J Am Vet Med Assoc* 202: 601-606, 1993.

[45] Nimmo JS: Case report: six cases of verminous pneumonia (*Muellerius* sp.) in goats, *Can Vet J* 21: 49, 1979.

[46] Kanwar NS, Paliwal OP, Ram K: Verminous pneumonia in goats, *J Vet Parasitol* 12:139, 1998.

[47] McCraw BM, Mensies PI: Treatment of goats infected with the lungworm *Muellerius capillaris*, *Can Vet J* 27:287, 1986.

第7章

呼吸系统疾病

解剖学

在临床上，小反刍动物的上呼吸道重要结构包括额窦和上颌窦、咽、喉和气管。鼻咽是呼吸的主要途径，但在解剖学上是可以用口呼吸的，一些正常情况下可能发生“喘”，如高温。喉的结构与其他种属的相似，在杓状软骨的尾端和腹侧有小V形的声带[1,2]。咽后淋巴结位于咽部后方，肿大或脓肿时可压迫喉部或气管。气管沿着颈部的腹侧面由喉部向下延伸至胸腔的支气管分叉处。它是由膜壁连接而成的不完整气管环构成的。一般小反刍动物的气管直径比想象的要小，而且在胸廓入口改变：山羊的气管变窄，而绵羊的气管变粗[2]。

在胸腔，气管分叉成两个主要的支气管。分叉处的头侧有一个单独的支气管分叉进入右侧头侧肺叶。肺脏的主要分区包括左、右头叶，每个头叶包含头侧和尾侧；右侧中（心）叶；右侧副叶；左右侧尾叶（膈叶）。扩张时，纵隔淋巴结和胸腺可压迫胸部气管或肺脏，或使胸部气管或肺脏移位。尾部肺脏的界限是腹侧至第6肋、胸中部外侧至第7肋，背侧至第11肋。肋间血管和神经沿每根肋骨向尾部延伸，在胸腔穿刺或活检过程中应注意避开这些结构[2]。

生理学

呼吸系统使肺静脉血液再充氧，并清除细胞呼吸产生的二氧化碳。有效的呼吸需要肺泡通气和气体经呼吸膜的扩散；总之，这两个过程可通过通气-灌注比进行定量，其在疾病期间可能发生变化。肺泡通气是通过末端细支气管的气体运动而发生的，除了呼吸频率，还取决于吸气潮气量和呼气功能残气量。解剖死腔（如鼻腔、咽喉、气管、支气管）不参与肺泡通气。一旦进入肺泡，呼吸道的气体必须在肺脏和毛细血管之间扩散。细胞膜间的气体运动受气体扩散系数、肺泡隔的厚度和可扩散表面积的影响。由于二氧化碳比氧气更容易扩散，而且二氧化碳是呼吸的直接刺激物，因此发生缺氧可能不伴随呼吸频率的显著升高。肺泡隔厚度可因水肿和纤维化而增加。表面积可以因实变和肺气肿而减少，也可以通过增加生理性死腔或通气肺泡的血液分流而引起的通气-灌注比改变而减少[3]。

肺脏内存在显著的先天性免疫防御。打喷嚏和咳嗽反射迫使大颗粒和刺激物由上呼吸道排出。鼻毛和鼻甲上的空气湍流能过滤掉小至6 μm的悬浮粒子。重力沉淀能过滤小的细支气管内更小的粒子（1～5 μm）。黏膜纤毛的清除作用有效地将被捕获的颗粒转移至咽部，在咽部被吞咽或咳出。这个系统是由分泌黏液的杯状细胞和纤毛上皮细胞构成，这些细胞排列在鼻腔至细支气管末梢的这段呼吸道内。一旦进入肺泡，大于0.5 μm的颗粒会靠近肺泡壁，被肺泡巨噬细胞或肺淋巴系统清除。小于0.5 μm的颗粒仍悬浮，将会被呼出，而对机体不会造成影响[4]。

诊断方法

体格检查和听诊

小反刍动物发生呼吸道异常的诊断评估中，最重要的组成部分是完整和客观的体格检查。没有一个完整的体格检查，可能会忽略重要的原发性或继发性生理问题，也可能诊断失败或无法获得最终的诊断。

体格检查应该按照系统的方式进行，并且必须包括呼吸系统的所有方面。在保定动物之前，临床兽医应该花几分钟的时间从远处观察它的姿态、站姿、呼吸频率和呼吸模式，因为在捕捉和保定后，动物的呼吸频率和模式会显著提高或改变，尤其是对于社交较少的动物。根据绵羊和山羊的群居本能，观察到一个个体与整个羊群距离比较远的话很可能提示这个动物病得很严重。一旦这个动物被抓住并保定，兽医应从头部开始评估其呼吸系统（见第1章）。应该检查动物的一侧或两侧鼻孔是否有浆液、黏液脓性或出血性分泌物的症状（图7-1）。单侧鼻腔分泌物能进行明确的病灶定位，应记录在检查表上。双侧鼻腔患病时应放置小棉球或镜子于鼻前，分别观察棉花运动或镜子的雾气。兽医应该评估头部的其余部分，面部畸形或软组织肿胀的症状表明局限性病变。兽医应触诊咽区，尤其注意局部淋巴结。如果允许的话，尝试将一只手放在气管旁边进行触诊，感受咽部腹侧和背侧的区域，并以温和的力道向背侧施压进行触诊。此部位是咽后脓肿的常见部位［常由伪性结核棒状杆菌（*Corynebacterium pseudotuberculosis*）引起］，可引起严重的呼吸困难。对咽部至纵隔口的胸廓外气管进行触诊，以确定是否有狭窄、扩张或向外压迫的迹象。在这部分评估中，对气管施加暂时性轻微的挤压，以确定诱发咳嗽的容易程度。另一个需要触诊的部位是胸腔入口，以发现占位性病变或气管偏移的症状。

接下来应注意对胸腔进行一次完整的听诊检查。由于绵羊胸部覆盖的羊毛较厚，如果剪毛不充分的话，这项检查的作用可能很有限。至少，可以立即听诊绵羊胸部头腹侧的无毛区。在剪过毛的绵羊、绵羊羔和山羊中，一般不需要剃毛就可以听诊整个胸腔。听诊应注意在此期间动物的呼吸音强度、持续时间和特征，以及呼吸的阶段（即吸气或呼气，早期或晚期）。与牛相比，因为绵羊和山羊的胸壁更薄，因此正常呼吸音的听诊更为明显。这种放大的声音常常导致对异常呼吸音的错误判断。

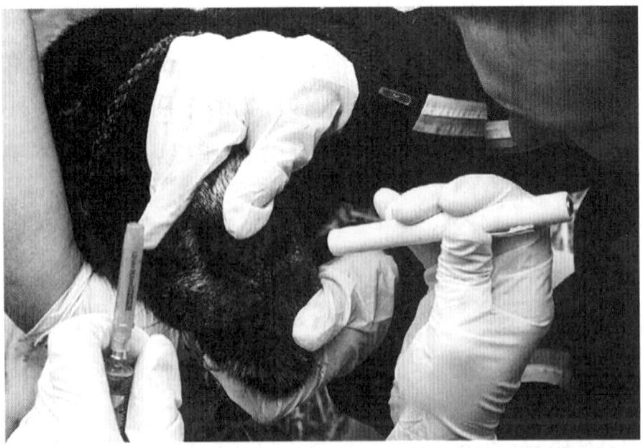

图7-1　临床兽医正在仔细检查这只保定良好的母羊的鼻孔（注：使用光源和生理盐水能清除妨碍准确检查的任何物质）（Dr. A. N. Baird, Purdue University 供图）。

异常呼吸音可以分为两种不同的描述类型：喘鸣音（wheezes）是高音调的、连续的、乐音性的由粗的呼吸道中变化的气流产生的附加声音。该呼吸音提示呼吸道内有液体或空气运动速度增加。爆裂声（crackles）是细的呼吸道或肺泡突然打开产生的非连续、短暂的"爆裂声"。最常见于吸气时，尤其是吸气末期，之前称为"啰音"。听诊发现任何的异常呼吸音，应该确定其解剖位置，并记录在检查表上。在大多数情况下，由于小反刍动物的胸壁相对较薄，因此听诊不需要使用呼吸袋，而对马的呼吸评估经常需要使用呼吸袋。

听诊结束后，应该再收集一些附加信息。直肠温度可以发现动物是发热、体温正常还是体温降低。发热提示可能存在炎症，炎症的确诊需要附加的诊断。此外，兽医应该评估动物的营养状况，因为体内脂肪储备不足的年轻动物更容易发生免疫功能障碍。最好对同一管理组的多个动物进行体况评分来评估脂肪含量。最后，兽医应该花费时间来评估患病动物的饲养环境。通风不良、气流、粉尘或饲养密度高的环境可能使饲养的动物易患呼吸道疾病，在这种情况下，需要对环境条件进行必要的处理。

在断奶前动物的呼吸系统疾病中，兽医也应该考虑初乳管理和被动转移失败在疾病进程中发挥的作用。需要确认时，可以采集一些动物的血清样本，对其被动转移状态的失败进行分析。有些实验室的偏好是选择出生后24 h和72 h的10只动物进行检测；如果10只动物中至少8只阳性则表明存在被动转移。如果发现被动转移失败的概率增加，那么需要改变羊群的规模来提高这个高危群体的免疫力。

在体格检查完成后，临床兽医应利用这些检查结果制订一个全面的问题清单，作为制订完整诊断计划和鉴别诊断的基础。虽然为了节省时间，这一步骤经常被跳过，但它是能够保障考虑到鉴别诊断中所有临床疾病的少数方法之一。

诊断程序

一旦形成了一份完整的鉴别诊断清单，临床兽医就可以制订一种针对该病例的有用的、经济实用的诊断方法。在这方面，确定饲养者对预期结果的期望是很重要的。例如，过去一周内29只圈养的断奶小山羊群中有10只死于肺炎的牧场主对诊断调查的期望和动机是完全不同于只有一只动物出现临床症状的牧场主的。如果牧场主认为投入和回报是不匹配的话，像下文所述的用于诊断的常规调查流程在经济上可能是不可取的。相比之下，如果诊断结果可以用于多个动物的疾病预防的话，那么支付诊断费的动机可能会增强。

血气分析

血气分析是一种对血红蛋白氧合状态和肺泡气体扩散快速和有用的评估手段。但是，由于需要快速测试和适当的样品处理以防止假性结果，所以这种方法的用处有限。救护车上的便携式血气分析仪的出现使得该诊断方法能够应用于农场中；然而，在大多数情况下，其应用仅限于转诊医院机构中高价值的病例。根据经验，小反刍动物的动脉血气样本采集的最好方法是采集位于前肢近端中部的臂动脉。可以购买商品化的特殊血气注射器，就像呼吸道疾病一样，如果需要对分压进行准确的评估应该使用这种注射器。当动物侧卧时，靠下方的前肢伸展，食指和中指之间触诊动脉搏动，针头与皮肤成90°角进针。一旦注射器进入动脉则保持稳定，血液会充满注射器。不应对注射器施加负压，因为负压会改变样品中的气体分压。一旦采集完血液，针头应该迅速密封，通常是用血气注射器提供的橡胶塞密封。在抽血过程中注意不要将任何气泡带入注射器内。在氧合正常的动物体内，动脉血氧分压（Pa_{O_2}）应在70～80 mm Hg以上。低于该范围的分压可能是通气不足、肺泡通气不良或肺泡壁增厚影响氧气扩散的结果。动脉样品的正常CO_2分压应低于40 mm Hg，如果样品的Pa_{O_2}大于该范围，则与极低的氧分压是有关的，需要考虑是否采集的是静脉样品。

X线片

通常来说需要进行胸部、颈部或头部的X线片检查，这对诊断很有帮助。兽医通常使用的是便携式放射照相设备，能很容易地获得X线片。当体格检查发现单侧鼻腔分泌物或面部畸形时，评估头部的侧位和背腹位的X线片可能会阐明病因。多数情况下，鼻部异物或鼻窦炎可以根据头部X线片的解读进行确诊。同样地，颈部X线片可作为气管压迫或咽后肿物的诊断方法之一，这两种情况可能与患病动物的咳嗽有关。根据兽医所使用的设备，可以在动物站立或侧卧的情况下获取胸片（图7-2A和B，另见彩插）。

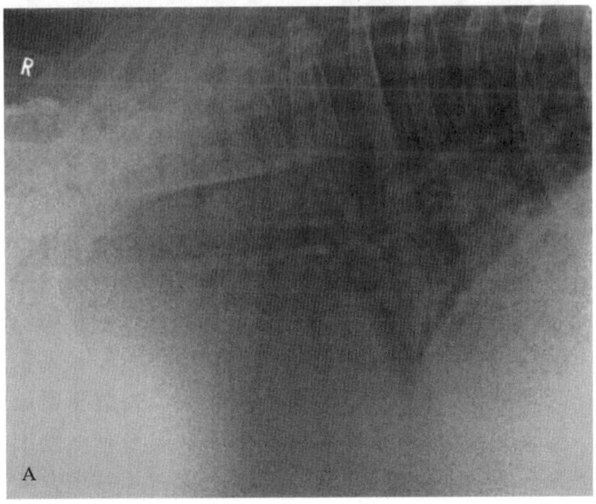

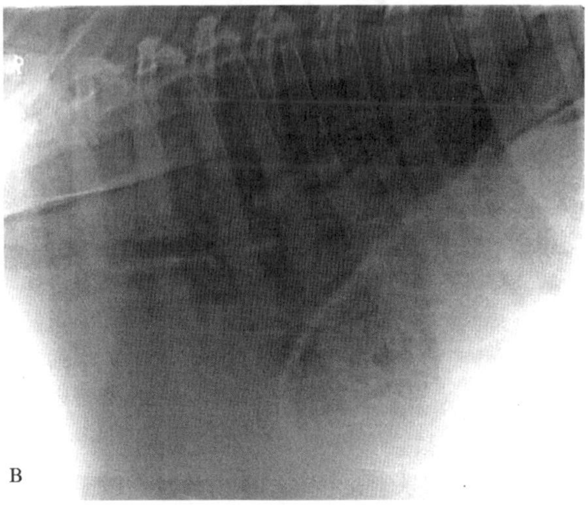

图7-2 X线片显示6岁萨福克羊的肺水肿与气管阻塞有关。A. 肺内的模糊影像明显增加，沿着支气管环，血管影像不可见。由于间质混浊增加，很难区分腔静脉尾侧的边界。这种肺脏型的鉴别诊断需要考虑肺炎和肺出血。**B.** 同一患病动物使用利尿剂、抗生素治疗24 h后，其头侧气管的侧位片。血管边缘以及腔静脉尾侧的边界更好地被显示出来。与之前的X线片比较，肺间质的混浊轻。虽然仍存在轻度间质混浊，但肺水肿正在恢复（Dr. Debra Baird, Purdue University 供图）。

通过观察X线片颅腹侧肺野的高密度影像，可以很容易地诊断肺野实变。肺野实变和纵隔肿块通常与干酪性淋巴结炎脓肿有关，通常表现为位于气管水平线的胸腔内出现一排密度升高的肿块。在极少数情况下，胸腺瘤可能会导致在心脏头侧出现一个肿物，使得动物看起来具有两个心脏。

超声成像

便携式超声设备正在成为许多大型动物诊所的标准设备，使得这种成像诊断得以实现。多个用于生殖系统诊断的设备都配有一个5～7.5 MHz的线性变频器。这种设备可以提供符合实际的高质量的胸部和周围软组织的成像。如果能使用曲线探针的话，可以获得更好的成像，但这肯定不是诊断所必需的。患病动物的正确准备是获得高质量成像的关键。虽然在某些情况下耦合剂（如凝胶、植物油、酒精）是有帮助的，但是动物的超声部位还是应该剪掉羊毛或毛发。由于肺脏是充满气体的以及其天然功能的特性，呼吸道的超声检查比身体其他系统的检查受到更多的限制。例如，当触诊怀疑咽后脓肿时，咽部区域的超声检查是一种鉴别咽后部脓肿的简单方法。在这种情况下，探头应平行于气管的侧面放置，并背向对侧的耳朵。脓肿通常具有高回声壁，其内容物的回声质地多变。

超声成像也可以在胸廓的评估中提供有用的信息。临床兽医应熟悉充气肺脏的正常外观，以便快速识别异常外观的部位。正常的肺脏可以通过充气肺脏形成的典型混响伪影上方的胸膜高回声线进行鉴别。混响伪影是撞击气体界面产生的典型超声波，由连续的恒定间隔高回声线组成。非常重要的是，实际上屏幕深层至混响伪影起始的任何成像都是伪影，而不是肺实质影像（图7-3，另见彩插）。一旦认识了肺脏正常外观，就可以系统地进行胸腔镜检查。使用线形或曲线形探头时，探头应平行于肋间隙的肋骨。通常倾向于由每个肋间隙最靠近的背面位置开始，沿着路径慢慢向下移动至腹侧的胸腔，观察肺脏表面。由每个肋间隙向尾部移动重复上述扫查。遵循羊毛或毛发的自然生长延伸方向可以最大程度优化成像的质量（按照背部-腹部方向）。随着检查进行至尾部，探头向腹侧移动会出现横膈膜的影像，通常邻近的肝脏会填充下方的空间。利用这种方法，可以确定胸部肺野的范围。可以观察到的三个主要病灶是靠近胸膜脏层的肺内实质肿块、肺实变，以及与胸膜增厚和炎症相关的特征性"彗星尾"病灶。第一个病灶通过观察到干扰肺脏正常混响伪影的回声肿物进行鉴别。可以测量这个肿块用于连续超声检查，将其作为评估治疗效果成功与否或病变变化的一种手段。根据经验，通常这些病变与实质脓肿有关。超出正常肺脏混响伪影范围的更深层成像用于判断实变的肺脏。在许多情况下，实变的肺脏可能呈现与肝脏相似的外观（"肝性肺脏"），或者可能观察到散在气体影像，这与较大呼吸道或脓肿内存在的气体有关。"彗星尾"表现为小的、高回声的斑点，这些斑点的深处有一个彗星尾巴形状的伪影。这些病变是非特异性的，但通常与胸膜增厚或炎症有关。

如果存在胸腔积液，呈现的影像是胸腔腹侧无回声区或低回声区，肺-液界面可见正常肺脏的混响伪影。由于纵隔通常不易成像，X线片仍是鉴别纵隔肿块的首选影像学方法。

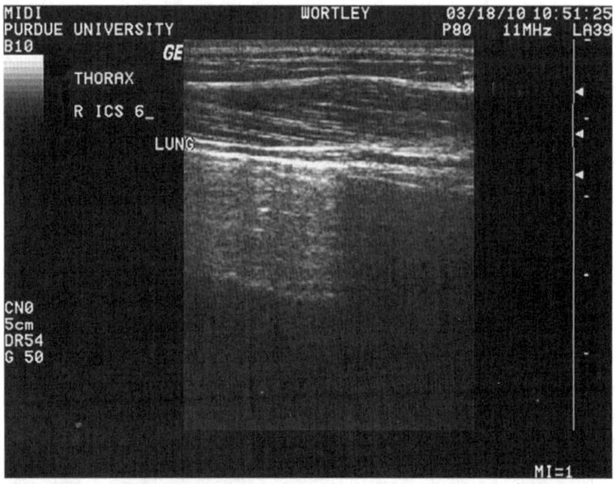

图7-3　一只肺脏正常的3岁拉曼查羊的第6肋间隙右侧颅腹侧胸腔超声成像。反射回声呈线性高回声的结构表示的是正常的充气胸膜表面。用一个10 MHz线性矩阵变能器获取这张超声成像图。图像的左侧是背侧。

鼻拭子

在呼吸系统疾病中，鼻拭子是一种获取用于微生物培养样本的非常有用的方法。兽医应该联系处理培养物的实验室，获得关于拭子类型和递送的建议。例如，海藻酸钙棉签和漂白棉签有可能干扰聚合酶链式反应（PCR）检测。许多木棒拭子含有木材防腐剂甲醛，会对细菌生长产生不利影响。类似的考虑也适用于运输介质的选择。当使用保护套的拭子（即母马子宫拭子）时，为了尽量减少口腔菌群的污染应该考虑使用这种拭子。使用口腔窥镜（切割成长度为0.5～1.0 in内径聚氯乙烯管道，两端打磨光滑)可能有助于获得更可靠的样品。收集诊断样本时应在腭扁桃体周围的咽黏膜表面简单地滚动拭子。一旦准备好,拭子应置于运输介质中并冷藏,除非诊断实验室另有说明。

鼻窦穿刺术

鼻窦穿刺技术是兽医从鼻窦获取有代表性培养材料的另一种可选择的方法。由于绵羊和山羊的鼻窦相对较小,所以选择合适的取样部位是确保进入窦腔的重要因素。建议使用影像学辅助定位窦腔。如有需要,在暴露前可在皮肤上放置不透射线的标记确保选择了适当的部位。一旦确定了部位,该部位应剪毛和进行手术准备。皮下注射利多卡因形成一个水泡,这将在外表面发挥足够的麻醉作用,但对骨膜没有麻醉作用。因此,动物应该注射镇静剂或麻醉剂(见第18章)。如果目的是收集少量材料样本进行培养,可以使用小直径的骨针或大尺寸的颈环钢丝经皮肤刺入切口引导,并在骨上钻一个小洞。然后,将皮下注射器针头插入鼻窦并抽吸样本。提交样本做需氧细菌和真菌的培养。在需要引流和冲洗的情况下,可以用一个小的鼻窦环在鼻窦内钻一个大的孔洞。

采集标本后,应保持切口清洁,并使其二次愈合。手术动物进食的体位应低至地面,辅助鼻窦引流,在伤口完全愈合前,应避免使用高架干草架。

气管冲洗

在群体暴发呼吸道疾病或治疗失败率高的情况下,应考虑诊断性取样以确定病因和抗菌药物的敏感性。在某些情况下可以使用鼻拭子,但效果不如气管冲洗可靠。临床兽医可采用气管冲洗法采集无菌肺脏深部的样本,投入是很少的。

在此过程中,动物应站立并进行适当的保定。镇静可能是必要的。如果有光纤内窥镜(直径8～9 mm),可以插入一些成年绵羊或山羊的鼻道。如果无法进入鼻道,可以借助口腔镜使内窥镜进入。内窥镜检查能直接观察呼吸道、发现分泌物并增加样本的收集。如果没有内窥镜,可以进行经皮经导管冲洗(TTW)操作。使用一种商品化的小马驹专用的预先消毒的成套工具将提高这一方法的易用性(图7-4A和B)。或者,也可以使用大小合适的皮下注射器针头使无菌导管(220聚乙烯)穿过孔洞。在颈部的腹侧,至少6 in^2 皮肤上的被毛被剪掉,大约位于颈部缰绳下方的1/3处。在这个位置,气管应该能够被识别,并容易触诊。使用标准的外科药物对该部位进行消毒,其中心气管的中线位置皮肤直接注射利多卡因,形成水泡。使用手术刀在皮肤上切一个切口。该操作应在无菌条件下进行。如果使用商品化试剂盒,试剂盒上应标识钝头针头和相对的放置套管,临床兽医在操作之前应该非常熟

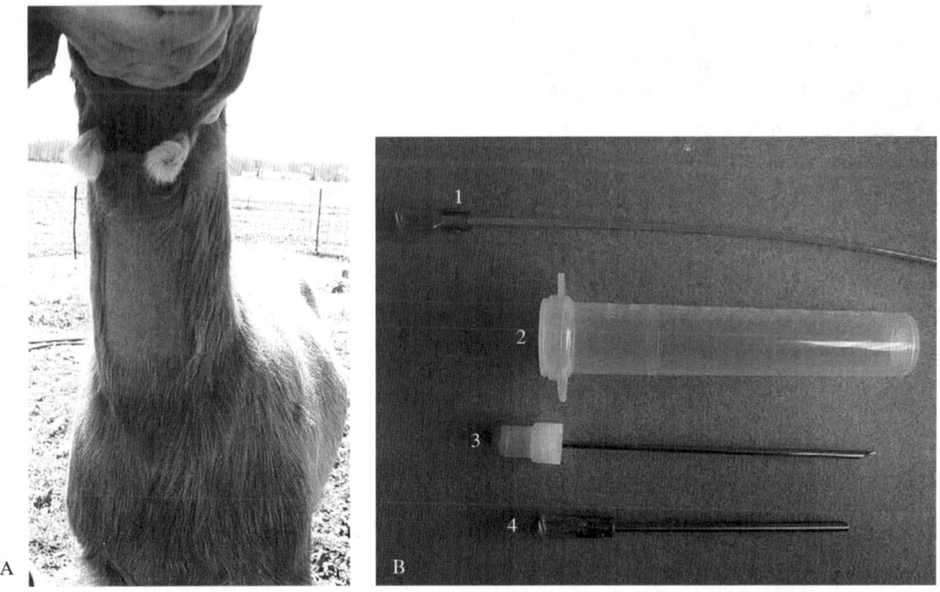

图7-4　经导管冲洗。A.经导管冲洗的部位是颈部中部的腹中线。B.经导管冲洗操作的物品:(1)18 in冲洗软导管;(2)样品管;(3)拿掉套管的套管针(用于观察);(4)冲洗套管。

悉其设计和使用。该套件应该经皮肤切口放置，套管针尖端用于触诊气管环，而操作者的另一只手用于固定气管。套管针尖端应位于气管环之间的中线上，并施加稳固的压力以使套管针进入气管。当针尖进入气管腔时，可以感觉到轻微的“砰”的一声。套管针应该是向内进入，直至感到完全穿透气管，并可以稍微进入腹侧的方向(图 7-5A)。移除套针，抽吸导管经套管针穿过(使用无菌手套)，大约至气管分叉的位置。将 12～15 mL 无菌生理盐水灌入气管，使用无菌注射器轻柔地抽吸，同时上下移动气管内的导管(图 7-5B)。目标是移动导管使导管位于头侧至气管隆突的液体中。虽然这是看不见的，但在大多数情况下可以通过经验来定位。如果需要，可以添加生理盐水(按照说明，另外的 5～10 mL)来增加复原体积。随着套管针取下导管。在使用针头和聚丙烯导管的情况下，应该在导管拔出前将针头由气管中取出，以降低导管拔出时切断导管远端末梢的危险。

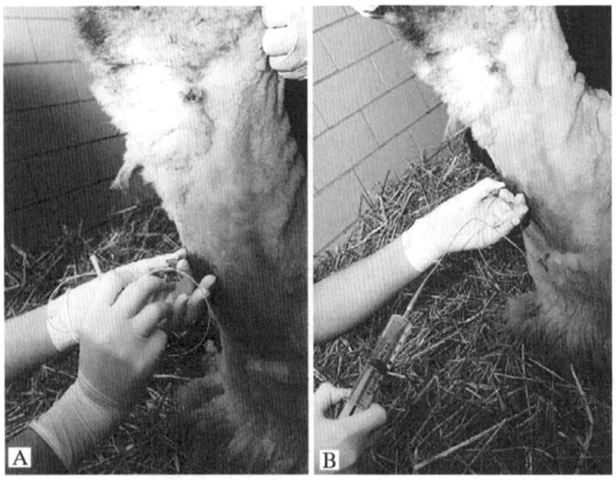

图 7-5 A. 无菌擦洗颈部中间 1/3 的部位，麻醉皮肤和皮下组织，经皮肤和皮下组织切开一个切口，14 号针或套管针经切口进入气管，采用无菌技术使导管进入气管分叉处。B. 临床兽医经导管注入无菌等渗溶液(12～30 mL)，立即用注射器抽吸液体(注：使用本方法时应注意避免用锋利的针切断气管内的导管)。

胸腔穿刺术

胸腔穿刺术是一种收集诊断用胸腔积液样本的可靠方法。操作的最佳位置是胸部颅腹侧，这部位的胸腔积液池的最主要来源是胸腔。当动物站立时，可以通过超声成像来评估该部位，并根据液体的存在和其他脏器的缺失来选择合适的位置。测量体壁厚度可以帮助确定进针的深度以获取样品。一旦收集到样本，除了送检用于细菌培养和细胞学研究外，还应评估其外观、气味和浊度。刺鼻的恶臭常常与厌氧菌感染有关，制订治疗方案时应该考虑这种可能性。

上呼吸道疾病

鼾声和喘鸣、打喷嚏以及鼻腔分泌物是上呼吸道疾病的特征性症状，而不是肺炎。

鼻炎

绵羊和山羊鼻炎(Rhinitis)的可能原因包括来源于反刍的异物、寄生虫、肿瘤和其他呼吸道感染。

羊狂蝇侵袭

发病机理

相比于山羊，绵羊鼻蝇蛆的侵袭更为常见，感染山羊的幼虫荷虫量比典型性绵羊的要少[5]。第一次侵袭的春季，临床症状一般较轻，但之后侵袭期间的病情严重程度明显加重，可能是由于过敏所致；反复感染后山羊可获得免疫力[5]。羊狂蝇(*Oestrus ovis*)成虫飞到动物的鼻孔产幼虫。第一期幼虫沿鼻道迁移至鼻甲骨和鼻窦的背侧。在这里幼虫经过 2～10 个月的时间发育至第三期幼虫阶段[1,6]，返回至鼻孔，然后随喷嚏被排出，在土壤中化蛹[6]。第一期幼虫和蛹均可越冬[6]。

临床症状

成虫的刺激会引起摇头、摩擦头部和跺脚等回避行为；如果动物痛苦严重的话，吃草活动就会减少[6]。幼虫的移行和发育可引起炎症性鼻炎，其特征是打喷嚏、鼻排黏脓性分泌物以及流经鼻孔的气流减少。后遗症可包括细菌性鼻炎或鼻窦炎，偶尔也可出现继发于抗原吸入引起的间质性肺炎[5]。

诊断

羊狂蝇的感染与含大量嗜酸性细胞和肥大细胞的鼻腔分泌物有关[5,7]。内窥镜或 X 光成像可以直接显示蝇蛆或矿化遗骸。在经济动物群中，通过临床症状、分泌物的细胞学检查和对治疗的反应通常可以做出诊断。

治疗

治疗通常用于夏末严重虫害或杀死越冬的蝇蛆。伊维菌素(0.2 mg/kg 皮下注射)对杀死羊狂蝇幼虫有效[1,6,7],但需要延长弃奶期:如果是皮下注射需弃奶 40 d,如果是口服给药需弃奶 6 d(如果口服剂量较高 0.4 mg/kg,建议弃奶期为 11 d)[8]。泼淋乙酰氨基阿维菌素(0.5 mg/kg)可能是商业化奶场更好的选择,因为其已被证明对羊鼻蝇蛆的感染有效,并且没有弃奶期[9,10]。

一旦蝇蛆被杀死,在没有治疗的情况下继发性细菌感染通常会自愈。然而,如果有必要,应选用广谱抗菌药物进行治疗[7]。

其他寄生虫

在喜马拉雅山脉,来自静止水池的鼻水蛭也能引起类似的临床症状。全身性给予伊维菌素是无效的,但直接将伊维菌素溶液(0.1 mg/mL)涂抹于水蛭,在几小时内即可杀死水蛭。湿润动物的口鼻将促使水蛭向下移动至鼻孔处,这时就可以使用伊维菌素了[1]。

在南亚次大陆,已经报道了鼻血吸虫(*Schistosoma nasale*)感染("打鼾症")是寄生虫相关炎症和组织增生导致鼻阻塞的原因之一[1,11]。

地方流行性鼻部肿瘤

发病机理

地方流行性鼻部肿瘤(Enzootic Nasal Tumor)是一种具有传染性的肿瘤,是绵羊和山羊鼻腔内偶尔发生的肿瘤[12,13]。据报道 15 月龄和 7 月龄的青年动物患有这种肿瘤[14,15],并认为是由 D 型或 B 型逆转录病毒感染引起的[12,16,17]。这些肿瘤可单侧或双侧发生,局部浸润,但通常不转移[13,15]。其起源于嗅觉黏膜和筛骨或鼻甲,通常分为腺瘤、腺乳头状瘤和腺癌。鼻肿物的鉴别诊断列表中的其他疾病包括淋巴肉瘤和真菌性肉芽肿[1]。

临床症状

肿瘤以小结节开始,逐渐发展成大结节性囊性肿块,引起渐进性呼吸困难和继发性消瘦[13,15]。肿瘤附近可能发生炎性息肉[15,17]。其主要的临床症状是单侧或双侧大量浆液至脓性鼻分泌物并伴吸气性喘鸣音。其他症状可能包括运动不耐受、气流减少和张口呼吸、厌食症、摇头和打喷嚏、眼球突出以及骨性面部不对称[13-15]。

诊断

根据临床症状和鼻窦叩诊结果可以初步诊断,这可能需要借助于 X 线片或内窥镜成像。确诊需要外科手术切除进行活组织检查[14]。

治疗

如果地方流行性鼻肿瘤得不到治疗,则会在临床症状出现 90 d 内死亡[13,14]。外科减瘤术是一种姑息治疗选择[14],但可能不会治愈[18]。皮肤切开形成Ⅰ形切口,然后沿面部中线的背侧鼻骨切开,翻开皮肤和骨瓣,并切除鼻中隔,最后切除肿物。预计会大量出血;浸有肾上腺素(1∶10 万)的纱布垫有助于止血,应准备好可用的献血者[18]。在手术过程中以及术后可能需要进行暂时性的气管造口术[14]。在没有判断动物是否处于疾病潜伏期的血清学检查的情况下,畜群的地方流行性肿瘤病的控制是困难的。地方流行性鼻肿瘤可通过鼻腔分泌物传播,感染的动物应隔离和淘汰[17]。

其他呼吸道感染

与小反刍动物鼻炎有关的其他呼吸道感染包括疱疹病毒和多杀性巴氏杆菌(*Pasteurella multocida*)感染。疱疹病毒感染引起鼻中隔纤维坏死性溃疡和严重的卡他性鼻炎,通常伴有其他严重的全身症状[1]。多杀性巴氏杆菌感染引起鼻甲萎缩,剖检时可在第一前臼齿水平面的头部横切面上发现鼻甲萎缩[1]。在热带和亚热带地区,细菌性鼻炎的鉴别诊断中一个重要病因是鼻窦炎,由类鼻疽伯克氏菌(*Burkholderia pseudomallei*)引起[1]。在小反刍动物中呼吸系统发病特别常见,可能包括眼鼻分泌物、咳嗽、淋巴结病和肺部疾病,这些疾病都以多发性干酪样脓肿为特征。

类鼻疽病是人畜共患病,在世界许多地方都有报道[19]。

鼻窦炎

发病机理

在绵羊和山羊中,鼻窦炎(Sinusitis)是一种比较罕见的疾病，通常与去角感染（随后累及额窦）或牙齿异常（累及上颌窦）有关。在去角操作后几周到几个月可能出现额窦感染的症状。多个窦感染可由鼻蝇蛆感染、肿瘤、面部骨折和角损伤引起[7]。

临床症状

鼻窦炎的症状包括去角部位流出液体以及上面骨的肿胀、软化或畸形。气味难闻、气流不均匀、头部摇晃和摩擦、头部和颈部的伸展，也可能见到头静止或头抵物体。全身的症状如发热、厌食和嗜睡，也可能发展为慢性鼻窦炎，可能导致出现神经症状[7]。

诊断

根据临床症状和叩诊结果可以做出推定诊断。X线影像适用于复发或难治性病例。例如，在患有慢性鼻窦炎的宠物山羊中利用计算机断层扫描能准确地描述病变[20]。如果怀疑动物牙齿异常，轻度镇静情况下对其进行口腔检查。鼻窦分泌物培养和药物敏感性试验可以指导抗菌药物的选择。

治疗

基础治疗包括每天用稀释的消毒剂（如0.1%氯已定）冲洗去角的部位和鼻窦。灌洗液可以使用乳头插管或16～18号法国导管导入。可能需要多个环钻位点，特别是羊的高度分隔的额窦[7]。环钻孔必须足够大，以建立排出通道；通常使用14号针头获取诊断样品，但对于灌洗来说太细了。在典型的慢性鼻窦炎病例中，软骨和骨畸形有助于环钻的放置和松开[21]。从犄角基部5 mm处进入额窦尾部，避开位于眶内侧的额静脉和位于眼眶中部的吻侧额窦。上颌窦的环钻边界是头侧至眼眶，尾侧和背侧至面部粗隆，腹侧至眶下孔[22]。

由于鼻窦结构复杂以及常见的生物膜形成，所以完全恢复可能需要数周治疗。绵羊已被作为抗生物膜方法治疗鼻窦炎的实验模型；早期治疗结果是有希望的[23]。动物出现全身症状时应使用抗生素（青霉素，22 000 IU/kg，每日2次）和非甾体类消炎药（如氟尼辛葡甲胺，1.1 mg/kg，静脉注射，每日2次；或酮洛芬，3.0 mg/kg，静脉注射或肌肉注射，每日1次）治疗。

手术后5～7 d内用绷带包扎去角部位以及使用纱布包扎拔牙后的牙槽可以预防鼻窦炎[7]。

咽炎

发病机理

在绵羊和山羊中，咽炎（Pharyngitis）通常继发于外伤性损伤，细菌定殖后发生。创伤通常是由给药设备、粗饲料或异物引起的。塑料类动物保健设备（如剂量和球形给药器、胃管、扩张器），特别是那些由于咀嚼而变得粗糙的旧设备，因损伤咽喉而臭名昭著。常见的致病菌包括化脓隐秘杆菌（*Arcanobacterium pyogene*）、坏死梭杆菌（*Fusobacterium necrophorum*）和伪结核棒状杆菌（*C. pseudotuberculosis*）[7]。

临床症状

咳嗽、吞咽疼痛、厌食症和流涎是咽炎的典型症状。可能存在口腔异味以及呼吸困难或喘鸣，动物站立时头部和颈部可能伸展。全身症状包括发热、脱水和吸入性肺炎。口腔检查可发现充血、肿胀、渗出物及异物。轻微的病灶可自行消退，但较严重的感染可导致蜂窝织炎以及脓肿或肉芽肿的形成。

诊断

触诊咽喉部位会出现咳嗽和疼痛反应。应该进行口腔检查；少量甲苯噻嗪的镇静有利于口腔检查的顺利进行。某些病例可能需要X线和内镜检查。如果可以获得未受污染的样品，细菌培养和敏感性测试可有助于抗菌药物的选择。

治疗

咽炎的治疗应该使用肠外广谱抗生素和非甾体抗炎药。禁止口服药物和强制灌饲；如果需要营养支持，可以放置临时性瘤胃瘘管。脓肿可以引流进入咽腔，用稀释的消毒剂冲洗，如0.1%或0.2%聚维酮碘（Betadine）[7]。

咽后脓肿

虽然咽后脓肿（Retropharyngeal Abscesses）可能与咽炎有关，但更常见的是伪结核棒状杆菌感染。临床表现为咽部和气管的压迫，包括喘鸣、咳嗽和吞咽困难。诊断的依据是临床症状、触诊和X线（可能的话）。为避免污染环境，伪结核棒状杆菌病脓肿不应切开。在技术上来说咽后淋巴结的手术切除是可行的,但由于该区域存在重要的解剖结构,手术难度较大。与传统的皮下干酪性淋巴结脓肿切开、引流和冲洗方法相比,闭合-系统灌洗联合体内或皮下给予托拉霉素(2.5 mg/kg)发挥同样的效果[24];如果能够经皮进入咽后脓肿,这也是一种选择。

喉炎、气管炎

坏死性喉炎(坏死杆菌病,"犊牛白喉")是由机会致病厌氧菌坏死梭杆菌(*F. necrophorum*)经喉黏膜的破溃或溃疡侵入引起的。这种情况在绵羊和山羊中很少见,但在室内饲养系统和饲育场的环境中更为常见。临床症状包括湿痛性咳嗽、呼吸困难、吞咽困难和流涎。根据临床症状通常可以做出推定诊断;对于复发或难治性的病例,喉镜和内窥镜检查是必要的。在牛中,大多数早期病例对广谱抗菌治疗[25]和非甾体抗炎药反应良好。在药物治疗生效之前,可能需要暂时性气管切开。

喉软骨炎以杓状软骨水肿、化脓、坏死和脓肿为特征。在特克塞尔绵羊以及牛和马中已发现了这种疾病[25-27]。该疾病具有品种倾向性,但遗传方式不清[27]。临床症状可能类似于坏死性喉炎,包括上呼吸道异常、呼吸音增粗、呼吸困难、发绀,可能还出现口臭;如果病情得不到治疗,估计动物会病情进展较快和死亡[26,27]。活着动物的诊断需要使用内窥镜对杓状软骨进行评估。部分杓状软骨切除术被认为是一种治疗方法[7,26],但在牛中观察到了之后发生的吸入性肺炎[27]。有报道,一头母牛被成功地实施了永久性气管造口术;手术本来是为了抢救这头小母牛,但这头小母牛活了下来并成功地繁育后代[25]。如果在软骨坏死、脓肿或肉芽肿形成之前发现喉部软骨炎,使用广谱抗生素(林可霉素)和地塞米松治疗能够成功地治疗发病早期的绵羊和牛[26,27]。

据报道,有一只高山山羊(Alpine goat)出现了喉部偏瘫。剖检未发现死因[1]。

气管炎最常见的病因是颈圈和锁链的压迫,也可能是空气中粉尘和氨气等刺激物引起的[1]。

气管塌陷是山羊的一种罕见的先天性疾病。由于山羊气管的直径特别小,因此疑似这种疾病的动物应该与健康的同类进行比较。临床症状包括喘鸣、运动不耐受和咳嗽。患病动物可能在生长和行为上落后于同类[28]。报道了一例无症状的成年山羊患病;临床发病可能是因继发于肺炎的呼吸困难所致[29]。根据临床症状和气管触诊结果诊断,辅以X线检查或内窥镜检查。此外还报道了一例牛和一例山羊羔采用手术植入人工环而成功治疗的病例[28]。

纤毛相关呼吸系统杆菌(CAR)是一种引起实验大鼠和牛的气管炎的细菌。在患有慢性毛细血管炎的山羊气管,以及患有地方流行性肺炎的山羊羔和成年动物的肺中也发现这种杆菌[30,31]。CAR在小反刍动物的呼吸系统疾病中的意义尚不清楚。

临床病例中很少分离出牛传染性鼻气管炎(IBR)病毒,但实验室感染的山羊能够出现气管炎、咳嗽和鼻腔分泌物特征。山羊分离株与牛分离株难以区分,一些研究人员推测山羊可能是潜在的携带者。不推荐山羊接种IBR疫苗,因为尚不清楚该致病微生物是否在山羊呼吸系统疾病中具有实际作用[1]。

下呼吸道疾病

绵羊和山羊呼吸系统疾病诊断的一般方法

尽管某些病因的疾病在特定年龄的动物群体中更为常见,但呼吸系统疾病可以发生于任何年龄和品种的小反刍动物。一般来说,患有呼吸道疾病的小反刍动物会表现出与呼吸系统有关的各种临床症状,包括但不限于鼻腔分泌物、呼吸急促、呼吸困难和咳嗽。肺部听诊可发现呼吸音增粗、爆裂音、干啰音或呼吸音消失。与下呼吸道相关的多数病例的病因复杂,既有细菌因素,也有病毒因素。虽然最初疾病可能是由单一病原引起的,但通常在就诊和兽医检查时动物已出现了继发性感染,从而使诊断解读复杂化。

混合疾病的病原

发生肺炎时考虑巴氏杆菌(*Pasteurella*)和曼氏杆菌属(*Mannheimia*)的混合感染。近年来,一些微生物的名称发生了变化,使用过程中应该指出。多菌性巴氏杆菌(*Pasteurella multocida*)和溶血性曼氏杆菌(*Mannheimia haemolytica*)(之前称为溶血性巴氏杆菌)都会引起山羊和绵羊的肺炎。之前溶血性曼氏杆菌分为两种生物型,即A型和T型。T

型因其利用海藻糖的能力命名，后被重新归类为海藻糖巴氏杆菌（*Pasteurella trehalosi*），之后又被归为新的属，名为海藻糖比伯斯坦菌（*Bibersteinia trehalosi*）[32]。这些微生物都是革兰阴性球菌，在血琼脂上生长良好，形成直径 1～2 mm 的菌落。溶血性曼氏杆菌 A2 型最常由山羊和绵羊中分离得到，与牛肺炎病例中分离得到的溶血性曼氏杆菌 A1 型不同。

巴氏杆菌感染通常是继发性感染，继发于几种不同病毒或细菌中的一种，如副流感病毒 3 型、腺病毒 6 型、呼吸道合胞病毒、副百日咳博德特氏菌（*Bordetella parapertussis*）和羊肺炎支原体（*Mycoplasma ovipneumoniae*）[33]。这些易感病原体与巴氏杆菌共同作用，使免疫系统不堪重负，导致继发性感染。巴氏杆菌可产生多种致病因子，包括脂多糖和内毒素，其可诱发呼吸道的生理性变化使巴氏杆菌得以生长和定殖。[33]应激也被认为是动物易患巴氏杆菌感染的原因之一。在实验条件下的感染中，巴氏杆菌与其他致病物的混合感染导致病情加重和肺部病灶恢复较慢。

巴氏杆菌感染会导致肺炎，以及败血症、关节炎和中耳炎。春季的暴发更易发生于 2 周龄至 2 月龄的羊羔，常常与恶劣天气有关。秋季的暴发更有可能发生于运输到饲养场的 5～7 月龄的羊羔。巴氏杆菌的暴发与羊群高达 50%发病率有关，但死亡率通常较低。

巴氏杆菌的传播有几种途径。吸入携带病原动物的传染性飞沫、与感染动物的直接接触以及巴氏杆菌性乳腺炎患病母羊喂养羔羊，这都可能是感染的途径。可观察到与巴氏杆菌感染相关的各种各样的症状。在某些情况下，临床表现可能是猝死。[33]在其他情况下，临床症状可能包括发热（105～108℉的体温）、精神沉郁、厌食、体重减轻、黏脓性的鼻分泌物或泪液、呼吸急促、咳嗽以及肺脏呼吸音增粗。感染动物也可能表现为离群。该病的典型病程从 12 h 至 3 d 不等。完全康复通常需要 14～20 d。绵羊羔或山羊羔的慢性感染可导致肺功能下降、增重减缓和饲料利用率下降[33]。

巴氏杆菌感染的初步诊断可以依据应激史、急性支气管肺炎的临床症状以及剖检过程中发现的特异性大体病灶。典型的剖检结果包括急性纤维蛋白性脓性支气管局部病灶的肺炎、凝固性坏死和纤维性胸膜炎。组织中分离出溶血性曼氏杆菌或海藻糖比伯斯坦菌可确定初步诊断的结果。

巴氏杆菌的治疗包括长效土霉素。磺胺类药物可以口服或添加至饮用水中，但饮用水给药的方式可能造成其剂量的不一致。据报道，许多其他抗生素对巴氏杆菌病的治疗有效，包括氨苄青霉素或青霉素、泰乐菌素、头孢噻呋、托拉菌素和氟苯尼考。巴氏杆菌和曼氏杆菌产生低等程度的耐药性。在山羊应该避免使用替米考星，因为有报道称其对山羊具有致命毒性[34]。治疗通常涉及药物的标签外使用，读者可以参考本章后面关于治疗的章节。经气管冲洗的样本或剖检获得的材料进行培养和敏感性试验，可用于指导在动物群体疾病暴发或慢性病例中，或非常珍贵动物中抗生素的选择。

巴氏杆菌病预防的目的是尽量减少应激，因为应激是该病发展的一个重要因素。目前还没有针对绵羊和山羊的巴氏杆菌或曼氏杆菌的商品化疫苗。虽然现在有牛用商品化疫苗，但病原与绵羊和山羊中常见的菌株是不同的。研究表明，商品化疫苗用于山羊时，可对溶血性巴氏杆菌血清 A1 型产生很低的有效性[35]。在实验条件下山羊鼻内接种疫苗可使免疫山羊产生较高的抗体水平，但没有降低免疫动物的发病[36]。一项新西兰针对绵羊的疫苗研究显示，商品化的疫苗接种绵羊后，在疾病严重程度或微生物分离方面接种动物与未接种动物没有任何区别[37]。易感病原体的免疫接种可以使用市场化的牛疫苗免疫，如副流感病毒 3 型、腺病毒 6 型、呼吸道合胞病毒、嗜衣原体、副百日咳博德特氏菌和羊肺炎支原体。目前，还没有呼吸道病原体疫苗的标签写明可以用于小反刍动物。因此，应建立一个使用牛疫苗的免疫程序，在整个牛群或羊群进行疫苗接种之前，应该首先对一小部分样本群体进行疫苗接种，并监测其潜在的反应或副作用。在呼吸道疾病暴发时应评价其他管理措施包括通风和营养，改善畜舍的通风，降低相对湿度，保证足够的空气流通。

绵羊支原体肺炎

绵羊支原体肺炎又称地方流行性肺炎或非典型性肺炎，是由羊肺炎支原体引起的绵羊慢性非进行性肺炎[38,39]。溶血性巴氏杆菌、支原体属其他种和羊鹦鹉热衣原体（*Chlamydophila psittaci ovis*）均可继发于支原体感染。在一项对屠宰场的调查研究中，90%患肺炎动物分离出了支原体[40]。

一些诱发因素可能导致支原体肺炎的发生。除了应激外，微量病毒也会使动物易患支原体肺炎。在通风不良条件下，饲养密度过大的羔羊或饲养场内聚群的羔羊常发生支原体肺炎。年龄比较大或恢复期的动物可成为饲养场内其他动物的感染源。支原体的伪装使其能够逃避宿主的免疫系统，并有利于其在上呼吸道长期定殖。虽然羊肺炎支原体引起的肺炎在山羊并不常见，但偶尔也有报道[41]。

羊肺炎支原体的传播主要通过呼吸道途径，即直接接触或吸入气溶胶。支原体感染引起肺脏纤毛停滞和渗出液的产生，这些因素可能使被感染动物易于发生继发性细菌感染[42]。在一些试验研究中，支原体感染好像降低了巴氏杆菌感染的严重程度。

临床症状

绵羊支原体肺炎通常是一种温和的疾病。典型的临床症状包括慢性咳嗽和活动性呼吸困难。当巴氏杆菌感染时，也可以注意到黏液脓性鼻腔分泌物、发热和精神沉郁。即使只出现轻微的临床症状，支原体肺炎也会使患病动物的生产力下降。总的来说，支原体肺炎的发病率高，但死亡率低，始终保持着感染的非渐进性和亚临床的特性。

诊断

支原体感染可以根据剖检中的特异性结果进行诊断。这些结果包括肺叶头侧的实变，偶尔还出现尾叶前侧缘的实变。实变部位表现为灰色至红棕色，伴红色肺不张部位。切面也可以发现坚实一致性的灰白色结节。也可以见到胸膜炎的征象。组织病理学表现为间质的袖口状肺炎，伴有细支气管和血管周围的结节性淋巴样增生和袖口状单核淋巴细胞。肺泡内渗出物主要由巨噬细胞和少量嗜中性细胞组成。支原体感染的一个特征是支气管壁出现结节状透明样"疤痕"。然而在最近的研究中，这些剖检发现只出现在60%的病例中，其余40%的病例没有这些病理特征[40]。除剖检结果外，肉汤培养基中培养的微生物可以确诊该病。在送检样品进行支原体检测时，向诊断实验室特别地提出检测要求是非常重要的，因为常规的细菌培养操作是不能培养出支原体的。采用酶联免疫吸附试验(ELISA)的血清学手段可以检测抗体，但可能存在交叉反应。

治疗

支原体感染的治疗包括给予土霉素、替米考星和氟苯尼考。预防支原体疾病的策略包括降低羔羊的饲养密度，确保畜舍内通风良好，并按年龄对羔羊进行隔离。目前还没有针对羊支原体肺炎的疫苗(见附录1)。

山羊支原体感染

几个不同但与支原体相关的种类，被确认与山羊肺炎有关，每个种类的地理分布存在显著的差异。总的来说，这些微生物被归类为蕈状支原体(*Mycoplasma mycoides*)菌株群，传统来说与山羊的疾病相关，包括蕈状支原体蕈状亚种大菌落(*M. mycoides* subsp. *mycoides* Large Colony，Mmm LC)、蕈状支原体山羊亚种(*M. mycoides* subsp. *capri*，Mmc)、山羊支原体山羊肺炎亚种(*Mycoplasma capricolum* subsp. *capripneumoniae*，Mccp)和山羊支原体山羊亚种(*Mycoplasma capricolum* subsp. *capricolum*，Mcc)。最近这种命名法略有修改，将MmmLC归于Mmc类别中[43]。这一改变是由于16S rRNA基因测序、16S～23S rRNA基因间测序和多种蛋白质编码基因系统发育分析不能在生物化学上区分这两个种[44-48]。这种重新分类形成了与山羊(在某些情况下的绵羊)疾病有关的3个重要亚种。蕈状支原体蕈状亚种和山羊支原体山羊亚种都与乳腺炎、关节炎、角膜炎、肺炎和败血症有关[49]。这两种病原体呈世界性分布，在美国和其他地方的动物群体中有记载[50-52]。一份报告发现，羊群中引入乳汁含有脱落的蕈状支原体蕈状亚种的一群新动物后，即引入了该种病原体，发现乳山羊幼崽的严重疾病与该种支原体有关[50]。报道称，超过1年时间内羊群具有严重的发病率和死亡率，剖检显示一些山羊羔表现出纤维性关节炎、纤维性胸膜炎、间质性肺炎和支气管肺炎的征象。热处理初乳和喂养巴氏灭菌奶的这些饲养管理成功地结束了疫情。在不能使用巴氏灭菌奶的环境中，可考虑使用适宜配方的代乳品作为另一种方案。这个病例报告也强调了引种期间的生物安全的重要性以及初乳管理不当是呼吸道疾病的病因之一(见第16章和第19章)。有报道，山羊支原体山羊亚种群体暴发的成功治疗是使用肠外长效土霉素治疗；然而约旦的研究者发现这种支原体对土霉素具有显著的耐药性[49,53]。

任何出现呼吸道疾病并伴有多关节炎或乳腺炎的小反刍动物群都应考虑支原体感染。由于支原体在常规细菌培养的培养基上生长不良，因此除了常规的培养程序外，告知诊断实验室还要进行支原体培养是很重要的。同样重要的是，确认实验室收集和运输样品的首选方法，以确保获取准确的结果。大量报道表明，山羊瑞立特耳螨（*Raillietia caprae*）在山羊支原体的传播和生存中发挥着作用[54-56]。感染耳螨的动物与未感染的动物相比，耳垢的支原体培养阳性的可能性增加；然而，螨虫在传播中的确切作用尚不清楚。可以使用无菌棉签在山羊耳内采样，检测亚临床携带的情况。采集的棉签拭子可以进行常规的支原体培养，也可以使用新技术如PCR检测，后者对携带状态的检测具有更高的敏感性和阴性预测值[54]。临床经验（特别是PJP）表明，由于支原体在不同培养基上的生长不同，所以同时使用多种支原体培养基是最有效的检测方式。

在非洲和亚洲山羊中，山羊传染性胸膜肺炎是一种严重的、高度传染性的呼吸道疾病。该病由山羊支原体肺炎亚种引起，在美国认为其是一种外来性动物疾病。报告显示，在许多情况下整个羊群都受到影响，死亡率为60%～70%[57,58]。临床表现是急性暴发性纤维性胸膜肺炎，通常不表现多关节炎或乳腺炎。临床上当怀疑这种疾病时，需要联系当地兽医部门进一步诊断来确认。

嗜衣原体感染

嗜衣原体与山羊和绵羊的肺炎有关，但其临床意义尚未完全确定。理论上来说，嗜衣原体可导致原发性感染，之后继发巴氏杆菌或曼氏杆菌感染，但这种可能性尚未得到证实。嗜衣原体感染的临床症状包括精神沉郁、发热、脱水、干咳、鼻流分泌物、呼吸困难和腹泻。根据经验，临床上呼吸道疾病与感染性关节炎、不育或流产同时出现时应考虑这种病原体，因为这些是嗜衣原体全身感染的常见症状。诊断包括涂片染色后微生物鉴定、组织切片固定后免疫荧光染色、吉姆萨染色、卵黄囊接种和分离。使用商品化的ELISA、补体结合试验以及实时定量PCR检测抗体滴度，可能提供更快速和重复性的结果。现有的研究资料表明，PCR和ELISA检测的敏感性明显优于补体结合试验[59,60]。剖检结果包括肺叶头侧的实变和间质样病变。组织病理学检查显示肺泡巨噬细胞胞浆内的原生小体。也可见水肿性肺泡隔和增厚的细支气管。肺脏受压迫时，可见肿胀的渗出物。尽管嗜衣原体感染可能需要长期治疗，但其通常可以用四环素类抗生素治愈。在疾病暴发期间可以使用四环素用于减缓或减少疾病的传播。已发表的牛的研究和未发表的羊的研究数据表明，这种微生物的传播范围可能比以前认为的更广，疾病的暴发往往与应激、环境条件或免疫状态变化有关[61]。需要进一步研究；然而，这些发现可证实确定管理应激源是疾病防控的主要措施，而不是生物安全。

病毒性肺炎

病毒性肺炎（Viral Pneumonias）一般与温和的疾病和临床症状有关，但也可作为细菌性肺炎的易感因素。已经确定多种病原体是绵羊和山羊病毒性肺炎的潜在病因。

3型副流感病毒

3型副流感病毒（Parainfluenza Type 3，PI3）是RNA病毒副黏病毒家族的一员。绵羊的PI3感染好像是由一种血清型引起的，而不是感染牛和人的PI3。据报道，PI3的血清阳性率为24%～87.2%[62-65]。范围上限数值表明，很多PI3感染非常轻微，很少表现临床症状。

与PI3感染相关的临床症状包括频繁咳嗽、浆液性鼻液和偶尔的眼部分泌物，发热罕见。表现出明显临床症状的更多见于1岁以下的动物。可以采用病毒分离进行诊断，但感染持续时间应少于1周，才能有机会分离出病毒。出现PI3感染问题的牛群或羊群可以尝试使用PI3鼻内活疫苗接种，以减少疾病的发病率。鼻内活疫苗用于牛，也可用于绵羊和山羊的标签外应用。一项研究试验表明，一种商品化牛疫苗对母羊具有保护作用，可降低该羊群的肺炎发病率[66]。

腺病毒

腺病毒（Adenovirus）是一种具有多种抗原型的DNA病毒。根据血清型的不同，血清阳性率范围为7%～83%[64,65]。目前，腺病毒感染的临床意义尚不完全清楚。一般来说，腺病毒相关的疾病是相当轻微的，但当出现继发性细菌感染时，严重程度会增加。腺病毒感染通常见于患有呼吸道和肠道疾病的小羊羔。腺病毒感染的临床症状包括发热、厌食、打喷嚏和浆液性鼻分泌物。剖检结果包括肺不张和充血，主要在肺脏的颅腹部位[67]。组织病理学病变包括终末细支气管和肺泡上皮细胞局灶性剥离和脱落[67]。腺病毒感染的诊断根据病毒分离或配对的血清学样本。目前在美国还没有可用的腺病毒疫苗。

呼吸道合胞体病毒

呼吸道合胞体病毒(Respiratory Syncytial Virus,RSV)是副黏病毒科的一种肺炎病毒。RSV感染是牛的一种重要呼吸道疾病,但目前对绵羊和山羊的重要性尚不清楚。与其他病毒病原体一样,认为RSV使感染动物更易发生继发性细菌性肺炎。流行病学研究显示血清阳性率为27.5%~84.5%[62-65,68,69]。已鉴别出RSV的两个不同亚群,一个来源于犊牛和山羊,另一个来源于绵羊。实验条件下感染羔羊的剖检结果包括细支气管炎性阻塞,同时黏膜纤毛破坏、肺泡中存在合体细胞以及渐进性间质反应[70]。

临床症状

RSV感染的临床症状包括厌食、发热、结膜炎、咳嗽、呼吸急促和心动过速。胸部听诊显示在某些病例中支气管音增粗,并有爆裂音。在混合感染的情况下也可以听到摩擦音。

诊断

剖检结果包括弥漫性间质性肺炎、肺脏变硬和水肿。组织病理学检查观察到合体细胞,认为该细胞是RSV感染的特异性表现。过氧化物酶免疫染色可显示位于肺泡和支气管壁上皮细胞的RSV抗原以及多核体和肺泡腔。

预防

目前,还没有RSV疫苗可用于绵羊和山羊。针对牛群或羊群中暴发的RSV病,一些研究人员建议使用一种商品化牛单价修饰活病毒疫苗来预防RSV,但尚未对该疫苗在绵羊或山羊中的有效性进行研究。此外,目前还没有商品化牛用单价疫苗。

疱疹病毒

在巴氏杆菌暴发期间,由肺脏和鼻拭子中分离出了一种绵羊和山羊的疱疹病毒(Herpesvirus)。目前这种病毒在疾病发展过程中所起的作用还不清楚。在一些报告中,绵羊和山羊的疱疹病毒与鼻炎、外阴阴道炎和流产有关。在绵羊-山羊疱疹病毒试验攻毒后,观察到临床型鼻炎以及气管炎的组织病理学病变。然而,研究中的动物都没有出现严重的临床型疾病。一些报告表明病毒可能处于潜伏状态。特异性山羊疱疹病毒的PCR检测方法已商品化。

诊断

框7-1介绍了呼吸道疾病暴发的诊断方法。

框7-1 呼吸道疾病暴发的管理方法

暴发的评估

- 根据临床症状设定病例定义。
- 根据病例定义确定发病率和死亡率的数据。
- 确定患病动物的年龄。
- 监测疾病的临床进展和对治疗的反应。

诊断性取样

获取急性感染的样本

- ○ 根据上述病例定义选择。
- ○ 治疗前的样本。
- ○ 至少4~6个动物的样本(理想情况下)。
- ○ 疑似疾病诊断中选择合适的检测。

剖检结果及诊断

- ○ 这与急性样本的结果符合吗?

制定标准的操作程序

必须制定程序,保障遵守标签外用药的要求,并确保适宜和一致的管理。方案构成包括:

- ○ 以所有人都理解的方式描述具体的病例定义和选择标准。
- ○ 如果需要治疗的话,根据决策树确定。
- ○ 治疗指南
  - ■使用的药物
  - ■频率
  - ■途径
  - ■休药
- ○ 评估治疗效果和再治疗的算法。
- ○ 疫苗的评估和修改方案。
- ○ 管理(被动传递失败)和设备的评估和修改。

记录

- 记录所有的动物检查和治疗的鉴定数据和结果。
- 保留药物使用和休药的文件。
- 评估疾病暴发的进展和改善情况。
- 生成治疗效果的循证医学数据。

治疗

绵羊和山羊下呼吸道疾病的治疗主要针对细菌感染。病毒感染可能使感染动物易发生继发性细菌感染，但通常病毒感染本身不会引起严重的临床型疾病。细菌性肺炎的治疗，应根据对气管或经气管冲洗样本或者剖检获得的拭子进行的微生物培养和敏感性检测来选择。在获得培养结果之前，应采用经验性抗生素治疗。研究表明，呼吸道病原体对抗生素的耐药性很小，其中大多数对常用抗生素非常敏感。如果在给药后 48 h 内未见疗效，则应尝试另一种抗生素。临床反应的征象可能包括食欲增强、发热减退（除非使用了消炎药）以及恢复动物平时的状态或行为。除了抗生素治疗，全身性症状的患病动物应该考虑给予液体支持疗法和使用抗炎药物。如果患有严重呼吸道疾病的珍贵动物出现了呼吸困难，氧气治疗也可能会有一些好处。如果可能的话，应将所有患有呼吸道疾病的病畜与羊群的其他动物分开，并提供食物和水。

呼吸系统疾病的防控

绵羊和山羊呼吸道疾病的控制和预防主要关注的是环境和应激管理。动物应饲养在通气良好的环境中，大量气体交换防止有害气味的积聚。通过初乳由母羊给羔羊传递充足的被动免疫对幼龄小反刍动物呼吸道疾病的预防和控制是至关重要的。由于缺乏针对临床上所有重要的小反刍动物细菌和病毒毒株的可用商品化疫苗，所以大多数羊群控制呼吸道疾病的管理方案不包括疫苗接种。

其他急性呼吸道疾病

蠕虫性肺炎

具有临床和经济意义的小反刍动物的三种主要肺线虫包括：丝状网尾线虫（*Dictyocaulus filaria*）、毛样缪勒线虫（*Muellerius capillaris*）和红色原圆线虫（*Protostrongylus rufescens*）。其中，毛样缪勒线虫似乎是美国最普遍的肺线虫，在东部州进行了两项研究显示，在山羊群中毛样缪勒线虫的患病率高达 60％[71,72]。已报道的世界其他地区成年山羊的患病率为 100％[73]。丝状网尾线虫具有直接型生活史，摄食感染性幼虫后约有 4 周的潜伏期。[74] 相反，毛样缪勒线虫和红色原圆线虫具有间接型生活史，需要软体动物作为中间宿主[74]。毛样缪勒线虫感染后，山羊比绵羊更容易表现出临床型疾病，山羊的病变多为间质性病变，而绵羊多为胸膜下的病变[74]。

临床症状变化很大，有一些感染动物完全没有临床症状。这种疾病最常见的症状是咳嗽，在某些情况下，可能发生继发性细菌感染[74]。剖检可进行确诊；横膈膜肺叶是受影响最大的部位，可能发现含虫体的结节（毛样缪勒线虫）或小叶病变[74]。一项评估病变严重程度的研究显示，寄生虫感染的病变平均占肺脏表面的 35.1％（山羊羔）和 23.5％（成年山羊）[73]。传统上临死前诊断采取标准的贝尔曼粪便检查法；然而有证据表明采用烧瓶回收法（flask recovery method）的贝尔曼法比一些实验室常用的漏斗法更可靠[75]。这项研究中，烧瓶法的回收率比漏斗法高达 175％。传统驱虫药的治疗包括莫西菌素、芬苯达唑、阿苯达唑、奥芬达唑和伊维菌素[75-80]。研究表明，某些蠕虫的未成熟阶段可能对所有产品都不敏感，35 d 间隔时间内给药 2～3 次可能获得最高的治愈率（见第 6 章）[81]。

吸入性肺炎

吸入大量的饲料或液体会导致强烈的炎症反应和吸入性肺炎的发生。这种临床事件可能继发于吞咽困难或喉麻痹。吸入性肺炎也可能是一种医源性疾病，继发于强制输液或浸泡。病情的严重程度反映了吸入物质的类型和吸入物质的量。治疗包括广谱抗生素和抗炎药物的使用。患吸入性肺炎动物的预后是谨慎的，疾病通常会持续发展，直到死亡或安乐死。

慢病毒病

绵羊进行性肺炎

绵羊进行性肺炎（Ovine Progressive Pneumonia，OPP）是绵羊的一种慢性进行性肺炎，由逆转录病毒科的非致瘤、单股 RNA 慢病毒引起。在北美以外地区 OPP 也被称为梅迪-维斯纳病（madi-visa）。

该病在北美养羊业中发挥着重要的经济破坏作用，造成产量下降、销量下降等经济损失。OPP对绵羊产业的经济影响程度在不同的研究报告中是不同的。一组研究表明，同一群血清阳性绵羊母羊与血清阴性绵羊母羊相比，产羔数量或羊毛油脂重量没有影响[82]。另一方面，研究也表明顽固性乳腺炎造成奶产量下降约10%[83]。另外的研究也表明，OPP感染可以减慢羔羊增重，羔羊的30 d死亡率增高[83,84]。

一旦绵羊感染了OPP，病毒就会持续存在于被感染的单核细胞和巨噬细胞内，并处于持续时间不定的潜伏期。OPP可能发生于山羊，但非常少见[85,86]。已经报道了跨种传播以及混合感染羊群中两种病毒的重组[87,88]。OPP潜伏期长，平均是2～4年。由于潜伏期长，OPP的临床症状通常出现于年龄较大的动物。OPP的血清阳性率随区域不同而异[89]。一项研究显示西得克萨斯的2 040只绵羊群的血清阳性率是0.5%[89]。另一项研究显示，落基山脉地区绵羊的血清阳性率为49%[89]。随后的研究表明，在加拿大阿尔伯塔省宰杀的母羊中，流行率是26.8%，而在来自魁北克的屠宰场调查中，血清阳性率为44%[90,91]。所有已发表的研究显示随着年龄增加，血清阳性率升高。

传播

OPP的传播有几种途径。最常见的传播途径是通过新生幼畜摄入被污染的初乳或乳[92]。据报道也可直接传播，垂直传播很少观察到[92]。邻近饲养以及未感染动物非短暂性的接触感染动物都在传播中发挥重要作用。

OPP病毒具有很强的变异性和形成新血清型的倾向。这种抗原漂移使得新血清型不断产生，导致不同类型疾病的发生。有些动物一生都是无症状的携带者，不发展为临床型疾病，但会把传染性病原释放至环境中。一旦动物被感染，其将终生处于带毒状态。

感染发生后，病毒定位于肺脏、中枢神经系统和造血组织。在肺脏内，病毒刺激网状细胞和淋巴细胞增殖。这种增生过程导致肺泡隔增厚和肺泡内膜腺瘤的发生[93]。OPP是一种慢性退行性疾病，具有缓慢、渐进性的特性。

临床症状

初期的临床症状可能是微妙的，甚至可能不被注意，通常只有在应激、疲劳或恶劣天气期间才会出现。起初，饲养者可能恰巧看到一只动物似乎无精打采或落在羊群后面。在感染动物中局部淋巴结病很常见。其他疾病表现包括硬化性淋巴细胞性乳腺炎（“硬包”）、增生性关节炎以及较少见的非化脓性脑炎[93]。尽管食欲很好，但患病动物逐渐消瘦。发生呼吸困难，并在初期只有用力或运动后表现明显。大多数情况下，除非发生继发性细菌性肺炎，否则不会发热。其他症状可能包括鼻分泌物和咳嗽，但肺脏听诊未发现异常。随着病情的发展，可以注意到动物张口呼吸、鼻孔张大、用力呼气和咳嗽加重。临床过程可能短至3～6个月，但在一些动物中，这种疾病可能持续数年。虽然主要的临床症状是与呼吸系统性能相关的，但也可观察到关节炎、血管炎、乳腺炎、脑炎以及少见的后肢麻痹。与OPP相关的乳腺炎被描述为顽固性乳腺炎，可触诊到一个大而硬的乳房，但未见异常分泌物。这种情况通常被称为“硬包”。后驱神经系统表现通常以共济失调、跌跌撞撞和单侧本体感受缺失开始，持续数周至数月，最终导致后肢瘫痪或偶发的四肢瘫痪[93]。临床病理学研究偶有发现中度低色素性贫血和白细胞增多；晚期患者会出现高血红蛋白血症。不幸的是，死亡率是100%，大多数动物在出现临床症状的一年内被淘汰或死亡。

诊断

有几种方法可以诊断OPP。血清学检测包括ELISA和琼脂凝胶免疫扩散（AGID）检测。一般来说，ELISA检测比AGID检测更敏感，有几种ELISA可供使用[83,94]。PCR检测也可以，而且比病毒分离更经济。当AGID或ELISA检测结果为阳性时，可以使用PCR检测进行确认[83]。诊断以消灭为目的时，建议同时使用这两种检测方法，之后几个月的时间内重复检测2～3次。

OPP感染动物的剖检发现动物肺脏体积很大、很重，是正常肺重的2～3倍。由于肺组织的肿胀程度，有时可在肺发现垂直肋骨印。肺脏整个是坚实的，呈灰蓝色到灰黄色，没有塌陷[93]。在某些情况下，会观察到继发性细菌性肺炎。气管支气管和纵隔的淋巴结肿大，外观灰白色，切面隆起[93]。如果发现关节炎的征象，通常会发生在四肢的关节。会观察到滑膜广泛增生、关节囊纤维化以及关节软骨和骨退行性改变[93]。脊髓和大脑的大体检查结果会是正常的。组织病理学的病变是慢性弥漫性间质性肺炎。呼吸道周围淋巴细胞增生，也可见到血管间质内单核细胞的聚集。偶尔也会观察到淋巴细胞性脑膜炎、脉络膜炎或白质脑炎的特征性变化。

预防

OPP 预防需要清除羊群中的病毒。目前还没有针对 OPP 的疫苗。为了消除羊群的 OPP，必须不引进新羊，建立严格的检测和筛选程序。对整个羊群进行 OPP 检测，所有血清阳性的动物及其产下的任何小于 1 岁的后代应从羊群中剔除，并在单独的畜舍中饲养[95]。所有羔羊应饲喂 OPP 阴性的初乳、牛奶或代乳品。每年应该对整个羊群进行 2 次检测，直到连续 2 次检测结果均为阴性。所有血清学阳性的动物必须从羊群中淘汰。一旦消灭了羊群的 OPP，任何新引进动物在混入羊群饲养之前应该隔离并检测 OPP。

山羊关节炎-脑炎

山羊关节炎-脑炎（Caprine Arthritis-Encephalitis，CAE）是由一种与 OPP 病原体密切相关的病毒引起的（两者都是慢病毒）。虽然呼吸系统疾病不是 CAE 的典型的原发性临床表现，但呼吸系统症状可以看作是疾病过程的一部分。CAE 的传播与 OPP 相似，主要通过摄入被病毒污染的初乳或感染动物的乳进行传播。水平传播也是可能的。间质性疾病发生于 CAE，表现为慢性肺炎并伴有体重减轻和呼吸困难。肺部病变通常分布于肺尾侧或颅腹侧肺叶，与 OPP 感染动物的肺脏非常相似。可通过血清学检查或组织病理学检查进行诊断（见第 13 章和第 16 章）。

干酪性淋巴腺炎

干酪性淋巴腺炎（Caseous Lymphadenitis）是由伪结核棒状杆菌引起的绵羊和山羊的脓肿疾病。这种革兰阳性棒状杆菌存在于粪便、土壤和被感染的动物皮肤中，经剖检可在感染器官中发现。该病原能够在环境中长期生存，因此环境可能成为潜在的感染源或再感染源。该病原通过表面的伤口或黏膜，或接触污染物如剪切刀片、喂食器、梳理工具和垫草等进入机体。一旦伪结核棒状杆菌进入机体，就会沿着淋巴管转移到局部淋巴结；然后传播至身体的其他部位，在淋巴结形成脓肿[97]。这些脓肿可以发生于淋巴结周围或淋巴结内。发病淋巴结的位置影响着临床表现。随着胸部淋巴结的发病，患病动物可能出现呼吸系统疾病的临床症状，如呼吸困难、呼吸急促、慢性咳嗽以及慢性体重减轻。

诊断

干酪性淋巴腺炎可以根据胸部 X 线片发现脓肿进行诊断，也可以根据经气管冲洗样本或脓肿的微生物培养来诊断。在胸腔内，肺实质、纵隔淋巴结或支气管淋巴结可见脓肿。很少波及腹部和骨骼淋巴结。在年老的动物中，内脏淋巴结更常见。

预防

干酪性淋巴腺炎预防的目的是识别所有感染的动物，并将其从羊群中淘汰。在临床症状出现前，可以使用协同溶血抑制（SHI）试验的血清学检测方法识别潜在感染的动物或内脏感染的动物[98]。在 SHI 试验中，之前接种过疫苗的动物呈阳性，因此血清学检测在接种疫苗的羊群中几乎没有意义[98]。由于该病原能够在环境中生存，因此尽可能防止环境污染和传染给其他动物也是很重要的。良好的卫生习惯，如清洁剪刀和剪切刀片可有助于限制该疾病的传播。目前已有一种疫苗，并标明可用于绵羊。该疫苗不能消除羊群中的干酪性淋巴结炎，但能降低疾病的发病率并减轻其严重程度[98]。虽然山羊使用这种疫苗是一种标签外应用，但这种疫苗的使用成功地抑制了该疾病在山羊群中的传播。据报道，接种部位出现了严重的局部反应，包括大而硬的肿胀；在山羊使用这种疫苗之前，必须提醒饲养者注意这种反应的可能性。

球孢子菌病

球孢子菌病是由土壤真菌粗球孢子菌（*Coccidioides immitis*）感染引起的。其可经吸入传播，也可能通过食入或皮肤擦伤传播。这种疾病在美国西南部是地方流行性疾病。

球孢子菌病不是传染性疾病。临床症状包括慢性体重减轻和持续的咳嗽。偶尔也出现发热和周围淋巴结脓肿。剖检发现含有乳状脓性物质的肉芽肿，常位于支气管或纵隔淋巴结。球孢子菌病的诊断依据皮内试验或补体结合试验。微生物检验中的微生物培养或鉴定也可用于诊断。球孢子菌病没有治疗方法或疫苗。

结核病

绵羊和山羊的结核病是由牛分枝杆菌(*Mycobacterium bovis*)引起的。山羊比绵羊更容易感染。据报道,鸟分枝杆菌(*Mycobacterium avium*)和结核分枝杆菌(*Mycobacterium tuberculosis*)有时会引起小反刍动物疾病。在与感染牛或野生动物密切接触的羊群中,结核病的流行率增加。

结核病通常经呼吸道传播。呼吸道分泌物、粪便、乳、尿液、阴道分泌物、精液和引流淋巴结中可以发现感染性微生物。结核杆菌一旦进入呼吸道,侵入局部淋巴结,形成淋巴结中央坏死的肉芽肿。偶尔观察到腹部感染,提示食入是一种可能的传播途径。

临床症状

肺结核的临床症状包括体重减轻和轻度呼吸症状。在疾病的早期,感染的动物表现出深部、湿润的慢性咳嗽。随着病情的发展,出现呼吸急促、呼吸困难和异常肺脏呼吸音。

诊断

疑似病例的诊断可以利用尾部褶皱处的皮内皮肤试验进行。由于其与副结核分枝杆菌(*Mycobacterium paratuberculosis*)、鸟分枝杆菌或结核分枝杆菌发生交叉反应,所以本试验可能出现假阳性结果。在美国,所有阳性或可疑的检测结果必须报告给州兽医,结核病本身就是一种需要上报的疾病。剖检将发现肉芽肿性淋巴结。淋巴结被包裹,含黄色至橙色、奶油状至干酪状的脓性物质和砂质病灶。呼吸道淋巴结比肝脏或肠系膜淋巴结更易受到感染。组织病理学表现包括耐酸生物的存在以及由上皮样细胞带和朗格罕巨细胞带围绕的中央钙化和干酪化,所有均包裹于纤维囊中[1]。

预防

结核病预防的基础是对所有血清阳性动物的鉴定和淘汰。每年都需要对12月龄以上的动物进行检测;连续2次全阴性的结果可以认为该羊群无结核病。美国正在进行一项消灭所有牲畜结核病的国家计划,基础就是严格的检测和淘汰计划。

牛分枝杆菌是人畜共患的病原体,处理这些动物时应小心。

耶氏肺孢子菌肺炎

耶氏肺孢子菌(原称为卡氏肺孢子虫)[*Pneumocystis jiroveci*(*Pneumocystis carinii*) Pneumonia]是一种孢子虫,是后天免疫缺陷综合征虚弱患者患肺炎的更常见病因,但这种真菌也能引起小反刍动物的感染。感染的动物通常有慢性疾病史,并伴有某种形式的免疫抑制,使病原体得以繁殖。临床症状包括发热、体重减轻、呼吸急促、黏液性鼻腔分泌物、慢性咳嗽、虚弱和心动过速,并发展为死亡。感染动物的肺脏剖检发现弥漫性和局部广泛性间质性肺炎。诊断中需要排除的重要疾病是结核和干酪性淋巴结炎。目前还没有耶氏肺孢子菌有效的治疗方法。

绵羊肺癌

绵羊肺癌(Ovine Pulmonary Carcinoma,OPA)也被称为SPA(sheep pulmonary carcinoma)或绵羊肺腺瘤(jaagsiekte)。绵羊肺癌是由逆转录病毒引起的一种进展缓慢的、传染性病毒感染疾病。观察到该疾病的敏感性与年龄有关,10周龄以下的新生羊羔和羔羊对本病最易感。山羊的自然发病率较低,但在试验条件下OPA能在山羊羔间传播。OPA在世界范围内分布(澳大利亚除外),可能是一种散发性疾病,也可能是地区的地方性疾病。其特征是肺脏液体或鼻腔分泌物中病毒的浓度高。在一些患有OPP的动物中也同时发现患有OPA。临床症状通常见于2~4岁的动物,包括渐进性呼吸困难、呼吸急促和体重减轻。用力后肺脏听诊显示肺脏呼吸音粗粝,有时会发出爆裂声和喘鸣声。咳嗽只是一个偶见的症状,并不是一致性症状。当动物低下头或抬起尾部时,可以观察到液体从鼻孔流出。除非发生继发性细菌性肺炎,否则一般不会发热,且大多数动物食欲也不受影响。OPA是一种渐进性疾病,在出现临床症状的数周至数月内死亡。根据剖检结果进行诊断。在检查中,肺脏的重量异常重,切面有明显的渗出物,气管内可见透明的泡沫状液体。颅腹侧肺叶可见均质坚硬的灰质大肿块,肺脏的尾背侧肺叶有小肿块。研究认为肿瘤是肺泡Ⅱ型或非纤毛细支气管细胞。10%的病例转移至支气管或纵隔淋巴结。目前还没有治疗方法或疫苗。根除计划是建立在大规模屠宰的基础上的,因为目前还没有可用的生前检测方法。

肺外疾病

胸膜炎和胸膜脓肿

发病机理

胸膜炎在小反刍动物中很少见，通常继发于其他病理过程，如肺炎、脓肿（胸膜、伪性结核、肝或胸骨）、外伤、低蛋白血症、败血症（包括梭菌血症）和肿瘤[1,7]。曼氏杆菌（*Mannheimia*）、巴氏杆菌（*Pasteurella*）和支原体（*Mycoplasma*）是山羊胸膜肺炎最常见的细菌病因[1]；据报道，绵羊贺氏菌（*Helcococcus ovis*）可引起绵羊胸膜炎和支气管肺炎[99]。胸膜渗出是由低蛋白血症、右心衰竭、肿瘤或橡子中毒引起的[7]。

临床症状

患病动物可能出现体重减轻、生产性能下降、发热、精神沉郁、疼痛和异常姿势、呼吸困难和呼吸用力受限。听诊时可能出现可叩知的液体线、摩擦音和肺音减弱；然而，这些临床症状并非所有病例都出现，局灶性胸膜脓肿的听诊可能是正常的[100]。

诊断

临床病理表现包括炎症白细胞象、慢性疾病的轻度贫血和慢性病例的高球蛋白血症。超声检查是有帮助的，对于诊断局灶性胸膜脓肿可能是必要的[100]。胸腔穿刺术、胸腔积液分析和培养（必要时）有助于确定胸腔积液的原因，帮助指导治疗方案。

治疗

需要治疗潜在的疾病。在胸膜炎的病例中，可以使用商品化灌洗系统的胸管进行灌洗，并且可以使用局部麻醉用于长期操作进行灌洗。大口径胸管应该插入第 5 肋间隙或第 6 肋间隙（肘关节水平）。如果可能的话，建议使用超声引导。一般来说，一根胸管既可以用来冲洗，也可以用来排除液体[101]。长期的抗生素治疗可能对局灶性胸膜脓肿有效果[100]。

膈疝

膈疝（Diaphragmatic Hernia）可能是先天的或后天形成的，通常继发于分娩、繁殖（雄性）或外伤。临床症状不同，取决于哪个器官疝；在小反刍动物中，最常见的是网状组织[7]。可能观察到呼吸困难、虚弱、恶病质、肺脏呼吸音不清以及低回声和胸廓腹鸣[101]。通过 X 线片或超声成像诊断，已经在其他物种描述了外科修复，应该也适用于绵羊和山羊。这种情况重要的一点是，在体型相对较小的绵羊和山羊中，膈肌的外科暴露更像一只大型犬，而不是像其他农场动物。在修复成年牛和马的膈疝时，最大的挑战是非常深的腹腔和非常大的膈肌。体型的问题是为什么临床兽医偶尔需要采用副旁切口、辅助胸廓切开术或一些切口组合来修复这些成年物种膈肌撕裂的原因。然而，通过靠头侧的腹正中线剖腹手术切口可以实现对绵羊和山羊任何膈疝的充分暴露。使用倾斜手术台和大型内脏牵引器也会增加手术的暴露。手术前应禁食 48 h 以减少瘤胃内容物。如果动物的病情需要紧急手术，也可以出于同样的原因进行瘤胃切开术，而不是等待 48 h（见第 5 章）。疝气修复可以以连续褥式缝合方式用大单丝（可吸收或不可吸收）缝合。只有在疝气不能闭合，并且需要清洁手术环境时，才能使用疝修补片[101]。

气胸

气胸（Pneumothorax）在小反刍动物中不常见。当发生时，通常是单侧的。病因包括创伤、捕食者攻击和气肿性肺大泡的破裂。动物会出现吸气困难、腹部用力增加以及患侧肺脏呼吸音减弱。在叩诊的过程中，双侧存在明显的共振差异。胸部 X 线片可以确诊。在患侧尾侧肺叶的背侧放置一个带单向阀的胸导管。导管应插入肋间隙的尾部，避免损伤沿肋间隙边缘分布的肋间血管。皮肤切口应该位于距离尾侧 1～2 cm 的位置，使胸管处于皮肤下方，穿过体壁，形成封闭的状态。使用预防性抗生素来预防胸膜炎[101]。

肿瘤

实质性肿瘤

前文已详细地讨论了绵羊肺癌（属于“慢病毒病”）。其他罕见实质性肿瘤（NEOPLASIA）有羔羊横纹肌肉瘤和安哥拉山羊的多发性肺脏乳头状瘤[102]。

胸腔肿瘤

较常见的胸腔肿瘤(Thoracic Cavity Tumors)包括胸腺瘤、胸腺淋巴瘤、纵隔淋巴瘤、胸膜间皮瘤和鳞状细胞癌。目前为止，胸腺瘤是山羊最常见的肿瘤[103,104]，特征是成年山羊和绵羊的上皮或淋巴细胞来源的肿瘤[103,105]。相比之下，胸腺淋巴瘤是一种起源于胸腺的淋巴瘤，可能转移到其他器官和结构，如淋巴结、肝脏、脾脏、肾脏和肺脏。尽管胸腺淋巴瘤在成年羊中也有报道，但在幼年动物中更为常见[105]。

临床症状

这些胸部肿瘤是占位性肿块，因此可能引起并发的胸膜炎和积液[102]。假性结核脓肿也可发展为胸部占位性肿块，应该加以鉴别诊断。动物可能无症状(屠宰期间通常偶然发现的胸腺瘤[102])或表现为渐进性呼吸困难、恶病质和运动不耐受。触诊可能发现胸部入口处肿大。气管移位和充血性心力衰竭的继发性咳嗽可能发生[103,104]。虽然重症肌无力与毛细血管胸腺瘤无关，但一项研究报道了一例山羊继发性巨型食管的报告[106]。

诊断

在X线片或超声成像上可以见到肿瘤的边缘、矿化和器官移位[103]。可以做胸腔积液或肿瘤抽吸物的细胞学分析，但胸腺瘤和胸腺淋巴瘤往往需要活检样本用于诊断。即使是超声引导下的活检也不能提供足够的组织，通常由剖检和组织病理学检查作出最终的诊断。理论上胸腺瘤可以经手术切除，胸腺淋巴瘤和间皮瘤通常是转移性的或广泛分布于胸膜腔，不适合手术切除[102]。

植物中毒

典型的间质性肺炎

发病机理

紫苏薄荷(紫苏果)的叶子和种子中含有一种肺炎球菌毒素，在瘤胃中代谢会产生有毒的中间体。这些物质损害Ⅰ型肺泡细胞和细支气管上皮细胞。细胞损伤导致透明膜形成、Ⅱ型肺泡细胞增殖和腺瘤。这种植物在开花和种子生长阶段(8—10月)毒性最强。其他类似的有毒植物包括发霉的甘薯(发霉的腐皮镰孢产生4-甘薯黑疱霉醇毒素)、含有 *D*,*L*-色氨酸的芸苔属植物(如油菜、羽衣甘蓝、萝卜和甜菜叶)。*D*,*L*-色氨酸在瘤胃中转化为有毒的3-甲基吲哚中间体[1,7]。

临床症状

临床症状包括急性呼吸困难和呼吸急促、张口呼吸、头部和颈部伸展姿势以及急性死亡。疲劳和应激可能会诱发或加重症状。

诊断

根据临床表现和病史进行诊断。剖检时，肺脏潮湿、沉重、肺气肿和不塌陷；可以观察到肋骨印迹。组织病理学检查证实间质水肿、肺气肿、充血和肺泡上皮细胞增生[7]。

治疗

治疗的重点应该是尽量减少应激和兴奋，并提供一般性支持性治疗。

氢氰化物中毒

发病机理

在应激或对抗损害(如枯萎病、霜冻或干旱)时，生氰糖苷植物会产生氰化氢(HCN)(表7-1)。食入这种有害植物后，HCN会阻碍细胞呼吸，导致组织缺氧。正常情况下，肝脏可解毒HCN；每50 kg体重的绵羊每小时可耐受22 mg的HCN[107]。

临床症状

肝功能衰竭时出现临床症状；快速摄入2～4 mg/kg的HCN是致命的。绵羊和牛比山羊更容易受感染。[7]发现时患病动物已死亡。如果早发现动物接触HCN致病，可以追踪其临床病程，可观察到呼吸困难和其他脑缺氧的症状，如焦虑、跌跌撞撞、震颤和晚期惊厥。氧合血红蛋白会使血液呈现鲜红色[107]。

表 7-1 硝酸盐累积的植物和产氰糖苷的植物

硝酸盐累积的植物		产氰糖苷的植物	
牧草		苹果	*Pyrus malus*
加拿大蓟	*Cirsium arvense*	水毒冬属	*Triglochin maritima*
小花锦葵	*Malva parviflora*	小角百脉根	*Lotus corniculatus*
酸模	*Rumex* spp.	木薯	*Manihot esculenta*
地肤	*Kochia scoparia*	樱桃、杏、桃	*Prunus* spp.
曼陀罗	*Datura* spp.	玉米	*Zea mays*
白藜、藜	*Chenopodium* spp.	接骨木果	*Sambucus canadensis*
茄属	*Solanum* spp.	亚麻	*Linum*
苋属	*Amaranthus*	绣球花	*Hydrangea* spp.
俄罗斯蓟草	*Salsola pestifer*	异被滨藜属	*Suckleya suckleyana*
蓼车	*Polygonum* spp.	匍匐冰草或根筋草	*Cynodon* spp.
苏丹草或阿拉伯高粱	*Sorghum* spp.	苏丹草或阿拉伯高粱	*Sorghum* spp.
草木樨属	*Melilotus officinalis*	糖桉树	*Eucalyptus cladocalyx*
野葵花	*Medicago sativa*	柳叶石楠、加州冬青	*Heteromeles arbutifolia*
农作物		青豆	*Phaseolus lunatus* L.
苜蓿草	*Medicago sativa*	绒毛草属	*Hoecus lunatus*
甜菜根	*Beta vulgaris*	箭舌豌豆	*Vicia sativa*
玉米	*Zea mays*	白车轴草	*Trifolium repens*
亚麻	*Linum usitatissimum*		
燕麦	*Avena sativa*		
油菜	*Brassica napus*		
黑麦	*Secale cereale*		
大豆	*Glycine max*		
苏丹草或阿拉伯高粱	*Sorghum* spp.		
小麦	*Triticum aestivum*		

数据来自:*Osweiler GD et al. Clinical and Diagnostic Veterinary Toxicology, 3rd edition, Dubuque, IA, 1985, Kendall/Hunt; Smith MC, Sherman DM: Respiratory System. In Smith MC, Sherman DM, editors: Goat Medicine, 2nd edition, Ames, IA, 2009, Wiley-Blackwell; and Smith, Bradford P. Large Animal Internal Medicine, 4th Edition. Mosby.*

诊断

瘤胃的内容物可能有一种特殊的"苦杏仁"气味[1]。可以检测肝、瘤胃的 HCN 含量,阈值分别是 1.4 μg 和 10 μg[7]。样品应迅速冷冻或加 1%～3% 氯化汞处理,以防止采样后 HCN 丢失[107]。也可以检测饲料和植物,HCN 含量超过 200 ppm 是有毒的[107]。尽管低于毒性浓度时,"苦味酸盐试纸"试验可能会产生阳性结果,但在野外操作很容易(苦味酸盐试纸是将 5 g 碳酸氢钠溶液和 0.5 g 苦味酸溶液分别加入 100 mL 的水中,经处理后制成的滤纸)。将可疑的植物材料碾碎并浸入水中。苦味酸盐试纸是使用溶液浸湿并加热至 86～95℉。阳性检测结果是几分钟后试纸颜色变为红砖色[107]。

治疗

应尽快静脉输注亚硝酸钠(22 mg/kg)[107]。此外,应该立即给予硫代硫酸钠(67～660 mg/kg,静脉注射[107])或亚甲基蓝(1%溶液,4～15 mg/kg、静脉注射[1]),必要时重复。亚甲基蓝也可以单独给药,给予药物剂量范围的上限[108]。在山羊中,硫代硫酸钠也可以每小时口服给予 6 g/只,以结合瘤胃中游离的 HCN[1]。值得注意的是,在美国这些治疗方法不属于《兽用药物使用澄清法案》(AMDUCA)

的指导方针。弃奶期会有所不同，但美国农业部(UDSA)资助的食品用动物残留物避免和消除项目(FARAD)已经发布了建议，使用亚硝酸钠和硫酸钠后乳的弃奶期是48 h，肉类的休药期是24 h[109]。由于亚甲基蓝可能会致癌，这种药物不应用于哺乳期的动物，并且应遵循肉类180 d的休药期的规定。

硝酸盐-亚硝酸盐中毒

发病机理

由植物和水中摄入的硝酸盐在瘤胃内转化为亚硝酸盐。亚硝酸盐会与血液中的铁离子结合，将血红蛋白转化为高铁血红蛋白。高铁血红蛋白携带氧气的能力下降，导致缺氧和死亡。在营养状态下硝酸盐累积(表7-1)，特别是在干旱后、快速生长和肥沃的土壤中；硝酸盐不会在水果或谷物中累积[107]。金合欢亚属翠云草(相思树)中毒也会导致高铁血红蛋白的产生[1]。

临床症状

临床症状与全身性缺氧的症状是一致的，包括呼吸困难、心动过速、黏膜发绀、运动不耐受和猝死；在接触亚致死性剂量后的几天到一周内可能会发生流产。一旦高铁血红蛋白形成达到30%～40%的阈值，临床症状会出现；一旦80%～90%的血红蛋白转化为高铁血红蛋白，动物就会死亡[107]。

诊断

临床表现和病史具有提示意义。高铁血红蛋白的形成会使血液呈现深褐色；产生30%的高铁血红蛋白会同时出现这种变化和临床症状[1]。中毒可通过检测血液、尿液或体液中亚硝酸盐的水平来确认；野外的样品应冷冻[107]。饲料中的硝酸盐含量应低于日粮的1%，而水的含量应低于1 500 ppm。

治疗

中毒轻微的动物(如高铁血红蛋白浓度为40%～50%的动物)可自行恢复[107]。应每6～8 h静脉注射4～15 mg/kg的1%亚甲基蓝溶液；过量亚甲基蓝用于反刍动物(绵羊需要大于30 mg/kg)在临床环境中很难实现[107]。这种治疗不属于美国AMDUCA指南的范围。由于亚甲基蓝可能致癌，该药物不应该用于哺乳期的动物，应遵守肉品180 d休药期的规定[109]。冷水灌洗瘤胃和口服青霉素可减缓硝酸盐的转化[110]。

参考文献

[1] Smith M, Sherman D: Respiratory system. In Smith M, Sherman D, editors: *Goat medicine*, Ames, Iowa, 2009, Wiley-Blackwell.

[2] Constantinescu G: *Guide to regional anatomy based on the dissection of the goat*, Ames, Iowa, 2001, Iowa State University Press.

[3] Guyton A, Hall J: Physical principles of gas exchange; diffusion of oxygen and carbon dioxide through the respiratory mem brane. In Guyton A, Hall J, editors: *Textbook of medical physiology*, Philadelphia, 1996, WB Saunders.

[4] Guyton A, Hall J: Pulmonary ventilation. In Guyton A, Hall J, editors: *Textbook of medical physiology*, Philadelphia, 1996, WB Saunders.

[5] Dorchies P, Duranton C, Jacquiet P: Pathophysiology of *Oestrus ovis* infection in sheep and goats: a review, *Vet Rec* 142:487-489, 1998.

[6] Bowman D, editor: *Georgis'parasitology for veterinarians*, St. Louis, 2003, WB Saunders.

[7] Belknap E: Diseases of the respiratory system. In Pugh D, editor: *Sheep and goat medicine*, Philadelphia, 2002, WB Saunders.

[8] Baynes RE, et al: Extralabel use of ivermectin and moxidectin in food animals, *J Am Vet Med Assoc* 217:668-671, 2000.

[9] Hoste H, et al: Efficacy of eprinomectin pour-on against gastrointestinal nematodes and the nasal bot fly (*Oestrus ovis*) in sheep, *Vet Rec* 154: 782-785, 2004.

[10] Habela M, et al: Efficacy of eprinomectin pour-on in naturally *Oestrus ovis* infested merino sheep in Extremadura, South-West Spain, *Parasitol Res* 99: 275-280, 2006.

[11] Nithiuthai S, et al: Waterborne zoonotic helminthiases, *Vet Parasitol* 126:167-193, 2004.

[12] De las Heras M, et al: Experimental transmission of enzootic intranasal tumors of goats, *Vet Pathol* 32: 19-23, 1995.

[13] McKinnon AO, et al: Enzootic nasal adenocarcinoma of sheep in Canada, *Can Vet J* 23:88-94, 1982.

[14] Rings DM, Rojko J: Naturally occurring nasal obstructions in 11 sheep, *Cornell Vet* 75: 269-276, 1985.

[15] De las Heras M, Garcia de Jalon J, Sharp J:

Pathology of enzootic intranasal tumor in thirty-eight goats, *Vet Pathol* 28:474, 1991.

[16] De las Heras M, et al: Evidence for a type D-like retrovirus in enzootic nasal tumour of sheep, *Vet Rec* 132:441, 1993.

[17] DeMartini JC, York DF: Retrovirus-associated neoplasms of the respiratory system of sheep and goats. Ovine pulmonary carcinoma and enzootic nasal tumor, *Vet Clin North Am Food Anim Pract* 13:55-70, 1997.

[18] Trent A, Smart M, Fretz P: Surgical management of nasal adenocarcinomas in sheep, *J Am Vet Med Assoc* 193:227-229, 1988.

[19] Spickler A, Roth J: *Emerging and exotic diseases of animals*, ed 2, Ames, Iowa, 2004, Iowa State University Press.

[20] Barrington G, Tucker R: Use of computed tomography to diagnise sinusitis in a goat, *Vet Radiol Ultrasound* 37:118, 2005.

[21] Lakritz J, Rings D, Hull B: Disorders of the upper respiratory tract in food animals In. In Anderson D, Rings D, editors: *Current veterinary therapy: food animal practice*, Philadelphia, 2009, Saunders.

[22] de Lahunta A, Habel R: Paranasal sinuses. In de Lahunta A, Habel R, editors: *Applied veterinary anatomy*, Philadelphia, 1986, WB Saunders.

[23] Le T, et al: The efficacy of topical antibiofilm agents in a sheep model of rhinosinusitis, *Am J Rhinol* 22:560-567, 2008.

[24] Washburn KE, et al: Comparison of three treatment regimens for sheep and goats with caseous lymphadenitis, *J Am Vet Med Assoc* 234: 1162-1166, 2009.

[25] Goulding R, et al: Use of a permanent tracheostomy to treat laryngeal chondritis and stenosis in a heifer, *Vet Rec* 152:809-811, 2003.

[26] Lane JG, et al: Laryngeal chondritis in Texel sheep, *Vet Rec* 121:81-84, 1987.

[27] Milne MH, et al: Successful medical treatment of laryngeal chondritis in cattle, *Vet Rec* 147: 305-306, 2000.

[28] Jackson PG, et al: Tracheal collapse in a goat, *Vet Rec* 119:160, 1986.

[29] Belli CB, et al: Trachael collapse in an adult goat, *Can Vet J* 44:835-836, 2003.

[30] Fernandez A, et al: Morphological evidence of a filamentous cilia-associated respiratory (CAR) bacillus in goats, *Vet Pathol* 33:445-447, 1996.

[31] Oros J, et al: Association of cilia-associated respiratory (CAR) bacillus with natural chronic tracheitis in goats, *J Comp Pathol* 117: 289-294, 1997.

[32] Blackall PJ, et al: Reclassification of [*Pasteurella*] *trehalosi* as *Bibersteinia trehalosi* gen nov comb nov, *Int J Syst Evol Microbiol* 57:666-674, 2007.

[33] Brogden KA, Lehmkuhl HD, Cutlip RC: *Pasteurella haemolytica* complicated respiratory infections in sheep and goats, *Vet Res* 29:233-254, 1998.

[34] Berge AC, Sischo WM, Craigmill AL: Antimicrobial susceptibility patterns of respiratory tract pathogens from sheep and goats, *J Am Vet Med Assoc* 229:1279-1281, 2006.

[35] Ward AC, et al: Characterization of *Pasteurella* spp. isolated from healthy domestic pack goats and evaluation of the effects of a commercial *Pasteurella* vaccine, *Am J Vet Res* 63:119-123, 2002.

[36] Zamri-Saad M, Ernie ZA, Sabri MY: Protective effect following intranasal exposure of goats to live *Pasteurella multocida* B:2, *Trop Anim Health Prod* 38: 541-546, 2006.

[37] Goodwin-Ray KA, Stevenson MA, Heuer C: Effect of vaccinating lambs against pneumonic pasteurellosis under New Zealand field conditions on their weight gain and pneumonic lung lesions at slaughter, *Vet Rec* 162:9-11, 2008.

[38] Ayling RD, Bashiruddin SE, Nicholas RA: *Mycoplasma* species and related organisms isolated from ruminants in Britain between 1990 and 2000, *Vet Rec* 155:413-416, 2004.

[39] Lin YC, et al: Isolation and immunological detection of *Mycoplasma ovipneumoniae* in sheep with atypical pneumonia, and lack of a role for, *Mycoplasma arginini*, *Res Vet Sci* 84:367-373, 2008.

[40] Sheehan M, et al: An aetiopathological study of chronic bronchopneumonia in lambs in Ireland, *Vet J* 173:630-637, 2007.

[41] Goncalves R, et al: Atypical non-progressive pneumonia in goats, *Vet J* 183:219-221, 2010.

[42] Alley MR, Ionas G, Clarke JK: Chronic non-progressive pneumonia of sheep in New Zealand—a review of the role of *Mycoplasma ovipneumoniae*, *N Z Vet J* 47:155-160, 1999.

[43] Manso-Silvan L, et al: *Mycoplasma leachii* sp. nov. as a new species designation for *Mycoplasma* sp. bovine group 7 of Leach, and reclassification of *Mycoplasma mycoides* subsp. *mycoides* LC as a serovar of *Mycoplasma mycoides* subsp. *capri*, *Int J Syst Evol Microbiol* 59:1353-1358, 2009.

[44] Abu-Groun EA, et al: Biochemical diversity within the "*Mycoplasma mycoides*" cluster, *Microbiology* 140: 2033-2042, 1994.

[45] Harasawa R, Hotzel H, Sachse K: Comparison of the 16S-23S rRNA intergenic spacer regions among strains of the *Mycoplasma mycoides* cluster, and reassessment of the taxonomic position of Mycoplasma sp. bovine group 7, *Int J Syst Evol Microbiol* 50: 1325-1329, 2000.

[46] Manso-Silvan L, Perrier X, Thiaucourt F: Phylogeny of the *Mycoplasma mycoides* cluster based on analysis of five conserved protein-coding sequences and possible implications for the taxonomy of the group, *Int J Syst Evol Microbiol* 57:2247-2258, 2007.

[47] Thiaucourt F, et al: Phylogeny of the *Mycoplasma mycoides* cluster as shown by sequencing of a putative membrane protein gene, *Vet Microbiol* 72: 251-268, 2000.

[48] Vilei EM, Korczak BM, Frey J: *Mycoplasma mycoides* subsp. *capri* and *Mycoplasma mycoides* subsp. mycoides LC can be grouped into a single subspecies, *Vet Res* 37:779-790, 2006.

[49] Giadinis ND, et al: Mortality in adult goats attributed to *Mycoplasma capricolum* subspecies *capricolum*, *Vet Rec* 163:278-279, 2008.

[50] East NE, et al: Milkborne outbreak of *Mycoplasma mycoides* subspecies mycoides infection in a commercial goat dairy, *J Am Vet Med Assoc* 182: 1338-1341.

[51] DaMassa AJ, et al: Caprine mycoplasmosis: acute pulmonary disease in newborn kids given *Mycoplasma capricolum* orally, *Aust Vet J* 60:125-126.

[52] DaMassa AJ, Brooks DL, Adler HE: Caprine mycoplasmosis: widespread infection in goats with *Mycoplasma mycoides* subsp. *mycoides* (large-colony type), *Am J Vet Res* 44:322-325, 1983.

[53] Jayaraman A, Wood TK: Bacterial quorum sensing: signals, circuits, and implications for biofilms and disease, *Annu Rev Biomed Eng* 10:145-167, 2008.

[54] Amores J, et al: Comparison of culture and PCR to detect *Mycoplasma agalactiae* and *Mycoplasma mycoides* subsp. *capri* in ear swabs taken from goats, *Vet Microbiol* 140:105-108, 2010.

[55] Jimena ON, et al: Association of *Raillietia caprae* with the presence of mycoplasmas in the external ear canal of goats, *Prev Vet Med* 92:150-153, 2009.

[56] DaMassa AJ, Brooks DL: The external ear canal of goats and other animals as a mycoplasma habitat, *Small Rumin Res* 4: 85-93, 1991.

[57] Msami H, et al: Contagious caprine pleuropneumonia in Tanzania, *Vet Rec* 148:22-23, 2001.

[58] Kaliner G, MacOwan K: The pathology of experimental and natural contagious caprine pleuropneuominia in Kenya, *Zentralbl Veterinarmed* 23: 652-661, 1976.

[59] Kaltenboeck B, et al: Use of synthetic antigens improves detection by enzyme-linked immunosorbent assay of antibodies against abortigenic *Chlamydia psittaci* in ruminants, *J Clin Micro-biol* 35: 2293-2298, 1997.

[60] Huang J, et al: Quantitative detection of *Chlamydia* spp. by fluorescent PCR in the LightCycler, *Biotechniques* 30:150-157, 2001.

[61] DeGraves FJ, et al: Quantitative detection of *Chlamydia psittaci* and *C. pecorum* by high-sensitivity real-time PCR reveals high prevalence of vaginal infection in cattle, *J Clin Microbiol* 41: 1726-1729, 2003.

[62] Lamontagne L, Descoteaux JP, Roy R: Epizootiological survey of parainfluenza-3, reovirus-3, respiratory syncytial and infectious bovine rhinotracheitis viral antibodies in sheep and goat flocks in Quebec, *Can J Comp Med* 49: 424-428, 1985.

[63] Lehmkuhl HD, et al: Seroepidemiologic survey for antibodies to selected viruses in the respiratory tract of lambs, *Am J Vet Res* 46:2601-2604, 1985.

[64] Goyal SM, et al: Prevalence of antibodies to seven viruses in a flock of ewes in Minnesota, *Am J Vet Res* 49:464-467, 1988.

[65] Giangaspero M, et al: Prevalence of antibodies against respiratory viruses (parainfluenza virus type 3, respiratory syncytial virus, reovirus and adenovirus) in relation to productivity in Syrian Awassi sheep, *Trop Anim Health Prod* 29: 83-91, 1997.

[66] Rodger JL: Parainfluenza 3 vaccination of sheep, *Vet Rec* 125:453-456, 1989.

[67] Lehmkuhl HD, et al: Pathogenesis of infection induced by an adenovirus isolated from a goat, *Am J Vet Res* 58:608-611, 1997.

[68] Van der Poel WH, et al: Bovine respiratory syncytial virus antibodies in non-bovine species, *Arch Virol* 140:1549-1555, 1995.

[69] Gaffuri A, et al: Serosurvey of roe deer, chamois and domestic sheep in the central Italian Alps, *J Wildl Dis* 42:685-690, 2006.

[70] Masot AJ, et al: Lesions in lambs experimentally infected with bovine respiratory syncytial virus, *Histol Histopathol* 10:71-77, 1995.

[71] Ashraf M, Nepote KH: Prevalence of gastrointestinal nematodes, coccidia and lungworms in Maryland dairy goats, *Small Rumin Res* 3: 291-298, 1990.

[72] Anderson DL, Roberson EL: Gastrointestinal and respiratory parasitism in Georgia goats, *Agri-Practice* 17:20-24, 1996.

[73] Berrag B, Cabaret J: Assessment of the severity of natural infections of kids and adult goats by small lungworms (Protostrongylidae, Nematoda) using macroscopic lesion scores, *Vet Res* 28: 143-148, 1997.

[74] Smith B, editor: *Large animal internal medicine*, St Louis, 2007, Mosby.

[75] McKenna PB: Comparative evaluation of two emigration/sedimentation techniques for the recovery of dictyocaulid and protostrongylid larvae from faeces, *Vet Parasitol* 80:345-351, 1999.

[76] Bliss EL, Greiner EC: Efficacy of fenbendazole and cambendazole against *Muellerius capillaris* in dairy goats, *Am J Vet Res* 46:1923-1925, 1985.

[77] Geurden T, Vercruysse J: Field efficacy of eprinomectin against a natural *Muellerius capillaris* infection in dairy goats, *Vet Parasitol* 147:190-193, 2007.

[78] Helle O: The efficacy of fenbendazole and albendazole against the lungworm *Muellerius capillaris* in goats, *Vet Parasitol* 22: 293-301, 1986.

[79] McCraw BM, Menzies PI: Treatment of goats infected with the lungworm *Muellerius capillaris*, *Can Vet J* 27:287-290, 1986.

[80] Papadopoulos E, et al: Treatment of small lungworm infestation in sheep by using moxidectin, *Vet Parasitol* 121:329-336, 2004.

[81] Smith M, Sherman D, editors: *Goat medicine*, Philadelphia, 1994, Lea & Febiger.

[82] Snowder GD, et al: Prevalence and effect of subclinical ovine progressive pneumonia virus infection on ewe wool and lamb production, *J Am Vet Med Assoc* 197:475-479, 1990.

[83] Peterhans E, et al: Routes of transmission and consequences of small ruminant lentiviruses (SRLVs) infection and eradication schemes, *Vet Res* 35:257-274, 2004.

[84] Arsenault J, et al: Maedi-visna impact on productivity in Quebec sheep flocks (Canada), *Prev Vet Med* 59:125-137, 2003.

[85] Banks KL, et al: Experimental infection of sheep by caprine arthritis-encephalitis virus and goats by progressive pneumonia virus, *Am J Vet Res* 44:2307-2311, 1983.

[86] Shah C, et al: Direct evidence for natural transmission of small-ruminant lentiviruses of subtype A4 from goats to sheep and vice versa, *J Virol* 78:7518-7522, 2004.

[87] Gjerset B, Jonassen CM, Rimstad E: Natural transmission and wcomparative analysis of small ruminant lentiviruses in the Norwegian sheep and goat populations, *Virus Res* 125:153-161, 2007.

[88] Pisoni G, et al: Demonstration of coinfection with and recombination by caprine arthritis-encephalitis virus and maedi-visna virus in naturally infected goats, *J Virol* 81:4948-4955, 2007.

[89] de la Concha-Bermejillo A, Magnus-Corral SSM: Seroprevalence of ovine progressive pneumonia in Texas sheep, *Texas Agricul- tural Experiment Station Research Reports* PR-5223:34-35, 1994.

[90] Fournier D, Campbell JR, Middleton DM: Prevalence of maedi-visna infection in culled ewes in Alberta, *Can Vet J* 47:460-466, 2006.

[91] Arsenault J, et al: Prevalence of and carcass condemnation from maedi-visna, paratuberculosis and caseous lymphadenitis in culled sheep from Quebec, Canada, *Prev Vet Med* 59:67-81, 2003.

[92] Leroux C, Mornex JF: Retroviral infections in sheep and the associated diseases, *Small Rumin Res* 76:68-76, 2008.

[93] de la Concha-Bermejillo A: Maedi-visna and ovine progressive pneumonia, *Vet Clin North Am Food Anim Pract* 13:13-33, 1997.

[94] de Andres D, et al: Diagnostic tests for small ruminant lentiviruses, *Vet Microbiol* 107: 49-62, 2005.

[95] Reina R, et al: Prevention strategies against small ruminant lentiviruses: an update, *Vet J* 182: 31-37, 2009.

[96] Rowe JD, East NE: Risk factors for transmission and methods for control of caprine arthritis-encephalitis virus infection, *Vet Clin North Am Food Anim Pract* 13:35-53, 1997.

[97] Fontaine MC, Baird GJ: Caseous lymphadenitis, *Small Rumin Res* 76:42-48, 2008.

[98] Williamson LH: Caseous lymphadenitis in small ruminants, *Vet Clin North Am Food Anim Pract* 17: 359-371, 2001.

[99] Zhang Y, et al: Isolation of *Helcococcus ovis* from

sheep with pleuritis and bronchopneumonia, *J Vet Diagn Invest* 21:164-166, 2009.

[100] Scott P, et al: Relationship between thoracic auscultation and lung pathology detected by ultrasonography in sheep, *Vet J* 186:53-57, 2010.

[101] Gaughan E, Provo-Klimek J, Ducharme N: Surgery of the bovine respiratory and cardiovascular systems. In Fubini S, Ducharme N, editors: *Farm animal surgery*, St Louis, 2004, WB Saunders.

[102] Valentine B, Neoplasia: In Fubini S, Ducharme N, editors: *Farm animal surgery*, St Louis, 2004, WB Saunders.

[103] Olchowy TW, et al: Metastatic thymoma in a goat, *Can Vet J* 37:165-167, 1996.

[104] Rostkowski CM, Stirtzinger T, Baird JD: Congestive heart failure associated with thymoma in two Nubian goats, *Can Vet J* 26:267-269, 19885.

[105] Sandison AT, Anderson LJ: Tumors of the thymus in cattle, sheep, and pigs, *Cancer Res* 29: 1146-1150, 1969.

[106] Parish SM, Middleton JR, Baldwin TJ: Clinical megaoesophagus in a goat with thymoma, *Vet Rec* 139:94, 1996.

[107] Osweiler G: *Clinical and diagnostic veterinary toxicology*, ed 3, Dubuque, Iowa, 1985, Kendall/Hunt.

[108] Pickerell J, Oehme F: Cyanogenic glycosides. In Plumlee K, editor: *Clinical veterinary toxicology*, St Louis, 2004, Mosby.

[109] Bright S, Post L: Veterinary antidotes and availability: an update. Retrieved April 16, 2010, from www. abvy. org/public/docs/antidoteupdate08.

[110] Casteel S, Evans T: Nitrate. In Plumlee K, editor: *Clinical veterinary toxicology*, St Louis, 2004, Mosby.

第8章

羊的兽医产科学

兽医产科学是一个涉及生殖生理学、病理学、外科和医学的兽医研究领域。这一章主要讨论绵羊和山羊的兽医产科学。当涉及相关的数据时，山羊和绵羊将被单独考虑，但如果适用的话，这两个物种将被一起讨论。

绵羊和山羊都是生育能力很强的动物，它们的繁殖潜力远远超过其他大多数家畜。在对其生殖系统进行具体评估之前，应进行全面的体检，以确定总体健康状况，并发现需要进行治疗或管理干预的问题(见第1章)。在它们能够生育之前，动物需要具备生产力(如健康)，换句话说，繁殖是一种奢侈品。与此相关的是，单一范围的母羊通常不会经历与胚胎移植(ET)程序中供体相同的生殖操作或生理应激。

公羊生殖

公羊的解剖和生理学

公绵羊和公山羊的生殖器官的解剖结构类似于其他反刍动物。阴茎尿道被尿道海绵体(CSP)包围。尿道末端是一个阑尾状的附属物。血液进入尿道海绵体的近端，通过位于阴茎游离部分的两个输出静脉进行输出。尿道海绵体肌和球海绵体肌的收缩通过阴茎海绵体有节奏地推动血液通过尿道海绵体，产生正常排尿过程中可观察到的典型尿脉冲。阴茎最典型的结构是阴茎海绵体(CCP)，它由纤维小梁支撑的海绵空间组成。这种海绵组织位于CSP的背侧表面，部分包围着CSP。CCP起源于骨盆，它由两个在离开骨盆之前连接的阴茎脚组成。整个阴茎被白膜包围着。这两个成对的阴茎牵张肌肉起源于坐骨弓，穿过肛门，形成两个不同的肌肉，在乙状结肠弯曲的远端连接到阴茎的腹外侧表面。阴茎通常呈S形弯曲(乙状结肠)，但在阴茎伸缩肌勃起和射精时除外[1]。

睾丸悬挂于远离身体的下垂的阴囊内。阴囊由波状的表皮覆盖，表皮根据品种和饲养实践的不同有些覆盖有羊毛。皮下富含血管、淋巴网和汗腺。肉膜，一种平滑肌层，通过阴囊筋膜连接到睾丸鞘膜。筋膜是结缔组织，通常在常规阉割将皮肤从睾丸剥离时会被撕裂。睾丸鞘膜是腹膜的外露部分，在睾丸上形成一个保护层。在睾丸周围鞘膜的两层(壁层和内脏层)间通常含有少量的腹膜液。阴囊纵隔主要由肉膜组成，将阴囊分成两半[2]。

睾丸本身被一层厚厚的称为白膜的结缔组织所包围。睾丸的实质部分由曲精细管组成，曲精细管包含生殖细胞及其周围的支持细胞。输精管进入睾丸，再由10～12条输出管传出。这些导管延伸至位于睾丸的前端上缘的附睾的头部。附睾体围绕睾丸的外侧部弯曲并在末端形成附睾尾。管状结构向后延伸，并形成了输精管[2]。公绵羊和公山羊都具有一个完整的副性腺。小的尿道球腺体位于盆腔的尾部、盆腔尿道的两侧，可直接触诊。这些动物也有精囊腺、前列腺和扩大的输精管壶腹部[3]。精子发生需要49～60 d，从生殖细胞分裂开始，直到精子从输精管中释放出来。精子从输精管通过睾丸还需要10～14 d[4]。

初情期与季节性

公绵羊

公绵羊的初情期通常在6月龄。初情期是指公羊出现性行为并能产生足够数量的能使母羊妊娠的精子的时期。初情期的确切时间与品种及出生时间有一定关系。早春时节出生的绵羊公羔,其初情期要比那些晚出生的绵羊公羔早。此外,经常接触母羊也可以促进更早到达初情期[5]。公羊是季节性繁殖的动物,其精子质量、每日精子产量和性活动都受到黑夜时间增加的影响,特别是在秋季(北半球)。公羊的这种季节性也表现在其睾丸周长的增加上(1～2 cm)。当黑夜时间增加而白天减少时,松果体分泌褪黑素增加。褪黑素的增加主要负责公羊从非繁殖季节向繁殖季节过渡的相关生理机制[6]。可以通过使用褪黑激素控制昼夜间隔从而改变公羊的繁殖季节,但是这些方法的实用性有争议[7]。

随着日照时间的缩短,公羊对母羊性态度的转变可以表明繁殖季节的开始。公羊变得对母羊感兴趣,并出现更频繁的求偶行为。公羊在发情期闻了母羊的阴户区域和尿液后,表现出典型的性嗅反应。公羊通常会先用一条前腿轻抚母羊,然后再爬跨母羊[6]。

睾丸大小、交配行为和精液质量的生理变化是由下丘脑的激活和睾酮对促性腺激素释放激素(GnRH)负抑制作用的降低引起的。因繁殖季节与非繁殖季节的不同,羊在 GnRH 和促黄体激素(LH)脉冲模式以及垂体对 GnRH 的响应方面存在显著差异[7]。

公山羊

品种、年龄和营养状况会影响公山羊的性成熟[8]。初情期的早晚与品种有关,小型品种在 2～3 月龄,而努比亚和波尔山羊在 4～5 月龄。大多数生长在北半球温和环境中的山羊品种,在 4～5 月龄,射精时就会出现精子。然而,在这个年龄,其精液品质较差,还不适合种用[9]。努比亚和波尔山羊在 10～12 周时表现出性行为,但到 8 月龄左右才能产生高质量的精子[8,9]。

尿道和龟头与阴茎包皮的自然粘连使未达到性成熟的公羊无法交配。这种粘连在 3 月龄时开始分离,到 4～5 月龄时就可进行可育的交配[8,9]。相同的月龄下,生长较快的、饲养管理条件好的公山羊羔比那些生长慢、饲养管理差的公山羊羔能更早繁殖后代。

在正常繁殖季节以外的时间,公羊性欲低下、激素减少、阴囊围(SC)减小、冷冻后精子存活率降低、异常精子数量增多。所有这些变化都反映了较低水平的 LH 和睾酮。LH 和睾酮浓度、性欲及公羊气味等在秋季会达到高峰[10,11]。公羊的性行为包括发情时积极寻找母羊、求偶(撞、扒、嗅、发出咕噜声)、爬跨、插入、射精等。射精是自然发生的,其特征是盆腔有力的推力,头部快速向后移动[9]。射精后公羊从母羊后躯下来,在几分钟或几小时内不再有性冲动。

参考文献

[1] Beckett SD, Wolfe DF: Anatomy of the penis, prepuce, and sheath. In Wolfe DF, Moll HD, editors: *Large animal urogenital surgery*, ed 2, Baltimore, 1998, Williams & Wilkins.

[2] Heath AM, Purohit RC: Anatomy of the scrotum, testes, epididymis, and spermatic cord (bulls, rams, and bucks). In Wolfe DF, Moll HD, editors: *Large animal urogenital surgery*, ed 2, Baltimore, 1998, Williams & Wilkins.

[3] Ashdown RR, Hancock JL: Functional anatomy of male reproduction. In Hafez ESE, editor: *Reproduction in farm animals*, ed 4, Philadelphia, 1980, Lea & Febiger.

[4] Pineda MH, Faulkner LC: The biology of sex. In McDonald LE, editor: *Veterinary endocrinology and reproduction*, ed 3, Philadelphia, 1980, Lea & Febiger.

[5] Price EO, Borgwardt R, Dally MR: Heterosexual experience differentially affects the expression of sexual behavior in 6- and 8-month old ram lambs, *Appl Anim Behav Sci* 46:193, 1996.

[6] Fitzgerald J, Morgan G: Reproductive physiology of the ram. In Youngquist RS, Threlfall W, editors: *Current therapy in large animal theriogenology*, ed 2, Philadelphia, 2007, WB Saunders.

[7] Nett TM: Controlling seasonal reproduction: emphasis on the male, *Proceedings Annual Conference of the of the Society for Theriogenology*, Nashville, 1991, Tenn.

[8] Smith MC, Sherman DM: *Goat medicine*, Philadelphia, 1994, Lea & Febiger.

[9] Goyal HO, Memon MA: Clinical reproductive anatomy and physiology of the buck. In Youngquist RS, Threlfall WR, editors: *Current therapy in large animal theriogenology*, ed 2, Philadelphia, 2007, WB Saunders.

[10] Hill J: Goat reproductive management, *Proceedings of the Symposium on Health and Diseases of Small Ruminants*, American Association of Small Ruminant Practitioners, Nashville, 1996, Tenn.

[11] Wilddeus S: Reproductive management for meat goat production, *Proceedings of the Southeast Region Meat Goat Producers Symposium*, Tallahassee, Fla, 1998, Florida A & M University Press.

公羊的繁殖性能检查(BSE)

在繁殖季节开始前,应该对所有公羊进行繁殖性能检查(BSE)。公羊在一个繁殖季节可以配种100只母羊,其个体价值远超过BSE的成本。常规的BSE是一次彻底的体检,尤其注意其阴囊和睾丸,以及精子质量的评估。

大多数的BSE不包括对公羊性欲及插入生理能力的评估。兽医需要与客户进行清楚的沟通,使其理解BSE的局限性及进行性欲测试的必要性。这种测试通常可以通过在繁殖季节的第一部分直接观察动物来完成。应鼓励大型养羊户额外饲养10%的公羊,以供兽医检查做报告时获得认为满意的公羊,确保有足够的公羊繁殖力。

体检

所有公羊都需要进行全面的体检。使公羊以臀部着地的姿势坐下,可以控制公羊(见第1章)[1-11]。

生殖系统检查

通过阴囊触诊,以确保两个睾丸都存在,且大小近似相等,并具有一致的质地;应注意局部肿胀或硬结。触诊附睾的头部和尾部以发现肿胀、疼痛或炎症的迹象。附睾炎是羊比较常见的疾病。任何表现出附睾炎症状的公羊都应该被认为感染了羊布鲁氏菌,除非有其他证据。精索应特别检查血管丛和输精管的畸形。阴茎通常可以通过按压外包皮口,用纱布垫抓住突出的阴茎来伸展(图8-1)。乙状弯曲可能偶尔需要伸直,以帮助阴茎的伸展。

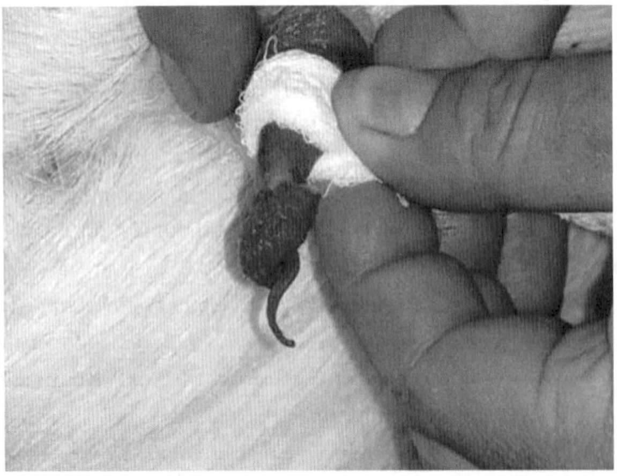

图8-1　在阴茎的无包皮部分和包皮的交界处,用纱布条包裹阴茎,以防止缩进包皮。可见明显的蠕虫状外观。

然后仔细检查阴茎,寻找活动性损伤或旧疤痕的证据。阴茎可以通过在阴茎和包皮之间的连接处缠上一条纱布来伸展,这种方法也有助于电刺激收集精液。通常情况下,当动物的臀部被托起时,阴茎比侧卧时更容易伸展。

阴囊周长(SC)

为了确定SC,临床医生应该将公羊两个睾丸的腹侧拉入阴囊,并使用标有厘米的卷尺测量其最大周长。必须小心测量带有较多的阴囊毛的品种,因为羊毛可能会错误地扩大测量的周长。取多个测量值的平均值可以提高SC值的精确度。尺子应紧贴阴囊,同时紧贴皮肤,以免尺子滑落(图8-2)。公羊的SC具有高度遗传性,似乎与青春期的精子产量和初情期月龄有关[1,2]。

在选择公羔羊时,170日龄的睾丸直径可提供青春期后睾丸大小和精子产量的长期预测。SC是选择后备公羊的主要标准。对于体重超过150 lb的公羊,最小可接受SC为30 cm;对于12~18月龄的公羊,最小可接受SC为33 cm;对于体重超过250 lb的公羊,最小可接受SC为36 cm。严格按照年龄划分,8~14月龄的公羊须有28~36 cm的SC值可列为满意,大于36 cm为优秀。14岁龄以上的公羊须有32~40 cm的SC值可列为满意,大于40 cm的为优秀。

阴囊大小通常在8—10月间最大。当公羊在正常繁殖季节(2—4月)之外或在极端的性活动期间接受测试时,预计睾丸尺寸较小(0.5~1.5 cm),见表8-1[1,2]。

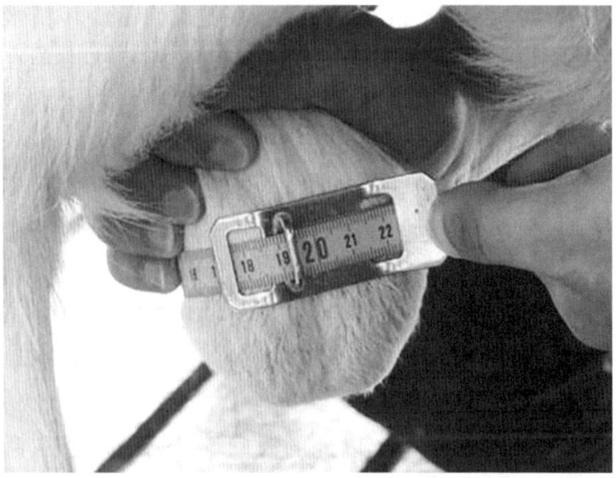

图8-2　测量公羊的阴囊周长。对公山羊操作是一样的。检查者应该握紧卷尺,使阴囊皮肤略微缩进,并用另一只手将睾丸牢牢地推入阴囊。应注意在卷尺上正确的位置读出测量值。

表 8-1 按年龄分组的阴囊周长对公绵羊的繁殖稳定性进行评价

8～14 月龄		大于 14 月龄	
尺寸†*	分级	尺寸†*	分级
小于 28 cm	较差	小于 32 cm	较差
28～36 cm	满意	32～40 cm	满意
大于 36 cm	优秀	大于 40 cm	优秀

数据源自 *Yarney TA, Sanford LM: Pubertal development of ram lambs: physical and endocrinological traits in combination as indices of postpubertal reproductive function, Therio* 40: 735, 1993.

* 数值是三个单独测量值的平均值。

† 在淡季，睾丸可能会小 2～3 cm。

采精

如前所述，阴茎被伸展。然后将公羊置于侧卧位，通过电刺激进行精液收集。用于公山羊的电刺激射精器和公绵羊的射精器是一样的(图 8-3)。临床医生将公羊阴茎的尖端和尿道插入加热过的玻璃管或塑料管中。有些公羊在这个测试时就会射精。清除直肠粪便，并小心插入润滑的电动直肠探头。临床医生按摩副性腺时，将探头沿颅尾方向前后移动 8～10 次，同时轻轻地将探头的尖端向腹侧挤压。然后用温和的电刺激 5 s。公羊通常在此过程中发声并尝试逃脱。在公羊放松后，重复按摩和电刺激，直到公羊射精，精液流入试管。在射精过程中，螺旋状尿道变直。采集的精液用于评估精子的运动、形态以及是否存在炎症细胞[2,11]。

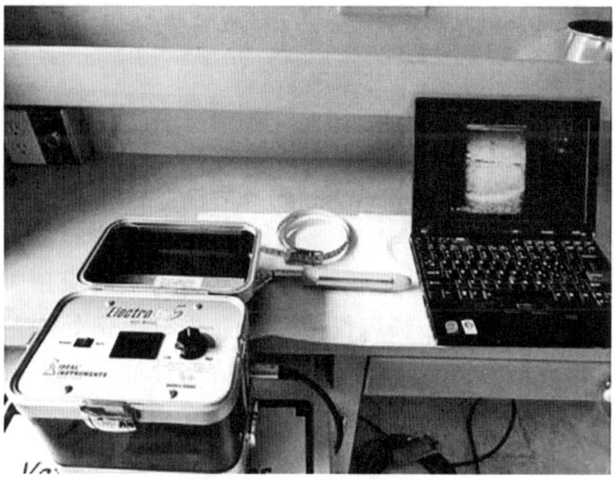

图 8-3 有许多类型和规格的电刺激射精器，选择哪种取决于使用者的偏好(图中所示的设备为 Pugh D. G. 所有，并一直在使用)。一个电刺激射精器可以由一个固定的电源(如卡车电池)，或一个内置的电池供电。这里显示的绵羊探针对一些山羊来说太大了，但只要有耐心，大多数情况下都是可用的。

精液品质评定

精子活力

首先在低倍镜下(100 ×)检测一滴原始精液，以估计精子的浓度和活力。滴一滴温生理盐水于载玻片上，将盖玻片的一角浸入一滴原始精液中，与一滴温盐水进行混合。稀释的混合物应能观察到单个精子的运动。如果精液混合物浓度过高，无法鉴定单个精子，则应使用较少的精液重新配制。根据经验，观察人员将确定要放在盖玻片上的精液量，使其充分滑动。观察人员应该直观地估计出呈直线运动的精子数。常见的错误是高估了直线运动的精子的百分比。这种误差可以通过在进行运动估计之前，对微观图像进行心理“冻结”来最小化。一种有用的技术是确定精子中 50%以上或以下是可动的。在作出这个决定之后，观察者可以尝试先到达最接近的 25%，然后是最接近的 10%。观察者还应该记录每个图像中出现的圆形细胞的数量。如果在每个中倍视野中发现 2 个以上的圆形细胞，应进行精液涂片进行细胞学检查(如瑞氏染色)。白细胞的存在表明有炎症或感染。早期有核圆形生殖细胞的存在表明精子发生畸变。公羊应该有超过 30%的直线运动的精子细胞，以获得“满意”的评级，超过 70%的直线运动精子细胞以获得“优秀”的评级 (表 8-2)[2,11,12]。在繁殖季节之外，精子运动通常会受到抑制。

精子形态

接下来准备检查精子形态的载玻片。将一小滴精液放在载玻片的边缘，把一层伊红苯胺黑染液置于载玻片的中心附近。用第二张载玻片的角浸入精液滴，并用由此产生的悬滴与染色液进行混合。然后将第一张玻片沿着第二张玻片向前推，类似做血涂片的方式。精子间应该是有间隔的，以便很容易区分单个精子细胞，但每个视野大约有 10 个精子细胞。将玻片晾干，然后用光学镜片在 1 000×下检查。观察人员应计数至少 100 个精子细胞，并确定正常精子的百分比。

精子畸形类型通常分为主要畸形和次要畸形进行记录。主要畸形包括精子头部和中段畸形，而次要畸形则是精子尾部畸形(图 8-4)。畸形的类型可用于评估有过多畸形精子的种公羊的问题严重性。头部和顶体的畸形与严重的睾丸畸变相关。尾部异常通常与附睾的不太严重的问题或疾病相关。幼龄公羊的精子尾巴上通常可见圆形的细胞质滴状物，与过度使用、不成熟或轻度睾丸退化有关。在非繁殖季节采集的公羊精液样品中也会出现液滴。观察的精液样品中至少要有 50%～70%的形态正常的精子，这样的公羊才被视为合格的种公羊，高于 80%～90%则视为优秀的种羊(表 8-2)[11]。

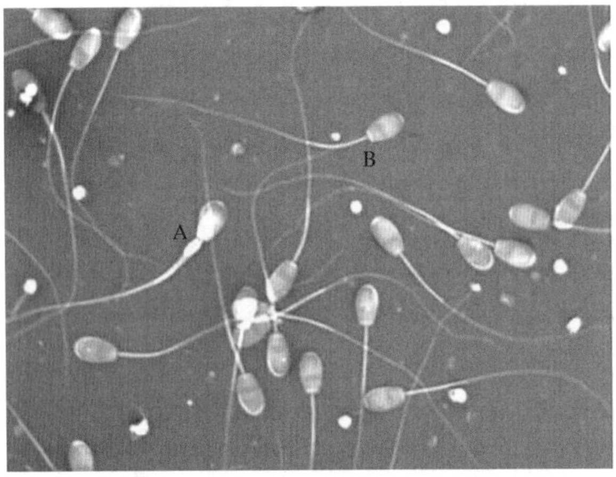

图 8-4　一只 2 岁大的杂交山羊精液的伊红苯胺黑染色。精子异常包括头部增大和近端液滴，以及其他头部和顶体异常；也存在正常精子。

表 8-2　公羊生殖潜能分类所需精子活力和形态的百分比

精子性质	异常	合格	不合格
活率	大于 70%	大于 30%	小于 30%
形态	大于 90%	大于 50%	小于 50%的正常

数据源自 Yarney TA, Sanford LM: *Pubertal development of ram lambs: physical and endocrinological traits in combination as indices of postpubertal reproductive function*, Therio 40: 735, 1993.

繁殖性能预测

可以结合阴囊周长(SC)、前进运动精子数和正常精子百分比将公羊进行分类，以帮助预测其在繁殖群中的作用。在为期 60 d 的繁殖季节里，所有类别都合格的公羊可以使大约 50 只母羊受孕。同样在 60 d 的繁殖季节内，被列入特级(优秀级别)的公羊可以使 100 只母羊受孕。那些在所有类别中没有获得至少满意评级的公羊，都应该进行淘汰或在 60 d 内重新测试。淘汰或重新检测的决定，应基于观察到的病变的严重程度和单个动物的经济价值而定[2,10-13]。

辅助检测

超声检查

超声检查可以用于评估公羊的睾丸。正常睾丸实质均匀性改变，如高回声和低回声区，表明纤维化改变或囊性结构。检查者不应混淆睾丸中心正常高回声纵隔纤维化病变。纵隔在睾丸横断面图像中心呈明显的圆形区域，纵断面图像呈高回声线(图 8-5，另见彩插)。附睾和精索也可以检查纤维化和囊性结构。通常可以看到纤维化或变性的区域和睾丸脓肿[2]。

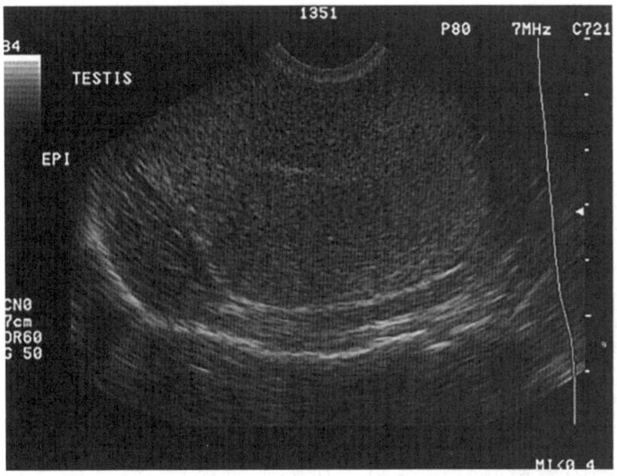

图 8-5　一只 2 岁杂交公羊的正常睾丸的超声图像显示正常的回声，睾丸实质均质外观。相对于睾丸实质，附睾表现为较低回声，附睾导管沿睾丸分布。鞘膜腔壁是睾丸周围的一个界线明确的高回声线结构。超声研究是使用一个 7 MHz 微凸探头进行的(Dr. Karine Pader, Purdue University 供图)。

睾丸活检

使用 14 号活检针进行睾丸活检，能够获得直接检查睾丸结构的组织。睾丸活检加上体检有助于确定萎缩、变性和发育不全。这种技术通常只用于有价值的动物。临床医生对睾丸进行无菌处理并麻醉皮肤的一个区域。然后将活检针插入睾丸背侧，同时避免接触附睾，注意不要穿透纵隔。组织可固定在布安液(Bouin's solution)或 10%福尔马林中，以便进行常规组织病理学分析[14]。

血清学检查

在进行 BSE 时，每年应对所有公羊进行一次以酶联免疫吸附试验(ELISA)形式的羊布鲁氏菌血清学筛查[2,13]。绵羊布鲁氏菌是多个公羊的羊群不育的主要原因。绵羊感染布鲁氏菌可通过降低多胞胎数、降低受孕率、增加产羔间隔等方式对绵羊生产水平产生显著影响。布鲁氏菌引起的绵羊附睾炎是一种传染性疫病，通常影响成熟的公羊。这种细菌在繁殖季节通过同性行为或母羊传播。接触感染公羊的母羊不会永久感染，而是作为疾病传播的机械媒介。因此，应该立即淘汰所有检测出布鲁氏菌阳性的公羊[11]。

公山羊的繁殖性能检查

在交配季节开始前的3～4周，所有的种用公山羊都需要评估其繁殖状况。像在种用公绵羊中进行的一样，对种用公山羊的检查应包括体格检查、生殖检查、测量SC值、采精及精液品质评价。BSE只能评估种公山羊身体健康程度和精液质量。合格的等级也并不确保种公山羊能生出活的后代的能力[2,15]。对种公山羊的性欲评估对完整的生殖评估有很大帮助。在种绵羊进行的性欲测量的描述也适用于种公山羊[2]。

体检

种公山羊的体格检查必须包括全身的健康检查，特别注意身体状况和肌肉骨骼状况（蹄和腿）的评估。合格的种公山羊，必须具备良好的身体状况。应避免使用瘦弱或过度肥胖的动物留作种用（见第2章）[15,16]。公羊不能带有已知的遗传缺陷，如疝气、下颌畸形、隐睾、多余乳头和双性畸形。种公羊不应该只进行表型选择。

生殖系统检查

生殖系统检查包括睾丸、附睾、精索和阴茎的检查。应该检查睾丸的大小、对称性和质地一致性。种公山羊应该有两个大小相等的椭圆形睾丸；它们在繁殖季节结实，在非繁殖季节稍柔软。如果只有一个睾丸，则其不能作为后备种羊。超声检查可能有助于发现或确认睾丸异常。附睾的病理变化在山羊中相当罕见。在进行采精时，兽医应该对公羊的阴茎异常进行检查。必须用手将阴茎从鞘中伸出，以便于仔细检查。尿道伸出阴茎尖端2～3 cm，形成尿道突。当种公羊有尿路结石病史时，通常会在治疗过程中切除尿道突，因为它是一个常见的阻塞区域。尿道突的丧失或切除对种公羊的生育能力似乎没有不利影响[16]。

睾丸周长

由于SC与睾丸大小和精子产生能力高度相关，因此在公山羊中很重要。然而，它在繁殖稳健性评价中的应用还没有很好的定义。在公山羊SC的测量与在公绵羊的BSE中所描述的测定类似。据报道，45 kg重的奶山羊SC值在25～28 cm，较大的公山羊SC值在34～36 cm[15,16]。肉羊SC值没有年龄和品种标准。1999年，根据美国佐治亚州和东南部肉用公山羊的性能测试，体重45 kg的公羊、7月龄的基科公羊（Kiko）和波尔山羊，其SC为26～29 cm[17]。

采精

精液可以通过假阴道（AV）从经过训练的公山羊体内采集，也可以通过电刺激的方式采集[14]。电子采精器长度应在25～30 cm、直径2～3 cm。许多绵羊的探头（电极棒）都适用于山羊。假阴道可通过两部分制成，即圆筒状PVC外壳和自行车内胎截断后组成的内层；也可以直接购买。其长度应该在18～22 cm，且外壳直径为6 cm。假阴道内、外层间要充满温水以保持一定的压力和温度（38～40℃）。集精杯应该安在假阴道的末端。而在开口端涂上对精子无毒性的润滑剂。

在电刺激采精过程中，公羊被限制在斜槽中或靠在墙上。清理其直肠粪便，并插入润滑良好的探头（电极棒）。按摩前列腺5～6次，电流通过探头（电极棒）4～6 s，然后将探头（电极棒）关闭3～4 s。以这种模式进行刺激直到动物射精，通常需要4～5个循环。使用低刺激采精器进行采精时无法对公羊的性欲进行评估。采集期间和采集后，精液应避免阳光直射和温度骤变，应在10 min内评估精子活力。

精液质量评价

山羊正常的射精量在0.5～1.5 mL（平均1 mL）。采精后对精液颜色、精子密度、直线运动精子数、精子形态、射精量等进行评价[16]。精液的质量和数量可能会随着年龄、季节、温度和品种的不同而变化，甚至在同一品种内的不同个体之间也会有所不同。山羊精液评价的正常值如下所述[27]。射精量:1 mL(在 0.5～1.5 mL 范围内);精子活力:80%(在 70%～90%范围内);精子密度 4×10^9 个/mL [在(2～5)×10^9 个/mL 范围内];正常形态精子:80%(在 70%～90%范围内)。最小可接受的范围见框 8-1。

射精量可以直接从集精杯的刻度上读出。采精量在评估使用假阴道采集的精液时有一定价值,但在使用电子采精器时价值有限。精液的颜色取决于每毫升所含的精子数量,可以是乳白色或奶油状的。总的活力测定方法与绵羊相同。即使精子浓度常规条件下没有在现场进行评估,建议在评估中包括这种测量。精子浓度很容易评估,通常使用血细胞计数板或商用的白细胞计数系统。形态可以通过镜检,先制作伊红苯胺黑染色的涂片,并在 1 000×显微镜下观察,进行评定。检查者每个涂片测量出 100～200 个精子的原发性或继发性异常精子,如在绵羊部分所述(图 8-4)。合格的后备公羊的正常精子量应如框 8-1 中所列。有问题的后备公羊可能需要在 8 周后重新评估或需要淘汰。后备种公羊不合格的分类可能是出于精液质量以外的原因(如隐睾或跛行)。应该淘汰那些性欲差、SC 值略微降低,且精子异常率增加的个体[14,15]。

框 8-1 令人满意的后备种公羊的最低可接受的繁殖标准

体积:0.5 mL
活率:70%
浓度:2×10^9 个
形态:80%正常

改自 *Memon MA*, *Mickelsen WD*, *Goyal HO*: *In Youngquist RS*, *editor*: *Current therapy in large animal theriogenology*, *Philadelphia*, 1997, *WB Saunders*.

种公羊的选择和管理

公绵羊

一只种公绵羊,如其精子质量好、睾丸大小适当,且性欲好,则在繁殖季节的 17 d 中可以配种 100 只母羊[2,7,11]。然而,北美的多数生产者用(3～3.5)∶100 的公母羊比例。1 岁公羊和成年公羊预计可以配种 35～50 只母羊,而后备公羊则只能与配 15～25 只母羊[2]。对多种系繁殖单元应进行调整。一个多种系繁殖单元最好拥有 3 只以上的公羊,因为这样可以减少公羊之间的领地冲突[2]。

对于一只公羊可以配种多少只母羊,甚至是否要保留该公羊,可以通过性欲及配种能力测试提供有用的信息[7-9]。配种能力测试用于测量在一个限定的时期内一只种公羊可以配种多少次。一份报告建议,测试围栏长约 5 m、宽 3 m,并应能够清楚看到被测试公羊的位置[7-9]。然而,可以使用较大或较小的测试围栏。

通常情况下将公羊与 2～4 只不受限制的母羊关在一个围栏内 20～40 min。饲养员监控并记录所有的性行为,尤其是配种的母羊数。这些测试是最可靠的预测动物性欲强弱的指标。用于性欲测试的母羊可同期发情,或切除卵巢并给予雌激素。与低性欲的公羊相比,使用生产性能好或性欲强的公羊,产羔率和每只母羊的产活羔数都将更高。

配种能力测试也可用于确定恰当的公母羊的留种比例。羊群的这些测试可以使母羊的产羔季节更集中、更短。成羊公绵羊最好在 30 min 内完成 4～6 次或更多次的配种。公羊在 30 min 内完成2～3 次配种是可以接受的。性欲表现不强的公羊可以进行二次测试。如果它们仍然表现出不活跃的性行为,饲养员可以用不同颜色的墨水在测试母羊的臀部涂上颜色,然后把测试的公羊放在围栏里过夜。第二天察看公羊的胸部,看有无彩墨。如果只用合格的种公羊组进行配种,则生育率将大大提高。

通过结合母羊产羔的数量、羔羊的断奶重量以及在繁殖季节早期产羔的历史等,从高产母羊的后代中选留公羊与高繁育率呈正相关[2]。双胞胎后代均是雄性的公羊的繁殖能力似乎高于公母双胞胎后代的公羊的繁殖能力[2,10]。公羊还应根据其将遗传性状稳定遗传给后代的能力来选择,因为公羊对普通羊群的遗传贡献为 60%～80%[3]。

公羊应该保持较高的营养水平,按免疫程序接种疫苗,并定期驱虫。在繁殖季节前,它们的体况得分应该在 3.5～4 分(见第 2 章,图 2-1)。体况过肥会降低配种意愿。在繁殖季节前需要对公羊的蹄子进行修剪。在繁殖季节,还应提供能够自由进出的遮阳棚等阴凉的场所,以减少由于热应激导致的不育。对公羊进行初次体检时要特别注意,以消除那些有生殖道疾病的个体[2]。

公山羊

公山羊的选种是结合个体表型和其后裔测定,

如后代的产奶量、肉质性状、适应性、双羔率等来选择,并优先选择高产公羊。出生、断奶和一岁的信息对于确定一个潜在的父系的优劣具有参考价值。对于肉羊养殖者来说,生长率和肉质的选择应该是一个优先考虑的问题。公山羊应该有良好的体型和强壮的肌肉。对睾丸大小的选择很重要,睾丸最大的公羊通常能产生质量最高的精子[2]。

公绵羊的繁殖力测试同样适用于公山羊。应避免出现明显的体型缺损和生殖道异常的公山羊。由于双性的情况与无角基因有关,所以应该避免使用无角的公山羊。每2年更换种公羊可以避免羊群近交和生活力的下降。种公羊应该单独放牧或单圈饲养。在既定的繁殖季节才被引进母畜群进行配种,此后它们一年的任务就结束了。种公羊需要适当的营养、常规的蹄部护理、疫苗接种、驱虫药和适当运动(见第19章)。

参考文献

[1] Burfening PJ, Rossi D: Serving capacity and scrotal circumference of ram lambs as affected by selection for reproductive rate, *Small Rumin Res* 9:61, 1992.

[2] Goyal HO, Memon MA: Clinical reproductive anatomy and physiology of the buck. In Youngquist RS, Threllfall WR, editors: *Current therapy in large animal theriogenology*, ed 2, Philadelphia, 2007, WB Saunders, pp 511-514.

[3] Fitzgerald JA, Perkins A, Hemenway K: Relationship of sex and number of siblings in utero with sexual behavior of mature rams, *Appl Anim Behav Sci* 38:283, 1993.

[4] Grotelueschen DM, Doster AR: Reproductive problems in rams, *NebGuide* (online resource): http://www.ianr.unl.edu (Lincoln, Neb, 2000, University of Nebraska Cooperative Extension). Accessed January 12, 2010.

[5] Fitzgerald J, Morgan M: Reproductive physiology of the ram. In Youngquist RS, Threllfall WR, editors: *Current therapy in large animal theriogenology*, ed 2, Philadelphia, 2007, WB Saunders, pp 617-619.

[6] Katz LS: Sexual performance tests in sexually inexperienced rams. In Dziuk PJ, Wheeler M, editors: *Handbook of methods for study of reproductive physiology in domestic animals*, Urbana, Ill, 1991, University of Illinois Press.

[7] Fitzgerald J, Perkins A: Serving capacity tests for rams. In Dziuk PJ, Wheeler M, editors: *Handbook of methods for study of reproductive physiology in domestic animals*, Urbana, Ill, 1991, University of Illinois Press.

[8] Perkins A, Fitzgerald JA, Price EO: Sexual performance of rams in serving capacity tests predicts success in pen breeding, *J Anim Sci* 70:2722, 1992.

[9] Fitzgerald JA, Perkins A: Ram sexual performance: a relationship with dam productivity, *Sheep Res J* 7: 7, 1991.

[10] Yarney TA, Sanford LM: Pubertal development of ram lambs: physical and endocrinological traits in combination as indices of postpubertal reproductive function, *Therio* 40:735, 1993.

[11] Kimberling CV, Parsons GA: Breeding soundness evaluation and surgical sterilization of the ram. In Youngquist RS, Threllfall WR, editors: *Current therapy in large animal theriogenology*, ed 2, Philadelphia, 2007, WB Saunders, pp 620-628.

[12] Bulgin MS: Ram breeding soundness examination and SFT form, Nashville, *Proceedings of the Society for Theriogenology*, Nashville, Tenn, 1992.

[13] Pugh DG: Examination of the ram for breeding soundness, *Proceedings of the Seventh Annual Hudson-Walker/Vaughn Theriogenology Conference*, Auburn, Ala, 1996, Auburn University College of Veterinary Medicine, p 19.

[14] Carson RL, et al: Examination and special procedures of the scrotum and testes. In Wolfe D, Moll HD, editors: *Large animal urogenital surgery*, Baltimore, 1997, Williams & Wilkins.

[15] Pugh DG: Breeding soundness examination in male goats, *Proceedings of the Seventh Annual Hudson-Walker/Vaughn Theriogenology Conference*, Auburn, Ala, 1996, Auburn University College of Veterinary Medicine, p 29.

[16] Memon MA, Mickelsen WD, Goyal HO: Examination of the reproductive tract and evaluation of potential breeding soundness in the buck. In Youngquist RS, Threllfall WR, editors: *Current therapy in large animal theriogenology*, ed 2, Philadelphia, 2007, WB Saunders, pp 515-518.

[17] Mobini S: *Proceedings of the North American Veterinary Conference*, *Reproductive management in goats*, vol 14, Orlando, 2000, Fla.

公羊疾病：睾丸异常

精索静脉曲张

精索静脉曲张的定义是精索内静脉局部扩张和形成血栓，并被认为是精索内的一种波动或硬肿胀。精索静脉曲张在绵羊中比山羊更常见。这种情况下公羊通常表现为后肢跛行和笨拙的姿势，因为试图减轻肿胀的精索的压力。患病公羊由于不愿行走获取食物和水而变得虚弱和易患其他疾病。精索静脉曲张可以通过触诊和超声成像进行诊断。精子总数减少、精子运动能力下降、精子形态异常等往往与精索静脉曲张有关。其确切的病因尚不清楚，可能与遗传易感性有关。没有简单的治疗方法，故患羊应该被淘汰[1]。

老龄公羊的附睾炎

附睾炎在公山羊中是一种罕见病，但在公绵羊中却是临床上的常见疾病。公羊附睾炎应被认为是绵羊布鲁氏菌引起的，除非另有证据。尤其在多个公羊组合中大量配种的老龄公羊更是如此。然而，一份涉及在一群未交配的公绵羊中暴发绵羊布鲁氏菌的病例报告表明，该病可能在没有任何性活动之前在子宫或新生儿中传播[2]。该病传播的主要途径被认为是接触黏膜，从而导致败血症。该菌定位于附睾和副性腺。在公羊和最近感染的母羊之间可发生接触传染。也可通过交配和口-鼻传播的方式传染[3]。

附睾肿胀是主要的表现体征，出现在首次接触约 3 周后。在初步检查时，存在局部炎症，继发附睾导管增生和堵塞。这种梗阻导致精子的阻塞、精子肉芽肿的发生和压迫性坏死。患羊精囊也常受感染，这可能是大量感染公羊没有明显的附睾炎迹象的原因[3]。感染公羊精液中通常含有大量多形核嗜中性细胞，在精子活力测定样本或瑞氏染色标本中均可见。经改良的齐尼二氏(Ziehl-Neelson)染色的精液样本的显微镜观察也可以作为一个有效的诊断方法。布鲁氏球菌在蓝色背景下呈红色。培养布鲁氏菌是诊断疑似病例的良好方法。

布鲁氏菌的血清学检测应被认为是该病的常规部分。目前可用 ELISA 和补体结合试验。一种试验性的 PCR 检测结果与精液培养的结果相似，可能很快就能应用[3,4]。感染羊布鲁氏菌可导致绵羊群产羔率降低 15%～30%，具体取决于羊群问题的长年性。这种生殖效率的下降是由于公羊的生育率降低、母羊不能怀孕、胚胎的再吸收、流产、死产和产弱羔所导致的[5,6]。

Bulgin[6]提出的建议包括：购买经过布鲁氏菌血清学检查的未使用过的公羊；将新购买的公羊隔离饲养，直到经检测确定所有公羊都未受布鲁氏菌感染；在繁殖季节之前，对患有附睾炎的公羊进行触诊并宰杀所有患羊；剔除所有布鲁氏菌阳性的公羊；在发现血清呈阳性的公羊 60 d 后，对羊群中的所有公羊进行再次检测；每年对所有公羊进行 BSE 检查。

如果按照以上的建议坚持 1 年，羊群中仍存在大量的血清学阳性公羊，则应通过培养所有公羊的精液，设法确定羊群中是否存在血清学上阴性的带菌公羊。

青年羊的附睾炎

该病在青年公绵羊和公山羊中不太常见。附睾炎可由多种微生物引起，如嗜组织菌、放线菌和嗜血杆菌，以及假结核棒状杆菌和其他可能的病原体[7-9]。绵羊的附睾炎可以通过口或鼻途径在羊只间传播。引起绵羊附睾炎的微生物主要可以从 2 岁以下绵羊的包皮腔内容物中培养到，常见于包皮、阴茎、口腔和鼻腔等的黏膜[5]。其定殖和随后引起生殖道疾病，可能取决于性成熟和青春期发生的激素变化，以及其他未知的不同因素，这些因素使得大多数动物能够自发地消灭细菌的同时，导致其他动物出现临床症状[10]。试验证明，某些病原体接种后 24 h 或 72 h 内可分别出现化脓性附睾炎和精索肉芽肿[11]。

诊断羔羊附睾炎的方法是触诊肿大的附睾，排除羊附睾布鲁氏菌感染。感染羊精液的特征是大量中性粒细胞和附睾疾病引起的典型的形态异常的精子。虽然大多数羊附睾炎的临床表现局限于生殖道，但偶尔也可见发热和后肢跛行。

羔羊附睾炎可采用长效土霉素（20 mg/kg，肌肉注射或皮下注射）治疗，每 3 天 1 次，注射 3 次[10,12]。在日粮中加入四环素（每日 20 mg/kg，口服），对于羔羊附睾炎高发的羊群可能是较合适的。治疗应保留有价值的羔羊和诊断为早期阶段的病例，因为在大多数受影响的羊中，附睾瘢痕组织的进一步发展阻碍了功能恢复。

睾丸炎

睾丸炎在公绵羊中是一种常见病，但在公山羊中只是偶尔发生[13-15]。阴囊脓肿可能是外伤引起的，也可能是附睾炎继发引起。对于种羊来说，无论何时睾丸创伤或感染都应被视为临床紧急情况。一侧睾丸过热可能会使对侧睾丸的生殖上皮造成不可逆的热损伤[7]。在附睾炎部分讨论的所有微生物都可以导致睾丸炎。临床症状包括阴囊发热肿胀（通常为单侧）、受影响的睾丸无法在阴囊内自由移动，以及受影响的睾丸和阴囊的操作疼痛等。一些动物可能表现出全身不适、行走疼痛和性欲减退的症状[15]。在得病的珍贵动物的病例中，急性期半封闭可预防永久性不育。

精子肉芽肿

虽然公绵羊和公山羊的睾丸肿瘤很少见，但肉芽肿却偶有发生。精子肉芽肿在山羊中比在绵羊中更常见，与脓肿或其他睾丸炎的病变不同，精子肉芽肿是双侧的。精子肉芽肿的形成通常是由于输精管部分或全部堵塞，精子不能进入附睾而导致的[15]。随着压力的增加，输精管会膨胀并破裂，导致严重的炎症。随着液体的积累，压力持续增加，睾丸可能发生变性。有些动物起初是有生育能力的，但在输精管完全堵塞后就失去了生育能力。

在附睾头部可发现坚硬肿胀的肉芽肿。触诊睾丸，最初可能水肿，但最终变硬，以后它们可能会变小并萎缩。超声检查可显示睾丸发生矿物化或肉芽肿。精子肉芽肿没有有效的治疗方法，临床医生应该认识到其与阴阳羊的潜在的联系。

睾丸发育不全和退化

睾丸发育不全和退化在最初检查中很难鉴别[13,15]。在公绵羊和公山羊的非繁殖季节，可能很难将睾丸大小和触诊特征的变化与睾丸的细微萎缩区分开来。与山羊相比，绵羊的差异更大，但总的来说，非繁殖季节的睾丸较小，缺乏通常具有的弹性[13]。真正的发育不全可能与公山羊的阴阳羊情况有关，也可能与公绵羊的特异性染色体异常有关[13,15]。

睾丸萎缩的其他原因包括锌缺乏、甲状腺功能减退（碘缺乏、摄食致甲状腺肿的植物）、饥饿饮食、全身性疾病和热、冷应激。碘引起的甲状腺功能减退伴随着睾丸重量下降、精子生成抑制和性欲降低。萎缩或退化的睾丸变长、变小，或软或硬。正常睾丸在超声显像上通常表现出均匀的回声。萎缩或退行性睾丸与正常睾丸相比往往有一个异质模式和更明显的高回声区[16]。睾丸活检对诊断有一定价值。

在许多情况下，睾丸萎缩和退化是无法治愈的，除非是由于饮食或某些疾病引起的。在治疗与饮食有关的萎缩时，确保足够的蛋白质、能量摄入和自由获得高质量的微量矿物质补充剂是至关重要的。如果怀疑缺锌，则减少日粮中的豆类含量，并在饲粮或微量矿物质混合物中添加螯合形式的锌（蛋氨酸锌）会有所帮助。如果诊断为碘引起的甲状腺功能减退，建议在微量矿物质混合物中加入碘，并从日粮中去除引起甲状腺肿大的植物；在繁殖前和繁殖过程中，公羊应远离生长有引起甲状腺肿大的植物的牧场[7]。

隐睾

当公羊一个或两个睾丸不能从腹腔下降到阴囊时，会发生隐睾症。保留的睾丸可以位于正常下降路径上的任何一点。在单侧隐睾的动物中，80%～90%的患羊的右睾丸保留在腹腔[17,18]。据报道，在雌雄同体羊中也有较高的发病率。然而，隐睾与安哥拉山羊的雌雄同体状况无关。在安哥拉公山羊中，隐睾是一种隐性性状[19]。这个诊断是通过体检做出的。隐睾在反刍动物中罕见，而且病例往往因以前的半去势而复杂化。如果病史或体检结果提示腹腔内有睾丸，则应进行探查性剖腹手术切除残留的睾丸。因为这种情况被认为是可遗传的，所以不应该用隐睾公羊进行繁殖，它们的后代也应该被淘汰[20]。

雌雄同体

山羊的雌雄同体个体被称为雄性假雌雄同体，因为它们中的大多数都有睾丸。真正的雌雄同体具有睾丸和卵巢结构，通常在雌雄同体群体中所占比例要小得多[21]。在接受调查的奶山羊（萨能奶山羊、吐根堡山羊、阿尔卑斯和大马士革品种）雌雄同体的羊比较普遍。在某些品种（如努比亚羊和安哥拉羊）中，这种无角的雌雄同体的情况很少见或未见报道[22]。对雌雄同体山羊的细胞遗传学检查清楚地表明，大多数无角的雌雄同体是核型典型的雌性(XX),父母本的育种史表明,对于无角间性性状来说,雌雄同体动物是纯合子[15]。

受影响的动物在基因上是雌性的,但可能表现出雄性、雌性或混合的外部特征[22]。通常,在出生时它们是雌性的,但当性成熟时,它们会变得比正常的雌性大,具有雄性特征的头部和颈部直立的毛发[10]。雌雄同体的典型特征是雌性动物阴蒂增大或雄性动物性器官距离缩短[22](图 8-6)。在繁殖季节,雌雄同体的动物可能会开始嗅气味,并对其他山羊和人类表现出攻击性。有些个体滴尿或伸展四肢、凹背,在两腿之间向前排尿[21]。无论何时遇到双侧隐睾,都应怀疑是雌雄同体。睾丸通常位于腹腔内(卵巢的正常位置),但也可能部分或全部下降[7]。部分下降的睾丸可能会被误认为乳房,尤其是在青春期开始增大的时候[21]。尿道下裂(阴茎腹侧尿道口的开口)、精子肉芽肿的形成和睾丸发育不全都应被认为是雌雄同体的一部分[15,23]。

雌雄同体山羊性腺产生的主要激素是睾酮,这是雄性行为的成因。雌雄同体的山羊可以被用作试情动物,因为它们不产生精子[7]。如果被用作宠物,通常需要切除性腺。鉴别具有正常或接近正常外生殖器的雌雄同体动物是困难的。在繁殖季节没有发情、没有雄性行为的出现、窥镜检查阴道缩短、乳头比正常小可能是因为这是雌雄同体情况的第一个征兆[22]。应避免无角表型的公山羊的繁殖。

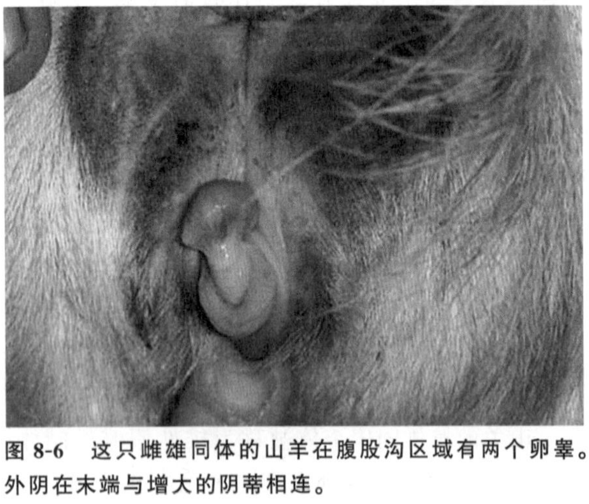

图 8-6 这只雌雄同体的山羊在腹股沟区域有两个卵睾。外阴在末端与增大的阴蒂相连。

公羊疾病:阴茎异常

尿道下裂

在绵羊和山羊中可能会发生一些阴茎异常,尽管这种情况很少发生[7,23-25]。尿道下裂和阴茎短小均与山羊的雌雄同体有关。这种动物应该被宰杀。仔细检查处于完全伸展状态的阴茎,可能会发现存在的异常。偶尔也会发现尿道破裂(尿道结石的并发症)、尿道炎(见第 12 章)、蚓状附属物损伤、发圈和其他异常[7]。

溃疡性包皮炎

溃疡性包皮炎(动物源性包皮炎、龟头包皮炎)是绵羊和山羊食用高蛋白质日粮时阴茎、包皮和龟头的一种感染性的炎症状态[7,26]。该病是由于局部菌群(如棒状杆菌)与过量的尿液中尿素作用引起的。过量的氨会损伤黏膜表面,导致包皮肿胀、组织黏膜坏死和溃疡、排尿困难。改变动物的高蛋白质日粮,剪掉阴囊前的羊毛或毛发通常会缓解这种情况。在某些情况下可能需要抗生素、消毒剂和消炎药进行治疗(见第 12 章)。

包皮过长(包茎)

包茎病(阴茎无法伸展)和副茎病(无法将阴茎抽回包皮)在公绵羊和公山羊中都有发生。这两种情况都会导致公羊性欲和生育能力的显著下降。如果不能迅速诊断和治疗,患病动物可能无法生育。这两种情况可能与发圈、外伤和龟头皮炎有关。在与阴茎龟头上的发圈有关的病例中,检查阴茎可以让临床医生发现问题并去除发圈[7]。剪掉包皮前的羊毛或马海毛可以减少这种问题的发生[13,15]。包茎病也可作为外伤、阴茎皮炎和先天性畸形的后遗症而发生。外伤性损伤时,可能在阴茎内或乙状弯曲区域形成粘连,导致阴茎无法伸展。一般来说,这些病例可能很难治疗。当炎症和瘢痕导致包皮炎时,治疗方法与龟头包皮炎相同。临床医生可以尝试手工“分离”粘连。使用非甾体抗炎药(NSAIDs)(如氟尼辛葡甲胺 1～2 mg/kg,每天 2 次)或抗生素(如青霉素 22 000 IU/kg,每天 2 次)以及用温和的防腐剂冲洗阴茎可能会有帮助。对于包茎病,大多数动物都会丧失性欲,应该被淘汰,因为预后不佳[15]。

轻度包茎

轻度包茎与创伤、感染和龟头皮炎有关。公山羊比公绵羊多发,但两者都很少见。在出现轻度包茎的情况下,使用皮质类固醇的抗生素软膏、环切阴茎,并在包皮口进行荷包缝合可能是有价值的。在阴茎内放置一根管子,使尿液从孔口排出。临床医生应注意确保尿液实时流出。用温和的消毒溶液冲洗包皮和阴茎、提供阴茎水疗法,并用药膏覆盖阴茎是治疗这种情况的有效方法。阴茎应该至少每隔3 d手动伸展一次,这样饲养员或临床医生就可以监测愈合情况。在整个恢复期都应该加强休息。然而,这些病例的预后很差,尤其是如果病情持续时间超过2周,且动物仍没有试图缩回阴茎时[15]。

参考文献

[1] Kimberling CV: Disease of rams. In Kimberling CV, editor: *Diseases of sheep*, ed 3, Philadelphia, 1988, Lea & Febiger.

[2] Bulgin MS: Brucella ovis epizootic in virgin ram lambs, *J Am Vet Med Assoc* 196:1120, 1990.

[3] Saunders VF, et al: Multiplex PCR for the detection of *Brucella ovis*, *Actinobacillus seminis* and *Histophilus somni* in ram semen, *Aust Vet J* 85:72-77, 2007.

[4] Manterola L, Tejero-Garces A, et al: Evaluation of a PCR test for the diagnosis of *Brucella ovis* infection in semen samples for rams, *Vet Microbiol* 92: 65-72, 2003.

[5] Kimberling CV: *Sheep flock fertility*, *Proceedings of the Annual meeting of the Society for Theriogenology*, Nashville, 1990, Tenn.

[6] Bulgin MS: Epididymitis caused by *B. ovis*, *Proceedings of the Annual meeting of the Society for Theriogenology*, Nashville, Tenn, 1991.

[7] Mobini S, Heath AA, Pugh DG: Theriogenology of sheep and goats. In Pugh DG, editor: *Sheep and goat medicine*, Philadelphia, 2002, WB Saunders, pp 129-196.

[8] Ferreras MC, et al: Unilateral orchitis and epididymitis caused by *Salmonella enterica* subspecies *diarizonae* infection in a ram, *J Vet Diagn Invest* 19: 194-197, 2007.

[9] Walker RL, Leamaster BR: Prevalence of *Histophilus ovis* and *Actinobacillus seminis* in the genital tract of sheep, *Am J Vet Res* 47 :1928, 1986.

[10] Bulgin MS: Ram lamb epididymitis, *Proceedings of the Annual meeting of the Society for Theriogenology*, Nashville, Tenn, 1991.

[11] Al-Katib WA, Dennis SM: Early sequential findings in the genitalia of rams experimentally infected with *Actinobacillus seminis*, *N Z Vet J* 56:50-54, 2008.

[12] Ley WB: Ram epididymitis, *Agri-Pract* 14: 34, 1993.

[13] Bruer AN: Examination of the ram for breeding soundness. In Morrow DA, editor: *Current therapy in theriogenology*, ed 2, Philadelphia, 1986, WB Saunders.

[14] Pugh DG: Breeding soundness evaluation in male goats, *Proceedings of the Seventh Annual Hudson-Walker/Vaughn Theriogenology Conference*, Auburn, Ala, 1996, Auburn University College of Veterinary Medicine, p 29.

[15] Mickelsen WD, Memon MA: Infertility and diseases of the reproductive organs of bucks. In Youngquist RS, Threlfall WR, editors: *Current therapy in large animal theriogenology*, ed 2, Philadelphia, 2007, WB Saunders.

[16] Ahmad N, Noakes DE, Middleton DJ: Use of ultrasound to diagnose testicular degeneration in a goat, *Vet Rec* 132:436-439, 1993.

[17] Ott RS, Memon MA: Breeding soundness examination of rams and bucks, a review, *Theriogenology* 13:155, 1980.

[18] Smith KC, Brown PJ, et al: Cryptorchidism in North Ronaldsay sheep, *Vet Rec* 161: 658-659, 2007.

[19] Skinner JD, Van Heuden JAH, Goris EJ: A note on cryptorchidism in Angora goats, *S Afr J Anim Sci* 20:10, 1961.

[20] Riddell MG: Developmental anomalies of the scrotum and testes. In Wolfe D, Moll HD, editors: *Large animal urogenital surgery*, Baltimore, 1997, Williams & Wilkins.

[21] Basrur PK, Kochhar HS: Inherited sex abnormalities in goats. In Youngquist RS, Threlfall WR, editors: *Current therapy in large animal theriogenology*, ed 2, Philadelphia, 2007, WB Saunders.

[22] Smith MC, Sherman DM: *Goat medicine*, Philadelphia, 1994, Lea & Febiger.

[23] King WW, Young ME, Fox ME: Multiple congenital genitourinary anomalies in a polled goat, *Contemp Top Lab Anim Sci* 41:39-42, 2002.

[24] Smith KC, Brown P, Parkinson TJ: Hypospadias in rams, *Vet Rec* 158:789-795, 2006.

[25] Fuller DT, et al: What is your diagnosis? Hypospadias and urethral diverticulum, *J Am Vet Med Assoc* 201:1232-1431, 1992.

[26] Loste A, et al: High prevalence of ulcerative posthitis in Rasa Aragonesa rams associated with a legume-rich diet, *J Vet Med A Physiol Pathol Clin Med* 52:176-179, 2005.

公羊的特殊手术

阉割

在小反刍动物中，阉割正常年轻公羊是最常见的外科手术之一。公山羊羔和公绵羊羔因为管理和生产的原因被阉割。被阉割的山羊的马海毛产量高于未阉割的山羊[1]。对肉用羔羊进行阉割可增加胴体重量、屠宰率和外部脂肪评分，同时降低了内部脂肪评分[2]。有大量出版物详细介绍了阉割年龄的影响以及阉割技术对胴体质量和生长速度的影响。关于肉类生产管理内容超出了本文的讨论范围；在这里，重点探讨不同阉割技术的程序[3-5]。

一些饲养者推迟了打算用作生产或宠物用的动物的阉割，因为与肉用动物相比，这些动物的寿命更长。一种新的趋势是推迟一些肉用山羊的去势，这些肉羊被喂食高浓缩日粮，在屠宰前用于展示。这通常与尿石症有关。虽然这些发现经常有争议，但至少有一项研究评估了阉割对阴茎长度和直径、尿道直径的影响，并指出在3月龄前被阉割的羔羊的阴茎发育与没阉割或5月龄时阉割的羊的发育不能等同[6]。最重要的是，相对于尿石症，3月龄前阉割的绵羊羔羊的尿道横断面直径也明显小于未阉割的绵羊羔羊。在5月龄时阉割的绵羊羔羊的阴茎或尿道直径与未阉割的绵羊羔羊没有明显的差异[6]。

尽管兽医可能会被要求在小羊群，或对各种原因早期未进行阉割的年龄较大的动物才进行常规的阉割手术，但大多数饲养者还是会自己动手阉割。最常用的技术是无血手术，使用弹力带或伯迪佐(Burdizzo)无血去势器。或者，也可以进行传统的睾丸切除手术。每种方法都有优点和缺点，但所选择的方法往往成为个体操作者的偏好。弹力带技术经常用于绵羊羔和小于1周龄的山羊羔，与断尾或去角一起进行。根据动物的大小，它可以使用到3～4月龄，但最好在更早的时候使用。可以通过抓住其后肢、尾部向上来固定，或较小的动物可以用两侧前肢和后肢一起抱着。使用前应将弹力带进行消毒。用特制的钳子将带子绕在阴囊近端，小心确保两个睾丸都在带子的远端；胶皮带将位于未发育的乳头的远端。一个重要的步骤是确保阴茎不包括在带内(图8-7，另见彩插)。弹力带限制血液流向弹力带远端所有组织，随后出现无血管坏死以及阴囊和睾丸组织脱落。通常在7～10 d内就会发生脱皮。由此产生的开放组织是梭状芽孢杆菌感染的主要区域。破伤风是阉割后的常见后遗症，特别是当使用弹力带时(图8-8)。因此，任何未接种过梭菌病疫苗的动物在阉割时应同时接种破伤风抗毒素或破伤风类毒素。弹力带远端组织可在弹力带应用后1～2 d切除，以减少并发症的发生。如果一个(或两个)睾丸靠近弹力环，则该动物将表现出正常公羊的特征。然而，因为睾丸移位到腹股沟外环附近，其不适当的温度调节，可能会导致公羊不育。在这种情况下，需要手术阉割来切除剩余的睾丸。这个过程与正常阉割相比，由于纤维组织和粘连等会更困难。如果阴茎被包含在弹力带中，捕获点通常在乙状弯曲的远端。由此引起的尿道梗阻和破裂将需要对公山羊羔或公绵羊羔进行安乐死，或者至少需要尿道造口。

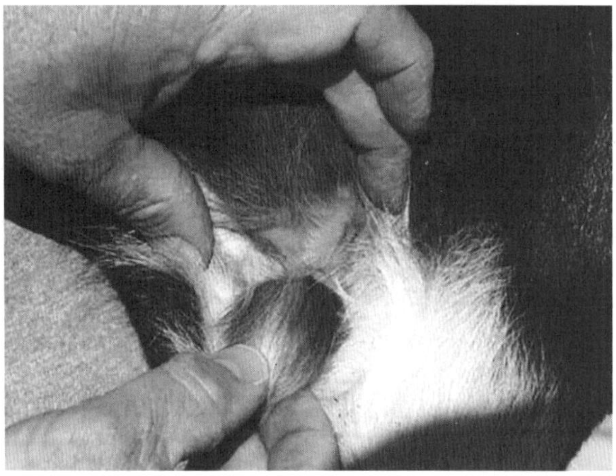

图8-7 一只3周龄的奥伯哈斯里杂交公山羊的阴囊近端有一条绿色的胶皮带。在无毛的皮肤，可以看到靠近胶皮带的未发育的乳头。

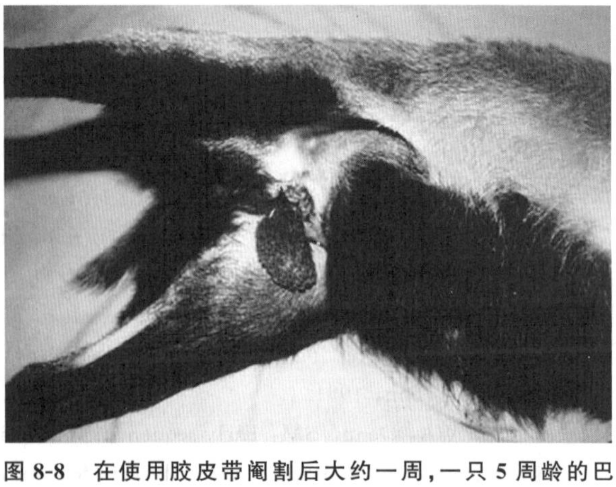

图8-8 在使用胶皮带阉割后大约一周，一只5周龄的巴巴多斯羊的阴囊脱落。羊侧卧时表现出破伤风样僵硬。主人在没有预防破伤风的情况下对它实施了阉割。

另一种不流血的方法是使用伯迪佐无血去势器去势。该设备用于挤压阴囊内的精索，造成睾丸萎缩，同时保留阴囊皮肤。应轻轻将睾丸推入阴囊底端，精索在阴囊内侧向固定。无血去势应进行2次，第二次挤压应远离第一次，并对每个不同的精索挤压保持约10 s，且不越过阴囊正中缝。如果将无血挤压应用于中缝，阴囊皮肤很可能变得无血管和脱落。应将两侧的精索在不同的水平压碎，以帮助维持阴囊的活力。

尽管弹力带去势和伯迪佐无血去势器去势技术是所谓的不流血技术，但许多兽医仍然倾向于手术阉割。用手术刀或纽伯里(Newberry)刀切开阴囊皮肤至两瓣(头侧和尾侧)，去除阴囊远端的1/3～1/2。选择皮肤切口后将睾丸暴露并取出(图8-9)。许多临床医生更喜欢在精索上结扎或用去势器压碎精索，以确保有效的出血控制。在使用常规阉割器时要小心，这种阉割器通常用于较大的物种，如马。因为在马阉割中，功能良好的阉割器可能不能充分地挤压小反刍动物的精索。因此，临床医生可能更倾向于使用结扎。这种方法只需要很少的时间，并且不涉及昂贵的额外费用。然后在结扎的远端切断精索。睾丸可以通过牵引术切除，就像在犊牛上通常做的那样，但在某些情况下，这种方法几乎在阉割后立即形成疝。如果选择牵引方法，则应在另一只手拉睾丸时，用手指按压两侧的腹股沟外环，以尽量减少环的创伤和随后的疝。2月龄以下的动物可以用这种方式进行阉割，但年龄较大的动物如果不是全身麻醉，则应进行局部麻醉和镇静。替代传统阉割设备的是亨德森阉割工具[7-9]。

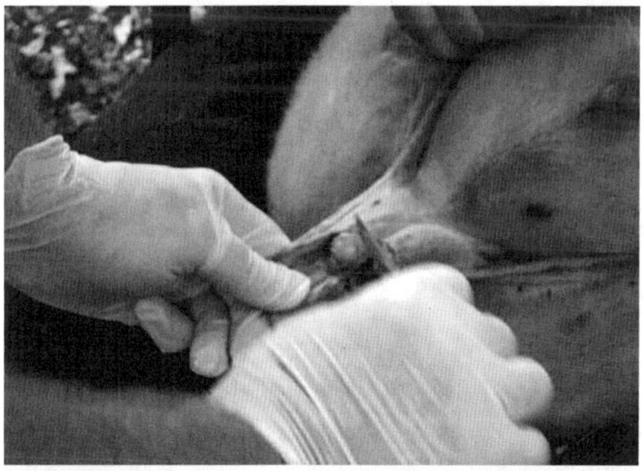

图8-9 在这张图中，一只青年公羊被坐着的保定者保定(如第1章所述)，外科医生正在切除阴囊远端的1/3～1/2，以露出两个睾丸。然后将睾丸从周围组织中分离出来，用拉力将其取出，然后对山羊进行腹股沟疝检查并接种破伤风类毒素。(注：Pugh D. G. 建议阉割后应在阴囊周围定期喷洒驱虫剂，尽管这一做法存在争议。)

据报道，使用伯迪佐无血去势方法阉割4～5月龄的绵羊羔的应激小于传统的外科阉割[10]。一些研究人员认为，与传统的手术阉割相比，在10周龄以上的绵羊羔中使用伯迪佐无血去势器和弹力带技术，术后疼痛较轻[11]。在某些情况下，即使是由有经验的兽医进行阉割，无血去势也会失败。用伯迪佐无血去势方法阉割的34只绵羊羔羊睾丸的组织学切片显示，大部分样本睾丸实质复位失败[12]。无论采用何种阉割方法，精索局部麻醉都能减轻动物的疼痛。布比卡因被证明比利多卡因在减少疼痛方面更有效[11]。

一种针孔阉割技术需要在阴囊近端做一个经皮穿刺切口，通过这个切口连接精索[13]。结扎导致睾丸萎缩。这项技术不需要任何特殊仪器，报告的调查者推荐它作为一种简单、痛苦减轻、经济有效的方法。结扎6个月后睾丸的组织病理学检查显示，输精管有钙化区，但无精子[13]。

作为手术阉割的替代方法，一些兽医报告认为化学阉割也很成功。一种有效的方法是将88%的乳酸以0.2 mL/kg体重注射到成年山羊的睾丸中。然而，与手术阉割相比，化学阉割可能更有压力，因为化学阉割动物的皮质醇水平在较长一段时间内仍然保持较高水平[14]。另一种化学阉割技术是给睾丸注射10%的福尔马林。用此方法对3周龄山羊进行检测，化学物质引起明显的组织纤维化。因此，注射福尔马林被认为是化学阉割幼龄山羊的可行选择[15]。

单侧阉割

公绵羊和公山羊的不育可能是由于多种单侧阴囊状况，包括囊肿、积血、睾丸炎和肿瘤，如间皮瘤。上述情况可能对未受影响的睾丸的体温调节产生有害结果，从而导致不育。如果阉割是在单侧疾病的早期进行的，那么对侧睾丸通常会恢复正常精子产生，这样受影响的公羊就会有生育能力。

单侧阉割是在侧卧麻醉下对动物进行的，患病睾丸向上，上肢外翻(见第18章)。这种手术可能需要镇静、硬膜外麻醉和局部麻醉；然而，无菌技术是避免手术部位感染的关键，这将对生育能力的恢复产生相当重要的影响。皮肤切口在患病睾丸的阴囊外侧纵向呈椭圆形。切口继续穿过皮肤和皮下组织，尽可能保持睾丸精索鞘膜完整。被膜内的睾丸直接脱离阴囊。接下来，使用可吸收2号缝线，在经固定缝线的近端用环向缝线完成精索的双结扎。

椭圆切口可以切除大部分阴囊皮肤，从而消除许多潜在的死腔，这是缝合时的一个重要考虑因素。如果操作者经验有限，执行这种方法时担心切除过多的皮肤，最初的皮肤切口可以作为一个简单的纵向切开后转换成一个椭圆的切口，当明确知道覆盖需要多少皮肤时，可切除睾丸后再切除皮肤。不论哪种情况，皮下组织都应该被多层封闭，以消除死腔。皮肤以连续的连锁模式缝合。一些外科医生在阴囊放置引流管，或者让皮肤切口的腹侧打开。根据医生个人偏好，进行皮肤切除和完全关闭缝合以实现皮肤切口的初期愈合(图 8-10A 和 B，另见彩插)。可以使用一些围手术期抗生素和抗炎药物(见附录1)。如果初期愈合没有发生并发症，术后 90 d 精液质量应该不再显示与单边阉割相关负面影响。

与对照组(非手术)公羊相比，正常可育山羊在单侧阉割后进行重复精液评估的结果显示，对精子活力没有任何有害影响。根据摘除的睾丸的对比，没有发现任何差异[16]。

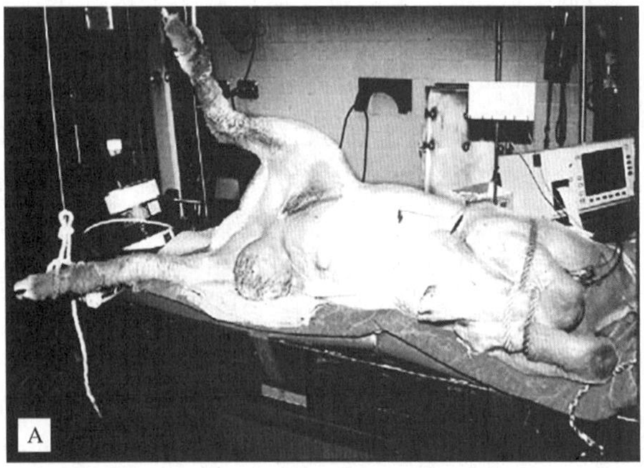

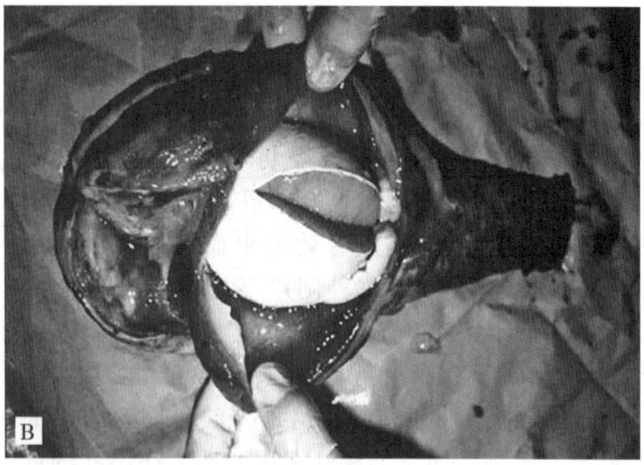

图 8-10　A. 3 岁的兰布莱绵羊，右侧阴囊肿胀。动物左侧卧位、全麻，保定右侧后肢，对其进行单侧阉割。B. 从公羊体中取出的右睾丸显示阴道束膜增厚、水肿，与附睾尾部粘连。

隐睾羊的阉割

隐睾症是反刍动物中一种罕见的疾病[17]。隐睾症至少在安哥拉山羊中是一种隐性遗传性状[18]。当可靠的病史证实没有人试图阉割(或半阉割)相关动物时，这种病最容易诊断。通常情况下，雄性特征或雄性行为导致探索性手术，以寻找保留的睾丸。如果睾丸仍存在，也通常不位于腹股沟环附近，也不容易通过腹股沟睾丸韧带的延伸找到，就像马一样。保留的睾丸更可能在腹部，通常比腹股沟环更靠近肾脏，尽管也可能在腹股沟环内被发现。

手术可以用传统的剖腹手术或腹腔镜。腹腔镜手术可以更好地显示腹部，在大多数情况下是首选的。为了更好地观察腹腔内的情况，在采食饲料 36～48 h 后，应给动物注射镇静剂或全身麻醉，并使其背部平卧。手术使用标准的腹腔镜技术，该技术在脐附近有一个观察口，在观察口和侧面褶皱的尾部之间有一个仪器口(图 8-11，另见彩插)。保留的睾丸往往容易被释放，并从腹腔外结扎。根据手术医生的偏好，也可以使用其他方法，如烧灼或体内结扎等[19]。

或者，动物可以放置在侧卧位，通过侧腹切口进行探查手术。侧翼探查提供的视野非常有限，因此医生必须更多地依赖于触诊结果，而不是所看到的东西。保留的睾丸通常可以用医生的手指简单地扫过腹腔来定位。如果这一操作失败，则尝试在输精管穿过输尿管时定位输精管，然后追踪到睾丸。这是推荐的寻找保留睾丸的系统方法。

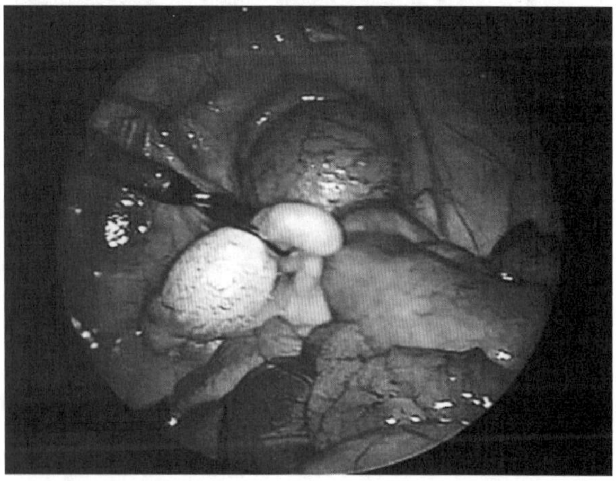

图 8-11　腹腔镜下观察一只 6 月龄的波尔山羊固定的左侧睾丸。用腹腔镜钳夹住睾丸。膀胱位于尾部和右侧。在扩大切口以允许体外结扎后，通过器械入口将睾丸从腹部取出。本手术使用的是直径 10 mm 的直视腹腔镜镜头和摄像机。

试情动物:不育公绵羊和公山羊

雄性小反刍动物呈现不育,随后可在发情检测中使用,或者更常见的情况是,作为一种管理工具,在接触可生育的雄性动物之前,与雌性动物一起放置。在有生育能力的雄性加入羊群之前,雌性动物会开始处于不断变换雄性动物(试情动物)的循环。这一系统将使所有绵羊羔或山羊羔在较短的时间内出生,从而使更有效的劳动、管理和疾病控制成为可能,并获得年龄和大小一致的绵羊羔或山羊羔。无论不育公羊的预期用途是什么,几种获得不育的程序都是常用的。

输精管切除术可能是小反刍动物最常用的技术。该技术被描述为公畜尾侧切口[20],但在绵羊和山羊中,输精管很容易触及,输精管切除术可以通过位于乳头附近的近颅侧切口进行。这个过程可以由公羊臀部着地或放置在右侧横卧来完成。输精管切除术可以在温顺的动物身上使用局部麻醉,但镇静或全身麻醉将使保定更加可靠。腰骶部硬膜外麻醉是另一种选择。切除阴囊近端并为手术做好准备。输精管可触诊为精索内的坚固结构。通过可触及的输精管在乳头附近的阴囊皮肤上开 3～4 cm 的切口。切口继续通过精索鞘膜以暴露输精管,输精管通过止血钳升高并分离,并可在输精管间隔 6 cm 进行结扎。然后切除结扎部分中间的输精管段,按常规方式缝合鞘膜和皮肤。按照这个方法对另一侧也进行结扎处理。实践中,一些手术者在一个睾丸上进行输精管切除术,然后进行单侧阉割,以去除另一个睾丸,以便在耳标或其他识别丢失时,容易识别试情动物。切除、收集和固定在福尔马林的输精管可以为组织病理学检查提供良好的材料[8]。然而,在现代兽医学中,DNA 技术可以诊断亲子关系。

输精管切除术也可以在腹腔镜下使用标准技术进行,以便输精管进入腹部通过内部腹股沟环时,可以看清。输精管结扎后可用缝合线或钉合器进行分离和切断。烧灼术是在腹腔镜下快速结扎的有效工具。然而,腹腔镜手术并没有比传统手术技术更具任何真正的优势,因此很难证明增加所需设备的费用是合理的(图 8-12A-C,另见彩插)。

在大约 80%的公羊手术中,输精管切除术后会发生精子肉芽肿。临床触诊或超声检查均可发现肉芽肿。肉芽肿在临床上没有任何显著的危害[21]。切除输精管后的公羊术后 1 周可进行发情检测[22]。在输精管切除术后的 14 d,对公羊进行精液品质评估,但没有发现任何有活力的精子[23]。

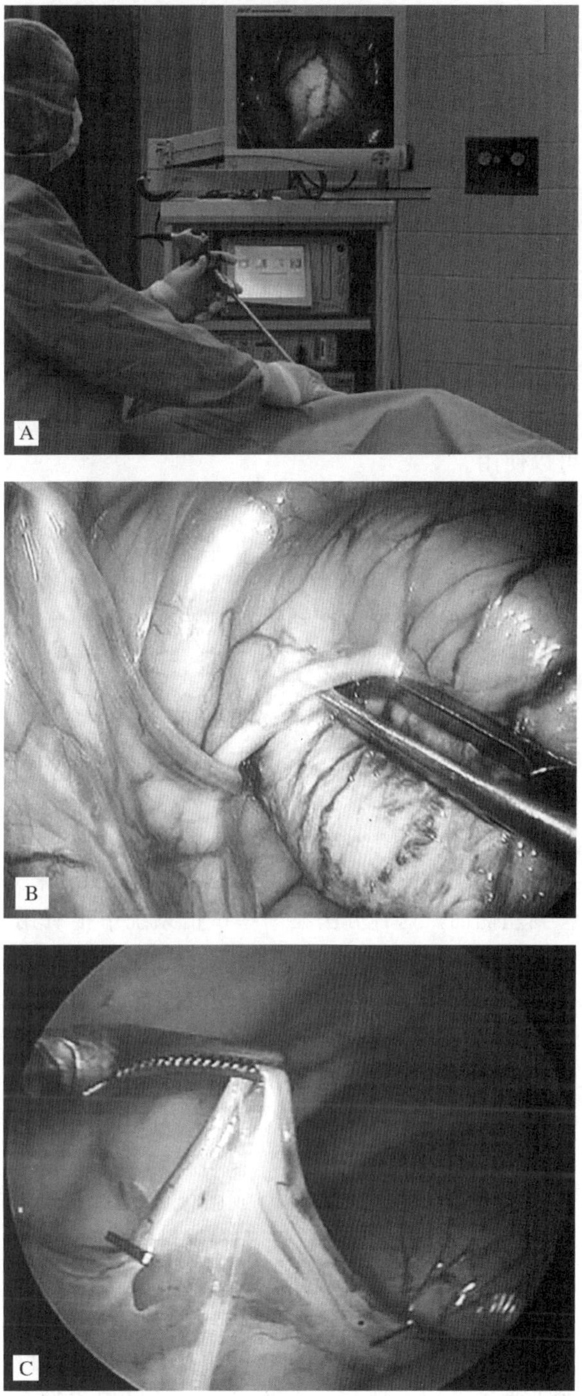

图 8-12 A 和 B. 2 岁麻醉的侏儒公山羊的输精管切除术。A. 用腹腔镜技术对腹股沟内环、膀胱及周围结构进行检查评估。手术在一家有直径 10 mm 的直视视野腹腔镜、摄像机和电视监视器的兽医医院进行。B. 左侧内腹股沟环位于膀胱左侧。在腹腔镜输精管切除术前,用烧灼过的镊子或钉合器将输精管固定在理想的闭合位置。C. 1 岁麻醉的高山公山羊的输精管的腹腔镜图像。左侧输精管用腹腔镜固定钉进行固定。在钉合器附近麻醉后,将两个钉合器之间的输精管切断。

有时也可以进行附睾切除术，而不是输精管切除来获得试情公羊。将动物保定，对阴囊的远端1/3进行消毒，为无菌手术做好准备。麻醉可通过硬膜外麻醉或在附睾尾部阴囊腹侧进行局部浸润麻醉。通过抓住阴囊的颈部而使睾丸被迫进入阴囊的腹侧。在附睾突出的尾部直接做一个从尾部到头部的切口，2～3 cm长。切口穿过皮肤和精索鞘膜，直到附睾肌从切口隆起。放置在附睾上的创巾夹有助于从切口处收回组织。当暴露足够的组织以确保完全切除附睾尾部时，将压碎钳放在组织上，并用手术刀切除组织。切除的组织应做检查，以确保彻底切除。可以使皮肤通过生长自动愈合，或可以放置适当的缝合线。动物应在2周内痊愈并可以使用。

出血可能是该技术的一个应该考虑的问题，特别是当睾丸白膜切开时[20]。出血和自动的伤口愈合可能导致污染和随后感染的脓肿形成。虽然附睾切除术和输精管切除术都适用于这两种动物，但临床医生可能会发现，对公山羊进行附睾切除术更容易，而对公绵羊则进行输精管切除术可能是更好或更容易的选择。

阴茎易位

防止阴茎插入的一种方法是将阴茎放出来并移到左侧面。这种方法在一些试情系统中很有用。该手术可以防止插入，但不能阻止射精。因此，如果尝试阴茎移位，也应进行输精管切除术（或附睾切除术）。公山羊或公绵羊应在手术前2 h或更长时间内给予全身抗菌药物。当动物站立时，操作人员标记出从侧面褶皱到头部1 cm的区域[1]。然后对公山羊或公绵羊进行深度麻醉，可注射麻醉药、气管插管并维持气体麻醉，或腰骶部硬膜外麻醉（见第18章）[24]。将动物置于右侧卧位，剪去左侧腹部羊毛，手术部位进行消毒，准备无菌手术[20,24]。

然后医生手术切除左侧褶皱上方4～7 cm的皮肤和皮躯干肌肉。圆形切口的下边缘应在侧面褶皱上方1 cm处，刚好与左侧切口上的标记相吻合。在腹围较大的成年公绵羊中，一些临床医生选择将包皮口移植到腹面皱褶内侧的位置，而不是移植到腹面较远的位置。止血，并用盐水湿纱布覆盖。然后操作者在包皮口周围做一个1～2 cm的带毛发处皮肤的环形切口。然后从腹面中线切口开始，从周缘组织切口的尾侧开始，一直延伸到阴囊的2/3处[24]。在做这个切口时，应注意不要打开包皮腔。阴茎被留在包皮内，这两个结构通过钝性剥离从皮下组织中分离出来，避开大血管。在包皮口颅侧皮肤上放置一根“参考线”，并在口上方放置无菌手套[20]。

从侧面的圆形切口到纵行切口的尾侧，临床医生使用剪刀和钝性解剖器械创建一个通道，阴茎（连同覆盖在包皮口以保持无菌的无菌手套）被拉过通道。另一种选择是，将无菌触诊套管（用手切断）放置在先前重建的通道中。并使用海绵钳将包皮口周围的游离皮肤通过套管拉至移植部位。现在阴茎应该与身体长轴成45°角[20]。阴茎在任何时候都不应被限制通过通道，阴茎和包皮也不应受到任何程度的扭转。参考缝线应用于将包皮口的颅侧与侧圆切口的背侧对齐[20,24]。

应用可吸收缝合线将包皮移植物以两层简单间断的方式缝合于环形切口。转置包皮的皮下组织应缝合到皮肤上，并缝合皮肤。然后操作人员关闭纵向切口，尽量用可吸收材料减少所有开放的死腔[20,24]。也有人更偏好使用简单间断缝合或水平褥式缝合方式。纵切口上的皮肤除原包皮切口的颅侧外，其余部位均以简单的间断缝合方式缝合。考虑到腹侧引流，此区域未缝合。有些临床医生常规关闭整个切口；采用这种方法，当使用良好的外科技术时，无须引流即可实现初次愈合。应维持控制苍蝇，并应进行破伤风预防（使用破伤风类毒素或抗毒素）。然后操作者进行双侧附睾切除术（或输精管切除术）；抗生素持续使用5～7 d（青霉素普鲁卡因22 000 IU/kg，每日2次），14 d内拆除缝合线。公羊在1个月内就可以使用了。

参考文献

[1] Barina V, Kuchtik J: Evaluation of fibre diameter, length and mohair production in mohair goats and castrates, *Acta Univ Agricult Silvicult Mend Brun* 48: 13-17, 2000.

[2] Mourad M, Gbanamou G, Balde IB: Carcass characteristics of West African dwarf goats under extensive system, *Small Rumin Res* 42:83-86, 2001.

[3] Tesfaye K, et al: Growth performance and carcass characteristics of Arsi-Bale goats castrated at different ages, *J Cell Anim Biol* 2:187-194, 2008.

[4] Okeudo NJ, Moss BW: Production performance and meat quality characteristics of sheep comprising four sex-types over a range of slaughter weights produced following commercial practice, *Meat Sci* 80: 522-528, 2008.

[5] Koyuncu M, et al: Effect of castration on growth and carcass traits in hair goat kids under a semi-intensive system in the south Marmara region of Turkey, *Small Rumin Res* 72:38-44, 2007.
[6] Bani Ismail ZA, et al: Effects of castration on penile and urethral development in Awassi lambs, *Bulg J Vet Med* 10:29-34, 2007.
[7] Baird AN, Wolfe DF: Castration of the normal male. In Wolfe DF, Moll HD, editors: *Large animal urogenital surgery*, ed 2, Baltimore, 1999, Williams & Wilkins.
[8] Scott PR: Husbandry. In Scott PR, editor: *Sheep medicine*, London, 2007, Manson Publishing.
[9] Matthews J: Surgical techniques. In Matthews J, editor: *Diseases of the goat*, ed 3, Chelmsford, United Kingdom, 2009, Blackwell Publishing.
[10] Bonelli P, et al: Stress responses in lambs castrated with three different methods, *Ital J Anim Sci* 7:207-217, 2008.
[11] Melches S, et al: Castration of lambs: a welfare comparison of different castration techniques in lambs over 10 weeks of age, *Vet J* 173: 554-563, 2007.
[12] Stoffel MH, et al: Histologic assessment of testicular residues in lambs and calves after Burdizzo castration, *Vet Rec* 164:523-528, 2009.
[13] Fazili MR, et al: Evaluation of pinhole castration technique in rams, *Small Rumin Res* 84: 61-64, 2009.
[14] Okwee-Acai J, et al: An evaluation of non-surgical castration by single intratesticular injection of lactic acid in adult mubende goats, *Bull Anim Health Prod Afr* 56:116-124, 2008.
[15] Awal MA, et al: Formalin affects the male reproduction of black Bengal goats during prepubertal stage even at low concentration, *J Med Sci (Pak)* 4: 84-89, 2004.
[16] Oyeymi MO, Akusu MO: Short-term effect of hemi-orchectomy on testicular and ejaculate characteristics of West African Dwarf bucks, *Small Rumin Res* 31:75-78, 1999.
[17] Riddell MG: Developmental anomalies of the scrotum. In Wolfe DF, Moll HD, editors: *Large animal urogenital surgery*, ed 2, Baltimore, 1999, Williams & Wilkins.
[18] Matthews J: Male infertility. In Matthews J, editor: *Diseases of the goat*, ed 3, Chelmsford, United Kingdom, 2009, Blackwell Publishing.
[19] Rutherford DJ, Fnding E: Laparoscopic castration in a cryptorchid pygmy goat, *Veterinary Record* 165:27-28, 2009.
[20] Wolfe DF: Surgical preparation of estrus-detector males. In Wolfe DF, Moll HD, editors: *Large animal urogenital surgery*, ed 2, Baltimore, 1999, Williams & Wilkins.
[21] Gouletsou PG, Galatos AD, Fthenakis GC: Clinical, ultrasonographic and pathologic features following unilateral vasectomy in rams, *Anim Reprod Sci* 103: 52-68, 2008.
[22] Batista M, et al: Semen characteristics and plasma levels of testosterone after bilateral vasectomy in bucks, *Reprod Domest Anim* 37:375-378, 2002.
[23] Janett F, et al: Semen characteristics after vasectomy in the ram, *Theriogenology* 56 (3):485-491, 2001.
[24] Heath AM, Pugh DG, Edens MS: Urogenital surgery in goats. In Youngquist RS, Threlfall WR, editors: *Current therapy in large animal theriogenology*, ed 2, Philadelphia, 2007, Saunders.

精子的收集与保存

收集和储存成熟、健康的公山羊或公绵羊的精液，是羊繁殖计划的一个关键组成部分，可以最大限度地提高羊群的整体生育力，并促进一个品种和物种的遗传进化[1-3]。结果表明，成熟公羊的精液品质优于青年公羊，受精率也更高[4]。

最常用的两种采精方法分别是电刺激法采精和假阴道法采精。采用假阴道法采精是首选的，对于经过训练的公羊，假阴道法采精更快且应激更小，并且可以获得更多的生理正常的精子。电刺激采精法可考虑用于单次采精。与用假阴道法相比，电刺激采精器获得的样本往往是不一致的，常常含有大量的精囊液和精子浓度较低的样品。对于不配合或未经训练的公羊，电刺激采精器可以在适当的麻醉下使用[1-3,5-7]。在奶山羊公羊的采精中更常用假阴道法，而肉用公羊常用电刺激采精法，但两种羊都可以训练后用假阴道法采精。与假阴道法相比，电刺激采精可以获得的采精量大，但浓度较低。山羊的采精可以隔日进行，每日 2～3 次。为了获得高质量的精子和保持公羊的适当性欲，建议每次采精间隔 30～60 min。不同公羊的精确的采精频率取决于公羊的年龄、体况和性情等。采集的精子的质量与采精季节有很大关系。在春季和初夏，在日照长度增加的情况下，由于黄体生成素(LH)-睾酮水平降低，精子形态异常的发生率要高得多。采精后，将精液放入温水中(37℃)并立即进行如下所示的品质评估：宏观检查，包括射精量、均匀性、颜色、精液是否含异物等；显微镜下检查，包括总活力、活精子百分数、精子形态及精子密度等。先前描述的精液处理和育种稳健性评价中的参数也适用精液品质评定。精液的正常颜色是灰白色或乳白色，带有粉色(血液污染)、棕色(生殖道感染)、黄色和淡黄色(尿液污染)，都表明采精质量较差[8]。

清洁的设备和正确的精液处理技术是评定成功的关键。

还应进行 2 h 的精液应激试验：收集精液并立即对其直线运动能力进行评估。然后样品在室温下孵育 2 h，并重新评估其直线运动能力。孵育后的样品应保持初始样品 20% 的活力(图 8-13)。

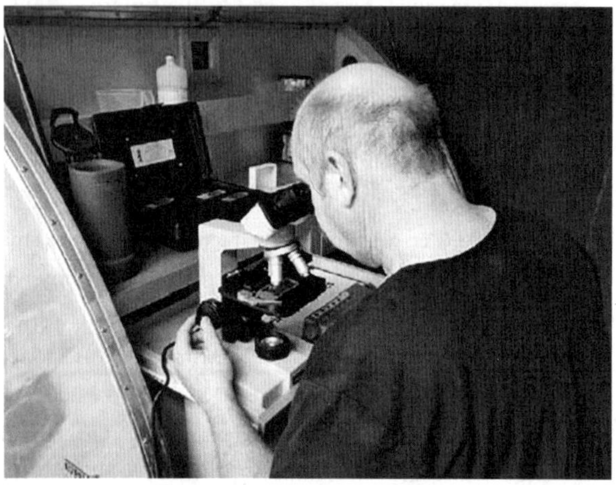

图 8-13 照片中，医生正在野外评定解冻的精子(即在典型的牧场环境下)，使用了盖玻片加热器、加热台及温控的解冻盒等。精子染色后对其形态进行评价。

冷冻精子的受精潜力受多种因素影响。除了公羊精液质量的遗传差异外，管理、营养和环境应激也会对精子的形成产生短暂影响，或持续几周到几个月。

采集绵羊的精子后可以用新鲜精子输精，也可以冷冻保存供后期使用。通常，在有发情的母羊(即，母羊每周服用 1 mg 苯甲酸雌二醇，或预先进行性欲测试)或卵巢切除的母羊的情况下，训练公绵羊用假阴道法采精。用温度为 39℃ 的假阴道采集精子，小心操作避免任何污染和紫外线照射。一旦采精后，可以用原精，也可以用于稀释或冷冻及冷冻再解冻。当用原精时，可以每只母羊按大约 0.1 mL 正常高质量的精子，并在采精后立即进行输精。精子经过评估后，可选用适当的稀释液进行稀释。稀释后，原精液与稀释后样品的比例保持在 1∶(1～4)，这取决于精子的浓度。如果有必要，精液可以在 30℃ 的温度下用稀释剂稀释，冷却到 4℃，然后在这个温度下保存 24 h。

精液冷冻

绵羊

在绵羊中，冷冻精液的方法有很多种。建议临床医生在使用这种不断发展的方法之前，先查阅当前的科学文献。冷冻精液的浓度应高于 3×10^9/mL、活率应大于 70%。绵羊正常的精子浓度范围在 $(3.5\sim6)\times10^9$/mL，而山羊则在 $(2.5\sim5)\times10^9$/mL。精液稀释剂可以购买获得(如 http://minitube.com)。最常用的精液稀释剂是通过提供能量、等渗压、缓冲系统和防止冷休克的物质配制而成，为增强精子细胞的活力提供保障。

温度控制对于成功冷冻精液至关重要。精液应放在恒温箱或水浴中(30℃)[1]。用于冷冻的精液的精子浓度应大于 3×10^9/mL，精子活率应大于 70%。而且，应该用适当温度(30℃)的稀释剂对精液进行稀释[5]。这种稀释剂可以是简单的全脂牛奶或含 10% 胎牛血清的杜贝克磷酸盐缓冲盐水(PBS)。无论是合成的或是以牛奶和蛋黄为基础的稀释剂目前都是可用的。最常见的三种以牛奶或蛋黄为基础的添加剂是：(1)蛋黄柠檬酸甘油；(2)蛋黄三酸甘油；(3)全均质牛奶甘油。最常见的稀释剂是蛋黄-Tris-甘油。对于短期储存，精液可以用蛋黄-Tris-甘油稀释剂稀释，并在 5℃ 下保存 24 h，而不会显著降低受精能力。当将甘油添加到温度保持在 30℃ 的精液中，并在冷冻前 2～4 h 内缓慢冷却至 4℃ 时(一步法)，使用蛋黄-Tris-甘油也可使精子在解冻过程中获得满意的存活率。如果将稀释后的精液冷却至 4℃ 后加入甘油，则用牛奶稀释剂稀释后的精液在冷冻过程中精子存活率更高。

为了冷冻精液，已经开发了几种包装系统用于精子的冷冻保存(如细管、颗粒或安瓿)。在冷冻保存过程中使用的稀释剂和精液将取决于所使用的包装系统。

山羊

对于绵羊精液冷冻保存的许多原则也适用于山

羊。通常,山羊精液冷冻前会离心去除精浆,以提高其抗冻能力。但是,如果精液被充分稀释,则可以省略离心[9]。山羊精液可以放在塑料细管中,以慢速或快速的方式冷冻在液氮里。山羊精液的冷冻稀释剂的特性应与其常温稀释剂类似。此外,还应包括保护细胞膜免受冷应激的成分(通常是卵黄)和抗冻剂(通常是甘油),保护冷冻过程精子细胞膜不受损伤[5,10,11]。

精液稀释可以用两种方法进行。两步稀释法与牛精液稀释法相似。使用不含甘油的稀释剂,在采集后不久,将精液在30℃稀释至最终稀释体积的一半[5]。在5℃冷却1.5～2 h后,用含有甘油的稀释剂将精液稀释到最终体积[5]。一步法稀释时,将精液在冰箱或寒冷的房间里,在1.5～2 h内逐渐稀释到最终的预冷冻体积,温度为5℃。两步稀释法对山羊精液无明显优势。因此,一步法是首选的,因为它简化了稀释液的制备,减少了冷冻前对精液的处理。应对山羊精液进行处理,使解冻后的剂量含有(50～100)$\times 10^9$个前进运动的精子[12]。

细管冷冻

目前最流行的精液冷冻的方法是使用塑料吸管(0.25 mL或0.5 mL)。精液通常被稀释到1∶(1～4)的比例,一边不断地缓慢混合一边缓慢地添加稀释剂[1,5]。稀释液通常是高渗的。快速混合可能会使精子出现渗透性休克[1]。框8-2介绍了一种用于在细管中冷冻公绵羊精液的精液稀释剂的配方。在1.5～2 h的时间里,精液被慢慢冷却到冰点左右(4～5℃)。用含有能量源、蛋白质、抗生素和低温保护剂(甘油)的冷冻缓冲液稀释(通常达到1∶1)过的精液,冷却后再放入有标签的吸管中。将填满精液的吸管水平放置在架子上(均匀放置,不要相互接触),然后放入液氮容器中,大约在液氮表面4 cm处,放置10 min。把吸管冷却到−125～−80℃,然后把精液迅速冷却到−196℃的最终储存温度,方法是把吸管浸入液氮中[1,13]。在目前的科技文献中,可以查到关于混合稀释剂和冷冻缓冲液的配方。

颗粒冷冻

颗粒冷冻技术简单,不需要复杂的或昂贵的仪器。用该技术冷冻的精子的缺点是不容易辨识、卫生条件不易控制及野外使用不方便等[3]。

可以通过将冷却后的精液滴入钻孔或刮到干冰的凹陷处而冻结成颗粒状冻精。这是一种方便的冷冻方法,但这种方法处理的精液更难以解冻和使用。在这种方法中,采精后的精液可以按体积,用含有4%甘油和12%蛋黄的稍微高渗的缓冲溶液进行稀释[1,5]。框8-3列出了一种用于颗粒冷冻公绵羊精液的稀释剂配方。在一个凉爽通风的房间里,操作者在一块固体二氧化碳(干冰)上做几个小的圆形切口(直径0.5～0.8 cm)。用冷却后的吸管(至4℃)将0.1～0.3 mL精液滴到干冰的切割表面。每一个切口中都有一滴先前稀释或冷却过的精液。10 min后,冷冻小球被摇入液氮锅中。

每只羊的颗粒冻精可以储存在贴有标签的塑料杯里。授精前将颗粒精液放入解冻溶液(备用稀释剂、盐水)中,预热至40℃,直到它们融化。

框8-2 细管冷冻精液稀释液配方

三(羟甲基)氨基甲烷:24.2 g
柠檬酸:13.6 g
果糖:10 g
甘油:64 mL
蛋黄:200 mL
总体积:1 L
最终 pH:6.8

改自 Shipley CFB, et al: Artificial insemination and embryo transfer in sheep. In Youngquist RS, Threlfall WR, editors: Current therapy in large animal theriogenology, ed 2, Philadelphia, 2007, WB Saunders.

框8-3 颗粒冷冻精液稀释液配方

三(羟甲基)氨基甲烷:3.63 g
柠檬酸:1.99 g
葡萄糖:0.5 g
甘油:5 mL
蛋黄:15 mL
蒸馏水或去离子水:足以将体积扩大到100 mL。

改自 Evans G: Freezing sheep semen. In Dziuk PJ, Wheeler M, editors: Handbook of methods for study of reproductive physiology in domestic animals, Urbana, Ⅲ, 1991, University of Illinois Press.

解冻

解冻处理程序必须符合农场的建议。不当的解冻程序、解冻后缺乏保温层等因素会进一步破坏精液质量。适当的精液处理技术是很重要的。正确处理冷冻精液对提高受孕率至关重要[3]。

精子的低温保存

绵羊

采集了绵羊的精子后可以在当天低温保存或

第二天用于人工授精(AI)。低温保存的精子可以在农场间运输[6,7]。使用前,精液应保持在35℃或以下。37℃以上的温度会提高精子的代谢率,限制其寿命[8]。在加热过程中应注意避免精子受到冷休克。如果可能的话,最好的方法是让冷却的精液在母羊生殖道内加热。

山羊

通常用来稀释山羊精液的稀释液中含有Tris或柠檬酸盐作为缓冲剂,葡萄糖或果糖作为能量来源,蛋黄保护精子细胞膜免受冷休克。稀释液中蛋黄的浓度应降低到2%,以避免与精液中存在的凝固酶发生反应[5]。当通过电刺激采精时,这种酶的浓度更高。为了克服凝固酶的各种问题,可使用低浓度的蛋黄稀释液或脱脂牛奶,或采精后立即离心除去精浆[5,14]。在野外条件下,最容易获得的精液稀释剂是脱脂牛奶。经过高温处理的牛奶是无菌的,可以直接用作稀释剂,无须进一步处理[3,5]。用新鲜精子经腹腔镜技术授精时,加入1 000 IU青霉素钠和1 mg/mL链霉素的PBS可作为抑菌剂[3,5]。稀释后的精液也可以用移液管插入0.5 mL的吸管中,并在1~2 h内从30℃逐渐冷却至贮藏温度5℃。采精稀释后的精液应在6~8 h内使用,以达到最大受精力[5]。精液应当在1~2 h内逐渐冷却。

冷冻精液的处理

公羊的冷冻精液储存在液氮中(－196℃),这种储存温度的任何变化都会改变精液的质量[15]。细管精液被放在一个提桶里,两个提桶连着一根手柄。在一个液氮罐内设置多个手柄,并始终浸在液氮中。液氮罐盖塞应保持关闭,液氮液位应经常检查并保持在适当的水平。应制定液氮罐的维护计划、遵循和记录液氮罐维护情况[3]。记录或储存特定细管的液氮罐记录(提桶、手柄、罐子)有助于加快精液的转移和提取[16]。液氮罐应存放在阴凉、通风良好的房间里。除非使用细管,否则不得将细管从罐中取出;不应将它们从一个罐转移到另一个罐,除非这个过程需要不到2 s的时间。

要解冻细管冻精,临床医生应首先确定连着手柄的提桶。筒子被抬高,直到可以看到手柄部(罐口下方5~7 cm)。细管应始终保持在罐颈的“冷冻线”以下。操作者用一个光源来识别正确的手柄,然后用镊子将解冻的细管取出来。手柄立即被放入罐中,重新浸入液氮中。处理人员的手不应触摸细管。

临床医生应迅速确定这是否是正确的细管,并将其浸泡在水浴中(33~35℃)。解冻程序应遵循制造商的建议,但一般情况下,0.5 mL细管解冻只需30~40 s,0.25 mL细管解冻需要20~30 s。每次只能解冻10~15 min内使用的细管。如果可能的话,临床医生应一次解冻不超过3根细管,以避免降低解冻水的温度。细管应该彻底干燥,将气泡摇至卷曲的一端,然后打开细管。

当提桶被倒空时,它们应该被丢弃,以加快下层提桶中吸细管的回收。但是,如果要从较低的提桶中取出细管,则要把提桶举起来,直到细管与其他提桶的顶端齐平,然后再把要用的细管取出。

如果使用颗粒冻精,临床医生将冻精颗粒从液氮储存中取出,并将两三个颗粒冻精直接放入干燥的无菌试管中。试管保存在温水中(37℃),解冻后的精液应立即放入移液管中进行人工授精[1]。另外,一些加工技术可能需要在冷冻颗粒中添加一种温稀释剂。

解冻后精子的评价

对于冷冻精液样品的评价,应遵循上述精液处理指南。临床医生应该根据最初加工或冷冻精液的公司提出的建议来解冻精液。一般情况下,临床医生在评估冷冻和解冻精液时,应尽量避免解冻后的冷休克,确保细管精液被正确识别,彻底干燥细管,检查精液的活力(用预热的载玻片和盖玻片)和形态,并进行2 h的移动性试验(精液应激检测)。兽医产科学协会对绵羊精子提出了以下最低的预期标准:70%正常的、50%完整的顶体、25%的初始活力和2h后15%的活力。该协会还建议运动精子剂量(MSD)为25×10^6[14],这些准则似乎也适用于山羊。

参考文献

[1] Evans G: Freezing sheep semen. In Dziuk PJ, Wheeler M, editors: *Handbook of methods for study of reproductive physiology in domestic animals*, Urbana, Ill, 1991, University of Illinois Press.

[2] Buckrell BC, et al: Artificial insemination of small ruminants, American College of Theriogenologists/Society for Theriogenology, *Small Ruminant Course*, pp 87-94, 1994.

[3] Mobini S, Heath AM, Pugh DG: Theriogenology in sheep and goats. In Pugh DG, editor: *Sheep and goat medicine*, Philadelphia, 2002, WB Saunders, pp 129-186.

[4] Lymberopoulos AG, Tsakmakidis IA, Khalifa TA: Effect of ram age on structural and funtional competence of frozen-thawed spermatozoa in dairy sheep, *Reprod Domest Anim* 12:2, 2008.

[5] Evans G, Maxwell WMC: *Salmon's Artificial insemination of sheep and goats*, Sydney, 1987, Butterworth.

[6] Buckrell BC, et al: Reproductive technologies in commercial use for sheep, goats, and farmed deer, *Proceedings of the Society for Theriogenology*, Nashville, Tenn, 1997.

[7] Mylne MJA, Hunton JR, Buckrell BC: Artificial insemination of sheep. In Youngquist RS, editor: *Current therapy in large animal theriogenology*, Philadelphia, 1997, WB Saunders.

[8] Shipley CFB, et al: Artificial insemination and embryo transfer in sheep. In Youngquist RS, Threlfall WR, editors: *Current therapy in large animal theriogenology*, ed 2, Philadelphia, 2007, WB Saunders, pp 629-641.

[9] Xu CL, et al: Liquid storage of goat semen in chemically defined extenders, *Reprod Domest Anim* 44:771-778, 2009.

[10] Cehmineau P, et al: *Training manual on artificial insemination in sheep and goats*, Rome, 1991, FAO of the United Nations.

[11] Leboef B, Restall B, Salamon S: Production and storage of goat semen, *Anim Reprod Sci* 62: 113-141, 2000.

[12] Nuti L: Techniques for artificial insemination of goats. In Youngquist RS, Threlfall WR, editors: *Current therapy in large animal theriogenology*, ed 2, Philadelphia, 2007, WB Saunders, pp 529-534.

[13] Bag S, et al: Effect of freezing temperaure, at which straws were plunged into liquid nitrogen, on the post-thaw motility and acrosomal status of ram spermatozoa, *Anim Reprod Sci* 72:175-183, 2002.

[14] Chenoweth PJ, et al: Committee report: proposed minimum standards for frozen semen, *Society for Theriogenology*, Montgomery, Al.

[15] Buckrell BC: Guelph system for transcervical AI (user manual), Georgetown, Ontario, Canada. *Small Ruminant Genetics*.

[16] Marshall CE: Handling of frozen semen straws. In Dziuk PJ, Wheeler M, editors: *Handbook of methods for study of reproductive physiology in domestic animals*, Urbana, Ill, 1991, University of Illinois Press.

母羊生殖

母羊的解剖

母羊的生殖道与其他雌性家畜相似，由外生殖器(外阴、阴蒂)、阴道、子宫颈、子宫、输卵管和卵巢组成。外阴有两个阴唇，由脂肪组织和覆盖有皮肤的收缩外阴肌组成。阴唇的特征是背侧和腹侧的连合。在分开外阴唇时，很容易看到内表面。阴蒂与阴茎是同源的，有一些勃起组织。前庭位于阴蒂的头部。鳞状上皮呈层状排列，富含黏液腺。母绵羊前庭包括位于尿道口的中位旁腺体；母山羊没有这些腺体。

阴道的管状部分(阴道、子宫颈、子宫、输卵管)由表面外浆膜、双层肌肉组织、黏膜下层和黏膜层组成。阴道位于前庭的上侧。检查阴道壁时，发现其折叠成几层。阴道腔由层状鳞状上皮组成。子宫颈位于阴道的顶部，在阴道底附近有一个轻微的凹陷。子宫颈管在绵羊和山羊体内分别有5～6个和5～8个不规则间隔的重叠环。这种弯曲狭窄的颈腔所提供的有限的通路导致了经子宫颈人工授精的巨大困难，尤其是在绵羊中。绵羊和山羊的子宫颈与阴道不同，不容易扩张。子宫颈以顶部向子宫体开放。

双角子宫是由一个短的体部和两个子宫角组成，在非妊娠状态下，略微卷曲，位于盆腔。子宫浆膜表面由高度血管化的阔韧带固定在腹腔内。子宫内膜呈粉红色-灰色结构，皱褶中含有凸出的肉垂。在一些绵羊品种(如汉普夏)的这些角质区域中发现黑色素沉着。这种色素在山羊中很少见。

两个输卵管将子宫角连接到卵巢囊上。小的[1.5 cm×(1～2) cm]椭圆形卵巢部分被卵巢囊所覆盖。卵巢表面通常粗糙。在繁殖季节或妊娠期间，卵巢可能有两个或多个分泌黄体酮的黄体(单个的)。

母绵羊

生理学

年龄、营养状况和季节对绵羊性成熟的发育都有影响[1-4]。繁殖季节的临近或人工操纵光照以模拟较短的白天，加速了母羊发情的开始。褪黑素植入物也能产生类似的效果[5-6]。关于光操作和褪黑素植入不同效果的报道可在文献中找到[7-9]。多胞胎羔羊中的性别似乎不受绵羊的初情期年龄的影响[10]；然而，与正常的公羊接触可以缩短母羊达到第一次发情所需的时间[4]。

初情期的到达依赖于下丘脑、垂体前叶和卵巢的相互作用。发育卵泡分泌的雌二醇对促黄体素(LH)分泌有负反馈作用。随着初情期的临近，这种抑制作用变得不那么重要，来自下丘脑的促性腺激素释放激素(GnRH)脉冲和随后 LH 的垂体脉冲变得更加频繁。这种激素活动刺激其他卵泡的发育。随着卵泡的发育，其产生更多的雌二醇，直到达到一个阈值，为 LH 的分泌提供正反馈。由此产生的黄体生成素激增导致卵泡黄体化，通常会排卵。合成黄体(CL)的寿命通常比后续循环的寿命短。绵羊的第一次排卵并不伴随发情行为。在第二个周期和随后的周期中，卵泡生长、LH 分泌和 CL 发育似乎更加正常，发情行为也发生了。在 GnRH 作用下，垂体前叶也释放促卵泡激素(FSH)[12]。

绵羊被认为是短日照繁殖动物，因为它们的繁殖季节是由白天的长度来控制的，或者更具体地说，是由夜晚的持续时间来控制的，黑暗时间的增加与特征变化的开始有关[13]。光照时间和时间的长短不仅影响发情的诱导，短日照也会影响发情季节的长短[14]。

季节性是由光的视觉感知控制的，光通过颈上神经节传到松果体。松果体产生褪黑激素，并在夜间分泌。褪黑激素分泌的改变为下丘脑的 GnRH 脉冲产生提供帮助[12]。下丘脑的敏感度也发生了变化，从对雌激素严格的负反馈反应(从发育中的卵泡)到雌激素浓度增加的正反馈[15]。在繁殖季节，GnRH 脉冲的增加似乎是诱导发情的原因[16]。在季节性繁殖的动物中，类似的情况发生在初情期，正如每年从发情期到季节周期的转变所观察到的那样。

品种间在繁殖季节的时间和长度上有很大的差异。多塞特羊、美利奴羊、兰布莱(Rambouillet)羊和芬兰-兰德瑞斯(Finnish-Landrace)绵羊的繁殖季节往往较长，而南丘羊、什罗普郡羊和汉普夏羊则对白昼长度有反应，并保持短日照的繁殖季节。生活在赤道附近的羊(或起源于此的品种，如巴巴多斯羊)通常对季节的影响不那么敏感。

初情期

萨福克母羊在大约 30 周龄时首次出现发情的迹象。就像成年母羊从发情到繁殖季节的转变一样，母羊的第一次发情通常是安静排卵。母羊性成熟的开始依赖于营养、足够的生长和光周期(长日照到短日照)[12]。

发情周期

母羊发情会持续 15～45 h(平均 30 h)，发情的间隔时间是 14～19 d(平均 17 d)，3～5 d 的发情后期，7～10 d 的间情期，2 d 的发情前期。青年母羊、在非繁殖季节发情的母羊和过渡期母羊等，其发情期往往较短。随着发情期的临近，FSH 诱导的卵泡波中较大的卵泡开始产生更多的雌二醇。因此，下丘脑发出信号分泌 GnRH，导致垂体前叶释放 LH。黄体生成素的激增通常发生在发情后 9 h 左右。雌二醇浓度高是母羊发情的部分原因。然而，绵羊最近也一定接触过孕酮。

绵羊在发情期的最后 1/3 时排卵，或偶尔在发情行为结束后排卵[17]。排卵通常发生在黄体生成素激增后的 14～26 h。此时正值发情期开始后 21～45 h。发情期的长短可能因品种而异，毛用品种的发情期通常比肉用品种长。发情的迹象包括外阴肿胀、厌食、寻找和接近公羊。母羊可能分泌少量的稀黏液，但比母牛分泌的少得多。

排卵后卵泡黄体化并开始产生孕酮。黄体酮浓度持续升高 12～13 d。在没有怀孕的情况下，卵巢分泌催产素，子宫内膜开始分泌前列腺素 $F_2\alpha$($PGF_2\alpha$)。$PGF_2\alpha$ 被子宫静脉运输到远离子宫和直接转移到卵巢静脉附近运行的动脉。卵巢动脉 $PGF_2\alpha$浓度的增加导致黄体的退化和孕激素分泌减少。这个周期又开始于血清孕酮的减少，同时伴有卵泡发育，以及随后血清雌激素浓度的增加。

母羊的卵子到达子宫需要 2～4 d。大约在怀孕后 12 d，怀孕信号被传送到子宫内膜和卵巢，以防止黄体溶解并维持妊娠。能抑制子宫产生雌激素受体的物质是干扰素-τ；雌激素受体的减少反过来又抑制催产素受体。当产生足以溶解黄体的 $PGF_2\alpha$ 时，这种抑制作用会被打断[18]。胚胎与子宫内膜的附着是一个缓慢的过程，大约从第 18 天开始。

妊娠期

母羊的正常妊娠期为 145～150 d。绵羊有子叶型、绒毛性胎盘。胎盘子叶与母体的肉阜共同构成胎盘小体。在怀孕的母羊中，90～100 个子叶分布在绒毛膜上。大约第 16 天，绒毛膜开始附着在子宫的肉阜。这种类型的胎盘限制了抗体从母体向胎儿血液的移动，因此新生儿必须摄入初乳进行抗体转移。第 75 天以后，外周血中孕酮的浓度明显升高。这一增加是由于胎盘产生孕酮，具有重要的临床意义，因为黄体分解剂不能保证妊娠 75 d 后流产。

分娩是子宫肌肉系统和胎儿之间一系列复杂相互作用的结果。随着胎儿下丘脑的成熟，它开始产生越来越多的促肾上腺皮质激素释放激素，这种激素刺激脑垂体产生和释放促肾上腺皮质激素。进而刺激胎儿肾上腺产生和释放皮质醇。内源性皮质醇导致雌二醇、$PGF_2\alpha$、前列腺素 E_2（PGE_2）浓度增加。这种增加的活动反过来减少了孕酮的产生，并松弛了子宫颈。子宫对催产素的反应性也因雌激素诱导催产素受体的聚集而增强。

正常分娩时间为 3～8 h。分娩的第一阶段（开始有节律的收缩）持续 1～4 h。第二阶段（阵缩加剧和胎儿娩出）长达 2 h。分娩的最后阶段是胎盘排出，这应该发生在胎儿出生后 8 h 内[12]。

母山羊

生理学

从纯生理学的角度看，绵羊和山羊有许多相似之处。尽管如此，它们在发情周期的长度和妊娠期的长短上是不同的。在温热地区的山羊是多次发情，且在白天较短的时候（8 月到第二年的 3 月）繁殖效率高，繁殖高峰在 10—12 月[19]。繁殖季节前后的过渡时期约为 2 个月，在 4 月和 5 月进入休情期[20,21]。在赤道附近的热带地区，本地品种表现出较少的季节性和全年均可繁殖（像绵羊一样）。

季节性的变化发生在品种之间和品种内部，这允许跨季节选种[20,22]。例如，在北美，侏儒羊和田纳西硬腿肉羊倾向于全年繁殖，而努比亚山羊、西班牙山羊、波尔山羊和基科山羊则表现出更强的季节性繁殖[21]。生产者可以利用这一季节性优势，在夏季过渡期间，同期发情过程中引入公山羊，以诱导母羊发情。当公羊全年都与母羊生活在一起时，这种公羊效应就会减弱。

初情期

初情期是指母羊达到性成熟、并在 6～8 月龄开始周期性发情[19]。侏儒山羊的初情期可能早在 3 月龄就开始了。一般来说，单胎母羊在出生后的秋季首次排卵。母羊应该达到成年体重的 60%～70%才可进行繁殖（肉用山羊体重达到 60～70 lb，奶山羊体重达到 70～90 lb）[21]。

发情周期

母山羊发情周期为 21 d（范围为 18～22 d）。尽管存在变化，但母山羊的发情期往往比母绵羊长。在山羊繁殖季节开始和结束时，5～7 d 的短周期发情更常见。仲夏过后，白昼变短会导致松果体褪黑激素的释放增加，而各种激素分泌的顺序与母绵羊相似。在发情期和季节性发情期，血浆孕酮浓度低于 1 ng/mL，而黄体期的孕酮浓度为 4～8 ng/mL[19,20]。

在发情期，母羊会焦躁不安、寻找公羊、摇尾巴、发声，并有外阴肿胀，带有明显的黏液分泌物，在发情期接近尾声时变为浑浊。在公羊的存在下，发情行为会更明显。在发情期，奶山羊的产奶量和食欲可能会下降。营养充足、健康、成熟的母羊每个周期排卵 2～3 枚，这就导致了高比例的多胎。发情期长短不一，为 24～72 h，大多数发情期为 36 h。

妊娠期

山羊中，双胞胎或三胞胎比单胎更常见。山羊胚胎的输卵管移植需要 3～4 d。平均妊娠时间为 5 个月（147～155 d）[19]。与母绵羊相似，母山羊有子叶型、绒毛性胎盘。妊娠是由孕酮维持的，孕酮完全由黄体（CL）产生，而不是由胎盘产生的。相比之下，母绵羊的子宫胎盘小体能够维持足够的促生素输出。在分娩前 4 d 左右，孕酮的血浆浓度仍然很高。

参考文献

[1] Mukasa-Mugerwa E, Kasali OB, Said AN: Effect of nutrition and endoparasitic treatment on growth, onset of puberty and reproductive activity in Menz ewe lambs, *Therio* 36:319, 1991.

[2] Forcada F, Abecia JA, Zarazaga L: A note on attainment of puberty of September-born early-maturing lambs in relation to level of nutrition, *Anim Prod* 53:407, 1991.

[3] McCann MA, et al: Effect of rapid weight gain to puberty on reproduction, mammary development and lactation in ewe lambs, *Therio* 32:55, 1989.

[4] Kassem R, Owen JB, Fadel I: The effect of pre-

mating nutrition and exposure to the presence of rams on the onset of puberty in Awassi ewe lambs under semi-arid conditions, *Anim Prod* 48:393, 1989.

[5] Rajkumar RR, Argo CM, Rodway RG: Effect of melatonin on pulsatilla release of luteinizing hormone in female lambs, *Horm Metab Res* 24:229, 1992.

[6] Fitzgerald JA, Butler WR: Sexual maturation of ewes raised without ram exposure in a controlled lighting environment, *Therio* 29:811, 1988.

[7] Kennaway DJ, et al: Pituitary response to LHRH, LH pulsability and plasma melatonin and prolactin changes in ewe lambs treated with melatonin implants to delay puberty, *J Reprod Fertil* 78:137, 1986.

[8] Nowak R, Rodway RG: Effect of intravaginal implants of melatonin on the onset of ovarian activity in adult prepuberal ewes, *J Reprod Fertil* 74: 287, 1985.

[9] Sunderland SJ, et al: Effect of photoperiod before and after birth on puberty in ewe lambs, *Biol Reprod* 53:1178, 1995.

[10] Meridith S, Kiesling DO: Age of puberty in ewes which developed prenatally with either a ram or a ewe fetus, *Small Rumin Res* 20:137, 1996.

[11] Kinder JE, et al: Endocrine basis for puberty in heifers and ewes, *J Reprod Fertil Suppl* 49: 393, 1995.

[12] Rawlings NC, Bartlewski PM: Clinical reproductive physiology in ewes. In Youngquist RS, Threlfall WR, editors: *Current therapy in large animal theriogenology*, ed 2, Philadelphia, 2007, WB Saunders.

[13] Sweeny T, O'Callaghan D: Physiology of seasonal reproductive transitions in the ewe—regulation by photo period and other environmental cues, *Reprod Domest Anim* 30:178, 1995.

[14] O'Callaghan D, et al: Role of short days in timing of onset and duration of reproductive activity in ewes under artificial photoperiods, *Biol Reprod* 44: 23, 1991.

[15] Karsch FJ, et al: Seasonal changes in gonadotropin-releasing hormone secretion in the ewe: alteration in response to the negative feedback action of estradiol, *Biol Reprod* 49:1377, 1993.

[16] Barrel GK, et al: Seasonal changes of gonadotropin-releasing hormone secretion in ewe, *Biol Reprod* 46: 1130, 1992.

[17] Keisler DH: Endocrine control of reproduction in the ewe and ram: a review, *Proceedings of the Society for Theriogenology*, Small Ruminant Short Course, Nashville, Tenn, 1994, p 2.

[18] Spencer TE, Becker WC, George P: Ovine interferon-tau regulates expression of endometrial receptors for estrogen and oxytocin but not progesterone, *Biol Reprod* 53:732, 1995.

[19] Smith MC: Clinical reproductive physiology and endocrinology of does. In Youngquist RS, Threlfall WR, editors: *Current therapy in large animal theriogenology*, ed 2, Philadelphia, 2007, WB Saunders.

[20] Hill J: Goat reproductive management, *Proceedings of the American Association of Small Ruminant Practitioners Symposium on Health and Disease of Small Ruminants*, Nashville, Tenn, 1996, p 114.

[21] Mobini S: Reproductive management in goats, *Proceedings of the North American Veterinary Conference*, vol 14, Orlando, Fla, 2000, p 219.

[22] Wilddeus S: Reproductive management for meat goat production, *Proceedings of the Southeast Region Meat Goat Production Symposium*, Tallahassee, Fla, 1996, Florida A & M University Press.

母羊的繁殖性能测定

历史信息

历史信息是母山羊或母绵羊繁殖性能测定的一个重要组成部分，因为其生殖道的大部分无法触诊或观察。重要的历史信息包括发情时间、发情间隔、对公羊的反应、繁殖和产羔历史。一般体格检查强调身体状况、乳腺的结构，以及无角或无角表型的确定在评价育种的可靠性时是很重要的(见第1章)。

体检

外生殖器检查应包括肛门与生殖器距离的评估，以及阴蒂是否在不分开阴户唇的情况下可见。外阴应检查有无异常。一个清晰的人工授精窥镜或内窥镜可以用来评估阴道和宫颈。临床医生应注意宫颈或阴道的分泌物。正常的、清晰的阴道黏液分泌物出现在发情期早期，在发情期后期变成浑浊或乳白色的黏液分泌物是常见的，尤其是山羊。

生殖超声检查

经腹超声波可用于妊娠及假孕的子宫检查。与母绵羊相比，假孕在山羊中更为常见。经直肠探头检查通常可以显示未怀孕的子宫、卵巢和早期妊娠等。

繁殖管理

一般原则

母绵羊

为了获得母绵羊最大的繁殖潜力，在繁殖季节之初，就应该保证母绵羊健康无病，并保持 2.5～3.5 分的体况（见第 1 章和第 2 章）。应做好青年母羊繁殖，以便它们在这个季节比成年母羊更早分娩。

为了循环生产，在开始繁殖季节的日长减少周期之前，母绵羊至少需要一个日长增加周期。应从上一个产羔季节早期出生的母绵羊羔中选择后备母绵羊。后备母绵羊在繁殖时的体重大约应达到其成熟体重的 70%。

母山羊

后备母山羊在断奶时（4～5 月龄）进行选留。肉用后备羊的选择应该强调繁殖和健康等特性。乳用后备羊则根据生产特性来选择，如乳房和乳头的稳固性、适当的体型和良好的体况等。出生时是双胞胎或三胞胎的母羊、出生季节较早的母羊，以及那些其母亲每年生育一次以上的母羊是更好的后备羊选。所有育龄母羊应保持在一个单独的群体。在体况评分为 3～3.5 分的情况下，母山羊的体重应达到其成年体重的 60%～70%。两岁的时候仍没有繁育后代的母羊应予淘汰。繁殖母山羊体况不应该太瘦或太肥。太瘦可能无法怀孕、双胞胎率低，或者生下断奶率低的羔羊。初情期前体况过肥的母羊，容易出现妊娠毒血症和分娩后产奶量低等问题。

发情周期的控制

随着人工授精技术越来越广泛的使用，以及生产人员将精力集中在产羔上的愿望，控制母羊的发情周期变得越来越重要。山羊和绵羊的同期发情程序如表 8-3 所示[1-4]。生产人员通常要在秋季繁殖季节使母羊同期发情，并在冬季发情期（非繁殖季节）和夏季过渡时期诱导母羊发情。为了保持来自奶山羊和绵羊的持续奶源供应，应将羊群分为 4 个大小相同的繁殖群体，每一组分别进行同期发情。在北半球，这四组分别应该安排在 8 月下旬、10 月中旬、11 月中旬和 12 月下旬分娩。适当的营养、发情鉴定和足够的父系或授精能力是同步计划的必要条件。为了最大限度地提高同步程序的效率，应该尽可能地减少应激。

公羊效应

将公羊引入一群过渡期母羊中是诱导发情的有效措施[5-7]。在母羊群中引入一只公羊，大多数母羊在 6 d 内就会发情。在之前的 3～4 周内，应避免母羊与公羊接触。突然间，把公羊放入母羊群中，几天内就会引起母羊 LH 激增和排卵。同样地，与公羊隔栅栏接触也可以用来达到促进母羊发情的效果。

根据配种能力测试所给的定义，使用繁殖性能良好的公羊比使用低生育能力的公羊在诱导早期排卵方面更有效[6]。母羊对公羊刺激的反应是存在差异的，受品种、先前隔离、发情阶段、营养和分娩后时间长短的影响。该技术可与非繁殖季节育种用药计划相结合使用，并可增强其有效性。公羊在被引入母羊群前应该与母羊隔离 30～60 d。在繁殖淡季中利用公羊效应，试情公羊应在繁殖开始前 2 周与发情母羊或经雌二醇半胱氨酸（2 mg，肌肉注射）处理的去卵巢母羊接触。接受过输精管切除术或附睾切除术并接受睾酮处理的公羊（每周 100 mg，连续 3 周）可用作试情公羊。无论使用哪种类型的公羊试情，在将种公羊放入母羊群之前，试情动物都应该与母羊一起放置 2～3 周，使它们进入发情期。放入种公羊后的第一次发情通常是“安静发情”。

表 8-3　美国绵羊和山羊发情周期调控方法概述

	繁殖期	过渡期	非繁殖期
母绵羊	前列腺素	公羊效应	黄体酮源为 8～14 d＋促性腺激素，最多 48 h 后取出
	黄体酮源 14 d±促性腺激素	黄体酮源为 8～14 d＋促性腺激素最多 48 h 前去除	控制光照
		黄体酮源为 8～14 d＋公羊效应时去除	褪黑素的使用
母山羊	前列腺素	公羊效应	黄体酮源为 14 d＋促性腺激素＋前列腺素
	黄体酮源为 14 d±促性腺激素	黄体酮源为 14 d＋促性腺激素＋前列腺素孕激素	控制光照
		黄体酮源 14 d＋促性腺激素＋公羊效应	褪黑素的使用

来源：Dr. Jason Johnson，Ross University.

前列腺素类

$PGF_2\alpha$ 可用于溶解 CL 并使处于休情期的母羊发情。母羊在发情周期的第 5～6 天后，通常易受前列腺素诱导的黄体溶解（图 8-14）。如果生产人员要确保使大量的母羊循环发情，应该使用这种同期发情的方法；同期发情的最佳时间是秋季中下旬（北美的 10 月和 11 月）。一次 $PGF_2\alpha$ 处理预计在 30～60 h 内，可使母羊群中 60%～70%的个体表现出集体发情的迹象。正确注射前列腺素后没有表现发情的母羊是那些近期有过发情或正在发情期的母羊；在第一次注射后 9～11 d 内进行第二次注射的两步方法可使羊群的同步性更紧密。

另一种方法是积极观察羊群 4 d，在这段时间里，所有进入发情期的母羊配种，然后第 4 天用 $PGF_2\alpha$ 处理，在接下来的 3 d，紧随其后的是对所有进入发情期的母羊进行配种。按照这个方法，大多数母羊将在 7 d 内配种。

前列腺素（10～20 mg）和氯前列烯醇（75 μg/45 kg 体重）在同期发情中都被用到[1]，生产人员需要确保用前列腺素类药物处理的母羊是空怀的，因为这类制剂会导致怀孕母羊流产。

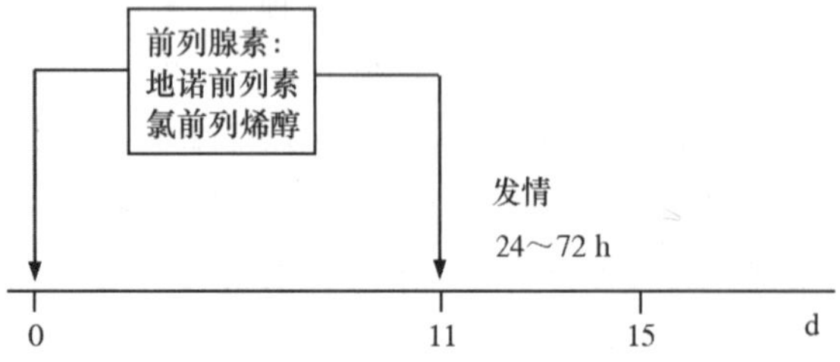

图 8-14　母山羊的发情周期与前列腺素。
（来源：Dr. Jason Johnson，Ross University）

孕激素类（孕酮）

孕激素通过延迟发情来使母羊同步发情。外源孕激素可以在繁殖季节人工控制黄体期的长度。孕激素的使用是山羊人工授精（AI）或胚胎移植（ET）中最常见的同期发情方法。

应用孕酮最常见的途径是经阴道。孕酮产品被取出后，应在几天内发情。将含有孕酮的海绵放入阴道[即控制阴道内药物释放装置（CIDRs）]正在成为一种流行的控制发情的方法[2]。CIDRs 中有几种黄体酮浓度。最新上市的 CIDR 中含有 300 mg 的黄孕酮（EAZI-BREED CIDR sheep insert，Pfizer Animal Health，235 East 42nd Street，NY，NY 10017）。

有时，如果从外阴唇上看不到绳子，或者海绵粘在阴道壁上，CIDRs 可能很难去除。在这种情况下，检查人员应限制母羊，将戴手套的手指插入母羊阴道穹窿，识别 CIDR，并在将 CIDR 与阴道壁分离后小心取出（图 8-15）。在耳廓背侧的皮肤和软骨之间植入诺司孕甾酮植入物（0.5～1 个植入物，给予 3～6 mg 的剂量），但目前在北美还没有。口服醋酸美仑孕酮后的同步率与使用诺司孕甾酮植入物时相似[4]。口服醋酸美仑孕酮（母羊为 0.22 mg/只，连续 14 d，或 0.125 mg/只，每日 2 次，共 14 d）对控制发情也有价值。但是，一般建议推迟配种，直到第二次发情后停止使用醋酸美仑孕酮，因为第一次发情通常是不能生育的[1]。此外，如果饲料中添加孕酮，必须持续摄入足够的孕酮。在山羊和一些绵羊中，确保正确的剂量可能是一个问题，特别是在料槽或饲槽空间不足的情况下。所有这些方法都需要在母绵羊试验9～14 d后和母山羊试验12～14 d后去除孕酮。去除孕酮源可以用于一次性使整个羊群同期发情。羊群可以被分组，每天移除孕酮源，这样一只公羊就可以用来配种，或者人工授精程序可以被分散开来。母绵羊和母山羊分别在去除孕酮源后24～48 h，和去除孕酮源后24～36 h就会发情。

在去除孕酮24 h后引入一只试情公羊可以增强同步性。使用马绒毛膜促性腺激素（eCG）（250 IU）或eCG与人绒毛膜促性腺激素（hCG）的联合处理法，同时去除孕酮，可以帮助增加羊群的同期发情。在取出孕酮前24 h给予前列腺素，然后在取出孕酮前24～48 h或在取出孕酮时给予eCG，可进一步加强发情的同步性。使用和去除这些孕酮也可能加快在非繁殖季节发情[3]。

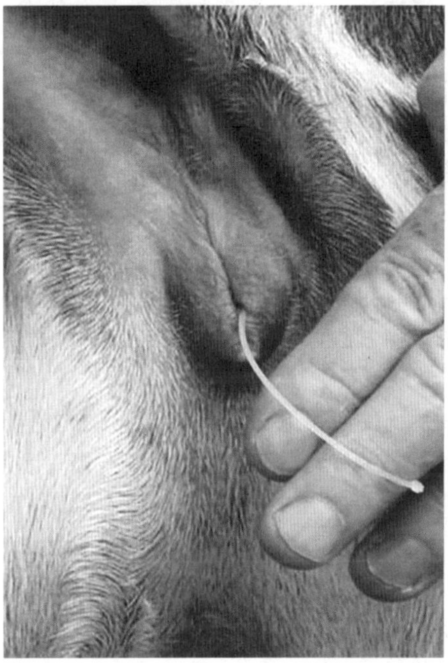

图8-15 一种可控的阴道内释药装置（CIDR）被放置于母羊体内。在山羊身上使用这些装置（在美国是标签外使用），可能需要修剪外部的塑料绳，以防止羊群中其他同伴拔出CIDR。

季节性发情的控制

季节性地控制母羊发情周期可以用来加快母羊发情期的开始，以获得每年一次以上的繁殖后代的机会。季节调控还可以改变产羔和哺乳的时间，以使其更好地匹配饲料的可获得性。奶山羊的泌乳期应该超过120 d，然后生产者才可以尝试进行淡季繁殖[8]。所有动物都应进行实时超声检查，以确定是否存在任何可能会妨碍淡季繁殖计划的有效性（如怀孕、子宫积水）的生殖异常[8]。人工照明，无论是单独使用或与外源性褪黑激素结合，都可用于有效控制繁殖季节。试情公羊的突然出现使褪黑激素的作用最大化。人工照明主要用于模拟漫长的一天。在北半球的冬天，长时间的白天（大约20 h的光照）可以通过将动物关在一个封闭的设施里2个月直到3月1日来模拟。然后，动物们每天都暴露在自然的阳光下。在自然光照6周后，引入公羊，并在10～20 d内发情。经历过这种类型的发情操作的山羊有一个短的繁殖季节约60 d。公羊也可能受益于这种类型的处理，以提高性欲和精液质量。然而，光操纵虽然有效，但却很少实用。

一些生产商将激素和光照操作结合起来进行淡季繁殖。光照操作在许多奶山羊生产中得到了成功的应用。外源性褪黑激素可被用于补充内源性释放，从而模拟与繁殖季节开始有关的光照短天。外源性褪黑激素可以作为缓释植入物，反复注射，或口服超过30～60 d，以加速繁殖的开始。停止服用褪黑激素后，母羊在40～70 d内开始进入周期性发情。这种药物缺乏可用性，限制了它的使用。外源性褪黑激素应与公羊的引入相结合。褪黑素与人工光照结合用于淡季繁殖时，对奶山羊的作用最为有效。

淡季繁殖最常用的程序是结合孕酮[植入耳朵（诺司孕甾酮）或阴道（CIDR）]和eCG。孕酮应注射、口服或植入14 d。促性腺激素，无论是FSH或PMSG，在去除孕酮前48 h使用。eCG（300～400 IU）是最常用的，因为它只需要注射一次。在没有单独eCG可用的地区，可以用同时含有hCG和eCG的产品代替。根据给药时间和剂量的不同，使用这些产品的结果也不尽相同。公羊的引入增强了这些程序的同步效果。

增加双羔率

大多数养羊企业的成功依赖于每年每只母羊饲养和销售出的羊羔数量。母羊多产的遗传选择可能是一个缓慢的过程，因为该性状的遗传力较低（10%），一些品种往往有这种倾向（如芬兰-兰德瑞斯绵羊）。然而，关于这一特性，群体间存在较大的变异性。这种变异允许选择具有良好遗传潜力的动物[9]。对几项研究的综述表明，每100只母羊每年可增产羔羊 1.3 只。虽然这个数字看起来很小，但是当经过数年的积累后，对羊群的显著收益就显现出来了。选择多产母羊的能力在很大程度上取决于准确的记录。对每个个体母羊收集的信息越多，选择就越准确。后备母羊应从这样的母羊中选留，这些母羊每年的产羔数始终高于群体的平均水平。

在母羊配种前 2～3 周补充饲料的管理做法，通常称为短期优饲，可使排卵率增加(见第 2 章)。对补充喂养最有效的反应出现在产羔率低和营养状况不佳的羊群中。如果母羊的身体状况已经很好，催情也没什么好处。母羊可以通过每天喂 1 lb 的高能量补充料(如玉米、燕麦、大麦或两者的组合)来催情。

双胞胎和三胞胎数量的增加需要同时提高排卵率；胚胎也必须处于可接受的生存环境中。可能与胚胎存活率下降有关的应激因素包括母羊的年龄、公羊和母羊的体温、配种期间的泌乳状况和总体营养状况。在正常繁殖季节之外的母羊可能不如在正常繁殖季节的母羊多产。

替代繁育程序

某些绵羊品种(如兰布莱绵羊、多塞特羊、芬兰-兰德瑞斯羊)和山羊品种(如侏儒羊、田纳西硬腿羊)可以被鼓励在传统繁殖季节之外进行繁殖。这种方法可以配合饲料来源，减少一些寄生虫的负荷，并增加一些季节性市场的羔羊供应，是比较可取的。母羊可以选择在秋季产羔。被选中的母羊应该非常多产，并且应该在传统的产羔季节前产羔。由这些繁殖效率高的母羊所生的正常的母羊羔应该被保留作为后备羊。

为提高淡季繁殖的潜力，生产者应该比原计划的羊数多保留 30%～40%的羔羊。这个过程应该重复几年，以确定哪些母羊在淡季繁殖计划中发挥了良好的作用。没有记录系统来识别优秀母羊的生产者应该在春季将羊群暴露给优秀公羊，并保留所有怀孕的母羊，以创造秋季的产羔群。

没有产羔羊的母羊可以在秋季与公羊接触，并按传统的繁殖程序繁殖。应该用类似的方法选择公羊。应该选择生育能力较强的母羊所产的公羊作为后备公羊，并且应该使用经过证明具有较高生育能力的公羊。良好的记录保存系统和对母羊的个体识别在任何选择程序中都是必不可少的。

应选择在产羔季节早期出生的双胞胎母羊作为后备羊。在生长特征方面，双胞胎应该与其他类型的双胞胎进行比较，因为早期的选择可能只基于体型，与单胎相比它们的体型不占优势。大多数肉用品种的母羊在 7 月龄时体重应该在 100 lb 左右。所选的羔羊应在大约 10 月龄时进行配种，以便在早春 15 月龄时产羔。初生双胞胎的母羊应被选留，以增加秋季产羔群[10-12]。

绵羊

康奈尔大学也开发了一个类似的绵羊管理项目，名为“明星管理”(STAR management)。该计划的独特之处在于，它几乎保证了连续的羔羊市场的供应。这种一致性与许多生产商开发的全年利基市场(year-round niche market)非常吻合。该计划的年计划图表是用五个星绘制的。五个星中每两个星之间的时间差为 73 d，这大约是母羊正常妊娠时间的一半。因此，一只母羊如果在对应计划上第一个星的时间暴露在公羊面前，它也会在对应于第三个星的时间(146 d 后)产羔。然后母羊可以在第四个星的时间点(第一次配种后 216 d)暴露在公羊面前。这种方法可以让母羊一年四季都产羔，并在 3 年内生产 5 只羊羔。

该系统的使用取决于高产母羊的选择，这些母羊有能力在繁殖季节之外发情并妊娠。加快育种计划对生产者提出了改进羊群营养计划管理的要求，以确保公羊具有良好的潜在配种能力。这些复杂的育种计划还要求准确地鉴定个体动物，以便鉴定出能够在淡季繁殖的母羊，并可以从这些母羊中选择后备羊[12]。

山羊

在一个控制加速产羔的项目中，每 2 年需要提供 3 只羔羊，淡季繁殖是必要的。这种做法需要加强管理、早期断奶和激素处理每只母羊，使母羊诱导发情和同期发情。公羊的繁殖特性也受到季节性影响。公羊性欲和采精的质量和数量在夏末和秋季最高，这与公羊的季节性繁殖模式相吻合。

在秋天，公羊也会发生明显的行为和气味变化，从而触发公羊效应，让母羊进入发情期。公羊可以成功地用于淡季繁殖，而不需要任何额外的处理[13]。然而，它们将受益于冬季光照处理，以提高性欲和精液质量。生产者也可以通过每天3次注射50 mL的GnRH来达到这一效果，持续4 d，以提高睾酮的产量[3]。

参考文献

[1] Rowe JD: Reproductive management of sheep and goats, *Proceedings of the Annual Meeting of the American Veterinary Medicine Association*, Schaumburg, Ill, 1998, p 616.

[2] Wheaton JE, et al: CIDR: a new progesterone releasing intravaginal device for induction of estrous and cycle control in sheep and goats, *Anim Reprod Sci* 33:127, 1993.

[3] Bulgin MS: Increasing reproductive performance of the ewe flock, *Proceedings of the Society for Theriogenology*, Nashville, Tenn, 1990, p 244.

[4] Quispe T, et al: Estrous synchronization with melengestrol acetate in cyclic ewes. Insemination with fresh or frozen semen during the first or second estrous post treatment, *Therio* 41:1385, 1994.

[5] Cushwa WT, et al: Ram influence on ovarian and sexual activity in anestrous ewes: effect of isolation of ewes from rams before joining and date of ram introduction, *J Anim Sci* 70:1195, 1992.

[6] Perkins A, Fitzgerald JA: The behavioral component of the ram effect: the influence of ram sexual behavior on the induction of estrous in anovulatory ewes, *J Anim Sci* 72:51, 1994.

[7] Haresign W: Manipulation of reproduction in sheep, *J Reprod Fertil Suppl* 45:127, 1992.

[8] Rowe JD, East NE: Reproductive management—estrous cycles, synchronization, artificial insemination, pregnancy diagnosis: small ruminants for the mixed practitioner, *Proceedings of the Western Veterinary Conference*, Las Vegas, Nev, 1998, p 137.

[9] Thomas DL: Improving reproductive performance of sheep through selection, *Proceedings of the Society for Theriogenology*, Nashville, Tenn, 1996, p 178.

[10] Robinson JJ: Embryo survival in the sheep, *Proceedings of the Society for Theriogenology*, Nashville, Tenn, 1995, p 270.

[11] Fitch GQ: *A breeding program for fall lambing*, OSU Extension Facts No. 3801, Stillwater, Okla, 2000, Oklahoma State University Cooperative Extension Service.

[12] Keisler DH: Sheep breeding strategies. In Youngquist RS, Threlfall WR, editors: *Current therapy in large animal theriogenology*, ed 2, Philadelphia, 2007, WB Saunders, pp 649-660.

[13] Goyal HO, Memon MA: Clinical reproductive anatomy and physiology of the buck. In Youngquist RS, Threlfall WR, editors: *Current therapy in large animal theriogenology*, ed 2, Philadelphia, 2007, WB Saunders, pp 511-514.

自然交配系统

自然交配更多地用于肉用和绒毛用羊的生产系统中，而人工授精或人工辅助交配则在奶牛、奶山羊或绵羊中是最常见的配种方法，也是纯种选育最常用的方法。在肉羊生产系统中，生产力在很大程度上是由出生和断奶的后代数量以及它们生产的频率决定的。一个农场的生产日期决定了繁殖日期和配种公羊的管理。母羊通常在秋季和春季进行繁殖、产羔。

公羊应该与母羊分开饲养，直到它们被用于配种。在确定交配时间后，公山羊和母山羊应在配种处生活32 d(1.5个发情周期)，公绵羊和母绵羊为27 d。这一策略确保所有的羔羊都在大约1个月内出生，减少了产羔时需要的监管数量。

公羊与母羊的交配比例取决于公羊的年龄和阴囊周长、交配区域的大小，以及使用一只或多只公羊。肉用山羊的生产系统每30只母山羊应该配有1只公羊。一只公山羊可能在一个繁殖季节配种50～200只母山羊，但是100只母山羊应该按3～4只公山羊配备[1]。大多数绵羊饲养者应按每100只母绵羊饲养3～5.5只成年公绵羊的比例配备。

应该在公羊身上使用标记工具以识别哪些母羊已经被配种。在商业生产中，公羊应至少每2年更换一次，以防止近亲繁殖。具有高的性欲和良好的精液质量的公羊可用于杂交育种程序中，其中七八只同期发情的母羊和公羊被放置在一起进行配种。公羊人工辅助交配可以作为自然交配的一种改良，公母比例相同，为(7～8)∶1。表8-4列出了在不同生殖管理环境中使用的建议的公母比例。

表 8-4　山羊和绵羊在分别配种时建议的公母比例

按种公羊年龄分组	繁殖经验/使用	公母比例
1 岁公羊	在围场或狭窄的牧场上	1∶(20～25)
成年公羊	在围场或狭窄的牧场上	1∶(40～50)
	放牧	1∶(25～30)
	在繁殖季节同期发情的母羊	1∶(15～25)
	在非繁殖季节同期发情的母羊	1∶(5～10)

改自 *Menzies PI*：*Reproductive health management*. *In Youngquist RS*，*editor*：Current therapy in large animal theriogenology，*Philadelphia*，1997，*WB Saunders*；*and Pugh DG*：*Breeding soundness evaluation in male goats*，Proceedings of the Seventh Annual Hudson-Walker/ Vaughn Theriogenology Conference，*Auburn*，*Ala*，1996，*Auburn University College of Veterinary Medicine*，*p* 29.

人工授精(AI)

多年来，北美的山羊和绵羊产业一直在商业上使用人工授精(AI)技术。母山羊的子宫颈比母绵羊的子宫颈对授精的阻碍小。因此，使用新鲜或冷冻精液的商业人工授精程序已经开发出来，并在山羊中最先广泛使用。AI 的优点包括[2]：使优秀种公羊的繁殖潜能最大化；农场可以不需要饲养公羊；相对廉价的精液成本；降低性交传播疾病的发生；改善羊群管理。AI 的缺点包括[2]：人工授精设备和液态氮需要成本；发情检测和授精增加了劳动成本；缺乏对山羊精液包装和质量控制的标准化程序；缺乏生产性状的适当父本系谱；可能使不太理想的性状得以传播。

人工授精的成功取决于许多因素，新鲜的或是冷冻的精液、输精的次数和时间，输精的方法、精液的质量和数量、精液处理方法以及对被授精动物的管理等。授精的方法(腹腔镜、子宫颈、阴道)、使用的精液(新鲜的、冷藏的或冷冻的)，以及动物饲养员的能力(如检查发情、人工授精技术)都将极大地影响受孕率。选择人工授精的母羊应该是健康的、体况评分为 2.5～3 分，并在计划配种前 2～5 周改善其营养(第 2 章)。它们也应该是无疾病且生育过健康羔羊，并哺育羔羊至断奶的母羊。应该优先考虑那些在繁殖季节早期怀孕的母羊、那些在恶劣天气条件下产羔或妊娠的母羊，以及那些生育和养育过多个后代的母羊。

人工授精通常与同期发情配合进行。尽管讲到了很多操作规程，大多数使用 eCG、孕酮和 $PGF_2\alpha$ 单独或联合使用[2-4]。图 8-16 给出了其中一个操作程序。联合使用 GnRH 和 $PGF_2\alpha$ 在绵羊和山羊中都有价值。该操作可以在绵羊中实施，如下所示：

绵羊：GnRH ⇒ $PGF_2\alpha$ 处理 5 d ⇒ 36 h GnRH ⇒12～14 h 腹腔镜 AI

由于没有统一的标准来冷冻山羊或绵羊的精液，因此在人工授精开始之前，任何冷冻的精液都应该进行质量评估。人工授精的最佳时机是人工授精成功的一个重要因素。母羊在发情期后期或发情期结束后不久才排卵。因此，识别显现发情的迹象是很重要的。然而，最佳的授精时机是由宫颈黏液的变化决定的。随着母羊发情期的进行，黏液在发情期开始时透明而稀薄，到发情中后期，黏液变得混浊而黏稠。山羊的授精应在黏液混浊时或之前进行，通常在发情后 12～15 h[7]。如果山羊在授精后继续表现出发情的迹象，应该在 12 h 后再次授精，特别是使用低温或冷冻的精液时。

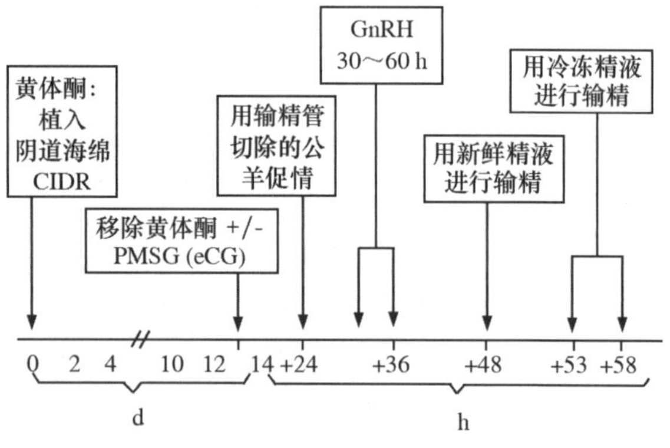

图 8-16　母羊同期发情和人工授精规程

(来源：*Dr. Jason Johnson*，*Ross University*)

同期发情的肉用羊的定时授精效果往往很好。在去除孕酮源后的 50～55 h 内使用新鲜精液进行固定时间授精是一种极好的省力技术。如果要进行腹腔镜人工授精，绵羊和山羊应分别在孕酮取出后 55～60 h 和 52～60 h 用冷冻解冻或新鲜精液进行授精[8]。澳大利亚的工作人员认为，在母羊配种前观察发情并不比定时授精(腹腔镜)更有优势[9]。在奶山羊品种中,应使用试情动物对母羊进行发情观察并相应进行授精,而肉用羊通常是在群体中同步进行的。将精液放入子宫的技术应该用冷冻精液。

阴道输精

首先用干棉布或纸巾将母羊阴户擦拭干净。兽医小心翼翼地将移液管沿阴道背侧顶推入阴道,注意避免进入尿道口。一个清洁的、润滑的窥镜可以为移液管的放置提供更好的视觉效果。牛用卡苏枪可以有效地用于绵羊和山羊,但是山羊用的人工授精设备很容易得到[10]。分别将 4×10^9 和 3×10^9 的新鲜精子置于绵羊和山羊子宫颈附近,通过阴道授精使母羊的生育力最大化[2,4,11-14]。该方法的受孕率在 15%～30%。经验丰富的技术人员对健康、营养良好(身体状况评分 2.5～3 分)的无病动物结合同期发情检测,可以进一步改善结果。

子宫颈输精

宫颈人工授精耗时较长,技术要求较高,但其效果应优于阴道法[2,4,15]。在这种方法中,母羊的后躯(而不是腹部)被抬高,腿被放在桌子上,或者更常见的是一捆干草上。操作人员轻轻地将一个润滑的阴道窥镜从清洁的外阴插入阴道,长度约为12 cm。借助良好的光源,如透照器,子宫颈可以通过窥镜看到。然后操作人员通过窥镜引入一精液细管,并试图以非自然的方式将精液细管尽可能远地插入宫颈。母绵羊长达 7～8 cm 的宫颈,并伴有 6～8 个后向子宫颈环,精液很难完全穿过宫颈,导致精液沉积在宫颈尾侧。将一个 12 号的管子连接到输精枪,可以使精子更深地穿透子宫颈。山羊子宫颈的腔径较小,但略容易通过。使用这种方法,需要 1×10^9 个来自新鲜精液的精子细胞保证良好的产羔率[2,10-14]。在美国,如果使用低温、冷冻和解冻的精液,这个数字可能需要分别扩大 1.5 和 2 倍[10-14]。这种方法的受孕率在 35%～50%(熟练的操作者有时会更高)。应注意尽量减少对子宫颈的创伤,因为子宫颈创伤可能会降低生育能力。

子宫内输精

更具侵入性的授精方法旨在将精液直接输入子宫。用这种方法,只需要更少数量的直线运动的精子。奶山羊和肉用羊子宫内授精是一种比较常见的方法,通过实践可以很容易掌握。必要的窥视镜、光源和授精设备随时可以通过山羊授精供应公司获得。所有与山羊内生殖道接触的物品都应无菌。奶山羊通常被保定在挤奶架上。肉羊在站立时通常不配合,应由助手抬起后躯并抓住两条后腿加以约束。

母绵羊

几种经子宫颈授精的方法已应用于绵羊[4,16]。最受欢迎的是子宫内人工授精的圭尔夫系统(Guelph system)[4,10,12],母羊背部受约束,后肢向前拉。可以使用专门为马蹄修剪设计的支架或 V 形木槽。用一种设计特殊的有机玻璃阴道窥镜,沿着其整个长度有一个 1 cm 的开口,被引入阴道,并确定宫颈。一种可通过固定夹部分引入窥镜的棒状光源可用于为这一过程提供照明。操作人员将一对 25 cm 长的博兹曼镊子插入窥镜中,并抓住宫颈口附近的组织。任何阻碍宫颈口显像的黏液都可以用注射器吸出。窥镜的裂隙状开口允许镊子的引入;在抓住宫颈组织后,操作者可以向后缩回宫颈,并将镊子部分滑过开口,以便更好地观察宫颈。然后,操作者用一只手拿着窥镜和镊子,将一根特殊的倾斜弯曲的授精棒插入宫颈口,并试图穿过宫颈环。用镊子操纵人工授精棒和子宫颈有助于精液直接进入子宫。输精枪的尖端可以用来定位宫颈。当枪转动时,大多数子宫颈环都可以通过。

正确地将镊子附着在宫颈口上,对于最大限度的宫颈穿透是至关重要的。如果人工授精输精管的尖端可以在无阻力的情况下移动,那么它位于宫颈腔或子宫体中。精子离子宫越近,受精率越高。这一过程需要 $(50\sim100)\times10^6$ 个直线运动的精子细胞。这也需要大量的经验,并且报告的结果(40%～70%的产羔率)是可变的。当输精管进入子宫而不是将精液注入子宫颈时,操作人员报告的妊娠率更高。当精液被推入子宫时,妊娠率可能与腹腔镜方法相同[17]。

母山羊

对于山羊人工授精来说,要对其会阴区域用肥皂水冲洗干净,然后用纸巾擦干。将一个润滑的、干净的 AI 窥镜插入山羊的阴道,并指向背部,然后稍微向腹侧通过坐骨弓。AI光被插入窥镜，使子宫颈可见。在确定宫颈开口位置后，临床医生对内窥镜施加压力，将宫颈锁入内窥镜腔内。当输精者准备精液时，助手应扶住放在阴道内的窥镜。冰冻的精液吸管被放置在生产者推荐的条件下(通常在35℃的水中30～60 s)。操作者用纸巾擦干吸管、切开、放入人工授精枪中。通过轻柔的旋转和向前移动，通过宫颈口操作输精枪，将精液缓慢地沉积在宫颈内或子宫体中。输精后，山羊被允许站立和放松几分钟。

据报道，受孕率在50%～85%，这取决于使用的设备类型、操作人员的技能和精液的质量。新鲜的精液比冷冻的精液更容易怀孕[2,13,14]。在山羊，对于新鲜液体精液，每次输精所需的可活动精子数量为1.5亿；冷冻精子需要2亿精子样品[10,13,14]。新鲜和冷冻的精液在输精前都应进行充分的质量评估。

腹腔镜授精

大型动物腹腔镜检查(尤其是腹部探查)通常使用直径10 mm、视野角度为30°的腹腔镜。更大的直径允许更多的光来观察一个大的腹腔，而角度的视野允许一个更全面的腹腔可视化效果。然而，小反刍动物腹腔镜下的授精可以用较小直径的腹腔镜(5～6.5 mm)，提供一个直接(0°角)的视野即可非常有效地完成，因为临床医生可以直接关注子宫，没有必要进一步检查腹腔。虽然传统的腹腔镜检查通常是通过脐附近的镜门进行的，但使用腹腔镜尾部位置更靠后的镜门和输精枪可以快速完成授精。

在腹腔镜下授精前，母绵羊(或母山羊)应禁食、禁饮24 h。在授精过程中，给动物注射镇静剂，并将其置于垂头仰卧位(特伦德伦伯格卧位)(头向下倾斜45°或更多)，使具有良好的视觉效果和输精过程中易于进入子宫。腹部羊毛应剪短并做好无菌手术准备。局部麻醉药浸润在腹腔镜和输精管的两个入口部位。入口位于腹中线两侧、乳房前缘侧翼褶皱的头侧之间的一条线上。选择哪一边作为观察区域、哪一边作为输精枪进入区域则是操作人员的个人选择，以达到最佳的操作舒适性。

传统的腹腔镜技术包括在将套管针和套管插入镜门之前，使用一根针使腹腔充气。另一方面，插管可以有效和安全地放置在腹腔内，并在充入1～2 L的CO_2气体前插入。这种方法也允许临床医生确保插管不在网膜内。用二氧化碳填充大网膜会抑制子宫的显像，因此有利于手术的进行。在腹腔臌胀后，临床医生通过腹腔镜观察对置套管。镜子可用于横向照亮位点入口。然后，医生在皮肤和体壁上开一个6～10 mm的切口，进入腹腔。通过切口放置导管(图8-17A-D)，观察子宫，临床医生将输精管(输精管末端有一根特殊的针)插入第二套管，使每个子宫角受精。另一种方法是，通过将装有黄铜注射头或无菌针(0.5～0.7 cm)套管的输精枪插入腹腔。

精液的注射是在子宫前角的无血管区域进行的。针以与子宫壁成直角的角度插入子宫腔内。临床医生应将针放在子宫角的中心，注意确保针在子宫腔内。有的操作者的偏好是迅速地、有控制地插入子宫腔。精液应该很容易通过授精装置进入子宫。如果没有，针可能在子宫壁，应该重新定向。授精后，取下腹腔镜和套管，缝合或用抗生素软膏覆盖穿刺点。母羊应该被转移到一个恢复区域，保持1～2 h不受干扰。在腹腔镜人工授精中，使用新鲜或冷冻的精液将可活动的精子注射到每个子宫角中，山羊的精子数量为20×10^6，绵羊为50×10^6[12,13,20]。绵羊和山羊的受孕率在20%～90%[10]。在熟练的腹腔镜外科医生和良好的管理条件下，在所有人工授精的方法中，腹腔镜技术的使用应该是具有最好的结果[10,19]。输精成功与否在很大程度上取决于受精卵的数量和活力。一位经验丰富的操作员只需要1.5～4 min就可以完成这一过程，母羊应该会安然无恙地恢复。母羊一生中可能要接受多次腹腔镜授精。

胚胎移植(ET)

传统的使用人授精的杂交育种计划注重于使优秀种公羊产生很多后代。基于超数排卵和胚胎移植的繁殖计划则利用基因优越的母羊来促进这种遗传多样性。由于大多数绵羊和山羊的经济价值有限，因此无法在平常的生产单位中广泛使用ET。此外，由于所需程序的侵入性，使得ET在山羊上的实用性不如在牛上。尽管如此，ET仍然是一种有效的方法，可以在种群之间、国家与国家之间和不同大陆之间进行遗传物质的转移和操控。

一个成功的ET项目需要提前计划，并在供体和

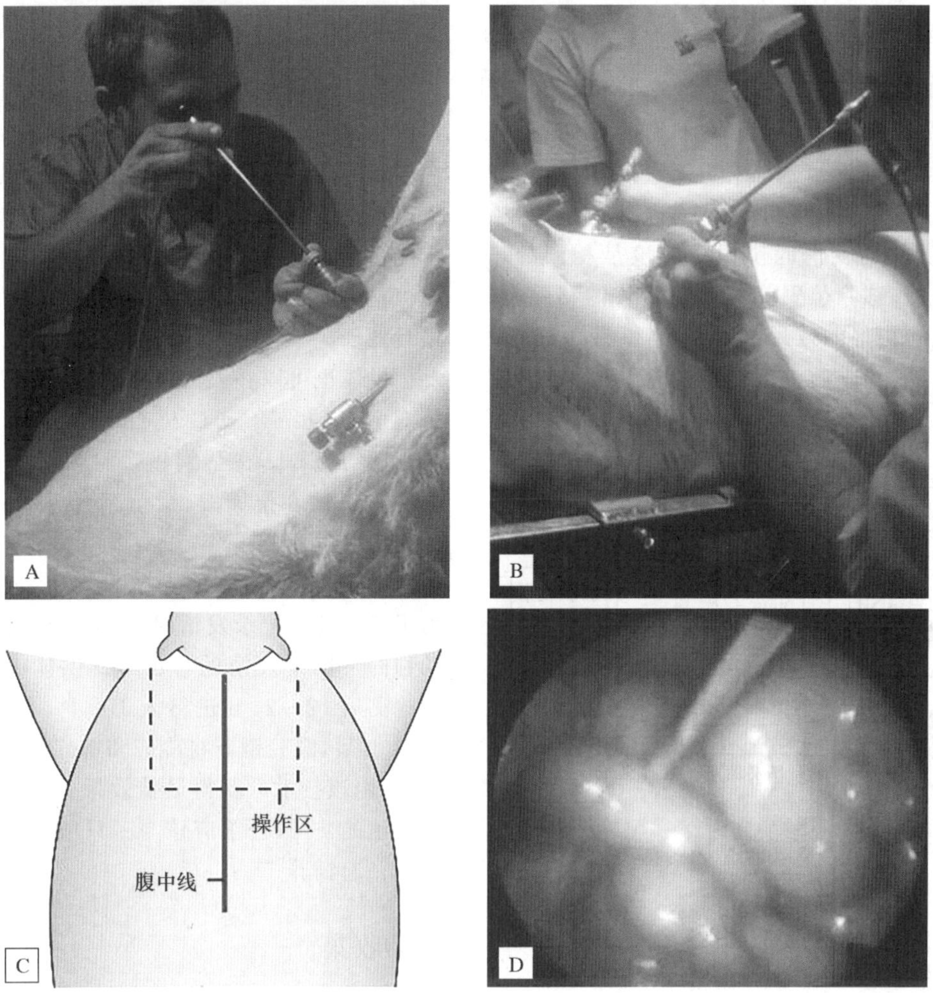

图 8-17　野外环境下腹腔镜授精。A. 母羊被保定在一张倾斜的手术台上。外科医生放置了两个套管，并操纵腹腔镜，以便看到子宫并判断子宫的张力。B. 外科医生的近端手正在操作一个 5 mm 的腹腔镜，同时观察子宫。远端手正通过一根套管操纵着人工授精枪。C. 皮肤切口及插管位置应在两个标记的手术区域内。D. 腹腔镜下子宫角授精。值得注意的是，授精枪的针(未见)已经穿透了子宫角的非血管弯曲，并在腔内注入精液(图 A 和 B 来源于 *Dr. Jeff Burroughs*, *Small Ruminant Reproduction*, *Cerro. Gordo*, *North Carolina*)。

受体的选择、超数排卵、供体和受体的同期发情，以及高质量胚胎的回收和移植等细节方面给予大量的关注。ET 可以在繁殖季节内或淡季进行，但在繁殖季节效果最好，此时供体和受体均正常发情[4,10,21-25]。

供体和受体的处理

供体和受体的选择和处理对 ET 的成功至关重要。受体和供体的母羊必须同期发情。供体羊在年轻、健康和发情正常时对同期发情和超数排卵处理的效果最好[10,26]。2～5 岁的母羊对同期发情和超数排卵处理的反应最好。不幸的是，作为潜在的供体母羊通常是年龄较大的羊，因此它们的繁殖能力已经不在最佳状态。供体羊应保持良好的身体状况(但不要过肥)和健康状况。在 ET 计划开始前，它们应接种疫苗，以预防任何当地流行的传染病，并将它们分别放在不同的小群体中 2～4 个月。这有助于使供体羊适应，并防止应激[23]。任何环境、喂养和管理上的变化都应在 ET 开始前很久进行。黄体过早退化是一些品种(如波尔羊)常见的一种症状，这似乎是由应激引起的。

受体母羊也必须是健康的动物，具有良好的繁殖能力，身体状况良好(身体状况评分为 3～3.5 分)，并能正常发情排卵[26]。年龄 2～4 岁、有良好的母性和足够产奶潜力的母羊优先。受体还应及时接种当地流行疾病的疫苗。

供体和受体的同期发情

大多数ET程序依赖于外源性激素诱导来使供体和受体同期发情，如前面关于于发情周期控制的章节所述。同期发情通常使用孕酮海绵或CIDRs来实现。可以使用试情公羊来准确地检测发情。供体和受体的发情同步方法应该是相同的，但如果在从供体移除孕酮前12 h从受体内移除孕酮源，则会获得更好的效果。图8-18和图8-19分别总结了山羊和绵羊的一般同步发情和超数排卵程序(Johnson J：个人交流，Ross University，St. Kitts，2010)。

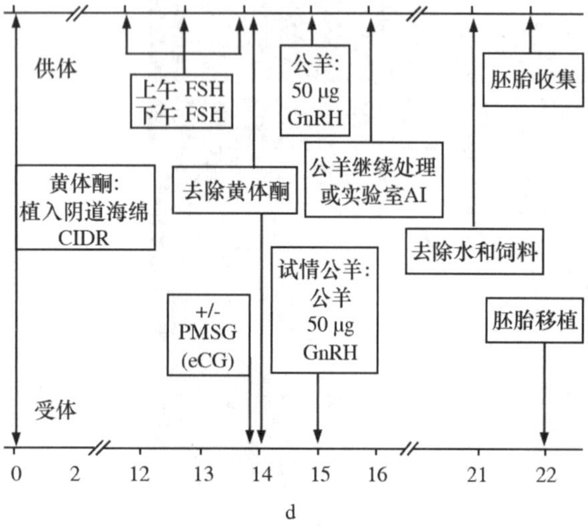

图8-18 母山羊超数排卵和同期发情规程。
(来源：Dr. Jason Johnson，Ross University)

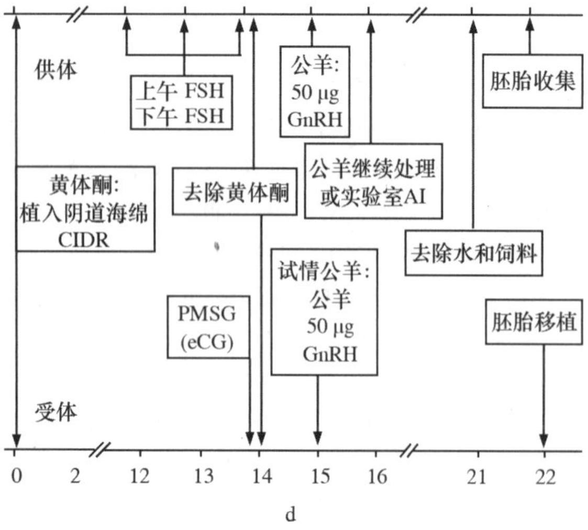

图8-19 母绵羊超数排卵和同期发情规程。
(来源：Dr. Jason Johnson，Ross University)

超数排卵

供体的超数排卵是通过注射eCG或FSH垂体提取物来完成的。马绒毛膜促性腺激素(eCG)有一个较长的半衰期(约72 h)。这种制剂的使用会使卵巢出现过度刺激，导致大量卵子的释放，也会出现未受精卵比例和质量较差的胚胎的增加。在孕酮源被移除前48 h，eCG以单剂量(1 000～1 500 IU)进行处理。

供体也可以在人工黄体期结束前2 d单独使用FSH产品或结合eCG进行超数排卵[25]。FSH的半衰期约为6 h，在孕酮移除前48 h开始每日2次注射。FSH在排卵率、受精率、优质胚胎的产生等方面均优于eCG。

山羊和绵羊一般在孕酮去除后24～36 h发情。为了确保准确记录发情时间，需要经常观察在试情动物的帮助下发情的母山羊。供体山羊可以在发情检测后12～24 h进行人工配种。在动物首次发情24 h后，腹腔镜下将冷冻和解冻的精液注入子宫角，使用该技术可获得最佳效果。如果供体羊是自然繁殖的，一只公羊应该与一只或两只超数排卵的母羊一起饲养[25]。

胚胎收集

通常在受精后第5～7天，从供体子宫中收集胚胎(在桑葚胚晚期至妊娠早期囊胚期)。在大多数情况下，可以使用手术法收集胚胎。然而，如腹腔镜和非手术胚胎收集等替代技术，也已开发成功[4,10,21-25,27-31]。

手术法

母羊在手术采集胚胎前36 h禁食、禁水。禁食禁水会减少反流和误吸的机会；减少膈膜上的重量，使麻醉时呼吸更容易；减少食物引起的腹部充盈，从而使子宫更容易操作和外化。

将母羊平卧全麻后，尾侧腹部剪毛，准备进行无菌手术(见第18章)。在母羊腹侧中线处开一个长度8～10 cm手术切口，从乳房(或盆腔边缘，视乳房发育而定)向外延伸。然后小心地将子宫和卵巢从腹腔取出来。一些操作者在将子宫取出前把生理盐水(如250～500 mL生理盐水，添加或不添加氨苄西林)倒入腹腔。临床医生应仔细检查卵巢，以确定超数排卵的效果。这种卵巢检查可以在开腹手术前通过腹腔镜完成，以减少对卵巢的伤害。用一个大约20号的钝头针，穿透子宫管接合处附近的子宫壁。然后将胚胎导管通过穿刺部位插入子宫角。沿着子宫体向子宫角推进，用一个小动脉钳在分叉处“刺入”子宫角腔。一个8～10号法国弗利导管通过这个开口进入子宫体。准备3～5 mL生理盐水和约20 mL冲胚液[含有100 IU/mL青霉素的杜氏磷酸盐缓冲液(Dubecco's PBS)，辅以2%热激活山羊血清]，通过胚胎导管注入子宫，冲洗胚胎。冲洗后注入10～15 mL空气。液体应通过弗利导管排到集胚杯或培养皿中。助手应仔细监测冲洗液体的流动并收集液体。在子宫的另一角重复同样的手术。子宫穿刺部位可以不缝合，也可以用锥形针配3-0号可吸收的缝合线逆行缝合。术后应用$PGF_{2}\alpha$溶解黄体组织。如果要在输精后的第4天前收集胚胎，就必须进行输卵管冲胚(用采胚管在输卵管伞部附近插管)。冲胚液通过放置在宫管连接处的导管逆行通过输卵管进行冲洗。

随后对腹部的切口进行常规缝合，按照临床医生的偏好。可用1号可吸收缝线以简单连续的方式缝合。皮下层可采用2-0号或3-0号可吸收缝线以简单连续的方式缝合。然后可以采用简单的连续模式，用手术钉合器或选择缝合材料缝合皮肤。

腹腔镜技术

腹腔镜辅助收集胚胎可用于子宫角尖端的可视化，冲洗的方式与手术法描述的相同。这种方法减少了由于腹部手术操作所导致的粘连的严重程度[22]。腹腔镜也可以在不进行剖腹手术的情况下收集腹腔内的胚胎。后一种技术需要相当的技巧，不适合在常规的现场使用。腹腔镜辅助手术将有助于确保胚胎收集的成功，同时降低粘连形成的风险[10,13]。腹腔镜检查方法允许操作人员可视化卵巢、定位黄体(CL)，更容易暴露子宫角。具有减少手术时间和腹部切口较小等优点[13]。

非手术法

非手术或经子宫颈胚胎收集技术避免了术后粘连的风险，并在多次胚胎收集后保持了遗传优势供体的价值。一些非手术法成功收集绵羊和山羊胚胎的文献已经发表[28-31]。胚胎获得率似乎与手术收集的胚胎获得率相当，但目前大多数商业胚胎收集程序仍是通过手术进行的。

胚胎处理

在立体显微镜下检查冲洗液，取出胚胎置于清洗后的培养皿中。在冷冻或移植之前，要仔细评估它们的质量和发育阶段。在输精后第5天或第6天收集的胚胎是桑葚胚和囊胚阶段的胚胎。胚胎应保存在含5%～20%胎牛血清的杜氏磷酸盐缓冲液中。国际胚胎移植学会(IETS)已经制定了降低胚胎移植期间疾病传播风险的处理程序。

胚胎被吸入与1 mL注射器相连的小型静脉导管顶端，以便立即转移到受体体内。或者，胚胎可以被冷冻处理。

胚胎移植

大多数胚胎移植是在有或没有腹腔镜的帮助下，通过手术完成的。选择移植的受体，应与供体在同期发情上保持最大的一致性。这种发情的同步性是ET项目成功的最重要因素之一。

在受体乳腺前做腹正中小切口，为手术移植胚胎做准备。检查卵巢是否有黄体，将与黄体同侧的子宫角取出。如果胚胎处于早期发展阶段(第4天)，用猫导尿管或移植专用导管、巴斯德细管等，在输卵管伞部将胚胎移植到输卵管。第4天后收集胚胎则通过20号圆形针或缝线针的眼端切一小切口后转移到子宫角。在缝合腹部切口之前，临床医生应在显微镜下检查用于移植的导管，以确保其中没有胚胎滞留。大多数临床医生将为每个受体移植2枚胚胎。

准备好接受腹腔镜辅助移植的母羊并按照腹腔镜人工授精的方式保定在手术台或支架上。在从头部到乳房约10 cm位置的腹腔内放置两个套管，每个套管距中线2～3 cm。通过腹腔镜检查卵巢，确定适合于ET的子宫角。用镊子夹住子宫尖端，轻轻地从切口抬高到外部，然后用钝针刺入，按如前所述移入胚胎，并缝合中线的小切口。

虽然腹腔镜收集胚胎需要相当的专业知识，但腹腔镜移植胚胎相对容易，推荐用于大型动物的ET项目。然而，腹腔镜辅助胚胎移植和手术法胚胎移植是山羊ET最常用的两种技术。

在腹腔镜下移植时，按照腹腔镜辅助ET的描述的方法准备好受体动物。临床医生通过腹腔镜检查卵巢，并找到与具有黄体的卵巢之同侧的子宫角，以便移植胚胎。胚胎被装入0.5 mL的吸管中，吸管被放置在装有黄酮注射头的人工授精枪中。通过套管将卡苏枪插入腹腔，找到子宫角尖端无血管区，针以与子宫壁成直角的角度插入子宫腔内。临床医生轻轻地按住人工授精枪的活塞，将胚胎注入。

许多因素可以影响 ET 项目的成功。平均每次冲洗可移植 8～10 枚胚胎，每个受体移植 2 个新鲜胚胎的预期妊娠率为 60%～80%[32]。冷冻胚胎移植的怀孕率要低得多。

生殖技术的优点

胚胎冷冻、体外受精、精子性别鉴定、核移植(克隆)和其他辅助生殖技术等研究在将所需的遗传性状进行推广方面都很有用。目前的科学文献广泛地提供了有关具体感兴趣领域的资料[33-39]。

参考文献

[1] Alford A, Strickland J: *Meat goat production in Georgia*, Athens, Ga, 1998, UGA Extension Bulletin.

[2] Nuti L: Techniques for artificial insemination of goats. In Youngquist RS, Threfall WR, editors: *Current therapy in large animal theriogenology*, ed 2, Philadelphia, 2007, WB Saunders, pp 529-534.

[3] Karaca F, Tasal I, Alan M: Preliminary report on induction of estrus with multiple eCG injections in colored Mohair goats during the anestrus season, *Anim Reprod Sci* 114:306-310, 2009.

[4] Shipley CFB, et al: Artificial insemination and embryo transfer in sheep. In Youngquist RS, Threfall WR, editors: *Current therapy in large animal theriogenology*, ed 2, Philadelphia, 2007, WB Saunders, pp 629-641.

[5] Deligiannis C, et al: Synchonization of ovulation and fixed time intrauterine insemination in ewes, *Reprod Domest Anim* 40:6-10, 2005.

[6] Holtz W, et al: Ovsynch synchronization and fixed-time insemination in goats, *Therio* 69: 785-792, 2008.

[7] Mobini S: Reproductive management in goats, *Proceedings of the North American Veterinary Conference*, vol 14, Orlando, Fla, 2000, p 219.

[8] Karatzas G, Karagiannidia A, Varsakeli K: Fertility of fresh and frozen-thawed goat semen during the non breeding season, *Therio* 48:1049, 1997.

[9] Moses D, et al: A large-scale program in laparoscopic intrauterine insemination with frozen-thawed semen in Australian Merino sheep in Argentine Patagonia, *Therio* 48:651, 1997.

[10] Mobini S, Heath AM, Pugh DG: Theriogenology in sheep and goats. In Pugh DG, editor: *Sheep and goat medicine*, Philadelphia, 2002, WB Saunders, pp 129-186.

[11] Mylne MJA, Hunton JR, Buckrell BC: Artificial insemination of sheep. In Youngquist RS, editor: *Current therapy in large animal theriogenology*, Philadelphia, 1997, WB Saunders.

[12] Buckrell B, et al: Reproductive technologies in commercial use for sheep, goats, and farmed deer, *Proceedings of the Society for Theriogenology*, Nashville, Tenn, 1997, p 185.

[13] Evans G, Maxwell WMC: *Salmon's Artificial insemination of sheep and goats*, Sydney, 1987, Butterworth.

[14] Chemineau P, et al: *Training manual on artificial insemination in sheep and goats*, Rome, 1991, FAO of the United Nations.

[15] Paulenz H, et al: Effect of cervical and vaginal insemination with liqud semen stored at room temperature on fertility of goats, *Anim Reprod Sci* 86:109-117, 2005.

[16] Wulster-Radcliffe MC, Lewis GS: Development of a new transcervical artificial insemination method for sheep: effects of a new transcervical artificial insemination catheter and traversing the cervix on semen quality and fertility, *Therio* 58: 1361-1371, 2002.

[17] Halbert GW, Walton JS, Buckrell BC: Evaluation of a technique for transcervical artificial insemination of sheep, *Proceedings of the Society for Theriogenology*, Nashville, Tenn, 1990, p 293.

[18] Sohnrey B, Holtz W: Technical note: transcervical deep cornual insemination of goats, *J Anim Sci* 83: 1543-1548

[19] Anel L, et al: Factors influencing the success of vaginal and laparoscopic artificial insemination in Churra ewes: a field assay, *Therio* 63: 1235-1247, 2005.

[20] Eppleston J, Maxwell WMC: Sources of variation in the reproductive performance of ewes inseminated with frozen-thawed ram semen by laparoscopy, *Therio* 43:777, 1995.

[21] Buckrell BC, Pollard J: Embryo transfer in sheep. In Youngquist RS, editor: *Current therapy in large animal*

theriogenology, Philadelphia, 1997, WB Saunders.
[22] Scudamore CL, et al: Laparoscopy for intrauterine insemination and embryo recovery in super ovulated ewes at a commercial embryo transfer unit, *Therio* 35:329, 1991.
[23] Ishwa AK, Memon MA: Embryo transfer in sheep and goats: a review, *Small Rumin Res* 19:35, 1996.
[24] Hill J: Maximizing the results of goat embryo transfer programs, *Proceedings of the American Association of Small Ruminant Practitioners Research Symposium on Health and Disease*, Nashville, Tenn, 1996, p 120.
[25] Husein MQ, et al: Effect of eCG on the pregnancy rate of ewes transcervically inseminated with frozen-thawed semen outside the breeding season, *Therio* 49:997, 1998.
[26] Wallace JM: Milne, Aitken RP: Effect of weight and adiposity at conception and wide variations in gestatinal dietary intake on pregnancy outcome and early postnatal performance in young adolescent sheep, *Biol Reprod* 82:320-330, 2010.
[27] Li QY, et al: Technical note: transfer of ovine embryos through a simplified mini-laparoscopic technique, *J Anim Sci* 86: 3224-3227, 2008.
[28] Pereira RJTA, Shohnery B, Hollz W: Nonsurgical embryo collection in goats treated with prostaglandin $F_2\alpha$ and oxytocin, *J Anim Sci* 76:360, 1998.
[29] Melican D, Gavin W: Repeat superovulation, non-surgical embryo recovery, and surgical embryo transfer in transgenic dairy goats, *Therio* 69: 197-203, 2008.
[30] Flohr SF, Wulster-Radcliffe MC, Lewis GS: Technical note: development of a transcervical oocyte recovery procedure for sheep, *J Anim Sci* 77:2583-2586, 1999.
[31] Agrawal KP, Goel AK, Tyagi S: Successful non-surgical embryo recovery from a goat, *Indian J Exp Biol* 29:1144, 1991.
[32] Rowe JD: Reproductive management in sheep and goats, *Proceedings of the American Association of Small Ruminant Practitioners Research Symposium on Health and Disease*, Nashville, Tenn, 1998, p 39.
[33] Keskintepe L, et al: Term development of caprine embryos derived from immature oocytes in vitro, *Therio* 42:527, 1994.
[34] Samake S, et al: in vitro fertilization of goat oocyte during the nonbreeding season, *Small Rumin Res* 35: 49, 2000.
[35] Keskintepe L, Simplicio AA, Brackett BG: Caprine blastocyst development after in vitro fertilization with spermatozoa frozen in different extenders, *Therio* 49:1265, 1998.
[36] Leoni GG, et al: A new selection criterionto assess good quality ovine blastocysts after vitrication and to predict their transfer into recipients, *Mol Reprod Dev* 75:373-382, 3008.
[37] Cognie Y, et al: Current status embryo techniques in sheep and goats, *Therio* 59:171-188, 2003.
[38] Baldassarre H, Karatzas CN: Advanced assisted reproduction technologies (ART) in goats, *Anim Reprod Sci* 82-83:255-266, 2004.
[39] Cran DG: XY sperm separation and use in artificial insemination and other ARTs, *Soc Reprod Fertil Suppl* 65:475-491, 2007.

妊娠诊断:基本原理和技术

早期妊娠诊断和胎数测定对健康管理山羊和绵羊繁殖群具有重要价值。山羊饲养者经常使用一些临床症状,如产后不能重新发情、腹部变大、乳腺发育等,来做出初步妊娠诊断。然而,子宫和卵巢的病理条件、繁殖季节后期的休情期和淡季的繁殖也可能导致非妊娠山羊的繁殖后乏情。许多山羊和绵羊在怀孕期间表现出发情行为[1,2]。超声和激素检测是最有效的妊娠诊断方法。腹部触诊或叩诊、放射学检查和直肠腹部触诊已经有很少使用或已停用。

妊娠诊断的价值在于鉴定无生育能力的母羊和多胎母羊;早期妊娠诊断使得适当的营养和管理方案得以实施。根据怀孕状况和胎数对畜群中的动物进行有意义的分组,不仅可以通过降低某些疾病的发病率来改善这些动物的整体健康,还可以降低生产成本。

超声诊断

用于妊娠诊断的超声技术包括振幅调制(A模式)、多普勒和实时成像(B模式)[2]。A模式超声检查可用于检测妊娠60～100 d的胚胎。液体密度的检测被解释为怀孕。因为子宫积液或充满尿液的膀胱可能会造成假阳性结果。因此,A模式的超声检查是一种不可靠的妊娠诊断方法。

多普勒超声可以用来检测预示妊娠的运动（子宫中动脉或脐动脉的血流、胎儿的心跳和胎儿的运动）。体外多普勒技术在妊娠后半期的准确率为100%，但在妊娠50～75 d或更早的时候就不那么有效。经直肠多普勒超声成像技术可以在配种后25～30 d就开始尝试，但等到35～40 d效果会更好。假阴性和假阳性结果常见，也难以确定胎儿数量。

目前，绵羊和山羊的妊娠诊断几乎完全通过实时超声进行。线阵式实时超声探头可用于妊娠早至18 d、晚至60 d的母羊的妊娠诊断[3]。一个自制的PVC管伸展器，可以方便地将探头引入到直肠。直肠扫描推荐使用5 MHz或7.5 MHz的传感器。妊娠60 d后，子宫被拉入腹部，可能很难在直肠内看到。表8-5给出了绵羊和山羊不同胎龄的相关超声表现。

表 8-5　妊娠母羊的超声检查结果

天数	注解
17～25	经直肠检查；胚胎24 d后可见
26～35	经腹壁检查；低回声羊膜和高回声胎儿
30～75	经腹壁检查；甜甜圈型的位于C型胎盘上
45～90	检查双羔的最佳时间；乳房前面的中腹部
90到足月	胎儿数量的测定在接近足月时不太准确

妊娠30 d后使用3.5 MHz或5 MHz线性或扇形扫描仪经腹壁超声检查进行妊娠诊断。传感器被放置在腹部腹股沟区上方的无毛区域，最好位于右侧[1,2]。使用温和的液体（如植物油、甲基纤维素、酒精）将超声换能器与皮肤连接。临床医生将探头的突起对准骨盆，通过传感器缓慢地横向扫描腹部。在山羊中，剪掉腹股沟区域的毛发可以提高检查的准确性和速度。子宫通常位于膀胱的背侧或颅侧，膀胱的识别（典型的三角形外观）为识别子宫提供了一个很好的标志。在这一点上，妊娠可以根据胎儿、胎盘或（不太可靠的）大量充满液体的子宫腔切面来诊断。胎盘小体呈圆形或C形结构（图8-20，另见彩插）。经腹壁超声检查可用于早至30 d、晚至120 d的妊娠诊断。妊娠90～120 d之后，由于胎儿的个体大小充满了屏幕，因此很难可靠地确定胎儿的数量；一个胎儿可能被误认为两个，或者两个不同的胎儿可能被误认为一个。

双胎妊娠通常可以在妊娠45～90 d进行确定。扇区扫描单元提供一个更宽的视角或腹部视图。此种功能可以看到子宫的更多视野，提高了对多个胎儿的准确识别。临床医生应该把腹部的毛从头向剪到乳房，然后慢慢地扫描腹部，以便对腹部结构有一个全面的了解。一般情况下，可以看到C形胎盘体将其凹部指向胎儿。胎儿的骨骼形成阴影，胎儿的肋骨产生一种特有的条纹状外观。

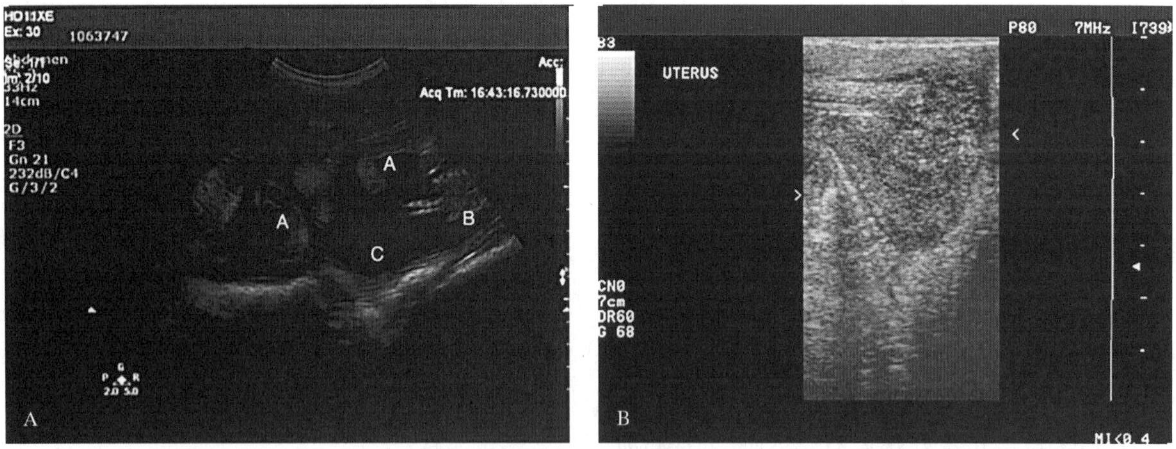

图 8-20　经腹壁妊娠子宫的超声图像与非妊娠子宫的超声图像的对比。A. 使用2.5 MHz探头为妊娠60 d的山羊进行超声检查获得的实时、曲线阵列超声成像。这张经腹壁的超声图中显示高回声的C型胎盘瘤（A处）、高回声胎儿肋骨（B处）、低回声的羊水（C处）。B. 在产下双胞胎2个月后，一只3岁的粗毛绵羊的非妊娠子宫的超声图像，显示回声和低回声交替的外观。在这幅图中，子宫角腔是看不见的。这个长轴视图是通过一个5 MHz的线性阵列探头获得的。颅骨在图像的右侧（图A来源于Dr. Misty Edmondson, Auburn University; 图B来源于Dr. Karine Pader, Purdue University）。

仔细观察,完整彻底地检查有助于减少错误,但是观察单个胎儿太久可能导致对双胞胎的错误诊断。妊娠120 d后,胎儿的骨骼会产生一个非常扭曲的图像,但要作出诊断还是需要一些努力的。为了最大限度地发挥超声成像的作用,母羊应在妊娠45~60 d时进行扫描,以便生产者能够根据母羊妊娠状态或胎儿数量而实施相应的管理。临床医生还可以通过测量胎儿的双顶叶直径、利用超声波来对妊娠进行分期[2-4]。

异常的超声表现包括子宫积液、子宫积脓、胎儿木乃伊化和胎儿浸润。子宫积液表现为无回声、充满液体的子宫,通常在子宫腔内可见膜性带状物。子宫也没有典型的妊娠胎盘。子宫积液常见于生殖史明显正常的山羊[2,3]。子宫积脓也表现为充满液体的子宫、高回声密度和漩涡状外观。

对胎儿生存能力的评估在诸如妊娠毒血症等疾病中可能是至关重要的[1]。在相对无液体、无胎盘的子宫内,胎儿木乃伊化可被识别为高回声区域,没有任何可识别的身体部位。胎儿的心跳可在输精后30~35 d内被识别出来[2]。早期胎儿死亡可以通过发现自由漂浮的胎儿肿块和带状的胎盘膜来确认[4]。正常发育的胎儿可能会被发现位于这些带状膜对侧。当缺乏胎动、羊水、心跳和血液在脐部的流动时,很容易在实时超声检查中区分死胎和活胎。胎儿死亡后不久,胎盘体就失去了它们"脆性"的边缘[1]。

腹部触诊和子宫触诊

妊娠后期,可通过腹部触诊妊娠子宫或胎儿。在妊娠后期,触诊子宫检查法可能有助于确定妊娠状态。在进行子宫触诊检查时轻推一只握拳的手,使之在母羊腹腔的右侧较低位置。妊娠晚期的母羊,应该把胎儿从握拳的手中推开,然后拳头会感受到返回的液流"撞击"。触诊子宫检查法不能确定胎儿的生存能力,瘤胃腹囊被误认为是妊娠子宫,而产生假阳性的结果。

激素测试诊断

在没有超声波设备的情况下,测定血液、乳液或尿液中的激素提供了另一种妊娠诊断方法。硫酸雌二醇试验、妊娠特异性蛋白B(PSPB)试验和孕酮测定就是例子。

雌二醇试验

硫酸雌二醇是由胎盘产生的一种妊娠特异性激素。它可以在妊娠50 d后的尿液、血清或乳液中检测到。研究指出,在妊娠50 d后的任何时候通过硫酸雌二醇测定法进行妊娠检测,几乎有100%的准确性。检测结果呈阳性,表明胎儿存活。对溶血血清样品的检测可能出现假阳性结果。如果在妊娠第50 d前采集样本,可能获得假阴性结果。提供这种测试的商业实验室是有限的,而且检测费用昂贵[1]。

妊娠特异性蛋白(PSPB)

PSPB是由妊娠期间胎盘的双核巨细胞产生的。该方法可在妊娠第22天(绵羊)和第30天(山羊)后的任何时间用于测定绵羊和山羊的妊娠情况。假阳性和假阴性结果都是可能的,提供这种测试的商业实验室是有限的[2]。多胎妊娠会导致PSPB水平升高[1]。

孕激素(孕酮)检测

孕酮测定法不是一种妊娠诊断试验,与妊娠诊断相比,这种测试能更准确地鉴别非妊娠母羊。山羊依靠CL中的孕酮来维持妊娠。山羊和绵羊分别在配种后21 d和18~19 d,血浆或血清孕酮浓度低于1~2 ng/mL,表明未怀孕,这是由于没有功能性黄体。孕酮浓度升高可提示妊娠、子宫积液、子宫积脓、胚胎早期死亡、胎儿木乃伊化或发情周期不正常等。据报道,血液孕酮水平分析的准确性对非妊娠为80%~100%,妊娠为67%~100%。在某些管理方案中,特别是在奶山羊中,在配种后的第19~22天采集血清或奶中孕酮。血清或血浆孕酮浓度能更准确地反映母山羊的真实内分泌状态,比乳汁孕酮分析更准确。商业农场牛孕酮检测试剂盒可用于山羊,具有良好的准确性[1]。

放射学检查

腹部X线摄影检测对带到诊所的单个宠物山羊的妊娠和胎数很有用。当没有可用超声设备时,它也提供了一个准确的替代诊断法。这一程序是适用的,但很少用于绵羊和山羊。放射线照相在检查大量动物时是不实用的。胎儿骨骼可能在妊娠后58 d就能看到,在第65 d后可能是不透射线的。为了避免出现假阴性结果,在绵羊和山羊中妊娠后90 d或更晚进行放射照相可能是最好的。

胎龄判定

胎儿的大小可以用于估计胎龄。对萨能山羊和高山山羊品种的胎冠长度与胎龄的关系进行研究,发现冠尾长度为 40 mm,相当于妊娠 45 d;100 mm 相当于 60 d;250 mm 相当于 90 d[5]。也有通过实时超声测量双顶叶直径,对胎龄在 40～100 d 的奶山羊和侏儒山羊的关系进行了研究[6,7]。

胎儿性别鉴定

采用实时超声检查法,通过对妊娠 55～75 d 胎儿可视化的生殖结节的观察,可以确定胎儿性别。生殖器结节开始在后肢之间发育,雌性胎儿向后移动到尾部,雄性胎儿向前移动到脐部。雌性胎儿应该有两个乳头在后腿之间,而没有三角形阴囊。雄性胎儿的阴茎和包皮位于脐后的尾部[8]。双胞胎或三胞胎比单胎胎儿更难看到生殖器结节[9]。

母羊的一般管理

对怀孕母羊群应加强管理,以控制疾病和减少繁殖失败。检查兽医记录,可以有机会了解过去几年来这群母羊的繁殖表现。这种分析可以帮助实现相应的管理变化,以便提高生产力。应特别注意产羔率和难产率,以确定在分娩前后是否有必要进行进一步的监测和干预。在控制传染病方面应遵循一些基本规则。生产者应设法在妊娠期间封闭羊群,并应警惕羊群之间带菌物质的传播的潜在危险。生物安全措施应扩大到包括对害虫和流浪猫的控制(见第 19 章)。

参考文献

[1] Rowe JD, East NE: Reproductive management—part I: estrous cycles, synchronization, artificial insemination, pregnancy diagnosis, *Small Ruminants for the Mixed Animal Practitioner Western Veterinary Conference*, Las Vegas, Nev, 1998, p 37.

[2] Mastas D: Pregnancy diagnosis in goats. In Youngquist RS, Threlfall WR, editors: *Current therapy in large animal theriogenology*, ed 2, Philadelphia, 2007, WB Saunders, pp 547-554.

[3] Amer HA: Ultrasonographic assessment of early pregnancy diagnosis, fetometry and sex determination in goats, *Anim Reprod Sci* 117:226-231, 2010.

[4] Haibel GK: Use of ultrasonography in reproductive management of sheep and goat herds, *Vet Clin North Am Food Anim Pract* 6:597, 1990.

[5] Mialot JP, Levy I, Emery P: Echographie et gestion des troupeaux, *Rec Med Vet* 168:399-406, 1991.

[6] Haibel GK: Real-time ultrasonic fetal head measurement and gestational age in dairy goats, *Theriogenology* 30:1053-1057, 1988.

[7] Haibel GK, Perkins NR, Lidl GM: Breed differences in biparietal diameters of second trimester Toggenburg, Nubian, and Angora goat fetuses, *Theriogenology* 32:827-834, 1989.

[8] Santos MHB, et al: Early fetal sexing of Saanen goats by use of transrectal ultrasonography to identify the genital tubercle and external genitalia, *Am J Vet Res* 68:561-563.

[9] Burstel D, Meinecke-Tillman S, Meineke B: Ultrasonographic diagnosis of fetal sex in small ruminants bearing multiple fetuses, *Vet Rec* 151:635-636, 2002.

母羊的产前护理

母羊的身体状况得分应保持在 2.5～3 分,并允许自由采食可接受的矿物质盐混合物(见第 2 章)和洁净的水。应避免所有应激。在母羊分娩前 1 个月应尽量减少驱虫、修剪蹄、剪毛、接种疫苗、换舍和其他应激较大的程序[1]。

生产者应确定动物的妊娠状况和胎儿数量,并对其进行分类和饲养。在整个妊娠期间,应对母羊进行监测,并每隔 2～3 周对其身体状况进行评分。基本的饲养计划和羊群健康的建议在本书的其他章节也有涉及(见第 2 章和第 19 章)。应制定和实施良好的畜群卫生规划,以减少产前母羊发病。通过测定血清中 β-羟基丁酸盐浓度,可以监测母羊能量平衡。应为母羊提供干净、干燥的产羔区,避免严寒和大风侵袭。在产羔前,母羊必须剪毛,并检查乳腺,以确保羊羔能够正常哺乳,以及不会出现严重的乳头和乳房损伤[2]。

奶山羊应该在预产期前 60 d 干乳。在干乳期的最后 4 周，应补充精饲料或优质牧草。应密切关注山羊酮症、低钙血症、低镁血症或流产疾病的迹象[2]。如果可能的话，母羊应该每年接种一次疫苗，并在妊娠期的最后一个月进行驱虫。为母羊接种肠毒素血症、破伤风和其他地方病的疫苗，可以优化初乳中免疫球蛋白。应该把奶山羊放进一个产羔栏里（产房），并且剪掉它们乳房和尾巴以及会阴周围的羊毛。肉用山羊也应该有一个干净的棚舍来产羔，而且应该经常观察。

分娩

正常分娩需要胎儿肾上腺皮质功能成熟。分娩是由胎儿垂体-肾上腺轴的激活引起的。促肾上腺皮质激素（ACTH）由胎儿垂体释放，刺激胎儿肾上腺释放皮质类固醇。胎儿皮质激素刺激胎盘雌激素生物合成增加后，进而刺激 $PGF_2\alpha$ 的合成及从胎盘和子宫内膜释放。$PGF_2\alpha$ 是黄体溶解的原因，导致孕激素下降。雌激素的增加和孕激素的减少会刺激子宫肌的收缩，伴随催产素的释放[1]。

比起晚上，母羊更容易在白天分娩；而且在中午前后分娩的最常见。当母羊接近分娩时，乳房迅速充盈、骨盆韧带松弛、外阴扩大，并出现少量无色黏液分泌物流出。宫颈栓通常在临产前脱落，但可能早在分娩 1 周前就已脱落。

分娩可分为三个阶段。第一个阶段是肌肉收缩的开始，持续 2～12 h。母羊可能会离开羊群，表现得焦躁不安、反复躺卧、经常排尿。在第一个阶段，宫颈放松、宫颈栓脱落。第二阶段是胎儿的娩出期，非常快，持续 1～2 h。母羊在这个阶段可能更喜欢侧卧，但一些年龄较大、多次分娩的母羊可能仍然站立分娩。最初羊膜从外阴突出，紧接着是胎儿露出前脚和头。羔羊的背应朝向母羊的骶骨。注意：任何在分娩过程不能继续进行的母羊都应该接受检查。

有些羊羔出生时是后肢前置，如果双腿伸直，且在双脚娩出后分娩迅速进行，这是正常的。如果有多胎分娩，母羊可能会在分娩之间休息，或者分娩可能会连续发生。如果在 1 h 内母羊没有娩出任何羔羊，则需要进行助产。

第三阶段的特征是胎盘在 6 h 内娩出，及子宫复位。在没有败血症或全身毒性症状迹象的情况下，在 12～18 h 内即便胎盘不能娩出也不必担心。子宫复位在羔羊出生后第 28 天完成。恶露（一种无气味的红褐色分泌物）排出通常长达 3 周。

引产和终止妊娠

山羊可以在任何时候进行妊娠终止，因为物种特异性，在整个妊娠期依赖从 CL 分泌的孕酮维持妊娠。因此，有意或无意地使用前列腺素会在妊娠的任何阶段诱导流产或分娩。客户要求提前终止妊娠的典型原因是错误配种。在山羊选择的诱导流产或分娩的药物是 $PGF_2\alpha$（5～10 mg）或前列烯醇（75～100 μg/45 kg 体重）。绵羊类似于牛，$PGF_2\alpha$ 不会在所有母羊的妊娠期都引起流产。为了使 CL 成熟并对前列腺素的作用敏感，母羊不应在配种后 5～7 d 进行药物处理。成功流产的山羊通常会在 3～5 d 内出现发情[1]。

绵羊

为确保对母羊分娩过程应给予适当的关注，农场人员可以使用诱导产羔作为一种管理技术。使用地塞米松（15～20 mg，肌肉注射）可以可靠地诱导母羊在妊娠第 137 d 后产羔，但如果在预产期的 1 周内或在妊娠第 142 d 后开始诱导，则可以获得更高的羔羊存活率。注射药物后 36～48 h 内母羊即可产羔[3,4]。

山羊

在诱导分娩时，羔羊胎龄应该至少 144 d 才能够成活。因此，准确的配种记录是非常重要的。最佳的诱导分娩的母羊应该是乳房增大、充满乳汁的、处于正确的妊娠阶段的山羊，早上进行诱导分娩的母羊，可以在第 2 天下午娩出羔羊。前列腺素可以采用一次性（5～10 mg 的 $PGF_2\alpha$ 或 75～100 μg 前列烯醇/45 kg 体重）或逐步方式给予（100 μg 前列烯醇，随后在 10 h 内给药 50 μg）。这种处理允许生产者计划好产羔的时间和日期，以便提供帮助。不像奶牛，山羊诱导分娩后很少出现胎衣不下。如果山羊是由于妊娠毒血症引产的，在诱导前 6～12 h 给予糖皮质激素（10～20 mg 地塞米松，肌肉注射）可促进胎儿成熟并提高诱导后的存活率[5]。

难产处理

难产可能是绵羊群和山羊群经济损失的主要原因。难产最常见的原因是胎位异常。其他原因包括宫颈扩张不完全、侧位娩出、宫颈脱垂、子宫收缩无力、胎母比例失调等。胎母比例失调通常与单胎生育和母羊过度饲喂有关[6]。

大多数羊只分娩问题都是由畜主自行处理的，只有比较困难的病例才会寻求兽医援助。大多数羔羊出生时都是头位、纵势。在所有操作过程中，必须遵守兽医产科的一般原则，如清洁、润滑和温柔。手小的从业者往往具有技术优势。

当母羊出现难产时，临床医生应首先评估母羊的整体状况，并排除并发症的存在。许多医生使用 3 个 30 规则：(1) 在宫缩开始或绒毛膜破裂后 30 min 检查母羊；(2) 如果母羊正常，分娩过程正常，临床医生应至少等待 30 min 后才开始治疗或操作；(3) 最后，母羊在分娩后 30 min 进行检查，以确定是否有另一个胎儿仍在子宫或产道内。一些难产的母羊可能有一个复杂的子宫迟缓，因为它们已经变得疲劳；可能会看到疼痛和喘息的迹象。低钙血症（原发性或继发性呼吸性碱中毒）导致子宫收缩无力。

硬膜外麻醉

尾侧硬膜外麻醉有助于胎位校正，并可减少相关的紧张和疼痛。前两尾椎骨上的区域应剪毛并进行无菌处理。用一根 18～21 号、4 cm 的针从腹侧进针，进针点为前两个尾椎的连接处，并垂直于尾头部的斜面。对于小山羊，可能需要使用 25～27 号针。穿透皮肤后，临床医生应在针的中心注入 2%利多卡因（0.5 mL/45 kg 体重），并缓慢向腹侧进针。当针头处于合适的位置时，由于硬膜外腔的负压，利多卡因流入腔内。通过上下移动尾巴有助于注射位点的定位。硬膜外给药可提供约 1 h 的麻醉。

体检

理想情况下，在进行任何产科操作前，对母羊外阴周围的区域应该剪毛和彻底清洁。临床医生下一步应尝试触诊胎儿并确定胎儿难产的原因。应鼓励在母羊使用大量润滑剂进行产科操作。由于人畜共患病传播的可能性，所有参与分娩过程的人都应戴一次性手套。难产的常见原因包括胎位、胎势、胎向不正；胎儿异常，胎儿颈部、肘部或肩部的弯曲；胎母比例不合适等影响；或同时有一个以上的胎儿进入产道[5]。然而，并非所有胎位、胎势、胎向不正都会导致难产。如果只有一只前肢与头同时露出，一些母羊可以正常分娩。因头部或胎儿较大堵塞阴道而引起的难产，可将一只前肢重新推回到肘关节弯曲的位置，使头部和剩余的前肢有空间通过产道，可以通过牵引娩出羔羊。如果只是头部伸出，双肩弯曲，则在将产道润滑良好的情况下，用圈套器牵拉头部就能够娩出羔羊。

肘关节和肩关节弯曲是通过手指钩住弯曲的肘关节下方的前肢并使其伸直来矫正的。

臀位先露(坐生)

真正的臀位先露表示胎儿处于后肢前置，位于背骶卧位，双后肢在胎儿身体下方。臀位先露胎儿的处理方法与肘关节弯曲胎儿相似，都是通过伸直每个弯曲的后肢。在这种情况下，阴道检查可以感觉到胎儿的后躯和尾部。如果兽医的手足够小，人工矫正这种难产是可行的。胎儿应该被侧着头推到一边。提高母羊的后躯可以使这个动作更容易进行。接下来，临床医生应该试着把跗关节拉回骨盆腔。当一个跗关节进入骨盆后，应该将其相对于胎儿的长轴横向旋转，同时通过外阴将脚以腹侧缓慢拉出。兽医应注意不要让胎蹄伤害母羊的阴道。然后在侧位时重复同样的步骤，使母羊娩出胎儿。

头部位置不正或侧向偏移

应该试图通过推动胎儿获得足够的空间，使其头部拉回正常位置。如果不能做到这一点，临床医生可以在侧位头部和腿部放置一个圈套式的装置，使胎儿的头部尽可能紧贴身体，然后通过拉动前肢来取出胎儿。

前肢胎位不正

一条或两条前腿可能进入产道。如果两条前腿进入，头部通常位于骨盆内，或者可以发现头部从外阴突出。如果胎儿仍然存活，应将其推入盆腔，以创造必要的空间方便取出两条腿。如果重复伸展第二腿的努力没有成功，羊羔可以只用一只脚向前分娩。应注意确保被拉入盆腔的腿来自与头部相同的胎儿。如果胎儿没有通过掐或拉舌头而引起反应，且兽医确信胎儿已经死亡，可以用带保护的钢丝锯或胎儿切刀将胎儿的头部切除。这可能使保留的腿更容易矫正。如果只保留一条腿，也可以进行同样的基本操作。当双腿和头同时出现时(腿不在头的前面)，肘部经常贴着骨盆的内侧入口，造成肘部锁定。这种错位通常可以通过头部轻微的斥力和牵引腿来矫正。

环状子宫

子宫颈扩张失败是绵羊遇到的一个临床问题，在山羊也有一小部分出现[7]。这种情况被称为环状子宫，被认为是可遗传的。当自然分娩过程被打乱，子宫颈没有受到适当的刺激而无法正常扩张时，也会出现类似的临床情况。如果兽医的手能伸入骨盆，可以尝试手动扩张宫颈。催产素可诱导子宫收缩；子宫收缩可能有助于闭合的子宫颈扩张。然而，通常需要剖宫产。如果动物的价值不需要手术，可以用胎儿切刀打开子宫颈，胎儿仍然存活。根据子宫颈和子宫的情况，手术后母羊应考虑安乐死。

剖宫产术

剖宫产术是小反刍动物最常见的腹部手术。虽然为了更好的结果和更少的并发症，无菌技术在医院环境中是最理想的，但该程序肯定可以在现场进行，并也可能取得良好的结果。事实上，如果运送到诊所的时间大大增加了羊羔的分娩时间，那么现场分娩往往比危及生存的推迟分娩是更好的选择。

剖宫产术需动物仰卧后，经腹中线开口，但更多的情况下使动物进行右侧卧，通过左侧腹侧窝切口进行。使用脊椎旁或线性麻醉获得的局部麻醉即可达到麻醉效果。建议将局部麻醉注射利多卡因的剂量限制在不超过 6 mg/kg 体重。用等量的生理盐水将 2%的利多卡因在瓶子中稀释，获得 1%的利多卡因溶液，从而在不产生毒性的情况下，使手术部位达到足够的麻醉。脊椎旁麻醉可在小反刍动物和牛身上进行；然而，通常用线性阻滞或局部浸润麻醉更容易达到足够的麻醉效果。小反刍动物的体壁相对较薄，因此局部渗透不需要像牛那样深入。当脊椎旁麻醉不能达到足够的麻醉效果时，重要的是不能超过利多卡因的毒性剂量，并辅以局部浸润。有些动物可能需要轻微的镇静，但大多数动物在没有镇静的情况下可以很容易地侧卧(见第 18 章)。

左侧腰椎窝开口法允许母畜保持侧卧位，这比背部卧位导致的限制性呼吸并发症要少得多。在这种卧位时，瘤胃也是背部朝上的，这有助于腹部内脏保留在腹腔内。若在左侧卧位时母畜瘤胃臌胀，在代偿呼吸发生前，瘤胃有更大的扩张空间，必要时可进行减压。经验表明，这不是一个常见的问题。当腹胀发生时，医生通常是明智的，会迅速完成手术，使母羊回到胸骨平卧位，而不是过分关注瘤胃臌胀。与其他大型动物相比较，小反刍动物的肌壁相对较薄。因此，在做体壁切口时要特别小心，以免无意中损伤更深的组织结构。绵羊比山羊有更多的腹膜后脂肪，必须穿过这些脂肪才能到腹腔。在小反刍动物中，妊娠子宫通常可以很好地从腹腔取出，以便在打开子宫之前用无菌毛巾把子宫包起来。如果可能的话，两个子宫角都应该从腹腔取出。子宫切口最好是在子宫的大弯曲上，在卵巢和子宫颈之间的一个容易进入的区域。这个切口可以在胎儿的后肢上方做；然而，在胎儿的头部方位进行切口往往更容易，注意不要撕裂胎儿(图 8-21，另见彩插)。对于医生来说，最好是在取出每个胎儿时各做一个切口，但有时可以通过一个子宫切口取出同一子宫角内的两个胎儿。然而，有时要通过一个切口取出两个胎儿是很困难的，因为要将胎儿从一个子宫角移动到另一个子宫角，所以当在两个子宫角分别有一个胎儿时，最好在每个子宫角上至少切开一个切口。在子宫缝合前，应该移除任何没有牢固附着在子宫上的胎盘。子宫切口应采用可吸收缝线进行内翻缝合以达到液体密封的目的(图 8-22，另见彩插)。医生应注意不要内翻太多的组织，因为这可能导致隧道效应，随后出现子宫内容物渗漏。单层缝合通常就足够了，但是如果第一层的完整性有问题，可以进行第二层缝合。然后，在将子宫放回到正确的腹腔位置之前，应使用大量的液体清洗子宫内的任何血液或碎片，并注意避免腹腔内的任何污染。肌肉壁也用可吸收缝线缝合，方法由医生选择。建议分别缝合每一层肌肉，但为了节省时间，在不造成损伤的前提下可以将多层肌肉一起缝合。

小反刍动物剖宫产最常见的原因可能是宫颈扩张不足[8]。然而，在注意到难产之前，一定要考虑

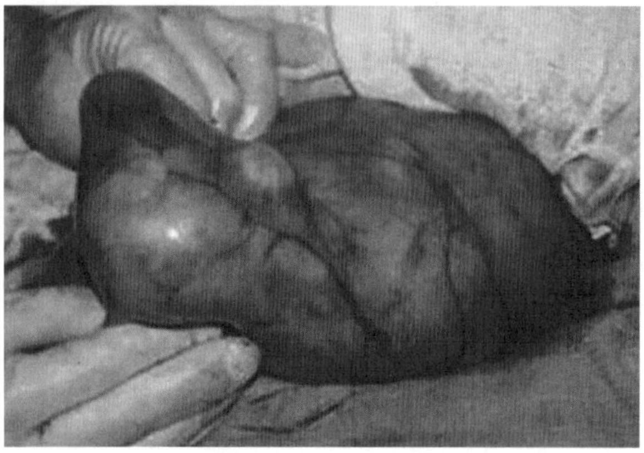

图 8-21 一例合并妊娠毒血症母羊剖宫产术。子宫已暴露并切开。动物处于左侧卧位。将在胎儿的头部侧进行子宫切口。

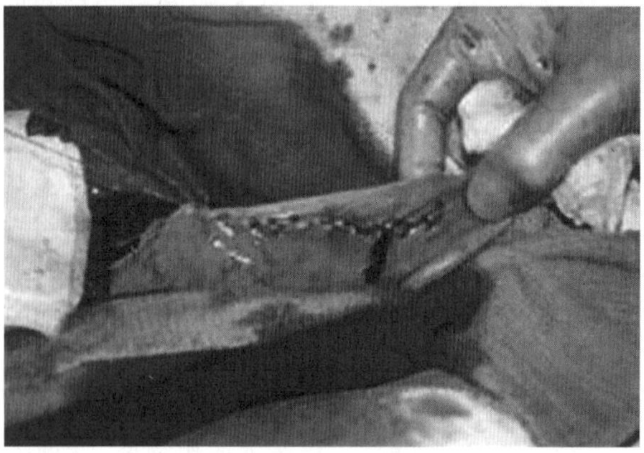

图 8-22 与图 8-21 相同动物的剖宫产术。子宫切口采用可吸收缝线内翻缝合。

对环状子宫的详细诊断。事实上,子宫颈在分娩过程中可能已经充分扩张,但在长时间的难产期间并没有保持适当的扩张。剖宫产术的其他原因包括绵羊妊娠毒血症、胎儿相对过大、胎儿绝对过大,以及不常见的胎儿体位不正。子宫扭转有时可导致剖宫产,在这种情况下,医生往往会遇到严重的组织损伤的无血管子宫。子宫发生扭转胎儿可能无法存活,而且母羊可能病得很重。

胎盘滞留是剖宫产术后最常见的并发症。一般来说,当母羊接受围术期抗生素治疗时,并发症会减少。

侏儒山羊作为一个品种比其他品种更容易出现难产[5]。一些肉用品种的日益流行可能导致选择性地繁殖肌肉发达的动物,这些动物可能更容易出现难产。难产发生后任何手术延迟都会降低胎儿存活率。许多畜主将选择对剖宫产后的母羊不再进行配种。然而,在一项研究中,所有母羊都是在剖宫产后受孕的,而且没有复杂的阴道分娩[8]。另一项实验研究比较了自然分娩的母羊和选择性剖宫产的母羊,未发现子代生育有显著差异[9]。该研究发现,在进行剖宫产的组中,宫颈深部拭子的细菌培养呈阳性的时间明显长于自然分娩组[10]。这一发现的临床意义可能与管理制度的强度有关。将母羊经地塞米松(16 mg)预处理后,经剖宫产获得的早产的羊羔,与对照组相比,表现出更好的氧气消耗和呼吸频率。与对照组相比,这些暴露在低温下的羔羊也表现出很好的温度调节能力[11]。这一发现支持在所有选择性的剖腹分娩中使用地塞米松对母羊进行预处理。

截胎术

一个彻底的胎儿分割手术,常在牛上进行,很少在绵羊和山羊中进行。剖腹手术前,医生应清洁动物会阴区,并使整个生殖道润滑良好;手术过程中要特别小心,避免子宫破裂和宫颈或阴道损伤。在大多数情况下,胎儿头部的部分切除足以在阴道内留出足够的空间,使剩余的胎儿通过,或进行下一步操作。在绵羊和山羊中,经胎儿切割去除前腿可能有助于缩小尺寸,以便胎儿可以通过盆腔进行操作。如果两个胎儿被挤进盆腔,其中一个或两个都不能娩出,部分胎儿切除可能是有益的。当胎儿死亡一段时间后,母羊的子宫非常脆弱时,部分胎儿切除是必要的。在这些情况下,可以使用非甾体抗炎药(如氟尼辛葡甲胺)和抗生素(如青霉素)进行预处理。

注意:临床医生在做胎儿切割手术时应该非常小心,因为与母牛相比,绵羊和山羊的子宫都很脆弱。在生理或免疫功能已经受损的动物中,子宫壁向腹腔开口的任何撕裂都很容易导致腹膜炎、造成长期不育或死亡。

新生羔羊的护理

新生绵羊羔

生产完羔羊后,母羊和羔羊应放在一起至少 24 h。这种策略方便观察绵羊的护羔行为,并为任何指示性干预提供机会。新生羔羊应在出生后 30 min 内尝试站立和吮乳。

建议用碘溶液(7%酊剂)、弱碘溶液或氯已定溶液浸泡肚脐。氯己定溶液具有较长时间的残留抗菌作用,强碘溶液可能与脐脓肿形成或脐尿管未关闭有关。此外,美国目前限制了7%的碘酊的供应,因为它可能被滥用于美沙非胺类药物的生产。尽管如此,经验证明,如果使用得当,所有这些解决方案都是安全有效的。

新生羔羊特别容易出现低血糖和体温过低,因此必须仔细观察新生羔羊。刚出生的小羊羔应该在出生后2 h内站立并哺乳。如果羔羊在哺乳后似乎没有感到吃饱,或者由于母羊乳房有问题,可能无法产生足够的乳汁,则应补充初乳。表8-6总结了如何制作硫酸钠溶液用于评估初乳抗体被动转移的成功或失败。对于初乳供应量,建议在出生后2 h内为50 mL/kg,第1天共补充200 mL/kg。羔羊可补充绵羊或山羊初乳。来源于动物的新鲜或冷冻初乳通常被认为优于商业补品。如有可能,初乳供给者应与母羊的一般地理位置相同,并应接种预防梭菌病的疫苗[12]。

表 8-6 一种评估新生羔羊被动移植成功或失败的方法

被动转移的硫酸钠测试				
• 将14、16、18 g粉状硫酸钠和100 mL蒸馏水放入3个贴有标签的容器中。				
• 将这些溶液各1.9 mL(14%、16%、18%)分别放入3根无菌试管中。				
• 每个容器加入0.1 mL血清;然后彻底混合。				
• 让混合物在室温下保持静止1 h,以便最大限度地沉淀。评估试管的清晰度。多云的外观(表现为无法通过管阅读报纸上的字)与免疫球蛋白沉淀有关。				
免疫球蛋白浓度/(mg/dL)	硫酸钠溶液外观			注解
	14%	16%	18%	
大于1 500	云雾状	云雾状	云雾状	被动转移成功
大于1 000	清晰的	云雾状	云雾状	被动转移成功到部分转移成功
500	清晰的	清晰的	云雾状	被动转移部分失败
小于500	清晰的	清晰的	清晰的	被动转移失败

新生山羊羔

在出生时,应观察羔羊的异常呼吸和其他胎儿窘迫的证据,如胎粪染色。应立即清除鼻子里的鼻涕和嘴里的液体。正常的羔羊会在出生后几分钟内站起来,并在出生后的最初几小时内大力吃奶。新生羔羊的呼吸会受到母羊舔舐或畜主用毛巾使劲擦的刺激。检查脐部有无出血或疝,脐残端用7%碘酒或其他合适的碘或氯己定溶液消毒。

羔羊出生后的饲喂和护理方式取决于山羊的类型和畜主的偏好。肉用和毛绒用山羊在牧场里喂养它们的羔羊,而奶山羊在它们有机会哺乳之前就被赶走了。羔羊需要在出生后4 h内得到足够的初乳。奶山羊的羊羔采用奶瓶喂养经过高温处理(56℃、1 h)的山羊初乳,以防止反复无常的关节炎-脑炎病毒传播。虚弱的羔羊应该通过口胃管或喂羊器得到初乳。羔羊们应该在第1天接受其体重10%的初乳,分3～4次喂给。初乳替代品不适合山羊羔,也不能增加它们的免疫球蛋白水平。延迟初乳摄入、初乳摄入不足、初乳质量较差是羔羊抗体被动转移失败的常见原因[2](表8-6)。在产肉类和产毛绒的羊群中,可以通过观察喂养羔羊和触诊它们的腹部来评估初乳的摄入量。

血清免疫球蛋白水平可通过硫酸钠试验、硫酸锌浊度试验或其他商用筛选试验进行评估。含量应高于1 600 mg/dL;低于600 mg/dL的水平可能表明被动转移失败或部分失败。静脉注射20～40 mL/kg来自母羊或羊群中另一只成年山羊的山羊血浆,可用于新生儿被动转移失败的补救。

出生在缺硒地区的羔羊出生时应该注射硒(注:过量服用可能导致死亡,因此必须仔细计算剂量,正确使用所有含硒产品)。最后,羔羊在生命的最初几天是低氧血症和低血糖出现的最大风险期,应注意防雨、防寒,可用葡萄糖溶液治疗低血糖。

母羊的产后护理

应通过腹部触诊或经腹部超声来仔细检查母

羊是否有多个胎儿。也应对母羊的生命体征和肌张力进行检测,从而评估母羊是否出现低钙血症。分娩后,胎盘会迅速排出,直到产后 6～12 h 才能娩出都不被认为是胎衣不下。奶山羊应该在分娩后尽快哺乳。在肉用和绒毛用的羊群中,应该触诊母羊的乳房,以确定是否患乳腺炎,并确定初乳或乳汁的质量和数量。每只乳头均应有初乳或乳汁分泌,确保乳头通畅,并检测任何异常分泌物。

应密切监测产后母羊,以建立适当的母子关系,并确保羔羊得到适当的喂养。把母羊和其羔羊放在一个小围栏里几天,然后再把它们放回母羊群,这样观察起来就比较容易。还应密切监测母羊是否出现低钙血症或酮症的迹象。让母羊最大限度地摄取新鲜的干物质饲料,将有助于预防代谢性疾病,并确保产奶量最大化。

围产期疾病

各种围产期的异常情况,如妊娠毒血症、阴道脱垂、产乳热、子宫收缩无力等,可能会干扰正常分娩,或对母羊分娩后的健康和生育能力产生不利影响。除了妊娠毒血症外,绵羊比山羊更容易出现这些情况。

胎儿水肿

子宫积水与母羊食用含有高浓度雌激素化合物的豆类、碘缺乏引起的甲状腺功能减退和摄入甲状腺激素等有关。水肿也可能由胎盘或子宫疾病引起。大量液体滞留可能导致耻骨前腱断裂。在胎儿水肿的情况下,应考虑引产。

耻骨前腱断裂

在多胎妊娠的绵羊和山羊、有胎儿水肿的母羊以及腹部受过创伤的母羊中,偶尔可见耻骨前腱断裂。如果畜主选择将母羊留到分娩前,使用自制的帆布腰带(用于增加腹部支撑)、减少瘤胃填充物(增加精料和减少饲料摄入量),以及减少盐或微量矿物质的摄入,都可能有效地控制这种情况。矫正手术通常成本高昂且不成功。如能确定准确的分娩日期,临床医生可考虑选择剖宫产或引产。如果引产,临床医生应密切观察母羊,以确定它是否需要助产。预防分娩晚期母羊的应激和创伤(如驱虫或剪毛),以及选择不生四胞胎的动物个体,可能有助于防止耻骨前腱断裂。在分娩中幸存下来的母羊应该被淘汰。

阴道脱垂

阴道脱垂在绵羊中是一个相对常见的问题。它通常发生在多胎母羊妊娠的最后 3 周。阴道脱垂在山羊中相对少见,但在乳用品种羊中偶尔会遇到。腹侧阴道底通常是外阴唇突出的区域。关于阴道脱垂的病因有许多不同的理论。食用低质量的饲料会导致腹部膨胀增加,这可能会导致阴道被挤出阴户。一些豆科植物中的雌激素含量也被证明与阴道脱垂有关。其他与营养有关的问题包括营养过剩或营养不足,抑或不良的圈舍管理导致过度拥挤等也与阴道脱垂有关。

其他相关的生理因素包括肥胖、持续咳嗽导致反复出现腹内高压、羊尾剪短不当或剪尾过于频繁等。羊的尾巴应该剪短到第 6 尾椎的后面,或者在腹部下拉时其尾巴的长度能够盖住肛门。不幸的是,为改善展示时羊臀部的外观,展示动物的尾部通常剪得更频繁。

由于可能的遗传因素,有过阴道脱垂经历的母羊的后代不应作为种羊[12]。硬膜外麻醉(2%利多卡因,0.5 mL/45 kg 体重)有助于防止紧张。另外,联合使用甲苯噻嗪(0.07 mg/kg)和利多卡因(0.5 mg/kg)可以缓解紧张长达 24 h,尽管它们可能导致一些后肢共济失调[13]。在阴道复位前,应该用温和的肥皂溶液清洗脱垂的阴道。偶尔会在脱垂的组织内发现膀胱。实时超声检查有助于确定膀胱的位置。如果膀胱在脱垂组织内,通常可以通过定位脱垂组织下方的尿道口(尾侧至外阴合拢处),将一根手指插入膀胱口,提起脱垂组织来排空膀胱。如果需要引流,可以通过尿道插入 12 号法国导管进入膀胱。脱垂组织应用水溶性润滑剂(甲基纤维素),轻轻地按摩、充分润滑,并小心地放回至其原有位置。抱起母羊后腿可以促进脱垂器官的复位。如果肿胀严重,导致复位困难或不能复位,可以使用吸湿剂(如泻盐、糖)或对脱垂组织施加稳定压力,以减少水肿和缩小肿胀。

保留脱垂组织的一种常用方法是使用一种特殊设计的塑料脱垂固定器。这种固位器有一个勺状末端和两个固位臂,勺状末端向下推到替换的阴道壁上,而两个固位臂被绑在羊毛上或缝在臀部两侧的皮肤上。这些装置可以成功地用于山羊。

也可使用各种类型的钱包线和床垫缝合线。用柔软的卷纱在外阴上做一个鞋带式的支撑物，在外阴两边各放一个小的脐带环，效果很好。母羊可松开系带，检查分娩进度。如果母羊分娩后1个月，可以使用 Buhner 缝合线，用标准的尸体针代替 Buhner 针。用 Buhner 方法缝合后，缝合线可能持续更长时间，很少会撕裂。

此外，还有一种保护装置。一根绳子被放在母羊背部，将绳子的两半各位于身体的两边。然后把绳子在前腿下面交叉，再把绳子背回来，让它在后腿上交叉。然后将绳子从乳房两侧的腹侧和后肢下方穿过，当绳子背朝会阴区域时再次交叉。最后将两端绑在后面的绳子上。这种结构防止紧张，并确保会阴安全。

子宫脱垂

子宫脱垂一般发生在产羔后12～18 h内，可能与母羊虚弱或导致分娩困难的情况有关。低钙血症可能导致母羊虚弱，容易出现子宫脱垂。脱垂的子宫通常是无张力的，从外阴唇缓慢排出，而不是用力排出。应轻轻清洗脱垂的组织，并充分润滑后再放入腹部。在放回前使用尾硬膜外麻醉（2%利多卡因、0.5 mL/45 kg）可减少母羊的紧张。可以通过将母羊后躯抬离地面来辅助复位过程。这一操作允许腹部内容物从盆腔脱落，并促进脱垂的子宫在腹腔内正确复位。

根据阴道脱垂的描述，外阴开口的闭合是用 Buhner 线或鞋带线缝合完成的。如果怀疑是低钙血症，应该给母羊服用钙溶液。催产素被认为有助于子宫收缩。预后正常良好。母羊带有撕裂伤或脱垂组织严重污染时，可能并发感染。

胎衣不下

母羊分娩后，胎盘应在6 h内排出。如无毒血症、败血症或阴道分泌物异常，医生应在产后12～18 h内停止摘除胎盘。胎衣不下（RFMs）可能是由于缺乏硒或维生素A、感染性流产（如弓形虫病、衣原体病、李斯特菌病）、母羊肥胖、低钙血症、难产等因素造成的[14,15]。RFMs在山羊中并不常见，但在一些绵羊群中似乎是一个问题。据报道，在奶山羊和羔羊死亡或已被取出的山羊或绵羊中，RFMs发病率较高。没有其他并发的临床症状的胎衣不下是没有什么意义的，除非这种情况可能与某些疾病或缺陷有关。有时在外部观察不到胎盘，但通过阴道检查可以发现胎盘。如果母羊临床表现正常，治疗只需要摘除胎盘。不应尝试手动摘除，相反，山羊或绵羊可以用催产素（5～10 IU、每天2～6次）或前列腺素（$PGF_{2}\alpha$ 5～10 mg；氯前列醇75 μg/45 kg体重）进行处理。一些实践者（尤其是 Pugh D. G.）喜欢用 $PGF_{2}\alpha$ 或其类似物，对带羔的青年母羊避免使用催产素。

子宫内膜炎

子宫内膜炎在绵羊和山羊中并不常见，但在奶山羊品种中会发生，并与胎衣不下、难产、保留已死的山羊羔、弓形虫病、衣原体病、李斯特菌病引起的流产等有关；可能还与其他疾病有关。滞留的胎盘可以作为环境和子宫之间的导火索。

临床症状与诊断

临床症状包括阴道分泌物稀薄、水样、棕色至红色，可能有脓性、恶臭。受感染的母羊可能表现得相对正常，也可能病得很重。它们可能发热、瘤胃运动减弱、脱水、巩膜充血，甚至可能抑郁。在严重的情况下，动物可能会感染破伤风梭状芽孢杆菌、其他梭状芽孢杆菌或其他产生毒素的细菌。由于严重的子宫感染或产后子宫撕裂或破裂，可能会导致腹膜炎的发生。子宫撕裂在难产后更为常见，但也可能自发发生[16]。正如所料，全血细胞计数（CBC）显示出毒血症或败血症（见附录2）。超声检查通常显示子宫扩大、充满液体、含有高回声液体。正常情况下，母羊在分娩后4周内都会有一种厚厚的、无气味的棕色到红褐色的阴道分泌物（恶露）。这种正常的恶露排出不需要治疗。没有经验的绵羊或山羊饲养者，特别是那些有宠物动物的人们，可能会把恶露理解为一种疾病的迹象（如子宫炎）。

治疗

任何引起子宫炎的潜在疾病都应该得到治疗。感染母羊应给予广谱抗生素（土霉素10～20 mg/kg、每日1～2次）或对厌氧菌有良好疗效的抗生素（青霉素20 000 IU/kg，每日2次）治疗。如果阴道镜检查显示宫颈开放，广谱抗生素可以通过宫颈注入子宫。子宫输注是有争议的，临床医生进行此手术时应注意不要损伤子宫颈、穿刺子宫，否则会造成进一步的子宫瘢痕或损伤。宫内灌注可损伤子宫内膜，降低子宫内多形核细胞的功能。用前列腺素

($PGF_{2}\alpha$ 5～10 mg;氯前列烯醇 75～100 μg/45 kg 体重)或催产素(5～10 IU)处理,进行子宫排空,再根据需要补液,治疗方案中还应包括非甾体抗炎药(如氟尼辛葡甲胺,1 mg/kg)。如果有胎盘滞留,应该将其剥离,但不是手动剥离。由于梭状芽孢杆菌感染的可能性,特别是在有难产引起的子宫损伤、浸渍胎儿或子宫细菌污染的动物中,应采取梭状芽孢杆菌疾病预防措施。以前接种过疫苗的母羊可以接种包括预防破伤风在内的疫苗。在没有梭状芽孢杆菌预防史的动物中,推荐使用抗毒血清[14,15]。

子宫积脓

子宫积脓可作为子宫炎的后遗症,在那些子宫颈已被损坏的母羊中发生;它也发生分娩后 在休情期发情的母羊中(如努比亚山羊、侏儒山羊)。发情周期的晚期可导致排卵和由此产生的 CL 在很长一段时间内保留。子宫积脓是一种非常罕见的疾病。病理发现包括发情,偶尔持续升高的血清孕酮;超声检查有不同数量的超声宫内液,偶尔有化脓性阴道分泌物排出。治疗应包括前列腺素($PGF_{2}\alpha$ 5～10 mg;氯前列烯醇 75～100 μg/45 kg 体重)或催产素(每天 2 次,5～10 IU),或两者兼用[14,15]。

妊娠毒血症

妊娠毒血症(酮症、肝脂质症)通常发生在母羊妊娠的最后 3 个月。这种情况通常见于多胞胎妊娠的母羊,可能是因为它们无法摄入足够的能量来满足新陈代谢的需求。增加能量需求或减少能量摄入的情况也会使受影响的动物易患这种疾病。

妊娠毒血症可分为四种病因类型:(1)原发性妊娠毒血症;(2)母羊过肥导致的妊娠毒血症;(3)饥饿导致的妊娠毒血症;(4)继发性妊娠毒血症。原发性妊娠毒血症是由于营养减少,如低质量的饲料或由于短暂的禁食。过肥母羊的妊娠毒血症见于妊娠早期母羊体况过肥,而在妊娠后期营养下降的母羊,这可能是由于瘤胃容量较小所致。饥饿妊娠毒血症发生在非常瘦的绵羊和山羊身上,通常是由于干旱、大雪或洪水过后缺乏饲料造成的。继发性妊娠毒血症与跛行、牙周受损和寄生虫等并发疾病一起发生(见第 5 章及第 6 章)。

在许多情况下,妊娠毒血症可以通过平衡母羊的营养需求及妊娠后期胎儿的营养需求增加来预防。与单胎母羊相比,多胎母羊干物质摄入量确实有所减少。这种干物质摄入量的减少是由子宫增大引起的瘤胃体积减少、胎儿产热增加和游离脂肪酸浓度变化造成的[17]。肥胖或极瘦的母羊更容易患上这种疾病。怀双胞胎的绵羊比怀单胎的母羊多消耗 180%的能量,怀三胞胎的绵羊比怀单胎的母羊多消耗 240%的能量。过肥的绵羊和山羊,同时患有疾病,或者缺乏优质牧草,可能无法摄取足够的能量来满足这些需求,导致能量负平衡。母羊并没有从胃肠道获得多少葡萄糖净吸收,而是在肝脏中合成葡萄糖[5,17]。妊娠晚期能量负平衡导致胰岛素-胰高血糖素比值的变化,并激活脂肪酶,从身体能量储备中调动脂肪酸和甘油。肝脏利用这些脂肪酸和甘油作为胎儿生长的能量。如果能量需求大于供给,肝脏就不能产生足够的葡萄糖,可能会导致游离脂肪酸过多,从而产生酮。

临床症状和诊断

妊娠毒血症在妊娠的最后 2～4 周最为常见。在疾病的早期可能很少有临床症状。随着毒血症的进展,神经受累变得明显,其特征是抑郁和卧倒,伴有震颤、仰望、不协调、打转和磨牙。酮类物质水平的升高和葡萄糖浓度的降低导致了以上临床症状[18]。尿检和血检发现酮浓度的增加,可以确诊。尿液浓度比血液浓度更敏感、更具特异性。其他发现可能包括血清钙和钾减少、血液尿素氮增加、游离脂肪酸浓度升高(超过 500 μg/mL)和 β-羟丁酸浓度升高(超过 1 mmol/L)[18]。尸检发现肝脏苍白肿大。

治疗

治疗的目的是纠正能量、电解质和酸碱紊乱,以及刺激食欲和治疗脱水。在疾病的早期阶段(当动物还能走动时),应提供适口性好、能量丰富、易消化的饲料,并应口服或静脉注射葡萄糖和平衡电解质。在疾病的后期(当动物卧倒时),必须立即对妊娠毒血症采取积极地、特异性治疗。必须尽快去除胎儿,治疗的目的是通过牺牲羔羊生命而挽救母羊的生命。早产超过 7 d 的羊羔很少能存活下来。在危急情况下,应该执行剖宫产。如果动物没有危重或其价值不需要手术,应诱导分娩。

应给予葡萄糖以控制肝脏酮产量的增加。单次注射 50%葡萄糖(100～250 mL,IV)可能是有效的,这取决于母羊的大小。更频繁的给药可能导致反弹性低血糖症。如果动物的价值值得救助，可以在第一次注射后缓慢滴注5%右旋葡萄糖。维生素B可以刺激食欲，并为肝脏产生葡萄糖提供一些必要的前体。如果怀疑有低钙血症，则应缓慢输液50 mL葡萄糖硼酸钙(20 mg/mL)。如果动物已经厌食好几天了，转入一些健康反刍动物的瘤胃液可以产生更有利的瘤胃环境。丙二醇可用于治疗低血糖症(每天2次，每次15 mL)[19]。氟尼辛葡甲胺注射液(2.5 mg/kg，每日1次)似乎可以提高饲料摄入量和存活率，但应与其他疗法联合使用[20,21]。

预防

预防妊娠毒血症需要提供良好的营养计划和减少任何应激源，如活动量增加和寄生虫感染。添加烟酸和离子载体(见第2章和第5章)可能提供一种额外的方法来对抗这种疾病[17,21]。给怀孕的羊剪毛也是有益的，因为剪毛后身体热量损失的增加可能会刺激干物质的摄入[17,18,21,22]。羊毛的重量增加了母羊的负荷。怀孕晚期怀多个胎儿的母羊往往比它们的群居伙伴更大、也更笨拙。管理中必须确保这些动物得到进食，并为它们提供足够的躺卧空间。血清β-羟基丁酸盐浓度已被用来作为一群绵羊营养状况的指标。其值大于0.7 mmol/L表明动物处于负能量平衡状态：生产者应立即采取措施防止妊娠中毒，而不是等待临床病例的出现。超声波被用来区分怀双胞胎的母羊，这样畜主或饲养员就可以满足它们额外的营养需求。

低钙血症

低钙血症通常出现在妊娠的最后2周。怀双胞胎的绵羊每天需要8 g钙和4 g磷。

临床症状与诊断

低钙血症的临床症状与妊娠毒血症的临床症状可以重叠，因为这两种疾病往往同时出现。低血钙母羊最初是共济失调和过度活跃，但很快就变成躺卧。其他临床症状包括胃胀气和瞳孔缺乏光反应。最初的过度活跃是由于低钙导致的膜的不稳定性。随后的瘫痪发生是因为在神经肌肉连接很少或没有钙可以释放乙酰胆碱，影响肌肉收缩力。可以通过测量钙浓度来确定低钙血症。临床症状明显病例的血清钙浓度低于7 mg/dL。

治疗

临床病例采用补钙(1 g/45 kg体重)治疗，疗效显著。母羊在妊娠最后6周的饮食中应该有充足的钙。紫花苜蓿干草和含有钙的矿物混合物可以提供很好的钙源[14]。

参考文献

[1] Thomas JO: Survey of causes of dystocia in sheep, *Vet Rec* 127:574, 1990.

[2] Menzies PI: Lambing management and neonatal care. In Youngquist RS, Threlfall WR, editors: *Current therapy in large animal theriogenology*, ed 2, Philadelphia, 2007, WB Saunders.

[3] Peters AR, Dent CN: Induction of parturition in sheep using dexamethasone, *Vet Rec* 131:128, 1992.

[4] Owens JL, et al: A note on the effects of dexamethasone-induced parturition on ewe behavior and lamb survival in prolific Booroola Merino ewes, *Anim Prod* 41:417, 1985.

[5] Rowe JD: Reproductive management of sheep and goats, *Proceedings of the American Association of Small Ruminant Practitioners Research Symposium on Health and Disease*, Nashville, Tenn, 1998, p 39.

[6] Brawn W: Parturition and dystocia in the goat. In Youngquist RS, Threllfall WR, editors: *Current therapy in large animal theriogenology*, ed 2, Philadelphia, 2007, WB Saunders.

[7] Majeed AF, Taha MB: Preliminary study on treatment of ringwomb in Iraqi goats, *Anim Reprod Sci* 18 :1989, 1999.

[8] Brounts SH, et al: Outcome and subsequent fertility of sheep and goats undergoing cesarean section because of dystocia: 110 cases (1981—2001), *J Am Vet Med Assoc* 224:275-279, 2004.

[9] Veksler Hess J, et al: Post caesarean reproductive performance of ewes, *Rev Brasil Reprod Anim* 25: 343-344, 2001.

[10] Makawi SA, Badawi ME: Effect of Caesarean section (C. S.) on uterine aerobic bacteria and post-partum period in Nubian goats, *J Anim Vet Adv* 6: 375-378, 2007.

[11] Clarke L, Heasman L, Symonds ME: Influence of maternal dexamethasone administration on thermoregulation in lambs delivered by caesarean section, *J Endocrinol* 156:307-314, 1998.

[12] Bulgin M: Diseases of the periparturient ewe. In Youngquist RS, Threlfall WR, editors: *Current therapy in large animal theriogenology*, ed 2, Philadelphia, 2007, WB Saunders.

[13] Scott PR, et al: The use of combined xylazine and

lidocaine epidural injection in ewes with vaginal or uterine prolapse, *Therio* 43:1175, 1995.

[14] Rowe JD: Reproductive management—part Ⅲ, *Proceedings of the Small Ruminants for the Mixed Animal Practitioner Western Veterinary Conference*, Las Vegas, Nev, 1998, p 147.

[15] Braun W: Periparturient infection and structural abnormality. In Youngquist RS, Threlfall WR, editors: *Current therapy in large animal theriogenology*, ed 2, Philadelphia, 2007, WB Saunders.

[16] Pugh DG, Hardin DK: Ovine uterine rupture, *Agri-Pract* 7:15, 1986.

[17] Gessert ME: The use of niacin and other energy modifiers of energy metabolism for the prevention of pregnancy toxemia in ewes, *Proceedings of the Society for Theriogenology*, Nashville, Tenn, 1995, p 296.

[18] Scott PR, et al: Cerebrospinal fluid and plasma glucose concentration of ovine pregnancy toxemia cases in apparent ewes, Br Vet J 151:39, 1995.

[19] Marteniuk JV, Herdt TH: Pregnancy toxemia and ketosis of ewes and does, *Vet Clin North Am Food Anim Pract* 4:307, 1988.

[20] Zamir S, Rozov A, Gootwine E: Treatment of pregnancy toxaemia in sheep with flunixin meglumine, *Vet Rec* 165:265-266, 2009.

[21] Edmondson MA, Pugh DG: Pregnancy toxemia in sheep and goats. In Anderson DA, Rings DM, editors: *Current veterinary therapy: food animal practice*, Philadelphia, 2009, WB Saunders.

[22] Austin AR, Young NE: The effect of shearing pregnant ewes on lamb birth weights, *Vet Rec* 100: 527, 1977.

影响后代的生殖功能障碍

繁殖失败

在反刍动物繁殖失败的研究中，感染原因似乎总是最受关注的。然而，尽管非传染性疾病更容易治疗，但诊断起来往往更困难。碘、铜和其他营养物质的缺乏会导致绵羊和山羊的繁殖失败。这些缺乏和其他营养问题在第 2 章中有更详细的讨论。

植物中毒

山藜芦

藜芦属的成员与羔羊的许多先天性畸形有关。加利福尼亚藜芦，通常被称为假藜芦，含有一种致畸生物碱（环巴胺），根据采食时所处的妊娠期，这种生物碱会导致羔羊的许多先天缺陷。在怀孕的前 10 d 暴露于加利福尼亚藜芦与早期胚胎死亡有关。在第 12～14 天摄入假藜芦会导致严重的面部异常，如睫状肌样外观、眼球突出、腭裂等。如果在第 25～36 天之间接触假藜芦会导致掌骨和跖骨发育不良。据报道，接触假藜芦还会导致胎儿脑垂体发育不足。这会造成妊娠期延长、胎儿异常巨大、难产的发生率增加。假藜芦是一种直立的草本植物，茎不分枝。其特征是具有大的、宽的、互生的、抱着的叶，叶脉是突出的螺旋状平行结构[1,2]（表 8-7）。

疯草

紫云英属和棘豆属的成员通常被称为疯草，它们被认为是导致流产、产弱小羔羊和新生羔羊腿部弯曲的原因。据报道，暴露在外的绵羊中，流产和产下弱小羔羊的发生率高达 75%。毒素影响胎儿胎盘，造成胎盘发育延迟、胎盘血管减少、胎儿水肿，并改变子叶发育。它还与绵羊精子产生减少有关[3]。

野甘草

由于这些植物中含有一种蜕皮毒素（三萜皂苷），食用野甘草可导致流产和小的、虚弱的、早产羔羊的出生。其他临床症状包括胃肠不适和血尿，有时甚至死亡。野甘草是一种在美国西部干旱地区发现的灌木[4]。

麦角生物碱和麦角

摄入感染共生伤寒真菌的羊茅（羊茅属）与繁殖效率降低有关。由这种真菌产生的麦角生物碱已被证明会影响母羊泌乳素的产生，并延长从配种到妊娠的时间间隔[5]。麦角蛋白的浓度超过日粮的 0.1%～0.7%，可减少绵羊产活羔的数量[6]。

产生雌激素的植物

绵羊似乎对来自植物的雌激素的影响敏感，如地三叶草（*Trifolium subterraneum*）、白三叶草（*T. repens*）和紫花苜蓿（*Medicago sativa*）。与植物雌激素摄入相关的临床症状包括不孕、不规则和长时间发热、阴道脱垂、宫颈和子宫囊性腺增生、乳头增大和泌乳不当[7]。也有难产和子宫乏力的报道[6]。表 8-7 列出了与繁殖抑制有关的植物。

表 8-7　影响繁殖的植物

植物	注解
镰刀菌	在发霉的玉米和小麦中发现；可产生雌激素——玉米赤霉烯酮；临床表现为产羔率下降
三叶草(深红色、红色、白色，紫苜蓿)	三叶草产生雌激素样物质；临床表现为宫颈囊性增生及子宫积水；白三叶草还含有生氰麦角生物碱；紫苜蓿还可引起光敏作用、肝病和口腔炎
西黄松	临床表现包括死产、妊娠晚期流产、肾小管坏死、肺充血、子宫收缩乏力、宫颈扩张不良
棉籽	有毒物质是棉酚；临床表现包括睾丸和精子异常；毒性摄取最常发生在年轻的反刍前阶段的动物
野甘草、蒙特雷柏树、跳草	
山藜芦	植物的所有部分都有毒；症状包括流涎、利尿、肌肉无力和不协调；预防措施包括将放牧推迟到第一次霜冻之后，并在母羊进入含有该植物的牧场前 5 周进行繁殖 **妊娠天数**　**影响** 0～10　着床失败 12～14　独眼畸形 12～34　运动神经麻痹 22～30　腭裂 25～36　掌骨和跗骨发育不全
烟草	其毒性作用对猪更常见
毒芹	其毒性作用对牛更常见
羽扇豆	可引起关节卷曲
疯草	会导致关节卷曲
苏丹草	可引起关节卷曲和肌腱收缩

药物

有些药物在母羊妊娠中期至晚期给药时与绵羊和山羊的流产和出生缺陷有关。涉及的药物包括氯丙嗪、苯丁酮、吩噻嗪类抗寄生虫药、左旋咪唑类抗寄生虫药和皮质类固醇[8]。

营养异常

身体状况不佳、能量摄入不足、矿物质和维生素摄入量减少都会抑制母羊的繁殖活动。整体营养摄入不足会导致发情症状减弱、排卵抑制、发情周期异常和初情期延迟。缺乏能量、蛋白质、维生素 A 和维生素 E、磷和许多微量矿物质是最常见的。维生素 A、铜、锰和碘等的缺乏与不规则的发情周期有关(见第 2 章)。

热应激

热应激会降低生殖能力，导致胎儿消瘦。引起热应激的原因包括水的摄入量减少、肥胖、运动不耐受，以及在炎热的天气产生疲劳。年幼和年老的动物都容易受到热应激的影响。较高的环境温度和湿度会导致母羊热感明显。当环境温度接近体温时，皮肤血管舒张不再有助于散热。在羊身上，呼吸道对降温很重要，所以动物在热的时候会加快喘气。未剪毛的安哥拉山羊和羊毛浓密的绵羊，尤其是幼龄羊，特别容易受到热应激的影响。

临床症状

常见的临床症状包括母羊生育能力下降和发情期抑郁症状，以及公羊精子异常增多和性欲降低。在安哥拉山羊中，如果热应激发生在怀孕前 3～6 周，胚胎死亡率将很高。然而，所有品种和物种都可能经历高胚胎损失率。其他临床症状包括迟钝、抑郁、快速呼吸、张嘴呼吸、结膜充血、瞳孔放大(早期)、瞳孔收缩(晚期)、采食量下降、心率增加、弱且快的脉搏、高热、酸碱紊乱、脱水、出汗过多导致的钾和钠的损失、增加的细胞体积(大于 60%

的红细胞)。与其他品种的山羊相比,安哥拉山羊对热应激的反应能力较差。如果湿度低于 65%,绵羊可以忍受外部温度高于 110℉,但是如果直肠温度高于 106℉,它们就会加快喘气。如果在夜间提供高能量的饲料,或者在天气突然变坏的情况下,由于动物可能会狼吞虎咽,就会发生继发性腹胀和酸中毒。

诊断

诊断基于对临床症状的识别。尸检结果包括脑水肿、迅速腐烂、静脉扩张。CBC 全血细胞计数血象的结果并不显著。

治疗

治疗应包括用冷水浸泡、冷水灌肠、冰敷或酒精擦拭来降低体温。受影响的动物应剪毛。未怀孕的动物可给予糖皮质激素(地塞米松,1～2 mg/kg,IV),维持正常水合。如果动物脱水超过 10%,应静脉输液;但如果动物脱水少于 10%,则可口服。饲养员应将受影响的动物放在阴凉处,并设法改善它们周围的空气循环。公羊在经历了一段时间的热应激后应该进行 BSE 检查。如发现精索异常,应在 49～60 d 内复查。

预防

预防主要是使动物保持凉爽。毛密或多毛的动物应在炎热天气来临前剪毛。长阴囊毛也应该剪掉。动物应保持良好的身体状况。可以通过在饲养床上提供荫凉,并在休息区周围和动物背上喷水,这些都是有益的预防策略。在饲养床喷淋或喷雾可以增加饲料的摄入量。在炎热潮湿的日子里,只应在清晨放牧或剪毛。微量矿物质盐和冷水应在自由选择的基础上提供。动物应该在清晨或傍晚喂食。

应特别避免接触毒素和减少接触使血管舒张的植物(如羊茅)。为动物的背部提供通风设备,并让羊只在带有高天花板的开放式棚舍中,将有助于保持动物的凉爽。对于奶山羊或绵羊,洒水器和良好的通风有助于减少热应激,但为预防乳腺炎,这些措施可能是禁止的。增加饲料的能量浓度,并经一段时间的减少摄入量后可以提高产量。饲喂过瘤胃蛋白质(血粉、鱼粉、玉米面筋粉、烤大豆、挤压大豆)可以提高产量,特别是添加了脂肪的饲料。添加碳酸氢钠(0.85%～1%)可提高炎热天气下的产奶量。优质饲料比劣质饲料产生的热量少。短期内可将膳食中酸性洗涤剂纤维(ADF)含量降低到干物质摄入量的 21%。离子载体的加入提高了许多动物的生产力,并减少了它们的摄取量,但对哺乳期的母羊可能没有好处。应实施长茎干草饲喂。如果使用绿色或潮湿的饲料,应在炎热的日子定期检查饲养床是否损坏。

假孕

假孕(子宫积液、子宫积水)是由山羊黄体期延长引起的。在某些农场,奶山羊的发病率可能高达 3%～5%[9],发病率高峰在 11—12 月。假孕在毛用或肉用品种的山羊和绵羊中并不常见。造成这种情况的原因尚不清楚,但其潜在的病理生理学可能涉及过季繁殖、绵羊和山羊杂交怀孕,以及过度使用激素对生殖周期进行调控等。有些病例可能是流产或伴随由于持久黄体导致的早期胚胎消瘦的后遗症。妊娠期外自发性黄体滞留也被认为是假性妊娠的原因之一,这可能是由于激素控制的过度排卵或淡季繁殖所致[6,9]。这种情况在母羊的一生中可能发生多次,也可能只发生一次。

临床症状与诊断

一些受影响的母羊可能会出现分娩、乳房发育和阴道出血的症状。假孕的特征还包括发情、腹围偶尔增大,以及怀孕的外部行为迹象。血液孕酮浓度可能与妊娠期一致,并持续升高长达 5 个月。实时超声检查可以显示子宫内液体量的变化,要么是透明的、轻微混浊,要么是透明的、有斑点。子宫通常呈薄壁,无法看到胎盘或胎儿。在胎盘小体可见前(妊娠 30 d 前)进行超声检查的母羊,这种情况可能被误诊为妊娠。因此,注意妊娠期及妊娠阳性体征(如胎儿、胎盘、脐)的超声检查是十分必要的。

治疗

治疗假孕最常见的方法是注射 $PGF_2\alpha$(10～20 mg)或前列烯醇(75～100 μg/45 kg 体重)。

阴道炎

阴道炎的产生有多种原因。无论何时遇到非临产或临产阴道炎，特别是绵羊，应排除传染性脓疱病。其他引起阴道炎的原因包括山羊疱疹性阴道炎（表现为水肿和混浊的灰色分泌物）、支原体和无胆甾原体引起的颗粒性阴道炎、化脓性放线菌和葡萄球菌感染[6]。可能需要用温和的消毒溶液（如商业用氯己定）冲洗阴道。如果受感染的动物非常痛苦，非甾体抗炎药处理有助于缓解痛苦。

在外阴处偶见异位性乳腺组织，偶尔会遇到异位的外阴的增生腺体组织。其在分娩前表现为外阴肿胀。因为几乎没有排乳出口，该腺体组织通常会发生压力性萎缩。腺组织可以手术切除，但这种治疗方式很少需要。

卵巢囊性疾病

卵巢囊肿在山羊中比在绵羊中更常见。在一项研究中，屠宰场检验的 1 000 多只母山羊中，2.4%患有卵巢囊肿[10]。农场主常根据发情周期短或性躁狂进行诊断[9]，因此囊性卵巢疾病可能被过度诊断。大于 12 mm 的格拉夫卵泡可能被认为是囊性的，但就其标准尺寸的研究文献很少[9]。绵羊的正常卵泡直径（15～19 mm）比在山羊中报道的要大[6]。使用一些超排卵药物（eCG）及缺磷、饲喂雌激素化合物可能与囊性卵巢的形成有关。用 hCG（750～1 000 IU）或促性腺激素（50～100 μg）进行治疗可能有效[9]。那些囊性卵巢的反复发育的山羊可以用 hCG 或 GnRH 治疗，观察发情迹象、配种，然后在配种 24 h 后用 hCG 或 GnRH 重复处理。

卵巢肿瘤

绵羊和山羊的卵巢肿瘤很少被报道[6,11,12]。颗粒细胞瘤是最常见的卵巢肿瘤类型，发生在雌性绵羊和山羊。患有这些肿瘤的动物可能表现为慕雄狂、雄性化和泌乳异常综合征。无论是经直肠或经腹的卵巢超声检查，通常显示一个固体或囊性的肿大的卵巢。对应侧的子宫无结构、缺黄体。

初步诊断可以基于睾酮或雌二醇浓度升高、诊断经超声发现和临床症状。治疗方法是卵巢切除。根据经验，颗粒细胞肿瘤的睾酮和雌二醇浓度可能升高[11]。

卵巢切除术

在小反刍动物中，卵巢切除并不是一种常见的手术。在绵羊和山羊中，治疗卵巢肿瘤或其他卵巢疾病通过卵巢切除不是最好的选择。为使宠物山羊不孕，医生可能会被要求进行卵巢切除。患有慢性乳腺炎或泌乳异常综合征的山羊应考虑卵巢切除术，防止意外怀孕和需要人工喂养羔羊（见第 9 章和第 15 章）。

母羊的卵巢通常大约 1.5 cm 长，形状像杏仁。子宫角呈相对较小的螺旋状[14,15]。这种解剖学上的结构使得将卵巢外化以便结扎和切除有些困难。

卵巢切除术可以通过侧面切口或中线切口进行。中线切口途径可能使双侧卵巢切除更容易，而不是从侧边切口将对面卵巢推入手术区域。无论采用哪种手术途径，切口都应尽可能地位于尾部，以便手术时暴露和结扎。手术可以只使用局部麻醉；然而，深度的镇静甚至全身麻醉都是更有益处的，因为卵巢蒂处用于结扎卵巢时的张力会导致母羊内脏不适，局部皮肤和体壁麻醉并不能缓解这种不适。可以通过触诊盆腔中的子宫颈来定位卵巢，并沿着子宫角找到它们。触诊定位卵巢后，轻柔持续牵拉卵巢，使其在切口处可见。一旦发现卵巢，应在血管蒂上放置止血钳，以便在横切和切除前进行双结扎。横断后应观察断端，以确定对出血的控制。双侧卵巢切除术以同样的方式切除剩余的卵巢。体壁切口按常规方式缝合。

或者，临床医生可以选择腹腔镜技术进行卵巢切除。腹腔镜手术最好使母羊处于仰卧位，后躯抬高，将腹部脏器前移，位于盆腔外（后倾位）。腔镜入口位于脐附近，器械入口位于腔镜入口的后外侧，从脐后方到肷部褶皱的直线上。这项技术的优点是可以更好地展示暴露卵巢；缺点是动物应该被空腹 36～48 h，尽可能多地清空腹部内脏，以便更好地操作和可视化。卵巢的体外结扎和暴露也比较困难，因此需要进行体外结扎或烧灼。该手术需要更多的时间和使用腹腔镜的专业知识，可能最终会超过传统剖腹手术的优点。

其他问题

与牛相比，绵羊和山羊很少见异性双生不育，因为绵羊和山羊都适应多胎生育。

参考文献

[1] Kampen KR, Ellis LC: Prolonged gestation in ewes

ingesting *Veratrum californicum*: morphological changes and steroid biosynthesis in the endocrine organs of cyclopic lambs, *J Endocrinol* 52: 549, 1972.

[2] James LF: Teratological research at the USDA-ARS poisonous plant research laboratory, *J Nat Toxins* 8: 63, 1999.

[3] James LF: Effect of locoweed feeding on fetal lamb development, *Can J Comp Med* 40:380, 1976.

[4] Putman MR: Toxicologic problems in livestock affecting reproduction, *Vet Clin North Am Food Anim Pract* 5:325, 1989.

[5] Porter JK, Thompson FN: Effects of fescue toxicosis on reproduction in livestock, *J Anim Sci* 70: 1594, 1992.

[6] Roberts SJ: *Veterinary obstetrics and genital diseases (theriogenology)*, North Pomfret, Vt, 1986, David & Charles.

[7] Adams NR: Organizational and activational effects of phytoestrogens on the reproductive tract of the ewe, *Proc Soc Exp Biol Med* 208:87, 1995.

[8] Smith MC, Sherman DM: Reproductive system. In Smith MC, Sherman DM, editors: *Goat medicine*, Ames, Iowa, 2009, Wiley-Blackwell.

[9] Braun W: Noninfectious infertility in the doe. In Youngquist RS, Threlfall WR, editors: *Current therapy in large animal theriogenology*, ed 2, Philadelphia, 2007, WB Saunders.

[10] Lyngset O: Studies on reproduction in the goat. V. Pathological conditions and malformations of the genital tract of the goat, *Acta Vet Scand* 9: 364, 1968.

[11] DeWalque J: Tumeur ovarienne et masculinization chez une chamoisee de Alpas, *Ann Med Vet* 322, 1963.

[12] Lofstedt RM, Williams R: Granulosa cell tumor in a goat, *J Am Vet Med Assoc* 189:206, 1986.

[13] Sisson S: Ruminant urogenital system. In Getty R, editor: *Sisson and Grossman's The anatomy of the domestic animals*, ed 5, Philadelphia, 1975, WB Saunders.

[14] Riddell MG: Ovariectomy. In Wolfe DF, Moll HD, editors: *Large animal urogenital surgery*, Baltimore, 1999, Williams & Wilkins.

[15] Heath AM, Pugh DG, Edens MS: Urogenital surgery in goats. In Youngquist RS, Threlfall WR, editors: *Current therapy in large animal theriogenology*, ed 2, Philadelphia, 2007, WB Saunders.

流产和围产期死亡

流产是指在怀孕期间的任何时候，胎儿或孕体的消失，但最常见的胎儿消失是在孕期最后 2 个月时发现的。围产期死亡可能与导致流产的疾病或环境有关，但也可能由环境或孕羊因素引起。胚胎丢失往往是由于无法维持孕酮水平，这可能是非传染性或传染性的病因导致的[1,2]。绵羊在胚胎发育的中晚期不依赖黄体，而山羊对黄体的依赖时间较长[1]。胚胎或早期胎儿流产的临床症状可能包括重新发情、安静流产或观察到带血的阴道分泌物[3]。与其他农场动物相比，绵羊和山羊流产的发生率更高[2]。在这两个物种中 5％的流产率很常见；流产率低于 5％认为是较好的，低于 2％的流产率则被认为是优秀的[3,5]。大多数流产是偶发性的，而不是群发性的，是由一些典型的流产性疾病以及母体热原性传染病、中毒或破坏性的代谢性疾病引起的。“流产风暴”导致 20％或更多的怀孕母羊的流产，也可能与新生儿调和有关[3]。

流行病学调查可能是从业者最强有力的诊断工具。所收集的资料应包括受影响牧群的百分比、流产时的胎龄、受影响母羊的年龄、最近引进的母羊和接种疫苗的资料、驱虫药物的使用和营养历史。应注意不要将传染性物质或带菌物散布于衣服、靴子或皮肤上。将新引进的或初生的母羊等处于危险的动物，与具有免疫力的老年怀孕母羊分开饲养，会有助于避免流产。使用喂食器可能会避免接触地面上排出的病原体[6]。通过血清学检查、临床诊断或尸检可快速鉴别传染源，并应尽早排除。

临床检查流产的母羊和羊群可能获得有关全身疾病或营养状况的信息。应首先检查未受感染的母羊[3]。由母羊致流产病原菌产生的临床症状可能是轻微的，如弯曲杆菌病引起的腹泻；也可能是严重的，如李斯特菌脑炎。

可以在其他临床正常母羊身上检测到阴道分泌物的证据[7]。对于评估子宫内胎儿的生存能力，以及胎盘水肿和羊水的特征，超声成像是一个很好的方法。血清学检测的阳性结果并不能被认为是大多数病原体的确诊结果，然而比较一组中多个动物的数据，评估过去几年的结果，以及测定急性和恢复期滴度等可以指导进一步的诊断研究[3]。

可以对胎儿的血液进行血清学研究。胎羊在妊娠中期开始产生抗体，抗体的产生随着胎龄的增加而增加[8]。

绵羊和山羊有相似的胎儿发育时间[9]。判断胎龄的准则包括腹壁闭合(均为5～6周)、母羊生殖器结节和阴茎鞘的可见性(均为6周)、前囟的识别(均为7～8周)、眼睑毛(山羊:10～11周;绵羊:11～12周)、颈背毛(山羊:13～14周;绵羊:14～15周)、颅骨硬化(山羊:13～14周;羊:15～16周)、眼睑分离(均为14～15周)，除了四肢外的羊毛发稀疏覆盖(均为16～17周)，羊毛密集覆盖或头发长出和主要牙齿萌芽(均为17～20周)，以及1～3个门牙出生时长出(均为21～22周)[9](图8-23)。冠尾长度和重量在个体胎儿和品种之间有所不同，但这些数据可能对比较同期羔羊和粗略估计胎龄有所帮助[8,9]。

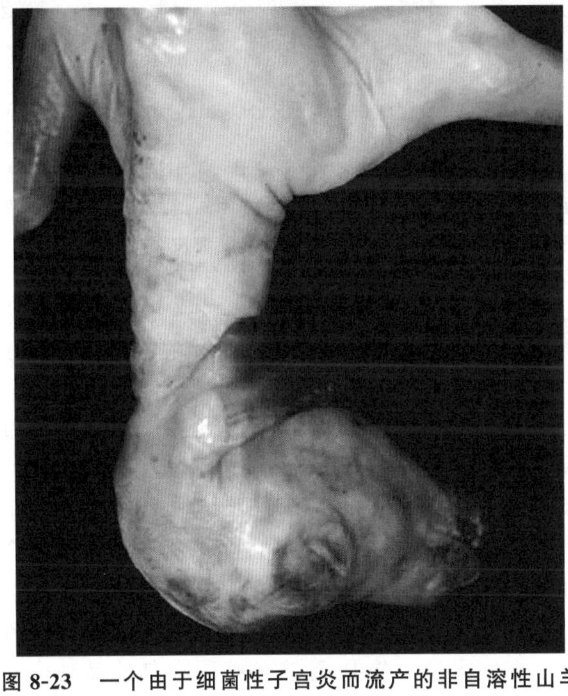

图8-23 一个由于细菌性子宫炎而流产的非自溶性山羊胎儿，有眼睑毛、颈背毛和硬化的颅骨等，但眼睑是不可分离的。这些特征表明胎龄为15周。

好的诊断实验室的最终诊断率在40%～60%，因此常常需要多次提交[10,11]。不能通过尸检结果作出诊断的原因包括:(1)难以量化某些临床现象，如应激性诱发的前列腺素水平或皮质类固醇激素激增;(2)引起发热、内毒素释放的母体感染;(3)子宫自溶和木乃伊化限制了组织的诊断价值;(4)接触未知毒素或者未记载的有毒植物;(5)由不能在常规培养中生长的生物引起的败血症;(6)未能认识到导致胎儿无法存活的营养问题;(7)未提交正确的样品;(8)现有诊断检测的局限性;(9)诊断医师、病理学家缺乏诊断经验或者时间限制等。如果可以提交，胎盘通常包含最多的诊断信息。像伯纳特氏立克次体(Q热的病原体)这样的微生物会引起严重的胎盘炎，但对胎儿的损害很小。患有慢性胎盘功能不全的胎儿可能出现消瘦。胎儿木乃伊化在绵羊或山羊中并不常见。然而，当患有弓形虫病、衣原体感染、边界病和伯纳特氏立克次氏体感染应该是最主要的潜在诱发病因[10](图8-24，另见彩插)。皮肤损伤往往被忽视，可能与某些类型的细菌或霉菌性流产有关[10,13](图8-25A和B)。从尸检观察中可以发现，可产生致病性致畸缺陷或发育异常的病原体，如布尼亚病毒和特定的有毒植物。非感染性心脏缺陷、腭裂、胃肠道闭锁、神经系统缺陷、神经管缺陷和其他随机的先天性异常可能导致偶发性流产或产后死亡(图8-26，另见彩插)。引起胎儿心功能不全的病因性疾病可导致羊水过多[14,15](图8-27和图8-28，另见彩插)。许多导致绵羊和山羊的流产病原微生物能够导致人类疾病，如本章结尾所述。

图8-24 具有明显的弓形虫感染特征的妊娠晚期胎儿及胎盘。子叶坏死，可见白色小病灶。胎儿木乃伊(来源:Dr. John F. Edwards, College Station, Texas)。

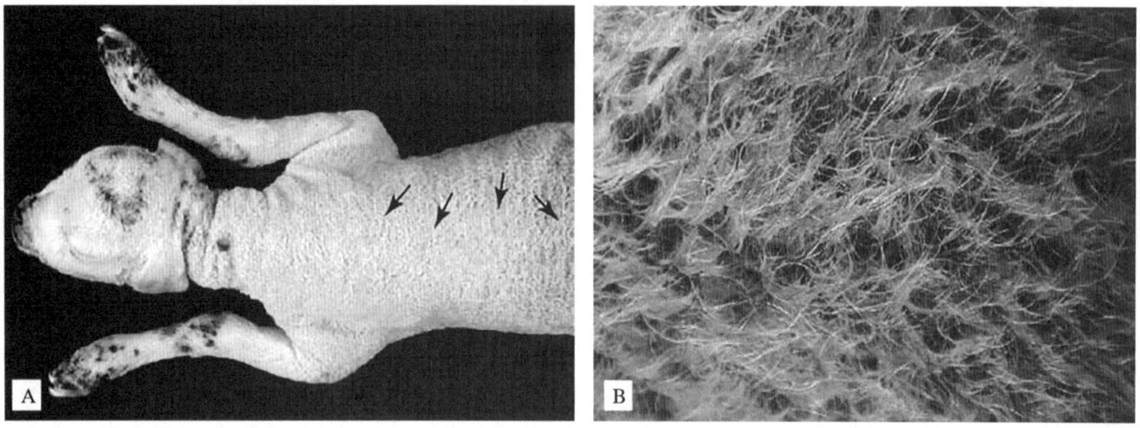

图 8-25 A. 坏死梭菌病。B. 由坏死梭菌引起的合并多灶性化脓性皮炎的绵羊胎儿(来源:Professor Jørgen S Agerholm, University of Copenhagen)。

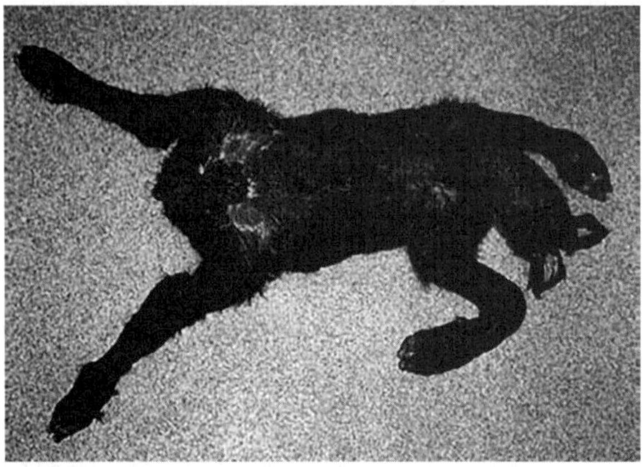

图 8-26 羊的神经管缺陷,导致无脑畸形,缺少大脑和颅骨的主要部分(来源:Dr. Jim Cooley, Starkville, Mississippi)。

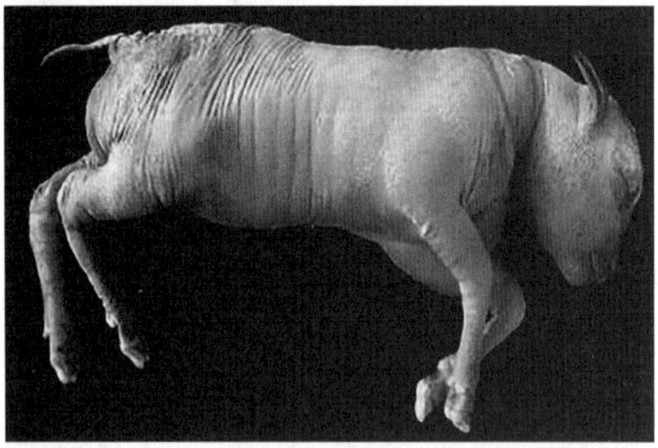

图 8-27 妊娠 91～120 d、因母羊摄入有毒植物多高山青木香而流产的胎儿,导致心肌纤维化、心功能不全和全身水肿(来源:Dr. Gabriela Riet Correa Rivero, Castanhal, Pará, Brazil)。

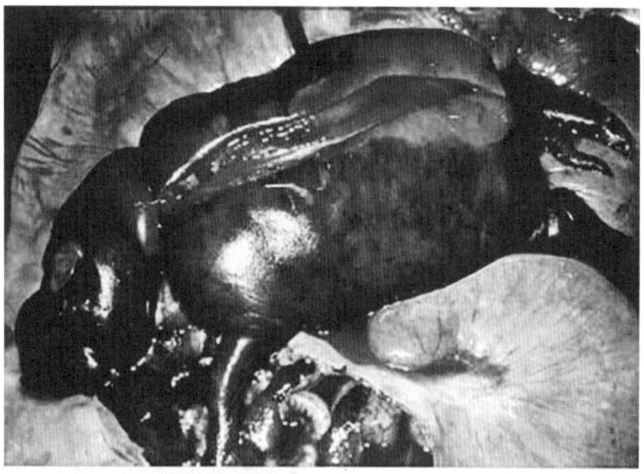

图 8-28 羊膜积水和胎儿水肿导致该绵羊胎儿流产。背部皮肤已被切除,以显示严重的弥漫性皮下水肿。

流产的非传染性原因

流产的非传染性原因,如染色体重排(罗伯逊易位)、绵羊-山羊杂交的后代、应激、营养不良、药物反应和有毒植物摄入等都可导致流产[6]。由于山羊依赖黄体(CL)来维持妊娠,应激可能导致山羊流产的比例高于绵羊。捕食者的袭击、恶劣的天气和剪毛都可能在山羊中触发黄体的早期消退,导致流产。在安哥拉山羊中,流产的病因在其他品种中并不常见。年轻的安哥拉山羊确实容易出现应激导致的流产[16]。一些年龄较大的安哥拉山羊,通常比群体平均体重更重,有非常细的马海毛,可能在妊娠 100 d 左右由于肾上腺功能障碍而出现习惯性流产[6,16]。这种习惯性的家族性流产通常发生在山羊 4～5 岁时,需要进行淘汰[6]。热应激还可能导致早期胚胎丢失、流产、死产或虚弱胎儿的出生[17]。

与营养相关的流产

能量和蛋白质缺乏可导致胚胎流产、胎儿生长下降、胎盘生长抑制、胎儿木乃伊化和虚弱羔羊的出生。由于营养不足导致的胎儿流产通常发生在妊娠90～120 d[16]。已证明通过提供豆科树叶来增加草食山羊的蛋白质供给可以减少流产[18]。缺乏一些矿物质和维生素，如碘、铜、镁、锰、维生素A和硒，可以导致流产或虚弱的羔羊出生[6,16]。日粮中高浓度的硫，特别是硫酸盐，可能导致硒和铜缺乏症[17]。

保持最佳的体况、确保摄入足够的蛋白质，并在日粮中在自由选择的基础上补充高质量的、完整的微量矿物质混合物，通常都足以起到预防流产的作用。超重山羊容易发展成脂肪肝和妊娠中毒。虽然在这种情况下，通常的结果是山羊会死亡，疾病晚期可能观察到流产[16]。

碘缺乏症

碘缺乏可能是世界上某些地区的一个普遍问题。受影响的羔羊在出生时甲状腺肿大，通常被称为甲状腺肿。在碘缺乏时，晚期流产胎儿会出现无毛，或新出生的羔羊会较虚弱（见第2章）。在缺碘地区补充碘与提高产羔率和降低羔羊死亡率有关。放牧在十字花科植物（如油菜、羽衣甘蓝、芜菁、亚麻仁）上的羊群和某些品种的羊（无角多赛特）更容易缺碘[19]。碘的供应应以0.10～0.80 mg/kg饲料干物质的比率供给。

铜缺乏症

缺铜会导致新生羔羊患上一种叫作地方性流行性晃腰病的疾病。羔羊出生时通常很正常，但几周内就会出现后肢麻痹或瘫痪。神经功能障碍是由脊髓白质营养不良脱髓鞘引起的。这种病变开始于妊娠期，诊断后不能补偿。因此，关注的焦点应该放在正在怀孕的母羊身上。侏儒山羊似乎是最容易受到影响的山羊品种。铜缺乏也会导致不孕问题。沙质土壤的地区或降雨量增加的年份，而绵羊和山羊的饲草主要来源于放牧草地时，其铜缺乏症患病率较高。母羊补充铜应谨慎，因为过量补充铜会引起中毒，也可导致流产和其他全身性疾病。以干物质为基础，应以5 mg/kg饲粮的比例给母羊补铜。通常在盐混合物中加入铜。这些盐混合物中应含有0.0625%～0.13%硫酸铜形式的铜（盐混合物中应含有0.25%～0.50%硫酸铜）。铜与钼、铜与硫之间存在重要的相互作用。饲料和水源中高浓度的钼（1～2 ppm）和硫（超过2 000 ppm）会降低铜的利用率[5]。与铁（400 ppm以上）、镉（3～7 ppm以上）、锌（100～400 ppm以上）等其他矿物质的相互作用也会对铜的吸收和代谢产生负面影响。

锰缺乏症

妊娠期缺锰可导致流产或出生羔羊虚弱、矮小、瘫痪或畸形[5]。和其他缺陷一样，一年四季自由选择添加一种适口性好的微量矿物质盐混合物通常是一种有效的预防措施（见第2章）。

维生素E和硒缺乏症

在瑞士，维生素E和硒缺乏被认为是母羊流产的一个原因[20]。

中毒性流产

重金属铅中毒

铅中毒可引起母羊的胎儿消瘦[17]。过量补充铜可能导致流产。过量的硒会导致流产或受孕失败。

灭鼠剂

用于控制大鼠的溴鼠隆（一种灭鼠剂）污染环境，导致绵羊流产。临床症状与裂谷热病毒感染相似[21]。

有毒植物

致畸性改变和胎儿发育的改变与几种植物有关，包括古蒂里齐亚属（野甘草）、丽白羽扁豆、毒参、普通烟草、野生烟草、加利福尼亚藜芦（臭白菜）、黄芪（疯草）、香豌豆属、四翅槐和双色高粱（苏丹草）等[22]。必须将这些植物引起的中毒与布尼亚病毒感染引起的畸形相鉴别[6]。黄芪（一种疯草）也可能导致山羊的早期胎儿死亡[14]。索菲娅草和其他致甲状腺肿大的植物可能导致羊毛减少、出生体重增加和胎儿甲状腺增生[19]。在巴西也有报道称，灰斑蝶能导致绵羊流产、死产和围产期死亡[23]。同样来自巴西的报道称，高山青木香会导致羊的胎儿死亡，并伴有水肿，围产期之前的胎儿死亡还伴有神经功能缺陷[15]。在豆科植物中发现的植物雌激素可能会降低排卵率，并与胚胎死亡率的增加有关[16]。

积累硝酸盐的饲料，如甜三叶草、约翰逊草、高粱、羊角草、金缕梅、向日葵、猪草和燕麦干草，可因硝酸盐-亚硝酸盐毒性而导致流产[16]。从过度施肥的牧场获得的干草也可能浓缩了有毒的硝酸盐。如果怀疑有硝酸盐-亚硝酸盐毒性，用其他饲料稀释受影响的饲料是一种有效的管理方法。将可疑的饲料在地面以上 30 cm 处收割，并避免饲喂干旱作物，将有助于将饲料中的硝酸盐浓度降低到小于 1 000 ppm 的硝酸盐形式的氮，或低于 0.44%的硝酸盐。应避免较高浓度硝酸盐或将其与其他饲料混合。含有 3 500 ppm 或 1.76%以上硝酸盐氮的饲料不应喂给怀孕的动物[24]。胎儿眼液中硝酸盐和亚硝酸盐水平的升高可用于尸检中确认硝酸盐诱导的流产[25]。

药物引起的流产

各种药物已被证明是造成流产的原因之一，或至少它们的使用与流产发生率的增加有关。药物也可能因导致流产而受到不公平的指责；在给药过程中粗暴地操作也可能导致流产[16]。据报道，妊娠最后几个月服用的硫化二苯胺和左旋咪唑可导致流产[6,26]。在妊娠早期使用苯并咪唑类抗生素如新托宾、阿苯达唑、帕苯达唑、康苯达唑等驱虫药与胎儿畸形有关[6,27,28]。应用青蒿素甲醚治疗肝吸虫感染 7 d 后，27 只混种乳用羊中有 2 只流产。使用其他除虫剂后流产的报告(伊维菌素、芬苯达唑)大部分未经证实。在怀孕的前半段服用甲苯噻嗪和大剂量乙酰丙嗪可能会导致流产，因为它们对子宫收缩和胎盘灌注有不良影响[16]。妊娠晚期使用类固醇皮质激素和妊娠期大部分时间使用雌激素以及前列腺素都可能导致流产[16]。

流产的传染性原因

在北美，绵羊和山羊流产以及胎盘炎最常见的病原微生物是弯曲杆菌胎儿亚群、空肠弯曲杆菌、流产衣原体、伯纳特氏立克次体和刚地弓形虫[3,6,10,11,30,31]。虽然绵羊和山羊通常对许多病原体具有相同的易感性，但人们已经认识到受地区、品种和病原体种类的影响也存在例外情况。例如，弯曲杆菌病在某些地区的绵羊中更为常见，而疱疹病毒感染是一种山羊疾病[17,32]。对特定病原体感染的最终诊断取决于收集适当的样品、对可用的测试方法的了解以及向合格的实验室提交适当准备的材料。大多数绵羊和山羊的传染性流产主要是由细菌引起的。

细菌性流产

流产嗜性衣原体(衣原体病、地方性流产)

流产嗜性衣原体是一种革兰阴性的细胞内细菌和人畜共患病病原体，自 1950 年以来被认为是引起动物流产的原因之一。流产嗜性衣原体以前被认为是鹦鹉衣原体、免疫型 1[7,33]。衣原体病一词可能仍然有关，因为衣原体是衣原体目、衣原体科的一个细菌属[34]。在北美和英国，流产嗜性衣原体是绵羊和山羊传染性流产最常见的原因之一，但在未怀孕和多胎绵羊和山羊中也会引起持续性的亚临床感染[10,30,35-37]。当这种病原体被引入到未感染过该病的羊群中，25%～60%的绵羊或山羊可能会流产[35]。在该疾病流行的羊群中，流产率往往下降到 1%～15%，流产主要发生在加入群体的或初生母羊中[3,38]。绵羊和山羊身上发现的一种与肠道相关的细菌——家畜衣原体(以前称为鹦鹉衣原体、免疫型 2)，与流产无关，但可能导致多发性关节炎和角膜结膜炎[3,17,36,39,40]。家畜衣原体可能在诊断流产嗜性衣原体的血清学检查中产生交叉反应，导致假阳性，但不发生交叉保护[7,41]。同时感染流产嗜性衣原体和伯纳特氏立克次体被反复报道[42]。最近，利用种特异性实时 PCR 技术，在山羊粪便样本中偶然发现了与鸟类相关的鹦鹉衣原体，这是导致人类鹦鹉热的原因[43]。

瑞士的研究人员报道了由人畜共患病病原体棘阿米巴副衣原体(*Parachlamydia acanthamoebae*)引起的胎盘炎[44]。伞形衣原体科属于衣原体亚目，衣原体亚目还包括衣原体科、西门坎氏菌(Simkaniaceae)和石德菌科[34]。副衣原体引起的坏死性胎盘炎的微观特征与流产嗜性衣原体感染相似[44]。

1.传播和发病机理

流产嗜性衣原体被报道的最有效的传播途径是通过口鼻接触流产组织、阴道分泌物或受污染的新生儿[1,37,45]。由流产嗜性衣原体所产生的初生体，能抵抗很多物理或化学因素，可以在细胞外长期暴露下存活[46]。鸽子和麻雀可能是这种生物的储藏库，蜱虫或昆虫可能在这种疾病的传播中起作用[47,48]。环境和野生动物源性感染的发生率尚不清楚。进入扁桃体后，胞内菌潜伏在未知的细胞群中[37]。

致病机制的免疫学机理尚不完全清楚，但疾病的进展是非常一致的[45]。妊娠 70 d 皮下接种试验后,85 d子叶滋养层可检测到流产菌,但直到115 d左右才开始快速增殖[45]。这一发现与自然发生病例的临床观察相一致。在妊娠第115天左右,由于滋养层内胞内菌的大量繁殖导致子叶坏死,阻止营养物质在胎盘内的正常转移,导致胎儿死亡[6]。流产的母羊在流产后约3周内会在子宫和脱落的胎盘释放大量的病菌。有衣原体初次流产的母羊可能会有正常的妊娠,但会在阴道分泌物中继续少量排菌[49]。虽然已从实验感染的公羊精液中分离出衣原体长达29 d,但这并不是主要的传播方式[47,48]。山羊因同时感染流产衣原体和伯纳特氏立克次体而流产的病例也有报道[50]。

2.临床症状与病理

当衣原体流产是一个农场特有的疾病时,这种微生物引起的流产通常仅限于初产母羊[6]。在初次感染时出现短暂的发烧和全身不适后,持续感染的母羊可能直到流产时才出现临床症状[17,30,51,52]。母羊在流产前2～3 d出现轻微的、短暂的肺炎和肝炎,出现厌食和发热,并有带血的阴道分泌物[53]。胎儿通常是在新鲜的状态下出生的,但可以在子宫内保留1～2 d,在这种情况下,胎儿会自动溶解。一些虚弱的新生羔羊可能存活下来,一些母羊可能出现胎衣滞留[30,35]。在大量流产期间,年轻的母羊偶尔可能会出现肺炎。检查胎盘将发现从局部到普遍的增厚、呈褐色的分泌物,子叶间隙不透明性,子叶绒毛膜表面白灰色病灶(图8-29A,另见彩插)[6,30,35]。病变的严重程度在不同动物之间和同一胎盘的不同胎盘小体之间有所不同,在显微镜下可以观察到胎盘血管出现坏死性血管炎[10,53]。山羊胎儿可能偶尔在肝脏上出现白色斑点,在大批标本中可辨认,但在组织病理学检查中,大多数胎儿被发现患有肝炎、脾脏炎、支气管肺炎或脑炎等多种病变[10]。

3.诊断

用子叶或子宫分泌物制作的滋养细胞印模涂片上显示胞内衣原体,可立即诊断。使用吉姆尼茨(Gimenez)染色或改良的齐-尼二氏特殊染色法将改善细胞学检测效果[3]。利用荧光抗体技术可以检测子叶的印模涂片[10]。对新鲜胎盘、胃内容物或胎儿组织进行阳性培养或PCR分析可做出最终诊断[45,54]。PCR检测阴道拭子具有较高的特异性和敏感性。因为衣原体流产通常只影响胎盘,组织病理学检查、培养和胎儿组织的PCR分析可能没有任何意义[45]。用特殊的染色剂(马基雅维洛、吉姆萨、Gimenez染色或改良的齐-尼二氏法)检查胎盘应该具有诊断性意义[6,10]。如果没有新鲜组织,用福尔马林固定石蜡包埋胎盘进行免疫组化学分析或PCR检测也是一种灵敏度较低的替代方法[56,57]。在福尔马林中保存时间越长,PCR检测的灵敏度越低[58]。

由流产衣原体导致母羊流产后,母羊体内的抗流产衣原体的抗体有明显增加[59]。流产母羊的配对血清样本,间隔2～3周,或胎儿血清中的抗体等可以帮助诊断[30,33,40]。补体结合试验和各种ELISA方法是评估血清中流产衣原体抗体的有效工具,但由于与家畜衣原体(*C. pecorum*)抗原有交叉反应,可能会提供假阴性结果。最近开发的针对外膜蛋白片段的ELISA试剂更敏感,且与家畜衣原体(*C. pecorum*)没有交叉反应[60]。

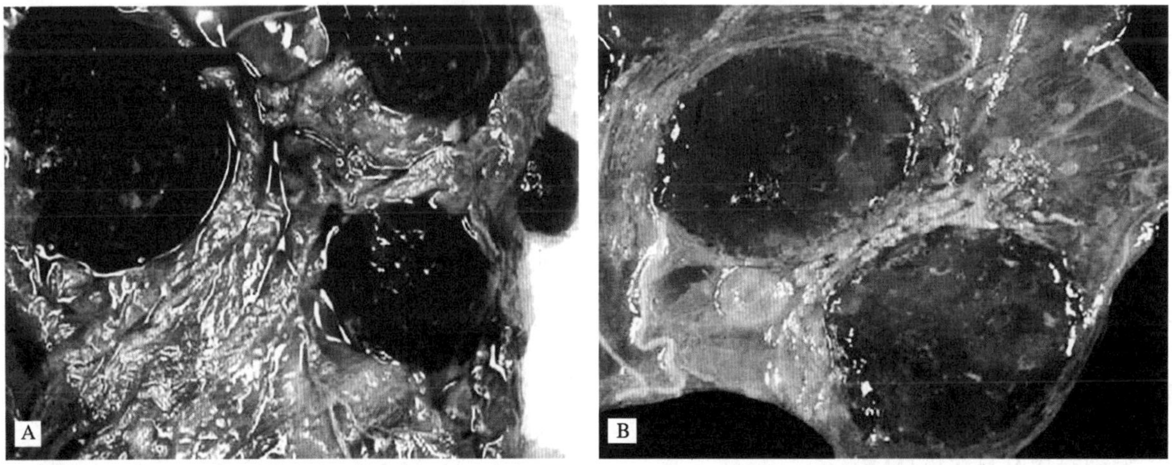

图8-29 两种不同标本的坏死性胎盘炎,外观极为相似,是由两种不同的细胞内细菌引起的,分别为:A.流产性衣原体;B.伯纳特氏立克次氏体。病理变化包括子叶上的针尖状白色病灶和子叶间增厚、不透明的区域(图A致谢Dr. Patricia Blanchard, Tulare, California;图B致谢Dr. Robert Moeller, Tulare, California)。

4. 治疗

在妊娠最后4～6周期间，对羊群中的所有母羊使用四环素，已证明了能够控制毛用和绒用羊的衣原体流产暴发[30,35,40]。用混合四环素（每只400～500 mg/d）的饲料饲喂2周可预防该病[6,61]。在奶山羊群中，每10～14 d注射长效土霉素（20 mg/kg，皮下注射）来治疗个体不泌乳是一种惯例[6]。一个有效的方案可能是在分娩前6～8周注射长效土霉素，然后在分娩后3周再次注射[47]。如果可能的话，有一个偏好是在饲料或能量蛋白质补充料中加入四环素。无论采用何种给药途径，用抗生素抑制微生物可能会防止胎盘进一步损伤和减少流产衣原体的散播。用泰乐菌素（20 mg/kg，肌肉注射，每日1～2次）处理也可能有效。流产病毒感染对利福霉素和氯霉素也有反应，但在包括美国在内的一些国家，这些药物的使用受到限制[6]。

5. 预防

淘汰那些之前因衣原体感染而流产的母羊应被视为一项控制措施[49]。应避免从当地的种羊群中获得后备母羊使其进入原始种群。从地方性农场到无病受体的胚胎移植被认为是一种保持农场无病状态或降低农场或农场间传播疾病的方法[6]。

地方性流产是非常严重的经济问题，在一些国家，已经实施强制性的疫苗接种计划[62]。羊的灭活疫苗在某些地区是可用的，而活疫苗在欧洲也是可用的[46]。这些疫苗可能用于山羊，但会产生局部和全身性反应（明显的疼痛和僵硬）[31,63]。在美国，疫苗通常只能与弯曲杆菌或弯曲杆菌加大肠杆菌结合使用。有证据表明，如果在怀孕的第一个月接种这三种疫苗，可能会导致胎儿流产。如果使用该疫苗，应在配种前8周肌肉注射或皮下注射，4周后加强免疫[63]。尽管在绵羊的试验表明，防止流产的保护措施可以持续大约3年，但建议每年重新接种疫苗[64]。接种疫苗有助于预防流产，但可能不能消除感染，因此不应被视为100%有效[6]。

流产的母羊应从羊群中移出，未提交诊断的胎儿和胎盘应焚烧或深埋。生产者应注意防止饲料和水被污染。补充饲料不应直接在地面上饲喂，饲槽的设计应能防止动物爬进和污染饲料[6,62]。

伯纳特氏立克次体（Q热）

伯纳特氏立克次体是一种人畜共患的专性多形性细胞内立克次体微生物，其能在干燥条件下存活较长时间[3]。澳大利亚昆士兰州的屠宰场工人首次发现了被称为Q热病原的人类感染。伯纳特氏立克次体可导致绵羊和山羊流产，在世界大部分地区都有分布[6,17,30,65,66]。

1. 传播和发病机理

牛、绵羊、山羊、犬和鸟可作为伯纳特氏立克次体的携带者，病原通过胎盘、子宫液、初乳、乳汁、尿液、粪便，可能还有反刍动物的精液进行传播[1,6,66-68]。同时发生在同一农场的牛、羊和山羊的大量流产已被证实[42]。多种蜱是伯纳特氏立克次体的主要自然宿主，可能是导致疾病传播给家畜的原因[42,69]。一项研究表明，伯纳特氏立克次体相关流产在寒冷的月份（北半球）存在季节性分布[42]。伯纳特氏立克次体存在毒性较强的Ⅰ型和毒性较弱的Ⅱ型两种类型[6]。绵羊和山羊可能会在阴道分泌物中散播这种病菌长达4个月[68,70]。已证实绵羊可在粪便中散播这种病原体5个月，在乳中传播4个月[70]。在经历家畜流行病的农场，正常分娩山羊羔的血清学反应阴性的母山羊可能也会传播伯纳特氏立克次体[71]。当牛、绵羊和山羊等家畜共享牧场、水源、饲料和搬运设备时，牛被认为是感染源。接触流产物质、阴道分泌物、黏膜和性传播是传播的主要途径。伯纳特氏立克次体可悬浮在受污染的粉尘颗粒上，并通过吸入传播[71]。

2. 临床症状和病理

易感的妊娠母羊会患胎盘炎，而未怀孕的母羊通常不会出现感染的临床症状[3]。应激、过度拥挤和营养不良可能刺激临床症状的发生[6]。山羊可能在没有明显临床症状的情况下流产，也可能在流产前1～2 d出现厌食症和抑郁症。流产或死产通常发生在妊娠晚期，但也有可能发生在妊娠中期[10,30,66,72]。与衣原体流产不同，伯纳特氏立克次体可导致连续性流产[73]。

在总体检查时，胎盘子叶上可见坏死矿化的白色区域，也可累及子叶间区（图8-29B）。绒毛膜表面可被厚的渗出物覆盖（图8-30，另见彩插）。胎儿通常没有明显的损害[10]。

3. 诊断

诊断要基于胎盘上发现病变、血清学检测，以及胎盘中的病原分离或PCR检测[30,66,71]。仅提交胎儿很可能没有诊断结果[10,74]。用PCR检测伯纳特氏立克次体并不一定能用于流产的诊断，因为其他原因流产的动物可能会传播这种微生物[6]。虽然

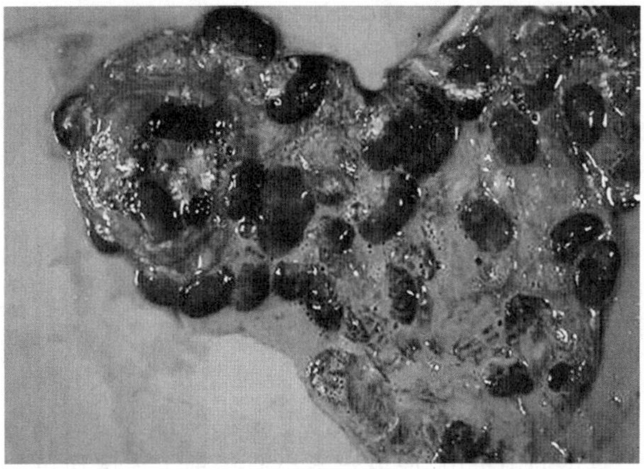

图 8-30 该样本是晚期山羊流产后，伯纳特氏立克次体感染导致胎盘炎，伴有子叶间增厚、混浊和渗出物（来源：Dr. J. A. Navarro, School of Veterinary Science, University of Murcia, Spain）。

分离伯纳特氏立克次体是诊断该病的理想方法，但由于该病原体具有传染性和人畜共患病的风险，这种方法通常不可行。如果怀疑是伯纳特氏立克次体，可以将新鲜组织冷冻，直到通过组织病理学分析排除该疾病[3]。荧光抗体检测可用于冷冻胎盘组织的鉴定。然而，由于人畜共患病的传播风险，一些诊断实验室不愿处理新鲜组织[72]。子叶或胎儿皱胃的组织学切片的 Gimenez 染色或沃尔巴克氏吉姆萨染色对观察病原是有用的[10]。石蜡包埋组织的 PCR 检测或免疫组化研究可提供一种无风险的诊断技术[57]。尽管已经进行了各种血清学检查，但不能仅仅根据这些检查的阳性结果来诊断伯纳特氏立克次体流产，因为不流产的感染是常见的[75]。两种商业上可用的 ELISA 被证明比补体结合试验更敏感，但有可能遗漏那些在尚未出现免疫球蛋白 G(IgG)反应的感染动物[76]。当使用间接免疫荧光法时，效价大于 1∶32 被认为是阳性[77]。急性和恢复期样品之间的滴度增加了 4 倍，表明最近发生了感染[72]。通过在胎盘组织中发现大量的特征性微生物并排除引起胎盘炎的其他原因（布鲁氏杆菌、弓形虫、弯曲杆菌和嗜衣原体），可以对伯纳特氏立克次体感染做出快速的假定诊断[31,64]。

4. 治疗

土霉素治疗并没有显著减少伯纳特氏立克次体的传播[70]。

5. 预防

一旦感染后，母羊可以无限期地携带该病原体，在分娩时将其排到体外或经乳汁传播。应考虑确定和移走作为永久储存库的动物[78]。生产者应及时焚烧或掩埋胎盘和流产胎儿[66]。用于医学研究的绵羊的预防是一个主要问题。目前可用的疫苗不能预防感染，但可能减少流产和病原体的排放[68,79,80]。清除牛、猫和啮齿动物可能有助于控制该病[31]。

弯曲杆菌（弯曲杆菌病、弧菌病）

空肠弯曲杆菌和胎儿弯曲杆菌（弧菌属）是人畜共患的、革兰阴性、微需氧杆菌，是世界各地绵羊流产的一个重要的原因[6,81,82]。美国农业部(USDA)对美国 87.4%的绵羊企业开展的抽样研究表明，弯曲杆菌是导致感染性流产的头号原因[82]。弯曲杆菌病很少被记录为山羊流产的原因[6]。空肠弯曲杆菌是导致更多零星流产的优势种，而胎儿弯曲杆菌的亚种更有可能导致了北美西部大群的母羊批量流产[7]。大多数胎儿弯曲杆菌分离株属于同一基因克隆[82]。胎儿弯曲杆菌的亚种间表现出血清型的变异，可能影响对疫苗接种或先天免疫的反应[72]。海鸥弯曲杆菌，一种与沿海栖息地鸟类有关的菌种，已被认为是导致加州绵羊流产的原因[83,84]。

1. 传播和发病机理

弯曲杆菌是一种共生细菌，存在于绵羊、犬和一些鸟类的肠道和胆囊[3]。这些微生物可以通过食肉鸟类，如鸦类和松鸦，在农场间传播。这些微生物可以从带菌绵羊的肠道和胆道黏膜排出，偶尔也可以从食用了流产胎儿的牧羊犬的肠道和胆道黏膜排出。感染是通过食用受感染的粪便、流产的胎儿、胎盘和母羊的阴道分泌物而发生的[3]。从无症状肠道感染发展到腹泻、菌血症和流产等，其抑制因素尚不清楚，可能与血清型有关[7]。潜伏期为8～60 d[7]。在接种肠道弯曲杆菌的绵羊试验中，接种后 7～12 d 发生流产[85]。受感染的母羊发生流产，并产生免疫力。然而，有些细菌会持续感染，并在粪便中排出。

2. 临床症状和病理

妊娠晚期流产、死产和产弱羔是常见的。流产通常没有症状，但可能有轻度腹泻和黏脓性阴道分泌物[86]。流产的胎儿和胎盘通常在很少或没有自溶的情况下被排到体外。胎儿留在子宫内，母羊可能会死亡[82]。胎盘常水肿，可表现为坏死，导致子叶斑驳、肿胀[6]。胎儿可能表现出一定程度的皮下水肿以及胸膜炎、肝炎和腹膜炎。流产羔羊肝脏的坏死区域有时看起来像“灰色靶标”。尽管大量流产可能会影响多达 70%～90%的群体,但通常地方性感染的流产率低于 20%[5]。

3. 诊断

弯曲杆菌流产的最终诊断是通过分离该细菌,需要接种于特殊的平皿和使用特殊的微量需氧培养技术[10]。胎儿肺、皱胃液、胎盘和阴道分泌物是首选的培养样品[10,87]。通过对新鲜的子叶涂片的直接显微镜检查(暗场或对比),可以对病原体进行推定鉴定[3,6,88]。血清学检查可在几个专业的实验室进行。无论何时分离出该病原体,培养和抗生素敏感性模式都有助于指导可能的羊群治疗。由胆型螺杆菌(*Helicobacter bilis*,之前称幽门螺杆菌 *Flexispira rappini*)引起的胎儿败血症可能与类似弯曲杆菌病的大体病变有关[89,90]。

4. 治疗

注射青霉素或链霉素或饲料中添加四环素(每只 300 mg/d)等抗生素疗法在疾病暴发时可能有用[40,86]。产羔前和产羔期在饲料中添加四环素(每只 200～300 mg/d)均可降低流产的发生率,山羊则在暴发期间,注射长效四环素(每 48 h 注射 20 mg/kg)也可降低流产的发生率。近年来,空肠弯曲杆菌的一个四环素耐药克隆已成为美国西部治疗羊流产的主要品种[82]。对于明显耐四环素的病例,可给予磺胺甲嘧啶(110 mg/kg,口服)或泰乐菌素(30 mg/kg,肌肉注射,每日 1 次)。

5. 预防

灭活的胎儿弯曲杆菌和空肠弯曲杆菌的二联疫苗可用于绵羊。该疫苗最初是在配种前接种的,在 2～3 个月内二次加强免疫[63]。建议每年在繁殖前或繁殖后不久重新接种疫苗。如果一种免疫大肠杆菌的疫苗与胎儿弯曲杆菌和空肠弯曲杆菌疫苗联合使用,应避免在妊娠早期接种,因为据传这种制剂与胎儿流产有关。在弯曲杆菌已被证实是流产原因的农场,具有菌株特异性的自产疫苗更有价值。由于可能存在经口腔途径的感染,建议保持卫生条件,避免饲料被粪便污染,隔离流产动物[86]。胎盘和流产的胎儿应焚烧或掩埋,并避免被饥饿的牧羊犬发现[6]。

布鲁氏菌病

布鲁氏菌是一种小的革兰阴性球杆菌,可引起流产、产弱羔、乳腺炎、附睾炎以及各种组织中局部病变的形成[91,92]。布鲁氏菌是一种人畜共患病病原体,在中东、印度、巴基斯坦、非洲、墨西哥和南美部分地区的山羊中广泛存在[5,30]。

布鲁氏菌是人类马耳他热的主要病原体[5,30]。布鲁氏菌引起的布氏杆菌病在北美的发病率在历史上是非常低的,但是最近在得克萨斯州和科罗拉多州的山羊中有零星暴发的报道[92]。虽然认为布鲁氏菌是山羊特异性的,也可能导致绵羊流产[3]。

绵羊附睾布鲁氏菌病是北美西部绵羊的地方病,与绵羊附睾炎有关,在罕见情况下可导致流产[1]。偶尔,布鲁氏菌病发生在与牛有密切接触的受感染的山羊中,或由于不小心接种了该菌活苗的山羊而导致的[91]。

1. 传播和发病机理

该菌可通过受污染的饲料或水、口腔分泌物、羊奶、尿液、粪便、精液、阴道分泌物或胎盘膜传播[3,5,91]。布鲁氏菌病的暴发常常与拥挤的设施有关[93]。病原体通过黏膜进入,并定位于乳腺、子宫、睾丸、脾脏或淋巴结[3,5,91]。在怀孕的动物中,定位于胎盘的布鲁氏菌会导致胎盘炎的发生并引发流产。山羊可能在阴道分泌物中排泄该菌长达 2～3 个月。如果母绵羊感染并流产,它们通常在 2～4 周内清除该菌[3]。未流产的受感染母羊可能生下受感染的羔羊,这些羔羊可能会排出这种病菌[5,6,61]。

2. 临床症状和病理学

患有布鲁氏菌病的绵羊和山羊常常在妊娠的最后 3 个月流产[91,93]。在最初发病的农场流产大幅增加之后,出现了一段时间的抗性,在此期间流产罕见发生。另外,流产在山羊中似乎比在绵羊中更成问题。在山羊上可能发生一种全身性疾病,伴随发烧、抑郁、体重减轻、腹泻、乳腺炎、跛行、湿热和睾丸炎,而这些疾病很少在绵羊中出现[5,91]。受感染的母绵羊很少发病。在山羊中发现了轻度的胎盘损害,如布鲁氏菌感染,而绵羊中发现的布鲁氏菌感染则会导致明显的胎盘增厚和子叶坏死。

3. 诊断

诊断布鲁氏菌病为流产的原因通常是通过从流产的胎儿(皱胃内容物)、胎盘(子叶)或阴道分泌物中分离该菌。分离本菌依赖于专门的培养,通常使用增加的 CO_2 或较少使用的琼脂[94]。PCR 检测可用于奶和血液样本中布鲁氏菌的鉴定[95]。血清学检查本身可能导致错误的诊断。各种凝集、沉淀和补体结合试验可用于检测带菌动物[6]。乳环试验是对乳样进行的一种凝集试验[96]。石蜡包埋组织的PCR检测或免疫组化研究可提供一种无风险的诊断技术[57,97]。

4.治疗和预防

山羊或绵羊布鲁氏菌病没有有效的治疗方法。消灭布鲁氏菌是困难的，因为家畜种群可以从野生宿主动物重新感染[93,98]。在公共牧场放牧会增加动物患病的风险[99]。在感染率较低的国家，宰杀整群羊通常是可选择的控制措施[5,6,93]。在其他情况下，一种检测和屠宰程序可能更合适。根据明显的附睾炎症状和血清学检查对公羊进行淘汰，并为正常或未受感染的小羊接种疫苗，可能有助于控制该病[3]。在许多流行山羊布鲁氏菌病的国家，这种疾病是由密集的疫苗接种计划控制的。美国不允许给山羊接种疫苗。偶尔用于绵羊（羊属布鲁氏菌）的灭活疫苗似乎效果不佳。在允许的情况下，可在3～8月龄的羔羊皮下注射一株活的布鲁氏菌减毒疫苗[6,93]。该疫苗可导致山羊流产，因此应避免在怀孕的动物或在繁育后1个月内接种。布鲁氏菌单次免疫被认为是终生免疫[6]。所有的新进动物在放养前都应进行血清学检查。公羊应该在繁殖季节开始前每年进行一次检测[5]。除用于诊断目的的样品，其余胎盘和流产胎儿应焚烧或掩埋。

李斯特菌病

单核细胞增生李斯特菌和伊氏李斯特菌是人畜共患的、革兰阳性、不耐酸兼性微需氧性细菌，可在山羊和绵羊中引起脑膜炎、流产和败血症。单核细胞增生李斯特菌导致脑炎、败血症和绵羊与山羊流产；而据报道，伊氏李斯特菌只导致绵羊流产[3]。

1.传播和发病机理

单核增生李斯特菌存在于土壤、水、植物凋落物、青贮饲料、反刍动物和人类的消化道中[6]。该菌可在土壤和粪便中存活较长时间，生长在发酵不良的青贮饲料中（pH高于5.5）[5,6,17,30]。从粪便排出的单核增生李斯特菌在冬季达到高峰[100]。食用受污染的青贮饲料导致了流产。在仅饲喂干草或在沼泽、高pH土壤上吃草的动物中也观察到流产现象[101]。试验中感染该菌的山羊在9～11 d后流产[6]。

2.临床症状和病理学

妊娠晚期感染可导致死产或新生羔羊虚弱，而非流产，并在此之前发生败血症[6,30]。败血症的症状包括发热、食欲下降和产奶量减少。绵羊可能发生子宫炎，流产的山羊偶尔也会发生。寄养给流产母羊的羔羊可能会通过母乳感染李斯特菌，随后会出现致命的败血症[6]。李斯特菌病的流产和脑病的临床表现通常不会同时发生在绵羊中，但可以在山羊群中看到[31]。子宫可能出现最小的子宫炎病变，或充满坏死的、深色的腐烂物质[102]。其他发现可能包括化脓性胎盘炎伴随坏死性血管炎（图8-31）。在慢性感染的动物中，子叶可能增厚，具有坚韧的质地[6]。在流产的胎儿中，可以在肝脏和其他器官中看到含有大量细菌的微小溃疡[3]。胎儿可能严重自溶或浸渍[3]（图8-32）。

图8-31　由单核细胞增生李斯特菌引起的坏死性胎盘炎，见于子叶的绒毛膜表面，这是中期山羊流产的标本。子叶间隙保持透明，影响最小（来源：Dr. Jim Cooley, Starkville, Mississippi）。

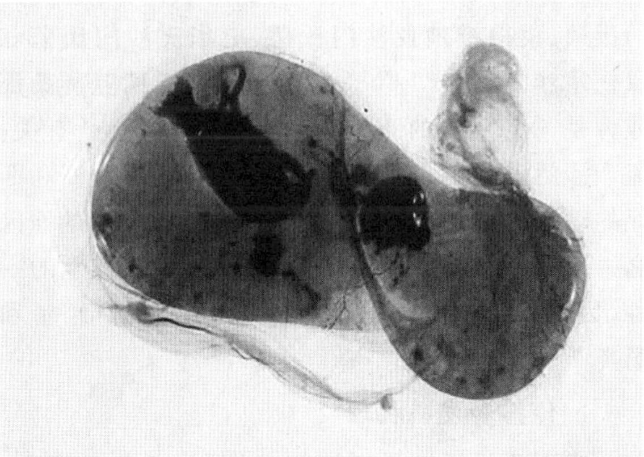

图8-32　单核细胞增生李斯特菌感染导致胎儿浸渍（来源：Dr. Jim Cooley, Starkville, Mississippi）。

3.诊断

从胎儿胃内容物、肝脏、胎盘或子宫分泌物中培养出该菌是具有诊断性意义的。不幸的是，胎儿自溶可能非常严重，甚至无法培养。在组织病理学检查中，使用银染色剂可鉴定该菌。石蜡包埋组织的 PCR 检测或免疫组化研究可提供一种无风险的诊断技术[57]。

4. 治疗

据报道，在谷物补充料中添加氯四环素（每只 300 mg/d）可以在李斯特菌病暴发期间阻止流产[101]。添加长效土霉素（每 48～72 h，20 mg/kg 体重）也有一定的价值。

5. 预防

不应饲喂质量低劣或变质的青贮饲料，禁止在李斯特菌病暴发或有这种病例的牧场上放牧。通过接种疫苗来激发细胞免疫的预防已被研究。据报道，对母羊在配种前接种两剂减毒活疫苗后，在攻毒试验中对怀孕母山羊有显著的保护作用[6]。

沙门氏菌病

沙门氏菌是人畜共患、革兰阴性细菌，可导致母羊流产、子宫炎和全身疾病。该属只有两种沙门氏菌：肠道沙门氏菌（*Salmonella enterica*）和邦戈尔沙门氏菌（*S. bongori*）。前者分为 6 个亚种，含有 2 500 多种血清型。绵羊和山羊最容易感染的致病种和亚种是肠道沙门氏菌、肠道亚种（*S. enterica* subsp. *enterica*）。因此，在接下来的讨论中，根据文献中所接受的沙门氏菌属和血清型名称，确定了该亚种的沙门氏菌血清型。与母山羊和母绵羊的系统性疾病和流产有关的包括：流产沙门氏菌、勃兰登堡沙门氏菌、印第安纳州沙门氏菌、都柏林沙门氏菌、蒙得维地亚沙门氏菌、史华氏沙门氏菌和鼠伤寒沙门氏菌[3,6,103,104]。肠道沙门氏菌亚利桑那亚种是一个独立的亚种，与小反刍动物流产有关。流产沙门氏菌在北美并不常见，主要影响欧洲和西亚的动物，在 1921 年首次被认为是绵羊流产的原因之一。在沙门氏菌中，流产沙门氏菌是较特别的一种，因为它更常与流产有关，而不是败血症和肠炎[105]。

1. 传播和发病机理

感染源包括被粪便污染的饲料、喂鸟的腐肉、牛、犬、猫、啮齿动物和一些野生动物[7]。在新西兰，一株绵羊流产株——勃兰登堡沙门氏菌被证明是由海鸥传播的[104]。而在西班牙，印第安纳沙门氏菌则被证实通过鸽子和斑鸠传播[103]。气候变化、运输、拥挤的条件、饲料不足、供水不足、不当使用抗生素以及其他因素和疾病等都可能会使母羊易受沙门氏菌感染而出现大量流产。感染的途径是经口传播。在感染流产沙门氏菌的母羊中，PCR 检测结果可能在流产后 3 个月呈阳性[106]。感染通常与应激条件有关，可能不会持续到下一个季节[7,81]。

2. 临床症状和病理学

多达 70% 的母羊会受到大量流产的影响。据观察，勃兰登堡沙门氏菌引起的流产最早发生在怀孕 80 d，但在怀孕 100～120 d 时达到高峰[104]。受感染的母羊可能会发热、抑郁和腹泻。子宫炎和胎盘滞留是常见的表现。母羊流产后死亡率很高。死亡的绵羊可能有一个变大、变暗的子宫与经历了快速自溶后的恶臭的胎儿内容物[12]。羊水中增殖的沙门氏菌可通过羊水吸入引起胎儿肺炎或败血症（图 8-33）。胎儿可能会变得腐烂、出现煮熟样的外观、皮下组织有瘀伤和严重水肿。胎盘的子叶可能是苍白和水肿的[104]。

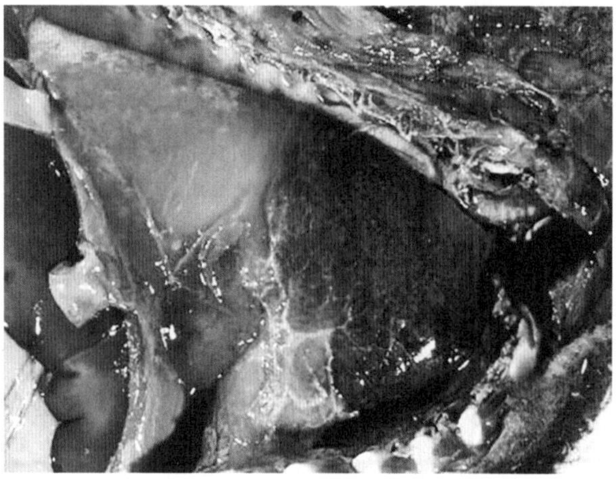

图 8-33　沙门氏菌感染引起的胎儿肺炎。肺很结实，充满了胸腔（来源：Dr. John F. Edwards, College Station, Texas）。

3. 诊断

可以通过将流产胎儿、胎儿皱胃内容物、胎盘或子宫分泌物接种在选择性肉汤上培养，然后分离沙门氏菌进行诊断。鉴定沙门氏菌和特定血清型需要进行生化鉴定，以及从培养物中经 PCR 产生的基因片段进行诊断。对粪便和阴道拭子进行 PCR 检测，已被证明是一种快速、灵敏的鉴别组织中特定物种和血清型的方法[106,107]。PCR 检测方法也可以检测与其他肠道细菌过度生长的样品中的流产沙门氏菌[106]。对石蜡包埋的流产沙门氏菌标本也可进行诊断性免疫组化研究和 PCR 检测[57]。可以在成年母羊和流产胎儿的血清中获得特定的凝集素。

4. 治疗

预防和控制措施包括根据抗生素敏感性使用

适当的抗生素治疗妊娠母羊。在流产沙门氏菌引发流产期间，每天肌肉注射一次恩诺沙星，持续3～5 d，可减少流产损失[103,105]。

5.预防

通过使用防鸟网保护饮用水，限制母羊与病媒生物的接触可能有一定作用[103]。当母羊受到完全的毒性流产沙门氏菌侵袭时，用灭活的流产沙门氏菌制成的疫苗免疫会有一定的作用[108]。在类似的研究中，用由勃兰登堡沙门菌分离制作的灭活疫苗，对母羊防勃兰登堡沙门氏菌感染的保护作用不明显[109]。注射两个剂量的自家疫苗，其次是一年一度的加强免疫，并保持清洁的环境可以帮助减少这种疾病[9]。

钩端螺旋体病

钩端螺旋体是一种人畜共患病病原，在世界范围内广泛分布，导致山羊和绵羊传染性流产的比例较低[10]。绵羊被认为对钩状螺旋体的感染有相对的抵抗力，可能是储存宿主，而山羊似乎更容易受到该菌的感染而导致流产[110-112]。绵羊和山羊的血清型包括：哈德焦型、波莫纳型、伯拉第斯拉瓦型、拜伦型、出血性黄疸型、感冒伤寒型、丹麦回归热型和沃尔夫型等[3,66,112,113]。在一项关于西班牙山羊流产的研究中，2.6%的流产是由钩状螺旋体感染引起的，其中波莫纳型是最常见的(75%)，其次是丹麦回归热型(12.5%)和黄疸出血型(12.5%)[39]。在巴西，哈德焦型最常见[113]。

1.传播与发病机理

暴露于受绵羊或山羊以外物种的尿液污染的环境中，似乎是感染的主要来源。很少有从受感染动物直接传播的情况被证实[114]。

2.临床症状和病理学

临床症状包括厌食症、发热、黄疸、血红蛋白尿、贫血、神经学表现、流产，有时母羊会死亡[6,112]。母羊可能发生松弛无乳症[3]。据报道，山羊在妊娠最后3个月流产，绵羊流产的情况较少[112]。成年动物的临床症状和大体病变可能与铜中毒相似[7]。

3.诊断

使用暗视野显微镜、荧光抗体技术、胎盘或胎儿组织和液体的PCR检测来确诊[6,112]。肾脏压片可用荧光抗体技术检测[10]。这种病原体很难从受污染的样品中分离出来，也很难在银染的组织学切片中找到。流产羊的胎儿可能具有较低的阳性滴度，但在血清阳性的羊中可诊断出钩端螺旋体之外导致流产的微生物[115]。从流产的母羊提取的单一阳性血清样品很可能没有任何价值，而需要配对血清滴度上升的证据来证明钩端螺旋体参与了特定的流产事件[6](见第20章)。

4.治疗和预防

在钩端螺旋体病高发地区，已提倡每年接种2～4次多价家畜疫苗。其他控制措施包括隔离不同种类动物、减少啮齿动物的数量、保持清洁饮水供应，以及妊娠中期至晚期在饲料中添加四环素(每只300～500 mg/d)等[6]。

柔膜菌纲：支原体病和脲支原体病

柔膜菌纲细菌的基因组是所有自由生存的生物体中最小的；这些生物体没有细胞壁，被包裹在一层外细胞膜内[116]。丝状支原体包含来自一个种的两个类群，该种已被确定为绵羊和山羊流产的原因[117]。丝状支原体山羊亚种是先前分类中 *M. mycoides* subsp. *mycoides* LC 和 *M. mycoides* subsp. *capri* 的统称[117,118]；丝状支原体山羊亚种感染可能发生在世界各地，但在加利福尼亚和匈牙利已被诊断为山羊流产的原因之一[10,119]。山羊支原体山羊亚种感染在美国偶有发生，已被报道为山羊坏死性胎盘炎和胎儿败血症的原因之一[120]。其他支原体，如无乳支原体和腐臭支原体，也被报道会导致山羊流产[6,10,120]。丝状支原体还可引起败血症，并可导致流产。细胞膜表面蛋白质的变化使支原体能够逃避宿主的免疫系统[116]。

从有不孕症和颗粒性外阴炎史的母羊中也分离出了脲支原体属的微生物[112]。在子宫内对绵羊进行试验时，细小脲支原体引起肺发育改变，这被认为是人类胎儿感染脲支原体的模型[122]。自然感染的脲支原体，作为围产期死亡和产弱羔的一个原因，没有被例行筛查，且很少被记录。

1.临床症状和病理学

流产并不是疫情暴发时的主要临床发现。流产发生在妊娠的最后3个月。流产的母羊通常会在乳汁、羊水和胎盘中排出病原体。

2.诊断

可从子叶、胎儿皱胃、肝脏和脾脏中分离病原体。诊断由支原体导致的流产是通过特殊培养和PCR检测来完成的。由于支原体通常难以培养，且在常规组织病理学检查中不可见，PCR技术正迅速成为诊断支原体病的首选方法。

3. 治疗和预防

给予四环素或泰乐菌素类药物可能是有益的，但随后确认并淘汰所有受感染动物是预防的最佳策略[123]。目前没有可用于绵羊和山羊的相关疫苗。

嗜吞噬细胞无浆体(蜱源热)

嗜吞噬细胞无浆体(原称嗜吞噬细胞埃里克体)是一种革兰阴性专性胞内细菌，寄生于绵羊和山羊的嗜中性细胞，也可能感染人类[124]。绵羊感染的临床症状包括高热、不适、嗜中性细胞减少和血小板减少[124]。嗜中性细胞减少可使受感染的绵羊易受其他病原体的感染[124]。蓖子硬蜱是蜱类中公认的媒介[124]。受感染绵羊的临床症状可能还包括流产和精子生成受损[124,125]。经显微镜检查，流产的绵羊胎儿可能有脑白质软化，继发组织缺氧[126]。

耶尔森氏鼠疫杆菌(耶尔森氏鼠疫杆菌肠道病)

耶尔森氏菌是人畜共患革兰阴性肠内细菌，据报道与绵羊流产有关[1]。在美国、英国、丹麦和澳大利亚的假结核耶尔森菌被认为是一种导致绵羊流产的病原菌[127]。在内布拉斯加州暴发的羊群疫情中，假结核耶尔森菌导致妊娠 75 d 的母羊发生化脓性胎盘炎和流产，造成足月羔羊死亡，并导致数例母羊死亡[128]。从一个流产的绵羊胎儿中分离出小肠结肠炎耶尔森氏菌(血清型 O)，将其接种到一组母羊试验中，导致了胎盘炎[129]。

坏死性梭杆菌(坏死性梭杆菌病)

坏死性梭杆菌是一种革兰阴性厌氧多形性细菌，在全世界广泛分布，据报道会引起羊的偶发性流产。在丹麦对小群母羊进行的一项研究中，发现 24 只母羊中有 4 只死羊因坏死性梭杆菌流产[127]。胎盘检查可显示绒毛膜表面有脓性渗出物、子叶坏死和子叶间区坏死、水肿和出血[13,130]。胎儿的皮肤可能有严重的多灶性皮炎(见图 8-25，A 和 B)[13]。由于常规诊断程序常常排除厌氧培养，坏死性梭杆菌感染可能是绵羊和山羊流产的一个未被充分认识的原因。在一例坏死性梭杆菌感染的诊断中需要先进的激光捕获、显微解剖和荧光原位杂交技术[127,131]。

大肠杆菌

虽然通常是零星存在的，但大肠杆菌导致的流产比传统的流产病毒和细菌引起的流产更常见[132]。大肠杆菌导致的流产的诊断通常是基于从肺或皱胃中获得纯培养物，并将培养结果与组织病理学结果相结合[133]。然而，在一份来自苏格兰的报告中，一种大肠杆菌产毒素株导致了一群羊 20%的流产率。感染是由脓毒症母羊或逆行性开放子宫颈途径引起的[10]。尸检结果通常包括支气管肺炎相关的改变，但可能没有微观病理损伤和腹膜炎或心外膜炎的证据。早产或虚弱的羔羊可能在出生后 24 h 内死亡[133]。流产的胎儿可能是自溶的，也可能是新鲜的[133]。在大肠杆菌导致的大量流产中，母羊可能死于子宫炎和毒血症[133]。如能迅速获得培养和敏感性试验结果，可用于选择抗生素治疗。

胆型螺旋杆菌

胆型螺杆菌(之前称幽门螺杆菌、雷氏螺杆菌，柔螺旋体螺杆菌 2、5、8 型)是一种潜在的人畜共患病病原体、弱革兰阴性、微量需氧、有鞭毛、能运动的螺旋肠杆菌，可在人、犬、猫和啮齿动物的肠道中定殖[11,90,134]。这种细菌在南达科塔州大量的绵羊流产中被鉴定出[135]。试验表明，胆型螺旋杆菌可引起胎盘血管炎、化脓性胎盘炎和胎儿败血症，导致多灶性肝坏死。在坏死区域内，目标病灶与弯曲杆菌引起的肉眼可见的病灶难以区分[135]。在组织病理学检查中，吉姆萨染色可能提供最好的可视化效果，尽管该菌被认为是革兰阴性菌。

混杂的细菌类病原体

任何能引起绵羊和山羊败血症、内毒素血症或虚弱的细菌都能引起流产[3]。母羊体内的菌血症可能导致与发热有关的流产[1]。胎儿败血症可导致死产、围产期死亡和产弱羔。偶尔可从流产的绵羊中分离出溶血性曼氏杆菌和多杀性巴氏杆菌[11]。化脓隐秘杆菌一直被认为是绵羊和山羊妊娠中期和晚期流产的原因之一[10,11]。羊嗜组织菌被认为是引起上升性胎盘炎的原因之一，由无症状的母羊携带，可能影响多达 50%的羊[3]。羊放线杆菌与母羊的流产和子宫炎有关，可能由携带羊放线杆菌的绵羊传播。土拉弗朗西斯菌是一种高度人畜共患细菌，在美国怀俄明州暴发的一场疾病中，840 只即将分娩的 2 岁母羊中有 396 只发生了流产[137]。超过 50%的母羊经长期静脉导管插入后发生金黄色葡萄球菌导致的流产，这也可能是一种机会性病原体[11,138]。假性伯克霍尔德氏菌(*Burkholderia pseudomallei*)是一种引起山羊流产的人畜共患病原体，在澳大利亚和东南亚最为常见，在北美很少见[10]。在一次母羊败血症的暴发中，一群希腊羊的流产率为3.5%[139]。红斑丹毒丝菌(*Erysipelothrix rhusiopathiae*)被确诊为引起流产的病原菌。蜡样芽孢杆菌在一项大型调查中被确定为引起绵羊偶发性流产的细菌，并在试验中被证实是一种流产病原菌[11,140]。

真菌性流产

霉菌性流产虽然罕见，但也可能发生，而且很可能是由机会性病原菌引起的。据报道，白色念珠菌是加州山羊流产的原因之一[10]。曲霉菌常与牛流产有关，在小反刍动物中可能是一种机会性病原菌[141]。

原虫引起的流产

刚地弓形虫(弓形虫病)

刚地弓形虫(*T. gondii*)是一种顶复门原虫，是人畜共患病病原体，在世界范围内广泛分布，被认为是澳大利亚、英国、新西兰、挪威和美国发生感染性绵羊流产的主要原因之一[142-144]。刚地弓形虫能引起流产、胎儿木乃伊化、死产以及产弱羔[6,143]。弓形虫病导致流产的区域比例难以估计，因为向实验室提交诊断样本有限，血清学检测结果是非特异性的，受感染的母羊通常无症状，这种疾病是零星发生的[143]。

1.传播和发病机理

猫是刚地弓形虫的终末宿主，能够在最初感染后的4～12 d天内排出数百万个卵囊[7]。在子宫内受感染的小猫在出生时可立即排出弓形虫卵囊[143]。母羊因食用含有少量卵囊的被污染的饲料或水而感染，而其胚胎在14 d后就可能会感染[143]。在羊的试验研究中，流产发生在感染后4周[143]。这种病原体在被摄入后进入血液并扩散到淋巴结进行无性繁殖。随后它侵入胎盘并在胎盘内繁殖，导致可能侵犯胎儿的坏死性胎盘炎[145]。通过毁坏胎盘破坏了母体的营养和氧气供应，导致胎儿死亡、流产、死产或产弱羔[145]。然而，受感染的母羊有可能产下未受感染的后代[145]。在全身性感染的急性期，母羊也有可能流产，而发病机理被认为与高热和激素失调有关[143]。

虽然刚地弓形虫在山羊精液中被发现，但性传播是一个不太可能的传播途径[142]。对弓形虫有血清阳性反应的母羊虽获得了免疫保护，但该病原体仍在这些母羊的大脑和肌肉中持续存在[146]。持续感染的母羊可能会将弓形虫感染传播到胎盘，但垂直传播率被认为低于4%[143,146]。感染弓形虫的山羊在随后的妊娠中可能对再次接触和流产有抵抗力[147]。

2.临床症状和病理学

山羊似乎比绵羊更容易感染刚地弓形虫[142]。大多数流产发生于妊娠后半期，同一胎的胎儿可能受到不同的影响[1,17]。通常，感染的母羊在流产前临床表现都是正常的[142]。在极少数情况下，免疫抑制的妊娠母羊会发热，并可能发展成神经系统疾病。在开始40 d内受感染的母羊会出现胚胎吸收。感染发生在40～120 d，通常会导致胎儿木乃伊化、浸渍和流产。妊娠120 d后感染可能导致早产、死产或产弱羔[1]。流产胎盘的子叶间区通常正常，子叶呈灰白色至黄色，有小的坏死和钙化灶区(直径1～3 mm)[145](图8-34，另见彩插)。柯克斯氏体(*Coxiella*)、布鲁氏菌和衣原体也可引起类似的子叶损伤，但可能对子叶间区域损伤更严重[42](见图8-29A和B，以及图8-30)。在显微镜下检查，胎儿大脑可能有由逐渐缺氧引起的小脑软化症[148]。

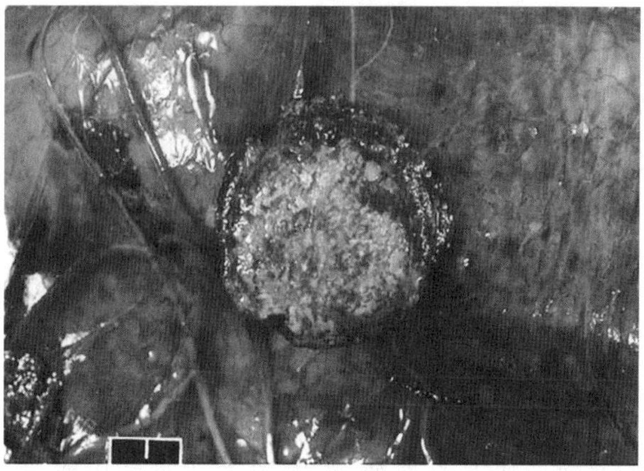

图8-34 刚地弓形虫感染可导致股骨头坏死和钙化，子叶间受累极小(来源：Dr. Jim Cooley, Starkville, Mississippi)。

3.诊断

仅凭对胎盘病变的观察就可做出假定诊断，但胎盘的快速自溶性分解可能会限制诊断的准确性[142]。刚地弓形虫的分离是一个专业性的过程，需要一个冷却的而不是冷冻的胎盘子叶、胎儿的大脑、肺或肌肉样品[143]。PCR检测正变得越来越容易,而且往往更实用,因为组织样本可以在装运前长期冷冻[149]。如果没有新鲜组织,可以选择PCR检测或石蜡包埋组织的免疫组化研究[57]。改进的凝集试验(MAT)可用于检测胎儿和母体血清中的抗体,比其他试验更敏感[150]。ELISA和IFA检测也可用于胎儿血清学诊断[142]。胸腔积液可用于检查弓形虫的滴度[7]。胎儿体液或哺乳前血液中弓形虫抗体的鉴定也可作为经胎盘弓形虫感染的诊断依据[142]。母羊体内的高抗体滴度不能诊断最近的感染,因为从一个季节到下一个季节,滴度可能会持续升高。然而,母羊血液中没有弓形虫抗体,而且在流产后7 d内也没有,即可排除感染的可能性。

4.治疗

妊娠期给予癸氧喹酯(每日2 mg/kg体重)或莫能菌素(每只15～30 mg/d)可减少流产的发生率。在弓形虫病的防治方面,拉沙里菌素不如莫能菌素有效。

5.预防

控制弓形虫病的根本是避免怀孕的母羊暴露于受卵囊污染的牧场、食物、水和羊床等。胎膜和死胎儿应该被掩埋或焚烧,避免其成为猫和其他动物的感染源[6]。不应该允许猫接近怀孕的绵羊和山羊[142]。较老的已绝育的猫可以被养在房子里,因为它们的存在可能有助于防止年轻的怀孕母猫占据谷仓。应尽量防止猫在饲槽、干草和其他饲料中排粪。欧洲和新西兰有一种含有轻度感染弓形虫(S48株)的活苗。接种了S48株疫苗的母羊能保持大约18个月的免疫力[152]。

其他引起流产的原虫

犬新孢子虫是一种与刚地弓形虫相似的顶复门原虫,在绵羊和山羊流产中被发现的发病率要低得多[153]。对侏儒山羊在妊娠第51天接种疫苗的试验中,6只山羊中有2只随后发生了胎儿死亡[154]。胎儿和胎盘是自溶的,只有很少的明显病变(图8-35)。推测性诊断依赖于对大脑轻度多灶性坏死的显微镜观察[155]。在第二个试验中,在妊娠85 d接种的母山羊产生了一个短期的木乃伊化死胎,具有类似的脑损伤。胎儿的木乃伊化,由死后长时间留在子宫内引起,也是弓形虫病的一个特征。在斯洛伐克对绵羊的血清学研究显示,犬新孢子虫的发病率较低,对当地绵羊生产的影响不大[155]。

肉孢子虫与试验流产和自然流产有关。在感染绵羊的4种肉孢子虫中,有2种被认为是致病的,即田纳西肉孢子虫和假性肉孢子虫[7]。试验表明,在绵羊中,羊肉孢子虫可导致流产[156]。据报道,在接触过狼粪便的山羊中,存在由肉孢子虫引起的流产[157]。

刚果锥虫与非洲的山羊和绵羊的流产有关[158]。来自南美洲和非洲的几项研究报告的数据表明,锥体疟原虫感染也与绵羊和山羊流产率的增加有关[159]。

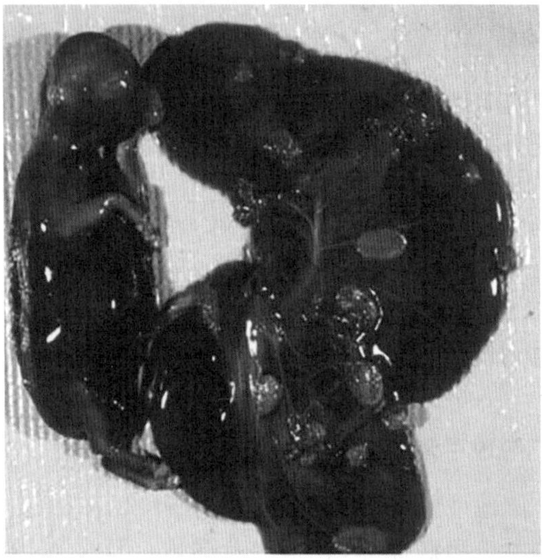

图8-35 妊娠中期试验接种犬新孢子虫引起人工流产。胎儿和胎盘自动溶解。脑部轻度多灶性坏死是显微镜下发现的唯一病变(来源:Dr. David Lindsay, Blacksburg, Virginia)。

病毒引起的流产

布尼亚病毒科(卡奇谷病毒、赤羽病病毒、裂谷热病毒、内罗毕绵羊病病毒)

布尼亚病毒科的病毒家族是由环状负链RNA病毒组成的,它可以感染包括人类在内的多种动物。几乎所有的布尼亚病毒感染都依赖于节肢动物作媒介[160]。感染的发生率与媒介活动有关。布尼亚病毒属中的布尼亚病毒(布尼亚姆韦拉血清组;卡奇谷病毒和辛布血清组;赤羽病病毒)、白蛉病毒属(裂谷热病毒)和内罗病毒(内罗毕绵羊病病毒)与绵羊和山羊胎儿流行性死亡密切相关[160,161]。反刍动物中与胎儿疾病相关的其他布尼亚病毒包括辛布血清病毒组、阿伊诺病毒和皮顿病毒组、布纳姆维拉血清病毒组、梅恩君病毒组和加利福尼亚血清病毒组，以及拉克罗斯病毒和圣安杰洛病毒[162]。

1.病理学

在尸检时，胎儿可能有坏死性非化脓性脑脊髓炎、多发性肌炎、脑积水、轴向骨骼异常、全身水肿、羊水过少等[160,162]。脊髓腹角变性可导致肌肉萎缩和肌腱挛缩（关节挛缩）。这些病毒也可能导致胎儿在子宫内死亡。裂谷热病毒和内罗毕绵羊病可导致胎儿畸形，但大多数情况下可造成无先天性畸形的流产。

2.诊断

通过对胎儿体液、心脏血液或初乳、血清中的抗体等的检测，以及对产生的特征性、先天性异常的观察，将有助于诊断[163]。在母羊缺乏可测定到的抗体滴度也很重要，但羔羊体内没有滴度并不能排除感染[3]。

3.控制与预防

对布尼亚病毒的控制和预防措施涉及对媒介生物生命周期的认识。从感染中获得的自然免疫力可能是终生的[3]。在美国没有布尼亚病毒疫苗。通过杀死水中的幼虫、将繁殖时间限制在冬季、将沼泽低洼地区隔离开来以及使用驱蚊剂等措施，减少母羊与蚊子或其他昆虫的接触，都是潜在的预防措施。接下来将讨论最常见的布尼亚病毒属的地理分布、宿主和其他细节。

（1）卡奇谷病毒。卡奇谷病毒属布尼亚病毒、布尼亚姆韦拉血清组，在美国西南部、东北部以及加拿大南部的部分地区流行[163]。最常见的媒介是蚊子，但库蠓也可能是传播媒介[160,161]。在受影响的新生羊羔中可观察到严重的关节弯曲并伴有骨骼肌-结缔组织发育不良[162]（图 8-36）。试验中，绵羊在妊娠 32 d 前被感染通常会经历胎儿死亡。在妊娠 32～45 d 感染的绵羊中，胎儿畸形率最高。随着妊娠日龄的增加，胎儿畸形的发生逐渐减少，但对 50 d 后感染胎儿的试验尚未见报道，病毒对胎龄较大的胎儿的影响也不清楚[164]。卡奇谷病毒也感染山羊，但尚未被证明会导致胎儿疾病[160]。

（2）赤羽病病毒（阿卡班病毒）。阿卡班病毒，布尼亚病毒属、辛布血清组，已在澳大利亚、日本、南非、中东、阿根廷、韩国等亚洲地区报道。阿卡班病毒在北美很少见，可能以库蠓和蚊子为媒介传播[6,160]。与卡奇谷热病毒感染一样，当绵羊在胎儿发育的某一时期（妊娠 46～53 d）受到感染时，较严重的损害是最为常见的[165]。病变可能包括骨骼肌萎缩、小脑退行性疾病、脑洞畸形、积水性无脑、短颌、脊柱侧弯、肺或脊髓发育不良和关节卷曲[160]。一种针对阿卡班病毒的灭活疫苗已获准在澳大利亚和亚洲部分地区使用[6]。

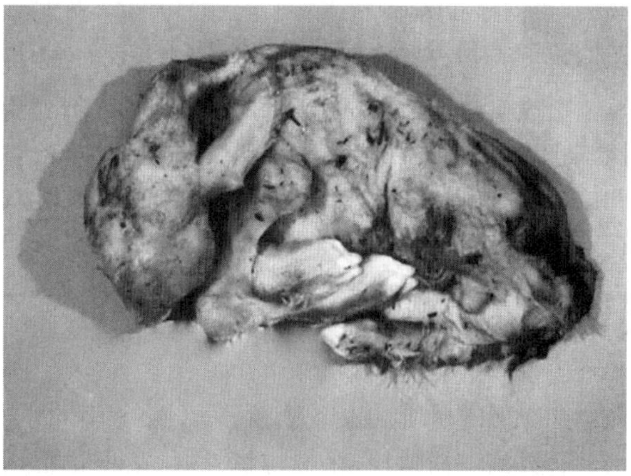

图 8-36 卡奇谷病毒引起死产和畸形。羊的四肢保持弯曲（关节弯曲），就像脊椎一样，导致轴向骨裂（脊柱侧弯和后凸）。可见肌肉发育不良（来源：Dr. John F. Edwards，College Station，Texas）。

（3）裂谷热病毒。白蛉病毒属、裂谷热病毒，是非洲大陆特有的一种病毒，可引起绵羊、山羊、牛、马、骆驼、许多野生动物和人类的大规模流行病[166]。近年来，裂谷热病毒已跨越国际边界进入中东，并可能对北美和欧洲的畜牧业造成威胁[166]。至少 6 种蚊子是传播媒介[166]。2006—2007 年期间在肯尼亚暴发该病的数据表明，裂谷热的流行和临床症状在绵羊和山羊是相似的[166]。绵羊的原种群感染导致羔羊死亡，流产率可达 100%[166]。流产通常由母羊发热引起，很少有胎儿感染的迹象[167]。该病毒较少引起胎儿多器官的多灶性坏死，包括广泛的肝坏死和坏死性胎盘炎。流产后出现败血性子宫炎[167]。据报道，裂谷热的史密斯伯恩菌株可导致羊膜积水、关节弯曲和积水性无脑[166]。一种经修饰的活病毒是可用的，但可能导致绵羊和山羊的胎儿畸形[6]。

（4）内罗毕绵羊病病毒。布尼亚维里科内罗病毒属内罗毕绵羊病病毒，是以蜱为传播媒介的一种人畜共患病病毒，在非洲东部和中部及其他地方流行[167]。甘贾姆病毒是印度的一种地方病，最近通过 S-RNA（sRNA）序列被证明是内罗毕绵羊疾病病毒的亚洲变种[168]。该病毒可引起急性胃炎，死亡率高达 90%，也可引起与母羊疾病相关的流产[169]。

黄病毒科:边界病病毒

边界病病毒(BDV)是羔羊“长毛摇摆病”的病原,属于黄病毒科、瘟病毒属。它最初是在英格兰和威尔士之间的边境地区被发现的[160]。BDV 导致在北美、英国、澳大利亚、新西兰以及其他地区的羊出现流产和先天性异常[3,81]。感染该病毒的山羊已得到确认,在试验中,山羊和绵羊在感染时受影响程度相似[7,160]。牛病毒性腹泻病毒(BVDV)是一种与瘟病毒属密切相关的病毒,在绵羊和山羊中也会引起边界病。据估计,在最初暴发时,某些羊群由于边界病造成的损失可高达 20%[170]。

1.发病机理

母羊通过摄入或吸入持续感染的绵羊或新生儿的胎盘、唾液、尿液或随粪便排出的病毒而感染。持续感染的牛、山羊和鹿也可能感染绵羊[166]。持续感染的母羊生育率下降,但仍能够繁殖出同样持续感染的羔羊[160]。病毒血症将持续 7 d。如果妊娠母羊在妊娠第 85 天前感染,将导致其胎儿流产、浸渍或形成木乃伊。幸存的羔羊可能有小脑脱髓鞘和毛囊上皮细胞发育异常,被称为“长毛摇摆病”[160]。在子宫感染中存活的羔羊,在出生时持续感染。妊娠 85 d 后感染的羔羊可能出生时正常或较虚弱,或死产,也可能对病毒呈血清阴性或具有病毒抗体[3]。

2.临床症状和病理学

感染的迹象包括空怀母羊数量增多、妊娠母羊胎儿木乃伊化或浸渍的胎儿、死产以及生下多毛和颤抖的弱羔[81]。胎儿异常包括小脑发育不全、水脑畸形、脑洞畸形和关节软骨萎缩[160]。病羊的毛通常是深色的,主要分布在头部和肩部[3]。这些长毛摇摆病羊通常会生长不良,并可能会患上多发性关节炎,面部和长骨缩短[7]。其子叶小或发育不良,有灰白色的坏死。

3.诊断

病毒通常可以从山羊胎儿的血液中分离出来[3]。对 2 月龄以上的绵羊,可进行血清抗原捕获 ELISA 检测[7]。

4.预防

所有被怀疑感染的动物都应被淘汰。任何后备羔羊在转移到羊群之前,都应该进行筛选(通过 BDV 滴度或病毒分离,或两者同时进行)[3]。任何新进群的羊只都应该隔离 30 d,并在入群之前测试是否存在这种疾病和其他疾病。牛和羊应该分开饲养,并应尽量减少公共水源的使用。应避免使用改良的牛活疫苗。在牛身上使用灭活的 BDV 疫苗提供了最低限度的交叉保护[7]。

韦瑟尔斯布朗病毒

黄病毒科、黄病毒属的韦瑟尔斯布朗病毒,是一种人畜共患病病原体,为南非大陆的地方病,但血清学证据表明也存在于东南亚。韦瑟尔斯布朗区位于南非。虽然主要媒介是伊蚊属的蚊子,但由受感染组织产生的气溶胶传播也可能发生[171]。绵羊似乎是对该病毒最敏感的反刍动物,会导致新生羔羊死亡和流产[172]。病羊可能有神经症状,胎盘可能会有积水。可以通过血凝抑制试验检测到抗体,但新开发的 ELISA 试剂更敏感[173]。现已有一种减毒活疫苗,但如果在怀孕期间使用,可能导致流产[6,172]。

呼肠弧病毒科:蓝舌病毒

呼肠弧病毒科、环状病毒属的蓝舌病病毒,至少有 25 种血清型,在世界上的热带、亚热带和一些温带地区都有出现[174]。在这些地区,蓝舌病会引起细毛绵羊和肉用品种羊的疾病。该病毒是一种非接触传染性病毒,其季节性流行是可变的,受环境因素控制,这些环境因素对病毒的主要媒介库蠓、伊蚊,及病毒在牛和其他反刍动物等储存宿主体内的复制等产生影响[174]。

这种病毒以遗传变异而闻名,它是由单个基因片段的遗传漂移和在感染了一种以上毒株的宿主或载体内基因片段的重组引起的[160]。最近,有报道称该病毒已侵入北纬地区,许多研究者推测这与全球气候变化有关[160]。

1.临床症状和病理学

受感染的母羊可能表现出多种临床症状:发热、血管内皮损伤,导致舌头、耳朵或面部肿胀;口腔或鼻腔黏膜溃疡或结痂(卡他鼻口炎和鼻炎);肺水肿和继发呼吸困难,以及肌炎、蹄叶炎和冠状垫炎,继发跛行[3]。对于存活下来的羊来说,失去羊毛可能会造成经济损失[160]。在绵羊中,妊娠期感染会在胎儿中产生各种各样的病理反应,包括产生带病毒血症但正常的活羊、由肝坏死和水脑畸形引起的胎儿死亡等[160]。血清学研究结果证明,在流行区域,山羊经常被感染,但即使暴露于毒性血清型也很少显示临床症状[174]。

2. 诊断

蓝舌病病毒可以从流产胎儿的血液、精液、大脑和脾脏中分离出来，也可以通过对来自不同器官的病料进行 PCR 检测。如果在发热期间收集血液，病毒分离就会加强(见第 4 章和第 16 章)。对母体和胎儿的血清学研究可能有助于评估宿主的反应。

3. 预防

由于蓝舌病有大量的血清型，所以接种蓝舌病疫苗的价值值得怀疑。流行地区的疫苗免疫方案已被证明是有效的，但涉及多种血清型的多次注射[160]。减毒活疫苗可能导致胎儿畸形和胚胎死亡。库蠓在夜间温度较低时进食，并在潮湿的栖息地繁殖。有些品种在牛粪中繁殖[160]。在蚊虫较多季节，将羊群安置在远离低地或潮湿地区，并与牛分开安置，可以降低感染风险。其他被证实可导致机械传播的媒介包括锐缘蜱、绵羊蜱(绵羊虱蝇)和各种蚊子，但这些媒介被认为在动物流行病中没有重要意义[160]。

山羊疱疹病毒 1

山羊疱疹病毒 1(CpHV-1)是一种最常见的引起亚临床 α-疱疹病毒，在山羊中，通常引起外阴阴道炎和阴茎头包皮炎等亚临床疾病[2]。由于对感染的了解不足，而且很难作出诊断，病毒的影响可能被低估[2]。在接受 CpHV-1 攻毒试验时，绵羊的羔羊表现出很轻微的临床症状并痊愈，而山羊羔则出现更严重的疾病[32]。

1. 传播

这种病毒可能是由一只受感染的公山羊传播给母山羊的[175]。美国怀俄明州发生疱疹病毒大量流产前的血清学研究表明，感染母羊并不会减少随后的配种与繁殖[176]。

2. 临床症状和病理学

有时，这种病毒可能毒性更强或在原种群中存在，导致大量流产和 1～2 周龄的山羊羔死亡[177]。在原种群的试验研究证实，CpHV-1 可能在接种后 10～60 d 引起流产[2]。疾病进程及肉眼和显微镜下观察流产胎儿的结果与 α-疱疹病毒感染其他物种结果类似。流产的胎儿可能是自溶的，但胎盘损伤很小[177]。流产胎儿的肺、肝、肾和肾上腺可能出现白色病灶，表现为随机分布的凝固性坏死[175,177](图 8-37，另见彩插)。在显微镜下，坏死区域周围的细胞中可见核内包涵体[175]。胎盘损害可能是轻微的或最小的。

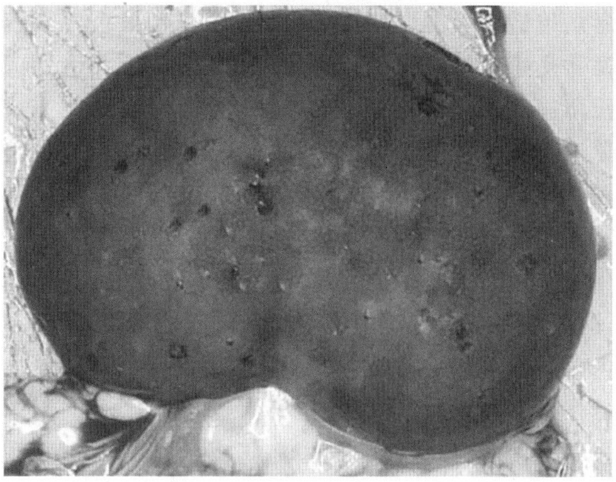

图 8-37 山羊疱疹病毒引起的流产，肝脏表面的灰白色病灶是坏死区(来源：Dr. Fransisco. Uzal, San Bernardio, California)。

3. 诊断

从阴道拭子、流产胎儿和虚弱羔羊的组织样品中分离病毒可能不成功[2]。而通常用 PCR 检测新鲜肝脏、肺脏或脾脏来检测这种病毒最容易[2]。如果没有新鲜组织，也可用 PCR 检测，但使用石蜡包埋的组织敏感性较低。测试验证受到阳性对照受试者可用性的限制[177]。

4. 预防

一种非商业性的灭活的 CpHV-1 疫苗已被证明具有保护作用[178]。山羊能够产生良好的体液免疫，在下一个产羔季节不会发生流产[178]。

人畜共患传染病

在开始对流产胎儿或胎盘进行检查之前，医生和农场主应评估接触流产人畜共患病病原的可能性。尽管这些病原体可能一直存在于环境或动物中，但胎儿组织中受感染的胎盘膜中微生物的浓度使这一时刻成为一个需要警惕的重要时刻。孕妇、癌症患者和免疫抑制者感染人畜共患病病原的风险更高，应避免处理流产胎儿和胎盘。应穿戴个人防护装备，如手套、一次性直肠袖、呼吸器和靴子等，并在尸检后适当清洗或处理这些物品[7]。被污染的衣服和靴子应禁止进入人类居住区[7]。尽管新鲜胎盘细胞学检查、涂片检查被广泛讨论，但结果很难解释，而且这种技术增加了人类接触病原体的风险。

隔离流产的动物不仅可以保护其他绵羊，而且可能会防止人类与病原体的接触。大多数与绵羊和山羊流产有关的细菌性疾病都具有一些人畜共患病传播的潜力，但对人类的毒性差异很大。很容易从受感染的组织中感染布鲁氏菌、勃兰登堡沙门氏菌等病原体，而在尸检中感染可疑钩状螺旋体或单核细胞增生李斯特菌的风险很小[104,179,180]。了解可能导致流产的病原体及其临床症状、明显病变和对人类的潜在风险，可能是兽医最好的防御措施。

羊种布鲁氏菌是山羊传播的马耳他热的病原体，是感染人类最常见的布鲁氏菌，也是世界范围内重新出现的最常见的人畜共患病病原体[180]。虽然法国、以色列和大多数拉丁美洲国家已经控制了布鲁氏菌病，但该病在地中海国家、北非、中东和印度仍然存在[181]。在许多发展中国家，这往往是一个未得到承认和控制的公共卫生问题[181,182]。牧民面临着临床疾病的风险，也面临着由于母羊流产、必要的根除计划和进出口限制带来的经济影响。人类的临床表现包括波状热、关节炎、肝脾肿大、淋巴结病、附睾炎、肝脓肿、脊柱炎、骨髓炎、椎旁脓肿和流产[183-186]。与胎盘和胎儿组织接触以及食用未经巴氏灭菌的羊奶或奶酪和未煮熟的肉类是最广泛传播给人的方式[5,6,181]。一些牧民用牙齿咬断新生羔羊的脐带，也与传播有关。绵羊布鲁氏菌(*Brucella. ovis*)感染不被认为有人畜共患病的风险[179]。

由于反刍动物可能保持无症状的携带者状态，而且病原体可能被气溶胶附着在颗粒上，并在环境中持续存在，因此很难采取控制措施来防止人类感染伯纳特氏立克次体(Q热)的病原体[71]。作为园林肥料的羊粪被认为是伯纳特氏立克次体感染人类的一个来源[78]。吸入气溶胶和受污染的粉尘是人类感染的主要方式。大多数人类病例都因为在绵羊、山羊或牛等家畜流行病期间与家畜相关物质有过接触的历史[74]。食用未经巴氏灭菌的羊奶或食用用未经巴氏灭菌的羊奶制成的山羊奶酪也可能感染伯纳特氏立克次体[7,80]。人类的临床表现包括：流感样症状、波状热、肌痛、非典型肺炎、肝炎、心内膜炎、反复流产、早产、产后Q热疲劳综合征(QFS)，免疫功能受损和可能的死亡[3,66,68,78]。心脏瓣膜病变的患者患Q热的风险增加，心内膜炎是其最常见的慢性疾病的形式[67]。

澳大利亚的屠宰场工人已接种疫苗，而疫苗接种可能是其他高危群体如牧场工人、研究人员和兽医选择的预防方法。在对普通人群的多次调查中，牧民和家畜饲养人员的血清阳性率最高[187]。为了应对人类Q热的流行，荷兰在一个牧场发现伯纳特氏立克次体后颁布了限制粪便传播3个月，并强制为小反刍动物接种疫苗的法令[67,71]。

孕妇感染流产衣原体可能以急性流感样症状开始，并导致流产或死产[46,188,189]。流产衣原体可引起肾功能衰竭、肝功能障碍、弥漫性血管内凝血和死亡[46]。虽然大多数由衣原体细菌引起的人畜共患病病例是由流产嗜性衣原体引起的，应该指出的是，棘阿米巴副衣原体属和鹦鹉热衣原体都是人畜共患病的病原体，也已在小反刍动物中发现[44]。

在世界工业化国家中，空肠弯曲杆菌是引起人类细菌性肠胃炎的最常见原因。虽然疾病可能由绵羊菌株引起，但受污染的家禽产品是人类感染的主要来源[190]。家畜和未经巴氏杀菌的奶类也被认为是人类感染空肠弯曲杆菌的来源。尽管胎儿弯曲杆菌很少与人类疾病有关，据报道，对受感染羔羊进行人工呼吸的牧羊人感染了空肠弯曲杆菌[86]；大多数病例似乎与牲畜直接接触有关[191-193]。在人类至少报道了13例胎儿弯曲杆菌引起的胎儿流产和胎儿败血症[194]。沙门氏菌感染可导致人类腹痛、严重腹泻、慢性肠炎、流产和死亡。在新西兰勃兰登堡沙门氏菌暴发期间，人类病例数量的激增与羊的流产现象同时出现。包括两名兽医和受影响农场的家庭在内的农业工作者被认为是从流产的羊感染了这种疾病[104]。土拉弗朗西斯菌(*Francisella tularensis*)是北美和欧亚大陆的一种地方病的病原体，能够在牧场绵羊中引起大量流产，并可能是通过接触动物尸体而感染的[137,195]。人类土拉菌病的临床症状包括溃疡性皮炎、淋巴结病和败血症，在某些情况下会导致死亡[195]。假结核杆菌(*Y. pseudotuberculosis*)和小肠结肠炎杆菌(*Y. enterocolitica*)均可引起肠系膜淋巴结炎，导致人类发热、厌食症、呕吐和腹泻[1]。

刚地弓形虫可在子宫内感染的人类胎儿中引起脑炎或失明，这种病原体的感染对获得性免疫缺陷综合征(AIDS)患者具有潜在的致命性。大约30%的美国成年人对刚地弓形虫有抗体[3]。大多数刚地弓形虫病是在饮用生羊奶和食用未煮熟的肉类后感染的[143]。给人类婴儿食用未经巴氏灭菌的山羊奶和绵羊奶应引起特别关注[143]。在流产组织中存在的刚地弓形虫可能对未出生的婴儿或免疫抑制个体构成最大的风险。

大多数与绵羊和山羊流产有关的病毒性疾病并不是人畜共患病。然而，裂谷热病毒对大多数感染者造成有限的发热性疾病[166]。1%～2%的裂谷热患者表现出更严重的临床表现，可能包括肝炎、脑炎、视网膜炎、失明及导致10%～20%住院患者死亡的出血综合征[166]。裂谷热病毒引起的人畜共患病最初是在对受感染动物进行剖检或产科干预的兽医和助手中发现的。在2000年，沙特阿拉伯和也门的家畜流行病导致数千人感染，至少245人死亡[166]。韦瑟尔斯布朗病病毒是南非大陆的一种地方病，可能通过在对流产胎儿尸检处理期间经受感染组织产生的气溶胶传播的[196]。

参考文献

[1] Givens MD, Marley MSD: Infectious causes of embryonic and fetal mortality, *Theriogenology* 70: 270, 2008.

[2] Tempesta M, et al: Experimental infection of goats at different stages of pregnancy with caprine herpesvirus 1, *Comp Immunol Microbiol Infect Dis* 27: 25, 2004.

[3] Menzies PI, Miller R: Abortion in sheep: diagnosis and control. In Youngquist RS, Threlfall WR, editors: *Current therapy in large animal theriogenology*, ed 2, Philadelphia, 2007, WB Saunders.

[4] Smith MC: Some clinical aspects of caprine reproduction, *Cornell Vet* 68(suppl 7):200, 1978.

[5] Smith MC: Causes and diagnosis of abortion in goats. In Morrow DA, editor: *Current therapy in theriogenology*, ed 2, Philadelphia, 1986, WB Saunders.

[6] Smith MC, Sherman DM: Reproductive system. In Smith MC, Sherman DM, editors: *Goat medicine*, ed 2, Ames, Iowa, 2009, Wiley-Blackwell.

[7] Menzies PI: *Control of abortion in sheep and goats*, Presented at the 29th World Veterinary Congress, Vancouver, British Columbia, July 27-31, 2008.

[8] Kirkbride CA: Examination of bovine and ovine fetuses, *Vet Clin North Am Food Anim Pract* 2: 61, 1986.

[9] Sivachelvan MN, et al: Foetal age estimation in sheep and goats, *Small Rumin Res* 19:69, 1996.

[10] Moeller RB: Causes of caprine abortion: diagnostic assessment of 211 cases (1991-1998), *J Vet Diagn Invest* 13:265, 2001.

[11] Kirkbride CA: Diagnosis in 1784 ovine abortions and stillbirths, *J Vet Diagn Invest* 5:398, 1993.

[12] Clark RG, et al: Abortions in sheep caused by *Salmonella* Brandenburg: pathologic findings, *N Z Vet J* 55:356, 2007.

[13] Agerholm JS, et al: Ovine fetal necrobacillosis, *J Comp Pathol* 136:213, 2007.

[14] Furlan S, et al: Fetotoxic effects of locoweed (*Astragalus lentiginosus*) in pregnant goats. In Panter KE, Wierenga TL, Pfister JA, editors: *Poisonous plants: global research and solutions*, Wallingford, United Kingdom, 2007, CAB International.

[15] Riet-Correa G, et al: Abortion and neonatal mortality in sheep poisoned with, Tetrapterys multiglandulosa, *Vet Pathol* 46:960, 2009.

[16] Braun WF Jr: Noninfectious prenatal pregnancy loss in the doe. In Youngquist RS, Threlfall WR, editors: *Current therapy in large animal theriogenology*, ed 2, Philadelphia, 2007, WB Saunders.

[17] Roberts SJ: *Veterinary obstetrics and genital diseases (theriogenology)*, ed 3, Woodstock, Vt, 1986, David & Charles.

[18] Pamo ET, et al: Effects of *Calliandra calothyrsus* and Leucaena leucocephala supplementary feeding on goat production in Cameroon, *Small Rumin Res* 65: 31, 2006.

[19] Knight AP, Stegelmeier BL: Flixweed (*Descurainia sophia*): a goitrogenic plant. In Panter KE, Wierenga TL, Pfister JA, editors: *Poisonous plants: global research and solutions*, Wallingford, United Kingdom, 2007, CAB International.

[20] Chanton-Greutmann H, et al: Abortion in small ruminants in Switzerland: investigations during two lambing seasons (1996—1998) with special regard to chlamydial abortions, *Schweiz Arch Tierheikd* 144: 483, 2002.

[21] Feinsod FM, et al: Rodenticide-induced signs simulating Rift Valley fever in sheep and goats in Egypt, *Vet Rec* 118:270, 1986.

[22] Bunch TD, et al: Ultrasound studies of the effects of certain poisonous plants on uterine function and fetal development in livestock, *J Anim Sci* 70: 1639, 1992.

[23] Raffi MB, et al: The pathogenesis of reproductive failure induced in sheep by the injestion of, *Ateleia glazioviana*, *Vet Hum Toxicol* 46:233, 2004.

[24] Pioneer forage manual—*a nutritional guide*, Des Moines, 1995, Pioneer Hi-Bred International.

[25] Anderson ML, et al: A survey of causes of bovine abortion occurring in the San Joaquin Valley, California, J Vet Diagn Invest 2:283, 1990.

[26] East NE: Common infectious conditions, *Proceedings of the Small Ruminants for the Mixed Animal Practitioner Western Veterinary Conference*, Las Vegas,

Nev, 1998.

[27] Navarro M, et al: Anthelmintic induced congenital malformations in sheep embryos using netobimin, *Vet Rec* 142:86, 1998.

[28] Middleton HD, et al: The effects of methyl-5(6)-butyl-2-benzimidazole carbamate (parbendazole) on reproduction in sheep and other animals. 3. Teratological study in ewes in Australia, *Cornell Vet* 64(Suppl 4):56, 1974.

[29] Keiser J, et al: Efficacy and safety of artemether against a natural *Fasciola hepatica* infection in sheep, *Parasitol Res* 103:517, 2008.

[30] Braun WF: Manifestations and aberrations of caprine pregnancy, *Proceedings of the Society for Theriogenology*, Nashville, Tenn, 1986.

[31] Bretzlaff K: Problems of reproduction of goats, *Proceedings of the Society for Theriogenology*, Small Ruminant Short Course, Nashville, Tenn, 1994.

[32] Berrios PE, et al: Pathogenicity of a caprine herpesvirus, *Am J Vet Res* 36:1763, 1975.

[33] Gatewood DM, Spire MF: *Chlamydial abortion in domestic ruminants*, Theriogenology fact sheet B-5 Hastings, Nebr, 1990, Society for Theriogenology.

[34] Everett KDE: *Chlamydia* and Chlamydiales: more than meets the eye, Vet Microbiol 75:109, 2000. 35. East NE: Chlamydiosis. In Morrow DA, editor: *Current therapy in theriogenology*, ed 2, Philadelphia, 1986, WB Saunders.

[36] Sourian A, et al: Differentiation of abortion-inducing and intestinal strains of *Chlamydia psittaci* isolated from ruminants by the microimmuno-fluorescence test, *Vet Rec* 132:217, 1993.

[37] Rocchi MS, et al: Protective adaptive immunity to *Chlamydophila abortus* infection and control of ovine enzootic abortion (OEA), *Vet Microbiol* 135:112, 2009.

[38] Bagdonas J, et al: Prevalence and epidemiological features of ovine enzootic abortion in Lithuania, *Pol J Vet Sci* 10:239, 2007.

[39] Carter GR: *Veterinarian's guide to the laboratory diagnosis of infectious diseases*, Lenexa, Kan, 1986, Veterinary Medicine Publishing.

[40] Kimberling CV: Diseases of reproduction, *Proceedings of the First National Sheep Reproduction Symposium*, Fort Collins, Colo, 1989, Colorado State University Press.

[41] Schachter J, et al: Serotyping of *Chlamydia* isolates of ovine origin, *Infect Immun* 9:92, 1974.

[42] Parisi A, et al: Diagnosis of *Coxiella burnetii*-related abortion in Italian domestic ruminants using single-tube nested PCR, *Vet Microbiol* 118:101, 2006.

[43] Pantchev A, et al: Detection of all *Chlamydophila* and *Chlamydia* spp. of veterinary interest using species-specific real-time PCR assays, *Comp Immunol Microbiol Infect Dis* 33:473-484, 2010.

[44] Ruhl S, et al: *Parachlamydia acanthamoebae* infection and abortion in small ruminants, *Emerg Infect Dis* 14: 2008, 1966.

[45] Maley SW, et al: Identification of *Chlamydophila abortus* and the development of lesions in placental tissues of experimentally infected sheep, *Vet Microbiol* 135:122, 2009.

[46] Longbottom D, et al: Vaccination against chlamydial infections of man and animals, *Vet J* 171: 263, 2006.

[47] Timoney JF, et al: Chlamydiaceae. In Timoney JF, et al: *Hogan and Bruner's Microbiology and infectious diseases of domestic animals*, ed 8, Ithaca, NY, 1988, Comstock Publishing Associates.

[48] Storz J: *Chlamydia*-induced diseases of sheep and goats. In Howard JL, editor: *Current veterinary therapy: food animal practice*, ed 2, Philadelphia, 1986, WB Saunders.

[49] Papp JR, et al: Immunocytologic detection of *Chlamydia psittaci* from cervical and vaginal samples of chronically infected ewes, *Can J Vet Res* 62: 72, 1998.

[50] Schopf K, Khaschabi D, Dackau T: Outbreak of abortion among goats caused by dual infection with Coxiella burnetii and, *Chlamydia psittaci*, *Tierarzll Prax* 19:630, 1991.

[51] Hall RF: Infectious abortions in ewes, *Comp Cont Educ Pract Vet* 4:S216, 1982.

[52] Storz J: *Chlamydia and Chlamydia induced diseases*, Springfield, Ill, 1971, Charles C Thomas.

[53] Navarro JA, et al: Kinetics of infection and effects on the placenta of *Chlamydophila abortus* in experimentally infected pregnant ewes, *Vet Pathol* 41:498, 2004.

[54] Güler L, et al: Field evaluation of a PCR for diagnosis of chlamydial abortion in sheep, *Vet Rec* 159:742, 2006.

[55] Marsilio F, et al: Diagnosis of ovine *chlamydial abortions* by PCR-RFLP performed on vaginal swabs, *Vet Res Commun* 29(Suppl 1):99, 2005.

[56] Szeredi L, Bacsadi A: Detection of *Chlamydophila* (*Chlamydia*) *abortus* and *Toxoplasma gondii* in smears from cases of ovine and caprine abortion by the

streptavidin-biotin method, *J Comp Pathol* 127: 257, 2002.

[57] Navarro JA, et al: Diagnosis of placental pathogens in small ruminants by immunohistochemistry and PCR on paraffinembedded samples, *Vet Rec* 165: 175, 2009.

[58] Nieves Ortega JA, et al: Evaluation of *Chlamydophila abortus* DNA extraction protocols for polymerase chain reaction diagnosis in paraffin-embedded tissues, *J Vet Diagn Invest* 19:421, 2007.

[59] Storz J: Chlamydial absorption. In Kirkbride CA, editor: *Laboratory diagnosis of livestock abortion*, ed 3, Ames, Iowa, 1990, Iowa State University Press.

[60] Wilson K, et al: Comparative evaluation of eight serological assays for diagnosing *Chlamydophila abortus* infection in sheep, *Vet Microbiol* 135:38, 2009.

[61] Hungerford TG: *Diseases of livestock*, ed 9, Sydney, 1990, McGraw-Hill.

[62] Mobini S: Infectious causes of abortion in the goat, *Proceedings of the International Goat Producers Symposium*, Tallahassee, Fla, 1990, Florida A & M University Press.

[63] Council on Biologics and Therapeutics: Vaccination guidelines for small ruminants, *J Am Vet Med Assoc* 205:1539, 1994.

[64] Watson WA: The prevention and control of infectious ovine abortion, *Br Vet J* 129:309, 1973.

[65] Behymer D, Riemann HP: *Coxiella burnetii* infection (Q fever), *J Am Vet Med Assoc* 194:764, 1989.

[66] Miller RB, et al: Coxiella burnetii infection in goats. In Morrow DA, editor: *Current therapy in theriogenology*, ed 2, Philadelphia, 1986, WB Saunders.

[67] Schimmer B, et al: Sustained intensive transmission of Q-fever in the south of the Netherlands, 2009, *Eurosurveillance* 14:1, 2009.

[68] Arricau-Bouvery N, et al: Effect of vaccination with phase I and phase II *Coxiella burnetii* vaccines in pregnant goats, *Vaccine* 23:4392, 2005.

[69] Sanders DM, et al: Field collection and genetic classification of tick-borne rickettsiae and rickettsiae-like pathogens from Texas: *Coxiella burnetii* isolated from field-collected Amblyomma cajennnense, *Ann N Y Acad Sci* 1149:308, 2008.

[70] Astobiza I, et al: Kinetics of *Coxiella burnetii* excretion in a commercial dairy sheep flock after treatment with oxytetracycline, *Vet J* 184: 172-175, 2010.

[71] Rousset E, et al: *Coxiella burnetii* shedding routes and antibody response after outbreaks of Q fever-induced abortion in dairy goat herds, *Appl Environ Microbiol* 75:428, 2009.

[72] Moore JD, et al: Pathology and diagnosis of *Coxiella burnetii* infection in a goat herd, *Vet Pathol* 28: 81, 1991.

[73] Berri M, et al: Goats may experience reproductive failures and shed *Coxiella burnetii* at two successive parturitions after a Q fever infection, *Vet Microbiol* 83:47, 2007.

[74] Masala G, et al: Occurrence, distribution, and role in abortion of *Coxiella burnetii* in sheep and goats in Sardinia, Italy, *Vet Microbiol* 99:301, 2004.

[75] Zeman DH, Steen PL, Peacock MG: Ovine abortion caused by *Coxiella burnetii*. In Kirkbride CA, editor: *Laboratory diagnosis of livestock abortion*, ed 3, Ames, Iowa, 1990, Iowa State University Press.

[76] Kittelberger R, et al: Comparison of the Q-fever complement fixation test and two commercial enzyme-linked immunosorbent assays for the detection of serum antibodies against *Coxiella burnetii* (Q fever) in ruminants: recommendation for use of serological test on imported animals in New Zealand, *N Z Vet J* 57:262, 2009.

[77] Pape M, et al: The serological prevalence of *Coxiella burnetii* antibodies in sheep and goats in northern Greece, *Clin Microbiol Infect* 15:146, 2009.

[78] Berri M, et al: Ovine manure used as a garden fertilizer as a suspected source of human Q fever, *Vet Rec* 153:269, 2003.

[79] Rousset E, et al: Efficiency of a phase 1 vaccine for the reduction of vaginal *Coxiella burnetii* shedding in a clinically affected goat herd, *Clin Microbiol Infect* 15(Suppl 2):188-189, 2009.

[80] Rodolakis A: Q fever in dairy animals, Ann N Y Acad Sci 1166:90, 2009.

[81] Fielden ED: Infectious ovine abortion. In Morrow DA, editor: *Current therapy in theriogenology*, ed 2, Philadelphia, 1986, WB Saunders.

[82] Sahin O, et al: Emergence of a tetracycline-resistant *Camplyobacter jejuni* clone associated with outbreaks of ovine abortion in the United States, *J Clin Microbiol* 46:1663, 2008.

[83] Campero CM, et al: Immunohistochemical Identification of *Campylobacter fetus* in natural cases of bovine and ovine abortions, *J Vet Med* 52: 138, 2005.

[84] Hughs LA, et al: Molecular epidemiology and characterization of *Campylobacter* spp. isolated from

wild bird populations in northern England, *Appl Environ Microbiol* 75:3007, 2009.

[85] Hedstrom OR, et al: Pathology of *Campylobacter jejuni* abortion in sheep, *Vet Pathol* 24:419, 1987.

[86] Anderson KL: Campylobacteriosis. In Morrow DA, editor: Current therapy in theriogenology, ed 2, Philadelphia, 1986, WB Saunders.

[87] Hirsh DC: Spiral-curved organisms Ⅲ: *Campylobacter, Arcobacter, Lawsonia*. In Hirsh DA, MacLachlan NJ, Walker RL, editors: *Veterinary microbiology*, ed 2, Ames, Iowa, 2004, Blackwell.

[88] Dennis SM: *Campylobacter* abortion in sheep. In Kirkbride CA, editor: *Laboratory diagnosis of livestock abortion*, ed 3, Ames, Iowa, 1990, Iowa State University Press.

[89] Crawshaw TR, Fuller HE: *Flexispira rappini* suspected in ovine abortion, *Vet Rec* 134:507, 1994.

[90] Hänninen ML, et al: Extension of the species *Helicobacter bilis* to include the reference strains of *Helicobacter* sp. *Flexispira* taxa 2,3 and 8 and Finnish canine and feline *Flexispira* strains, *Int J Syst Bacteriol* 55:891, 2005.

[91] Meinershagen WA, et al: *Brucella ovis* as a cause of abortion in ewes, *Am J Vet Res* 35:723, 1974.

[92] Kahler SC: *Brucella melitensis* infection discovered in cattle for first time, goats also infected, *J Am Vet Med Assoc* 216:648, 2000.

[93] Elzer PH, et al: Characterization of the caprine model for ruminant brucellosis, *Vet Microbiol* 90: 425, 2002.

[94] Walker RL: *Brucella*. In Hirsh DA, MacLachlan NJ, Walker RL, editors: *Veterinary microbiology*, ed 2, Ames, Iowa, 2004, Blackwell Publishing.

[95] Leal-Kleveza DS, et al: Use of polymerase chain reaction to detect *Brucella abortus* biovar 1 in infected goats, *Vet Microbiol* 75:91, 2000.

[96] Ocholi RA, et al: Abortion due to *Brucella abortus* in sheep in Nigeria, *Rev Sci Tech* 24:973, 2005.

[97] Ilhan F, Yener Z: Immunohistochemical detection of *Brucella melitensis* antigens in cases of naturally occurring abortions in sheep, *J Vet Diagn Invest* 20: 803, 2008.

[98] Muma JB, et al: Prevalence of antibodies to *Brucella* spp. and individual risk factors of infection in traditional cattle, goats and sheep reared in livestock-wildlife interface areas of Zambia, *Trop Anim Health Prod* 38:195, 2006.

[99] Al-Talafhah AH, et al: Epidemiology of ovine brucellosis in Awassi sheep in Northern Jordan, *Prev Vet Med* 60:297, 2003.

[100] Nightingale KK, et al: Evaluation of farm management practices as risk factors for clinical listeriosis and fecal shedding of *Listeria monocytogenes* in ruminants, *J Am Vet Med Assoc* 227 : 2005, 1808.

[101] Wiedmann M, et al: Molecular investigation of a listeriosis outbreak in goats caused by an unusual strain of, *Listeria monocytogenes*, *J Am Vet Med Assoc* 215:369, 1999.

[102] Gray ML, et al: Abortion and pre-or postnatal death of young due to *Listeria monocytogenes*. Ⅲ. Studies in ruminants, *Am J Vet Res* 64:510, 1956.

[103] Luque I, et al: *Salmonella* Indiana as a cause of abortion in ewes: genetic diversity and resistance patterns, *Vet Microbiol* 134:396, 2009.

[104] Clark RG, et al: *Salmonella* Brandenburg—emergence of a new strain affecting stock and humans in the South of New Zealand, *N Z Vet J* 52:26, 2004.

[105] Habrun B, et al: An outbreak of *Salmonella* Abortusovis abortions in sheep in south Croatia, *J Vet Med* 53:286, 2006.

[106] Belloy L, et al: Diagnosis by culture and PCR of *Salmonella* Abortusovis infection under clinical conditions in aborting sheep in Switzerland, *Vet Microbiol* 138:373-377, 2009.

[107] Masula G, et al: Detection of pathogens in ovine and caprine abortion samples from Sardinia, Italy, by PCR, *J Vet Diagn Invest* 19:96, 2007.

[108] Cagiola M, et al: Abortion due to *Salmonella enterica* serovar Abortusovis (*S*. Abortusovis) in ewes is associated to a lack of production of IFN-γ and can be prevented by immunization with inactivated S. Abortusovis vaccine, *Vet Microbiol* 121:330, 2007.

[109] Li H, et al: Vaccination of pregnant ewes against infection with *Salmonella* Brandenburg, *N Z Vet J* 55:356, 2007.

[110] Cerri FR, et al: *Leptospira interrogans* in the genital tract of sheep. Research on ewes and rams experimentally infected with serovar harjo (Harjobovis), *New Microbiol* 19:235, 1996.

[111] Dorjee S, et al: Prevalence of pathogenic *Leptospira* spp. in sheep in a sheep-only abattoir in New Zealand, *N Z Vet J* 56:164, 2008.

[112] Leon-Vizcaino L, Hermoso de Mendoza M: Garrido F: Incidence of abortions caused by leptospirosis in sheep and goats in Spain, *Comp Immunol Microbiol*

Infect Dis 10:149, 1987.

[113] Lilenbaum W, et al: A serological stud on *Brucella abortus*, caprine arthritis-encephalitis virus and *Leptospira* in dairy goats in Rio de Janeiro, Brazil, *Vet J* 173:408, 2007.

[114] Ellis WA, et al: Leptospirosis as a cause of reproductive failure, *Vet Clin North Am Food Anim Pract* 10:463, 1994.

[115] Kirkbride CA, et al: Serologic examination of aborted ovine and bovine fetal fluids for the diagnosis of border disease, bluetongue, bovine viral diarrhea, and leptospiral infections, *J Vet Diagn Invest* 1:132, 1989.

[116] Ruffin DC, et al: *Mycoplasma* infections in small ruminants, *Vet Clin North Am* 17:315, 2001.

[117] Manso-Silván L, et al: *Mycoplasma leachii* sp. nov. as a new species designation for *Mycoplasma* sp. bovine group 7 of Leach, and reclassification of *Mycoplasma mycoides* subsp. *mycoides* LC as a serovar of *Mycoplasma mycoides* subsp, *capri*, *Int J Syst Bacteriol* 59:1353, 2009.

[118] Shahram M, et al: Further evidence to justify reassignment of *Mycoplasma mycoides* subspecies *mycoides* Large Colony type to *Mycoplasma mycoides* subspecies, *capri*, *Syst Appl Microbiol* 33: 20-24, 2010.

[119] Szeredi L, et al: Infection of two goatherds with *Mycoplasma mycoides* subsp. *capri* in Hungary: evidence of a possible faecal excretion, *J Vet Med* 50:172, 2003.

[120] Rodriguez JL, et al: Caprine abortion following exposure to *Mycoplasma capricolum* subsp, capricolum, *J Vet Diagn Invest* 8:492, 1996.

[121] Doig PA, et al: Isolation of *Ureaplasma* from sheep with granular vulvitis, *Vet Rec* 100:179, 1977.

[122] Moss JM, et al: Experimental amniotic fluid infection in sheep: effects of *Ureaplasma parvum* serovars 3 and 6 on preterm or term fetal sheep, *Am J Obstet Gynecol* 198 122:e121, 2008.

[123] East NE: Mycoplasmosis. In Morrow DA, editor: *Current therapy in theriogenology*, ed 2, Philadelphia, 1986, WB Saunders.

[124] Stuen S: *Anaplasma phagocytophilum*—the most widespread tick-borne infection in animals in Europe, *Vet Res Commun* 319(Suppl 1):79, 2007.

[125] Garcia-Perez AL, et al: *Anaplasma phagocytophila* as an abortifacient agent in sheep farms from northern Spain, *Ann N Y Acad Sci* 990:429, 2003.

[126] Chianini F, et al: Neuropathological changes in ovine fetuses caused by tick-borne fever, *Vet Rec* 155:805, 2004.

[127] Agerholm JS, et al: Veterinary and medical aspects of abortion in Danish sheep, *APMIS* 114: 146, 2006.

[128] Karbe E, Erickson ED: Ovine abortion and stillbirth due to purulent placentitis caused by, *Yersinia pseudotuberculosis*, *Vet Pathol* 21: 601, 1984.

[129] Corbel MJ, et al: Experimental *Yersina enterocolitica* placentitis in sheep, *Br Vet J* 148:339, 1992.

[130] Kirkbride CA, et al: Ovine and bovine abortion associated with *Fusobacterium nucleatum*, *J Vet Diagn Invest* 1:272, 1989.

[131] Boye M, Aalbaek B, Agerholm JS: *Fusobacterium necrophorum* determined as abortifacient in sheep by laser capture microdissection and fluorescence in situ hybridization, *Mol Cell Probes* 20:330, 2006.

[132] Sargison ND, et al: Ovine placentitis and abortion associated with a verotoxigenic strain of, *Escherichia coli*, *Vet Rec* 149:711, 2001.

[133] Sargison ND, et al: Shiga toxin-producing *Escherichia coli* as a perennial cause of abortion in a closed flock of Suffolk ewes, *Vet Rec* 160:875, 2007.

[134] Dewhirst FE, et al: "*Flexispira rappini*" strains represent at least 10 Helicobacter taxa, *Int J Syst Bacteriol* 50:1781, 2000.

[135] Kirkbride CA, et al: Abortion in sheep caused by a nonclassified, anaerobic, flagellated bacterium, *Am J Vet Res* 47:259, 1986.

[136] Foster G, et al: *Actinobacillus seminis* as a cause of abortion in a UK sheep flock, *Vet Rec* 144:479, 1999.

[137] O'Toole DO, et al: Tularemia in range sheep: an overlooked syndrome? *J Vet Diagn Invest* 20:508, 2008.

[138] Edwards JF, et al: *Staphylococcus*-associated abortions in ewes with long-term central venous catheterization, *Vet Pathol* 45:881, 2008.

[139] Fthenakis GC, et al: Abortion in ewes associated with, *Erysipelothrix rhusiopathiae*, *Small Rumin Res* 63:183, 2006.

[140] Wohlgemuth K, et al: Pathogenicity of *Bacillus cereus* for pregnant ewes and heifers, *J Am Vet Med Assoc* 161:1691, 1972.

[141] Pier AC, et al: Mycotic abortion in ewes produced by *Aspergillus fumigatus*: intravascular and intrauterine inoculation, *Am J Vet Res* 33: 349, 1972.

[142] Dubey JP: Toxoplasmosis in goats, *Agri-Pract* 8: 43, 1987.

[143] Dubey JP: Toxoplasmosis in sheep—the last 20 years, *Vet Parasitol* 163:1, 2009.

[144] Morley EK, et al: Evidence that primary infection of Charollais sheep with *Toxoplasma gondii* may not prevent foetal infection and abortion in subsequent lambings, *Parasitology* 135:169, 2008.

[145] Dubey JP: Transplacental toxoplasmosis in goats. In Morrow DA, editor: *Current therapy in theriogenology*, ed 2, Philadelphia, 1986, WB Saunders.

[146] Buxton D, et al: *Toxoplasma gondii* and ovine toxoplasmosis: new aspects of an old story, *Vet Parasitol* 149:25, 2007.

[147] Obendorf DL, Statham P, Munday BL: Resistance to *Toxoplasma* abortion in female goats previously exposed to Toxoplasma infection, *Aust Vet J* 67: 233, 1990.

[148] Buxton D, et al: Perinatal changes in lambs infected with, *Toxoplasma gondii*, *Res Vet Sci* 32: 170, 1982.

[149] Masala G, et al: Survey of ovine and caprine toxoplasmosis by IFAT and PCR assays in Sardinia, Italy, *Vet Parasitol* 117:15, 2003.

[150] Dubey JP: Diagnosis of livestock abortion due to *Toxoplasma gondii*. In Kirkbride CA, editor: *Laboratory diagnosis of livestock abortion*, ed 3, Ames, Iowa, 1990, Iowa State University Press.

[151] Kirkbride CA, Dubey JP, Libal MC: Effects of feeding lasalocid to pregnant ewes experimentally infected with *Toxoplasma gondii*, *Vet Parasitol* 44: 299, 1992.

[152] Dubey JP: Toxoplasmosis, *J Am Vet Med Assoc* 205: 1593, 1994.

[153] Eleni C, et al: Detection of *Neospora caninum* in an aborted goat foetus, *Vet Parasitol* 123:271, 2004.

[154] Lindsay DS, et al: Abortions, fetal death and stillbirths in pregnant pygmy goats inoculated with tachyzoites of, *Neospora caninum*, *Am J Vet Res* 56: 1176, 1995.

[155] Spilovska S, et al: The first finding of *Neospora caninum* and the occurrence of other abortifacient agents in sheep in Slovakia, *Vet Parasitol* 164:320, 2009.

[156] Dubey JP, et al: Sarcocystosis in sheep. In Dubey JP, editor: *Sarcocystosis of animals and man*, Boca Raton, Fla, 1989, CRC Press.

[157] Dubey JP: Abortion and death in goats inoculated with *Sarcocystis* sporocysts from coyote feces, *J Am Med Vet Assoc* 178:700, 1981.

[158] Goossens B, Osaer S, Kora S: Long-term effects of an experimental infection with *Trypanosoma congolense* on reproductive performance of trypanotolerant Djallaoke ewes and West African Dwarf does, *Res Vet Sci* 63:169, 1997.

[159] Batista JS, et al: Infection by *Trypanosoma* vivax in goats and sheep in the Brazilian semiarid region: from acute disease outbreak to chronic cryptic infection, *Vet Parasitol* 165:131, 2009.

[160] Radostits OM, et al: Diseases associated with viruses and Chlamydia: viral diseases characterized by alimentary tract signs. In Radostits OM, et al: *Veterinary medicine*, ed 10, Philadelphia, 2007, WB Saunders.

[161] Campbell GL, et al: Second human case of Cache Valley virus disease, *Emerg Infect Dis* 12: 854, 2006.

[162] Edwards JF, et al: Ovine fetal malformations induced by in utero inoculation with Main Drain, San Angelo, and LaCrosse viruses, *Am J Trop Med Hyg* 56:171, 1997.

[163] Edwards JF, et al: ovine arthrogryposis and central nervous system malformations associated with in uteo Cache Valley virus infection: spontaneous disease, *Vet Pathol* 26:33, 1989.

[164] Chung SI, et al: Congenital malformations in sheep resulting from in utero inoculation of Cache Valley virus, *Am J Vet Res* 51:1645, 1990.

[165] Parsonson IM, et al: Transmission of Akabane virus from the ewe to the early fetus (32 to 53 days), *J Comp Pathol* 99:215, 1988.

[166] Bird BH, et al: Rift Valley fever virus, *J Am Vet Med Assoc* 234:883, 2009.

[167] Swanepoel R, Coetzer JAW: Rift Valley fever. In Coetzer JAW, Tustin RC, editors: *Infectious diseases of livestock*, ed 2, Cape Town, 2004, Oxford University Press.

[168] Marczinke BI, Nichol ST: Nairobi sheep disease virus, an important tick-born pathogen of sheep and goats in Africa, is also present in Asia, *Virology* 303:146, 2002.

[169] Davies FG: Nairobi sheep disease, *Parasitologia* 39: 95, 1997.

[170] Sharp MW, Rawson BC: The cost of border disease infection in a commercial flock, *Vet Rec* 119: 128, 1986.

[171] Jupp PG, Kemp A: Studies on an outbreak of Wesselsbron virus in the Free State Province, South

Africa, *J Am Mosq Control Assoc* 14:40, 1998.

[172] Mushi EZ, et al: Wesselsbron disease virus associated with abortions in goats in Botswana, *J Vet Diagn Invest* 10:191, 1998.

[173] Williams R, et al: Comparison of ELISA and HI for detection of antibodies against Wesselsbron disease virus, *Onderstepoort J Vet Res* 64:245, 1997.

[174] Maclachan NJ, et al: The pathology and pathogenesis of bluetongue, *J Comp Pathol* 141: 1, 2009.

[175] Uzal FA, et al: Abortion and ulcerative posthitis associated with caprine herpesvirus-1 infection in goats in California, *J Vet Diagn Invest* 16: 478, 2004.

[176] McCoy MH, et al: Serologic and reproductive findings after a herpesvirus-1 abortion storm in goats, *J Am Vet Med Assoc* 231:1236, 2007.

[177] Chenier S, et al: Caprine herpesvirus-1 abortion storm in a goat herd in Quebec, *Can Vet J* 45:241, 2004.

[178] Tempesta M, et al: A classical inactivated vaccine induces protection against caprine herpesvirus 1 infections in goats, *Vaccine* 19:3860, 2001.

[179] Acha PN, Szyfres B: Bacterioses. In Acha PN, Szyfres B, editors: *Zoonoses and communicable diseases common to man and animals*, ed 2, Washington, DC, 1987, Pan American Health Organization.

[180] Pappas G, et al: The new global map of human brucellosis, *Lancet Infect Dis* 6:91, 2006.

[181] Mantur BG, Amarnath SK: Brucellosis in India—a review, *J Biosci* 33:539, 2008.

[182] Refai M: Incidence and control of brucellosis in Near East region, *Vet Microbiol* 90:81, 2002.

[183] Chourmouzi D, et al: *Brucella* liver abscess; imaging approach, differential diagnosis, and therapeutic management: case report, *Cases J* 25: 7143, 2009.

[184] Akritidis N, et al: The liver in brucellosis, *Clin Gastroenterol Hepatol* 5:1109, 2007.

[185] Malavolta N, et al: *Brucella* spondylitis with paravertebral abscess due to *Brucella melitensis* infection: a case report, *Drugs Exp Clin Res* 28: 95, 2002.

[186] Memish ZA, Venkatesh S: Brucellar epididymo-orchitis in Saudi Arabia: a retrospective study of 26 cases and review of the literature, *BJU Int* 88: 72, 2001.

[187] Pape M, et al: Seroprevalence of *Coxiella burnetii* in a healthy population from northern Greece, *Clin Microbiol Infect* 15:146, 2009.

[188] Pospischil A, et al: Abortion in woman caused by caprine *Chlamydophila abortus* (*Chlamydia psittaci* serovar 1), *Swiss Med Wkly* 132:64-66, 2002.

[189] Walder G, et al: An unusual cause of sepsis during pregnancy: recognizing infection with *Chlamydophila abortus*, *Obstet Gynecol* 106:1215-1217, 2005.

[190] Sheppard SK, et al: *Campylobacter* genotypes from food animal, environmental sources and clinical disease in Scotland 2005/6, *Int J Food Microbiol* 134:96-103, 2009.

[191] Wong PL, et al: A man with *Campylobacter* endocarditis, treatable as *Campylobacter fetus* following identification, *Ned Tijdschr Geneeskd* 147:399-403, 2003.

[192] Zonios DI, et al: *Campylobacter fetus* bacteraemia in a healthy individual: clinical and therapeutical [sic] implications, *J Infect* 51:329-332, 2005.

[193] Nadir A, et al: *Campylobacter fetus* presenting as a septic pleural effusion: a case report, *J Okla State Med Assoc* 87:267-269, 1994.

[194] Fujihara N, et al: A case of perinatal sepsis by *Campylobacter fetus* subsp fetus infection successfully treated with carbapenem—case report and literature review, *J Infect* 53:e199-e202, 2006.

[195] Sjöstedt A: Tularemia: history, epidemiology, pathogen physiology, and clinical manifestations, *Ann N Y Acad Sci* 1105:1-29, 2007.

[196] Swanepoel R, Coetzer JAW: Wesselsbron disease. In Coetzer JAW, Tustin RC, editors: *Infectious diseases of livestock*, ed 2, Cape Town, 2004, Oxford University Press.

第9章

内分泌系统疾病

内分泌系统对正常的生长、发育和繁殖是不可或缺的。内分泌疾病的严重程度从轻微到致命不等,无论是动物还是人类,其临床表现、诊断、病理生理学和治疗都可以是简单直接或复杂费解的。本章对小反刍动物的内分泌功能和疾病进行论述,以帮助兽医临床诊断和治疗小反刍动物的内分泌异常。本章综合了有关绵羊和山羊内分泌系统的最新研究、分析性评论和病例报告。

下丘脑

下丘脑是间脑吻端一部分,位于脑底丘脑的下方。在第三脑室的周围,从一个平面延伸到视神经交叉,再到一个紧挨着乳头体的尾侧。从侧面看,它的边界有点模糊,粗略地勾勒出视神经束[1]。下丘脑被分成许多对其主要功能至关重要的核心,在诊断内分泌系统疾病时,应考虑到这种结构与功能的相关性。

下丘脑是影响关键身体功能控制因素的主要中心。大脑参与控制内分泌功能的说法可以追溯到20世纪30年代[2,3]。20世纪50年代提出了脑下垂体分泌和内分泌系统的神经体液控制,下丘脑腹侧和下垂体之间的毛细血管系统是下丘脑起源物质的通道,可以作为每一种脑下垂体激素的释放器[4,5]。直到1969年,这一概念才通过假定的信使之一促甲状腺激素释放因子(TRF)在下丘脑腹侧组织的提取物中的分离和结构鉴定,最终得到验证[6,7]。最终,TRF和其他下丘脑的信使(表9-1)通过下丘脑-垂体血管插管获得的血液中被证实和量化[8]。

表9-1　下丘脑的信使激素

激素名称	缩写词	垂体中的靶向细胞
精氨酸抗利尿激素	AVP	促皮质激素细胞
促甲状腺素释放激素	TRH	促甲状腺细胞
促性腺激素释放激素	GnRH	促性腺细胞
生长抑素/生长激素抑制激素	SS/GHIH	生长激素细胞
生长激素释放素	GHRH	生长激素细胞
促肾上腺皮质激素释放激素	CRH	促皮质激素细胞
多巴胺/催乳激素抑制激素	PIH	催乳素细胞
催乳素释放激素	PrRP	催乳素细胞

下丘脑激素调节(即刺激或抑制)脑下垂体前叶细胞释放激素(表9-2),它们也从脑下垂体后叶释放(表9-3)。下丘脑神经肽通过下丘脑-垂体门脉系统转运到垂体前叶,通过轴浆流直接从下丘脑核转移到垂体后叶。下丘脑的几个不同的释放和抑制因子通过门静脉传导到垂体前叶,每个因子对垂体分泌物有一定的选择性作用。这些下丘脑释放和抑制激素是促肾上腺皮质激素释放激素(CRH)、促甲状腺素释放激素(TRH)、生长激素释放激素(GRH)、生长抑素(SS)也称生长激素抑制物质、促性腺激素释放激素(GnRH)、多巴胺也叫催乳素抑制激素,以及催乳素释放激素(PrRH)[9]。下丘脑释放和抑制激素分泌的区域是下丘脑的正中隆起。该区域几乎没有神经细胞体,但许多神经末梢都位于门静脉血管起源的毛细血管环附近。投射到正中隆起外层以及分泌下丘脑释放和抑制激素的神经元细胞体,被组织成下丘脑细胞神经核团。

表 9-2 垂体前叶激素

激素名称	缩写词	靶向组织	正常范围值
生长激素	GH	肝脏、肌肉、骨骼	1～100 ng/mL
催乳素	PRL	乳腺	20～500 ng/mL
促肾上腺皮质激素	ACTH	肾上腺皮质	20～200 pmol/L
促甲状腺激素	TSH	甲状腺	—
促卵泡激素	FSH	生殖腺	<0.25～20 ng/mL
促黄体激素	LH	生殖腺	<0.25～60 ng/mL

表 9-3 垂体后叶激素

激素名称	缩写词	正常浓度值	
		绵羊	山羊
精氨酸抗利尿激素	AVP	(4.4±0.6) pg/mL[76]	(1.8±2.9) pmol/L[77]
催产素	OT	(12.7±0.7) pg/mL[230]	(4.5±1.0) pmol/L[231]

作用于不同时间的广泛生理信号，影响下丘脑。下丘脑-垂体单元的调节系统逐步建立，贯穿于胎儿期和成年期的一系列形态学和生理变化。这些神经轴的发展是一个复杂的过程，涉及中枢和外周调节机制[10]。有证据表明，哺乳动物的下丘脑-垂体轴在胎儿早期就具有功能[11]。在羊胎中，早在妊娠的第48～67天就观察到正中隆起的成熟[12]。在小反刍动物中，下丘脑和脑垂体之间的血管连接在妊娠早期(第45 d)得到充分发展，提供了一个功能性连接；可以推测，下丘脑的影响因素可以通过门静脉系统直接传送到脑下垂体，在妊娠期间发挥其刺激或抑制作用[12,13]。然而，在胚胎中发现的一些神经肽的具体生理作用还没有被完全确定[14]。内分泌轴的各个组成部分可能彼此独立地开始它们的胚胎发育，它们之间的相互作用只在它们发育的最后阶段才建立起来[15]。

脑垂体

脑垂体是脊椎动物最重要的内分泌腺之一。其是位于大脑底部的一个不成对的内分泌腺体，与下丘脑的腹侧部相连。红灰色圆形或卵圆形腺体位于视神经交叉和乳头体之间的蝶骨(蝶鞍)垂体窝中的颅底的内表面，由腺垂体和神经垂体两大部分组成。脑垂体的大小和重量不仅因物种而异，也因品种、年龄和性别而异。在绵羊中，脑垂体腺体的长度为13～15 mm，平均重量为0.3～1.8 g。它的小尺寸掩盖了它的重要性和复杂性，包括它错综复杂的胚胎、结构的异质性和功能的多样性。

脑垂体的前叶、中间叶和后叶作为三个独立的内分泌器官，每一个都具有不同的细胞群、分泌产物和调节机制。脑垂体最初由拉特克在1838年描述[17]，它起源于发育中胚胎的两个不同部位。腺垂体(远端部、中部、结节部)起源于原发性口腔顶部的外胚囊(也称为拉特克囊)，神经垂体(垂体神经部或后脑垂体)起源于间脑。

脑垂体前叶：结构、功能和激素

脑垂体前叶的独特之处在于，中枢神经系统在很大程度上控制着脑垂体的这部分，通过神经体液机制发挥其调节作用。很少有神经纤维从下丘脑进入垂体前叶。相反，门静脉垂体血管在下丘脑和下丘脑垂体前叶之间形成直接的血管连接。脑垂体激素释放物质由下丘脑神经元产生，并释放到特殊血管系统中，以供给下丘脑垂体前叶[18]。来自颈动脉的动脉分支和脑底动脉环，形成一个被称为下丘脑腹侧初级丛的多孔毛细血管网络。毛细血管袢也穿透正中隆起。这些毛细血管流入窦状门静脉下垂体血管，将血液从脑垂体柄输送到脑垂体前叶的毛细血管。妊娠期前3个月，血管门静脉系统的发育和完全建立结束。正中隆起通常定义为门静脉血管产生的腹下丘脑的一部分。这个区域在血脑屏障之外。脑垂体前叶在妊娠初期开始发挥作用，妊娠早期可检测到促肾上腺皮质激素（ACTH）、促黄体生成素（LH）和促卵泡激素（FSH）。TRH分泌细胞早在妊娠中期发育。生长激素（GH）和催乳素在怀孕后期的合成量越来越大。

腺垂体约占脑垂体的80%，在反刍动物中位于神经垂体前侧[19]。腺垂体可分为三个亚段：远侧部（腺垂体的主要部分，在本章的其余部分称为脑垂体前叶），中间部（远侧部和漏斗部之间的小分隔部分），以及结节部（沿着漏斗柄远侧部的小背侧延伸）。它是一种高度血管结构，含有大量不同的腺体细胞，能够合成和分泌各种激素——TSH、ACTH、LH、FSH、PRL和GH。脑垂体前叶的一些激素作用于靶内分泌腺，另一些激素则发挥其作用而不受其他内分泌腺体的干预。传统上，腺垂体细胞是根据颗粒细胞对各种染料的亲和力（嗜酸细胞、嗜碱细胞和难染色细胞）进行光镜区分的。然而，目前腺垂体的细胞根据它们的合成产物和分泌产物来区分。

垂体前叶的经典观点认为，每个细胞分泌一种激素（见表9-2）[18]。然而，过去20多年积累的证据表明，存在着可能不止一个神经内分泌系统的多激素细胞亚群[20,21]。例如，乳房生长激素细胞包含生长激素（GH）和催乳素[22,23]。越来越多的证据表明，除了已经证实的LH激增外，其他脑垂体激素也会随之激增：如GH[24-26]、催乳素[27-31]和TSH[32]。一种可以解释这种激增的假说是促性腺细胞分泌的可能，不仅仅是简单的促性腺激素（LH和FSH）。在羊的发情周期中，促性腺激素、生长激素和乳糖的比例没有变化[33]。研究证明，GH与LH共同定位于绵羊垂体前叶[21]（图9-1，另见彩插）。与大鼠相比，高达47%的促性腺细胞共表达GH的mRNA[34,35]，这个比例在绵羊中较小，最多只有10%的促性腺细胞表达免疫反应性的GH[21]。然而，检测这些LH和GH共表达的细胞，发现它们显著受到发情周期阶段的影响。该研究还表明，由于催乳素和促甲状腺激素都是在促性腺细胞中被检测出来，所以这种在促性腺细胞中共同表达的物质并不特定于GH。催乳素也在绵羊垂体前叶的促性腺细胞内表达，但发情期对这些细胞的存在没有影响。相反，没有促性腺激素与ACTH共同定位。更多的证据表明，下丘脑释放因子的受体可能不局限于单一的垂体细胞类型。特异的研究已经表明，在不同物种中，GnRH结合并不局限于促性腺细胞[34-38]。

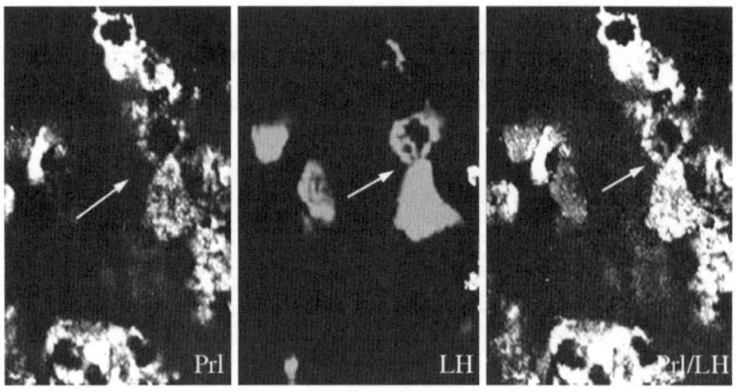

图9-1 双免疫荧光标记后黄体期母羊垂体的显微图。催乳素免疫反应的细胞是绿色的，βLH显示为明显的双标记红色细胞。在图像右侧，双色标记（箭头）的细胞是明显的黄橙色[21]。

ACTH对肾上腺糖皮质激素和醛固酮的基线水平分泌是必需的，以及各种应激引起的这些激素的分泌增加。促肾上腺皮质激素细胞合成和分泌促肾上腺皮质激素（ACTH）、β-促脂素和阿黑皮素原，占垂体前叶细胞的15%～20%[22]。ACTH的释放受到两个下丘脑神经肽的刺激：促肾上腺皮质激素释放素（CRH）和精氨酸加压素（AVP）。虽然CRH是大鼠和人类中最有效的ACTH分泌因子，但在绵羊和牛中，AVP是一种比CRH更强的分泌因子[39-41]。同样，随着视听应激的增加，在绵羊脑垂体门脉循环中，AVP的浓度比CRH的浓度增加得更多[42]。身体损伤、压力、出血和其他生理挑战产生传入冲动，汇聚于下丘脑，导致CRH、AVP和ACTH输出增加。相反，糖皮质激素通过对下丘脑和垂体水平的反馈抑制作用阻断ACTH分泌[43]。Engler及其同事研究报告了绵羊的基线水平（20～50 pmol/L）和应激诱导（多达200 pmol/L）情况下ACTH参数[42]。

正如预期的那样，生长激素对幼小动物的正常生长发育是必需的。然而，它也影响了神经纤维的生产，并参与了成年个体繁殖中很重要的过程（如类固醇生成、配子生成、哺乳）。在脑垂体前叶产生的所有激素中，GH最为丰富。脑垂体中含有的GH比ACTH多20～40倍，比催乳素多50～100倍[20]。生长激素在垂体前叶的促生长激素细胞中合成，在反刍动物中为191-氨基酸肽[44,45]。在经典观点中，GH被认为是由脑垂前叶的促生长激素细胞产生和分泌的[46]。然而，现在公认的是，GH是由脑垂体前叶内的其他细胞类型产生的[22,23]。此外，脑垂体外产生GH的部位也存在，这种激素发挥自分泌和旁分泌作用[47]。到目前为止，包括小反刍动物在内的所有物种中，生长激素都以间歇性或脉冲形式分泌[48,49]。GH 的分泌模式因物种、光周期和代谢信号的不同而不同，并且它具有两性差异[9,50]。下丘脑对哺乳动物生长激素分泌的控制，是脑垂体激素分泌“双重控制”系统的经典范例：两种下丘脑肽有相反的作用，GRH 和 SS，直接调节脑垂体前叶生长激素分泌[9,51]。通过生长激素细胞，GRH 刺激而 SS 抑制生长激素分泌。从中枢神经系统、脑下垂体或外周组织的不同因素可以改变间歇性 GH 分泌[9]。除了直接激活各种不同的基因外，GH 还介导生长调节素的产生。最典型的生长调节素，胰岛素样生长因子Ⅰ（IGF-Ⅰ）和Ⅱ（IFG-Ⅱ）介导了 GH 的许多作用。

哺乳动物的繁殖依赖于脑垂体前叶促性腺激素的合成和分泌。促性腺激素、FSH 和 LH 是由垂体前叶(促性腺)的细胞合成和分泌的。促性腺激素在雄性和雌性中控制类固醇的生成和配子发育，它也是糖蛋白激素家族的成员，也包括垂体激素 TSH 和绒毛膜促性腺激素。这种糖蛋白激素的成员是异二聚体，这意味着它们是由两个不同的亚基 α 和 β 组成。垂体糖蛋白激素（FSH、LH 和 TSH）有一个相同结构的 α 亚基。然而，每种促性腺激素的 β 亚基是独特的，这就赋予了每种激素的生物学和免疫特异性。LH 和 FSH 基因的 α 亚基以及 β 亚基已被确认[52]。相同的 α 亚基结合不同激素特异性的 β 亚基，这种方式产生一种独特的三级结构，高效地与靶细胞中的激素受体系统互作。分泌 FSH 和 LH 的促性腺物质占垂体前叶细胞的10%～15%。LH 和 FSH 的合成和分泌主要受中枢神经系统通过 GnRH 和神经激肽的神经分泌调控[53,54]。

小反刍动物的繁殖活动具有季节性，虽然环境温度、营养状况、群体互动、产羔日期、哺乳期是这一季节性的调节因子，但光周期是其决定因子。褪黑素通过其夜间分泌的时间，改变 GnRH 脉冲发生器的灵敏度，从而改变 LH 的脉冲式分泌，负责将白天信息转换到生殖轴。在中枢神经系统中，褪黑激素的确切位置仍然存在争议，需要进一步研究。甲状腺激素在季节性生殖中也起着重要作用，但目前神经内分泌模型对季节性生殖的光周期控制还需要进一步阐明其位点、作用机制和整合。Nicholl 等的研究[55]提供了甲状腺激素参与绵羊季节性繁殖的第一个证据，发现在乏情期后期甲状腺切除的母绵羊正常进入繁殖季节，在随后的整个乏情期也继续表现出正常的发情周期，这种状况维持时间超过 1 年。

催乳素是一种在哺乳和生殖功能中起着重要作用的激素。例如，它既是催乳激素又是促黄体素[56]。分泌催乳素的催乳素细胞占脑垂体前叶细胞的 10%～25%[22]。催乳素与生长激素结构相似，并具有类似的半衰期[57]。与其他脑垂体激素不同，催乳素主要受来自下丘脑的抑制因素控制，其中最重要的是多巴胺。众所周知，多巴胺抑制泌乳素释放[20]，在绵羊中，对溴苯丙胺（一种多巴胺 D_2 受体激动剂）的外周血给药，则消除了正常情况下与 LH 激增有关的催乳素增加[58]。在光周期的季节育种动物如绵羊和山羊中，催乳素浓度发生季节变化[59]。最高循环催乳素水平（200～800 ng/mL）与长日照（不发情季节）一致，最低循环催乳素水平（小于 40 ng/mL）与短日照（繁殖季节）一致[60-62]。然而，在 LH 激增的繁殖季节，同时有催乳素激增（高达 800 ng/mL）的报道[27,28]。褪黑素（而不是多巴胺）控制泌乳素的季节性分泌物与下丘脑的输入无关[63]。对大鼠的研究表明，催乳素释放肽(PrRP)可能在催乳素激增中发挥作用[64]。然而，在母绵羊中，当催乳素激增时，PrRP 并没有在垂体门脉循环中释放[27]。另外，褪黑素被认为通过结节部的 PrRP 作用于脑垂体前叶[65,66]。由于泌乳素水平高通常与卵巢不活跃有关，有人认为季节性高催乳素浓度可能是导致绵羊生殖功能季节性损害的原因[67]。

甲状腺功能受脑下垂体前叶 TSH 控制。促内分泌腺激素的分泌反过来又受到下丘脑 TRH 的部分调节，并受到影响脑下垂体前叶和下丘脑的甲状腺激素循环水平的负反馈控制。分泌 TSH 的促甲状腺细胞只占垂体前叶细胞的 3%～5%，并受到下丘脑 TRH 的刺激[68]。TSH 是一种由两个亚基 α 和 β 组成的糖蛋白。TSH-α 亚基的结构和 LH、FSH、人体绒毛膜促性腺激素（hCG）的 α 亚基结构相同。TSH 的功能特异性是由 β 亚基决定的。甲状腺对 TSH 刺激反应所分泌的主要激素是甲状腺素（T_4）和三碘甲状腺氨酸（T_3）。甲状腺激素对 TSH 分泌的负反馈作用部分作用于下丘脑水平，但也有很大一部分作用于垂体，因为 T_4 和 T_3 阻止了 TRH 产生的 TSH 分泌的增加。因此，在没有足够的甲状腺激素的情况下，会释放过多的 TSH，导致甲状腺肿大（甲状腺肿）。暴露在寒冷的环境中也会影响甲状腺功能[69-74]。

脑垂体后叶:结构、功能和激素

在胚胎发育过程中,神经垂体作为第三脑室底部突起而出现。这种生长产生了正中隆起、漏斗柄和漏斗状突。最开始生长出的部分很薄,就像间脑的底板一样。然而,在以后的发育过程中,随着神经上皮细胞的增殖,生长出的末端变得坚实。后来,这些细胞分化成垂体细胞。神经纤维和末梢产生于下丘脑视上核和室旁核的垂体外的巨大细胞神经元细胞体。无髓神经纤维通过下丘脑垂体束,穿过漏斗柄到垂体后叶——漏斗部。这些细胞核的细胞体中产生的神经分泌物质沿着它们的轴突移动,最后到达神经垂体的远端,从中释放出特征性激素(后垂体激素——AVP 和催产素)进入全身循环。

脑垂体后叶垂体的神经分泌激素产物均为九肽。视上核和室旁核的细胞体合成催产素或 AVP 的前激素。这些激素经过进一步的处理和加工修饰,在神经分泌颗粒到垂体神经部的运输过程中产生最终的激素产物。每一种都与结合蛋白有关:催产素与神经垂体激素运载蛋白Ⅰ有关,而 AVP 与神经垂体素运载蛋白Ⅱ有关。在适当的刺激下,依赖钙的胞外分泌会发生。

AVP 也被称为抗利尿激素(ADH),它的释放是在髓腹外侧区的渗透压感受器产生的高渗、低血容量和低血压条件下刺激产生。这些特殊的神经元通过儿茶酚胺 A1 纤维直接刺激后脑垂体后叶释放激素;然而,包括神经肽 Y 在内的其他神经递质也在信号激素释放酶中发挥作用。血管升压素作用于肾脏远端收集小管,以增加水滞留,降低血液渗透性,增加尿浓度,通过刺激增加了顶端膜中插入的水通道蛋白 2 的数量(短期增加),以及水通道蛋白 2 基因表达的加强(长期变化)[75]。在 Henle 上升环路中增加氯化钠的再吸收,促进醛固酮刺激钠的再吸收,提高远端集尿管对尿素的通透性,也在肾脏中进行调节,从而全面提高尿浓度和抗利尿作用。除了它的肾脏作用外,AVP 直接作用于血管平滑肌引起外周血管收缩;然而,这种收缩对总血压没有明显的影响,因为 AVP 对大脑后视丘的作用导致了心脏输出量的总体下降[18]。AVP 释放量随血压和体积的增加而降低,渗透压降低到正常水平。血浆加压素水平随水合状态而变化。在绵羊中,据报道其水平在水合和脱水状态分别从(4.4±0.6) pg/mL 变化到(16.8±1.0) pg/mL[76]。报道山羊血浆中 AVP 水平允许自由结合水时为(1.8±2.9) pmol/L,但在脱水严重的时候可以增加到(19.9±9.4) pmol/L[77]。

尿崩症(DI)是由于 AVP 机制受损导致肾脏不能适当地浓缩尿液而引起的。这种情况可分为中枢或神经源性,由神经垂体功能障碍引起,或肾源性肾病,继发于肾功能不全引起。虽然 ADH 测量已被描述,但 DI 的诊断依赖于水去除试验[78]。在这项试验中,水被截留,尿液标本被连续采集;受影响动物的尿液比重没有增加。外源性 AVP 给药可以区分神经源性和肾源性的 DI。动物中枢神经系统将通过增加尿液浓度来做出反应。由于测试要求患畜严重脱水,所以应事先排除肾病,并监测患畜体重。此外,在已经脱水、氮质血症或高血钙的动物中是禁止的[78]。在一只 7 月龄的萨福克公羊和一只 4.5 岁的黑褐色山地公羊中,中心尿崩症(DI)被怀疑是这两只羊多尿和多饮的原因[79,80]。水去除试验和对 AVP 给药反应证实了前一病例的诊断;在后一种情况下,试验开始是为了证明这一假设,但临床恶化时需要安乐死才能得出结论。在这两种情况下,DI 被认为是继发性的压迫神经垂体,分别来自外部压力和腺垂体嫌色细胞腺癌。

在不适当的抗利尿激素分泌综合征(SIADH)中,所有物种 AVP 过度表达都很罕见[81-83]。已经在绵羊和山羊中进行了试验模拟,在鼻中隔和视前区使用射频损伤和给以外源性 AVP[84,85];迄今为止还没有自然发生的病例报告。

催产素是神经垂体后叶的另一种激素产物,它的释放是由于对感觉神经元受到刺激而引起的生殖道扩张或乳腺的调控。通过挤奶或哺乳后代产生的传入冲动会传播到视上核和室旁核,从而引起催产素的释放。山羊也只有在照顾自己的羔羊时才表现出不同程度的催产素释放;这种释放似乎是由嗅觉信号来调节的[86]。这种激素直接作用于乳腺导管的肌上皮细胞,引起乳汁排出,并作用于生殖道细胞引起平滑肌收缩。肾上腺素刺激能抑制乳汁排出反应;因此,应激和交感神经兴奋可以阻止乳汁的排出。催产素对平滑肌的直接激活也可能在分娩、精子进入输卵管、射精前精液进入尿道等过程中发挥作用[18]。催产素刺激引起的子宫收缩,促进了这种药物作为催产剂治疗各种生殖障碍的广泛应用(见第 8 章)。

有趣的是，对奶山羊的预刺激会导致催产素的提前释放，但不会提高乳流量或整体产量[87]；这种影响与在牛身上发现的结果相反，可能是由于牛的乳池容量较大。虽然 AVP 在乳汁排出中有作用，但其确切的生理机制尚未阐明。抗利尿激素 V1 受体存在于肌上皮细胞中[88]，给山羊注射抗利尿激素可增加乳汁流量和乳脂含量[89]。此外，吸吮能显著提高血液中的催产素和 AVP 水平，而人工挤奶则不会改变它们的变化[90]。

脑垂体异常

家畜中最常见的脑垂体肿瘤是在犬和马身上发现的，反刍动物的此类报告非常罕见，尤其是绵羊和山羊。小反刍动物的垂体异常大多是腺瘤[91-95]，但最近也有报道称腺癌[96,97]。

脑垂体腺瘤

垂体前叶嗜酸腺瘤在绵羊[91,93,94]和山羊中[92,95]都有报道。在家畜中，通常脑垂体肿瘤通过扩张生长。犬和马在漏斗柄周围没有限制性的膈膜，这些动物的垂体肿瘤通常向下丘脑生长[98]。这种肿瘤生长在其他种类的家养动物（包括小反刍动物）中还没有观察到，这些动物在漏斗柄周围有一个限制性的膈膜，在这种情况下，大多数原发性脑下垂体肿瘤仍然是在膜外的。垂体腺瘤通常压迫绵羊[93,94]和山羊的邻近垂体组织[92,95]。垂体腺瘤也可以向视神经交叉点背侧突出[91]，并从腹侧侵蚀周围的蝶状骨[91,92]（图 9-2）。嗜酸细胞通常产生 GH 和催乳素，这两种都是产乳的。部分垂体腺瘤的绵羊[99]和山羊[95]表现为不适当的泌乳。类似的嗜酸性腺瘤在其他物种中也有报道，与乳腺发育异常有关[100]，在不适当的泌乳综合征（ILS）的反刍动物的鉴别诊断中应考虑垂体前叶腺瘤。然而，目前还没有确定的临床诊断测试可用于这种情况。两例嗜铬细胞瘤和囊性子宫内膜增生伴有 ILS[95]。其中一个动物也有甲状腺和滤泡性卵巢囊肿[95]。

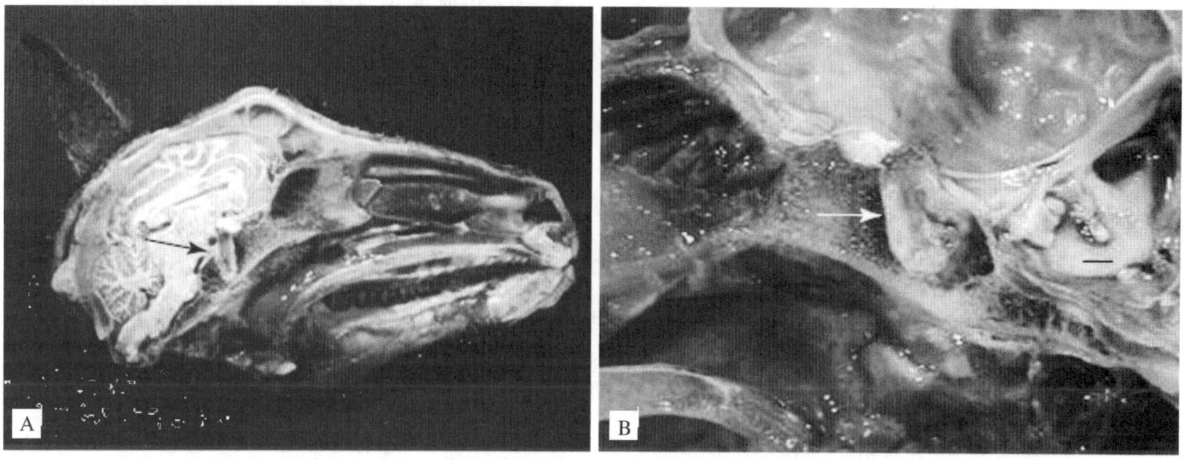

图 9-2 A. 侏儒山羊的头骨和脑垂体（箭头）的大体图像，显示腺体增大并侵蚀周围蝶骨。B. 垂体肿块（箭头）的高倍放大图像。蝶鞍周围蝶骨有明显的糜烂和出血。标尺＝ 1 cm[92]。

垂体腺瘤也可能是内分泌不活跃，但可能通过正常垂体组织的机械压迫、正常组织的血流受阻，或通过下丘脑-垂体门脉系统干扰下丘脑调节激素的传递而引起垂体机能减退[99,101]。在人类中，垂体瘤变是垂体机能减退最常见的原因[101,102]。在有垂体腺瘤的母鹿中，主要的临床问题是持续性低血糖；然而，完整的临床病史和实验室检测结果与部分垂体机能减退一致，发现母羊同时也患有原发性甲状腺机能减退和肾上腺机能减退[92]。

脑垂体癌

脑垂体癌在所有物种中都不常见，在反刍动物中更罕见。一份报告描述了一个垂体癌转移到颌下腺淋巴结的奶牛[103]。另两个报告描述了绵羊垂体腺癌[96,97]，在第一个报告中，一只公绵羊出现了眼部异常、多尿症和多发症，所有这些都与脑下垂体区域的占位病变相一致，并且与视神经痉挛密切相关[97]。在羊只死后的尸检和细胞学检查结果提示为垂体嫌色细胞腺癌[104]。第二个报告描述了一只患有垂体嫌色细胞腺癌的母绵羊，它同时有两个原发肿瘤(一个眼内黑色素瘤和一个卵巢肺腺癌结节)[96]。与小反刍动物中内分泌活跃的垂体腺瘤不同[95,99]，垂体腺癌要么是内分泌不活跃，要么是导致部分垂体机能减退[96,97]。

如果病理组织学表现是诊断的唯一标准，那么垂体腺瘤与垂体癌的鉴别就比较困难。事实上，在人类医学中，病理学家认为非功能性垂体瘤从诊断的角度来看是特别有问题的，除非有广泛的临床病理数据。即使有这些数据，也很少有前瞻性的临床病理研究被用于开发临床有用的分类系统[105]。此外，腺瘤和腺癌的细胞形态可能相似，两种肿瘤的有丝分裂率通常较低。然而，在某些腺癌中，组织病理学特征可能包括更频繁的有丝分裂，偶尔出现的巨大细胞和更大程度的核多形性、肿瘤浸润到脑实质、肿瘤内大面积坏死、血管浸润、脑内转移、细胞和细胞核多形性明显，高有丝分裂率与恶性肿瘤一致[104]。因为基质持续和累积地压缩神经垂体、漏斗柄和下丘脑，所以没有髓鞘的轴突将 ADH 从下丘脑中的产生部位(视上核和室旁核)运输到释放部位(神经垂体的毛细血管丛)被打断[104]。

脑垂体脓肿综合征

脑垂体脓肿综合征是一种罕见的反刍动物疾病，山羊和绵羊中分别有过 4 例和 3 例报道[106,107]。这种情况总是致命的，由于各种临床症状的存在，生前诊断是很困难的。在尸检中能做出最终诊断(图 9-3)。饲养者报告的最常见的临床表现是厌食、共济失调、抑郁症和卧地不起。在大多数脑垂体脓肿综合征动物中，脑神经功能异常是明显的。最常见的神经系统异常是与眼部功能障碍有关，其次是吞咽障碍；脑神经缺损通常是不对称的。先前有关牛和羊的垂体脓肿的报告表明，雄性更容易患这种疾病[106,108]。然而，有关绵羊和山羊出现这种情况的报道表明，雌性个体更易患此病[106,107]。鉴于垂体作为内分泌器官的重要性，一个有趣的假设是脑下垂体脓肿综合征动物存在激素失衡。确定激素浓度可能是有价值的，可能会检测到垂体功能不全。然而，鉴于该病的急性和致命病程，这一决定不太可能在临床实践中发挥作用。

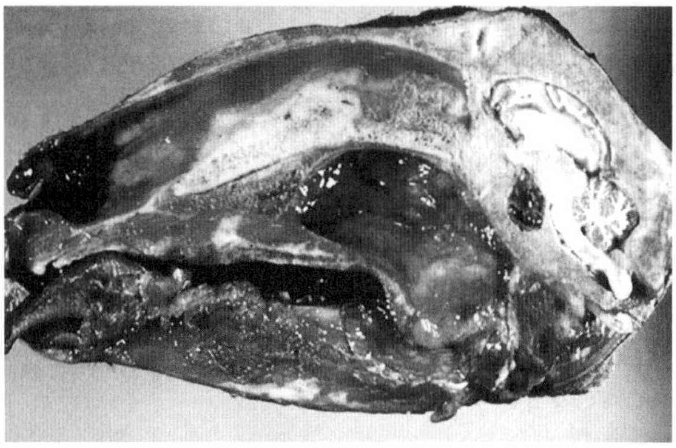

图 9-3 母羊脑矢状面中部，图中显示脓肿取代脑垂体(来源：Noah's Arkive, Crowell, F02575)。

脑垂体疾病诊断

当临床表现提示动物的垂体异常时，应考虑基线血清激素浓度和动态激素检测，及时发现垂体功能障碍。不幸的是，文献中很少有关于小反刍动物正常垂体激素参数的报告。表 9-4 列出了正常基线和受刺激激素浓度的可用值。无创成像技术可用于诊断和监测治疗。对比增强的计算机断层扫描(CT)可以直接显示脑垂体腺[109,110]，但磁共振成像(MRI)可能比 CT 对下丘脑-垂体病理过程检测更敏感。MRI 被认为是检测肿瘤向蝶鞍区扩展和向垂体腺旁结构压迫的一种方法[111,112]。

一种区分神经源性 DI 和原发性肾源性 DI 的特殊方法是改良水去除试验，如果必要的话，包括 AVP 反应试验[113]。

表 9-4 实用的内分泌素浓度

激素名称	缩写词	正常范围值
甲状腺激素	T_4	38～100.5 nmol/L (绵羊)[118] 38.6～54.4 nmol/L (山羊)[118]
三碘甲状腺氨酸	T_3	0.97～2.30 nmol/L (绵羊)[118] 1.3～2.92 nmol/L (山羊)[118]
甲状旁腺激素	PTH	99.7±9.3 pmol/L (绵羊)[232] 3.47±0.38 pmol/L (完整的 PTH，山羊)[233]
甲状旁腺激素相关蛋白	PTHrP	3.3±1.5 pmol/L (山羊)[234]

续表 9-4

激素名称	缩写词	正常范围值
降血钙素	CT	144.6±25.7 pg/mL（绵羊）[232]
皮质醇		62±10 nmol/L（绵羊）[173] 65±8 nmol/L（山羊）[173]
醛固酮		28.9±9 pmol/L（绵羊）[190] 5.5±4.3 ng/dL（山羊）[189]
胰岛素		2±20 μIU/mL

甲状腺

结构和功能

甲状腺是由峡部相连的两个侧叶组成，位于喉部下方气管的外侧面。它起源于胚胎，是第一和第二咽囊之间的内胚层上皮外翻；随着发育的进程，与上皮的联系逐渐消失，间充质细胞的结合导致副角蛋白细胞的形成。它可能仍与幼小动物的胸腺有关。

甲状腺的功能单位是滤泡，它由胶体和周围的一层立方上皮细胞组成。胶体是一种透明黏稠的液体，以甲状腺激素球蛋白-激素复合物的形式作为甲状腺激素的储存器。滤泡的大小和细胞的长度根据腺体的功能阶段会变化，从不活跃的鳞状细胞到高度活跃的高柱状细胞。滤泡之间穿插着甲状腺 C 细胞（滤泡旁细胞），它们是与钙代谢有关的激素降血钙素的来源。第三种类型的激素组织是甲状旁腺，它嵌在甲状腺内或位于其附近[114]。这些组织和它们的激素产物将在后面"钙稳态和甲状旁腺激素"这一节中有更详细的讨论。

甲状腺激素和下丘脑-垂体-甲状腺轴

甲状腺释放激素（TRH）由脑垂体室旁核分泌，刺激垂体前叶分泌促甲状腺激素（TSH）或促甲状腺刺激激素。这反过来导致甲状腺分泌甲状腺素（T_4）和三碘甲状腺氨酸（T_3）。后者是激素的活化形式；在绵羊中，T_4、T_3 和反向 T_3（rT_3）分别占甲状腺分泌产物的 90.4%、8.8% 和 0.7%[115]。T_4 在 5′-单脱碘酶的作用下可以转化为更多的生物活性 T_3，存在于外周组织，尤其是肝脏和肾脏。另一种方法是，它可以通过 5′-单脱碘酶转化为生物惰性的 rT_3，也可以在一些组织中找到。这些酶在不同组织中的相对浓度在决定局部激素浓度和组织应答方面起着不可或缺的作用。

甲状腺激素的大部分作用是通过与细胞核中甲状腺激素应答性转录因子结合来增加基因表达；然而，与膜转运载体结合也可能负责调节部分细胞反应。T_3 刺激的结果包括热量产生、氧气利用、基础代谢、脂质代谢、心输出量、神经传递、葡萄糖的有效性（糖酵解、糖异生、吸收）、蛋白质合成和分解代谢[116-118]。甲状腺激素与羊毛生长、体重增加、产奶量和繁殖有关，而下丘脑-垂体-甲状腺轴紊乱可能会影响其中的任何一个或全部（注：激素水平可能随疾病或营养问题而波动，因此反映全身状况）。

下丘脑-垂体-甲状腺轴的调节依赖于许多内源性和外源性因素。甲状腺激素抑制下丘脑和脑垂体腺中 TRH 和 TSH 的分泌（短负反馈和长负反馈循环）。此外，神经递质多巴胺、生长激素抑制素和糖皮质激素可以抑制 TSH 排泄，而 α-肾上腺素刺激可以在垂体水平刺激增加这种激素的浓度。细胞因子、生长因子、前列腺素和血碘的浓度（通常反映饮食水平）可能在甲状腺水平上起作用，改变表达和排泄。最后，激素排泄后的改变可以促进相对生物利用度，并作为一种控制来源；脱碘酶的差异表达可能受到环境条件变化的影响，这一过程被称为外周自调节。

甲状腺功能减退症

甲状腺功能减退可能源于腺体自身的缺陷——原发性的甲状腺机能减退，或者在下丘脑-垂体-甲状腺轴上伴 TRH 或 TSH 的机能减退。另外，甲状腺素对 T_3 的外周脱碘也可能发生变化。减少的 5′-脱碘酶活性与内毒素损伤和炎症或疾病伴随的细胞因子的表达（白细胞介素和 TNF-α）有关[116,119]。结果包括 T_3 浓度降低，rT_3 浓度增加，（严重时）T_4 下降；炎性细胞因子也能降低脑垂体的 TSH 释放。甲状腺激素的活性减少与炎症和疾病有关，这被称为甲状腺疾病综合征。它在伴侣动物诸如犬和其他反刍动物中有很好的特征，但是目前缺乏在小反刍动物中的研究。

甲状腺激素和生殖

甲状腺激素水平在小反刍动物的生理和季节性繁殖中起着不可分割的作用。甲状腺功能减退与不同物种的生殖障碍的多个方面都有关联，包括改变精子发生、睾丸生长的减少、不规则周期、青春期延迟、流产、死胎、虚弱的后代、安静发情和多发情[116,117,120]。

甲状腺激素影响季节性发情向乏情期的转变。在发情期间进行甲状腺切除的母绵羊开始与甲状腺正常的母羊一起进入发情周期循环，但在繁殖季节过后，切除甲状腺的母绵羊没有再回到发情状态[121]。另外，补充甲状腺激素会导致乏情期提前[122]。萨能奶山羊的试验表明，这些变化可能是下丘脑中Ⅱ型脱碘酶随着光周期变化改变了季节性的表达；因为这种酶催化无活性的 T_4 形成有活性的 T_3，这些变化增加了长光周期下丘脑内侧基底活性激素的生物利用度[123]。因此，随着白昼的延长，中枢神经系统中的甲状腺激素的表达量增大；在这个水平上抑制 GnRH 和 LH 介导的向乏情期的过渡，在雌性生殖生理中起着核心作用。

在生长的绵羊羔羊中，使用硫脲诱导甲状腺功能减退，导致睾丸显著变小，睾丸生精小管发育不良，睾酮水平低于 0.02 ng/mL[120]。由于 T_3 受体在睾丸支持细胞上的数量增多，随着年龄的增长，睾丸支持细胞的数量减少，雄性甲状腺激素缺乏的影响在幼小动物中更为明显[124]；因为这些 T_3 受体实际上在成年动物中消失了，所有这些变化是不可逆的。

与成年动物缺碘有关的生殖效率降低可以通过适当的治疗加以改善。在低尿碘浓度的动物中补充 1 mL 的脂酰碘（提供 480 mg 的碘）可以显著提高甲状腺激素水平和生育能力[125]。

甲状腺激素与免疫状况

甲状腺激素在免疫系统功能中的作用尚不清楚。然而，甲状腺机能减退或甲状腺肿动物对感染的易感性增加，从而导致产量下降。地方性甲状腺肿的山羊表现出体液免疫和细胞免疫指标的显著下降[126]；这些指标随着甲状腺素或胶体碘的治疗而改善。

甲状腺激素和羊毛纤维

甲状腺激素水平似乎与羊毛纤维特性有关。确切的作用机制尚不清楚，也不清楚甲状腺激素是否有直接或其他的影响。有报道称，绵羊羊毛的生长和甲状腺激素水平有关。甲状腺切除术使每单位皮肤面积的羊毛生长减少了 60%，主要与纤维长度的减少有关，表面上是由于细胞分裂率降低和皮层分裂细胞数量减少[127]。甲状腺激素对子宫中羔羊毛囊的发育也很重要[128]。对安哥拉山羊的马海毛生长也有类似的影响，其中甲状腺素补充引起的甲状腺功能亢进会导致纤维长度增加，直径减小[129]。此外，在安哥拉山羊羔羊中，添加野蚕豆可增加甲状腺激素水平、纤维长度和次生毛囊活性，降低羊毛纤维直径[130]。

环境温度和甲状腺激素

环境温度与甲状腺激素表达之间的联系在绵羊和山羊中都得到了很好的证实[70-72,131-133]。温度与激素水平呈负相关，环境温度升高导致甲状腺激素浓度降低。值得注意的是，多赛特绵羊（温带品种）的甲状腺激素对 TRH 的热应激反应比黑腹绵羊（热带品种）表现出下降得更多[134]。同样，正如提到的繁殖的季节性，光周期影响甲状腺激素的浓度。因此，对下丘脑-垂体-甲状腺轴相关疾病的研究应考虑环境温度和品种因素。

营养和下丘脑-垂体-甲状腺轴

因为下丘脑-垂体-甲状腺轴对动物环境的变化做出应答，激素水平被认为是小反刍动物新陈代谢和营养状况的指示剂[117]。甲状腺激素的水平能很好地反映营养状况，这是有根据的，因为它是代谢率的主要调节因素，适应营养供应的变化对生存很重要。瘦素水平的下降与身体脂肪储备的减少有关；这种减少可以作为向室旁核发出信号，下调 TRH 的表达，改变 TSH 的糖基化，降低其生物活性[135]。因此，全面的营养状况在下丘脑-垂体-甲状腺轴的功能上起着重要的调节作用，特别是在从供给饲料到饥饿状态的过程中。

硒对甲状腺激素的合成和激活至关重要，因为硒是脱碘酶和过氧化物酶的组成部分；除了众所周知的对肌肉骨骼系统的影响（导致白肌病）之外，饮食缺乏还会影响激素水平。硒缺乏引起的营养肌退变的羔羊与正常羔羊相比，总 T_4 增加、T_3 降低[136]。甲状腺激素状态的改变可解释在受影响动物中发现的一些异常或病理状况(见第2章)。

膳食锌水平也被引起关注,因为锌的含量与其他物种甲状腺状况的改变有关,在小反刍动物饲养中,补充锌是很常见的。然而,试验补充锌并没有导致激素水平的显著改变或甲状腺功能的改变[137](见第2章)。

甲状腺肿大

甲状腺肿是指甲状腺的非炎性和非肿瘤性肿大,它通常在体检时可被检测到。甲状腺肿的存在表明了对下丘脑-甲状腺轴损害的补偿效应。无论导致血液激素水平下降的潜在原因是什么,负反馈的减少都会导致 TRH 和 TSH 的增加。高表达量的下丘脑和垂体激素会刺激甲状腺滤泡细胞的增生,以增加碘的吸收和激素的分泌。由此导致的疾病可能包括受影响的动物中甲状腺和垂体的增生[138]。增生性甲状腺肿的特点是滤泡细胞增多;进而发展到胶体甲状腺肿,这是疾病的晚期阶段(图 9-4A 和 B)。腺体可以在早期对其进行弥补,使患畜在生理上正常(简单的甲状腺肿),但如果潜在的问题严重并且持续,甲状腺功能减退可能最终会在临床出现。甲状腺功能正常或甲状腺功能减退动物的甲状腺肿大比较常见,属于无毒甲状腺肿大;与甲状腺功能亢进有关的腺肿大可归为毒性甲状腺功能亢进[114]。

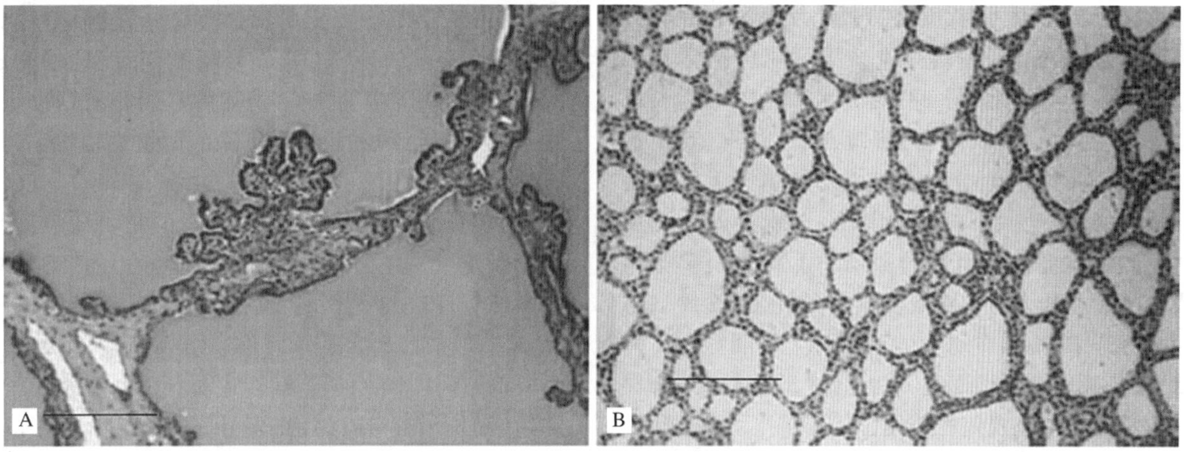

图 9-4 A. 公羊的甲状腺显示出充满胶体和乳头状突起的膨大的滤泡管腔。B. 正常的绵羊甲状腺参考。苏木精-伊红染色。标尺=50 μm[229]。

遗传因素

在美利奴绵羊中报道了由甲状腺球蛋白合成缺陷引起的甲状腺肿的常染色体隐性形式病例[139],是一种遗传病。甲状腺球蛋白结构的改变引起甲状腺机能减退也在东弗里生奶公羊中被描述,其身体状况、抑郁行为和甲状腺肿都有所下降[140]。与甲状腺球蛋白缺陷有关的遗传性先天甲状腺肿在荷兰山羊、侏儒山羊和努比亚山羊中也有报道[141,142]。

膳食碘

碘的摄入作为甲状腺素的重要组成部分,对激素水平有重要影响。过量或不足可能妨碍激素的产生。缺碘是引起动物甲状腺肿最常见的原因,在多个动物受到影响的情况下,当兽医参与时,缺碘可能具有更大的临床重要性。甲状腺功能亢进可能是由于碘摄入不足引起的原发性甲状腺功能亢进,也可能是继发性甲状腺功能亢进,因为甲状腺功能亢进会干扰碘的吸收或代谢,进而影响甲状腺激素的合成。碘可能随雨水会从土壤中渗出,而低碘含量则在有沙质土壤或高寒地区发现。硫氰酸盐和甲状腺激素是两种最常见的致甲状腺肿大的化合物,可在许多植物中发现,包括芸薹属(卷心菜);豆类(大豆、小扁豆、亚麻籽、豌豆、花生、白色三叶草);芥菜状植物(油菜、甘蓝);李子(樱桃、杏);以及一些谷物(高粱)。由营养缺乏引起的甲状腺肿通常被称为地方性甲状腺肿。有时,母体碘的摄入不足,会导致新生羔羊出现症状(图 9-5A 和 B)(见第2章)。

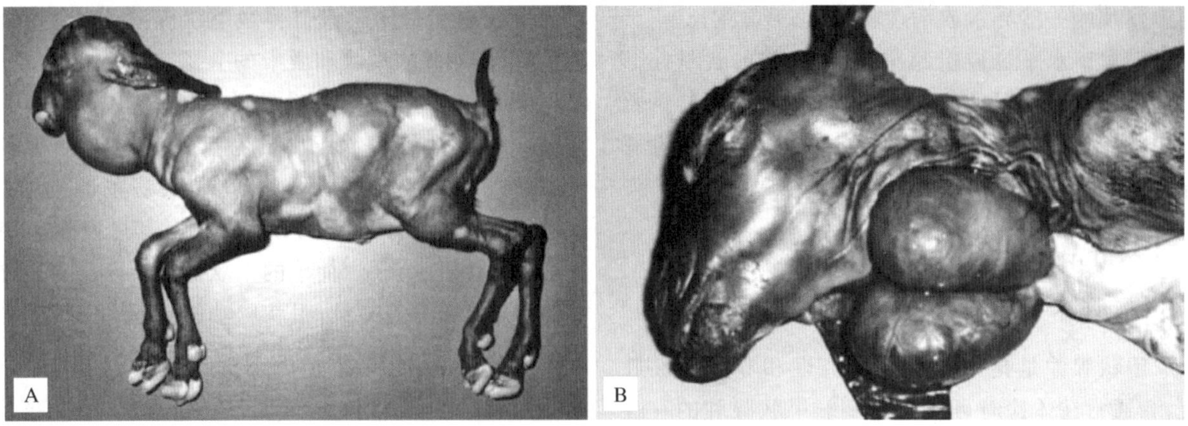

图 9-5　新生山羊的先天性甲状腺肿。

临床症状

下丘脑-垂体-甲状腺轴的紊乱反映了它在全身多种功能的变化。体格检查结果可能包括体重减轻或消瘦、斑秃、面部水肿(黏膜水肿)、羊毛生长不良、皮肤增厚、虚弱、乏力、嗜睡、产量减少、晚期流产、弱羔羊、繁殖性能下降和免疫缺陷。甲状腺是可触知的,它是一个放大的肿块,可能会触碰到由增大的腺体血流量引起的颤动。重要的是要把甲状腺的病理肿大与胸腺或者其他的肿,如囊肿或脓肿区分开来,胸腺在幼小的动物身上是明显的。然而,在正确解剖位置的一个大的皮下肿块,结合显示的临床体征是疾病的征兆。

诊断

临床怀疑是建立在检查结果、可觉察的甲状腺肿大和有指示性的血液学发现的基础上的。由于甲状腺激素对脂质代谢的影响,反映这些变化的血液化学指标可能提示疾病。试验诱导的努比亚山羊甲状腺功能亢进导致血清、肝脏和心脏胆固醇、甘油三酯和磷脂浓度下降;相反,试验诱导的甲状腺机能减退导致这些参数的增加[143]。

准确的诊断(描述个体动物有甲状腺功能减退或甲状腺功能亢进的典型特征),需要确定一个动物的血激素水平。如前所述,这些值可能受到各种环境或生理变量的影响,必须进行相应的解释。与其他物种一样,对下丘脑-垂体-甲状腺轴的全面评估可能需要对 TSH、T_4 和 T_3 水平进行评估。这些值所报告的正常参考范围是根据实验室和所使用的检测方法不同而不同的,因此试验结果应该从这个角度来解释。绵羊总 T_4 和 T_3 的正常值分别为 38.0～100.5 nmol/L 和 0.97～2.30 nmol/L[118]。对于山羊,数值分别为 38.6～54.4 nmol/L,1.3～2.92 nmol/L[118]。测定甲状腺激素水平是治疗甲状腺机能减退症的另一个潜在诊断工具;TSH 的测定对怀孕母牛甲状腺机能减退症的诊断很有帮助,在最初 24 h 存活的和没有活下来的两组中,其值有显著差异[144]。

TSH 或 TRH 应答测试已经在犬和马中进行了诊断使用。在公绵羊中进行了诊断性的 TSH 应答测试[140];TSH 给药后 4 h 和 8 h 的甲状腺素水平并没有像正常动物那样翻倍。结果证实甲状腺功能减退。同样,TSH 给药后 4 h,3 只山羊的 T_4 浓度约增加 1 倍;相似的,25 只山羊给药 TRH(1 μg/kg),甲状腺素浓度增加,而 T_3 水平在 1 h 内平均增加了 318%。建议在甲状腺激素水平不明确或需要数据时,进行 TSH 应答测试[114]。

治疗和预防

适当的饮食碘或补充碘是最常用的治疗方法,因为碘缺乏是甲状腺肿的最常见原因。大多数山羊的饮食碘需要量为 0.5 mg/kg 干物质重量,哺乳期的母山羊需求量是 0.8 mg/kg 干物质重量[145];在含有致甲状腺肿的植物存在的情况下,碘需求可能会增加到 2 mg/kg。如果孕期羊缺碘的风险很高,则每周可口服 200～300 mg 碘化钾或 2 mL 鲁氏碘液。此外,如前所述,已经使用了一种长效注射剂型,以改善地方性缺碘地区的羊生殖性能[125]。应避免过量补充碘,因为试验证据表明,碘含量超过 9.9 mg/kg 干物质重量会损害新生羔羊的免疫球蛋白吸收和被动转移[146]。大多数饮食含有足够的碘;海带和碘盐是最常见的饲料添加剂,以确保足够的碘水平。碘盐含有0.007%～0.01%的碘，如果它是唯一的碘源，那么它也应该是唯一的盐源。有证据表明，使用碘酸盐而不是碘化物更适合补充碘，因为从生物学上来说，碘可能更容易被获得。对于受影响的羔羊治疗，已有报道每天使用20 mg的碘化钾，或在奶中加3～5滴鲁氏碘液，连用7 d的治疗方案[147]（见第2章）。

钙稳态和甲状旁腺激素

甲状旁腺激素来源于甲状旁腺，是钙质止血的主要激素调节激素。胚胎学上，内、外甲状旁腺分别来自第三和第四咽囊；外部或内部的名称是指它们分别在甲状腺囊内或囊外的位置。在绵羊中，外部腺体与下颌下腺有关，位于其尾部内侧。与此相反，这部分与山羊的唾液组织没有关联，并且在寰椎的侧翼腹侧。在绵羊中内部腺体被很好地划分并定位于颅骨甲状腺，位于颈总动脉的外侧表面，而它在山羊中与甲状腺组织密切相关[148]。

在甲状旁腺的细胞表面，低血离子钙与钙受体结合，刺激甲状旁腺的主要细胞释放甲状旁腺激素[149]，它是一种含84个氨基酸的肽激素。血液中的钙含量通过这种激素在骨骼、肾脏和间接的胃肠道上活动而升高。

在骨骼中，甲状旁腺激素调节快速和慢速的变化。它改变了骨骼表面的离子平衡，提高了细胞外液的钙浓度，增加了渗透性，从而导致骨中钙的流失[150]。这些改变会在几分钟内引起血钙的明显变化。活化的骨细胞和成骨细胞也会刺激破骨细胞的活化，增加骨溶解率也会提高钙的水平。在骨中，甲状旁腺激素诱导破骨细胞增殖，进一步增加骨矿物质再吸收。由此产生的钙的额外增加需要更长的时间来显现。

肾脏中甲状旁腺激素增加远曲小管的钙吸收，减少近曲小管的磷吸收，提高血钙水平，降低血磷。甲状旁腺素也激活了肾脏中1α-羟化酶，1α-羟化酶催化维生素D从其非活化形式（25-羟胆钙化醇）到活化形式的转换（1,25-二羟胆钙化醇）。然后维生素D促进了肠道和网状结构中钙的活性吸收[151]，并进一步增加肾脏的吸收。升高的血钙和维生素D水平对这些作用应答，抑制甲状旁腺进一步释放甲状旁腺激素（负反馈控制）。据报道，维生素D正常水平在山羊和绵羊中分别是（23.8±5.7）ng/mL和（40.7±9.1）ng/mL[87]。

甲状旁腺激素相关肽（PTHrP）是甲状旁腺激素生物活性氨基末端（N-末端）的同源蛋白；除了不影响维生素D水平之外，它和甲状旁腺激素还有很多相同的作用。它具有多种生理作用，可在肾上腺、甲状旁腺、甲状腺、垂体、胰腺以及皮肤、骨骼肌、肺、脾、骨、肾、生殖道、膀胱、乳腺、胃肠道、心血管系统、神经系统等非内分泌组织中发现[152]。来自胎儿甲状旁腺的PTHrP似乎有助于妊娠期间的胎盘钙转运[153]，它也是由乳腺对泌乳素的反应产生的，在乳腺中它能增加乳腺血流量[154,155]，并影响乳汁中的矿物质的分泌[152]。尽管如此，它并不具有内分泌功能，高血钙症与全身PTHrP水平升高（如恶性高血钙症）之间的联系是一个病理过程。对现有文献的检索没有发现任何恶性高血钙症的报告；然而，鉴于其在正常组织中的广泛分布，不应忽视发生这种疾病的可能性。

升高的血钙主要是通过减少甲状旁腺激素分泌来调节的；然而，降钙素是一种含32个氨基酸的肽激素，在显著升高的情况下，由甲状腺滤泡或甲状腺C细胞分泌。甲状腺C细胞位于甲状腺基底层，围绕着滤泡。通过感知离子与细胞表面受体的结合来检测钙离子的升高，结合形式与甲状旁腺类似[156]。这与甲状旁腺激素对骨的作用相反，通过减少破骨细胞活性和增殖而减少钙的吸收。它对肾脏和胃肠道的影响也较轻。据报道，雄性和非妊娠马尔瓦里绵羊的正常降钙素水平为90.78～105.20 pg/mL，怀孕动物的降钙素水平显著增加，干旱条件下降钙素降低[157]。C细胞肿瘤导致降钙素水平升高和低血钙症，在牛中已有报道，与慢性过量饮食钙和维生素D[158]以及常染色体显性遗传疾病有关[159]。在绵羊中，有11只动物出现了2例C细胞增生和1例C细胞癌，均为试验诱导的淋巴肉瘤[160]。

钙稳态机制紊乱最常见的原因是甲状旁腺激素的改变，因为它是血钙的主要调节因子。甲状旁腺机能亢进可能是原发性的，与腺体本身有关；也可能是继发性的，在其他生理过程发生时，表现为补偿性的改变以增加血钙。无论病因是什么，甲状旁腺机能亢进的临床表现是相似的，并反映其在机体各组织中的活性。

钙调节异常

原发性甲状旁腺机能亢进

原发性甲状旁腺机能亢进与腺体增生或瘤变有关,并造成激素分泌增多。最常见的原因是垂体腺瘤。在正常情况下,这种疾病情况在小反刍动物中很罕见,在对现有文献的检索中没有发现病例报告。尽管如此,它仍是人类第三大内分泌紊乱症[161],在犬猫中也有详细的记载[162]。在犬类中,最常见的临床症状与尿石症或尿路感染有关[163],其中一种犬类血液中显示出高血钙症,而磷酸盐水平则更不稳定。虽然原发性甲状旁腺功能亢进症在绝经后的妇女中最为常见[161],但原发性甲状旁腺功能亢进症也与妊娠有关,包括一例双胎妊娠[164]。在妊娠相关病例中,对综合征的认识非常重要,因为高血钙症可能对胎儿有害,新生儿需要针对潜在的低血钙症进行管理。

原发性甲状腺功能亢进的治疗包括手术切除腺瘤或切除异常组织。尽管目前缺乏在小反刍动物中出现这种情况的证据,但了解其发病机理和诊断可能会引起恰当地识别和治疗。

营养继发性甲状旁腺机能亢进

营养继发性甲状旁腺机能亢进发生于钙含量低或钙磷比低的动物。甲状旁腺激素的分泌随着磷的提高和低血钙水平而上调。在一项涉及生长动物的研究中发现,如果钙的需求得到满足,提供高达 3 倍的日粮磷对骨骼矿物质含量、甲状旁腺激素水平或维生素 D 代谢没有不良影响[165]。尽管如此,钙磷比不平衡仍然会发生。高谷物和低粗粮的日粮及高含草酸化合物或植物的饮食特点造成胃肠道低钙吸收,这可能导致甲状旁腺激素的代偿性增加。草酸盐干扰了肠道内的钙吸收,在百慕大草、达拉斯草、狐尾草、浆果、红根猪草和甜菜中都有大量的草酸,这些植物都可能是有害的。

此外,日粮中的阴阳离子差异(DCADs)经常被调控以诱导轻度高氯代谢性酸中毒,从而提高对甲状旁腺激素的组织反应性。在日粮中添加阴离子,并在分娩前上调甲状旁腺激素的表达,将有助于预防低血钙症[166]。在妊娠最后 6 周至产后第 12 天的不同 DCAD 日粮喂养的绵羊中,高阳离子日粮饲喂的绵羊甲状旁腺激素水平较高,而阴离子日粮饲喂的绵羊在电子显微镜下显示更好的骨密度重构[167]。另外,补充氯化铵作为预防措施来防止公山羊尿石症的发生,这种情况在公山羊中比较常见。然而,与食用添加碳酸氢钠的动物相比,添加这种盐可以提高甲状旁腺激素水平,并降低钙和磷的滞留量[168]。这些日粮在预防潜在的严重问题方面起着重要作用;但值得注意的是,长期喂养(以年为单位)的甲状旁腺激素水平升高可能导致与其他代谢骨疾病或钙/磷失衡的原因有着相同的病理变化(见第 2 章和第 12 章)。

肾继发性甲状旁腺功能亢进

肾脏在调节体内钙的过程中起着重要的生理作用。低血钙症或正常血钙和低血磷症是肾疾病中最常见的电解质异常,导致甲状旁腺激素分泌增加以抵消肾损失。与激素表达升高有关的临床症状在小反刍动物中还未见报道;由于治疗上的经济限制,这种疾病不太可能在这些动物身上发展到这个程度。虽然肾功能衰竭导致小反刍动物血钙升高的报道是有限的,但试验证据表明,这种病理机制是造成高血钙症的原因。在基于部分肾切除的慢性肾功能衰竭的绵羊模型中,9 只羊中有 1 只死于高血钙症,而其他羊则维持正常的低血钙症[169]。

佝偻病

由于与钙相比,磷酸盐的逆控制和维生素 D 在调节胃肠道和肾吸收钙中的作用,其代谢异常可能影响钙和甲状旁腺激素的整体水平。佝偻病可以发生在小反刍动物身上,这是由于日粮中缺乏磷或维生素 D 造成的。此外,一种遗传的常染色体隐性佝偻病已经在考力代绵羊中被描述[170]。在这些情况下,继发性甲状旁腺功能亢进是一种补充机制,以维持血液中钙含量低的水平。

另外,维生素 D 中毒与高血钙症和低甲状旁腺机能减退有关;这种干扰被认为是由于饲料的不平衡和植物中的毒素。2 只继发性高血钙症的羔羊虚弱无力;血液中钙含量升高,被证明与维生素 D 过多有关,尽管来源还不能确定[171]。大部分产钙沉积性植物含有类固醇糖苷,其被裂解为 1,25-二羟基维生素 D_3,从而导致高血钙症、高血磷症、骨质疏松和钙质沉着;其中一些最重要的致病植物包括日香木、茄属植物、三毛草属和 *Niembergia veitchii*[172]。

临床症状

疾病的临床表现取决于潜在的病理过程。在

慢性甲状旁腺机能亢进的病例中，最显著的临床表现反应是促进骨溶解，长期的刺激会导致骨质流失。随后的结构退化可能导致运动的跛行、角肢畸形和幼畜的生长减缓、牙齿松动或缺失，以及病理性骨折。此外，纤维组织可替代纤维性骨营养不良过程中丢失的骨矿物质。相关的变化最明显的是扁平的骨头，通常最先注意到头骨和面部的骨骼的增大。

另外，代偿性甲状旁腺功能减退的高血钙症更可能与骨硬化病、骨密度增加、髓腔变小、组织矿化有关。

诊断

对钙代谢紊乱的区分，需要对血液化学和电解质水平（如钙和磷）进行全面的历史记录和仔细的分析。甲状旁腺机能亢进的诊断可能直接基于甲状旁腺激素水平的测定。血液中的钙含量升高会引起注意并寻找其潜在的原因。绵羊的正常钙含量为 11.5～12.8 mg/dL，山羊的正常钙含量为 8.9～11.9 mg/dL，但在不同的实验室中测定结果可能有所不同[173]。一个完整的甲状旁腺，包括甲状旁腺激素相关蛋白，这种甲状旁腺激素相关肽的变化是值得注意的。或者可以考虑支持性放射学证据（去矿化）、部分肾清除磷、血钙水平，以及基于历史记录和身体检查的临床证据。根据疾病的潜在原因和进展，血钙水平可能在参考范围内升高，也可能降低。

治疗和预防

治疗的关键是识别和诊断疾病的潜在原因。在严重的高血钙症中，利尿剂增加肾小球滤过和血清钙浓度，可以作为一种短期的治疗，以缓解潜在的有害影响。循环利尿剂可增加尿钙排泄。

以平衡的钙磷比饲料喂养是预防疾病的关键。磷酸二氢钙是最常用的日粮钙的补充，并建议提供一种矿物质盐混合物。在第 2 章中提出了建议日粮钙更全面的考虑方案。

肾上腺

肾上腺位于两侧肾脏的上方。每一个腺体都由外胚层的内髓质和中胚层产生的外皮质区组成。平均大小 2～3 cm 长、1 cm 宽，左侧腺通常大于右侧腺[145]。

肾上腺的激素产物包括肾上腺髓质的肾上腺素和去甲肾上腺素、肾上腺皮质来源的醛固酮（肾小球带）、糖皮质激素（束状带和网状带）以及雄激素（网状带）。

下丘脑-垂体-肾上腺轴的调节是一个复杂的过程，涉及不同的激素刺激及其相互作用。腺垂体中 ACTH 的释放由 CRH、AVP 或催产素刺激产生[174]。有趣的是，AVP 似乎比 CRH 在绵羊中更能刺激 ACTH 的分泌[175,176]。CRH 通过激活腺苷酸环化酶和增加 cAMP 发挥作用，而 AVP 的细胞内信号依赖于通过其 V1b 受体激活磷脂酶 C。AVP 已被证明可以增加绵羊皮质激素中促阿片黑皮素的 mRNA，而 CRF 则不能[177]。虽然腺垂体能够产生激素，而 ACTH、α-黑素细胞刺激激素（α-MSH）、β-内啡肽和皮质醇的水平在垂体断开的绵羊中是提高的[178]，门脉系统断开的动物，在低血糖或有视听压力时无法产生一个适当的压力反应[179]。这一发现强调了这些激素在下丘脑-垂体-肾上腺轴反应中的重要性。儿茶酚胺也是应激反应的一个组成部分，主要通过增加 AVP 和 CRF 水平来刺激 ACTH 的排泄。去甲肾上腺素和肾上腺素在注射绵羊侧脑室时会引起 ACTH 和皮质醇的释放，而去甲肾上腺素是两种中更有效的药物[180]。大量的文章已经证实，下丘脑因子通过促皮质激素细胞对 ACTH 的表达有抑制作用[42]；然而，到目前为止还没有一种分子能够满足被称为促肾上腺皮质激素释放抑制因子（CRIF）。

ACTH 会导致肾上腺皮质释放皮质醇（95%）和皮质酮（5%）。糖皮质激素与靶组织中的胞质受体结合，增加基因转录、蛋白质分解代谢、糖原生成，通过阻断花生四烯酸级联抑制炎症反应、拮抗周边胰岛素敏感性，增加血糖。升高的皮质醇浓度在脑垂体、大脑或下丘脑的水平上都呈负反馈，并影响整体应激反应的持续时间和幅度[181]。与应激反应相关的血浆皮质醇升高，在雄性绵羊中比雌性更低。与雌性相比，雄性绵羊血液中皮质醇升高的程度要比雌性低[182]。降低的反应性似乎是雄激素调节的，因为给阉割的公山羊注射睾酮或双氢睾酮，可以抑制血皮质醇随运输压力增加的程度[183]。此外，雄激素处理的雄性阉割动物与注射 ACTH 后的对照动物相比，血皮质醇反应降低，这表明这些变化是在肾上腺水平上介导的[184]。在已有的研究中，经免疫组化分析显示，束状带和网状带中 60%

的细胞含有雄激素受体。这一证据表明雄激素直接作用于肾上腺皮质以抑制肾上腺皮质激素的分泌。

这种雄激素介导的肾上腺皮质抑制的缺失可能是导致去势雄性山羊肾上腺疾病发生率较高的原因。一项研究发现，在 2 104 只超过 5 周龄的阉割雄性山羊中，有 314 只患有肾上腺瘤[185]。相比之下，208 只雌性山羊中只有 2 只和 188 只未阉割的公羊没有表现出同样的肿瘤紊乱。6 周龄阉割的雄性吐根堡山羊也有肾上腺瘤变导致雌性乳房发育不全和泌乳不当的报告；相关的激素变化包括雌二醇-17β、GH、催乳激素和皮质醇升高，但是山羊没有任何库欣综合征的临床症状[186]。

安哥拉山羊习惯性流产被认为与肾上腺皮质反应能力下降和肾上腺机能减退有关[187]。胎儿死亡通常发生在妊娠后 90～120 d 的紧张情绪时，这在多胎动物中比单胎动物更常见。这些动物的遗传缺陷会导致肾上腺皮质功能障碍和怀孕失败，人们认为这与安哥拉山羊毛的皮毛特征有关。受影响的母羊通常表现为小的肾上腺和低血皮质醇水平，导致胎儿肾上腺增生和胎儿皮质醇水平升高，过早地诱发分娩[188]。

与其他激素值一样，皮质醇水平的正常值随实验室和化验方法不同而不同，根据偏好使用不同的测量单位。因此，最好使用实验室提供的参考范围。皮质醇值随季节变化而波动，秋季报告的皮质醇值更高。山羊中，这些变化在雌性中更为明显[145]。用放射免疫法测定绵羊和山羊皮质醇的正常水平分别为(62±10) nmol/L 和(65±8) nmol/L[173]。因为不同的季节、品种、性别和繁殖状况皮质醇水平会不同，所以在解释结果时应考虑这些变量。醛固酮对血管紧张素Ⅱ的反应是通过以下生理过程分泌的：通过肾脏的近侧回巢器检测血液中的低血压或低钠钾比，然后释放肾素。肾素将循环中的血管紧张素原分解为血管紧张素Ⅰ，然后由血管紧张素转化酶转化为血管紧张素Ⅱ，血管紧张素Ⅱ在肺中浓度最高。醛固酮刺激肾髓质集合小管内钠滞留和钾、氢排泄。随后血压和血钠升高，肾素分泌减少。山羊醛固酮水平随水合状态而变化，在水合和脱水状态范围分别为(5.5±4.3) ng/dL 和(13.9±2.3) ng/dL[189]。绵羊中报道的基线值为(28±9) pmol/L[190]。

肾上腺髓质由交感神经节细胞和嗜铬细胞组成，分泌肾上腺素和去甲肾上腺素激素。儿茶酚胺的分泌是由交感神经系统的乙酰胆碱或肾上腺皮质的皮质醇刺激的。这些激素的全身性影响被认为是“战或逃”反应的一部分。可能的影响包括心动过速、呼吸急促、代谢率增加、脂肪动员、出汗、警觉性、引导性和排尿。

小反刍动物肾上腺髓质紊乱很少见，但已经有报道。在一只 18 月龄的 Akkaraman 绵羊中，有一种未分化的神经节母细胞瘤，据推测起源于肾上腺髓质；诊断基于总体病理、组织病理学和免疫组化研究结果。在屠宰前的常规检查时发现肿瘤，因此没有临床表现的描述。此外，有报道称嗜铬细胞瘤与不适当的泌乳、垂体腺瘤和子宫内膜增生有关[95]。在芬兰的一个嗜铬细胞瘤家族也被描述；受影响的个体确实有过神经疾病攻击的病史，在尸检中根据组织病理学发现做出诊断[192]。

胰腺

绵羊和山羊的胰腺功能与其他反刍动物相似。胰腺由一个腺体和两个裂片组成，位于腹部后侧，与十二指肠降部密切相关。胰腺起源于十二指肠近端部的两个芽基。它是一个柔软的、分叶状的腺体，形状不规则，呈粉红色，与唾液腺有一些相似之处，尽管它比大多数唾液腺更柔软、结构更松散。胰腺有外分泌功能(产生和释放消化酶)和内分泌功能(产生和释放胰岛素、胰高血糖素、生长抑素和胰腺多肽)[193]。

与外分泌功能有关的胰腺的部分要大得多，它会产生一种消化液，通过 1～2 个导管排到十二指肠的近端。在小反刍动物体内的一个单管代表着腹管与胆管一起进入十二指肠，通常是通过一个共同的导管，这一特征使该物种适合将胆汁转移到胰管系统的试验研究。胆汁含有用于分解蛋白质、碳水化合物和脂肪的酶。

有些内分泌组织包含在复合功能的器官中。最常见的例子是胰腺的内分泌元件——胰岛，也被称为郎格罕式岛。内分泌元件由数百个(或上千个)大小不等的胰岛组成，不均匀地分布在主要的外分泌组织中。几种类型的胰岛细胞已被识别(确切的数目有争议)；两个数量最多的是 α 和 β 细胞。β 细胞约占所有胰岛细胞的 75%，并产生胰岛素；α 细胞产生胰高血糖素。另外，较少的细胞产生胃泌素和生长抑素。

β 细胞对血糖增加敏感，如食用含有可消化碳水化合物的一餐后，它们释放胰岛素（2～20 μIU/mL）以应答增加的血糖。胰岛素通过刺激身体许多细胞（包括骨骼肌）摄取葡萄糖来降低血糖。胰岛素还能刺激骨骼肌和肝细胞合成糖原，即葡萄糖的储存形式。胰岛素是一种主要的内分泌刺激物，它是在食物消化和营养被吸收后存在的合成代谢状态。当血糖降低时（如空腹），胰岛素分泌的刺激就消失了，胰岛素水平变得极低。

胰高血糖素会导致肝细胞分解糖原释放葡萄糖，刺激脂肪细胞释放脂肪酸，并增加肝脏中葡萄糖从其他物质合成，而不是碳水化合物，如氨基酸。胰高血糖素释放的刺激是血糖水平降低到与禁食有关的水平。α细胞通过分泌胰高血糖素与血糖降低成比例，来检测这种降低并做出反应。

糖尿病（DM）被描述为任何以血糖和糖尿持续升高为特征的疾病[194]。原发性 DM 包括胰腺 β 细胞（产生胰岛素的细胞）受损，随后胰岛素水平下降和高血糖。继发性糖尿病是对胰岛素效果进行抵抗引起的，即使是正常或升高的血浆胰岛素水平[195]。DM 在小反刍动物中很罕见。在科学文献中仅发现 3 例自发性糖尿病病例报告[194-196]。在这些病例中，其中有一例是继发性糖尿病[195]，另一例是原发性糖尿病[194]；其他病例报告描述了使用四氧嘧啶[197,198]，或链脲佐菌素[199-201]试验性诱导 DM 的特点。在小反刍动物中糖尿病的临床症状包括体重减轻、食欲不振和嗜睡[194,198]。多尿症是固定的症状，有一些动物的饮水量是正常的 2～3 倍[194]。在哺乳山羊中，通过试验诱导的 DM 减少了 90％的奶产量[198]。

在自发性糖尿病和试验性糖尿病中都尝试过使用胰岛素治疗。一般来说，在 4 d 内观察到对治疗的反应，包括临床症状的部分缓解和试验数据的正常化[195,198]。一只原发性糖尿病的山羊用每日 2 次的胰岛素治疗了将近 4 年[194]，最终治疗成功。值得注意的是，不适当的胰岛素用量会导致出现危及生命的低血糖。停止治疗可观察到临床症状的复发。

泌乳异常、乳溢、性早熟：不当泌乳综合征（ILS）

内分泌系统通常协调乳腺发育与生殖发育以满足后代对母乳的需求。如前所述[202]，有三类激素——生殖、代谢和泌乳激素，参与了乳腺的发育和乳汁的产生。导管形态发生主要受雌激素和 GH 的调控[203]，肺泡形态发生的增殖阶段需要孕酮和催乳素[204]。对泌乳产生的激素调节，即导致泌乳开始的一系列过程，尚未完全了解，但可能的激素是孕酮、催乳素或胎盘泌乳素（或两者都有），可能还有 GH。这些激素对乳腺发育和乳汁生成的影响往往是相互依赖的。例如，在泌乳素含量高的情况下，孕酮的消退对泌乳素的形成是必要的。小反刍动物的乳腺发育和泌乳是通过外源性的雌激素和孕酮给药诱发的[205-207]，而在扰乱内分泌平衡的各种条件下，可能伴随不适当的乳腺发育或泌乳。

虽然只有几例小反刍动物 ILS 在科学文献中被描述[95,186,208-216]，但有关该问题的报道还是很多。ILS 在阉割[186]和正常公山羊[208,210-214,216]以及母山羊[95,215,217]和母绵羊[209]中都有报道。关于雄性小反刍动物的报告数量超过了雌性；然而，有趣的是，这一问题在雌性中更为常见，而且在宠物母山羊中似乎更像是一个临床问题。

乳腺发育不正常和泌乳异常在公山羊中偶见[210]。在英国，来自高产量的英国萨能奶山羊品系的不能繁殖的公羊中看到乳腺的发育。这种现象通常发生在夏季，生育率不受影响[216]。然而，据报道，一些雌性样乳腺发育的公山羊会出现性欲减退和精液质量下降[211]。已提出的致病因素包括该综合征的遗传基础，可能是激素产量增加或乳腺组织对正常激素水平的敏感性增加所致。

在某些情况下，公山羊雌性样乳腺发育的症状可能是遗传或性腺疾病的结果。有文献记载的一例雌性样乳腺发育病例涉及一只无角可育公山羊，这只山羊被确定为染色体嵌合体，Y 染色体有可变的缺失（60，XO/60，XY）[213]。在另一份报告中，每天产出 300 mL 乳汁的一只公山羊有 45％的嗜中性细胞是巴氏小体，表明这是一种兼性遗传，但是在检测时没有进行体细胞或白细胞核型分析[212]。许多关于小反刍动物的雌性样乳腺发育不包括核型。当确定核型时，发现的意义需要在测试的组织环境中确定，因为来自同一动物的体细胞和周围（白细胞）核型并不总是一致的。然而，不应忽视在雄性雌性样乳腺发育中进行核型诊断的好处。

阉割一只 6 岁正常染色体的公山羊，术后患上了雌性样乳腺发育和泌乳，最终被认为是肾上腺腺瘤[186]。在泌乳山羊和他的“正常”阉割双胞胎中，经多对血清样本的激素浓度进行比较。雌二醇、GH 和 IGF-Ⅰ的浓度在泌乳的公羊中始终高于它的双胞胎个体，而在泌乳的公羊中，皮质醇和催乳素的浓度通常较高。与没有分泌乳汁的双胞胎个体相比，分泌乳汁的公羊对 ACTH 和 TSH 的反应也更为强烈。最终，研究人员得出结论，高血清雌二醇浓度可能（直接和间接地）导致了雌性样乳腺发育和产乳。然而，一些公山羊雌性样乳腺发育的报道与性激素浓度的增加无关。例如，一只 3 岁的雌性样乳腺发育的可育公山羊有正常的核型和正常的血浆睾酮以及雌二醇浓度，但泌乳素显著增加。尽管在公山羊雌性样乳腺发育的一些报告中并没有包括激素研究，但是高浓度的催乳素被认为是诱因[216,219]。例如，可生育的公山羊雌性样乳腺发育与垂体嗜酸性细胞增生有关，而这些细胞通常会产生催乳素等催乳激素[219]。其他不太常见的生殖症状包括但不限于乳腺炎[211]和乳腺腺癌[214]。

ILS 的母绵羊和母山羊，没有繁殖、哺育或挤奶的历史，乳房通常都比较大。在一些动物中，乳房增大主要是脂肪组织沉积的结果。在另一些情况下，在分娩之前，泌乳实际上是由一个或两个腺体产生的。即使有过分娩，对这些动物的初步检查也应该排除即将分娩、假孕以及近期的护理或挤奶。同样，就像公山羊一样，母山羊的早熟泌乳也可能是高产奶性能相关的遗传特征[220]。各种干扰内分泌平衡的情况（如垂体、性腺、肾上腺异常和外源性激素）都可能伴随着雄性和雌性小反刍动物的不适当的乳房发育或泌乳。

假妊娠是不当泌乳综合征（ILS）的一个可能原因，大多数兽医认为受影响的母山羊应该用黄体溶解激素来治疗。在 ILS 发生之前，可能发生自然黄体溶解和孕酮的消退，尽管黄体溶解激素可能无法治愈，但仍建议排除假孕。如前所述，雌激素影响乳腺发育和乳生成，因此是被禁忌的。故雌激素饲料，如豆类（三叶草）或发霉的谷物，应该从饲料中去除。此外，应该暂时取消谷物和其他高能量饲料，以抑制乳的生产。

脑垂体腺瘤（在其他物种中可能是催乳素分泌导致的肿瘤）在 2 例 ILS 的母羊中已经被报道[95]。尽管一些报告表明，催乳素水平与这些肿瘤有关[95,215,221]，但并不总是如此。小反刍动物的血浆催乳素浓度在秋季和冬季从低浓度（少于 30 ng/mL）增加到春季大约 100 ng/mL。在夏季，血浆催乳素浓度高达 400 ng/mL[222,223]。多巴胺激动剂是一种抗催乳素的药物，被建议用于不当泌乳母山羊的治疗。甲磺酸溴隐亭和卡麦角林被建议用作治疗 ILS 动物的药物。使用这些药物来阻止不当泌乳的成功率是有限的[224]。然而，尽管溴隐亭减少了循环催乳素的浓度[225,226]，但在停止治疗后，乳的产量只是暂时减少[225,227]。

在母山羊和母绵羊中也有自发性哺乳期与卵巢异常相关的报道（图 9-6）。有研究描述了一只患有颗粒细胞肿瘤的母山羊，在表现为雄性化现象的同时出现不适当的泌乳[217]。另有报道，一只母山羊在切除颗粒细胞肿瘤 6 d 后发生乳房充盈[215]。此外，一只 ILS 的母山羊发生卵巢卵泡囊肿也被报道[95]。在卵巢颗粒细胞瘤的母绵羊中的 ILS 也有报道[209]。经腹部超声波检查显示在腹部有多囊性肿块。颗粒细胞肿瘤可分泌多种激素，测定这些激素的异常水平有助于诊断。具有颗粒细胞瘤的小反刍动物的血清睾酮和雌二醇水平升高，孕激素水平发生变化[209]。这些激素的产生经常与异常行为和生理有关（如 ILS）。受影响的动物通常表现出雄性化现象，这可能与慕雄狂和异常的发情周期有关。切除受影响的性腺是治疗的选择。

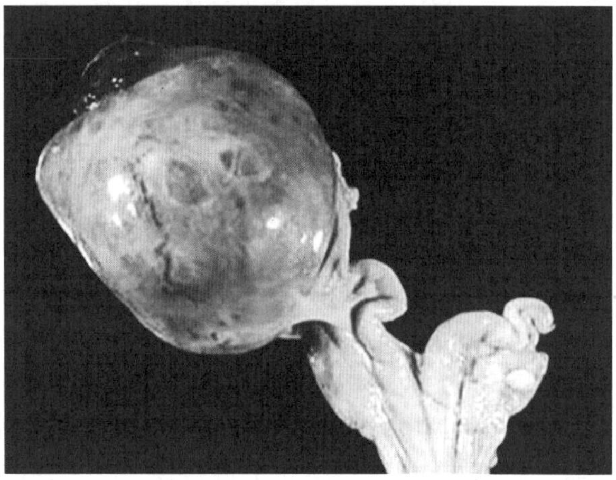

图 9-6　一只 20 月龄的母羊生殖道，其中颗粒细胞肿瘤已经取代了右侧卵巢[209]。

目前对宠物山羊不适当泌乳的治疗选择是乳房切除。虽然这一程序明显是为防止进一步泌乳，潜在的问题可能仍然存在。因此，在动物的整个生命中，对其他已知与不适当哺乳有关的情况进行密切监测是可取的。这些情况包括子宫内膜增生和子宫液滞留（可能使受影响的母山羊发生子宫内膜炎或急性化脓性子宫炎）、垂体腺瘤、嗜铬细胞瘤（临床表现出紧张和异常行为）和卵巢颗粒细胞瘤（临床上表现出雄性化现象）。虽然许多这种母山羊和母绵羊的生育能力是受限的，但是在切除乳房后，它们还是应该避免接触公羊。对后代来说，不仅缺少乳汁是个问题，而且山羊乳腺组织的丧失也与产期并发症有关。这些报告的并发症包括早产、分娩时间延长、宫颈扩张不足以及母羊在分娩产羔时死亡[228]。对一只母羊进行乳房切除术后的观察已经证实了这种相关性，因为其分娩时间长，宫颈扩张不良。

参考文献

[1] Daniel PM: Anatomy of the hypothalamus and pituitary gland, *J Clin Pathol Suppl* (*Assoc Clin Pathol*) 7:1-7, 1976.

[2] Marshall FHA: Sexual periodicity and the causes which determine it, *Phil Trans R Soc Biol Sci Ser* B 226:423-456, 1939.

[3] Fulton JF, Ranson SW, Frantz AM: *The hypothalamus and control levels of autonomic functions*, *Association for Research in Nervous and Mental Diseases*, Baltimore, Md, 1940, Williams & Wilkins.

[4] Harris GW: The function of the pituitary stalk, *Bull Johns Hopkins Hosp* 97:358-375, 1955.

[5] Harris GW: Pituitary-hypothalamic mechanisms, *AMA Arch Neurol Psychiatry* 73:124-126, 1955.

[6] Burgus R, et al: [Molecular structure of the hypothalamic hypophysiotropic TRF factor of ovine origin: mass spectrometry demonstration of the PCA-His-Pro-NH_2 sequence], *C R Acad Sci Hebd Seances Acad Sci D* 269:1870-1873, 1969.

[7] Nair RM, et al: Structure of porcine thyrotropin releasing hormone, *Biochemistry* 9:1103-1106, 1970.

[8] Wilber JF, Porter JC: Thyrotropin and growth hormone releasing activity in hypophysial portal blood, *Endocrinology* 87:807-811, 1970.

[9] McMahon CD, et al: Neuroregulation of growth hormone secretion in domestic animals, *Domest Anim Endocrinol* 20:65-87, 2001.

[10] Ojeda SR, et al: Recent advances in the endocrinology of puberty, *Endocr Rev* 1:228-257, 1980.

[11] Sklar CA, et al: Hormone ontogeny in the ovine fetus. Ⅶ. Circulating luteinizing hormone and follicle-stimulating hormone in mid- and late gestation, *Endocrinology* 108:874-880, 1981.

[12] Matwijiw I, Thliveris JA, Faiman C: Hypothalamo-pituitary portal development in the ovine fetus, *Biol Reprod* 40:1127-1130, 1989.

[13] Levidiotis ML, et al: Hypothalamic-hypophyseal vascular connections in the fetal sheep, *Neuroendocrinology* 49:47-50, 1989.

[14] Lauder JM: Hormonal and humoral influences on brain development, *Psychoneuroendocrinology* 8:121-155, 1983.

[15] Huhtaniemi IT, Warren DW: Ontogeny of pituitary-gonadal interactions: current advances and controversies, *Trends Endocrinol Metab* 1:356-362, 1990.

[16] McKlveen TL, et al: Assessment of the accuracy of computed tomography for measurement of normal equine pituitary glands, *Am J Vet Res* 64:1387-1394, 2003.

[17] Medvei VC: *A history of endocrinology*, Boston, 1982, MTP Press.

[18] Amar AP, Weiss MH: Pituitary anatomy and physiology, *Neurosurg Clin North Am* 14:11, 2003.

[19] Cotran R, Kumar V, Collins T: The endocrine system. In Cotran R, Kumar V, Collins T, editors: *Robbins Pathologic basis of disease*, Philadelphia, 1999, WB Saunders, pp 1121-1169.

[20] Goodman HM: Pituitary gland. In Johnson LR, editor: *Essential medical physiology*, Philadelphia, 1998, Lippincott-Raven, pp 511-520.

[21] Mignot M, Skinner DC: Colocalization of GH, TSH and prolactin, but not ACTH, with betaLH-immunoreactivity: evidence for pluripotential cells in the ovine pituitary, *Cell Tissue Res* 319:413-421, 2005.

[22] Aron DC, Findling JW, Tyrell JB: Hypothalamus and pituitary. In Greenspan FS, Strewler GJ, editors: *Basic and clinical endocrinology*, Stamford, Conn, 1997, Appleton & Lange, pp 95-156.

[23] Frawley LS, Boockfor FR: Mammosomatotropes: presence and functions in normal and neoplastic pituitary tissue, *Endocr Rev* 12:337-355, 1991.

[24] Scanlan N, Skinner DC: Estradiol modulation of growth hormone secretion in the ewe: no growth hormone-releasing hormone neurons and few somatotropes express estradiol receptor alpha, *Biol Reprod* 66:1267-1273, 2002.

[25] Landefeld TD, Suttie JM: Changes in messenger ribonucleic acidconcentrations and plasma levels of growth hormone during the ovine estrous cycle and in response to exogenous estradiol, *Endocrinology* 125:1474-1478, 1989.

[26] Malven PV, Haglof SA, Jiang H: Serum concentration of luteinizing hormone, growth hormone, and prolactin in untreated and estradiol-treated ovariectomized ewes after immunoneutralization of hypothalamic neuropeptide-Y, *J Anim Sci* 73:2105-

2112, 1995.

[27] Skinner DC, Caraty A: Prolactin release during the estradiolinduced LH surge in ewes: modulation by progesterone but no evidence for prolactin-releasing peptide involvement, *J Endocrinol* 177: 453-460, 2003.

[28] Anderson ST, et al: Dopaminergic input to the ventromedial hypothalamus facilitates the oestrogen-induced luteinizing hormone surge in ewes, *Neuroendocrinology* 73:91-101, 2001.

[29] Arbogast LA, Benjonathan N: The preovulatory prolactin surge—an evaluation of the role of dopamine, *Endocrinology* 123:2690-2695, 1988.

[30] Djahanbakhch O, et al: Changes in plasma levels of prolactin, in relation to those of FSH, oestradiol, androstenedione and progesterone around the preovulatory surge of LH in women, *Clin Endocrinology* 20:463-472, 1984.

[31] Campbell BK, et al: The pattern of ovarian inhibin, estradiol, and androstenedione secretion during the estrous cycle of the ewe, *Endocrinology* 127:227-235, 1990.

[32] Howes KA, et al: Serum luteinizing-hormone, prolactin, and thyrotropin and their pituitary subunit messenger-RNA levels during proestrus in the Syrian hamster, *Neuroendocrinology* 54:629-634, 1991.

[33] Tobin VA, Pompolo S, Clarke IJ: The percentage of pituitary gonadotropes with immunoreactive oestradiol receptors increases in the follicular phase of the ovine oestrous cycle, *J Neuroendocrinol* 13:846-854, 2001.

[34] Childs GV, Unabia G, Miller BT: Cytochemical detection of gonadotropin-releasing hormone binding sites on rat pituitary cells with luteinizing hormone, follicle-stimulating hormone, and growth hormone antigens during diestrus up-regulation, *Endocrinology* 134:1943-1951, 1994.

[35] Childs GV, Unabia G, Rougeau D: Cells that express luteinizing hormone (LH) and follicle-stimulating hormone (FSH) beta-subunit messenger ribonucleic acids during the estrous cycle: the major contributors contain LH beta, FSH beta, and/or growth hormone, *Endocrinology* 134:990-997, 1994.

[36] Childs GV, Miller BT, Miller WL: Differential effects of inhibin on gonadotropin stores and gonadotropin-releasing hormone binding to pituitary cells from cycling female rats, *Endocrinology* 138: 1577-1584, 1997.

[37] Stefano AV, et al: Colocalization of GnRH binding sites with gonadotropin-, somatotropin-, somatolactin-, and prolactin expressing pituitary cells of the pejerrey, *Odontesthes bonariensis*, in vitro, *Gen Comp Endocrinol* 116:133-139, 1999.

[38] Parhar IS, et al: Spatio-temporal expression of gonadotropinreleasing hormone receptor subtypes in gonadotropes, somatotropes and lactotropes in the cichlid fsh, *J Neuroendocrinol* 14:657-665, 2002.

[39] Katoh K, et al: Saturated fatty acids suppress adrenocorticotropic hormone (ACTH) release from rat anterior pituitary cells in vitro, *Comp Biochem Physiol A Mol Integr Physiol* 137:357-364, 2004.

[40] Senn M, Maier PM, Langhans W: ACTH, cortisol and glucose responses after administration of vasopressin in cattle and sheep, *J Comp Physiol B* 164:570-578, 1995.

[41] Liu JP, et al: The biosynthesis and secretion of adrenocorticotropin by the ovine anterior pituitary is predominantly regulated by arginine vasopressin (AVP)—evidence that protein kinase-C mediates the action of AVP, *J Biol Chem* 265: 14136-14142, 1990.

[42] Engler D, Redei E, Kola I: The corticotropin-release inhibitoryfactor hypothesis: a review of the evidence for the existence of inhibitory as well as stimulatory hypophysiotropic regulation of adrenocorticotropin secretion and biosynthesis, *Endocr Rev* 20: 460-500, 1999.

[43] Ganong WF: The adrenal medulla and adrenal cortex. In Ganong WF, editor: *Review of medical physiology*, ed 20, New York, 2001, McGraw-Hill, pp 338-344.

[44] Miller WL, Martial JA, Baxter JD: Molecular cloning of DNA complementary to bovine growth hormone mRNA, *J Biol Chem* 255: 7521-7524, 1980.

[45] Warwick JM, Wallis OC, Wallis M: Cloning, sequences and expression in *Escherichia coli* of cDNA for ovine pregrowth hormone, *Biochim Biophys Acta* 1008:247-250, 1989.

[46] Karin M, et al: Tissue-specifc expression of the growth hormone gene and its control by growth hormone factor-1, *Recent Prog Horm Res* 46: 43-57, 1990.

[47] Harvey S, Hull KL: Growth hormone. A paracrine growth factor? *Endocrine* 7:267-279, 1997.

[48] Davis SL, et al: Episodic growth hormone secretory patterns in sheep: relationship to gonadal steroid hormones, *Am J Physiol* 233:E519-E523, 1977.

[49] Yonezawa T, et al: Modulation of growth hormone pulsatility by sex steroids in female goats, *Endocrinology* 146:2736-2743, 2005.

[50] Gahete MD, et al: Understanding the multifactorial control of growth hormone release by somatotropes: lessons from comparative endocrinology, *Ann N Y Acad Sci* 1163:137-153, 2009.

[51] Goldenberg N, Barkan A: Factors regulating growth hormone secretion in humans, *Endocrinol Metab Clin North Am* 36:37-55, 2007.

[52] Pierce JG, Parsons TF: Glycoprotein hormones: structure and function, *Annu Rev Biochem* 50: 465-495, 1981.

[53] Smith JT: Sex steroid control of hypothalamic Kiss1 expression in sheep and rodents: comparative aspects, *Peptides* 30:94-102, 2009.

[54] Pawson AJ, McNeilly AS: The pituitary effects of GnRH, *Anim Reprod Sci* 88:75-94, 2005.

[55] Nicholls MG, et al: Primary aldosteronism. A study in contrasts, *Am J Med* 59:334-342, 1975.

[56] Goffn V, et al: Prolactin: the new biology of an old hormone, *Annu Rev Physiol* 64:47-67, 2002.

[57] Ganong WF: The gonads: development and function of the reproductive system. In Ganong WF, editor: *Review of medical physiology*, ed 20, New York, 2001, McGraw-Hill, pp 409-410.

[58] Picazo RA, et al: Effects of bromocriptine administration during the follicular phase of the oestrous cycle on prolactin and gonadotrophin secretion and follicular dynamics in Merino monovular ewes, *J Reprod Fertil* 120:177-186, 2000.

[59] Hesselink JW, et al: Serum prolactin concentration in pseudopregnant and normally reproducing goats, *Vet Rec* 137:166-168, 1995.

[60] Kennaway DJ, Dunstan EA, Staples LD: Photoperiodic control of the onset of breeding activity and fecundity in ewes, *J Reprod Fertil Suppl* 34:187-199, 1987.

[61] Santiago-Moreno J, et al: Nocturnal variation of prolactin secretion in the Mouflon (*Ovis gmelini musimon*) and domestic sheep (*Ovis aries*): seasonal changes, *Anim Sci* 64:211-219, 2000.

[62] Bruckmaier RM, et al: Machine milking of dairy goats during lactation: udder anatomy, milking characteristics, and blood concentrations of oxytocin and prolactin, *J Dairy Res* 61:457-466, 1994.

[63] Lincoln GA, Clarke IJ: Role of the pituitary gland in the development of photorefractoriness and generation of long-term changes in prolactin secretion in rams, *Biol Reprod* 62:432-438, 2000.

[64] Hizume T, et al: Involvement of prolactin-releasing peptide in the preovulatory luteinizing hormone and prolactin surges in the rat, *Biochem Biophys Res Commun* 279:35-39, 2000.

[65] Hazlerigg DG, Morgan J, Messager S: Decoding photoperiodic time and melatonin in mammals: what can we learn from the pars tuberalis? *J Biol Rhythms* 16:326-335, 2001.

[66] Lincoln GA: Melatonin entrainment of circannual rhythms, *Chronobiol Int* 23:301-306, 2006.

[67] Walton JS, et al: Changes in concentrations of follicle-stimulating hormone, luteinizing hormone, prolactin and progesterone in plasma of ewes during transition from anestrus to breeding activity, *J Endocrinol* 75:127-136, 1977.

[68] Genuth SM: The hypothalamus and pituitary gland. In Berne RA, Levy MN, Koepen BM, editors: *Physiology*, St Louis, 1998, Mosby, pp 872-909.

[69] Cabello G: Endocrine reactivity (T_3, T_4, cortisol) during cold exposure in preterm and full-term lambs, *Biol Neonate* 44: 224-233, 1983.

[70] Polat H, Dellal G: Changes in serum thyroid hormone levels in Angora goat kids, *Tarim Bilimleri Dergisi J Agr Sci* 14:70-73, 2008.

[71] Rosa HJD, Bryant MJ: Seasonality of reproduction in sheep, *Small Rumin Res* 48:155-171, 2003.

[72] Saber APR, et al: The effect of ambient temperature on thyroid hormone concentration and histopathological changes of thyroid gland in cattle in Tabriz, Iran, *Asian J Anim Vet Adv* 4:28-33, 2009.

[73] Symonds ME, et al: Influence of rearing temperature on lung development following methimazole treatment of postnatal lambs, *Exp Physiol* 81: 673-683, 1996.

[74] Wrutniak C, Cabello G: Influence of tri-iodothyronine or lipid administration on the response of the pituitary-thyroid axis to exposure to cold in the newborn lamb, *J Endocrinol* 121:361-365, 1989.

[75] Boone M, Deen PMT: Physiology and pathophysiology of the vasopressin-regulated renal water reabsorption, *Pflugers Arch* 456:1005-1024, 2008.

[76] Blairwest JR, et al: Acute reduction of plasma vasopressin levels by rehydration in sheep, *Am J Physiol* 248:R68-R71, 1985.

[77] Shaham D, et al: Modulation of plasma arginine vasopressin during rehydration in the Bedouin goat, *J Comp Physiol B* 164:112-117, 1994.

[78] Braun JP, Lefebvre HP: Kidney function and

damage. In Kaneko JJ, Harvey JW, Bruss M, editors: *Clinical biochemistry of domestic animals*, Amsterdam/Boston, 2008, Academic Press/Elsevier, pp 485-528.

[79] Thomson JR, Anderson DH, Gilmour JS: Neurogenic diabetes insipidus in a sheep, *J Comp Pathol* 96: 119-124, 1986.

[80] Zanolari P, et al: Chromophobe adenocarcinoma of the pituitary gland in a ram, *J Vet Intern Med* 18: 748-752, 2004.

[81] Shiel RE, Pinilla M, Mooney CT: Syndrome of inappropriate antidiuretic hormone secretion associated with congenital hydrocephalus in a dog, *J Am Anim Hosp Assoc* 45:249-252, 2009.

[82] Fleeman LM: Effects of an oral vasopressin receptor antagonist (OPC-31260) in a dog with syndrome of inappropriate secretion of antidiuretic hormone, *Aust Vet J* 78:825-830, 2000.

[83] Decaux G: The syndrome of inappropriate secretion of antidiuretic hormone (SIADH), *Semin Nephrol* 29:239-256, 2009.

[84] Rundgren M, Fyhrquist F: Transient water diuresis and syndrome of inappropriate antidiuretic hormone secretion (SIADH) induced by forebrain lesions of different location, *Acta Physiol Scand* 103: 421-429, 1978.

[85] Christensen NJ, et al: The prostaglandin analogue 9-deoxo-6,16-dimethyl-9-methylene-PGE_2 inhibits the antidiuretic effect of vasopressin (AVP) in the conscious sheep, *Pflugers Arch* 402:360-363, 1984.

[86] Hernandez H, et al: Maternal olfaction differentially modulates oxytocin and prolactin release during suckling in goats, *Horm Behav* 42:232-244, 2002.

[87] Bruckmaier RM, et al: Machine milking of dairy goats during lactation: udder anatomy, milking characteristics, and blood concentrations of oxytocin and prolactin, *J Dairy Res* 61:457-466, 1994.

[88] Soloff MS, Fernstrom MA, Fernstrom MJ: Vasopressin and oxytocin receptors on plasma membranes from rat mammary gland. Demonstration of vasopressin receptors by stimulation of inositol phosphate formation, and oxytocin receptors by binding of a specifc ^{125}I-labeled oxytocin antagonist, d(CH2)5(1)[Tyr(Me)2, Thr4, Tyr-NH2(9)] OVT, *Biochem Cell Biol* 67:152-162, 1989.

[89] Olsson K, et al: Vasopressin increases milk flow and milk fat concentration in the goat, *Acta Physiol Scand* 177:177-184, 2003.

[90] Olsson K, Hogberg M: Plasma vasopressin and oxytocin concentrations increase simultaneously during suckling in goats, *J Dairy Res* 76: 15-19, 2009.

[91] Olson DP, et al: Acidophil adenoma in the pituitary gland of a sheep, *Vet Pathol* 18:132-135, 1981.

[92] Reed SD, Bauer RW: Pituitary acidophil macroadenoma in a Pygmy goat (*Capra hircus hircus*), *J Vet Diagn Invest* 21:262-266, 2009.

[93] Oda S, et al: Pituitary adenoma with prolactin and growth hormone production in a sheep, *J Comp Pathol* 117:171-175, 1997.

[94] Gonzalez L, et al: Prolactinoma in a sheep, *J Comp Pathol* 111:321-326, 1994.

[95] Miller CC, et al: Lactation associated with acidophilic pituitary adenoma, pheochromocytoma, and cystic endometrial hyperplasia in two goats, *J Am Vet Med Assoc* 210:378-381, 1997.

[96] Ortin A, et al: Coexistence of pituitary adenocarcinoma and intraocular melanoma in a sheep, *Vet Rec* 159:718-719, 2006.

[97] Zanolari P, et al: Chromophobe adenocarcinoma of the pituitary gland in a ram, *J Vet Intern Med* 18: 748-752, 2004.

[98] Jubb KVF, Kennedy PC: *Chapter 5 The endocrine glands*, *Pathology of domestic animals*, New York, 1970, Academic Press, p 432.

[99] Capen CC: Tumors of the endocrine glands. In Moulton JE, editor: *Tumors in domestic animals*, Berkeley, Calif, 1990, University of California Press, pp 553-639.

[100] Lipman NS, et al: Prolactin-secreting pituitary adenomas with mammary dysplasia in New Zealand white rabbits, *Lab Anim Sci* 44:114-120, 1994.

[101] Vance ML: Medical progress: hypopituitarism, N Engl J Med 330:1651-1662, 1994.

[102] Blondell RD: Hypopituitarism, *Am Fam Physician* 43:2029-2036, 1991.

[103] Powers RD, Winkler JK: Pituitary carcinoma with extracranial metastasis in a cow, *Vet Pathol* 14:524-526, 1977.

[104] Capen CC: Tumors of the endocrine glands. In Meuten DJ, editor: *Tumors domestic anim of als*, Ames, Iowa, 2002, Iowa State Press, pp 620-623.

[105] Melmed S: Medical progress: Acromegaly, *N Engl J Med* 355: 2558-2573, 2006.

[106] Perdrizet JA, Dinsmore P: Pituitary abscess syndrome, *Comp Cont Educ Pract Vet* 8: S311-S318, 1986.

[107] Lomas ST, Hazell SL: The isolation of *Mycoplasma*

arginini froma pituitary abscess in a goat, *Aust Vet J* 60:281-282, 1983.

[108] Hartley WJ, Kater JC: Diseases of the central nervous system of sheep, *Aust Vet J* 41: 107-111, 1965.

[109] Auriemma E, et al: Computed tomography and low-feld magnetic resonance imaging of the pituitary gland in dogs with pituitary-dependent hyperadrenocorticism: 11 cases (2001—2003), *J Am Vet Med Assoc* 235:409-414, 2009.

[110] Van der Vlugt-Meijer RH, Meij BP, Voorhout G: Dynamic helical computed tomography of the pituitary gland in healthy dogs, *Vet Radiol Ultrasound* 48:118-124, 2007.

[111] Meij B, Voorhout G, Rijnberk A: Progress in transsphenoidal hypophysectomy for treatment of pituitary-dependent hyperadrenocorticism in dogs and cats, *Mol Cell Endocrinol* 197:89-96, 2002.

[112] van der Vlugt-Meijer RH, Voorhout G, Meij BP: Imaging of the pituitary gland in dogs with pituitary-dependent hyperadrenocorticism, *Mol Cell Endocrinol* 197:81-87, 2002.

[113] Harb MF, et al: Central diabetes insipidus in dogs: 20 cases (1986—1995), *J Am Vet Med Assoc* 209: 1884-1888, 1996.

[114] Kaneko JJ: Thyroid function. In Kaneko JJ, Harvey JW, Bruss M, editors: *Clinical biochemistry of domestic animals*, Amsterdam/Boston, 2008, Academic Press/Elsevier. pp 623-634.

[115] Chopra IJ, Sack J, Fisher DA: 3, 3′, 5′-triiodothyronine (reverse T_3) and 3, 3′, 5′-triiodothyronine (T_3) in fetal and adult sheep: studies of metabolic clearance rates, production rates, serum binding, and thyroidal content relative to thyroxine, *Endocrinology* 97:1080-1088, 1975.

[116] Huszenicza G, Kulcsar A, Rudas R: Clinical endocrinology of thyroid gland function in ruminants, *Vet Med* 47:199-210, 2002.

[117] Todini L: Thyroid hormones in small ruminants: effects of endogenous environmental and nutritional factors, *Animal* 1:997-1008, 2007.

[118] Capen CC, Martin SL: The thyroid gland. In Pineda MH, Dooley MP, editors: *McDonald's veterinary endocrinology and reproduction*, Ames, Iowa, 2003, Iowa State Press, pp 35-70.

[119] Kahl S, Elsasser TH, Blum JW: Effect of endotoxin challenge on hepatic 5′-deiodinase activity in cattle, *Domest Anim Endocrinol* 18: 133-143, 2000.

[120] Sokkar SM, et al: Pathological and biochemical studies on experimental hypothyroidism in growing lambs, *J Vet Med B Infect Dis Vet Public Health* 47: 641-652, 2000.

[121] Maurenbrecher S, Barrell GK: Suppression of thyroid gland function and its effects on the breeding season of Coopworth ewes, *N Z J Agr Res* 46:1-7, 2003.

[122] O'Callaghan D, et al: Effect of exogenous thyroxine on timing of seasonal reproductive transitions in ewes, *Biol Reprod* 49: 311-315, 1993.

[123] Yasuo S, et al: Long-day suppressed expression of type 2 deiodinase gene in the mediobasal hypothalamus of the Saanen goat, a short-day breeder: implication for seasonal window of thyroid hormone action on reproductive neuroendocrine axis, *Endocrinology* 147:432-440, 2006.

[124] Jannini EA, et al: Ontogeny of the nuclear 3,5,3′-triiodothyronine receptor in the rat testis, *Endocrinology* 126:2521-2526, 1990.

[125] Ferri N, et al: Iodine supplementation restores fertility of sheep exposed to iodine defciency, *J Endocrinol Invest* 26:1081-1087, 2003.

[126] Singh JL, et al: Immune status of goats in endemic goitre and its therapeutic management, *Small Rumin Res* 63:249-255, 2006.

[127] Hynd PI: Follicular determinants of the length and diameter of wool fbers. 2. Comparison of sheep differing in thyroid hormone status, *Aust J Agr Res* 45:1149-1157, 1994.

[128] Ferguson KA, et al: The influence of the thyroid on wool follicle development in the lamb, *Aust J Biol Sci* 9:575-585, 1956.

[129] Puchala R, et al: Effects of bovine somatotropin and thyroid hormone status on hormone levels, body weight gain, and mohair fiber growth of Angora goats, *J Anim Sci* 79:2913-2919, 2001.

[130] Acuti G, et al: Effects of feld bean (*Vicia faba* L. var. *minor*) dietary supplementation on plasma thyroid hormones, insulin, insulin-like growth factor-1 concentrations and mohair characteristics in growing Angora goat kids, *J Anim Physiol Anim Nutr (Berl)*, 2008 May 14:[Epub ahead of print].

[131] Symonds ME, et al: Influence of rearing temperature on lung development following methimazole treatment of postnatal lambs, *Exp Physiol* 81:673-683, 1996.

[132] Wrutniak C, Cabello G: Influence of triiodothyronine or lipid administration on the response of

the pituitary-thyroid axis to exposure to cold in the newborn lamb, *J Endocrinol* 121:361-365, 1989.

[133] Cabello G: Endocrine reactivity (T_3, T_4, cortisol) during coldexposure in preterm and full-term lambs, *Biol Neonate* 44: 224-233, 1983.

[134] Ross TT, Goode L, Linnerud AC: Effects of high ambient temperature on respiration rate, rectal temperature, fetal development and thyrold gland activity in tropical and temperate breeds of sheep, *Theriogenology* 24:259-269, 1985.

[135] Flier JS, Harris M, Hollenberg AN: Leptin, nutrition, and the thyroid: the why, the wherefore, and the wiring, *J Clin Invest* 105: 859-861, 2000.

[136] Dalir-Naghadeh B, Rezaei SA: Assessment of serum thyroid hormone concentrations in lambs with selenium defciency myopathy, *Am J Vet Res* 69: 659-663, 2008.

[137] Kececi T, Keskin E: Zinc supplementation decreases total thyroid hormone concentration in small ruminants, *Acta Vet Hung* 50: 93-100, 2002.

[138] Ozmen O, Haligur M: Immunohistochemical observations on TSH secreting cells in pituitary glands of goat kids with congenital goitre, *J Vet Med A Physiol Pathol Clin Med* 52:454-459, 2005.

[139] Rac R, et al: Congenital goitre in Merino sheep due to an inherited defect in biosynthesis of thyroid hormone, *Res Vet Sci* 9:209, 1968.

[140] Sipos W, et al: Hypothyroid goitre in a ram: chemical analysis gives indirect evidence for a structurally altered type of ovine thyroglobulin, *J Vet Med A Physiol Pathol Clin Med* 51:90-96, 2004.

[141] Devijlder JJM, et al: Hereditary congenital goiter with thyroglobulin defciency in a breed of goats, *Endocrinology* 102:1214-1221, 1978.

[142] Rijnberk A, et al: Congenital defect in iodothyronine synthesis. Clinical aspects of iodine metabolism in goats with congenital goitre and hypothyroidism, *Br Vet J* 133:495-503, 1977.

[143] Ibrahim RE, et al: The effect of altered thyroid status on lipid metabolism in Nubian goats, *Comp Biochem Physiol B* 77:507-512, 1984.

[144] Guyot H, et al: Thyrotropin in newborn calves as a tool for diagnosing hypothyroidism, *Cattle Pract* 15:271-275, 2007.

[145] Smith MC, Sherman DM: *Goat medicine*, Malvern, Penna, 2009, Lea & Febiger, 73-80.

[146] Rose MT, Wolf BT, Haresign W: Effect of the level of iodine in the diet of pregnant ewes on the concentration of immunoglobulin G in the plasma of neonatal lambs following the consumption of colostrum, *Br J Nutr* 97:315-320, 2007.

[147] Bretzlaff K, Haenlein G, Huston E: Common nutritional problems feeding the sick goat. In Naylor JM, Ralston SL, editors: *Large animal clinical nutrition*, St Louis, 1991, Mosby-Year Book, pp 351-362.

[148] Calislar T, Clair LES: Parathyroid gland of domesticated ruminants, *J Dairy Sci* 57:1263-1266, 1974.

[149] Tfelt-Hansen J, Brown EM: The calcium-sensing receptor in normal physiology and pathophysiology: a review, *Crit Rev Clin Lab Sci* 42:35-70, 2005.

[150] Talmage RV, Mobley HT: Calcium homeostasis: reassessment of the actions of parathyroid hormone, *Gen Comp Endocrinol* 156:1-8, 2008.

[151] Dua K, et al: Effects of parathyroid hormone and parathyroid hormone-related protein on the rates of absorption of magnesium, calcium, sodium, potassium and phosphate ions from the reticulorumen of sheep, *Exp Physiol* 79: 401-408, 1994.

[152] Thiede MA: Parathyroid hormone-related protein: a regulated calcium-mobilizing product of the mammary gland, *J Dairy Sci* 77:1952-1963, 1994.

[153] Care AD, et al: Stimulation of ovine placental transport of calcium and magnesium by midmolecule fragments of human parathyroid hormone-related protein, *Exp Physiol* 75: 605-608, 1990.

[154] Prosser CG, Farr VC, Davis SR: Increased mammary blood flow in the lactating goat induced by parathyroid hormone-related protein, *Exp Physiol* 79:565-570, 1994.

[155] Thompson GE: Parathyroid hormone-related protein and mammary blood flow in the sheep, *Exp Physiol* 78:499-501, 1993.

[156] McGehee DS, et al: Mechanism of extracellular Ca^{2+} receptorstimulated hormone release from sheep thyroid parafollicular cells, *J Physiol (Lond)* 502: 31-44, 1997.

[157] Kataria N, Kataria AK: Serum calcitonin level in Marwari sheep, *Indian J Anim Sci* 76: 802-803, 2006.

[158] Seimiya YM, et al: An aged bull with concurrent thyroid C cell carcinoma, adrenal pheochromocytoma and pituitary chromophobe adenoma, *J Vet Med Sci* 71:225-228, 2009.

[159] Sponenberg DP, McEntee K: Pheochromocytomas

and ultimobranchial (C-cell) neoplasms in the bull: evidence of autosomal dominant inheritance in the Guernsey breed, *Vet Pathol* 20: 396-400, 1983.

[160] Okada H, et al: C cell hyperplasia and carcinoma developing in sheep with experimentally induced lymphosarcoma, *J Comp Pathol* 105: 313-322, 1991.

[161] Fraser WD: Hyperparathyroidism, *Lancet* 374:145-158, 2009.

[162] Bonczynski J: Primary hyperparathyroidism in dogs and cats, *Clin Tech Small Anim Pract* 22: 70-74, 2007.

[163] Feldman EC, et al: Pretreatment clinical and laboratory fndings in dogs with primary hyperparathyroidism: 210 cases (1987—2004), *J Am Vet Med Assoc* 227:756-761, 2005.

[164] Haenel LC, Mayfeld RK: Primary hyperparathyroidism in a twin pregnancy and review of fetal/maternal calcium homeostasis, *Am J Med Sci* 319:191-194, 2000.

[165] Zahari MW, et al: The effect of high phosphorus intake on calcium and phosphorus retention and bone turnover in growing lambs, *Exp Physiol* 79: 175-181, 1994.

[166] Goff JP: Calcium, magnesium, and phosphorus. In Smith BP, editor: *Large animal internal medicine*, St Louis, 2009, Mosby, pp 1369-1380.

[167] Espino L, et al: Long-term effects of dietary anion-cation balance on acid-base status and bone morphology in reproducing ewes, *J Vet Med A Physiol Pathol Clin Med* 50:488-495, 2003.

[168] Abu Damir H, et al: The effects of feeding diets containing either $NaHCO_3$ or NH_4Cl on indices of bone formation and resorption and on mineral balance in the lamb, *Exp Physiol* 76: 725-732, 1991.

[169] Eschbach JW, Adamson JW, Dennis MB: Physiologic studies in normal and uremic sheep: 1] the experimental model, *Kidney Int* 18: 725-731, 1980.

[170] Dittmer KE, Thompson KG, Blair HT: Pathology of inherited rickets in Corriedale sheep, *J Comp Pathol* 141:147-155, 2009.

[171] Roberson JR, Swecker WS Jr, Hullender LL: Hypercalcemia and hypervitaminosis D in two lambs, *J Am Vet Med Assoc* 216:1115-1118, 2000.

[172] Mello JRB: Calcinosis—calcinogenic plants, *Toxicon* 41:1-12, 2003.

[173] Kaneko JJ, Harvey JW, Bruss M: *Clinical biochemistry of domestic animals*, ed 6, Amsterdam/Boston, 2008, Academic Press.

[174] Kemppainen RJ, et al: Hypothalamic peptide regulation of acthsecretion from sheep pituitary, *Am J Physiol* 265:R840-R845, 1993.

[175] Katoh K, et al: Responses induced by arginine-vasopressin injection in the plasma concentrations of adrenocorticotropic hormone, cortisol, growth hormone and metabolites around weaning time in goats, *J Endocrinol* 187:249-256, 2005.

[176] Liu JP, et al: The biosynthesis and secretion of adrenocorticotropin by the ovine anterior pituitary is predominantly regulated by arginine vasopressin (AVP). Evidence that protein kinase C mediates the action of AVP, *J Biol Chem* 265: 14136-1442, 1990.

[177] vandePavert SA, et al: Effects of vasopressin and elimination of corticotropin-releasing hormone target cells on pro-opiomelanocortin mRNA levels and adrenocorticotropin secretion in ovine anterior pituitary cells, *J Endocrinol* 154:139-147, 1997.

[178] Clarke IJ, et al: Elevated plasma levels of pro-opiomelanocortinderived peptides in sheep following hypothalamo-pituitary disconnection, *Neuroendocrinology* 44:508-514, 1986.

[179] Engler D, et al: Studies of the regulation of the hypothalamicpituitary-adrenal axis in sheep with hypothalamic-pituitary disconnection. I. Effect of an audiovisual stimulus and insulininduced hypoglycemia, *Neuroendocrinology* 48: 551-560, 1988.

[180] Liu JP, et al: Evidence that the central noradrenergic and adrenergic pathways activate the hypothalamic-pituitary-adrenal axis in the sheep, *Endocrinology* 129:200-209, 1991.

[181] Smith RF, et al: Identifcation of stimulatory and inhibitory inputs to the hypothalamic-pituitary-adrenal axis during hypoglycaemia or transport in ewes, *J Neuroendocrinol* 15:572-585, 2003.

[182] van Lier E, Perez-Clariget R, Forsberg M: Sex differences in cortisol secretion after administration of an ACTH analogue in sheep during the breeding and non-breeding season, *Anim Reprod Sci* 79:81-92, 2003.

[183] Aoyama M, et al: Effects of androgen on plasma levels of adrenocorticotropic hormone and cortisol during transportation in goats, *J Vet Med Sci* 67: 1109-1114, 2005.

[184] Maejima Y, et al: Adrenocorticotropic hormone-

induced secretion of cortisol in goats is inhibited by androgen, *Anim Sci J* 77:87-94, 2006.

[185] Altman NH, Streett CS, Terner JY: Castration and its relationship to tumors of adrenal gland in goat, *Am J Vet Res* 30:583, 1969.

[186] Lofstedt RM, Laarveld B, Ihle SL: Adrenal neoplasia causing lactation in a castrated male goat, *J Vet Intern Med* 8:382-384, 1994.

[187] Braun JR: W: Noninfectious prenatal pregnancy loss in the doe. In Youngquist RS, Threlfall WR, editors: *Current therapy in large animal theriogenology*, 2, Philadelphia, 2007, WB Saunders, pp 585-587.

[188] Roberts SJ: *Veterinary obstetrics and genital diseases* (*theriogenology*), ed 3, Woodstock, Vt, 1986, self-published (North Pomfret, Vt, 1986, distributed by David & Charles).

[189] Wittenberg C, et al: Effect of dehydration and rapid rehydration on renal function and on plasma renin and aldosterone levels in the black Bedouin goat, *Pflugers Arch* 406:405-408, 1986.

[190] Pradier P, et al: Plasma adrenocorticotrophin, cortisol and aldosterone responses to ovine corticotrophin-releasing factor and vasopressin in sheep, *Acta Endocrinol* (*Copenh*) 111: 93-100, 1986.

[191] Yener Z, Kiran MM: Undifferentiated ganglioneuroblastoma in a sheep, *J Comp Pathol* 126: 216-219, 2002.

[192] de Gritz BG: Hereditary caprine phaeochromocytoma, *Zentralbl Veterinarmed A* 44: 313-316, 1997.

[193] Harmon DL: Impact of nutrition on pancreatic exocrine and endocrine secretion in ruminants: a review, *J Anim Sci* 70:1290-1301, 1992.

[194] Braun U, et al: [Diabetes mellitus type 1 in a goat], *Schweiz Arch Tierheilkd* 150:608-612, 2008.

[195] Lutz TA, et al: Secondary diabetes mellitus in a Pygmy goat, *Vet Rec* 135:93, 1994.

[196] Mattheeuws D, et al: Diabetes mellitus in two twin male lambs, *Vet Q* 4:135-138, 1982.

[197] Jarrett IG: Alloxan diabetes in a ruminant, *Nature* 157:441-442, 1946.

[198] Nowak J, Dzialosz L: Influence of alloxan diabetes in goats on production and composition of milk, *Acta Physiol Polon* 18595, 1967.

[199] Stangassinger M, Peruche T, Giesecke D: Diabetes mellitus in dwarf goats: model experiments with streptozocin, *Zentralbl Veterinarmed A* 29: 297-304, 1982.

[200] Gelardi NL, et al: Streptozotocin induced gestational diabetes in the sheep, *Pediatr Res* 45: 1662, 1999.

[201] Miletich DJ, Hoffman WE, Albrecht RF: Depressed brain metabolism during streptozotocin-induced diabetes in the awake goat, *Fed Proc* 40: 953, 1981.

[202] Neville MC, McFadden TB, Forsyth I: Hormonal regulation of mammary differentiation and milk secretion, *J Mammary Gland Biol Neoplasia* 7:49-66, 2002.

[203] Hovey RC, Trott JF, Vonderhaar BK: Establishing a framework for the functional mammary gland: from endocrinology to morphology, *J Mammary Gland Biol Neoplasia* 7:17-38, 2002.

[204] Brisken C: Hormonal control of alveolar development and its implications for breast carcinogenesis, *J Mammary Gland Bio Neoplasia* 7: 39-48, 2002.

[205] Fulkerson WJ, McDowell GH: Artifcial induction of lactation in ewes: the relative importance of oxytocin and the milking stimulus, *Austr J Biol Sci* 28:521-524, 1975.

[206] Hart IC, Morant SV: Roles of prolactin, growth hormone, insulin and thyroxine in steroid-induced lactation in goats, *J Endocrinol* 84:343, 1980.

[207] Hart IC: Prolactin, growth hormone, insulin and thyroxine: their possible roles in steroid-induced mammary growth and lactation in goat, *J Endocrinol* 71:P41-P42, 1976.

[208] Janett F, et al: [Gynecomastia in a goat buck], *Schweiz Arch Tierheilkd* 138:241-244, 1996.

[209] Gardner RB, et al: Udder development, lactation and ascites in a ewe with an ovarian granulosa cell tumour, *Aust Vet J* 83:486-488, 2005.

[210] Heidrich HJ, Renk W: *Anomalies of lactation*, *Diseases of the mammary glands of domestic animals*, Philadelphia, 1967, WB Saunders, pp 37-46 (Translated by LW van den Heever).

[211] Dafalla EA, et al: A functioning udder in a male goat, *Zentralbl Veterinarmed A* 37:686-691, 1990.

[212] Panchadevi SM, Pandit RV: Milking males: 2 case studies, *Indian Vet J* 56(7):590-592, 1979:1979.

[213] Rieck GW, et al: Gynakomastie bei einem Ziegenbock. Ⅱ. Zytogeneticshe Befunde: XO/XY Mosaik mit variablen Deletionen des Y-Chromosomes, *Zuchthyg* 10:159-168, 1975.

[214] Wooldridge AA, et al: Gynecomastia and mammary

gland adenocarcinoma in a Nubian buck, *Can Vet J* 40:663-665, 1999.

[215] Lofstedt RM, Williams R: Granulosa cell tumor in a goat, *J Am Vet Med Assoc* 189:206-208, 1986.

[216] AlJassim R, Khamas WA: Gynaecomastia and galactorrhea in a goat buck, *Aust Vet J* 75:669-670, 1997.

[217] DeWalque J: Tumeur ovarienne et masculinization chez une chevre chamoisee des alpas, *Ann Med Vet* 107:322-328, 1963.

[218] Janett F, et al: Gynecomastia in a goat buck, *Schweiz Arch Tierheilkd* 138:241-244, 1996.

[219] Buergelt CD: *Color atlas of reproductive pathology of domestic animals*, St Louis, 1997, Mosby, p 219.

[220] Campbell A: How to handle precocious milkers, *Dairy Goat J* 39:5, 1961.

[221] Davis AJ, et al: Changes in mammary function at the onset of lactation in the goat: correlation with hormonal changes, *J Physiol (Lond)* 288: 33-44, 1979.

[222] Hart IC: The relationship between lactation and the release of prolactin and growth hormone in the goat, *J Reprod Fertil* 39:485-499, 1974.

[223] Prandi A, et al: Circannual rhythm of plasma prolactin concentration in the goat, *Anim Reprod Sci* 17:85-94, 1988.

[224] Matthews J: *Diseases of the goat*, ed 2, Oxford, 1999, Blackwell Science.

[225] Forsyth IA, Lee PD: Bromocriptine treatment of periparturient goats: long-term suppression of prolactin and lack of effect on lactation, *J Dairy Res* 60:307-317, 1993.

[226] Singh M, Ludri RS: Immediate effect of bromocryptine on plasma hormone concentrations during early lactation in crossbred goats, *Small Rumin Res* 31:141-147, 1999.

[227] Singh M, Ludri RS: Plasma prolactin, blood metabolites and milk production in bromocryptine-treated crossbred goats, *Small Rumin Res* 35:255-262, 2000.

[228] Diamond JM: Mammary gland as an endocrine organ: implications for mastectomy, *Nature* 295: 191-192, 1982.

[229] Sipos W, et al: Hypothyroid goitre in a ram: chemical analysis gives indirect evidence for a structurally altered type of ovine thyroglobulin, *J Vet Med A Physiol Pathol Clin Med* 51:90-96, 2004.

[230] Houdeau E, et al: Plasma levels of cortisol and oxytocin, and uterine activity after cervical artifcial insemination in the ewe, *Reprod Nutr Dev* 42:381-392, 2002.

[231] Thornton SN, et al: Vasopressin, but not oxytocin, is released in response to water deprivation in conscious goats, *J Endocrinol* 110:335-340, 1986.

[232] Elias E, Shainkin-Kestenbaum R: Hypocalcaemia and serum levels of inorganic phosphorus, magnesium parathyroid and calcitonin hormones in the last month of pregnancy in Awassi fat-tail ewes, *Reprod Nutr Dev* 30:693-699, 1990.

[233] Lippuner K, et al: PTH-related protein is released into the mother's bloodstream during lactation: evidence for benefcial effects on maternal calcium-phosphate metabolism, *J Bone Miner Res* 11:1394-1399, 1996.

[234] Rong H, et al: Parathyroid hormone-related protein in neonatal and reproductive goats determined by a sensitive time-resolved immunofluorometric assay, *Eur J Endocrinol* 136:546-551, 1997.

第10章

皮肤系统疾病*

皮肤病变在山羊中比绵羊中更常见，是检查小反刍动物的相对主要原因。尽管绵羊和山羊生产在历史上一直是一项经济事业，但越来越多的人将这些动物作为宠物饲养。皮肤系统的疾病包括影响皮肤、毛发的疾病。本章着重于推测性和确定性诊断以及保守性和最佳治疗措施。

解剖学和相关生理学

对皮肤解剖和生理的全面讨论不在本章内容的范围之内。本节回顾与小反刍动物疾病状况和兽医管理相关的独特解剖和生理学。

皮肤起到身体与环境的屏障作用。它也有助于体温调节，充当感觉器官，并通过化学物质的分泌进行交流[1,2]。绵羊和山羊的皮肤都比较薄，绵羊的平均厚度为 2.6 mm，山羊的平均厚度为 2.9 mm[1]。羊毛对体温调节很重要。在高温下，短而厚的羊毛最适合调节体温，而长而硬的羊毛在低环境温度下最有保温效果。因此，当环境温度很低时剪羊毛是有风险的。同样，在炎热的天气到来之前，未能完成剪毛可能会使动物中暑。与山羊和绵羊的原生毛或防护毛相比，次生毛所占比例更大。在安哥拉山羊和绵羊中，有三种类型的羊毛：真羊毛、坎泊纤维和毛纤维。真正的羊毛纤维是硬的、紧密卷曲的。坎泊纤维粗，相对短、卷曲性差。毛纤维的形态特征介于真羊毛和坎泊纤维之间。护毛在产毛羊品种中是不受欢迎的，因为髓质会使羊毛变脆，这种类型的羊毛不会很好地吸收染料。山羊的次生小毛没有髓质。

毛发周期性生长，分为生长期（毛发生长初期）、休止期（滞后期）。毛发周期受各种影响控制，包括光周期、温度、营养、激素、健康状况和遗传学等因素。羊毛囊是一个例外，因为没有记录确定的周期。有趣的是，毛发在夏季月份生长最活跃；在冬季月份，几乎所有初级毛囊和大约一半次级毛囊都处于休眠期。在健康状况不佳或应激时期，生长期可能显著缩短，导致生长停止后出现"毛发断裂"或"羊毛断裂"（也称为端粒变短）。在休止期羊毛更容易脱落或拔出。

汗腺作为专门的腺体，可以降温。

绵羊的羊毛脂腺体分泌物可防止皮肤干燥。羊毛脂腺体位于眼睛的内眼角附近、脚趾之间，以及内侧乳房的尾部。

表皮由五层组成，从最外面到最里面依次是角质层、透明层、颗粒层、棘层和基底层。基底层产生新的细胞，这些细胞不断向上移动以取代角质层脱落的细胞。基底层和毛囊的黑色素细胞是毛为黑色的主要原因。所有黑色素都是由含铜酶催化的共同代谢途径产生的。因此，缺乏铜元素的毛颜色比正常颜色浅。除了表皮和毛发或羊毛是机体的物理屏障外，还能识别一些化学物质和微生物：汗腺和皮脂腺产生的分泌物具有抗菌特性。这种分泌物中包括脂肪酸、无机盐、干扰素、转铁蛋白、补体和免疫球蛋白。皮肤水分的增加也大大增加了微生物数量。正常皮肤真菌可以抑制其他潜在病原体的定殖。然而，一些皮肤病原体也可能是正常真菌的成分。例如，皮肤癣菌和金黄色葡萄球菌可以从临床正常的哺乳动物中获得，不会发展成临床疾病。

真皮包含了立毛肌、血管和淋巴管以及神经。真

---

* 我们认可并感谢 Dvid E. Anderson 博士和 D. Michael Rings 博士的原著，他们在本书前一版中的工作已并入本章。

皮是皮肤拉伸强度和弹性的主要来源。大多数真皮纤维是胶原蛋白。胶原蛋白缺陷可能与遗传性疾病、缺乏维生素 C、缺铁、缺铜和 β-氨基丙腈中毒有关。

在毛发和羊毛中，毛囊分为最内层髓质、皮层和最外层角质层。毛发的颜色主要取决于皮质中的色素。就像牛和马一样，简单的毛囊排列，每个毛囊都伴随着皮脂腺和汗腺，以及一个毛状突起肌肉。绵羊和山羊有一种复合毛囊排列方式，其中毛发(或羊毛)毛囊由 2～5 根初级毛发组成，周围有较小的次级毛发。每根原发都有相关的皮脂腺和汗腺以及一根立毛肌，而次级毛发只有相关的皮脂腺。绵羊的毛越来越细，二次毛与一次毛的比例越来越高。美利奴绵羊以细毛著称，其比例为 20∶1，而肉用品种的羊毛比例平均为 5∶1。

山羊可能有肉垂——通常沿着下颌角尾部的腹颈。虽然肉垂的功能未知，但它们含有广泛的神经血管结构和软骨。肉垂的存在由常染色体显性基因控制。

皮脂腺(全分泌腺)产生油性分泌物，使皮肤保持柔软和柔韧，有助于保湿、保持水分。这种油性物质也能覆盖在毛发上，产生光泽的毛发涂层。在应激或疾病时，毛发可能看起来暗淡和干燥，部分原因是皮脂腺功能不足。暗沉的毛发涂层可能是由雌激素和糖皮质激素引起的皮脂腺退化的结果。在发情开始时，公山羊的皮脂腺体大小增加。皮脂腺分布在尾部组织和山羊角的内侧。在公山羊中，这些腺体会产生刺激性气味。切除山羊气味腺体外科手术主要是将角质基部的尾部和内侧的皮脂腺切除。在去角的时候，这个程序很容易在年轻的幼龄公山羊羔上完成。在绵羊中，气味腺体存在于眼睛的内侧和嘴部，并且可能在公绵羊中产生刺激性气味。

绵羊和山羊都有汗腺。尽管汗液产生量随着炎热的环境而增加，汗腺并不被认为是这些物种体温调节的重要手段。

诊断方法

根据过往的经验、羊群病史和经济状况，诊断方法肯定会因临床医生而异。通常许多兽医能够根据病史和单独报告的临床症状合理准确地诊断该疾病。兽医的信心和能力将会增强，有机会在医生职业生涯的早期就明确确认这一诊断。皮肤病的诊断与影响身体其他系统的疾病的诊断是一样的：分析完整的病例数据，包括环境和混合风险评估；临床症状的详细评估；全面体检的结果，以及由鉴别诊断中的可能性指导的诊断测试结果。当疾病对治疗没有反应时，或者当动物计划出售或参加展示活动时，可以进行特定的诊断测试。

病例数据应该包括动物的信息：物种、品种、年龄、性别、体重和颜色等。一些品种发生特定疾病的可能性更高(表 10-1)。因此，品种信息对于评估易感性很有用。临床医生应该注意动物来源和暴露于高危环境的风险评估。产地包括动物是在农场出生并饲养的，还是通过农场合同购买的，抑或是通过销售购买的，还是从其他州或国家进口的？暴露于高危环境的风险评估包括运输到另一个农场；混合销售、展示或交易会；涉及幼畜或牲畜所有者的农场旅游，以及特定农场所特有的疾病。在最后一种情况下，临床医生也应该注意上次疾病暴发的时间。时间数据在鉴别诊断中很重要。应确定第一次观察到临床症状的日期，评估临床症状的持续时间，并描述受影响动物体内疾病进展的细节。身体受影响的部位以及疾病向身体其他部位的传播也很重要。呈现的疾病状态往往相当严重，以至于无法通过身体检查来确定传染源。评估这种疾病是否已经在羊群中从一种动物传播到另一种动物尤其重要。最后，兽医可能会整理出一份详细的治疗时间表，包括所用的何种治疗、给药剂量和途径以及治疗时间。

表 10-1 绵羊和山羊皮肤病的品种偏好

疾病	具有公认偏好的品种
脆皮病	边区莱斯特-南丘杂交绵羊 芬兰杂种绵羊 美利奴绵羊 挪威达拉绵羊 罗姆尼羊
先天性遗传光敏性	考力代绵羊 南丘绵羊
少毛症	多塞特羊
可能的遗传性甲状腺肿	美利奴绵羊 萨能矮羊-杂交山羊
大疱性表皮松解症	苏格兰黑脸羊 南丘绵羊 萨福克羊
羊瘙痒病	萨福克羊

改自 Scott DW：Large animal dermatology，*Philadelphia*，1988，*WB Saunders*.

临床症状的发展变化在鉴别诊断中很重要。它们可能变化很大，取决于疾病过程中涉及的组织。当主要病变较多时，在疾病早期最容易确定鉴别诊断的可能性(表 10-2)。随着疾病的发展，继发性损害如感染、增厚、结痂和脱毛，可能会覆盖原发性疾病，使皮肤病的评估变得极其困难。因此，应该选择有新出现问题的动物进行检查。

红斑是指皮肤变红。这不是疾病特异性的变化，但通常表明存在炎症。丘疹是实体肿块，直径小(小于 1 cm)、发红、从皮肤表面凸起，触诊可能会疼痛。它们与感染、过敏反应和体外寄生虫的临床症状是一样的。当丘疹集中在毛囊上时，应该怀疑是细菌或真菌毛囊炎和体外寄生虫如蠕形螨病。当丘疹独立于毛囊出现时，应该怀疑是皮肤过敏反应和疥螨等体外寄生虫。

小囊泡在大小和形状上与丘疹相似，但是这些肿块充满浆液性液体，并且是流动的。小囊泡形成可能在丘疹之前。小泡通常与病毒性皮肤病如痘病毒感染、接触过敏和自身免疫性疾病如天疱疮有关。脓疱与小泡相似，但本质上是化脓性的。脓性渗出物形成是中性粒细胞迁移的结果，是对感染的反应，或是自身免疫疾病过程的一部分。小泡和脓疱由于上表皮的磨损或自发破裂而破裂。积聚在皮肤表面的液体形成结痂，而下面的皮肤会因损伤而变厚。硬固的结痂是由血清、脓液、血液、细胞碎片和相关生物组成的牢固黏附的集合体。结痂的存在表明渗出过程，但不是疾病特有的。结痂的显微镜检查可能会发现传染性生物体，如真菌、细菌或细胞。术语“鳞片”仅仅是指脱落的角质层，但不是疾病特异性的。皮肤增厚(特别是角质层增厚)通常被称为角化过度。“角化病”用于描述没有细胞核的角化过度。副角化病是角蛋白化皮肤中存在细胞核的角化过度。不幸的是，这些发现与慢性皮肤病一致，并且不是疾病特异性的。在这种情况下，病变的分布可能比实际的组织病理学描述更重要。

脱毛可能与疾病或其他应激源有关，产生应激诱导的端粒期。毛干中的这种“应力断裂”可能导致普遍的脱毛。应激性脱毛通常与正常皮肤和身体其他部位正常生长的毛发有关。长时间发热的全身性疾病也会扰乱正常的毛发和纤维生长，可能导致容易脱毛。在绵羊身上，后一种情况被称为羊毛断裂。锌、硒和维生素 E 的营养缺乏可能会导致脱毛。

抓挠通常是由瘙痒或类似的不适引起的，除了疼痛，与皮肤病相关的，称为瘙痒。评估瘙痒的严重程度有助于制定准确的鉴别诊断。严重瘙痒通常与外寄生虫有关。轻度瘙痒更常与营养缺乏、过敏性皮肤病、细菌或真菌皮肤病或自身免疫疾病相关。这是与痒病相关的常见临床症状，也与伪狂犬病病毒和狂犬病病毒感染有关。

皮肤和毛发色素沉着的变化在多数反刍动物疾病中并不常见。在患有慢性铜缺乏症和钼中毒的牛身上可看到毛发色素变淡，以及在皮肤受伤(擦伤、撕裂、慢性刺激)后黑脸羊身上出现的黑色羊毛色素。在暴露于过多阳光下的萨能山羊身上也观察到了深色色素的形成。

病变位置可用于建立鉴别诊断(表 10-2)。在皮肤病的早期阶段，通常受影响的部位包括面部、耳朵、蹄、乳房和会阴部位。真菌性皮肤感染更常见于面部、颈部和耳朵，而细菌性皮肤疾病也影响蹄、乳房和会阴。营养缺乏通常在不同程度上涉及所有部位。在毛发几乎没有受到保护的部位，以及那些色素沉着轻微或没有色素沉着的部位，光敏作用更加严重。体外寄生虫对蹄、脸和耳朵的损害最为严重。

表 10-2 与选定的皮肤疾病相关的病变的典型分布

涉及的区域	疾病	原发病变类型
头部和颈部	皮肤癣菌病	丘疹状
	皮肤病	脓疱型
	蠕形螨病	丘疹结节
	羊住血丝虫病	溃疡性
	苍蝇叮咬	丘疹状
	放线杆菌病	结节状
	梭菌病	水肿
	疥螨病	丘疹状

续表 10-2

涉及的区域	疾病	原发病变类型
	传染性病毒性脓疱性皮炎	脓疱型
	绵羊病毒性溃疡性皮炎	溃疡性
	山羊痘	脓疱型
	羊痘	脓疱型
	落叶型天疱疮	水疱性脓疱，结痂
	缺锌	结痂
	接触性皮炎	可变的
	病毒性乳头状瘤病	丘疹结节
	鳞状细胞癌	结节性溃疡
耳部	皮肤癣菌病	丘疹状
	皮肤病	脓疱型
	疥螨病	丘疹状
	苍蝇叮咬	丘疹状
	落叶型天疱疮	水疱性脓疱，结痂
	麦角中毒	坏死
	羊茅中毒	坏死
	冻疮	坏死
	光照性皮炎	水肿，坏死溃疡
	鳞状细胞癌	结节性溃疡
皮肤黏膜	传染性病毒性脓疱性皮炎	脓疱型
	山羊痘	脓疱型
	羊痘	脓疱型
	蓝舌病	红斑、水肿
	缺锌	结痂
	大疱性天疱疮	膀胱溃疡
	落叶型天疱疮	水疱性脓疱，结痂
	皮肤癣菌病	丘疹状
	皮肤病	脓疱型
	鳞状细胞癌	结节性溃疡
背部	皮肤病	脓疱型
	苍蝇叮咬	丘疹状
	动物痒螨病	丘疹状
	接触性皮炎	可变
胸腹部	嗜皮菌病	脓疱型
	苍蝇叮咬	丘疹状
	疥螨病	丘疹状
	接触性皮炎	可变
	山羊痘	脓疱型
	羊痘	脓疱型
	传染性病毒性脓疱性皮炎	脓疱型
	缺锌	结痂
	假结核棒状杆菌感染	脓肿

续表 10-2

涉及的区域	疾病	原发病变类型
躯干	皮肤真菌病	丘疹
	嗜皮菌病	脓肿
	动物痒螨病	丘疹
	银屑病	脱毛、瘙痒
	Keds	脱毛、瘙痒
	绵羊毛腐病	湿皮炎
	落叶型天疱疮	水疱性脓疱，结痂
	蠕形螨病	丘疹
	山羊病毒性皮炎	丘疹
	瘙痒	脱皮，瘙痒
	维生素 A 缺乏	角化过度
	碘缺乏	脱毛、鳞屑
	生物素、烟酸、核黄素、泛酸缺乏	脱毛、鳞屑、结痂
	维生素 C-过敏性皮肤病	脱毛、红斑、紫色
	缺铜	脱色
后躯	嗜皮菌病	丘疹
	绒毛膜疥癣	脓肿
腿和脚	皮肤真菌病	丘疹
	嗜皮菌病	脓肿
	绒毛膜疥癣	丘疹
	接触性皮炎	可变
	羊住血丝虫病	坏死溃疡
	梭菌病	水肿
	疥螨	丘疹状
	缺锌	结痂
	维生素 C-过敏性皮肤病	脱毛、红斑、紫色
	绵羊病毒性溃疡性皮炎	溃疡性
	落叶状天疱疮	水疱性脓疱，结痂
尾部	补偿性疥癣	鳞屑、瘙痒
	硒中毒	脱毛
蹄冠	落叶状天疱疮	水疱性脓疱，结痂
	蓝舌病	红斑
	传染性病毒性脓疱性皮炎	脓疱型
	麦角中毒	水肿
	羊茅中毒	水肿
	嗜皮菌病	脓疱型
	缺锌	结痂

改自 Scott DW: Large animal dermatology, *Philadelphia*, 1988, *WB Saunders*.

诊断检测

尽管许多皮肤病是根据临床症状和经验丰富的兽医对这些和其他发现的重要性的直觉来诊断的，但具体诊断需要通过实验室检测来证实（表 10-3）。

表 10-3　皮肤病诊断测试

引起皮肤病变的疾病	测试方法
寄生虫	醋酸纤维胶带 皮肤刮取物 粪便漂浮法
真菌	氢氧化钾 矿物油支架 Wood's 灯检查 真菌培养 细胞学
细菌	直接涂片 细菌培养
病毒	病毒分离 电子显微镜 血清学研究
过敏	皮试（皮内）
其他病理状况	组织病理学技术——活组织切片检查，免疫荧光试验，抗核抗体试验，特殊染色的使用

改自 *Scott DW*：Large animal dermatology，*Philadelphia*，1988，*WB Saunders*.

皮肤刮取物

皮肤刮取物的细胞学评估在野外条件下很容易进行，并且可以诊断某些疾病。在表皮刮取物观察到的细菌无法诊断，因为细菌普遍存在于皮肤表面。而脓疱液中观察到的细菌更具有诊断价值。将皮肤脓疱或脓肿的内容物吸出并培养来鉴定细菌的种类。直接涂片进行革兰染色即可判断细菌的种属。如果有吞噬细胞的存在则更能支持细菌感染的诊断结果。然而，在没有中性粒细胞或巨噬细胞的情况下，这种细菌很可能是污染物，而不是疾病产生的原因。

根据细菌菌落的形态可能会对判断细菌的种属有所帮助。例如，嗜皮菌是一种革兰阳性丝状分枝细菌，形成菌落。鳞片和硬皮也可以在显微镜下观察到。直接检查通常效果不好，但是用硝酸钠溶液软化病料可观察到体外寄生虫或真菌菌丝。这些生物经常漂浮在溶液的顶部；将载玻片放在溶液的顶部时，螨虫通常会黏附在载玻片上。

刮取皮屑难以查到病原。收集皮肤刮取物应深入皮肤，至有血液渗出表明该深度是适宜的，可以收集任何侵袭的体外寄生虫。对刮下的碎片进行仔细的显微镜检查以鉴定螨虫或其虫卵。氢氧化钾溶液可用于透明样品来进行检查。

微生物培养

细菌和真菌的培养物可用于确定致病微生物的存在。培养结果有时可能难以解释，因为部分微生物可能是绵羊和山羊皮肤正常菌群的一部分（表 10-4）。细菌培养物可以通过吸取脓疱、脓肿和其他结节获得。如果要进行皮肤活检，可以从皮肤组织样品中获得细菌培养材料。医生用酒精消毒样本区域，并从活体病变的表皮外围获取毛发样本。皮肤病药物的培养必须在特殊的培养基上进行。真菌可能需要进行数周的培养，才能得出阳性或阴性结果。

表 10-4　绵羊和山羊皮肤的正常微生物菌群

物种	细菌	真菌
山羊	金黄色葡萄球菌 凝固酶阴性葡萄球菌 葡萄球菌	黄曲霉 毛霉菌
绵羊	芽孢杆菌 大肠埃希氏杆菌 微球菌 金色葡萄球菌 表皮葡萄球菌 链球菌	

改自 *Scott DW*：Large animal dermatology，*Philadelphia*，1988，*WB Saunders*.

印迹涂片

特别是在诊断异常渗出或非常干燥的病变时，印迹涂片可能有一些价值（尽管有限）。选择湿润的病灶或刚刚去除结痂的区域，将干净的载玻片小心地压在病灶上，风干或固定，然后对载玻片进行适当染色，并进行细胞学评估。

活组织检查

皮肤活检最有助于识别与体外寄生虫感染以及过敏和自身免疫疾病一致的病变。当病变在外观或位置上不寻常并对治疗没有反应时，可以怀疑是肿瘤性或者持续溃疡或渗出，皮肤活检就会检测出来。它也可以用来排除鉴别诊断中的各种病理状况。活检标本应取自原发病灶，理想情况下应包括正常皮肤和异常皮肤的交界处。商业皮肤活检仪器(内径为 4～8 mm)可为病理学家提供最佳质量的样本。应该选择皮肤张力最小的区域。可以用针头和手术刀片来采集皮肤样本，或者如果已经进行了外科手术切除，则可以用整个病变组织进行检测。可以进行全厚度皮肤活检，检查表皮和真皮。临床医生可以修剪皮肤活检区域周围的毛发；然而，从皮肤样本中长出的毛发对于增强病理学家的评估是非常有必要的。因此，应该只进行最小幅度的修剪，不能使用剃刀刀片。少量 2%的盐酸利多卡因沉积在样本深处的皮下组织中。因为利多卡因的副作用有血管扩张和水肿，因此这应该在活组织检查前仔细地进行，因为这两者都可能扰乱组织学评估。许多病理学家更喜欢保存附着在木板上的皮肤样本，比如一块压舌板。皮肤样品的固定剂包括常规光学显微镜用的 10%中性缓冲液福尔马林和电子显微镜用的戊二醛。如果需要免疫组织化学分析或其他此类检测，皮肤活检标本可以用固定剂固定，也可以不用固定剂进行冷冻固定。在一项研究中，固定样本和冷冻样本的收缩率相似(约 20%)[3]。皮肤活检样本应提交给在皮肤组织病理学研究中有经验的兽医病理学家。由于不同物种的皮肤组织学差异很大，有经验的病理学家会更好地对绵羊和山羊的皮肤进行评估。根据临床医生或畜主喜好，活检部位可以用可吸收或不可吸收的材料封闭(使用简单的间断或交叉缝合模式)。

参考文献

[1] Scott DW: *Large animal dermatology*, *Philadelphia*, 1988, WB Saunders.

[2] Smith MC, Sherman DM: *Skin*, *In Goat medicine*, ed 2, Ames, Iowa, 2009, Wiley-Blackwell.

[3] Steinhagen O, Bredenhann AEJ: The effect of histological processing on sheep skin samples, *S Afr J Anim Sci* 17:151, 1987.

病毒性疾病

传染性脓疮

传染性脓疮，也称为口疮、羊口疮或传染性脓疱性皮炎，是由副痘病毒引起的一种独特的病毒性皮肤病。这种现象主要见于绵羊和山羊，但也见于其他野生和家养反刍动物以及人类。幼小羊群的发病率接近 100%，但死亡率很少超过 1%。如果发生死亡的话，通常不是由于感染本身导致的，而是由于继发并发症，如肺炎或饥饿等。致病病毒可以在土壤中存活数年，并在室温下的实验室环境中存活 20 年[1]。一份相互矛盾的报告表明，在愈合的伤口自然脱落的痂皮中无法检测到病毒[2]。然而，一旦进入农场，它就永远存在农场中。暴发往往发生在产羔的时候，并容易传染给后代。可通过与临床感染的动物直接接触或在受临床感染的污染物上进行传播，也可通过与受病毒污染的土壤或脱落的痂皮间接发生传播，一些证据表明非临床带毒者也可能传播[3]。然而，非临床带毒者的传播一直存在争议："羊口疮病毒不会在从恢复过来的动物引起潜在感染，而是从受感染场所转移到非感染场所，或用受污染车辆运输的临床健康动物所感染的"[4]。这种病毒通常通过皮肤上的裂口进入机体。因此，这种疾病在幼小动物中最普遍，有时与牙齿萌出有关[5]。潜伏期为 3～14 d。这是绵羊和山羊的一种重要的人畜共患皮肤病，对受影响的人来说也极其痛苦。兽医和生产者应采取预防措施，通过戴一次性手套对疑似病例进行治疗或检查来避免接触。

临床症状

临床症状表现相对独特，最常见的是在唇部、口鼻周围和口腔中出现痂样病变(图 10-1)。病变表现为皮肤黏膜交界处的硬皮增生，类似于发热水疱。最初的病变表现为丘疹，随后是小泡和脓疱以及形成结痂。结痂会在 1～4 周内愈合并脱落。据报道，10～21 日龄的绵羊羔出现典型的轻度疾病，7 d 后症状会消失[5]。哺乳母羊的乳头和乳房也会出现病变，这通常是给患病的绵羊羔或山羊羔哺乳的结果。乳房和乳头病变看起来更加疼痛，导致母羊拒绝哺育其羔羊。如果喂养中断又会导致新生羔羊饥饿。据报道，耳朵、面部、眼眶周围区域、阴囊、肛门周围区域和远端也有损伤。绵羊和山羊的身体(躯干和侧面)损伤病例少见[6,7]。据报道有更严重的形式，可视为恶性、持续性或慢性。在极少数情况下，病变向呼吸道延伸可能会使受影响的动物容易患肺炎，向消化道延伸可能会导致胃肠炎。

据报道，550 只 5 月龄的羔羊死亡率为 10%，其中包括舌头在内的口腔前 2/3 出现严重的水肿和广泛的增生性坏死[8]。在上述报告中，转运的应激可能加重了病情。

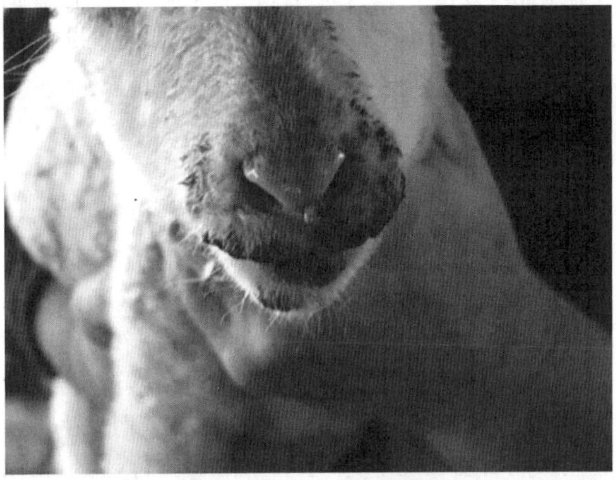

图 10-1　传染性脓疮。可以看到病变沿着嘴唇的轮廓延伸到鼻黏膜。在这种情况下，这种疾病在挤奶的羊群中地区性流行，羔羊出生后不久就从羊群隔离，然后用瓶子或桶单独喂养。如果不隔离的话，几乎 100% 的羔羊在临床上受影响。

诊断方法

最常见的诊断是基于临床症状。在许多国家，很少发生临床症状和病史与传染性脓疮相似的疾病（通常是发病率高的轻度疾病）；鉴别诊断中要考虑其他疾病包括蓝舌病、溃疡性皮肤病、羊痘和口蹄疫。皮肤活检和组织病理学检查可以证实是哪一种疾病。组织病理学发现角质形成细胞的臌胀和变性，以及嗜酸性胞质内病毒内含物。还可以用电子显微镜来检测结痂中的病毒。早期结痂中存在的病毒颗粒多于老痂，因此应该检查新产生的结痂。用于诊断的样品可以冷藏或在室温下保存，但应密封保存以防止人体接触。电子显微镜检测的一个缺点是所有副痘病毒（如牛丘疹性口炎和假性痘的病原体）在形态学上无法区分。血清学检测可用于确定感染状态，并为该疾病提供证据。已建立聚合酶链式反应（PCR）检测技术并可能成为首选的诊断方法。

治疗

很少尝试传染性脓疮的治疗，因为这种疾病是自我限制性的，应该在 3 周内解决。那时，结痂会脱落，从而污染环境。这种疾病对断奶和老龄动物没有什么临床后果，但是新生羔羊可能需要补充饲料。继发性细菌感染可能会发生，如果怀疑，可以用局部或全身抗生素治疗（见附录 1）。在世界上的一些地方，蚊蝇叮咬会使传染性脓疮变得复杂，因此应该观察受影响的动物，并根据需要进行治疗。经济价值或情感价值较高的动物，如果这种疾病导致疼痛性口腔病变继发厌食症，可以在喷雾冷冻疗法后用电灼和清创的方法治疗，效果良好[9]。使用软膏和收敛洗液实际上可能会延迟愈合[10]。

预防

预防的最佳方法是通过对进入农场的羊进行检疫和身体检查来防止疾病进入农场，并从无传染性脓疮的羊群中购买羊。应特别注意防止在家畜展览和销售中接触可疑动物，并避免使用共用饲料、水和梳理设备。在疾病暴发的情况下，受影响的种群应该被隔离，其余的应该接种疫苗。这种方法应该有助于通过控制疾病的场所来限制生产损失。

一旦在农场出现疾病，可以使用疫苗控制。疫苗是活的，除非已知该疾病存在于一群或多群动物中，否则不能使用。大多数商业疫苗都贴有绵羊标签，但没有贴山羊标签。虽然这些疫苗在山羊身上的使用有时看起来很有效，但研究表明，绵羊疫苗在保护山羊免受山羊身上发现的野生型传染性脓疮病毒的侵害方面并不有效[11]。最近，一株用于山羊传染性脓疮的疫苗对攻毒试验具有保护作用。

通常在大腿内侧的松弛皮肤处接种疫苗。如果为哺乳期母畜接种疫苗应该使用其他部位，如耳郭内侧或尾巴下。如果疫苗接种成功，应在 3～4 d 内形成结痂。如果使用疫苗接种，应该针对具有良好管理的特定群体。疫苗使用的一种方法是，从所有以前没有接触过的动物开始接种疫苗，然后每年只对新的幼龄动物（来自新出生的和新引进的）接种疫苗。据报道，在接种疫苗后 3 周获得免疫，但不认为是终身免疫[13]。自然接触的动物恢复后通常会有 2～3 年的免疫期[10]。初乳免疫不会发生，因为初乳中没有传递抗体[1,10]。然而，Perez 的一项研究表明，接种过疫苗的母山羊的山羊羔 45 日龄前攻毒时未产生病变，而 45 日龄以上的山羊羔出现了病变[14]。在本病流行的一些农场，生产者可能会选择不去理会这种疾病。该病病程较短，再次感染的动物病情较轻。

恶性传染性脓疮

一种持续存在的传染性脓疮，称为恶性传染性脓疮，已在受感染畜群中有限数量的绵羊中被发现。该病会发展为增生性病变，尤其是在腿和蹄的部位，在头部不常见。然而，与普通传染性脓疮不同，病变没有消退，反而会持续扩大。继发性细菌感染、蚊蝇叮咬和出血是主要并发症。虽然在典型的病变中，电子显微镜已经发现了一种形态类似于传染性脓疮病毒的痘病毒，但这种疾病有不同的病程。

受影响的绵羊不会将感染传给同群动物。对受影响绵羊细胞免疫系统的初步研究未能证实与正常羊有任何差异。

溃疡性皮肤病

溃疡性皮肤病是绵羊的一种疾病，由与传染性脓疮副痘病毒相似但不同的病毒引起。感染通常发生在皮肤破裂之后，如剪毛损伤和繁殖相关的损伤。这种病毒可能在繁殖季节通过身体接触传播，这可能是秋季和冬季发病率最高的原因。潜伏期为 2～7 d。病变在 2～6 周内愈合。在美国，这种疾病在西部地区最为常见，发病率通常为 15%～20%，但可能高达 60%。

临床症状

如果病变发展成溃疡，会有一个薄而附着的痂。最初病毒感染的病变区域可能被坏死梭杆菌感染。病变可能发生在面部、眼睛、嘴唇和鼻孔，但也可能发生在叉指间隙、腿部、阴茎或外阴。下肢的损伤可能导致化脓性关节炎。阴茎的损伤可能导致包茎或轻度包茎。面部和嘴唇的病变通常与黏膜无关——这种区别有助于将它们与传染性脓疮病变区分开来。

诊断

排除的最重要的临床类别是传染性脓疮，但是对于溃疡性皮肤病，发病率较低，病变是溃疡性的，而不是像传染性脓疮那样增生。通过来自活检病变材料的组织病理学检查确认。

治疗

这种疾病是自限性的，但是对于继发细菌感染和严重病例，要使用抗生素。此外，应给与对症治疗。

预防

最好通过在繁殖季节检查种畜和隔离患病动物来预防。当这种疾病经常发生时，应该努力减少皮肤创伤，方法是减少剪毛损伤，对蹄和腿有磨损的区域去除赘肉，并使用非磨损性饲料。没有疫苗，而且免疫是比较短暂的(大约 5 个月)。

绵羊痘和山羊痘

绵羊痘和山羊痘的病原体是痘病毒科山羊痘属密切相关病毒。虽然这些病毒往往是物种特异性的，但是已经有跨物种感染的报道。流行地区的死亡率较低，但当幼龄绵羊或山羊接触时，死亡率可能会很高。随着与受感染的畜群或羊群的密切接触，传播增加(被认为是通过气溶胶和与病变的接触而发生的)。这些疾病目前在北非、中东和东南亚流行，偶尔在东南欧暴发。据报道，美国有一个山羊痘病例[16]，但是美国农业部动物和植物健康检查服务(USDA-APHIS)网站称，这两种疾病在美国都没有发生。传染性脓疮是绵羊痘和山羊痘鉴别诊断的首要考虑因素。然而，绵羊痘和山羊痘病变往往发生在整个皮肤表面。这两种病毒(传染性脓疮和绵羊痘或山羊痘)很容易通过电子显微观察来区分。

痒病

痒病的讨论超出了本章的范围(见第 13 章)。然而，由于强烈的相关瘙痒，感染绵羊或山羊的瘙痒(尽管瘙痒在山羊中比在绵羊中少得多)可能会导致脱毛。痒病不会直接影响皮肤，皮肤损伤仅仅是剧烈瘙痒和随后剧烈抓挠导致的。

蓝舌病

蓝舌病的讨论超出了本章的范围(见第 4 章和第 14 章)。然而，蓝舌病的皮肤损伤包括冠周炎、口腔黏膜溃疡和口鼻水肿。山羊对临床上的蓝舌病有一定的抵抗力。

水疱性口炎

水疱性口炎是一种病毒性疾病，在牛、猪和马的口腔黏膜上引起溃疡。尽管山羊和绵羊都可能被试验性地感染了致病病毒，但是自然的临床疾病非常罕见，文献中没有记载临床疾病的病例报告。

绵羊和山羊从来没有出现水疱性口炎的临床症状[18]。1995 年美国西部暴发的这种疾病没有发现一只绵羊或山羊对这种病毒呈血清阳性。然而，山羊水疱性口炎的研究结果表明，水疱可能发生在嘴唇的连合处[19]。

参考文献

[1] Scott DW: *Large animal dermatology*, Philadelphia, 1988, WB Saunders.

[2] Romero-Mercado CH, et al: Virus particles and antigens in experimental orf scabs, *Arch Gesamte Virusforsch* 40:152, 1973.

[3] Nettleton PF, et al: Natural transmission of orf virus from clinically normal ewes to orf-naive sheep, *Vet Rec* 139:364, 1996.

[4] de la Concha-Bermejillo A: Orf/contagious ecthyma. In Haskell SRR, editor: Blackwell's Five-minute veterinary consultant, Singapore, 2008, Wiley-Blackwell.

[5] McElroy MC, Bassett HF: The development of oral lesions in lambs naturally infected with orf virus, *Vet J* 174:663, 2007.

[6] Coates JW, Hoff S: Contagious ecthyma: an unusual distribution of lesions in goats, *Can Vet J* 31:209, 1990.

[7] Sargison ND, Scott PR, Rhind SM: Unusual outbreak of orf affecting the body of sheep associated with plunge dipping, *Vet Rec* 160:372, 2007.

[8] Gumbrell RC, McGregor DA: Outbreak of severe fatal orf in lambs, *Vet Rec* 141:150, 1997.

[9] Meynink SE, Jackson PGG, Platt D: Treatment of intraoral orf lesions in lambs using diathermy and cryosurgery, *Vet Rec* 121:594, 1987.

[10] Blood DC, Radostits OM, Henderson JA, et al: *Veterinary medicine*, London, 1983, Baillière Tindall.

[11] de la Concha-Bermejillo A, Ermel RW, Zhang MZ: Contagious ecthyma (ORF) virulence factors and vaccine failure, *Proceedings of the One Hundred and Third Annual Meeting of the United States Animal Health Association*, San Diego, Calif, 1999.

[12] Musser JMB, et al: Development of a contagious ecthyma vaccine for goats, *Am J Vet Res* 69:1366, 2008.

[13] Mullowney PC: Skin diseases of sheep, *Vet Clin North Am Large Anim Pract* 6 :131, 1984.

[14] Perez JLT: *Kids immunity to contagious ecthyma (orf virus)*, presented at the Goat Diseases and Production 2nd International Colloquium, Niort, France, June 26 to 29, 1989 (Abstract p 24).

[15] Renshaw HW, Dodd AG: Serologic and cross-immunity studies with contagious ecthyma and goat pox virus isolates from the western United States, *Arch Virol* 56:201, 1978.

[16] Animal Health Monitoring and Surveillance: Status of reportable diseases in the United States, USDA-APHIS (website): http://www.aphis.usda.gov/vs/nahss/disease_status.htm#sheep, Accessed November 12, 2008.

[17] Bhanuprakash V, et al: The current status of sheep pox disease, *Comp Immunol Microbiol Infect Dis* 29: 27, 2006.

[18] Kitching P: Notifiable viral diseases and spongiform encephalopathies of cattle, sheep and goats, *In Practice* 19:51, 1997.

[19] Bridges VE, et al: Review of the 1995 vesicular stomatitis outbreak in the western United States, *J Am Vet Med Assoc* 211:556, 1997.

[20] Smith MC, Sherman DM: Skin, *Goat medicine*, ed 2, Ames, Iowa, 2009, Wiley-Blackwell.

细菌性疾病

嗜皮菌病(链丝菌病、块状羊毛病、雨水烫伤、雨水腐烂)

嗜皮菌病(链丝菌病、块状羊毛病、雨水烫伤、雨水腐烂)是由革兰阳性丝状细菌刚果嗜皮菌引起的反刍动物疾病。该细菌被带菌动物保存在畜群或羊群中。这种生物是反刍动物皮肤上的一种专性寄生菌，在土壤中不会存活很长时间，但后来的研究表明，它可以存活几个月，特别是在脱落的结皮中[1,2]。临床疾病的易感因素包括皮肤损伤(如昆虫叮咬或身体磨损)、过多的水分(因此俗称“雨腐”)以及危害宿主免疫系统的并发疾病和应激。皮肤上皮脂膜层的丢失使动物易患这种疾病。如果没有合适的遮蔽物，过多的雨天会导致皮脂层的稀释，从而增加临床疾病的概率。

潜伏期平均为 2 周。这种病菌的感染形式是活动的游动孢子(图 10-2)，它会出芽，穿透表皮，并侵入毛发或毛囊。中性粒细胞迁移到受影响的区域，导致浆液渗出物积聚，渗出到表皮表面。较老的表皮皮肤退化，而下面形成一层新的表皮。这个新的表皮层也被菌丝分枝感染。最终，厚痂形成。早期的临床表现包括表皮细胞的小的、凸起的、外切的外壳和带有嵌入毛发或羊毛的浆液渗出物。这种疾病在绵羊身上也有类似的感染模式，但是浆液渗出物可能不会附着在表皮上。它也是导致绵羊"草莓脚腐"的原因，这种病在下部腿上表现为干痂。去除干痂会留下大量肉芽组织，看起来像草莓(因此得名)。虽然它可以从受急性感染的动物身上传播，但是暴发的情况很少，但是已经有报道[3]。幼龄山羊似乎比成年山羊更容易发生临床疾病[3,4]。同样，幼龄绵羊比成年绵羊更容易受影响[5]。

临床症状

毛囊性和非毛囊性丘疹和脓疱的发展迅速聚结和破裂，随后被成团的毛发或成团的羊毛遮盖。这些被描述为典型的毛用反刍动物的"画笔病变"。病变可能会疼痛，但不会瘙痒。在绵羊身上，冠状带出现的硬壳(即草莓脚腐)也可能延伸到腕骨部或跗骨部。身体的其他部位也可能出现病变。在幼龄山羊中，病变倾向于在耳朵和尾巴上；在成年山羊中，病变倾向于位于口鼻、背部中线或阴囊或远端腿部[4]。据报道，5 日龄的山羊羔耳朵有病变[6]。尽管这种情况相对罕见，但对于因其他疾病和营养不良而虚弱的家畜来说，这可能是致命的。

诊断

病变直接涂片、染色(革兰染色或亚甲基蓝染色)应该是分枝菌丝，菌丝内有平行排列的立方体形球状细胞包(类似铁轨)(图 10-2)。皮肤活检和组织病理学检查也可能有助于鉴定。可以通过培养鉴定，尽管其他细菌和真菌可能随后感染，也可能会使慢性病例的诊断复杂化。

治疗

局部治疗剂包括碘伏、2%～5%石硫合剂、0.2%硫酸铜、0.5%硫酸锌和1%硫酸铝钾。这些药剂可以连续 3～5 d 通过全身清洗、喷雾或浸泡的方式使用，然后每周使用 1 次，直到痊愈。诸如普鲁卡因青霉素 G(5 000～10 000 IU/kg，每天 2 次，持续 4～5 d)、土霉素(72 h 间隔内 1～2 剂 20 mg/kg)或头孢噻呋(每天 2 mL/100 lb，持续 4～5 d)等全身抗生素可能是有效的。据报道，该病菌对多黏菌素 B、杆菌肽和磺胺类药物有抗性。山羊羔的病变往往在 2～3 个月内不经治疗就痊愈[8]。嗜皮菌对人类来说是潜在的人畜共患病病原。

预防

在本病流行的地区做好预防，去除和处理痂皮、保持畜舍干燥(提供避雨设施)、提供优质营养和控制体外寄生虫会控制临床病例的数量。已经有过疫苗研究，但似乎没有提供显著的保护。

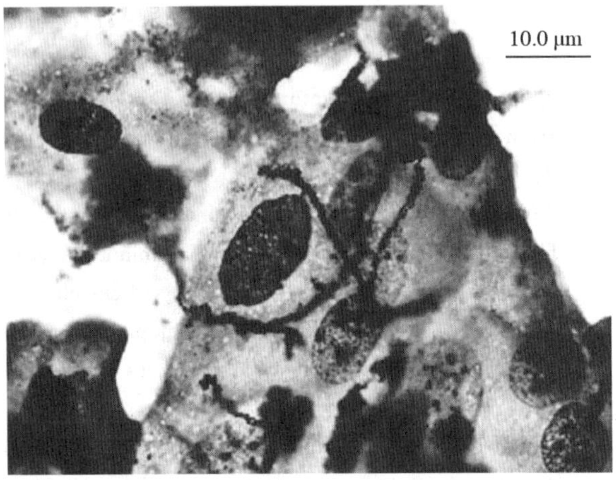

图 10-2　刚果嗜皮菌的游动孢子。通过将载玻片按压在痂下侧，风干载玻片，然后瑞氏染色，这样可以在野外环境下轻松和可靠地获得诊断性载玻片(来源：Dr. Mike Fry. University of Tn, Knoxville, Tn)。

羊毛腐病(水腐病)

羊毛腐烂是绵羊的一种渗出性细菌性皮炎，其特征是羊毛变绿色、羊毛纠结。该病降低了羊毛的质量，但最重要的是它是蚊蝇叮咬的诱发因素。虽然其他羊毛细菌可能在该病中起着重要作用，但绿脓杆菌被认为是主要的病原体[9]。这种疾病在 19 世纪后半叶首次在澳大利亚被发现[5]。从患病绵羊的皮肤中培养出来的细菌，当感染于正常的绵羊时，导致这种疾病发生[10]。

Seddon 和 McGrath 在 1929 年指出了水分对疾病症状发展的必要性[11]。羊毛特征和体型特征都是绵羊羊毛腐烂的易感因素，据报道这种易感性是可遗传的[11]。这种疾病在澳大利亚最普遍，据报道平均感染率为 24%[5]。在美国，该病似乎没有临床症状或经济意义，但已有报道[12]。幼龄比老龄绵羊更易感的原因尚不清楚，但致病或促成因素可能包括羊毛的成熟度和皮肤的特性以及接触病原后产生一定水平的免疫力[5]。羊毛腐烂病使患病绵羊更易遭受蚊蝇的叮咬。

临床症状

最典型的临床症状是羊毛变绿色。大量浆液渗出物也是非常明显的,对飞虫有较强吸引力,导致相关的蚊蝇叮咬。炎症反应会导致毛呈灰白色。也有报道出现瘙痒,但并非所有受感染的绵羊都有这种症状[13]。背部和肩伤最常见。

诊断

从受感染的皮肤和羊毛样品中分离培养细菌是诊断羊毛腐病的确诊方法(对于变绿色的羊毛尤其有效)。绿脓杆菌可能存在于纯培养物中。它产生绿色脓杆菌素[14]。羊毛腐烂病与嗜皮菌病的区别在于前者没有结痂形成。

治疗

抗生素可能会有帮助,但是研究表明绿脓杆菌对许多抗生素非常耐药[15,16]。在临床实践中,剪去羊毛使其干燥是最有效的治疗手段。

预防

疫苗正在研发中,但迄今为止尚无可靠的疫苗问世[5]。通过培育对本病不太敏感的、更具抵抗力的绵羊是措施之一。也许最可行的控制措施是在雨季开始前剪羊毛。

恶性水肿(肿头病或大头病)

恶性水肿也称肿头病、大头病,是梭状芽孢杆菌引起的一种快速致命的疾病,最常见的是双酶梭状芽孢杆菌、诺维梭状芽孢杆菌、败血梭状芽孢杆菌和肖氏梭状芽孢杆菌,最常见于年轻公绵羊。尽管许多教科书中都提到了公山羊的肿头病,但山羊的研究或案例报告却很少。这些生物通常以孢子的形式存在于土壤中,主要出现在富含有机物的潮湿土壤中[17]。病原菌通常通过皮肤或黏膜的破裂进入体内。随着机体组织中的厌氧条件,病原菌增殖并释放出几种外毒素,这些外毒素会在局部和全身发生反应。梭状芽孢杆菌的孢子能在环境中存活数年。这种疾病在美国蒙大拿州最为常见,但也发生在南非、南美和澳大利亚[18]。

临床症状

该病通常是散发性的,但也可能集中暴发。在巴西,该病暴发的可能原因是使用一根针头给一群1 000只的羊接种商业梭菌疫苗[17]。该病在暴发时都会导致羊接种疫苗后1～3 d内死亡。死亡前的临床症状有严重抑郁、接种部位周围肿胀、跛行、皮下水肿和捻发音。

绵羊恶性水肿的典型流行病学包括公羊抵斗,导致皮肤破裂,细菌孢子进入受伤的皮下组织。一旦感染发生,面部、头部和颈部就会出现肿胀和水肿。

诊断

无菌收集的皮下肿胀抽吸物,印迹涂片进行染色,随后进行厌氧培养,可以确诊。梭状芽孢杆菌被染色为大的革兰阳性菌。荧光抗体检测可以区分不同种梭菌。

治疗

如果不立即治疗,致死率会很高。主要使用大剂量青霉素产品治疗,应该局部和全身给药。其他治疗主要是对症治疗。

预防

接种疫苗可以是预防性的,只要是在细菌被动转移期之后和创伤发生之前免疫。同时注意卫生,因为一些病例已被证明仅仅是在采血之后发生的[19]。

放线杆菌病

李氏放线杆菌是一种非孢子形成的革兰阴性杆菌,它引起绵羊头部软组织化脓性肉芽肿性细菌感染(但在山羊中未被证实)[20]。这些细菌通常通过草或茎秆饲料感染到组织中。发生局部肉芽肿反应,但这些细菌也可能扩散到局部淋巴结或血液中。

临床症状

可以观察到脓性物质从淋巴结排出。颌下或腮腺淋巴结极度肿大可能导致呼吸或进食困难;绵羊可能死于营养不良。如果感染的化脓性物质进入鼻咽,可以观察到鼻腔分泌物。

诊断

诊断是通过用渗出物的革兰染色进行细菌学评估来进行的。革兰阴性杆菌是丝状的,在脓液中形成硫黄样颗粒,不用显微镜就能看到。

治疗

治疗包括手术引流、抗生素(普鲁卡因青霉素G,22 000～66 000 IU/kg,皮下注射,每24 h一次,持续7 d),以及碘治疗。碘化钠(静脉注射80 mg/kg)给药,每隔7 d重复1～2次。或者,可以添加有机碘化物到饲料中(每只7.5～15 g/d),持续14～21 d。

葡萄球菌性皮炎(眼部结痂、脓疱病)

葡萄球菌皮炎通常是绵羊和山羊的非致命皮肤病,主要影响头部和面部或乳腺。病原体是金黄色葡萄球菌,但偶尔也会涉及其他葡萄球菌。这种情况在一年中温暖的季节更常见。通过与临床或非临床携带者的社会接触进行传播。可能出现零星病例,但暴发已有报道[22]。

临床症状

面部病变可能表现为上眼睑上方的非色素性病变,扩大到包括面部的其他部位,在严重病例中,下肢也有病变[22]。一系列皮肤病变的特征是脱毛、丘疹、结痂、糜烂或溃疡、渗出、红斑、色素过度沉着和皮肤增厚[22]。总体而言,皮炎似乎没有对患病绵羊的健康产生不利影响。母绵羊的金黄色葡萄球菌皮炎被描述为乳房和乳头皮肤的炎症和过度角化,并伴有脓疱[23]。在一只18月龄的俾格米山羊脂溢性皮炎的致死病例中,致病病原鉴定为猪葡萄球菌[24]。这一病例的临床症状类似于油脂猪病:一种全身性脂溢性皮炎,伴有脱毛、油脂性皮肤,有明显的鳞状至结痂的外观。

诊断

鉴别诊断中的考虑因素应该包括体外寄生虫、缺锌、丝虫性皮肤病和真菌感染。明确诊断需要排除其他可能的原因。应详细记录组织病理学变化。

治疗

严重病例可能需要抗生素,并且在任何情况下都应该加速解决。土霉素和恩诺沙星的疗效最差,而在一个病例报告中林可霉素联合用药是有效的[22]。据报道青霉素有效果[25]。然而,面部葡萄球菌皮炎一般在2个月内消退[26]。另一种治疗方法是用碘伏或洗必泰洗发剂清洗受感染的皮肤,使之干燥,然后用防腐剂或抗生素软膏涂抹。

预防

在一个能减少面部损伤和头部密切接触的环境中喂饲和圈养,羊只应该可以减少疾病的发生率。蚊蝇的控制在减少传播方面很重要。隔离受感染的动物和避免污染物传播,对控制新的葡萄球菌乳房内感染非常重要。

脓肿

软组织脓肿在绵羊和山羊中很常见。脓肿的形成通常始于皮肤表面细菌通过表皮伤口进入。因此,可能培养出葡萄球菌、棒状杆菌、化脓隐秘杆菌,以及链球菌属细菌。非传染性脓肿可以通过局部麻醉渗透后穿刺治疗。清创脓肿的内部,并用1%稀碘液冲洗。对于大的脓肿,卷绷带浸泡在稀碘溶液中,然后塞到脓肿的皮下,在接下来的3～5 d里,每天都取出一部分绷带。在大多数情况下,无须使用全身抗微生物药物,但是如果出现大量的病变或深脓肿,可以给药。

干酪样淋巴结炎

干酪样淋巴结炎是世界范围内绵羊和山羊的一种常见的传染性化脓性细菌性疾病,常感染淋巴结和淋巴系统。一项对美国西部屠宰羊的研究报告显示,该病的阳性率为42%[27]。该病的病原体为假结核棒状杆菌,会造成慢性感染,最终会致命。细菌通过空气吸入或饲料摄入,通过破损或完整的皮肤或黏膜进入机体[28]。一旦淋巴结被感染,脓肿就会发展,并通过淋巴和血液途径扩散到其他淋巴结和内脏。脓肿往往是干酪样的,切口表面干酪样淋巴结炎的典型脓肿有一个“洋葱环”,在山羊中很少出现这种分层的外观[29]。假结核棒状杆菌在环境中可存活数月,环境污染特别是来自污染物的污染在传播中起着关键作用。这种疾病被认为是人畜共患病。

临床症状

最明显的临床症状是外淋巴结肿大,特别是腮腺、颌下腺和乳腺上的淋巴结,但是肩胛前淋巴结也可能会增大[30]。虽然脓肿通常在2～6个月内发生,但是在用明显污染的刀片切割后的2周内,出现了31个脓肿和淋巴结肿大(图10-3)。

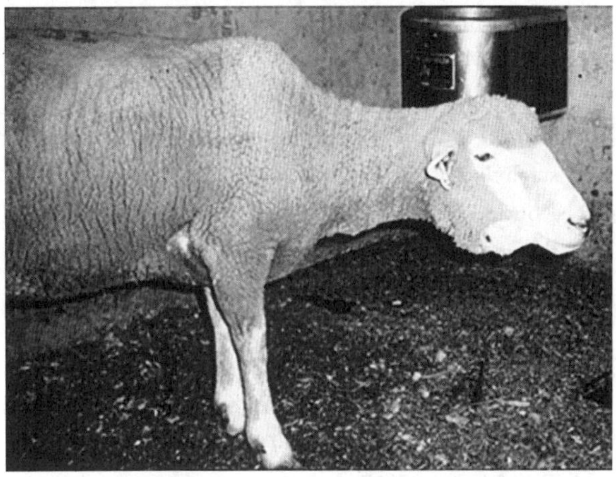

图 10-3 多希特羊剪毛 2 周后出现的干酪样淋巴结炎相关的下颌脓肿。脓肿主要发生在下颌和肩胛前淋巴结。

外部淋巴结的肿大通常不会导致其他临床症状，但内部淋巴结肿大和主要器官的感染会导致最终死亡。大约 25%有明显脓肿的绵羊会出现呼吸道脓肿[31]。山羊和有内部脓肿的绵羊的主要临床症状是体重减轻，但也可能存在咳嗽和呼吸症状。因此，临床症状因受影响的器官而异。肝脏、肾脏、纵隔淋巴结、胃肠道淋巴结、中枢神经系统和乳腺(乳腺炎)已经有感染的描述。

诊断

虽然有时可能会从肿大的外部淋巴结中分离出其他细菌，但在疑似干酪性淋巴结炎的病例中，主要关注的病原体应该是假结核棒状杆菌，直到排除这种诊断。因为脓肿物质具有潜在的高度传染性，所以应该特别小心，防止脓疱物质进入环境。这种病料的培养可用于鉴定假结核棒状杆菌，其表现为可变长度的革兰阳性小杆状。同样，可以在无症状的动物身上进行大量检测，以确定该病的感染情况。

外部淋巴结无肿大的绵羊和山羊干酪性淋巴结炎的诊断需要血清学检测。凝集试验和血凝抑制试验都有助于鉴定。这两项检测不够准确，不足以作为早期非临床感染屠宰动物的管理决策的依据。

治疗

外部淋巴结脓肿可以手术切除，但是需要特别小心避免在手术切除过程中打开脓肿。刺破和排出外部的脓肿需要特别小心地收集所有的脓性物质和冲洗溶液，以免污染环境。应该烧掉收集的这些动物材料。通过穿刺和排泄脓肿的动物应该隔离 1 个月，以防止随后传播到其他易感绵羊或山羊。治疗涉及外部淋巴结的疾病不能保证小反刍动物没有感染内部淋巴结。由于细菌可以在细胞内存活(甚至在活化的巨噬细胞内)，全身抗生素不是非常有效[32]。然而，在治疗外部脓肿时，应该使用抗革兰阳性菌的全身性抗生素，以防止扩散到其他淋巴结。把福尔马林注入脓肿进行治疗已取得了一些成功。

最近的一项研究比较了 3 种不同疗法治疗干酪性淋巴结炎的疗效[33]：(1)打开、排干、冲洗(用稀碘液)和用皮下注射青霉素治疗；(2)封闭系统灌洗(使用 16 号针头注射盐水，然后取出盐水－脓肿内容物混合物)和病变内注射土拉霉素；(3)封闭系统灌洗和皮下注射土拉霉素。所有治疗方案消除所治疗病变的效果超过 80%。然而，最终最具成本效益的治疗方法是宰杀受感染的动物。

预防

最好的预防措施是保持羊群中没有干酪性淋巴结炎。任何新的动物在进入羊群之前都应该接受疾病检测和淋巴结肿大检测。应保持没有可能导致皮肤损伤的动物。针头、手术设备、纹身钳、剪刀、蹄剪和浸泡桶应该在使用后清洗和消毒。此外，对外寄生虫的控制很重要，因为瘙痒物质会使动物在物品上摩擦导致皮肤破裂[20]。根除干酪性淋巴结炎是可能的，但很困难，因为它需要对无疾病群体和受感染群体进行频繁的检测和管理。疫苗是有的，且对生产者来说特别重要，因为疫苗接种可以减少羊群中脓肿的发生率[34]。疫苗不一定能预防该疾病。用绵羊干酪性淋巴结炎疫苗接种的山羊比绵羊更容易出现不良反应。已有报道表明，山羊饲养者对自体干酪性淋巴结炎疫苗更满意。乳汁和初乳的传播显然并不重要，但是将新生羔羊从受影响的围栏中移走，应该会减少感染的机会。同样，子宫内的传播也未见报道。

参考文献

[1] Roberts DS：Release and survival of *Dermatophilus dermatonomus* zoospores，*Aust J Agr Res* 14：386，1963.

[2] Martinez D，Prior P：Survival of *Dermatophilus congolensis* in tropical clay soils submitted to different water potentials，*Vet Microbiol* 29：135，1991.

[3] Larsen JWA: An outbreak of mycotic dermatitis in goat kids, *Aust Vet J* 64:160, 1987.

[4] Yeruham I, Elad D, Perl S: *Dermatophilus* in goats in the Judean foothills, *Rev Med Vet* 154:785, 2003.

[5] Norris BJ, Colditz IG, Dixon TJ: Fleece rot and dermatophilosis in sheep, *Vet Microbiol* 128: 217, 2008.

[6] Mullowney PC, Baldwin EW: Skin diseases of goats, *Vet Clin North Am Large Anim Pract* 6: 143, 1984.

[7] Dalis JS, Kazeem HM: Concurrent infections of a goat with *Dermatophilus congolensis* and *Blastomyces* dermatitidis, *J Anim Vet Adv* 6:773, 2007.

[8] Munro R: Caprine dermatophilosis in Fiji, *Trop Anim Health Prod* 10:221, 1978.

[9] Dixon TJ, Mortimer SI, Norris BJ: 16S rRNA gene microbial analysis of the skin of fleece rot resistant and susceptible sheep, *Aust J Agr Res* 58:739, 2007.

[10] Stuart TPA: On green-producing chromogenic micro-organisms in wool, *J Proc Roy Soc* 28: 320, 1894.

[11] Seddon HR, McGrath TT: Green coloration in wool, *Aric Gaz* 40:206, 1929.

[12] Torell DT, et al: Effects of time of shearing on wool and lamb production, *Calif Agr* 23:16, 1969.

[13] El-Sukhon SN: Isolation and characterization of *Pseudomonas aeruginosa* from sheep with fleece rot in northern and middle Jordan, *Vet Dermatol* 13: 247, 2002.

[14] Chin JC, Watts JE: Dermal and serological response against *Pseudomonas aeruginosa* in sheep bred for resistance and susceptibility to fleece-rot, Aust Vet J 68:28, 1991.

[15] Bonfiglio G, Carciotto V, Russo G: Antibiotic resistance in Pseudomonas aeruginosa, an Italian survey, *J Antimicrob Agents Chemother* 41:307, 1998.

[16] Gerceker AA, Gurler B: in vitro activities of various antibiotics, alone and in combination with amikacin against *Pseudomonas aeruginosa*, *J Antimicrob Agents Chemother* 36:707, 1995.

[17] Costa JLN, et al: Outbreak of malignant oedema in sheep caused by *Clostridium sordellii*, predisposed by routine vaccination, *Vet Rec* 160:594, 2007.

[18] Mullowney PC: Skin diseases of sheep, *Vet Clin North Am Large Anim Pract* 6:131, 1984.

[19] Morris WE, et al: Malignant oedema associated with bloodsampling in sheep, *Aust Vet J* 80:280, 2002.

[20] Smith MC, Sherman DM: Skin, *Goat medicine*, ed 2, Ames, Iowa, 2009, Wiley-Blackwell.

[21] Watson WA: The carriage of pathogenic staphylococci by sheep, *Vet Rec* 77:477, 1965.

[22] Koutinas AF, et al: Clinical, histopathological and therapeutic considerations in a flock of sheep with facial staphylococcal- associated dermatitis, *Vet Dermatol* 18:118, 2007.

[23] Mavrogianni VS, Fthenakis GC: Clinical, bacteriological, cytological and pathological features of teat disorders in ewes, *J Vet Med A Physiol Pathol Clin* 54:219, 2007.

[24] Schamber G, Alstad AD: Isolation of *Staphylococcus hyicus* from seborrheic dermatitis in a pygmy goat, *J Vet Diagn Invest* 1:276, 1989.

[25] Wilson DJ, Scott PR, Sargison ND: Effective treatment of severe facial dermatitis in lambs, *Vet Rec* 150:45, 2002.

[26] Hardy WT, Price DA: Staphylococcal dermatitis of sheep, *J Am Vet Med Assoc* 119:445, 1951.

[27] Stoops SG, Renshaw HW, Thilsted JP: Ovine caseous lymphadenitis: disease prevalence, lesion distribution, and thoracic manifestations in a population of mature culled sheep from western United States, *Am J Vet Res* 45:557, 1984.

[28] Seddon HR: A discussion of the method of infection by bacillus of Preisz-Nocard, *Aust Vet J* 5:49, 1929.

[29] Batey RG, Speed CM, Kobes CJ: Prevalence and distribution of caseous lymphadenitis in feral goats, *Aust Vet J* 63:33, 1986.

[30] Maddy KT: Caseous lymphadenitis of sheep, *J Am Vet Med Assoc* 122:257, 1953.

[31] O'Reilly KM, et al: Parameter estimation and simulations of a mathematical model of *Corynebacterium pseudotuberculosis* transmission in sheep, *Prev Vet Med* 83:242, 2008.

[32] Holstad G, Teige J, Larsen HJ: *Corynebacterium pseudotuberculosis* infection in goats Ⅷ. The effect of vaccination against experimental infection, *Acta Vet Scand* 30:275, 1989.

[33] Washburn KE, et al: Comparison of three treatment regimens for sheep and goats with caseous lymphadenitis, *J Am Vet Med Assoc* 234:1162, 2009.

[34] Pugh DG: Caseous lymphadenitis in small ruminants, *Proc North Am Vet Conf* 11:983, 1997.

真菌疾病

皮肤癣菌病(癣菌病、羊毛硬结病、俱乐部羔羊真菌病)

绵羊癣和山羊癣的主要真菌病原是疣状毛癣菌。然而,须癣毛癣菌、犬小孢子菌和其他不太常见的真菌引起癣菌病已有报道[1,2]。通过与临床上患病动物直接接触或间接与污染物接触(如围栏、水或饲料设备、梳理设备)发生传播。该病在幼龄动物中比在成年动物中更常见,可能是因为以前接触过这种疾病的动物免疫力提高了。其他潜在诱发因素包括免疫抑制、营养不良、拥挤、高湿度和其他使动物虚弱的状况或疾病。

动物性皮肤癣菌以孢子的形式存在于环境中。皮肤癣菌以角蛋白作为营养来源,因此它们更喜欢皮肤[3]。通常孢子通过皮肤擦伤进入。分生孢子萌发,菌丝出现在角质层内(不会侵入活体组织),并侵入毛囊壁。然后在毛囊管中出现,在毛发角质层和毛囊壁之间向下生长。菌丝顶端通过溶解角蛋白和机械压力渗透到毛发皮层中,随后增殖,分生孢子位于毛干外部[3]。随着毛发生长,真菌被带出到皮肤表面,毛发可能会在皮肤表面断裂或脱落。从侵入点扩散,导致典型的环形病变。从感染到临床疾病的潜伏期为 1~6 周,这种情况在秋季和冬季更常见。

羊毛脂有助于保护绵羊皮肤免受癣菌的入侵。展示用羔羊的毛被剪短了,经常清洗为羔羊表演做准备,洗掉了保护性羊毛脂,会让癣菌更容易感染皮肤。因此,这种疾病在没有准备展示或出售的绵羊中是很少见的。俱乐部羔羊真菌病于 1989 年首次被报道。虽然通常认为这是一种展示羔羊的疾病,与经常的清洗和多次剪毛有关,但是在商业性饲养的羊群中已有暴发,原因很有可能是用被污染的剪刀剪过羊毛[4,5]。这种疾病具有传染性,这也是为什么有癣的羊不能参加公众活动的原因。病变大约需要 1 个月才能变得明显。真菌孢子在自然条件下可以存活数年。参与治疗的人应该穿戴防护服和手套,因为这种疾病是人畜共患病。

临床症状

无论是山羊还是绵羊,病变主要影响耳朵、头部和颈部,但也可能波及身体任何部位表面(图 10-4)。以前认为影响羊体表的癣病很少见,但是根据最近的研究表明绵羊羔真菌在较多特定地方有毛部位同样常见。毛发区的病变包括脱毛、鳞屑和结痂的圆形斑块,但是患病区域也可能是局限的或弥漫性的。羊毛区域的病变可能被结块的羊毛覆盖,结块羊毛下出现发炎和发红(图 10-5,另见彩插)。病变往往是非瘙痒性的,或者只是轻度瘙痒,通常并不疼痛。虽然病变通常发生在面部、耳朵、颈部和肩部,但它们也可能分散在全身,包括尾部。

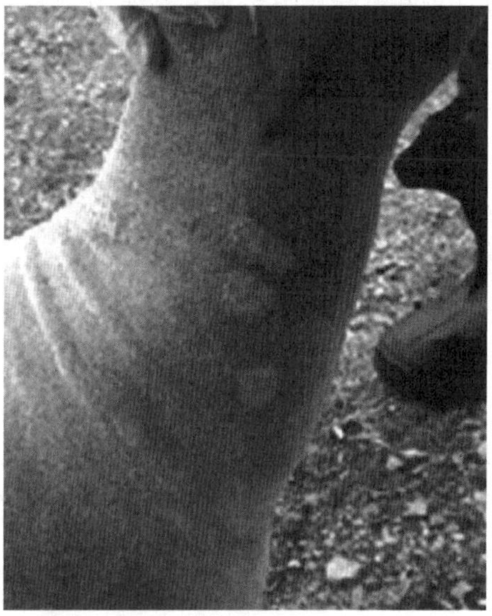

图 10-4 羔羊真菌的典型临床表现。病灶可能出现在任何有毛发或毛发状的身体表面。

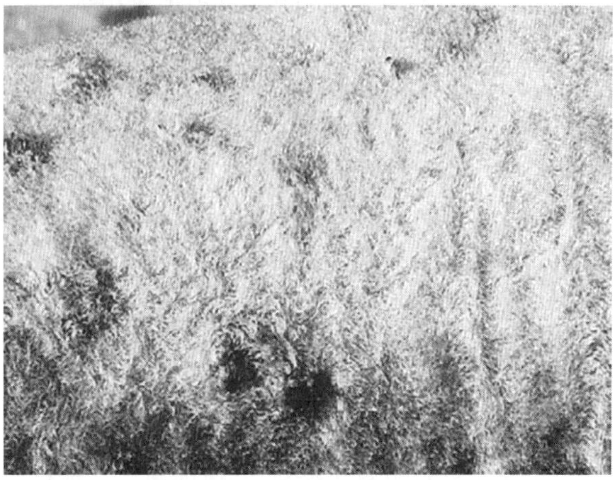

图 10-5 羔羊真菌(癣)的第一个症状通常是皮肤隆起,羊毛聚集在上面,感觉僵硬。受影响的皮肤可能被灰白色的痂覆盖,就像这张照片中羊毛剪得很短的展示羔羊所示。

诊断

虽然在大多数情况下,诊断是基于临床表现,但是这可能是错误的,因为许多其他情况也可能有类似的症状。绵羊癣和山羊癣鉴别诊断中的考虑因素应该包括外部寄生虫、缺锌、皮肤病、葡萄球菌皮炎和免疫介导的疾病。临床检查中使用伍氏灯可能有助于鉴别诊断。然而,毛癣菌不发荧光。最终,依据在沙氏葡萄糖琼脂培养基上鉴定出真菌培养物病原确诊。应从病变的外周边缘获得皮肤刮屑,因为这些严格的有氧真菌在大多数病变的中心都死了。发炎的上皮层渗出液、上皮碎片和真菌菌丝的结合产生了干燥的结痂,这创造了更厌氧的环境。从活动病灶周围对毛发和角蛋白进行显微检查可能会发现毛干外丝侵入[6]。20%氢氧化钾溶液可用于在毛干上制备湿的关节孢子,用于显微检查。

治疗

治疗癣病的第一步是隔离受感染的动物。必须小心避免真菌从农场人员或其他污染物传播到牧民手上。这种疾病是可以自愈的,通常不会对受影响的小反刍动物的健康产生不利影响。但是痊愈需要4～16周自然恢复。一些研究人员报告说,痊愈时间只有2周,但是这种快速的临床过程还没有经过科学验证。虽然已经提出了许多治疗方法,但是很少有人研究其确定的疗效。大多数这样的治疗都是额外标签治疗,且肉类动物的停药时间很少为人所知。以下治疗方案不应该被认为是确定的,而是代表客户希望他们在治疗时的备用选择。

- 灰黄霉素被建议用于治疗在已经扩散或已经变为慢性感染的癣病。这种抗真菌剂与皮肤和头发中的角蛋白结合,接受治疗的动物在接受药物后几周内仍保持药物残留。灰黄霉素很贵,屠宰的停药时间也没有具体说明。一份报告显示,用灰黄霉素治疗后病变很快消退,每天7.5 mg/kg,连续7 d喂食,20 d后几乎完全治愈。
- 纳他霉素的应用取得了一些成功,但不能治愈严重的损伤,尤其是那些皮肤上有毛的区域。
- 已建议使用漱口水产品李施德林(Listerine),用刷子进行患病部位处理(擦洗到病变部位),每天刷1次,持续7 d。
- 7%碘的制剂与局部润肤膏混合可用于病变治疗,每天1次,持续7 d。
- 据报道,每间隔1周,按1 g/14 kg静脉注射10%～20%碘化钠是有效的。

为了阻止疫情暴发,所有接触的动物都应该接受治疗。对于喷雾剂或软膏剂的应用,治疗应该集中在病灶边缘,因为这是癣菌最活跃的生长区域,并且应该延伸到病灶之外,因为皮肤真菌可以从正常皮肤中分离出来,最长超过6 cm[8]。这些可以用3%克菌丹或2%～5%石硫合剂进行治疗,每天局部用药,连续5 d,连用3～4周。所有接触的动物、它们的环境和污染物都应该得到处理,或者在适当情况下,适当处理掉。5%石硫合剂、5%次氯酸钠、5%福尔马林、3%克菌丹和3%甲酚都可以用于环境消毒[1]。据报道,0.5%洗必泰对绵羊羔真菌非常有效,但是容易被肥皂灭活[4]。在阳光下用维生素A和维生素D治疗会加速损伤的愈合[4,9]。然而,正如Scott指出的,在大多数情况下,使用维生素和矿物质制剂,缺乏有疗效的证据[1]。已经证明紫外线对治疗癣有帮助。因此,暴露在阳光下可能是有益的[3]。如果动物在4个月内没有恢复,很可能存在显著的免疫抑制或环境因素,在这种情况下,需要进行适当的调查和干预[1]。

预防

对羊群的一般预防措施包括良好的营养、适当的保健以及提供清洁、干燥、阳光充足的环境。一些国家有疫苗可供使用。由于该病是人畜共患的,因此必须戴防护手套。孢子可能存活好几年,因此有句谚语"一旦在农场,永远在农场"。强烈建议在暴露的设备和房舍使用抗真菌消毒剂。应用各种手段检测交易市场展示羊群的受感染情况。根据美国内布拉斯加州的规定,如果"受影响区域的羊没有结痂,并且该区域羊的毛发或羊毛已经开始生长",那么就认为该病是"不活跃的"[10]。

足菌肿

足菌肿是皮肤、皮下组织和骨骼的无痛性肉芽肿性感染,其特征是形成窦道,真菌菌落通过窦道以颗粒的形式排出[9]。足菌肿也可能由细菌或真菌和细菌形成[6]。病变大多发生在四肢上,发展缓慢,一般最先出现于伤口部位。这些病变引起局灶性肿胀并产生渗出物,其含有宿主免疫成分(如免疫球蛋白、纤维蛋白)包被的微生物组成的颗粒[11]。这些颗粒可以是红色、黄色或紫色。与巴西诺卡(氏)菌一样,目前已经在感染足菌肿的山羊中发现了足肿马杜拉放线菌和白乐杰马杜拉放线菌。虽然成功率未知,但治疗策略包括使用抗菌药物、手术切除和肢体截肢,具体取决于严重程度。目前关于绵羊的足菌肿还没有报道。

念珠菌病

已经在山羊中诊断发现酵母或者念珠菌性皮炎[11,12]。白色念珠菌、热带假丝酵母、假热带假丝酵母、假丝酵母菌、近平滑念珠菌、克鲁斯念珠菌、副克鲁斯念珠菌、星状念珠菌、吉利蒙念珠菌以及其他酵母都可以从病变中分离出来。如果诊断出酵母性皮炎,那么必须考虑到其免疫系统是否受损或营养不良。导致皮肤浸渍的慢性潮湿条件会使酵母定殖。

临床症状

临床症状包括脱毛、鳞屑、结痂、皮肤油腻感和苔藓化。

诊断

依据在细胞学皮肤样品上观察出芽酵母和假菌丝做出诊断。

其他真菌病

从山羊的慢性皮肤病中分离出几种其他真菌。派伦霉菌(*Peyronella glomerata*)与英国山羊耳朵过度角化病变有关。曲霉菌(*Aspergillus* spp.)在免疫系统受损的动物中引起临床疾病。这些真菌也可能导致皮肤肉芽肿病变。据报道,山羊有 2 例马拉色菌性皮炎[13,14]。临床症状包括脂溢性皮肤病和胸部以及腹部大部分广泛脱毛,在一个案例中延伸到颈部和腿部。瘙痒症并不明显。两病例均呈现慢性病(1 个月和 5 个月),两只受影响的动物均表现出体重减轻。第一个病例的结果包括红斑、色素沉着过度、轻度苔藓化、大鳞片、滤泡模型,以及表面无光泽且容易脱毛[13]。通过沙保氏葡萄糖琼脂培养基上的印模涂片培养鉴定了厚皮马拉色菌。治疗包括每周使用含氯己定的洗发水,然后使用 0.2% 恩康唑溶液治疗 4 周,结果感染完全消退[13]。在第二个病例中,动物必须被安乐死,因为先前的治疗方案(伊维菌素和双甲脒)无效且山羊的病情很差[14]。在这个病例中的发现包括弥漫性脱毛和被致密结痂覆盖的增厚皮肤。未从培养基中查到马拉色菌。对花叶马拉色菌(*Malassezia slooffiae*)的鉴定是基于与马拉色菌属(*Malassezia*)一致的大量酵母和菌丝形式的可视化以及使用 PCR 的系统发育分析。

参考文献

[1] Scott DW: *Large animal dermatology*, Philadelphia, 1988, WB Saunders.

[2] Sharp MW, Lupson GR, Flamank M: *Microsporum canis* infection in sheep, *Vet Rec* 132:388, 1993.

[3] Gillespie JH, Timoney JF: *Hagan and Bruner's Infectious diseases of domestic animals*, London, 1981, Cornell University Press.

[4] Hopkins FM, Gill W: Ringworm(club lamb fungus) in sheep, University of Tennessee Institute of Agriculture (website), http://animalscience.ag.utk.edu/sheep/pdf/Ringworm.pdf. Accessed April 17, 2007.

[5] Sargison ND, et al: Ringworm caused by *Trichophyton verrucosum*: an emerging problem in sheep flocks, *Vet Rec* 150:755, 2002.

[6] Smith MC, Sherman DM: *Skin*, *Goat medicine*, ed 2, Ames, Iowa, 2009, Wiley-Blackwell.

[7] Hiddleston WA: The treatment of bovine ringworm, *Vet Rec* 92:123, 1973.

[8] Knudsen EA: The areal extent of dermatophyte infection, Br J Dermatol 92:413, 1975.

[9] Mullowney PC, Baldwin EW: Skin diseases of goats, *Vet Clin North Am Large Anim Pract* 6:143, 1984.

[10] Grotelueschen DM, Sahara RJ: *Club lamb fungus disease*, Neb-Guide (website), Cooperative Extension, University of Nebraska-Lincoln G92-1075-A, 1992, http://digitalcommons.unl.edu/cgi/viewcontent.cgi?article=1205&context=extensionhist. Accessed October 20, 2008.

[11] Scott DW, Smith MC, Manning TO: Caprine dermatology. Part I. Normal skin and bacterial and fungal disorders, *Comp Cont Educ Pract Vet* 6:S190, 1984.

[12] Smith MC: Dermatologic diseases of goats, *Vet Clin North Am Large Anim Pract* 5:449, 1983.

[13] Pin D: Case report: seborrhoeic dermatitis in a goat due to *Malassezia pachydermatis*, *Vet Dermatol* 15:53, 2004.

[14] Uzal FA, et al: *Malassezia slooffiae*-associated dermatitis in a goat, *Vet Dermatol* 18:348, 2007.

寄生虫病

在本节中，讨论寄生虫疾病在引起皮肤和毛发损伤方面的情况。

虱子(虱病)

虱子感染在山羊中比在绵羊中更常见，至少在美国是这样。文献中只有很少有关美国绵羊虱子感染的报道[1,2]。大多数羊虱报道来自新西兰、澳大利亚和英国。根据电话问卷调查的数据，澳大利亚调查人员报告说，21%的羊群有虱子感染[3]。在对英国绵羊生产者进行的邮寄调查中，10.7%的绵羊生产者报告上一年至少有一次暴发虱子感染。但有一些地区报告的感染率高达19%[4]。虱子在冬天往往是一个更大的问题，当营养可能很差并且饲养条件更加拥挤时，长毛或羊毛为虱子繁殖提供了更有利的环境。然而，明尼苏达州一份关于试验性感染绵羊的报告指出，在没有阳光和雨水的房舍内，虱子数量在晚春达到顶峰，由于环境温度升高，虱子活动显著下降[5]。在炎热的月份，只有少量的虱子能够存活，而且它们通常存在于温度稳定的区域，如耳朵内和腿间[6]。

虱子是高度宿主特异性的，并且在宿主体上度过整个生命周期。然而，有些种类的虱子感染绵羊和山羊并不罕见。在山羊中报告的虱子包括吸虱，如非洲腭虱(*Linognathus africanus*)和狭腭虱(*Linognathus stenopsis*)，以及嚼虱或咬虱，如具边羽虱(*Bovicola limbata*，以前称具边毛虱 *Damalinia limbata*)、山羊羽虱(*Bovicola caprae*)和粗足毛虱(*Bovicola crassipes*)。在绵羊中报告的虱子包括嚼虱，如绵羊羽虱(*Bovicola ovis*)和吸虱如绵羊腭虱(*Linognathus ovillus*)(体虱)和足腭虱(*Linognathus pedalis*)(吸脚虱)。咬虱绵羊羽虱和山羊羽虱可以在绵羊和山羊之间转移[7]。咀虱或嚼虱摄食上皮和皮肤碎片，而吸虱吸取血液和组织液。虽然虱子可以在宿主身上存活数周，但大多数传播是通过直接接触或间接接触设备或梳理工具进行的。可以看到虱卵(小虱子)附着在个别毛发或羊毛纤维上，在1～2周内孵化，并在2～4周内发育成成虫。脚虱通常见于蹄部或四肢的局部区域，但大量寄生时也可在腹部或阴囊区域发现[8]。

临床症状

山羊的虱子感染可表现为瘙痒，伴有摩擦或抓挠、体重减轻、生产效率降低，以及斑状脱毛，被毛粗糙蓬乱(图10-6和图10-7)。除了这些一般症状，大多数吸虱感染的动物可能出现贫血和低蛋白血症，在某些情况下死亡。严重感染可能使患病动物更易患其他疾病。在绵羊中，发现羊毛蓬乱是虱子存在的良好早期指标，在很容易地直接检查到虱子之前，瘙痒可能很明显[9]。在上述研究中，试验感染了虱子的绵羊，在感染5周后首先出现羊毛明显蓬乱。在用足腭虱感染的绵羊中可以观察到跛行。在弗吉尼亚仲夏所见的图10-6中的公山羊照片里，全身都被嚼虱感染。

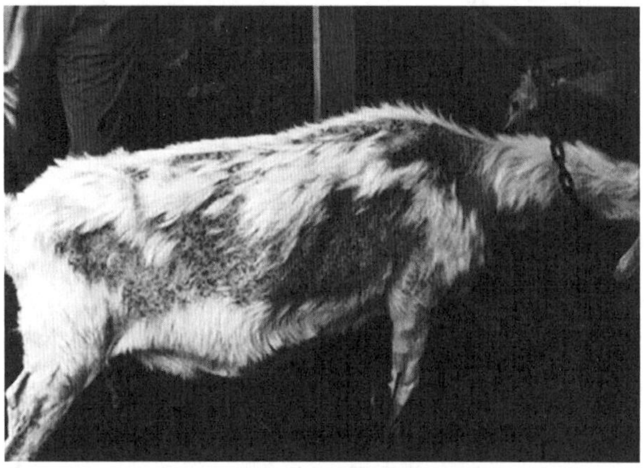

图10-6 在弗吉尼亚州的仲夏，这个母羊出现患病症状，感染了羽虱。伊维菌素皮下注射3 d后出现死虱。

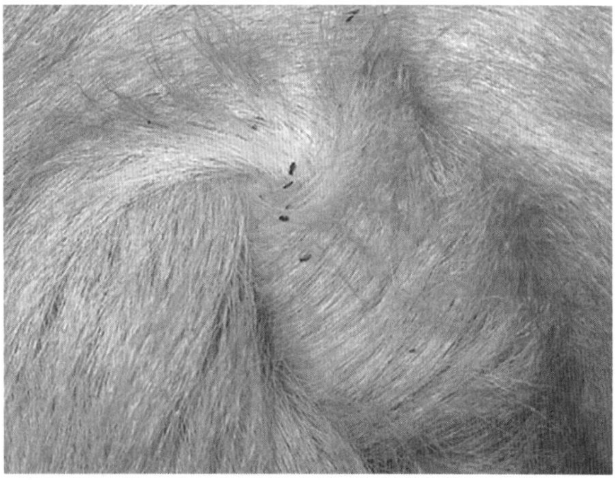

图10-7 通过分离毛发可以更容易地看到山羊上的虱子。

诊断

吸虱最常见于鼻和眼周围，或在颈部、胸部、肩隆和尾部，抑或出现在腋窝和腹股沟区域。咬虱最常见于颈部、肩部和尾部。绵羊足腭虱通常见于短毛皮肤处，尤其是小腿和蹄部皮肤。虱子通常肉眼可见，但使用放大镜可能会有所帮助。在显微镜下观察从这些皮肤区域收集的虱子通常足以确定虱子是吸虱还是嚼虱。在动物身上发现的许多病例没有明显的临床症状，仅仅是因为它们的管理者直接在其衣服上观察到了虱子，或者直接感觉到虱子在身体上移动。

治疗

使用批准的杀虫剂无论粉剂、颗粒剂、浸渍剂、喷雾剂或浇泼剂将有助于控制或消除大多数感染。对整个羊群进行治疗非常重要；否则，将发生再次感染。值得注意的是，很少有治疗药物被批准用于山羊，应特别注意避免羊肉和羊奶中的药物残留。大多数杀虫剂不是杀卵剂，因此需要以 1～2 周的间隔重复治疗 2 次。剂量为 200 μg/kg 体重的阿维菌素注射剂用于抗吸虱，但它们对咀嚼虱的效果是不可预测的。据报道，阿维菌素产品的口服给药价值有限。使用伊维菌素浇泼剂，按 1 mL/22 lb 体重，从肩胛部到尾部沿脊背浇泼，可有效抗山羊的虱子。局部应用产品治疗绵羊和山羊虱子感染的治疗效果需要进一步研究。法律要求对绵羊虱进行年度治疗时，必须报告虱子的化学耐药性发生情况[10]。为了获得更好的治疗效果，应在使用外用化学药物之前剪掉绵羊毛和安哥拉山羊毛。剪毛本身可以直接去除超过 50%以上的虱子[11]。剪毛还可以使皮肤和外部施用的化学药物之间更好地接触，并允许更多地暴露在阳光下。发现植物杀虫剂印楝素(Neem Azal)可以减少虱子的存活但不能根除自然感染安哥拉山羊的具边羽虱[12]。

预防

通过选择性育种来预防虱感染以获得抗性正在研究中，并且已经取得了一些有希望的结果[13]。最近报道了虱子对沿背线应用三氟脲和二氟脲的抗药性[14]。

绵羊虱蝇(羊蜱蝇)

在开发和利用有效的杀虫剂之前，羊蜱蝇(*Melophagus ovinus*)相对常见。传播需要直接接触。绵羊是唯一的最终宿主，但其他物种偶尔也会被侵染。因为以血为食，它们可能传播其他疾病，如蓝舌病。这些寄生虫的独特之处在于，雌虫产单个虫卵并在其子宫内孵化，经 7～12 d 发育成幼虫，此后进入蛹期，蛹壳附着在羊毛上，在 2～3 周后孵化。其他细节可在最近发表的广泛评论中获得[15]。

临床症状

羊蜱蝇叮咬的刺激导致瘙痒、抓挠和摩擦，导致羊毛和皮肤损伤。严重感染可导致体重减轻和贫血。

诊断

羊蜱蝇是一种无翅蝇，很容易用肉眼看见。可能需要分开羊毛才能看到。

治疗

由于羊蜱蝇的吸食性，大多数杀虫剂都是有效的。治疗应间隔 14～21 d 重复一次用药。2007 年的一项研究报道，浇泼和皮下伊维菌素给药，对长毛山羊羊蜱蝇的效果，7 d 内均为 100%[16]。

预防

剪毛去除了大部分羊蜱蝇，剪毛后随即使用适当的杀虫剂，如果对整个羊群给予治疗，就有可能根除。

螨病(兽疥癣)

螨病在绵羊中很少见，但在山羊中比较常见[17-19]. 感染绵羊的螨类包括绵羊痒螨(*Psoroptes communis* var. *ovis*)、绵羊疥螨(*Sarcoptes scabiei* var. *ovis*)、绵羊疮螨(*Psorergates ovis*)、绵羊足螨(*Chorioptes bovis* var. *ovis*)和绵羊蠕形螨(*Demodex ovis*)。除了蠕形螨病之外，螨病已基本上从美国的绵羊中消灭。然而，在大角绵羊(由痒螨引起)中存在螨病，并且在家养绵羊与野生绵羊混合的环境中，传播是可能的[20,21]。在山羊中，临床上重要的螨病包括疥螨、蠕形螨(山羊蠕形螨，*Demodex caprae*)、痒螨(兔痒螨，*Psoroptes cuniculi*)和足螨(*Chorioptes caprae*)。

诊断

通过在皮肤刮屑中查到螨可做出诊断。通常用手术刀片刮取病料材料制备含矿物油的显微镜载玻片(图 10-8，另见彩插)。

治疗

剪毛后最容易进行螨病治疗。各种产品已经使用并取得了不同的成功，包括蝇毒磷(0.3%药浴)、毒杀芬(0.5%药浴)、石硫合剂(2%药浴)和亚胺硫磷(0.15%～0.25%药浴)。

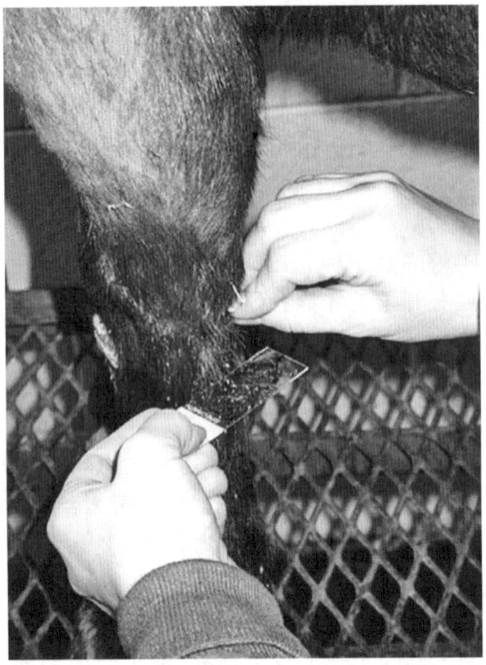

图 10-8 刮取感染皮螨属的羊的皮肤。用手术刀片刮取深层皮肤，导致轻微的出血。刮下来的样本放于涂有矿物油的载玻片上。

痒螨病(普通绵羊癣)

痒螨病(普通绵羊癣)在美国是一种已报道的疾病[17-19]。绵羊痒螨和兔痒螨等致病螨的头部细长，呈卵圆形，它们的第一对腿连接在一起。这些螨虫通过直接接触传播，具有宿主特异性(因此它们不是人畜共患的)，生活周期 2 周，可以在宿主身上存活长达 3 周。这些螨虫具有高度传染性，将一只带有虫卵的雌螨成功转移到易感绵羊身上就足以建立感染[22]。在最佳条件下，从卵到成熟雌螨产卵的生命周期需要 11～19 d[23,24]。在绵羊中，临床患病最严重在秋季和冬季。螨虫的唾液会在羊皮肤引起强烈的炎症反应，严重的瘙痒会导致羊自身创伤和脱毛。绵羊痒螨所致病变主要沿躯干分布。螨虫主要侵袭羊毛多的区域，导致皮肤形成结痂性丘疹和脱毛。在山羊中，兔痒螨通常侵袭耳部，并可能引起脱毛、耳部瘙痒和摇头。在 10 日龄山羊可见耳部感染。痒螨属于非钻孔螨，其在患病皮肤与健康皮肤交界处的皮肤表面聚集、采食和积存虫卵[25,26]。可以用放大镜在皮肤表面观察到痒螨。局部应用抗虱药物是有疗效的。可以通过卵圆形身体和分开的长附肢(腿)识别痒螨。治疗应对所有患病羊和与病羊接触过的羊用药，至少 2 次，间隔 5～7 d。

瑞立特耳螨

在美国和世界其他地区，已经从山羊耳中分离出山羊瑞立特耳螨(*Raillietia caprae*)[27]。最近的一项研究发现，360 只山羊中有 20 只在屠宰时发现了山羊瑞立特耳螨。巴西 10 个农场的 145 只山羊中有 10%的羊耳朵中发现了山羊瑞立特耳螨[29]。受感染的最小动物是 8 月龄，最大的是 10 岁。虽然这些螨虫不容易造成明显的临床疾病(可能引起中耳炎和神经症状)，但它们可能会被误认为是痒螨。瑞立特耳螨往往比痒螨大，其腿更长，起始于躯体前半部。

疥螨(疥癣)

疥癣的病原体在绵羊和山羊中分别是绵羊疥螨和山羊疥螨，在美国不知是否存在[17-19]。在美国，疥癣是必须报告的疾病，是人畜共患病。这种寄生虫喜欢感染眼睛和耳朵周围的皮肤，并引起强烈的瘙痒。疥螨虫的头部和身体都是圆形的，第一对腿很长，没有连接。螨虫钻入皮肤挖洞，雌螨在这些洞内产卵。疥螨的生命周期为 10～17 d。疥螨最常见的是通过直接接触传播，但是在自然环境中存活的时期不同。在绵羊中，面部和无毛的区域会出现损伤、脱毛和结痂，但不会扩散到全身。慢性感染会导致皮肤色素沉着和苔藓样硬化斑，患病绵羊和山羊会因为不适而体重减轻和瘦弱。山羊疥癣可能会影响全身，导致脱毛、结痂、瘙痒和随后的体重减轻。根据皮肤损伤的严重程度，局部淋巴结可能会变大。

为了识别疥螨，应从活动病灶的外周获取深层皮肤刮取物，但是很难查到螨虫，通常依据临床症状和对治疗的反应进行诊断。鉴定疥螨可能需要大量的刮取物，未查到疥螨并不排除疥螨感染。直接检查的替代方法是用硝酸钠溶液混合皮肤刮取物和结痂，用类似粪便漂浮的技术检查。

治疗包括给予伊维菌素和药浴如 1%石硫合剂。在病情完全缓解之前，可能需要每周药浴，连续 4～12 周。山羊的疥螨病可能会自愈。在 2005 年的一项研究中，抗疥螨疫苗未能保护山羊[30]。

绵羊疮螨

最小的绵羊螨——绵羊疮螨，身体呈圆形，腿部连接之间有凹痕[17-19]。这种螨的生命周期为 4～

5 周,生活在表皮。脱毛、结痂和鳞屑主要沿着身体的躯干(肩甲和体侧)分布。受感染的绵羊表现严重的瘙痒症状,包括啃咬患病区域。可以用放大镜在皮肤表面观察到绵羊疮螨。自 20 世纪 50 年代以来,美国没有关于绵羊疮螨的报道[31]。

足螨

足螨(绵羊足螨 *Chorioptes ovis*,山羊足螨 *Chorioptes caprae*)呈椭圆形;第一对腿短且不分节,末端有吸盘[17-19]。足螨具有宿主特异性(不是人畜共患病),生命周期 2～3 周,离开宿主只能生活几天。绵羊足螨和与其有关的病变局限于阴囊和四肢远端,而山羊足螨和与其有关的病变在下肢、腹部和后躯。病变包括脱毛、红斑、表皮脱落和结痂,与瘙痒有关。受感染的绵羊和山羊可能会因为不适而焦躁不安、踩踏和啃蹄。在已确定感染的情况下,结痂可能太厚,采集适宜的样品需要较深地刮取病料;相反,山羊羔患慢性疾病的概率较低,这增加了获取阳性刮取物的概率。阴囊感染可能导致公绵羊皮炎和暂时性不育。足螨可以用放大镜在皮肤表面观察到。通常用石硫合剂药浴治疗。足螨是美国小反刍动物中唯一常见的螨虫。

蠕形螨

蠕形螨(绵羊蠕形螨,山羊蠕形螨)影响面部、四肢和背部[17-19]。绵羊蠕形螨感染毛囊,导致严重毛囊炎,并伴有继发性脓皮病(脓疱或脓肿的存在可证明)。尽管已经观察到易感染眼睑,但是这种疾病还会沿着面部、颈部、肩部和躯干的皮肤感染并有直径为 2～12 mm 的结节。这些结节会排出浓稠的分泌物,显微镜下可以观察到雪茄样蠕形螨。

可能需要深度皮肤刮取物进行诊断,包括与活跃病变相邻的毛囊部分也要刮取。山羊蠕形螨在山羊中最常见。在以色列的一项研究中,118 只绵羊中有 14%蠕形螨呈阳性[32]。这项研究还发现,患有蠕形螨病的美利奴羊群比例更高,表明美利奴羊对蠕形螨感染更敏感。虽然传播的确切方式尚不清楚,但蠕形螨被认为会在羔羊中传播,在这种情况下,皮肤损伤可能会被忽视数月。在成年羊中并不常见相互传播;因此,将患病的成年羊与羔羊分开是很关键的,但成年羊群的隔离是没有必要的。严重的感染会引起免疫系统受损。因此,临床医生和饲养员应密切关注患病山羊的营养和总体健康状况。

每周用 0.5%马拉硫磷、0.2%敌百虫或 0.5%双甲脒浸泡治疗。据报道,在 2 只临床上患病的山羊中,口服和浇泼阿维菌素制剂都能完全愈合,没有疤痕形成[33]。

羊皮肤蝇蛆病

虽然没有关于美国羊皮肤蝇蛆病发生率的估计,但在美国,作为一种相对常见的情况,羊皮肤蝇蛆病肯定会发生。据报道,这种体外寄生虫介导的疾病在英国和北欧绵羊中最普遍[4]。美国已经根除了螺旋蝇(*Cochliomyia hominivorax*),但是必须要继续监测这种苍蝇的幼虫。这些幼虫长 1～2 cm、粉红色、呈锥形。成年苍蝇是蓝绿色的,有一个橙色的头,身体上有三条黑色的纵向条纹。由黑蝇(*Phormia regina*)引起的皮肤蝇蛆病发生在美国的绵羊身上,最常见于皮肤褶皱过多的品种,如美利奴羊。在澳大利亚,铜绿蝇(*Lucilia cuprina*)是绵羊的主要体外寄生虫,因蝇蛆病造成严重的皮肤损伤,并因继发感染而死亡[34]。然而,各种蝇幼虫蛆会感染有坏死组织的伤口。皮肤损伤会导致羊毛污损和脱毛。除螺旋蝇以外,其他蝇幼虫蛆以坏死组织和伤口分泌物为食。

临床症状

患病动物可能会也可能不会表现出皮肤刺激,但经常会有臭味。继发性感染和中毒可能导致死亡;因此,小反刍动物可能会患病和沉郁。尤其常见尾巴和会阴周围因腹泻而污染的粪便;然而,任何伤口,如去角、阉割、断尾或剪毛,都会吸引苍蝇。

诊断

临床医生应该检查污染区域是否有蛆(图 10-9)。

治疗

治疗包括常规喷洒各种杀虫剂。施用这种药剂会刺激幼虫离开该区域。因此要确定受苍蝇侵袭的皮肤完整的区域,因此有必要对可能涉及的整个区域进行修剪。在有厚羊毛的动物中,触诊可以识别苍蝇叮咬的区域。清洁、清创和干燥伤口肯定有助于降低对苍蝇的吸引力。只要绷带保持干燥,包扎伤口也会有帮助。清洁受影响区域并清除所有可见蛆后,建议使用杀幼虫剂(如伊维菌素)进行后续治疗,以帮助杀死看不到的蛆。严重的病例也应该用广谱抗生素治疗。

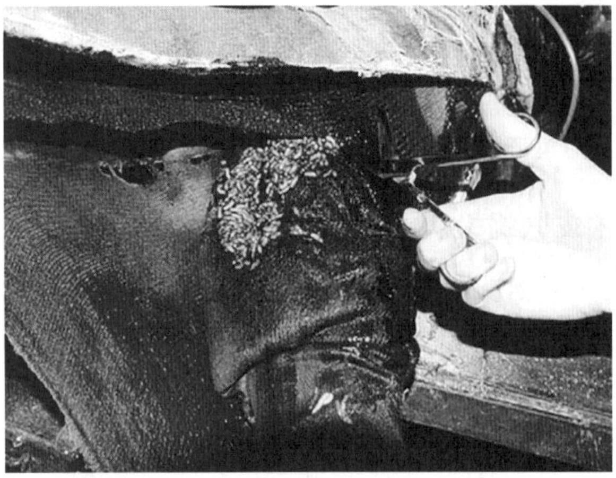

图 10-9 石膏去除显示出过多水分和蝇蛆。必要时应该使用石膏和绷带，定期观察跛足和气味有助于防止出现苍蝇叮咬。在这种情况下，蝇蛆病主要涉及包裹材料，对患肢损伤很小。

预防

苍蝇横飞的季节应避免手术，但如果必须手术，建议在术后最初几天使用驱蚊剂和绷带。应该在伤口上和伤口周围使用苍蝇喷雾剂。应该每天至少观察一次易感家畜。苏云金芽孢杆菌是一种非致病菌株，通常从羊毛中分离出来，以高浓度施用到皮肤上，可保护处理过的绵羊在长达 6 周的时间内免受苍蝇侵袭[35]。在世界某些地区，通常用杀幼虫化合物浸泡或喷洒来预防和控制。

羊住血丝虫病

施氏血管线虫(*Elaeophora schneideri*)是一种丝状线虫，在美国西部的野生动物中有报道，包括黑尾鹿和大角绵羊[36,37]。羊住血丝虫病(sorehead)在绵羊和山羊中并不常见。丝虫引起毛细血管和终末动脉血栓形成。血管损伤引起的组织缺血会导致严重的损伤，这种损伤看起来与光敏和溃疡性皮炎相似。马蝇(瘤虻属 *Hybomitra*，原虻属 *Tabanus*)是中间宿主，其将感染性幼虫从一个宿主传播到另一个宿主。感染的幼虫在软脑膜动脉中迁移并发育成早期成虫。如果血栓形成至这个时期，可能会发生转圈、角弓反张、抽搐和其他神经症状或猝死。或者，幼虫可能会迁移到颈总动脉和上颌动脉，在那里它们会发育成成虫。这些成虫产生微丝蚴，使面部毛细血管栓塞，并可能导致局部缺血或过敏反应。病变主要发生在面部，但也可能发生在身体的其他部位。它们是局部性的，与血管损伤一致，可能需要数月或数年才能完全康复。随着下一代微丝蚴的出现，病变会变得越来越少。对于头部的任何单侧病变，应在鉴别诊断是否是弹力纤维增生症。皮肤活检可以通过组织病理学检查或组织浸渍和采集幼虫来检测是否是微丝蚴。阿维菌素药物(如伊维菌素，200 μg/kg，皮下注射)可以杀死微丝蚴，但可能需要重复剂量。杀灭线虫成虫可用哌嗪盐(50 mg/kg，口服)或伊维菌素。

盘尾丝虫感染

盘尾丝虫可能寄生于绵羊和山羊，尽管关于这种情况的报道相对较少。芬兰在 2008 年报告的一项研究发现，绵羊中没有盘尾丝虫感染的病例[38]。盘尾丝虫成虫可以生活在绵羊和山羊的结缔组织中，在那里它们会诱发结节。成虫产生的微丝蚴会迁移到腹部和胸部的真皮中。宿主对垂死幼虫的反应是脱毛、红斑和皮肤增厚。

在局灶性皮炎病例中发现的其他线虫包括类圆小杆线虫(*Pelodera strongyloides*)、乳突类圆线虫(*Strongyloides papillosus*)和薄副鹿圆线虫(*Parelaphostrongylus tenuis*)。这些线虫与皮炎有关，但其临床意义微乎其微。在身体的部分区域可以看到类圆线虫病；对移行幼虫的免疫反应会导致局限性皮炎。薄副鹿圆线虫侵袭中枢神经可能会引起局部感觉过敏。这种感觉障碍可能会导致自身损伤，临床上观察主要是擦伤或不愈合的溃疡。

参考文献

[1] Gray GG, Pence DB: Ectoparasites of sympatric Barbary sheep and mule deer in the Texas Panhandle, USA, *J Med Entomol* 16:448, 1979.

[2] Boswell E: *MSU researchers run their fingers through wool looking for solutions*, Montana State University (website), http://www. montana. edu/cpa/news/nwview. php? article = 4553, Accessed May 8, 2007.

[3] James PJ, Riley MJ: The prevalence of lice on sheep and control practices in South Australia, *Aust Vet J* 82:563, 2004.

[4] Bisdorff B, Milnes A, Wall R: Prevalence and regional distribution of scab, lice and blowfly strike in Great Britain, *Vet Rec* 158:749, 2006.

[5] James PJ, Moon RD, Brown DR: Seasonal dynamics and variation among sheep in densities of the sheep biting louse, *Bovicola ovis*, *Int J Parasitol* 28:283, 1998.

[6] Scott DW: *Large animal dermatology*, Philadelphia, 1988, WB Saunders.

[7] Hallam GJ: Transmission of *Damalinia ovis* and *Damalinia caprae* between sheep and goats, *Aust Vet J* 62:344, 1985.

[8] Livingston CW: Parasitic skin diseases of sheep. In Howard JL, editor: *Current Veterinary Therapy Food Animal Practice* 2, Philadelphia, 1986, WB Saunders.

[9] James PJ, Bartholomaeus FW, Karlsson LJE: Temporal relation- ship between infestation with lice (*Bovicola ovis* Schrank) and the development of pruritic behaviours and fleece derangement in sheep, *Vet Parasitol* 149:251, 2007.

[10] Levot GW: Resistance and control of sheep ectoparasites, *Int J Parasitol* 25:1355, 1995.

[11] Heath ACG, Lampkin N, Jowett JH: Evaluation of nonconventional treatments for control of the biting louse(*Bovicola ovis*) on sheep, *Med Vet Entomol* 9: 407, 1995.

[12] Habluetzel A, et al: Impact of the botanical insecticide Neem Azal on survival and reproduction of the biting louse *Damalinia limbata* on angora goats, *Vet Parasitol* 144:328, 2007.

[13] Pfeffer A, et al: Heritability of resistance to infestation with the body louse *Bovicola ovis*, in Romney sheep bred for differences in resistance or resilience to gastrointestinal nematode parasites, *Int J Parasitol* 37:1589, 2007.

[14] James PJ, Cramp AP, Hook SE: Resistance to insect growth regulator insecticides in populations of sheep lice as assessed by a moulting disruption assay, *Med Vet Entomol* 22:326, 2008.

[15] Small RW: A review of *Melophagus ovinus*(*L*.), the sheep ked, *Vet Parasitol* 130:141, 2005.

[16] Jafari Shoorijeh S, Noori A: Tamadon A: Comparative efficacy of pour-on and subcutaneous injection of ivermectin on *Melophagus ovinus*(*L*.) in Darab ecotype goats of Southern Iran, *Vet Parasitol* 148:179, 2007.

[17] Smith MC, Sherman DM: *Skin*, *Goat medicine*, ed 2, Ames, Iowa, 2009, Wiley Blackwell.

[18] Mullowney PC: Skin diseases of sheep, *Vet Clin North Am Large Anim Pract* 6 :131, 1984.

[19] Mullowney PC, Baldwin EW: *Skin diseases of goats*, Vet Clin North.

[20] Boyce WM, Weisenberger ME: The rise and fall of psoroptic scabies in bighorn sheep in the San Andres Mountains, New Mexico, *J Wildl Dis* 41: 525, 2005.

[21] Foreyt WJ: Contact transmission of psoroptic mange from big horn to stone sheep, *J Wildl Dis* 33: 664, 1997.

[22] Van den Broek AH, Huntley JF: Sheep scab: the disease, pathogenesis and control, *J Comp Pathol* 128:79, 2003.

[23] Downing W: The life history of *Psoroptes communis* var. *ovis* with particular reference to latent or suppressed scab. Ⅲ. The clinical aspect of sheep scab, *J Comp Pathol Ther* 49:183, 1936.

[24] Sweatman GK: On the life history and validity of the species in *Psoroptes*, a genus of mange mite, *Can J Zool* 36:906, 1958.

[25] Kirkwood AC: History, biology and control of sheep scab, *Parasitol Today* 2:302, 1986.

[26] Sargison N: Differential diagnosis and treatment of sheep scab, *In Practice* 17:3, 1995.

[27] Friel J, Greiner EC: Ear mites from domestic goats in Florida, *Exp Appl Acarol* 4:345, 1988.

[28] Jimena ON, et al: Association of *Raillietia caprae* with the presence of mycoplasmas in the external ear canal of goats, *Prev Vet Med* 92:150, 2009.

[29] Faccini JL, Ribeiro VR: *Raillietia caprae* (Acari: Raillietidae) and *Psoroptes ovis* (Acari: Psoroptidae) in the ears of goats in the state of Rio de Janeiro, Southeast Brazil, *Rev Bras Parasitol Vet* 17:59, 2008.

[30] Tarigan S, Huntley JF: Failure to protect goats following vaccination with soluble proteins of *Sarcoptes scabiei*: evidence for a role for IgE antibody in protection, *Vet Parasitol* 133:101, 2005.

[31] Bell DS, et al: *Psorergates ovis*: a cause of itchiness in sheep, *J Am Vet Med Assoc* 120:117, 1952.

[32] Yeruham I, Rosen S, Hadani A: Sheep demodecosis (*Demodex ovis* Railliet, 1895) in Israel, *Rev Elev Med Vet Pays Trop* 39:363, 1986.

[33] Strabel D, et al: The use of avermectins in two goats with demodicosis, *Schweiz Arch Tierheilkd* 145: 585, 2003.

[34] Young AR, Meeusen EN, Bowles VM: Characterization of ES products involved in wound initiation by *Lucilia cuprina* larvae, *Int J Parasitol* 26: 245, 1996.

[35] Heath ACG, et al: Efficacy of native recombinant Cry1B protein against experimentally induced and naturally acquired ovine myiasis(fly strike) in she ep, *J Econ Entomol* 97:1797, 2004.

[36] Boyce W, et al: Elaeophorosis in bighorn sheep in New Mexico, *J Wildl Dis* 35:786, 1999.

[37] McKown RD, Sterner MC, Oates DW: First observation of *Elaeophora schneideri* Wehr and Dikmans, 1935 (Nematoda: Filariidae) in mule deer from Nebraska, *J Wildl Dis* 43:142, 2007.

[38] Solismaa M, et al: Filarioid nematodes in cattle, sheep and horses in Finland, *Acta Vet Scand* 50: 20, 2008.

自身免疫性疾病

落叶型天疱疮

落叶型天疱疮是一种罕见的山羊和绵羊自身免疫皮肤病，其特征是大面积的皮肤结痂、瘙痒[1-3]（图 10-10）。该皮肤病被归类为Ⅱ型过敏反应。病变通常首先出现在面部或四肢，但也可能出现在腹部、会阴和阴囊。其病理生理学机制是针对皮肤的自身抗体的发展，特别是角质形成细胞的糖萼。细胞间黏结性的丧失会导致水疱的形成和棘层溶解。据报道，这种情况一般是在被犬咬伤后发生的。病变主要出现在面部和耳朵，但也出现在冠状动脉带和外阴区域。病灶持续滴血。皮质类固醇的使用促进了愈合并减少了血清流失，但这种情况尚未解决。

诊断

落叶型天疱疮可以通过从特征性皮肤病变中获得的皮肤活检标本来进行诊断。应采集大量活检样本以提高诊断的准确性。天疱疮的重要诊断特征是存在囊泡内棘层溶解角质细胞。因为棘皮松解症可以在其他皮肤病中看到，活检标本应该由具有皮肤病专业知识的兽医病理学家进行确诊。

图 10-10 萨福克母羊疑似患有落叶形天疱疮。病变主要累及面部和耳朵，但也可见于冠状动脉带和外阴周围区域。

治疗

落叶型天疱疮的治疗旨在减少身体的免疫反应。据报道，泼尼松龙（1 mg/kg，每 24 h 一次，连用 7 d）与金硫葡萄糖（1 mg/kg，肌肉注射，每 24 h 一次，连用 7 d）联合使用可有效控制症状，随后给予泼尼松龙，按 1 mg/kg，每 48 h 1 次。在另一个山羊病例中，每 2 个月注射一次地塞米松 21-异烟酸（0.04 mg/kg，肌肉注射），持续 1 年，皮炎得到缓解[3]。由于在用上述剂量进行泼尼松治疗 1 周后，绵羊没有发现任何改善，因此尝试了不同的方案：每 7 d 肌肉注射一次抗生素和 0.2 mg/kg 曲安西龙，剂量递减 1 个月；该方案可致临床改善[2]。一只诊断为落叶形天疱疮的 2 月龄尼日利亚矮山羊，用皮下注射地塞米松和肌肉注射硫代苹果酸金钠治疗[4]。治疗 6 个月后，该山羊在停止治疗后 26 个月内没有出现落叶天疱疮的临床症状。硫代苹果酸金钠未被批准用于食用动物物种，并且不知道适当的肉用动物或乳用动物的休药期。

营养疾病

营养缺乏和过度营养的内容超出了本章的范围，这些内容在本书的其他章节已讨论过（见第 2 章）。然而，本节简要回顾皮肤或头发的相关变化。

羊茅中毒

羊茅中毒是因摄入被内生菌（新聚球藻 *Neotyphodium coenophialum*）污染的高羊茅草（*Festuca arundinacea*）引起的。在冬季，毒素可能导致周围血管收缩，在某些情况下导致四肢远端和尾部坏疽性坏死。在美国 3 500 万～4 000 万英亩（1 英亩≈4 046.86 m^2）牧场中，约 80%受到感染。然而，大约 800 万英亩的羊茅草没有感染内生真菌，因此不含麦角缬氨酸毒素。绵羊和山羊对毒素的敏感性似乎不如牛。喂养未感染的羊茅、通过种植其他种类的草稀释羊茅，将有助于减少这种情况的发生。

铜缺乏

铜缺乏或钼中毒会降低羊毛质量，并对羊毛颜色产生不利影响。由于羊毛卷曲减少，质地坚硬，质量受到影响。深色羊毛失去颜色强度，直到褪色成灰白色。这种疾病可能是由绝对铜缺乏（牧草干物质重的铜含量低于 3 ppm）或日粮中过量钼（牧草干物质重的钼含量高于 10 ppm)、硫或铁引起的。诊断可以通过检测血液或肝脏中的铜浓度来进行。如果血铜浓度低于 0.7 mg/dL 或肝脏中铜含量占干物质重量浓度低于 80 mg/kg,则诊断为铜缺乏(见第 2 章)。

碘缺乏

新生绵羊羔缺碘(甲状腺肿)表现为脱毛、厚鳞片状皮肤、虚弱和甲状腺肿大[5]。新生羔羊死亡、生殖能力差和流产可能被认为是羊群的问题。家族性甲状腺肿发生在美利奴绵羊、荷兰山羊、努比亚山羊和安哥拉山羊等品种中。缺碘会导致新生山羊羔无毛或者毛很细。这些新生山羊羔可能身体虚弱或死胎,并出现甲状腺肿。甲状腺肿大也可能是由先天性缺陷或从日粮中摄入甲状腺激素引起的。日粮碘缺乏症在沙土和暴雨地区最为常见。摄入大量钙、氰基糖苷或十字花科植物也会导致碘缺乏。

碘缺乏症的诊断可以通过检测血清中结合蛋白的碘来进行(成年母羊的正常值为 2.4～4 μg/dL)。在已知有缺碘风险的羊群中可以在产羔前 60 d 和 30 d 分两次服用碘化钾(250 mg)(见第 2 章和第 9 章)。提供高质量的含碘微量矿物质补充剂、将怀孕的动物从含甲状腺激素植物的牧场上转移走,都将会降低甲状腺肿的发病率。

锌缺乏

绵羊的缺锌与角化不良有关,可能导致绵羊生长速度降低、皮肤起皱、关节肿胀和流涎过多。角化不良在动物的面部、足部和阴囊受影响最为明显。在喂食缺锌日粮的公羊中,睾丸直径较小,精子发生受损。在山羊中,最突出的临床症状包括被毛粗糙;头部、四肢和阴囊脱毛;齿垫过度生长;睾丸小;羊蹄裂缝。可能有瘙痒,也可能不存在。主要的组织学损害是角化过度[6]。钙和磷摄入增加会减少锌的吸收。

一些山羊可能有抑制锌吸收的遗传倾向。面对高钙(和其他矿物质)摄入,这种趋势被放大[7]。具有这种遗传特征的山羊可能需要终生补锌[8]。富含豆类(高钙)和“自制”高磷谷物补充剂(玉米-大豆、玉米-燕麦-大麦)的日粮中若没有添加矿物质,也使喂养这种日粮的动物容易缺锌。受影响区域的活组织检查会显示角化不良,再加上适当收集的血清样本显示锌浓度低于 0.8 ppm,是诊断性的[6]。用于锌分析的血液应该收集在没有丁基橡胶塞子的特殊试管中。

受影响的动物受益于在自由选择基础上提供的高质量微量矿物质盐补充剂。向饲料中添加锌或给予硫酸锌(1 g/d,口服)通常是有效的[6]。如果钙占日粮的 1.5%,硫酸锌可能没有效果,应该给予螯合锌或添加到预混盐补充剂中。

对补锌的反应一般会很快(14 d 内)(见第 2 章),尽管在一份报告中怀疑遗传性锌吸收不良的山羊需要 1～3 个月才能完全解决[8]。从日粮中去除豆类和谷物,饲喂干草和商业制备的浓缩饲料(添加锌)通常具有足够的预防作用。

维生素 A 缺乏症

维生素 A 缺乏可能会导致成年山羊脱毛、夜盲症、蹄子过度生长和角膜溃疡[5]。如果动物能获得绿色饲料,很少发生维生素 A 缺乏。如果喂食干燥的棕色饲料,在补充剂(矿物质混合物)中加入维生素 A 或使用商业注射产品将有助于预防维生素 A 缺乏。

光敏作用

根据疾病病理生理学,光敏化分为主要和次要原因(表 10-5)。光敏化(Photosensitization)是指光动力化学物质在皮肤中积累并被阳光刺激到皮肤暴露和未着色区域的情况[7,9-11]。这些物质破坏毛细血管,导致皮肤坏死和脱落。初级光敏化(Primary photosensitization)是指摄入的光动力物质不需要身体改变就能引起疾病。摄入含有金丝桃素的圣约翰草,含有未知光动力剂的蚜虫;或富含叶海红碱的丰盛草料;后可能会发生初级光敏作用。这种情况在夏末秋初牧草快速生长期间最为常见。摄入苜蓿和其他植物,包括黄芪和燕麦,都与光敏作用有关。病理生理学机制尚不清楚。

当肝损伤导致光动力物质如叶海红碱在血流中积累时,就会发生继发性光敏作用。肝脏损害可能是由于摄入含有吡咯烷酮生物碱或四氯化碳的植物、受感染的草木霉或蓝绿藻(蓝囊藻)引起的。

表 10-5 绵羊和山羊光过敏的原因

来源	毒素	受影响物种
初级光敏作用		
植物		
圣约翰草	金丝桃素	所有反刍动物
荞麦	荞麦碱，光敏金黄色素	所有反刍动物
印度藏茴香	呋喃香豆素	所有反刍动物
兜状荷包牡丹花	呋喃香豆素	所有反刍动物
野胡萝卜	呋喃香豆素	所有反刍动物
多年生黑麦草	佩洛林	所有反刍动物
刺三叶草	蚜虫	所有反刍动物
毒素		
吩噻嗪	吩噻嗪生物碱	所有反刍动物
噻嗪类		所有反刍动物
亚甲基蓝		所有反刍动物
磺胺类药物		所有反刍动物
四环素类药物		所有反刍动物
肝源性光敏作用		
植物		
甘蓝，油菜		所有反刍动物
克莱因禾		绵羊
蒺角	皂苷	绵羊
马缨丹	三萜烯	所有反刍动物
龙胆草，向日葵	双稠吡咯啶类生物碱	所有反刍动物
真菌毒素		
纸皮司霉(牧草，特别是黑麦草)	葚孢菌素	绵羊、牛
水花微囊藻(蓝绿藻)	生物碱	所有反刍动物
黑葱花霉 (百慕大草)		所有反刍动物
半壳孢样拟茎点霉 (羽扇豆)	酸-酚类化合物	所有反刍动物
化学药品		
铜		所有反刍动物
磷		所有反刍动物
四氯化碳		所有反刍动物
苯磺菊		所有反刍动物
细菌性肝炎		
病毒性肝炎		
寄生虫肝炎		
肝脏肿瘤		

改自 *Scott DW*：Large animal dermatology，*Philadelphia*，1988，*WB Saunders*.

临床症状和诊断

光敏化的临床症状包括摇头、躁动、红斑以及眼睑、口鼻、耳朵和尾巴水肿。皮肤暴露的非色素区域受到典型的影响。黄色血清可能会在 2 d 内渗入皮肤，瘙痒会导致自我创伤。渗出液以结痂的形式积聚，并发生表皮脱落。继发性细菌感染很常见。尸检显示皮下水肿和组织脱落。在继发性光敏化的情况下，比较常见的是肝病。

治疗

光敏化的治疗措施包括提供遮阴、控制继发感染，如果存在肝脏损伤则治疗原发性疾病、将动物从高风险饲料中移走、只允许夜间放牧、保持水分和盐分的摄取，以及在严重情况下施用非甾体抗炎药和抗生素。良好的牧场管理和充足的遮阴可以防止光敏作用。

真菌毒素

木霉菌毒素中毒

木霉菌毒素中毒主要表现为面部湿疹，在澳大利亚、新西兰、南非和一些欧洲和南美洲国家所有年龄的绵羊、牛以及在较小程度上的山羊中均有发生[12]。木霉菌(*Pithomyces chartarum*)是一种产生霉菌毒素孢子的真菌；它最常见于黑麦草中。孢子丝菌素是一种肝毒素，可引起肝源性光敏作用和血流中的叶红素蓄积。夏季和秋季发病率最高，尤其是在干旱后下雨的时候。

临床症状

木霉菌毒素中毒的临床症状包括结膜炎、角膜炎、躁动、踏蹄和昏睡。可以注意到眼睑和耳朵水肿。耳朵可能会变得肿胀，以至于下垂[13]。也有报道称面部以及眼睛和耳朵周围出现红斑和脱毛[13]。渗出物积聚在皮肤上，然后开始脱落。患病绵羊可能会遭受二次感染，并在 2 周到 2 个月内死亡。

诊断

孢子丝菌素是一种强效肝毒素，可引起胆管炎和胆管阻塞。因此，这种疾病的血清 γ-谷氨酰转移酶(GGT)水平升高。然而，明确的诊断需要高的木霉菌孢子计数，并确认真菌分离物是否产生孢子结合蛋白[12]。

治疗

饲喂硫酸锌(每只 0.5～2 g/d)对受感染牧场放牧的绵羊有保护作用。据报道，在牧场上施用噻苯达唑(每英亩 1 kg)可以控制真菌。

水苏毒素中毒

据报道，绵羊会出现水苏毒素中毒(水苏毒素属真菌中毒)。这种真菌毒素的临床表现包括皮肤坏死、溃疡和瘀斑，溃疡在皮肤黏膜交界处最为明显。这种毒素是一种大环单端孢菌素，会导致骨髓抑制、中性粒细胞减少和血小板减少。

环境皮肤病

摩擦损伤

摩擦损伤主要发生在皮肤与皮肤接触的区域；过度运动会导致湿性皮炎和摩擦引起的炎症。在反刍动物中，乳房和大腿内侧之间最常发生摩擦。清洁该区域并涂抹收敛软膏，目的是使病变区干燥。这种疾病在大多数动物中是可以自愈的，但是疼痛可能会导致明显的跛行；此外，受影响的皮肤可能有臭味，二次感染可能增加患乳腺炎的风险。

老茧

皮肤上受到环境中物体长期轻微至中度磨损的区域会形成愈伤组织。绵羊和山羊最常见的部位是腕骨和胸骨背侧。其他部位包括膝关节的颅侧和肘关节的尾端。愈伤组织的形成是对皮肤磨损的正常反应，除非损伤与渗出物、肿胀或疼痛有关。

血肿

钝性创伤会导致血肿的形成。血肿可能发生在高度暴露的血管组织中，如耳朵或身体表面。创伤的原因包括角状动物的伤害、打斗伤害、犬或其他掠食者的攻击、与设备相关的伤害以及与围栏或其他物体的伤害。皮肤下自发性出血很少见，但是如果摄入毒素会导致凝血病，这种情况可能会发生。

超声检查可能提示是血肿，但确诊需要在无菌处理局部皮肤后用针抽取血液。除非血肿扩大，否则最好不要处理。

皮肤溃疡

皮肤溃疡随着骨突起与坚硬表面的长期接触

而形成。它们最常见于绵羊或山羊，由于肌肉骨骼或神经疾病，它们习惯性地侧卧休息。皮肤溃疡是长期缺血和细胞损伤（压力性坏死）的结果。因此，这些损伤可以通过动物的经常运动来预防或限制其发展。与潮湿的地面接触会加速病理生理过程，因为皮肤过度接触水会使皮肤的弹性降低。

异物

异物可能由于受伤或作为手术的正常组成部分而滞留在皮肤中。在博尔诺白山羊对缝合材料的皮肤反应研究中，研究人员发现，长时间的炎症与尼龙线和丝绸线有关，但与棉线或不锈钢缝合材料无关[13]。不锈钢和尼龙线缝合引起一定的肉芽组织反应，棉线缝合产生明显的肉芽反应，而丝绸线产生的肉芽量最小。用棉线或不锈钢线缝合的伤口愈合速度快于用尼龙线或丝绸线缝合的伤口。

皮下气肿

穿透伤口或作为单向瓣膜的全层撕裂会导致皮下肺气肿。在这种情况下，空气进入皮下组织，但不能从皮下组织自由排出（波纹管效应）。患有肺炎的绵羊和山羊也会发生皮下气肿，尤其是分娩后。如果对闭合的声门施加过大的胸腔内压力（如分娩时发生的），肺实质可能会破裂进入纵隔内。空气沿着组织平面解剖，并通过胸部入口进入皮下空间。

临床症状

皮下气肿通常沿颈部、肩背部出现；所以可以沿着背部解剖。梭菌感染也会出现这种情况。通常，患病动物会发生死亡，在尸检中发现皮下肺气肿。然而，肺气肿可能会在感染过程早期被发现。如果动物在皮下气肿的情况下表现出严重的症状，在鉴别诊断中应考虑梭菌病。这种情况也可能是经气管的并发症。

烧伤

皮肤烧伤最常见于火灾中被困在建筑物内的动物身上。含酒精的浇泼剂是易燃的，但通常不会点燃毛发涂层，并且在消耗完后不会继续燃烧。烧伤可以根据所涉及的身体表面积的严重程度和范围来分类。烧伤的后遗症包括继发感染，尤其是假单胞菌感染，以及伤口蛋白质渗出引起的低蛋白血症。严重或大面积烧伤更有可能导致致命的感染或蛋白质损失。烟雾吸入和肺部的热损伤也会导致死亡。临床医生应在动物最初受伤后对胸部进行彻底检查，并进行随访，以寻找随后的变化，因为临床疾病的发病可能会延迟。

绵羊和山羊的烧伤也有可能是由于产房里的加热灯放置不当造成的。羔羊站在灯下取暖，这会导致背部烧伤。浇泼剂或刺激物如木馏油和浓碘会导致皮肤接触部位的化学灼伤。

临床症状

根据烧伤的严重程度，烧伤可能只产生表面结痂，或者可能导致血清渗出和化脓，并累及更深的皮肤层。因为羊毛是阻燃的，暴露在谷仓或草地大火中的绵羊最严重的烧伤可能会出现在头部和四肢周围，而山羊则有可能全身严重烧伤。

治疗

评估动物对于火灾伤害的整体状况是至关重要的，因为吸入烟雾和呼吸道的热损伤可能会导致死亡。治疗的目的是预防或控制继发感染。疼痛治疗和血浆给药（如需要解决由伤口过多的血清渗出引起的低蛋白血症）是常见的治疗要素。

晒伤

动物和人类一样，晒伤是由紫外线对皮肤的伤害引起的。晒伤不同于光敏作用[6,7]。晒伤更常见于白脸绵羊（尤其是脸和耳朵），尤其是那些最近被剪毛的羊，以及浅色山羊（尤其是乳房、耳朵和鼻子）[6]。长期暴露在阳光下会导致肿瘤的发生（如鳞状细胞癌）。

临床症状

晒伤的临床症状包括红斑、肿胀、皮肤结痂、摇头和其他表明瘙痒的行为。如果乳房受到影响，动物会讨厌挤奶或哺乳。

治疗

治疗包括使用色素乳头浸液和在乳房上涂抹防晒乳液（对于奶山羊）、为浅色动物提供足够的遮蔽物。在继发细菌感染的情况下，需要使用局部或全身抗微生物药剂[6,7]。

冻伤

长时间暴露在极冷的温度下可能会导致冻伤。幼龄动物最容易被冻伤，四肢（耳朵、尾巴、蹄部）最容易受伤。如果在重要器官受损坏前不开始治疗，低温会导致死亡。冻伤可能在不同的温度下发生，这取决于环境条件（阳光、湿气、风）。母乳喂养的新生羔羊的临界温度阈值被认为是 13℃（55℉）[11]。损伤的机制包括血管收缩、随后的动脉血栓形成和缺血性坏死。受损的耳朵往往会是圆的[6]。如果皮肤表面潮湿，就会形成冰晶，加速这一过程。

冻伤分为四个阶段[16,17]。第一阶段，预冻，以小动脉收缩、静脉扩张、充血和血清渗出为特征。第二阶段，冻融，开始于细胞外冰晶的形成。第三阶段，血管停滞，其特征是更严重和持续的静脉扩张和动脉痉挛，导致动静脉分流和组织缺氧。第四阶段，缺血，其特征是长期局部缺氧导致神经组织损伤。

治疗

冻伤的治疗可能会导致再灌注损伤。尽管如此，应该立即实施治疗，并在受伤后的最初几天内继续治疗。建议在 104～106℉的水中加热，并根据需要使用抗生素和抗炎药物来控制组织损伤。坏死的组织应该根据需要去除，以促进愈合并限制继发细菌感染。

预防

应提供一个容易到达的庇护所。0℃以下的环境温度每降低 1℃，饲养员就应该给增加 0.5%～1%饲料。在畜舍里喂养母羊，可以使它们和它们的羔羊免受寒冷天气的影响，并保持温暖的环境。

脱毛和羊毛断裂

山羊在春天自然脱毛。相比之下，绵羊的羊毛不断地生长，不掉毛。然而，为过冬而饲养的剪毛羊可能会完全失去羊毛（羊毛滑条）[6,15]。受影响的皮肤光滑，没有体外寄生虫，没有任何疾病迹象。不需要治疗，羊毛确实会长回来[6,15]。脱毛与一些绵羊缺铜（低血铜和冷应激）有关[15]。因此，应该调查日粮中铜的含量。寄生虫寄生和系统性疾病等应激源会导致绵羊停止羊毛生长，并使羊毛纤维脆弱（羊毛断裂）（图 10-11）。羊毛可能会在应激开始的几天内丢失（生长期脱落），或者在应激停止后的 2～3 个月内丢失（休止期脱落）。无论哪种情况，羊毛都会随着时间的推移而长出来。临床医生应该警告养羊者羊毛损失的可能性。生长期脱落也可能发生在处于应激下的山羊身上，或者是疾病的结果（图 10-12）。

图 10-11　萨福克母羊羊毛断裂的外观。这一发现提示羊过去患有疾病或严重应激，尽管该动物通常不再生病。

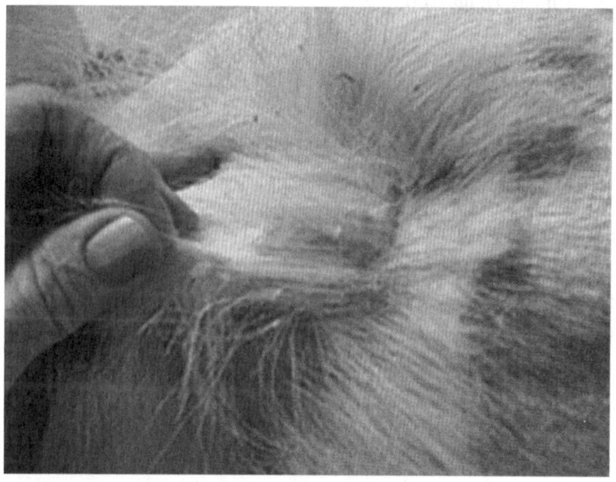

图 10-12　在田纳西州，一只晕倒的山羊在修复关节脱臼手术后毛发脱落。毛发很容易被拔掉，留下裸露的皮肤。

先天性皮肤疾病

几种形式的先天性皮肤病具有临床意义。由于良好的识别和剔除实践，大多数这类疾病相当罕见[18]。

肝源性光敏作用

南丘绵羊羔羊具有常染色体隐性性状，可导致肝源性光敏化[18]。该缺陷导致先天性高胆红素血症和光敏化。考力代绵羊羔羊可能有遗传性，类似于人类的杜宾-约翰逊综合征，其特征是不能转移叶红素和结合胆红素。

上皮发生不完全

许多绵羊品种都被诊断出上皮发生不完全。它是一种可遗传的常染色体隐性遗传缺陷。出生时，口腔（包括舌和硬腭）出现上皮缺陷。蹄、角可以很容易地从底层分离开来。

先天性结缔组织发育不全综合征（埃勒斯-当洛斯综合征）

先天性结缔组织发育不全综合征，是挪威绵羊的一种遗传性皮肤病。由于胶原蛋白缺陷，出生后皮肤伤口很快出现[18]。患病羔羊出生后不久就因继发感染而死亡。潜在的遗传缺陷导致胶原纤维无法形成功能结构。

先天性毛发不足

先天性毛发不足是一种能存活的毛发不足症，也就是说，这种疾病不会立即对患病的新生羔羊致命。它在无角多赛特羊中是可遗传的。受影响的羔羊毛发纤维稀疏，面部和四肢毛发生长受损最为明显。

大疱性表皮松解症

大疱性表皮松解症是韦斯阿伦沙夫羊的隐性遗传缺陷，在萨福克羊和南多赛特羊中也诊断出该病[18,19]。患病羊出生时没有Ⅶ型胶原蛋白，因此即使轻微的表皮磨损也可能导致伤口迅速变大[17]。皮肤活检显示，在没有表皮松解症的情况下，真皮-表皮结合部分离。蹄子脱落，牙龈、硬腭、舌和口腔溃疡也会迅速形成[9]。

羔羊抖毛病

边界病或抖毛病，是由鼠疫病毒引起的先天性疾病，可从母羊垂直传播到子宫内的胎儿。新生羔羊有圆顶的头、短的四肢和粗的躯干。妊娠第80天前胎儿的病毒感染可能会干扰初级毛囊的发育，导致羊毛中形成“死毛”纤维和长光环纤维。受影响的羔羊看起来异常多毛，被称为“多毛抖动”羔羊，因为除了毛发之外，神经系统受损导致的骨骼肌强直阵挛性收缩也导致它们抖动。通过病毒分离或尸检发现中枢神经系统髓鞘形成不足来诊断证实。

肿瘤和相关病变

绵羊和山羊偶尔会被诊断为肿瘤。如表10-6所示，一些品种容易罹患各种肿瘤。

表10-6 易发生皮肤肿瘤的羊品种

品种	肿瘤
萨能山羊	乳头状瘤病
安哥拉山羊	鳞状细胞癌 黑色素瘤
美利奴绵羊	鳞状细胞癌 卵泡囊肿
萨福克绵羊	黑色素瘤
努比亚山羊	肉垂囊肿

改自 *Scott DW*：Large animal dermatology，*Philadelphia*，1988，*WB Saunders*.

乳头状瘤（疣、纤维乳头状瘤病）

绵羊的疣是由特定物种的乳头多瘤空泡病毒引起的。这些DNA病毒会导致面部、腿部和乳头上的乳头状瘤，大小不一，但直径可达4 cm、高度可达2 cm。这些损伤是血管性的，一旦破坏就会出血。继发细菌感染可能会随着损伤的反复创伤而发生。乳头状瘤可能导致绵羊易患乳腺炎[20]。

细胞免疫反应最终会清除病变，可能数月才能消退。如果病变未能消退或出现过多病变表明机体免疫系统受损。山羊中的病毒原因尚未得到证实。已有文献记载萨能山羊乳房上的乳头状瘤，主要是持续存在。而典型的病毒乳头状瘤不会消退。

鳞状细胞癌

鳞状细胞癌最常见于美利奴羊，主要是4岁以上的羊。在12岁的绵羊中观察到峰值发病率（12%）。肿瘤发生在面部、耳朵和外阴，但最常见的是耳朵。关于美利奴羊和山羊会阴部的鳞状细胞癌已有报道[21,22]。山羊这种肿瘤的高发病率可能是会阴部缺乏色素沉着的原因，山羊尾巴又高又短，这使得该部位在热带地区受到强烈的紫外线辐射[21]。随着肿瘤的生长，表面可能会因组织坏死或自身创伤而溃烂。

通过组织标本的组织病理学检查来进行诊断。特征性病变表现为棘皮病、假上皮瘤样增生和角化过度。与溃疡或继发细菌感染相关的炎症并不少见。紫外线辐射与鳞状细胞癌的发病机制有关；对光敏感的羊所面临的风险最大。耳朵中的病变，如耳标，更容易突变成鳞状细胞癌。治疗方法是手术切除，但建议早期切除比较好。

黑色素瘤

黑色素瘤在绵羊和山羊中的发病率尚不知晓。一项对 37 026 只绵羊和 23 429 只山羊皮肤的调查发现，两只山羊有两个黑色素瘤[23]。另一项调查显示，山羊皮肤黑色素瘤的发病率为 0.03%[24]。据报道，一只 11 岁的侏儒公山羊出现了源自左角底部的恶性黑色素瘤病例[25]。

血管瘤

一只绵羊被诊断出血管瘤，影响了母羊的后肢。手术切除后组织病理学分析证实了诊断结果。

药物残留问题

对绵羊和山羊行业来说，保持有益于健康的产品、无污染物是最为重要的[26]。几乎所有皮肤病治疗都是体外使用，因为很少有药物被批准用于绵羊和山羊。兽医必须与行业人员合作，找出可能影响小反刍动物产品质量的相关问题。在美国，饲养员和临床医生应该尊重《动物医疗药物使用和说明法》(AMDUCA)中提出的治疗指南，以避免肉和奶的药物残留。

绵羊和山羊在药物剂量和休药期上都不同于牛。因此，只要有可能，就应该根据专门针对绵羊和山羊的研究确定休药期[27]（见附录 1）。

参考文献

[1] Scott DW: *Large animal dermatology*, Philadelphia, 1988, WB Saunders.

[2] Brenner DJ, et al: Pemphigus foliaceus in a Barbary sheep(*Ammotragus lervia*), *Vet Rec* 165:509, 2009.

[3] Pappalardo E, Abramo F, Noli C: Pemphigus foliaceus in a goat, *Vet Dermatol* 13:L331, 2002.

[4] Cornish J, Highland M: Successful treatment of juvenile pemphigus foliaceus in a Nigerian Dwarf goat, *J Am Vet Med Assoc* 236:674, 2010.

[5] Scott DW, Smith MC, Manning TO: Caprine dermatology. Part Ⅱ. Viral, nutritional, environmental, and congenitohereditary disorders, *Comp Cont Educ Pract Vet* 6:S473, 1984.

[6] Smith MC: Small ruminant dermatology, *Proceedings of the 1998 Symposium on Small Ruminants for the Mixed Animal Practitioner Western Veterinary Conference*, Las Vegas, Nev, 1998.

[7] Linklater KA, Smith MC: *Color atlas of diseases and disorders of the sheep and goat*, Aylesbury, UK, 1993, Wolfe Publishing.

[8] Krametter-Froetscher R, Hauser S, Baumgartner W: Zinc-responsive dermatosis in goats suggestive of hereditary malabsorption: two field cases, *Vet Dermatol* 16:269, 2005.

[9] Smith MC, Sherman DM: Skin, *Goat medicine*, ed 2, Ames, Iowa, 2009, Wiley-Blackwell.

[10] Kimberling CV: Diseases of the skin. In Kimberling CV, editor: *Jensen and Swift's diseases of sheep*, ed 3, Philadelphia, 1988, Lea & Febiger.

[11] Smith MC: Dermatologic diseases of goats, *Vet Clin North Am Large Anim Pract* 5:449, 1983.

[12] Pinto C, et al: Pithomycotoxicosis(facial eczema) in ruminants in the Azores, Portugal, *Vet Rec* 157: 805, 2005.

[13] Smith BL, Towers NR: Mycotoxicoses of grazing animals in New Zealand, *N Z Vet J* 50:28, 2002.

[14] Mohammed A, Rabo JS, Ibrahim AA: Reaction to skin suture materials in Borno white goats, *Small Rumin Res* 16:191, 1995.

[15] Mitchell GBB: Non-parasitic skin diseases in sheep. In Boden E, editor: *Sheep and goat practice*, London, 1991, Baillière Tindall.

[16] Gonzalez-Jimenez E, Blaxter KL: The metabolism and thermal regulation of calves in the first month of life, *Br J Nutr* 16:199, 1962.

[17] Pelton JA, et al: Frostbite in calves, *Comp Cont Educ Pract Vet* 22:S136, 2000.

[18] Basrur PK, Yadav BR: Genetic diseases of sheep and goats, *Vet Clin North Am Food Anim Pract* 6: 779, 1990.

[19] Steffen DJ: Congenital skin abnormalities, *Vet Clin North Am* 9:105, 1993.

[20] Mavrogianni VS, et al: Teat disorders predispose ewes to clinical mastitis after challenge with *Mann-*

heimia haemolytica, *Vet Res* 37:89, 2006.

[21] Barbosa JD, et al: Perineal squamous cell carcinoma in goats in the State of Pará, Brazil, *Pesq Vet Bras* 29:421, 2009.

[22] Bush RD, Toribio J, Windsor PA: The impact of malnutrition and other causes of losses of adult sheep in 12 flocks during drought, *Aust Vet J* 84: 254, 2006.

[23] Venkatesan RA, Nandy SC, Santappa M: A note on the incidence of melanoma on goat skin, *Indian J Anim Sci* 49:154, 1979.

[24] Venkatesan RA, et al: Survey of the incidence of various surface defects in goat and sheep skins in Madras, *Leather Sci* 24:255, 1977.

[25] Mavangira V, et al: Malignant melanoma of the horn base in a Pygora goat, *J Vet Diagn Invest* 20: 104, 2008.

[26] Bretzlaff K: Special problems of hair goats, *Vet Clin North Am Food Anim Pract* 6:721, 1990.

[27] Fajt VR: Label and extralabel drug use in small ruminants, *Vet Clin North Am Food Anim Pract* 17:2, 2001.

去除肉垂、气味腺、角和其他皮肤的程序

肉垂

肉垂是一些山羊颈部的皮肤附属物。虽然它们通常位于颈中部，但也可以在面部或耳朵上出现[1]。肉垂由结缔组织、神经、血管和平滑肌组成，有软骨核。在一些肉垂的基部可能有囊肿。这些囊肿有可能是遗传性的，也可能是双侧或单侧的。如果出现肿胀，囊肿内会充满透明液体。肉垂容易受伤（如被喂食器或围栏夹住），还会影响展示动物的外观，使剪毛和梳毛变得困难，或者可能会被其他幼畜或成年羊啃咬[1,2]。出于这些原因，一些主人希望将其切除。

在幼畜阉割的同时，可以很容易地去除肉垂。在用剪刀切断肉垂的基部之前，可以在肉垂上施加轻微的张力[1,2]。如果发生过度出血，应该施加压力。皮肤无须进一步治疗就能愈合。

断角术

一些生产者更喜欢山羊（偶尔还有公绵羊）在出生后的 2 周内去断角[2]。然而，许多肉用、毛用和宠物用山羊的主人更喜欢养有角的羊。断角在奶山羊生产中更常见，以减少与打斗相关的伤害。

在这个过程中，山羊羔被关起来或放在一个断角用的箱子里。动物被镇静（如用 0.05～0.2 mg/kg 赛拉嗪）并且通过皮下注射 2%利多卡因，实现角周围组织环的局部麻醉，或者可以使用全身麻醉。除了头部以外，整个身体被一个断角用箱子包围（见第 1 章，图 1-7）。断角可以通过使用商用电断角烙铁（为牛或山羊设计）或电烧灼装置经烧灼来完成。不管选择何种方法，该区域周围的所有羊毛都应该事先修剪。如果为此目的使用电烙铁，Williams[2] 建议先把电烙铁加热，然后再在松木板上进行测试。如果烙铁在板上形成轻微凹陷的黑环，则达到了合适的温度[2]。脱毛剂应该以往复的方式涂抹在角芽上。烧灼该区域，直到达到铜色（图 10-13）。如果正确使用电烙铁，角“帽”应该很容易取下。建议烧灼角，直到中央核心被毁坏。这种方法的常见错误是过度使用，导致过热引发脑膜炎，并导致角的生发上皮不完整、异常角组织的再生[1,2]。如果生发角组织没有被完全破坏，再生的“角”可以稍后去除。与小牛相比，小羊的颅盖很薄，角窦也很小。过热引起的大脑软化会导致抑郁、失明、脓肿形成和死亡。

热引起的脑膜炎和软化症很少是可修复的。尽管如此，在这种情况下，立即使用糖皮质激素（如地塞米松磷酸钠，1～2 mg/kg，静脉注射）、甘露醇（5 min 内 0.25～1 mg/kg，静脉注射）和 NSAIDs 治疗。

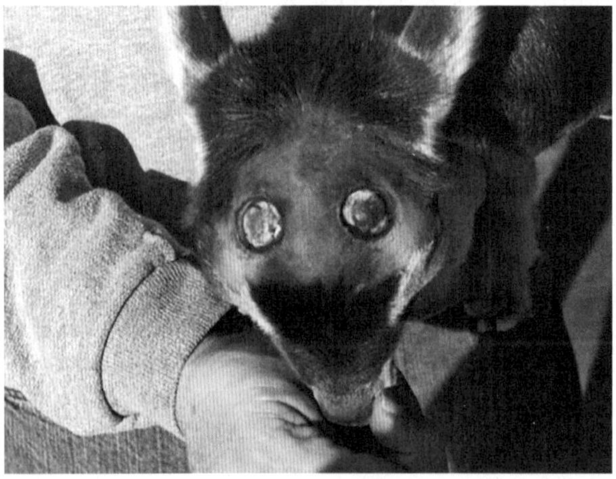

图 10-13 一只 4 日龄的奥伯哈斯里杂交母鹿去角处理 5 d 后，正常的脱芽部位。

替代烧灼角芽的方法是手术切除。这可以很好地在 2～4 日龄的幼羔实现。临床医生不使用去角质铁或电烧灼，而是在麻醉的皮肤上做一个圆周切口，去除角芽和生发组织。为了控制出血，可以烧灼该区域或者施加压力。

苛性碱膏也用于去除幼羔的角。修剪角芽周围的毛，还可以涂抹糊状物。如果使用苛性碱膏，在该区域周围应该涂抹羊毛脂或凡士林，尤其是眼睛周围。临床医生应该注意防止腐蚀性软膏伤害动物的眼睛或其他软组织。这时应该将动物转移至室内，防止淋雨。

去角

2～3 周龄以上的山羊羔、那些以前去角导致异常角组织(皮屑)生长的羔羊，以及成年山羊都可以去角。建议成年羊，特别是有大角的公羊使用全身麻醉来去角(见第 18 章)。然而，镇静(如用 0.05～0.2 mg/kg 赛拉嗪)和滑车神经的角分支的局部麻醉也是有效的。不熟悉小反刍动物犄角(不同于牛)神经分布的临床医生可能会考虑在犄角周围使用环状麻醉，不要超过利多卡因的亚毒性剂量。通常，当去角只作为一项现场手术或者农场经济要求使用较便宜的方法时，应选择局部麻醉镇静。

应该事先警告主人，这种手术通常是"血流很多"，伤口可能需要 4～6 周才能愈合[4]，会导致继发性鼻窦炎，留下永远无法完全愈合的洞，或者可能导致脑脓肿。应该剪开角周围的皮肤并做好手术准备。临床医生在角-皮肤接合处外侧 2 mm 处切开皮肤。两个角之间的皮肤应该保持完整，以改善愈合并缩短愈合时间。然后将产科钢丝"放入"切口。一名助手握住头部以防止羊过度运动，外科医生站在动物面前。应该在头侧-腹侧方向进行切割(图 10-14A)。可以通过烧灼、压迫或用止血钳拉动出血血管来止血。如果动物有一个小的角基部，周围的皮肤会被破坏，并在去除角所产生的开口上延伸[3,4]。缝合手术部位上的皮肤可以更快地愈合，但是如后面所述，成年公羊必须要去除一些额骨。可以使用抗生素软膏(三联抗生素)，并且可以在每个切除部位放置纱布垫或其他可吸收材料。这些护垫可以通过缠绕在头部的胶带，或者通过牵引在动物头部的矫形支架固定在适当的位置，该支架上有眼睛和耳朵的孔[3,4](图 10-14B)。动物可以被给予抗生素(青霉素，20 000 IU/kg，每天 2 次)、NSAIDs、破伤风(破伤风抗毒素，150～300 IU)或破伤风类毒素。应该制定相应控制措施，更换绷带，每 2～4 d 或根据需要检查一次愈合程度。

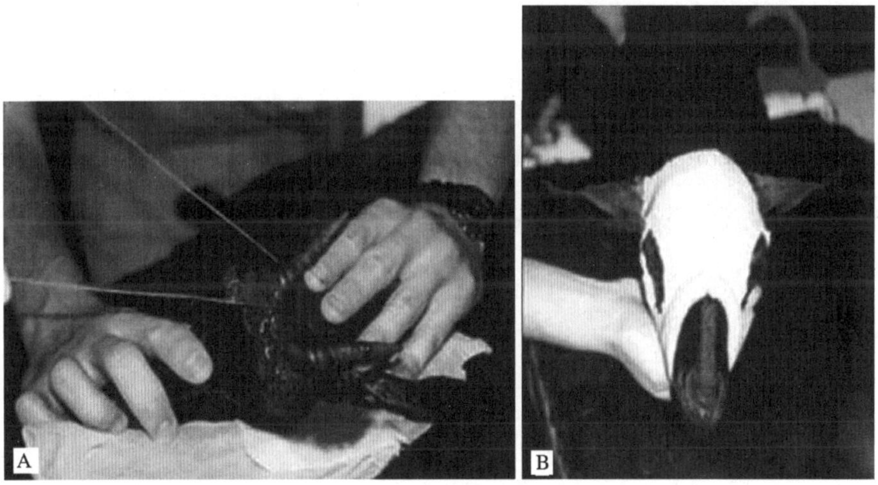

图 10-14 A. 用产科钢丝给一只 3 月龄的 Pygmy 山羊去角，助手牢牢地保定头部。山羊被注射了镇静剂，并在角周围注射局部麻醉剂。B. 动物身上戴一条有耳洞和眼洞的绷带。

一些临床医生更喜欢不包扎去角部位，因为害怕不能识别术后伤口并发症。推荐的替代管理方法是隔离动物，并将饲料撒在地上进行饲喂，以避免伤口污染，直到大约 48 h 后结痂[4]。然而，大多数从业人员会包扎去角部位。

另一种选择是使用一个小巴恩斯去角器来切断或夹掉角组织。切割时要小心，以免伤及薄头骨。然后可以烧灼该区域以控制出血并破坏所有剩余的生角上皮。这种方法不推荐，因为有可能造成颅骨损伤。

对成年山羊进行了一批去角缝合手术[5]。如前所述，用钢丝线去除角。在角被切除以及角周围的皮肤被破坏后，用骨钳来移除额骨的小块骨（小心不要将骨碎片掉落到鼻窦中），直到皮肤的外科伤口缝合。这种外科手术与头部形状的最小变化相关联，可以在 10～14 d 内愈合，并大大减少了所需的后续护理时间。原始报告中关于使用这种技术的所有动物都痊愈，且没有并发症[5]。临床医生可以通过在角部之间的皮肤上做切口来释放更多的皮肤，进行缝合。尽管这种技术会留下皮肤伤口，但它可以封闭鼻窦，加快愈合速度。在实践中，通常会使用这种技术来部分缝合去角部位，因为如果没有大的额骨修复，完全缝合是不可能的。缝合部会有小的伤口，愈合速度比大伤口快得多。然而，具有初级愈合的完全缝合是优选的技术。

根据饲养管理人员的意愿和动物的用途，完全移除角的另一种方法仅仅是在角的顶端、中部或尽可能接近头骨的部位水平切断角。这个方法在实施过程中应该将山羊进行镇静或麻醉。角可以用钢丝或去角锯切割，并监控动物的鼻窦炎。

去除气味腺

由于公山羊身上的气味，一些主人要求去除这些动物的皮脂腺。去除腺体可能会减少气味，但是气味可能不会被完全阻止。对于年幼的公山羊，在去角过程中，角后面的区域可以被烧灼。在成年公山羊，腺体位于加厚、折叠的皮肤尾部，在角基部的内侧。腺体开口在皮肤褶皱底部的无毛区域[2]。清洗头部将改善气味。应该将公山羊麻醉、剪毛、准备手术区域。然后临床医生在腺体开口周围切开皮肤 1.5～2 cm。切口应加深至骨膜、解剖、识别并去除腺体[2]。临床医生应尝试缝合皮肤。然而，在老年公山羊中，这一区域特有的皮肤肥大可能会使缝合变得困难。如果皮肤不容易缝合，可以使用抗生素软膏让皮肤愈合。

参考文献

[1] Smith MC, Sherman DM: *Goat medicine*, ed 2, Ames, Iowa, 2009, Wiley-Blackwell.

[2] Williams CSF: Routine sheep and goat procedures, *Vet Clin North Am Food Anim Pract* 6:737, 1990.

[3] Vitums A: Nerve and arterial supply to the horns of the goat with reference to the sites of anesthesia for dehorning, *J Am Vet Med Assoc* 125:284, 1954.

[4] Hull BL: Dehorning the adult goat, *Vet Clin North Am Food Anim Pract* 11:183, 1995.

[5] Hague BA, Hooper RN: *Cosmetic dehorning in goats*, Vet Surg 26:332, 1997.

第11章

肌肉骨骼系统疾病

肌肉骨骼系统疾病的检查

绵羊和山羊属于群居动物，天生喜欢聚集在一起生活。因此，检查农场内的动物首先应尽可能对家畜群体进行初步的观察。畜体观察在评估动物损伤性肌肉骨骼疾病时的效果，不如评估传染病、寄生虫感染、营养失调以及管理不当等情况的效果显著。当畜群出现高于预期的骨折发生率和受伤率时，管理者应当从饲喂器具和饲养环境中寻找潜在的伤害源。在畜群移动过程中，需要近距离观察畜群才能够鉴别出躺下或者用膝盖行走的家畜。其他需要注意的临床症状包括不能起立、关节肿大、跛行以及站姿异常。

特定家畜的肌肉骨骼疾病检查需要认真、仔细的触诊以及近距离观察。骨折和外伤可以通过观察发现。对于疾病进一步详细的检测，则需要采取彻底和系统的方法。临床兽医需要首先检查足部，因为过度生长的蹄、足脓肿、趾间损伤、渗出液以及臭味都易于观察。冠状垫的检查包括肿胀、充血、增生等损伤。四肢的关节需要检查，以排除外伤、脓毒性关节炎、传染病引起的肿胀。临床兽医可通过弯曲和伸展动物关节完成一系列动作，来检测动物是否疼痛或者僵硬。如遇后肢跛行，临床兽医同样需要评估膝盖是否僵硬、运动受限、疼痛。任何由肿胀和肌肉萎缩引起的肢体不对称都应当引起重视。坐骨神经和腓总神经的损伤，被认为可能是肌肉损伤的后遗症，也可能是由跛行和肌肉萎缩引发。

相关解剖学特征

在动物分类学中，绵羊、山羊和牛均属于牛科。连同其他偶蹄数的物种同为偶蹄目动物。隶属于偶蹄目的动物均具有 3 类骨骼特征：距骨具有近端和远端的滑车状关节面；跟骨和腓骨通过关节相连；四肢的长轴末端为融合的第 3、第 4 掌骨（前肢）或跖骨（后肢）及其对应的趾[1]。绵羊颈椎的棘突短钝，而山羊颈椎的棘突较长且边缘尖锐。小反刍动物具有 7 枚颈椎、13 枚胸椎、6～7 枚腰椎、4 枚荐椎，以及 16～18 枚尾椎。7 枚颈椎可作为辨别动物类型的可靠表型。然而，变异也时有发生，比如 12 枚或者 14 枚胸椎、5 枚腰椎等。有时，介于胸椎和腰椎之间的罕见脊椎突变较难辨认[1]。

其他绵羊、山羊以及牛的相关肌肉骨骼解剖差异在本章节的不同肌肉骨骼病症中会详细介绍。但是，详细的小反刍动物的解剖学综述，并不属于本章讨论的内容。

参考文献

[1] Getty R, Sisson S: *Sisson and Grossman's The anatomy of domestic animals*, ed 5, Philadelphia, 1975, WB Saunders.

先天病症

先天性肌强直症

先天性肌强直症属于山羊的遗传性疾病，患病动物在受到惊吓时，会产生强直性肌肉收缩。有时，肌肉收缩太强烈会导致山羊倒地。一般将具有此种情况的山羊称为“晕倒羊”。该疾病为常染色体显性遗传性疾病[1]。研究人员推测临床症状以及肌肉收缩程度的差异或许与基因型的类型相关，携带纯合基因型的动物相较于携带杂合基因型的动物，更容易产生临床症状[1]。该情况与人类的先天性肌强直症非常相似。因此，该疾病的患病动物可以作为人类疾病的研究模型。

该疾病由骨骼肌中的电压依赖性氯离子通道的突变造成，能够引起肌纤维膜的强兴奋性以及收缩的肌纤维延迟舒张。关于山羊的先天性肌强直症的组织化学和超微结构的变异已经有所报道。

遗传性软骨发育异常(蜘蛛羔羊综合征)

遗传性软骨发育异常，又称蜘蛛羔羊综合征，是一种遗传性的肌肉骨骼症状，最早在萨福克和汉普郡羊品种中发现[4]。初生羔羊可能就表现出临床症状，或者受影响的羔羊一开始表现正常，生长至6周龄就会产生严重的肌肉发育异常病症[5]，包括腿部畸形、身躯扁平以及胸部狭窄[5]，并且对具有上述临床症状的动物在出生时进行X射线检查也可发现其骨骼存在异常。患病羔羊的骨骼畸形程度和类型差异较大。软骨发育异常在颅骨、胸骨、四肢骨和脊椎中均有发现。

在X射线检查中，颅骨的背侧面变圆、枕髁变长(偶尔发现软骨侵蚀)、枕骨变厚均可作为诊断依据。胸骨的大小或形态呈现异常。胸骨常出现错配、背侧部倾斜、中线处未融合等情况。与正常动物相比，患病动物的肩胛骨和"鹰嘴"常附着较多软骨以及较少骨质。患病动物肘部的X射线检查具有典型的肘部多发骨化区。桡骨的远端骺板增宽，造成四肢关节角的畸形。一般前肢比后肢更容易受到影响。如果羔羊患病数月，常见关节软骨侵蚀。脊椎常常包含异常和大量的软骨。椎体异常会导致脊椎侧凸，或者更少见的驼背[5]。在组织病理学检查中，典型的骨质病变表现为不均衡的软骨生长。病理学改变在妊娠期6个月后发现[5]。

蜘蛛羔羊综合征是由成纤维细胞生长因子受体3(FGFR3)的突变诱发骨骼的过度生长而引起的[6]。最初研究认为，该病的遗传特点为完全外显的常染色体隐性模式，但基因表达水平检测表明该病可能为共显性模式。杂合子个体偶尔会显示出蜘蛛羔羊综合征，然而更多时候，会显示出较长的骨头而非畸变[6]。DNA检测的商业化发展，能够增加突变携带个体的检出率，从而显著降低蜘蛛羔羊综合征的发生率[7]。

关节弯曲

关节弯曲是指由感染、中毒和遗传突变引起的多关节先天性挛缩。关节弯曲和积水性无脑综合征是由阿卡斑病毒、卡奇谷病毒、边界病病毒感染所致，此外其他微生物感染也会影响发育中的胎儿。患病动物具有严重弯曲的前肢以及超长的后肢。脊椎侧弯也可作为评判依据。关节弯曲以及积水性无脑综合征神经方面的症状包括小脑发育不全、脑水肿、四肢短小以及脑积水。

当母体摄食羽扇豆(*Lupinus* spp.)和毒芹(*Conium maculatum*)等植物后，会产下关节弯曲的后代。关节弯曲的类型和严重程度受妊娠阶段、毒物剂量以及摄食时间的影响。

遗传性关节弯曲在萨福克羊[8]和考力代羊[9]品种中有所报道。该疾病属于常染色体隐性遗传模式，在5号常染色体上存在可能的基因突变位点[10]。

多趾畸形

根据名称可知，多趾畸形是具有额外趾头的先天性畸形症。在绵羊和山羊中比较罕见。牛的多趾畸形属于遗传病。猪的多趾畸形也能进行遗传，并且伴随腭裂的情况出现。多趾畸形在马上也可以遗传。山羊上的一例关于多趾畸形的报道发现，多趾畸形公羊的后代中，发现有多趾畸形的母羊[11]。多趾畸形仅仅只对患病动物的外观产生影响，但是在部分案例中发现也会造成严重的步态异常。饲养者需要彻底检查步态异常的动物，以便确诊这种跛行是畸形还是临床上的病变造成。X射线检查能够充分评估畸形情况，并且避免错误的治疗方案。

治疗

治疗方案包括手术去除多余的趾头以及缝合术后的皮肤伤口。手术操作者可以直接切除多余的趾头。此外，有时也需要整形手术设备以便去除增生的骨骼。外科手术切除后需要适当的术后护理。

髌骨脱位

先天性髌骨脱位的动物出生后，兽医检查时会立刻发现，因为初生羔羊站立时，后肢会蹲伏在地。髌骨脱位会扰乱股四头肌的运动，导致动物的后肢膝关节不能够屈伸。在早期诊断中，首先应排查该病症是否由骨神经损伤引发。因为骨神经损伤也会造成股四头肌无力，诱发股四头肌运动异常，产生相同的站姿异常情况。不过，相比较于小反刍动物，骨神经损伤更常见于母牛难产后产下的小牛犊。

兽医通过触诊髌骨能够快速确诊髌骨脱位症。无论是在内侧还是外侧，脱位的髌骨都很容易错位。患病严重的动物，髌骨一旦脱位很难恢复到正常位置。在后肢膝关节伸展的情况下，触诊更易进行。

标准的 X 射线检查中，参照轮廓线能够确定髌骨的位置、股骨滑车沟的深度，以及其他的骨质异常。X 射线束由近及远，从垂直于胫骨方向扫描后肢屈曲的膝关节，配合轮廓线能够完整评估股骨滑车沟。然而，相比较于髌骨的 X 射线检查，髌骨脱位的触诊更具有诊断意义。在 X 射线检查之前，受影响的髌骨如果没有经过检查者的刻意摆放，在射线相片上会显示处于的正常位置。

外科手术适用于年幼的具有先天髌骨脱位的动物。大多数的年幼动物对纤维关节囊的植入以及髌骨脱位相反侧的筋膜覆盖治疗反应良好。然而，手术前兽医必须完整评估羔羊状态并且在实施手术中评估关节的情况。一些严重病例需要进行滑车整形术或者胫骨脊切除和重塑术。详细的更多复杂关节手术的介绍可以参阅相关小动物手术的教材[12]。

对患病动物应当进行详细检查以排除其他先天性异常。尤其是患病严重的新生家畜可能无法站立和吃奶。因此，被动免疫的失败以及引发的疾病对动物健康的伤害远大于先天性髌骨脱位。在轻度脱位病例中，单侧髌骨脱位的小反刍动物机体会产生补偿作用，因此造成漏诊，直到成年后出现由错位或者退行性关节疾病引起持续性脱位从而造成跛行。一例报告指出，具有共同祖先的绵羊，在 2 岁时也会患髌骨脱位，提示该病具有遗传易感性[13]。成年动物在受到外伤引起髌骨错位后，也会造成严重跛行。成年动物的手术治疗术更多属于整形治疗，如采用螺丝和金属线维持髌骨在正常位置。年长动物除了韧带重建或去除，也需要滑车成型术或者胫骨结节移位术[13]。此种情况的预后不如初生幼畜的治疗效果理想[14,15]。

痉挛性轻瘫

痉挛性轻瘫在侏儒山羊中有所报道[16]。患病山羊后肢的腓肠肌持续性痉挛。痉挛导致跗关节松弛以及拱背。临床症状与部分牛品种的一致[17-19]。该疾病可能遗传，但确切的遗传模式还未报道。脊椎、胫骨或腓骨神经或者腓肠肌上均未见明显病灶。该临床症状的疑似原因是肌肉反射的缺失，导致传出的运动神经元过度兴奋或者抑制通路的缺失[16]。

腕骨挛缩

在山羊羔和绵羊羔中，偶尔会患先天性的腕骨挛缩症。通过夹板和绷带治疗，能够迅速治愈。建议对羔羊采取 X 射线检查，以便鉴定造成弯曲畸形的骨质损伤情况。在恢复羔羊腕部时，小心地触摸有助于快速鉴别挛缩的结构。痉挛结构的切除能够减缓弯曲的畸形程度（图 11-1 和图 11-2）。年长动物受伤后，可能会发展为弯曲畸形，最终导致肢体承重异常。二次弯曲畸形将诱发关节囊纤维化以及使切除术的治疗效果降低。一些病例中尽管切除了关节囊以及皮肤和关节囊间的弯曲结构，疗效却不尽如人意。

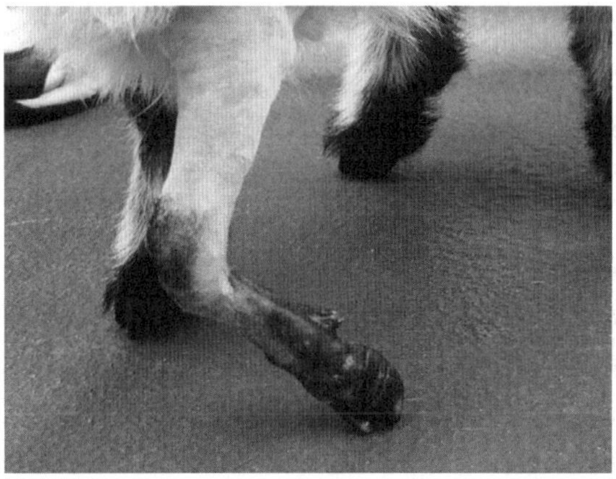

图 11-1　4 周龄的侏儒阉羊左后肢的先天腕骨挛缩。在用绷带夹板固定 3 周后，腕骨挛缩仍未改善。当伸展腕骨时，尺骨外侧明显紧缩。

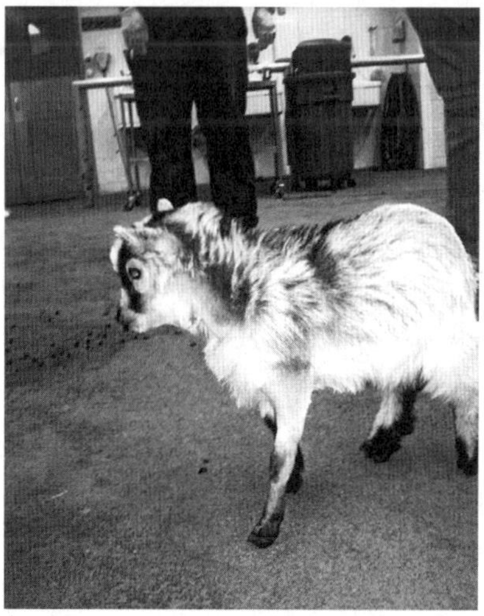

图 11-2　与图 11-1 相同的 3 周龄侏儒山羊，尺骨外侧截断后用夹板绷带进行术后护理。动物腕骨能够伸展，并且恢复正常曲度，没有跛行。

参考文献

[1] Bryant SH, Lipicky RJ, Herzog WH: Variability of myotonia signs in myotonic goats, *Am J Vet Res* 29: 2371, 1968.

[2] McKerrell RE: Myotonia in man and animals: confusing comparisons, *Equine Vet J* 19:266, 1987.

[3] Beck CL, Fahlke C, George AL: Molecular basis for decreased muscle chloride conductance in the myotonic goat, *Proc Natl Acad Sci* U S A 93:11248-11252, 1996.

[4] Rook JS, et al: Diagnosis of hereditary chondrodysplasia (spider lamb syndrome) in sheep, *J Am Vet Med Assoc* 193:713, 1988.

[5] Oberbauer AM, et al: Developmental progression of the spider lamb syndrome, *Small Rumin Res* 18:179, 1995.

[6] Beever JE, et al: A single-base change in the tyrosine kinase Ⅱ domain of ovine FGFR3 causes hereditary chondrodysplasia in sheep, *Anim Genet* 37: 66-71, 2006.

[7] Jolly RD, Blair HT, Johnstone AC: Genetic disorders of sheep in New Zealand: a review and perspective, *N Z Vet J* 52:52-64, 2004.

[8] Doherty ML, Kelly ElP, Healy AM: Congenital arthrogryposis: an inherited limb deformity in pedigree Suffolk lambs, *Vet Rec* 146: 748-753, 2000.

[9] Whittington RJ, et al: Congenital hydranencephaly and arthrogryposis of Corriedale sheep, *Aust Vet J* 65:124-127, 1988.

[10] Murphy AM, et al: Linkage mapping of the locus for inherited ovine arthrogryposis (IOA) to sheep chromosome 5, *Mammal Genome* 18:43-52, 2007.

[11] Al-Ani FK, Hailat NQ, Fathalla MA: Polydactyly in Shami breed goats in Jordan, *Small Rumin Res* 26: 177, 1997.

[12] Hulse DA, Shires PK: *Textbook of small animal surgery*, Philadelphia, 1985, WB Saunders.

[13] Shettko DL, Trostle SS: Diagnosis and surgical repair of patellar luxations in a flock of sheep, *J Am Vet Med Assoc* 216:564, 2000.

[14] Baron RJ: Laterally luxating patella in a goat, *J Am Vet Med Assoc* 191:1471, 1987.

[15] Gahlot TK, et al: Correction of patella luxation in goats, *Mod Vet Pract* (May):418, 1983.

[16] Baker J, et al: Spastic paresis in pygmy goats, *J Vet Intern Med* 3:113, 1989.

[17] Leipold HW, et al: Spastic paresis in beef shorthorn cattle, *J Am Vet Med Assoc* 151:598, 1967.

[18] Thomason KJ, Beeman KB: Spastic paresis in Gelbvieh calves: an examination of two cases, *Vet Med* 82:548, 1987.

[19] Harper PAW: Spastic paresis in Brahman crossbred cattle, *Aust Vet J* 70:456, 1993.

外伤病症

捕食者攻击

绵羊和山羊的体型和性情决定其自身容易遭受食肉动物的攻击。在美国,37%的绵羊和山羊死亡是由于受到土狼和犬的捕食[1]。小反刍动物在遭受野生食肉动物攻击后极少能够生还。然而,有时兽医会治疗被其他家畜或者野生动物攻击后幸存的动物。幸存的动物最终死掉是由于内脏器官的致命损伤以及躲避追逐和攻击时耗尽体能。兽医在治疗创伤中幸存动物时会遇到巨大挑战。动物的表皮皮肤创伤经过彻底检查和处理后比较容易辨认,但是机体内部损伤和严重的肌肉疾病很难评估。

攻击的食肉动物一般直接瞄准颈静脉,导致被攻击动物的头部和颈部区域的伤口较为密集。大血管的伤口一般非常明显并且致命。气管穿刺会造成呼吸困难,引起皮下气肿。皮肤伤口的溃烂也会导致皮下气肿,使得气管穿刺的诊断困难,增加气管伤口检测的难度。食管穿孔属于常见病。食管损伤导致食管内容物泄露至周边组织,形成脓肿以及引起组织坏死。气管上的伤口扩大会造成呼吸困难。早期损伤引起的神经伤害以及脓肿引起的损伤会抑制软腭的正常功能。

患病动物应当注射破伤风抗毒素血清和广谱抗生素(如氟苯尼考,每 48 h 用量 20 mg/kg)用以抵抗伤口感染和坏死。在大量创伤导致组织坏死的情况下,需要使用抗厌氧细菌的抗生素(如青霉素,每日 2 次 20 000 IU/kg)。所有皮肤伤口中的有机碎屑和杂质应该彻底清洗。皮肤伤口内侧建立引流。因为有些伤口清理之后,愈合时间会增加,同时也有些伤口的愈合需要通过第二期愈合。兽医必须清楚判断皮肤伤口下的肌肉和关节损伤情况。必须采用液体和非甾体抗炎药物(如氟尼辛葡甲胺,静脉注射 1～2 mg/kg)的灌洗疗法治疗外伤。

骨折

小反刍动物骨折的特征是严重的肢体无法承重和跛行。彻底体格检查动物以便排除包括化脓性关节炎、关节脱臼以及腐蹄病等其他致跛的因素。触诊骨折部位能够快速检测骨折碎裂情况。特别注意不完全骨折或者旁弯骨折因为没有严重的跛行表现,可能会延误治疗时间。临床兽医应当正确评估不完全骨折的发生概率,因其会造成严重骨粉碎,使得病情反复,影响愈合。考虑经济条件,X 射线检查实施起来比较困难。然而在条件允许的情况下,治疗前后的 X 射线检查都能够增加治愈的成功率。

常见骨折类型为掌骨和跖骨骨折[2]。此类骨折采用石膏进行治疗。掌骨末梢和跖骨骨折通常使用下肢石膏具有良好治疗效果,用石膏包裹脚部并且由近端延伸到远端的腕骨和跗关节。近端或者粉碎性掌骨和跖骨骨折需要采用全肢石膏外加钢钉和螺丝钉对骨折部分适当固定并且防止断裂。

许多腕骨或者跗骨骨折同样需要进行全肢石膏治疗[2]。然而,这些骨折常常伴随关节感染,以及高发病率的化脓性关节炎。化脓性关节炎需要在石膏上开孔进行更高剂量的抗生素治疗以及局部治疗。采用此种治疗方法的常见并发症为"开窗水肿"。石膏开窗的切口应当完整平滑。治疗期间,窗口上覆盖胶带以最大化降低水肿发生率。腕骨和跗骨骨折伴随化脓性关节炎的治疗非常困难。骨折部位痊愈之后也常常伴随关节僵硬的情况[3]。

桡骨骨折必须按情况评估以确定治疗的最佳方案。桡骨远端骨折需要全肢石膏治疗。桡骨近端骨折可以使用固定器、穿刺石膏或者改良的托马斯夹板,愈合效果更好。对于新生幼畜,使用夹板 2～4 周治疗的效果较好[4]。一些桡骨骨折最好使用钢板和螺丝钉进行内固定。内固定极少需要用到,因为其经济成本在小反刍动物上过高。如果在桡骨骨折上使用夹板,必须要从地面或者球节到肘关节,甚至超过肘关节[4]。

胫骨骨折的治疗方案与桡骨骨折方案类似。对于末梢骨折需使用全肢石膏[5]。使用外固定支架治疗胫骨骨折效果较好。对于较大体型的山羊(超过 60 lb),需要使用穿刺型全肢固定石膏(图 11-3)。肱骨和股骨骨折在小反刍动物中发生较少[2]。肱骨骨折一般休息静养即可恢复。而四肢末端常常发生腕骨痉挛,致使动物骨折愈合不理想。股骨骨折需要采用改良埃默吊索法(Ehmer sling)(采用绷带以 8 字形缠绕后肢)将后肢屈曲悬吊至下腹部,避免承重。该方法花费较少,对年幼或者体重较轻的动物较有效[4]。肱骨和股骨骨折使用钢板、螺丝钉和髓内针的内固定法治疗,愈合效果更好。内固定类型取决于骨折的复杂性和兽医经验。考虑经济因素,一般较多地使用髓内针进行治疗。

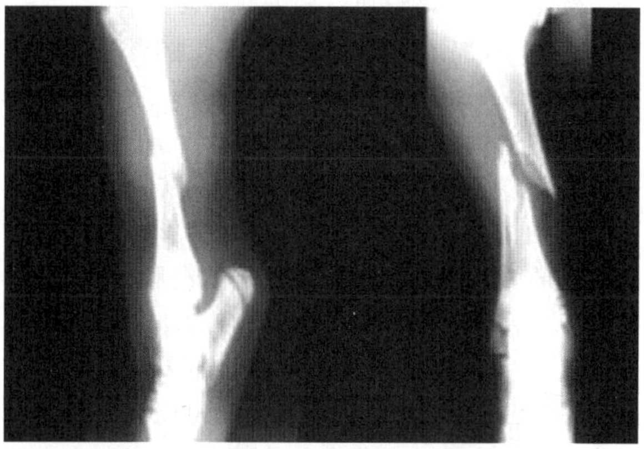

图 11-3 杂种山羊的胫骨中间斜向骨折的侧面和背面 X 线片。根据动物的体重,该类型骨折采用外固定支架或者贯穿型石膏进行治疗。

其他部位的骨折如肩胛骨和骨盆在犬中较为常见。小反刍动物一般易于进行整形术,因为它们体型相对小并且余下的四肢可以用于帮助治疗。骨盆和肩胛骨的愈合一般需要 3～6 周[4]。在动物治疗过程中,对于罕见的小反刍动物外伤,兽医需要依据小动物整形术的相关原则和经济成本来制定适合的治疗方案。

小反刍动物的下颌骨骨折一般是由于大型动物,如马、牛的踢打,或栅栏内有喙动物以及其他物体的撞击造成。踢伤能够导致多处骨折,兽医需要参考小动物的解剖结构确定是否需要夹板、钢丝以及钢钉进行手术固定。外固定支架能够治疗下颌骨骨折。在实践中,将皮质骨螺钉通过手术切口置于下颌骨内,骨螺钉可突出皮肤 2～4 cm。之后,使用丙烯酸填充骨螺钉头,作为外固定支架连接部分。在下颌骨,皮质骨螺钉比皮质钢钉的稳定性更好,而且相较于传统的连接杆,采用丙烯酸能够更灵活地放置皮质骨螺钉。吻部的骨折大多数影响牙齿和软组织,很少影响骨头。常常直接引起牙齿脱落。因此,兽医会清理该损伤部位,配合抗生素治疗,同时调整动物饮食。如果吻部骨折发生在门牙和颊齿，采用固定线从吻侧下颌骨到颊齿进行固定[6,7]。该类型骨折的动物需要灌服或者肠外营养支持（见第 2 章）。许多动物可以饲喂湿的颗粒饲料。

极少数情况下，需要对趾头和腿进行截肢以治疗细菌感染、骨折以及脱臼。截肢手术需要配合麻醉药、镇静剂或者局部麻醉进行（见第 18 章）。趾头截断的手术前，手术位置需要进行无菌处理，球节近端置止血带。环形皮肤切除需要在冠状垫的近端。然后垂直于环形切口的方向做 2 个切口（一个背部，一个掌部或趾部）形成皮瓣，利于丝线结扎。建议设计一个切口在受影响趾头的远端，垂直于冠状垫以创造倒 T 形切口。倒 T 形切口的两个皮瓣可以去除以便于丝线的交叉。应该以一定角度从趾骨近端的末梢截断（图 11-4，另见彩插），同时去除所有的关节软骨和指关节近端的滑膜，趾间交叉韧带置于左侧，维持球节稳定。手术结束后，修整倒 T 形切口的皮瓣以减少死腔。如果是为了治疗骨折和脱臼，截断的位点可以完全封闭。如果是由感染引起的化脓性关节炎和骨髓炎，临床医生需要考虑采用局部封闭以建立引流促进恢复。无论采用何种封闭方式，移除止血带前，脚部要缠绕绷带止血。绷带必须经常更换直到伤口愈合。应考虑使用广谱抗生素（四环素，每日 2 次静脉注射或者肌肉注射10 mg/kg 或者每日 1 次注射 20 mg/kg，每 48 h 1 次）和抗炎药物。

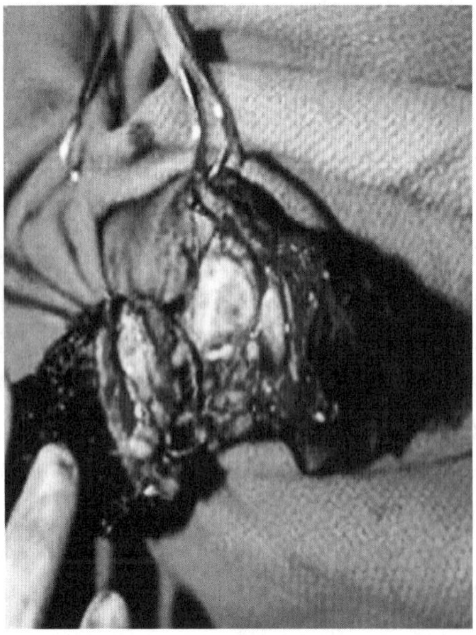

图 11-4　山羊截指（趾）的手术照片。切除的指（趾）位于左侧，图的正中央是 P1 有角度的切除末端。皮肤边缘经过修剪和局部封闭以实现引流。

实施截肢前，兽医需要与饲养管理者详细交流以评估手术后动物的运动情况、生存环境以及饲养管理情况。在此基础上，兽医还需要评估年龄和体重对手术效果的影响。为了防止创伤对四肢残余部位的影响，截肢手术一般从肱骨中间和股骨中间切除。实践中，骆驼科动物的后肢截断手术即使不遵从该原则也能获得较好的治疗效果。跗关节下方的截断通过对残肢处理，可以恢复身体正常高度。该方法采用绷带和防护靴以避免跗关节在创伤中受到影响。然而，小反刍动物后肢末端截肢时，兽医需斟酌使用。一旦确定截断位置，其他小动物上采用的类似技术也可应用到绵羊和山羊的截肢手术中。

石膏

如本章开头讨论的，石膏是治疗骨折的主要手段。临床兽医制作石膏前需去除全部有机杂物以确保腿部干净。棉花或者纱布海绵置于趾间，避免打石膏后趾间皮肤皱缩。整形毛毡或者纱布海绵应置于悬蹄之上作为填充。在绷带上剪出小洞伸出悬蹄。此举是为了防止石膏对悬蹄的压迫导致皮肤脱落或者悬蹄脱落。兽医采用双层弹力绷带包扎，并且放置整形毛毡在患肢的石膏末端。建议毛毡放在两层弹力绷带间，在制作石膏过程中，当毛毡被卷起时，弹力绷带能够固定毛毡避免错位。其他治疗方案可考虑放置毛毡在弹力绷带下方。填充物的选择依据兽医经验，但是需考虑多数绵羊和山羊体型相对较小，石膏不能过重或者庞大。有研究者认为棉花、整形毛毡和弹力绷带之上不用填充，以防止制作石膏之后引起皮肤溃烂。对于被毛长的动物，其被毛也可以作为优质填充物[4]。额外填充物仅适用于非常年幼的动物，因为在打石膏过程中，其身体会快速生长，并且更容易形成石膏疮。

有时，可以采用高分子石膏代替纯石膏，因为高分子石膏能够增加韧性、减轻重量、缩短干燥时间。蹄部也需要包裹在石膏里。临床医生在制作石膏过程中应当避免褶皱（会引起石膏疮）以及尽量及时制作完石膏，使得所有石膏层结合为一个整体，避免多层的薄片。石膏如果以多层的薄片成型，容易破碎。石膏最外层应当有覆盖物保护。石膏外侧保护包括胶带、内附橡胶圈的胶带、丙烯酸蹄形垫。覆盖物的选择不重要，只要能够防止石膏磨损后蹄部暴露即可。

时刻观察石膏处理的动物，以便第一时间排除并发症。当有临床症状如发热、食欲不振、石膏部位肢体跛行、石膏近端肿大等情况出现时，考虑可能为石膏的并发症。每天对石膏部位进行触诊，以检查任何可能形成石膏疮的发热部位。然而，一些石膏区域(如伤口上方或骨头突出处)正常情况下就比其他区域温度高。因此，每天检查石膏同一区域温度的相对变化比检查石膏不同部位温度的变化更重要。弹力绷带上方采用高分子石膏，能够使伤口或者石膏溃烂处的渗出液通过分子空隙排出。如果环境过于潮湿，在渗出液流出时，可以看到苍蝇集中在渗出口附近徘徊。渗出口部位的温度也相对较高。

也有病例，当仅用石膏无法维持较好稳定时，需要采用穿刺型钢钉增加稳定[2]。当石膏无法使用时，采用穿刺型钢钉固定近端的骨折。如果体重重量没有从肢体末端转移至钢钉处，一些粉碎性末端骨折部位将进一步加重[8]。制作后肢石膏时，可以仅仅使用镇静和脊椎麻醉，但是制作穿刺型石膏时却必须进行全身麻醉。钢针直径和插入部位的确定需要结合动物大小、骨头直径以及骨折类型。穿刺型钢针在无菌条件下，从穿刺口植入。X 射线检查在钢针植入时很有用。然而，也有仅凭触诊、成功植入钢针的案例。抗菌药膏，如氧化锌碘仿药膏(Zipp)或者新霉素-多黏菌素 B，需要涂抹在钢针植入处的皮肤上，然后覆盖一层纱布海绵。四肢按照前面的叙述进行绷带悬挂处理。Zipp 药膏的抗菌效果能够持续 2 周，其配方见框 11-1。

临床兽医在弹力绷带上剪洞以放置钢钉，同时剪短钢钉至石膏表面突出 1～1.5 cm。皮质钢钉末端应当突出石膏表面，或被石膏包裹。当石膏制备完或者变硬时，要用丙烯酸或者棉花和胶带覆盖钢钉末端，以防病灶处肢体的再次损伤。当骨折恢复后，钢钉附近发生骨吸收，使得钢钉松动。去除钢钉既不需要特殊仪器也不需要麻醉。

外固定支架

在简单石膏或者穿刺型石膏中，选择外固定支架更有利于桡骨和胫骨骨折的恢复。无论传统固定支架还是改良后利用石膏材料配合穿刺型钢钉的固定支架，都对小反刍动物具有较好治疗效果。传统的小动物外固定技术适用于绵羊和山羊[9]。标准的平滑髓内针适用于外固定，但是临床医生更倾向于使用穿刺型钢针提供额外的稳定性。一个适用于治疗小牛胫骨骨折的改良固定法相比较传统的外固定法技术难度更低[10]，并且植入钢钉的位置更多样。该技术不仅对于胫骨骨折有效，同时也对其他骨折有参考价值。该技术必须达到无菌操作要求，对将要进行手术的动物进行麻醉(见第 18 章)。骨折部位的近端至少需要 2 个钢钉，而远端也需要 2 个钢钉。钢钉通过穿刺切口植入，由皮肤外侧到内侧(Ⅱ型钢钉)。该技术最大的好处在于只需要单根Ⅰ型钢钉从背侧插入即可。Ⅰ型钢钉从一侧皮肤表面贯穿骨皮质层，无须通过末端软组织和皮肤。无须第二根Ⅰ型钢钉，因为石膏本身可连接和固定所有钢钉。这种内部固定法在无法植入两根Ⅱ型钢钉的骨折情况时(无论近端还是远端)，具有非常大的优势。钢钉按照之前的穿刺型石膏制作方法，包裹入石膏中，患肢局部需要使用抗菌药膏。相较于普通石膏，该方案需较多填充物。棉花或其他填充物需缠绕于整个胫骨。无须弹力绷带或塑形毛毡。高分子石膏覆盖全部胫骨并且包裹钢钉，同穿刺型石膏的制作方法类似。石膏完全硬化之后，需要去除末端第 3 节石膏的 1/4，剪掉患肢末端的垫料。此改良方法保证腓肠肌运动顺畅。有时，石膏背面远端也要修整以便维持肘关节的屈曲。一些患畜需要夹板或者绷带包裹球节以利于脚面支撑体重。多数患畜在 48～72 h 后可完全恢复行走。年幼动物需要调整治疗方案避免对侧肢的补偿性跗骨内翻。该技术相较于传统方法，难度较低的同时增加钢钉植入灵活性。钢钉末端需按照穿刺型石膏制作方法处理[10]。

框 11-1 Zipp 组分*

氧化锌:4 份
碘仿:4 份
矿物油:4 份

* Zipp 配方能够应用于石膏下方，维持抗菌效果长达 2 周。如果仅使用氧化锌药膏，则无须矿物油，药膏通过氧化锌和氯仿等比例配制(每类成分 30 mL)。

夹板

夹板一般用于小反刍动物的骨骼肌肉治疗。然而，兽医在使用夹板时需要进行选择。许多兽医更习惯采用打石膏和外固定支架的治疗方案。许多小反刍动物由于使用夹板治疗产生畸形愈合或者愈合延迟，而被送到转诊中心。因此，在治疗初期应该选择其他方案以实现更稳定地固定骨折部位。如果治疗者的夹板治疗技术过硬，在某些病例中仍可使用。紧急情况下，PVC 管或其他材料可用于临时夹板[7]。

勺状夹板是将石膏材料进行批量化组装和塑形，最适合于肢体末梢的旁弯骨折。勺状夹板能够避免骨折部位的再次粉碎性骨折。另外，使用勺状夹板能够避免动物患肢因为长时间的未承重，腕骨弯曲产生肢体痉挛。运用此项技术，绷带填充物置于患肢下，夹板紧贴绷带，采用胶带固定。

另一种偶尔在小反刍动物中使用的夹板叫作牵引夹板，通常指 Schroeder-Thomas 夹板（图 11-5）。此类型夹板通常由铝棒和圆环构成，圆环能够安装在动物腋窝和腹股沟处，通过铝棒连接至患肢远端的掌侧和趾侧进行固定。夹板的形状各异，与肢体各部分结构一样，使用时需要结合实际的固定需求进行选择。牵引通过使用胶带固定脚部到远端夹板或者通过蹄壁安装钢丝线。在安装患肢的夹板时，在患肢下放置柔软的绷带。通常使用胶带包裹整个患肢和远端夹板[11]。

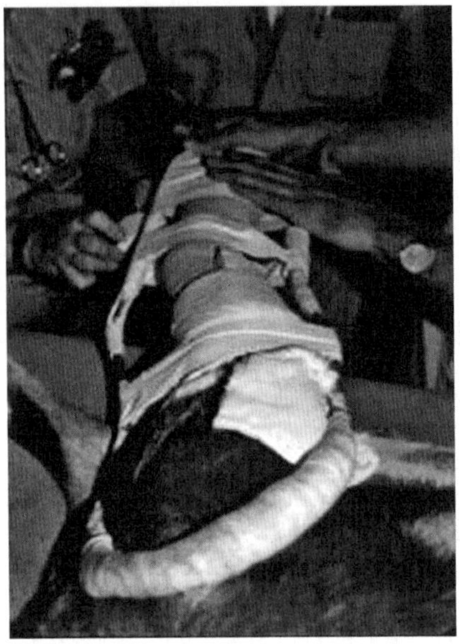

图 11-5 Schroeder-Thomas 夹板应用于 1 岁龄杂交品种山羊前肢的图片。注意患肢上的绷带和填充物以及固定患肢与夹板的首层胶带放置的方式。

参考文献

[1] US Department of Agriculture: *Sheep and lamb predator death loss in the United States*, 2004, Fort Collins, Colo, 2007, USDA: APHIS: VS: CEAH, National Animal Health Monitoring System.

[2] Kaneps AJ: Orthopedic conditions of small ruminants, *Vet Clin North Am Adv Rumin Orthop* 12:211, 1996.

[3] Nyack B, Padmore CL, White M: External fixation of carpal and metacarpal fractures in a goat, *Bovine Pract* 3:23, 1982.

[4] Smith MC: Practice tips for small ruminant veterinarians. *Proceedings of the 69th annual Western Veterinary Conference*, Las Vegas, Nev, 1998.

[5] Mbiuki SM, Byagagaire SD: Full limb casting: a treatment for tibial fractures in calves and goats, *Vet Med* 79:243, 1984.

[6] Monin T: Tension band repair of equine mandibular fractures, *J Eq Med Surg* 1:325, 1977.

[7] DeBowes RM: *Equine fracture repair*, Philadelphia, 1996, WB Saunders.

[8] Nunamaker DM, et al: A new skeletal fixation device that allows immediate full weight bearing application in the horse, *Vet Surg* 15:345, 1986.

[9] Egger EL, Greenwood KM: *Textbook of small animal surgery*, Philadelphia, 1985, WB Saunders.

[10] St-Jean G, Clem MF, DeBowes RM: Transfixation pinning and casting of tibial fractures in calves: five cases (1985-1989), *J Am Vet Med Assoc* 198: 139, 1991.

[11] Arnoczky SP, Blass CE, McCoy L: External coaptation and bandaging. In Slatter DH, editor: *Textbook of small animal surgery*, Philadelphia, 1985, WB Saunders.

传染性疾病

化脓性关节炎

关节的细菌性感染（化脓性关节炎）常发生于新生幼畜。有时，年长绵羊和山羊的膝关节穿透性损伤或者其邻近感染组织传播如腐蹄病，偶尔也会患关节感染。在新生幼畜中，化脓性关节炎常常是败血症的后遗症，是被动免疫失败的结果[1]。从绵羊羔羊身上分离出的细菌包括链球菌（*Streptococcus*）、大肠杆菌（*Escherichia coli*）、化脓隐秘杆菌（*Arcanobacterium pyogenes*，以前称化脓放线菌 *Actinomyces pyogenes*）、猪丹毒杆菌（*Erysipelothrix insidiosa*，红斑丹毒丝菌 *E. rhusiopathiae*）、溶血性巴氏杆菌（*Pasteurella haemolytica*）、假结核棒状杆菌（*Corynebacterium pseudotuberculosis*）、坏死梭形杆菌（*Fusobacterium necrophorum*）。金黄色葡萄球菌(*Staphylococcus aureus*)关节炎常伴随蜱性脓血症,该病见于 2～6 周龄绵羊羔,其患病区域有篦子硬蜱(*Ixodes ricinus*)。有报道显示,停乳链球菌(*Streptococcus dysgalactiae*)引起奶山羊关节炎,是英格兰和威尔士地区羔羊关节炎的常见致病菌。其他致病菌包括大肠杆菌、凝乳酶阳性葡萄球菌、猪丹毒杆菌、化脓隐秘杆菌[2]。16%的患关节炎羔羊同时患有脐炎。

猪丹毒杆菌多发性关节炎是一种常见于 2～6 月龄羔羊的非化脓性疾病,在新生羔羊中也有发现。一旦暴发将影响同栏内 40%的羊。此病的症状是发热、跛行以及轻微的关节肿胀。如果不及时治疗,非化脓性多发关节炎将转变为慢性关节炎[1]。

发病机理

败血症常由于关节处的血液受到感染、细菌定殖在滑膜中造成。滑膜炎表现为关节疼痛、发热、肿胀以及滑液渗出。化脓性关节炎和滑膜炎的发展会引起关节软骨和骨质损坏。细菌增殖时,炎症细胞会合成水解酶,消灭细菌的同时破坏正常软骨,导致软骨侵蚀。慢性感染阶段,临床表现包括滑膜组织增厚、关节囊纤维化以及退行性关节疾病。

临床症状

化脓性关节炎的症状为跛行和关节发热、肿胀。关节一般包括腕骨、跗骨和后膝关节。任何部位关节都会感染,包括臀、肩或肘,这些部位的感染更难诊断。关节之间会互相影响,当有一处化脓性关节炎确诊,兽医需要进行详细检查以排除多发性关节炎。跛行严重(不能承重)会导致长期卧地。患病动物常常发热和厌食。其他系统性并发疾病包括脐炎、脑膜炎、葡萄膜炎。

诊断

无菌操作采集滑膜液进行细胞培养和细胞学检查。滑膜液成分的改变与致病菌的类型和病程有关。受感染关节的滑膜液稀薄清澈(缺乏正常黏度),或者因脓性物质变得厚重黏稠。感染的滑膜液特征为脑脊液细胞和嗜中性白细胞增加(30 000～100 000 个/μL 白细胞和 75%嗜中性白细胞),以及总蛋白增加(见附录 2,表 2-9)。并非全部化脓性关节炎抽取物中都能发现细菌。采用改良型培养基或滑膜组织进行细胞培养的结果更加可靠,特别是动物之前进行过抗菌药物治疗。尽管在疾病发展初期,骨的改变并不明显,X 射线检查仍可用于评估退行性变化的严重程度。在治疗阶段,X 射线检查技术监测化脓性关节炎的病程发展更重要。X 射线检查在评估软组织病理状态时也非常有效。

治疗

治疗化脓性关节炎的主要手段是使用抗菌药和灌洗。依据致病菌(革兰阳性菌)的类型以及细菌培养结果,抗菌药能够系统性或者局部性地应用[3]。

采用无菌多离子溶剂灌洗关节能够去除炎性物质,使得动物能够缓解疼痛。关节处的皮肤需要剪开,兽医需严格遵循无菌操作。开始灌洗前,连接无菌注射器的针头(16 号或 14 号)插入患病关节的最大肿胀处,抽出液体用于细菌培养和细胞学分析。使用等渗溶液(如生理盐水、乳酸林格液)扩大关节。第二根针从关节的背侧插入关节。0.5～1 L 的溶液用于冲洗关节。关节灌洗过程中,扩张数次。关节冲洗 2～3 d,之后的冲洗频率应当基于疼痛或肿胀的程度以及关节液的细胞学检测。灌洗能够临时去除炎症因子以改善临床症状。一些病例中,关节内和关节软骨表面积累的纤维蛋白需要采用关节切开术或关节镜,进行引流和清理。关节灌洗治疗后会分泌洁净液体,但是这种改善是短时的。在灌洗之后,应当注入非刺激性抗生素。一般采用静脉注射抗生素。

一些病例中,采用局部的抗生素灌注能够辅助治疗[3]。该技术需要在患处缓慢滴入小剂量的抗生素,以维持感染区高浓度的药物。局部灌注可通过抗菌药的髓内冲洗,或者注射器在感染区远端进行静脉注射。在进行操作前,绵羊和山羊需要进行镇静处理。皮肤表面的外周静脉需要无菌处理。兽医插入针头(20 号或 21 号)进入近端血管,注射抗生素(头孢噻夫钠,1 mg/kg,或者头孢噻呋钾、青霉素钠,20 000 IU/kg)。若长期注射,在血管内插滞留针(22 号),腿部缠绕绷带维持针头稳定[4]。许多病例中,化脓性关节炎的预后较差,会伴随慢性跛行的后遗症。

预防

确保新生羔羊接受被动免疫,能够预防细菌由血液传播至关节引起败血症和化脓性关节炎。维持羔羊生活环境的干净以及正确的脐带护理,也能够预防新生羔羊败血症。

衣原体性多发性关节炎

衣原体性多发性关节炎是美国养殖场羔羊罹患的常见传染性疾病。该病在山羊中也有发现[5]。致病原因认为是鹦鹉热衣原体(*Chlamydia psittaci*)(免疫2型)亚型感染,后重新命名为兽类嗜衣原体(*Chlamydophila pecorum*)[6,7]。衣原体关节炎引起体重减轻以及增加治疗成本等经济损失。1~8月龄羔羊均会感染此病,3~5月龄羔羊受影响最多[8]。在羔羊引进后的数周内,羊群会突发此病[8]。羔羊患病率达80%,其中死亡率低于1%[7]。

发病机理

兽类嗜衣原体存在于患病动物的鼻骨内、眼部分泌物、排泄物、尿液中[8]。同一农场内,半数的羔羊排泄物中含有兽类嗜衣原体,却没有任何临床症状[6]。

临床症状

患病羔羊发热(体温高于108℉)或不愿活动,表现为盘卧或侧卧。一只或多只羔羊表现跛行以及患病关节的肿大[5,8]。同时可能患衣原体结膜炎[8-10]。如果不进行治疗,该病的病程10~14 d。大多数羔羊会自愈,但也有部分致残[5]。尸检包括关节内纤维蛋白渗出以及周围组织水肿。关节软骨受到的影响较小[5,10]。

诊断

关节液内含纤维蛋白,但未见化脓。滑液涂片的吉姆萨染色能够发现初级包涵体。衣原体分离培养需要特殊的培养基并且没有规范化的操作程序。DNA检测能够帮助流行病学检测,以鉴定不同衣原体造成的感染[11]。

对衣原体性多发性关节炎的鉴别诊断应考虑的因素包括白肌病和营养性骨营养不良。然而后两种疾病没有发热和滑液渗出病症,实验室分析就能够排除。

治疗与预防

治疗采用土霉素(皮下注射或者肌肉注射20 mg/kg,每48~72 h 1次)、红霉素(每日2~3次,3~5 mg/kg,肌肉注射)、泰乐霉素(每日2次,20 mg/kg,肌肉注射)[7]。发病早期进行治疗会加速恢复[5,10]。在疾病暴发期,跛行和发热的羔羊应当与健康羊群进行隔离,以减少传染范围。疫苗能够防止衣原体造成的流产,然而还没有研究表明是否抵抗衣原体关节炎(见第8章)。

支原体性多发性关节炎

支原体性关节炎是山羊的高致死率疾病,包括多发性关节炎、败血症以及乳腺炎。该病通常是由丝状支原体丝状亚种大菌落(MmmLC)引起的。最近重新分类为丝状支原体亚型[12]。其他类型支原体(停乳支原体、山羊支原体、腐败支原体)同样引起类似症状[13]。该支原体不同于引起牛传染性胸膜肺炎(CBPP)的丝状支原体丝状亚种小菌落(MmmSC)或丝状支原体丝状亚种牛生物型(Mmm牛生物型),CBPP是美国在1892年就根除了的疾病。绵羊在实验室中能够感染,但是在自然环境中暂未发现[14]。

支原体性关节炎属于全世界范围内传染病。在美国,大型奶山羊品种中暴发最多。据报道,山羊羔的发病率和致死率高达90%[15]。加利福尼亚州一个奶牛场曾因感染腐败支原体而造成700只山羊的损失[16]。

Mmm通常由无症状的带菌羊传染至农场中。病菌随初乳和感染母山羊的乳汁排出,哺乳被认为是山羊羔感染的主要来源[14-16]。若一次暴发,大约50%母山羊的乳中都会检测出Mmm。一些羊会断断续续无症状地传染,最终大部分动物都会发展成临床乳腺炎[17]。已证实同室舍饲的山羊羔间可水平传播,并且也有可能在成年羊中传播,特别是在挤奶间[18]。疾病常随应激而发生,包括阉割、去角、并发症、天气恶劣以及饲养密度过大[16,17,19]。

发病机理

感染导致支原体病,会产生许多全身系统疾病,包括纤维化多发性关节炎、肺炎、腹膜炎、乳腺炎、结膜炎和心包炎。如果动物没有痊愈,支原体会潜伏在眼部、鼻分泌物以及乳中[20]。

临床症状

3~8周龄的小山羊最易患病,其他年龄段动物也会患病。临床症状包括发热、关节发热肿胀、乳腺炎、跛行、结膜炎、体重减轻以及肺炎。据报道,小山羊有3种并发症。急性病会在12~24 h内发热并死亡。第二类症状表现为脑部疾病(角弓反张),在24~72 h内死亡。第三类症状为发热、关节肿胀、跛行、斜靠以及肺炎。许多具有第三类病症的山羊在几天内死亡，但是也有经过几周后痊愈的[15]。成年母山羊会发展成急性乳腺炎，在 1～3 d 后死亡。即使痊愈也有可能患乳房纤维化以及 Mmm 在内脏的暂时潜伏。关节炎好发于小山羊中。腐败支原体感染的症状是无发热症状的乳腺炎和严重跛行[16]。

诊断

实验室检测发现白细胞增多、中性粒细胞增多、血纤维蛋白过多。急性病例的嗜中性白细胞低下。滑液中，中性粒细胞及纤维蛋白原增多。支原体培养需要特殊的培养基。

患病动物尸检发现化脓性多发性关节炎、骨髓炎、纤维化胸膜炎、肺炎、腹膜炎、脑膜炎和心包炎[15,17,19]。易患病关节包括腕关节、膝关节、踝关节、股关节、肘关节。关节液化脓，纤维蛋白增多。关节囊增厚，伴随关节软骨侵蚀。Mmm 可以在滑液及内脏组织中生长繁殖[17]。

治疗

多数病例中，采用抗生素治疗无法完全消除感染。动物病情缓解之后会复发。泰乐菌素是常用抗生素（每日 3 次，10～50 mg/kg），但是效果不稳定[20]。抗生素的效果受到菌株类型的影响，一项体外试验表明，泰乐菌素、红霉素、土霉素、恩诺沙星或许有效。美国食品与药物管理局禁止使用恩诺沙星[21]。

预防

对于山羊羔，有效的预防措施包括饲喂热处理的初乳或者巴氏消毒的羊奶。成年羊通过乳汁的培养鉴定，剔除携带者或者隔离患病动物进行无感染乳的饲喂。个体和奶罐内的奶样应该定期进行体外培养，以鉴定新患病动物或者间断发病的动物，饲喂初乳之前应该进行培养鉴定。目前，禁止使用疫苗（见第 15 章）。

骨髓炎

骨组织感染通常是由于血液传播病原体或覆盖于骨的软组织创伤造成的。软组织损伤的原因可能包括急性损伤（创伤或者手术损伤）或者卧躺动物的褥疮。当健康动物在坚硬粗糙的地面饲养，正常趴卧有时也会造成组织损伤。感染骨组织的致病菌包括棒状杆菌、化脓隐秘杆菌、马红球菌[22]和大肠杆菌。

临床症状

跛行、触诊疼痛以及患处肿胀是骨髓炎的常见临床症状。严重的跛行会引起斜躺。脊椎的感染可能产生脊柱功能失调[7]。

诊断

通常在感染 10～14 d 之后，X 射线检查能够发现明显差异。一旦出现感染，会发现一系列的细胞凋亡和增殖。坏死骨和骨片的组织碎片也能见到。如果骨髓炎引发外科感染，伤口处的组织通常裂开，周边皮肤发炎或血管破裂。可以抽取伤口渗出液进行培养。实验室检测显示白细胞增多、白细胞减少或者血源纤维蛋白增多。

骨组织未感染的创伤应该考虑不同治疗方案。单一创伤的病例，只有软组织炎症，没有骨质的 X 射线结构改变。细胞凋亡和细胞增殖在 X 射线检查下，观察类似于瘤形成。如果骨细胞凋亡加重，骨髓炎会造成患病动物容易发生骨折。该情况需要同肿瘤造成的骨折、组织感染或组织增生造成的骨折加以区别。

治疗与预防

时刻监测预后情况。单独的抗菌治疗方案很少成功，因为抗菌剂对感染骨组织的渗透性差。感染组织的外科清创术属于重要的治疗手段。抗生素，特别是用于病原菌培养和敏感性试验，在清创手术后必须维持用药数周。抗生素局部灌注可用于治疗骨髓炎。某些病例中，截肢是治疗感染动物的唯一手段。随着感染的程度变化，控制感染的成功率也不同。控制饲养环境可能是预防动物创伤的最重要手段。任何手术或者接近骨组织的手术都应严格遵守无菌操作，以减少手术感染。

山羊关节炎-脑炎

山羊关节炎-脑炎（CAE）是由非致癌的逆转录病毒引起的山羊多系统慢性疾病。山羊关节炎-脑炎病毒（CAEV）的感染广泛存在，慢性多发性关节炎是最普遍的临床表现[23]。CAEV 与引起绵羊进行性肺炎（OPP）和梅迪-维斯纳病[24]的病毒并称为小反刍动物慢病毒（SRLVs）。系统发育分析鉴定 4 条序列，命名从 A 到 D，以及一些 SRLVs 亚型。一些病毒亚型同时出现在绵羊和山羊中，表明 SRLVs

能够在物种间水平转移[25]。

山羊 CAEV 的血清阳性率在美国、加拿大和欧洲介于 38%～81%[23,26,27]。而在英国、澳大利亚和发展中国家常常低于 10%[28]。临床关节炎在血清阳性动物中不超过 25%，但是在一些羊群中会升高[23,27]。其他临床症状还未发现。传染通过患病动物的巨噬细胞经体液传播给未患病动物。最有效的传染途径是由初乳或者常乳将致病的病毒由母体传递到幼畜[29]。初乳中抗病毒抗体的产生起不到保护作用。饲喂未巴氏消毒的乳会增加感染的风险[26,27]。

CAEV 的水平传播也很普遍[29-31]。当未患病山羊与患病山羊共同饲养一段时间，会有显著的血清抗体增加[29]。与感染的母山羊一起挤奶时，未感染的母山羊很容易血清抗体增高，推测可能是挤奶过程中发生病毒的水平传播[29]。具有临床症状的动物，也可能通过生殖道传播病毒[32]。在分娩前和分娩中，病毒都有可能由母畜传染给后代[30]。没有证据显示该病毒通过媒介昆虫传播。医源性传播（去角器械或者针头）同样可能发生。从污染的环境中传播病毒的可能性非常低[31,32]。

发病机理

CAEV 是慢病毒家族的单链核糖核酸（RNA）病毒，其复制是通过反转录酶合成 DNA，并且可能整合至宿主的基因组中。CAEV 能够感染单核细胞、巨噬细胞，尽管宿主产生抗体，仍然诱导持续型（终身）感染。“复制暂停”机制允许病毒潜伏在宿主的单核细胞并且不被免疫系统察觉。病毒存活的可能机理包括 DNA 前病毒的潜伏感染、组织的单核细胞分化巨噬细胞时的病毒复制、抗体的低水平、病毒 env 基因的突变。病毒定位在滑膜、肺、中枢神经系统以及乳腺的巨噬细胞中。起初病毒快速增殖，诱导强烈的免疫应答，能够减少病毒但无法完全消灭。病毒感染的巨噬细胞更容易激活并且诱导淋巴细胞和巨噬细胞的增殖。淋巴细胞增殖是 CAEV 感染的显著病理学标记。

CAEV 最重要的靶组织包括关节、乳腺、肺和大脑。在这些靶位点处，CAEV 通过激活宿主的免疫应答来诱导慢性炎症。病毒能够合成各种抗原来躲避宿主的免疫应答。CAEV 常常从患病动物的滑液和乳液分离出来[23,29]。炎症引发的疾病能够诱导机体免疫系统对病毒的应答。感染的巨噬细胞表达类似于主要组织相容复合物（MHC）抗原，能够被 T 淋巴细胞识别以及刺激细胞因子产生。山羊通常在 2～8 周内产生血清抗体，但是也有长期的临床潜伏（终身）报道。

临床症状

CAEV 能够引起身体多个系统的慢性疾病；然而，大多数患病动物仍然无临床症状。据报道，目前有 CAEV 感染山羊的四种临床症状，包括关节炎、脑脊髓炎、间质性肺炎和乳腺炎。

慢性退行性关节炎在大于 6 月龄的山羊中有发现，常常伴随一侧或者双侧腕关节肿大。时而也有跗关节、膝关节、髋关节和踝关节的关节炎，但是很少被临床诊断出来。在发病初期，关节肿大情况或增加或减少，极少发生跛行，但是也有动物会突发跛行。病程时间差异较大，有些患病动物在几年之内恶化，但是也有患病动物几年内病情都很稳定[23]。病情发展过程中，动物会变瘸、斜躺或者乏力。寰枕和棘突有囊液渗出。许多病例中，关节的 X 射线检查首先会发现软组织肿胀以及关节周围结构钙化。滑液中蛋白浓度减少以及 90% 的单核细胞数量增加，特别是淋巴细胞[23]。尸检常常揭示许多关节和腕骨的病理改变。关节囊增厚，伴随关节周围矿化，而关节软骨常常未受损伤。组织病理学检查表明有淋巴细胞、巨噬细胞和血细胞渗出，会造成慢性滑膜炎。

诊断

某些案例中，血液生化检测没有异常发现，但是伴随轻微贫血[23]。日常诊断基于血清学检测，但是由于缺乏判断感染的“金标准”，血清学检测的敏感性和特异性意义不大。琼脂糖免疫扩散（AGID）检测由于检测成本低和检测速度快而应用广泛。该方法具有较好的特异性和灵敏性。酶联免疫吸附试验（ELISA）是另外一种适用于筛查的检测，并且比 AGID 检测更灵敏[33]。聚合酶链式反应（PCR）能够检测血液、乳液和组织中病毒的蛋白质；然而，低病毒载量和病毒高度可变性限制了 PCR 检测在临床上的应用[34]。分离病毒需要 3～4 周并且 PCR 检测的特异性比较低。

抗体阳性检测能够用于临床症状显著的个体检测，但是对于许多多年无临床症状的动物，检测效果较差。在感染数月之后，都可能不产生血清抗体。因此，疾病初期，可能出现假阳性的结果。在血清检测阳性的动物身上也可能出现间断的 AGID

检测阴性结果[35]。

治疗

目前该病还没有特异的治疗方法。患病动物可能会成为感染其他动物的传染源，并且一段时间后，症状还会加剧。大多数有临床症状的动物，包括跛行、斜躺、减重或者产能下降，最终都被剔除或者安乐死。患病山羊的维持疗法包含饲养管理和提供高质量、易消化、易获得的饲料。患关节炎的山羊需要定期的足部护理，采取非甾体抗炎药治疗方案（苯基丁氮酮，4 mg/kg 或者口服阿司匹林，100 mg/kg，每日 2 次），提高饲养管理标准，采用柔软厚实的垫草以防止羔羊受伤。退行性关节炎的治疗方案也可能有益于该疾病恢复（见后文）。

预防

用福尔马林灭活佐剂中的病毒诱导对 CAEV 的免疫的尝试尚未成功[36]。基因工程疫苗或重组质粒具有一些应用前景，但是仍需进一步研究[34]。

定期检测羊群以及淘汰血清阳性的动物能够彻底根除病毒。但是该方法并不常用，因为有时羊群中的感染率较高，需要淘汰的个体较多，会影响生产。

通过阻断初乳和乳液的 CAEV 传播能够显著减少 CAEV 在羊群的感染率。初生羔羊一出生就与母羊隔离以避免母羊舔舐。因为母羊舔舐的唾液和呼吸飞沫也会造成 CAEV 传播[31,32]。初生山羊应当与年长动物隔离，饲喂 56℃（133℉）热处理 1 h 的初乳。在该温度下，病毒失活但是其免疫球蛋白仍然完整[32]。初生山羊隔离之后，饲喂巴氏消毒（74℃即 165℉，15 s）的山羊奶、牛奶或者代乳品。至少每 6 个月应对羔羊进行 CAEV 检测，检测结果阳性的动物需要淘汰。相较于饲喂未巴氏消毒奶的山羊，饲喂巴氏消毒奶的山羊很少发生血清抗体阳性。然而，通过水平传播患病的情况也存在[26,27]。CAEV 的接触传播能够在山羊任何年龄段发现，尽管接触传播的机理尚未报道。病毒在饲养期或者怀孕期（经胎盘）的传播途径不同。在乳用羊品种中，CAEV 感染的母羊最终需要挤奶。新入群动物需要在到达后的 60 d 内进行检疫和检测。如果绵羊和山羊混养，应当采取 OPP 检测或其他检疫检测，以避免物种交叉感染。

在血清阳性和阴性的动物间使用的设备，应当经过包括酚类和季铵盐组分的化学消毒。羊群完全清除 CAEV 而不淘汰血清阳性山羊几乎不可能。然而，无菌技术能够避免由针头和设备造成的医源性转播。可以采用墙壁或者 2 m 宽的深沟来隔离血清阳性动物与血清阴性动物[32]。

绵羊进行性肺炎

绵羊进行性肺炎（OPP）是一种由非致癌逆转录病毒引起的绵羊慢性疾病。该病毒易感的组织包括肺、乳房，偶尔涉及关节。OPP 的致病病毒为 OPPV，类似于梅迪-维斯纳病毒，也与 CAEV 密切相关。OPPV 引起的绵羊关节炎与 CAEV 引起的山羊关节炎非常相似。这些病毒统称为小反刍动物慢病毒（SRLVs）。绵羊交叉感染 CAEV 和山羊交叉感染 OPPV 的情况较少，但是也有报道[25]。慢病毒诱导持续（终身）感染并且通过整合 DNA 到宿主基因组维持病毒复制（见第 7 章、第 13 章和第16 章）。

临床症状

大部分绵羊感染 OPPV 是无症状的。通常在感染数年后会表现临床病症，涉及身体的单个或者多个系统。肺和乳房是常见感染组织，但是慢性关节炎也与 OPPV 感染有关[37-39]。有些绵羊最主要的临床症状是跛行，可能同时感染身体其他系统，主要是肺和乳房[37,38]。

由于 OPP 长潜伏期的特征，临床症状一般在羊成年后才发现。缓慢的进行性关节肿大、跛行以及体重减轻、食欲还算正常是典型的 OPPV 感染骨骼肌的表现。腕关节感染较多，跗骨感染较少[38-40]。患病关节的检查发现软组织肿胀[37,38]。X 射线检测发现软组织钙化和临近的骨细胞增殖[37]。绵羊常常在表现临床症状的 1 年内死亡[39]。尸检发现关节的严重退行性变化，关节囊纤维化、滑膜增生、关节软骨磨损。组织学检测发现非化脓性淋巴渗透[39]。OPPV 能够从患病关节的滑液中分离获得[38]。关节病理变化与山羊感染 CAEV 非常相似[38]。可能的致病原因包括支原体病、衣原体性关节炎和蹄叶炎。

诊断

血清学检测用于诊断 OPPV 感染。琼脂免疫扩散（AGID）试验和 ELISAs 被广泛用于确诊 OPP，因为其快速、廉价、特异性高和灵敏性强。病毒分离和病毒核酸检测同样可以用于确诊OPPV 感染，但是这些方法花费较高并且很少用于临床病例的检测。

因为 OPPV 感染是终身的,抗体存在能够证明感染 OPPV,除了 OPPV 阳性母体通过抗体的被动传递到新生幼畜的病例(即使在此种情况下,羔羊仍有可能通过摄入患病母羊的初乳和乳汁而被感染)[41]。大量患病动物是无症状的,临床兽医应当在 OPP 临床症状发现前排除其他疾病。显然,阴性测试结果帮助排除感染的可能。假阳性结果包括早期感染(感染数月后可能不会产生血清抗体)以及极少在疾病发展过程中的血清恢复。

治疗

没有针对 OPPV 感染的特殊治疗手段。抗炎药物的保守治疗在某些病例中可以考虑;然而,患病动物也可能成为感染源(见第 7 章、第 13 章和第 16 章)。

预防

检测和隔离方法与 CAE 的处理类似,能够降低羊群 OPP 的发生。

莱姆病

莱姆病是由伯氏疏螺旋体引起的多系统感染病。啮齿类动物如美国东部的主要宿主白足鼠和大型哺乳动物包括鹿、人、牛、马和羊都会感染由硬蜱属的硬蜱传播的螺旋体。

临床症状

人类和犬的常见临床症状包括关节炎、皮疹、神经炎、脑膜炎和心脏病。关节炎、流产、产奶量不足和蹄叶炎都与感染牛伯氏疏螺旋体有关[42]。在绵羊或山羊中很少有莱姆病报道。尽管如此,即使患病动物没有分离出伯氏疏螺旋体,伯氏疏螺旋体也被认为是羔羊关节炎的致病原因之一[43]。一项对 9 个苏格兰农场的羊血清检测研究显示,尽管没有临床疾病的报告,但 40%的 1 岁母羊血清反应呈阳性。篦子硬蜱在这些农场中均有发现[44]。试验感染的羔羊没有患病的临床症状[45]。

诊断

理想状况下,临床诊断依据伯氏疏螺旋体的培养鉴定、PCR 检测或其他技术,但伯氏疏螺旋体很难培养,并且没有其他技术可以使用。血清学检查常用于疾病诊断,但没有临床症状的情况下,血清阳性率高会造成误诊。通常,在疾病流行区,临床诊断是根据临床症状,排除其他致病因素以及制定治疗方案。

治疗

反刍动物莱姆病最佳治疗方案尚未建立。一个典型的治疗准则是长期(2～4 周)使用土霉素、头孢噻呋或者青霉素。疾病的预防主要依赖于使用杀虫剂消灭硬蜱。犬用的疫苗已经开发出,但是在大动物上还未研发出疫苗。

梭菌性肌坏死(黑腿病)

梭菌性肌坏死(黑腿病)是由厌氧孢子菌气肿疽梭菌引起的高致死肌肉感染。其他梭菌种(主要是败毒梭菌和诺维梭菌)已经从牛黑腿上分离出,能够单独存在或者与气肿疽梭菌共存。该病在牛中非常普遍,但绵羊也受到影响。绵羊比山羊更易患此病[46]。

梭菌性肌坏死不具有传染性但是常常在绵羊中大规模暴发,因为致病因素会同时影响许多动物。感染通常与阉割、去角、断尾、剪毛、难产或注射等造成的伤口有关[47]。任何年龄段的动物,包括胎羊都可能受到影响[48]。死亡率接近 100%。气肿疽梭菌在土壤中无处不在,并且通常在胃肠道系统中发现。牛中该病的暴发与受洪水和大量降雨影响的土壤有关[49]。

发病机理

在牛中,多数黑腿病病例的增加是当内源性梭状芽孢通过胃肠道吸收后,定殖在组织中,开始增殖并产生毒素时。尽管遗留的钝性创伤(可能会造成缺氧环境,有利于肌肉的梭菌生长)很常见,但是患病动物的皮肤上通常不会有伤口。相反的,绵羊的梭菌性肌炎通常是在受到外界环境的芽孢感染后发生。有活力的梭菌能够释放毒素,诱导严重的坏死性肌炎,紧接着是全身性毒血症和死亡。在羔羊中,已经有梭菌性心肌炎的报道[47]。

临床症状

梭菌性肌坏死发展非常迅速,患病动物常常在发现时已经濒死或者死亡。早期观察到的系统症状包括发热、厌食症和抑郁。局部症状取决于感染部位。如果伤口感染,立即会发现严重的肿胀和恶臭的分泌物[48]。黑腿病几乎是致命的。

诊断

该病的诊断建立在从伤口分离的梭状芽孢杆菌、坏死的肌肉以及尸检结果的基础上。厌氧培养的样本应迅速采集，因为死亡后组织中梭状芽孢杆菌的正常增殖会干扰结果的准确性。患病肌肉材料的革兰染色能够显示大的革兰阳性菌。在肉眼检查中，受影响的肌肉比正常肌肉的颜色更深，并且有一股酸臭味。相比较牛的典型病变特点，羊的病变部位更深并且气味更小[48]。当涉及外部伤口时，明显有水肿。组织病理学检查可见肌坏死、水肿和中性粒细胞性炎症；通常可以观测到梭状芽孢杆菌。对梭状芽孢杆菌的鉴定，需要在荧光抗体检测和 PCR 检测的辅助下，因为该细菌的培养非常困难。鉴别诊断时，考虑的因素包括雷击和急性感染，如炭疽病和其他梭菌病。

治疗

大多数患畜因快速死亡而无法治疗。然而，如果在症状早期就检测出患病动物，可以采用高剂量的青霉素（44 000 IU/kg，静脉注射，每 4～6 h 一次）直到动物病情稳定。手术切除皮肤和筋膜上的感染区域也有效果。维持疗法包括静脉输液和非甾体抗炎药注射。

预防

建议接种针对气肿疽梭菌、败毒梭菌和诺维梭菌的疫苗，以减少产羔和隔离造成的损失。母羊应该接受 2 次疫苗注射，第二次在产羔前 1 个月进行。产羔前的助推器是保护母羊和新生羊羔所必需的。有文献也建议在剪毛前给年龄大的羔羊接种疫苗。接种疫苗效果尚不确定。尸体必须深埋或者焚烧，以减少对土壤的污染[48]。

肉孢子虫病

肉孢子虫是一种寄生虫，在肉食性宿主和草食性中间宿主之间循环。反刍动物的感染通常是亚临床的，但是流产、发育不良和神经肌肉疾病已经有报道[50]。临床疾病的发展取决于肉孢子虫的种类以及摄入的剂量。羊肉孢子虫（*Sarcocystis tenella*）被认为是绵羊的常见致病种类，而犬肉孢子虫（*Sarcocystis capracanis*）被认为是山羊的常见致病种类[50]。某些种类的肉孢子虫（巨型肉孢子虫 *Sarcocystis gigantea*，水母样肉孢子虫 *Sarcocystis medusiformis*）大到显微镜可见，能够导致尸体腐烂。

绵羊和山羊的感染率很高，但临床症状并不明显。一项对得克萨斯州牧场山羊的尸检发现，60％的动物体内都有微小的肉孢子虫，其中舌头是最常见的感染部位[50]。食用生肉的牧羊犬与羊群感染肉孢子虫有关。莫能菌素的使用可能导致临床疾病的发生[51]。

发病机理

终末宿主是指食肉动物通过摄食含有肉孢子虫的中间宿主的组织器官而感染寄生虫。这种寄生虫发育成孢子囊，并通过终末宿主的粪便传播。食草动物中间宿主摄食被污染的饲料或水所感染。摄入后，孢子虫由小肠黏膜进入血管内皮细胞。血管受损会导致出血和贫血。寄生虫最终进入肌肉和神经细胞，在那里形成肌肉包囊。

临床症状

羊常见的临床症状包括肌无力、共济失调和弛缓性麻痹。也有报道称出现发育不良和贫血。羔羊是易感群体。肉孢子虫感染也与绵羊的食管功能障碍有关[50]。狼源性肉孢子虫试验性感染 2 只绵羊，表现出发热、厌食和贫血；另外一只羊还表现出行为异常。在多个组织样品中发现肌肉炎症[51-53]。

山羊试验性感染山羊肉孢子虫表现出一系列临床症状。接受最小剂量感染的山羊保持临床正常状态，但接受较高剂量感染的山羊出现发热、抑郁和虚弱，许多山羊在感染后的第 1 周快速死亡。通过显微镜观察，在许多器官的动脉内皮细胞中检测到不同阶段的寄生虫。许多山羊发生心肌坏死。中枢神经系统中发现多处坏死、胶质细胞增生和血管炎，在脑和脊髓中发现肉孢子虫包囊[53]。

诊断

实验室分析发现，该病在牛上表现为再生性贫血，肌肉中的酶肌酸激酶（CK）、天冬氨酸转氨酶（AST）和乳酸脱氢酶（LDH）升高。绵羊和山羊发现类似结果。急性发病期，抗体滴度升高有助于确诊。PCR 检测技术的建立提高了诊断不同种肉孢子虫感染的能力[54]。骨骼肌或心肌的组织病理学检查表明存在肉孢子虫包囊。确诊时需要排除因其他原因引起的发热、贫血和发育不良。

治疗与预防

目前尚无获得批准的治疗方案。有报道使用氨丙啉(每日 50～100 mg/kg)或盐霉素[51]。食肉动物应远离绵羊和山羊,并尽量减少接触未煮熟的肉类或尸体,有助于控制该病。然而,禁用肉食性牧羊犬可能增加山羊被其他食肉动物捕食的损失。目前尚无有效的疫苗。

口蹄疫

口蹄疫(FMD)是反刍动物和猪的一种高传染病毒性疾病,其特征是发热和口、蹄、乳头出现小泡。牛和猪患病最严重,绵羊和山羊也敏感。口蹄疫通常在绵羊和山羊中的临床症状较温和,因此这些物种可能是暴发期间的潜在病毒源[55,56]。在 2001 年英国暴发的口蹄疫中,运输携带病毒的绵羊是导致大规模疾病传播的主要原因[57]。口蹄疫具有显著的经济影响包括生产损失和疫区动物运输的限制。口蹄疫在亚洲、非洲、南美洲和欧洲部分地区流行。北美、中美洲和澳大利亚目前没有口蹄疫[58]。口蹄疫的特点是快速的大规模暴发。除了马以外,所有动物的蹄都易受感染。发病率很高(接近 100%),但死亡率很低。大多数死亡是因为年幼动物的心肌坏死[55,56]。

口蹄疫很容易通过与患病动物的直接接触而传播;病毒颗粒的气溶胶是另一个重要感染源。破裂的囊泡、呼吸道分泌物、唾液、乳汁、尿液和精液都是病毒的来源。口蹄疫也可能通过人、动物产品、污染物,甚至风的作用传播到新的地区[59]。大多数动物在囊泡破裂后的几天内就停止病毒传播,但是长期(数周到数年)携带病毒的病例也有发现[55,56]。这种病毒可能会在环境中存活数月,并且普通消毒剂无法清除。野生偶蹄动物对口蹄疫敏感,在某种情况下,可能成为病毒的储存宿主。

发病机理

口蹄疫病毒属于口蹄疫病毒属(小核苷酸病毒科),具有 7 个血清型(O、A、C、Asia 1、SAT1、SAT2 和 SAT3)以及 60 多个不同毒性和种特异性的亚型组成[7]。口蹄疫病毒通过黏膜上皮进入动物,引发病毒血症,分布于全身的上皮部位。口腔黏膜和蹄部病变最明显。据报道,坏死性心肌炎主要影响年幼动物。由感染产生的免疫应答很短(数年),并且抗其他毒株的交叉保护力很差[7]。

临床症状

在牛中,感染口蹄疫病毒会导致发热、口腔黏膜、乳头、冠状带和脚趾间产生小泡、糜烂和溃疡。病变过程痛苦,典型临床症状包括厌食、抑郁、流涎、停止泌乳和跛行。其他如体重减轻、乳腺炎和继发性细菌感染也很常见[7]。大多数动物在 2～3 周内康复。

绵羊和山羊的临床症状通常比牛轻;然而,也有绵羊群体中该病的大规模暴发的报道。口腔病灶多为轻度以及暂时性的,蹄部病变和跛行是明显的临床特征[55,56]。如果未发现口腔病变,口蹄疫可能类似于感染性蹄部疾病。在 2001 年英国暴发的疫情中,跛行和发热是绵羊最明显的病症。在脚趾间、蹄部和冠状带上的小泡需要仔细检查才能发现,在一些病例中发现浅表的口腔糜烂,主要涉及齿垫、舌头、硬腭和嘴唇[59]。

尸检发现的病变包括口腔和蹄部的水泡、糜烂和溃疡。乳房、咽部、气管、食道、胃和肠道也可能受到影响。新生羔羊心肌常因坏死而出现苍白条纹,这种现象被称为“虎斑心”[7]。

诊断

由于该病具有长期不良影响,因此需要快速确诊。口蹄疫的临床症状与其他水疱病相似,如蓝舌病、水疱性口炎(很少在小反刍动物中暴发)、痘病毒感染和感染性蹄病。如果怀疑为口蹄疫,应立即联系州立兽医部门。发展快速的诊断方法将大大有助于口蹄疫暴发的诊断和管理。

治疗

目前尚无针对口蹄疫的专门治疗方案。抗炎药和局部敷药可用于缓解不适。

控制

无口蹄疫地区通过限制从疫区引进活畜和动物产品来维持安全。通常非疫区通过检疫和消灭患病的动物及其接触过的动物来控制疫病。在流行地区,通过接种疫苗来控制口蹄疫。理想疫苗应该包含本地的病毒株。灭活疫苗提供的免疫力时间较短(6～8 个月),并且这种疫苗仅对少数病毒株具有抵抗作用。牛通常是疫苗接种计划的重点,但同时在流行地区也建议给绵羊和山羊接种疫苗[55,56]。

退行性关节疾病

退行性关节疾病是一种复杂的生理过程，破坏关节软骨，从而使患病的动物瘫痪。跛行是动物退行性关节疾病最常见的临床症状。跛行是由于关节内正常的分解过程超过了正常的修复过程。这种关节内的失衡导致炎症，并且伴随发热、肿胀和疼痛。

小反刍动物的退行性关节疾病通常是传染性关节炎的后遗症（图 11-6）。关节处的直接创伤也会导致退行性关节疾病。宠物山羊和绵羊（尤其是老龄羊）往往会发展为退行性关节疾病，因为管理者不愿意淘汰生产力低下的个体。山羊关节炎-脑炎（CAV）会加剧病情[60]。为了弥补关节损伤造成的功能缺失，动物会发生走姿异常或者负重模式改变而给其他关节带来异常压力，从而影响其他关节。小反刍动物即使表现轻微跛行也能正常生活，因此往往当退行性关节疾病非常严重的情况下，兽医才能发现患病动物。在退行性关节疾病早期，对动物进行评估，使得临床医生能够直接处理潜在的诱因，或至少改善饲养管理条件以减缓疾病的进展。一些患病的动物拒绝行走或步态僵硬；因此许多动物的蹄部往往过度生长。

治疗

目前一些饲料补充剂和软骨保护剂可以选择。虽然在小反刍动物中没有科学验证这些药剂的有效性，但是有报道表明这些药剂可能具有作用。建议注射多磺酸黏多糖（适量）（125 mg/周，连续 4 周）。在使用软骨保护剂进行治疗之前，畜主必须考虑长期治疗的费用和管理问题。使用非甾体抗炎药（如保泰松，每日 1 次，10 mg/kg，口服，或阿司匹林，每日 2 次，100 mg/kg），提供适当的护理、保持羊群整体良好的体况评分（2～3 分）、避免肥胖都是有价值的治疗方案[60]。一些由于退行性关节疾病而严重跛行的动物，当患病的关节生长融合一段时间后，或采用手术关节融合术后，会缓解病情（图 11-7A 和 B）。

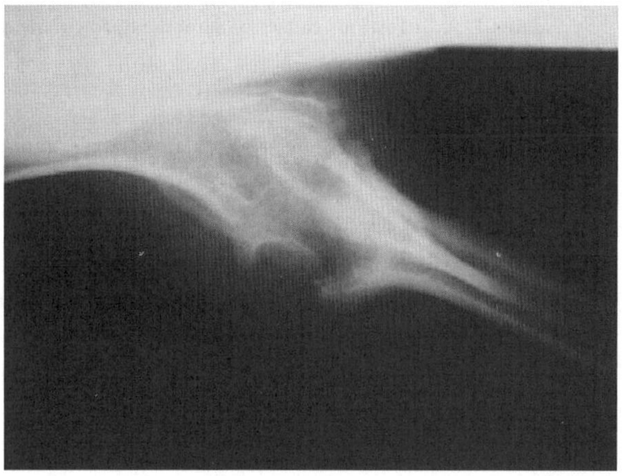

图 11-6 一只 1 岁羊肘部背侧的 X 线片，因穿孔而继发退行性关节疾病，合并感染性关节炎。骨溶解明显，并且肘关节处有骨增生。感染已经控制，但动物跛行严重，四肢不愿负重。

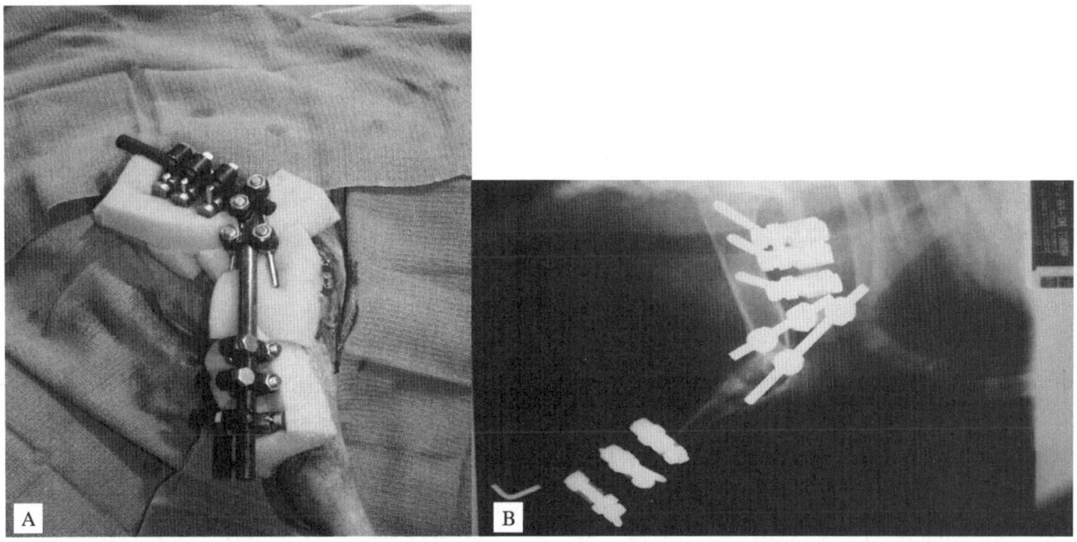

图 11-7 A. 与图 11-6 为同一只绵羊，放置外固定器以固定肘关节，使其正常站立时关节能够处于闭合。B. A 图中为治疗退行性肘关节放置外固定器的 X 线片。值得注意的是，射线可穿过与固定器的连接杆。

参考文献

[1] Watkins GH: Arthritis. In Aitken ID, editor: *Diseases of sheep*, Ames, Iowa, 2007, Blackwell Publishing Professional.

[2] Watkins GH, Sharp MW: Bacteria isolated from arthritis and omphalitic lesions in lambs in England and Wales, *Vet J* 156:235,1998.

[3] Trent AM, Plumb D: Treatment of infectious arthritis and osteomyelitis, *Vet Clin North Am Food Anim Pract* 7:747, 1991.

[4] Navarre CB, et al: Ceftiofur distribution in plasma and joint fluid following regional limb injection in cattle, *J Vet Pharmacol Ther* 22:13, 1999.

[5] Adams DS: Infectious causes of lameness proximal to the foot, *Vet Clin North Am Food Anim Pract* 5: 499, 1983.

[6] Everett KDE: *Chlamydia* and chlamydiates: more than meets the eye, *Vet Microbiol* 75:109, 2000.

[7] Radostits OM, et al: *Veterinary medicine*, ed 10, Philadelphia, 2007, WB Saunders.

[8] Bulgin MS: Diagnosis of lameness in sheep, *Comp Contin Educ Pract Vet* 8:F122, 1986.

[9] Stephenson EH, Storz J, Hopkins JB: Properties and frequency of isolation of *Chlamydia* from eyes of lambs with conjunctivitis and polyarthritis, *Am J Vet Res* 35:177, 1974.

[10] Cutlip RC, Smith PC, Page LA: Chlamydial polyarthritis of lambs:a review, *J Am Vet Med Assoc* 161: 1213, 1972. [11] Sachse K, et al: Recent developments in the laboratory diagnosis of chlamydial infections, *Vet Microbiol* 135:2-21, 2009.

[12] Manso-Silvan L, et al: Mycoplasma leachii sp. nov. as a new species designation for *Mycoplasma* sp. bovine group 7 of Leach, and reclassifcation of *Mycoplasma mycoides* subsp. *mycoides* LC as a serovar of *Mycoplasma mycoides* subsp, *Capr Int J Syst Evol Microbiol* 59:1353-1358, 2009.

[13] DaMassa AJ, Wakenell PS, Brooks DL: Mycoplasmas of goats and sheep, *J Vet Diagn Invest* 4: 101, 1992.

[14] Rosendal S: Experimental infection of goats, sheep, and calves with the large colony type of *Mycoplasma mycoides* subsp, *mycoides*, *Vet Pathol* 18:71, 1981.

[15] DaMassa AJ, Brooks DL, Adler HE: Caprine mycoplasmosis: widespread infection in goats with *Mycoplasma mycoides* subsp *mycoides* (large colony type), *Am J Vet Res* 44:322, 1983.

[16] DaMassa AJ, et al: Caprine mycoplasmosis: an outbreak of mastitis and arthritis requiring the destruction of 700 goats, *Vet Re* 120:409, 1987.

[17] East NE, et al: Milkborne outbreak of *Mycoplasma mycoides* subspecies *mycoides* infection in a commercial goat dairy, *J Am Vet Med Assoc* 182:1338, 1983.

[18] DaMassa AJ, Brooks DL, Holmberg CA: Induction of mycoplasmosis in goat kids by oral inoculation with *Mycoplasma mycoides* subsp *mycoides*, *Am J Vet Res* 47:2084, 1986.

[19] Rosendal S: *Mycoplasma mycoides* subspecies *mycoides* as a cause of polyarthritis in goats, *J Am Vet Med Assoc* 175:378, 1979.

[20] East NE: *Mycoplasma mycoides* polyarthritis in goats. In Smith BP, editor: *Large animal medicine*, ed 2, St Louis, 1996, Mosby.

[21] Al-Momani, et al: The in vitro effect of six antimicrobials against *Mycoplasma putrefaciens*, *Mycoplasma mycoides* subsp. *mycoides* LC and *Mycoplasma capricolum* subsp. *capricolum* isolated from sheep and goats in Jordan, *Trop Anim Health Prod* 38: 1-7, 2006.

[22] Davis WP, et al: Disseminated *Rhodococcus equi* infection in two goats, *Vet Pathol* 36: 336-339, 1999.

[23] Crawford TB, Adams DS: Caprine arthritis-encephalitis: clinical features and presence of antibody in selected goat populations, *J Am Vet Med Assoc* 178:713, 1981.

[24] Banks KL, et al: Experimental infection of sheep by caprine arthritis-encephalitis virus and goats by progressive pneumonia virus, *Am J Vet Res* 44:2307, 1983.

[25] Shah C, et al: Direct evidence for natural transmission of small ruminant lentiviruses of subtype A4 from goats to sheep and vice versa, *J Virol* 78:7518-7522, 2004.

[26] Rowe JD, et al: Risk factors associated with the incidence of seroconversion to caprine arthritis-encephalitis virus in goats on California dairies, *Am J Vet Res* 53:2396, 1992.

[27] East NE, et al: Serologic prevalence of caprine arthritis-encephalitis virus in California goat dairies, *J Am Vet Med Assoc* 190:182, 1987.

[28] Adams DS, et al: Global survey of serological evidence of caprine arthritis-encephalitis virus infection, *Vet Rec* 115:493, 1984.

[29] Adams DS, et al: Transmission and control of caprine arthritisencephalitis virus, *Am J Vet Res* 44:

1670, 1983.

[30] East NE, et al: Modes of transmission of caprine arthritisencephalitis virus infection, *Small Rumin Res* 10:251, 1993.

[31] Blacklaws BA, et al: Transmission of small ruminant lentiviruses, *Vet Microbiol* 101:199-208, 2004.

[32] Rowe JD, East NE: Risk factors for transmission and methods for control of caprine arthritis-encephalitis virus infection, *Vet Clin North Am Food Anim Pract* 13:35, 1997.

[33] Peterhans E, et al: Routes of transmission and consequences of small ruminant lentiviruses (SRLVs) infection and eradication schemes, *Vet Res* 35:257-274, 2004.

[34] Reina R, et al: Prevention strategies against small ruminant lentiviruses: an update, *Vet J* 182: 31-37, 2009.

[35] Hanson J, Hydbring E, Olsson K: A long term study of goats naturally infected with caprine arthritis-encephalitis virus, *Acta Vet Scand* 37:31, 1996.

[36] McGuire TC, et al: Acute arthritis in caprine arthritis-encephalitis virus challenge exposure of vaccinated or persistently infected goats, *Am J Vet Res* 47:537, 1986.

[37] de la Concha-Bermejillo A: Maedi-visna and ovine progressive pneumonia, *Vet Clin North Am Food Anim Pract* 13:13, 1997.

[38] Oliver RE, et al: Ovine progressive pneumonia: pathologic and virologic studies on the naturally occurring disease, *Am J Vet Res* 42:1554, 1981.

[39] Cutlip RC, et al: Arthritis associated with ovine progressive pneumonia, *Am J Vet Res* 46:65, 1985.

[40] Cutlip RC, et al: Ovine progressive pneumonia (maedi-visna) in sheep, *Vet Microbiol* 17: 237, 1988.

[41] Knowles DP: Laboratory diagnostic tests for retrovirus infections of small ruminants, *Vet Clin North Am Food Anim Pract* 13:1, 1997.

[42] Parker JL, White KK: Lyme borreliosis in cattle and horses: a review of the literature, *Cornell Vet* 82: 253, 1992.

[43] Fridriksdottir V, Overnes G, Stuen S: Suspected Lyme borreliosis in sheep, *Vet Rec* 130:323, 1992.

[44] Mitchell GBB, Smith IW: Lyme disease in Scotland: results of a serological study in sheep, *Vet Rec* 133: 66, 1993.

[45] Stuen S, Fridriksdottir V: Experimental inoculation of sheep with, Borrelia burgdorferi, *Vet Rec* 129: 315, 1991.

[46] Guss SB: *Management and diseases of dairy goats*, Scottsdale, Ariz, 1977, Dairy Goat Journal Publishing.

[47] Radostits OM, et al: *Veterinary medicine*, ed 10, Philadelphia, 2007, WB Saunders.

[48] Glastonbury JR, et al: Clostridial myocarditis in lambs, *Aust Vet J* 65:208, 1988.

[49] Useh NM, et al: Relationship between outbreaks of blackleg in cattle and annual rainfall in Zaria, Nigeria, *Vet Rec* 158:100-101, 2006.

[50] Dubey JP, Livingston CW: *Sarcocystis capracanis* and *Toxoplasma gondii* infections in range goats from Texas, *Am J Vet Res* 47:523, 1986.

[51] Jeffrey M, Low JC, Uggla A: A myopathy of sheep associated with Sarcocystis infection and monensin administration, *Vet Rec* 124:422, 1989.

[52] Dubey JP, Fayer R, Seesee FM: *Sarcocystis* in feces of coyotes from Montana: prevalence and experimental transmission to sheep and cattle, *J Am Vet Med Assoc* 173:1167, 1978.

[53] Dubey JP, et al: Sarcocystosis in goats: clinical signs and pathologic and hematologic fndings, *J Am Vet Med Assoc* 178:683, 1981.

[54] Heckeroth AR, Tenter AM: Development and validation of species-specifc nested PCRs for diagnosis of acute sarcocystosis in sheep, *Int J Parasitol* 29: 1331-1349, 1999.

[55] Sharma SK: Foot and mouth disease in sheep and goats, *Vet Res J* 4:1, 1981.

[56] Barnett PV, Cox SJ: The role of small ruminants in the epidemiology and transmission of foot and mouth disease, *Vet J* 158:6, 1999.

[57] Mansley LM, et al: Early dissemination of foot-and-mouth disease virus through sheep marketing in 2001, *Vet Rec* 153:43-50, 2003.

[58] Scott GR: Foot-and-mouth disease. In Sewell MMH, Brocklesby DW, editors: *Handbook on animal diseases in the tropics*, ed 4, London, 1990, Baillière Tindall.

[59] Kitching RP, Hughes GJ: Clinical variation in foot-and-mouth disease: sheep and goats, *Rev Sci Tech Off Int Epiz* 21:505-512, 2002.

[60] Smith ME: *Exotic disease of small ruminants. Geriatric medicine for small ruminants. Proceedings of the 69th annual Western Veterinary Conference* Las Vegas, 1998, Nev.

营养和代谢疾病

营养性肌营养不良

营养性肌营养不良(NMD)又称白肌病,是所有大型动物因缺乏硒或维生素 E 而引起的疾病。该病影响骨骼和心肌,常见于幼龄和快速生长的动物。硒或维生素 E 缺乏也会损害健康,以及降低生殖力[1](见第 2 章)。

营养性肌营养不良在世界各地缺硒地区都有发生。它是一种在北美、英国、欧洲、澳大利亚和新西兰发生的严重疾病。在美国,东北、东南和西北地区的硒元素缺乏;中部地区(中西部)土壤中有足够的硒元素[2]。即使在同一地区内,土壤和牧草的硒含量也可能因 pH、季节和植物种类的不同而不同。例如,碱性土壤促进植物对硒的吸收,而生长在强降雨地区和酸性土壤中的植物硒含量通常较低[3]。一般来说,春季牧草硒含量最低。施氮、施磷和灌溉在一定程度上可降低植物对硒的吸收。生长较快的植物硒含量较低;当植物生长在硒含量很低的土壤中时,缺硒的情况就会恶化。生长在干旱地区的干草往往具有较高的硒浓度。干草分析是测定饲料硒摄入量的关键。

硒和其他矿物质一样在小肠中被吸收。因此其他矿物质的高浓度(如钙、硫、铜)会降低硒的吸收。此外,某些饲料污染物(如硝酸盐、不饱和脂肪、硫酸盐)可能进一步抑制硒的吸收和活性[4]。在干物质的基础上,含硒量小于 0.1 ppm 的饲料是不合格的。

维生素 E 有助于防止细胞膜脂质过氧化,有助于维持膜完整性。维生素 E 也会对硒缺乏起保护作用。*D* 型的维生素 E、α-生育酚具有最大的生物活性,在小肠的上端吸收[5]。由于维生素 E 的吸收需要胆汁酸,即使日粮中维生素 E 的浓度足够,小肠功能的紊乱也会降低维生素 E 的吸收。有维生素 E 缺乏的绵羊和山羊吸收日粮中 50%～75%的生育酚,而摄入足够维生素 E 的动物只会吸收 20%～30%。绿色牧草和干草中维生素 E 活性良好。豆类中含有的维生素 E 通常比草少[3]。维生素 E 会被氧化破坏,特别是大量不饱和脂肪和某些矿物质(如铜、铁)添加到同一补充剂或矿物质混合物中。长期储存的饲料每月维生素 E 活性会降低 50%[3]。

当饲喂质量较差的干草或稻草给动物时,就会出现问题。不饱和脂肪酸含量高的日粮会加重营养性肌营养不良的发展,因为增加了对维生素 E 的需求。如果日粮中缺乏维生素 C 或类胡萝卜素,或者日粮中增加硝酸盐,那么动物机体对维生素 E 的需求也会增加。然而,日粮中充足的维生素 C 和类胡萝卜素有助于降低对维生素 E 的需求。日粮中硒含量充足能够降低维生素 E 缺乏带来的损伤[6]。

在胎盘中,维生素 E 的转运受到限制,但是初乳中含有大量的维生素 E。因此,没有初乳摄入的绵羊羔或者山羊羔需要补充维生素 E。

营养性肌营养不良大多发生于饲喂缺硒日粮母羊所产的山羊羔或者绵羊羔。大多数营养性肌营养不良发生在小于 6 月龄的羔羊,也有报道发生在新生羔羊。山羊羔被认为比绵羊羔羊更容易受到影响,因为它们对硒的需求量更高。此外,缺乏运动的动物突然进行肌肉活动也会引发营养性肌营养不良[1]。

过氧化氢和其他自由基是细胞代谢的有毒产物,会对生物膜造成氧化损伤。硒也是机体多种酶的辅因子,许多与硒缺乏有关的病理状态是由于谷胱甘肽过氧化物酶的损伤造成的。该酶能够将内源性过氧化物转化为无害的羟基脂肪酸从而保护细胞膜不被破坏。脂溶性维生素 E 分子作为细胞膜内的自由基清除剂,日粮中高浓度脂肪会抑制维生素 E 的调节系统[6]。硒和维生素 E 由不同的途径作为抗氧化剂;日粮缺乏硒或维生素 E 会产生氧化损伤,导致肌肉退化。这两种营养物质的缺乏导致自由基的积累,并产生继发性损伤。具有高代谢活性的肌肉最易受影响(如心脏、膈膜)。这种综合征和其他硒缺乏的疾病最常见于幼龄绵羊羔,特别是 2～4 月龄的羔羊[3,7]。硒缺乏也可能损害全身免疫系统。在牛、绵羊和山羊中,硒的缺乏会导致中性粒细胞应答减缓、乳腺炎和子宫炎的发病率增加,以及全身健康状况不佳。由于受影响动物的免疫系统受损,许多羔羊更容易感染其他传染性疾病。绵羊采食缺乏硒的饲料会降低羊毛产量,并且增加牙周病的发病率。这些临床表现同样在成年缺乏硒的羊中产生;生长期的绵羊羔羊和山羊羔羊也会发生营养性肌营养不良。

临床症状

营养性肌营养不良有两种典型症状:急性到特急性心肌型和更常见的亚急性骨骼肌型。心肌受累的动物表现出急性症状,包括卧躺、呼吸困难和死亡。呼吸体征包括呼吸急促和由肺水肿引起的鼻塞。心动过速很常见，有时伴有心脏杂音。动物通常都很警觉，它们的挣扎起立可能会被视为癫痫。运动后发病是典型特征（见第17章）。确诊时要考虑的因素包括中毒、暴发性传染病、肺炎和神经系统疾病，如脑脊髓灰质软化症或破伤风。

具有骨骼肌退化的动物症状不同。这些动物站立时步态僵硬、浑身发抖。多数动物愿意保持斜靠。触诊时肌肉发硬。该类型的营养性肌营养不良的临床症状表现包括驼背、步态僵硬以及生产力下降[3]。绵羊羔羊和山羊羔羊持续虚弱，最终无法吃奶[7]。许多年幼动物因为声门功能紊乱而产生肺炎。成年动物能够进食，但其他动物由于舌的功能失调会出现吞咽困难。骨骼肌和心肌疾病可能同时发生。要确定肺炎的潜在原因，需要仔细评估羊群记录配合详细的体检。其他看起来相似的疾病包括动物共济失调、多发性关节炎和营养性骨营养不良。维生素E缺乏的营养性肌营养不良最常见于绵羊羔羊和1岁母绵羊[3]。

诊断

肌酸激酶(CK)是亚临床营养性肌营养不良的判断指标[3]。患营养性肌营养不良后，肌酸激酶会显著升高（10～50倍）。肌酸激酶的半衰期很短（2～4 h），所以肌酸激酶升高意味着近期或者进行性肌肉损伤。肌酸激酶水平在动物康复后会恢复正常。谷草转氨酶也会因肌肉损伤而升高；然而，谷草转氨酶并不是肌肉疾病的特异性指标，肝脏疾病也会引起谷草转氨酶升高。谷草转氨酶的半衰期比肌酸激酶长，在营养性肌营养不良发生后，谷草转氨酶浓度能够持续数天。肌酸激酶和谷草转氨酶的升高并不是营养性肌营养不良的特异性指标，在斜靠的动物体内都有可能升高。然而，在肌肉性疾病早期如营养性肌营养不良，血液中肌酸激酶和谷草转氨酶的浓度都较高。

硒缺乏能够通过全血或组织的硒水平测定发现。为了调查羊群，选择收集群体10%或者至少7～10只母绵羊或绵羊羔羊的血液用于硒含量分析[3]。红细胞的谷胱甘肽过氧化物酶浓度与硒浓度高度相关，该酶活性的测定是有效的诊断指标。检测谷胱甘肽过氧化物酶的样品必须小心处理，然而，多数诊断在实验室里无法进行测试。如果日粮使用数周或数月，血清硒水平的检测对羊群具有意义。在评估个体动物时可能意义不大，特别是那些日粮更换过的动物。大多数患病的动物都改变了日粮，并且很多都患有厌食症。评价全血的硒水平是最容易和最可靠的测试。全血中硒的浓度反映了在红细胞整个寿命中、日粮硒水平的变化[8]。95%以上的血液硒定位在红细胞内，并且当红细胞生成时硒就在那里。维生素E的情况能够通过测定血液生育酚而判断。一些专业化实验室能够提供维生素E检测。本章不提供有效浓度和缺失浓度的参考细则，因为各实验室的技术和测定水平有差异。因此，临床兽医应当从化验样本的实验室询问正常值。

尸检时，患病肌肉易发生断裂，并且病变和矿化的区域含有苍白条纹。该条纹的分布是双向对称的。如果动物心脏受累，心肌也会发生类似的变化。肌肉的组织病理学检查显示透明变性、坏死和矿化。慢性感染（由免疫功能下降引起）和吸入性肺炎（由于声门关闭能力下降引起）也可能产生类似状况[1-3]。

治疗

一次性注射维生素E或硒制剂能够在数日内得到改善。24 h内重复治疗。遵循一些商业化产品的说明书剂量能够提供充足的硒但是提供的维生素E很少，因此需要额外补充。如果其他动物表现出临床症状，也需要进行治疗。治疗期间，临床兽医和饲养员应该避免动物的应激和运动。多数动物对治疗反应良好，但也有心肌受累的动物的治疗效果缓慢。

预防

易感动物日粮添加硒或维生素E能够预防营养性肌营养不良。妊娠母羊补充硒能够帮助减少新生羔羊疾病，因为硒能够通过胎盘转运，并且初乳和乳汁中同样含有硒。临床兽医和饲养员应该注意预防动物中毒的硒含量，并且在屠宰时通过停药来限制组织内硒含量。牧草、干草和任何谷物补充剂都应该进行分析化验，以确定添加到补充颗粒、谷物或矿物混合物中的硒含量。

硒和维生素E的补充可以通过多种形式。饲料中硒含量应该大于0.1～0.3 mg/kg[1,7]。一般建议饲料中添加。某些情况下，需要提高硒水平以预防绵羊羔羊的营养性肌营养不良。饲料添加是保证硒充足的成本最小、效率最高的方法。美国目前关于硒添加的规定表明在自由采食条件下，每只绵羊为0.7 mg/d或者90 ppm矿物质混合物[3]。虽然自由选择矿物质添加是一种很好的补硒方式，制定配合日粮或提供 0.2 ppm 的饲料硒添加将确保动物对矿物质的摄入一致[7]。新鲜的豆科植物和禾本科植物是维生素 E 的优质来源[9]。青贮饲料、油籽、谷物和干草往往缺乏维生素 E[5]。因此,饲料中谷物含量多时应当添加维生素 E。

另外,硒和维生素 E 也可以加入矿物质混合物中,供怀孕羊和哺乳期母羊自由采食。如果饲料中含有氧化物(如铜、铁)、脂类或高二硫键食物(洋葱),维生素 E 的效力可能会降低,从而引发缺乏[3]。当遇到此类饲料,需要补充维生素 E。食用富含玉米的日粮可能与维生素 E 缺乏有关,因为瘤胃 pH 降低会影响维生素 E 的活性。在临床上,这种情况对年幼的、正在成长的绵羊羔羊或山羊羔羊有显著影响。

如果不能在日粮中补充,每月注射商品化维生素 E-亚硒酸盐复合物也可以;绵羊羔羊需要多次注射[1]。在产前 30 d 给母羊注射也可以预防营养性肌营养不良[3,7]。分别在断尾时(1 mg 硒)和断奶时(2 mg 硒)注射维生素 E-亚硒酸盐复合物能够在农场中起保护作用。除了注射补充剂外,应当采取其他途径补充维生素 E,因为商业化注射补充剂的有效含量对于患病动物的治疗来说太低。饲喂牧草或者优质饲料应当能够提供充分的维生素 E。

补充硒的其他方法也在一些地方进行试验。通过皮下注射缓慢释放硒的一种补充剂。在产羔前 3 周,给母羊补充 1 mg/kg 硒,可保护出生后羔羊到 12 周龄。此外,还有一种用于羊体内的硒丸。在一些国家,用每公顷 10 g 硒的亚硒酸钠对牧草进行顶部施肥。该方法安全且预防营养性肌营养不良至少 12 个月[1]。当羔羊进行人工喂养时,饲养员应当确保充分的维生素 E 在代乳品中存在(见第 2 章)。

佝偻病和软骨病

佝偻病是一种由于软骨矿化不当而发生的幼龄动物疾病。维生素 D 缺乏是最常见的致病原因,但是佝偻病也有可能是由于磷和钙的缺乏造成。在年长动物上,同样的缺乏会导致骨质矿化异常,又叫软骨病。据报道,一种遗传性佝偻病在新西兰考力代羊中存在[10]。

佝偻病主要发生在生长迅速的动物身上。因为受到的阳光照射有限,这些动物体内的维生素 D 水平很低。饲养在室内的动物,喂食绿色(未固化的)饲料的动物,以及冬天生活在高纬度地区的动物是最容易患病的。摄食低钙或低磷日粮的动物偶尔会患佝偻病。摄取有毒的植物,特别是含有草酸盐(在肠道中与钙结合)的植物,以及慢性铅、氟或铝中毒,慢性寄生虫病均可产生或加重佝偻病[6]。

发病机理

最主要的问题是软骨和骨质矿化失败,导致软骨的持续性和紊乱的骨质沉积[4]。X 射线检查显示不规则的骨和软骨连接以及加宽增生。肋骨软骨连接处的干骺端明显受到影响。在长骨中,增生处的软组织因为承重原因而变形。在骨干,骨质没有完全矿化[11]。在邻近地球两极纬度的地区饲养的长毛或被毛动物、室内饲养的动物,以及用缺乏维生素 D 的代乳品喂养的动物,可能缺乏维生素 D,因此更容易罹患营养性肌营养不良。刚出生的双胞胎绵羊羔可能更容易患病[12]。

临床症状

患病动物通常不足 1 岁,表现为步态僵硬、双腿抖动、跛行和趴卧。四肢远端关节和骨骼可能会增大,经常可见肋间关节("佝偻病串珠")处肋骨的增大。牙齿产生杂色和生长延迟。由于没有放牧而无法摄入足够饲料,动物非常瘦[8]。确诊时应当考虑其他疾病如营养性肌营养不良以及感染性关节炎。

诊断

血液生化检测表明,患病动物的碱性磷酸酶的增加高于正常发育动物。血浆中,钙和磷的浓度可能很低。血清维生素 D 含量低但是常常在正常范围内。X 射线检查能够发现增宽的生长板、弯曲的长骨和变薄的皮质[11]。软骨症成年动物的 X 射线检查显示骨质疏松。

尸检显示生长板增厚、长骨的骺端增大。伴随肋骨骨折。正常骨的灰质-有机质比为 3∶2,而佝偻病骨的灰质-有机质比为 1∶(2～3)。

仔细调查饲料含量和光照时间,以及维生素 D、钙和磷水平的测定将有助于确定造成佝偻病的原因。

治疗

如果饲料中同时补充钙和磷,维生素 D(10 000～30 000 IU/kg)注射有助于恢复健康[13]。康复动物由于肢体畸形而保持矮小的身材。

预防

营养性佝偻病和软骨症可以通过补充光照和提供配合饲料来避免。如果饲料中钙和磷的水平低，应该调整，钙磷比为(1～2)∶1。任何潜在的有毒物质或植物都应该从饲料中去除。

纤维性骨营养不良

纤维性骨营养不良症是山羊和绵羊的一种代谢性疾病，由于副甲状腺激素的长期高分泌导致骨矿物质被吸收。饲料中高磷或低钙水平经常导致纤维性骨营养不良。临床上，这种病与佝偻病相似。

纤维性骨营养不良常见于饲喂高磷日粮的动物。含大量麸皮或其他谷物的日粮常常与这种疾病有关。谷物的钙磷比不合适，谷物中的大部分磷以植酸的形式存在。高植酸含量会进一步抑制肠内钙的吸收。日粮中钙磷比应保持在 1∶(1～2)。许多谷类或副产品饲料(麸皮)的钙磷比为 1∶6或更大。

发病机理

副甲状腺增生或肿瘤引起的原发性甲状旁腺功能亢进极为罕见。副甲状腺功能亢进大多是营养或代谢状况的后遗症，导致低钙血症。饲料中低钙、高磷或缺乏维生素 D 可能导致甲状旁腺功能亢进；致病因素通常为多个同时发生。副甲状腺激素刺激维生素 D 产生，进而诱发动物的骨吸收以维持钙的稳定。肾功能衰竭也会导致副甲状腺功能亢进，但是这种现象在绵羊和山羊中并不常见。全身的骨骼都会受到影响，但是面部和下颌骨的骨骼受影响最严重。

临床症状

双侧下颌骨增大是最明显的标志。下颌骨变软，患病的动物无法正常张嘴。病理性骨折常导致跛行和僵硬。患病的动物经常因为食物摄入量减少而变瘦。

诊断

射线照相检查显示下颌骨增大，骨密度降低，臼齿旋转且咬合面呈舌状。其他骨骼的骨折可能明显可见[14]。实验室结果显示低钙或者高磷水平，但是测试值通常处于正常范围内。尸检结果表明下颌骨变得非常柔软并且易弯，病理学检查结果表明骨质矿化缺乏以及骨质的大范围纤维化。

干酪样淋巴结炎通常是由于下颌骨下淋巴结和咽后淋巴结形成脓肿，导致下颌骨区域肿大。触诊和影像学检查有助于区分炎症性疾病和纤维性骨营养不良疾病。

治疗

如果日粮中钙磷比为 1∶1或 1∶2，动物可能会康复。但是下颌骨增大无法改善。日粮配方应当确保钙磷比为 1∶1或更大，以防止营养性副甲状腺功能亢进和纤维性骨营养不良(见第 2 章)。

骨骺炎

骨骺炎是由于骨骼的不正确骨化所致，发生于快速生长阶段的动物。该病病因复杂，包括遗传和摄食因素都可能发挥作用。好发于为获得快速生长进行饲喂的幼龄公绵羊以及怀孕率低于 1%的 1 岁奶山羊母羊群体[15]。

临床症状

在一例 1 岁怀孕努比亚母羊的报告表明，该病临床症状包括由潜在的跛行发展到躺卧。同时发现腕关节、跗关节和距关节的增大，以及四肢的畸形。X 射线检查显示软骨发育迟缓，新骨生长过度。动物步态在分娩后改善，但由于部分骨骺过早闭合，造成肢体畸形无法消除。原因是怀孕后期体重增加而造成的损伤[16]。在注意到动物的骨骺炎后，临床兽医或者饲养者应当检查饲料中铜的水平，并且维持钙磷比为(4～6)∶1。保持充足的钙、磷、蛋白质和能量摄入。适当的修蹄，提供疼痛缓解(用非甾体抗炎药)，以及将动物从坚硬的地面移出，都有益于病情缓解[17](见第 2 章)。

软骨症

软骨症是一种软骨内成骨异常的疾病。它在猪和鸡中很常见，在大多数家畜中也会发生，但是在小反刍动物中比较罕见。在萨福克羊群中观察到软骨症[18]，当在动物因为饲喂谷物较多、体重增加过快时，会产生跛行和肿胀，要考虑软骨症所致。如其他家畜品种中所述，患病或有症状动物的四肢射线检查表明具有软骨病变(见第 2 章)。

参考文献

[1] Radostits OM, et al: *Veterinary medicine*, ed 10, Philadelphia, 2007, Saunders.

[2] Edmondson AJ, Norman BB, Suther D: Survey of state veterinarians and state veterinary diagnostic laboratories for selenium defciency and toxicosis in animals, *J Am Vet Med Assoc* 202: 865, 1993.

[3] Maas J, Valberg SJ: Nutritional myodegeneration. In Smith BP, editor: *Large animal internal medicine*, St Louis, 2009, Mosby.

[4] Maxie MG, editor: *Jubb, Kennedy and Palmer's Pathology of domestic animals*, ed 5, Philadelphia, 2007, Saunders.

[5] Bulgin MS: Diagnosing nutritional diffculties. *Proceedings of the 69th annual Western Veterinary Conference*, Las Vegas, 1998, Nev.

[6] Smart ME Cymbaulk: Trace minerals. In Naylor JM, Ralston SL, editors: *Large animal clinical nutrition*, St Louis, 1991, Mosby.

[7] Naylor JM: Vitamins. In Naylor JM, Ralston SL, editors: *Large animal clinical nutrition*, St Louis, 1991, Mosby.

[8] Ogilvie TH: Musculoskeletal disorders. In Ogilvie TH, editor: *Large animal internal medicine*, *Baltimore*, 1998, Williams & Wilkins.

[9] Bretzlaff K, Haenlein G, Huston E: Common nutritional problems: feeding the sick goat. In Naylor JM, Ralston SL, editors: *Large animal clinical nutrition*, St Louis, 1991, Mosby.

[10] Thompson KF, et al: An outbreak of rickets in Corriedale sheep: evidence for a genetic aetiology, *N Z Vet J* 55:137-142, 2007.

[11] Goff J: Calcium, magnesium and phosphorus. In Smith BP, editor: *Large animal internal medicine*, ed 4, St Louis, 2007, Mosby.

[12] Van Saun RJ: Vitamin D-responsive rickets in neonatal lambs, *Can Vet J* 45:841-844, 2004.

[13] Bonniwell MA, et al: Rickets associated with vitamin D deficiency in young sheep, *Vet Rec* 122: 386, 1988.

[14] Andrews AH, Ingram PL, Longstaffe JA: Osteodystrophia fbrosa in young goats, *Vet Rec* 112: 404, 1983.

[15] Guss SB: *Management and diseases of dairy goats*, *Scottsdale*, Ariz, 1977, Dairy Goat Journal Publishing.

[16] Bulgin MS: Diagnosis of lameness in sheep, *Comp Cont Educ Pract Vet* 8:F122, 1986.

[17] Anderson KL, Adams WM: Epiphysitis and recumbency in a yearling prepartum goat, *J Am Vet Med Assoc* 183:226, 1983.

[18] Scott CA, Gibbs HA, Thompson H: Osteochondrosis as a cause of lameness in purebred Suffolk lambs, *Vet Rec* 139:165-167, 1996.

中毒疾病

硒中毒

硒中毒可能由于放牧牧场的硒含量过高或者外源性注射或饲喂硒补充剂过量。急性中毒会导致死亡,但是长期过量会导致蹄的畸形和跛行。据报道,绵羊口服的毒性剂量为 2.2 mg/kg,单次或慢性摄入 0.25 mg/kg 体重[1]。绵羊比牛更容易硒中毒。自然情况下,山羊硒中毒的病例更少,但高剂量的硒会导致死亡[2]。

北美、爱尔兰、澳大利亚和南非等特定地区的土壤中硒含量较高,这是由于地下岩层的矿物质元素组成而造成的[1]。年降雨量少的地区的土壤通常具有碱性 pH,更可能具有高含量的硒。植物从土壤中摄入硒,某些植物是硒的富集者。这些植物并不可口,但如果缺乏更可口的饲料,在这些地区放牧的羊可能会出现中毒。记录在案的自然发生的硒中毒病例比较罕见[3]。

为了预防营养性肌营养不良而采取的不正确的补硒方案,也会诱发硒中毒[4]。

有机硒化合物(主要存在植物中)与无机硒化合物如亚硒酸盐和二氧化硒相比毒性更大。该报告说明临床疾病与硒含量差异关联不大[1]。

发病机理

硒集中在肾脏、肝脏和角质化组织中,对骨骼肌会造成营养不良。在有毒浓度下,硒可能置换部分氨基酸中的硫(蛋氨酸、胱氨酸),阻止它们形成二硫键,从而削弱角蛋白的形成。蹄部组织中含有高浓度的蛋氨酸和胱氨酸。硒的毒性机制尚未确定,但硒也可能干扰某些酶的功能。高蛋白质日粮对绵羊硒中毒有保护作用[1]。

临床症状

急性中毒可导致呼吸困难、心动过速、发烧、抑郁和死亡。鼻孔和口腔常出现白色或血色泡沫[4]。慢性中毒症状包括被毛色淡、脱毛、移动困难、食欲异常、呼吸衰竭和跛行。蹄部病变区影响所有蹄部,包括冠状动脉带水肿和蹄畸形或蹄分离。在新生羔羊中,蹄异常在出生时可能很明显。

诊断

该病确诊是基于确定动物体内硒的毒性水平。血液、尿液和毛发的硒含量升高。贫血和血红蛋白水平低是慢性硒中毒的特征。慢性硒中毒的尸检结果包括骨骼肌和心肌的疾病、蹄和毛发的异常。其他器官的病变也有报道。

治疗

没有有效的治疗方案。应当去除过量的硒。

预防

仔细监测补充硒的含量,以确保安全的剂量。在含硒土壤地区,可提供补充饲料,以减少含硒植物的摄入并且增加饲料中的蛋白质。饲料中含有丰富的含硫氨基酸(豆粕)具有保护作用。此外,应在没有积累到有毒浓度的硒的地区放牧。在配比中加入 0.01% 对氨基苯胂酸或 20 ppm 的铜也可能具有预防作用,但这些物质也具有潜在的毒性。

麦角中毒

麦角中毒是由于摄入麦角菌产生的生物碱化合物引起中毒。这种真菌感染谷物和草,最常见的包括黑麦、小麦和燕麦。植物种子因为感染麦角菌,子房变为黑色的菌核,这一结构形象地称为麦角。麦角菌是真菌里最易引发麦角中毒的菌类,但是枝顶孢属真菌也会产生类似症状[1]。

动物放牧摄食麦角菌感染的牧草、谷物或者由感染的植物制作的干草,容易诱发中毒。该中毒在牛中较为常见,但是在绵羊和山羊中很少报道。在一份报告中,山羊和绵羊共同放牧的牛毛草牧场,只有山羊羔受到影响[5]。这种中毒经常发生在温暖潮湿的季节后,因为此时条件适合真菌生长。

发病机理

麦角包含生物碱化合物和其他叫作麦角毒素的药理学活性物质。麦角毒素包括麦角胺、麦角毒碱以及麦角新碱,会引起小动脉收缩和内皮损伤,最终导致四肢坏疽。

临床症状

麦角中毒的临床症状包括肿胀、发冷以及随着四肢、尾部和耳部末梢的皮肤干燥和变色而脱毛。正常和坏死的皮肤之间有明显差异,受影响的组织可能脱落。患病动物的跛行明显,有些也保持躺卧。山羊的临床症状包括跛行,多见于后肢,严重病例中发现蹄裂[6]。绵羊上的报道发现口腔、瘤胃和肠黏膜有溃疡[1]。

诊断

饲料样品应进行分析检测麦角或类似化合物。确诊时,需要区别于脓毒症或外伤的继发性血栓。

治疗

麦角中毒没有专门的治疗方法。中毒的动物应从毒素来源中隔离。

预防

饲料中受感染的种子应少于 0.1%[1]。有严重麦角菌感染的牧场不应用于放牧或干草制备。

氟中毒

慢性氟中毒发生在通过饲料或水摄入中毒剂量的氟化合物后。疾病的严重程度取决于摄入的氟化合物类型。氟化钠比磷酸盐毒性强,氟化钙和氟硅酸钠的毒性要小得多。据报道,绵羊和山羊比牛对氟化物的耐受性强[6]。

氟在自然界中存在于岩石中,通常与磷酸盐结合。从这些岩石转化的土壤和流经这些岩层的水可能含有高浓度的氟。其他来源的氟包括工业污染(运至下风口 14 km)、深井、火山灰和用于对抗低磷血症的磷酸盐补充剂[1]。

发病机理

氟中毒的机理尚未明确。过量的氟沉积在骨骼和牙齿中。在动物体内随时都可能发生骨质病变,但牙齿病变只发生在牙齿形成过程中氟含量高时。尿液的氟通常伴随着钙和磷排到体外，钙和磷的流失，导致发生软骨症和骨质疏松症，包括骨髓在内的许多其他部位都发生退行性变化[1]。

临床症状

急性氟中毒表现为胃肠道症状、手足抽搐和死亡。长期摄入氟导致饲料摄入减少和生长发育不良。尽管难以察觉，但是首先出现的牙齿病变包括牙齿表面凹陷和磨损增加，是由不完全的牙釉质形成造成的。随着时间的推移，牙齿会迅速磨损和破损，导致咀嚼功能受损[7,8]。

氟骨症的症状包括生长不良、四肢僵硬和跛行，尤以后肢最突出。病理性骨折，通常在第 3 指（趾）骨（P3），会发生在畜群里少数动物上。骨折的骨头在触诊时会产生疼痛，也可能会增大[1]。

确诊应当区别于其他引起羊群跛行的原因，包括低磷血症、维生素 D 缺乏、硒中毒或硒缺乏。

诊断

氟中毒后，血清氟含量通常会升高（牛的正常水平是 0.2 mg/dL），但正常水平并不排除中毒，因为骨骼中还会沉积氟。尿液中的氟升高（牛的正常水平是 16～68 mg/kg）。血清的碱性磷酸酶水平通常也会升高[1,7]。

X 射线检查包括骨密度增加、骨骼增大、骨髓腔变窄、骨折愈合不良。

尸检显示骨骼呈粉笔样、易碎，并有骨干增生。组织病理学检查显示骨钙化异常。在有牙齿疾病的动物口腔中发现牙釉质发育不全。许多组织包括骨髓都发生退行性变化。骨的氟含量可以用来确诊氟中毒。下颌骨、掌骨和跖骨被认为是进行氟测定最可靠的部位[1]。

治疗

饲养员应当把动物与氟来源进行隔离。急性中毒的病例可以用铝盐（中和胃中的氢氟酸）和静脉注射钙盐来控制肢蹄抽搐。牙齿和骨骼的损害通常不会改善。动物应当摄食优质的干草。在日粮中添加摄入干物质含量 1%的碳酸钙或硫酸铝可有利于减少骨骼的氟化物含量。

预防

牛用磷酸盐饲料补充剂中氟含量不应超过 0.2%～0.3%。磷酸盐和氟的比例应保持在 100∶1 以上。岩石的磷酸盐是氟的来源，并且深井在使用前应进行氟含量测定。在高氟地区，对草地和水源的仔细管理可以减少氟中毒造成的牛群或羊群损失[9]。其他指导方针建议使用铝盐来吸附氟并减少组织中的氟沉积，但是这些铝盐化合物并不适口[1]。

植物中毒

据报道，澳大利亚的放牧羊表现以步态强拘和躺卧为特征的骨骼肌病变，是由于食用被真菌拟茎点霉菌感染的羽扇豆根须（具体是指变形菌 *Diaporthe toxica*）[10]。在得克萨斯州、新墨西哥州和墨西哥，牛或绵羊食用双叶番泻叶会引起类似的症状[11]。

参考文献

[1] Radostits OM, et al, editors: *Veterinary medicine*, ed 10, Philadelphia, 2007, Saunders.

[2] Ahmed KE, et al: Experimental selenium poisoning in Nubian goats, *Vet Hum Toxicol* 32:249, 1990.

[3] Edmondson AJ, Norman BB, Suther D: Survey of state veterinarians and state veterinary diagnostic laboratories for selenium defciency and toxicosis in animals, *J Am Vet Med Assoc* 202:865, 1993.

[4] Smith WI, Donovan GA, Rae DO: Selenium toxicosis in a flock of Katahdin hair sheep, *Can Vet J* 40:192-194, 1999.

[5] Hibbs CM, Wolf N: Ergot toxicosis in young goats, *Mod Vet Pract* 63:126, 1982.

[6] Choubisa SL: Some observations on endemic fluorosis in domestic animals in southern Rajasthan (India), *Vet Res Comm* 23:457, 1999.

[7] Botha CJ, et al: Two outbreaks of fluorosis in cattle and sheep, *J S Afr Vet Assoc* 64:165, 1993.

[8] Schultheiss WA, Van Niekerk JC: Suspected chronic fluorosis in a sheep flock, *J S Afr Vet Assoc* 65: 84, 1994.

[9] Wang JD, Hong JP, Li JX: Studies on alleviation of industrial fluorosis in Baotou goats, *Fluoride* 28:131, 1995.

[10] Allen JG, et al: A lupinosis-associated myopathy in sheep and the effectiveness of treatments to prevent it, *Aust Vet J* 69:75, 1992.

[11] Rowe LD, et al: Experimentally induced *Cassia roemeriana* poisoning in cattle and goats, *Am J Vet Res* 48:992, 1987.

肿瘤形成

骨骼肌系统的癌变在绵羊和山羊中极为罕见。一项提交给南非兽医实验室的 673 例绵羊肿瘤病症的研究结果表明，其中 21 例来源于结缔组织。肿瘤类型包括软骨瘤、软骨肉瘤、纤维瘤、纤维肉瘤、骨瘤、横纹肌肉瘤、平滑肌瘤和纤维脂肪瘤[1]。

9 岁的吐根堡奶山羊在肱骨粉碎性骨折用髓内针修复 4 年后，发生骨肉瘤和病理骨折。报告也称该动物有肺结节，但没有经过组织学检查[2]。有报道发现，羊的额骨骨瘤合并鼻内腔损伤[3]。10 岁的吐根堡奶山羊杂交品种中也有确诊下颌骨骨瘤，同时也有关于一只山羊的肋骨和胸骨产生骨软骨肉瘤的报道[2,4]。

肿瘤的诊断是基于组织病理学分析。骨肿大、跛行和影像学上的裂解或增生都提示可能为肿瘤，特别是在年长动物中。结缔组织肿瘤的治愈报告尚未见报道。

参考文献

[1] Bastianello SS: A survey on neoplasia in domestic species over a 40-year period from 1935 to 1974 in the republic of South Africa. Ⅱ. Tumours occurring in sheep, *Onderstepoort J Vet Res* 49:205, 1982.

[2] Steinberg H, George C: Fracture-associated osteogenic sarcoma and a mandibular osteoma in two goats, *J Comp Path* 100:453, 1989.

[3] Perez V, et al: Osteoma in the skull of a sheep, *J Comp Pathol* 130:319-322, 2004.

[4] Cotchin E: Tumors of farm animals, *Vet Rec* 40:816, 1960.

断尾

尾切除或断尾通常在 2 周龄内进行[1,2]。一些售卖到小众市场的绵羊羔不需要断尾，并且一些品种(如卡拉库尔羊)的尾巴应当留的很长，因为尾部的脂肪是价值极高的商品。然而，在大多数的绵羊羔饲养环境中，长尾巴会被粪便和腹泻物(高谷物日粮、大量青草和内部寄生虫)污染，导致蝇类叮咬或侵袭、生蛆。此外，母羊的长尾会降低繁殖性能。由于多种原因，动物需要进行断尾。如果绵羊羔在产后不到 24 h 断尾，与断尾有关的应激会降低初乳抗体的吸收，导致与被动免疫失败或部分失败有关的疾病。一般来说，绵羊羔在 2～3 日龄到 2 周龄阶段进行断尾。通过临床实践(来自 Pugh D. G.)而得到的一项原则是，在断尾监护的 3 d 内，健康的羔羊由其母羊抚养。将绵羊羔和其母羊转移至单个隔间或者限制区内再进行断尾。将新生绵羊羔和其母羊放置一起，能够防止断尾后母羊离开或者遗弃羔羊。如果没有特殊的需要(来自畜主的要求)，不需要进行麻醉。如果使用麻醉，镇静剂或者骶尾部硬膜外注射和环形固定器即可满足手术需要[1]。一些研究表明，局部麻醉需要的尾部环形固定器能够减少断尾的应激[3]。但是，多位学者一致认为，新生绵羊羔对局部麻醉和未麻醉的断尾手术都会产生反应，甚至局部麻醉的反应更加强烈[1]。

断尾后的尾巴长度应当足够遮盖肛门，而对于母羊，则需要延伸尾巴长度以遮住生殖器[2]。尾部腹侧的成对皮肤皱褶没有毛覆盖，是断尾的最佳位置。许多展示或俱乐部羔羊的畜主喜欢将尾巴去除的尽可能贴近身体。然而，断尾离骶骨太近会增加直肠和阴道脱落的发生率[1]。可以选择多种方式结合进行断尾，包括粉碎、切割、灼烧，或者去除[2]。断尾的设备包括去势器、无血去势器、热凿、小刀和橡皮筋。

在断尾过程中，首先应该清除尾部的污垢和粪便。在临床兽医确定断尾的位置时，应该人为控制住羔羊；不应该过度拉伸尾巴。在断尾位置的邻近预留部分皮肤用以覆盖尾椎残端[1]。使用灼烧设备(如热凿、热缝合楔子、电楔子、电烙铁)可减少出血。如果发生出血可以夹住并且缝合腹面血管。如果采用灼烧设备，并且羊毛烧焦，一些母羊会拒养羔羊[1]。在断尾手术前，去除断尾位置附近的羊毛。断尾手术之后，轻轻地清洗干净尾巴，能够最小限度地降低母羊遗弃羔羊。由于灼烧断尾引起的母羊遗弃很少发生，因此该方法是断尾的最佳方案。烧灼设备应谨慎使用，以避免灼伤外阴、肛门或会阴的皮肤。无论采用何种方法，在没有并发症的情况下，尾巴残端将在 2 周内痊愈。在有破伤风存在的农场，应定期给断尾羔羊使用破伤风类毒素或抗毒素；也可以对全群动物进行预防。

如果使用去势器或者橡皮筋进行断尾，尾巴会因为缺血性坏死而脱落。该方法具有争议性，使用橡皮筋过程中应当坚持破伤风预防处理。

成年羊的尾巴可以像其他动物一样被切除。动物可以全身麻醉或镇静剂处理，绑定并给予骶尾部硬膜外注射或环形固定器进行局部麻醉。手术区域需要备皮、无菌处理，并且选取好断尾位置。然后，临床兽医在尾椎间隙的远端准备一个楔形的皮肤切口，从该处移除尾巴。该方法能够留下足够皮肤缝合尾椎残端[1]。临床兽医切开尾椎椎骨之间的尾巴，取下尾巴，缝合皮肤。如果出血过多，将血管灼烧，并且用生物可吸收材料缝合血管。术后动物采用广谱抗生素和破伤风预防方案进行处理。

参考文献

[1] Hooper RN: General surgery techniques—Part I. *Proceedings of the 69th annual Western Veterinary Conference*, *Las Vegas*, 1998, Nev.

[2] Johnson JH, et al: The musculoskeletal system. In Oehme FW, Prier JE, editors: *Textbook of large animal surgery*, Baltimore, 1976, Williams & Wilkins.

[3] Kent JE, Molong V, Graham MJ: Comparison of methods for the reduction of acute pain produced by rubber ring castrating or tail docking of week-old lambs, *Vet J* 155:39, 1998.

蹄部护理

大多数小反刍动物的跛行与蹄部的病理状况有关。调查发现，蹄部疾病的发生率在10%～19%[1,2]。蹄的过度生长是常见的蹄部疾病之一（图 11-8）。许多蹄部疾病归因于环境、营养以及组织，但是有些疾病通过适当的修整和管理是可以预防的。摄入的营养增加，特别是蛋白质的摄入增加，能够促进蹄部生长迅速。

图 11-8　一只 4 岁的尼日利亚侏儒母鹿由于在畜舍过冬缺乏运动造成蹄过度生长。足部下方的蹄壁已经卷曲。

小反刍动物的蹄部在干燥的环境中很少出现问题。在降水多的季节或者饲养环境变得潮湿和泥泞时，蹄部疾病发生率增加。当动物在坚硬、干燥的地面上活动时，蹄部问题就会减少。大多数绵羊和山羊需要修剪蹄部，因为缺乏在坚硬、干燥的地面运动产生的自然磨损；为了慢性蹄叶炎的管理，或为了增加产能而饲喂高能饲料，会引起蹄部的过度和快速生长。一些家畜需要每 6 周到 2 个月修剪一次蹄，以减少蹄部疾病的发生。蹄通常可以用剪刀适当地修剪，虽然有时也会用到修蹄刀[1]。

在修剪过程中，需要保持山羊站立，其他需要蹲坐在地面，或者靠在柱子旁。许多饲养员喜欢在修剪绵羊的蹄部时，将动物固定在一个斜槽处。但通常的经验是让绵羊用臀部坐立；而山羊，在站立时进行修剪更简单（图 11-9）。如果要求动物站立，它可能会疲劳，可以在修剪时将动物置于操作者和墙之间，以维持直立[1]。不论何种方法，完全固定住动物是重要的蹄部护理步骤。

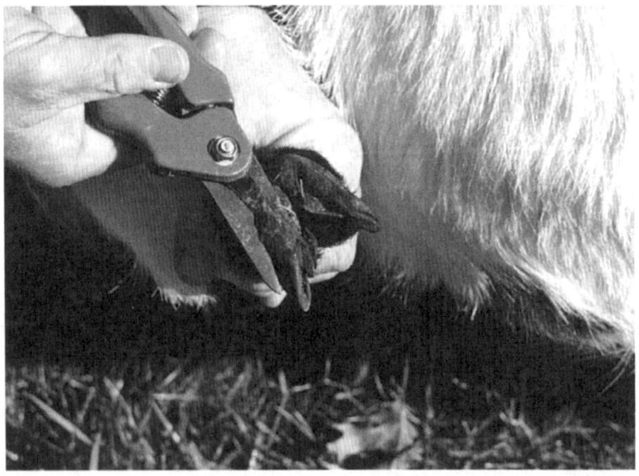

图 11-9　图 11-8 所示母鹿的蹄部修整，动物站立，抬起脚。修剪时，在弯曲的足部可以看到卷曲向下的侧面的蹄壁。

临床兽医或者饲养员在修整趾部和蹄底时，应当注意契合冠状带的角度。蹄趾内的污垢应当清除，以便于操作者确定移除的脚趾角的数量。在修整之后，蹄壁与冠状带应当维持几乎水平。蹄底的修整能够避免许多蹄部问题（图 11-10）。修剪蹄趾和侧壁后，临床兽医或饲养员应削减内壁短于外壁。如果蹄跟过长或者生长过度都应当切除。外部蹄壁应该比任何其他蹄结构稍长一点，因为它进行承重。如果蹄修剪不当，绵羊或山羊会用蹄趾或蹄的一侧或蹄后跟行走，蹄尖向上。蹄部问题的一个常见原因是内转的外壁，它会累积污垢并引发感染。内壁有时会向趾间间隙过度生长，使动物易患趾间疾病。如果饲养员通过修剪蹄的表面并保持蹄水平，而不是“涂油”或剪短蹄趾的长度，动物的蹄会变得更加平衡。在柔软的牧场或围场饲养的绵羊和山羊群，选择粗糙的地面放置饲料有助于减少修剪蹄部的次数。为山羊建造或堆叠粗糙的材料（水泥或混凝土块）也有助于减少修剪的次数。

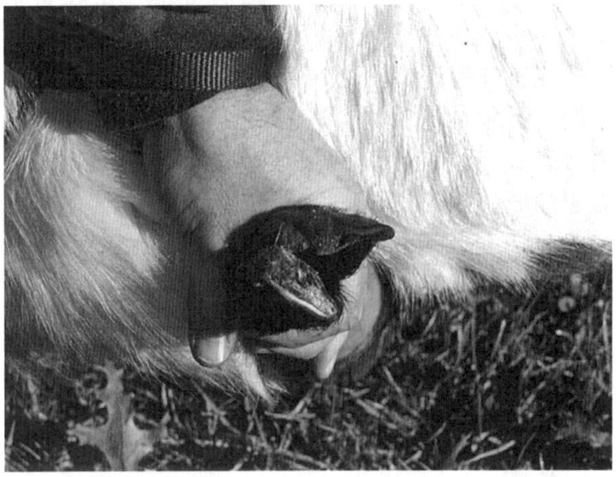

图 11-10　修剪后的蹄底，一只趾头修剪过，另外一只趾头的蹄壁过度生长。

饲料影响蹄部的状况和生长。动物摄入过多的能量和蛋白质，并且生活在柔软的地面上，更容易产生蹄部异常。一般来说，一个均衡饲料方案需要配合自由采食的矿物质补充剂，包括钙、磷和微量矿物质等。然而，在特殊情况下，需要选择一些饲养方案以增加蹄部的生长和健康。

在其他反刍动物（如牛）中，通过增加发酵率的改变正常瘤胃的功能日粮不利于蹄部健康[3]。特别是纤维摄入不足的高能量饲料会导致蹄部亚健康。在精料和粗饲料分开喂养的计划中，每日应将浓缩料等量分成 2 份或 2 份以上。该方案不仅可以促进动物的全身健康，还可以帮助减少维持瘤胃发酵和动物抗病力的微生物菌群的变化。饲料中干物质含量应当在 30%～50%及以上。青绿幼嫩饲料很少提供足够的有效纤维以优化瘤胃发酵。在日粮，特别是高浓缩日粮中添加缓释饲料，能够帮助反刍动物缓解消化紊乱，从而防止随后的蹄部疾病。异常的蹄部快速生长通常发生在放牧于茂盛和肥沃的牧场后引起异常反刍发酵时[3]。

某些维生素和矿物质也会影响蹄部健康。20 mg 生物素的添加能够增强蹄和趾的病变区短期愈合，降低牛蹄部疾病的发生[3]。此外，添加瘤胃酸化的饲料会降低微生物的生物素合成。有学者（Pugh D. G.）建议对有蹄部疾病史的绵羊和山羊饲料中添加生物素（3～4 mg/d）。其他维生素包括维生素 A、维生素 E 以及维生素 A 的前体 β-胡萝卜素，都对维持蹄部健康作用巨大。饲料中充足的维生素 A 和 β-胡萝卜素能够维持正常细胞复制、上皮细胞修复以及免疫功能。维生素 E 维持细胞完整和正常免疫功能。饲料应当同时包含这些必需营养素，当蹄部出现问题或者因为生产导致易患蹄部疾病（见第 2 章）。

钙是组成蹄部最主要的矿物质元素，蹄部生长时也需要。饲料中，钙浓度应当介于 0.6%～0.8%，并且钙磷比应当维持在 1∶（1～2）。蹄部生长的微量元素中，锌、铜、锰和钼的影响最大[3]。锌是正常免疫、角质层生成、维生素 A 代谢、上皮细胞修复以及蹄硬化必不可少的元素。在牧场、奶牛场和肉牛场进行的研究表明，日粮中添加锌，特别是螯合锌（蛋氨酸锌），可以改善蹄部健康，减少跛行[3]。这些矿物元素的添加对于改善蹄部整体健康效果显著。在绵羊中，为了预防腐蹄病而口服硫酸锌（0.5 g/d）会产生多种效果[4-6]。在豆类摄入量较高（高钙）的情况下，添加螯合锌（蛋氨酸锌）可能有益。铜是角蛋白合成和维持免疫功能所必需的，也是体内许多酶系统的辅助因子。全身性的铜缺乏可能主要（饮食中的铜不足）或部分受其他日粮因素（日粮中过量的钼、硫或铁）的影响。日粮中铜钼比应保持在（4～6）∶1，以确保机体有充足的铜可用。

土壤中的氮肥和石灰过多会抑制植物对铜和硒的吸收。干旱后，施肥严重的饲草和粗饲料可能携带大量硝酸盐，这些硝酸盐通过瘤胃内的厌氧微生物代谢被还原为亚硝酸盐。亚硝酸盐会直接影响蹄的生长，导致牛和其他反刍动物的角组织生长异常[3]。

营养方面，维持蹄部健康的关键在于尽量减少瘤胃酸化以及加强饲料中营养素的含量（如生物素、钙、锌）。

蹄部疾病

如本章开头所述，在小反刍动物中所患的各种疾病，随着病程发展，都会影响蹄部。本节所讨论的疾病都是蹄部特有的。

传染性腐蹄病

传染性腐蹄病是在绵羊和部分山羊中的一种严重传染性疾病，其引起的经济损失包括动物体重下降、羊毛产量低、预防和治疗费用高、产奶量减少[7]和动物早期被淘汰。该病的致病原因较多，最主要是感染厌氧型的节瘤偶蹄形菌（节瘤拟杆菌）。感染坏死梭形杆菌会诱发腐蹄病。以上两种微生物的感染在羊蹄部疾病中占大多数，因此必须考虑制定专门的方案来控制疫情，并且隔离新入群的羊[8]。化脓杆菌（放线菌）感染会增加蹄部对以上两类微生物的易感性。有报告称，一定数量的螺旋菌也与山羊腐蹄病和牛趾间皮炎有关[9]。目前已经鉴定出多种节瘤偶蹄形菌，大致分为良性和剧毒性。剧毒性菌株能够合成一种热稳定蛋白酶，具有强烈的分解角质的能力[1,2,10-12]。从 247 个澳大利亚西部农场分离的 735 株节瘤偶蹄形菌，通过凝胶电泳分离鉴定出 181 个分子亚型。分离出来的大部分菌都为三种常见的克隆菌株，并且同样在澳大利亚其他地方也有所发现。在某些农场里，一些菌株的分子亚型经过数年仍然维持稳定，然而也有在其他农场里，不同畜群或者蹄的位置不同所含菌株的分子亚型都不同[13]。

在世界各地，只要出现温暖和持续湿润的时期，就会发生腐蹄病。许多地区的春季和秋季是传染发生最厉害的时间。只要环境条件适宜，大量家畜会被感染。所有年龄段的动物都易患病，但是疾病的严重程度往往与年龄成正比。美利奴绵羊是最易患病的品种，而其他品种（如北美墨西哥湾区本地羊）的抗病力较强。某些动物未受到感染或者病情较弱，考虑可能是遗传抗病力决定的[11,12]。过度生长的蹄以及蹄的颜色（白色）都使动物易患病[4]。

节瘤偶蹄形菌的传染途径主要是患病动物蹄部的微生物，转移至土壤里，通过直接接触其他绵羊的蹄部进行感染[11]。该微生物在环境中只能存活数天到数周，但是在绵羊和山羊身上能够存活数年。新的感染通常发生在引入新的动物，或动物接触到最近被感染群体生活的土地时。将动物集中饲养在狭小的区域、潮湿的牧场、草势旺盛的土地（可能擦伤趾间皮肤）和潮湿或多雨的环境下，均会诱发感染[4,11]。

致病机理

潮湿环境导致组织变软，变软的组织易受坏死梭状杆菌（或者化脓杆菌）的感染，从而引起节瘤偶蹄形菌的进一步感染[4]。绵羊感染坏死梭状杆菌后，较轻的临床症状为趾间炎，并且通常会在地面干燥之后痊愈[11]。但是，在山羊中，趾间炎可能会造成严重跛行。

当感染趾间炎的绵羊和山羊接触节瘤偶蹄形菌后，蹄质变软产生空洞，但是不会恶化。这一情况称为良性（非进行性）腐蹄病。如果绵羊与剧毒性节瘤偶蹄形菌接触，会诱发急性腐蹄病。

临床症状

腐蹄病通常感染动物多只脚的蹄部。良性腐蹄病表现为趾间炎症和坏死。变软的蹄部呈现苍白色以及斑点状，可能与皮肤分离，但是坚硬的蹄部不会与皮肤分离。良性腐蹄病常常发生在畜群里的一头或者少数几头动物身上。急性腐蹄病常常造成畜群里许多动物产生严重跛行，在蹄底产生小洞。严重的病例中，整个蹄部与蹄底的组织分离。患病部位有恶臭的液体渗出。患病动物会拖着患病肢体、膝盖跪卧吃草，或者斜躺。其他临床症状包括发热、厌食和体重减轻。继发性细菌感染和蝇蛆病可能使蹄部感染复杂化。

即使产生明显跛行，山羊腐蹄病一般也比绵羊的病程轻。与同样感染节瘤偶蹄形菌的绵羊相比，患病山羊一般会得趾间炎，偶尔蹄部会存在空洞[10,14]。

诊断

急性腐蹄病的诊断通常依据畜群内大量动物患趾间炎和跛行的临床表现。趾间的渗出物进行革兰染色会发现大型、弯曲、革兰阴性、棒状的节瘤偶蹄形菌；然而，由于需要的生长条件特殊，也可能分离失败[15]。区分良性和恶性菌株是通过试验[11]。血清学检查有助于鉴定携带者。但是抗体水平仅在短时间内升高，所以检测结果不一定准确。疫苗接种可能干扰抗体的检测结果。腐蹄病是造成绵羊跛行的最常见原因。其他造成跛行的疾病包括蹄脓肿、蹄叶炎、蓝舌病以及口蹄疫。

治疗

多年来的主要治疗方案是适当修整蹄部。尽管患病时进行蹄部修剪的治疗方案已经逐渐被淘汰，因为它会产生短期的跛行，但也有医生称，适当的修剪可以产生非常高的治愈率，而无须其他形式的治疗[4]。修剪后在蹄部使用抗菌药物可进一步提高治愈率。局部治疗包括使用抗生素（四环素）和防腐剂（硫酸铜、硫酸锌、头孢氨苄或 4%～5% 福尔马林)。如果只有少数动物受到影响,可以用喷雾器或刷子进行药剂涂抹;包扎可以确保药物与患病组织充分接触[11]。

蹄浴是一种更实用的方法来治疗动物。一般来说,患病动物应该与未患病动物隔离饲养。两组动物都要经过足浴,在干燥地面站立数小时,然后才进入单独的干净牧场。如果这个过程重复几次,大部分动物会康复,剩下的动物直接淘汰。即使浸泡时间为 10 d 一次,延长浸泡时间(1 h)可能比短时间蹄浴更有效[16]。硫酸铜(5%)、硫酸锌(10%)和福尔马林(5%)都可用于蹄浴,并且效果类似。硫酸锌是首选,因为它比福尔马林更安全、更舒服、不会污染羊毛,而且与硫酸铜相比毒性更小[17]。

一种阴离子表面活性剂——十二烷基硫酸钠能增强硫酸锌溶液的渗透性[11,16]。干蹄浴(85%的石灰,15%的硫酸锌)也有疗效。在设计蹄浴系统时,临床兽医应注意绵羊能跳跃较长的距离,而山羊能在小木板的边缘行走。蹄浴容器应当具有坚固的边框,至少 2.5～3 m。无论采取什么类型的蹄浴,在蹄浴之前进行蹄部修整能够增加疗效。

在治疗腐蹄病方面,已经证实有几种全身性抗生素的疗效显著。在干燥的饲养环境中,使用青霉素(20 000～30 000 IU/kg,肌肉注射,每日 2 次)、长效土霉素(20 mg/kg,皮下注射,每 72 h 1 次)、红霉素(3～5 mg/kg,肌肉注射,每日 2 次)、林可霉素、大观霉素、氟苯尼考(20 mg/kg,肌肉注射,每 48 h 1 次)的疗效都很好。但不是所有国家都批准以上的治疗方案[18,19]。

相比于生理盐水处理的对照组,用硒处理的患腐蹄病绵羊能够更快地愈合。研究开展前,临床正常绵羊的全血硒水平高于具有临床症状的绵羊[20]。

在一项治疗绵羊腐蹄病的随机研究中,通过检测蹄部病变和跛行程度的变化,发现使用非甾体抗炎药治疗前后无明显差异,而采用注射抗生素却能够缩短治疗时间,在确诊后,如果进行蹄部修剪也会增加病灶和跛行的恢复时间。因此,建议对于患病动物,可采用注射抗生素和禁止蹄部修整的治疗方案,缩短患腐蹄病绵羊的愈合时间[21]。使用抗生素可以在一定程度上控制绵羊的腐蹄病。定期修剪患病和正常的蹄部会加剧病症恶化,一方面是经由环境造成二次污染,另一方面是刚修剪的蹄部也容易感染疾病[22]。

接种疫苗可以缩短畜群的患病时间。但也有许多病例中存在因注射而产生应激[11]。在暴发期间接种疫苗的治疗方案是需要仔细权衡的,一旦决定接种,建议选择血清型特异的单价或二价疫苗[23]。

预防

急性腐蹄病虽然能够被根除,但是非常困难,特别是大多数月份里潮湿的地区[11]。框 11-2 所总结的是腐蹄病预防方案。治疗患病动物、淘汰慢性病患畜、隔离新入群动物是根除该疾病的主要方案。新入群动物应该在雨季进行隔离,然后再放入无腐蹄病的畜群。很明显,任何在检疫期间有腐蹄病迹象的动物都应该被淘汰。

框 11-2　腐蹄病预防方案*

- 隔离患病动物,修剪蹄部时,不同动物间要进行修剪设备的消毒处理。
- 所有动物进行 15%的硫酸锌足浴。条件允许时,确保动物在足浴溶液里站立 30 min。足浴每隔一周应当重复 2～4 次。
- 患病和健康的绵羊需饲养在闲置(干净)的牧场或围栏。
- 淘汰患病严重及治疗效果差的动物。
- 在预计会暴发腐蹄病(每年几乎同一时间)的季节来临前的 8～12 周,接种基于农场的血清型特异疫苗(单价或者二价)。
- 选择性育种能够降低疾病易感性。

* 可以采用该方案中的部分或者全部手段。无论何种方案,腐蹄病的主要治疗手段是预防。

针对畜群特异的腐蹄病,接种疫苗有助于减少腐蹄病的数量和减缓腐蹄病的影响,针对农场患病动物处分离的病原体亚型而接种的疫苗,必须配合持续的足浴和清群才能维持治疗效果。可供选择的疫苗类型有多种。一般接种的方案为间隔 6 周接种 2 次疫苗,在雨季来临前几周补充接种也会提高免疫效果[4]。在预测的临床病例增加前,掌握该病原体的季节性感染模式和疫苗接种情况,有助于提高疫苗接种的有效性[4]。抗腐蹄病的遗传选择手段能够从根本上控制疾病发生。

近年来,腐蹄病疫苗领域出现许多令人振奋的研究进展,这些进展使得疫苗接种后能够产生增强的免疫应答,从而对疾病产生更强的抵抗。服用褪黑素并且接种腐蹄病疫苗能产生更好的免疫反应[24],因为褪黑素对血小板的功能有促进作用[25]。褪黑素还能增强接种过腐蹄病疫苗的动物的免疫反应[26]。

商业化腐蹄病疫苗中含有 9 类节瘤偶蹄形菌亚型的抗原,由于抗原的竞争作用,机体只能产生短期低水平的抗体应答。具有 1～2 个亚型的疫苗将提供更好的长期免疫应答。为避免疫苗间的相互影响,两种不同的二价疫苗间隔 3 个月接种免疫效果更好。这种方法有望更好地根除农场中的由几种不同类型节瘤偶蹄形菌引起的腐蹄病[27]。

一项研究报告称,在澳大利亚的两个农场中,通过全群接种农场特异菌株的一价全细胞疫苗 1 年,同时淘汰少数没有免疫应答的动物,从而彻底消灭了腐蹄病[23]。另一报告中称,在未进行其他腐蹄病治疗方案的情况下,通过连续 2 年全群接种由自体产生的节瘤偶蹄形菌血清 B 型的疫苗,根除了农场的急性腐蹄病(该病已经存在 10 年)[28]。节瘤偶蹄形菌亚型的新菌株已经有所报道。对于尝试采用特异的靶向疫苗根除农场内腐蹄病的应用中,确认该菌株与腐蹄病相关尤为重要[29]。

蹄叶炎

蹄叶炎(皮肤真皮层和表皮层的炎症)是绵羊和山羊中相当常见的疾病。该病通常由于动物摄食大量精料或肥沃的草料导致。蹄叶炎同时也与系统性疾病有关,如肺炎、乳腺炎和子宫炎;此外,该病通常发生于分娩后[30]。

临床症状

蹄叶炎的临床症状包括跛行和蹄部发热。患羊步态强拘,喜欢趴卧。在慢性病例中,蹄部畸形、以蹄趾"翘起"为特征。蹄叶炎通常伴有原发性胃肠道疾病,如腹胀、腹泻和毒血症。确诊时要区别于其他病症,如腐蹄病、山羊关节炎-脑炎和由于营养缺乏导致的跛行、步态强拘和趴卧。

治疗和预防

主要治疗方案是使用非甾体抗炎药,如苯基丁氮酮(4~10 mg/kg,口服,每天 1 次)、氟尼辛葡甲胺(1 mg/kg,每天 1 次),或者阿司匹林(100 mg/kg,口服,每天 2 次),以及按照原发性疾病进行治疗。如果控制发病原因,多数动物都会康复[31]。通过缓慢增加谷物的饲喂量可以降低蹄叶炎的发病风险。为了防止精料的突然增加而诱发疾病和降低蹄叶炎的发病率,应当确保动物摄入足够饲草,并且可以在饲料中添加瘤胃缓冲液。

多毛性蹄疣

近几年来,存在关于英国绵羊罹患严重腐蹄病的报道。患病动物通常只有一个趾头患病,但相连的蹄壁会因剧烈疼痛造成动物的肢体无法承重。暗视野显微镜观察从患病足蹄部取出的棉签,发现存在螺旋菌。分离出的螺旋菌在酶学和生物化学上与造成牛真皮皮炎(多毛性蹄疣)的螺旋菌相似[32]。当病情严重时,只能选择截肢进行治疗。不过在采取截肢治疗前,可以尝试四环素局部疗法。四环素通过蹄浴、注射或涂抹在病灶上进行治疗。

趾间纤维瘤

小反刍动物偶尔会患趾间纤维瘤,但更多是牛易患此病。动物的趾间皮肤增生、皮肤组织肿大或感染后,会引起动物跛行。有报道称,趾间纤维瘤的发病原因包括肥胖、腐蹄病和蹄形异常[18]。

可选的治疗方案包括在动物全身麻醉或者使用镇静剂和局部麻醉的情况下进行手术切除。也可以采用消融治疗技术、腐蚀药物治疗或局部腐蚀剂治疗方案。手术后,蹄需要包扎绷带。用金属丝固定蹄趾,可以防止趾间皮肤的伸缩和运动,从而促进愈合。趾间纤维瘤一般容易复发[18]。

参考文献

[1] Cottom DS, Pinsent PJ: Lameness in the goat, *Goat Vet Soc J* 9:14,1988.

[2] Chakrabarti A: Incidence of foot disorders in goats in Tripura, *Indian Vet J* 74:342, 1997.

[3] Greenough PR, Schugel LM, Johnson AB: *Illustrated handbook on cattle lameness*, Eden Prairie, Minn, 1996, ZinPro.

[4] Morgan K: Footrot. In Boden E, editor: *Sheep and goat practice*, London, 1991, Baillière Tindall.

[5] Cross RF, Parker CF: Oral administration of zinc sulfate for control of ovine footrot, *J Am Vet Med Assoc* 178:704, 1981.

[6] Cross RF, Parker CF: Zinc sulfate foot bath for control of ovine foot rot, *J Am Vet Med Assoc* 178:706, 1981.

[7] Christodoulopoulos G: Foot lameness in dairy goats, *Res Vet Sci* 86:281, 2009.

[8] Bennett G, et al: *Dichelobacter nodosus*, *Fusobactrium necrophorum* and the epidemiology of footrot, *Anaerobe* 15:173, 2009.

[9] Dhawi A, et al: Bovine digital dermatitis and severe virulent ovine foot rot: a common spirochaetal pathogenesis, *Vet J* 169:232, 2005.

[10] Egerton JR: Footrot of cattle, goats, and deer. In

Egerton JR, Yong WK, Riffkin GG, editors: *Footrot and foot abscess of rumi nants*, Boca Raton, Fla, 1989, CRC Press.

[11] Stewart DJ: Footrot in sheep. In Egerton JR, Yong WK, Riffkin GG, editors: *Footrot and foot abscess of ruminants*, Boca Raton, Fla, 1989, CRC Press.

[12] Kimberling CV, Ellis RP: Advances in the control of foot rot in sheep, *Vet Clin North Am Food Anim Pract* 6:671, 1990.

[13] Buller NB, et al: Understanding the molecular epidemiology of the footrot pathogen *Dichelobacter nodusus* to support control and eradication programs, *J Clin Microbiol* 48:877, 2010.

[14] Ghimire SC, Egerton JR, Dhyngyel OP: Transmission of virulent footrot between sheep and goats, *Aust Vet J* 77:450, 1999.

[15] Rings DM: Ovine contagious foot rot. In Howard JL, Smith RA, editors: *Current veterinary therapy* 4, food animal practice, Philadelphia, 1999, WB Saunders.

[16] Bulgin MS, et al: Comparison of treatment methods for the control of contagious ovine foot rot, *J Am Vet Med Assoc* 189:194, 1986.

[17] Ortolani El, Antonelli AC, de Souza Sarkis JE: Acute sheep poisoning from a copper sulfate footbath, *Vet Hum Toxicol* 46:315, 2004.

[18] Radostits OM, et al: *Veterinary medicine*, ed 9, Philadelphia, 2000, WB Saunders.

[19] Vandyke S, et al: Treatment of ovine foot rot: use of florfenicol versus oxytetracycline for treatment of ovine foot rot, *Sheep Goat Res J* 15:54, 1999.

[20] Hall JA, et al: Effect of parenteral selenium administration to sheep on prevalence and recovery from footrot, *J Vet Intern Med* 23:352, 2009.

[21] Kaler J, et al: Randomized clinical trial of long-acting oxytetracycline, foot trimming, and flunixine meglumine on time to recovery in sheep with footrot, *J Vet Intern Med* 24:420, 2010.

[22] Green LE, et al: Looking after the individual to reduce disease in the flock: a binomial mixed effects model investigating the impact of individual sheep management of footrot and interdigital dermatitis in a prospective longitudinal study on one farm, *Prev Vet Med* 78:172, 2007.

[23] Dhungyel OP, Lehmann DR, Whittington RJ: Pilot trials in Australia on eradication of footrot by flock specifc vaccination, *Vet Microbiol* 132:364, 2008.

[24] Ramos A, et al: Evolution of oxidative/nitrosative stress biomarkers during an open-feld vaccination procedure in sheep: effect of melatonin, *Vet Immunol Immunopathol* 133:16, 2010.

[25] Regodon S, et al: Melatonin, as an adjuvant-like agent, enhances platelet responsiveness, *J Pineal Res* 46:275, 2009.

[26] Regodon S, et al: Melatonin enhances the immune response to vaccination against A1 and C strains of, *Dichelobacter nodosus*, *Vaccine* 27:1566, 2009.

[27] Dhungyel OP, Whittington RJ: Modulation of inter-vaccination interval to avoid antigenic competition in multivalent footrot (*Dichelobacter nodosus*) vaccines in sheep, *Vaccine* 28:470, 2009.

[28] Gurung RB, et al: The use of an autogenous *Dichelobacter nodosus* vaccine to eliminate clinical signs of virulent footrot in a sheep flock in Bhutan, *Vet J* 172:356, 2006.

[29] Zhou H, et al: Identifcation of two new *Dichelobacter nodosus* strains in Germany, *Vet J* 184:115, 2010.

[30] Guss SB: *Management and diseases of dairy goats*, Scottsdale, Ariz, 1977, Dairy Goat Journal Publishing.

[31] Bulgin MS: Diagnosis of lameness in sheep, *Comp Cont Educ Pract Vet* 8:F122, 1986.

[32] Naylor RD, Martin PK, Jones JR: Isolation of a spirochete from a case of severe virulent ovine footrot, *Vet Rec* 25:690, 1998.

第12章 泌尿系统疾病

泌尿系统初步评价

病例记录

规范的畜牧卫生记录用于动物兽医护理评估很有用。山羊与绵羊常见疾病往往与管理规范相关，因此，管理记录有利于辅助诊断、有利于动物管理方案的修改。

牲畜出现泌尿系统疾病迹象时需询问畜主关于它们的饮食管理方式、临床症状的持续时间和进展、治疗管理方案、治疗效果，最后需观察牲畜的尿液质量。对于母畜，它们的妊娠、分娩及难产记录都可能作为诊断参考。对于公畜，应该查明它们的去势时年龄。畜主可通过及时注意牲畜的胃肠和生殖道疾病的一些迹象来分辨是否是牲畜的尿道疾病的临床表现(如紧张和腹痛)。因此，在初步会诊时及早发现这些症状，对于迅速建立适当的兽医护理至关重要。

体格检查

由于泌尿系统的普遍特性，特别是雄性绵羊或山羊，任何患病的动物都应该接受尿路评估。评估应从全面、系统的体格检查开始，以确定任何系统性疾病的迹象，包括精神抑郁、脱水、发烧、腹胀和瘤胃蠕动迟缓，记录下来这些症状用于确定尿道疾病的位置。在检查过程中，通过观察动物的排尿行为，可将其分类为正常排尿、排尿困难、尿频及尿多等现象，同时观察是否出现尿烫伤。

测定小反刍动物的腹部轮廓一般很容易给出其腹部诊断结果。获取腹内情况可通过膀胱触诊、叩诊或者振荡诊断。公畜中，由于尿道从盆骨沿体壁至外部尿道口，因此可间接观察它。在这段范围内出现局部或者广泛性的肿胀暗示着可能有梗阻、尿道破裂、血肿或脓肿。此时可检查外阴和阴毛是否有砂砾、血、脓血和尿液，并且检查近期的排尿行为是否一致。

阴茎的检查应将阴茎外化并检查其包皮和游离部分。这部分评估可以在未服用镇静剂的动物身上完成，方法是让它臀部着地“坐着”，或者让它侧卧，将上肢向前拉(见第1章和第8章)。对某些检查困难的动物可能需要使用局部麻醉或镇静剂。镇静可以通过注射普罗吩胺(0.05～0.1 mg/kg 静脉注射或肌肉注射)或使用安定药(慢静脉注射 1 mg/kg)；另一种方法是，使用2%利多卡因(1 mL/7 kg)的腰骶硬膜外腔麻醉代替镇静剂，以减轻不适和帮助阴茎外化。在有潜在尿路梗阻的动物中应避免使用甲苯噻嗪，因为其有利尿作用[1,2]，如有梗阻，则会增加尿路破裂的风险。

辅助诊断检测

全血计数和血清生化指标测定

全血计数(CBC)和血清生化的结果可以帮助诊断、预测、管理和监测涉及尿路的疾病。然而，在患有尿路疾病的动物中，血液分析的值是否在正常范围内(根据参考范围确定)，取决于疾病的严重程度和持续时间。由于这个原因，本节着重对识别出来的异常现象做出解释(见附录2，表2-1至表2-3)。

全血计数值异常可能包括慢性炎症性贫血、肾功能衰竭、应激或炎症性白细胞增多症和高纤维蛋白原血症。慢性炎症性贫血是一种非再生性贫血，表现为红细胞形态和颜色正常，这种贫血通常是从轻度到中度的严重贫血[3]。这种贫血的病理机制是炎症介质浓度的增加导致红细胞寿命减少和骨髓功能损伤。慢性肾功能衰竭性贫血也是红细胞及红细胞数量正常，但是这种贫血可能会比慢性炎症的贫血更严重。这种贫血的机制是肾脏中红细胞生成素产量减少。血红细胞在反刍动物中寿命较长（125～160 d）[4]，可有效防止急性肾功能衰竭（ARF）性贫血的发展。

炎症性疾病在绵羊和山羊中很常见，白细胞象主要反映的是炎症的过程对上尿路的影响。大多数反刍动物的中性粒细胞与淋巴细胞比值（N∶L）为 1∶2，但在成年山羊中，比例通常是 1∶1。N∶L 比值对于各种类型细胞的实际数量更有参考价值。绵羊和山羊有一个小的中性粒细胞循环池，因此中性粒细胞减少症通常发生在严重炎症发作后的 24～48 h，随之而来的是 N∶L 值的降低。不成熟中性粒细胞（带）的存在被称为左移，并意味着严重的炎症。这是严重急性炎症中常见的现象，如果持续左移意味着预后较差。随着中性粒细胞带的显现即 N∶L 的比例的增加，则可能是一种炎症型白血病。N∶L 值反转超过 2∶1，但却没有出现中性粒细胞带则意味着应激型白血病。应激型白血病的发生由于皮质类固醇的控制作用和内源性类固醇的释放，一般是由非炎性疾病引发的。纤维蛋白原是一种正向急性期蛋白质，在反刍动物炎症开始 2 d 后增加[5,6]。

血清生化指标用于测定可能因肾病而改变的肾脏内的酶和电解质。尿素氮（BUN）被解释为肾小球滤过率（GFR）的量度，反映肾脏的灌注量和功能。尿素氮的水平受饮食和瘤胃的尿素回收能力影响。肌酐在机体内产生和消耗并长期保持稳定的含量，不被其他因素影响，这使得它在用于评估反刍动物泌尿系统疾病方面有着非常突出的作用。氮质血症的产生是以高水平的 BUN 或者高水平的肌酐为标志的，可能是肾前、肾脏本身或者肾后的原因。肾前性氮质血症是由于容量减少型肾小球二次过滤率减少以及脱水所产生的。肾源型氮质血症是由于超过 75% 的肾单位失去作用并且表现为肾衰竭。动物得了肾前性和肾源氮质血症在临床上都表现为脱水，因此区别它们主要依赖于尿液的特殊比重。分泌充足且浓度高的尿液（见接下来的“尿液分析”部分）意味着存在足够功能完整的肾单位产生尿液，因此这是肾前性氮质血症。分泌低浓度尿液则意味着肾衰竭，但是也要考虑别的因素引起尿液稀释的原因，如治疗所用的利尿药或者糖皮质激素的影响以及低钠或者低钾所造成的影响。对肾性氮质血症的进一步描述涉及排泄分数（FE）即电解质——钠的测定。排泄分数是肾功能指标里面的一个灵敏指标，反映的是一种元素经肾小球的滤过作用后在尿液中流失的百分比。整个过程包括对血清和尿液的收集以及对它们各自肌酐和钠离子浓度的分析。下面的公式用于对 FE[7] 的计算。

$$FE_{Na^+} = ([Na^+]_{尿}/[Na^+]_{血清}) / ([肌酐]_{尿}/[肌酐]_{血清}) \times 100$$

正常绵羊的钠排泄分数小于 1%[7]，如果这个分数大于 1% 则意味着原发性肾管疾病或者钠中毒。经由发病史、临床检查及影像方面研究确定，肾后源性氮质血症一般由尿路阻塞所引起。如果尿路被长时间堵塞则会导致肾脏受损、恶化氮质血症。

肾疾病可能伴随着低钠血症或者低钾血症状的出现，这两种症状的出现都是由于肾脏功能的损失和饮食摄入量减少所致。在单胃动物的肾衰竭中能看到高钾血症，而在反刍动物中则不一样，是在尿路被堵塞或者发生肾脏疾病时能看到高钾血症。钠的储存是为了应对因血容量低而释放的醛固酮所带来的干扰[8]。这种转变使钾离子取代钠作为唾液中的主要阳离子，从而促进胃肠道中钠的吸收。由于钾离子向细胞外转移使得代谢性酸中毒的动物也可能表现出高钾血症。反刍动物磷的排泄方式主要是通过排到唾液中，而不像别的动物通过肾脏[9]。羔羊中只有 3% 的磷是通过肾脏排泄[9]。因此肾小球滤过减小与它们血清中磷含量的增加关系不大。但是测得磷含量增加，也要引起注意。因为钙离子与磷离子的络合作用，特别是在血磷酸盐过多的动物中，即使是轻微的低血钙症也应该被关注。高镁血症同样与肾小球滤过率减低有关。患尿路疾病动物的酸碱状态是可变的，可以通过血清化学试验测定平均总二氧化碳（TCO_2）来进行部分评估，高 TCO_2 表明代谢性碱中毒和低值指示代谢性酸中毒（见附录表 2-4）。

尿液分析

对怀疑患有尿路疾病和因治疗手段对尿路造成了影响以及患有其他能影响尿路的疾病的动物都可进行尿液分析。身体检查过程中可以通过牲畜自身排尿获取自由尿样,也可通过捂住它们的鼻子(绵羊)、置于一新的围栏中、将之暴露于一种新的动物面前、使之躺下一段时间后再让其站起来等方式刺激它们排尿获取尿样。如果动物不能自主排尿提供尿样或者尿路特殊的情况下,则需要导管取样或者膀胱穿刺取样。公绵羊、鹿以及去势的雄性动物的坐骨弓的同一水平面上都拥有一个尿道憩室或者凹处,它与尿道相连并含有尿道球腺的导管[10]。这种结构很容易插入导尿管,防止膀胱逆行性导管插入。公畜的导管插入术可通过使用J型曲形人类心脏导管来实现[11]。在母羊和母鹿中,尿道下憩室位于外尿道口下方,进行膀胱的逆行性导管插入时须绕过它。

收集到足够的尿样后,需对尿液的颜色及清晰度进行粗略检查。可用商业试纸进行生化检测。除此之外,可用手持折射仪进行尿比重检测,对样品在 450*g* 离心分离 3～5 min,然后对其沉淀物和上清液进行分析[12]。

尿液比重可用于分析氮质血症,但分析时应使用折射仪而不是商业试纸,因为商业试纸的上限为 1.025～1.030。由于尿液浓缩能力在氮质血症发生前已经丧失,因此在患有氮质血症的动物中出现稀尿就意味肾脏功能的损失,尿比重超过 1.025 的反刍动物尿液样品被认为是拥有足够的尿液浓缩能力。尿液比重的数据结果分析应该要慎重,不应只从单个样品的测试结果来下定论,据报道(来自 M. J.)正常的羊可在饮食中不加盐使其尿比重低至 1.003。

尿液试纸检测现在可以对尿液的 pH、蛋白质、葡萄糖、酮类、潜血、胆红素、尿胆素原、亚硝酸盐和尿比重进行生化检测。尿液 pH 的确定最好是用 pH 仪测定[13],但是尿检试纸测量也以提供有效的建议。在反刍动物中,尿液的 pH 一般是碱性,为 7.5～8.5[14]。绵羊与山羊在出现由肠阻塞或近端肠梗阻引起的代谢性碱中毒时通常会出现反常的酸性尿,但是在严重的代谢性泌尿疾病和酸碱紊乱泌尿疾病中也会出现。多种病理生理机制中的任意一种与肾血流量、钠、氯及钾的缺少有关的因素都可能是酸性尿的诱因[15]。

尿液中一般只含有很少量的蛋白质,使用尿检试纸检测一般检测不出或者只检测出很少量的蛋白质。然而绵羊与山羊的正常碱性尿液会影响蛋白质反应,导致过高读取蛋白质[14]到 1+或者 2+。为了明确确定被高估的蛋白质水平是否存在,可进行磺基水杨酸浊度试验或者比色分析。如果确定是蛋白尿,在获取尿液作为随机样本时应该考虑到肾后性作用的影响,包括膀胱炎、尿道炎和远端尿道渗出性过程等病症。靠近肾脏的蛋白尿原因包括肾前(如肌红蛋白和来自血管内红细胞溶血释放的血红蛋白)和肾后(如肾炎、肾小球衰变以及肾后部的肾小管损伤)。肾小球性蛋白质损失往往是大量蛋白质损失,会导致显著的血浆蛋白水平下降。由于肾对初乳蛋白的渗透性较大,使得大约在 2 日龄的新生绵羊和山羊可能出现蛋白尿[16]。

正常情况下,尿葡萄糖反应应该是阴性的。反刍动物的葡萄糖的肾糖阈被认为是在 100～140 mg/dL[17],当然,也有研究表明山羊的葡萄糖肾糖阈低至 81 mg/dL[18]。血液中葡萄糖含量超过这个阈值将会导致糖尿,常见的原因有梭状芽孢菌D型肠毒血症[19]、皮质类固醇、甲苯噻嗪或葡萄糖。比较少见的原因包括应激影响和肾小管疾病[14]。

尿酮浓度对检测脂肪代谢异常有帮助,如负能平衡综合征,包括妊娠毒血症以及饥饿(见第 2 章和第 8 章)。在母羊和母鹿中,测定尿酮的浓度来分析妊娠毒血症是最有用的测定方式(图 12-1)。在身体产生的三种酮体中,通过尿酮条只能检测乙酰乙酸和丙酮,检测不出 *β*-羟丁酸这种主要的酮类。如果样品的检测被延误或者 *β*-羟丁酸没有被算到单个动物产生的酮体中,会得到假阴性或者酮体浓度被低估的结果。

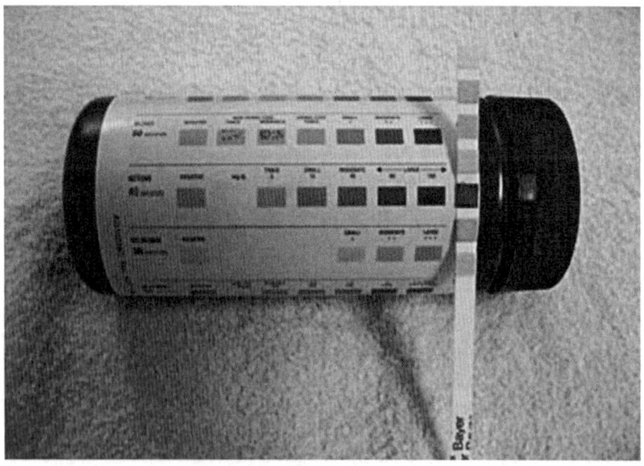

图 12-1 使用商品化尿检试纸测试母山羊,结果为妊娠毒血症。尿酮浓度异常地高达约 100 mg/dL。

尿潜血的阳性意味着在尿样中出现血红蛋白、肌红蛋白或者全血。区分这些可以以一种离心的方式进行,特别是尿液存在明显颜色时。红色或者棕色尿液不能作为出现血红蛋白或者肌红蛋白的依据(图 12-2)。第一步,将尿样进行离心并检测沉淀。如果上清液清澈且沉淀的主要组成是红细胞，则证明是血尿且意味着有出血现象或者是炎症状态。当离心后上清液是红色或者棕色，且没有出现沉淀或者出现沉淀但沉淀中并没有完整的红细胞，就说明是血红蛋白尿或者肌红蛋白尿，此时应该抽取血样，并将血样在微量血细胞比容管中进行离心，寻找是否存在粉红血浆及贫血现象来证明是否是溶血。若没有证据来证明溶血存在，则最有可能是肌红蛋白尿，可以通过临床检查、病史以及血清学指标上肌酶是否升高来进一步确认。肌红蛋白分子比血红蛋白分子更小，因此更容易进入尿液。肌红蛋白在尿液中出现却不会出现在血清中。如果血红蛋白在血液中积累到超过肾糖阈就会被过滤到尿液中。若血红蛋白在尿液中出现则在血清中也会有。

图 12-2　由酮中毒的羊获取的尿液外观图。正如颜色显示的，这种棕色尿样实际上包含了大量血红蛋白，而不是肌红蛋白。

血尿中血红蛋白尿与肌红蛋白尿的潜在病因总结在框 12-1。血管外溶血和脾脏介导性溶血疾病（如无浆体病）将不会导致血红蛋白尿，血红蛋白尿只有在血管内出现溶血的情况下出现。若山羊和绵羊的饲养史中包含有芸薹属作物，则很少发现有低磷性血红蛋白尿的出现[20,21]。喂养初乳的羔羊中发现有新生儿溶血性贫血[22]，但血红蛋白尿这种常见临床疾病很少在它们身上出现。经发现，很多动物在急速饮用大量冷水后会出现冷水导致的溶血性贫血。这是由于血浆渗透压的下降导致红细胞脆弱从而引起溶血性贫血。山羊血细胞存在高渗脆性，致使山羊成为对这种情况最敏感的物种[23]。

框 12-1　红色与棕色尿液的鉴别诊断

血尿*
膀胱炎
肾盂肾炎
生殖道污染
蕨中毒
非阻塞型尿石症
创伤
广泛性血管内凝血
血红蛋白尿
铜中毒
水中毒/新生儿溶血性贫血（山羊最常见）
钩端螺旋体病
细菌血红蛋白尿（梭状芽孢杆菌溶血）
植物毒性：芸薹、洋葱
缺磷
肌红蛋白尿
严重的肌变性/肌炎
长时间侧卧
创伤

* 显示有全血。

胆红素尿（结合胆红素）可由溶血性疾病、肝脏衰竭或者胆道阻塞引起。值得注意的是，通过试纸测试确定的尿胆素、亚硝酸盐和尿比重，在兽医医学中并不被认定是诊断性结论[12,14]。

参考实验室证明，尿液 γ-谷氨酰转移酶（GGT）的浓度在山羊和绵羊肾病的研究中有诊断价值，因为肾小管上皮细胞有这种酶，此处不影响血清的浓度[24,25]。在两种不同的研究中表明，尿液 GGT 浓度在正常成年绵羊中分别是 3～33 U/L（平均为 13.9 U/L）[7]和 6.8～24.6 U/L（平均为 15.7 U/L）[27]。在实验中使用氨基糖苷引起绵羊肾脏中毒，平均 4.5 d 后尿液 GGT 水平上升[27]。

尿液沉积物检查是为了识别细胞、细菌、管型、晶体或其他碎片的存在。细胞成分包括典型的红细胞和白细胞，以及可能来自泌尿道任何部位的表皮细胞。红细胞和白细胞在尿液中会快速退化，只能在新鲜的样品中准确地检测出来。大量红细胞的出现暗示着存在氮质血症，是造成红色尿液出现和尿潜血检测呈阳性的原因，红色尿样与棕色尿样分析的区别和注意事项列在框 12-1 中。大量白细胞特别是中性粒细胞的出现，是由于发生炎性渗出，这些细胞一般来自肾盂或者膀胱。如果在尿液分析中发现细菌,区分这些细菌是尿样被污染还是引起尿路发炎的原因很重要。除了细菌,血液中还出现了白细胞则说明很有可能是这些细菌引起的发炎。应该通过膀胱穿刺获取膀胱内尿样并进行细菌培养以进一步证明。当伴随有排尿困难或排尿疼痛,则这种渗出物可能源自下尿道,若伴随有系统性疾病迹象则可能源于上尿路。对脓尿症的鉴别诊断的注意点包括包皮的污染物或者雌性动物生殖道、肾盂肾炎、膀胱炎、尿石症及肿瘤。上皮细胞在尿液中的出现一般是很少量的,大量出现常见于收集样品时的污染,这种情况下需证明这些细胞是不是肿瘤细胞[14]。

尿管型是源自肾脏的细胞或者蛋白质的凝集后的一种形式。透明管型是只含蛋白质的管型,表明肾小球蛋白质泄漏,这种管型的形成是由于高度浓缩或者酸性尿。细胞型管型可能是由红细胞、白细胞或者上皮细胞组成,分别意味着肾出血、感染或者肾小管受损。颗粒管型或者蜡状管型是由细胞型管型演化而来。碱性尿液可以破坏管型,因此要通过分析样品发现管型必须使用新鲜的尿液[14]。

分析小反刍动物的结晶尿也非常重要,因为小反刍动物的尿石症有共性。尿石最常见的成分包括结石(磷酸铵镁)、碳酸钙和硅酸盐。由于反刍动物的碱性尿液和饮食因素,晶体同样可以在临床表现正常的动物中发现,做出解释时应该考虑到其他造成炎症的风险因素,以制定合理的治疗方案。相反地,根据我们的经验,从膀胱穿刺或膀胱切开术中获得的梗阻动物的尿液通常是不含晶体的(见附录 2,表 2-7)。

超声检测

经腹部超声检测成像比经肠部超声检测在小反刍动物的尿路检测中更常用。肾脏、膀胱、腹膜腔及它们周围的软组织结构和肿胀都是比较容易检测的。正常山羊和绵羊的输尿管和尿道都是不太可能被检测到的[28,29]。经腹部超声检测常用 3.5 或 5 MHz 的曲线探头或线性头,左肾位于右侧腰椎窝背侧,右肾在第 11 和第 12 肋间隙处背侧可视[30]。山羊和绵羊的肾是光滑的,没有牛肾的耳状体(图 12-3 和 12-4,另见彩插)[29,30]。绵羊的尿路超声评价的参考范围已经公布。体重为 41~89 kg 的母羊的左肾的平级长度、宽度及厚度分别是 8.2 cm、4.4 cm 和 4.0 cm。同样大小的公羊的左肾的平均测量值是长 8.4 cm、宽 4.7 cm 以及厚 4.4 cm,右肾测得的值和左肾相近[28]。

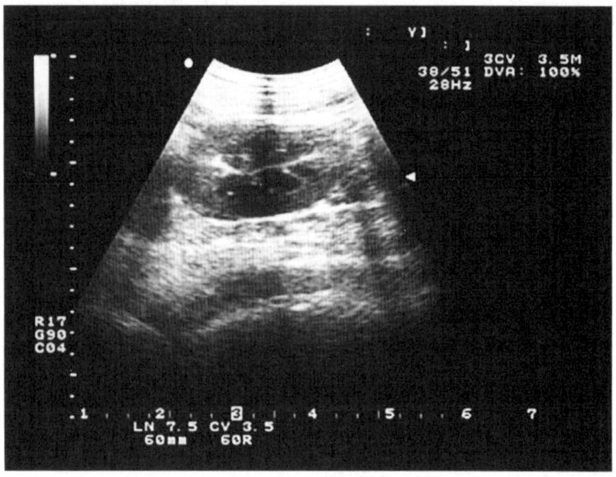

图 12-3 经腹部超声检测去势公羊的右肾。用 3.5-MHz 的曲面探头在腰椎窝右侧的背部获得的图像。

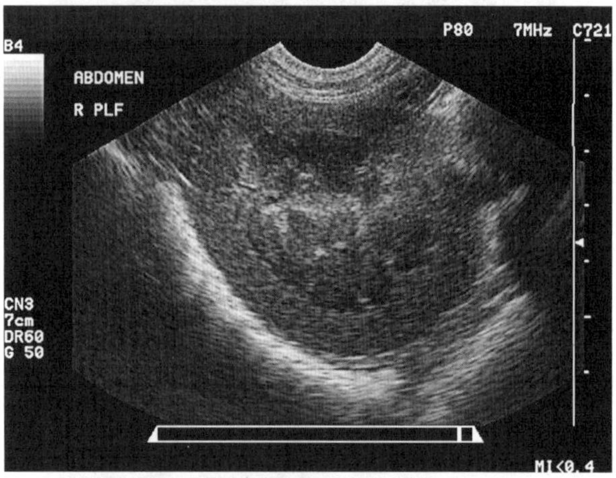

图 12-4 超声检查 3 岁拉曼恰杂交母鹿右侧腰椎窝部位的右肾,可见肾盂特征性回声以及与肾皮质相比几乎无回声的髓质部分。皮质髓质交叉可清晰分辨。这个超声图像使用的是 7-MHz 微凸探头获取的。图片左边为背部。

通过肾的超声检测一般能检测出异常,包括肾盂积水、肾盂肾炎、囊肿、肿瘤和肾周膜积液。一种充满无回声流体的扩张收集系统能验证肾盂积水。伴随肾窦扩张的肾膨大是肾盂肾炎的标志,包含着不同数量的可回声碎片,输尿管可能扩张[31]。囊肿、肿瘤块可被误认为是肾表面或肾实质的固体块和回声液体。肾周积水的产生,最初是炎症的发生,但是炎症常继发性引起尿路破裂,这种情况下的液体是没有回声的。

通过超声成像技术,在腹股沟右侧区域可对膀胱进行成像,也可以通过直肠进行成像。膀胱直径、膀胱壁厚度、膀胱外形变化及膀胱腔内成分都可能被分析。96.8%的羊群中，母羊膀胱直径为0.3～6.9 cm，平均值为(3.6±1.6) cm[29]。公羊的膀胱直径为1.8～13.2 cm，平均值为(7.5±2.8) cm。患有阻塞性尿石病的山羊中，小型育种山羊的膀胱可臌胀到4～15 cm(平均为7 cm)，个别的大型育种山羊膀胱可臌胀到8～12 cm(平均为9.5 cm)[32]，因此在拥有隐蔽性和非隐蔽性尿路的山羊中会发现膀胱直径重叠现象。膀胱壁厚度的变化由膀胱的充盈程度所决定，当充盈程度变大时膀胱壁变薄。因此，在膀胱充盈时膀胱壁还是很厚的话，就意味着可能有炎症或者膀胱壁的渗透。不管是膀胱内还是膀胱外出现囊肿或者别的异常时，都应该对膀胱壁进行检测。膀胱中尿液通过超声检测是不会有回声的，但能在膀胱腔内接收到一些次要的回声碎片(图 12-5，另见彩插)。当出现血尿、脓尿或者结石尿时，膀胱腔内可能测得高回声物质。在进行经腹部超声检测时，将探头与腹部壁接触，为了能更好地发现以及确认细胞碎片、血块以及膀胱内的结石，操作人员可以用力摇晃探头和腹壁，将这些物质与膀胱壁上的肿块区分出来。

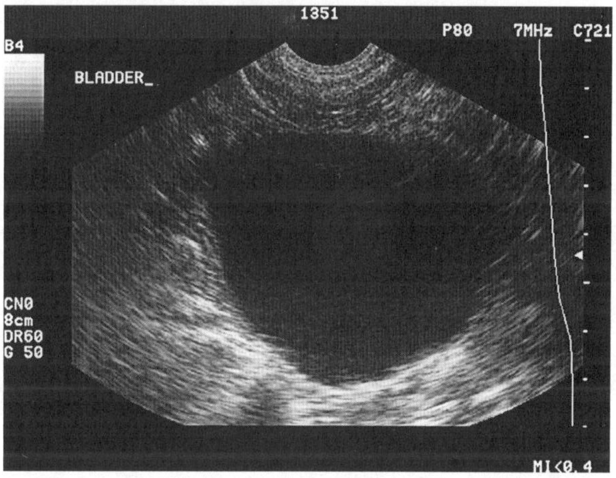

图 12-5　2 岁的杂交公羊膀胱的超声检查。膀胱为椭圆形、无回声，被有回声的膀胱壁包被充满液体的结构。回声结构见于膀胱腹侧，表明膀胱内存在黏液和沉积物。使用 7-MHz 微凸探头从腹股沟处获得该超声图像，其中动物处于背侧卧位(来源：Dr. Karine Pader, Purdue University)。

经腹部超声检测同样可以用来确认是否存在过多的腹腔液。对超声成像图的观察分析是对液体确认及分类的第一步。尿液漏出时看到的是无回声液体，无回声流体表示组织的渗出液或漏出液；然而含回声流体碎片(细胞或蛋白质)的液体是与炎症或者组织渗出的。为了更精确地描绘这些流体，在本章的后面会介绍到腹腔穿刺术(同样可参见第 5 章的内容)。

膀胱穿刺术

尿液用针直接从膀胱中吸取，能避免下尿道的蛋白质污染，为实验室评估提供较完美的样本，也可用于细菌培养及用于治疗完好膀胱的阻塞性尿石病[33]。当动物以左侧躺的方式固定好后，膀胱的位置可通过腹部右下方触诊或者经腹部超声检测确认。对穿刺部位周边进行清洗剪毛和杀菌处理，使用长为2～3.5 in针头的18号规格注射器，垂直穿过皮肤和腹壁快速插入膀胱腔内。稳定好针头，抽取至少10 mL尿液，快速拔出针头。针头的插入和拔出要快，这样能保证在膀胱壁上只留下一个小孔，这个小孔能很快被修复。如果造成较大的孔洞，特别是造成在那些组织完整性差的臌胀的膀胱壁上时，可能导致尿性腹水或者败血症，但这些并发症一般很少出现[33]。

腹腔穿刺术

腹腔穿刺术是用于确认是否有过量腹膜液及解释其形成原因。在绵羊和山羊中最常用的腹膜液分析是通过诊断尿性腹水。然而，炎症性渗出液和其他液体类型表明其他疾病状况。

在进行腹部穿刺时，液囊的位置确认可以借助超声诊断，也可以随机在腹部4个位置取样来增加获得液体的概率。靠近头部的两个位置在剑突尾部中线的左右各1～2 in的位置取两个点。下部方向在乳腺或阴囊中线两侧1～2 in各取一点。选定的取样点可用20号或者18号1～1.5 in针头的无菌注射器垂直刺入皮肤到腹腔，也可以在皮肤处使用少剂量的2%利多卡因麻醉，然后开一道能将钝头插管插入腹腔的口子来收集样品。后面一种方法能降低刺伤腹部脏器的可能性，但获取的样品通常增加了血液污染机会。

获取的液体需要检测其全蛋白的水平、细胞的数量和种类，如果怀疑有尿性腹水则还要测肌酐水平。正常的腹膜液是无色透明或者有一些淡黄色。在牛腹腔液中总蛋白质和总有核细胞数的正常值有很大区别[34-36]。如果腹水不是大量存在，正常牲畜的腹膜液的含量中总蛋白质应该不超过3.0 g/dL，总有核细胞数不大于5 000个/μL。若出现异常分泌物，分类应该基于它们形成的原因而不是仅仅只分析蛋白质和细胞的数量[37]。

低蛋白渗出液，是由于水和血管中淋巴的过度扩散所导致的液压或者胶体渗透压的不正常所引起的。总蛋白质含量少于 2.0 g/dL，总有核细胞数量少于 1 500 个/μL。这可能导致蛋白质丢失性肠病、肾病、淋巴回流受阻以及门静脉血压过高。高蛋白渗出液是炎症所引起的血管壁通透性增加导致的，导致血浆常伴随白细胞一起渗出血管。总蛋白质含量大于 2.0 g/dL，总有核细胞数量大于 5 000 个/μL 的渗出液，一般由细菌、病毒、原生动物、寄生虫、肿瘤、异物或者尿性腹水引起的。需根据几个标准区分出血性腹水的产生是病源性的还是医源性的(在腹腔穿刺术时造成的)[38]。血性腹水总蛋白质超过 2.0 g/dL，总有核细胞数量大于 2 000 个/μL，可能是创伤、出血性疾病或肿瘤引起的。积液的形成是由于一些带腔器官破裂、尿路破裂、胆破裂及肠胃破裂。出血性腹水早期，尿腹水有着尿液的一些性质(非常低的 TP 和全核细胞数)，但是时间长了及不断对腹膜刺激将会使渗出液的 TP 值和粒细胞数增加，也可能被大量渗漏出的尿液稀释。早期的尿腹膜液的总蛋白质含量少于 2.0 g/dL，总有核细胞数超过 1 500 个/μL，但是时间长了总蛋白质量就会变动，总有核细胞数会少于 1 500 个/μL[37,38]。图 12-6 展示了患有数天尿腹膜液的动物腹膜液细胞的微观图。除此之外还有一些不常见的积液如：淋巴渗透造成的淋巴出血和过程性渗漏液，其中不同的病理过程影响着腹膜液的特性[37]。

最常见的反刍动物腹膜液样品生化检测能检测肌苷酸的浓度。这项测试准确地检测出腹腔内是否有尿液，如果肌苷酸水平超过血清肌苷酸浓度的 2 倍意味着有尿腹水[39]。

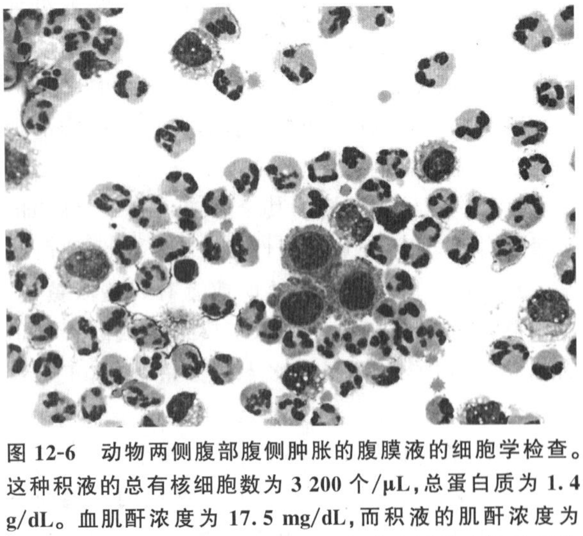

图 12-6　动物两侧腹部腹侧肿胀的腹膜液的细胞学检查。这种积液的总有核细胞数为 3 200 个/μL，总蛋白质为 1.4 g/dL。血肌酐浓度为 17.5 mg/dL，而积液的肌酐浓度为 55.7 mg/dL，因此确认为尿腹水。存在大量的中性粒细胞并且含有细菌，说明尿腹水是化学性腹膜炎引起的。

放射影像

放射影像检查技术

山羊和绵羊的大小和体型都非常适合台面放射影像，为了使它们的后肢完全伸展可能需要做镇静处理。如果怀疑有尿路疾病，在对腹腔、体壁、肾脏、输尿管、膀胱及尿道状况的分析时，可使用放射影像检查技术将它们与它们周边组织做充分对比。腹内脂肪的减少及含血液和尿液等漏出物的异常，腹腔积液可能导致血浆内容物的丢失和腹部组织无法成像观察。腹腔积液一般可分为局部积液和全身性积液，全身性腹水一般表现是腹部两边臌胀。全身性积液可通过超声检测或者膀胱穿刺方式检测。在分析肾脏周围的腹膜后部位时，液体和自由气体是常见的异物。这些反常现象的出现常与肾脏破裂、体壁受损以及异物息息相关。

对肾脏的数量、大小、形状及密度进行评估。羔羊中存在单侧及双侧肾发育不全现象[40,41]。山羊正常的肾脏是第 2 腰椎长度的 2～2.5 倍[42]。过大的肾脏可能是肾盂积水、淀粉样变性、肾小球性肾炎、肿瘤或者肾脏的补偿性肥大。这些疾病出现的早期肾脏可能还是正常大小。过小的肾脏一般是在肾慢性疾病末期显现。当肾脏中出现气体或者矿物性混浊，表明可能有脓肿、外伤(气体)或者结石(矿物质)。输尿管通过放射影像最易观察到，也能观察到管腔中的空气和矿物性混浊。

通过射线影像检查技术能很好地观察到膀胱，最好的评价方式是运用单侧图。如果无法观察到膀胱可能是由于空膀胱、腹内脂肪阻挡或者与其他腹腔脏器重叠等原因造成的。膀胱大小随着充盈程度的不同而呈现出很大的变化，但是过大的膀胱可能是堵塞或者神经障碍导致的；当膀胱长时间过小则可能存在先天性膀胱旁路如输尿管异位、瘘管或能引起膀胱频繁排空的炎症或肿瘤。矿物性混浊和气体不仅出现在输尿管，还出现在膀胱中，气体可能是由于导管插入而带入的，也能是感染导致的。如果怀疑有囊性肾结石，可通过射线成像技术对膀胱侧腹的底物进行成像观察。

对公羊、雄鹿和去势的雄性动物的成像评估时，尿道是重要的评定部位。评估尿道周围组织和尿道内的混浊物的最好办法是使用射线成像分析技术。一项研究表明[32]，10 只得了尿道结石或者膀胱结石的山羊中有 8 只通过这个方法被证实。通过射线成像发现的可见结石是由碳酸钙或鸟粪石组成，而磷灰石和硅酸盐组成的结石通过放射成像技术是看不见的。其他研究表明[11,43]，通过射线成影调查技术来诊断尿石的能力是有限的，并且认为射线成像检查技术的阴性结果不能排除存在尿石症。对骨盆骨的评估也很重要，因为骨盆骨受损可能间接影响尿道和膀胱通畅性。射线成像技术和内窥镜检测法是研究尿道最好的方法。由于小反刍动物中需要更小直径和更短规格的内窥镜，所以内窥镜检测法一般不用于小反刍动物。

射线影像造影技术

排泄性尿路造影获得的照片能提供肾脏解剖学和定性功能上的视角。该过程包括静脉注射离子造影剂，在注射后的 40 min 内进行连续放射线照相。就诊对象使用排泄性尿路造影技术时应该保证充分的饮水，因为肾脏的混浊情况取决于肾小球滤过。正常山羊在刚注射造影剂后的成像效果最好[42]。检测过晚或者混浊度减少则表明存在脱水或者肾小球过滤不足。在进行尿路通畅性评价时，需要着重考虑因内脏蠕动而造成的尿路狭窄及缩小。尿路通透性可因结石、血栓、炎性渗出物、创伤或者狭窄区而改变。排泄性尿路造影技术可提供就诊对象的膀胱和尿道的可视化图形[43]。

膀胱造影技术和尿路造影技术可根据正常或逆行方式使用阴性(气体)或者阳性(有机碘)造影剂。禁止在尿路成像中使用钡。这种技术的适应证包括排尿困难、尿频和慢性血尿。在使用膀胱切开管的正常病例中，膀胱造影能起很好的作用。在逆行性案例研究中，导管插入基本只能在雌性反刍动物或少数雄性反刍动物中进行。对部分导管通道的末端尿道口进行封闭，可使造影剂逆行灌注。或者用弯头的心脏导管来绕过尿道憩室。在逆行性研究中，使用臌胀管插入到雌性动物膀胱，雄性动物膀胱使用非臌胀细管插入几英寸，然后注入造影剂。管腔内的造影剂可用于评估膀胱和尿道的通畅性和壁的厚度。由于细胞浸润或纤维浸润，可显影壁上的肿块[44]。膀胱充盈缺损随息肉、空气、结石、血凝块或炎性渗出物而变化，同时可见脐尿管憩室。尿道的充盈缺损可能是由气泡、结石(不透光或透光)、血凝块、肿瘤、炎症、疤痕组织或硬膜外压迫引起的。造影剂外溢可能因创伤性撕裂伤、瘘管(尿道、阴道)和憩室引起。在一只阻塞性尿石症手术的山羊上进行射线造影，诊断出在尿道和海绵体之间存在瘘管[44]。

肾活检

肾活检不常用，但肾活检能提供肾脏的代谢、肿瘤及中毒的死前证据。如果怀疑有肾脏脓肿可以使用肾活检，使用细针抽吸可以减少局部或全身性腹膜炎的风险。

活检应该在被充分绑定或者足够镇静的动物身上进行，并且需要超声指导。对覆盖在腰椎最后 2～3 肋骨上的皮肤进行消毒准备，使用 2% 利多卡因对皮肤和体壁进行麻醉，开一道用于导入活检仪器的切口。用于定位目标肾脏的超声探头应该放在充满超声传导凝胶的无菌手套里以保证无菌。使用 14 号活检设备直接刺入肾实质并获取样品。根据检测的需要，应区分不同活检样品，新鲜样品和处理后样品都应该交给参考实验室。活检后的潜在并发症包括血尿、血肿、血腹和腹膜炎。在一项针对 25 头牛的回顾实验中，经超声指导下经皮下肾穿刺活检后导致了其中 6 头牛出现小型囊下血肿(直径小于 2 cm)，但没出现明显或者隐性的血尿[45]。另一项研究对牛进行连续腹腔镜活组织检查，导致持续时间为 1～5 d 的镜下血尿[46]。

参考文献

[1] DeRossi R, Juniqueira AL, Beretta MP: Analgesic and systemic effects of ketamine, xylazine, and lidocaine after subarachnoid administration in goats, *Am J Vet Res* 64: 51-56, 2003.

[2] Thurmon JC, et al: Effects of xylazine hydrochloride on urine in cattle, *Aust Vet J* 54:178-180, 1978.

[3] Waner T, Harrus S: Anemia of inflammatory disease. In Feldman BF, Zinkl JG, Jain NC, editors: *Schalm's Veterinary hematology*, ed 5, Philadelphia, 2000, Lippincott Williams & Wilkins, pp 205-209.

[4] Kramer JW: Normal hematology of cattle, sheep, and goats. In Feldman BF, Zinkl JG, Jain NC, editors: *Schalm's Veterinary hematology*, ed 5, Philadelphia, 2000, Lippincott Williams & Wilkins, pp 1075-1084.

[5] Braun U, Stehle C, Ehrensperger F: Clinical findings and treatment of listeriosis in 67 sheep and goats, *Vet Rec* 150:38-42,2002.

[6] de la Concha-Bermejillo A, et al: Severe persistent orf in young goats, *J Vet Diagn Invest* 15: 423-431, 2003.

[7] Garry F, et al: Renal excretion of creatinine, electrolytes, protein, and enzymes in healthy sheep, *Am J Vet Res* 51:414-419, 1990.

[8] Mitchell AR, Moss P: Responses to reduced water intake, including dehydration natriuresis, in sheep excreting sodium predominantly in urine or in faeces, *Exp Physiol* 80:265-274, 1995.

[9] Ammerman CB, et al: Ruminant utilization of inorganic phosphates, *J Anim Sci* 16:796-810, 1957.

[10] Garrett PD: Urethral recess in male goats, sheep, cattle, and swine, *J Am Vet Med Assoc* 191:689-691, 1987.

[11] Van Weeren PR, Klein WR, Voorhout G: Urolithiasis in small ruminants Ⅱ. Cysto-urethrography as a new aid in diagnosis, *Vet Q* 9:79-82, 1987.

[12] Osborne CA, Stevens JB: *Urinalysis: a clinical guide to compassionate patient care*, Shawnee Mission, Kan, 1999, Bayer Corporation.

[13] Nappert G, Naylor JM: A comparison of pH determination methods in food animal practice, *Can Vet J* 42:364-367, 2001.

[14] Stockham SL, Scott MA: Urinary system. In Stockham SL, Scott MA, editors: *Fundamentals of veterinary clinical pathology*, ed 2, Ames, Iowa, 2008, Blackwell, pp 277-336.

[15] Lunn DP, et al: Renal net acid and electrolyte excretion in an experimental model of hypochloremic metabolic alkalosis in sheep, *Am J Vet Res* 51:1723-1731, 1990.

[16] McDougall EI: Proteinuria of newborn suckling ruminants, *Biochem J* 94:101-105, 1095.

[17] Carlson GP: Clinical chemistry tests. In Smith BP, editor: *Large animal internal medicine*, ed 3, St Louis, 2002, Mosby, pp 389-412.

[18] Cutler JT: Studies of the carbohydrate metabolism of the goat, *J Biol Chem* 106:653-666, 1934.

[19] Uzal FA, Kelly WR: Experimental *Clostridium perfringens* Type D enterotoxemia in goats, *Vet Pathol* 35:132-140, 1998.

[20] Setty DRL, Narayana K: A case of non-febrile haemoglobinuria in a she goat, *Indian Vet J* 52:149, 1975.

[21] Stamp JT, Stewart J: Haemolytic anaemia with jaundice in sheep, *J Comp Pathol* 63:48-52, 1953.

[22] Winter A, Clarkson M: Anaemia in lambs and kids caused by feeding cow colostrum, *In Pract* 14:283-286, 1992.

[23] Perk K, Frie YF, Herz A: Osmotic fragility of red blood cells in young and mature domestic and laboratory animals, *Am J Vet Res*25: 1241-1248, 1964.

[24] Fernandez A, et al: Clinicopathological features in ovine AA amyloidosis, *Res Vet Sci* 75: 203-208, 2003.

[25] Price RG: Urinary enzymes, nephrotoxicity and renal disease, *Toxicology* 23:99-134, 1982.

[26] Garry F, et al: Renal excretion of creatinine, electrolytes, protein, and enzymes in healthy sheep, *Am J Vet Res* 51:414-419, 1990.

[27] Garry F, Chew DJ, Hoffsis GF: Enzymuria as an index of renal damage in sheep with induced aminoglycoside nephrotoxicosis, *Am J Vet Res* 51: 428-432, 1990.

[28] Braun U, Schefer U, Fohn J: Urinary tract ultrasonography in normal rams and in rams with obstructive urolithiasis, *Can Vet J*33: 654-659, 1992.

[29] Braun U, Schefer U, Gerber D: Ultrasonography of the urinary tract of female sheep, *Am J Vet Res* 53: 1734-1739, 1992.

[30] Hallowell GD: Abdominal ultrasound. *Proceedings of the 26th Annual American College of Veterinary Internal Medicine Forum*, San Antonio, Tex, 2008.

[31] Floeck M: Sonographic application in the diagnosis of pyelonephritis in cattle, *Vet Radiol Ultrasound* 48: 74-77, 2007.

[32] Halland SK, House JK, George LW: Urethroscopy and laser lithrotripsy for the diagnosis and treatment of obstructive urolithiasis in goats and pot-bellied pigs, *J Am Vet Med Assoc* 12:1831-1834, 2002.

[33] Janke JJ, et al: Use of Walpole's solution for treatment of goats with urolithiasis: 25 cases (2001-2006), *J Am Vet Med Assoc* 234:249-252, 2009.

[34] Kopcha M, Schulze AE: Peritoneal fluid. Ⅱ. Abdominocentesis in cattle and interpretation of noneoplastic samples, *Comp Cont Educ Pract Vet* 13: 703-710, 1991.

[35] Anderson DE, et al: Comparative analyses of peritoneal fluid from calves and adult cattle, *Am J Vet Res* 56:973-976, 1995.

[36] Wilson AD, Hirsch VM, Osborne AD: Abdominocentesis in cattle: technique and criteria for diagnosis of peritonitis, *Can Vet J* 26:74-80, 1985.

[37] Stockham SL, Scott MA: Cavity effusions. In Stockham SL, Scott MA, editors: *Fundamentals of veterinary clinical pathology*, ed 2, Ames, Iowa, 2008,

Blackwell, pp 831-868.

[38] Wilson DG, MacWilliams PS: An evaluation of the clinical pathologic findings in experimentally induced urinary bladder rupture in pre-ruminant calves, *Can J Vet Res* 62:140-143, 1998.

[39] Sockett DC, et al: Metabolic changes due to experimentally induced rupture of the bovine urinary bladder, *Cornell Vet* 76:198-212, 1986.

[40] Dennis SM: Urogenital defects in sheep, *Vet Rec* 105:344-347, 1979.

[41] Hartley WJ, Kater JC: Perinatal disease conditions of sheep in New Zealand, *N Z Vet J* 12:49-57, 1964.

[42] Cegarra IJ, Lewis RE: Excretory urography in the goat (*Capra hircus*), *Am J Vet Res* 38: 1129-113, 1972.

[43] Palmer JL, et al: Contrast radiography of the lower urinary tract in the management of obstructive urolithiasis in small ruminants and swine, *Vet Radiol Ultrasound* 39:175-180, 1998.

[44] Cruz-Arambulo R de J, et al: What is your diagnosis? Communication between the urethra and the corpus spongiosum, urethral stricture, mild cystitis, and presence of a urachal diverticulum, *J Am Vet Med Assoc* 222:1211-1212, 2003.

[45] Mohamed T, Oikawa S: Efficacy and safety of ultrasound-guided percutaneous biopsy of the right kidney in cattle, *J Vet Med Sci* 70:175-179, 2008.

[46] Naoi M, et al: Laparoscopic-assisted serial biopsy of the bovine kidney, *Am J Vet Res* 46:699-702, 1985.

肾脏疾病

在临床实践中，肾病在小反刍动物的主要疾病中并不常见。然而，在尸检中常发现偶发性肾脏疾病[1]。肾病的定性常通过发病持续时间（急性或慢性）和导致功能紊乱的肾损伤（肾小球、肾小管和血管）来确定。临床医师面临的主要挑战是辨别原发性肾疾病现象和判断出现继发性疾病风险以及可能导致肾损伤的风险。肾脏疾病的临床倾向是无尿、少尿、排尿困难、腹痛和尿液成分异常。小反刍动物出现肾疾病迹象一般伴随着导致肾损伤的多系统疾病进程。因此，在全面的疾病管理和预防中，风险因素的识别、预防病例管理措施、辅助诊断和死后诊断非常重要。

导致肾脏疾病的一般原因有：感染（细菌、病毒和寄生虫）；毒物（化学、重金属、药物和植物来源）；阻塞和创伤（肾结石、管理）；输尿管、膀胱、尿道结石导致的继发性肾积水；血管（梗死、脓毒症和毒血症的高动力学）；慢性炎症（肾小球肾炎、淀粉样变性）；先天性原因。

肾衰竭

当出现因肾功能减退而导致的持续性代谢异常（如氮质血症）和无法进行尿液浓缩，就会发生肾功能衰竭。在数小时或者数天内快速发展的肾衰竭称为急性肾衰竭（ARF），常由系统性吸收的毒素、身体产生的毒素（肌红蛋白、血红蛋白、尿素）、脓毒症时肾脏血流量的动态变化、应激、毒血症等内在原因（血管，有毒）造成。肾脏的大量循环血液滤过，增加了与毒素接触的概率，同时使得因血液灌输与输出导致损伤的概率增加，并且因这种损伤而带来的疾病发生的概率增加，因此影响着营养血流量的动态变化。肾小管同时吸收滤过毒素和正常浓度的尿液会导致毒素暴露被放大。肾敏感部分的损伤可能导致急性肾小管坏死，最终导致与尿中蛋白质、葡萄糖和电解质水平升高以及尿液浓缩相关能力的丧失。因此，肾脏是家畜死后进行毒性检测的重要样品，尿检也能提供一些病因的客观信息（见第 20 章）。当发生休克、败血症、脱水或中毒时，临床医生可根据这些猜测肾脏损伤的程度，并且有必要提前在病例管理条例中进行肾脏功能的保护和建立疾病的预防措施。因血液中血流量及氧气输送的波动致使肾功能不全所带来的影响，会潜在地导致急性或者慢性肾衰竭。脱水、热应激、瘤胃的过度臌胀、败血症以及贫血，会影响心输出量减少和肾血管的舒张与收缩能力下降，而导致肾功能紊乱。

治疗急性肾衰竭需消除有害毒素和毒源，同时通过静脉补液和利尿药来提高利尿、调节机体酸碱平衡和电解质平衡，并且密切关注治疗反应。静脉补液可以选择 0.9%的生理盐水和加入 0.45%葡萄糖的生理盐水。如果在初步治疗中发现肾衰竭，可用于取代额外静脉注射的钾，直到病体通过护理后毒性率低于每小时 0.5 mEq/kg 的一般毒性推荐率。需要持续的利尿，直到病畜有足够的排尿量。使用速尿灵（2～3 h 注射 1 mg/kg）时需要监测血清钾的浓度和注射药物的作用效果。另外，甘露醇（每丸 1 g/kg）可用于渗透性利尿。额外的支持性治疗包括广谱抗生素对抗易感传染性病原体、血浆治疗低蛋白血症、抗炎药，还包括通过肠外营养或瘤胃转流进行的营养支持。在集中管理的情况下，可以结合血清监测参数来进行尿检和电解质排泄分数的测量（请参阅前面的“辅助诊断测试”部分）。

抗利尿激素和正性肌力药可以用于辅助治疗，但需要以经过严格校准的恒定速率注射（CRIs），这药疗效范围广、争议也多，该药在小反刍动物用药量的数据很大程度上是从包括人类在内的其他物种中推断出来的。当然，很多关于人类用药的文献也都是从绵羊疾病模型中获得的信息。这里有一份部分源于别的物种所整理的用药信息[2]，是从临床实践中探索出来的方案，持续性排尿量少或无尿可每分钟静脉注射多巴胺（2～5 μg/kg）、多巴酚丁胺（5～10 μg/kg）和去甲肾上腺素的（0.4 μg/kg）加上多巴酚丁胺（5 μg/kg）的混合药物用于治疗[3,4]。

持续数月或数年的肾功能损失称为慢性肾衰竭（CRF）。急性肾衰竭肾功能修复和代偿性肥大的治疗可自发性发生，而慢性肾衰竭会导致肾脏渐进性的、永久性的和不可修复性的损伤甚至肾脏的纤维化。慢性肾衰竭可能继发于远程性慢性炎症（脓肿、肺炎），这些炎症产生的免疫沉淀物会导致肾小球炎和肾小管间质炎症。慢性肾衰竭的临床体征可能不存在，或仅局限于发育不良。频繁饮水和多尿症状并不是一种常见的疾病现象，但在牲畜护理期间也会发现。牲畜的生前诊断包括氮质血症血清标记、尿液稀释、尿检（蛋白尿、脓尿）肾活检和肾脏的超声检测。应该评估反刍动物具有的独特性质的血清尿氮素和肌酐代谢物，用以对疾病的精确解读（见前文“辅助诊断测试”）。通过超声检测能检测肾脏过小、不规则、肾髓质与皮质的结点处因肾功能损失而出现的肾实质高回声区现象，出现积液（肾盂肾炎、肾盂积水）或者在肾盏上出现高回声点，意味着可能存在肾结石。通过血检可检测出造血异常性贫血、高钾血症或电解质异常。慢性肾衰竭的原因包括前一节提及的急性肾衰竭持续性影响导致的补偿不足，以及其他一些病因，如肾盂肾炎、淀粉样变性、先天性疾病或特发性病因。治疗手段应该从支持性治疗过渡到保守疗法。

参考文献

[1] Sankarappa EV，Rao PR：Renal lesions in sheep and goats in Andhra Pradesh，*Indian Vet J* 59：705-708，1982.

[2] Corley KTT：Inotropes and vasopressors in adults and foals，*Vet Clin North Am Eq Pract* 20:77-106，2004.

[3] Trim CM，Moore JN，Clark ES：Renal effects of dopamine infusion in conscious horses，*Equine Vet J Suppl* 71:24-28，1989.

[4] Kellum JA，Decker JM：Use of dopamine in acute renal failure：a meta-analysis，*Crit Care Med* 29:1526-1531，2001.

急性肾病

传染性疾病

D 型产气荚膜梭菌病

D 型产气荚膜梭菌引起的疾病综合征被称为肠毒血症、暴食症和髓性肾病。2001 年美国农业部（USDA）发起的国家动物健康监测系统（NAHMS）在绵羊中的调查显示，在过去 3 年中，38.8%的羊群怀疑或确诊患有肠毒血症，其中 30.9%经兽医或实验室检查证实[1]，肠毒血症常见于饲喂富含可快速发酵的碳水化合物饲料的幼龄动物。结肠中大量的乳汁和淀粉方便了 D 型产气荚膜梭菌的大量繁殖，D 型产气荚膜梭菌可产生 α 毒素和 ε 毒素[2,3]，而 ε 毒素在疾病的过程中是极其重要的。ε 毒素在肠道中被激活并被系统吸收，导致内皮完整性丧失[2]，毛细血管通透性增加，蛋白质和液体流入血管和体腔。绵羊更多的是发生全身性疾病，且结局一般是急性死亡。特点是全身性的器官水肿，包括大脑、肺和肾脏。然而山羊更多的是发生出血性小肠结肠炎[4,5]。绵羊经常发生全身性症状最终导致死亡，存活动物则可能有癫痫、失明、卧地不起、呼吸困难[6]和一些其他与脏器积液相吻合的症状。

剖检时可能有内脏水肿、浆膜出血和腔内积液等现象，但 D 型产气荚膜梭菌感染致死也可能不会造成身体的损害。肾皮质变软，其皮下也可能有出血点[6]，ε 毒素促进肝糖酵解，引起高血糖和糖尿，因此调查羔羊和小山羊的急性死亡时，可测量膀胱中的尿液。将绵羊进行试验性感染发现，回肠是酶联免疫吸附（ELISA）试验分离 ε 毒素的最佳样本[7]。脑组织的病理检查显示在动脉和静脉周围有蛋白质围绕的微血管病变，但肾没有损伤[8]。这就是 D 型产气荚膜梭菌的特殊症状[6,8]。以上任何检测方法的阴性结果都不一定能排除对 D 型产气荚膜梭菌的怀疑[6,8]。

D 型产气荚膜梭菌预防至关重要，应加以疫苗控制和逐步适应的饮食管理。细菌毒素与抗毒素都可以购买获得。抗毒素能迅速提供被动免疫，因而在疾病暴发时最有用。追求持久的预防免疫时应选用细菌毒素。当抵抗全身性疾病时优先考虑主动免疫。建议母羊在分娩的前 3～4 周接种带 D 型产气荚膜梭菌毒素的疫苗，这样可以给羔羊提供被动免疫直至 12 周龄[9]。在 6 周龄前给羔羊接种疫苗没有任何好处[9]，也就是说应在 6～10 周龄时接种，一个月后进行加强免疫。虽然疫苗获得十分容易，廉价且有效，但是目前在美国只有 48.4％的母羊得到免疫，哺乳母羊 66.9％的接种率，断乳羔羊 44.8％的接种率，因此需要根据现有的研究对饲养者进行教育。

钩端螺旋体病

绵羊和山羊可以被多种血清型的肾脏钩端螺旋体感染，可引起多种临床症状，细菌得以清除或成为亚临床携带者[10]。钩端螺旋体病可损害肾脏，可引起溶血和间质性肾炎。

已感染的尿液是主要的传染源，动物可被受污染的水、伴侣、野生动物、啮齿动物或其他家禽的尿液传染[11]。在一项感染试验中以肾脏钩端螺旋体的波莫纳血清型为试验对象，感染 34 d 后显示出了临床症状[12]。因为钩端螺旋体能够穿过黏膜，而且钩端螺旋体病被认定为世上分布最广的人畜共患传染病[13]，对兽医、工作人员、畜禽生产者来说，这种病应当被视为职业病。

出现钩端螺旋体病的动物可表现为全身不适、发热、黄疸、贫血、氮质血症和血红蛋白尿[14]，感染后4～8 d 进行血液分析，出现了溶血变化[14]。白细胞总数伴随中性粒细胞的升高而增加[15]。血红蛋白阳性可能会在感染后的 3～8 d 出现[14]。尿沉渣检查可区分尿液性状为细胞型或是蛋白管型尿。牛群或羊群的管理档案也可发现生殖表现，包括不孕，流产和死胎。剖检尸体表现黄疸型[14]，肾脏暗红色、水肿、皮质有白色病灶，肝脏基本表现为黄色或铜色[16]。病理组织学检查显示为弥漫性的急性或慢性间质性肾炎[15,17]，并可发现微生物。细胞刷状缘的缺失是常见特征，肾小管内有坏死的上皮细胞[12]。

诊断基于急性期和恢复期血清滴度的增加，采用显微凝集试验（MAT）[18]、补体固定（CF）试验或 ELISA 法来检测血清滴度。CF 抗体寿命较短（13～18 周），而 MAT 抗体，感染较长时间后仍能检测到[14]。对于尿液可用 PCR、暗场显微镜和尿液培养进行研究。PCR 试验为首选方法，因为暗场显微镜可出现假阳性[14]，尿液培养又因为模拟介质和间歇性脱落的难题而无法进行[19]。组织病理学分析和免疫荧光抗体（IFA）试验[20]或许能鉴别肾组织中的微生物。有研究明确表示，若研究对象是牛群或羊群，可先用 MAT 进行畜群水平的筛查，然后再以 PCR 检测，该方式适用于排查病原携带者[19]。

据报道，已有几种血清型在小反刍动物体内发现，包括钩端螺旋体波莫纳型、哈尔乔型、流感伤寒型、黄疸出血型、犬型和巴拉迪斯拉发型[18-23]，波莫纳型最常出现在间质性肾炎和肝小叶中央坏死的病例[12,17]。在羔羊的严重溶血性贫血中也能发现[15,17]。曾有一羔羊病例，其肾脏对钩端螺旋体检查呈阴性，然而却发现了对波莫纳滴度有上升的趋势[15]。母羊接种波莫纳钩端螺旋体的溶血素 48 h 内，血红蛋白水平降到了正常值的 57％，产生的损害与全身感染相似[16]。尸检的结果包括有胎盘分离、妊娠母羊胎盘和子叶的自溶[16]（见第 20 章）。猪是波莫纳型的自然储存宿主。

哈尔乔型对牛[17]和绵羊[22,24]有宿主适应性。早有报道在急性死亡的绵羊的肾小管上皮及管腔中发现微生物[23]。这种动物的伴侣哈尔乔型血清反应呈阳性，只有小部分对其他血清型有阳性反应[23]。对钩端螺旋体的 3 个血清型做溶血性对比，发现哈尔乔型的溶血作用强于波莫纳型[21]。绵羊经肾感染哈尔乔型钩端螺旋体后，在其生殖道中可能不会发现该微生物[24,25]，但是，若试验感染牛哈尔乔型钩端螺旋体，则能在肾中定殖并持续存在长达 242 d[25]。通过静脉补液，贫血动物可结合输血来治疗钩端螺旋体病。由于钩端螺旋体难以培养，抗菌治疗仅基于设想的平均分布范围而定。牛群随尿排出钩端螺旋体，其治疗原则是除净尿中的生物体：土霉素（一次剂量 20 mg/kg，肌肉注射）、替米考星(一次皮下注射 10 mg/kg)、双氢链霉素-青霉素 G(一次性肌肉注射 25 mg/kg),或是头孢噻呋钠(连续 5 d,每天肌肉注射 1～2.2 mg/kg,或连续 3 d 每天肌肉注射 20 mg/kg)。必须注意替米考星对山羊有毒性,仅能用于绵羊[26,27]。接种疫苗可能会减少尿中钩端螺旋体的排出,但不可能依赖此方式来避免感染。常用的疫苗是牛标记疫苗,但即使是接种标记动物疫苗,效力和抗体维持时间仍有疑问[28-30]。制定钩端螺旋体病的管理计划时,应加以考虑生物安全,包括:野生及家养动物感染的防控和潜在污染水源的利用。

腺病毒感染

世界各地存在有多种血清型的腺病毒感染,表现出对不同组织的亲和性和无法预测的致死性。常规尸检中,在羔羊肾间质血管发现病毒和病毒血清型转换是常有现象[31,32]。这种病毒可以从健康绵羊的鼻分泌物和粪便中分离出来,也可以从患有呼吸道或胃肠道疾病的病羊粪便中分离得到。许多感染病例都没有得到关注,然而在美国的一场几只羔羊的猝死案例中,该病毒被确诊为猝死病因[33]。该报告的组织病理学分析显示为高度的细胞病变,主要表现为皮质间质性肾炎,且在 3 只羔羊体内均发现了核内包涵体。全身性疾病也伴有明显的肝坏死。用一些菌株进行实验性感染也能得到类似的病理结果[34]。

一般的支持疗法可能有效,但根据临床经验,一旦确诊疾病时,病情已处于迅速发展阶段,应尽早做出诊断和采取预防管理措施。该病尚没有特异性疫苗可用。

羔羊肾病

一种尚未明确的幼羊羔(不到 1 月龄)急性坏死性肾病,这种病在放牧季节早期出现,特别是在英国及其周边地区[35-38]。目前为止,各政府疾病监测报告都记录着偶发的零星病例。肾病的相关病因有双孢子虫或其他肠道寄生虫、沙门氏菌、疱疹病毒、植物、药物和庆大霉素都能对羔羊有毒害作用,应在诊断自发性肾病前就将这些相关病因排除。据报道,有 2 只 5 月龄左右的美利奴羔羊发现了肾病和葡萄球菌皮肤烫伤综合征[39]。

一种渐进性的绝症会在几天内出现,嗜睡、虚弱、共济失调进而卧倒、死亡。腹泻和脱水也很常见。血清化学和尿液分析结果与肾病综合征相一致,包括氮质血症、低蛋白血症、蛋白尿和“不活动”的尿沉渣。经剖检,肾肿大、柔软、肾苍白。显微镜检查发现肾小管变性,近曲小管和肾皮质大部分坏死。远曲小管可见有透明或纤维样不等的蛋白管型,集合管随远曲小管扩张,也可观察到有局灶性肾小球病变[36]。

建议液体疗法补充营养和电解质,疾病发展过程中也应采取预防措施。

中毒性疾病

各种各样并有一定积累量的物质(细菌内毒素、植物、金属、机体代谢产物)都能对肾脏产生毒害作用。中毒性肾病通常是由血管的动态(缺血再灌注)紊乱和肾小管的直接损伤造成。肾小球也可能发生损伤。溶血性疾病和疾病所形成的内源性毒力可能会带来大量的血红蛋白和肌球蛋白,导致肾血管收缩和肾小管内蛋白质凝集进而阻塞。

植物

肾毒性植物是急性肾脏疾病的常见来源;单宁(橡木)、可溶性和不溶性草酸类植物、含维生素 D 植物(女贞、茄属)和苏丹或高粱是放牧和喂养动物中肾毒素的潜在来源[40,41]。表 12-1 列出了常见的肾毒性植物,科、属、种及俗名都包含在内以便调查人员查询更详细的信息。

可观察到毒性的季节变化,如栎属植物(橡木),反刍动物可能是由于瘤胃的适应性可以安全嚼食毒性植物,如含草酸盐植物。如果刚刚用除草剂如百草枯处理过的牧场就进行放牧,除呼吸症状外,还可能导致急性肾小管坏死。宠物绵羊和山羊或是那些逃离牧场的羊只可能采食到具有毒性的观赏植物(如百合、常春藤、夹竹桃)[42,43]。许多肾毒性植物尤其是那些引起草酸盐中毒的植物,同时也会形成硝酸盐积累。植物源性肾毒的毒力表现也经常显现在心脏、消化道、呼吸道和肝脏系统上。一些直接肾毒性植物如亚热带植物的作用机理尚不明确[44]。而且肾脏很容易因其他系统的损害而继发受损。

暴露于有肾毒性亲和力的植物环境中,临床表现和病理损害通常与急性肾小管坏死相一致。临床症状通常表现为发作迅速、嗜睡、沉郁、少尿和神经症状。预期的临床病理表现为低钠血症、低氯血症、低钙血症、高钾血症、代谢性碱中毒、氮质血症、低渗尿、酶尿、糖尿、暗管型,以及部分电解质代谢的变化。草酸盐的危害是可能造成尿石和肾结石，同时在肾小管腔内可看到极化的草酸钙晶体[40]。整体检查和微观组织病理检查表明，随着与含维生素 D 植物有关的中毒性肾损伤的发展，组织普遍出现钙化。急性中毒通常是可以治疗的，因为肾小管可以再生。综上所述，应该使动物避开有毒植物。

治疗和预防

如果病史表明发病时间小于 12～24 h，可以考虑瘤胃切开术和排空法（见第 5 章）。液体和电解质的支持疗法和纠正酸碱平衡同样有效（见第 3 章）。液体中应含有添加了钾和钙的氯化钠。口服饱和氢氧化钙溶液可与未吸收的可溶性草酸盐结合。

管理策略的关键是预防或尽量减少暴露。农场工作人员应该具备可以辨认可能引起疾病的植物和季节变化的能力，以此来保证有效的放牧管理，同时也应该建立起避免暴露在有毒植物环境中的预防措施。饥饿的动物只要条件允许最有可能去采食有毒植物。如果给反刍动物足够的适应时间和禁止在植物快速生长阶段放牧的话，那么反刍动物在被草酸盐污染的牧场上采食也是安全的。添加磷酸二钙盐和补充干草可以将毒性降到最低。

表 12-1　一些常见的肾毒性植物

植物类别	常见名称和品种	肾毒原理	备注
藜科	羔羊舍（藜属植物） 盐生草属（盐生草） 肉叶刺茎藜（黑肉叶刺茎藜属） 俄罗斯蓟（猪毛菜属） 墨西哥大麻（地肤） 烟草（勾刺雾冰藜）	可溶性草酸钠和草酸钾植物经常出现在碱性或酸性土地上，如在过度放牧的牧场、公路或铁路的沿途、干涸的流域、湖泊、河网 这些有毒植物的适口性一般都不好，毒素的耐受剂量是可变的，部分可归因于瘤胃对毒物的适应性。但同时也因草酸盐浓度而变化 这些植物鲜绿状态和干燥时的浓度不同 经常造成多系统的临床症状	藜属植物可能会刺激动物从而引发消化道症状，由于其植物油中的萜烯所致 高粱可能会引起感光过敏、中毒性肝炎和脑脊髓灰质炎 通常积累硝酸盐
蓼科	大黄（食用大黄） 甜菜（甜萝卜） 草本植物，果园三叶草 印度烟草（酸模属）		甜菜属和酸模属植物都会积累硝酸盐
酢浆草科	酢浆草（酢浆草）		草酸钾 强酸性
苋科	猪草（苋属）		可能有肾周水肿及肾坏死 硝酸盐积累器
茄科	茉莉属/茉莉（洋丁香属） 茄属（软茄）	含维生素 D 的植物	引起全身软组织钙化，包括肾小球和肾间质的纤维化 由于生物碱的毒害作用，经常会伴有消化道和（或）其他严重的临床症状
山毛榉科	栎树（栎属）	丹宁（单宁酸）和由瘤胃转化而来的焦酚对胃肠、肝脏和肾脏的直接毒害 焦酚可造成绵羊的高铁血红蛋白	所有栎属植物都有毒 延长栎树叶或者栎子的消化时间

乙二醇

另一种对小反刍动物有潜在危险的是氧化型肾毒素乙二醇（EG）。EG 是汽车防冻冷却剂、制动器、传动液和挡风玻璃清洗液中的一种化合物，也是许多工业溶剂和洗涤剂的组成部分，所有这些在农场环境中都很常见。EG 经肝脏代谢转化为有肾毒性的产物，主要是乙醇酸进而引起肾损伤。草酸钙晶体也形成并沉积在肾小管中，造成进一步的肾损害[45]。引起犬、猫中毒的报道很常见，家畜的中毒报告却很少。一个牛犊早期中毒的报道也是发生在对牛的繁殖试验之后[46]。成年牛的致死剂量为 5～10 mL/kg，育肥牛为 2 mL/kg[46,47]。瘤胃通过微生物的正常草酸代谢对毒物有一定的抵抗能力，但这也只是一种作为储存器来延缓对乙二醇的吸收。受污染的饲料和副产品可能是乙二醇的污染来源，因此饲料分析应与临床诊断互补[48,49]。有报道一只侏儒山羊乙二醇中毒的临床病例，其临床症状和病情进展与其他品种的相似[50]。

临床症状表现为中枢神经症状（共济失调、沉郁、丧失威胁）、流涎、呼吸急促和瘤胃臌胀。临床表现是由于 EG 被脱氢酶降解为乙醛酸而导致中枢神经系统抑制和酸中毒的结果。脊髓灰质炎是与之最常见的鉴别诊断。溶血性贫血、血红蛋白尿症和眼部症状的发生率较低。进行性沉郁和躺卧伴随着少尿或无尿的肾功能衰竭，可以导致在 2～10 d 内死亡，时间取决于暴露率。恢复是有可能的，正如一篇论文中所描述的，对 4～5 个月的牛犊进行试验性投喂 7.5 mL/kg，连续 2 d[47]。预期的血清化学检查结果是氮质血症、代谢性酸中毒、低钙血症和高磷血症。尿液分析显示为蛋白尿和草酸钙结晶的肾小管疾病。

剖检结果与草酸中毒一致，组织病理学检查显示肾小管内可见双折射晶体。如果中毒是因为食入防冻剂，那么可能会有泡沫样的瘤胃内容物，并散发出一种“甜味”。通过组织试验能将 EG 中毒和植物草酸中毒区分。对乙二醇和乙醇酸的化学分析应该包含瘤胃内容物、尿液、肾组织和泪液。

在早期应采用等渗氯化钠溶液和碳酸氢钠溶液进行积极的液体疗法，以后可添加额外的钙和钾。静注 20% 的乙醇使乙醇脱氢酶饱和，阻止 EG 糖基化，从而使未代谢的无毒 EG 排泄出去。建议使用方法：20% 乙醇（5 mL/kg），滴速 50 mL/h，每次用药间隔 6～8 h，持续 24～36 h。在反刍动物中，EG 会在瘤胃里滞留几天，以便长时间吸收。4-甲基吡唑，一种乙醇脱氢酶抑制剂，据报道是一种 EG 的解毒药，对犬有效，但对猫没有作用，而且目前没有关于反刍动物的使用信息[51]。口服泻药或活性炭有助于阻碍 EG 的吸收。补充硫胺素也可能降低乙醇酸的毒性[41]。可以尝试进行瘤胃切开术和瘤胃排空，但病畜的稳定性应该仔细评估（见第 5 章）。

重金属

来源于环境和饲料中的金属（锌、铅、汞、镉、铜和砷）是潜在的中毒性肾损伤源头[52]。铜中毒是临床中最常见的小反刍动物中毒案例。其他金属只是偶尔引起或有可能引起继发性肾脏疾病，肾脏提供了诊断性的组织来源来评估暴露程度。镉是一种环境污染物，可引起急性内皮细胞性肾小管疾病，尽管文献记载反刍动物暴露在镉污染环境并能在体内积累镉，但目前只有在绵羊身上发现镉[53]。来自电池、铅基油漆、油和受铅污染的水造成的铅中毒更多地表现为神经性疾病，但对肾损害表现为慢性肾变性，只有在剖检时才能发现。汞不太可能引起绵羊或山羊中毒，而且还从未有报道过汞中毒的案例。锌和砷是主要的胃肠道毒物，同时会造成细胞包括肾脏的高代谢率。

铜中毒

急性铜毒性是由于摄入高铜饲料、铜盐、农药、家禽的垃圾和其他高铜物质造成的。绵羊铜摄入量为 20～50 mg/kg 时可发生急性铜中毒[54]，而山羊对铜的耐受性较强。慢性铜中毒发生在一段时间内摄入大量的铜，但摄入量低于急性中毒剂量。羊是最容易受到慢性铜毒性影响的物种，因为它们的肝细胞对铜有很高的亲和力，它们以极低的速率向胆汁中排泄铜，从而导致肝脏中铜的积累。2001 年美国农业部 NAHMS 绵羊的调查报告显示，在过去 3 年中，2.9% 的羊群至少发生了一次铜中毒[1]。

绵羊铜中毒最常见的原因之一是意外投喂了其他牲畜的饲料。钼可减少肝脏中铜的积累。因此，饲料中铜钼比是决定铜中毒风险的一个重要因素。慢性铜中毒通常是摄入了高铜钼比的饲料。任何铜含量超过 20 ppm 的饲料对绵羊都有潜在毒性，而大于 10∶1 的铜钼比接近绵羊铜中毒的剂量[54]。值得注意的是，与不在食物中添加莫能菌素的动物相比，添加莫能菌素的绵羊会增加铜在肝脏中的滞留[55]。已经证明了添加莫能菌素或拉沙里菌素的绵羊血清铜水平较高[56]。

铜是一种强氧化剂。它与肝细胞中的蛋白质结合，储存在肝细胞内的溶酶体中[57]。只要铜存在于溶酶体中，就不会造成组织损伤。然而，铜可以自发地释放或在应激下释放，如剪羊毛、极端天气或运输时。因此，慢性铜中毒常常被描述为与应激相关的疾病。当铜离子进入血液，穿入红细胞，使红细胞的铜离子水平升高 15～20 倍，而血浆水平只增加了 2～3 倍。它能导致血红蛋白氧化损伤，诱导海恩茨小体的形成并转化成高铁血红蛋白，高铁血红蛋白不能与 O_2 或 CO_2 结合。红细胞膜上的巯基也发生氧化变化[58]，导致严重的溶血和贫血症。最后，大量的血红蛋白释放会导致血红蛋白性肾病和肾功能衰竭。

许多铜中毒动物发现时已经死亡。剖检可见黄疸和"枪金属蓝"肾。存活的动物中，黄疸、红色或棕色尿、厌食、苍白、虚弱和常卧不起是常见的症状。在血液采集和处理过程中，可能会注意到褐色或粉红色的血浆，贫血在一些病例中可以找到红细胞再生的证据。肾脏受累的动物肌酐值升高。肝细胞损伤和胆管阻塞是伴随着铜的释放而发生。测定血清天冬氨酸转氨酶（AST）和谷草转氨酶（GGT）的浓度可用于鉴定动物是否有铜中毒死亡的危险。在一些动物出现临床症状前至少 9 周，AST 和 GGT 水平已经超过正常水平[59]（见第 2 章）。

存活的动物表现为厌食症、虚弱、黄疸和血红蛋白尿[60]。一旦临床症状得到确认，应该马上撤换羊群当前的饲料，等待检测铜、钼含量。由于铜能在肝脏中存留长达 18 个月，所以显然当前的饲料并非铜的来源。剖检采集的新鲜肝、肾标本应提交诊断实验室进行铜含量测定。在活体动物测定血清铜浓度是不可靠的，因为铜主要存在于肝脏。血清铜升高到 2.0 ppm 以上是具有诊断性的，如果铜含量低于这个值，也不能排除铜中毒，因为血清铜浓度的升高往往很短暂。肝脏铜含量也应该加以注意，因为在疾病进程中肝脏释放出铜，这个过程能显著降低肝铜浓度。

由于经济限制和解毒剂的使用，使得治疗变得复杂。亚甲基蓝（4～10 mg/kg，缓慢静脉输注）对控制急性血红蛋白血症有重要作用。已经证明在绵羊身上使用剂量增加到 15 mg/kg 是安全的[61]。反应相当迅速，通常 15 min 内就能看到明显效果，如果需要额外剂量，可重复使用最低剂量。亚甲基蓝是一种潜在的致癌物，由于缺乏对组织中结合亚甲基蓝的残留研究，美国食品和药品监督管理局（FDA）建议任何物种应宰前断药 180 d[62]。游离的亚甲基蓝不易在体内存留，14 d 内就几乎完全消除，这是目前美国食用动物避免残留数据库（FARAD）对牛不给予的建议[62]。硫代硫酸钠（1 000 mg/只）口服，每日 1 次，持续 3 周。它通常是注射剂形式，但常采用口服。FARAD 不建议对屠宰动物使用硫代硫酸钠，但建议宰前停药 24 h[62]。*D*-青霉胺（口服 26 mg/kg，每天 2 次，连续 6 d）是一种重金属螯合剂，能增加铜随尿液的排出。建议屠宰前停药 21 d[62]。四硫钼酸（1.7 mg/kg，静脉注射，每天 1 次，连续 3 d）减少铜的吸收，增加肝中的代谢率[63]。建议宰前停药10 d，乳用停药 5 d[62]。维生素 C（500 mg，皮下注射）用于铜中毒治疗也可能有效，如抗坏血酸抵抗红细胞氧化，同时补充锌和维生素 E 也可能有效[64,65]。根据临床经济指标分析可以考虑采用支持疗法，包括输血和积极的静脉输液。在处理个别患病动物时，加强羊群管理也是很重要的。用推荐剂量给所有危险动物服用硫代硫酸钠，每日给用，持续 3 周，来促进铜从肝中释放出来。

绵羊和山羊血清中在铜含量的合适范围和中毒范围之间存在重叠，这使得血清不足以作为明确诊断的依据[54]。在山羊肝铜湿重超过 180 ppm，绵羊肝铜湿重超过 100 ppm，可认为铜含量高；山羊＞250 ppm，绵羊＞230 ppm，可认为是中毒含量[54]。肝肾的铜含量测定应伴随组织病理学分析，以记录重金属中毒所致的器官损害和衰竭。

抗生素毒性

有些抗生素可能引起急性肾疾病，尤其是给脱水或肾灌注量改变（如休克）的动物使用时。由于人们对氨基糖苷类药物滥用的关注，如今氨基糖苷类药物（庆大霉素、新霉素）的使用已大大减少。庆大霉素会在肾小管中积累，可能会继发线粒体氧化或其他的机制而导致细胞死亡[40,66]。除了能引起心脏反应外，用高剂量四环素或给脱水的牛使用时也会引起肾毒性，尽管在小反刍动物中还没有相关记录[67,68]。磺胺类药物可能引起肾脏疾病，因其能沉积在肾小管中，导致血流量和尿液浓度下降。

正确使用抗生素，确认动物病情、危险因素和及时发现不良影响应能消除抗生素毒性的严重后果[66]。磺胺药物中毒的临床症状与肾小管病征一致，磺胺中毒可见有尿结晶。停止投喂潜在的肾毒性物质，给予足够的静脉补液，促进利尿毒性可以反转毒性攻击，最终恢复。

参考文献

[1] US Department of Agriculture: *Sheep* 2001. *Part* Ⅱ: *Reference of Sheep Health in the United States*, 2001, Fort Collins, Colo, 2001, USDA: APHIS: VS, CEAH, National Animal Health Monitoring

System.

[2] Niilo L: *Clostridium perfringens* in animal disease: a review of current knowledge, *Can Vet J* 21: 141-148, 1980.

[3] Gardner DE: Pathology of *Clostridium perfringens* type D enterotoxemia. Ⅱ. Structural and ultrastructural alterations in the tissues of lambs and mice, *J Comp Pathol* 83:509-524, 1973.

[4] Fernandez Miyakawa ME, Uzal FA: The early effects of *Clostridium perfringens* type D epsilon toxin in ligated intestinal loops of goats and sheep, *Vet Res Commun* 27:231-241, 2003.

[5] Blackwell TE, et al: Differences in signs and lesions in sheep and goats with enterotoxemia induced by intraduodenal infusion of *Clostridium perfringens* type D, *Am J Vet Res* 52:1147-1152, 1991.

[6] Uzal FA, et al: The pathology of peracute experimental *Clostridium perfringens* type D enterotoxemia in sheep, *J Vet Diagn Invest* 16:403-411, 2004.

[7] Layana JE, Miyakawa MEF, Uzal FA: Evaluation of different fluids for detection of *Clostridium perfringens* type D epsilon toxin in sheep with experimental enterotoxemia, *Anaerobe* 12: 204-206, 2006.

[8] Uzal FA, Songer JG: Diagnosis of *Clostridium perfringens* intestinal infections in sheep and goats, *J Vet Diagn Invest* 20:253-265,2008.

[9] de la Rosa C, Hogue De, Thonney ML: Vaccine schedules to raise antibody concentrations against E toxin of *Clostridium perfringens* in ewes and their triplet lambs, *J Anim Sci* 75:2328-2334, 1997.

[10] Ellis GR, et al: Seroprevalence to *Leptospira interrogans* serovar hardjo in Merino stud rams in South Australia, *Aust Vet J* 71:203-206, 1994.

[11] Heath SE, Johnson R: Leptospirosis, *J Am Vet Med Assoc* 205:1250-1254, 1994.

[12] Marshall RB: Ultrastructural changes in renal tubules of sheep following experimental infection with *Leptospira interrogans* serotype pomona, *J Med Microbiol* 7:505-508, 1974.

[13] Adler B, de la Pena Moctezuma A: *Leptospira* and leptospirosis, *Vet Microbiol* 140:287-296, 2010.

[14] Hodges RT: Some observations on experimental *Leptospira* serotype pomona infection in sheep, *N Z Vet J* 22:151-154, 1974.

[15] Smith BP, Armstrong JM: Fatal hemolytic anemia attributed to leptospirosis in lambs, *J Am Vet Med Assoc* 167:739-741, 1975.

[16] Sleight SD, Langham RF: The effects of *Leptospira pomona* hemolysin on pregnant ewes, cows, and sows, *J Infect Dis* 111:63-77,1962.

[17] Vermunt JJ, et al: Observations on three outbreaks of *Leptospira interrogans* serovar pomona infection in lambs, *N Z Vet J* 42:133-136, 1994.

[18] Harrington R: Leptospiral antibodies in serum from cattle, swine, horses, deer, sheep and goats: 1973-1974, *Am J Vet Res* 36:1367-1370, 1975.

[19] Lilenbaum W, et al: Identification of *Leptospira* spp. carriers among seroreactive goats and sheep by polymerase chain reaction, *Res Vet Sci* 87: 16-19, 2009.

[20] Kingscote B: Leptospirosis in sheep in western Canada, *Can Vet J* 26:164-168, 1985.

[21] Prusty PK, Srivastava SK: Haemolytic properties of different *Leptospira* strains, *Indian J Anim Sci* 61: 129-134, 1991.

[22] Hathaway SC, Marshall RB: Experimental infection of sheep with *Leptospira interrogans*: serovars hardjo and balcanica, *N Z Vet J* 27:197, 1979.

[23] Mitchell G, Leonard J: *Leptospira interrogans* serovar hardjo infection in a sheep, *Aust Vet J* 62(10):346-347, 1985.

[24] Cerri D, et al: *Leptospira interrogans* serovar hardjo in the kidneys and genital tracts of naturally infected sheep, *Microbiologica* 19:175-178, 1996.

[25] Farina R, et al: *Leptospira interrogans* in the genital tract of sheep. Research on ewes and rams experimentally infected with serovar hardjo (hardjobovis), *Microbiologica* 19:235-242, 1996.

[26] Webb AI, et al: Drugs approved for small ruminants, *J Am Vet Med Assoc* 224: 520-523, 2004.

[27] Adverse reaction to tilmicosin use in goats: *Large Anim Vet Rep* 7:95, 1996.

[28] Bolin CA, et al: Effect of vaccination with a pentavalent leptospiral vaccine on *Leptospira interrogans* serovar hardjo type hardjobovis infection of pregnant cattle, *Am J Vet Res* 50:161-165, 1989.

[29] Bolin CA, Zuerner RL, Tureba G: Effect of vaccination with a pentavalent leptospiral vaccine containing *Leptospira interrrogans* serovar hardjo type hardjo-bovis on type hardjo-bovis infection in cattle, *Am J Vet Res* 50:2004-2008, 1989.

[30] Bolin CA, et al: Effect of vaccination with a monovalent *Leptospira interrogans* serovar hardjo type hardjo-bovis vaccine on type hardjo-bovis infection in cattle, *Am J Vet Res* 52:1639-1643, 1991.

[31] Lehmkuhl HD, Cutlip RC, Brogden KA: Seroepide-

miologic survey for adenovirus infection in lambs, *Am J Vet Res* 54:1277-1279,1993.

[32] Finnie JW, Swift JG: Adenovirus infection in ovine kidney and liver, *Aust Vet* J 68:184, 1991.

[33] Debey BM, et al: Ovine adenovirus serotype 7-associated mortality in lambs in the United States, *Vet Pathol* 38:644-648, 2001.

[34] Belak S, et al: Isolation of a pathogenic strain of ovine adenovirus type 5 and a comparison of its pathogenicity with that of another strain of the same serotype, *J Comp Pathol* 90:169-176, 1980.

[35] Angus KW, et al: Acute nephropathy in young lambs, *Vet Rec* 124:9-14, 1989.

[36] Angus KW, Hodgson JC: Recognition and management of nephrosis in lambs, *In Pract* 12: 3-5, 1990.

[37] Angus KW: Nephropathy in young lambs, *Vet Rec* 126:525-528,1990.

[38] Benson JA, Williams BM: Acute renal failure in lambs, *Br Vet J* 130:475-481, 1974.

[39] Yeruham I, et al: A generalized staphylococcal scalded skin-like disease in lambs, *J Vet Med B* 46: 635-640, 1999.

[40] Plumlee KH, editor: *Clinical veterinary toxicology*, St Louis, 2004, Mosby.

[41] Radostits OM, et al: Diseases of the kidney. In Radostits OM, et al, editors: *Veterinary medicine: a textbook of the diseases of cattle, sheep, pigs, goats and horses*, ed 9, Philadelphia, 2000, Saunders.

[42] Barbosa RR, Fontenele-Neto JD, Soto-Blanco B: Toxicity in goats caused by oleander (*Nerium oleander*), *Res Vet Sci* 85:279-281,2008.

[43] Wisloff H, et al: *Narthecium ossifragum* (L.) Huds. causes kidney damage in goats: morphologic and functional effects, *Vet Pathol* 40:317-327, 2003.

[44] Cooper TB, Huxtable CR, Vogel P: The nephrotoxicity of *Isotropis forrestii* in sheep, *Aust Vet J* 63: 178-182, 1986.

[45] McMartin K: Are calcium oxalate crystals involved in the mechanism of acute renal failure in ethylene glycol poisoning? *Clin Toxicol* 47:859-869, 2009.

[46] Crowell WA, et al: Ethylene glycol toxicosis in cattle, *Cornell Vet* 69:272-279, 1979.

[47] Singh DP, Kumar M, Varshney KC: Pathological changes in experimental ethylene glycol intoxication in cow calves: clinicohaematological and biochemical changes, *Indian J Anim Sci* 64:1361-1363, 1994.

[48] Barigye R, et al: Ethylene glycol toxicosis in adult beef cattle fed contaminated feeds, *Can Vet J* 49: 1018-1020, 2008.

[49] Church AS, Witting MD: Laboratory testing in ethanol, methanol, ethylene glycol, and isopropanol toxicities, *J Emerg Med* 15:687-692, 1997.

[50] Boermans HJ, Ruegg PL, Leach M: Ethylene glycol toxicosis in a pygmy goat, *J Am Vet Med Assoc* 193: 694-696, 1988.

[51] Dial SM, Thrall MA, Hamar DW: Comparison of ethanol and 4-methylpyrazole as treatments for ethylene glycol in cats, *Am J Vet Res* 55:1771-1782, 1994.

[52] Ammerman CB, et al: Contaminating elements in mineral supplements and their potential toxicity: a review, *J Anim Sci* 44:485-508, 1977.

[53] Stoev SD, et al: Experimental cadmium poisoning in sheep, *Exp Toxicol Pathol* 55:309-314, 2003.

[54] Puls R: *Mineral levels of animal health*, ed 2, Clearbrook, BC, 1994, Sherpa International.

[55] van Ryssen JB: Effect of monensin and its metabolites in broiler litter on sheep consuming broiler litter, *J S Afr Vet Assoc* 62:94-99, 1991.

[56] Starnes SR, et al: Influence of monensin and lasalocid on mineral metabolism and ruminal urease activity in steers, *J Nutr* 114:518-525, 1984.

[57] Nederbragt H, van den Ingh TSGAM, Wensvoort P: Pathobiology of copper toxicity, *Vet Q* :6179-6185, 1984.

[58] Hochstein P, Kumar KS, Forman SJ: Mechanisms of copper toxicity in red cells, *Prog Clin Biol Res* 21: 669-686, 1978.

[59] Lewis NJ, Fallah AH, Connor ML: Copper toxicity in confinement-housed ram lambs, *Can Vet J* 38: 496-498, 1997.

[60] Roubies N, et al: A retrospective study of chronic copper poisoning in 79 sheep flocks in Greece (1987—2007), *J Vet Pharmacol Ther* 31: 181-183, 2008.

[61] Burrows GE: Methylene blue: effects and disposition in sheep, *J Vet Pharmacol Ther* 7: 225-231, 1984.

[62] Haskell SRR, et al: Antidotes used in food animal practice, *J Am Vet Med Assoc* 226:884-887, 2005.

[63] Humphries WR, et al: Use of ammonium tetrathiomolybdate in the treatment of copper poisoning in sheep, *Vet Rec* 119:596-598,1986.

[64] Gaetke LM, Chow CK: Copper toxicity, oxidative stress and antioxidant nutrients, *Toxicology* 189:147-163, 2003.

[65] Schilsky ML, et al: Hepatocellular copper toxicity

and its attenuation by zinc, *J Clin Invest* 84:1562-1568, 1989.

[66] Garry F, Chew DJ, Hoffsis GF: Urinary indices and renal function in sheep with induced aminoglycoside nephrotoxicosis, *Am J Vet Res* 51:420-427, 1990.

[67] Lairmore MD, Alexander AF, Powers BE: Oxytetracycline associated nephrotoxicosis in feedlot calves, *J Am Vet Med Assoc* 185:793-795, 1984.

[68] Vaala WE, Ehnen SJ, Divers TJ: Acute renal failure associated with administration of excessive amounts of tetracycline in a cow, *J Am Vet Med Assoc* 191:1601-1603, 1987.

慢性肾脏疾病

系统疾病

急性和慢性的呼吸道、胃肠道和皮肤疾病是常见的，并可能通过在肾脏中散布感染和形成囊肿或栓塞脱落，潜在地导致直接的肾脏病理状态和功能紊乱。通常在肾脏处可见继发于原发性疾病的损伤。绵羊和山羊都易感棒状杆菌，导致肾脏在内的慢性系统性的囊肿形成。葡萄球菌属、链球菌属、沙门氏菌属、大肠杆菌属、衣原体、克雷伯氏菌属以及其他的环境污染物都有造成栓塞疾病、肾脏梗死和囊肿的能力。分生孢子菌病，一个在热带地区常见的真菌疾病，最初感染上支气管和筛窦，但同时也可波及到肾脏[1]。慢性静脉插入术对于肾梗死和肾功能损害都是一个风险因素。对绵羊肾脏中留置导管影响的评价可表明免疫介导的肾小球肾炎，然而在临床疾病上并不明显[2]。据报道，肾脂肪瘤在一个5月龄的患有严重球虫病的小羊身上更为常见[3]。

肾盂肾炎

尿路感染(UTIS)可能在小反刍动物中造成慢性肾脏疾病，但与牛相比，这种情况倒是更少耳闻。和其他物种一样，涉及肾脏的尿路感染最常见的原因是致病菌上升感染。细菌感染可能来自泌尿生殖上皮、胃肠道或环境的正常菌群。感染可能始于膀胱，造成单侧或双侧输尿管或肾脏的疾病。尽管双侧疾病也存在，但肾盂肾炎在左肾更为常见，其发病率增加的原因被认为是输尿管与膀胱之间的距离较短。始于下尿道的上升感染在雌性中更常见，这可能是由于其结构较上尿道短，并且常常有排尿和产后疾病频率降低的病史的报道。脱水、脊髓疾病和结构异常都可能导致尿量减少和尿流量减少。无法站立的动物通常很少排尿，如果没有任何协助，那么它们会更接近环境污染物。其他上升感染的来源可能是来自新生胎儿的脐尿管、经腹膀胱造口术的留置管和针对尿道阻塞的膀胱黏膜的造袋术或通过导尿管和产科手术引流。这种感染可能通过血液传播，并且炎症性泌尿系统疾病和创伤可能增加感染的可能性。尽管大肠杆菌和肾棒状杆菌可以在正常黏膜上发生原发性感染，但尿路中因外伤或尿结石引起的尿路炎症同样也可以增加尿路感染的风险。

肾盂肾炎病例中最常见的分离菌是大肠杆菌和肾棒状杆菌，其中大肠杆菌被认为是更常见的环境性或可能性的致病菌，而肾棒状杆菌普遍认为是感染性肾盂肾炎的病原体。虽然不良的农场环境卫生增加了患临床疾病的频率，但这两种细菌都可以正常的且不产生临床症状的定植在泌尿生殖道上皮细胞中。肾棒状杆菌会不断地通过感染动物散布到环境中去，并且这些病原菌可以在环境中存活超过2个月[4]。其他种类的棒状杆菌、大肠杆菌、化脓幽门螺杆菌也都可以造成疾病。一些从雄性生殖道中分离出的已知病原菌，如牛棒状杆菌和猪真杆菌(原棒状杆菌)，使得性交传播成为可能[5,6]。因为肾棒状杆菌和大肠杆菌是健康动物中正常菌群的一部分，细菌菌毛附着物、尿液pH和其他因素都可以提高个体动物临床感染的概率。

健康不良、发烧和不明确的腹痛征兆可能伴随肾盂肾炎的诊断。其他特征可能包括排尿紧张或尿中带脓的病史。辅助诊断方法应该包括尿检，以证明血尿、白细胞尿、菌尿和蛋白尿。尿液保持pH为碱性是正常的。在排尿后期收集废尿是很重要的，因为碎片可能已沉淀到膀胱腹壁，并且只有在排尿后期才会排空。进行腹部触诊决定是否存在肾痛，或者透过皮肤超声成像进行诊断[7]。

促进利尿在冲洗尿路中是一个重要的辅助疗法。在疾病初期或一些严重的病例中，可能需要应用静脉注射。此时应该最低限度地饮水或经胃管给水。提供盐类和补充氯化铵可以增加耗水量。氯化铵同时还具有酸化尿液的额外益处，这可以防止一些病原菌黏附。

虽然抗生素的选择应该基于培养和敏感度的测试上，但青霉素在初始的治疗中是最常见的选择。过度感染可能会导致细菌敏感性降低，从而缺乏明显疗效。在某些情况下，可能需要延长数周的抗生素治疗。有限的研究表明，牛的复发率接近10%，总死亡率或淘汰率占临床病例的1/3[8]。

确定双侧病变对于疾病的预后是很重要的，同时，反刍动物中肾功能程度的确定更加困难。尿比重的测定、氮质血症对输液疗法反应的评价和身体检查结果相结合，以确定治疗的效果。在一些特定的情况下，肾切除术可能可以作为一个选择。在探测检查时，两侧肾可以通过触诊和超声显像得到良好的评估[9]。

淀粉样变性

淀粉样变性是一个与全身器官中沉积不溶性细胞外透明蛋白相关的系统性疾病。不溶性的β-折叠的淀粉样纤维是由部分降解的循环前体蛋白产生的，然后沉积在多数组织中。在所有物种里，很多类型的淀粉样蛋白都可以发展和造成疾病。当有原发性或继发性淀粉样变性或AA型淀粉样变性的条件时，蛋白质复合体会作为慢性炎症疾病的结果出现；当有AL型淀粉样变性的条件时，可能会免疫性地产生淋巴源性肿瘤（即骨髓瘤），除此之外，遗传发育在一些物种和品种中得到公认。不考虑痒病的情况下，由于骨髓瘤或遗传易感性造成的在小反刍动物中的淀粉样变性的病例，在兽医相关的文献中没有记载。只有一个在一头牛中出现的系统性AL淀粉样变性被记录在文献中[10]。慢性化脓性炎症肿瘤，一般被看作是反应性淀粉样变性发生的风险因素，并且通常发生在小反刍动物中，然而，临床淀粉样变性的病例却很少被报道[11,12]。亚临床淀粉样变性可能是反刍动物中的一个偶然发现[13]。淀粉样变性可以被实验性的诱发，并且更常见于产品研发和研究的免疫过度的动物中，这一般是一个系统性的过程[14]。

淀粉样变性作为与慢性体重减轻、食欲减退或厌食症相关的慢性非炎性肾小球病，同时也是一个主要影响肾功能的系统性疾病。临床表现通常是肾病综合征和以水肿、腹水、胸腔和心包积液、呼吸困难、运动不耐受，可能还有腹泻为主要特点的蛋白质减少症。据报告，一只山羊表现出了严重水肿病症[15]。多器官功能损伤除了肾脏的体征外还有其他体征，包括肝脏、造血和胃肠道系统，与临床症状相关联。

临床血清化学反应可显示高钾血症、高磷血症和正常血清肌酐水平伴有尿素氮升高[16]。血清总蛋白可能正常或降低，伴有低白蛋白血症、高球蛋白血症以及白蛋白-球蛋白比值降低。尿液分析中，尿液中蛋白质与肌酐的比例升高，尿液上皮细胞沉积和存在可变的细胞类型。然而，细胞沉淀物是没有“活性”的，除非伴有继发性感染。酶尿和血清淀粉样蛋白标记物也可以对诊断有帮助。超声检查可以显示肾脏扩大和伴有实质回声的肾周水肿。肾切片检查可作为一种额外的检查，其结果各不相同。

尸检结果在一定程度上取决于淀粉样变性的严重程度，包括正常大小到极度扩大弥漫性苍白外观或苍白的粟粒病灶[17]。淀粉样蛋白沉积微小的改变，包括胞外苏木精和伊红（H&E）阳性染色组织，主要影响肾小球。刚果红染色证实淀粉样蛋白的存在。

治疗包括支持性治疗和对症治疗。对潜在刺激原因的诊断和治疗，一般认为预后很差。可以使用类固醇和非类固醇抗炎症药物，同时，有报道表明使用二甲基亚砜（DMSO）可能对淀粉样蛋白的溶解有效果。在食品生产动物中使用二甲基亚砜需要额外标注，并且要求临床医生仔细判断。

肾小球肾炎

由于各种原因，在成年和幼龄的动物中都可能发生肾小球炎症或特殊的病理过程。与淀粉样变性相反，肾小球损害是炎性的，在绵羊和山羊中同时可自发地产生抗原、免疫球蛋白和补体的免疫介导成分的沉积[18]。在老龄动物中，刺激因素通常可引起一个非局限性的慢性炎症过程，一般是肺炎或者脓肿。免疫复合物沉积作用于肾小球毛细血管基底膜，引起膜增厚和过度生长，导致临床和亚临床肾病。增生性肾小球肾炎是常见的尸检结果，在山羊和绵羊中没有临床意义。在妊娠期中毒的绵羊中，可能会发生肾小球的毒性和血管损伤，水肿和上皮细胞、内皮细胞的破坏。

一例详细记载的自发性肾小球肾炎，也是自发性肾小球毛细血管肾小球肾炎（MCGN），发现在纯种和杂种的芬兰兰德瑞斯羔羊中[19]。在过去的几十年里，关于这种情况的文献报道和研究还很缺乏。MCGN与C3补体缺乏症具有隐性遗传方式的遗传关联,影响4月龄以下的羔羊[20]。尽管这个疾病的推测最初在苏格兰地区是没有的,但在20世纪80年代中期,在亚伯达北部确诊了几个病例[21]。这种类型的肾小球肾炎是晚期的肾小球肾炎,伴有羊羔出现嗜睡的临床症状、腹部疼痛以及产后数周后的肾功能衰竭。

除了自发性肾小球毛细血管肾小球肾炎,肾小球肾炎在绵羊和山羊中发展一般较缓慢。临床表现通常是不明显的生长停滞,并且可能与一些更常见的情况,如新陈代谢疾病或胃肠道寄生虫病相混淆。疾病的病史证据(如妊娠毒血症、脓肿、肺炎),与其同时发生的主动感染或炎症临床症状,在确定病因的时候应该考虑到。导致的低蛋白血症取决于肾小球疾病的程度,同时可能发生胸腔和腹腔积液。肾小球病的特征是蛋白尿。在尸检时粗略检查和显微镜检查可见苍白、收缩的,伴有肾小球纤维、间质增厚、管状纤维化和毛细血管阻塞的肾脏,可通过肾脏的组织切片确定。

如有明显的刺激原因,应给予治疗。免疫抑制和慢性类固醇治疗可能抑制肾小球炎症,但长期的预后较差。

肾小球膜毛细血管肾小球肾炎

肾小球膜毛细血管肾小球肾炎是一个以在肾小球毛细血管壁中有免疫球蛋白沉积为特点的免疫性肾脏疾病,也是一种由患病羊羔中补体的第三组分缺乏引起的疾病[22]。虽然这个遗传模式是复杂的[20],而且目前还没有证据表明,在疾病发展过程中,初乳起着主要作用[24],但是这个先天性的[23]、可遗传的情况被定义为隐性性状。这种疾病主要发生在小于4月龄的芬兰兰德瑞斯羔羊,但在芬兰兰德瑞斯母羊与多赛特公羊的杂交羊中也有记载[25]。临床症状包括孤立、厌食症、结膜水肿、脑神经系统症状以及急性死亡[31]。患病动物肾脏急剧增大,并且伴有尿毒症[31]和低白蛋白血症。诊断的结果基于肾脏的病理组织学检查,可见新月形病灶伴有中性粒细胞浸润、纤维化、肾小球肥大[32]。超微研究下可观察到,此类情况与人类I型肾小球膜毛细血管肾小球肾炎相似[22]。在患病羊羔的脉络中表现为水肿、IgG沉积和细胞浸润[26]。治疗一般不尝试在患病羊羔中,而是隔日使用泼尼松疗法用于改善羊羔疾病[27]。

肾脓肿

肾脓肿一般是血液扩散的结果,并且脓肿一般出现在身体的其他器官。世界各地,在绵羊和山羊中最常见的脓肿原因是假结核棒状杆菌,这也是造成干酪性淋巴炎的原因。脓肿可能存在浅表,局限于皮下组织和浅表淋巴结或内脏(主要感染肺脏)、纵隔淋巴结和其他组织,包括肾脏[28]。棒状杆菌与红球菌、分枝杆菌和诺卡氏菌共为一个家族,并且与慢性脓肿性炎症相关;感染被认为是终身的,因为活菌可以从感染数年后的陈旧脓肿中培养出来[28]。绵羊比那些典型感染的山羊有着更高频率和更严重的内脏干酪性淋巴炎[28]。脓肿内的脓性物质含有大量的细菌,极具传染性,通常通过呼吸、外表皮、口腔或其他途径传播。细菌侵入局部淋巴结并扩散,在整个淋巴系统和内脏器官产生厚包膜的脓性肉芽肿。

据报道,其他细菌也会引起绵羊和山羊的脓肿,在鉴别诊断干酪性淋巴结炎时应考虑潜在的病原体。牛结核分枝杆菌被证明在感染的羊群中伴随遍布全身的脓肿,包括肾脏[29]。马红球菌的无毒株可造成山羊中的扩散性脓肿,但在这些病例中肾脏牵连并不是特定存在的[30]。葡萄球菌、链球菌、沙门氏菌和衣原体也与羔羊肾脏脓肿相关[31]。

伯克氏菌(假单胞菌)是从一头来自南非的波尔母鹿的乳腺和一侧肾脏的脓肿中培养出来的[32]。这种细菌栖息在流行地区的土壤和水中,发生在亚洲、非洲、澳大利亚和中南美洲。

肾脏脓肿的诊断最容易在肾脏和腹腔后部的超声检查中检测到,而这些地方可能出现流体囊和气体积聚。在针穿刺活检中,建议细针穿刺可疑脓肿,以减少腹膜污染。脓肿培养可用于病原学诊断以及抗菌药物敏感性试验。在假结核棒状杆菌感染的情况下,培养的细菌经常表现出对几种体外抗菌药物的敏感性;然而,活性表现较弱可能是因为脓肿较厚的包膜和机体的细胞内活动[28]。利福平和土霉素治疗绵羊干酪性淋巴结炎脓肿的临床疗效已得到证实,但尚不能确定动物是否仍受感染[33]。血液凝集抑制的血清学检查,以及ELISA和其他血清学检查是可用的,PCR检测也是如此[28]。

如果肾脏感染是单侧的,那么脓肿应该全部被切除,根据剩余肾脏的代偿性改变[34],可以进行肾切除术,尽管这种感染也可能存在于其他内脏中。

患有干酪性淋巴结炎的动物应被认为是终生、全身的携带者，是其他动物和人的潜在感染源，应选择最合适的管理策略。

参考文献

[1] Silva SMMS, et al: Conidiobolomycosis in sheep in Brazil, *Vet Pathol* 44:314-319, 2007.

[2] Rao VP, et al: Renal infarction and immune-mediated glomerulonephritis in sheep (*Ovis aries*) chronically implanted with indwelling catheters, *J Am Assoc Lab Anim Sci* 45:14-19, 2006.

[3] Wobeser G, Haas S: Renal lipomatosis in a lamb, *Can Vet J* 45:863-864, 2004.

[4] Hayashi A, Yangawa R, Kida H: Survival of *Corynebacterium renale*, *Corynebacterium pilosum* and *Corynebacterium cystitidis* in soil, *Vet Microbiol* 10: 381-386, 1985.

[5] Pijoan C, Lastra A, Leman A: Isolation of *Corynebacterium suis* from the prepuce of boars, *J Am Vet Med Assoc* 183:428-429, 1983.

[6] Tubbs RC: Cystitis, pyelonephritis, and miscellaneous diseases of swine. In Howard JL, Smith RA, editors: *Current veterinary therapy: food animal practice*, ed 4, Philadelphia, 1999, WB Saunders, pp 631-632.

[7] Floeck M: Sonographic application in the diagnosis of pyelonephritis in cattle, *Vet Radiol Ultrasound* 48: 74-77, 2007.

[8] Markusfeld O, et al: Observations of bovine pyelonephritis, *Br Vet J* 145:573-579, 1989.

[9] Miesner MD, Anderson DE: Unilateral nephrectomy of cattle, *Vet Clin N Am Food Anim Pract* 24: 499-500, 2008.

[10] Taniyama H, et al: Systemic kappaAL amyloidosis associated with bovine leukocyte adhesion deficiency, *Vet Pathol* 37:98-100, 2000.

[11] Rings DM, Garry FB: Amyloidosis associated with paratuberculosis in a sheep, *Comp Cont Educ for the practicing vet-Food Animal suppl* 10:381-385, 1988.

[12] Thaum VL, Bunn CM: Amyloidosis in an angora goat, *Aust Vet J* 69:40-41, 1992.

[13] Woolf A, Kradel DC: Mortality in captive bighorn sheep—clinical, hematological, and pathological observations, *J Wildlife Dis* 9:12-17, 1973.

[14] Biescas E, et al: AA amyloidosis induced in sheep principally affects the gastrointestinal tract, *J Comp Pathol* 140:238-246, 2009.

[15] Stummer P, et al: Severe chemosis caused by nephrotic syndrome in a goat: a case report, *Vet J* 175:141-143, 2008.

[16] Fernández A, et al: Clinicopathological features of ovine AA amyloidosis, *Res Vet Sci* 75: 203-208, 2003.

[17] Ménsua C, et al: Pathology of AA amyloidosis in domestic sheep and goats, *Vet Pathol* 40: 71-80, 2003.

[18] Lerner RA, Dixon FJ, Lee S: Spontaneous glomerulonephritis in sheep. Ⅱ. Studies on natural history, occurrence in other species, and pathogenesis, *Am J Pathol* 53:501-512, 1968.

[19] Angus KW, et al: Mesangiocapillary glomerulonephritis in lambs. Ⅰ. Clinical and biochemical findings in a Finnish Landrace flock, *J Comp Pathol* 84:309-317, 1974.

[20] Young GB, et al: Genetic aspects of mesangiocapillary glomerulonephritis in Finnish sheep, *Br Vet J* 137:368-373, 1981.

[21] Frelier PF, et al: Spontaneous mesangiocapillary nephritis in Finn cross lambs from Alberta, *Can J Comp Med* 48:215-218, 1984.

[22] Frelier PF, Armstrong DL, Pritchard J: Ovine mesangiocapillary glomerulonephritis type I and crescent formation, *Vet Pathol* 27:26-34, 1990.

[23] Angus KW, et al: Mesangiocapillary glomerulonephritis in lambs: the ultrastructure and immunopathology of diffuse glomerulonephritis in newly born Finnish Landrace lambs, *J Pathol* 131: 65-74, 1980.

[24] Angus KW, et al: The role of colostrum in glomerulonephritis of Finnish Landrace lambs: effect of cross-fostering newly born Finnish Landrace and Cheviot lambs, *Res Vet Sci* 19:222-224, 1975.

[25] Angus KW, Gardiner AC: Mesangiocapillary glomerulonephritis in Dorset-Finnish Landrace cross lambs, *Vet Rec* 105:471, 1979.

[26] Morgan KT, Gardiner AC, Angus KW: A choroid plexus lesion in lambs with mesangiocapillary glomerulonephritis, *J Comp Pathol* 87:15-25, 1977.

[27] Tarshish P, et al: Treatment of mesangiocapillary glomerulonephritis with alternate-day prednisone—a report of the International Study of Kidney Disease in Children, *Pediatr Nephrol* 6:123-130, 1992.

[28] Baird GJ, Fontaine MC: *Corynebacterium pseudotuberculosis* and its role in ovine caseous lymphadenitis, *J Comp Pathol* 137:179-210, 2007.

[29] Cordes DO, et al: Observations on tuberculosis caused by *Mycobacterium bovis* in sheep, *N Z Vet J*

29:60-62, 1981.

[30] Davis WP, et al: Disseminated *Rhodococcus equi* infection in two goats, *Vet Pathol* 36: 336-339, 1999.

[31] Angus KW, Hodgson JC: Renal ultrastructure in lamb nephrosis, *J Comp Pathol* 103:241-245, 1990.

[32] Van der Lugt JJ, Henton MM: Melioidosis in a goat, *J S Afr Vet Assoc* 66:71-73, 1995.

[33] Senturk S, Temizel M: Clinical efficacy of rifampin SV combined with oxytetracycline in the treatment of caseous lymphadenitis in sheep, *Vet Rec* 159:216-217, 2006.

[34] Ziada G, Youseif H, Khalil M: Compensatory changes in the function of the remaining kidney immediately after unilateral nephrectomy in sheep, *Tohoku J Exp Med* 219:165-168, 2009.

肾脏疾病的各种原因

寄生虫感染肾脏

原生动物、绦虫、吸虫、线虫被证明有感染性或对绵羊和山羊的肾脏有影响。刚地弓形虫的播散性疾病已在一只2岁的山羊中得到证实，并且肾脏检查显示皮质有白色条纹和坏死性肾小球肾炎[1]。肾内可见短形弓形虫，临床表现为膀胱炎、呼吸道及胃肠道病变[1]。一只四岁的怀孕山羊表现为脑炎和流产，并且发现肝脏和肾脏中的微生物和弓形虫属相符合[2]。脑炎微孢子虫(小孢子虫属)被证明可感染绵羊[3]和山羊[4]。肾小管细胞含有这种微生物，可引起慢性间质性肾炎[3,4]。据报道，在一只死胎山羊身上发现了先天性肉瘤囊肿，肾内有肉瘤囊肿生成[5]。对寄生虫的研究，主要关注的是它们人畜共患的潜能。控制这些寄生虫应包括限制畜群与猫和兔子的接触。

绵羊肾脏中发现了囊状棘球绦虫、颗粒棘球蚴和孢虫病的不孕囊胞和囊尾蚴[6]，系膜性和膜性增生性肾小球肾炎是绵羊孢虫病常见的病变[7]。一种被认为是由巴氏细颈线虫引起的急性肾病已经被证明对羔羊有影响，主要是那些小于1月龄的羊，但这种疾病的确切病因尚不清楚[8]。肝片吸虫同样可以造成贫血症和铁血黄素沉积在羔羊的近曲小管中[9]。控制寄生虫感染的这些系统性表现包括控制食肉动物、限制饲养密度、定期监测寄生虫和适当应用驱虫剂，并让动物所有者了解食品安全问题。

景泰蓝肾

景泰蓝肾之前被称为公羊的景泰蓝肾，是因为它最初只被记载在得克萨斯州的白安哥拉公山羊中[10,11]，但之后这种情况在绵羊中也有报道[12,13]。在大体检查中，肾脏大小正常，但呈褐色，变色范围遍及肾皮质[10]。组织病理学检查显示近端管状基底膜增厚，呈褐色[11]。这种色素的特征是含有糖酵解基团、无机物质、氨基酸[14]和铁蛋白[15]，血管内反复的溶血反应被认为是发病机制[15]。起初人们认为这种疾病的地理分布有限[10]，但在北美和欧亚大陆也有记载[11-14]。这种情况通常是亚临床的，经常在后期检查[10,12-14]或肾活检调查中偶然发现[11,15]，但对某些动物来说，可能具有临床意义[12]。目前景泰蓝肾的管理和治疗原则尚未提出。

先天性肾脏和输尿管异常

据报道，许多先天性畸形涉及肾脏和输尿管，大多数报告涉及羔羊。报告的异常包括单侧和双侧肾发育不全、囊性和多囊性肾、肾积水、分叶肾和胎儿及新生儿肾发育不全[16,21]。羔羊的多囊性肾病被认为是隐性遗传[16]。肾发育不全在小山羊中有报道，小山羊的肾脏苍白且略小，并在一只山羊的肾小管中存在囊肿、纤维化、细胞浸润和草酸盐晶体[22]。在一例小羊囊性肾发育不良的病例中，一只公羊30%的后代都受到影响，这种情况与流产和死胎有关[20]。异位输尿管已报告在山羊心室间隔缺损检查中[23]。被诊断为先天性异常的动物通常表现异常[17,19,23]，这在病例管理中是很重要的考虑因素。

肾脏肿瘤

多中心淋巴肉瘤被报道涉及实验性感染牛白血病病毒(BLV)的绵羊的肾脏[24]。在这个实验中，绵羊产生肿瘤的概率比在牲畜中报道的概率要高很多(34.7%)[24]。从BLV感染的结果来看，山羊似乎更具有抵抗淋巴肉瘤产生的能力，但肾脏的涉及被特别标注出来。肾母细胞瘤被报道出现在流产的羔羊胚胎中[25]。

参考文献

[1] Mehdi NA, Kazacos KR, Carlton WW: Fatal disseminated toxoplasmosis in a goat, *J Am Vet Med Assoc* 183:115-117, 1983.

[2] Hartley WJ, Seaman JT: Suspected *Toxoplasma* infection in an adult goat, *Vet Pathol* 19:210-212, 1982.

[3] Pang VF, Shadduck JA: Susceptibility of cats, sheep and swine to a rabbit isolate of, *Encephalitozoon cuniculi*, *Am J Vet Res* 46: 1071-1077, 1985.

[4] Khanna RS, Iyer PK: A case of *Nosema cuniculi* infection in a goat, *Indian J Med Res* 59:993-995, 1971.

[5] Mackie JT, Dubey JP: Congenital sarcocystosis in a Saanen goat, *J Parasitol* 82:350-351, 1996.

[6] Oryan A, Moghaddar N, Gaur SNS: Metacestodes of sheep with special reference to their epidemiological status, pathogenesis and economic implications in Fars Province, Iran, *Vet Parasitol* 51:231-240, 1994.

[7] Lizardo-Daudt HM: Albano Edelweiss MI: Ultrastructural alterations in glomerulonephropathy associated with hydatidosis in sheep, *Bol Chil Parasitol* 53:52-57, 1998.

[8] Angus KW: Nephropathy in young lambs, *Vet Rec* 126:525-528, 1990.

[9] Pullan NB, Sewell MM, Hammond JA: Studies in the pathogenicity of massive infections of *Fasciola hepatica* L. in lambs, *Br Vet J* 126:543-558, 1970.

[10] Light FW: Pigmented thickening of the basement membranes of the renal tubules of the goat (cloisonné kidney), *Lab Invest* 8:228-238, 1960.

[11] Altman NH, Grossman IW, Jernigan NB: Caprine cloisonné renal lesion. Clinicopathological observations, *Cornell Vet* 60:83-90, 1970.

[12] Oryan A, Razavi M, Maleki M: Observations on cloisonné kidney in sheep, *N Z Vet J* 41:210, 1993.

[13] Hatipoglu F, Erer H: Lesions of cloisonné kidney in sheep: report on four cases, *Rev Med Vet* 152:313-315, 2001.

[14] Thompson SW, Bogdon TR, Yost DH: Some histochemical studies of "cloisonné kidney" in the male Angora goat, *Am J Vet Res* 22:757-763, 1961.

[15] Grossman IW, Altman NH: Caprine cloisonné renal lesion. Ultrastructure of the thickened proximal convoluted tubular basement membrane, *Arch Pathol* 88:609-612, 1969.

[16] Johnstone AC, et al: Congenital polycystic kidney disease in lambs, *N Z Vet J* 53:307-314, 2005.

[17] Krotek K, et al: Congenital cystic disease of the liver, pancreas and kidney in a Nubian goat (*Capra hircus*), *Vet Pathol* 33:708-710, 1996.

[18] Newman SJ, et al: Congenital cystic disease of the liver and kidney in a pygmy goat, *J Vet Diagn Invest* 12:374-378, 2000.

[19] Dennis SM: Urogenital defects in sheep, *Vet Rec* 105:344-347, 1979.

[20] Jones TO, et al: A vertically transmitted cystic renal dysplasia of lambs, *Vet Rec* 127:421-424, 1990.

[21] O'Toole D, et al: Pathology of renal dysplasia and bladder aplasiahypoplasia in a flock of sheep, *J Vet Diagn Invest* 5:591-602, 1993.

[22] Gomez-Villamandos JC, et al: Possible renal dysplasia in two related, juvenile goats, *Small Rumin Res* 13:311-314, 1994.

[23] Scarratt WK, Lombard CW, Buergelt CD: Ventricular septal defects in two goats, *Cornell Vet* 74:136-145, 1984.

[24] Olson C, Baumgartener LE: Pathology of lymphosarcoma in sheep induced with bovine leukemia virus, *Cancer Res* 36: 2365-2373, 1976.

[25] Raperto F, Damiano S: Nephroblastoma in an ovine foetus, *Zentralbl Vet Med* 28:504, 1981.

膀胱疾病

膀胱炎

膀胱炎症是一种常见的疾病，主要影响雌性，通过上升感染获得。该病主要发生在产后，由于生殖道感染或医源性的胎儿操作导致。膀胱炎也可能是由于尿结石的存在导致的，作为一种来自新生儿感染的脐尿管的上升感染和来源于神经紊乱引起的膀胱松弛。长时间平卧的动物可能不会频繁排尿，容易导致尿道感染(UTIs)。最常见的病原微生物是肾棒状杆菌、大肠杆菌、葡萄球菌和链球菌。患有膀胱炎的动物通常尿频、尿淋漓[1]，并且在包皮或外阴部毛发上有血凝块或脓性碎片。尿液分析表现为血尿或脓尿，显微镜下可见红细胞、中性粒细胞，在某些情况下，可见细菌沉淀物。对膀胱的超声检查可能显示膀胱壁增厚、高回声的尿液和在膀胱底部血凝块或脓性碎片。水平波束造影用于显示膀胱内的沉淀物，测量和对比造影结果可用于证明膀胱壁增厚[2]。内窥镜[1]有助于观察膀胱内部以排除其他的诊断，如尿结石和动物源性血尿。自由获取或通过膀胱穿刺获得的尿液样品可以用于细菌培养和敏感度测试。膀胱穿刺提供了培养所需的优先样品，因为这样污染是最小的。尿道感染的动物存在或缺乏肾脏损伤需要得到确认。伴有肾脏损伤或肾盂肾炎的动物通常会出现全身性疾病、发热或氮质血症，需要更积极的治疗。

在处理尿道感染的动物时，应考虑使用抗生素或抗炎药物[1]，促进利尿和尿液酸化。选择抗菌药物时应根据细菌培养和敏感性试验选择合适的广谱制剂，并应通过尿液排出。β-酰胺类抗生素头孢噻啶和青霉素是最常用的。磺胺和四环素产品也可以使用。对于较低程度的尿路感染，一般建议治疗时间为 7～10 d，然后重复尿液分析，以确定治疗持续时间。抗炎药可在治疗的前 2～3 d 服用，以缓解不适，但如果怀疑肾脏损伤，则应谨慎使用。在美国，兽医为患畜选择抗菌和抗炎方案时，应咨询“经批准的小动物药物清单”和“食用动物避免残留数据库(FARAD)”，以获得药物批准和适当停药的建议[3,4]。促进多次排尿可以通过液体疗法和盐消耗来实现，以从膀胱中清除细菌。

留置导尿管为排尿提供了一个正确的出口和冲洗膀胱的机会。导尿管必须以卫生的方式放置和维护，以避免尿道进一步的感染。尿酸化对肾棒状杆菌的感染防控尤其有效，因为这种病原菌菌毛可附着于碱性环境中的尿路上皮上。

尿失禁

尿失禁主要由神经系统疾病引起的，由于尿液灼伤和尿潴留或尿道括约肌活性不足引起的尿道感染风险而引起临床关注。在对受影响动物的检查中，膀胱病变部位可分为上运动神经元(UMN)和下运动神经元(LMN)。上运动神经元(脊柱的 L4～S2 部分)损伤的动物表现为膀胱肿大并难以表达尿失禁。膀胱的下运动神经元(脊柱的 S2 部分到底部)区域感染时，膀胱也会肿大，但容易发生尿失禁，动物可能会滴尿。其他上运动神经元损伤的特征包括共济失调、尾音和会阴反射减弱。

尿失禁的原因包括腰骶脊髓节段损伤、尿路梗阻继发逼尿肌张力失调以及影响脊髓的各种疾病。据报道，1 例幼年山羊的尿失禁表现为一系列动物源性共济失调的临床症状[5]。动物源性共济失调是一种发生在动物生命最初几个月的疾病，其特点是组织铜含量低、沃勒变性，颈、胸段脊髓髓鞘生成困难[6]。尿失禁曾被报道在有薄副麂圆线虫[7]在中枢神经系统中迁移的小母牛病例中，这种情况也出现在山羊中[8]。西尼罗病毒已被报道可导致母羊脑脊髓炎，其临床症状包括膀胱臌胀和尿失禁[9]。尿失禁在吃高粱属作物的马中，是公认的由轴突变性和脱髓鞘导致的，但在放牧于高粱牧场后中枢神经系统损伤的羊羔中，没有得到公认[10]。因为轴突变性和脱髓鞘的出现在羔羊中并非显著，所以羊羔中的损伤在分布和严重程度上来说是和马不一样的。一项以羔羊为研究对象的研究，以尿液染色为参数，评估了断尾对健康的影响[11]。断尾和未断尾羔羊的尿液染色无明显差异，但断尾仍被认为是犬尿失禁的危险因素之一[12]。尿失禁也可能由原发性尿路疾病引起，包括膀胱炎、输尿管异位和尿道下裂，这些疾病在山羊和绵羊中都被报道过，并且可能导致尿失禁[13-15]。

对小反刍动物尿失禁的治疗还没有明确的描述，应该把重点放在原发性疾病的治疗、充分的护理和预防潜在的后遗症上，包括肾盂积水和尿道感染。雌性可施行导尿，雄性可施行膀胱穿刺术，以缓解膀胱臌胀，并确保尿流出，直至神经恢复。患有逼尿肌弛缓的动物可以用拟胆碱药治疗，像用氨甲酰甲胆碱(0.04～0.08 mg/kg，每天皮下注射 3 次)以刺激逼尿肌活动，但不能用于尿道阻塞或尿道张力增高的动物中。

先天性膀胱异常

在萨福克羊羔中报道了一种遗传性的、先天性的伴随肾脏发育不良和膀胱发育不全或再生不全病例，这种情况在羔羊初生的前 5 d 是致命的[16]。有报道，羔羊脐尿管与其他并发的异常[14,15]，包括肛门闭锁和阴道炎。这些病例发生在没有脐炎的情况下是反刍新生儿中尿毒症的最常见原因[17]。

膀胱肿瘤

据报道，平滑肌瘤是一种平滑肌肿瘤，在 12 岁的雄性山羊中发生肝细胞癌和嗜铬细胞瘤[18]。据报道实验性感染牛白血病的绵羊涉及肾、输尿管和膀胱壁的多中心淋巴肉瘤[19]。有报道山羊肺炎或肺腺瘤病的肾脏和心脏转移[20]。

参考文献

[1] Halland SK, House JK, George LW: Urethroscopy and laser lithrotripsy for the diagnosis and treatment of obstructive urolithiasis in goats and pot-bellied pigs, *J Am Vet Med Assoc* 12:1831-1834,2002.

[2] Cruz-Arambulo RdeJ, et al: What is your diagnosis? Communication between the urethra and the corpus spongiosum, urethral stricture, mild cystitis, and presence of a urachal diverticulum, *J Am Vet Med Assoc* 222:1211-1212, 2003.

[3] Food Animal Residue Avoidance Database (website): http: // www. farad. org. Accessed February 17, 2009.

[4] The Minor Use Animal Drug Program (website): http: // www. nrsp-7. org/mumsrx. Accessed February 17, 2009.

[5] Wouda W, Borst GH, Gruys E: Delayed swayback in goat kids, a study of 23 cases, *Vet Q* 8:45-56, 1986.

[6] O'Sullivan BM: Enzootic ataxia in goat kids, *Aust Vet J* 53:455-456, 1977.

[7] Duncan RB, Patton S: Naturally occurring cerebral parelaphostrongylosis in a heifer, *J Vet Diagn Invest* 10:287-291, 1998.

[8] Kopcha M, et al: Cerebrospinal nematodiasis in a goat herd, *J Am Vet Med Assoc* 194: 1439-144, 19892.

[9] Tyler JW, et al: West Nile Virus encephalomyelitis in a sheep, *J Vet Intern Med* 17:242-244, 2003.

[10] Bradley GA, et al: Neuroaxonal degeneration in sheep grazing Sorghum pastures, *J Vet Diagn Invest* 7:229-236, 1995.

[11] French NP, Wall R, Morgan KL: Lamb tail docking: a controlled field study of the effects of tail amputation on health and productivity, *Vet Rec* 134: 463-467, 1994.

[12] Holt PE, Thrusfield MV: Association in bitches between breed, size, neutering and docking, and acquired urinary incontinence due to incompetence of the urethral sphincter mechanism, *Vet Rec* 133:177-180, 1993.

[13] Scarratt WK, Lombard CW, Buergelt CD: Ventricular septal defects in two goats, *Cornell Vet* 74:136-145, 1984.

[14] Dennis SM: Hypospadias in Merino lambs, *Vet Rec* 105:94-96,1979.

[15] Hartley WJ, Kater JC: Perinatal disease conditions of sheep in New Zealand, *N Z Vet J* 12:49-57, 1964.

[16] O'Toole D, et al: Pathology of renal dysplasia and bladder aplasiahypoplasia in a flock of sheep, *J Vet Diagn Invest* 5:591-602, 1993.

[17] Dennis SM: Patent urachus in a neonatal lamb, *Cornell Vet* 59:581-584, 1969.

[18] Lairmore MD, Knight AP, DeMartini JC: Three primary neoplasms in a goat: hepatocellular carcinoma, phaeochromocytoma and leiomyoma, *J Comp Pathol* 97:267-271, 1987.

[19] Olson C, Baumgartener LE: Pathology of lymphosarcoma in sheep induced with bovine leukemia virus, *Cancer Res* 36:2365-2373, 1976:1976.

[20] Al-Dubaib MA: Renal and cardiac metastases of Jaagsiekte-like tumour in a goat, *Small Rumin Res* 58:75-78, 2005.

尿道疾病及相关疾病

雄性反刍动物远端泌尿道的解剖结构与其他物种的雄性不同。阴茎在其构型中是 S 形的[1]，在膀胱和远端龟头阴茎之间发生两个主要弯曲。小反刍动物的龟头也有一个蚓状突，这是尿道远离阴茎远端 2～4 cm 的延伸[1]，与尿道的近端部分相比它有一个狭窄的直径。

阻塞性尿石症

阻塞性尿石症是小反刍动物最常见的尿路疾病。2001 年美国农业部 NAHMS 的绵羊研究报告称，在过去 3 年中，20％的被调查绵羊手术至少有一例尿路结石[2]。雄性最常受影响，但也可能在雌性中形成尿石。

尿石是尿液中的固体结晶形式，由有机基质和过饱和尿液中沉淀的有机和无机晶体组成[3]。影响尿过饱和的因素包括晶体肾排泄率、全身水平衡、尿液 pH 以及结晶抑制剂的存在与否[3]。维生素 A 缺乏导致的尿路上皮变形可能有助于细胞和蛋白质的形成[4]。缝合线、组织碎片、血凝块或细菌也可以作为引发尿石形成的重要成分[3]。然而，感染被认为是反刍动物尿石形成的次要因素。

尿石症是一种多因素疾病，饮食、尿液 pH 和身体水分平衡起着重要作用。在喂食高谷物饲料的动物中通常可以看到鸟粪石(磷酸镁铵)和磷灰石(磷酸钙),而食用豆类的动物倾向于碳酸钙尿石。在美国西部和加拿大,在含硅植物和土地上放牧的动物中可以发现硅酸盐石。草酸钙结石可能与含草酸盐的植物有关。影响尿石成分的可用性及其结合能力的重要因素是尿液 pH[5]。已知鸟粪石、磷灰石和碳酸钙尿石在碱性尿液中沉淀[3,5]。鸟粪石结晶仅在 pH 7.2～8.4 发生,而磷灰石在尿液 pH 为 6.5～7.5 时发生[6]。碳酸钙结石也倾向于在碱性尿液中形成,但 pH 对硅酸盐或草酸钙结石的影响很小或没有影响。体内水分平衡通过其对尿量和浓度的影响在钙化作用中起重要作用。这种影响在冬季和其他全身性疾病期间可能是明显的,此时动物消耗的水量减少,从而尿量减少。

尽管最常见的梗阻部位位于远端乙状结肠弯曲部位和绵羊和山羊的蚓状突中,但尿石可能阻碍尿液从肾盂到远端尿道的任何部位流动(图 12-7A 和 B)。这些部位的阻塞可能导致尿道或膀胱破裂。

虽然可以注意到血尿,但没有阻塞的尿石症很少导致临床疾病。呈现与尿石症相关的临床疾病的动物通常尿路被阻塞,并且体征取决于阻塞的程度、阻塞的位置和疾病的持续时间。尿路结石可能不会完全阻碍尿液流出,但其临床表现可能是不完整的,甚至是间断性梗阻。最初的不完全阻塞通常会随着时间的推移而变得完整。尿路梗阻的临床症状可能从非特异性不适和嗜睡到明显绞痛。不安和持续的紧张、重复的排尿姿势和发声是常见的。在尿道或膀胱破裂时,可以注意到包皮周围或双侧腹侧腹胀。

临床病理学发现尿潴留和肾积水与阻塞和后遗症的持续时间有关。在一项有尿石症的山羊的回顾性研究中,最常见的异常是氮质血症和低磷血症[7]。动物的钠和氯也可能略有下降,钾的升高和代谢性碱中毒[7]。与单胃动物不同,氮质血症通常是由于反刍动物具有更有效的控制尿毒症的能力,因此在疾病早期可能存在轻度或不表现临床症状。此外,反刍动物通常通过唾液分泌物维持足够的磷和钾稳态[8,9],而没有经历阻塞的单胃动物中这些分泌物会大量增加。

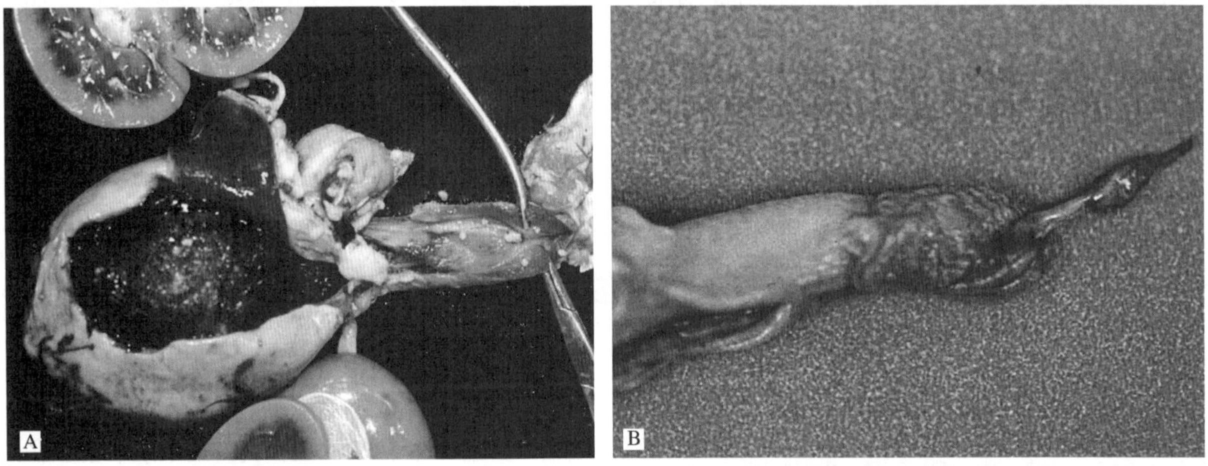

图 12-7 A. 患有尿道结石的 8 月龄雄性山羊的盆腔尿道。B. 雄鹿的尿道被尿路结石阻塞。这是一个尸检结果(来源:Dr. John Roberts, Thompson-Bishop-Sparks Alabama State Diagnostic Laboratory, Auburn, Alabama)。

阻塞性尿路结石的管理原则包括建立尿液排泄的专用途径、提供镇痛、纠正液体缺乏和电解质紊乱、减少炎症和预防感染。尿道憩室的存在可防止导尿管从尿道口逆行进入膀胱[1]。不建议进行逆行导管插入术,因为可造成尿道的进一步创伤或穿孔。当尿结石受挤压而膀胱过度臌胀时,结石被转入憩室,流体进入膀胱,其次尿结石也容易回落进入尿道。

切除雄性绵羊和山羊的蚓状突可建立一个开放的尿道(图 12-8)。然而,尿路结石引起的近端尿道炎症仍可能阻碍正常排尿。尿路结石倾向于在膀胱中成倍发生,并且在大多数最初通过切断蚓状突而缓解梗阻的动物中,随之而来的结石通道的复发是典型的。解除尿路梗阻通常需要手术干预。

在选择促进治疗的药物时,病羊的全身健康是一个重要的考虑因素。乙酰丙嗪(0.05～0.1 mg/kg,静脉或肌肉注射)已用于尿石症的治疗管理[10,11]。使用乙酰丙嗪是因其对平滑肌的 α-拮抗作用和对阴茎收缩肌的松弛作用。乙酰丙嗪也可以抑制与不能排尿相关的症状。对于可能已经低血压和体温过低的病羊,使用吩噻嗪镇静剂时应谨慎。地西

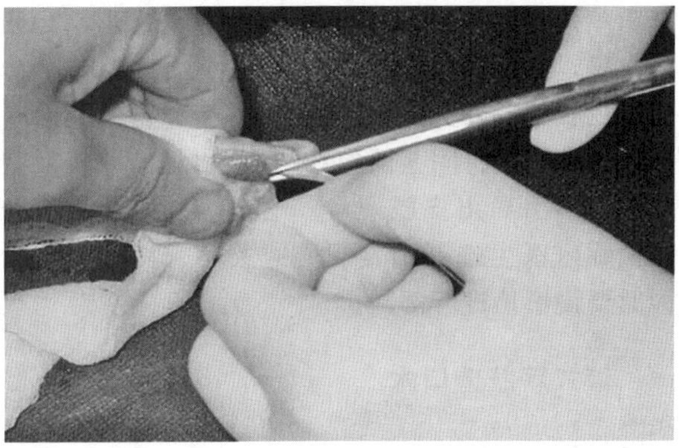

图 12-8 在没有临床性梗阻的情况下切除山羊的蚓状突。可以使用手术刀刀片或锋利的剪刀。

泮(0.1 mg/kg,缓慢静脉输注)也可用于尿道松弛和作为一种抗兴奋药。赛拉嗪(0.05～0.1 mg/kg,静脉或肌肉注射)或其他 α_2 激动剂可用于试图抑制病羊进行阴茎检查,并在反刍动物中具有优异的镇痛性能。在解除梗阻之前,应谨慎使用赛拉嗪,因为它促进利尿以及降低血压[12]。使用 2%利多卡因(1 mL/7 kg)的腰骶部硬膜外阻滞可用来代替镇静,以减轻不适并帮助阴茎外展(见第 18 章)。

应根据临床检查结果进行液体治疗。梗阻解除后,利尿对替代脱水、减少氮质血症、冲洗尿路很重要。生理盐水(0.9%的 NaCl)是静脉液体治疗的很好选择,尽管应考虑额外的电解质和酸碱异常。如果梗阻时间超过 36～48 h,或者动物膀胱破裂,钾可能会升高,电解质水平对指导电解质和酸碱异常的纠正非常有帮助。钾水平可用作确定干预程度的标记物,高水平钾对心脏产生抑制作用,导致心动过缓。如果钾水平较高,可添加葡萄糖制成 2.5%～5%的溶液(每升液体含 50～100 mL 的 50%葡萄糖溶液)或胰岛素用于在细胞内移动钾,保护心脏。每升液体中加入 20 mL、23%硼葡萄糖酸钙可改善心肌收缩力,0.04 mg/kg 剂量的阿托品可用于心动过缓病羊。碳酸氢钠可用于纠正酸中毒和减少高钾血症,但不应与含钙液体混合。应给予非甾体抗炎药以减少炎症,从而有助于防止尿道狭窄的形成,但应谨慎使用,直到获得足够的肾脏灌注。应采用广谱抗生素治疗,以预防或治疗因尿液组织失活或发炎或尿液空洞性堆积而引起的感染。可以选择β-内酰胺类抗菌药(青霉素和头孢菌素),因为它们具有良好的活性谱并且可在尿液中排泄。

在众多解除尿路结石引起的尿道梗阻的方法中,实际应用的有蚓状突切除、尿道切开术、尿道造口术、膀胱切开术、管式膀胱造口术和膀胱造袋术。其他方法包括耻骨前尿道吻合术、盆外和尿道前膜吻合术、颊黏膜尿道移植和激光碎石术的描述要少得多[13-16]。通过逆行导尿管解除梗阻在反刍动物和猪中不太可能实现,因为在阴茎的坐骨弓处存在尿道憩室[17]。在通过逆行导尿管清除梗阻的场合,缓解是暂时的,需要一些外科治疗来解决这个问题。此外,反刍动物尿道的动态和生理愈合特征与由于结石、尝试导尿或手术(即尿道切开术)造成的创伤导致腔狭窄形成的可能性有很大相关。尿道切开术和会阴尿道造口术等程序被认为是保守或挽救治疗,因为手术部位在几个月内很可能形成狭窄,导致再次阻塞[18]。然而,当尿道破裂,并且由于尿液积累而对阴茎远端部分和周围组织发生了重大损害时,手术应被视为长期生存的首选治疗。会阴尿道造口术不是维持完整繁殖雄性的可行选择。管式膀胱造口术是长期治疗尿道梗阻以及维持雄性的功能性繁殖的可行选择。最近对每种手术的短期和长期预后、并发症发生率和再梗阻率进行了审查[19]。

蚓状突切除术

尝试缓解尿道梗阻的其中一个步骤是寻找结石的证据。蚓状突是尿道末端的狭窄结构,容易发生结石梗阻(图 12-7B)。当阴茎伸展和可视化时,病羊被限制在坐姿。在幼龄的雄性中,如果没有全身麻醉,阴茎的可视化可能实现不了,因为在睾酮释放之前,弥漫性包皮-阴茎附件仍然存在。当动物处于全身麻醉状态时,可以使用海绵钳来延长阴茎,这将允许临床医生随后仔细地将阴茎的远端部分从包皮中释放出来。切除蚓状突是用一对梅奥剪刀或手术刀片完成的。即使不能显示结石,通常也要进行切除手术。出血是预期的,但不会太多,可能会持续一段时间(几小时),因为尿液会延迟凝血(图 12-8)。

尿道切开术、尿道造口术、阴茎横断术和转位术

当通过触诊、X 射线照相或超声定位结石时,可以尝试进行尿道切开和尿路结石清除。乙状窦远端屈曲是泌尿系结石可能存在的另一个常见部位。尿道切口可以直接在结石上方进行,也可以在邻近的正常尿道进行,然后取下尿石。大多数研究人员建议缝合尿道,但使用第二种方法愈合尿道切开部位也是可以接受的,而且技术上的挑战也小得多。无论采用何种技术,狭窄形成都是小反刍动物尿道

手术的高危并发症。

尿道造口可以用不同的方式进行，以允许尿流改道的长时间或永久性造口。最常用的技术通常被称为会阴尿道造口术。通过局部和硬膜外麻醉的组合，在坐骨弓和乙状结肠屈曲背侧之间的会阴中线、阴囊的背侧处进行切口。建议在尽可能远的位置切开皮肤和皮下组织，因为切开后阴茎将更容易移动，从而减少尿道造口的张力。远端尿道造口术也为近端提供了额外的组织，以便在发生狭窄时进行手术重建。或者，该方法也可以在坐骨弓处开口，这可能更利于膀胱插管，因为可以绕过尿道憩室。一旦将阴茎从皮下组织中分离出来，就可以纵向切割尿道，并将造口缝合到皮肤上。

或者，可以横断阴茎并重新定位背部段。横断阴茎为缓解尿道梗阻提供了一种简单的方法，然而，这种手术可能并不美观，并且手术后几个月内往往会出现狭窄。手术可以在动物全身麻醉或使用硬膜外阻滞的情况下完成。临床上常给胸骨卧位的动物进行硬膜外麻醉，后肢离开手术台的末端后进行这种手术。在会阴腹侧背向乙状弯曲处做中线切口。仔细地进行锐性分离以暴露阴茎。识别远端乙状弯曲并将其拉至切口部位。如果注意到尿液渗漏对包皮组织造成明显的损害，通常使阴茎从包皮附着处撕下，用中等压力从伤口中取出整个阴茎。

选择位于阴茎上皮肤切口背缘远端 4～7 cm 处的一个点作为横切部位。阴茎背侧血管结扎到这一点，结扎阴茎收缩肌，并尽可能在近端切断。如果周围组织正常，阴茎的远端很难切除(建议不要切除)。如果远端阴茎未被切除，将阴茎背侧血管从阴茎上折返回来并保持完好。在皮肤切口允许的范围内切断阴茎。移除一块楔形白膜和阴茎腔静脉体(CCP)下面的海绵体组织，以使 CCP 更好地闭合，从而将完整雄性的性刺激出血的风险降至最低。

切断的 CCP 用简单的连续或连续褥式缝合，在 CCP 周围的白膜中使用 2-0 可吸收缝线。将尿道和阴茎海绵体(CSP)的白膜纵向分开 2～3 cm，以铺开新的尿道开口。尿道黏膜用 3-0 可吸收缝线连续缝合到白膜的两边，在阴茎的横断端缝合。这种缝合线密封 CSP，减少排尿时的出血。缝线可以放置在阴茎横断端的黏膜闭合处的白膜内，围绕阴茎背侧(尿道对面)，并再次在对侧黏膜附近的白膜内，然后将缝线固定在阴茎的背面。这种缝合线为尿道喷溅创造了一个更大的开口。阴茎残端用褥式缝合法固定在皮肤上。第一次缝合是通过皮肤，在那里阴茎残端将离开切口。下一个缝合是进入 CCP 的白膜，然后是对侧的皮肤。褥式缝合的后半部分通过皮肤放置，就像通常做的第一个缝合的腹面一样。这种缝线将阴茎固定在适当的位置，并将阴茎的横切端引导出皮肤切口。皮肤切口的其余部分按照临床医生选择的常规方式关闭。切除阴茎的同时要谨慎地进行阉割。

管式膀胱造口术

麻醉

手术治疗尿路梗阻的成功在很大程度上取决于疾病的持续时间，以及手术前或手术期间液体和电解质紊乱的纠正。避免使用降压药物和快速更换液体量是首要的。纠正的电解质异常主要是低氯血症、低钠血症和高钾血症。这些电解质变化的严重程度随时间和膀胱是否破裂而变化。

反刍动物体内的钾水平是可变的，即使膀胱破裂也是如此。在许多物种中，膀胱破裂可能很快导致高血钾和酸中毒，但反刍动物通过唾液代谢更好地调节 pH 和电解质紊乱。然而，就像在小动物和马驹上看到的那样，小反刍动物(特别是绵羊)似乎更经常受到高钾性酸中毒综合征的影响。这种关联可能反映了识别干扰的持续时间。几种麻醉和麻醉前方案可以用来对抗这些危及生命的变化。

通过经皮导管导入，可以在野外成功地进行管式膀胱造口术。一种经皮管膀胱造口和水泡冲洗的方法已经被报道[21]。该程序的风险包括肠穿孔和腹膜炎的风险增加[22]。这种技术的缺点是它不通过膀胱切开术进行正常的尿道冲洗或取出结石。因此，在情况得到解决之前，可能需要将管子留在膀胱中更长时间，添加 1 mg/mL 氯胺酮的瓜芬新(5%)足以用于插管，也可用于维持手术麻醉状态[23]。对于外科诱导或插管，“双滴”(瓜芬菌素和氯胺酮)混合物的剂量为每磅体重 0.75～1 mL。麻醉起效缓慢，药物应缓慢给药至见效。在要插管的病羊中，使用针头引导气管内管穿过喉部并选择长喉部刀片将有助于手术。

全身麻醉并不是成功实施管式膀胱造口术的必要条件，然而，它为外科医生提供了更多的时间来冲洗膀胱并尝试对尿道结石进行正常的导尿。在小动物麻醉机上进行“双滴”气管插管的诱导很容易在小反刍动物身上进行。全身麻醉的替代方法是利多卡因硬膜外麻醉和局部麻醉，使用西拉嗪-氯胺酮镇静。在山羊使用利多卡因时要小心，其毒性剂量只有 5～10 mg/kg。由于赛拉嗪具有降压和利尿作用，因此也应谨慎使用。应考虑代谢和电解质失衡(低钠血症、低氯血症，可能还有高钾血症)，并进行监测或经验性治疗。高钾血症动物可能会经历严重的心血管不良反应，这也会使心脏对儿茶酚胺诱发的快速性心律失常敏感(见第 18 章)。

方法

剖腹手术是在患畜仰卧的情况下进行的。腹部剪毛为腹部手术做好准备。建议采用腹中线旁切开方法，它可以避开阴茎。切口大约 15 cm，切口的后部范围正好在乳头的前面结束。注意避免尾部浅表的上腹部血管。

膀胱切开术

扩张的膀胱尖端很容易通过体壁切口外露，用湿润的毛巾包好。在膀胱壁上放置两个留置缝线，以便在减压后将膀胱保持在切口处。在固定缝合线之间进行手术切口，小心避免腹部尿液和结石污染。如果条件允许，可使用抽吸来限制污染。膀胱切口充分扩大，允许腔内触诊膀胱三角结石。然后用生理盐水冲洗膀胱以清除任何结石、血块和碎片。使用小匙子或勺子用来移走石头(图 12-9)。接下来，使用聚丙烯导尿管冲洗结石。在许多情况下，可能很难通过导尿管成功冲走结石，但不成功的尝试并不能代表排出尿道结石的失败。正确的放置导尿管方式是将手指置于三角区，并将导尿管在手指下推入尿道。注射器外壳也可以用来填充三角。这种技术更容易引导导尿管进入尿道，而在其他情况下它可能会卷曲在三角区。应避免长时间尝试导尿，以防止尿道黏膜过度创伤。

图 12-9 通过膀胱切开术从一只 2 岁去势的患有梗阻性尿石症的矮小山羊中取出尿道结石。碳酸钙结石倾向于光滑、黄白色到金黄色，类似 BB 子弹。鸟粪石晶体在外观上倾向于“沙子状”。

管式膀胱造口术

管式膀胱造口术包括将弗利氏导尿管穿过腹壁并进入膀胱，以便在梗阻消除和尿道黏膜愈合时允许尿流绕过尿道。管子的尺寸应该足够大，以允许尿液的自由流动，并允许小的血块通过而不会变得阻塞。在剖腹手术切口对侧的尾侧旁正中位置制作刺形切口。然后导管的尖端穿过腹壁。最容易的方法是将止血器从内部(腹膜)传递到外部(皮肤)，并将导管拉过。然后将弗利氏导尿管通过大网膜折叠几次，然后通过膀胱切口外侧约 2 cm 的刺形切口插入膀胱(图 12-10)。然后用大约 10 mL 的生理盐水填充。一些外科医生会在导尿管插入膀胱的周围进行一条荷包缝合，然后以一层或两层倒置模式缝合膀胱切口。最后，缝合剖腹手术切口，离开腹部的导尿管应该用“手指夹”缝线固定在皮肤上，并在需要时用间断缝线将导尿管固定，以防止导尿管拖拽地面(图 12-11)。

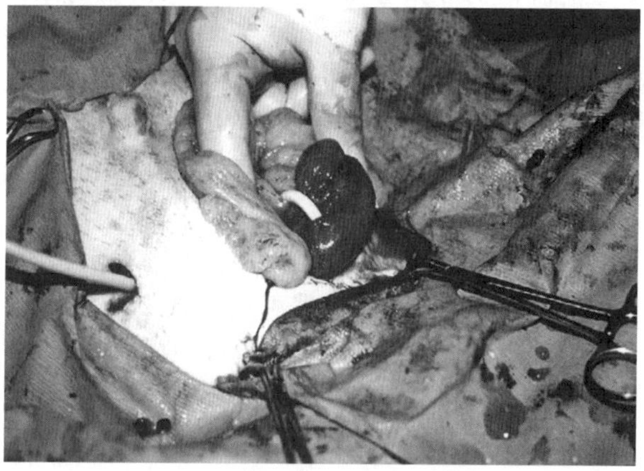

图 12-10 术中照片显示患有尿道阻塞的 50 lb 重侏儒阉公羊肿胀、发炎的膀胱。将弗利氏导尿管经腹壁放置，通过大网膜的一部分折叠，然后用荷包缝合固定到减压但仍发炎的膀胱中。

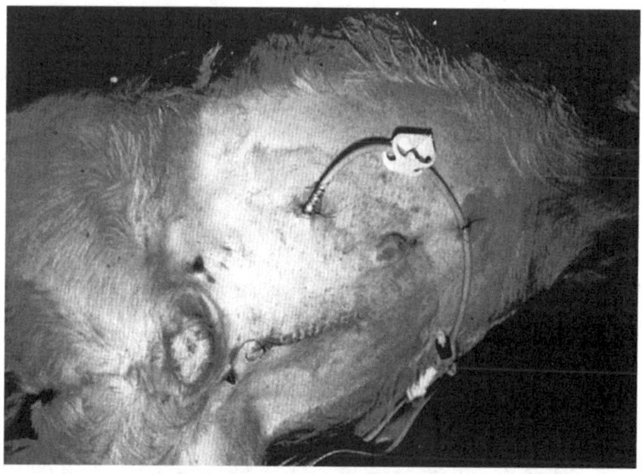

图 12-11 一张侏儒阉公羊术后的即时照片，显示左侧正中旁切口以连续缝合闭合，漏出体壁的弗利氏导尿管位于右侧正中旁切口。

术后护理

伊丽莎白式的项圈可以放在病羊身上，以防止咀嚼或弗利氏导尿管移位。术后 3～4 d 应检测弗利氏导尿管的尿道通畅性，如下所示：通过夹住导尿管阻塞导尿管，并监测排尿情况或显示持续阻塞的病羊不适的证据。如果动物感到不舒服，取下钳子，允许尿液通过弗利氏导尿管引流。重复这个过程，直到病羊能够在阻塞弗利氏导尿管 48 h 的情况下舒适地排尿，此时弗利氏导尿管被移除。通过简单地切断任何保留缝合，将导管从膀胱中拔出并从皮肤中抽出，就可以取出弗利氏导尿管。外科医生应该认识到，夹住通过弗利氏导尿管的尿流也会阻止盐水从膀胱流出，因此在尝试减压膀胱之前解开导管是很重要的。无论动物何时排尿，弗利氏导尿管应至少保留 7 d，以便在从膀胱到体壁的导尿管周围形成纤维束，这将防止尿液扩散填充腹部，同时保证膀胱内的导尿管部位愈合。插入部位的尿漏应随着初始愈合而停止。在病羊能够排尿之前，通常需要大约 14 d 的愈合期，即使如在某些情况下报道的那样，在手术后出现尿道结石。导尿管保留可能需要更长的时间。在一次回顾性研究中，长期治愈（1 年以上）的成功率约为 70%[19]。

尿道梗阻的潜在并发症包括肾盂积水、膀胱炎、肾盂肾炎、膀胱过度膨胀引起的膀胱无张力、结石创伤引起的尿道狭窄、未能通过梗阻，以及继发于 CCP 损伤的繁殖雄性勃起功能障碍[19,24]。潜在的并发症应在开始治疗前与畜主进行协商。

膀胱造袋术

膀胱造袋术提供膀胱尿液的直接引流。方法类似于管式膀胱造口术。当预计膀胱为空或收缩时，所选择的入路应该比管式膀胱造口术更接近尾侧。膀胱定位，顶端在剖腹切口对侧的 3～5 cm 副正中切口部位缝合到体壁和皮肤。将膀胱的浆膜层固定在外直肌鞘上，然后打开膀胱，将黏膜缝合到皮肤上。间断的或短连续的可吸收缝线段被用来创造这个造口，用于永久性的尿液引流（图 12-12）。尿路感染的定位或上行、尿液烫伤可能会出现问题，膀胱黏膜增生和脱垂可能导致造口阻塞。

非手术治疗

据报道，沃波尔溶液（醋酸钠和冰醋酸）的使用已作为一种用于治疗未选择手术的完整膀胱的梗阻病例的替代疗法[25]。该程序涉及动物的镇静和超声引导下的膀胱穿刺，然后将 50 mL 的沃波尔溶液注入膀胱。允许溶液在膀胱中停留 2 min，然后提取尿液并进行 pH 测试。重复此过程，直到尿液 pH 为 4～5；膀胱内必须留有足够的尿液，以保持膀胱穿刺针就位。据报道，使用这种方法，80% 的梗阻在短期内得到缓解，但其中约 30% 的动物在出院后出现再梗阻[25]。

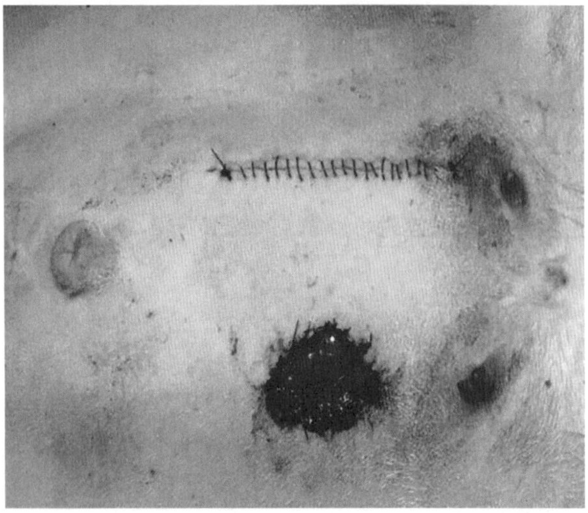

图 12-12　一只患有梗阻性尿石症的 2 岁被阉割侏儒山羊术后立即拍摄的照片。在全身麻醉下，动物背卧位，对其进行了膀胱造袋术。定位，包皮开口在左边，未充分发育的乳头在右边。左侧旁正中开腹切口处的皮肤已用简单连续缝合闭合。膀胱黏膜已经以一种简单间断缝合方式被缝合到中线右侧的皮肤边缘。

沃波尔溶液在管式膀胱造口术的病例中也可用于溶解结石。它通过弗利氏导尿管注入膀胱，然后使溶液保留在膀胱中。每天做 2 次，每次保持阻塞 30 min，除非动物感到不适。也可以使用如上所述的具有 pH 测试的更积极的方法。

一旦阻塞被解除，应制定饮食和管理方面的方案，以防止个别动物和在羊群中再次发生。在预防策略中处理的风险因素包括：高膳食磷、高膳食镁和低纤维含量的口粮，以及低尿量和碱性尿液。其他因素包括选择性放牧和阉割时机。

饮食和医疗的管理与预防

饮食中磷水平升高，钙磷比小于 2∶1会增加尿中磷的排泄，并提供与有机基质结合的离子[26]。增加饮食中钙的水平可显著降低尿石症的发病率，可能是由于在肠道吸收和基质结合方面与磷竞争[26]。磷不应占总日粮的 0.6%以上[5]，建议维持 2.5∶1或 2∶1的钙磷比，必要时使用钙盐[26]。

应避免钙过量补充，因为尿液中钙排泄增加可能会导致含钙尿结石。谷物中的磷水平很高，特别是高粱、小麦、玉米、饲用高粱和燕麦。减少排入尿液中的磷也是可取的。饮食中过量的磷可能会使唾液排泄途径饱和[9]，导致过量的磷在尿液中排出。与膳食类型的口粮相比，喂食颗粒饲料的动物的尿磷排泄更大[27]，这是因为唾液分泌减少，因此是过量排磷的途径。从这个角度来看，增加日粮中的粗饲料成分是很重要的，因为它们增加了为正确咀嚼而必须产生的唾液量。特别是在鸟粪石的情况下，而且对于磷灰石结石，镁排泄到尿液中的增加有助于结晶。建议镁不超过反刍动物总日粮的0.6%[5]。

增加饮水量和尿量是尿石症的重要预防措施。根据周围环境，在所需温度下提供足够适口的水是可取的[5]。反刍动物表现出比粗饲料饲喂更少用水摄入量。此外，间歇性进食可能会由于产生的挥发性脂肪酸的渗透拉力增加而导致体水分流进入瘤胃，从而导致尿量减少。这种可能性导致了对反刍动物进行临时喂养以维持尿量的建议[5]。

在有尿石症风险的动物的日粮中增加饲料与谷物有许多好处。谷物导致尿液中镁、磷和肽类的增加，而饲料消化有利于唾液对磷的排泄，潜在地减少镁的吸收，减少总的谷物消耗，并增加水的摄入量。豆类和其干草应该避免，因为它们含有高水平的钙，并且与碳酸钙尿石症有关（见第2章）。

尿液pH在尿石症中的作用是有充分证明的。根据常见结石成分的溶解度，推荐尿液pH目标为5.5～6.5。盐能够改变酸碱平衡和体内水平衡，已被广泛使用和推荐用于预防泌尿系结石。含有氯化物的阴离子盐已经流行并被广泛使用，因为它们降低了尿液pH，增加了尿量，并最终有助于预防尿石症。氯化钠（1%～4%）、氯化钙（1%～2%）和氯化铵（0.5%～2%）传统上被添加为日粮百分比，以增加水摄入量并产生酸性尿液，结果不一致。传统的做法是把这些盐作为饮食的简单百分比添加，而不考虑总日粮的组成成分，通常导致不一致和无法维持低pH尿。膳食阳离子-阴离子差异（DCAD）是基于强离子差异理论和主要生理阳离子和阴离子对机体的影响的概念，由公式（[Na^+]+[K^+]）−（[Cl^-]+[S]）=mEq/kg饲料表示。随着饲料中阴离子的增加，饲料具有更多的负性DCAD，这会在动物中产生代谢性酸中毒和酸尿症。目前很少有针对目标DCAD水平的对照研究，但在完整山羊和去势山羊中，0 mEq/kg的DCAD似乎实现了尿液pH低于6.5[28,29]。为了准确评估日粮中盐的功效，无论DCAD是否平衡，应鼓励畜主定期在家里或现场评估尿液pH。

阉割与梗阻性尿石症的发展密切相关[7]，并且早期阉割被认为可以减少睾酮对尿道直径的积极影响，以及减少新生幼畜中包皮至阴茎的正常附件。延迟宠物的阉割可能有助于增加尿道直径，以及增加延长阴茎进行检查的能力。当将羔羊的去势从2周推迟到3月龄时，发现远端乙状结肠屈曲水平处的尿道横截直径增加了2.5倍[30]。当阉割被推迟到5月龄时，发现尿道直径增加了3.5倍[30]。其他考虑因素可能包括预防性移除幼年动物的蚓状突和限制雄性在硅质牧场上的放牧。

溃疡性包皮炎和外阴阴道炎

溃疡性包皮炎，又称地方性龟头炎、皮屑腐病和鞘腐病，是一种雄性小反刍动物外生殖器的传染性疾病，其病变也发生在雌性动物身上。主要病原体是肾棒状杆菌，它是小反刍动物皮肤和外生殖器的正常居住者。其他生物，包括副痘病毒、多毛棒杆菌、膀胱炎棒杆菌[31]、目无胆甾原体[32]、山羊疱疹病毒Ⅰ型[33]、羊痘病毒（副痘病毒）[34]、绵羊支原体-山羊血清群11[35]、山羊支原体山羊肺炎亚种[36]、丝状支原体丝状亚种36和脲原体属[37,38]，均已被证明可引起绵羊和山羊的溃疡性或颗粒性包皮炎或外阴阴道炎。

感染的危险因素包括高蛋白质饮食、豆类饮食[31]、粗纤维和潮湿条件。此外，这些生物体中有几种是通过性传播的。牛肾盂肾炎棒杆菌当存在尿素时在生殖器黏膜上增殖，尿素增加了饲喂高蛋白质饲料、豆科牧草和非蛋白氮（NPN）饲料的动物尿液中的浓度[39]，然后它的作用是将尿素水解成氨，导致周围组织坏死[31]。由于美利奴和安哥拉动物的致密被毛，在其中发病率增加[40]。有症状或无症状的携带者可能会通过性病传播大量的细菌。

公羊、雄鹿和黄羊的溃疡性包皮炎的临床表现包括湿润的溃疡和在包皮的黏液皮肤交界处有薄薄的、棕色的、有臭味的痂[40]。感染可内化，包皮弥漫性肿胀，并有坏死组织和渗出物存在。最终，可能会在阴茎和包皮之间形成纤维蛋白或纤维性粘连，并可能导致包皮口狭窄。在某些情况下，前孔可能缩小为针孔大小的气孔[40]。病变相当痛苦，可能引起排尿困难、排尿时发声和步态僵硬；也可能引起慢性体重减轻。在母牛和母绵羊中，可见会阴部和外阴的溃疡性病变，伴有广泛的外阴肿胀。排尿困难也可能是尿道口感染和炎症的结果，长期病例可能与外阴纤维化和挛缩有关。疱疹病毒感染的病变包括阴茎充血、包皮溃疡性病变、包皮上皮脱屑的离散点状区域，以及瘀斑和斑状出血[31]。已知的其他临床症状是由包皮炎和外阴阴道炎引起的，包括山羊疱疹病毒Ⅰ型流产、角结膜炎伴目无胆甾原体[32]和整个雌性生殖道炎症、多发性关节炎、肺炎，以及由支原体感染引起的乳腺炎[35,37]。当营养因素起作用时，疫情可能会以高达95%的发病率暴发[31]。

这种情况的诊断通常基于包皮或外阴充血、结痂、结节和增殖性肿块[34,35]的病变特征和饮食信息。组织病理学检查、细菌培养和PCR检测可以提供明确的诊断，这有助于制定控制和预防计划。血清学检测可能显示对山羊疱疹病毒Ⅰ型的高滴度，这种病毒在抗原性上与牛疱疹病毒(传染性牛鼻气管炎的病原体)有关[41]。如果尿流受阻，血清化学检测结果可能显示BUN、肌酐和钾水平增加。

治疗

轻度病变可能会自行消退[31]。医学治疗包括将日粮中的蛋白质或NPN水平降低到16%以下，仅此一项就可以治愈轻度病例而无须进一步治疗。将纤维从外生殖器剪开，以允许空气流动和鞘的冲洗，然后应用无刺激性的防腐剂或抗生素溶液是有用的措施。碘溶液应该避免，因为它们促进粘连的形成和肉芽组织的产生。在内在化的病例中，应全身使用青霉素或土霉素，并持续使用，直到病变部位变干、炎症减轻。外科治疗可能涉及病变的桥接，或者作为抢救程序，可以通过腹侧皮肤进入包皮进行2～4 cm的切口，以便进行引流和冲洗。在试图保留动物进行繁殖时，可以尝试包皮切除以允许尿液流动和防止粘连。治疗后，病羊应密切监测，以确保尿路通畅。在大规模爆发后的3个月，33%的动物被发现有残余的包皮炎，并且在一些病例中报道，在病变消退后，有瘢痕形成[31]。

控制和预防

溃疡性包皮炎的控制和预防应包括隔离受影响的动物和将日粮蛋白质降低到16%以下。补充干草可能会限制高蛋白质饲料和豆科牧草的摄入量。在高蛋白质摄入时给动物剪毛，添加尿酸化剂氯化铵，或在饲料中添加金霉素可降低发病率。整个腹部的剪毛已经被证明可以降低病变的发生率，而在包膜前孔周围只剪切3 in.是起作用的最低值[42]。受影响动物的纤维应该被烧毁，并且渗出液中的细菌具有环境抗性。来自阉公羊的病损材料能够在其他母羊、阉公羊和阉公牛上诱导病变，但在小母牛中只产生极小的病变[42]。从公羊到母羊的性传播很容易发生，并且苍蝇可能在机械传播中发挥作用。

康复的预后很大程度上取决于开始治疗时体征的严重程度。如果不减少饮食蛋白质，任何治疗或预防方案都不太可能成功。如果在纤维化发展之前就发现了疾病，那么通过适当的治疗和饮食管理，完全康复的预后是有可能的。雄性潜在的后遗症包括由于阴茎与包皮的粘连、包皮口瘢痕、尿道炎和尿道梗阻而失去繁殖的稳定性。在雌性中，随后的问题可能包括尿液烫伤，由于外阴形态受损而失去繁殖稳定性，以及外阴纤维化可能严重到导致难产(见第2章和第8章)。

先天性尿道畸形

尿道下裂似乎是在羔羊中报道的最常见的尿道先天性异常[43,44]，并且尿道暴露的范围可能从位于龟头腹侧的小开口到整个尿道的暴露[45]。患有尿道下裂的羔羊经常有并发的异常，包括阴囊裂开和闭锁[43]。

另一种腹侧尿道扩张的情况已在一只雌雄同体山羊中被报道，其中尿道与不发育的阴茎无关[46]。先天性尿道进程性狭窄并随后形成尿道憩室的记录和手术修复在一只山羊幼仔中被记录[47]。先天性尿道憩室和手术矫正在雄性幼仔中被报道[48,49]。

参考文献

[1] Dyce KM, Sack WO, Wensing CJG: The pelvis and reproductive organs of male ruminants. In Dyce KM, Sack WO, Wensig CJG, editors: *Textbook of veterinary anatomy*, ed 3, Philadelphia, 2002, Saunders, pp 713-722.

[2] US Department of Agriculture: Sheep 2001. Part Ⅱ: *Reference of Sheep Health in the United States*, 2001, Fort Collins, Colo, 2001, USDA: APHIS: VS, CEAH, National Animal Health Monitoring System.

[3] Osborne CA, et al: Struvite urolithiasis in animals and man: formation, detection and dissolution, *Adv Vet Sci Comp Med* 29:1-45, 1985.

[4] Packett LV, Coburn SP: Urine proteins in nutritionally induced ovine urolithiasis, *Am J Vet Res* 26:10, 1965.

[5] Hay L: Prevention and treatment of urolithiasis in sheep, *In Pract* 12:87-91, 1990.

[6] Elliot JS, et al: Mineralogical studies of urine: the relationship of apatite, brushite and struvite to urinary pH, *J Urol* 80:269-271, 1958.

[7] George JW, Hird DW, George LW: Serum biochemical abnormalities in goats with uroliths: 107 cases (1992—2003), *J Am Vet Med Assoc* 230:101-106, 2007.

[8] Mitchell AR, Moss P: Responses to reduced water intake, including dehydration natriuresis, in sheep excreting sodium predominantly in urine or in feces, *Exp Physiol* 80:265-274, 1995.

[9] Ammerman CB, et al: Ruminant utilization of inorganic phosphates, *J Anim Sci* 16:796-810, 1957.

[10] Oehme FW, Tillmann H: Diagnosis and treatment of ruminanturolithiasis, *J Am Vet Med Assoc* 147: 1331-1339, 1965.

[11] Van Metre DC, et al: Obstructive urolithiasis: medical treatment and urethral surgery, *Comp Cont Educ Pract Vet* 18:317-328, 1996.

[12] DeRossi R, Juniqueira AL, Beretta MP: Analgesic and systemic effects of ketamine, xylazine, and lidocaine after subarachnoid administration in goats, *Am J Vet Res* 64:51-56, 2003.

[13] Mann FA, et al: Permanent urinary diversion in two Vietnamese pot-bellied pigs by extrapelvic urethral or urethropreputial anas tomosis, *J Am Vet Med Assoc* 205:1157-1160, 1994.

[14] Stone WC, et al: Prepubic urethrostomy for relief of urethral obstruction in a sheep and a goat, *J Am Vet Med Assoc* 210:939-941, 1997.

[15] Gill MS, Sod GA: Buccal mucosal graft urethroplasty for reversal of a perineal urethrostomy in a goat wether, *Vet Surg* 33:382-385, 2004.

[16] Halland SK, House JK, George LW: Urethroscopy and laser lithrotripsy for the diagnosis and treatment of obstructive urolithiasis in goats and pot-bellied pigs, *J Am Vet Med Assoc* 12: 1831-1834, 2002: 2002.

[17] Garrett PD: Urethral recess in male goats, sheep, cattle and swine, *J Am Vet Med Assoc* 220: 1831-1834, 1987.

[18] Haven ML, et al: Surgical management of urolithiasis in small ruminants, *Cornell Vet* 83: 47-55, 1993.

[19] Ewoldt JM, Jones ML, Miesner MD: Surgery of obstructiveurolithiasis in ruminants, *Vet Clin N Am Food Animal Pract* 24:455-465, 2008.

[20] May KA, et al: Urinary bladder marsupialization for treatment ofobstructive urolithiasis in male goats, *Vet Surg* 2:583-588, 1998.

[21] Streeter RN, Washburn KE, McCauley CT: Percutaneous tube cystotomy and vesicular irrigation for treatment of obstructive urolithiasis in a goat, *J Am Vet Med Assoc* 221:546-549, 2002.

[22] Fortier LA, et al: Caprine obstructive urolithiasis: requirement for 2nd surgical intervention and mortality after percutaneous tube cystotomy, surgical tube cystotomy, or urinary bladder marsupi alization, *Vet Surg* 33:661-667, 2004.

[23] Abrahamsen EJ: Ruminant field anesthesia. In Anderson DE, Rings DM, editors: *Current veterinary therapy: food animal practice*, ed 5, St Louis, 2009, Saunders Elsevier, p 558.

[24] Todhunter P, Baird AN, Wolfe DF: Erection failure as a sequel to obstructive urolithiasis in a male goat, *J Am Vet Med Assoc* 209:650-652, 1996.

[25] Janke JJ, et al: Use of Walpole's solution for treatment of goats with urolithiasis: 25 cases (2001—2006), *J Am Vet Med Assoc* 234:249-252, 2009.

[26] Hoar DW, Emerick RJ, Embry LB: Potassium, phosphorus and calcium interrelationships influencing feedlot performance and phosphatic urolithiasis in lambs, *J Anim Sci* 30:597-600, 1970.

[27] Sockett DC, et al: Metabolic changes due to experimentallyinduced rupture of the bovine urinary bladder, *Cornell Vet* 76:198-212, 1986.

[28] Stratton-Phelps M, House JK: Effect of a commercial anion dietary supplement on acid-base balance, urine volume, and urinary ion excretion in male goats fed oat or grass hay diets, *Am J Vet Res* 65:1391-1397, 2004.

[29] Jones M, Streeter RN, Goad CL: Use of dietary cation anion difference for control of urolithiasis risk factors in goats, *Am J Vet Res*70:149-155, 2009.

[30] Bani Ismail ZA, et al: Effects of castration on penile and urethral development in Awassi lambs, *Bulg J Vet Med* 10:29-34, 2007.

[31] Loste A, et al: High prevalence of ulcerative posthitis in Rasa Aragonesa rams associated with a legume-rich diet, *J Vet Med A* 52:176-179, 2005.

[32] Sharma CJ, Gupta PP, Banga HS: Pathogenicity of *Acholeplasma oculi* for female genital tract of goats, Acta Vet Brno 60:289-295,1991.

[33] Tarigan S, Webb RF, Kirkland D: Caprine herpesvirus from balanoposthitis, *Aust Vet J* 64:321, 1987.

[34] de la Concha-Bermejillo A, et al: Severe persistent orf in young goats, *J Vet Diagn Invest* 15: 423-431, 2003.

[35] Kumar D, et al: Granular vulvovaginitis (GVV) in sheep experi mentally induced with *Mycoplasma* ovine/caprine serogroup 11, *Acta Vet Brno* 61:241-249, 1992.

[36] Bergonier D, Berthelot X, Poumarat F: Contagious agalactia of small ruminants: current knowledge concerning epidemiology, diagnosis and control, *Rev Sci Tech* 16:848-873, 1997.

[37] DaMassa AJ, Wakenell PS, Brooks DL: Mycoplasmas of goats and sheep, *J Vet Diagn Invest* 4:101-113, 1992.

[38] Doig PA, Ruhnke HL: Isolation of Ureaplasma from sheep with granular vulvitis, *Vet Rec* 100: 179-180, 1977.

[39] McMillian KR, Southcott WH: Aetiological factors in ovine posthitis, *Aust Vet J* 49:405-408, 1973.

[40] Shelton M, Livingston CW Jr: Posthitis in Angora wethers, *J AmVet Med Assoc* 167:154-155, 1975.

[41] Whetstone CA, Evermann JF: Characterization of bovine herpesviruses isolated from six sheep and four goats by restrictionendonuclease analysis and radio-immunoprecipitation, *Am J Vet Res* 49: 781-785, 1988.

[42] Southcott WH: Epidemiology and control of ovine posthitis and vulvitis, *Aust Vet J* 41:225-234, 1965.

[43] Dennis SM: Hypospadias in Merino lambs, *Vet Rec* 105:94-96,1979.

[44] Hartley WJ, Kater JC: Perinatal disease conditions of sheep in New Zealand, *N Z Vet J* 12:49-57, 1964.

[45] Dennis SM: Urogenital defects in sheep, *Vet Rec* 105:344-347,1979.

[46] Karras S, Modransky P, Welker B: Surgical correction of urethral dilatation in an intersex goat, *J Am Vet Med Assoc* 201:1584-1586, 1992.

[47] Temizoylu MD: Penile urethral diverticulum in a kid, *Ankara UnivVet Fak Derg* 52:185-187, 2005.

[48] Nair NR, Tiwari SK: Congenital urethral anomaly in a kid and its surgical reconstruction, *Indian Vet J* 66:762-763, 1989.

[49] Gahlot TK, et al: Congenital urethral diverticulum in a male goat (*Caprahircus*)—surgical management, *Indian Vet Surg* 3:95-97, 1982.

第13章 神经系统疾病

神经系统检查

中枢神经系统(CNS)是一种复杂的组织,神经系统疾病的临床症状取决于疾病过程在神经系统中的发作位置。对于山羊和绵羊,不同病因的疾病会呈现出相似或者相同的神经症状。此外,由于在小反刍动物上发生的许多系统性疾病也可以表现出神经系统疾病的临床症状,如低血钙症、低血糖症、妊娠毒血症、谷料过食、肝脑病和严重内毒素血症,所以确诊该病具有一定的挑战性。因此,对于表现出与神经系统相关的临床症状的山羊或绵羊的管理目标为:(1)验证潜在的疾病确实是神经系统疾病;(2)将病变定位至神经系统的一个地方或者多个地方(神经解剖定位)。值得注意的是,与神经系统疾病相关的临床症状通常会反映病理过程在神经系统中的定位。然而,确定病理变化的原因和病变的范围对于预后和估计治疗相关的费用是重要的。最后,确诊是关键,因为一些神经疾病对群体健康有影响或为人畜共患疾病;因此,对于高危群体,可使用预防措施来限制或避免疾病。

完整的神经系统检查

主诉评估

从病征和病史中获得信息以及进行包含神经系统评估的全身检查组成了完整的神经检查。从病征中获得信息是非常重要的,因为疾病易感性与年龄、物种、品种、性别有关。例如,2岁以上的萨福克绵羊与年轻的萨福克绵羊及其他品种绵羊相比,更易受羊痒病的影响。病征往往通过简单的观察来确定,但是具体的情况如生产状况和确切的年龄可通过询问饲养者确定。一些能够引起神经系统症状的疾病是绵羊或山羊特有的,尤其是那些具有传染性或遗传基础的疾病。一般来说,患有神经系统问题的年轻动物更有可能患先天性、遗传性或感染性疾病,而年龄较大的动物更易受到肿瘤和退行性疾病的影响。了解与个体动物、性别、特定品种、年龄有关的常见神经系统疾病的知识,可以极大地帮助临床医生在不同疾病诊断过程中制定治疗方案。绵羊和山羊是生产动物,因此与评估和治疗相关的费用必须与未来生产力的预测相权衡。由于绵羊和山羊也是群居动物,所以也要考虑到群体利益。

病史对于神经疾病的诊断是非常重要的。在进行解剖诊断后(病变在哪里),与疾病的发病、持续时间和进展有关的信息可以帮助进行病因诊断(病因是什么)。在收集病史信息过程中,重要的是要确定最初临床症状的性质,同时也要确定临床症状的严重程度与时间的关系(如信号时间图)。一些神经疾病呈急性发作,所有的临床症状在数小时内即可显现,创伤性、毒性、感染性和代谢性疾病均以这种模式表现出来;而退行性、肿瘤性或某些病毒性疾病可能发展得更慢,需要几天到几周的时间临床症状才能完全显现出来。除了与主诉有关的具体信息外,还应从饲养者处收集关于饮食、居住、妊娠状况、疫苗接种和驱虫方案的信息。在询问饲养者获得病史信息时,要避免出现模棱两可或引导性的问题,因为这样得到的信息可能是不准确的。

每一次神经系统检查都应同时进行彻底的身体检查。神经系统与其他身体系统整合在一起,心血管系统、呼吸系统、骨骼肌系统、内分泌和代谢系统疾病的临床症状与神经系统疾病很类似。在诊断之前,应使动物处于正常的环境中,观察其行为、精神状态、步态、颤抖、头部、颈部、四肢的姿势。

精神状态

精神状态的评估可协助医生区分颅内及颅外疾病。如上所述，一些系统性疾病在没有神经系统病变的情况下也会导致抑郁。在初始观测期，必须在无刺激的状态下，对动物的行为和精神状态进行评估。动物的大脑皮层和上行网状激活系统要处于正常的工作状态来保持警觉和方向感。动物上行网状激活系统是脑干实质的主要组成部分，其主要与觉醒及睡眠-觉醒有关，因此，上行网状激活系统紊乱可引起嗜睡。上行网状激活系统由连接脑干和皮层的几个神经元回路组成。光线、触碰、声音、味道及温度等外部刺激，可以帮助动物维持意识。动物应该表现得和它的同伴一样对环境比较敏感。如果离开经常生活的环境，正常的动物会很警觉，注意新环境，同时也会意识到检查人员的存在。动物的头、眼睛及耳朵会随着检查人员的动作而活动。所有的动物都会躲避痛苦的刺激。反刍动物的异常状态分为以下几种：(1)兴奋、狂躁或感觉过敏；(2)抽搐；(3)沮丧；(4)无目的地转圈、麻木、昏迷；(5)不正常发声；(6)失明[1]。麻木是对光线、声音等环境刺激没有反应，但是对疼痛刺激有反应。而昏迷的动物对环境及疼痛刺激均没有反应。

如果动物所处环境改变，那么很难对其行为改变做出评估。行为上的改变包括：攻击、发声及强迫行为，如打转、行走、凝视、打哈欠、压头、增加或者异常的性行为。通过神经解剖学定位动物行为紊乱是非常困难的，因为边缘系统的组分，如下丘脑、海马体、杏仁核、部分大脑皮层均与复杂的行为有关。

步态和姿势

为了对山羊或者绵羊的步态和姿势进行正确的评估，应将其置于封闭的区域内，允许其自由活动。宠物或者驯养的动物可以用缰绳牵引缓慢行走。当动物朝向检查人员行走时，观察其前肢的步态；当动物远离检查人员时，观察其后肢的步态。步态的定义为在动物行走或者跑的过程中，腿部有规律地、重复地运动。山羊或者绵羊行走时，先在一侧弯曲后肢，然后在同一侧弯曲前肢，随后在另一侧重复此动作。动物通过整合多个神经过程来行走。大脑开始自主运动，并根据学习功能调整运动过程；小脑负责协调运动；前庭系统负责维持平衡，其可以帮助预测动物重心的改变，以便进行调整运动。脊髓反射负责维持四肢的伸展，支持动物的体重，并启动步进运动。步进运动的组织在脑干的网状结构中发生。

神经系统、肌肉、骨骼、关节、相关的结缔组织发生疾病都会影响步态。与神经系统相关的步态异常通常是由小脑、脑干、脊髓或者末梢神经的病变引起的。共济失调是用来描述步态异常的，其表现为运动不协调，但是并没有痉挛、虚弱无力或者不自主运动的现象。共济失调可以根据观察到的特征和所涉及的途径被分为3类：前庭性共济失调、小脑性共济失调和感觉性共济失调。一般来说，前庭性共济失调与头部倾斜有关，小脑性共济失调运动范围过度，没有感觉缺陷。感觉性共济失调也叫脊髓性共济失调，因为其与脊髓病变有关，其特征为本体感觉异常、虚弱、头部不能倾斜、旋转或者表现其他颅内特征。

评估典型的姿势需使动物处于舒适的位置，而且是没有拘束的状态。应对动物的头部、颈部、躯干、四肢的姿势进行评估并确定是否存在异常情况。头部倾斜、颈部和胸部旋转、宽基步态分别属于头部、颈部、躯干、四肢姿势异常情况。宽基步态是由前庭系统、小脑或脊髓损伤引起的。其相反的姿势由于外周神经系统疾病、神经肌肉连接异常或骨骼肌紊乱引起肌肉无力造成的。痉挛是骨骼肌张力增加导致肢体姿势异常的一种状态。重量向一侧不正常分布应引起注意，因为这可能暗示着周围神经系统紊乱导致同侧伸肌肌无力；也可能表明对侧伸肌张力增加，暗示上运动神经元病变[2]。

脑神经评估

十二对脑神经（Ⅰ-Ⅻ），标记为Ⅰ～Ⅻ，描述如下：脑神经Ⅰ（CNⅠ），嗅神经；CNⅡ，视神经；CNⅢ，动眼神经；CNⅣ，滑车神经；CNⅤ，三叉神经；CNⅥ，外展神经；CNⅦ，面神经；CNⅧ，前庭蜗神经；CNⅨ，舌咽神经；CNⅩ，迷走神经；CNⅪ，副神经；CNⅫ，舌下神经。在绵羊和山羊中，对嗅神经和副神经不能进行可靠的评估。由于嗅觉对营养物质的摄取是非常重要的，因此推测进食的绵羊和山羊的嗅神经是完整的。副神经由来自颈椎神经的轴突输入，并支配颈部的特定肌肉。副神经损伤很少见，因为其受到所支配肌肉的保护；椎管或颅底的损伤伴有神经动能缺陷，这可能掩盖副神经损伤的临床特征。

脑神经功能异常是由大脑内神经元细胞或者特定神经病变引起的。除了位于大脑皮层的CNⅠ

和 CNⅡ外，所有的脑神经都起源于脑干。了解神经核位置有助于临床医生对病变位置进行神经解剖学定位。在严重抑郁或者嗜睡的绵羊或者山羊中，其 CNⅢ到 CNⅫ存在神经缺陷，这表明其病变位置最有可能在脑干内。

（1）脑神经Ⅱ（视神经）：威吓反应。CNⅡ的功能是控制视觉。视神经从视网膜的电化学受体向大脑枕叶的视觉皮层传递感觉信息。视觉通路（图 13-1）是传入通路，包括实质外部分（视网膜、视神经、视交叉）和实质内部分（视神经束、丘脑外侧膝状核、视神经辐射、视皮层）。对于反刍动物，90%的视神经纤维交叉进入对侧视神经束，这对评估视觉通路的病变有重要意义。在主诉评估时，饲养者可能报告动物出现失明的情况，但重要的考虑是由于小脑或者前庭疾病导致的抑郁或者嗜睡的动物或失去平衡的动物均可能会跌倒并致失明。

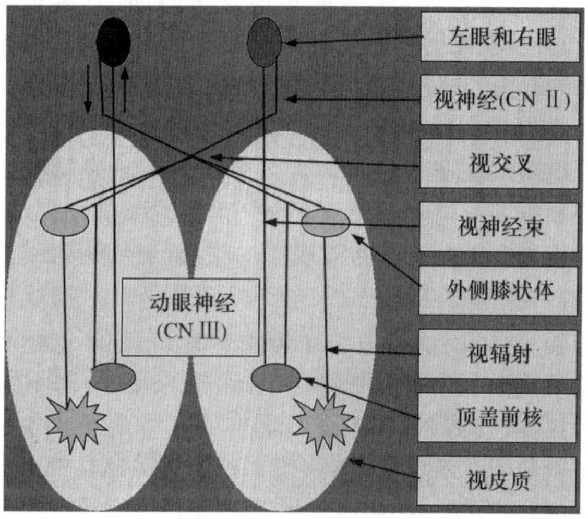

图 13-1　简化的视觉通路和瞳孔光反射示意图（细节见文章中内容）。

视觉能力的临床评估包括威吓反应测试和障碍测试。威吓反应，也叫眨眼反应或者眼睛保护反应，是评估视力损害的最简单的方法。但对于反刍动物，如果障碍测试做得准确，将是一种更好的方法。在这种测试中，放置障碍物在动物的行进路径上，然后测试动物越过障碍物的能力。眼病会导致动物达到不同程度的失明，最简单的障碍测试是确定失明的动物在黑暗的环境中是否会朝着有光亮的地方移动。

威吓反应可以评估整个视觉通路、CNⅦ和小脑。这项测试评估的是一种反应，而不是反射，因为这种测试涉及大脑，因此是一种反应。反应的出现或者其大小与小脑的成熟程度有关，因此在出生一周的小羊或羔羊中可检测到反应减弱。严重抑郁、患有小脑疾病或 CNⅦ发生病变的动物也表现为威吓反应减弱或消失。正常的反应为当测试者将手指从嘴侧方向向眼睛移动时，动物表现为眨眼、眼球收缩、头部排斥。重要的是要控制空气向眼睛的移动，不要触摸眼睛或者附属器，因为这样的动作可能会导致面部感觉神经（CNⅤ）完整的动物产生反应。检查者也可以从上面把一个物体扔进动物的视野，这也会引起动物的威吓反应。由于这种方法刺激太慢，因此在评估反刍动物的这种反应时是不精确的。当威吓反应或者视觉测试中观察到视觉缺陷时，可通过测试瞳孔光线反射来协助定位病变部位。

（2）脑神经Ⅲ（动眼神经）：瞳孔光反射。动眼神经包含副交感神经纤维，负责瞳孔和运动纤维的收缩，从而影响眼睛的运动。交感神经系统负责瞳孔的扩张。因此，受到压力或者惊吓的动物瞳孔会扩张。瞳孔光反射评估的是 CNⅡ和 CNⅢ。光刺激时瞳孔收缩的传入通路与视觉传入通路（视神经、视神经交叉、视神经束）相似，但是在到达丘脑外侧膝状核的突触前，瞳孔光反射有关的神经纤维与顶盖前核上的视神经束和突触的神经纤维不同，其将神经纤维的大部分神经元发送到对侧动眼神经核（图 13-1），这形成了直接瞳孔光反射的基础。顶盖前核也将其部分神经元发送到 CNⅢ的同侧核，这种神经解剖学结构形成了间接或者交感的瞳孔光反射的基础。在进行瞳孔光线反射检测之前，检测者应该在静态条件下评估瞳孔的大小和对称性，并检查眼睛是否有原发性眼部疾病。正常的绵羊或者山羊，由于恐惧刺激交感神经，引起瞳孔放大。理想状态下，动物应该被置于光线昏暗的地方，这样外部光线就不会影响检查。很小的瞳孔被认为是瞳孔缩小，散瞳为瞳孔扩张。偶尔也会观察到瞳孔大小的不等性，但如果瞳孔大小的差异不是很明显，这对动物来说可能是正常的。瞳孔严重的不对称叫作瞳孔不均。临床医生可以把动物从黑暗的地方转移到明亮的地方来评估瞳孔大小的不规则性。虽然交感神经病变会阻止受影响的瞳孔在黑暗中扩张，但是 CNⅢ（副交感神经）病变会阻止瞳孔在强光下的收缩。为了评估瞳孔的光反应，应该使用强光源来克服交感神经瞳孔扩张。光束从鼻颞方向射入一只眼睛，射入视网膜的颞区。直接的反应是被检测动物的瞳孔收缩，另一只眼睛的瞳孔因反射也收缩，但是很难由一个检查者来评估。如果实质内的视觉通路受到神经紊乱(中枢或者皮质盲)的影响,则病灶对侧没有威吓反应,但瞳孔反应完整。如果有实质外视觉通路(视网膜、视神经、视神经交叉)的参与,病变侧则会表现出失明,瞳孔反应异常。

(3)脑神经Ⅲ(动眼神经)、CNⅣ(滑车神经)和CNⅥ(外展神经):眼球运动。CNⅢ、CNⅣ和CNⅥ通过支配眼外肌神经来完成眼球的共轭运动,可将这些神经作为一个功能单位进行检查。CNⅢ提供了控制眼动的大部分神经支配,因为它有负责眼睛背部肌肉、腹侧肌肉、内直肌、腹斜肌、提上睑肌的功能。CNⅣ主要负责背斜肌的神经支配;外展神经(CNⅥ)主要负责支配眼睛的外侧直肌和收肌的神经支配。

临床医生应首先在静止状态下检查眼睛位置和头部的关系,并注意是否存在斜视(眼球位置异常)。斜视可能是神经或肌肉受损造成的,可通过移动动物的头部对CNⅢ和CNⅥ的运动功能进行评估。山羊和绵羊在抬头时其眼睛下垂,当鼻子升高时,眼睛倾向于维持一个水平轴,腹侧斜视变得明显。当头部缓慢的横向转动会使动物的眼睛尽量保持正前方的焦点,眼睛向头部运动的相反方向缓慢移动。然而,当头部继续转动时,受前庭神经的影响,眼睛会向同一方向迅速移动。这种运动模式叫作生理性眼震或正常的诱导性前庭眼球震颤,反映眼外肌、前庭系统、CNⅢ、CNⅣ、CNⅥ、内纵束连接功能正常。可通过移动动物的头部、观察眼睛的位置对影响CNⅢ、CNⅣ、CNⅥ的病变进行临床评估。小脑和前庭疾病也会引起眼球震颤,但只要头部和颈部移动,就会引起斜视。当CNⅢ、CNⅣ和CNⅥ出现麻痹症状时,无论头部转向哪个方向,都会出现斜视。CNⅢ出现病变时,可导致同侧腹侧斜视和瞳孔扩大,但是双眼均不会出现视力的丧失。此外,CNⅢ主要负责提上睑肌的神经支配,但是由于CNⅢ病变引起的眼睑下垂,在山羊或者绵羊中并不常见,因为额肌有提起上眼睑的功能。CNⅣ病变可引起同侧、对侧或者双侧背侧斜视。双侧背侧斜视发生于患有弥漫性脑病如脑灰质软化(PEM)、李氏杆菌病的山羊或者绵羊中,但是这种异常是不是真的由CNⅥ双侧病变引起的,现在还不能确定[2]。CNⅥ发生病变可引起同侧内侧斜视,使眼睛的位置突出向前。另外,在评估眼睑反射时,不能观察到眼球的收缩,这并不仅仅涉及CNⅥ,因为眼球的收缩可能需要所有的眼外肌肉,包括由CNⅢ和CNⅣ支配的肌肉。

(4)三叉神经:角膜和眼睑反射。CNⅤ包含运动神经纤维,支配咀嚼肌,从头部的大部分部位获得感觉信息。神经分为三支:眼支、上颌支和下颌支。这三个分支都有感觉神经,但是只有下颌分支含有运动神经纤维。下颌神经支配咬肌、颞肌、二腹肌、翼状肌和下颌舌骨肌。咀嚼肌检查应使用触诊,确定其是否对称和萎缩。双侧下颌神经运动功能丧失是很少见的,但是它会导致颞肌和咬肌萎缩、松弛和下颌下垂、不能咀嚼、流口水、碳酸氢盐流失。由于疲劳,动物的舌头可能从嘴里伸出来,但当受到适当的刺激时,舌头可收回。单侧病变可引起不对称肌肉萎缩和下颌位置的轻微变低,这可能会导致吞咽困难,并可观察到牙齿的异常磨损和牙科疾病。

可通过角膜和眼睑反射来测试感觉分支的功能(图13-2和图13-3),同时对面部多个区域的感觉进行评估。在角膜和眼睑反射中,CNⅤ是传入部分(感觉神经),而CNⅦ是传出反射的部分(运动神经)。角膜反射时通过将手指或者棉签慢慢移向动物的眼睛,并将其直接放在角膜上完成的。眼睑反射是通过在动物看不到手指的情况下将手指接触眼睑周围皮肤来完成的。角膜反射和触碰眼球内侧眼角进行眼睑反射可评估CNⅤ的眼科分支,因为该分支支配眼睛和周围的皮肤,负责维持角膜上皮。在眼睑反射的引发过程中,可以通过触摸眼睛的外侧眼角来评估CNⅤ的上颌支。当CNⅤ、CNⅥ和CNⅦ是完整时,反射的正常反应为:眼睑闭合、眼睛收缩、头部排斥。也可通过触摸耳底和观察眼睑闭合来评估CNⅤ的下颌分支。当发生威吓反应时,有缺陷的眼睑反射暗示三叉神经或神经节有损伤。CNⅤ对角膜上皮神经支配的缺失可引发神经性或暴露性角膜炎,受影响的动物感觉不到角膜干燥或眼睛异物的存在。

三叉神经任何分支的损伤都会导致其支配区域感觉丧失。CNⅤ功能缺陷表现为面部同侧感觉丧失,受影响的动物不会反射性眨眼或者抽搐面部。这是皮下层的反射,不需要有意识地输入。通过刺激鼻中隔来评估头部远离有害刺激的有意识的协调运动是否正常。使用手指或者棉签刺激鼻中隔内侧(图13-4),正常动物的反应是眨眼和面部抽搐;当受到疼痛刺激时,头部会离开。这种反应需要通过CNⅤ上颌神经对对侧顶叶皮质有意识地识别有害刺激来完成的。CNⅤ上颌支异常的动物既没有痛觉也没有痛觉意识,而对侧大脑皮质病变的绵羊或者山羊会有正常的痛觉但是没有痛觉意识。

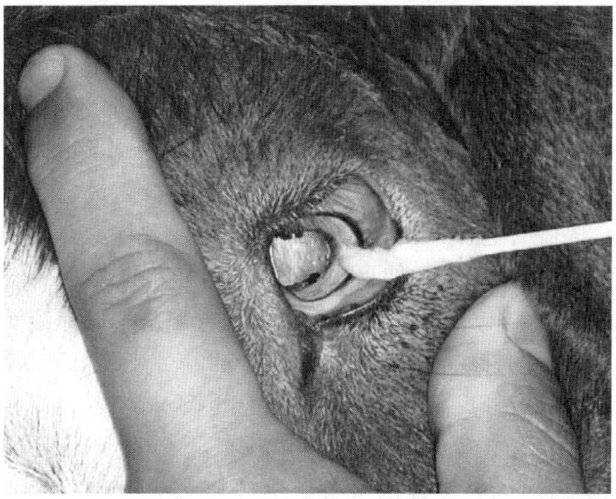

图 13-2　角膜反射的评估方法是轻柔地将一根手指或棉签直接放在角膜上。

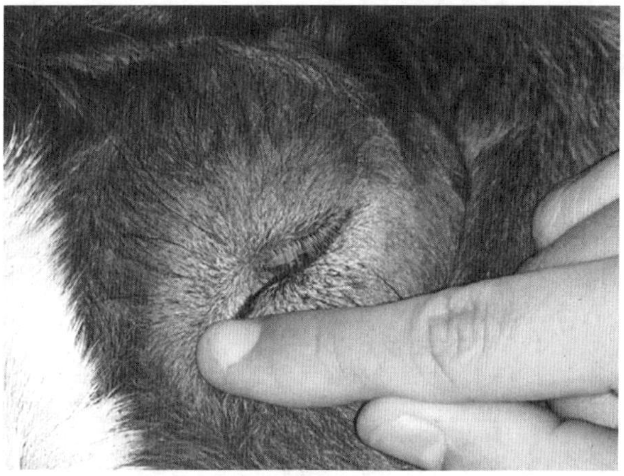

图 13-3　眼睑反射是通过用检查者的手指触碰眼周皮肤，同时不让动物看到靠近的手指。

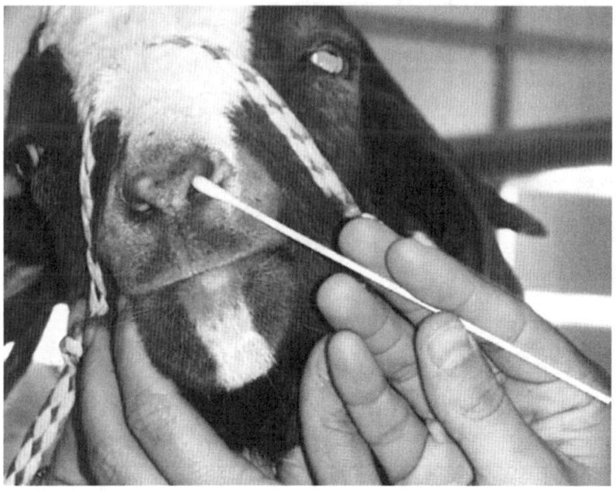

图 13-4　脑神经Ⅴ的上颌分支到对侧顶叶皮质对有害刺激的意识识别的评估。动物表现出适当的眨眼反应，头部躲避刺激。

（5）脑神经Ⅶ（面神经）：面部表情及其他脑干功能。面部神经主要是运动神经，为面部表情的肌肉提供神经支配，但CNⅦ也包含副交感神经纤维，为泪腺、上腭腺和颌下唾液腺提供神经支配。为面部表情肌肉提供神经支配的CNⅦ神经元位于脑干内。通过威吓反应、角膜及眼睑反射可评估CNⅦ的运动功能。眼睑、耳朵和嘴唇的对称和姿势对评估很重要，若发生异常可作为CNⅦ功能障碍的初步依据。耳朵直立品种的山羊和绵羊，其耳朵应该是直立的；而耳朵下垂的山羊和绵羊应跟随外界刺激来移动耳道的底部。在CNⅦ运动功能不全的山羊和绵羊中，可观察到眼睑下垂、耳运动不足、耳下垂、鼻中隔偏曲。CNⅦ是最容易通过威吓反应和眼睑反应来评估的。不能迅速完成眨眼反应，同时失去威吓反应和眼睑反射，暗示CNⅦ神经损伤[3]。如果病变仅发生在CNⅦ，动物的视力不受影响。CNⅦ功能障碍会导致动物患侧舌头突出，并流口水。在受影响的一侧的颊囊中经常发现有饲料。CNⅦ的损害部位可根据临床症状对其定位。

脑干的病变可引起一些弥散性的临床症状。绵羊和山羊的李氏杆菌病可引起整个脑干的弥散性病变，最后导致同侧面部肌肉功能异常。CNⅦ功能障碍的患病动物不能通过眨眼来分配泪液膜，临床表现为神经性角膜炎和角膜溃疡。由于在脑干中CNⅦ和CNⅧ的邻近及脑神经边缘的邻近，前庭信号经常伴随着面神经麻痹。

（6）CNⅧ（前庭蜗神经）：头部倾斜及前庭功能的其他反射。CNⅧ主要分为2类：前庭和耳蜗。前庭主要负责维持头部及其他结构的位置；耳蜗主要负责听觉[4]。大型动物听力损失鉴定是很困难的，必须借助电诊断测试（脑干听觉诱发反应）。患有双侧听力障碍的动物更容易评估，因为其对环境噪音没有反应。

CNⅧ的前庭部分向前庭系统提供主要输入，可通过观察动物头和身体的位置来对其进行评估。CNⅧ前庭部分功能障碍的临床表现为：头部倾斜、眼球震颤异常、共济失调、摇摇欲坠、位置斜视。当前庭功能紊乱时，多个临床症状不通过诱发即可表现出来。当观察者面对动物的头部时，动物表现为头部倾斜。头部倾斜是一种不正常的姿势，当持续这种姿势时，可将其想象为一只耳朵向腹侧偏移或从画在眼睛上的一条假想的线偏离正常的水平面。当CNⅧ或者前庭耳蜗病变时，动物头部持续向病变侧倾斜，患有前庭病变的动物倾向于侧卧在病变的一侧。

（7）脑神经Ⅸ（舌咽神经）和CNⅩ（迷走神经）：

喉和咽的功能。舌咽神经携带运动和感觉纤维往返于咽、腭、喉和舌头。舌咽神经还包括副交感神经，支配腮腺和颧骨唾液腺。迷走神经，通过喉返神经向咽、喉、腭和食管横纹肌提供运动神经支配。CNⅩ的副交感神经起源于髓质的迷走神经核，提供腹腔和胸腔脏器的神经支配，但不包含盆腔脏器。CNⅨ和CNⅩ出现损伤会导致与咽喉功能相关的临床信号缺失。患病动物出现吞咽困难，还会出现因无法吞咽唾液而流口水的症状，同时也会观察到窒息的情况。咽反射可用来评估其功能是否正常。正常的动物，将压舌板放在口腔后部会引起咽反射，即舌头的尾部将压舌板向前推进。临床医生在检查患有CNⅨ或CNⅩ疾病的小反刍动物时应戴手套，因为口咽麻痹在狂犬病动物中很常见。吸气带鼾声可能是由于喉部和咽部的单侧或双侧麻痹引起的。患有咽部麻痹的动物可通过鼻子来反刍食物。在绵羊和山羊中，CNⅨ和CNⅩ疾病是很罕见的。

(8)CNⅫ(舌下神经)：舌的功能。舌下神经通过舌头肌肉的运动通路，使舌头突出或收缩。CNⅫ损伤的动物通常都有长期难以咀嚼食物的情况，应检查舌是否有萎缩。当拉扯动物的舌头时，正常的动物会试图收回舌头。当把美味物质和散盐放在动物舌头上，CNⅫ功能正常的动物会舔食。CNⅫ单侧损伤会导致舌头会被一侧完好的肌肉推动向受影响的一侧偏斜。

姿势反应

姿势反应是对步态评价的补充。姿势反应在山羊和绵羊中很容易被检测，包括：跳跃、轮椅、半站立、半步行、放置、本体感觉。跳跃姿势反应是动物在向前走的时候，将三只脚从地上抬起。在做跳跃测试的时候，每只前肢都要被评估，正常的动物会向正常运动那样抬、放肢体。轮椅姿势反应与之类似，当动物向前走时，两条后腿被抬离地面。半站立和半行走是类似的姿势反应，在动物休息和运动时通过抬起同侧前肢和后肢来进行评估。放置的评估方法是将山羊或者绵羊抬起并将其推到桌子的边缘，正常的动物会抬起前腿放在桌子上。本体感觉反映了动物有意识地识别异常肢体姿势的能力。为了检测本体感觉反应，站立动物的远肢在球关节处弯曲，导致足趾背部负重。正常的本体感受反应能迅速纠正异常负重。

脊柱反射

有疑似神经疾病的绵羊和山羊应评估5种脊柱反射：前肢的伸肌反射、膜反射、膝跳反射、会阴反射以及前肢和后肢的屈肌反射。脊柱反射最好在动物侧卧时进行，侧卧时评估其上卧位。脊柱反射涉及局部反射弧，包括伸展或触摸感受器，传递信息到脊髓灰质的传入外周神经，可以刺激或抑制其他神经元的脊髓间神经元、离开脊髓的传出运动神经元，以及肌肉。脊柱反射的发生不需要意识输入。

对脊柱反射的评估可以反映下运动神经元的完整性，同时也提供了关于上神经元对下神经元的影响(表13-1)。上运动神经元对下运动神经元产生刺激或者抑制的作用。下运动神经元由外周神经和效应器官(主要是骨骼肌)组成。当进行脊柱反应时，可观察到以下几种反应：当观察到正常反应时，表明反射弧的感应器和运动成分都正常；当观察到反应过度时，表明上运动神经元通路异常。当反应减弱或者消失，表明上运动神经元损伤在感应器或者运动成分。除了反应减弱外，患有上运动神经元疾病的动物表现为肌肉萎缩、反射减退、张力减退或张力缺乏，甚至瘫痪。

表 13-1　上运动神经元和下运动神经元特征

参数	下运动神经元 节段性特征	上运动神经元 临床体征
运动机能	麻痹——肌力丧失，无力	轻瘫到麻痹——随意运动丧失
反射	反射减退到无反射	正常到过度反射(尤其是牵张反射)
肌萎缩	早期和严重：神经的；几周后挛缩	晚期和轻度：停用
肌张力	减少	正常到增加
肌肉电活动描记图变化情况	5～7 d后异常电位	无变化
感官特征	麻醉神经支配区，邻近区感觉异常或感觉过敏	本体感受、浅表和深度疼痛减少

前肢伸肌反射可用来评估桡神经。桡神经负责前肢的负重并支配三头肌群。当动物侧卧时，伸肌反射的评估方法是将一只手放在动物的脚下，并将肢体轻轻推向动物，直到观察到伸肌张力。正常的反射时动物用腿“推回”。患有上运动神经元疾

病的动物表现为抵抗下降或者丧失，而患有下运动神经元疾病的动物可能表现为三头肌张力增加。

膝跳反射评估的是股神经的运动成分和感受器。股神经支配股四头肌，主要负责后肢膝关节的伸展和后肢的负重。膝跳反射是一种腱反射，用反射锤轻拍髌骨肌腱，观察膝关节的伸展。膝跳反射是一种主观的评估，所以临床医生应在技术上应尽可能保持一致。首先，四肢应该处于放松的状态，髌骨肌腱几乎没有收紧。触诊肌腱，当检查者的手停留在肌腱上时，肢体弯曲直到肌腱感觉紧绷。为了提高肌腱的张力，当足趾伸展的时候，临床医生可将一只手放在足下，用钟摆运动完成在肌腱上的叩击。如果动物肢体比较紧张，就无法进行反射反应，但是通过有节奏地敲击肌腱，动物会随着时间慢慢放松。膝跳反射的强度与施加在肌腱上的力量成正比。检查大型犬的叩诊槌可以用来测试反刍动物的反射反应。膝跳反射结合本体感觉可用来检测下运动神经元的完整性。若下运动神经元发生病变，本体感觉和膝反射存在缺陷，但是当动物膝反射正常而本体感觉不足时，暗示动物上运动神经元有病变。

屈肌反射也称弯曲反射，通过对前肢和后肢的内侧和外侧的足趾施加刺激来完成；止血钳常用来施加刺激。对于前肢，屈肌反射评估的是腋窝、正中神经和尺神经。对于后肢，此反射评估的是肢体外侧的坐骨神经核、肢体内侧的股骨神经。正常的反应为肢体弯曲远离刺激。

会阴反射测试可通过挤压肛门附近的皮肤来完成。会阴反射测试传入会阴部神经，而传出神经纤维是尾神经的一部分。正常的反应为肛门括约肌收缩及尾巴向下收缩。在反射测试期间，尾巴不应该被限制，因为这可能会导致肛门收缩。

腰大肌反射或皮肤躯干反射同样依赖于反射弧。这项测试是通过对回肠尾翼部分到颅胸段的身体两侧施压完成的。这种刺激通常用笔或者止血器的尖端施加的。来自皮肤的感觉纤维进入到脊髓的背根部，然后上升至 C8 和 T1 段，在 C8 和 T1 段，反射的传出支是胸外侧神经的运动神经元。正常的反射使皮肤抽搐。如果皮肤的抽搐发生在回肠的翼部，那么传入支是完整的。然而，脊髓尾部到 T1 段的横切会导致尾部到横切区的皮肤反应减少或者消失。

疼痛

脊柱反射可测试上运动神经元，而意识本体感受、自主运动功能、浅表痛觉和深部痛觉可用来测试下运动神经元。脊髓受损时，意识本体感觉是观察到的第一个缺陷，随后依次是自主运动功能、浅表痛觉和深度痛觉。浅表痛觉可以通过在皮肤区施加有害刺激来评估，皮肤区是动物体表上由单一神经支配的皮肤区域。建议采用两步按压法来测试浅表痛觉，首先用止血钳轻轻拉起一小块皮肤，稍停片刻后，进行第二次按压。如果出现反射性退缩，则存在完整的浅表痛觉，如果动物通过厌恶、发声或者两者都有显示出对疼痛的意识识别，则下运动神经元完整。深度痛觉是通过将一个大的止血钳或针托放在冠带上方的足趾上，并逐步挤压以刺激骨膜来确定。与浅表痛觉一样，对刺激积极的反应为厌恶、发声或者两者都有。深度痛觉的评估对于有神经系统疾病的小反刍动物的预后是很重要的，因此深度疼痛是脊髓严重损伤后的最后一个丧失的功能。

神经病变的定位

在完整的神经系统检查中，应识别、鉴定和记录神经系统功能的异常。某些神经功能的异常可以很容易归因于神经系统的特定部分，而对于其他类型的异常，功能障碍的起源很难被确定。神经系统内病变或异常的位置的定位对于患有神经系统疾病的绵羊或者山羊的管理和预后是非常重要的。对于疑似患有神经系统疾病的山羊或者绵羊来说，临床信号或者特定的病理过程可归纳为神经解剖学的 4 个功能区域：(1)大脑；(2)小脑；(3)脑干和脑神经；(4)脊髓和外周神经(表 13-2)。如果在完整的神经系统检查后无法准确地确定病变位置，重复全部或者特定部位的神经系统的检查可以发现早期遗漏的细微的异常。

大脑疾病

涉及大脑的神经系统功能紊乱的严重程度不同，通常以精神敏锐度的改变、行为改变、癫痫发作和失明为特征。弥散性或对称性大脑疾病通常不影响平面上的步态，但是其步态在上坡或者下坡时可能出现异常。患有弥漫性大脑疾病的动物其体位和本体感受是正常的，除非动物被移动跨过斜坡。在大多数患有弥散性大脑疾病的动物中，脊柱反射是正常的。值得注意的是，代谢异常通常被认为是反刍动物对称型大脑疾病最常见的病因[1]。脱水、酸碱和电解质异常会导致小反刍动物抑郁。

表 13-2 神经特征与临床相关神经解剖部位功能缺损的关系

神经特征/失调	大脑疾病	小脑疾病	脑干和脑神经疾病	脊髓和外周神经疾病
精神	异常	正常	异常或正常	正常
步态	正常	异常	异常或正常	异常
姿势	正常	异常	异常或正常	异常
脊反射	正常	异常	异常或正常	异常或正常

本章讨论的失调症	• 细菌性脑膜炎
	• 肠毒血症
	• 慢病毒脑炎
	• 跳跃病
	• 脑灰质软化症
	  • 硫胺素缺乏
	  • 硫中毒
	  • 铅中毒
	  • 钠中毒
	• 伪狂犬病
	• 狂犬病
	• 羊痒病
	• 尿素中毒
	• 西尼罗河病毒性脑病
		• 牧草蹒跚症	• 李氏杆菌病
			• 耳炎
				• 肉毒杆菌毒素中毒
				• 脑脊髓液线虫病
				• 地方性运动失调
				• 有机磷酸盐中毒
				• 痉挛性轻瘫
				• 脊髓创伤
				• 破伤风
				• 蜱麻痹

改自:Constable PD:Clinical examination of the ruminant nervous system, *Vet Clin North Am Food Anim Pract* 20:185, 2004.

若大脑内发生单侧病变,主要的临床特征可能在病变部位的对侧被观察到,除了常在病变的方向绕圈和转头。与不对称脑病相关的特殊的临床特征包括:对侧偏瘫、转圈同时头部转向病变一侧、对侧面部感觉丧失、有正常眼睑反射和正常瞳孔反射的对侧威吓反应丧失。

小脑疾病

小脑通过向大脑皮层和脑干的运动区域提供输入数据来发挥功能,因此小脑功能障碍的临床症状反映头部、身体、四肢的协调运动障碍。小脑疾病的临床表现为共济失调、躯干摇摆、辨距障碍、意向性颤抖、瞳孔异常、前庭症状。发生小脑病变的山羊或者绵羊,其表现为正常的精神状态和异常的步态。然而,在患有先天性小脑疾病的羔羊和小羊上,由于未能及时护理而导致脱水和低血糖,也可观察到抑郁和昏迷症状。小脑共济失调的绵羊和山羊,前肢和后肢的力量是被抑制的,但未观察到本体感觉缺陷。四肢的力量可通过对马肩隆和盆骨施加压力来评估。虽然弥漫性小脑疾病在大型家畜中更为常见,会导致动物四肢共济失调,但单侧小脑病变会导致前后肢体同侧共济失调。

脑干和脑神经疾病

脑干病变的山羊或者绵羊其精神状态可能是正常或异常的。由于腹侧脑干上升网状激活系统常受脑干疾病的影响,深度抑郁及麻木很常见。小反刍动物的脑神经受损表现为异常的抑郁和麻木,提示病变位置在脑干。在整个神经系统检查中,应多注意对脑神经功能的评估。与脑干疾病相关的临床特征包括:脑神经损伤、同侧偏瘫、昏迷、麻木(上行网状系统异常)。此外,由于呼吸中心位于脑干的尾部,所以也可能会观察到呼吸和心血管异常。

脊髓和外周神经疾病

脊髓疾病的临床症状取决于疾病在脊髓内的位置。在对疑似脊髓或外周神经疾病的小反刍动物进行检查时,区分上运动神经元和下运动神经元疾病是很有用的。如前所述,上运动神经元是一组不离开神经系统的神经元,对下运动神经元产生刺激或抑制作用。下运动神经元由外周神经和效应器(主要是骨骼肌)组成。上运动神经元疾病的临床表现为:本体感觉缺失、虚弱、瘫痪,有时也可观察到反射过度和伸肌张力增加。下运动神经元发生病变的临床表现为轻度瘫痪，同时伴随着脊柱反射的缺少或减弱。

外周神经损伤在绵羊和山羊中并不常见，但是可出现下运动神经元的临床症状，包括：轻度瘫痪、脊髓反射减弱或消失及肌肉萎缩；前肢的桡神经和臂丛神经可能受到损伤；在后肢，坐骨神经、腓总神经、股神经或闭孔神经会受损。

桡神经麻痹可由肋骨或肱骨骨折或臂丛脱臼引起，临床症状的严重程度取决于创伤的位置。桡神经的损伤会导致三头肌群缺乏神经支配，无法伸展肘关节。四肢的损伤越末端，动物的步态受到的影响就越小。桡神经末端的损伤导致腕关节、足趾的伸肌和下肢关节的麻痹。肘部以下腿部背部感觉神经支配的丧失也可能很明显地被观察到。这些动物可能有磨损或异常的蹄，以及在球节前部的擦伤。

股神经为股四头肌群提供神经支配。股骨神经麻痹的动物未受影响的腿在跳跃时，会拖着患肢。这种神经损伤可能是由于后肢的极度伸展或注射部位感染造成的。内侧皮肤表面的感觉通常由于股神经的隐支来保存，因为这个分支在髂腰肌的水平上与股神经的近端部分分离。

闭孔神经麻痹是由于后肢的极端外展，或产羔羊造成的。当神经受到损伤，动物后腿不能内收。与双侧闭孔神经受损相比，单侧闭孔神经受损与步态异常没什么关系。骨盆放射线检查可用来排除骨盆骨折。

坐骨神经麻痹可发生在骨盆或者腰骶骨折后。该神经起源于脊髓 L6 到 S2 段，在其纤维离开前，位于椎管内。坐骨神经分为腓骨和胫骨分支，并支配与伸展髋关节和弯曲膝关节相关的肌肉。胫骨神经向腓肠肌提供运动神经，腓骨神经向足趾的伸肌提供运动神经。胫骨和腓神经也从后肢末端收集感觉输入。腰骶骨折通常会导致双侧后肢轻度或者重度瘫痪，而坐骨近端神经损伤（髋臼骨折、股骨骨折）只会导致屈肌功能障碍。膝关节的伸肌保持功能，允许动物承受重量，但是不能弯曲膝关节。动物出现跗关节下降，四肢弯曲。在检查中，如果动物的屈肌反应受到了限制，通过挤压内侧爪，动物会弯曲臀部，但是不会弯曲四肢的其他部分。这种差异反应的原因在于肢体内侧通过股神经的隐支仍然有完整的感觉神经支配。许多损伤会随着时间的推移而消失，但是预后不良与深度疼痛的完全丧失有关。

腓神经支配弯曲跗关节和伸展足趾的肌肉，并向足背面、跗关节、胫骨的颅面提供皮肤感觉神经支配。不恰当地注射可能会损伤神经，导致球节背部突球和肘关节的过度伸展。动物似乎可以通过减轻髋部的弯曲和行走时膝关节的伸展来弥补这种类型的伤害。当球节背部受到刺激时，屈肌反应就会减弱；然而，当脚底受到刺激时，动物弯曲它们的腿，但是会保持肘关节固定。

辅助检查

如前所述，神经系统检查的目的是验证山羊或者绵羊是否患有神经系统疾病，并确定神经系统病变的解剖位置。一旦确定了解剖位置，就可以进行额外的诊断测试，进而确定病因或者致病因素。准确的病因诊断是很重要的，因为单个绵羊和山羊通常是羊群中的一员，而病因的确定可使预防策略得以实施，从而降低其他高危动物患病的可能性。对于小反刍动物的神经学检查，很多诊断和检查可供使用，但由于成本和测试设备的可用性，在实际情况中，只有少数检查可用于诊断小反刍动物的神经学疾病。全血细胞计数和血清生化分析、脑脊液（CSF）分析，及常规影像，如可采用射线照片检查对疑似神经系统疾病的山羊或者绵羊进行诊断评估[5,6]。

全血细胞计数和血清生化分析

由于代谢紊乱是对称性脑功能障碍最常见的原因，因此应通过全血细胞计数和血清生化分析来评估是否存在低血钙、低血糖、酸碱紊乱、电解质异常和炎症的情况。在常规血液检查中观察到的异常可能是原发性或继发性的神经紊乱[6]（见附录 2）。

脑脊液分析

脑脊液位于蛛网膜下腔。因此，涉及中枢神经系统的疾病可导致脑脊液正常组分的改变。脑脊液可以从寰枕的间隙收集，但在腰骶部位更容易获得。一般寰枕脑脊液采集需全身麻醉或重度镇静，但神经受损动物常禁用麻醉。定位和保定是成功采集脑脊液的关键（图 13-5A）。可对站立的、已被约束或者镇静的山羊或者绵羊进行抽样。大多数绵羊或者山羊可以在侧卧时被控制。理想的情况下，动物的位置是：髋部弯曲，骨盆四肢沿着腹部伸展，同时骨盆保持笔直和水平，腰骶间隙上方的皮肤应剪短并消毒。在腰骶间隙有明显的压痕，该部位应浸润 2%利多卡因(0.5 mL,皮下注射)(图 13-5B)。临床医生在进行最后一次擦洗时应该戴无菌手套。

对于体重不足 30 kg 的小羊及羔羊,使用 20 或 21 号、1 in. 的针;18 或 20 号、1.5 in. 的针可用于成年绵羊或山羊。可使用一次性针头或者脊椎穿刺针。针应插入最后一个可触及的腰背部棘突和第一个可触及的骶背部棘突中线。从动物的背部看,针头应该垂直于脊柱上下。如果碰到骨头,针应以颅侧或尾侧方向重新定向。针头向前推进,直到针头穿过弓间韧带和蛛网膜下腔膜时感到轻微的"砰"的声音。当针头刺穿硬脑膜时,动物可能表现为轻微的移动或者跳跃,或者尾巴和肛门会反射性地收缩。临床医生可以定期取出针头,并检验针头中心是否有脑脊液。大约 5 kg 体重可以安全取出 1 mL 液体,但细胞学检测仅需要 1~2 mL。轻轻地、慢慢地吸取脑脊液或让其从针头自由流出,以防止动物过度运动和血液的污染(图 13-5C)。脑脊液样本应置于 EDTA 中进行细胞学分析并置于血清分离器中进行培养。在进行生化分析时,脑脊液应置于血清分离器或肝素锂抗凝管中。脑脊液的细胞学检测应迅速进行,理想情况下,在收集后的 60 min 内进行;若不能进行,则可以将脑脊液和等量的 40%的乙醇混合进行保存。

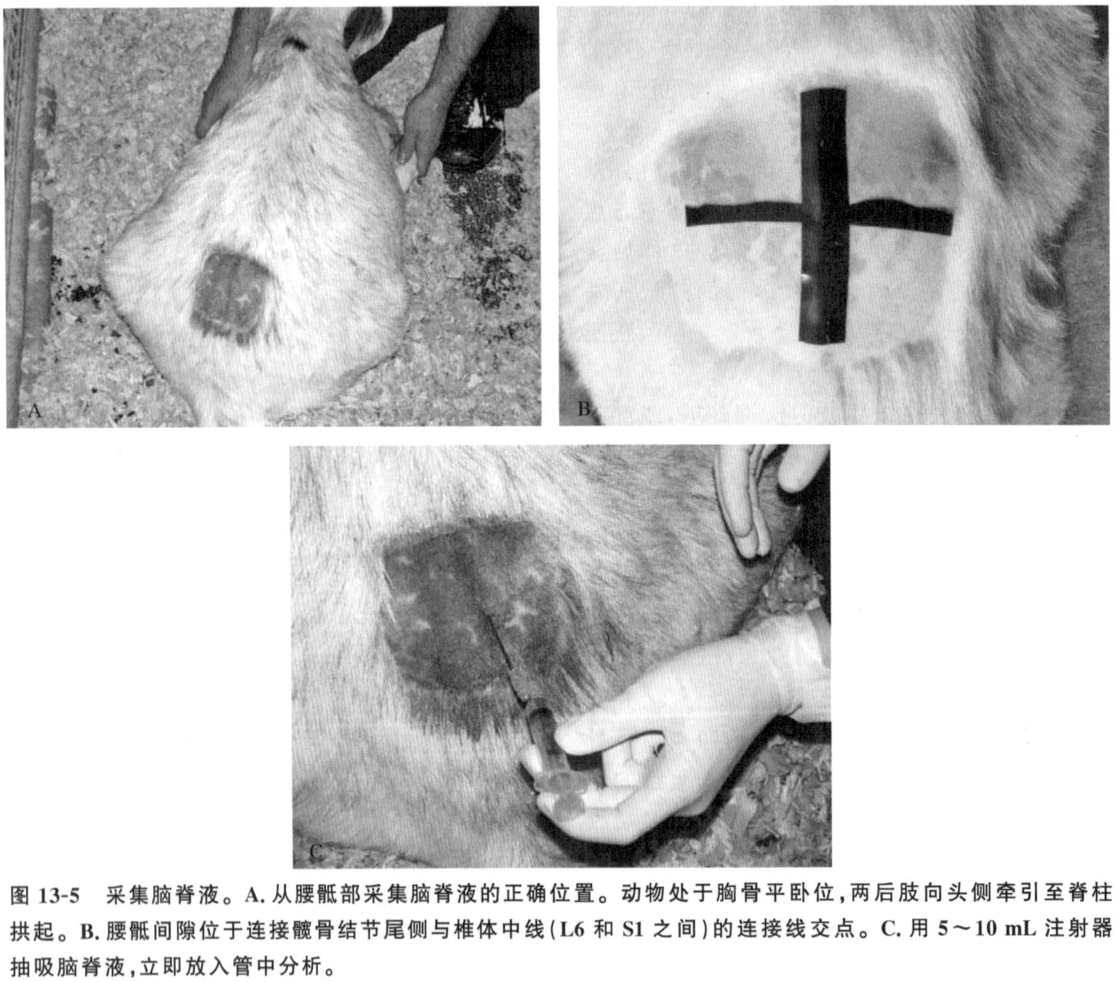

图 13-5　采集脑脊液。A. 从腰骶部采集脑脊液的正确位置。动物处于胸骨平卧位,两后肢向头侧牵引至脊柱拱起。B. 腰骶间隙位于连接髋骨结节尾侧与椎体中线(L6 和 S1 之间)的连接线交点。C. 用 5~10 mL 注射器抽吸脑脊液,立即放入管中分析。

收集脑脊液后,可通过外观、细胞学、蛋白质浓度、生化成分分析、有无细菌等对脑脊液进行评估。正常的脑脊液是清澈无色的。颜色变红暗示脑脊液中有血液,存在医源性的出血或者脑脊液内积血(图 13-6A)。一般来说,病理性出血与脑脊液混合,不会凝结;而在医源性出血收集过程中,随着额外的液体的收集和脑脊液的凝固,变红会减少。黄疸是指脑脊液变橙色或黄色,在脑脊液出血后 10 d 内可以观察到这一现象。脑脊液混浊通常表示白细胞数较高,如细菌性脑膜炎。总的有核细胞计数和差异计数可辅助病因诊断。每微升脑脊液内有核细胞少于 10 个,主要为单核细胞(见附录 2,表 F)。神经系统的细菌感染通常以嗜中性粒细胞增多为特征(图 13-6B),但小反刍动物的李氏杆菌病表现为单核细胞增多(图 13-6C)。病毒性脑炎和 PEM 也可以观察到单核细胞增多。脑脊髓线虫病是由线虫迁移异常引起的继发性脑脊髓线虫病,常导致嗜酸性粒细胞升高,而嗜酸性粒细胞可能是受感染动物中脑脊液白细胞主要的来源(图 13-6D)。正常情况下,脑脊液中的蛋白质浓度低于血液中蛋白质浓度。健康绵羊脑脊液蛋白质浓度小于 40 mg/dL,健康山羊脑脊液蛋白质浓度小于 15 mg/dL。脑脊液中葡萄糖含量通常比外周血液中葡萄糖浓度低。通常情况下,血糖浓度只有外周血液的 80%,但在患有细菌性脑膜炎的动物中,由于细菌对葡萄糖的消耗,可检测到葡萄糖的浓度降低。

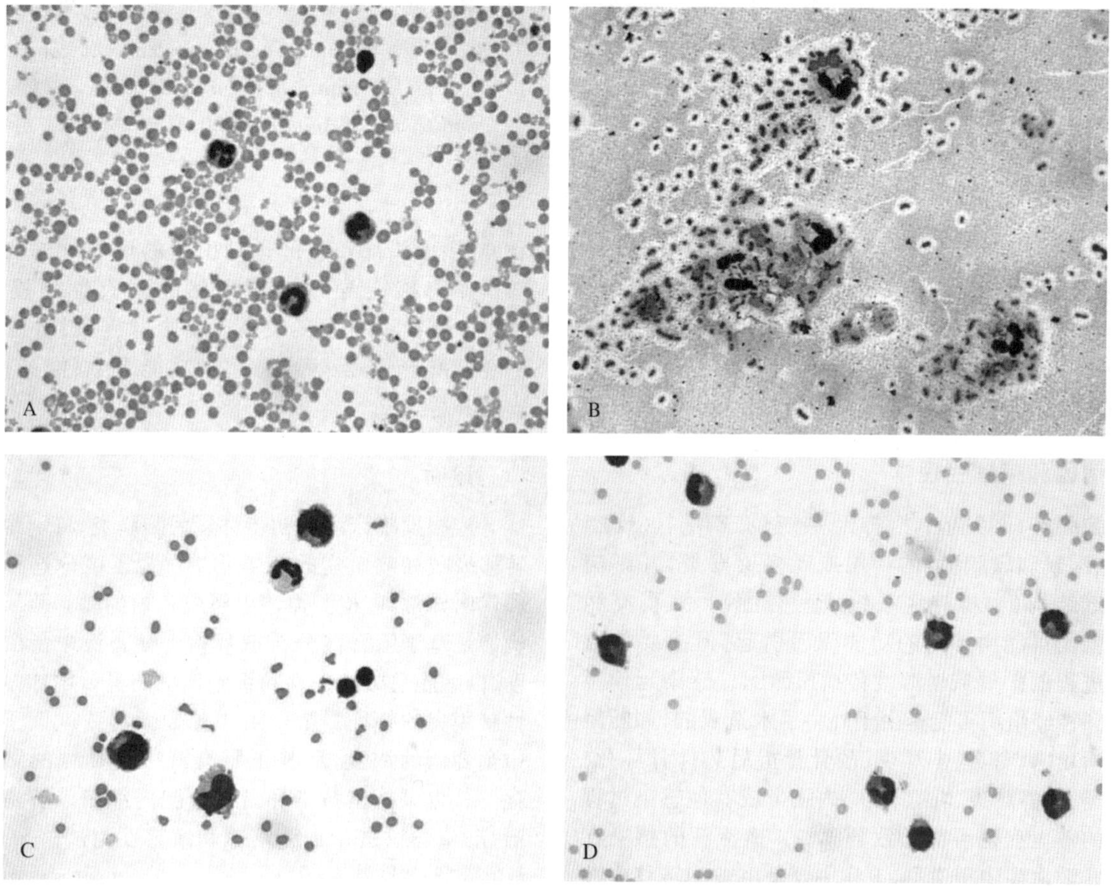

图 13-6　A. 采集脑脊液(CSF)样本时的医源性血液污染。这可以通过疾病的组织病理学证据进行鉴别,即该样本中的红细胞和白细胞比例与血液样本相似,且含有血小板。在 CSF 收集后 30 min 内发生创伤性损伤的病例中也发现了类似的结果。B-D:脑脊液细胞学用于不同的神经疾病的诊断。B. 一只患有链球菌脑膜炎山羊的结果。大多数有核细胞是中性粒细胞,表现为退行性变化。许多成对或短链小球菌的出现提示链球菌性脑膜炎。C. 患有李斯特菌病山羊的结果包括混合细胞型单核细胞增多症,以单核细胞、小淋巴细胞和中性粒细胞为主。D. 患有脑脊液线虫病山羊的结果中嗜酸性粒细胞占优势,这可见于副鹿圆线虫属线虫脊髓异常迁移的病例(来源:Dr. Elizabeth Spangler, Aubum, Alabama)。

医学影像

中枢神经系统发生病变后,X 片有助于鉴别脊柱脱位、骨髓炎或骨盆骨折。在中耳炎的病例中,颅骨的 X 片可用于诊断骨折或确定是否涉及鼓泡。中大型犬的放射线照相技术适用于绵羊和山羊。对于前脑、脑干或小脑的上运动神经元疾病,可使用多种诊断性影像学检查。上运动神经元的结构完整性可通过计算机断层扫描(CT)或者核磁共振成像(MPI)来判断。脊髓造影可用于鉴别脊髓内压迫性或臌胀性病变。肌电图可通过评估神经元受到刺激后肌肉的电活动来确定特定神经元是否与神经肌肉疾病有关。脑电图可以用来评估脑不同部位的电活动,其主要用于证明假设的表现为癫痫、嗜睡和脑病的神经系统疾病。

参考文献

[1] Constable PD: Clinical examination of the ruminant nervous system, *Vet Clin North Am Food Anim Pract* 20:185, 2004.

[2] Mayhew IG: Neurologic evaluation. In Mayhew IG, editor: *Large animal neurology*, Ames, Iowa, 2009, Blackwell Publishing.

[3] Bagley RS: *Fundamentals of veterinary clinical neurology*, Ames, Iowa, 2005, Blackwell Publishing Professional.

[4] Parent J: Clinical examination. In Anderson DE, Rings DM, editors: *Current veterinary therapy: food animal practice*, St Louis, 2009, Saunders Elsevier, pp 274-278.

[5] Francoz D: Ancillary tests. In Anderson DE, Rings DM, editors: *Current veterinary therapy: food animal practice*, St Louis, 2009, Saunders Elsevier, pp 279-283.

[6] Scott PR: Diagnostic techniques and clinicopathologic findings in ruminant neurologic disease, *Vet Clin North Am Food Anim Pract* 20:215, 2004.

大脑疾病

细菌性脑膜炎和脑炎

病因和病理生理学

脑膜炎即覆盖中枢神经系统的三层中(硬脑膜、蛛网膜和软脑膜)的一层或者多层发炎,并影响其邻近结构(中枢神经系统或者脊髓)。脑膜炎和脑膜脑炎可能由不同的功能障碍引起,但主要是由局部进程的扩展或血源性传播所致[1]。感染延伸至脑膜和神经组织可能是由于外科手术造成的,如断尾以及断角、鼻窦炎、中耳炎、颅骨骨折后热性骨坏死。与肺炎、脐静脉炎、乳腺炎、心内膜炎或其他感染过程相关的败血症也可能导致脑膜炎。血液源的感染在新生儿败血症中很常见,该病主要是由被动转移失败引起的。这种疾病可能与几种细菌性病原体有关。在新生儿脑膜炎中,大肠杆菌、多杀巴氏杆菌、链球菌、葡萄球菌、化脓隐秘杆菌已被报道,它们入侵中枢神经系统可能取决于各种毒性因素[1]。丝状支原体引起的胸膜肺炎和多发性关节炎会影响羔羊,可能发展为脑膜脑炎[2]。绿脓杆菌可引起继发性乳腺炎的山羊的败血症和脑膜炎[3]。在脑脊液中,由于脑脊液的抗体和补体浓度较低,宿主的免疫防御机制只能提供有限的保护。细菌性和炎性损伤可能导致蛛网膜或室管膜下静脉充血和梗死、脑脊液吸收减少、室内压升高、神经细胞坏死[1,3]。

临床症状

受感染的动物通常极度嗜睡和抑郁,但是也可能过度兴奋。在新生儿败血症、腹泻和体温异常的病例中很常见。临床检查显示感觉过敏、颈部僵硬和伸展、由头部和颈部运动引起的疼痛。被动的颈部操作可能会导致四肢突然的强直性伸展和僵硬[3]。脑神经功能丧失表现为眼球震颤、斜视和面神经麻痹[1,3]。疾病导致感觉功能下降、推进行走、癫痫和昏迷。

诊断

应根据临床症状初步怀疑为脑膜炎,特别是在有转移失败和败血症的新生儿中。为了区分这种疾病和代谢异常,应检测血清电解质和葡萄糖。脑膜炎的确诊是基于脑脊液分析或尸检。脑脊液中蛋白质浓度、白细胞总数和中性粒细胞比例的显著增加是细菌性脑膜炎的特征。脑脊液中葡萄糖的浓度低于血清中葡萄糖的浓度,反映了脑脊液中葡萄糖的细菌消耗[1]。也可能出黄染和游离或胞内细菌。若是进行治疗,应尝试进行细菌培养和敏感性测试。

治疗

感染细菌性脑膜炎的家畜病死率很高,主要是由于较晚才发现该病。治疗的基础是积极和长期使用抗生素,并辅以抗炎药物,同时也需要抗惊厥治疗。抗生素的选择应以脑脊液的革兰染色、培养及敏感性测试为基础。为了达到最大的血液峰值和脑脊液浓度[3],最好采用静脉注射的方式进行抗生素治疗。推荐第三代头孢菌素(如头孢噻呋,静脉注射 1～5 mg/kg,每天 1～3 次)和抗生素混合使用(内酰胺和甲氧苄啶磺胺剂)[1]。这些推荐的治疗方案都是经验性的,也可以注射其他的抗生素。抗炎类药物的选择尚未在家畜中进行评估,但非甾类抗炎药被认为是有益的。癫痫发作可使用安定来控制(每 30 min,0.01～0.2 mg/kg)[1]。对于被动转移失败的新生幼畜,应该使用血浆(15～25 mL/kg,静脉注射)。

预防

及时给予足够的初乳是预防新生幼畜细菌性脑膜炎最重要的方法。在外科手术过程中应提供适当的卫生条件，山羊去角时应注意卫生、镇痛和限制热灼。当发现易感情况时，早期治疗可防止神经系统疾病的蔓延。

参考文献

[1] Fecteau G, George LW: Bacterial meningitis and encephalitis in ruminants, *Vet Clin North Am Food Anim Pract* 20:363, 2004.

[2] Bajmocy E, et al: Disease caused by *Mycoplasma mycoides* subspecies mycoides LC in Hungarian goat herds, *Acta Vet Hung* 48:277, 2000.

[3] Berthelin-Baker C, George LW: Meningitis (suppurative meningitis, bacterial meningitis). In Smith BP, editor: *Large animal internal medicine*, 4th ed, St Louis, 2009, Mosby Elsevier, pp 998-1002.

产气荚膜梭菌:肠毒血症

病因和病理生理学

产气荚膜梭菌 C 型和 D 型(可能是 E 型)是绵羊和山羊的重要的病原体，可引起绵羊和山羊感染，主要表现为肠道疾病和过急死亡，并有神经系统的病变。这种细菌普遍存在于环境及家畜的粪便中。C 型产气荚膜梭菌可产生 α 和 β 毒素，其在年轻的动物(小于 10 日龄)肠道中，由于肠道蛋白水解酶的浓度较低不能被降解。β 型毒素可诱导可兴奋细胞的细胞膜离子-传导通道，导致不可逆的极化和神经系统疾病[1]。D 型产气荚膜梭菌通常出现在消耗过于丰富的饲料的年轻动物中，使梭菌在小肠内过度生长并产生 α 和 ε 毒素，并且未接种疫苗的羊群中的新生羔羊也可能受到影响[2]。激活 ε 毒素是由肠蛋白酶诱导的，这种活性毒素会破坏血管上皮细胞的紧密连接，导致脑、肺部、肾脏等不同器官的血管发生水肿[3]。β_2 毒素的活性会增强 ε 毒素的活性[4](见第 12 章和第 16 章)。

临床症状

病程的持续时间限制在几个小时之内，死亡前的临床症状可能不会被观察到。腹部不适和绞痛的症状，如出现磨牙和发声现象，可能会被观察到。在某些病例中可能出现出血性腹泻，该症状在 D 型肠毒血症的山羊中经常观察到[5]。神经症状包括抑郁、强直、角弓反张、抽搐和昏迷[5,6]。在 D 型肠毒血症中，可能出现局灶性脑软化，表现为漫无目的地游走、失明、走向无生命物体等[5]。

诊断

由于病程持续时间短，无法使用常规诊断方法进行诊断。粪便涂片中梭菌的鉴定可能具有一定的提示作用。尸检发现，在小肠上部有很多梭状芽孢杆菌的肠炎；如果是 D 型肠毒血症，会出现水肿。毒素检测可采用 PCR、ELISA 或者小鼠接种检测。

治疗

受感染的动物通常在全身使用抗生素(提供革兰阳性谱的覆盖范围)之前就会死亡，而液体疗法可能会起一点作用。与治疗垂死的动物相比，使用 C 型和 D 型抗毒素可能更有利于预防高危群体的发病。

预防

绵羊和山羊应进行常规免疫接种，以预防 C 型和 D 型产气荚膜梭菌。所有的种畜应使用常规的辅助药剂；出生后应立即使用 C 型和 D 型抗毒素可对未接种疫苗的羔羊或小羊提供 2 周的保护。

参考文献

[1] Shatursky O, et al: *Clostridium perfringens* beta-toxin forms potential-dependent, cation-selective channels in lipid bilayers, *Infect Immun* 68:5546, 2000.

[2] Scholes SF, et al: *Clostridium perfringens* type D enterotoxaemia in neonatal lambs, *Vet Rec* 160:811, 2007.

[3] Watson PJ, Scholes SF: *Clostridium perfringens* type D epsilon intoxication in one-day-old calves, *Vet Rec* 164:816, 2009.

[4] Uzal FA, et al: Ulcerative enterocolitis in two goats associated with enterotoxin- and beta$_2$ toxin-positive *Clostridium perfringens* type D, *J Vet Diagn Invest* 20:668, 2008.

[5] Songer JG: Clostridial enteric diseases of domestic animals, *Clin Microbiol Rev* 9:216, 1996.

[6] Rings DM: Clostridial disease associated with neurologic signs: tetanus, botulism, and enterotoxemia, *Vet Clin North Am Food Anim Pract* 20:379, 2004.

慢病毒脑炎：公山羊关节炎-脑炎及梅迪-维斯纳病毒

病因和病理生理学

在小反刍动物中，慢病毒脑脊髓白质炎是由山羊的山羊关节炎-脑炎病毒（CAEV）和在绵羊的梅迪-维纳斯病毒（MVV）或绵羊进行性肺炎病毒（OPPV）引起的。在北美，OPPV 病毒与呼吸道疾病有关；然而在绵羊的神经系统疾病中也被描述[1]。小反刍动物慢病毒（SLRVs）属于逆转录病毒科，慢病毒属，其在世界范围内流行，但在群体之间的流行程度差异很大[2]。尽管 SLRVs 在某些临床方面存在差异，但是它具有许多病毒学、流行病学和病理生理学特征。这种命名法表示 SLRVs 具有物种特异性。绵羊在自然条件下感染 CAEV、山羊感染 MVV 是可能的，但交叉感染并不常见[3,4]。

SRLVs 是有包膜的 RNA 病毒，它感染宿主细胞时，可将基因组转录成可以插入宿主基因组的双链 DNA，最终导致宿主终身感染[2]。SRLVs 主要感染单核细胞和巨噬细胞，并在巨噬细胞中进行靶器官的侵袭[5,6]。SRLVs 的传递是横向的，通过食用感染母羊的初乳和母乳感染羔羊或小羊是主要的传播途径。通过呼吸系统的水平传播可能导致老龄动物感染。子宫内感染也是可能的，但是其相对重要性不清楚[2,6]。SRLV 感染后，在中枢神经系统、肺脏、乳腺、关节、淋巴结和血管发生炎症反应，导致受影响器官的功能障碍。

临床症状

感染 SLRV 后临床表现进展缓慢，最初并无特异性。该病与成年绵羊的呼吸道疾病和关节炎相比，是一种相对罕见的疾病[1,7]。临床症状通常可在 1～3 岁绵羊中会观察到；但是在较为年轻的山羊中也发现了该病的临床症状[2,7,8]。最初的症状包括体重减轻、后肢无力、姿势异常，并逐渐发展为轻度瘫痪和重度瘫痪。最初症状出现几个月后，动物死亡；在此之前可能会出现头部的神经症状，如唇抽搐、眼球震颤和失明。

山羊的神经系统疾病的临床进程比绵羊要快。受影响的山羊通常在 1～5 月龄，但是成年山羊也可能受到影响[6]。临床症状包括步态短、步态起伏、单侧或者双侧后躯轻瘫、共济失调。最初，动物的心理状态似乎是不受影响的，可以正常进食、饮水或者吮奶。随着病程，会出现四肢瘫痪、头部倾斜、盘旋、斜颈、失明。

诊断

与 SRLV 感染相关的神经系统疾病相对比较少见，因此在检查中应注意其他情况。间质性肺炎提示可能是 SRLV 感染，但是呼吸系统疾病的临床症状通常不存在。脑脊液分析显示蛋白质浓度升高、单核细胞数增多。SRLV 抗体可通过 AGID 或者 ELISA 技术鉴定，血清中检测到抗体说明感染了病毒但是并没有引起疾病。PCR 技术可在抗体产生前检测 SRLV 感染[9]。尸检诊断是基于对非化脓性脱髓鞘性脑脊髓炎及中枢神经系统中淋巴细胞浸润的鉴定。

治疗

减轻或者治愈这种疾病的有效方法并不存在，感染的动物应安乐死（见第 16 章）。

预防

目前还没有适合在现场条件下成功接种疫苗的方法[10]。通过使用测试和屠宰方法，从畜群中根除 SRLVs 是可能的，但是在高流行率的畜群中，这个办法并不可行。控制措施的选择应根据群体感染的流行程度[10]。在绵羊和山羊混合种群中，交叉特异性传播是可能的，所以必须制定控制 CAEV 和 MVV-OPPV 的措施[11]。

预防的基础是确定血清阳性的动物，将感染的动物与未感染的动物隔离，清除掉受感染的动物，并继续进行血清试验。预防围产期传播的方法是在羔羊或小羊出生后，立即将羔羊或小羊和母羊分开隔离，并清洗子宫和胎盘液体[2]。由于食用受感染的母羊的初乳和母乳是一种重要的传播方式，这些产品只能从未受感染的母羊中获得。另外，将初乳加热至 56℃（130℉）、60 min 可降低传染性病毒的负载，最低程度上降低了免疫球蛋白的浓度[12,13]。在羔羊和小羊饲养方案中，建议使用巴氏灭菌奶或者牛奶代替。使用一次性器械或消毒的针头、纹身设备和其他外科器械预防医源性传播（见第 11 章和第 16 章）。

参考文献

[1] Biescas E, et al: Ovine lentivirus-associated leucomyelitis in naturally infected North American sheep, *J Comp Pathol* 132:107, 2005.

[2] Callan RJ, Van Metre DC: Viral diseases of the ruminant nervous system, *Vet Clin North Am Food Anim Pract* 20:327, 2004.
[3] Glaria I, et al: Phylogenetic analysis of SRLV sequences from an arthritic sheep outbreak demonstrates the introduction of CAEVlike viruses among Spanish sheep, *Vet Microbiol* 138:156, 2009.
[4] Grego E, et al: Serological characterization of the new genotype E of small ruminant lentivirus in Roccaverano goat flocks, *Vet Res Commun* 133(Suppl 1):137, 2009.
[5] Pepin M, et al: Maedi-visna virus infection in sheep: a review, *Vet Res* 29:341, 1998.
[6] Radostits OM, et al: Diseases associated with viruses and chlamydia-Ⅱ. In Radostits OM, et al: *Veterinary medicine: a textbook of the diseases of cattle, horses, sheep, pigs, and goats*, ed 10, St Louis, 2007, Saunders Elsevier.
[7] Benavides J, et al: Diagnosis of clinical cases of the nervous form of maedi-visna in 4- and 6-month-old lambs, *Vet J* 174:655, 2007.
[8] Benavides J, et al: Diagnosis of the nervous form of maedi-visna infection with a high frequency in sheep in Castilla y Leon, Spain, *Vet Rec* 158:230, 2006.
[9] de Andres D, et al: Diagnostic tests for small ruminant lentiviruses, *Vet Microbiol* 107: 49, 2005.
[10] Reina R, et al: Prevention strategies against small ruminant lentiviruses: an update, *Vet J* 182: 31, 2009.
[11] Brulisauer F, et al: Risk factors for the infection of Swiss goat herds with small ruminant lentivirus: a case-control study, *Vet Rec* 157:229, 2005.
[12] Adams DS, et al: Transmission and control of caprine arthritisencephalitis virus, *Am J Vet Res* 44: 1670, 1983.
[13] Trujillo AJ, et al: Effect of heat and high-pressure treatments on microbiological quality and immunoglobulin G stability of caprine colostrum, *J Dairy Sci* 90:833, 2007.

跳跃病(绵羊的脑脊髓炎)

病因和病理生理学

跳跃病是一种由蜱传播的病毒性绵羊脑脊髓炎,也可以感染红松鸡,偶尔也会感染包括人类在内的其他物种。该病是由黄病毒科、黄病毒属的跳跃病毒(LIV)引起的。跳跃病毒与其他的可引起类似疾病的蜱媒黄病毒密切相关,但其存在抗原和地理变异,包括土耳其绵羊脑炎病毒、西班牙绵羊脑炎病毒和希腊山羊脑炎病毒[1]。跳跃病发生在英国、爱尔兰、挪威的高地牧场,那里高湿度的地面微气候支撑着蜱传病的载体——蓖子硬蜱。蓖子硬蜱是一种三宿主蜱,通过捕食病毒宿主而感染 LIV;蓖子硬蜱主要出现在春季、初秋季,此时羔羊已经失去了初乳免疫[2,3]。蜱虫感染后,LIV 在蜱唾液腺中存活,当蜱虫在下一个季节的下一个生命周期中进食时,就会感染新的易感宿主。虽然此病主要由羊蜱传播,但是红松鸡和野兔的高水平的病毒血症也可维持 LIV 传播。蜱虫将病原体传给绵羊后,LIV 在淋巴组织中复制,6～20 d 后出现病毒血症并入侵神经系统。病毒在中枢神经系统复制会导致非脓性炎症、神经元变性及其他临床症状的出现[4]。

临床症状

通过感染、接种疫苗或者摄入初乳获得保护性抗体的绵羊可免受感染;临床症状在 3～12 月龄的羔羊和小羊中最为常见[2,3]。最初,可观察到发热、厌食、便秘、抑郁等症状。随着疾病的进程,患病动物表现出肌肉震颤和僵硬、感觉过敏、共济失调、子宫肥大、僵硬的跳跃步态。严重感染的动物会发展成脑部疾病,表现为压迫头部、卧位、抽搐和昏迷,某些情况下会造成死亡[2]。

诊断

当神经症状出现时,病毒血症已经终止,病毒不能从血液中分离出来。在受感染动物的脑脊液中会产生高水平的特异性抗体。由于 LIV 的人畜共患病的潜力,所以应谨慎处理脑脊液[5,6]。在病程早期可通过血球凝集 IgM 抗体检测进行诊断[5]。尸检未见明显病变。组织病理学改变包括单核细胞的围管现象和脑膜、脑和脊髓中出现中性粒细胞。神经变性最明显的是浦肯野细胞。病毒分离、免疫组化或 PCR 技术可用来检测 LIV[2](见第 20 章)。

治疗

目前还没有具体的治疗方法,受影响的动物应该接受护理。

预防

LIV 可能会在人类中引起疾病，增加了兽医、牧羊人和屠宰场工人的感染风险[7]。易感绵羊可通过接种疫苗或者杀螨剂来预防[8]（见第 16 章）。

参考文献

[1] Grard G，et al：Genetic characterization of tick-borne flaviviruses：new insights into evolution，pathogenetic determinants and taxonomy，*Virology* 361:80，2007.

[2] Callan RJ，Van Metre DC：Viral diseases of the ruminant nervous system，*Vet Clin North Am Food Anim Pract* 20:327，2004.

[3] Laurenson MK，et al：The role of lambs in louping-ill virus amplification，*Parasitology* 120:97，2000.

[4] Doherty PP，Smith W，Reid HW：Louping-ill encephalomyelitis in the sheep. V. Histopathogenesis of the fatal disease，*J Comp Pathol* 82:337，1972.

[5] Reid HW，Doherty PC：Experimental louping-ill in sheep and lambs. I. Viraemia and the antibody response，*J Comp Pathol* 81:291，1971.

[6] Radostits OM，et al：Diseases associated with viruses and chlamydia-Ⅱ. In Radostits OM，editor：*Veterinary medicine：a textbook of the diseases of cattle，horses，sheep，pigs，and goats*，ed 10，St Louis，2007，Saunders Elsevier.

[7] Davidson MM，Williams H，Macleod JA：Louping ill in man：a forgotten disease，*J Infect* 23:241，1991.

[8] Laurenson MK，et al：Prevalence，spatial distribution and the effect of control measures on louping-ill virus in the Forest of Bowland，Lancashire，*Epidemiol Infect* 135:963，2007.

脑灰质软化症

脑灰质的组织病理学改变被称为脑灰质软化症（PEM），可能由多种病因引起。这些病因都涉及大脑能量代谢的紊乱，导致细胞内钠和水的堆积。这些生理变化导致脑神经元水肿、肿胀及压力性坏死[1]。绵羊和山羊的脑灰质软化症可能是由硫胺素缺乏、硫中毒、钠中毒、脱水或铅中毒引起的。无论病理生理机制如何，脑灰质软化症的临床症状在大多数情况下是相似的，在开始治疗前需进一步地诊断。

硫胺素缺乏

病因和病理生理学

绵羊和山羊依靠瘤胃微生物产生的硫胺素（维生素 B_1）来获得足够的维生素，而健康的瘤胃微生物菌群也能产生足够的维生素。硫胺磷酸盐是转酮酶的辅助因子，转酮酶是糖酵解途径（戊糖磷酸盐途径）的限速酶，为脑提供 ATP。硫胺素缺乏时，ATP 减少，神经元的 Na^+，K^+-ATP 酶功能紊乱，细胞内钠、水堆积，导致脑灰质软化症。绵羊中，硫胺素的合成量为 1.5～3 mg/d[2]，这意味着每日的需求量（75 kg 妊娠母羊需 2.9 mg/d）较少[3]。硫胺素的需求会因某些生理和环境条件的改变如怀孕、哺乳、放牧等而改变[3]。正如所有的水溶性维生素一样，长期储存硫胺素是不可能的，任何对反刍动物的伤害有可能导致硫胺素缺乏的情况。亚临床硫胺素缺乏可能是由于没有适应饮食的改变，硫胺素酶产生增加所致[4]。

继发于硫胺素缺乏的脑灰质软化症通常与瘤胃酸中毒引有关[5]。在酸性条件下，产生破坏硫胺素酶的硫胺素过多，从而加剧产生维生素 B_1 的细菌数量的减少。在瘤胃酸中毒的情况下，细菌硫铵酶Ⅱ活性在酸性环境中增强。这种病理生理机制在低粗饲料、高浓缩饲料的羔羊和小羊中最为常见，但其可能发生在任何年龄的小反刍动物中。在发病前，饲喂含硫胺量不足的劣质代乳品也可能引起脑灰质软化症（见第 5 章）。

除了硫铵酶Ⅱ，细菌性硫铵酶Ⅰ、一些常用的辅助因子（丙咪嗪、左旋咪唑、苯并咪唑等）和发酵产物也可在减少瘤胃中可用的硫胺素过程中起重要作用[1]。欧洲蕨、问荆、杜鲁门蕨、北美苋可产生硫胺素，与实验和自然条件下硫胺素缺乏相关的 PEM 有关[6-9]。硫胺素类似物，如常用的抗球虫药物安普罗林，可能通过竞争性抑制引起脑灰质软化病[10]。

临床症状

典型的临床症状为双侧对称，发展迅速。临床中症状的表现可能是急性的，严重临床表现发展迅速，预后不良。受感染的绵羊经常被发现漫无目的地游荡、卧着，并表现出中枢性失明（无威吓反应和完整的 PLR)、角弓反张、肌肉震颤、伸肌僵直、周期性强直阵挛发作惊厥和眼球震颤(图 13-7)。受感染的动物会沿着它们的围栏直到撞到物体上(头部压迫),也可能会观察到动物行为上会发生改变,包括抑郁、麻木、昏迷、兴奋过度和咀嚼过度。背内侧斜视,虽然很难判断是否存在角弓反张,但是已将被认为是典型的由硫胺素缺乏引起的脑灰质软化症。在没有眼球震颤的情况下,眼底镜检可能会发现由于颅内压增加引起的丘疹水肿。起初瘤胃功能是正常的,但是食欲不振和潜在的反刍动物酸中毒会导致瘤胃弛缓和腹泻。除了神经系统疾病,硫胺素缺乏和粪便中硫铵酶的存在也与羔羊的发育不良有关[11]。

图 13-7　一种患有维生素 B_1 反应性脊髓灰质炎的山羊,表现为角弓反张、不协调、倒卧和中枢性失明。

诊断

通常,病征、病史和临床症状组成了治疗的基本论据。硫胺素治疗的快速反应提示了诊断的正确性。全血细胞计数和血清化学检查通常是没有意义的,但可能有助于排查其他因素。脑脊液分析显示蛋白质浓度升高、单核细胞数稍微升高、脑脊液压力升高。

特异的诊断检测包括血液中硫胺素浓度、红细胞转酮酶活性、反刍动物或粪便中硫胺素酶浓度的测定,但这些实验尚未被广泛应用。红细胞转酮酶活性可以用焦磷酸硫胺素(TPP) 效应测定,该效应测量的是添加过量 TTP 时转酮酶活性的增加。在受脑灰质软化症影响的动物中可检测到 70%～80%及以上的焦磷酸硫胺素效应[12]。急性反刍动物酸中毒的绵羊中,焦磷酸硫胺素平均效应值为(109±28)%,正常绵羊是(22.2±3.7)%[5](见第 5 章)。

尸检显示弥漫性脑水肿。大脑回变平、变宽,脑表面出现黄褐色。小脑向尾部移动至枕骨大孔。紫外灯下,病灶发荧光,提示坏死,表明坏死组织被噬脂细胞吞噬[12]。组织病理学检查显示双侧皮质层坏死、水肿并出现吞噬细胞。

治疗

治疗包括立即使用硫胺素,通常建议为静脉注射 10 mg/kg[1]。由于静脉注射硫胺素可能发生猝死等不良反应,所以应该缓慢注射。盐酸硫胺素治疗应持续数天,每 3～6 h 按照 10 mg/kg 皮下或者肌肉注射。通常在 6～24 h 症状有所缓解后,硫胺素给药的频率可缓慢降低。在严重缺乏的动物中,使用 20%甘露醇(1～2 g/kg,静脉注射)治疗脑水肿,3 h 后使用地塞米松(1 mg/kg,静脉注射)[13]。当缺乏是由于硫铵酶引起,或者群体暴发导致其他动物也可能被感染的情况下,推荐口服盐酸硫胺素(1 g)。口服硫胺素也可能对急性反刍动物酸中毒有益[5]。

预防

提供足够的高品质粗饲料(1.5 kg/100 kg)以适应饮食的缓慢变化,预防反刍动物酸中毒,避免植物硫胺酶是预防硫胺素缺乏的基础。有缺乏硫胺素风险的动物,可口服硫胺素。虽然口服硫胺素的浓度范围尚不明确,但推荐使用量为每千克含硫胺素 3～30 mg 的饲料[12]。

硫中毒

病理生理学

在无硫胺素缺乏症的反刍动物中,从食物中摄取大量的硫或硫酸盐也能导致脑灰质软化症。硫的潜在来源包括单质硫、采食添加物如石膏(硫酸钙)、尿素化剂如硫酸铵、十字花科作物、地肤(卫矛属植物、紫花苜蓿)和糖蜜[1]。在一些水源中也可能发现高水平的硫酸盐,如新水井。

夏季可能出现季节性的硫中毒,此时水源中的硫酸盐浓度升高;同时环境温度较高时,水的摄入量也会增加。虽然尚未完全了解,但是硫诱导的脑灰质软化症的病理生理学可能与瘤胃摄入的硫化合物产生的硫化物有关。硫化物通常被细菌重新合成氨基酸,转化为硫化氢(H_2S),或被瘤胃壁吸收。硫化物通过肝脏氧化解毒,但当大量硫化物被肠吸收时,硫化物可能到达大脑,从而使肝脏负担加重。另外,当硫化物以 H_2S 的气体形式被吸入时,可躲避肝脏的解毒功能。硫化物可以抑制细胞电子传递链,从而降低神经元 ATP 的可用性,导致脑灰质软化症[14]。

临床症状

双侧对称大脑疾病的临床症状已经在硫胺素缺乏的脑灰质软化症中有过描述。与硫胺素缺乏引起的脑灰质软化症相比,有较大比例的高危动物可能因为硫中毒而发生临床脑灰质软化症[15,16]。在硫中毒引起的脑灰质软化症的绵羊中,临床症状包括抑郁、中枢性失明和头部压迫,但是没有感觉过敏、眼球震颤和眼盲[16]。此外,在感染的羔羊中,没有酸中毒及腹泻迹象[15]。受感染的反刍动物的瘤胃内可能有臭鸡蛋的气味(H_2S)[15]。

诊断

使用硫胺素治疗脑灰质软化症没有快速反应时,可怀疑是硫中毒[15,16]。在疑似病例中,应检测所有饲料和水源中的硫含量。已报道的脑灰质软化病例与饮食中 0.43%的硫含量有关[16]。日粮中硫含量大于 4 000 ppm、水中硫含量大于 1 000 ppm 均提示硫中毒[1]。

反刍动物瘤胃中 H_2S 的测定可能有助于硫中毒的检测。虽然,瘤胃 H_2S 浓度高于 1 000 ppm 被认为具有诊断性意义,但在受影响的动物中,H_2S 浓度可能由于厌食症而迅速下降。因此,将受影响动物的 H_2S 浓度与未受影响动物的 H_2S 浓度进行比较可能更有意义。

尸检发现脑皮层坏死,类似于硫胺素缺乏引起的脑灰质软化症。在硫中毒中,病变可能是多灶性分布,而不是像硫胺素缺乏引起的脑灰质软化症呈层状分布。在硫中毒动物尸检时,可观察到嘴侧神经元、丘脑和中脑有病灶,但是小脑和海马未见损伤。

治疗

目前还没有具体的治疗方法,建议按照硫胺素描述的方法进行治疗。

预防

预防依赖于对高硫饲料和水源的检测和避免使用。减少脑灰质软化病发病率的其他措施包括自由获得高质量的微量矿物质盐,监测以硫酸钙为成分的日粮饲喂的动物中与硫有关的一切变化,以及提供自由采食的优质饲料(见第 2 章)。

铅中毒

病因和病理生理学

铅中毒是反刍动物最常见的中毒之一,但这种中毒现象在牛身上比在绵羊和山羊身上更常见[18,19]。近年来,许多国家已经消除了铅的来源,但是有关环境污染的报告仍令人关切[19]。在检测到铅污染的地区,可能出现与其他重金属同时污染的情况[19]。铅的来源包括铅砷杀虫剂、除草剂、铅酸电池、含铅油漆、汽油、曲轴油箱、散弹枪子弹、冶金工厂[1,19]。

铅中毒的病理生理受多种因素的影响。暴露途径和长期性影响了临床症状的类型和严重程度。年轻的动物由于肠道吸收率较高,更容易发生铅中毒[20]。金属或硫化物、铅化物的肠道吸收效率低于醋酸铅、磷酸盐、碳酸盐和氢氧根盐,但是慢性中毒可能是由于金属铅在网状物中夹带所致。大多数铅一旦被吸收,就会不可逆地与红细胞蛋白结合。当血液中老化的红细胞被清除后,铅又被释放出来,沉积在骨骼中,少量沉积在肾脏和肝脏中。铅对许多生物过程和酶系统都有不利的影响,它会损害毛细血管内皮细胞,干扰线粒体功能和神经元 ATP 酶,导致脑能量代谢功能障碍及神经疾病。胃肠道损伤是由摄入的铅盐的腐蚀性作用引起的。铅可干扰血红素合成酶,如 δ-氨基乙酰丙酸脱水酶和亚铁螯合酶,以及其他红细胞蛋白质,导致红细胞寿命缩短、贫血,血 δ-氨基乙酰丙酸和卟啉浓度增加。铅很容易穿过胎盘屏障,积聚在胎儿组织,尤其是骨骼中。

临床症状

在急性中毒病例中,以神经系统疾病和胃肠道刺激的临床症状为主。受影响的动物表现为两侧对称的大脑疾病,并伴有虚弱、共济失调、迟钝或兴奋、失明、肌肉震颤和皮肤抽搐。肠道刺激的临床症状包括腹痛、厌食症和粪便不足,然后是恶臭的腹泻。亚急性和慢性暴露于铅的动物,如是工业污染造成的暴露,可能会消瘦、厌食症、虚弱和贫血[19]。长期暴露于铅的绵羊,会不孕和流产[21]。在含铅污染的牧场放牧的羔羊可能会因骨质疏松症和椎体虚弱症而导致脊柱受压，从而导致四肢僵硬、跛足和后肢麻痹。在组织铅含量高但是没有骨质疏松症的羔羊中，也有后肢麻痹的症状[22]。

诊断

出现恶臭腹泻可能是铅中毒引起的脑灰质软化症。全血铅浓度的测定是诊断的标准方法，低于 0.3 ppm 被认为是正常浓度[23]。由于血液铅浓度的测定可能因为实验室和检测方法的不同而有显著差异，因此，对检测结果的解释以及采集血样所用的血管的选择应与实验室进行讨论。血铅浓度不能反映与铅接触时间长短或者组织中铅浓度。在一些慢性病例中，血铅浓度可能是正常的。在这种情况下，建议在使用 EDTA 钙二钠开始治疗后再提交血样和尿样[23]。在绵羊中，δ-氨基乙酰丙酸的活性是反映铅中毒的指标[24]。在长期暴露的动物中，可能出现正常红细胞的、正常色素的贫血。红细胞中出现嗜碱性颗粒及其他病理改变，但这既不是特异性也不是敏感性的检测工具[24]。尸检应提供肝脏、肾脏、胎儿及饲料样本的新鲜样或者将样品固定在福尔马林中。

治疗

使用 EDTA 钙二钠进行螯合治疗。这种药剂能去除骨中的铅，但是却不能去除组织中的铅。建议首先缓慢静脉注射 EDTA（70～110 mg/kg，静脉注射，每日 1 次），随后 2 d 停止治疗，再 3～5 d 每天一次给药。另一种选择治疗方案是每天使用 EDTA（110 mg/kg）2 次，连续 2 d，随后停止治疗 2 d，然后再进行 2 d 的每日 2 次的治疗[23]。目前还没有含钙的 EDTA 的商品化药品。虽然复合制品的使用是有限制的，但是它们在食用动物中的使用要求为不产生任何有害残留物。辅助性硫胺素治疗（20 mg/kg 或 500 mg/头，皮下注射，每天 1 次）可提高螯合治疗的成功率，减少软组织中的铅沉积[25,26]。口服硫酸镁可通过形成不溶性盐的形式增加排出粪便中铅的排泄。进一步治疗包括支持性液体、营养护理以及控制癫痫发作。营养（口服或完全肠胃外营养）及液体支持是很必要的。如果发生惊厥，可使用安定（0.5～2 mg/kg，静脉注射）。

钠中毒及脱水（盐中毒）

病因和病理生理学

钠中毒可能是由于在饲料中或者水中摄入过量的氯化钠所致，也可能是由于在限制饮水时正常摄入氯化钠所致。在小反刍动物中，该病及其相关的临床症状可能是中毒而不是过量摄入盐的结果，因为绵羊和山羊能忍受相当高的饮食盐浓度[22]。在某些水源中（自流井）、口服的电解质溶液或用盐来限制饲料摄入时，会发现盐浓度较高。以前没有接触过盐的动物在有盐可用时可能会消耗过量的盐。在人工喂养的新生幼畜或运输动物中，限制饮水可能是一个因素，当水槽故障或者结冰时不能饮水也是问题。不管原因是什么，由此导致的高钠血症会导致体液从细胞外转移，进而导致脑脊液钠浓度升高。作为一种防止神经元水分流失的保护反应，中枢神经系统会增加电解质浓度和特定渗透性物质来维持脑脊液中钠离子浓度。如果允许高钠动物无限制地饮水，或迅速补水，当液体沿着渗透压梯度进入中枢神经系统时，就会产生大脑水肿和脑灰质软化症。

临床症状

饮食中盐浓度过高可能会导致摄食减少、抑郁和肠胃炎。该疾病的神经紊乱的形式和脑灰质软化症的临床症状有关，包括共济失调、中枢性失明、行为改变、眼球震颤、眼盲、昏迷和死亡。伴随性血管内溶血可能导致血清和尿液呈褐色[1]。

诊断

盐或脱水的长期存在和溶血出现可能是盐中毒，表明可能存在高钠血症，但在血清化学分析前能够通过饮水来掩盖。脑脊液中钠浓度超过血清钠浓度可认为是钠中毒。

治疗

液体疗法的种类和给药途径将取决于受影响动物的数量和临床症状的严重程度。口服和静脉输液应是等渗或高渗溶液，以防止大脑水肿。应强制仍能饮水的受感染的动物每天饮水 4～6 次，直到 3～4 d 后其可自由选择饮水为止。治疗初期，应加氯化钠（氯化钠 9 g/L），使饮用水等渗。严重抑郁的动物应口服或静脉输液。静脉输液应是等渗或高渗的，最好能缓慢纠正血钠浓度，特别是在慢性感染的动物中。虽然较高的降低速度可能是可接受的，但建议降低血钠浓度为 1 mEq/L/h。大脑水肿可通过静脉注射 20% 甘露醇（1～2 g/kg，静脉注射）和地塞米松治疗。

预防

为所有年龄的动物提供高质量的水，准备适当的牛奶替代品和电解质溶液，对于防止盐中毒是很重要的。

参考文献

[1] Cebra CK, Cebra ML: Altered mentation caused by polioencephalomalacia, hypernatremia, and lead poisoning, *Vet Clin North Am Food Anim Pract* 20: 287, 2004.

[2] Breves G, et al: Thiamin balance in the gastrointestinal tract of sheep, *J Anim Sci* 51: 1177, 1980.

[3] Rammell CG, Hill JH: A review of thiamine deficiency and its diagnosis, especially in ruminants, *N Z Vet J* 34:202, 1986.

[4] Ramos JJ, et al: Faecal thiaminase, plasma lactate and pyruvate concentrations and erythrocyte transketolase activity changes in apparently normal replacement ewes after the initiation to the pasture, *Res Vet Sci* 80:11, 2006.

[5] Karapinar T, et al: Severe thiamine deficiency in sheep with acute ruminal lactic acidosis, *J Vet Intern Med* 22:662, 2008.

[6] Ramos JJ, et al: Polioencephalomalacia in adult sheep grazing pastures with prostrate pigweed, *Can Vet J* 46:59, 2005.

[7] Pritchard D, Eggleston GW, Macadam JF: Nardoo fern and polioencephalomalacia, *Aust Vet J* 54:204, 1978.

[8] Bakker HJ, et al: Experimental induction of ovine polioencephalomalacia, *Vet Rec* 107:464, 1980.

[9] Meyer P: Thiaminase activities and thiamine content of *Pteridium aquilinum*, *Equisetum ramosissimum*, *Malva parviflora*, *Pennisetum clandestinum* and, *Medicago sativa*, *Onderstepoort J Vet Res* 56: 145, 1989.

[10] Spicer EM, Horton BJ: Biochemistry of natural and amproliuminduced polioencephalomalacia in sheep, *Aust Vet J* 57:230, 1981.

[11] Thomas KW, Griffiths FR: Natural establishment of thiaminase activity in the alimentary tract of newborn lambs and effects on thiamine status and growth rates, *Aust Vet J* 64:207, 1987.

[12] Radostits OM, et al: Specific diseases of uncertain etiology. In Radostits OM, et al: *Veterinary medicine: a textbook of the diseases of cattle, horses, sheep, pigs and goats*, ed 10, St Louis, 2007, Saunders Elsevier.

[13] Radostits OM, et al: Diseases of the nervous system. In Radostits OM, et al: *Veterinary medicine: a textbook of the diseases of cattle, horses, sheep, pigs and goats*, ed 10, St Louis, 2007, Saunders Elsevier.

[14] Dorman DC, et al: Cytochrome oxidase inhibition induced by acute hydrogen sulfide inhalation: correlation with tissue sulfide concentrations in the rat brain, liver, lung, and nasal epithelium, *Toxicol Sci* 65:18, 2002.

[15] Bulgin MS, Lincoln SD, Mather G: Elemental sulfur toxicosis in a flock of sheep, *J Am Vet Med Assoc* 208:1063, 1996.

[16] Low JC, et al: Sulphur-induced polioencephalomalacia in lambs, *Vet Rec* 138:327, 1996.

[17] Jeffrey M, et al: Polioencephalomalacia associated with the ingestion of ammonium sulphate by sheep and cattle, *Vet Rec* 134:343, 1994.

[18] Hoff B, Boermans HJ, Baird JD: Retrospective study of toxic metal analyses requested at a veterinary diagnostic toxicology laboratory in Ontario (1990—1995), *Can Vet J* 39:39, 1998.

[19] Liu ZP: Lead poisoning combined with cadmium in sheep and horses in the vicinity of non-ferrous metal smelters, *Sci Total Environ* 309:117, 2003.

[20] Ammerman CB, et al: Contaminating elements in mineral supplements and thier potential toxicity: a review, *J Anim Sci* 44:485, 1977.

[21] Sharma RM, Buck WB: Effects of chronic lead exposure on pregnant sheep and their progeny, *Vet Toxicol* 18:186, 1976.

[22] Radostits OM, et al: Diseases associated with inorganic and farm chemicals. In Radostits OM, et al: *Veterinary medicine: a textbook of the diseases of cattle, horses, sheep, pigs, and goats*, ed 10, St Louis, 2007, Saunders Elsevier

[23] Loneragan GH, Gould DH: Lead poisoning. In Smith BP, editor: *Large animal internal medicine: diseases of horses, cattle, sheep, and goats*, St Louis, 2002, Mosby.

[24] Rolton CE, Horton BJ, Pass DA: Evaluation of tests for the diagnosis of lead exposure in sheep, *Aust Vet J* 54:393, 1978.

[25] Bratton GR, et al: Thiamin as treatment of lead poisoning in ruminants, *Mod Vet Pract* 62: 441, 1981.

[26] Maiti SK, Swarup D, Chandra SV: Therapeutic potential of thiamine hydrochloride in experimental chronic lead intoxication in goats, *Res Vet Sci* 48: 377, 1990.

[27] Moritz ML, Ayus JC: Preventing neurological complications from dysnatremias in children, *Pediatr Nephrol* 20:1687, 2005.

伪狂犬病

病因和病理生理学

伪狂犬病又称假狂犬病和疯痒病，是由猪的甲型疱疹病毒 1(SHV1)引起的。其他家畜，包括绵羊和山羊，会发展成临床疾病，并被认为是终端宿主[1]。虽然老年猪是 SHV1 的宿主，但在 SHV1 感染的老龄猪中病例死亡率低，此外仔猪中偶尔会发生严重的神经系统疾病。绵羊或山羊的伪狂犬病脑脊髓炎报告很少，但可能通过受感染猪的咬伤、开放性伤口或黏膜、医源性和通过空气传播途径获得。该病毒是嗜神经性的，从周围神经元向中心扩散到中枢神经系统，导致进行性脑脊髓炎。潜伏期和临床症状持续时间短，2～7 d 内死亡[1]。

临床症状

在受感染的小反刍动物中，常见接种部位感觉异常、强烈的局部瘙痒[1,2]。发热及自残会导致擦伤、肿胀和脱毛。

其他临床症状包括发烧、共济失调、打转、兴奋和攻击，但受影响的动物通常是抑郁的。死亡前会出现卧位、抽搐、发声和其他严重脑部疾病的症状。

诊断

在与猪接触并有严重瘙痒和大脑疾病临床症状的绵羊和山羊中，应怀疑是伪狂犬病。在进行尸检时，会发现表面的创伤性损伤、脑膜脑炎的迹象，包括非化脓性炎症的组织病理学。因为受影响的反刍动物在产生血清抗体之前就已死亡，所以血清学检查没有效果。SHV1 可通过病毒分离、免疫组织化学或 PCR 检测鉴定。

治疗

该病没有有效的治疗措施，受影响的动物应该被人道地安乐死。伪狂犬病是一种可报告的疾病，当发现可疑的临床症状时，监管当局应保持警惕。

预防

禁止接触猪或猪的分泌物可以保护小反刍动物免受伪狂犬病的侵袭。受污染的畜舍和围场可用季铵盐或含酚化合物消毒[3]。

参考文献

[1] Callan RJ, Van Metre DC: Viral diseases of the ruminant nervous system, *Vet Clin North Am Food Anim Pract* 20:327, 2004.

[2] Schlipf JW: Pseudorabies (mad itch; Aujeszky's disease). In Smith BP, editor: *Large animal internal medicine: diseases of horses, cattle, sheep, and goats*, St Louis, 2002, Mosby.

[3] Brown TT Jr: Laboratory evaluation of selected disinfectants as virucidal agents against porcine parvovirus, pseudorabies virus, and transmissible gastroenteritis virus, *Am J Vet Res* 42:1033, 1981.

狂犬病

病因和病理生理学

狂犬病病毒感染可导致所有家畜和人类出现致命性的非化脓性脑脊髓炎。除了少数几个国家外，该病在全世界都有分布。2008 年，在美国共发现 6 841 例动物狂犬病病例及 2 例人狂犬病病例[1]。同年，12 只小反刍动物被报道狂犬病病毒呈阳性[1]。

该病毒属于弹状病毒科、狂犬病毒属，已鉴定几种适应于特定宿主物种的病毒株。在家畜中，该病与受影响的野生动物种群的感染有关，这些野生动物包括臭鼬(美国加利福尼亚的中南部到北部中部地区)、浣熊(美国东南部和东海岸)、狐(美国南部和阿拉斯加)、猫鼬(波多黎各)[1]。与蝙蝠相关的狂犬病毒变种也被鉴定出来，虽然这是一种公共卫生问题，但这种毒株在绵羊和山羊中不是主要的。病毒在野生动物体内的生存受到迁徙、扩张和种群密度的影响。山脉和河流等自然屏障在地理上控制了该病的传播[2,3]。

狂犬病病毒存在于动物唾液中，其传播主要通过受感染动物的咬伤而发生。感染后，病毒在肌肉细胞中复制，然后借助于轴浆流动向中枢神经系统扩散。病毒在中枢神经灰质中复制，并通过副交感神经侵入包括唾液腺在内的几个组织[4]。狂犬病病毒的传播可发生在临床症状显现出来之前。潜伏期视咬伤与中枢神经系统的距离而定，可能是 2 周到数月不等。

临床症状

因为狂犬病临床症状相当多变，所以该病应作为鉴定动物神经系统疾病的一个考虑因素。该病通常只影响单个动物，但也存在多只动物被同时咬伤或感染的可能。早期临床症状包括抑郁、共济失调和厌食症。随着疾病的发展，可能出现本体感觉障碍、感觉过敏、肌肉抽搐和上行性麻痹。咽麻痹会导致不能吞咽，胸骨呼吸困难和口腔周围唾液泡沫的积聚。行为异常，如对操作者和无生命物体的间歇性攻击和性亢进。该病发展迅速，受感染的动物在 3～5 d 内横卧，然后在临床发病 10 d 内昏迷和死亡[5]。

诊断

当怀疑有狂犬病时，必须阻止操作人员接触该动物，并在提交诊断样本之前对动物进行标记。动物临死前诊断测试有助于排除其他疾病，但是不能用于狂犬病测试。为避免接触到大量的人畜共患病病毒，所有疑似狂犬病病例中应避免收集脑脊液。狂犬病的诊断是通过对新鲜组织进行组织病理学分析和荧光抗体（FAT）检测试验来检查脑组织切片。当没有新鲜组织时，可以对甲醛固定样品进行免疫过氧化物酶检测。组织样应该冷却，但不应冷冻。疑似病例应提交动物的整个大脑或者头部。应避免使用使脑组织受到创伤的安乐死法（如使用固定螺栓或者枪击）。通常，诊断是基于对海马、延髓和小脑内内基小体的组织病理学检测，但是会出现假阴性或假阳性的结果。FAT 是一种非常精准的检测方法，可以检测丘脑、脑桥和髓质等区域的病毒抗原。

治疗

狂犬病是致命的，目前还没有有效的治疗方法。

预防

在流行地区，可适当使用灭活疫苗接种绵羊和山羊，也有标记为绵羊接种的疫苗。绵羊和山羊在暴露狂犬病后，预防取决于动物的接种史和动物的价值，并且应该与监管当局讨论。所有咬伤伤口被清洁消毒后，接种过疫苗的动物应立即重新接种疫苗，并隔离观察 45 d。未接种疫苗的动物可立即扑杀或接种疫苗并观察至少 90 d 至 6 个月，并在隔离期间进一步加强疫苗接种[2]。

参考文献

[1] Blanton JD, et al: Rabies surveillance in the United States during 2008, *J Am Vet Med Assoc* 235: 676, 2009.

[2] Callan RJ, Van Metre DC: Viral diseases of the ruminant nervoussystem, *Vet Clin North Am Food Anim Pract* 20:327, 2004.

[3] Brookes SM, et al: Susceptibility of sheep to European bat lyssavirus type-1 and -2 infection: a clinical pathogenesis study, *Vet Microbiol* 125: 210, 2007.

[4] Jackson AC: Update on rabies, *Curr Opin Neurol* 15: 327, 2002.

[5] Bowen RA: Rabies. In Smith BP, editor: *Large animal internal medicine: diseases of horses, cattle, sheep, and goats*, St Louis, 2002, Mosb.

羊痒病

病因及病理生理学

羊痒病是最早已知的其中一种致命性的，绵羊呈进行性、神经退行性疾病，山羊发病不频繁的传染性海绵状脑病（TSEs）。根据免疫生化差异及神经病理病变定位的变化，该病分为经典痒病或非经典痒病。经典和非经典的羊痒病在绵羊和山羊中都有报道[1]。此外，已有关于在 2 只山羊自然发生牛海绵状脑病（BSE）的报道[2,3]。羊痒病在大多数国家流行，但在澳大利亚和新西兰已经通过屠杀被消除。报告显示，羊痒病的流行率为 0.1%～0.3%，但由于敏感性测试偏差、对倒下的动物的少报以及被研究群体的类型（如倒下的、被扑杀的或被屠宰的成年羔羊），其流行率很难获得准确的估计[477]。自 2002 年欧盟实行强制性监督计划以来，发现了大量的经典和非经典羊痒病病例，其中许多处于临床前阶段。2002—2008 年，在欧盟国家，共发现 15 034 只绵羊和 3 292 只山羊痒病病例[1]。

羊痒病的病原体被认为是一种可传播的、可自我复制的且缺少核酸的 a 朊病毒（蛋白质感染性颗粒）。然而，细菌和小病毒粒子及其他假设病原可能参与了 TSEs，导致在受影响的动物中出现了

TSEs 的病理生理学特征和异常的蛋白质[8,9]。该感染性病原体对许多消毒方法具有很强的耐性，可从新鲜冷冻或者甲醛固定组织中恢复[10]。所有 TSEs 的共同特征为 PrP^{Sc} 蛋白的错误折叠和积累；PrP^{Sc} 是一种宿主编码的糖蛋白的异常形式，在淋巴组织和神经组织中高浓度存在。神经组织中 PrP^{Sc} 的积累与临床症状的发展有关。目前，该病原的传播方式还没有被完全了解，但受感染的动物可能通过胎盘、胎液及其他途径传染[11]。病原体的传播有较长的潜伏期，只有在摄入机体后才有可能通过水平模式传播。年幼的绵羊似乎更易受到感染[12]。

病毒的易感性和培养时间的长短与朊病毒蛋白基因的多态性密切相关。在绵羊中，密码子 136、154、171 处（A136V/T、R154H/L、Q171R/H/K）的多态性与经典羊痒病的易感性或者抵抗性有关。尽管其多样性丰富，但 ARR/ARR 基因型最能抵抗羊痒病，因此推荐用于育种。具有 VRQ/VRQ、VRQ/ARQ、VRQ/ARH 和 VRQ/AHQ 基因型的绵羊患典型羊痒病的风险最高[13]。通过一个比其他品种更简单的机制，萨福克羊易感性的增加与谷氨酰胺在密码子上 171 的纯合性有关。ARR/ARR 基因型对非典型羊痒病没作用，其中密码子 141 和 154 的多态性对羊痒病易感性很重要[13]。在山羊中，羊痒病的易感性也与 PrP 基因多态性有关。然而，这些还没有被完全了解。密码子 142、154、211 及 222 对典型的山羊痒病有影响，密码子 154 也与非典型公山羊痒病有关[1,14]。

感染后，该病毒穿过肠黏膜，侵入肠相关的淋巴组织，在进入神经系统之前在那里复制。该病毒通过肠神经系统到达中枢神经系统，然后到达交感神经和副交感神经纤维[11]。脑感染最初局限于间脑和延髓，随后在脑的其他区域复制。伴有 PrP^{Sc} 的非炎症性空泡样（海绵状）灰质变性出现于痒病相关的纤维中，并导致临床症状。

临床症状

羊痒病是一种进行性和长期性的神经和皮肤疾病，其特征是严重消瘦、瘙痒、行为改变和步态异常。临床病程可能持续 2～12 个月，但绵羊通常是 6 个月，山羊一般持续 2～24 周[15]。受感染的动物通常年龄在 2～5 岁，可能更大。最初的临床症状是细微的，但可观察到间歇性。羊行为上会发生改变，如对人和物体的攻击、凝视、向犬或者大门冲去，以及对羊群没有反应。受影响的动物开始摩擦和撕咬，特别是在头部、臀部、大腿和背部；共济失调和体重减轻变得明显。随着临床症状的变化，瘙痒变得持久，导致脱发和自残创伤，表现为耳血肿或者面部肿胀，有时继发细菌感染（图 13-8）。对受影响的部位施加压力可能会引起抓伤反射；在这个过程中，动物会轻咬四肢远端、拍打和咬嘴唇，或者有节奏地做头部动作。步态异常始于后肢共济失调，并逐渐发展（图 13-9）。不良的姿势反应、步态夸张、子宫肥大、蹦蹦跳跳和跌落都能被观察到。受感染的动物会从群体中分离出来，患上严重的厌食症，这可能使雌性更容易患妊娠毒血症。其他临床症状包括眼球震颤、吞咽困难、发音困难、失明和呕吐。受到严重影响的动物表现为消瘦无力、横卧、四肢抽搐和过度伸展[10,15]。

图 13-8　患有临床型羊痒病的南丘绵羊的分布不均的脱毛（来源：Dr. Michelle L. Crocheck, Ames, Iowa）。

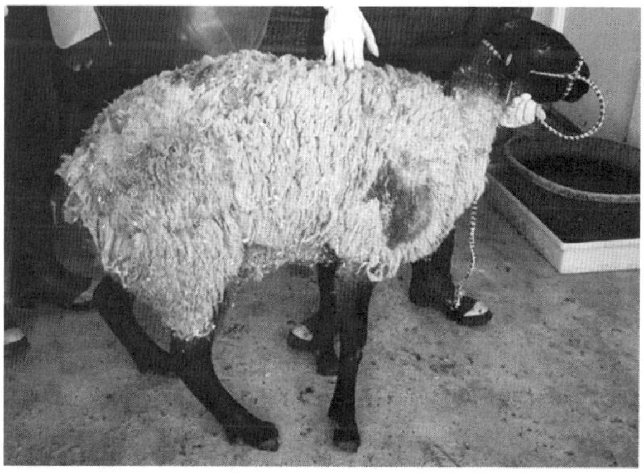

图 13-9　临床型羊痒病的萨福克绵羊的驼背姿势和脱毛（来源：Dr. Michelle L. Crocheck, Ames, Iowa）。

诊断

羊痒病是一种可报告的疾病，与监管当局的早期交流可减少在实施监控和消灭疾病的方法上犯错误的可能性。羊痒病的临床症状是多变和非特异性的，在早期病例中可能不会被注意。羊痒病的尸检诊断依赖于淋巴组织中 PrP^{Sc} 的检测。免疫组织化学技术用于扁桃体、咽部淋巴结或第三眼睑淋巴滤泡的活检标本[16]。通过检测淋巴组织中的 PrP，可在神经系统发病之前识别临床疾病。扁桃体活检材料是一种较好的分析样本，但难以收集。第三眼睑标本比较容易获得，但可能没有足够数量的淋巴组织，特别是在早期的病例中，PrP^{Sc} 分布并不均匀[16]。收集第三眼睑活检材料时，应给予动物注射镇静剂和局部镇痛药。在局部镇痛药中加入组胺可增加淋巴组织的可视性。第三眼睑外翻后，用剪刀收集淋巴样本[10]。尸检是基于对中枢神经系统灰质变性的组织病理学检测。提交的样本必须是高质量的，建议在实验室诊断前对受感染的动物实施安乐死。病灶的分布因受感染动物的基因型和受感染的羊痒病病原而不同[16]。在典型的羊痒病中，PrP^{Sc} 分布在延髓和外周淋巴系统；而在非典型的羊痒病中，PrP^{Sc} 有限积聚在小脑皮层中。PrP^{Sc} 的鉴定采用免疫组织化学方法、免疫印迹法、ELISA 法等[16]（见第 20 章）。

治疗

目前还没有有效的治疗方法。早期诊断和清除受感染的动物对预防疾病传播至关重要，应与监管当局合作进行。

预防

预防羊痒病的基础始于从畜群中清除受感染和高危的动物、注重生物安全以及选择耐药性动物（ARR 基因型）育种。当发现受影响的小反刍动物时，监管当局应对整个羊群或受影响和高危动物进行检测和移除（如与受影响的绵羊同年出生的绵羊、受影响绵羊的后代、受影响母羊出生那年出生的羔羊）[10]。在美国，实行羊痒病羊群认证计划鉴定并检测羊群，如果未检测到羊痒病，认证通过。经过认证的牧群可避免贸易限制，否则会阻止美国羊业的发展。在欧盟国家根除羊痒病的过程中，使用了耐药基因型纯化的育种方法及增加检测的策略。在英国，自 2001 年以来，对育种绵羊进行了广泛的实验，基因型选择有效地改变了 PrP 基因型，但对性能性状或近亲繁殖影响不大[17]。虽然抗羊痒病的遗传选择也被用于预防绵羊的经典羊痒病，但在山羊中培育抗非典型羊痒病和羊痒病抗性的育种仍然具有挑战性。

参考文献

[1] Vaccari G, et al: State-of-the-art review of goat TSE in the European Union, with special emphasis on PRNP genetics and epidemiology, *Vet Res* 40: 48, 2009.

[2] Eloit M, et al: BSE agent signatures in a goat, *Vet Rec* 156:523, 2005.

[3] Jeffrey M, et al: Immunohistochemical features of PrP(d) accumulation in natural and experimental goat transmissible spongiform encephalopathies, *J Comp Pathol* 134:171, 2006.

[4] Morignat E, et al: Estimates of the prevalence of transmissible spongiform encephalopathies in sheep and goats in France in 2002, *Vet Rec* 158:683, 2006.

[5] Gubbins S, McIntyre KM: Prevalence of sheep infected with classical scrapie in Great Britain, 1993—2007, *Epidemiol Infect* 137:787, 2009.

[6] Gubbins S: Prevalence of sheep infected with classical scrapie in Great Britain: integrating multiple sources of surveillance data for 2002, *J R Soc Interface* 5:1343, 2008.

[7] APHIS Veterinary Services: Scrapie, 2004, U. S. Department of Agriculture (website), http://www.aphis.usda.gov/animal_health/animal_diseases/scrapie/downloads/fs_ahscrapie.pdf. Accessed: September 2, 2009.

[8] Bastian FO, et al: *Spiroplasma* spp. from transmissible spongiform encephalopathy brains or ticks induce spongiform encephalopathy in ruminants, *J Med Microbiol* 56:1235, 2007.

[9] Manuelidis L, et al: Cells infected with scrapie and Creutzfeldt-Jakob disease agents produce intracellular 25-nm virus-like particles, *Proc Natl Acad Sci USA* 104:2007, 1965.

[10] Tyler JW, Middleton JR: Transmissible spongiform encephalopathies in ruminants, *Vet Clin North Am Food Anim Pract* 20:303, 2004.

[11] van Keulen LJ, Bossers A, van Zijderveld F: TSE pathogenesis in cattle and sheep, *Vet Res* 39: 24, 2008.

[12] Hamir AN, et al: Experimental oral transmission of United States origin scrapie to neonatal sheep, *J Vet*

Diagn Invest 21:64, 2009.

[13] Goldmann W: PrP genetics in ruminant transmissible spongiform encephalopathies, *Vet Res* 39:30, 2008.

[14] Colussi S, et al: Histidine at codon 154 of the prion protein gene is a risk factor for Nor98 scrapie in goats, *J Gen Virol* 89:3173, 2008.

[15] Radostits OM, et al: Diseases associated with prions. In Radostits OM, et al: *Veterinary medicine: a textbook of the diseases of cattle, horses, sheep, pigs, and goats*, ed 10, St Louis, 2007, Saunders Elsevier.

[16] Gavier-Widen D, et al: Diagnosis of transmissible spongiform encephalopathies in animals: a review, *J Vet Diagn Invest* 17:509, 2005.

[17] Dawson M, Moore RC, Bishop SC: Progress and limits of PrP gene selection policy, *Vet Res* 39:25, 2008.

尿素中毒

病因及病理生理学

用尿素作为非蛋白氮的来源或混合错误或水源污染而意外接触到大量尿素的绵羊和山羊,可能会发生中毒现象[1,2]。在瘤胃中,只要有足够的碳水化合物,尿素就被分解为氨,并被吸收为微生物蛋白质。如果这一过程有问题,氨就会从瘤胃中被吸收,并被肝脏解毒。氨的吸收超过肝容量会导致临床症状。中毒发生的危险因素包括适应性改变、瘤胃 pH 高(与劣质饲料有关)及同时饲喂大豆粉(尿素酶含量高)和饮食中缺乏易发酵的碳水化合物[3]。

临床症状

受感染的动物可能表现出严重的腹痛、浮肿、反胃和口吐泡沫。肌肉震颤、感觉过敏、不协调、虚弱、共济失调、剧烈挣扎、抽搐和平卧也可能被观察到[4]。情况严重的动物可能因心脏或者呼吸衰竭导致死亡。

诊断

动物的接触史和临床症状可能提示尿素中毒。血清化学分析可能显示葡萄糖和钾离子浓度升高,天冬氨酸氨基转移酶(AST)和丙氨酸氨基转移酶(ALT)活性提高,钠浓度降低[4,5]。反刍动物的 pH 显著升高,为 7.5～8;瘤胃、血液和眼部样本中的氨浓度升高。

治疗

向瘤胃中注入 5%的醋酸(醋,0.5～1 L),然后再注入冷水(0.5～1 L),可以减少尿素到氨的降解过程,降低对氨的吸收,这种治疗可能需要重复进行。在有价值的动物中,可以考虑静脉输液治疗或瘤胃切开术以清除瘤胃内容物(见第 5 章)。

预防

含有尿素的日粮应缓慢加入,而且尿素的含量绝不应超过 3%。尿素喂养的适应性会迅速丧失(1～3 d),当尿素摄食中断时,必须重新给动物喂食这类日粮(见第 2 章)。

参考文献

[1] Ortolani EL, Mori CS, Rodrigues Filho JA: Ammonia toxicity from urea in a Brazilian dairy goat flock, *Vet Hum Toxicol* 42:87, 2000.

[2] Campagnolo ER, Kasten S, Banerjee M: Accidental ammonia exposure to county fair show livestock due to contaminated drinking water, *Vet Hum Toxicol* 44:282, 2002.

[3] Radostits OM, et al: Diseases associated with farm chemicals. In Radostits OM, et al: *Veterinary medicine: a textbook of the diseases of cattle, horses, sheep, pigs, and goats*, ed 10, St Louis, 2007, Saunders Elsevier.

[4] Edjtehadi M, Szabuniewicz M, Emmanuel B: Acute urea toxicity in sheep, *Can J Comp Med* 42:63, 1978.

[5] Roy A, et al: Subchronic toxicity study of urea molasses mineral block in kids, *Vet Res Commun* 33:183, 2009.

西尼罗河病毒性脑炎

病因和病理生理学

西尼罗河病毒(WNV)是一种属于黄病毒属的黄病毒,地理分布广泛。自从 1999 年被引进美国之后,这种病毒已广泛流行起来。虽然不同的研究已经证实了绵羊体内存在抗体,但在小反刍动物绵羊中由西尼河病毒引起的病例似乎很少见[1,2]。西尼罗河病毒的在人群中的流行依赖于库蚊和各种鸟类的流行周期。当易感鸟类在媒介季节(7—10 月)被受感染的蚊子叮咬时,病毒血症就会扩增,从而使西尼罗河病毒能够传播给其他蚊子。大型温血动物似乎是西尼罗河病毒的终末宿主，但它们没有发展到传播程度的病毒血症，无法将病毒传播给未受感染的蚊子。西尼罗河病毒在绵羊中可引起致命性脑脊膜脑脊髓炎，但多呈散发[3,4]。

临床症状

这种疾病通常只影响群体中的单个动物[4]。据报道，从最初的临床症状出现到死亡的时间间隔短至 8 h，长至 1 周以上[4,5]。临床症状包括抑郁、共济失调和磨牙。马感染了西尼罗河病毒后会出现肌肉肌束颤动和痉挛，绵羊也有同样症状。感染后的动物会横卧，在死亡前可能会出现抽搐。

诊断

在多数情况下，由于病毒滴度低，在血样中不能检测到西尼罗河病毒。肌束颤动和动物横卧引起血液中高纤维蛋白原血症及肌酶增加。脑脊液分析显示，蛋白质浓度升高，单核细胞增多。急性和恢复期的血清比较或根据尸检结果可确诊该病。组织病理学检查可发现非化脓性脑炎并伴有淋巴细胞、浆细胞外周血管炎症。病毒可以通过病毒分离、PCR 或免疫组织化学技术在神经组织中检测到。

治疗

关于小反刍动物的有效治疗方法尚未被报道，但是该病还是可以治疗的。除了补液、营养支持外也可以进行抗感染治疗[6]。然而，对类固醇或非类固醇抗感染治疗药物，或口服维生素 E 补充剂的抗氧化特性疗效评估尚未被报道。

预防

目前，在反刍动物上还没有经批准可使用的西尼罗河病毒疫苗，但是在马中已有。建议使用驱蚊剂预防蚊子叮咬；或在黄昏和黎明时将动物安置在围栏内，并使用电扇限制蚊子的进入和叮咬[6]。

参考文献

[1] Filipe AR, de Andrade HR: Arboviruses in the Iberian Peninsula. *Acta Virol* 34:582, 1990.

[2] Ozkul A, et al: Serological evidence of West Nile virus (WNV) in mammalian species in Turkey, *Epidemiol Infect* 134:826, 2006.

[3] Kecskemeti S, et al: Encephalitis due to West Nile virus in a sheep, *Vet Rec* 161:568, 2007.

[4] Yaeger M, et al: West Nile virus meningoencephalitis in a Suri alpaca and Suffolk ewe, *J Vet Diagn Invest* 16:64, 2004.

[5] Tyler JW, et al: West Nile virus encephalomyelitis in a sheep, *J Vet Intern Med* 17:242, 2003.

[6] Callan RJ, Van Metre DC: Viral diseases of the ruminant nervous system, *Vet Clin North Am Food Anim Pract* 20:327, 2004.

小脑疾病

牧草蹒跚症

牧草蹒跚症是指因摄入牧草的内生或者内在毒素而引起的各种与植物有关的震颤症状。由于这些毒素是为了保护植物免受寄生虫及过度放牧（作为植物防御化合物），有毒素的牧草通常比没有毒素的牧草更具有选择性优势[1]。虽然不同草类的毒性原理不同，但与草类相关震颤综合征的临床症状相似。

病因及病理生理学

（1）一年生黑麦草（瑞士黑麦草）。牧草毒性是由有毒棒状杆菌产生的棒状毒素引起的，它可以感染已被剪股颖粒线虫侵染的一年生黑麦草的种子。据报道，该病发生在俄勒冈州，但主要在澳大利亚和南非流行[1,2]。虽然在临床上与多年生黑麦草相似，但与一年生黑麦草有关的中毒会引起严重的大脑病理变化，而且可能是致命的[1]。

（2）百慕大草（狗牙根）。有关百慕大草毒性的原理尚不明确，但有人认为是内在生物碱或真菌毒素造成的[3]。在麦角中毒的百慕大草样品上，由狗牙根麦角菌产生的吲哚-双萜真菌毒素与雀稗麦角菌产生的类似[4]。

（3）金丝雀草（虉草属）。在某些品种的金丝雀草中存在的色胺生物碱可以通过对单胺氧化酶抑制血清素的分解，增加对特定大脑和脊髓核的兴奋性刺激的反应[5]。金丝雀草中毒有两种类型：急性心血管疾病和神经系统疾病。神经系统是由于长期接触毒素造成的[6]。只有断奶的动物才会受到疾病蔓延的影响，发病率高达 80%，死亡率为 20%[7]。

(4)毛花雀稗(雀稗属)。麦角霉菌感染雀稗属类草，包括雀稗草、水茅草、阿根廷雀稗，产生震颤真菌毒素(雀稗麦角生物碱)。真菌感染种子穗，在红棕色到黑色的菌核中发现大量毒素[6]。

(5)多年生黑麦草(黑麦草)。黑麦草受罗利顶孢霉感染，产生震颤真菌毒素(黑麦草神经毒素)；该过程主要发生于环境温度在 23℃(73.4℉)的密集放牧的牧场，且毒素浓度随季节变化[6]。真菌生长在基叶鞘中最为活跃，1 800～2 000 ppb 被认为是疾病发生的阈值[8]。

临床症状

无论涉及何种草种，任何一种引起震颤牧草蹒跚症都有类似症状。临床症状包括肌肉震颤、僵硬和共济失调，通常出现在受影响动物群体中的一些个体中。受影响的动物表现出痉挛、步态过高、容易跌倒。兴奋或者外界刺激会加重临床症状，并可能引起头部有意震颤[3]。除了共济失调和颤抖外，食用䕷草属还会导致与心血管疾病相关症状的出现，包括心律失常、呼吸困难、发绀和猝死。

诊断

临床诊断基于对放牧污染牧场的动物的典型临床症状的识别和对植物或种子头部毒素的检测来确定的。在某些情况下，金丝雀草蹒跚症，严重的病理损害可能会出现在肺脏、心脏、肾脏和中枢神经系统。

治疗

应将动物从牧场移走，并提供替代饲料。受到严重影响的动物可能需要被安乐死，但从牧草蹒跚症中自发恢复是可能的，可能需要几个月的时间。

预防

对于有毒物质存在于种子穗中的作物(如一年生的黑麦草、百慕大草等)，建议割掉种子穗或进行间歇性放牧[6]。牧场可能需要焚烧、喷洒农药、耕作或者重新播种[6]。百慕大和达拉斯草的麦角真菌产生的毒素可以在干燥的环境中存活多年，并仍具有毒性。

参考文献

[1] Cheeke PR: Endogenous toxins and mycotoxins in forage grasses and their effects on livestock, *J Anim Sci* 73:909, 1995.

[2] Galloway JH: Grass seed nematode poisoning in livestock, *J Am Vet Med Assoc* 139:1212, 1961.

[3] Scarratt WK: Cerebellar disease and disease characterized by dysmetria or tremors, *Vet Clin North Am Food Anim Pract* 20:275, 2004.

[4] Uhlig S, et al: Indole-diterpenes and ergot alkaloids in *Cynodon dactylon* (Bermuda grass) infected with *Claviceps cynodontis* from an outbreak of tremors in cattle, *J Agr Food Chem* 57:11112, 2009.

[5] Bourke CA, Carrigan MJ, Dixon RJ: The pathogenesis of the nervous syndrome of *Phalaris aquatica* toxicity in sheep, *Aust Vet J* 67:356, 1990.

[6] George LW: Grass staggers. In Smith BP, editor: *Large animal internal medicine: diseases of horses, cattle, sheep, and goats*, St Louis, 2002, Mosby.

[7] Simpson BH, Jolly RD, Thomas SH: *Phalaris arundinacea* as a cause of deaths and incoordination in sheep, *N Z Vet J* 17:240, 1969.

[8] Tor-Agbidye J, Blythe LL, Craig AM: Correlation of endophyte toxins (ergovaline and lolitrem B) with clinical disease: fescue foot and perennial ryegrass staggers, *Vet Hum Toxicol* 43:140, 2001.

脑干和脑神经疾病

李氏杆菌病

病因和病理生理学

单核李斯特菌感染的情况在小反刍动物中很常见，但多发生于温带气候。单核李斯特菌感染反刍动物除了最常见的局灶性脑炎外，还可能引起败血症、流产、乳腺炎和眼炎，常见于独立的疾病个体[1,2]。革兰阳性、兼性胞内菌在家畜的生化环境中普遍存在，它可以由健康的携带动物排出。单核李斯特菌可从生病和健康的小反刍动物的粪便、眼泪、鼻腔分泌物和子宫液中排出。此外，单核李斯特菌还可从牛奶中排出，这引起人们的极大关注，因为这种微生物是一种重要的食源性人畜共患病病原体。

单核李斯特菌能够在 pH 和温度(包括冷藏温度)较大变化范围内生长,它在土壤、粪便和受污染的饲料中可存活数月甚至数年[3]。李氏杆菌病通常由饲喂 pH 大约 5.5 的、发酵不当的青贮饲料造成,但感染源还包括其他变质的饲料,如圆柱形草捆底部和腐烂的植被(见第 2 章)。食用木本牧草也可能增加山羊的患病风险[4]。

李氏杆菌病全年都有,但是在冬季发病率较高[5],这可能与喂食青贮饲料和拥挤的冬季居住条件有关。感染后,单核李斯特菌可穿透黏膜表面,引起菌血症、败血症和胎盘及胎儿感染。尽管这种细菌可能会突破受感染白细胞内的血脑屏障或直接侵入内皮细胞,但入侵反刍动物中枢神经系统的最常见的方式是脑神经轴突的向心迁移[6]。在小反刍动物中,三叉神经内轴突迁移已被证实,其他脑神经也可作为入口[6,7]。口腔中与硬饲料有关的擦伤和牙齿的替换可能导致细菌进入脑神经根,但也可能通过肠道和结膜黏膜侵入[1,6]。一旦进入中枢神经系统,单核李斯特菌就会诱导微肿形成、局灶性神经元坏死和噬神经现象。临床症状取决于病灶的位置。通常,脑干、脑神经核和脑神经根部都会受到影响。病变有可能扩展到脑的吻侧区域,包括小脑、中脑和丘脑[6]。

临床症状

临床症状多表现为单侧的,反映多种脑神经功能的丧失。受影响的动物有厌食症和抑郁症,这可能是代谢异常、脑膜炎和头侧脑区受到影响的结果。李氏杆菌病是一种急性疾病,在缺乏治疗的情况下,发展迅速。疾病早期表现为发烧,受感染的动物经常脱水、瘤胃蠕动减弱。脑神经功能受损导致面部痛觉减退、颌下垂和吞咽困难(CNⅤ)、嘴唇和耳朵下垂、鼻歪斜和继发于角膜炎的上睑下垂、头部倾斜、旋转和眼球震颤(CNⅧ)(图 13-10)、咽麻痹、吞咽困难和上呼吸道鼾声(CNⅨ和 CNⅩ)、单侧舌麻痹、吞咽困难(CNⅫ)。神经系统的其他区域受到影响可能导致额外的临床症状,脊髓功能缺陷可能导致肢体麻痹或者瘫痪。未经治疗的小反刍动物的病死率接近 100%,在垂死的动物中可以观察到卧位、斜颈和角弓反张[1,9]。

诊断

李氏杆菌病是小反刍动物中最常见的中枢神经系统疾病之一,临床表现为单侧脑干疾病时应怀疑是这种疾病。李斯特菌病的临床症状不具有特异性,也没有具体的临床检测方法。临床病理结果反映了代谢紊乱与脱水(无氮质血症、红细胞比容增加和总蛋白质浓度升高)和代谢性酸中毒有关,代谢性酸中毒是吞咽困难的动物唾液中碳酸氢盐丢失的结果[10]。检测脑脊液中升高的蛋白质浓度和有核细胞数对李氏杆菌病的临床诊断有重要的意义。单核细胞通常在受影响动物的脑脊液中占主导地位,但是中性粒细胞也升高(图 13-6C)。在脑脊液中很少发现单核李斯特菌,对脑脊液的样品进行微生物培养或者 PCR 检测是没有意义的[11]。尸检通常未见严重的肉眼病理病变,但会发现中枢神经微肿及神经元坏死。细菌可通过荧光抗体检测或者免疫组织化学技术进行鉴定。

图 13-10 患有李斯特菌病的山羊头部严重倾斜。这种动物的其他临床症状包括打转、眼球震颤、共济失调和不能眨眼。

治疗

李氏杆菌病的治疗方法包括使用抗生素、抗炎药和支持性治疗。这些措施必须在早期实施,因为它们对严重和平卧动物的治疗是没有效果的[10]。常用的抗生素包括土霉素(5～10 mg/kg,缓慢静脉注射,每天 2 次)、青霉素(22 000～44 000 IU/kg,肌肉注射普鲁卡因青霉素,每天 2 次,或静脉注射青霉素钾,每天 2～4 次)、氟苯尼考(20 mg/kg,每 48 h 1 次)。据报道,头孢菌素对李氏杆菌病的治疗无效;庆大霉素等氨基糖苷类抗生素虽然效果明显,但是不宜用于食用动物[10]。非甾体类抗炎药物(如氟尼辛葡甲胺,1.1～2.2 mg/kg,静脉注射,每天 1～2 次)和液体疗法可用来纠正脱水和酸碱异常。结膜炎或者角膜炎可使用广谱眼用抗生素(四环素)和眼用阿托品。支持性护理包括提供良好的垫草和保持前躺。采用肠内强制喂食苜蓿浆、湿润饲料、绿色牧草、通过转宿以及服用维生素 B 复合物来改善反刍动物瘤胃微生物可能是有益的。卧位动物应经常翻身,以胸骨卧位支撑,并给予足够的支持性护理。在平卧前接受治疗的动物,如果采用适当的抗生素和支持性治疗,预后良好。绵羊的治疗效果似乎没有山羊效果好。

预防

适当地储存和处理饲料以防止单核李斯特菌的生长,对于阻止接触方面是很重要的。清理发酵不当的青贮物和腐烂的饲料将减少动物与病菌的接触。由于包括野生动物在内的许多健康的反刍动物都会传播单核李斯特菌,因此应防止饲料被粪便污染。做好动物卫生、防止过度拥挤、提供可享用的牧场可降低患李氏杆菌病的风险。

参考文献

[1] Morin DE: Brainstem and cranial nerve abnormalities: listeriosis, otitis media/interna, and pituitary abscess syndrome, *Vet Clin North Am Food Anim Pract* 20:243, 2004.

[2] Walker JK, Morgan JH: Ovine ophthalmitis associated with, *Listeria monocytogenes*, *Vet Rec* 132: 636, 1993.

[3] Sanders BD, Wiedmann M: Ecology of *Listeria* species and *Listeria monocytogenes* in the natural environment. In Ryser ET, Marth EH, editors: *Listeria*, *listeriosis*, *and food safety*, Boca Raton, Fla, 2007, CRC Press.

[4] Johnso GC, et al: Epidemiologic evaluation of encephalitic listeriosis in goats, *J Am Vet Med Assoc* 208:1695, 1996.

[5] Nightingale KK, et al: Evaluation of farm management practices as risk factors for clinical listeriosis and fecal shedding of *Listeria monocytogenes* in ruminants, *J Am Vet Med Assoc* 227:1808, 2005.

[6] Oevermann A, et al: Neuropathogenesis of naturally occurring encephalitis caused by *Listeria monocytogenes* in ruminants, *Brain Pathol* 20:378, 2010.

[7] Otter A, Blakemore WF: Observation on the presence of *Listeria monocytogenes* in axons, *Acta Microbiol Hung* 36:125, 1989.

[8] Seaman JT, et al: An outbreak of listerial myelitis in sheep, *Aust Vet J* 67:142, 1990.

[9] Vazquez-Boland JA, et al: Epidemiologic investigation of a silageassociated epizootic of ovine listeric encephalitis, using a new *Listeria*-selective enumeration medium and phage typing, *Am J Vet Res* 53: 368, 1992.

[10] Braun U, Stehle C, Ehrensperger F: Clinical findings and treatment of listeriosis in 67 sheep and goats, *Vet Rec* 150:38, 2002.

[11] Peters M, et al: Studies of the detection of *Listeria monocytogenes* by culture and PCR in cerebrospinal fluid samples from ruminants with listeric encephalitis, *Zentralbl Veterinarmed B* 42:84, 1995.

[12] Loeb E: Encephalitic listeriosis in ruminants: immunohistochemistry as a diagnostic tool, *J Vet Med A Physiol Pathol Clin Med* 51:453, 2004.

中耳炎和内耳炎

病因和病理生理学

反刍动物的耳朵感染是很常见的,通常为中耳和内耳感染,或两者都有,可能与前庭疾病和面神经功能丧失的临床症状有关。病原菌入侵中耳有 3 种途径:(1)病原体通过鼻咽到中耳的耳咽管的入侵;(2)从外耳道通过骨膜感染;(3)继发于菌血症的血源性扩散。最后一种途径是很少见的,因为在中耳炎病例中很少发现菌血症[1]。中耳炎和内耳炎最常见的,是由呼吸道细菌病原体通过耳咽管入侵而引起的,年幼的动物如饲育场羔羊感染的风险更高[2,3]。感染中耳炎后,局部炎症及分泌物积聚,导致出现面部神经功能障碍的临床症状。中耳炎可能局部发生,也可通过鼓膜延伸至外耳道。中耳炎也可向内耳扩展,从而导致出现中耳炎及前庭疾病的临床症状。从患中耳炎的绵羊和山羊中分离出多种细菌,通常为混合菌群。菌群的组成取决于感染途径。已知的细菌病原体包括溶血性曼氏杆菌、出血败血性巴斯德氏菌、绿脓假单胞菌、奈瑟卡他球菌、葡萄球菌(凝血酶阳性、溶血性和混合溶血性葡萄球菌)、溶血性链球菌和大肠菌群。从山羊外耳道提取了几种支原体,其中一些是致病性支原体,但其在中耳炎中的作用尚不确定[5-7]。耳螨在支原体传播中的作用已被证实,耳屎样本中支原体的存在与耳螨的存在有关[8,9]。耳螨在所有年龄的动物及两性动物中均有发生，但依赖耳的品种和较年轻的动物可能患病风险更高[10,11]。在山羊中，常见的耳螨有耳痒螨和羊螨，但通常都是亚临床感染[10,12]。外耳炎的症状包括耳鸣量增加、流脓，一小部分感染动物还存在摇头现象[10,11]。绵羊羊疥疮病是许多畜群的地方病，临床症状包括耳和身体上的黄色痂、瘙痒剧烈、毛脱落及继发病变（如细菌引起的皮炎）[13]。

临床症状

外耳炎可能是亚临床的，临床症状包括过度摇头，耳朵抽搐和抓挠。耳垢的过度产生和耳根处管型的形成是常见的。此外，痂和损伤也可能被观测到。在更严重的病例中，可能会出现耳血肿和脓肿，导致耳郭增厚和变形（菜花耳）[14]。单纯患中耳炎的动物通常是警觉和有食欲的，这有助于排除李氏杆菌病[1]。外耳道可见的分泌物可能被注意到，但在羊身上比在牛身上少见。面部神经功能丧失导致耳下垂，这是受感染的动物最为常见的临床症状[1]。病灶一侧可出现上睑下垂、唇下垂、暴露性角膜炎，嘴唇、鼻孔向另一侧偏移。前庭耳蜗神经功能障碍可能随着感染进入内耳，其特征为头部倾斜、不协调、倒向感染侧，偶尔有眼球震颤。观察向与头部倾斜方向转圈的行为，转圈的幅度有助于区分中枢性前庭疾病，中枢性前庭疾病中转圈的直径较小[15]。

诊断

除了对身体和神经进行检查外，还应对耳道进行耳镜检查，检查有无异物、炎症的严重程度及鼓膜的完整性。鼓膜显像往往是困难的，内窥镜是一个有用的辅助评估外耳道的工具。耳螨的存在可以辅助中耳炎的诊断，但是这一发现可能是偶然的。螨虫可能位于耳道深处鼓膜位置，润滑或者冲洗可能使其情况更复杂。外耳分泌物的细菌培养和敏感性试验应包括对支原体的检测，尽管结果往往没有什么价值，但这种评估可能有助于检测细菌耐药性。辅助诊断研究，如全血细胞计数、血清化学研究和脑脊液分析，通常不能有益于中耳炎或内耳炎的诊断，除非是出现脑膜炎或者继发性全身疾病。影像学显示大疱性增厚、视野模糊及颞骨硬化。将造影剂注射入耳道可提高耳道的可视性，有助于评估鼓膜的完整性[1,16]。

治疗

对于中耳炎，治疗的基础是去除诱因、治疗炎症和继发性感染。用于冲洗和清洁耳朵的溶液必须根据鼓膜的完整性来选择。温生理盐水是最安全的溶液，但也可使用杀菌溶液（表 13-3）。在进行局部治疗之前，应反复冲洗、清洁耳道，并随后干燥耳道。使用伊维菌素注射给药（单剂量为 0.2 mg/kg）或含有鱼藤酮或倍硫磷的外用溶液可以有效地防止耳螨感染[17]。对于中耳炎，通过抗生素和抗感染治疗可能成功，但对慢性病例可能没有效果。对于那些对药物治疗没有反应且无法获得通畅引流的动物，手术切除侧耳有助于进入水平耳道。

表 13-3　冲洗外耳道的杀菌溶液

溶液	浓度	毒性	敏感性生物	耐药菌
氯己定	2%、0.05%	耳毒性	革兰阴性菌和革兰阳性菌、真菌	假单胞菌
聚维酮碘	0.1%～1%，浓度越小效果越好	耳毒性	革兰阴性菌和革兰阳性菌、真菌	革兰阴性菌
醋酸	5%溶液 1:1、1:2或 1:3 稀释	耳毒性	假单胞菌、葡萄球菌、链球菌、大肠杆菌、变形杆菌	很少有细菌在 5%浓度下具有耐药性，它对黏膜有刺激性

预防

预防的基础是减少高风险动物（如饲养场的羊羔）的代谢和环境压力，以及早期治疗呼吸道疾病的个体。大环内酯驱虫剂肠外给药，2～3 周重复给药，对控制耳螨感染是很有帮助的[1,17]。

参考文献

[1] Morin DE: Brainstem and cranial nerve abnormalities: listeriosis, otitis media/interna, and pituitary abscess syndrome, *Vet Clin North Am Food Anim Pract* 20:243, 2004.

[2] Macleod NS, Wiener G, Barlow RM: Factors involved in middle ear infection (otitis media) in lambs, *Vet Rec* 91:360, 1972.
[3] Jensen R, et al: Middle ear infection in feedlot lambs, *J Am Vet Med Assoc* 181:805, 1982.
[4] Davies IH, Done SH: Necrotic dermatitis and otitis media associated with *Pseudomonas aeruginosa* in sheep following dipping, *Vet Rec* 132:460, 1993.
[5] Tardy F, et al: *Mycoplasma mycoides* subsp. *mycoides* biotype large colony isolates from healthy and diseased goats: prevalence and typing, *Vet Microbiol* 121:268, 2007.
[6] Gil MC, et al: Isolation of mycoplasmas from the external ear canal of goats affected with contagious agalactia, *Vet J* 158:152, 1999.
[7] DaMassa AJ: The ear canal as a culture site for demonstration of mycoplasmas in clinically normal goats, *Aust Vet J* 67:267, 1990.
[8] Jimena ON, et al: Association of *Raillietia caprae* with the presence of mycoplasmas in the external ear canal of goats, *Prev Vet Med* 92:150, 2009.
[9] Cottew GS, Yeats FR: Mycoplasmas and mites in the ears of clinically normal goats, *Aust Vet J* 59:77, 1982.
[10] Friel J, Greiner EC: Ear mites from domestic goats in Florida, *Exp Appl Acarol* 4:345, 1988.
[11] Faccini JL, Ribeiro VR: *Raillietia caprae* (Acari: Raillietidae) and *Psoroptes ovis* (Acari: Psoroptidae) in the ears of goats in the state of Rio de Janeiro, Southeast Brazil, *Rev Bras Parasitol Vet* 17:59,2008.
[12] Williams JF, Williams CS: Psoroptic ear mites in dairy goats, *J Am Vet Med Assoc* 173:1582, 1978.
[13] van den Broek AH, Huntley JF: Sheep scab: the disease, pathogenesis and control, *J Comp Pathol* 128:79, 2003.
[14] Morgan KL: Parasitic otitis in sheep associated with *Psoroptes* infestation: a clinical and epidemiological study, *Vet Rec* 130:530, 1992.
[15] Constable PD: Clinical examination of the ruminant nervous system, *Vet Clin North Am Food Anim Pract* 20:185, 2004.
[16] Koenig JB, et al: Otitis media in a llama, *J Am Vet Med Assoc* 218:1619, 2001.
[17] George LW: Diseases presenting principally with brainstem and cranial nerve dysfunction. In Smith BP, editor: *Large animal internal medicine: diseases of horses, cattle, sheep, and goats*, St Louis, 2002, Mosby.

脊髓和外周神经疾病

肉毒杆菌中毒

病因及病理生理学

肉毒杆菌中毒是由革兰阳性的厌氧的肉毒杆菌产生的毒素引起的。7 种抗原不同类型的毒素(A～G)已被发现。这些毒素类型的分布地域不同,小反刍动物最常见的是 C 型和 D 型。毒素的产生过程发生在温暖、潮湿、厌氧的环境中,如由变质的饲料提供的环境(草料肉毒杆菌中毒)和动物尸体(腐肉相关肉毒杆菌中毒)。饲料中腐肉的污染、家禽垃圾的喂养,以及异食癖相关的因素(如咀嚼骨头的低磷动物)增加了摄入毒素的风险[1-3]。在绵羊和山羊中,尽管通过伤口污染或毒性传染发生肉毒杆菌中毒(肠内肉毒杆菌增生)是可能的,但是肉毒杆菌中毒发生的原因几乎都与摄入预先形成的毒素有关[1]。由于反刍动物的瘤胃微生物群对摄入的毒素的降解提供了一定程度的保护,幼龄动物比成年动物面临更高的风险。肠吸收后,毒素通过血流分布到胆碱能神经末端。与破伤风神经毒素相似,肉毒杆菌毒素通过与神经节糖苷结合附着在神经细胞壁上,然后转移到细胞内。毒性作用和弛缓性麻痹是由运动终板和副交感神经末梢、突触中乙酰胆碱释放受到抑制而引起的。

临床症状

该病经过一段潜伏期,可观察到动物全身肌肉无力、不愿移动、步态蹒跚。后肢表现出严重的虚弱和共济失调[1]。随着病情的发展,动物会弛缓性麻痹并平卧。颈部肌肉无力导致低头、头上下摆动。可观察到动物舌头突出、吞咽困难和流口水,也有可能发生瘤胃动力减弱、瘤胃臌胀、反胃和膀胱臌胀。死亡是由呼吸系统麻痹引起的,并且可能在没有先兆的情况下发生。

诊断

由于缺少特定的血液学、血清化学和尸检结果,诊断往往依赖于观察到的临床症状。最终的诊断基于对饲料、胃肠内容物或肝脏中毒素的识别。肉毒杆菌毒素可以用小鼠生物法或ELISA技术进行鉴定，但并非所有受感染的动物都能被成功检测[4]。

治疗

护理是治疗的主要方法;在毒素降解和新的神经突触形成之前,护理人员要尽力维持动物的生命。这种护理包括液体和营养两方面。在严重情况下,需机械通气。对瘤胃臌胀的动物反复进行膀胱置管及气体清除术是必要的。应避免使用让神经肌肉接头处乙酰胆碱消耗的药物,如新斯的明,或肌肉无力严重的药物,如青霉素或土霉素[5]。如果可能,在早期使用多价抗血清对该病的治疗是有帮助的。

预防

食品卫生和清除受污染的饲料是预防的重要因素。其他的措施包括青贮饲料的适当发酵、控制鼠患及清除尸体。此外,由营养缺乏引起的异食癖也应及时控制。在世界流行地区进行疫苗接种,但是在美国,疫苗仅适用于马(B型类毒素)和水貂(C型细菌类毒素)[1]。

参考文献

[1] Rings DM: Clostridial disease associated with neurologic signs: tetanus, botulism, and enterotoxemia, *Vet Clin North Am Food Anim Pract* 20:379, 2004.

[2] Otter A, et al: Risk of botulism in cattle and sheep arising from contact with broiler litter, *Vet Rec* 159: 186, 2006.

[3] van der Lugt JJ, Henton MM, Steyn BG: Type C botulism in sheep associated with the feeding of poultry litter, *J S Afr Vet Assoc* 67:3, 1996.

[4] Radostits OM, et al, editors: Specific diseases of uncertain etiology. In Radostits OM, et al: *Veterinary medicine: a textbook of the diseases of cattle, horses, sheep, pigs, and goats*, ed 10, St Louis, 2007, Saunders Elsevier.

[5] Radostits OM, et al, editors: Diseases associated with bacteria—Ⅱ. In Radostits OM, et al: *Veterinary medicine: a textbook of the diseases of cattle, horses, sheep, pigs and goats*, ed 10, St Louis, 2007, Saunders Elsevier.

脑脊髓液线虫病(脑膜蠕虫)

病因及病理生理学

脑脊髓液线虫病是线虫幼虫在脊髓内异常迁移的结果,发生在许多反刍动物中,包括绵羊和山羊。薄副麂圆线虫存在北美白尾鹿中,可引起线虫病。在白尾鹿体内,成年寄生虫生活在蛛网膜下腔,它们在那里产卵,卵通过静脉窦从中枢神经系统排出。第一阶段的幼虫孵化并进入肺和气管,在那里它们被咳出、吞咽并随粪便排出体外。幼虫随后进入中间宿主蜗牛或蛞蝓,并发展到具有传染性的第三阶段。鹿在进食时不小心吞食了中间宿主后,幼虫由皱胃向脊髓背角迁移,并在脊髓背角发育成熟;随后进入蛛网膜下腔,完成整个生命周期[4]。脑膜蠕虫在绵羊和山羊中的生命周期不完整。幼虫在绵羊和山羊的脊髓内异常迁移,引起炎症;虽然这并不常见,但是异常的幼虫迁移可能会进一步扩大,导致脑疾病和更严重的疾病[3,5]。在欧洲和新西兰,脑脊髓液线虫病与鹿麂圆线虫感染有关[6-8];而在亚洲,线虫状鬃丝虫可能是该病在山羊和绵羊中的病因[9-11]。

临床症状

该病常发生在夏末到冬季[1]。临床症状取决于感染幼虫的数量及其迁移模式。单侧、双侧后肢麻痹、共济失调是最常见的。受影响的动物拒绝站立并表现为上运动神经元疾病相关的神经缺陷。神经元缺陷可能会进一步发展,全身性共济失调和横卧可能会出现。受影响的动物除非幼虫已经迁移到大脑,否则会表现出警觉、食欲旺盛。脑损伤并不常见,但是可能导致抑郁、失明和死亡。

诊断

只有在尸检时发现脊髓内迁移的幼虫,才能做出最终诊断。组织病理学改变包括脱髓鞘、轴突变性以及存在幼虫的片段和白细胞。临床表现和脑脊液分析是临床上诊断的基础。在大多数受影响的动物中,可检测到脑脊液中嗜酸性细胞增多,嗜酸性细胞占7%～97%,但在某些情况下单核细胞也可能占主导地位[1,3]。其他脑脊液异常包括蛋白质、红细胞和白细胞浓度升高(图13-6D)。血清化学检查及全血细胞计数正常,但肌内酶浓度可能升高。

治疗

虽然有自发性康复的报道,但是脑脊髓液线虫病通常是一种进行性疾病。许多经过治疗的动物有残留的神经缺陷,而且完全恢复过程缓慢。该疾病的治疗方案包括打虫药、抗炎药物治疗和支持性护理。芬苯达唑(15～50 mg/kg,口服,每日1次连续5 d)可单独使用或与大环内酯驱虫剂联合使用,临床疗效良好。对于伊维菌素(200～400 μg/kg,皮下注射,5 d)的治疗效果是有争议的,因为这种驱虫剂不穿过完整的血脑屏障,但由于脑脊髓线虫病的血脑屏障完整性受到破坏,所以伊维菌素应该是有效的。或者,也可以使用莫昔克丁,一种具有增强脂溶性和穿越血脑屏障潜力的米尔倍霉素。非甾类抗炎药(如尼辛葡甲胺,1.1 mg/kg 静脉注射,3～5 d)或糖皮质激素,在未怀孕的动物中,有助于抑制炎症,炎症被认为是脑脊髓液线虫病病理生理学的中心。维生素E作为抗氧化剂、物理疗法和支持性护理可以促进康复。

预防

将易感动物从潮湿低洼地区移走或隔离这些地区,可减少与中间宿主的接触。软体动物杀菌剂的使用是受到管制的,在较大的生产过程中使用也是不切实际的。鹅和鸭被用来减少蜗牛的数量。减少与白尾鹿的接触也很困难,因为白尾鹿的粪便中含有线虫的幼虫。通常在新大陆骆驼中,每4～6周使用阿维菌素驱虫,这些药剂破坏了幼虫从皱胃向脊髓的迁移。虽然这种方法明显有效,但在许多绵羊和山羊种群中可能成本过高,而且也可能会促进其他线虫寄生虫的抗药性。

参考文献

[1] Kopcha M, et al: Cerebrospinal nematodiasis in a goat herd, *J Am Vet Med Assoc* 194:1439, 1989.

[2] Guthery FS, Beasom SL, Jones L: Cerebrospinal nematodiasis caused by Parelaphostrongylus tenuis in Angora goats in Texas, *J Wildl Dis* 15:37, 1979.

[3] Mayhew IG, et al: Naturally occurring cerebrospinal parelaphostronglylosis, *Cornell Vet* 66:56, 1976.

[4] Nagy DW: *Parelaphostrongylus tenuis* and other parasitic diseases of the ruminant nervous system, *Vet Clin North Am Food Anim Pract* 20:393, 2004.

[5] Alden C, et al: Cerebrospinal nematodiasis in sheep, *J Am Vet Med Assoc* 166:784, 1975.

[6] Sironi G, et al: Case report of *Elaphostrongylus cervi* in a goat in north Italy, *Parassitologia* 48:437, 2006.

[7] Pusterla N, et al: *Elaphostrongylus cervi* infection in a Swiss goat, *Vet Rec* 148:382, 2001.

[8] Handeland K, Slettbakk T: Epidemiological aspects of cerebrospinal elaphostrongylosis in small ruminants in northern Norway, *Zentralbl Veterinarmed B* 42:110, 1995.

[9] El-Azazy OM, Ahmed YF: Patent infection with *Setaria digitata* in goats in Saudi Arabia, *Vet Parasitol* 82:161, 1999.

[10] Shirasaka S, et al: Efficacy of ivermectin against *Setaria* microfilariae in calves and cerebrospinal setariosis in sheep and goats, *J Vet Med Sci* 56:1213, 1994.

[11] Bush DL: Lumbar paralysis of ovine species in Japan reportedly caused by, *Setaria digitata*, *J Am Vet Med Assoc* 118:388, 1951.

地方流行性共济失调(晃腰病)

病因和病理生理学

地方流行性共济失调是由于断奶羔羊和小羊缺铜引起的。该病有两种类型:先天性和迟发型[1]。这种先天性的形式影响到饮食中铜含量非常低的羔羊。迟发型的特点是进展较慢,临床症状出现较晚。铜是许多生物过程的辅助因子。围产期出现缺陷可能会导致脑白质和脊髓中线粒体功能及细胞色素C氧化酶活性异常,导致氧化变性和脱髓鞘[1]。当铜代谢被过量的钼、铁、镉或硫酸盐干扰时,可能会出现继发性铜缺乏(见第2章)。

临床症状

患有先天性共济失调的新生羔羊可能是死胎,或者虚弱无力,不能站立。受影响的动物表现为痉挛性麻痹,在出生1周后死亡。

迟发型的地方流行性共济失调可能影响2～4月龄的羔羊和小羊。该病开始于盆腔肢体共济失调,但没有先天性共济失调影响严重。随着疾病的进展,共济失调和轻瘫涉及所有四肢,导致大多数受影响的动物平卧和死亡。

诊断

饮食、血浆和肝脏活检样本中铜浓度的测量有助于确诊该病。新生羔羊与成年羊不同，使评估复杂化。绵羊上，将血浆铜水平 4.5～9 μmol/L 作为临界值[2]。肝铜浓度低于 0.35～0.5 ppm 被认为是铜缺乏。肝脏样本优于血液样本，但分析需要 0.3 g 的组织[3]。

治疗

受影响的动物可以通过口服或者非肠道给药补充铜，但由于许多中枢神经系统的变化似乎是不可逆转的，补充铜效果不明显。

预防

预防的基础是在缺乏地区进行膳食补充，并保持铜与相互作用矿物的适当比例。在怀孕母羊中，将膳食中的铜增加到 5～15 ppm，并保持 6∶1的铜钼比通常是有保护作用的。硫酸铜(35 mg/头，每周 2 次)可被用于防止羔羊的驼背[3](见第 2 章)。

参考文献

[1] Divers TJ: Acquired spinal cord and peripheral nerve disease, *Vet Clin North Am Food Anim Pract* 20: 231, 2004.

[2] Laven R, Smith S: Copper deficiency in sheep: an assessment of relationship between concentrations of copper in serum and plasma, *N Z Vet J* 56: 334, 2008.

[3] Maas J, Smith BP: Copper deficiency in ruminants. In Smith BP, editor: *Large animal internal medicine: diseases of horses, cattle, sheep, and goats*, St Louis, 2002, Mosby.

有机磷多发性神经疾病

病因和病理生理学

有机磷中毒可能是由于接触作物用杀虫剂、过量使用的药物杀虫剂及有机磷酸盐或氨基甲酸盐化学物质的驱虫剂引起的。这些化学物质可结合并抑制乙酰胆碱酯酶，导致乙酰胆碱在组织中的累积[1]。除了急性中毒的典型临床症状(唾液分泌、泪液分泌、排尿和排便)，还可能发生迟发型神经毒性作用。轴突变性和继发性脱髓鞘是有毒化学物质和脂酶相互作用的结果，导致神经病靶标酯酶磷酸化[2,3]。有些绵羊似乎有家族性的倾向[7]。

临床症状

感染后 8～90 d 出现临床症状。不协调、虚弱和本体感觉能力丧失是神经疾病的症状。动物变得平卧，失去尾巴、直肠和膀胱的功能。其他症状包括厌食、抑郁、反刍停滞和腹泻[2]。

诊断

接触史和临床症状可能提示该疾病。尸检发现外周神经和脊髓有明显的组织病理学改变。

治疗

与急性中毒病例相比，迟发型神经毒性无治疗方法。在年轻的动物中，当清除了有害化学物质后，外周神经损伤可能会恢复。急性病例可用大剂量阿托品(0.2～0.4 mg/kg，静脉注射)或解磷定(20 mg/kg)治疗。

预防

按照说明书使用有机磷，有助于预防中毒和随之而来的神经系统疾病。

参考文献

[1] Scarratt WK: Cerebellar disease and disease characterized by dysmetria or tremors, *Vet Clin North Am Food Anim Pract* 20:275, 2004.

[2] Radostits OM, et al: Diseases associated with farm chemicals. In Radostits OM, et al, editors: *Veterinary medicine: a textbook of the diseases of cattle, horses, sheep, pigs, and goats*, ed 10, St Louis, 2007, Saunders Elsevier.

[3] Lotti M, Moretto A: Organophosphate-induced delayed polyneuropathy, *Toxicol Rev* 24:37, 2005.

[4] Williams JE, Dade AW, Benne R: Posterior paralysis associated with anthelmintic treatment of sheep, *J Am Vet Med Assoc* 169:1307, 1976.

痉挛性麻痹

病因和病理生理学

痉挛性麻痹是山羊的一种偶发性疾病，在侏儒山羊和萨能山羊等不同品种中均有发现[1,2]。其特点是后肢一侧或两侧腓肠肌进行性、间歇性或持续性收缩。痉挛性麻痹似乎是遗传的，虽然目前对遗传模式和病理生理学了解甚少，但其他病原学机制等正在讨论中[3]。腓肠肌的扩张情况被认为是对受影响肌肉梭形肌反射过度刺激的结果[4]。

临床症状

痉挛性麻痹影响 1～3 岁山羊，并导致进行性临床症状。腓肠肌收缩导致胫跗骨关节伸展，体重转移到前肢，明显跛行。盆骨的四肢可能几乎不接触地面或可能延伸到动物的后面。动物躺下时，临床症状消失或减少。

诊断

诊断的基础是确定典型的临床症状和严重的腓肠肌挛缩。其他可能引起类似临床症状的疾病，如山羊关节炎-脑炎，必须排除。硬膜外注射稀释的普鲁卡因溶液可以短暂地消除痉挛性麻痹的临床症状，并有可能有助于排除其他潜在的病因性疾病[1,4]。

治疗

不同的外科技术，包括肌腱切除术、胫骨神经部分切除术等已经应用于牛上，并可能成功地应用于山羊。早期用锂（0.2 mEq/kg）或色氨酸（20～50 mg/kg）来治疗，同时可通过锰和铜增加治疗效果[3]。

参考文献

[1] Baker J, et al: Spastic paresis in pygmy goats, *J Vet Intern Med* 3:113, 1989.

[2] Kral E, Hlousek A: Spasticka pareza panevnich konceti nukozla, *Veterinarstvi* 23:425, 1973.

[3] Ledoux M: Bovine spastic paresis: etiological hypotheses, *Med Hypotheses* 57:573, 2001.

[4] De Ley G, De Moor A: Bovine spastic paralysis—results of selective gamma-efferent suppression with dilute procaine, *Vet Sci Comm* 3:289, 1980.

脊髓创伤、脓肿及肿瘤

病因及病理生理学

各种临床实体可能与脊髓功能损伤有关，可能是由于外部压迫或损伤造成的。占位性病变可能是肿瘤的、感染的或炎性的[1,2]。压迫脊髓的肿瘤组织可能起源于中枢神经系统（如脑膜瘤）或其他器官，它可能是全身性的（如淋巴肉瘤）。脊髓脓肿通常是由作为菌血症后遗症的血液源性感染后，造成的骨髓炎引起的[3]。新生羔羊败血症、继发于酸中毒的瘤胃炎、肺炎和注射部位出现的败血症等是引起菌血症的常见原因。脊髓骨折可能是外伤性或病理性骨折，可能是钙、磷营养失衡所致。脊髓的外伤通常是由其他动物（食肉动物、马和驴）造成的，或发生在机动车事故中，或由高速撞击无生命物体造成的。确定受伤的原因可能具有挑战性。

临床症状

临床症状取决于损伤部位与脊髓神经根部的关系及损伤程度。除了四肢麻痹外，受影响的动物可能会表现出与脊柱运动有关的疼痛迹象。头部和颈部可以伸展，但步态僵硬。脊髓脓肿通过硬脑膜延伸，引起感染性脑膜炎的临床症状[3]。

诊断

除了临床症状和触诊脊柱外，影像学在诊断脱臼、脊髓脓肿、骨髓炎或骨折方面也很有用。骨髓炎的特点是在受影响的动物的脊椎出现随机的高透明度和骨密度增加[3]。如有脱骨现象，应检测饲料中钙磷含量及血清甲状旁腺激素浓度[4]。脊髓造影和先进的成像技术（CT、MRI）可能需要来自软组织挤压和内部震荡来确定病灶[4]。虽然全血细胞计数和血清化学检查结果可能不改变诊断，但脑脊液检查通常是有用的。在外伤病例中，可观察到黄疸和总蛋白质及单核细胞的升高。虽然不浸润脑膜的局部脓肿可能仅轻微改变脑脊液的成分，但也有报道称其可引起蛋白质升高和中性粒细胞增多[5]。脑脊液的细胞学检查也可能提示肿瘤的存在。

治疗

治疗以病因为基础，可能涉及抗生素和抗炎药物的使用以及手术的应用。治疗骨髓炎的抗微生物药必须连续使用数周，但复发率高。抗炎治疗方案尚未得到正式的评价，应根据具体的疾病选择药物。

参考文献

[1] Gygi M, et al: Paraparesis in a dwarf goat: clarification by means of magnetic resonance imaging, *Schweiz Arch Tierheilkd* 146:523, 2004.

[2] Watt NJ, Scott PR: Cervical spine meningioma causing acute-onset quadriplegia in an aged sheep, *Vet Rec* 136:543, 1995.

[3] George LW: Spinal abscesses, spinal tumors. In Smith BP, editor: *Large animal internal medicine: diseases of horses, cattle, sheep, and goats*, St Louis, 2002, Mosby.

[4] Divers TJ: Acquired spinal cord and peripheral nerve disease, *Vet Clin North Am Food Anim Pract* 20: 231, 2004.

[5] Scott PR, Penny CD, Murray LD: A field study of eight ovine vertebral body abscess cases, *N Z Vet J* 39:105, 1991.

破伤风

病因和病理生理学

破伤风是由革兰阳性厌氧芽孢形成的破伤风梭菌产生的毒素引起的。这种微生物在土壤和动物的肠道中普遍存在。在有氧条件下，破伤风梭菌产生呈鼓槌状的抗性较强孢子，可在土壤中存活数年。病原通常是由于穿透伤口或外科手术（尾部对接、阉割或剪切）进入组织。破伤风通常是散发的，但也有报告说，污染的疫苗或驱虫药，或未接种疫苗的绵羊打耳标可能造成破伤风的暴发[1,2]。破伤风发生在组织内适当的厌氧条件下，使芽孢进入营养状态并开始产生和释放毒素[3]。坏死性毒素破伤风溶血素增强了细菌的厌氧条件和繁殖能力。破伤风神经毒素（破伤风痉挛毒素）影响神经系统，并与临床症状有关。破伤风痉挛毒素与感染部位靶运动神经元的神经节壁糖苷结合后，将神经毒素转运至神经元细胞质。破伤风痉挛毒素在轴突流逆行后进入脊髓抑制性中间神经元，阻断其功能。此外，随着轴突流的转运，脑干和中脑可能受到影响。破坏突触膜转运蛋白可抑制甘氨酸和 γ-氨基丁酸（GABA）的释放，阻断受影响的神经元的抑制作用[4]。

临床症状

潜伏期随着厌氧组织环境的变化而变化，在出现临床症状时可能看不见伤口。早期临床症状包括步态变化，如僵硬或明显跛行。随着疾病进展，全身僵硬（头、颈、四肢和尾）（图 13-11）。动物可能处于锯木架姿势或平卧。在对动物头部的检查中，可以观察到牙关紧闭、耳朵直立、嘴唇收缩和第三眼睑脱垂。涉及喉部和咽部肌肉的破伤风可降低吞咽能力，并可能出现流唾液、反胃、腹胀和吸入性肺炎。外部刺激可能导致症状加重和强直性惊厥[3]。在恢复的动物中，由于毒素结合是不可逆的，临床症状可能持续数周。动物死于呼吸麻痹在破伤风病例中是常见的。

图 13-11　一只后肢受伤的山羊，表现出严重的破伤风临床症状，包括头、颈和四肢的倒卧和全身僵硬。

诊断

对临床症状典型的破伤风病例确诊的基础是在感染的伤口中发现破伤风梭菌。血液检测发现脱水（氮质血症）、唾液碳酸氢盐流失（酸中毒）和应激（高血糖、应激蛋白）、肌内酶增加。

治疗

患破伤风的动物应冷静、安静地对待。治疗的目的是消除感染，中和未结合的毒素、缓解肌肉痉挛，并提供护理。识别感染伤并清创，可以清除厌氧菌和坏死组织，从而使细菌暴露在氧气中。使用高剂量和高频率青霉素（22 000～44 000 IU/kg，普鲁卡因青霉素，肌肉注射或皮下注射，或钾青霉素，静脉注射，每日 2～4 次）作为抗生素可治疗破伤风。破伤风抗毒素的给药（1 500～15 000 IU，皮下注射，3～5 d）只能中和未结合的毒素，在后续阶段可能无效。使用乙酰丙嗪（0.05～0.1 mg/kg，肌肉注射，每日 2 次）、安定（0.5 mg/kg，静脉注射）或甲苯噻嗪（0.02～0.05 mg/kg，静脉注射）可达到镇静和肌肉放松的目的，直到临床症状得到缓解为止。提供柔软、深厚的铺垫和确保安静以及黑暗的环境是重要的支持措施。反刍动物的鼓气和厌氧症可以通过瘤胃切除术来减轻，以允许游离气体的逸出和肠内喂养。

预防

破伤风免疫是一种有效的、经济的免疫方法。含有破伤风类毒素的疫苗通常包括其他梭形芽孢杆菌，如产气荚膜杆菌 C 和 D（CD/T）。当母羊在怀孕期间接种破伤风类毒素疫苗时，小羊和羔羊会从初乳中获得免疫[5]。羔羊和小羊应在 2～3 个月时接种疫苗，3 周后再接种强化疫苗，然后每年重新接种疫苗。术前应保持卫生，未接种疫苗的动物应注射破伤风抗毒素（150～200 IU），可提供 2～3 周的保护。

参考文献

[1] Driemeier D, et al: Outbreaks of tetanus in beef cattle and sheep in Brazil associated with disophenol injection, *J Vet Med A Physiol Pathol Clin Med* 54: 333, 2007.

[2] Aslani MR, et al: Outbreak of tetanus in lambs, *Vet Rec* 142:518, 1998.

[3] Rings DM: Clostridial disease associated with neurologic signs: tetanus, botulism, and enterotoxemia, *Vet Clin North Am Food Anim Pract* 20: 379, 2004.

[4] Cook TM, Protheroe RT, Handel JM: Tetanus: a review of the literature, *Br J Anaesth* 87:477, 2001.

[5] Reynolds GE, Griffin JFT: Humoral immunity in the ewe. 3. The influence of adjuvants and immunisation regimes on Immune reactivity in the breeding ewe and her progeny, *Vet Immunol Immunopathol* 25: 167, 1990.

蜱麻痹

病因和病理生理学

蜱麻痹是一种快进程的、上行的上运动神经元麻痹，影响多种动物，包括绵羊和山羊。尽管致病性蜱在全球范围广泛分布，但在北美，该病主要发生在落基山脉以西[1]。在全球范围内，据报道有多种蜱虫可以引起蜱麻痹。该病发生在蜱虫活动最活跃的时期即北美的 4—6 月[1]。雌蜱附着于宿主后，分泌唾液神经毒素，破坏运动终板乙酰胆碱的释放，导致神经肌肉阻滞[3,4]。

临床症状

蜱虫叮咬动物大约 1 周后可观察到临床症状。最初可能会出现盆腔肢体无力和共济失调，但会迅速发展为四肢麻痹[1,5]。受影响的动物表现出典型的下运动神经元缺陷，动物平卧并表现出脊椎和缩回反射减弱，可能没有威吓反应和角膜、眼睑的反射[5]。

诊断

迟缓性麻痹的快速发展与叮咬蜱虫的存在，有助于将该病与脑脊髓液线虫病和肉毒杆菌中毒区分开。

治疗

清除所有的蜱虫是有效的。蜱虫被清除后，临床症状会在 24 h 内消失。必须仔细检查动物，必要时可剪掉毛。使用杀螨剂可能有一定作用，但是不应该取代手工除蜱。

预防

在高危地区，使用杀螨剂，如除虫菊酯或阿维菌素，有助于预防该疾病。

参考文献

[1] Nagy DW: *Parelaphostrongylus tenuis* and other parasitic diseases of the ruminant nervous system, *Vet Clin North Am Food Anim Pract* 20:393, 2004.

[2] Radostits OM, et al: Diseases associated with arthropod parasites. In Radostits OM, et al, editors: *Veterinary medicine: A textbook of the diseases of cattle, horses, sheep, pigs, and goats*, ed 10, St Louis, 2007, Saunders Elsevier.

[3] Shelton GD: Disorders of neuromuscular transmission, *Semin Vet Med Surg* (*Small Anim*) 4: 126, 1989.

[4] Krishnan AV, et al: Conduction block and impaired axonal function in tick paralysis, *Muscle Nerve* 40: 358, 2009.

[5] Schofield LN, Saunders JR: An incidental case of tick paralysis in a Holstein calf exposed to *Dermacentor andersoni*, *Can Vet J* 33:190, 1992.

先天性及围产期神经系统疾病

中枢神经系统分化程度高、复杂程度高、发育时间长,易发生先天性疾病。先天性缺陷的类型和严重程度将取决于胎龄;在胎儿大脑发育阶段接触致畸原或病原体可引起先天性缺陷。发育障碍可由遗传、环境或感染性疾病引起,在受影响的动物中可发现中枢神经系统内外的联合病变。阐明先天性缺陷的原因有助于防止其他易感动物接触病原体或环境应激源,并将遗传携带者排除在育种计划之外。应彻底评估受影响的死胎,并提交尸检报告。在表现出神经功能缺陷的新生羔羊中,当怀疑有先天性问题时,应排除低血糖、脑膜炎、缺氧和体温过低等情况[1]。

在讨论具体病因之前,影响大脑(脑积水和积水性无脑)和小脑(发育不良和营养性衰竭)的常见先天性疾病在下面单独的标题中先被简要描述,尽管它们通常被结合在一起被讨论。各种因素,包括母体高热、植物毒素(如加州藜芦、毒芹)、治疗药物(苯并咪唑)可能由于损害发育的胎儿的中枢神经系统,产生致畸作用[1,2],这些已在第 8 章中讨论。

脑积水和积水性无脑

脑室积液过多可能是感染性、遗传性、环境性、营养性、肿瘤性的结果[1]。根据潜在的病理生理学,这种疾病可以分为正常血压(积水性无脑)或高血压脑积水。这两种情况都可能导致绵羊和山羊的先天性缺陷,但积水性无脑的发生更常见[3]。

在积水性无脑中,由于病毒感染或脑血管损伤,胎儿脑组织不能发育或者发生坏死。大脑半球和基底神经节几乎完全被脑脊液所取代,被一层薄薄的大脑所包围。因为积水性无脑的血压是正常的,受影响的胎儿不会发生脑扩大。高血压性脑积水是由脑室系统狭窄导致脑脊液吸收障碍和颅内压升高引起的。由炎症引起的发育性结构异常或改变可能导致狭窄和高血压;由此产生的压迫会导致大脑半球缺血坏死,颅骨增大变形。

小脑发育不良和营养性衰竭

新生羔羊和幼小动物的小脑功能障碍及其相关临床特征可能是通过两种不同的致病机制引起的。小脑发育不良是指胎儿小脑组织发育受阻,通常是由胎儿在子宫受到病毒感染引起的。小脑功能障碍的严重程度取决于胎龄和发育停止的持续时间[1]。与此相反,小脑营养性衰竭在动物产后才能被观察到,该病描述了小脑组织特别是浦肯野细胞的过早衰退[1]。受感染的动物在出生时可能看起来很健康,但在出生后的头几个月出现临床症状。

感染的病因

(1)*赤羽病毒*。赤羽病毒属于布尼亚病毒科、布尼亚病毒属,主要在非洲、日本、以色列、韩国和澳大利亚的反刍动物中引起临床疾病。病毒通过节肢动物传播,包括蠓和蚊子。在澳大利亚,短跗库蠓被认为是主要的传播媒介;该病的发生和病媒的分布密切相关[4]。该病在产后的动物中是很罕见的,而非怀孕动物的感染产生保护性免疫。怀孕的、易感动物(这些没有足够的免疫力)感染后(如媒介病毒传播到新地点)形成病毒血症[4]。

该病经胎盘的侵袭导致胎膜的持续感染,随后扩散到胎儿组织[5]。胎龄为 30～36 d 的绵羊胎儿受到感染后,容易发生神经组织损伤,因为此时中枢神经系统发育迅速,胎儿还没有免疫能力。病毒在中枢神经系统和骨骼肌中最为活跃,导致非化脓脑脊髓炎和多肌炎。发育中的脑室管膜下层坏死会阻止神经母细胞的迁移,并导致脑脊液(积水性无脑)的积聚。关节弯曲是多肌炎和肌肉发育神经功能衰竭的结果，可能导致关节挛缩。

(2)*卡希谷病毒*。卡希谷病毒是在北美流行的病毒——本扬病毒科的一员，并且在中美洲和南美洲发现了 CVV 亚型[6,7]。CVV 通过节肢动物传播，特别是蚊子，病毒可在其中复制并持续存在。哺乳动物宿主体内抗体的存在和蚊虫媒介的分布有关，感染最常见于夏末和秋季。血清阳性的动物及其胎儿在临床上得到保护[7]。血清阴性的动物是生活在未受感染蚊子影响的地区，或经过多年干旱和冬季霜冻或媒介种群减少的地区[7]。在温暖潮湿的年份，当蚊子大量繁殖时，血清阴性母羊的感染可能导致胎儿胎盘感染。该病感染妊娠 27～35 d 的母羊，会导致胎儿死亡；感染妊娠 36～45 d 的母羊，其胎儿可能表现出很多异常，包括积水性无脑、骨骼肌异常、关节弯曲、脑积水、小头畸形、全脑畸形、小脑发育不良和脊髓畸形。年龄较大的胎儿可免受先天性畸形的影响，并且血清可转化[8,9]（见第 8 章）。

(3)*蓝舌病病毒*。蓝舌病病毒(BTV)属于呼肠病毒科、环状病毒属；与多种反刍动物的血管损伤和系统性疾病有关。在家畜中，绵羊被认为是最易感的。全世界至少有 24 种 BTV，除南极洲以外的所有大陆都报告有感染病例[10]。BTV 通过库蠓属昆虫在哺乳动物宿主间传播。库蠓属昆虫可携带 BTV，在气候条件允许的情况下，可将 BTV 引入新的地理区域。各种因素决定了 BTV 的致病性，包括营养、免疫状态、环境压力及绵羊品种（欧洲细毛羊疾病更严重）[10]。胎盘传播和先天性缺陷不是由所有 BTV 分离株引起的，而是由减毒活疫苗毒株以及 BTV 血清型 8 造成的[11,12]。妊娠母羊在胎儿中枢神经系统发育时感染这些毒株可能导致先天性缺陷。神经细胞和神经胶质前体细胞在迁移到发育中的大脑前，位于皮下区，易受 BTV 感染，并发生坏死性细胞溶解[10]。在 55～60 d 感染的胎儿会发展为积水性无脑和视网膜发育不良（失明），而在 70～80 d 的感染可能导致孔洞脑和没有眼部缺陷的大脑囊肿。受影响胎儿的其他先天性病变包括短腭和关节弯曲。妊娠第 100 天后，胎儿感染 BTV 可能发展为脑膜脑炎而无破坏性损害[13]（见第 8 章和第 16 章）。

(4)*瘟病毒感染*。边界病病毒和牛病毒性腹泻病毒均属于黄病毒科、瘟病毒属，可感染绵羊和山羊[14,15]。瘟病毒属感染非妊娠或分娩后动物，临床疾病通常是轻微的；但易感妊娠母羊的感染会导致严重的临床疾病。除了因胎儿吸收或者流产而导致妊娠损失外，发育中的胎儿胎盘感染也可能导致死胎、先天性畸形和持续感染后代。免疫功能发育前（约 60 d）胎儿感染可导致对病毒的耐受性和持续性感染。持续感染的羔羊通常身体虚弱、行动能力差，长期患病，但可能表现正常，但持续感染在山羊中很少见。受感染的羔羊可能是聪明和警觉的，但表现出小脑缺陷（意图震颤、共济失调、肢体震颤和站立不稳），并在试图吮乳时恶化。此外，羊毛变化明显，粗糙、多毛、色素沉积异常。妊娠中期感染的胎儿表现出更严重的神经症状，包括积水性无脑、小脑发育不良、全脑畸形和眼部缺陷[15]。

遗传性疾病及与神经系统紊乱有关的植物

表 13-4 总结了具有明显神经特征的小反刍动物遗传性疾病[16-34]。与植物相关的神经系统疾病列于表 13-5（见第 8 章）。

表 13-4　绵羊和山羊因遗传性病因获得的先天性和围生期神经系统疾病

条件	品种	遗传特性	临床表现	附加信息	参考文献
小脑营养衰竭	绵羊：夏洛莱羊、美利奴羊、威尔特郡羊	怀疑是常染色体隐性	羔羊小脑功能障碍开始于 1～4 月龄时，出现震颤、平衡障碍	小脑浦肯野细胞严重丧失、贝格曼神经胶质细胞大量增殖	[16-18]
小脑皮层萎缩症	绵羊：考力代羊、威尔士山地绵羊	怀疑是常染色体隐性	虚弱的羔羊、不能站立、宽基步态	小脑浦肯野细胞严重丢失、细胞颗粒层丢失和胶质增生	[17,19]

续表 13-4

条件	品种	遗传特性	临床表现	附加信息	参考文献
观星羊	绵羊：边区莱斯特羊、库普沃斯羊	怀疑是常染色体隐性	临床表现与小脑皮质萎缩相似：新生羊羔颈部背拱	无浦肯野细胞丢失或反应性改变、颈部肌肉和神经组织病理学改变	[20,21]
第四脑室闭锁综合征	绵羊：萨福克羊	可能是常染色体隐性	通常胎死腹中、颅骨增大；难产常见	脑积水、小脑蚓部发育不全或发育不良	[22]
GM_1 型神经节苷脂累积病	绵羊：库普沃斯罗姆尼羊、萨福克羊、萨福克杂交羊	常染色体隐性遗传	出生时正常；4～6个月时，快速进行性共济失调，反复发作、失明	神经元内脂类储存、白细胞中缺少 β-半乳糖苷酶	[23]
前脑无裂畸形	绵羊：边区莱斯特羊	常染色体隐性遗传	面部异常、无法站立、抑郁、失明	缺乏纵裂、大脑半球融合、单侧脑室	[24]
黏多糖病 ⅢD	山羊：努比亚羊	常染色体隐性遗传	出生时神经系统缺陷，临床表现为脑病	溶酶体硫酸肝素糖胺聚糖在中枢神经系统和其他器官的积累，导致细胞空泡化	[25,26]
神经轴突性营养不良	绵羊：库普沃斯羊、美利奴羊、派伦代尔羊、罗姆尼羊、南萨福克羊	可能是常染色体隐性	症状的开始因品种、进行性共济失调、卧位、小脑症状而异	脊髓和外周神经轴突的球状膨大	[17,27]
神经元蜡样质脂褐质沉积病	绵羊：兰布莱绵羊和南汉普郡绵羊	常染色体隐性遗传	7～10个月依次出现的症状：失明、打转、本体感觉障碍、认知能力下降	溶酶体蜡样脂褐素在脑、脊髓、眼和背根神经节神经元中积累	[28,29]
脊柱裂	绵羊：冰岛羊	常染色体隐性遗传	后肢麻痹、关节挛缩、尾部缺损、腰部无毛裂隙	腰椎和骶椎背弓闭合失败	[30,31]
白质脑病	绵羊：罗姆尼羊	怀疑是遗传性	2～3个月大的羊后躯麻痹发展为弛缓性麻痹	诊断：病理学证据是脑和脊髓海绵状空泡	[32]
丘脑小脑神经病	绵羊：美利奴羊	怀疑是遗传性	发病年龄2岁以上，临床表现为小脑和脊髓功能障碍、共济失调、震颤、伸展过度	小脑、小脑峡部和脊髓神经元的肿胀和退化	[33]
β-甘露糖苷贮积症	山羊：努比亚羊	常染色体隐性遗传	新生羔羊仰卧不能站立、腕部收缩、后肢伸展、牙龈组织过度、皮肤增厚，意向震颤、耳聋、眼球震颤、圆脑	在纯合子和杂合子中，神经元空泡化和脱髓鞘、增加尿甘露糖和N-乙酰氨基葡萄糖、减少血浆中 β-甘露糖苷酶	[1,34]

表 13-5 与植物相关的神经系统疾病

疾病分类	植物	临床症状和体征
麻痹	黄芪,棘豆——疯草	消瘦、本体感觉缺失、蹒跚、麻痹
	翠雀属——飞燕草	迅速发作、"神经"行为、肌肉抽搐、麻痹、死亡
癫痫或中枢神经系统刺激	罗布麻属——印度大麻	抽搐、虚弱、昏迷
	马利筋属——马利筋	抽搐、昏迷、死亡
	毒芹属——水芹	发病迅速、剧毒、抽搐、肌肉痉挛、磨牙、昏迷、死亡
	毒参属——毒芹	颤抖、不协调、呼吸麻痹
	紫堇属——臭刺芹	发作迅速、共济失调、癫痫、面部肌肉抽搐、咀嚼动作
	翠雀属——飞燕草	兴奋、蹒跚、呕吐、抽搐
	羽扇豆属——羽扇豆	紧张、抽搐、昏迷
中枢神经系统刺激与抑郁或中枢神经混合作用	七叶树属——七叶树	呕吐、共济失调、颤抖、抽搐、过敏、兴奋或抑郁
	曼陀罗属——曼陀罗	共济失调、震颤、幻觉、肌无力、心动过速、呼吸急促
	泽兰属——麻叶泽兰	运动后口鼻和腿部发抖、乏力、呼吸困难
	单冠毛菊——无舌状黄花	抑郁、步态僵硬、颤抖、虚弱、卧倒、昏迷、死亡
	山月桂属,杜鹃花属——山月桂,杜鹃花	抽搐、呕吐、虚弱、瘫痪、死亡
	木藜芦属——绊脚灌木	不协调、呕吐、虚弱、痉挛、昏迷、死亡
	羽扇豆属——羽扇豆	紧张、抑郁、抽搐、抽搐、死亡
	蓖麻——蓖麻子	腹泻、麻木、虚弱、颤抖、不协调
	茄科——地樱桃,龙葵,茄属植物	抑郁、肌无力、心动过缓、不协调
	藜芦属——福寿草	呕吐、心律失常、虚弱、抽搐、昏迷
	棋盘花属——颠茄	虚弱、蹒跚、抽搐、昏迷、唾液过多
抑郁或虚弱	盐生草	呼吸急促且浅,昏迷
	堆心菊属——堆心菊	抑郁、虚弱、慢性呕吐
	小葵花属——橡胶草	抑郁、虚弱、肿胀、鼻腔分泌物变绿
	奥克斯特尼属——铜草	抑郁、虚弱、昏迷
	肉叶刺茎藜属——黑肉叶刺茎藜类植物	迟钝、流鼻涕、流口水、虚弱
	四胞菊属——马鬃草	抑郁、虚弱、头部肿胀、皮肤脱皮

参考文献

[1] Washburn KE, Streeter RN: Congenital defects of the ruminant nervous system, *Vet Clin North Am Food Anim Pract* 20:413, 2004.

[2] Graham JM Jr, Edwards MJ, Edwards MJ: Teratogen update: gestational effects of maternal hyperthermia due to febrile illnesses and resultant patterns of defects in humans, *Teratology* 58:209, 1998.

[3] Mayhew IG: Disorders of behavior and personality (including diffuse CNS disorders). In Mayhew IG, editor: *Large animal neurology: a handbook for veterinary clinicians*, Philadelphia, 1989, Lea & Febiger.

[4] Murray MD: Akabane epizootics in New South Wales: evidence for long-distance dispersal of the biting midge *Culicoides brevitarsis*, *Aust Vet J* 64:305, 1987.

[5] Parsonson IM, et al: Transmission of Akabane virus from the ewe to the early fetus (32 to 53 days), *J Comp Pathol* 99:215, 1988.

[6] Calisher CH, et al: Cross-neutralization tests among Cache Valley virus isolates revealing the existence of multiple subtypes, *Am J Trop Med Hyg* 39:202, 1988.

[7] de la Concha-Bermejillo A: Cache Valley virus is a cause of fetal malformation and pregnancy loss in sheep, *Small Rumin Res* 49:1, 2003.

[8] Chung SI, et al: Congenital malformations in sheep resulting from in utero inoculation of Cache Valley virus, *Am J Vet Res* 51:1645, 1990.

[9] Edwards JF, et al: Ovine arthrogryposis and central nervous system malformations associated with in utero Cache Valley virus infection: spontaneous disease, *Vet Pathol* 26:33, 1989.

[10] Maclachlan NJ, et al: The pathology and pathogenesis of bluetongue, *J Comp Pathol* 141:1, 2009.

[11] Worwa G, et al: Experimental transplacental infection of sheep with bluetongue virus serotype 8, *Vet Rec* 164:499, 2009.

[12] Flanagan M, Johnson SJ: The effects of vaccination of Merino ewes with an attenuated Australian bluetongue virus serotype 23 at different stages of gestation, *Aust Vet J* 72:455, 1995.

[13] Machen MR, et al: Diseases of the neurologic system. In Pugh DG, editor: *Sheep and goat medicine*, Philadelphia, 2002, WB Saunders.

[14] Passler T, Walz PH: Bovine viral diarrhea virus infections in heterologous species, *Anim Health Res Rev* 11:191, 2010.

[15] Nettleton PF, et al: Border disease of sheep and goats, *Vet Res* 29:327, 1998.

[16] Milne EM, Schock A: Cerebellar abiotrophy in a pedigree Charollais sheep flock, *Vet Rec* 143: 224, 1998.

[17] Jolly RD, Blair HT, Johnstone AC: Genetic disorders of sheep in New Zealand: a review and perspective, *N Z Vet J* 52:52, 2004.

[18] Harper PA, et al: Cerebellar abiotrophy and segmental axonopathy: two syndromes of progressive ataxia of Merino sheep, *Aust Vet J* 63:18, 1986.

[19] Innes JR: MacNaughton: Inherited cortical cerebellar atrophy in Corriedale lambs in Canada identical with "daft lamb" disease in Britain, *Cornell Vet* 40: 127, 1950.

[20] Terlecki S, et al: A congenital disease of lambs clinically similar to 'inherited cerebellar cortical atrophy' (daft lamb disease), *Br Vet J* 134: 299, 1978.

[21] Bradley R, Terlecki S: Muscle lesions in hereditary "daft lamb" disease of Border Leicester sheep, *J Pathol* 123:225, 1977.

[22] Pritchard GC, et al: Multiple cases of Dandy-Walker malformation in three sheep flocks, *Vet Rec* 135: 163, 1994.

[23] Murnane RD, et al: Clinical and clinicopathologic characteristics of ovine GM-1 gangliosidosis, *J Vet Intern Med* 8:221, 1994.

[24] Roth IJ, et al: Holoprosencephaly in Border Leicester lambs, *Aust Vet J* 64:271, 1987.

[25] Jones MZ, et al: Caprine mucopolysaccharidosis Ⅲ D: fetal and neonatal brain and liver glycosaminoglycan and morphological perturbations, *J Mol Neurosci* 24:277, 2004.

[26] Thompson JN, et al: N-acetylglucosamine 6-sulphatase deficiency in a Nubian goat: a model of Sanfilippo syndrome type D (mucopolysaccharidosis Ⅲ D), *J Inherit Metab Dis* 15:760, 1992.

[27] Radostits OM, et al: Diseases associated with the inheritance of undesirable characteristics. In Radostits OM, et al: *Veterinary medicine: a textbook of the diseases of cattle, horses, sheep, pigs, and goats*, ed 10, St Louis, 2007, Saunders Elsevier.

[28] Edwards JF, et al: Juvenile-onset neuronal ceroid-lipofuscinosis in Rambouillet sheep, *Vet Pathol* 31: 48, 1994.

[29] Jolly RD, et al: Ovine ceroid-lipofuscinosis: a model of Batten's disease, *Neuropathol Appl Neurobiol* 6: 195, 1980.

[30] Davies IH: Spina bifida in lambs, *Vet Rec* 132: 90, 1993.

[31] Adalsteinsson S, Basrur PK: Inheritance of spina bifida in Icelandic lambs, *J Hered* 75:378, 1984.

[32] Manktelow BW, Hartley WJ, Gill JM: A presumed inherited spongiform leucoencephalomyelopathy of Romney lambs in New Zealand, *N Z Vet J* 45:199, 1997.

[33] Bourke CA, Carrigan MJ, Dent CH: Chronic locomotor dysfunction, associated with a thalamic-cerebellar neuropathy, in Australian merino sheep, *Aust Vet J* 70:232, 1993.

[34] Jones MZ, Dawson G: Caprine beta-mannosidosis. Inherited deficiency of beta-d-mannosidase, *J Biol Chem* 256:5185, 1981.

第 14 章

眼科疾病

眼科解剖学

眼睛的常规解剖认识对于临床识别和准确识别可能在为小反刍动物提供保护的兽医实践中遇到的眼部异常是至关重要的。在这些物种中，眼睛在进化过程中基本上保留了相同的基本成分和胚胎发育。变异是对基本结构的补充，主要由于环境因素(如光照强度、持续时间和摄食习惯)造成。山羊和绵羊是无节律反刍动物，即它们在白天和夜间同样活跃。

附件(解剖)

眼眶

绵羊和山羊有一个封闭的轨道，这是大多数食草动物的典型特征。在这两个物种中，眼眶的骨窝包括泪腺、颧骨、额、蝶骨和腭骨。此外，绵羊有上腭骨，山羊有筛状骨，构成眼眶的一部分。轨道的大小、形状和位置与视觉活动和喂食行为密切相关[1]。一般来说，绵羊和山羊等猎物的眼睛位于头骨更侧面的位置，而且大多是单目视觉[1]。眼眶包括眼球、眼外肌、眼眶泪腺和脂肪。眼球被轨道的 3 个筋膜层所包围：最外层的眶周层；包围泪腺和提上睑肌的肌筋膜浅层；以及覆盖眼外肌和视神经的深肌筋膜[2]。眼眶脂肪填补了眼眶的死腔，为保护眼球和眼外肌提供了一个缓冲。

眼外肌

7 块眼外肌悬吊在眼球上并活动眼球。4 个直肌分别是背、腹、中、外侧直肌；它们按名字指示的方向移动眼球。背斜肌插入到眼球的背外侧并旋转眼球的背内测和腹侧。腹斜肌插入眼球的腹外侧，并旋转眼球的内侧和背部。牵缩球茎肌插入眼球赤道后方，在视神经周围形成一个几乎完整的圆锥。这种肌肉收缩眼球以获得额外的保护。动眼神经(脑神经Ⅲ)支配背、腹和内直肌。背斜肌由滑车神经支配(脑神经Ⅳ)，外侧直肌和牵缩球茎肌由外展神经支配(脑神经Ⅵ)(见第 13 章)。

眼睑和结膜

上眼睑和下眼睑，即眼睑，是两个与面部皮肤相连的肌肉纤维皱褶。上眼睑比下眼睑更灵活。眼睑的自由边缘形成的开口是睑裂[1-3]。睑裂的内侧角为内眦；侧角为外眦。组织学分析显示，眼睑有 4 个组织层：皮肤、眼轮匝肌、睑板和间质层以及眼睑结膜。眼睑皮肤包含小管状和皮脂腺，薄而有弹性，并且被浓密的短毛覆盖。山羊和绵羊的上睑有一排纤毛，在离上睑和下睑缘很近的地方有触须。上睑皮肤受三叉神经(脑神经Ⅴ)眼支的感觉支配，下睑皮肤受三叉神经上颌支的支配。眼轮匝肌环绕整个睑裂，起关闭睑裂的作用；它通过面神经(脑神经Ⅶ)的眼睑分支接受运动神经支配。上睑被提上睑肌抬高，提上睑肌接受动眼神经(脑神经Ⅲ)的运动神经支配。眼睑两侧是睑板腺开口。睑板腺是皮脂腺，可产生角膜前泪膜的脂质成分。这些腺体通过纵向排列的小开口在眼睑的边缘张开。眼睑结膜是位于眼睑内侧的黏膜。结膜上皮有许多杯状细胞，它们构成了角膜前泪膜的黏蛋白层。眼睑结膜作为球结膜继续延伸到眼球上，在球结膜处与角膜上皮相接并相连。睑缘、球缘和眼结膜是按它们的解剖位置命名的，但它们是连续的。

第三个眼膜(瞬眼膜)位于下眼睑和眼球之间。

它完全由结膜构成，包括一个T形软骨板，底部有一个腺体(第三眼睑的腺体)。T形软骨板的水平部分位于瞬膜的自由边缘。腺体位于膜的后部并围绕着软骨的主干部位。当眼球因眼球收肌和眼眶脂肪移位而收缩时，眼球被动的向背外侧方向运动[1]。

泪腺和鼻泪系统

泪腺系统由眶泪腺、第三眼睑腺、克劳斯(Krause)和沃尔夫林(Wolfring)附属腺体、蔡司氏(Zeis)腺体、跗骨腺体和鼻泪管系统组成[1-3]。泪腺位于眼眶背外侧壁。泪腺由泪腺神经(三叉神经的眼支分支)和来自面神经核的副交感神经纤维支配，在较小程度上由交感神经纤维支配。绵羊和山羊的2个大的和4～5个小的排泄管都起源于泪腺的中央表面[5]。泪液流入结膜囊的背穹窿，并与附件腺的分泌物混合[3]。跗骨腺体和少量的蔡司氏腺体可产生角膜前泪膜的外脂质层。眼眶泪腺和第三眼睑腺产生90%以上的角膜前泪膜的中水溶液成分；克劳斯和沃尔夫林附属腺体也可产生少量的角膜前泪膜的中水溶液成分。内黏蛋白层由结膜杯状细胞产生[1]。眨眼时，3层角膜前泪膜通过眼睑和眼膜连续地扩散到眼睛表面。与牛不同，绵羊和山羊的眼泪里含有一种抗菌的酶——溶菌酶[6]。在内侧眼角的泪湖中有多余的泪膜池。机械性地抽泪动作将泪液抽入眼睑结膜上的位于眼睑边缘和睑板腺内侧的上下泪道[1]。上、下泪道与上、下泪小管相同。泪小管与位于泪骨泪窝的鼻泪囊合并[1]。泪囊流入鼻泪管，鼻泪管最初通过骨泪管和上颌骨泪沟向鼻泪管开口。然后与中鼻道黏膜平行，在色素和非色素皮肤交界处的鼻黏膜打开[5]。

球体

球体(眼球)的形状几乎是球形的。绵羊的前后轴平均为26.85 mm[1]，山羊为24.24 mm[7]。球体由3种外衣组成：纤维外衣、血管外衣和神经外衣。外部纤维束由致密的胶原结缔组织组成，它抵抗眼睛内部的压力，使眼球呈圆形。纤维束由角膜和巩膜组成，它们在角膜巩膜结合处或缘膜处结合。中血管束膜由小叶、虹膜、睫状体和脉络膜组成。内神经束包括视网膜和视神经。3种外衣围绕着透明的眼内介质：房水、晶状体和玻璃体。

眼纤维膜

眼角膜

眼角膜透明且无血管，占眼纤维膜的20%。眼角膜由高密度胶状连接组织按规则的层状结构排列而成。这种层状模式与内皮的生理泵相结合，维持了眼角膜的透明性和减肿胀性。

眼角膜是眼睛最重要的折射面。绵羊和山羊的眼角膜呈椭圆形(水平直径大于垂直直径)。有报道称绵羊眼角膜宽度为22.4 mm[8]～27 mm[4]；平均高度是15.4 mm[8]～19 mm[4]。对绵羊死后的眼角膜进行测量，发现角膜中间部分最厚(0.8～2.0 mm)、边缘最薄(0.3～0.5 mm)[1]。眼角膜受睫状长神经支配，睫状长神经源于三叉神经中的眼神经分支。

家畜的眼角膜共4层结构：上皮细胞、基质、后弹力膜、内皮细胞。上皮细胞覆盖在角膜最外层并与结膜上皮细胞相连接。基质层占眼角膜的90%，由散落的基质细胞组成的胶原纤维层状排列构成。当眼角膜严重损伤后，基质细胞可分化为纤维母细胞并形成瘢痕。后弹力膜是位于基质后部的、透明的无细胞结构的膜。临床上，这是在角膜发生穿孔前可见的最深层。内皮细胞是衬于细胞内壁黏膜上的单层细胞。内皮组织存在一种主动泵机制，负责眼角膜的消肿[9]。内皮细胞凋亡或损伤会导致基质吸收水分并形成角膜水肿。

巩膜

巩膜占眼纤维膜的80%，充当支持和保护眼内组织的作用。巩膜由排列不规律的胶原纤维构成；且巩膜上皮细胞比角膜上皮细胞厚。绵羊视神经入口点的巩膜厚度为1.0～1.2 mm，赤道部巩膜变薄为0.25～0.30 mm，角膜巩膜交界处厚度为0.4～0.5 mm[1]。

血管膜(眼球血管膜)

血管膜由虹膜、睫状体和脉络膜组成，这3种结构血管丰富且通常色素沉着。

虹膜

虹膜是葡萄膜中最小的部分。它是介于角膜和晶状体之间的一个肌肉分隔膜。它通过梳状韧带与巩膜和睫状体相连。虹膜把角膜和晶状体之间的空间划分成前房和后房。虹膜中间部分有一个圆孔，称为瞳孔。为了适应进入眼睛的光线和到达视网膜的光量，瞳孔可改变形状。虹膜括约肌环绕排列在瞳孔边缘，受副交感神经支配，可引起瞳孔收缩（瞳孔缩小）。虹膜放大肌的肌纤维放射性排列在眼缘括约肌周围，受交感神经支配，可引起瞳孔扩张（瞳孔扩大）。绵羊和山羊的瞳孔在水平面上呈椭圆形；在瞳孔周围上部和下部存在大小不一的黑色团块被称为虹膜颗粒。虹膜颗粒是虹膜后色素上皮的延伸，可起到增强瞳孔收缩的效果。虹膜的颜色主要取决于虹膜实质层中色素沉着（黑色素）的多少。

睫状体

睫状体是葡萄膜的中间部分，连接脉络膜（后葡萄膜）和虹膜末梢（前葡萄膜）。睫状体由前端（褶皱部）和后端（平坦部）组成。皱襞由称为纤毛突的放射状褶皱组成，在食草动物中，它们之间有厚而浅的浅谷[10]。带状纤维插入睫状体突起和晶状体赤道，以保持晶状体的位置。睫状突中也有发育良好的毛细血管床和特殊的上皮细胞，它们具有活跃的转运机制，是产生体液的主要部分[1,9]。除了睫状突以外，睫状肌是睫状体的主要组成部分。该组织对于有蹄类动物来说并不发达，因此它们的调节能力非常有限。进化使得食草动物能够长出大的眼角膜、水平椭圆形瞳孔，以及大的前房，以便获得更好的夜视和更好的运动检测能力。然而，这些进化的变化也导致睫状肌肉组织发育的丧失。

脉络膜

脉络膜是血管和色素基质的紧密网络，处于视网膜和巩膜之间。脉络膜为视网膜后层提供营养。脉络膜供血总量远超视网膜营养需要，可提供视网膜免受过热的一个换热机制。在脉络膜上部分的内基质层中有专门的、高度反射的绒毡层。有蹄动物的绒毡层是纤维状的，由排列整齐的胶原纤维和偶尔的纤维细胞组成。草食动物生来就有成熟发育的眼睛和发育良好的反光色素层。

神经束

神经束包括视网膜和视神经这两个前脑衍生物。视网膜和视神经是可被检查出来的脑部独特部分，所以对这些结构的观察结果可提供关于动物身体状况的临床信息。视网膜血管和玻璃体可为视网膜内层提供营养。脉络膜（脉络膜毛细血管）内层为视网膜外层提供营养。视网膜新陈代谢率是身体最高的代谢率之一，因此，如果视网膜血管或脉络膜血管受到轻微损伤，视网膜可能会局部缺血[1]。

视网膜有 10 层，最外层是视网膜色素上皮（RPE），其他 9 个组织层为感光视网膜，包括临床上重要的光感受器和神经节细胞。视网膜色素上皮（RPE）是位于感光视网膜和脉络膜血管层之间的单层细胞。眼底的上半部分没有色素使得反光色素层可暴露在光照下。视网膜色素上皮（RPE）拥有紧密的内部上皮连接，是血-视网膜屏障的主要组成部分，能够去除光感受器的代谢废物。

光感受器包括视杆细胞和视锥细胞。视杆细胞在昏暗的视觉下起作用；视锥细胞在明亮的视觉下起作用且与颜色辨识和视觉敏感相关。所有有蹄动物的视网膜主要由视杆细胞构成。绵羊的杆锥比是（30～40）:1[11]，但山羊的杆锥比目前尚无报道。绵羊和山羊都有两种视锥细胞，使得它们存在双色视觉[1]。当受到光刺激时，光感受器通过感光视网膜其他层发起电脉冲，最终到达神经节细胞。神经节细胞的轴突构成视神经（脑神经Ⅱ），可将脉冲传送到视神经束、视觉辐射，最后到达大脑视觉皮质。视网膜中心区域为最大圆锥密度区域、视纹区域为最大神经节细胞密度区域。绵羊的中央视网膜与其他哺乳类动物类似，都带有一个中央区域和一个单一视觉条纹。山羊拥有一个中央区域和两个视觉条纹（一个水平条纹和一个垂直条纹）[12]。绵羊和山羊视网膜具有全血管化的血管形态，血管非常突出，这是反刍动物的典型特征。全血管增生是指视网膜的所有象限都是血管化的，血管从视神经延伸到周围。绵羊视网膜在背部、腹部、腹鼻及腹颞象限有 3～4 对血管（动脉和静脉）；另外还有 5～8 个小动脉和小静脉从视盘的鼻和颞部放射出来。成对的血管可能互相缠绕，特别是较大的背部血管。有时上小动脉和小静脉也互相缠绕。山羊视网膜有 3～6 条动脉（1～3 条背动脉以及 2～3 条腹动脉）和 2～3 条视网膜静脉。由于在脉络膜上血管分支数量较多，所以背（绒毡层）底比非绒毡层更具血管化[13]。

背（绒毡层）底部呈三角形，可以是黄色到蓝紫色，上面有斑点的温斯洛星（脉络膜末梢毛细血管）。背内侧的绒毡层色素多于其他部位；由于该区域 RPE 细胞存在色素沉着，非绒毡层基底细胞被着色。在绵羊中，视盘位于非绒毡层底部，即绒毡-非绒毡交界处的腹侧；在山羊中，它通常位于绒毡层底部稍高于绒毡层交界处。羊有一个肾豆状的视盘；山羊有一个圆形的视盘，周围有一圈色素[14]。视盘中央的小暗凹是生理杯或凹坑。

视神经位于球体后极腹外侧。所有物种的视神经都有髓鞘；在绵羊和山羊中，当纤维通过巩膜进入球体时，髓磷脂得以维持。食草动物，包括绵羊和山羊，在视神经交叉处有超过 80% 的交叉并形成视神经束。每个视神经束由瞳孔和视觉纤维组成。瞳孔纤维进入前视核以控制瞳孔光线反射（后面会详细介绍），而视觉纤维传递到外侧膝状核，然后到达视觉皮层进行视觉感知。

清晰的眼内媒体

房水

房水是前房（角膜和虹膜之间）和后房（虹膜和晶状体之间）内的透明液体。房水是由睫状突的非色素上皮产生的，并流入后房，然后通过瞳孔，进入前房。房水可以通过常规或非常规途径从前房流出，进入巩膜静脉循环。大部分房水沿常规途径通过虹膜角膜小梁网进入巩膜静脉。在非常规的（葡萄膜巩膜）通路中，房水通过虹膜和睫状体扩散到脉络膜上间隙（脉络膜和巩膜之间）并进入巩膜静脉。许多物种通过葡萄巩膜通道流出的房水的百分比已经确定，但牛、绵羊或山羊还未确定。房水的持续产生和流出维持了眼球正常的眼压。侏儒山羊的平均眼压是 7.9～11.8 mm Hg[15]，安哥拉山羊平均眼压是 13.9 mm Hg[16]。房水为无血管角膜和晶状体提供葡萄糖、氧气、氨基酸和电解质，并清除其代谢废物。

晶状体

晶状体进一步聚焦进入眼睛的光线，以允许可视化图像的聚焦。晶状体是透明、两面突出、接近球体的结构。它由睫状体突起形成的带状韧带固定。晶状体存在于虹膜的前侧和玻璃体后方的玻璃窝内。草食动物的功能调节机制很少，因此视力较差[17]。

晶状体是透明的、无血管的，主要从房水中吸收营养。晶状体一生都会以一种缓慢的速度生长。晶状体上皮细胞以持续分裂和分化的方式形成晶状体纤维，最新的纤维细胞在外围，最老的纤维细胞成为最中心的存在并压缩成晶状体纤维。随着动物年龄的增长，这些集中的压缩纤维变成两侧对称、均质的晶状体核，但这些变化不会影响视力。绵羊晶状体的平均直径是 14.5～15.53 mm；大约重量是 2.3 g[1]。

玻璃体

玻璃体也折射进入眼内并穿过晶状体的光，可将光线聚集在视网膜上。玻璃体呈胶状，位于晶状体后方、视网膜前方。玻璃体中 98% 的水悬浮在胶原纤维和糖胺聚糖基质中。玻璃体将视网膜固定在脉络膜上。与房水不同的是，玻璃体没有发生连续翻转。

参考文献

[1] Samuelson DA：Ophthalmic anatomy. In Gelatt KN，editor：*Veterinary ophthalmology*，ed 4，Ames，Iowa，2007，Blackwell Publishing.

[2] Sisson S，Grossman JD：The sense organs and common integument. In Grossman JD，editor：*The anatomy of domestic animals*，ed 4，Philadelphia，1953，WB Saunders.

[3] Dyce KM，Sack WO，Wensing CJG：The sense organs. In Dyce KM，Sack WO，Wensing CJG，editors：*Textbook of veterinary anatomy*，ed 2，Philadelphia，1996，WB Saunders.

[4] Prince JH，Diesem CD，Eglitis I，Ruskell GL：*Anatomy and histology of the eye and orbit in domestic animals*，Springfield，1960，Charles C Thomas.

[5] Sinha RD，Calhoun ML：A gross，histologic，and histochemical study of the lacrimal apparatus of sheep and goats，*Am J Vet Res* 27(121)：1633，1996.

[6] Brightman AH，Wachsstock RS，Erskine R：Lysozyme concentrations in the tears of cattle，goats and sheep，*Am J Vet Res* 52(1)：9，1991.

[7] Ribeiro AP，Miguel LS，Juliana PR，et al：Ocular biometry in a colony of Saanen goats with different ages. In *Proceedings 39th Annu Meet Am Coll Vet Ophthalmol* 45，2008，Boston，MA.

[8] Martin CL，Anderson BG：Ocular anatomy. In Gelatt KN，editor：*Veterinary ophthalmology*，ed 1，Philadelphia，1991，Lea & Febiger.

[9] Gum GG，Gelatt KN，Esson DW：Physiology of the eye. In Gelatt KN，editor：*Veterinary ophthalmology*，ed 4，Ames，Iowa，2007，Blackwell Publishing.

[10] Duke-Elder S：*The eyes of mammals in the eye of evolution*，St Louis，1958，Mosby.

[11] Braekevelt CR: Retinal photoreceptor fine structure in the domestic sheep, *Acta Anat* 116(3):265, 1983.

[12] Gonzalez-Soriano J, et al: A quantitative study of ganglion cells in the goat retina, *Anat Histol Embryol* 26(1):39, 1997.

[13] Galan A, Martín-Suárez EM, Granados MM, et al: Comparative fluorescein angiography of the normal sheep and goat ocular fundi, *Vet Ophthalmol* 9(1):7-15, 2006.

[14] Whittaker CJG, Gelatt KN, Wilkie DA: Food animal ophthalmology. In Gelatt KN, editor: *Veterinary ophthalmology*, ed 3, Philadelphia, 1999, Williams & Wilkins.

[15] Broadwater JJ, Schorling JJ, Herring IP, et al: Ophthalmic examination findings in adult pygmy goats(*Capra hicus*), *Vet Ophthalmol* 10(5):269, 2007.

[16] Whelan NC, Thompson D: Normal ophthalmic diagnostic test values in Angora goats. *Procedings 39th Annu Meet Am Coll Vet Ophthalmol* 44, 2008, Boston, MA.

[17] Ofri R: Optics and physiology of vision. In Gelatt KN, editor: *Veterinary ophthalmology*, ed 4, Ames, Iowa, 2007, Blackwell Publishing.

小反刍动物眼科检查技术

准备事项

常规眼睛检查虽然需要特殊的仪器和适当的限制,但并不会花费太多的时间。常规眼睛检查不仅有助于熟悉正常眼睛外观的变化,而且有助于了解在不同的小反刍动物物种和品种中遇到的各种眼部病变。对于所有表现出明显或主要眼部或眼眶周围症状的绵羊和山羊,强烈建议进行眼科检查。因为眼睛的整体外观可能反映动物的一般情况,它也应该作为常规体检和全身疾病检测的一个重要组成部分[1]。通过眼睛检查获得的信息可以帮助区分许多系统性疾病,从而得到更精确的诊断和量身定制的治疗方案。

非常有必要记录病史、临床症状和解释、最后诊断、治疗执行及病情进展。记录是非常宝贵的,尤其是对于复杂的眼科疾病的治疗管理或伴有患畜反应迟钝的治疗。不幸的是,这种情况不能总是被预料到,所以每个案例都应该从一开始就有良好的文档记录[2]。特殊表格有助于组织检查过程。以一种容易被使用的方法记录所有发现是非常有效的(图 14-1)。绘制和标记病变的图表有利于对疾病进展情况进行客观评价。

了解病史

一个完整的眼科病历首先需要查明动物的特征,包括年龄、品种、性别、妊娠史及眼科问题。畜主或管理者应该被问询关于最初的发病迹象,如关于眼睛疼痛(眼睛痉挛、明显畏光、容易流泪等)的症状;眼黏分泌物的本质;眼睛颜色或形状的改变;光亮与黑暗的视觉状态;以及行为变化(如与群体隔离)。其他的鉴别因素包括眼睛疾病发病时间,以及进展情况(改善、相同、恶化、或一侧严重或两侧都严重)。相关(在遗传条件下)和不相关的牧群同伴也应被调查是否受到类似临床症状的影响。询问关于实施治疗的信息,以及治疗是否改变受影响眼睛的外观、疼痛或视力状况。接下来询问关于绵羊和山羊所处环境,如室内(垫床类型、空气质量)、室外(放牧、育肥场、饲养密度),以了解它们是否暴露在极端温度中或潜在的危险;现在和以前的日粮情况,疫苗接种以及驱虫情况(使用产品和日期),现在和过去羊群中诊断出的疾病,存在的眼睛问题,药物治疗情况、治疗反应和使用预期目的。眼睛的变化可以作为了解动物健康状况的线索,所以关于动物眼睛的问题应该伴随着对动物身体状况的询问。检查人员应避免提出引导性问题,因为这些问题可能会诱导畜主过度解释所观察到的临床症状。

最初的视力评估

在了解动物病史后,检查者应该在眼部检查之前,观察动物在小范围内的活动情况。因为绵羊和山羊的眼睛是侧向生长的,所以单侧失明不太可能被对侧眼睛所补偿,所以动物应该在明亮或昏暗的光线下尝试绕过障碍物。当一只眼睛视力变差后,动物经常需要尝试转头来看到前面的物体。如果检查者仍怀疑视力有问题,为了更好的检查评估,每只眼睛都应该单独检查。

在初始检查时和限制之前,首先应在正常环境光线下，进行远距离观察式的检查头部适应能力、外观特征、脸部对称型、眼部和眼周围区域是否有明显的异常之处。更具体来说，应关注眼周肿胀或脱毛、睑裂尺寸大小、眼睛和鼻分泌物、干燥、发红或其他颜色变化，眼角膜清澈湿润，眼球的大小和在各自的眼眶中位置（眼凹陷、眼外突、眼斜视）[1,3]。在大多数情况下，眼球凹陷与中度甚至是重度脱水有关，但眼球下沉也可反映了全身状况不佳的动物眼眶周围脂肪的减少。在最初的评估中，动物的性情和必要的约束方法也应被确定[1]。

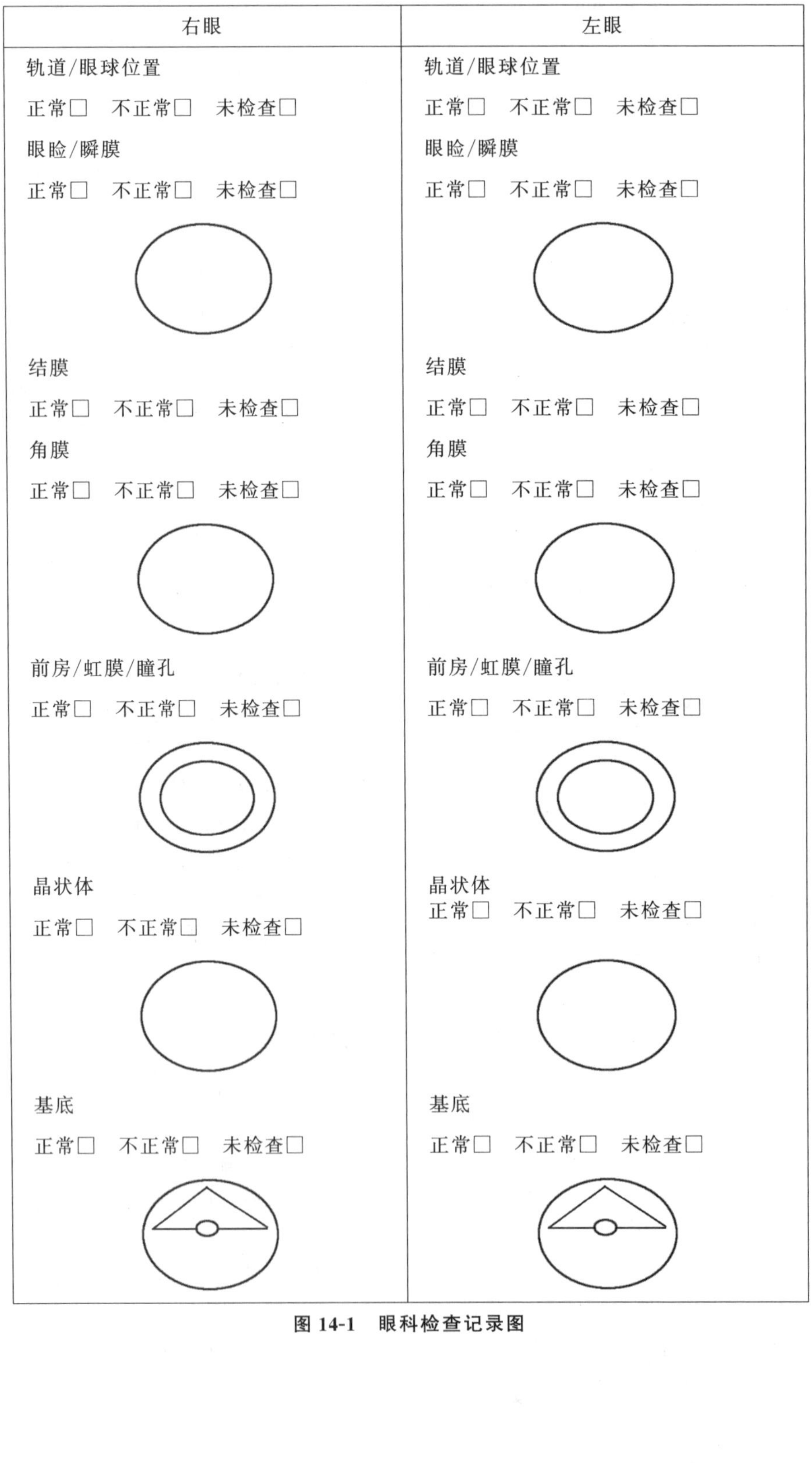

图 14-1 眼科检查记录图

眼科检查的设备与材料

眼科手术器械和医疗用品应该放在便携式箱里或随身携带的手提袋内，以便现场使用。在医院里，眼部检查箱应该放在检查室的特定位置，以便随时可用。小反刍动物眼部检查所推荐的器械和材料清单详见框 14-1。

眼睛检查的约束

理想的眼科检查是在昏暗的环境光线下进行的，最好是在昏暗的房间或栏舍进行。如果不可行的话，在评估眼部状况检查时，可利用毛毯或黑布盖住动物的头部[3]。在大多数小反刍动物中，这种评估可以用人工约束动物站立的姿势来进行；"坐"在羊的屁股上是另一种约束方式。根据动物的种类、大小和性情，将其放置在沟槽、支架或木箱中，并使用绳子有助于最佳的固定。使用一个简单的绳笼头有助于限制头部乱动，便于安全和方便地完成检查任务。如果眼睛痛，局部 0.5% 的丙美卡因可用于消除表面（角膜和结膜）疼痛，从而便于检查。如果需要的话，应该在局部麻醉灌注前进行拭子以进行后续培养和泪液分泌试验。对于出现严重眼睑痉挛而局部麻醉不能缓解的患畜，可能需要使用耳椎神经阻滞。

化学抑制通常是不必要的，但对不合作的患畜或必须完全固定以进行更精细手术的动物可能需要。在这种情况下，羟松弛素（0.05～0.1 mg/kg，静脉或肌肉注射）可单独或联合地西泮（0.05～0.2 mg/kg，静脉注射）或布托啡诺（0.05～0.1 mg/kg，静脉注射）服用。高剂量或联合镇静可能导致躺卧。这一结果应该提前预料和准备。谨慎的做法是使用甲苯唑啉（1～2 mg/kg，肌肉注射）或育亨宾（0.125 mg/kg，静脉注射），以便在必要时逆转赛拉嗪的作用。神经视丘反射（眼睑、角膜、威胁）的评估必须在耳椎神经阻滞和化学镇静之前进行，因为这些技术可能会干扰动物的真实反应。

框 14-1 眼科检查推荐使用的仪器和用品

仪器

钴蓝滤光片直接检眼镜（Welch-Allyn），配有可关闭的透照头附件；20-、28-或 30-屈光度间接检眼镜；带锯齿尖的敷料钳，6 in. 或 Graefe 固定钳（非锁定）；泪管，22 或 23 号；木村抹刀或细胞刷或微刷准备细胞学标本；张力计（Tonopen 或 Tonovet）。

用品

洗眼水；荧光剂浸满的纸带；泪液分泌试验带；1% 的托品酰胺；0.5% 的丙美卡因；文化小常识（一般贴士及小常识）；3.5F 柔性聚丙烯导管；用于制备细胞学标本的玻片；2% 的利多卡因；1 mL 和 6 mL 注射器；22 和 25 号、1 in. 针；纱布垫（2 in. ×2 in. 或者 4 in. ×4 in.）。

评估视神经的条件反射

在触摸头部之前，检查者应该评估眼睛的大小和位置是否对称，注意眼部异常分泌物的存在，观察眼睑眼皮在眼部表面的移动，记录任何摩擦、眼睑痉挛或其他异常情况。威胁反应可用于分别评估视神经（脑神经Ⅱ）的视力和面神经（脑神经Ⅶ）是否存在视觉和眨眼能力。这是一种后天反应，因此可能不会发生在正常的羔羊和 2 周龄以下的山羊身上。在这个年龄段中，通过观察动物在封闭区域内绕过障碍物的能力，可以更好地评估视力。在检查威胁反应后，应测试眼睑反射，以确认是否有眨眼的能力，并评估眨眼的完整性。眼睑反射测试是通过触摸眼睛周围的皮肤来进行的；该测试可用来评估三叉神经（脑神经Ⅴ）和面神经（脑神经Ⅶ）。

在没有直接刺激的情况下，应在光亮和暗淡条件下对两个瞳孔的大小、形状和对称性进行评估。将明亮的焦点光源射入一只眼睛可以评估瞳孔光线反射（PLR）。观察到受刺激眼的反应后，应迅速评估对侧眼的瞳孔反应。由于视交叉处的视神经纤维不均等交叉，对侧眼的瞳孔反应与受刺激眼相比较慢且不完整。PLR 是一种皮层下反应，需要视网膜、视神经（脑神经Ⅱ）、中脑、动眼神经（脑神经Ⅲ）和虹膜括约肌的功能正常。皮质盲的动物有正常的 PLR。眩光反应可评估视神经和中脑之间的视觉通路。非常明亮的光源射向眼睛通常会引起双侧眨眼或使头部远离光线刺激。这是一种皮层下反应，到达吻唇沟并刺激面部核引起的眨眼反射。

详细的眼科评估

眼眶异常（骨折和不对称）可以通过触诊眼眶骨来判断，也可以通过颅骨 X 线照相来判断。眼球

(闭上眼睑)后跳动困难可能表明眼球后占位或其他眼眶疾病。张嘴困难或疼痛可能表示眼窝发炎。眼球后的瘤变通常不会引起张口疼痛。有问题的眼眶或眼球,应该始终与对侧进行比较;应从眼睑的内翻或外翻、眼睑裂的完全封闭、眼睑附近毛发的湿润或眼部分泌物增加、双行睫、倒睫毛等方面进行评估。

瞬膜(nictitans)可以通过拉下眼皮和翻转眼球来检查。瞬膜将横扫角膜表面。为了检查瞬膜的球部,在瞬膜和角膜表面应用局部麻醉剂(0.5%丙美卡因或2%利多卡因)后,通过向后翻转球会使瞬膜升高,然后用敷料钳抓住瞬膜的边缘后将其取出。

鼻泪器的通畅性可以通过观察放置在球体上荧光素染料用盐水冲洗后是否从泪湖进入鼻孔来评估。如果荧光素染料在一个或两个鼻孔不明显,检查人员可以将22或23号规格的套管连接到一个充满无菌盐水溶液的6mL注射器,沿垂直方向冲洗鼻泪管。这一过程首先使用局部麻醉剂(0.5%丙美卡因)注射到球囊和泪点,然后将套管远端钝端插入上泪点,并注入盐水,直到发现液体从下泪点流出;最后将套管插入下泪点,并再次轻轻注入盐水,直到发现液体从远端鼻孔流出。

正常结膜不应充血、增厚或水肿(提示化脓性)。出血、异物(特别是在滤膜下)及淋巴滤泡增生应被检查。应用局部麻醉剂溶液后,可在受限制的动物体内获得用于培养和敏感性试验、细胞学分析、免疫荧光抗体(IFA)试验、聚合酶链式反应(PCR)试验和活检的结膜样本。在采集样本进行IFA检测之前,不应使用荧光染料,因为它可能导致假阳性结果[4]。

用聚焦光源检查角膜是否透明。浅蓝色表示水肿,白色混浊则表示瘢痕,黄白色常与白细胞浸润有关,红色表示新生血管形成。角膜的水肿可能是由浅表角膜上皮或角膜内皮的损伤所导致的。角膜溃疡表现为局灶性角膜水肿,荧光素染色可见色素摄取。任何涉及角膜的病理过程都需要使用这种染色方法来进行观察,因为荧光素是一种亲水性染料,可以与暴露的角膜基质结合,但不能与上皮或后弹力膜结合。

直接检眼镜的狭缝光束可以通过光束投射到角膜溃疡上的深度,来评估角膜溃疡的深度。如果溃疡较深,并且荧光素吸收不明显,则可能是后弹力膜突出。当角膜溃疡穿孔时,可以看到房水从穿孔处流出,但虹膜或纤维蛋白可能堵塞穿孔。这样的溃疡不应该被操作,并且应该进行最低限度的诊断测试,因为外科干预是治疗的选择之一。

前房应进行清晰度和深度的评估。血-房水屏障的破坏,会使得蛋白质和细胞进入房水,产生混浊或廷德尔效应(水斑)。水斑可通过狭缝光束或直接检眼镜上最小的圆来识别。光束直接聚焦在角膜上,当光束透过前房时以与光束方向呈90°被观察到。通过前房的光线不应该是可见的。当蛋白质和细胞吸收光且光线通过房水时,可以看到水斑。浅前房可由角膜穿孔伤、晶状体半脱位、肿大性白内障、虹膜肿块或虹膜瘤引起,特征为360°后粘连(导致瞳孔完全附着于晶状体上),周围的虹膜向前弯曲。深前房可能是由角膜炎(青光眼瞳孔放大)、晶状体后脱位或熟期白内障所引起[5]。

虹膜应检查颜色和厚度是否异常。瞳孔应检查其形状是否异常(瞳孔发育不良)、瞳孔缩小或瞳孔扩张是否与环境光线水平不一致。虹膜炎可能由虹膜粘连或虹膜尾端或虹膜内的肿块导致。瞳孔大小应在明亮和昏暗的光线下检查,检查者应确定直接和自愿的PLRs。虹膜的颜色和厚度应与对侧眼相比较;虹膜厚度的增加,可能意味着有细胞渗透和前葡萄膜炎的发生。虹膜颗粒的大小和对称性也应被检查,因为重症急性或慢性葡萄膜炎可导致其萎缩。

大多数物种的眼内压(IOP)处于15～25 mm Hg。有报告称,使用Perkins平式眼压计测量考利代绵羊的平均眼压为(10.61±1.4) mm Hg(波动范围9～13 mm Hg)[6]。使用Tonovet反弹眼压计测量公山羊的平均眼压为7.9～11.8 mm Hg(波动范围6～14 mm Hg)。使用Tonopen压平式眼压计测定侏儒山羊,平均眼压为10.8 mm Hg(波动范围8～14 mm Hg)[7]。使用Tonopen压平式眼压计测定安哥拉山羊,平均眼压为13.9 mm Hg(波动范围8～20 mm Hg)[8]。兽医学中最常用的调压计是Tonopen压平式眼压计和Tonovet反弹眼压计。两者都很适用于绵羊和山羊。对于Tonopen,在检查者轻轻触摸几次角膜以获得计算机平均压力读数之前,需要进行局部麻醉。Tonovet不需要局部麻醉,但对头部位置有更精确的要求,眼压计探头与地面平行。该探测器对角膜表面的眼压进行了数次评估,以便计算机读取平均眼压,但检查人员不必直接触摸角膜。正确的技术操作对眼压读数的准确性至关重要。检查人员可将手指放在眶背和眶腹边缘以张开眼睑，但必须避免对眼球造成任何压力。控制动物的人必须避免抓动物的脖子，因为任何对颈静脉的压力都会增加其眼压。高读数与青光眼一致。晶状体、玻璃体和眼底最好通过瞳孔放大来评估。瞳孔扩大应使用短效局部的副交感神经阻滞药，如 1% 托吡卡胺。托吡卡胺的作用时间为 10～20 min，持续 4～8 h[5]。镜片的位置和清晰度也应该评估。核硬化是一种正常的老化变化，不排除对眼底的评估，但必须与白内障区分；它一般呈双侧对称、均匀、微灰色。

眼底检查可以通过直接或间接检眼镜进行。直接检眼镜检查在距离患畜眼睛 2～3 cm 的距离进行。瞳孔放大时用大圆圈，瞳孔不扩张时用小圆圈。检查前，仪器设置为 0 或红色(负屈光度)2。数字按顺序改变，使病灶根据其位置聚焦。如果病灶位于眼底平面的后方，病灶会在较低的屈光度上聚焦；而位于眼底平面前面的病灶，将在较高(绿)的屈光度上聚焦。直接检眼镜的缺点包括视野小(约占整个眼底的 2%)，难以检查外围眼底，以及透过透明介质发现混浊物的能力有限。直接检眼镜的优点包括更大的放大倍数和改变检眼镜折光度的能力[5]。

间接检眼镜需要使用焦光源，如 Finnoff 透照仪，将其固定在检查者的一只眼睛附近，在绒毛膜反射后，在病畜眼睛前 2～4 cm 处放置一个间接透镜(保持在手臂的长度)。一个相对便宜的 20～30 屈光度的间接检眼镜是有效的。所看到的图像是虚拟的，并且是倒转的。间接检眼镜的优点在于视野开阔（约占整个眼底的 40%，这取决于镜片的强度)，可以更加彻底检查周围眼底。立体视(利用两眼)可进行深度感知；并具有透过透明至中等程度透明眼球介质的能力。其缺点主要包括需要一个相对扩张的瞳孔。在昏暗的房间里进行检查，同时使用昏暗的光源，通常可以在食草动物的水平椭圆形瞳孔中进行无扩张的基础评估。间接检眼镜的另一个限制因素是，它要求检查人员通过不断练习以熟练运用这项技术。用间接检眼镜检查眼底时，检查人员的头部运动方向应与眼底内可见的方向一致。检查者应该有一个检查眼底的模式，从视神经开始，将眼底划分为象限，并通过评估绒毡层和非绒毡层的血管和颜色来检查每个象限(图 14-2 和图 14-3)。

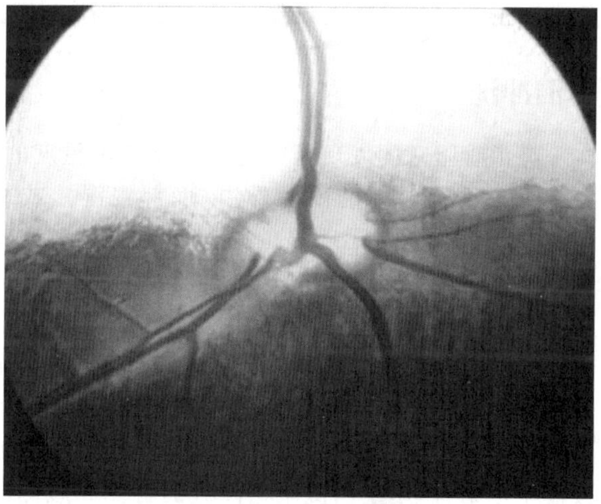

图 14-2 绵羊的正常眼底。

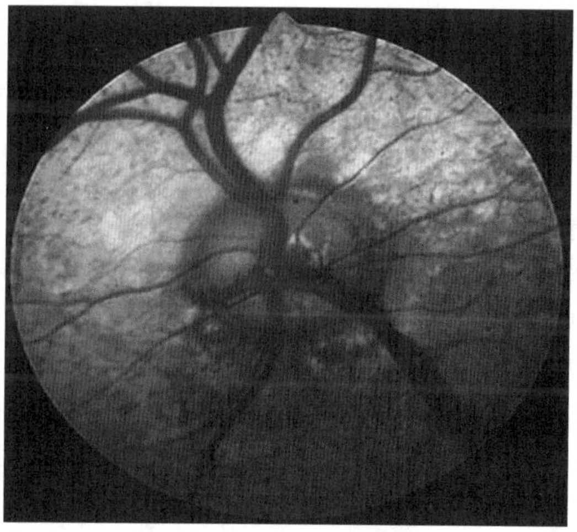

图 14-3 山羊的正常眼底。

耳睑神经阻塞

耳睑神经是面神经的一个分支，为眼睑提供运动功能。可沿颧弓背缘触诊。耳睑神经局部麻醉可导致眼睑松弛，有助于眼睑的操作及角膜和结膜的检查，特别是在疼痛的眼睛中。局部麻醉(0.5% 丙美卡因)有助于异物清除、细胞学检查、泪点冲洗和结膜下注射。耳椎神经阻滞首先触诊颧弓上方的神经，然后拉起神经上方的皮肤，将一根 22 或 25 号针插入到中枢。然后准备含 2% 利多卡因的 3 mL 注射器，并在神经周围皮下浸润 2～3 mL 利多卡因[9]。眼睑的局部麻醉可在每一眼睑区域注入 4～5 mL 麻醉剂后完成。对于小反刍动物来说，用于局部麻醉的 2%利多卡因的量应控制在中毒剂量以下(5 mg/kg)。

特殊诊断程序

角结膜细菌培养

为了调查疑似细菌感染的眼睛，可以培养用拭子从结膜、角膜或第三眼睑获得的标本，以分离和鉴定微生物。好氧细菌的培养对小反刍动物感染性角膜结膜炎的诊断有重要价值。对分离的细菌进行药敏试验可为治疗提供指导。

描述绵羊和山羊正常结膜区菌群的报道很少见。在临床正常的绵羊中，60%的拭子对细菌生长呈阴性[10]。在绵羊中，最常见的分离细菌类似于布兰汉氏菌(以前统称奈瑟菌)，且数量较少。其他常见的分离的微生物有微球菌和链球菌。较不常见的包括棒状杆菌、不动杆菌、杆菌、葡萄球菌、假单胞菌、莫拉氏菌、大肠杆菌和巴氏杆菌[1,10,11]。牛莫拉氏菌不是山羊传染性结膜炎的病因[11]。然而，相互矛盾的报道表明莫拉氏菌可能是绵羊角膜结膜炎的致病菌[12,13]。

技术

上、下眼睑轻度收窄后，用标准针尖或微针尖细菌性培养物(如 Copan 跨系统拭子或 BBL 培养拭子，均由 Copan Diagnostics, Inc., Corona, California 生产)。眼睑缘应注意避免受到污染。样品应立即放置在运输管中或接种到合适的培养基上。据报道，局部麻醉剂溶液具有抗菌作用[1]；因此理想情况下，角膜结膜拭子应在局部麻醉或荧光素染色前进行。一旦收集，样本应被提交给兽医微生物实验室，并在适当的培养条件(尤其是支原体)下进行假定的临床诊断。对于绵羊和山羊，厌氧细菌和真菌是少见的眼部病原菌[11]。真菌培养物通常可以用标准培养法获得；然而，用无菌的木村细胞学抹刀刮擦组织，并将样本直接接种到真菌培养基上，可能会得到更好的结果[11]。

结膜细胞学

结膜细胞学检查是诊断感染性结膜炎的有效方法。角膜细胞学检查有助于鉴别细胞浸润，如细菌、真菌和炎症细胞的类型。从结膜刮取的细胞样本也可以进行 PCR 检测。在进行手术前，应使用0.5%丙美卡因对角膜和结膜进行局部麻醉；这对耳椎神经阻滞可能是有益的。如果存在结膜淋巴结，应尽量避开结膜淋巴结，以获得更有代表性的样本。细胞学标本可以用抹刀刮除组织或细胞刷和普通尺寸的微刷在受影响的组织上滚动来获取样本。这种细胞刷既便宜又容易使用，而且它可以创造出细胞均匀分布且很少有破碎的人为痕迹的涂片。细胞学样本应非常轻柔地滚动或涂在载玻片上，并让其干燥 1～2 min 后再使用迪夫快速染色法、瑞氏染色法或革兰染色法[11,13,14]。如有需要，至少应保持一张载玻片的清洁，以便提交给兽医临床病理学家。病毒、支原体或衣原体生物很难通过革兰染色进行鉴别[11]。

健康的结膜在细胞学上以具有大量上皮细胞、偶见的淋巴细胞和罕见的中性粒细胞为特征。浆内黑色素颗粒可在深色品种中观察到，可能被误认为是细菌或衣原体。杯状细胞在亚急性至慢性角膜结膜炎的动物中更为常见，但在角膜或结膜细胞学制剂中可能是正常的发现。中性粒细胞是急性结膜炎的主要细胞类型，尤其是细菌或病毒感染造成的结膜炎。少数单核细胞、多种细菌和退化的上皮细胞也应存在。淋巴细胞和浆细胞常见于慢性感染。少量的嗜酸性粒细胞的存在可能表明在其他方面正常绵羊对环境刺激有一定的局部反应[15]。

鼻泪冲洗

鼻泪管阻塞的表现可能包括中度甚至重度的、可持续数天至数周的眼泪外溢(面部浸湿)，或黏液、化脓物质堆积，无明显的眼部病变或轻度结膜炎。根据荧光素从泪点到鼻腔的延迟或缺失的传递可做出推定诊断。对于鼻泪管的正常冲洗方法是，先使用局部麻醉剂(0.5%丙美卡因或 2%利多卡因)，然后将装满缓冲盐水或洗眼液的 5 mL 注射器和一个鼻泪导管或钝化、光滑的不锈钢 20～22 号或皮下注射针，用于内侧眼角附近的背侧和腹侧泪小点[1]。荧光素染色可以添加到冲洗溶液中，使流体通道可视化。对于较大的患病动物，可使用小型犬导尿管或 3.5F 弹性聚丙烯导尿管(如 Tom Cat 导管，Sherwood Medical Industries, Inc., St. Louis, Missouri)进行正常和逆行冲洗。反刍动物的鼻泪管口位于鼻翼褶皱的尾外侧。

小动物双侧鼻泪管梗阻时，应考虑泪点闭锁、先天性鼻泪点闭锁或鼻泪管远端发育不全。外科干预和管理应遵循已出版发表的关于小动物外科手术的指导方针[3]。

影像技术

放射线照相术

颅后、外侧、前后、斜位的颅骨平片可显示眼眶、副鼻窦、鼓膜大泡和上颌牙的病变过程[3]。小反刍动物眼眶的影像学检查在技术上是困难的，可能产生也可能不会产生诊断图像。然而，它可以帮助识别骨折、骨髓炎是否有骨厚壁、软组织肿胀和辐射不透明异物在眼睛或周围区域[16]。

获得 X 线片后可进行造影。这项技术主要用于泪囊造影术；在此过程中，将造影剂注射入鼻泪系统，以对严重镇静或理想情况下全身麻醉的病畜实现放射显像。这项研究可用于评估慢性或复发性泪囊炎患畜，以及异物（通常为草芒）、软组织块或鼻泪系统狭窄。2～8 mL 的造影剂应慢慢地注入泪腺后获得的侧位和腹后位的 X 线片足以评估病情。如果存在局部梗阻，在输注过程中应封闭同侧鼻点，并在放射线照相前释放阻塞物。

超声波检查

超声检查对于检查不易看见的眼内结构非常有用，还可观察到眼球后部空间。眼内肿瘤、部分异物、视网膜脱离、球后肿块或脓肿都可以用这种方法检测。超声引导也可用于眼眶和眼病变的细针穿刺[3]。建议在 B 模式下使用一个 7.5 或 10 MHz 的小探测器，因为它提供了眼睛的二维横截面图像[3]。

患畜最好在身体限制的条件下进行检查，可在局部麻醉后进行；如果认为有必要的话，可进行耳椎神经阻滞。带无菌胶体的超声探头可直接实施于角膜或剃光睫毛的眼睑。正常和异常的眼睛也应进行对比调查。

计算机断层扫描和磁共振成像

计算机断层扫描（CT）和磁共振成像（MRI）是无创的、只在转诊中心可用的横断面成像技术，这些检查模式可提供最详细的眼眶和和眶周病变的定位。CT 可以帮助在占位性肿块中精确放置皮下注射针或活检仪器，以获得标本进行细胞学分析或组织病理学确认。接受 CT 或 MRI 检查的病畜必须确保全身麻醉，以获取最大化的诊断率和安全性。

球后针吸

进展性突眼患畜提示球后穿刺。为区分球后间隙占位团，需将吸出的材料送去进行细胞学检查和细菌培养。针插入所需的材料和标记物与 Peterson 眼阻滞的描述相似。使用超声显像来指导针的放置通常会获得更好的诊断结果。

治疗技术

清洗眼睛和眼周组织

通常由于没有合适的洗眼瓶，对眼睛的清洗做得并不到位[2]。为了达到这个目的，一个 6 或 8 oz. 的塑料鹅颈瓶可以装入大量缓冲盐水，对于冲洗眼睛来说是一个便宜的选择；市面上可以买到的喷雾型洗眼瓶也可以使用。不管在什么情况下，检查人员都必须避免将水流对准眼角膜，且避免瓶口离眼睛太近，因为如果动物突然挪动，这两种情况都可能导致角膜受损。同样，为了避免被污染的液体回吸到洗眼瓶，洗眼瓶尖端不应接触任何眼部或眼周组织、眼泪、黏液、渗出物或血液。黏膜或化脓性眼分泌物可用干的纱布或稍湿的棉球，从结膜或眼睑边缘轻轻擦掉。在此过程中必须小心避免角膜擦伤。

眼周组织术前准备（如睑缘缝合、睑裂修复、第三眼睑皮瓣），这对于保护、避免刺激和损害眼睛是至关重要的。无菌人工泪液软膏的使用有助于保护角膜。眼睛附近的脱毛需要特别小心并且应该尽量使用锋利的刀片进行。在修剪后，使用洗眼液或缓冲无菌盐水反复冲洗，以确保所有头发颗粒从眼睛表面、结膜囊和第三眼睑的球结膜上去除。聚维酮碘溶液（10%无菌盐水溶液）是一种可接受的用于眼周皮肤的清洗剂。氯雷西丁溶液或擦洗液可刺激眼睛，应该避免使用。

外用药物

在小反刍动物被控制约束后，局部眼科药物治疗是相对容易做到的，但对于不合作的病畜来说，治疗具有挑战性。在大多数情况下，可以将眼药膏和眼药液直接从管或瓶中涂抹到眼睛表面。另一种应用方法是使用一个干净的、戴着手套的指尖将

0.5～1 in.的药膏涂抹在内侧眼角或眼角边缘[2]。如果怀疑有比较严重的角膜溃疡或角膜穿孔，应避免使用眼药膏，因为该药可刺激眼内结构。液体药物的使用方法是用一只手放在下颌骨下方，将病畜的鼻子向上引导，同时用拇指将下眼睑打开。上眼睑靠在患畜头上时，用第二只手的后部缩回，同时将药物保持在距眼睛表面2～4 cm的距离处，然后注入一滴。将手放在动物头部的目的是允许与动物头部同时运动，并减少因瓶子接触患畜眼睛而引起的污染或医源性眼外伤的可能性。

外用眼科药物的选择应根据具体的眼部疾病、产品的可用性、病畜的状态以及方便管理员处理作为基础。市面上有几种眼科药物，无论是溶液剂还是软膏剂，均可以买到。局部眼药膏与眼睛接触的时间不超过20 min，眼药液的接触时间更短。眼药膏适用于眼睑、结膜和角膜疾病，且无穿孔风险；然而，许多人发现眼药膏使用起来比较困难，而且使用眼药膏需要非常靠近眼睛，有意外接触眼睛结构的风险。眼药液可用于眼睑、鼻泪、结膜、角膜和前眼内疾病。后眼内疾病(绒毛膜视网膜炎)、眼球后或眼眶疾病、严重的睑缘炎和严重的泪囊炎需要系统治疗。局部治疗的频率取决于疾病的严重程度。化脓性角膜溃疡应每2～4 h治疗一次；然而对于浅表的、未被感染的角膜溃疡的预防治疗，可以按每6～8 h的治疗频率进行治疗。抗裂性角膜溃疡的抗裂酶药物通常建议每1～2 h使用一次。对于轻度葡萄膜炎来说，一剂阿托品可使瞳孔放大若干天；而对于严重的葡萄膜炎来说，可能需要每6 h服用一次阿托品。

在大多数情况下，粉末状制剂、喷雾剂、杀虫药、乳腺炎制剂或可注射性抗生素由于载体类型以及酸性、碱性pH对眼睛的刺激非常大，应避免使用。

下眼睑冲洗系统

单孔下眼睑眼灌洗系统(SPL)可以提供有价值的局部治疗手段，它可安全可靠地输送眼科溶剂药物；尤其是对于患有严重眼部疾病的、需要每小时服药[2]或眼睛很痛、直接操作和眼睛治疗是很困难的患畜。该灌洗液装置在市面上有售(Eye Lavage Kit, Mila International, Inc., Erlanger, Kentucky)或可容易的由聚乙烯管制成。自制SPL需要切割一块90 cm长的190号聚乙烯管，通过在火焰上加热管子末端，使其软化，然后将其轻轻压在手术刀刀片的平面上来制作一个踏板法兰[17]。

如有必要，患畜可在放置SPL前服用镇静剂。如前所述，耳郭椎神经阻滞将减轻手术难度。无菌处理针尖出口处的皮肤，即位于眶背外侧边缘的背外侧区域，并在针尖处皮下注射2 mL、2%利多卡因进行局部麻醉。2 mL、2%利多卡因可使用22号针头(通过在离开中心连接时切断针获得)被喷入并穿过结膜穹窿背侧。灌洗管固定在无孔针上。针管装置用一只戴着无菌手套的手握住；针尖沿着兽医的食指安全定位。在睑裂注射之前，兽医的手需要转动，使食指位于角膜和针之间[17]。操作者的另一只手应将上眼睑从角膜处提起来．然后将手指和针头向后外侧推入上眼睑的眼睑结膜，直到针头触及眼眶内侧。正确放置后，将针完全插入上眼睑，正好位于眼眶边缘的鼻尖，然后松开眼睑。将导管轻轻穿过，直到踏板到达其位于结膜背穹隆的目的地。在马的眼睑和内眦之间的下结膜穹隆的替代位置已被描述[18]。

将防水"蝴蝶"胶带贴在管周围，并在上眼睑的灌洗出口处缝合到皮肤上，防止管、脚板逆行对角膜造成的潜在损伤。将一根20号、2 in长的静脉内导管小心地插入聚乙烯管的末端，然后用注射帽堵住。为了避免管损坏，在放置导管时，导管头应该从导管顶端缩回2～3 mm。根据需要，沿着管道的长度放置其他的蝴蝶缝合单元。为了防止断裂，对管道和导管的剩余部分进行折叠(不是弯曲)，用一个木制的压舌器或类似的轻型塑料装置粘在一起，固定在动物的锁绳上或背部。控制绳索必须保留在原位，直到眼睛状况得到足够的改善，需要移除SPL时方可拆卸。

一旦SPL就位，通过缓慢地向SPL内注入洗眼液来测量出管内的无效空间，在看到它从眼睛里出来时立即测量注入量。这是用于将药物推过管道的空气量。过多的空气通过管子吹入角膜，这对患畜来说是不舒服的。每次的治疗，需通过眼睑下清洗系统的注射帽，注射0.1 mL眼药水。

药物应单独服用，因为结合使用某些药物会导致导管中出现沉淀物[19]而且有降低药物疗效的风险。在SPL放置后48 h内，可能会出现轻微的眼睑肿胀。肿胀必须与结膜下的足板移动区分开来，这种情况通常发生在自制的小足板上。撕裂灌洗管的时候也可能脱落注射帽。可以在患畜头部周围放置和安装管状弹力织物，以保护导管不会被物体缠住，以及随后的撕裂。冲洗系统的放置不当或蝶形缝合线的松动都可能造成脚板在角膜上的摩擦，进而导致角膜溃疡。因此，有必要检查和纠正这些技术问题：应该紧固松动的导管并且立即清除放置不当的 SPL。

结膜下注射

结膜下注射抗生素是为了提供药物沉积或局部的初始高浓度。它们经常通过外翻眼睑和在眼睑结膜下注射。根据注射量的不同，一小部分药物可能会从针管泄漏到眼睛表面，并与泪膜混合。局部抗生素浓度最初可能很高，但随着时间的推移，药物的持久性预计是短暂的。由于眼睑血管和淋巴管的特殊性，大部分注射的药物很快被吸收到全身血液循环中，无法治疗受影响的球体。因此，对于小反刍动物的感染性眼内疾病，不建议采用结膜下注射治疗。

另一种可能更有效的方法是使用 25 号针在球结膜的背侧或背外侧注射无刺激性的抗生素（如普鲁卡因青霉素 G）（图 14-4）。注射前，适当地限制（物理或化学）并结合耳郭神经阻滞是可取的。滴几滴眼局部麻醉剂（如丙美卡因）可以提高病畜的配合程度。在大多数绵羊和山羊中，0.5 mL 的总容量就足够了。必须小心避免穿透球体。注射部位可能出现轻微出血，在 7～10 d 的时间内血液会收缩。结膜下注射抗生素不能代替局部给药[20]。

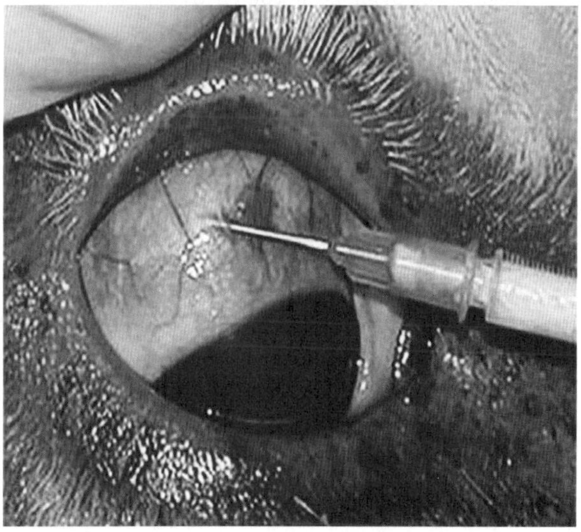

图 14-4　球结膜背侧下注射普鲁卡因青霉素。

睑裂缝合术和第三眼睑皮瓣手术

当角膜需要保护和支撑时（如伴有严重的角膜溃疡或面神经麻痹，并发暴露性角膜炎），可以使用光镇静剂、耳椎神经阻滞和局部麻醉进行临时睑板缝合或第三眼睑皮瓣手术。

睑缘缝合术

在需要短期角膜保护的情况下（最多几天到几周），可使用水平床垫缝线的跗骨缝术是有用的[18]。首先通过支架放置 3-0 或 4-0 不可吸收缝线（由橡皮筋、静脉滴注管、按钮制成），然后进行下眼睑的部分厚度咬合，针头穿过下睑缘的无毛部分的中心进入下睑缘下方 3～4 mm，并从睫毛下方退出（图 14-5）。在保护角膜的同时，缝合通过对面的眼睑边缘中心继续进行，并以类似的方式离开皮肤。按针头相反方向放置第二个支架，通过下眼睑支架进行最后一次咬合完成床垫缝合。一定要注意眼睑边缘的位置并避免倒置（睑内翻），这会导致角膜的进一步损伤。根据睑裂的大小，需要 5～7 条水平床垫缝合来完成睑裂缝合。眼睑的边缘应仔细排列贴合；然后，每一个水平床垫用常规打结或弓形打结固定到位。弓形结是首选，因为它允许通过解开蝴蝶结来定期检查受影响的眼睛。

第三眼睑皮瓣手术

第三眼睑皮瓣手术可用于部分溃疡性角膜炎的临时眼科绷带。皮瓣技术的优势在于，它与角膜的接触更加紧密。局部麻醉联合上眼睑背外侧局部阻滞后，用一个或两个简单的间断水平褥式缝合上眼睑背外侧穹窿，咬痕间隔相应。首选的缝合材料为 2-0 或 3-0 不可吸收单丝。如果要将皮瓣放置数周，首先应通过支架管将缝线扎成弓形，类似于刚才描述的跗骨缝术，以便对角膜和眼内结构进行后续检查。眼睛疾病一解决，不可吸收的缝合线应立即移除[21]。

简单地说，缝线是用一根弯曲的切割针穿过皮肤和上眼睑的结膜，距眼睑缘 1 cm。当针头穿过睑裂，将上眼睑抓住并从眼球中拉出时，可保护角膜。随着第三眼睑的扩张，可从眼睑边缘或前表面截取部分厚度的水平床垫状咬合，离自由边缘 2～3 mm。只要在第三眼睑的睑缘表面上保留部分厚度的咬合，软骨的部分厚度咬伤是可以接受的。缝合不应放置在 T-形软骨的底部或其尾部或球根表面[17]。缝合是通过将其穿过眼睑结膜和皮肤完成的，因此最后的咬伤距离第一次是 2～4 mm。另一个缝合线以类似的方式预置。在缝合完成之前，缝合线要一起拉，以使切口膜尽可能深地附着在结膜穹窿上，并避免缝合材料对角膜造成损伤。

睑缘缝合和第三眼睑皮瓣的创造是以支撑眼球为主要目的手术。当角膜溃疡融化、溃疡深度超过角膜基质厚度3/4或感染的溃疡时,应避免使用。在实施之前,必须制定适当的初级治疗方案,并应在后续评价的基础上酌情继续实施。

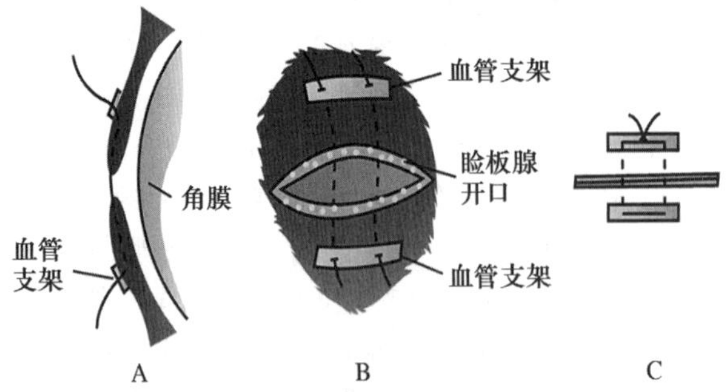

图 14-5 暂时性眼睑缝合和支架的放置。

畜舍和喂养的建议

患有眼部疾病的绵羊和山羊,无论其状况如何,都必须被关在阴凉处并远离风和尘土飞扬的环境。提供的饲料,更具体地说是牧草,应该在地面上喂养。动物从高架饲料槽中进食干草可能会进一步恶化它们的眼睛状况,特别是当存在深度或融化的角膜溃疡时。

参考文献

[1] Whitley DR, Moore CP: Ocular diagnostic and therapeutic techniques in food nimals, *Vet Clin North Am Large Anim Pract* 6:553,1984.

[2] Moore CP: Diseases of the eye. In Howard JL, editor: *Current veterinary therapy 3: food animal practice*, Philadelphia, 1993, WB Saunders.

[3] Maggs DJ, Miller PE, Ofri R, editors: *Slatter's Fundamentals of veterinary ophthalmology*, ed 4, St Louis, 2008, Saunders.

[4] da Silva-Curieal JMA, et al: Topical fluorescein dye: effects on immunofluorescent antibody test for feline herpesvirus keratoconjunctivitis, *Prog Vet Comp phthalmol* 1:99, 1991.

[5] Strubbe DT, Gelatt KN: Ophthalmic examination and diagnostic procedures. In Gelatt KN, editor: *Veterinary ophthalmology*, ed 3, Philadelphia, 1999, Williams & Wilkins.

[6] Gerometta R, et al: Steroid-induced ocular hypertension in normal sheep, *Invest Ophthalmol Vis Sci* 50: 669, 2009.

[7] Broadwater JJ, et al: Ophthalmic examination findings in adult pygmy goats (*Capra hicus*), *Vet Ophthalmol* 10:269, 2007.

[8] Whelan NC, Thompson D: Normal ophthalmic diagnostic test values in Angora goats, October 15-18 *Proceedings of the 39th Annual Meeting of the American College of Veterinary Ophthalmologists*, *Boston* 44, 2008.

[9] Skarda RT: Local and regional anesthetic techniques: ruminants and swine. In Thurmon JC, Tranquilli WJ, Benson GJ, editors: *Veterinary anesthesia*, ed 3, Baltimore, 1996, Williams &Wilkins.

[10] Spradbrow PB: The bacterial flora of the ovine conjunctival sac, *Aust Vet J* 44:117, 1968.

[11] Ramsey DT: Surface ocular microbiology in food and fiberproducing animals. In Howard JL, Smith RA, editors: *Current veterinary therapy: food animal practice*, ed 4, Philadelphia, 1999, WB Saunders.

[12] Baker JR, Faull WB, Ward WR: Conjunctivitis and keratitis in sheep associated with *Moraxella* (*Haemophilus*) organisms, *Vet Rec* 77:402, 1965.

[13] Wood DR, Watson WA, Hunter D: Conjunctivitis in sheep, *Vet Rec* 77:551, 1965.

[14] Pickett JP: Ophthalmic examination techniques for food animals. In Howard JL, Smith RA, editors: *Current veterinary therapy: food animal practice*, ed 4, Philadelphia, 1999, WB Saunders.

[15] Dagnall GJR: Use of exfoliative cytology in the diagnosis of ovine keratoconjunctivitis, *Vet Rec* 135: 127, 1994.

[16] Turner LM, Whitley RD, Hager D: Management of ocular trauma in horses. Part 2: Orbit, eyelids, uvea, lens, retina, and optic nerve, *Mod Vet Pract* 67:341, 1986.

[17] Irby NL: Surgical diseases of the eye in farm animals. In Fubini SL, Ducharme NG, editors: *Farm animal surgery*, St Louis, 2004, Saunders.

[18] Giuliano EA, et al: Inferomedial placement of a single-entry subpalpebral lavage tube for treatment of equine eye disease, *Vet Ophthalmol* 3:153, 2000.

[19] Davis JL: The use of antifungals, *Compend Equine* 3: 128, 2008.

[20] Ramsey DT: Ophthalmic therapeutics. In Howard JL, Smith RA, editors: *Current veterinary therapy*, *food animal practice*, ed 4, Philadelphia, 1999, WB Saunders.

[21]Moore CP, Whitley RD: Ophthalmologic diseases of small domestic ruminants, *Vet Clin North Am Large Anim Pract* 6:641, 1984.

眼睑、第三眼睑和鼻泪管的病理情况

睑内翻

睑内翻是眼睑边缘的内滚，它通过睫毛和眼周毛发引起角膜和结膜的接触刺激。睑内翻被认为是新生羔羊最常见的眼部疾病[1]。先天性的(或原发性)睑内翻，通常只有下眼睑受到影响，而且是双侧的[2-4]。先天性睑内翻被认为是绵羊的遗传缺陷；然而，遗传方式尚不清楚[5]。获得性(或继发性)睑内翻可能是由于外伤、严重脱水、消瘦或衰老引起的球后脂肪丢失，小眼球、肺结核、角膜疼痛或结膜疼痛引起的收肌收缩和睑痉挛造成的(图 14-6)。

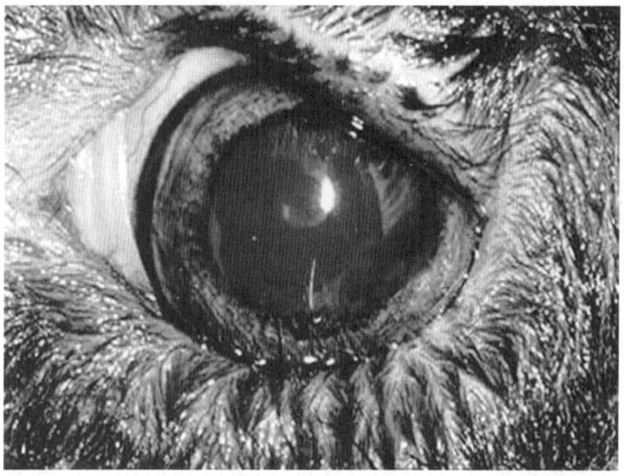

图 14-6　成年山羊的下眼睑内翻(来源：Dr. Ralph Hamor, Champaign, Illnis)。

临床症状

除了眼睑倒置，睑内翻的临床表现通常在出生后几天到几周才能被观察到，可能包眼睑痉挛、畏光，眼睛摩擦和角膜结膜炎。最初可能出现泪溢，但随着继发细菌性角膜结膜炎的发生，眼部分泌物变得黏液脓性[1-4]。继发性或后天性的睑内翻通常是单侧的，可能涉及上眼睑或下眼睑。任何年龄的动物都可能受到影响[3-4]。

治疗

睑内翻的最初治疗通常是保守的，包括局部使用抗生素软膏和非手术的尝试将受影响的眼睑外翻。抗生素软膏应该至少每 8～12 h 使用一次，特别是在疾病的早期阶段。如果存在严重的眼部疼痛和睫状肌痉挛，应每 12 h 使用一次阿托品，直到瞳孔扩大，在此之后使用阿托品的频率可能会降低[3]。

非手术外翻影响眼睑可以尝试使用各种方法；为了获得最佳效果，最好是在出生后 48 h 内进行[4]。由于经济上的原因，可通过皮下注射苄星青霉素或普鲁卡因青霉素来改变羔羊的眼睑排列。注射药物作为局部刺激物，经常导致足够的纤维化以纠正问题。1～2 mL 青霉素(足以使眼睑外翻)以与眼睑边缘平行的直线方式注射[1-3,6,7]。另一种产生局部刺激的方法是在眼皮边缘下方平行的皮肤上使用止血器 30 s[1,3,4,8]。

与注射或局部刺激技术相比，放置 2～3 个 2-0 或 3-0 尼龙或外科皮肤固定钉的垂直床垫缝合线(图 14-7)更可取[1-4,6-9]。目前流行的皮肤固定针具有使用方便、创伤小、刺激性小且在组织中停留的时间比缝合线长[9]。在大多数情况下，使用这些非手术方法可以有效地治疗睑内翻。只有在临时外翻技术不成功的情况下，才能考虑进行手术矫正[7]。由于这种情况通常会随着时间的推移而进展和改善，强烈建议动物至少长到 4～6 个月大时再进行永久性手术矫正，最好是等到面部发育成熟[9]。

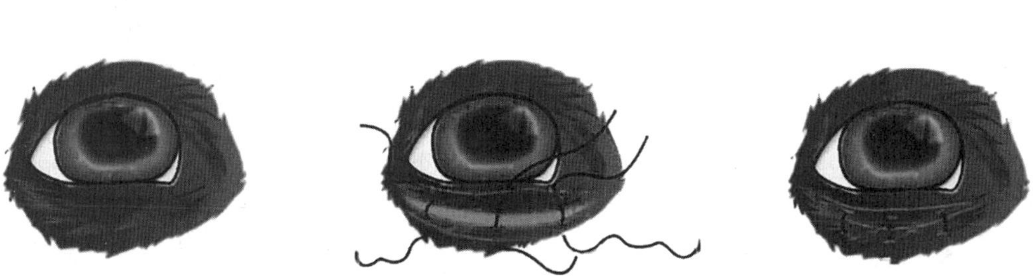

图 14-7　用临时"固定"缝线或订书钉对羔羊的眼睑内翻进行非外科手术矫正。

手术矫正睑内翻，也被称为 Hotz-Celcus 手术（图 14-8），最好将动物麻醉并置于侧卧位。在对该区域进行手术准备后，用 15 号手术刀刀片将新月形皮瓣从受影响的眼睑上取下。首先将要切除的皮肤皮瓣切开到眼睑边缘的远端 1～2 mm 处（如在头发-非头发边界处）并使其比患处宽 3～4 mm。在结膜穹窿下放置无菌的压舌板、盖板或手术刀手柄，便于切开和剥离眼睑。在第一个切口的末端做第二个切口，形成新月形皮瓣。皮肤缺损在一层封闭，与眼睑边缘垂直放置一系列小的、紧密间隔的简单间断缝合。缝合应从切口中部或切除组织最宽处开始，并延伸至边缘，以确保缝合线上的皮肤张力均匀。建议使用柔软、单丝（聚丙烯纤维或尼龙）及细（3-0～4-0）的缝合材料。临床医生应注意将结打在远离角膜的地方，以防止刺激。缝线应在第 10～14 天拆除。局部抗生素应在手术后持续使用，直到角膜溃疡愈合。全身使用非甾体类抗炎药也可减轻术后疼痛和软组织肿胀。

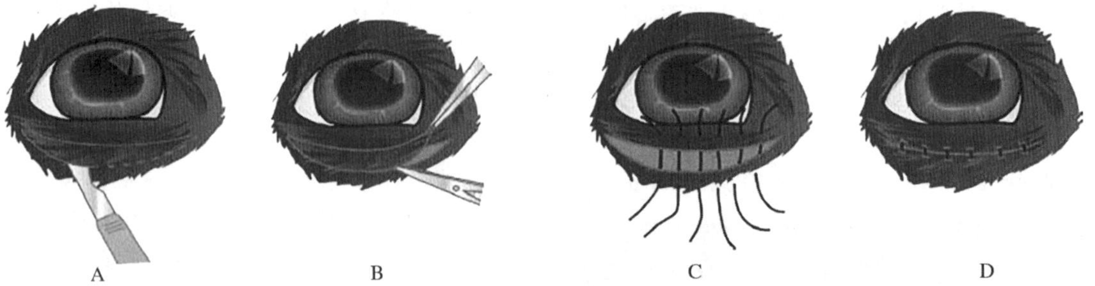

图 14-8　校正睑内翻的 Hotz-Celcus 程序。

预防

先天性睑内翻被怀疑是一种遗传性状，受影响的动物不应用于繁殖目的[2,3,7,8]。导致先天性睑内翻的遗传因素尚不清楚，但该性状涉及的不仅仅是简单的常染色体隐性遗传；它被认为是多种因素造成的[2,4,10]。多尘或多风的环境可能有助于有遗传倾向的动物形成睑内翻[7]。羊群中有 4%～80%的羊可能会受到先天性睑内翻的影响，并且通常会影响几只羔羊[11]。相比之下，获得性或继发性睑内翻通常只影响单个动物[4]。

眼睑外翻

外翻最常见的原因包括医源性的睑内翻矫治和创伤[1,3,4]。外翻在绵羊和山羊中相对罕见[3,4]。先天性上睑外翻在花斑绵羊中有报道[12]。

临床症状

外翻的临床症状包括眼睑下垂、上睑下垂和暴露性角膜结膜炎[4]。一些羊表现出轻微的眼睑下垂，这是一种正常的构象变化。轻度感染的动物可能易患结膜炎，但大多数没有眼部疾病的临床症状[1]。

治疗

如果需要手术矫正，建议采用“V-Y”眼睑成形术或眼睑缩短术，操作技术与其他物种相同[1,3,9]。

眼睑外伤

眼睑的创伤可能导致缺陷，需要手术切除或重建，特别是当涉及眼睑边缘时。轻微和严重的损伤需要清洗和清创术，并对组织进行一期封闭（并置）（图 14-9）。及时治疗对于避免眼睑扭曲、瘢痕形成、感染和眼睑功能丧失也很重要[13]。如果可能的话，保留眼睑边缘是至关重要的，因为失去或扭曲眼睑边缘将导致受影响区域的结膜或角膜受永久性刺激。

手术准备必须温和，以防止进一步水肿。组织清创必须在最小限度内进行，使伤口边缘变新（如用手术刀刀片刮除撕裂处的边缘，直到清除明显的碎片和渗出物），并注意出血情况[9]。建议采用小缝合（3-0～4-0）的双层缝合。第一次修补是在结膜上方的皮下层，使用柔软、可吸收的编织缝合，以简单连续的模式进行，注意不要穿透结膜。在第二层，皮肤边缘用不可吸收的缝合线以简单的间断模式缝合。8 字形缝合在眼睑边缘是理想的，它能在眼睑上提供相对位置，同时保持结远离眼睑边缘[13]。围手术期应使用局部和全身抗生素。注意标准的伤口卫生并使用驱蝇剂是理想的措施。术后治疗的时间（大多数患畜通常为 5～7 d）将根据具体情况有所不同。术后对全身使用非甾体类抗炎药或热敷可减少疼痛和肿胀[9]。为了防止自我创伤，可能需要使用小动物伊丽莎白项圈（Elizabethan collar）。

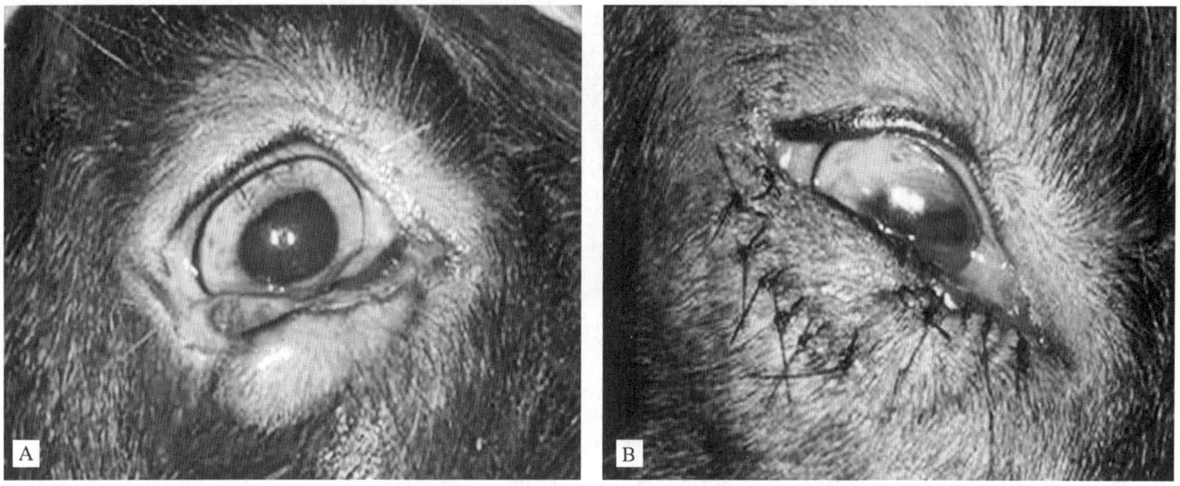

图 14-9 侏儒山羊下眼睑裂伤的手术修复。A. 手术前;B. 手术后(来源:Dr. Ralph Hamor, Champaign, Illinois)。

细菌性睑缘炎

细菌性睑缘炎可能是由刚果嗜皮菌、林氏放线杆菌和诺维氏芽孢梭菌引起的[3,4]。林氏放线杆菌感染的特征是脓肉芽肿结节伴引流道。渗出物压痕涂片显示出成团的丝状革兰阴性细菌和炎性细胞[3]。“巨头症”(诺维氏芽孢梭菌感染)通常发生在公羊身上,是由打架和对撞时头部受伤所致。受感染的动物表现出广泛的面部和颈部肿胀,可能涉及眼睑[3,4]。眼睑水肿可能严重到消除睑裂,导致失明,或当动物无法完全闭上眼睑时,可引起暴露性角膜炎[4]。

治疗

通过适当的免疫接种和育种公羊的选择性分离,预防诺维氏芽孢梭菌感染是最合适的方法。然而,当这种疾病被确诊时,就必须进行全身性抗生素治疗(如青霉素)、抗感染治疗以及对眼睛的支持性治疗(如局部应用抗生素软膏)[4](见第 16 章)。

病毒性睑缘炎

上、下眼睑的炎症可能与许多病原体有关,其中一些病原体可能引发影响其他身体系统的全身性疾病。引起小反刍动物睑缘炎的病毒感染包括副病毒感染,如传染性湿疹(口疮、口腔溃疡)和溃疡性皮肤病(唇和腿溃疡),羊痘和山羊痘(羊痘病毒)以及蓝舌病,这些疾病主要通过库利科伊德蠓叮咬传播的病毒引起的[3,4]。

临床症状

传染性湿疹的病变特征为囊泡或脓疱,迅速发展为面部增生、合并、结痂,特别是在口腔、鼻子和眼睑的皮肤黏膜结合处[14]。畜主和临床医生在治疗有该病迹象的动物时应该戴上手套,因为它具有人畜共患的潜力。同样,溃疡性皮肤病病毒可引起绵羊眼睑结痂性但非增殖性溃疡。

尽管在美国的部分地区有山羊痘的报道,但是绵羊痘和山羊痘在北美多为外来病种[15]。这种疾病影响所有年龄的动物,引起发热、厌食症、结膜炎、鼻炎和眼睑皮肤病变。发病率和死亡率很高。眼睑病变最初表现为圆形(1～3 cm)充血性黄斑,进展为隆起的坚实丘疹,最终成为易于清除的脆弱痂[4]。

蓝舌病的临床表现常在绵羊中被观察到,而在山羊中较少,包括睑缘炎、眼睑浮肿、眼睑痉挛、结膜炎[3,4],并伴有发热、口腔溃疡、青紫舌、孕羊流产。与此病相关的其他眼部病变包括附件皮肤充血和湿疹以及视网膜发育不良[3]。

治疗

目前还没有开发出抗病毒药物来治疗具有兽医眼科重要性的病毒病[9]。因此,小反刍动物病毒性睑缘炎的治疗主要是对症治疗,需要经常清洁眼睑边缘,然后应用眼科抗生素以防止继发性细菌感染[3]。减毒疫苗具有持久的免疫力,因此是绵羊痘和山羊痘的首选控制措施[16,17]。提供足够的营养和保持水合作用是必不可少的,尤其是对系统性疾病患畜。抗炎药也可能是有益的。受影响的动物应隔离,并且必须避免眼药膏管污染[3]。

真菌性睑缘炎

皮肤真菌病或癣菌是由小孢子菌和毛癣菌引起的皮肤感染,该病在山羊和绵羊中均少见。

临床症状

皮肤真菌病的临床表现包括面部脱发和结痂,可能影响眼睑。病变常呈圆形。瘙痒的严重程度是可变的,但通常较轻。年幼的山羊最容易感染,而且病例最可能发生在深冬和早春[3]。诊断可以基于真菌培养,对受影响的毛发施用氢氧化钾(KOH)在皮肤真菌测试培养基(即 DTM 平板)上进行真菌培养,然后用显微镜检查。对于真菌培养,病变边缘的断毛是首选样本[15]。皮肤真菌是潜在的人畜共患疾病,人们在检查和治疗受感染的动物时应该戴上手套。

治疗

真菌睑缘炎通常是自限的,大多数动物在春季随着牧场条件的改善而恢复。对症治疗可应用局部抗真菌软膏或洗发水[3]。

寄生虫引起的睑缘炎

各种体外寄生虫感染可直接通过寄生虫本身的影响或间接通过瘙痒和随后的自我诱发的创伤导致睑缘炎。绒毛膜囊性、牛皮癣或睑板炎可引起剧烈瘙痒,但很少累及面部[3]。诊断是根据临床症状,并通过显微镜检查皮肤擦伤来确诊的。其他可能引起睑缘炎的外部寄生虫包括绵羊虱蝇、虱和蜱[3,4]。

施氏血管线虫可能是生活在美国西部的绵羊和山羊中异常迁徙的幼虫的传染源。该病多发生在美国西部的高山地区,因为小反刍动物在该虫的终末宿主鹿附近放牧[1,7]。马蝇是中间宿主[4]。小反刍动物和麋鹿感染施氏血管线虫的临床症状包括面部肿胀、眼睑痉挛、角膜结膜炎、脱发、溃疡和面部结痂性病变[1,6]。成年绵羊常在秋季和冬季发病[1,7]。诊断的依据是与流行地区动物的一致临床体征和皮肤或结膜活检标本中的施氏血管线虫。

治疗

螨虫感染可以通过伊维菌素(0.2 mg/kg,皮下注射,每 14 d 进行 2～4 次治疗)[15]、泼淋杀虫剂和必要时局部施用杀虫剂[3]。据报道,施氏血管线虫感染的有效治疗方法包括哌嗪(50 mg/kg,口服)和乙基卡马西林(100 mg/kg,口服)。伊维菌素对这种寄生虫的疗效尚不清楚[7]。

引起睑缘炎的其他原因

引起睑缘炎和眼睑浮肿的其他原因包括光敏化、日光性皮炎、接触性超敏性皮炎和皮肤蝇蛆病[3,6]。

肿瘤

据报道,影响绵羊和山羊眼睑的肿瘤包括鳞状细胞癌、纤维瘤、纤维肉瘤、黑色素瘤和乳头状瘤[3,6,18]。评估时应确定周围邻近淋巴结或其他眼部结构是否累及。乳头瘤病毒感染已被证实会引起眼睑疣[3,6]。在具有免疫能力的动物中,疣通常是良性和自限的。

治疗

干扰眼睑功能或刺激角膜的乳头状瘤应切除[3]。良性和恶性眼睑肿瘤的治疗选择取决于肿瘤的侵袭性,可能包括手术切除,随后进行冷冻治疗或局部射频热疗,"阻断"手术切除,或 CO_2 激光切除。对于小反刍动物而言,外科手术与辅助冷冻疗法或热疗是一种简单、有效、快速以及经济的方法。

在外科除瘤前,建议适当限制和局部浸润 2% 利多卡因。15 号或 10 号手术刀刀片是用来尽可能多地剃掉异常组织的凸起部分,理想情况下,要达到正常皮肤下面的水平。如有大出血,应适当控制。在执行冷冻疗法,使用液氮将组织冷冻至 −30℃ 至少 2 次且最多冷冻 3 次,冻结周期之间样品完全解冻[18]。最好使用带有探头的一氧化二氮冷冻治疗装置,以紧密接触小或带蒂的病变(直径小于 5 mm);然而,带有液氮的喷洒系统可用于更大、更广泛的病灶(大于 5 mm)。应小心操作,以避免冷冻了正常的眼和眼周组织。根据需要保护的区域对泡沫塑料杯进行造型,可达到这个目的。在执行射频高热时,表面探测单元用于加热组织至 50℃ 并持续 30 s 的时间[18,19]。对于患有眼鳞状细胞癌的马和牛,后一种技术不推荐用于深部眼睑穿透的大肿瘤(直径 5 cm 或更大)[20]。建议进行随访评估,在某些情况下可能需要重新治疗。

手术切除

根据眼睑肿瘤的大小、位置和性质，选择最适合眼睑肿瘤整体切除的手术方法。如别处所述，小肿瘤或肿块的外科切除可以通过椭圆形或帐篷状切口进行[21]。对于较大肿瘤的切除，可进行楔形切除，H 状或者 V-Y 状上睑成形术[9,22]。局部抗生素软膏应在术后几天使用(见第 10 章)。

无论采用何种技术治疗眼睑肿瘤，都应尽可能多地切除肿瘤，并对切除组织的边缘进行组织学检查。

第三眼睑疾病

瞬膜的异常是不常见的。感染性结膜炎时，第三眼睑的淋巴滤泡可能非常突出，尤其是由衣原体生物引起的情况。影响第三眼睑的癌和腺癌可以通过局部切除或切除整个瞬膜来治疗[3]。

第三眼睑切断术是简单的，需要适当的头部控制并结合耳廓神经阻滞和局部麻醉。简而言之，第三眼睑可被抓住并完全外在。1～2 个弯曲的止血器夹在瞬膜底部，并靠近病灶。使用手术刀刀片或锋利的剪刀，将止血钳远端的组织沿夹具切除。将止血钳放置至少 2～3 min，以便适当止血。如果不使用夹具，可能会出现轻微出血，但不会造成问题。病灶及手术边缘的显微镜检查对于诊断确定及预测均有价值[22]。

在破伤风的病例(破伤风梭菌感染)中，受感染的小反刍动物的第三眼睑经常脱垂。与此相关的临床症状还有继发于眼睑收缩的轻度双侧眼球突出。

鼻泪管疾病

羊鼻泪管疾病最常见的是由羊鼻蝇幼虫引起的。通常情况下，鼻蝇的幼虫在额窦和鼻窦发育成熟，直到它们被嗅出以完成其生命周期为止。有时，幼虫可能不正常地沿鼻泪管向上移动，进入结膜囊，引起局部炎症。

临床症状

眼睛或鼻泪感染的临床症状包括泪溢、黏液或黏液脓性眼分泌物及结膜炎。受感染的动物也可能表现出疯狂的行为，以避免成年僵尸、跺脚或打喷嚏，并可能有鼻分泌物。在结膜囊中发现幼虫具有诊断性意义。

治疗

治疗包括机械清除可见幼虫、冲洗鼻泪管和服用伊维菌素(0.2 mg/kg，皮下注射)。鼻马蝇感染最有效的治疗是在秋季，此时幼虫较小[3,7]。

参考文献

[1] Moore CP, Wallace LM: Selected eye diseases of sheep and goats. In Howard JL, editor: *Current veterinary therapy 3: food animal practice*, Philadelphia, 1993, WB Saunders.

[2] Miller TR, Gelatt KN: Food animal ophthalmology. In Gelatt KN, editor: *Veterinary ophthalmology*, ed 2, Philadelphia, 1991, Lea & Febiger.

[3] Moore CP, Whitley RD: Ophthalmic diseases of small domestic ruminants, *Vet Clin North Am Large Anim Pract* 6:641, 1984.

[4] Wyman M: Eye diseases of sheep and goats, *Vet Clin North Am Large Anim Pract* 5:657, 1983.

[5] Leipold HW: Congenital ocular defects in food-producing animals, *Vet Clin North Am Large Anim Pract* 6:589, 1984.

[6] Lavach JD: Disorders of the eyelids, conjunctivae, and nasolacrimal system. In Lavach JD, editor: *Large animal ophthalmology*, St Louis, 1990, Mosby.

[7] Pickett JP: Selected eye diseases of food and fiber-producing animals. In Howard JL, Smith RA, editors: *Current veterinary therapy, food animal practice*, ed 4, Philadelphia, 1999, WB Saunders.

[8] Rook JS, Cortese V: Repair of entropion in the lamb, *Vet Med Small Anim Clin* 76:571, 1981.

[9] Maggs DJ, Miller PE, Ofri R, editors: *Slatter's Fundamentals of veterinary ophthalmology*, ed 4, St Louis, 2008, Saunders Elsevier.

[10] Taylor M, Catchpole J: Incidence of entropion in lambs from two ewe flocks put to the same rams, *Vet Rec* 118:361, 1986.

[11] Gelatt KN: Congenital entropion in a Hampshire lamb, *Vet Med Small Anim Clin* 65:761, 1970.

[12] Littlejohn AI: A defect of the upper eyelid in a flock of piebald sheep, *Vet Rec* 85:189, 1969.

[13] Turner LM, Whitley RD, Hager D: Management of ocular trauma in horses. Part 2: orbit, eyelids, uvea, lens, retina and optic nerve, *Mod Vet Pract* 67:341, 1986.

[14] Smith MC, Sherman DM: Skin. In Smith MC, Sherman DM, editors: *Goat medicine*, Philadelphia, 1994, Lea & Febiger.

[15] White SD: Diseases of the skin. In Smith BP, editor: *Large animal internal medicine*, ed 4, St Louis, 2009, Mosby Elsevier.

[16] Rao TV, Bandyopadhyay SK: A comprehensive review of goat pox and sheep pox and their diagnosis, *Anim Health Res Rev* 1:127, 2000.

[17] Bhanuprakash V, et al: The current status of sheep pox disease, *Comp Immunol Microbiol Infect Dis* 29: 27, 2006.

[18] Maggs DJ: Diseases of the eye. In Smith BP, editor: *Large animal internal medicine*, ed 4, St Louis, 2009, Mosby Elsevier.

[19] Kainer RA, Stringer JM, Lueker DC: Hyperthermia for treatment of ocular squamous cell tumors in cattle, *J Am Vet Med Assoc* 176:356, 1980.

[20] Grier RL, et al: Treatment of bovine and equine ocular squamous cell carcinoma by radiofrequency hyperthermia, *J Am Vet Med Assoc* 177:55, 1980.

[21] Irby NL: Surgical diseases of the eye in farm animals. In Fubini SL, Ducharme NG, editors: *Farm animal surgery*, St Louis, 2004, Saunders.

[22] Welker B: Ocular surgery, *Vet Clin North Am Food Anim Pract* 11:149, 1995.

结膜和角膜的病理条件

总论

结膜炎是一种临床症状,可能与全身性疾病或仅影响眼部或眼部周围组织的疾病有关。因此,对健康状况的评估和细致的眼科检查是准确诊断的必要条件。结膜病理过程的临床特征包括眼分泌物(通常为黏液)、结膜充血、水肿(如化脓性水肿)、结膜下气肿、瘙痒和出血[1]。

结膜创伤

山羊和绵羊都有大而突出的眼睛,它们在吃草时可能会受到围栏、喂食器和粗饲料的伤害。多尘或多风的环境也可能导致刺激性结膜炎。

临床症状

结膜损伤的动物常伴有结膜出血和肿胀。如果眼球变软(如眼压下降)或前房变浅或平,则可能发生巩膜或角膜撕裂伤。结膜下出血是新生儿的一个独特表现,是由分娩时的轻微外伤引起的。

治疗

在简单的、不复杂的情况下,结膜刺激或轻微的创伤可在 24～48 h 内迅速愈合[1]。局部广谱抗生素软膏(如新霉素-多黏菌素 B-杆菌肽软膏)可治疗该病,并预防继发性细菌感染及提供角膜润滑[2]。更严重的撕裂伤应用缓冲盐水冲洗,以确保清除异物,并在放大镜下,用 6-0 或 7-0 聚乳酸 910(Vicyl)或聚对二氧环己酮缝合线(如 PDS)进行缝合,并使用局部抗生素治疗[1]。

角膜外伤

角膜损伤可能是由于异物穿透、环境中尖锐物体的划伤或擦伤造成的溃疡性角膜炎所致。无论何种类型的创伤,均应根据撕裂深度、晶状体受累程度和撕裂超出边缘的程度来预测后续可能出现的问题[1]。

治疗

附着或浅表嵌入角膜的、小的、表面的异物,如植物材料颗粒,必须清除,以限制疼痛并防止继发性细菌感染和瘢痕形成。如果有异物附着,最好用冲洗法去除,在局部麻醉剂的作用下,用细而强力的盐水或洗眼液直接冲洗角膜(0.5%的丙美卡因)[1]。嵌入异物通常很容易用棉签或眼钳取出。去除异物且未穿透角膜,可使用广谱局部抗生素和 1%阿托品,与单纯角膜溃疡的治疗方法相同[2]。

深部角膜溃疡需要细菌培养和细胞学研究来指导特定的抗菌治疗。小的、密封的(用纤维蛋白或虹膜)角膜穿孔可以通过医疗处理愈合,只要瞳孔保持不变,就能形成肉眼。应使用抗生素和阿托品溶液而不是软膏,因为软膏在前房内会加重前葡萄膜炎。应该允许伤口血管化并形成疤痕组织,当愈合完成后,血管会自行退化。

对于有较大穿孔创口、瞳孔丢失、晶状体破裂或角膜撕裂伤,且预后较差的动物,建议转诊给眼科医生摘除眼球。角膜和结膜的化学损伤可能是由于直接接触杀虫剂或喷雾剂、洗发水或消毒剂造成的。在化学损伤的情况下,立即用大量等渗盐水或普通自来水灌洗结膜囊，以稀释致敏剂。冲洗后，眼睛应使用局部抗生素和阿托品治疗。局部使用抗裂酶制剂如乙酰半胱氨酸（8%～10%）可能有助于控制持续的角膜软化。全身抗炎药是控制继发性葡萄膜炎的有效药物[2]。

感染性角膜结膜炎

感染性角膜结膜炎（IKC）又称“红眼病”，是世界公认的一种常见的影响家养和野生绵羊和山羊眼睛的传染性疾病[3,4]。虽然有许多病原体与这种情况有关，但只有 2 种病原体，即结膜支原体和衣原体被认为是主要的病原[5,7]。

支原体角膜结膜炎

在小反刍动物中，结膜支原体、支原体亚种、无乳支原体等是引起动物感染性角膜结膜炎的重要且常见的病原体。在这一组中，结膜支原体是最常见的分离病原体。与小反刍动物支原体感染相关的其他临床症状包括胸膜肺炎、关节炎、乳腺炎和蜂窝织炎[8-10]。

临床症状

眼部支原体感染的典型临床症状是结膜充血、畏光、眼睑痉挛和泪溢，这些症状可能导致黏液脓性[6,10-16]。在某些情况下，可能会发生角膜新生血管和混浊，开始于角膜缘并向中央进展[6,12-16]；偶尔可见结膜滤泡。在严重感染的动物，可能发生葡萄膜炎[17]、角膜溃疡及临时或持续失明导致强烈的角膜混浊的症状[3,10-14,18]。在一项研究中，9 只临床上受影响的大角羊被跟踪观察了一段时间后，发现它们大约平均失明 38 d[3]；其中 3 只在失明 44 d 后恢复视力；其余 6 只没有好转，最终在 36 d 后死亡。与羔羊相比，结膜支原体感染的临床症状在成年绵羊中更为常见和严重[6,14]。较温和的病例常见于山羊[19]。这种情况可能是双边或单边的。在绵羊中发现了明显的结膜支原体健康携带者[20]。

诊断

支原体感染的诊断基于临床特征、结膜刮片 IFA 染色、以及泪液、血液或牛奶的阳性培养来进行的[6,13]。对结膜刮片进行吉姆萨染色，可能观察到上皮细胞质内嗜碱性、球菌样菌[6,13,14]。结膜中性粒细胞、淋巴细胞、浆细胞以及坏死的上皮细胞也可以观察到[13]。当临床症状[14]出现后不久获得拭子并立即放入支原体培养基时，培养结果可能为阳性[6]。利用实时聚合酶链式反应（rt-PCR）技术对结膜支原体拭子样品进行快速、高灵敏度的检测[21]。间接血清抗体酶联免疫吸附法（ELISA）可用来鉴定受感染的羊群[22]。

治疗

许多感染性角膜结膜炎病例是自限性的，如果不治疗，这种情况可能在几周内完全消退[10,12,16]。然而，对支原体免疫力较差的个别动物和禽群，该病常常复发[8]。临床上健康的绵羊可能会将该病传播给其他羊群，因为支原体可在明显的临床痊愈后动物的眼部和鼻腔分泌物中持续存在 3～6 个月[6,20]。因此，无论是全身性的还是局部的抗生素治疗都被推荐使用，抗生素可以加速受感染动物的康复[16,23]。全身性泰乐菌素、土霉素（肌肉或皮下注射 10～20 mg/kg）、四环素（饲料中每只 80 mg/d）和链霉素已被证明在体外对取自绵羊的分离物有效[23]。四环素局部单独使用（每天至少一次，连续使用 5～6 d）或与多黏菌素 B 联合使用也被报道是有效的，特别是当临床症状仅限于结膜时。不建议在结膜下使用土霉素，因为它可能引起严重的局部炎症反应。如果前葡萄膜炎也存在，推荐使用硫酸阿托品软膏。在感染结膜支原体的羔羊试验中，发现单次肌肉注射土霉素能有效改善临床视力评分；但它并没有清除眼睛分泌物中的细菌[24]。面对突发的感染性角膜结膜炎，预防性的使用长效土霉素（每 72 h 20 mg/kg，肌肉或皮下注射）可预防牛群或羊群中的其他成员出现临床症状[14]。

预防

应该隔离受感染的动物，以防止该病传播[13]。最近受影响的牛群或羊群通常有引入新成员的历史，因为这些新成员是结膜支原体的亚临床携带者[6,14,16,18]。感染是通过直接接触感染性眼睛分泌物、污染物或通过果蝇传播的[13,14,18]。一些研究人员建议在新动物加入牛群或羊群之前，对它们进行隔离和预防性治疗[13]（见第 7 章和第 16 章）。

衣原体角膜结膜炎

流产嗜性衣原体和反刍动物衣原体是衣原体属的两个种，可在绵羊和山羊中引起疾病。流产嗜性衣原体是引起小反刍动物流产和睾丸炎的重要原因之一[7]。反刍动物衣原体通常从反刍动物的消化道分离出来,并被确定为引起角膜结膜炎和多关节炎暴发的原因,主要发生在羊群中[7,13,18]。

临床症状

衣原体感染的初期,眼部表现包括泪溢、结膜充血和化学变性(图 14-10)。随着病情的发展,眼部分泌物由黏液变为脓性,炎症从巩膜扩散到角膜,导致角膜新生血管形成,角膜可能发生溃疡但并不常见[25,26],并且结膜的滤泡形成变得突出[13,18,25,27-29]。淋巴滤泡最初表现为结膜上小的、离散的、苍白的、隆起的区域,逐渐扩大并合并在结膜下穹隆形成粉红色到红色褶皱。它们可以凸出 8~10 mm,以填充结膜穹窿,并与眼动膜表面的滤泡融合[25]。大多数角膜结膜炎病例(约 80%)表现为双侧及对称病变[13,18,25,27]。与成年羊相比,羔羊的临床症状通常更为严重。尽管发病率很高(多达 90%的小羊可能感染)[13,18],但死亡率较低。在发生角膜结膜炎的情况下,大约有 25%的受感染动物会发展成多关节炎[27]。小反刍动物衣原体感染与结膜支原体感染在临床特征上具有相似性,因此无法区分[18]。

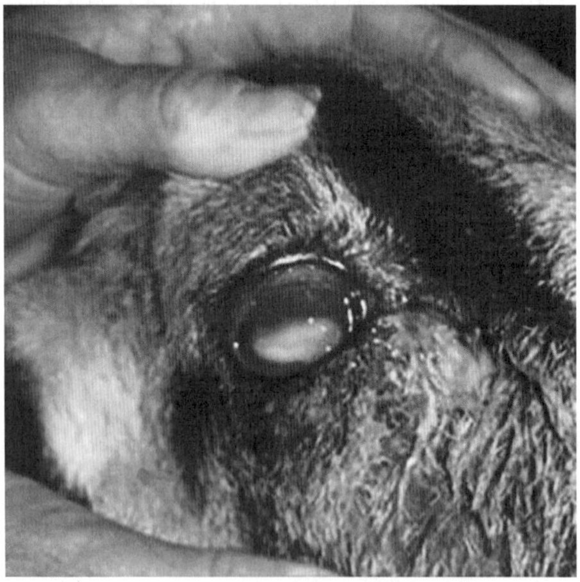

图 14-10 山羊衣原体角膜结膜炎。

诊断

在疾病早期,结膜刮片镜检显示有大量中性粒细胞和一些淋巴细胞以及浆细胞[25]。胞浆内衣原体包体是嗜碱性的(吉姆萨染色),通常是近核的,在大约 1/3 的眼部刮伤中可以发现[6,13,19,25,27];也可以通过 IFA 测试来确定它们的存在[7]。这些微生物可以从结膜刮屑或从患有结膜炎和多关节炎的绵羊身上采集血液样本进行培养获得[25,27,30]。在疾病发生的早期,更有可能通过培养或细胞学方法发现该病原[14,29]。PCR 技术也可用于最终鉴定。

补体固定试验(CFT)等血清学研究也被用于诊断小反刍动物衣原体感染[6,13,14,18,25,27,28]。在急性期和恢复期血清样本(间隔 2 周采集)中,4 倍或更高的滴度升高可由 CFT 确诊[6]。

治疗与预防

衣原体感染的治疗与支原体感染相似。全身和局部长效四环素被报道是有效的[6,13,18,19]。对于患有衣原体诱发的角膜结膜炎的羔羊,应考虑肠外使用抗生素,特别是由于多关节炎产生的后遗症[6]。肌肉注射泰乐菌素是另一种治疗方案[31]。为减少与衣原体暴发相关的临床疾病的发生率和严重性,推荐的方案是在饲料中按每天每头施用 150~200 mg 四环素[7]。在简单的病例中,该病具有自限性,可在 2~3 周内恢复[13,25,29]。

该病是通过与感染性分泌物的直接接触传播,特别是在密闭环境中的动物[7];或是通过昆虫间接传播[13,25]。在临床症状消除后,恢复动物的眼泪和鼻腔分泌物可能会携带反刍动物衣原体数个月[6,13]。在 8~10 个月大的羔羊中可能会产生一定程度的抗药性[25]。虽然有些工作人员指出,临床正常的绵羊可能是反刍动物衣原体的携带者[14,29],但另一些人则表示这些病原无法从临床正常动物的眼睛中培养出来[18]。

羊莫氏杆菌角膜结膜炎

羊莫氏杆菌可引起绵羊和山羊双侧结膜炎、眼睑畸形、注射的巩膜血管、畏光和角膜新生血管形成[13,32]。有研究发现受羊莫氏杆菌影响的山羊也长出了 0.5~1 mm 高的透明结膜滤泡[33]。只有少数受影响的羊患角膜炎[13]。羊莫氏杆菌作为一种主要病原体,但其作用机制尚不清楚。该细菌可能主要是由其他生物如结膜支原体和反刍动物衣原体等机会性感染造成的[6,14,18,34,35],或可能导致严重的疾病[36]。所有年龄的动物都易受感染,1 岁以下的动物最易受到感染[35]。

诊断

革兰阴性双球菌在结膜刮片革兰染色上占优

势，提示羊莫氏杆菌感染；但应该用细菌培养来确认诊断[32]。羊莫氏杆菌可能从患病的和未受影响的绵羊和山羊的眼睛中分离出来[6,12,14,18,37,38]，但在受影响的绵羊中更易被分离[12,14]。

治疗

成功治疗山羊莫氏杆菌感染需要肠外使用泰乐菌素 5 d，同时局部应用杆菌肽-新霉素-多黏菌素 B 药膏。在球结膜下注射普鲁卡因青霉素 G 可有效治疗感染山羊[33]。没有角膜损伤的动物可在 48 h 内恢复[32]。

结膜轲赖氏体结膜炎

结膜轲赖氏体是衣原体科的成员之一，和反刍动物嗜性衣原体一样，据报道它会在绵羊中引起传染性角膜结膜炎，但文献报道很少。基于其形态学外观，结膜轲赖氏体被认为是一种类似立克次氏体的生物[13,29,39]，这种分类可能是基于错误地将反刍动物嗜性衣原体的上皮包涵体鉴定为立克次氏体生物[13,29]。该细菌尚未进行培养，仅在结膜刮屑中发现[13]。

无胆甾原体眼结膜炎

绵羊和山羊眼色素不全症的临床症状包括结膜炎、角膜炎、睑痉挛、上睑外翻和血管翳[40,41]。一份报告从英国一群母羊的培养拭子中分离出无胆甾原体和 *M. conjunctivae* [40]，但没有说明同时隔离的重要性。

单核细胞增生李斯特氏菌结膜炎

与脑病相比，绵羊和山羊中与单核细胞相关的眼部感染单核细胞增生李斯特氏菌似乎很少发生。由单核细胞增生李斯特氏菌感染引起的结膜炎和前葡萄膜炎已在饲喂成捆青贮的绵羊中报道[42]。

临床症状

报告的临床体征包括眼睑痉挛、角膜水肿，下垂体、瞳孔缩小和卡他性结膜炎。采用结膜拭子进行细菌培养可证实诊断[42]。

治疗与预防

局部眼用四环素，单药反应较差，但与非肠外阿莫西林联合给药后，病症可在 2 周内消退，且角膜无残留瘢痕[42]。该病可以通过在饲槽中进食以减少眼与青贮饲料的接触来预防[26]。

细菌性角膜结膜炎治疗中的一般注意事项

处理方案

绵羊和山羊的眼部细菌性病原菌大多对四环素敏感。注射长效四环素（20 mg/kg，每 72 h 肌肉或皮下注射 1 次）和眼科四环素（6～8 h）联合治疗通常对大多数细菌感染有效[43]。局部软膏通常比溶液更受欢迎，因为它们的接触时间较长，而且药物在眼部分泌物中可能会损失较少。结膜下注射抗生素可用于达到治疗药物的初始高浓度，但不应替代局部抗生素[43]。第三眼睑皮瓣可作为临时眼科绷带，用于一些溃疡性角膜炎的病例中。当存在明显的溃疡性角膜炎和葡萄膜炎时，推荐使用硫酸阿托品软膏。在角膜溃疡的情况下，类固醇是禁忌药物，在角膜发生再上皮化之前应避免使用[19]。

去除眼分泌物对预防睑缘炎、眼周皮炎和形成上眼睑和下眼睑之间的粘连，以及提高眼科药物的渗透性和生物利用度非常重要[1]。用湿润的棉花或纱布除去渗出物或结痂，用商业的眼部清洁溶液冲洗和眼睑的“热敷”不仅可以提高患畜的舒适度，也代表了有用和便宜的附加措施来治疗大多数结膜疾病。

控制与防治

在疑似细菌性角膜结膜炎的动物传染病病例中，建议采取若干控制措施以减少疾病的传播[44]。受感染的动物应与它们直接接触的牛群或羊群的其他动物完全隔离 2 周[26]或更长时间（3～4 周）。在隔离期间，临床上受感染和暴露的动物应分别进行治疗并每天仔细监测其眼部疾病的临床症状。

应避免接触环境刺激物，如苍蝇、灰尘、花粉和风。应该修剪牧场，以消除长茎或粗糙的杂草或草。应清除受污染的畜栏垫料，并清洁和消毒水槽和饲槽。受影响的动物可能有视觉缺陷，应该被限制或保持在容易接近饲料和水源附近。

病毒性角膜结膜炎

据报道 2 只山羊感染了传染性牛鼻气管炎病毒，患有严重的结膜炎、圆锥角膜、角膜混浊和失明[45]。该病毒是从这 2 只山羊的鼻腔分泌物中分离出来的。在眼部受累之前，山羊表现出呼吸道疾病的临床症状，并且都痊愈了。蓝舌病毒感染可引起绵羊结膜炎、睑缘炎和睑水肿[19]。

真菌性角膜炎

霉菌性角膜炎在反刍动物中很少见[19]。如果在结膜刮屑中培养或观察到真菌成分，应仔细考虑它们作为环境污染物的存在。腐生真菌，如曲霉菌和毛霉菌，已从绵羊和山羊的患病和未受影响的眼睛中分离出[16,25]。

治疗

治疗包括使用局部抗真菌药物，如纳他霉素、咪康唑、伊曲康唑-二甲基亚砜（DMSO）、酮康唑或氟康唑。使用局部咪康唑通常是最具成本效益的方案，建议每 4～6 h 使用一次。浅表角膜切除术也可用于治疗和诊断目的。

寄生角膜炎

加利福尼亚吸吮线虫在北美的温血动物中能引起广泛的感染。线虫小，长 7～18 mm，常见于结膜穹窿，特别是第三眼睑后[19]。它们偶尔会侵入鼻泪系统。有趣的是，眼临床体征的发展并不常见[46,47]。这种症状（如果存在）在轻度病例中可能包括泪溢、结膜炎和轻微的眼睑痉挛。病情严重时可能发生角膜水肿、溃疡和新生血管形成[47]。发情的羊属幼虫可异常移入绵羊的结膜或鼻泪管，引起表皮和结膜炎[46]。小反刍动物的角膜结膜炎、眼睑痉挛和眼睑水肿可作为 *E. schneideri* 感染的表现[46]。

治疗

对加利福尼亚吸吮线虫感染的治疗包括使用局部麻醉剂[47,48]或有机磷（碘苯甲硫磷）[44]冲洗结膜囊后人工去除蠕虫。在牛中，伊维菌素（0.2 mg/kg，皮下注射）和多拉菌素（0.2 mg/kg，皮下注射）[49]均具有超过 99%的抗线虫功效。左旋咪唑（5 mg/kg，口服）也可能有效[44]。由于苍蝇和其他麝香植物是该虫的中间宿主，所以控制苍蝇对于减少感染的流行至关重要。对 *O. ovis* 和 *E. schneideri* 的治疗在“眼睑病理状态”一节中有进一步描述。

暴露性角膜炎

疯草（黄芪属和棘豆属）导致动物不能正常眨眼，而造成眼睑神经麻痹和继发暴露相关的角膜结膜炎[50]。北美疯草毒性也导致泪腺分泌上皮细胞出现明显的细胞质空泡化。由此导致泪液生成的减少，进一步加剧了干燥性角膜结膜炎，导致一些受影响的动物出现“呆滞的眼睛”[51]。感染性疾病，如李斯特氏菌病或中耳炎或中耳炎的扩展，应被排除作为面神经麻痹的可能原因，特别是在单侧缺陷的动物中[52]。

全身性疾病的结膜表现

检查过程中，结膜非常容易进行物理检查，可为许多正在发生的系统性疾病提供诊断线索。结膜极度苍白可能被用于临床鉴定继发于血龙胆感染的贫血绵羊和山羊。贫血的严重程度可以根据 FAMACHA 眼睛颜色表来评分[53]（见第 6 章和第 16 章）。

结膜和巩膜呈黄色（如黄疸），伴有虚弱，可能进展至死亡；这种情况在绵羊和山羊中可能是由于溶血如铜中毒、细胞外寄生虫病等疾病（卵巢支原体）、无原体（卵巢无原体）、钩端螺旋体（细螺旋体）、细菌血红蛋白尿和梨形虫病（巴贝斯），最后一种在美洲是外来的。黄疸也可能是肝病的一个特征，如吡咯利济定生物碱毒性、肝吸虫病和传染性肝炎（如黑疫）。

结膜出血最可能是由外伤引起的，尤其是单侧的。在患有革兰阴性脓毒症（如新生儿）、严重血小板减少症或华法林毒性的患畜中可观察到瘀点或瘀斑[54]。

眼睛的杂症

真皮瘤（绒毛膜瘤）是表皮组织的异位斑块，可在结膜、角膜缘和角膜上发现。该病在绵羊和山羊身上少发[46]。影响结膜或眼睑黏膜的真皮瘤通常很容易通过全身或局部麻醉的尖锐剥离去除。角膜真皮可以通过手术切除浅层角膜。如果不切除整个病灶，可复发[55]。对于出现病变复发的患畜，建议转诊眼科医生。

参考文献

[1] Maggs DJ, Miller PE, Ofri R, editors: *Slatter's Fundamentals of veterinary ophthalmology*, ed 4, St Louis, 2008, Saunders Elsevier.

[2] Whitley RD: Ocular trauma. In Smith BP, editor: *Large animal internal medicine*, ed 2, St Louis, 1996, Mosby Elsevier.

[3] Jansen BD, et al: Infectious keratoconjunctivitis in bighorn sheep, Silver Bell Mountains, Arizona, USA, *J Wildl Dis* 42:407, 2006.

[4] Jones GE: Infectious keratoconjunctivitis. In Martin WB, Aitken ID, editors: *Diseases of sheep*, ed 2, Oxford, 1991, Blackwell Scientific.

[5] Trotter SL, et al: Epidemic caprine keratoconjunctivitis: experimentally induced disease with a pure culture of Mycoplasma conjunctivae, *Infect Immun* 18:816, 1977.

[6] Hosie BO: Infectious keratoconjunctivitis in sheep and goats, *Vet Ann* 29:93, 1989.

[7]Neitfeld JC: Chlamydial infections in small ruminants, *Vet Clin North Am Food Anim Pract* 17: 301, 2001.

[8] Jones GE: Ovine keratoconjunctivitis. In Martin WB, Aitken ID, editors: *Diseases of sheep*, Oxford, 1983, Blackwell Scientific.

[9] Rodriguez JL, et al: High mortality in goats associated with the isolation of a strain of *Mycoplasma mycoides* subsp, *Mycoides* (large colony type), *J Vet Med B* 42:587, 1995.

[10] McCauley EH, Surman PG, Anderson DR: Isolation of *Mycoplasma* from goats during an epizootic of keratoconjunctivitis, *Am J Vet Res* 32:861, 1971.

[11] Jones GE, et al: Mycoplasmas and ovine keratoconjunctivitis, *Vet Rec* 99:137, 1976.

[12] Egwu GO, et al: Ovine infectious keratoconjunctivitis: a microbiological study of clinically unaffected and affected sheep's eyes with special reference to *Mycoplasma conjunctivae*, *Vet Rec* 125: 253, 1989.

[13] Moore CP, Wallace LM: Selected eye diseases of sheep and goats. In Howard JL, editor: *Current veterinary therapy* 3: *food animal practice*, Philadelphia, 1993, WB Saunders.

[14] Greig A: Ovine keratoconjunctivitis, *In Pract* 11: 110, 1989.

[15] Dagnall GJR: Experimental infection of the conjunctival sac of lambs with, *Mycoplasma conjunctivae*, *Br Vet J* 149:429, 1993.

[16] Baas EJ, et al: Epidemic caprine keratoconjunctivitis: recovery of *Mycoplasma conjunctivae* and its possible role in pathogenesis, *Infect Immun* 18: 806, 1977.

[17] Whitley RD, Albert RA: Clinical uveitis and polyarthritis associated with *Mycoplasma* species in a young goat, *Vet Rec* 115:217, 1984.

[18] Ramsey DT: Surface ocular microbiology in food and fiberproducing animals. In Howard JL, Smith RA, editors: *Current veterinary therapy*: *food animal practice*, ed 4, Philadelphia, 1999, WB Saunders.

[19] Wyman M: Eye diseases of sheep and goats, *Vet Clin North Am Large Anim Pract* 5:657, 1983.

[20] Janovsky M, et al: *Mycoplasma conjunctivae* infection is selfmaintained in the Swiss domestic sheep population, *Vet Microbiol* 83:11, 2001.

[21] Vilei EM, et al: Validation and diagnostic efficacy of a TaqMan real-time PCR for the detection of *Mycoplasma conjunctivae* in the eyes of infected caprinae, *J Microbiol Methods* 70:384, 2007.

[22] Belloy L, et al: Detection of specific *Mycoplasma conjunctivae* antibodies in the sera of sheep with infectious keratoconjunctivitis, *Vet Res* 32:155, 2001.

[23] Egwu GO: in vitro antibiotic sensitivity of *Mycoplasma conjunctivae* and some bacterial species causing ovine infectious kerato-conjunctivitis, *Small Rumin Res* 7:85, 1992.

[24] Hosie BD, Greig A: Role of oxytetracycline dehydrate in the treatment of mycoplasma-associated ovine keratoconjunctivitis in lambs, *Br Vet J* 151: 83, 1995.

[25] Hopkins JB, et al: Conjunctivitis associated with chlamydial polyarthritis in lambs, *J Am Vet Med Assoc* 163:1157, 1973.

[26] Hosie BD: Ocular diseases. In Martin WB, Aitken ID, editors: *Diseases of sheep*, ed 3, Oxford, 2000, Blackwell Science.

[27] Stephenson EH, Storz J, Hopkins JB: Properties and frequency of isolation of chlamydiae from eyes of lambs with conjunctivitis and polyarthritis, *Am J Vet Res* 35:177, 1974.

[28] Wilsmore AJ, Dagnall GJR, Woodland RM: Experimental conjunctival infection of lambs with a strain of *Chlamydia psittaci* isolated from the eyes of a sheep naturally affected with keratoconjunctivitis, *Vet Rec* 127:229, 1990.

[29] Cello RM: Ocular infections in animals with PLT (Bedsonia) group agents, *Am J Ophthalmol* 63(5): 1270, 1967.

[30] Storz J, et al: Isolation of psittacosis agents from follicular conjunctivitis of sheep, *Proc Soc Exp Biol Med* 125:857, 1967.

[31] Smith MC, Sherman DM: Ocular system. In Smith MC, Sherman DM, editors: *Goat medicine*, Philadelphia, 1994, Lea & Febiger.

[32] Bulgin MS, Dubose DA: Pinkeye associated with *Branhamella ovis* infection in dairy goats, *Vet Med Small Anim Clin* 77:1791, 1982.

[33] Bankemper KW, et al: Keratoconjunctivitis associated with *Neisseria ovis* infection in a herd of goats, *J Vet Diagn Invest* 2:76, 1990.

[34] Fatima CTNI, Mutalib AR: Shah Majid MS: Cross-sectional study of the clinical and microbiological status of eyes of sheep during an infectious keratoconjunctivitis outbreak, *Trop Anim Health Prod* 26: 257, 1994.

[35] Naglic T, et al: Epidemiological and microbiological study of an outbreak of infectious keratoconjunctivitis in sheep, *Vet Rec* 147:72, 2000.

[36] Dagnall GJR: The role of *Branhamella ovis*, *Mycoplasma conjunctivae*, and *Chlamydia psittaci* in conjunctivitis of sheep, *Br Vet J* 150:65, 1994.

[37] Dagnall GJR: Use of exfoliative cytology in the diagnosis of ovine keratoconjunctivitis, *Vet Rec* 135: 127, 1994.

[38] Dagnall GJR: An investigation of colonization of the conjunctival sac of sheep by bacteria and mycoplasmas, *Epidemiol Infect* 112:561, 1994.

[39] König CDW: Keratoconjunctivitis infectious ovis (KIO), "pink eye" or "zere oogjes"(a survey), *Vet Q* 5:127, 1983.

[40] Arbuckle JBR, Bonson MD: The isolation of *Acholeplasma oculi* from an outbreak of ovine keratoconjunctivitis, *Vet Rec* 106:15, 1979.

[41] Al-Aubaidi JM, et al: Identification and characterization of *Acholeplasma oculi* spec. *nov*. from the eyes of goats with keratoconjunctivitis, *Cornell Vet* 63: 117, 1973.

[42] Walker JK, Morgan JH: Ovine ophthalmitis associated with *Listeria monocytogenes*, *Vet Rec* 132: 636, 1993.

[43] Ramsey DT: Ophthalmic therapeutics. In Howard JL, Smith RA, editors: *Current veterinary therapy: food animal practice*, ed 4, Philadelphia, 1999, WB Saunders.

[44] Moore CP, Whitley RD: Ophthalmic diseases of small domestic ruminants, *Vet Clin North Am Large Anim Pract* 6:641, 1984.

[45] Mohanty SB, et al: Natural infection with infectious bovine rhinotracheitis virus in goats, *J Am Vet Med Assoc* 160:879, 1972.

[46] Pickett JP: Selected eye diseases of food and fiber-producing animals. In Howard JL, Smith RA, editors: *Current veterinary therapy: food animal practice*, ed 4, Philadelphia, 1999, WB Saunders.

[47] English RV, Nasisse MP: Ocular parasites. In Smith BP, editor: *Large animal internal medicine*, ed 2, St Louis, 1996, Mosby.

[48] Soll MD, et al: The efficacy of ivermectin against *Thelazia rhodesii* (Desmarest, 1828) in the eyes of cattle, *Vet Parasitol* 42:67, 1992.

[49] Kennedy MJ, Phillips FE: Efficacy of doramectin against eyeworms (*Thelazia* spp.) in naturally and experimentally infected cattle, *Vet Parasitol* 49: 61, 1993.

[50] Pickett JP: Selected eye diseases of food and fiber-producing animals. In Howard JL, Smith RA, editors: *Current veterinary therapy: food animal practice*, ed 4, Philadelphia, 1999, WB Saunders.

[51] Van Kampen KR: Ophthalmic lesions in locoweed poisoning of cattle, sheep, and horses, *Am J Vet Res* 32:1293, 1971.

[52] Cooper J, Walker RD: Listeriosis, *Vet Clin North Am Food Anim Pract* 14:113, 1998.

[53] Kaplan RM, et al: Validation of the FAMACHA eye color chart for detecting clinical anemia in sheep and goats on farms in the southern United States, *Vet Parasitol* 123:105, 2004.

[54] Rebhun WC: Ocular manifestations of systemic diseases in cattle, *Vet Clin North Am Large Anim Pract* 6:623, 1984.

[55] Miller TR, Gelatt KN: Food animal ophthalmology. In Gelatt KN, editor: *Veterinary ophthalmology*, ed 2, Philadelphia, 1991, WB Saunders.

葡萄膜束和晶状体的病理状况

葡萄膜炎

临床症状

葡萄膜炎的临床表现可能包括细胞分裂、畏光、虹膜充血和水肿、水样耀斑、下垂体、前房积血、失明和纤维蛋白沉积[1-5]。水样耀斑是由于血-水屏障的破坏，增加了虹膜和睫状体血管的通透性，允许小蛋白质在水样中通过[6]。下垂体是由于白细胞的积累，导致在眼睛前房形成白层。

葡萄膜炎是菌血症或败血症的一种常见的临床症状，常发生于被动转移失败的新生儿[7]。如果存在肠炎，机体通常通过脐或胃肠道进入。全面的身体检查表明可发现感染的最初病灶及随着时间的推移其在其他器官(关节、脑膜、肺)的扩展[7]。

支原体在新生儿和成年动物中经常引起败血症和全身性疾病(肺炎、乳腺炎、多关节炎)。该细菌已从山羊角结膜炎和相关虹膜炎中分离出来[8]。在年轻的山羊中，支原体感染可能导致双侧葡萄膜炎的发展，伴有瞳孔缩小、房水混浊和前房纤维蛋白沉积及多关节炎[9]。单核细胞增生李斯特氏菌感染可在饲喂青贮饲料的 4～6 个月大的育肥羔羊中导致败血症。受影响的动物可能表现出葡萄膜炎、结膜炎、眼内炎以及脑神经缺损的临床症状[2,5,10]。*E. schneideri* 感染可导致葡萄膜炎；然而，睑缘炎和结膜炎是血源性寄生虫感染的主要眼部临床表现[5]。

刚地弓形虫是胞内原虫，并且是绵羊和山羊前葡萄膜炎的罕见病因，该病通常是由摄入流产或死产猫[11]分泌的孢子卵囊所造成[10]。绵羊的眼弓形虫病常累及虹膜、睫状体和视网膜，并出现非化脓性虹膜炎[12]。感染了布氏锥虫（美国的一种外来物种）的绵羊可能会患上角膜结膜炎和葡萄膜炎，包括绒毛膜视网膜炎和视神经炎[13]。

诊断与治疗

葡萄膜炎治疗的目的是抑制眼内炎症，通过维持瞳孔扩张来防止粘连形成，并识别潜在的原因。在无角膜溃疡的情况下，可采用全身性非甾体抗炎药和局部皮质类固醇（如 1%醋酸泼尼龙或 0.1%地塞米松）抑制眼内炎症。局部阿托品用来防止粘连形成，以及通过麻痹睫状肌痉挛来减轻疼痛，并帮助稳定血水屏障。根据潜在的原因选择适当的局部和全身抗生素。在新生儿败血症中，血培养结果和敏感性测试对于确定合适的抗菌剂是有价值的，也强烈建议完全或部分纠正被动转移并使用支持疗法（如静脉输液）[7]。眼分泌物或血培养可鉴别致病性支原体或单核细胞增生李斯特氏菌。支原体通常对四环素、红霉素和泰乐菌素敏感[1,5]。青霉素或四环素[5]通常对单核细胞增生李斯特氏菌有效。

据报道，*E. schneideri* 感染的有效治疗方法包括哌嗪（50 mg/kg，口服）和乙胺嗪（100 mg/kg，口服）[10]。全身性嘧啶和磺胺嘧啶联合、局部 10%磺胺嘧啶、阿托品和类固醇软膏被推荐用于治疗眼弓形虫病[5]。家养及野生小反刍动物的管理应旨在减少猫粪污染牧场、饲料和水源的可能性[11]。

晶状体疾病

白内障是绵羊和山羊最常见的晶状体异常。在大多数病例中，白内障是先天获得的[10]。晶状体或晶状体囊的任何混浊都是白内障，但核硬化除外，核硬化由最古老的晶状体纤维受压引起的老化变化。白内障以其外观、位置和大小来描述。最小的白内障（涉及不到全部晶状体的 5%）是早期的。未成熟白内障可分早期未成熟（6%～50%晶状体盖度）和晚期未成熟（51%～99%晶状体盖度）。成熟的白内障累及整个晶状体。过度成熟的白内障的特点是晶状体纤维液化、晶状体囊泡起皱、晶状体囊前后形成致密斑块[14]。

常染色体显性遗传的白内障曾在新西兰的罗姆尼绵羊中已被描述过[15]。这种白内障是双侧的，大部分发生在 2～4 个月大的动物身上；然而，一些羊羔在出生时就受到了影响。在绵羊和山羊中观察到不影响视力的先天性、非进行性核性白内障[3]。据报道，双胞胎雄性羔羊有初期性白内障和确诊的糖尿病[16]。白内障也可能是眼外伤和严重葡萄膜炎的后遗症[3,10]。无论原发性病因如何，任何葡萄膜炎都可能引起白内障，因此应及时治疗。败血症感染可导致葡萄球菌引起的白内障[10]。眼内感染可引起后粘连和白内障[17]。除了手术外，没有其他治疗白内障的方法，但继发于葡萄膜炎的白内障动物通常不适合手术治疗。如果畜主希望探讨白内障摘除的可能性，应向眼科医生咨询[5]。

影响晶状体的各种情况

在绵羊和山羊的眼科检查中，玻璃样动脉的持续存在可能是一个偶然的发现[18]。在胚胎中，玻璃样动脉向晶状体供血，通常在出生后萎缩。然而，1～3 岁的绵羊和大约 40%的山羊可能有单侧或双侧持续性玻璃样动脉。玻璃样动脉的残余表现为一个紧密的线性结构，从晶状体后囊延伸到视盘。

在绵羊中有持续瞳孔膜的报道[3]。胚胎瞳孔膜的残余表现为虹膜组织色素束从虹膜睫状区延伸到前晶状体囊或角膜内皮。在轻度病例中，这种残余可能只出现在晶状体前囊上的小色素沉着病灶。局灶性混浊可能存在于角膜或晶状体前囊的持续性瞳孔膜粘连区域。据报道，什罗普郡绵羊患有严重的虹膜萎缩[19]。患病的绵羊天生正常，但在 1～1.5 岁时出现眼部病变。病变为双侧但不对称，包括虹膜间质出现部分或全厚度的空洞，或未发育的黑体（虹膜颗粒）。瞳孔呈梨形，对光和局部施用托吡卡胺的反应都很差。对于持久的透明质残留物、持续的瞳孔膜或虹膜萎缩不需要治疗。

参考文献

[1] Moore CP, Wallace LM: Selected eye diseases of sheep and goats. In Howard JL, editor: *Current veterinary therapy* 3: *food animal practice*, Philadelphia, 1993, WB Saunders.

[2] Moore CP, Whitley RD: Ophthalmic diseases of small domestic ruminants, *Vet Clin North Am Large Anim Pract* 6:641, 1984.

[3] Lavach JD: Lens, uvea, and glaucoma. In Lavach JD, editor: *Large animal ophthalmology*, St Louis, 1990, Mosby.

[4] Whitley RD, Albert RA: Clinical uveitis and polyarthritis associated with *Mycoplasma* species in a young goat, *Vet Rec* 115:217, 1984.

[5] Wyman M: Eye diseases of sheep and goats, *Vet Clin North Am Large Anim Pract* 5:657, 1983.

[6] Maggs DJ, Miller PE, Ofri R, editors: *Slatter's Fundamentals of veterinary ophthalmology*, ed 4, St Louis, 2008, Saunders Elsevier.

[7] Rebhun WC: Ocular manifestations of systemic diseases in cattle, *Vet Clin North Am Large Anim Pract* 6:623, 1984.

[8] McCauley EH, Surman PG, Anderson DR: Isolation of *Mycoplasma* from goats during an epizootic of keratoconjunctivitis, *Am J Vet Res* 32:861, 1971.

[9] Whitley RD, Albert RA: Clinical uveitis and polyarthritis associated with *Mycoplasma* species in a young goat, *Vet Rec* 115:217, 1984.

[10] Pickett JP: Selected eye diseases of food and fiber-producing animals. In Howard JL, Smith RA, editors: *Current veterinary therapy*: *food animal practice*, ed 4, Philadelphia, 1999, WB Saunders.

[11] Buxton D, et al: Ovine toxoplasmosis: transmission, clinical outcome and control, *Parassitologia* 49:219, 2007.

[12] Piper RC, Cole CR, Shadduck JA: Natural and experimental ocular toxoplasmosis in animals, *Am J Ophthalmol* 69:662, 1970.

[13] Ikede BO: Ocular lesions in sheep infected with *Trypanosoma brucei*, *J Comp Pathol* 84:203, 1974.

[14] Colitz CMH, et al: Histologic and immunohistochemical characterization of lens capsular plaques in dogs with cataracts, *Am J Vet Res* 61:139, 1999.

[15] Brooks HV, et al: An inherited cataract in New Zealand Romney sheep, *N Z Vet J* 30:113, 1982.

[16] Mattheeuws D, et al: Diabetes mellitus in two twin male lambs, *Vet Q* 4:135, 1982.

[17] Abdelbaki YZ, Davis RW: Ophthalmoscopic findings in elaeophorosis of domestic sheep, *Vet Med Small Anim Clin* 67:69, 1972.

[18] Rubin LF: Fundus of ox, sheep, and other ruminants and pig. InRubin LF, editor: *Atlas of veterinary ophthalmoscopy*, Philadelphia, 1974, Lea & Febiger.

[19] Aguirre G, Greene B, Gross S: Essential iris atrophy in sheep, *Proc Am Coll Vet Ophthalmol* 12:84, 1981.

青光眼

绵羊和山羊的青光眼通常是由于严重的葡萄膜炎继发于严重的溃疡性角膜炎、眼外伤、败血症和其他病理过程引起的[1,2]。青光眼的发病机制是房水流出量减少，这可能是由于房前广泛形成(图14-11)或后粘连，或由于炎性细胞或纤维蛋白的滤过性角度障碍所致[1]。

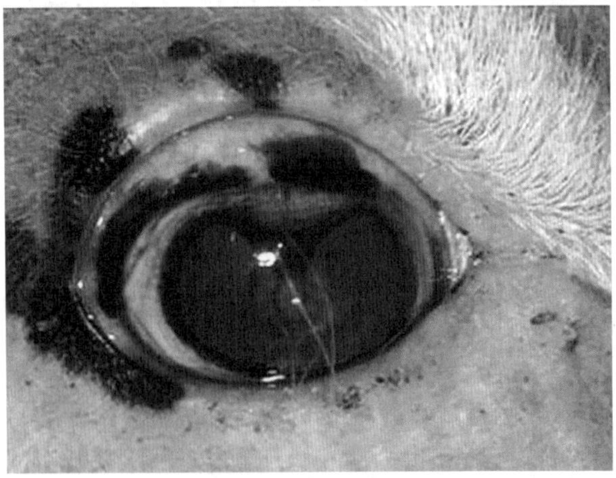

图 14-11　绵羊的前粘连(来源：Dr. Ralph Hamor, Champaign, Illinois)。

临床症状

青光眼的临床症状包括结膜充血、巩膜外血管充血、角膜水肿、眼底积血、眼盲、暴露性角膜炎、晶状体脱臼、瞳孔扩张和无反应、白内障[2]。眼内压(IOP)应在每只有完整角膜和巩膜的红眼中测定，特别是如果存在前葡萄膜炎或弥漫性角膜水肿[3]。虽然在少数报道中已经注意到患有青光眼的羊的正常眼压值(IOP)，但一项研究报告称，用平压帕金斯眼压计测量的平均眼压(IOP)是 10.61 mm Hg[4]。在两组山羊中，用回弹托诺维特眼压仪测量的平均眼压分别为 7.9 mm Hg 和 11.8 mm Hg;使用平滑肌张力眼压仪测得的平均眼压分别为 10.8 mm Hg 和 13.9 mm Hg[5,6]。眼压的测量应该在最小的身体约束和局部麻醉(Tonovet 不需要局部麻醉)下完成。二甲苯或氯胺酮镇静可分别降低或升高眼压[7]。

治疗

确定青光眼的潜在病因至关重要[3]。因为青光眼几乎完全是反刍动物炎症的继发疾病,所以在没有任何眼科或全身禁忌证的情况下,可以使用全身地塞米松(0.1 mg/kg,静脉注射)或氟尼辛葡甲胺(1.1 mg/kg,静脉注射),或局部 0.1%地塞米松或 1.0%醋酸泼尼松龙进行抗感染治疗,每 4~6 h 使用一次[3]。特定的青光眼药物如局部碳酸酐酶抑制剂(如多唑胺、布林佐胺)和 β-肾上腺素能阻滞剂(如 0.5%噻吗洛尔)每 8~12 h 使用一次;然而它们对反刍动物的功效尚不清楚。前列腺素类似物可能会加重葡萄膜炎,因此应该避免使用。

对药物治疗没有反应但仍有视觉的眼睛,可使用二极管激光环切术对其进行处理;这种方法选择性地破坏纤毛体上皮细胞,从而减少房水的产生。永久性失明和强视眼应摘除,特别是有暴露性角膜炎的情况下[1,2]。在某些情况下,如果需要美容外观,可以植入硅树脂眼眶假体[1]。由于青光眼难以治疗,强烈建议转给兽医眼科医师治疗。

参考文献

[1] Moore CP, Whitley RD: Ophthalmic diseases of small domestic ruminants, *Vet Clin North Am Large Anim Pract* 6:641, 1984.

[2] Lavach JD: Lens, uvea, and glaucoma. In Lavach JD, editor: *Large animal ophthalmology*, St Louis, 1990, Mosby.

[3] Maggs DJ, Miller PE, Ofri R, editors: *Slatter's Fundamentals of veterinary ophthalmology*, ed 4, St Louis, 2008, Saunders Elsevier.

[4] Gerometta R, et al: Steroid-induced ocular hypertension in normal sheep, *Invest Ophthalmol Vis Sci* 50: 669, 2009.

[5] Broadwater JJ, et al: Ophthalmic examination findings in adult pygmy goats(*Capra hicus*), *Vet Ophthalmol* 10: 269-273, 2007.

[6] Whelan NC, Thompson D: Normal ophthalmic diagnostic test values in Angora goats, October 15-18 *Proceedings of the 39th Annual Meeting of the American College of Veterinary Ophthalmologists*, *Boston* 44, 2008.

[7] Seleim MA, Makady FM, Ahmed IH: Intraocular pressure after xylazine and xylazine-ketamine injection in goats, *Assiut Vet Med J* 24:225, 1990.

视网膜的病理状态

传染性疾病及相关疾病

许多感染性微生物和败血症会引起视网膜炎或视网膜病变。感染性新生儿和患有单核细胞增生李斯特氏菌病的羔羊,可能发展成绒毛膜视网膜炎[1]。在绵羊中,弓形虫病经常引起局灶性视网膜坏死和前葡萄膜炎[2]。

E. schneideri 感染绵羊可能导致视网膜疾病。检眼镜检查对这种寄生虫的鉴定有很大的帮助[3]。*E. schneideri* 感染造成的眼科病变包括绒毛膜视网膜萎缩伴有绒毡层色素增生、视网膜脉管系统衰减、视神经萎缩[3]。患病动物的视盘可能有模糊的轮廓,并出现水肿和浅灰色。与麋鹿相比,受感染的羊不会失明[3]。

如果小羊的母亲自然感染了蓝舌病毒,或者在妊娠的前半段使用了改良的活疫苗,羊就会发生坏死性视网膜病和视网膜发育不良[4]。感染或接种疫苗的母羊所生的羔羊有视力障碍和中枢神经系统缺陷,如脑积水和小脑发育不全[1]。与绵羊相比,山羊对蓝舌病病毒有更高的抵抗力[5]。改良的活蓝舌病疫苗不应用于怀孕母羊,尤其是在妊娠的前半段[6](见第 8 章)。

痒病已被证明是一种罕见的致盲原因[7]。在一份报告中,受感染的羊缺乏一种威胁反射,会走到物体上,尽管它们对强光保持正常的 PLR[7]。检眼镜检查显示视网膜多焦点椭圆形区域散布在整个绒毛眼底;这些病变的大小为视盘面积的 1/4~3/4。在组织学检查中,病变是由视网膜色素上皮和视网膜感光细胞之间的脂质色素积累引起的。慢性体重减轻、身体状况不佳、神经体征、毛脱落和瘙痒等临床症状对该病的确诊是有意义的。通过对福尔马林固定第三眼睑[8,9]或直肠肛门黏膜[10]活检标本的免疫组织化学染色，可以证实存在朊蛋白 PrP^{Sc}（见第13章和第16章）。

植物毒性

如果长期放牧，蕨类植物会导致绵羊视网膜进行性退化，俗称“明盲”[11-13]。大多数受影响的羊在开始吃蕨类植物的几个月后，即9—11月期间失明[11,13]。大多数绵羊在3～4岁时受到影响[11]。明盲的最早临床表现是绒毡层的高反射率增加[11]。受感染的羊永久性失明且非常警觉，瞳孔扩大呈圆形，PLR较差[11,13]。检眼镜检查可显示出视网膜血管变弱和变窄，血管分离比正常动物更广泛。在晚期病例中，非绒毡状眼底苍白，有小裂纹和灰色病灶。视盘可能呈现苍白色或灰粉色[11,13]。脉络膜血管在眼底的某些部位可见[13]。原蕨苷是蕨类植物中存在的一种糖苷，已被确定为导致绵羊明盲的主要毒性物质，但是确切的作用机制尚不清楚[14]。可能的解释包括血循环紊乱继发于血管狭窄[14]和视网膜乳酸脱氢酶活性降低[12]。在受影响的绵羊中，血小板和白细胞计数也显著降低[12]。显微病变局限于视网膜，其特征是完全破坏外核层和光感受器[11]。

北美疯草（黄芪和棘豆）的毒性可引起视网膜神经节和双极细胞明显的细胞质空泡化，并导致视觉缺陷[15]。盲草毒性多发生在西澳大利亚的绵羊和山羊。眼部的临床症状包括由视网膜、视神经和视神经束的光感受器层的病变引起的失明（无PLR、散瞳）[16]。在非洲西南部，反刍动物采食白蜡菊后，可出现麻痹或麻痹和失明，表现为双侧真菌病和眼底乳头水肿[17]。在受影响的绵羊中可观察到白内障。曲霉菌的毒性原理尚不清楚，但摄入曲霉菌会导致视网膜变性和视神经脱髓鞘[17]。

遗传性视网膜色素变性

蜡样脂褐质沉积症是一种遗传性溶酶体储存疾病，在南汉普郡绵羊中会引起失明、共济失调和震颤[18]。失明是由两种机制造成的。早期失明是由于大脑皮层萎缩造成的。当视网膜细胞积累蜡样脂褐素色素时，杆锥外段也同时发生视网膜营养不良[19,20]。受影响的动物在视网膜电图上表现出异常[19,20]。一个4个月大的山羊的视网膜变性被报道为视锥发育不良[21]。患病动物在断奶后临床症状变得明显，包括失明、撞到物体、体重增加减少、水平眼球震颤和PLRs不良。

维生素A缺乏症

视网膜需要不断补充维生素A来维持视力、骨骼生长、繁殖和免疫反应[22]。光转导依赖于维生素A，进行性视网膜变性是由饮食缺乏引起的[23]。由于维生素A是视色素的组成部分，视色素是视杆细胞的视光功能，严重的缺乏会导致视杆细胞功能受损，临床上在许多群体中表现为夜盲症[24]。在幼小的动物中，维生素A缺乏会导致骨重塑、视神经管变窄、硬脑膜增厚，进而导致视神经缺血性坏死[25,26]。视神经管的重塑并不发生在骨骼发育成熟的动物身上，相关的失明可能是由视网膜变性引起的[25,26]。

反刍动物如果能接触到牧场上的肉质植物或优质的绿色饲料，就可有效地将膳食胡萝卜素转化为维生素A。然而，随着牧草在制作干草的过程中成熟，维生素的含量会下降，而且在储存几年之后，维生素基本上会从食物中耗尽[22,27]。天然维生素A含量低的饮食成分包括谷类、甜菜渣和棉籽壳[27]。此外，当喂养高谷物饲料时，维生素A和胡萝卜素可以大量降解[22]。绵羊和山羊可以通过在肝脏中储存维生素A的能力来避免短期的维生素A缺乏；但据估计，开始肝积累所需的维生素A的摄入量至少是每日最低摄入量的3倍[28]。在严重的内生寄生虫病的情况下，由于肠道壁的损伤，维生素A的摄取可能会受到损害[22]。

临床症状

如果以前在优质牧场放牧，维生素A缺乏症的临床症状在至少3月龄的山羊[29]和200日龄的绵羊[30]中可能不会明显显现。在饮食中缺乏维生素A的情况下，公羊明显比母羊更容易出现缺乏的临床症状[25]。夜盲症是绵羊和山羊体内维生素A缺乏导致的临床症状，可能还伴有厌食症和身体状况不佳[31,32]。受严重影响的动物可能完全失明、瞳孔会扩张、反应迟钝[25,32]。检眼镜检查显示视神经乳头状水肿（苍白的视盘，有倒心的外观），乳头状和乳头周围视网膜出血和非绒毡状视网膜脱色[25,33]。血浆和饲料中维生素A含量的测定是诊断维生素A缺乏症最直接的方法。

治疗

夜盲症可通过补充维生素A来逆转。生长中

的羔羊和 60 kg 后备母羊每天的最低维生素 A 推荐剂量是 50 IU/kg[22];怀孕母羊和哺乳期母羊每天的最低维生素 A 推荐剂量分别为 100 IU/kg 和 150 IU/kg[22]。绵羊和山羊的安全饮食上限建议为 20 000 IU/kg,最长期限为 4 周[22]。在受感染的牛中,推荐的治疗方案包括每天一次肠外注射 440 IU/kg 维生素 A,持续 3～4 d,然后每 50～60 d 注射 6 000 IU/kg,直到饮食得到充实[27]。由于视网膜和视神经受损而导致的严重和完全失明的动物,即使接受治疗,也无法恢复视力[25]。允许动物自由获取绿色饲料或肠胃外施用市售的维生素 A 产品,通常对长期饲喂干草的地区具有预防作用。在这种喂养条件下,在饲料或矿物质补充剂中加入维生素 A 是必要的。

参考文献

[1] Pickett JP: Selected eye diseases of food and fiber-producing animals. In Howard JL, Smith RA, editors: *Current veterinary therapy: food animal practice*, ed 4, Philadelphia, 1999, WB Saunders.

[2] Piper RC, Cole CR, Shadduck JA: Natural and experimental ocular toxoplasmosis in animals, *Am J Ophthalmol* 69:662, 1970.

[3] Abdelbaki YZ, Davis RW: Ophthalmoscopic findings in elaeophorosis of domestic sheep, *Vet Med Small Anim Clin* 67:69, 1972.

[4] Silverstein AM, et al: An experimental, virus-induced retinal dysplasia in the fetal lamb, *Am J Ophthalmol* 72:22, 1971.

[5] Wyman M: Eye diseases of sheep and goats, *Vet Clin North Am Large Anim Pract* 5:657, 1983.

[6] Moore CP, Wallace LM: Selected eye diseases of sheep and goats. In Howard JL, editor: *Current veterinary therapy 3: food animal practice*, Philadelphia, 1993, WB Saunders.

[7] Barnett KC, Palmer AC: Retinopathy in sheep affected with natural scrapie, *Res Vet Sci* 12:383, 1971.

[8] O'Rourke KI, et al: Preclinical diagnosis of scrapie by immunohistochemistry of third eyelid lymphoid tissue, *J Clin Microbiol* 38:3254, 2000.

[9] O'Rourke KI, et al: Active surveillance for scrapie by third eyelid biopsy and genetic susceptibility testing of flocks of sheep in Wyoming, *Clin Diagn Lab Immunol* 9:966, 2002.

[10] Dennis MM, et al: Evaluation of immunohistochemical detection of prion protein in rectoanal mucosa-associated lymphoid tissue for diagnosis of scrapie in sheep, *Am J Vet Res* 70:63, 2009.

[11] Watson WA, Barnett KC, Terlecki S: Progressive retinal degeneration (bright blindness) in sheep: a review, *Vet Rec* 91:665, 1972.

[12] Watson WA, et al: Experimentally produced progressive retinal degeneration (bright blindness) in sheep, *Br Vet J* 128:457, 1972.

[13] Watson WA, Barlow RM, Barnett KC: Bright blindness—a condition prevalent in Yorkshire hill sheep, *Vet Rec* 77:1060, 1965.

[14] Hirono I, et al: Reproduction of progressive retinal degeneration(bright blindness) in sheep by administration of ptaquiloside contained in braken fern, *J Vet Med Sci* 55:979, 1993.

[15] Van Kampen KR, James LF: Ophthalmic lesions in locoweed poisoning of cattle, sheep, and horses, *Am J Vet Res* 32:1293, 1971.

[16] Main DC, et al: Stypandra imbricate("blindgrass") toxicosis in goats and sheep—clinical and pathologic findings in 4 field cases, *Aust Vet J* 57:132, 1981.

[17] Basson PA, et al: Blindness and encephalopathy caused by Helichrysum argyrosphaerum DC (Compositae) in sheep and cattle, *Onderstepoort J Vet Res* 42:135, 1975.

[18] Jolly RD, West DM: Blindness in South Hampshire sheep: a neuronal ceroid-lipofuscinosis, *N Z Vet J* 24:123, 1976.

[19] Mayhew IG, et al: Ceroid-lipofuscinosis (Batten's disease): pathogenesis of blindness in the ovine model, *Neuropathol Appl Neurobiol* 11:273, 1985.

[20] Graydon RJ, Jolly RD: Ceroid-lipofuscinosis (Batten's disease) sequential electrophysiologic and pathologic changes in the retina of the ovine model, Invest Ophthalmol Vis Sci 25:294, 1984.

[21] Buyukmichi N: Retinal degeneration in a goat, *J Am Vet Med Assoc* 177:351, 1980.

[22] Commonwealth Scientific and Industrial Research Organisation (CSIRO): *Vitamins, Nutrient requirements of domesticated ruminants*, Melbourne, 2007, CSIRO Publishing, pp 173-185.

[23] Ofri R: Optics and physiology of vision. In Gelatt KN, editor: *Veterinary ophthalmology*, ed 3, Philadelphia, 1999, Williams & Wilkins.

[24] Maggs DJ, Miller PE, Ofri R, editors: *Slatter's Fundamentals of veterinary ophthalmology*, ed 4, St Louis, 2008, Saunders Elsevier.

[25] Paulsen ME, et al: Blindness and sexual dimorphism associated with vitamin A deficiency in feedlot cattle, *J Am Vet Med Assoc* 194:933, 1989.

[26] Hayes KC, Nielsen SW, Eaton HD: Pathogenesis of the optic nerve lesion in vitamin A-deficient calves, *Arch Ophthalmol* 80:777, 1968.
[27] Cebra CK, Loneragan G, Gould D: Vitamin A deficiency. In Smith BP, editor: *Large animal internal medicine*, ed 4, St Louis, 2009, Mosby Elsevier.
[28] Guilbert HR, Miller RF, Hughes EH: The minimum vitamin A and carotene requirement of cattle, sheep, and swine, *J Nutr* 13:543, 1937.
[29] National Research Council: Nutrient requirements. In National Research Council, editor: *Nutrient requirements of goats: Angora, dairy, and meat goats in temperate and tropical countries*, Washington, DC, 1981, National Academy Press.
[30] National Research Council: Nutrient requirements and signs of deficiency. In National Research Council, editor: *Nutrient requirements of sheep*, ed 6, Washington, DC, 1985, National Academy Press.
[31] Schmidt H: Vitamin A deficiencies in ruminants, *Am J Vet Res* 2:373, 1941.
[32] Eveleth DF, Bolin DW, Goldsby AI: Experimental avitaminosis A in sheep, *Am J Vet Res* 10: 250, 1949.
[33] Divers TJ, et al: Blindness and convulsions associated with vitamin A deficiency in feedlot steers, *J Am Vet Med Assoc* 189:1579, 1986.

失明

患有抑郁症、全身性疾病相关的严重疾病或败血症的动物均有明显的失明。对新生动物的视力评估是困难的，因为它们通常在出生后的几天内缺乏威胁反应。失明可由羔羊严重低血糖引起，或由山羊关节炎-脑炎、绵羊进行性脑脊髓炎、痒病、脑脓肿、细菌性脑膜炎、肠膜炎、弓形虫病和异常寄生虫迁移等造成的脑积水、颅内肿瘤和任何脑炎引起[1-3]。单核细胞增生李斯特氏菌感染可作为败血症的后遗症而导致失明。败血症通常会导致严重的眼内炎，或更不常见的脑膜脑炎[3,4]。单核细胞增生李斯特氏菌病的其他临床症状包括视神经炎、黑朦、PLRs 下降、头部倾斜和单侧脑神经缺损[3]。如果视交叉受压，垂体脓肿或肿瘤可能导致失明。暴饮暴食症和继发于急性或慢性肝功能衰竭的肝性脑病可导致失明和神经体征。引起视网膜炎或视网膜变性的疾病可能导致视觉障碍。妊娠毒血症和酮症可导致临床上明显的失明，这是由大脑能量丧失和肿胀造成的[6]。雷击、创伤和不正确使用除铁剂可能损害大脑皮层，导致失明[2,4,7]。

中枢性失明是一种临床综合征，表现为眼睛正常、无威胁反应和双侧 PLR 正常[2]。绵羊和山羊中枢性失明的原因包括硫胺素缺乏、硫中毒、铅中毒和钠中毒或缺水[8]。

确定动物的体征，获得完整的病史，并进行全面的身体、神经和眼科检查，以确定病灶的位置及最可能引起视觉障碍的疾病。对小反刍动物失明的诊断检查可能包括但不限于血糖水平的测定（新生儿）、尿检（妊娠母鹿或母羊）、全血计数、血清化学板、脑脊液分析（钠含量）、细胞学研究和细菌培养、检测对非肠外注射硫胺素的显著反应（在 12～24 h 之间）、血铅含量测定，以及计算机断层扫描评估。适当的治疗应以最终诊断为基础。

参考文献

[1] Lavach JD: Ophthalmoscopic anatomy and disorders of the optic nerve, retina, and choroid. In Lavach JD, editor: *Large animal ophthalmology*, St Louis, 1990, Mosby.
[2] Collins BK: Neuro-ophthalmology in food animals. In Howard JL, editor: *Current veterinary therapy, food animal practice*, ed 3, Philadelphia, 1993, WB Saunders.
[3] Miller PE: Neurogenic vision loss. In Howard JL, Smith RA, editors: *Current veterinary therapy, food animal practice*, ed 4, Philadelphia, 1999, WB Saunders.
[4] Moore CP, Whitley RD: Ophthalmic diseases of small domestic ruminants, *Vet Clin North Am Large Anim Pract* 6(3):641, 1984.
[5] Uzal FA, Songer JG: Diagnosis of Clostridium perfringens intestinal infections in sheep and goats, *J of Vet Diagn Invest* 20:253, 2008.
[6] Smith MC: Polioencephalomalacia in goats, *J Am Vet Med Assoc* 174(12):1328, 1979.
[7] Smith MC, Sherman DM: Ocular system. In Smith MC, Sherman DM, editors: *Goat medicine*, Philadelphia, 1994, Lea and Febiger.
[8] Cebra CK, Cebra ML: Altered mentation caused by polioencephalomalacia, hypernatremia, and lead poisoning, *Vet Clin North Am Food Anim Pract* 20: 287, 2004.

眼眶的病理状态

眼球突出

眼球突出可由球后脓肿或肿瘤引起，尤其是淋巴瘤和鳞状细胞癌（图 14-12）。患有晚期鼻腺癌或鳞状细胞癌的绵羊常出现慢性鼻分泌物、吸气困难和鼻孔气流减少；然而也可能出现眼突出和面部不对称[1,2]。眼眶蜂窝组织炎是罕见的，但可能是由于眼周穿刺伤口、植物从口腔迁移和干酪性淋巴结炎相关脓肿造成的[3]。

放大镜检查、超声波检查、影像学检查、计算机断层扫描、上气道内窥镜检查、细针穿刺标本的细胞学分析或组织活检标本的组织病理学检查，可用来确定眼球突出的原因。合适的治疗方法应基于最终诊断结果。

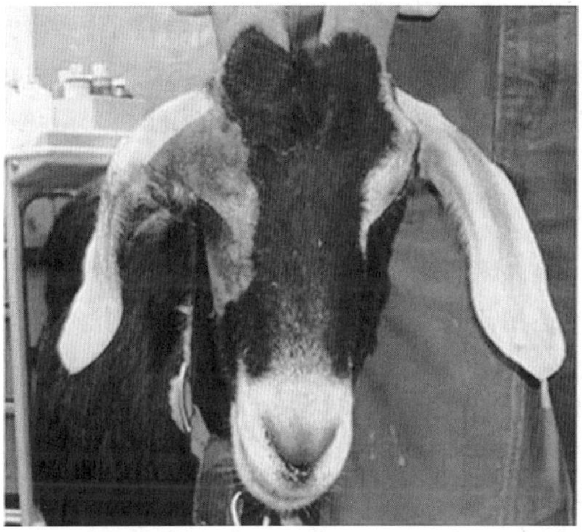

图 14-12　球后肿块向右鼻腔扩张且同侧鼻孔的气流减少，继发严重的眼外突出、角膜炎和结膜炎。虽然组织病理学检查未被证实，但肿块疑似肿瘤起源。

独眼畸形

胎儿的独眼畸形是一种发育异常，特征是只存在一个眼眶，与母羊在妊娠第 14 天食用生长在美国西部山区的加利福尼亚草（臭菘草、玉米百合或假藜芦）有关[4,5]。其他因过度放牧而导致的先天性缺陷包括无眼、上颌和鼻骨缩短或缺失、头颅骨（“猴脸”）、脑积水和兔唇[4,5]。在被臭菘草污染的牧场放牧的羊群中，先天性畸形的发生率为 1%～25%不等[5]；偶尔会有一只小羊受到影响[4,5]。由于没有针对受影响的后代的治疗方法，因此预防该病的发生很有必要。

其他眼科问题

先天性小眼症（小眼）以及其他眼部缺陷，如无眼畸形、无虹膜、视神经发育不全，可作为常染色体隐性性状[6]。吃含硒牧草的母羊产出的羊羔中可能会出现几种眼部异常，包括小眼症[7,8]。除了小眼症，结膜囊肿、无晶状体或晶状体移位、无虹膜或退化虹膜以及角膜和巩膜之间没有分裂也有报道。约 75%的感染羔羊在出生时死亡。

参考文献

[1] Rings DM, Rojko J: Naturally occurring nasal obstructions in 11 sheep, *Cornell Vet* 75:269, 1985.

[2] Johnson R, et al: Nasal squamous cell carcinoma in a sheep, *Mod Vet Pract* 63:897, 1982.

[3] Pickett JP: Selected eye diseases of food and fiber-producing animals. In Howard JL, Smith RA, editors: *Current veterinary therapy: food animal practice*, ed 4, Philadelphia, 1999, WB Saunders.

[4] Binns W, et al: Chronologic evaluation of teratogenicity in sheep fed *Veratrum californicum*, *J Am Vet Med Assoc* 147:839, 1965.

[5] Binns W, et al: A congenital cyclopian-type malformation in lambs induced by maternal ingestion of a range plant, *Veratrum californicum*, *Am J Vet Res* 24:1164, 1963.

[6] Moore CP, Wallace LM: Selected eye diseases of sheep and goats. In Howard JL, editor: *Current veterinary therapy 3: food animal practice*, Philadelphia, 1993, WB Saunders.

[7] Rosenfeld I, Beath OA: Congenital malformations of eyes of sheep, *J Agr Res* 75:93, 1947.

[8] Wyman M: Eye diseases of sheep and goats, *Vet Clin North Am Large Anim Pract* 5:657, 1983.

摘除术

摘除术适用于任何永久性失明或疼痛的眼睛，如由于严重的穿孔性眼外伤造成的眼内容物破坏或丢失、青光眼、眼内瘤变、严重的全眼炎或先天性缺陷而导致暴露性角膜炎。对于严重的眼球外感染或眼眶内瘤变可能需要摘除。这个手术包括切除整个眼球、附件和眼眶组织，包括眼外肌肉和脂肪。在摘除前，对侧眼应仔细评估，以确保视力正常。如果存在角膜炎或眼内炎，术前应使用全身和局部抗生素。

眼球后麻醉

全麻或局部球后麻醉镇静可用于绵羊和山羊的眼球摘除[1]。眼睛、眼眶的镇痛和眼球的固定都可以通过彼得森眼阻滞或球后四点技术来实现[1]。眼球后麻醉使动眼神经（CN Ⅲ）、滑车神经（CN Ⅳ）、三叉神经（CN Ⅴ）的上颌和眼科分支以及外展神经（CN Ⅵ）支配的视神经、眼外肌和眼睛的感觉部分以及附件的敏感性降低。角膜镇痛、瞳孔扩张和眼球的可操作性是指示满意阻滞的标准。

彼得森眼阻滞技术

用聚维酮碘溶液进行无菌处理的部位，在眼外侧和角基部之间的中间位置，眶上突和颧弓交界处的后角，使用一个 18 或 16 号规格、0.75 in. 的针，皮下注射 2～3 mL 麻醉药（2%利多卡因）[2]（图 14-13A）。接下来，在皮肤开口处插入一个 3～4 in. 的 18 或 20 号规格略微弯曲的针头，并向内推进，针头的凹度沿着颧弓尾方向移动，稍微向腹侧移动。如果针尖接触到下颌骨的冠状突，针尖就会“离开”前缘，直到可以自由地向前移动，目的是以 2～3 in. 的深度到达眼眶内侧。将针头从眶骨缩回 2～3 mm，并确保针头不位于眼动脉附近（通过检测非生产性负压）后，将 7～8 mL、2%利多卡因缓慢注射到眼球后方。

四点阻挡技术

另外一种方法是采用 2.5 in.、20 号规格的微弯针进行球后四点注射技术，用于球后麻醉。注射的标志部位是骨眶的背侧、腹侧、内侧和外侧边缘（图 14-13B）。注射前应使用局部眼用麻醉剂（0.5%普罗卡因）以使角膜和结膜脱敏。在每次注射的时候，外科医生的食指应该被用来使眼球偏转，并保护它免受针头的伤害。触诊骨眶壁以确定方向，针从结膜穹窿插入，直到碰到眶尖。随着针的前进，在每个部位注射 1～2 mm 的局部麻醉药（2%利多卡因）。

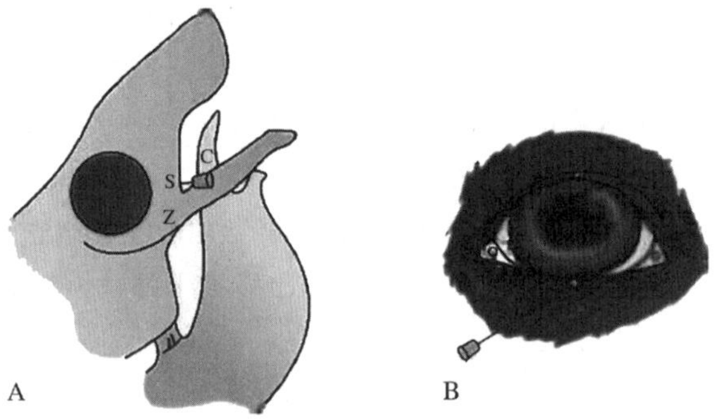

图 14-13 眼球后麻醉。

与上述局部麻醉技术可能相关的并发症包括球后血肿的发展和对球体的创伤[3]。虽然罕见，但由于意外注射利多卡因到视神经的脑膜反射引起动物的癫痫发作已有报道。抽搐通常是短暂的、自我限制的，但也可能是致命的[3]。这些并发症可以通过适当的针头放置和适当地约束病畜来避免。

术前注意事项

摘除术可采用结膜下或经眼睑技术。经眼睑技术适用于眼部感染或肿瘤。因为摘除通常是为了移除一个严重感染或破裂的球体，所以最常采用经眼睑技术，以减少手术污染。

全身麻醉或镇静联合球后麻醉和局部麻醉（利多卡因从上、下眼睑缘向周围 1～1.5 cm 浸润）后，将患畜置于侧卧位，由外科医生摘除眼睛。受影响的眼眶应在等渗盐水中以 1∶50 稀释的聚维酮碘溶液冲洗。在切除和无菌准备手术前，应使用单丝、不可吸收的连续缝合材料以简单连续模式缝合受影响的眼睑。切口的两端应各留有一条缝合线，以便在手术中操作眼睛。术前建议使用抗生素和抗炎药。

经眼睑的摘除术

使用 15 或 10 号手术刀刀片，在离眼睑边缘 5～6 cm 的地方做一个圆周切口。从眼睑肌肉到结膜水平继续进行尖锐剥离。切开内侧韧带和外侧韧带；内侧韧带明显增大，与内侧眼眶粘连紧密。一旦韧带被切断，眼睑就会完全自由。尖锐的解剖是用来切开软组织直到巩膜的水平，即位于角膜缘后方。一旦看到巩膜，剩下的眶周软组织就可以用钝性和尖锐的方法在眼球周围进行切割，其位置就在角膜缘的后方，这将彻底解放眼球。眼外可见肌肉在巩膜插入处被切开。视神经和相关血管可以用剪刀剪开或用弯曲的止血器夹住并横切，结扎是可选的。应避免过度牵引眼球，因为它可能损害视神经或视神经交叉，或导致心率急剧下降（眼心反射）[4]。眼眶应该用无菌盐水轻轻冲洗几次，最好含有广谱抗生素。用无菌纱布包扎眼眶可控制出血。在关闭皮下组织之前，必须小心地除去所有的纱布垫；缝合通过可吸收缝线（2-2～3-0）以简单的连续模式来完成。

应尽量闭合眼眶软组织，以减少术后眼睑肿胀和凹陷；然而，由于绵羊和山羊的骨质环深且宽，因此在绵羊或山羊中通常很难做到这一点。使用适合患畜体型的不可吸收缝合线（0-0～2-0）以简单的中断模式闭合皮肤。可在术后 24 h 使用压力绷带，以进一步控制出血和减少术后肿胀。术后 5～7 d 应继续使用全身抗生素和抗炎药物。

所有摘除术后的眼睛都应进行组织病理学检查，以确定眼部疾病的确切原因。建议在摘除后的前 2 周内将患畜与其他同伴隔离，以防止头部撞击造成的创伤或缝合失败。手术 10～14 d 后可以取下皮肤缝合线。

参考文献

[1] Skarda RT: Local and regional anesthetic techniques. In Thurmon JC, Tranquilli WJ, Benson GJ, editors: *Veterinary anesthesia*, ed 3, Baltimore, 1996, Williams & Wilkins, ruminants and swine.

[2] Irby NL: Surgical diseases of the eye in farm animals. In Fubini SL, Ducharme NG, editors: *Farm animal surgery*, Philadelphia, 2004, Saunders.

[3] Welker B: Ocular surgery, *Vet Clin North Am Food Anim Pract* 11:149, 1995.

[4] Maggs DJ, Miller PE, Ofri R, editors: *Slatter's Fundamentals of veterinary ophthalmology*, ed 4, St Louis, 2008, Saunders.

第 15 章

乳腺疾病

小反刍动物奶业的发展促使需要更多针对绵羊与山羊的研究以及小反刍动物生产环境中特定的奶业质量原则和实践的应用。在奶业生产中的乳腺内感染(IMIs)对生产者会造成重大经济损失。无论是对食用与毛用羊群中年轻畜群的表现,还是对作为宠物的小反刍动物的整体健康,乳腺健康至关重要。

乳腺正常解剖

绵羊与山羊的乳腺结构包括两个分开的功能性与解剖学的乳腺(半个),每个有一个乳头。每半个乳腺由一个内侧和一个外侧悬吊韧带支持;反过来,这些韧带分支形成次级薄层结构伸入乳腺并起支撑作用。内侧悬韧带黏附在一起,沿腹白线起于耻骨联合耻前腱到达腹腱膜。乳腺间沟位于乳房腹侧内侧悬韧带与皮肤相接处。具有弹性的内侧韧带将乳房稳定固定在高于跗关节的位置;内侧悬吊韧带形成的遗传力为 0.33[1],在育种计划中应特异性筛除下垂乳房的个体。外侧悬韧带伸入皮肤并且位于乳腺神经血管和淋巴结构的表面。乳腺上外排(腹股沟前)淋巴结位于每个乳腺的尾背侧。乳房的主要动脉供应来自阴部外动脉,自腹股沟环进入,可以通过其弯折的路径识别。成对的阴部外静脉、成对的腹部皮下静脉分支以及成对的会阴静脉回流乳房和乳腺上淋巴结。支配乳腺的神经是生殖股神经,且浅表受到腰椎皮神经(头侧)以及会阴神经的乳腺分支(尾侧)的支配。

每半个乳腺由多个乳腺小叶组成,汇集成 6～9 个输乳管[2]。这些输乳管汇集形成一个乳腺蓄乳池,最后汇集到乳头蓄乳池。Furstenberg's 环为环状静脉结构,形成乳房和乳头之间的分界。与牛一样,乳头壁由 5 层组成:黏膜、血管结缔组织、环形和纵形肌层、上皮。在乳头远端有 0.5～1.0 cm 的条纹管,将乳头池连接到乳头孔,并与 Furstenberg's 环近似。条纹管是乳房的一个重要解剖和生理屏障,具有产角蛋白的鳞状上皮细胞和乳头括约肌。

羊奶产量与基本成分

品种与生产类型对泌乳的许多方面具有重要影响。产奶山羊一般泌乳期为 305 d,干乳期为 60 d,与奶牛类似。通常山羊羔可以使用巴氏灭菌的奶或者代乳品进行人工喂养。产奶绵羊泌乳曲线更陡,大约为 5 个月,类似于肉用或者毛用绵羊和山羊。对产奶绵羊产业的通常做法是在第 1～2 个月由母羊带养绵羊羔,之后更换成商业奶产品的机械喂奶,母羊哺乳期和哺乳到产乳期在乳腺炎控制方面提出了一些独特的挑战。营养、乳腺炎和繁殖是所有类型羊群生产的主要因素(见第 2 章和第 8 章)。

不同奶羊品种的产奶量和奶的组成也不同。与山羊奶与牛奶相比,绵羊奶中含有最高的脂肪含量(7.62%)、蛋白质(6.21%)、酪蛋白,以及其他固体成分[3]。结果导致凝乳酶凝集时间缩短,在奶酪产业中凝乳的硬度会提高。然而,奶绵羊在每个泌乳期产生的奶量较少,而且在欧洲品系和美洲品系之间的遗传学差异巨大。在大概平均水平上,东弗里生绵羊每个泌乳期大约产奶 1 000 lb;拉卡恩品种,以挤奶为基础进行评估(去除母羊用于哺乳绵羊羔的奶量),每个泌乳期大约产奶 650 lb。

山羊奶通常被对牛奶不耐受的儿童和成年人

食用；有 40% 对牛奶不耐受的人可以饮用山羊奶[3]。较小的脂肪球和较高比例的短链脂肪酸能促进消化率，短链脂肪酸包括己酸、辛酸、癸酸[3]。奶山羊的产奶量一般高于绵羊，奶中的成分比例介于奶牛和绵羊之间；产奶量和奶成分受到品种、种群和个体遗传因素的显著影响。小型品种羊产奶量较小，而脂肪和蛋白质含量高。2008 年威斯康辛羊群平均产奶量每只母山羊为 1 288 lb。顶尖的四个羊群的平均产奶量每只母山羊为 1 510 lb[4]。相比而言，2009 年加利福尼亚产奶羊群促进协会(DHIA)"荣誉榜"成员的标准奶山羊与小型奶山羊的产奶量分别为每只产奶 2 117 lb 与 603 lb[5]。

对于标准欧洲品种，脂肪含量通常为 3.8%[3]。在加利福尼亚顶尖羊奶产业中，标准品种和小型品种的脂肪含量分别高达 4.9% 和 6.9%。然而在一个高产奶量的牧场，乳脂检测非常低，只有 2.7%。与牛奶类似，山羊奶中的乳脂受到高发酵日粮(碳水化合物与牧草比率大于 2∶1)的抑制，也受到亚急性瘤胃酸中毒和热应激的影响。提高日粮中的牧草，并提供自由选择的缓冲物(如碳酸氢盐)，可以增加可测乳脂成分。标准欧洲品种羊奶的蛋白质平均含量为 2.9%[3]。在加利福尼亚顶尖山羊产业中，标准品种和小型品种的蛋白质含量分别为 2.61%～3.96% 和 3.91%～5.0%[5]。

体细胞

在小反刍动物中，体细胞数量(SCC)增加与胎次增加、泌乳天数、应激因子、发情以及感染相关。在季节性产奶羊群中这些因素都融合在一起。针对美国 71 个山羊奶业的调查显示，有 65% 在接近泌乳周期末期没有达到每毫升 100 万细胞的 A 级标准[6]，并且有许多也难以达到每毫升 150 万细胞的 B 级标准。小反刍动物顶浆分泌乳产量使体细胞数的测定变得复杂，因为有些检测方法将误读正常的无 DNA 细胞质滴；山羊产生的细胞质滴是绵羊的 10 倍以上[7]。用于奶牛体细胞数检测的美兰染色不能够充分区分白细胞与细胞质滴[7]。派洛宁 Y 甲基绿染色后，直接镜检计数被美国定为专门用于小反刍动物奶的参考标准，但是染色的方法和技术人员的能力在实验室之间存在差异[7,8]。对于体细胞自动检测仪，计数结果与参考标准能够很好地符合[6,8]。

不同物种的正常体细胞数差异很大。嗜中性细胞为最常见的白细胞，无论山羊的乳腺感染与否，占到泌乳后期细胞数的 74%～80%[9]。相比而言，非感染绵羊乳腺细胞数与奶牛相似，含有大量的巨噬细胞(45%～85%)、少量嗜中性细胞(10%～35%)、淋巴细胞(10%～17%)以及上皮细胞(2%～3%)；嗜中性细胞数量在感染期间会增加，并且与体细胞数高度相关[7,9]。

感染程度与体细胞数直接相关的观点存在争议。一些人认为，IMI 状态是主要的体细胞数影响因素[9,10]。然而，虽然在单只羊产乳中体细胞数会随着 IMI 而增加，但是 90% 的体细胞数变化与乳腺炎之外的因素有关[11]。在两个品种中，相比于泌乳后期，泌乳早期和中期体细胞数升高更可能提示感染存在[2,9]，并且重复检测，或者比较不同乳房之间的样品，获得的信息要比单个检测更准确[9]。对大型绵羊品种数据的评估显示体细胞数有中度的遗传力，为 0.11～0.15。法国拉卡恩(Lacaune)奶绵羊育种者正尝试通过选择性育种减少体细胞数。

细菌性病原

细菌性病原引起的小反刍动物乳腺炎临床症状特征明显。临床上散发的乳腺炎病例的最常见病原包括：金黄色葡萄球菌、凝固酶阴性葡萄球菌、化脓性杆菌、棒状杆菌、巴氏杆菌、假单胞杆菌[9]。临床上暴发的乳腺炎最常见的病菌包括：金黄色葡萄球菌、链球菌(乳房链球菌、无乳链球菌、猪链球菌)、以及机会致病菌如曲霉菌、假单胞杆菌、伯克氏菌、沙雷氏菌[9]。

大量研究表明凝固酶阴性葡萄球菌是目前为止引起母绵羊(78%)和母山羊(71%)亚临床乳腺炎最主要的病原。表皮葡萄球菌与山羊葡萄球菌是分离最多的病原，尽管也能分离到其他种类的病原[8,9]。凝固酶阴性葡萄球菌的脱落通常是周期性的，与体细胞数的升高呈反比，并且可能在单次培养时失败。60%～80% 培养的凝固酶阴性链球菌菌株是溶血性的；溶血性菌株与表皮葡萄球菌会引起较高的体细胞数，而其他凝固酶阴性葡萄球菌与升高的体细胞数并没有明显的相关性[9]。金黄色葡萄球菌是引起母绵羊(4%)和母山羊(8%)亚临床乳腺炎的第二个最常见的病原菌，而链球菌和棒状杆菌相对不常见[9]。不同于奶牛，革兰阴性菌并不是母绵羊(3%)与母山羊(8%)乳腺炎的常见病因。尽管李斯特氏菌和沙门氏菌很少与乳腺炎相关，但是有必要注意这两种菌，因为它们是人畜共患的；李斯特氏菌可能来自临床正常的乳房[2]。

功能异常与治疗

先天性异常

额外乳头

绵羊与山羊乳房的正常结构都包括两个乳头，分别位于每半个乳房上；然而有些羊可能有3～6个乳头。奶羊育种组织(包括山羊与绵羊)通常把额外乳头情况确定成在两种性别动物中都为严重不合格，并禁止手术切除，以及禁止将有额外乳头的动物作为纯种动物进行后续的注册。在肉用动物中，不强调乳头的情况，而且许多肉用品种的动物有额外的乳头现象。有些情况下，繁育人员甚至提倡选育具有四个“干净”乳头(即充分并独立发育的)的肉用品种替代动物作为提高生产性能的方法[12]。

由于山羊与绵羊情况复杂，出现许多非专业术语来描述特定的额外乳头现象。干净乳头指的是单个形态正常的乳头，在乳头末端有单个乳头孔。乳头可进一步分类为功能性或非功能性，依据是存在单个乳头孔，并且能从该乳头产乳和排乳。如果分开的乳腺不能被原始乳头引流，则非功能性乳头将具有严重影响泌乳的可能性，根据笔者的经验，这类乳头的存在会导致乳房不对称，使患乳腺炎的风险轻度增加。成簇乳头指的是多个乳头相互靠近，但是彼此独立(即不分离或对裂)。有些情况下，两个乳头可能在长度上部分或者全部融合。这些融合的乳头可能有一个或者多个乳头孔。如果融合部分占乳头长度的比例小于50%，这些乳头就是分离的；若乳头的整个长度都融合在一起通常被称为鱼尾型乳头。这两种乳头类型都被称为对裂乳头。在少数情况下，两个以上乳头会融合在一起；这类较大、聚集成团的乳头被称为“圣诞树”乳头，因为其具有多分支样结构。具有额外乳头的动物可能具有额外乳腺，被称为乳腺肥大。

如前所述，大多数乳用品种的机构都禁止多于两个干净乳头的动物进行注册。肉用品种的注册要求各有不同。美国波尔山羊协会(ABGA)允许最多每侧2个乳头(总共4个)的动物进行注册。也允许分裂乳头(乳头的50%或者更多部分分离)的注册，有干净乳头的动物更好。ABGA认为成簇乳头与鱼尾型乳头不符合品种标准。

对裂(分离或者鱼尾型的)乳头出现时，有时与两个独立的非互通的乳腺部分相关，并引流两个部分。在这种情况下，在乳头远端通过超声可见沿着乳头池全长有一薄膜性分隔。该检查宜使用7.5 MHz或者高分辨率的探头，影像质量较高。使用探头支架有助于获得质量更高的影像；在野外环境，将乳头浸润到含有水的塑料容器中能够达到同样的目的。技术操作为，将一个小的、有侧平面的塑料容器装满水并提高到乳房腹侧部位，将乳头浸入容器中央。将耦合剂涂于探头和容器外侧，则乳头在水浴中央通过容器成像。如果在乳头池存在薄膜性分隔，则可见一明显的可变厚度高回声分隔沿着乳头池将两个乳头分开。当一个乳头池缺乏乳头孔的时候，这一发现有重要的临床意义。在这些情况下，该部分的乳腺不能排乳，并且一直肿胀疼痛，直到乳腺萎缩，乳腺萎缩在高产奶羊中可能需要很长时间。

从生产角度出发，额外乳头的存在给管理造成了严重的问题。最明显的是，挤奶器只有两个乳头杯，多于两个功能性乳头则造成了挤奶困难的实践问题。此外，分裂或者对裂乳头使吸奶器不能正确安放，使该乳头不能采取机械挤奶。这些问题在肉用动物生产中并不重要。而且，额外乳头哺乳新生绵羊羔或者山羊羔也存在困难，特别是成簇乳头使后代很难找到功能性乳头。

尽管尚缺乏小反刍动物额外乳头遗传的详细研究，但是已经提出了一个遗传模式。因此，应首先注重种用公羊和母羊的乳头结构，如果动物的乳头结构不符合要求应予以淘汰。手术纠正额外乳头，特别是那些被归类为不合格的乳头，并不能改变这种情况的遗传问题，只能是延长和增加繁育种群中这一缺陷的发生率。

漏乳乳头与乳头壁囊肿

被选为高产奶量的一些动物，在乳头壁中可能存在泌乳组织。这类组织产奶可能有3种结果：(1)有些情况下，乳汁通过局部小孔进入乳头池，这类组织的存在没有临床表现。(2)或者，乳汁可以通过皮肤孔进入乳头外部上皮表面，并分泌到皮肤表面，导致“漏乳乳头”产生。由于乳头管典型的肌肉孔缺失，该组织则易发生逆行性细菌性感染，并导致局部乳腺炎。在临床上，存在漏乳乳头的动物容易辨别，其表现为在乳房外表面存在乳汁，特别是在泌乳期间。患病动物的主人在人工挤奶的时候，手上会沾上乳汁。除了对外观的影响以及很少时候引起乳腺炎外，这一情况对动物通常不会造成严重的健康问题。有报道使用硝酸银条腐蚀这些漏乳孔[2]；但是这种方法可能导致乳头囊肿的产生，之后将进一步说明。(3)最后一种，如果缺乏有孔通道将乳汁从乳头壁排出，则将形成乳头囊肿，囊肿中含有聚集的乳汁。这种情况下，囊肿容易在临床上检测，表现为乳头壁局部肿胀。乳头壁囊肿的直径可能是几毫米，也可能达到 1～2 cm。超声检查评估乳头(如前文描述的用于对裂乳头检查的方法)可见到低回声充满液体的结构位于乳头壁处。采用无菌技术对囊肿进行抽吸，可以达到确诊[2]。有些情况下，囊肿的存在会导致难以安放乳头杯；然而，这一问题通常不重要。更严重的问题可能是有时乳头囊肿会导致乳头池的黏膜壁畸形，结果导致功能性乳头管的泌乳阻塞。这类情况下，超声引导的囊肿抽吸会恢复泌乳，如果情况允许可以进行手术治疗。

悬吊韧带支持欠佳

乳腺主要由 3 个主要韧带支持：两个外侧悬吊韧带和一个内侧悬吊韧带，内侧悬吊韧带位于两个半乳房之间，反向平行于动物体轴。这三个悬吊韧带提供必要支持，将乳房牢固悬挂于体壁，避免受到损伤。当悬吊韧带提供的支持力不足的时候，乳房将会悬垂严重，在走动时，乳房会有过多的移动和摇摆。乳房理想位置应该是位于泌乳动物的跗关节以上。

乳房支持欠佳无论是对母绵羊或者母山羊，以及它们的后代都会引起多种潜在的问题。位置过低的乳房使绵羊羔或山羊羔难以找到乳头，因为羔羊天性习惯抬头看乳房的根部。此外，随着绵羊羔或山羊羔的长大，正常的哺乳姿势难以实现，因为乳头贴近地面。对于母山羊，乳房支持欠佳使动物容易受伤、淤青或者乳腺炎。悬垂的乳房在动物奔跑时容易受到严重的损伤，或者更直接的损伤是同伴直接踩在乳房或者乳头上。悬垂的乳房也更容易受到犬的攻击、带刺防滑网的损伤或者其他有角动物的损伤。对于乳腺炎，乳腺位置低，使其更容易接触粪便和源于垫料的环境中的污染物，以及受影响的动物易患某种类型的乳腺炎，包括大肠杆菌性乳腺炎。

乳房支持欠佳通常被认为是遗传缺陷，在育种计划中要予以筛除，为了母山羊或者母绵羊及其后代的健康。可以使用商业化的尼龙网对乳房进行支持。或者如果动物是作为宠物，选择乳房切除术可以达到长期的解决。因为这些动物不能繁育，缺少一个乳房对哺育后代来说就不是一个重要问题。

不均匀或不对称乳房

不对称乳房或者不均匀乳房可能是先天的，也可能是后天的。少数情况下，乳房的悬吊韧带为非对称性的，导致乳房相对于动物机体的主轴形成“扭曲”的外观。对于乳用山羊，不对称乳房的母羊导致的不平均的奶产量是相对常见的。这种情况可能从分娩时开始或者泌乳期开始。有时，这些表现可能与导致产奶量减少一侧乳房的凝固酶阴性葡萄球菌亚临床感染有关，所以每半个乳房的乳汁要求分开培养。如果整个群落都表现出症状，则需要对挤奶系统进行彻底评估，同时对动物个体进行乳汁培养。需要评估挤奶系统的清洁和消毒，以及挤奶器在挤奶过程中的安放设计。在笔者的实践中，我们发现一个不对称乳房的群体性问题与挤奶器安放在边侧有关，导致每侧挤奶率不同，最终导致产奶量不同。

生理异常

无乳症

无乳症指的是应该产奶的动物不能产奶。两个最常见的原因是全身性疾病和乳腺炎。具有严重全身性疾病和摄食量减少的动物，产奶量会急剧下降，有些时候，会完全停止泌乳。较好的身体检查通常可以诊断特定的全身性疾病，而且治疗应该集中于解决潜在的病因。如果全身性疾病的病程和严重程度不是很长或者不是很严重，动物在本次泌乳期的剩余时间内会恢复一定水平的产奶量。然而，如果病情很严重，产奶量在此次泌乳期将不能恢复。乳腺炎相关的“感染性无乳”综合征可能的病因是一些支原体。病原学中与这一综合征相关的微生物在美国都不常见，被认为是国外动物疾病的病原；但是，在美国一些产业中支原体被认为是乳腺炎的重要病因，可能与产奶量下降或者停止产奶有关。在临床实践中,无乳症与乳腺分泌物或结构异常的存在被一同列于包括乳腺炎(之后讨论的任何微生物病原)在内的鉴别诊断表中。

乳房水肿

目前动物发生乳房水肿是常见现象,特别是初产的山羊和绵羊。需要仔细评估增大的乳腺来区别乳腺炎与水肿。对于乳腺炎,腺体会增大,触诊皮温可能非常高或者非常低,可能疼痛,并且通常排出的乳汁含有异常的组织或颜色或气味。其他病因引起的水肿,临床表现也包括乳腺肿胀,但乳汁正常。鉴别诊断乳房水肿的考虑因素应包括创伤、低蛋白血症、近期分娩(初产山羊或者绵羊),以及依赖性水肿。不明显但是非常重要的一种可能性是肠道寄生虫病引起的低蛋白血症。在一个羊群中,乳房水肿是低蛋白血症的第一个临床症状,并且在针对寄生虫感染的治疗后得到了解决(见第6章)。

在大多数情况下,初产母羊发生乳房水肿在不进行治疗的情况下也可以自愈。如果低蛋白血症是造成乳房水肿的病因,则纠正这一原始病因,临床症状就能得到缓解。如果乳房水肿有很大的创伤风险或者妨碍运动,则可以使用利尿剂,如速尿。

乳房早熟

所有品种的小反刍动物都会发生乳房早熟,但是最常见于未经产的乳用山羊。这些动物的乳腺发育发生在繁殖之前,或者在繁育动物妊娠期过度发育。通常,乳房早熟不会存在大的问题。但是,要评估乳房的结构、温度、疼痛感,因为有发生乳腺炎的可能。如果发热且疼痛,表明存在感染,通常需要细菌培养,但是进行此操作前要衡量利弊,因为移除乳头管中的角化栓会降低对乳腺的保护。早熟乳房可能是不对称的,但是在触诊的时候应该是柔软且有韧性的。如果确诊感染,需要使用抗生素治疗。尽管可以考虑使用乳腺内注射药物治疗乳腺炎,但是由于乳头管太小,要想实现灌注目的必然对乳房造成较大的创伤。这种情况下,需使用全身抗生素治疗,达到较好的全身药物分布量是更好的选择。无论是哪种方式,都要强调休药期的重要性,因为多数生产人员在动物分娩时,对抗生素相关的休药期情况都不是很熟知。

雄性乳腺发育

雄性乳腺发育指的是雄性乳腺系统发育异常或者发生泌乳。对于小反刍动物,特别是山羊,存在3种不同的病因。在2篇报道中,动物存在性染色体异常,一篇报道为Y染色体缺失,另一篇报道为在嗜中性细胞中存在性染色体[13,14]。有报道称,雄性乳腺发育与家族遗传相关,如果家族中母系产奶量高,或者发病动物的促催乳素基线可能较高,导致乳腺异常发育[15]。类似的,肾上腺肿瘤动物的内分泌失衡也会表现为雄性乳腺发育[16]。最后,对乳头过度的机械刺激,刺激泌乳或者哺乳,也能够足以促进乳腺发育,表现为少量乳汁的分泌。

大多数短期的雄性乳腺发育不会影响公山羊的繁殖能力;但是,需要完全的繁育能力检测。如果乳腺过大,则会影响睾丸的正常降温,有可能降低繁育能力,甚至丧失繁育能力[15]。性染色体异常的动物通常都是不育的。

泌乳阻塞

一半阻塞

乳腺炎(细菌或者病毒)或者创伤导致的乳腺严重损伤,会导致分泌组织纤维化,或者一侧乳腺或双侧乳腺失去功能。这些情况下,乳腺通常萎缩并且乳腺不能泌乳。症状在下次分娩时可能自发消失,或者将一直存在。有趣的是,一些生产人员使用化学(洗必泰或碘酒)方法“杀死”一侧乳房,以免发生不可治愈的慢性乳腺炎;然而关于这种方法安全性的评估没有相关的报道,并且存在未治疗的乳腺产生品质差的乳汁的可能。对于自然发生“阻塞一半”的病例,不需要进行治疗,恢复到完全正常产奶量的预后为中等程度到谨慎。

泌乳困难

对于一些动物,如果乳头管较小,严重影响乳汁从乳头孔排出;具有这一症状的动物通常被称为“泌乳困难”。可能是由于小乳头管的遗传原因,或者是创伤,或者是乳头末端存在病灶。对于严重的病例,可以使用不同类型的乳头刀或者手术刀来扩大乳头管的开口。将手术刀置于乳头管内,移动手术刀切除乳沟管内的部分,尽量避免切除乳头管的外部。该操作需要在乳房充盈的时候进行,有利于判定乳头开口的大小。对于较严重的病例可能需要第2次或者第3次的切除。理想状态下,在术后,乳头应该在2 h内每20 min进行挤奶,之后每小时挤奶,直到第二天。需要注意的是,在之后的2～3 d

可能挤奶更加困难，原因是乳腺会肿胀，但是至少要在 1 周之后才能进行第 2 次手术，因为在 1 周之后才能确定手术是否成功。该手术确实存在很大的风险，如果术者操作过度，则可能引起乳腺炎或者长期的乳头漏乳。根据笔者经验，乳头孔小但是能泌乳乳头开口的动物体细胞数较低；然而，没有相关的对照研究证明乳头管的大小与乳腺炎或者体细胞数有相关性。

乳头蜘蛛与乳石症

泌乳困难的另一个鉴别诊断是所谓的乳头蜘蛛或者乳石症。不同于狭窄的乳头管，导致这些动物挤奶困难的原因是乳头管被异常组织或者钙化灶部分阻塞或者间断性阻塞。组织相关的阻塞通常继发于肿物的形成，该肿物有蒂，可以使其自由移动——乳头蜘蛛。一种称为乳石的结石可以自乳头池内形成，从形成颗粒物或者乳头样物开始，逐渐生长到能够堵塞乳流从乳沟管排出的程度。阻塞通常以球阀机制发生在乳头管顶部。

发生阻塞的病例，对乳头进行触诊可以发现坚硬的豌豆大小的肿物，在乳头池内具有可移动性。可以进行超声检查，如在后面“诊断与治疗方法”一节中介绍的一样，可以检查组织肿物是否从乳头层的黏膜表面伸出。对于这类疾病主要使用两种治疗方式：使用多种规格的乳头刀伸入乳头管，或者用来将乳头蜘蛛变软，从而进行小部分的切除[17]。或者，可以进行乳房切开术移除肿物。麻醉阻滞的方法是在乳头基部使用利多卡因进行环形局部浸润麻醉。手术切口为 3～4 cm 长，平行于乳头的长轴。术中应使用乳头套管贯通乳头管，用来保护乳头池对侧的黏膜。病灶周围的黏膜应当切除并且用单股缝线对接缝合[17]，防止生成过多肉芽组织阻塞乳头池。黏膜下层和中间层用可吸收单股丝线进行水平连续缝合，简单间断缝合皮肤。

乳头与乳房的常见手术

乳头撕裂修复

任何乳头撕裂修复术第一步需要考虑的都是对其功能恢复的预后。影响预后的因素包括：撕裂严重程度（部分或者全部）、撕裂的部位、撕裂的方向（与乳头轴平行或者垂直），涉及的复杂解剖结构（乳头管或者乳头环）。对于贯穿乳头池或者乳腺池全层的撕裂，患乳腺炎或者体细胞数升高的风险极大。另一个潜在的风险是术后形成乳头瘘管。如果撕裂更接近乳头基部，或者撕裂方向平行于乳头轴，则撕裂修复的成功概率会增加。

必要时，动物可以做术前镇静，在乳头基部使用 2%利多卡因进行环形阻滞，避开周围的脉管、乳头和乳腺池。如果为全层撕裂，医生可以在乳头根部使用止血带，避免从乳头流出的乳汁影响手术视野。必要时，伤口要进行清创处理，尽可能保留更多的组织。全层撕裂需要缝合 3 层[17]。黏膜下层使用连续水平缝合，且不穿透黏膜层，用同样的方式闭合中间层，最好使用弹机缝合针 4-0 单股合成可吸收缝线。最后，皮肤层使用 4-0 或 3-0 单股缝线简单间断缝合。术后 10 d 内，动物不能进行机械挤奶或者人工挤奶。乳汁需要使用乳头套管被动地从乳头池排出。在此期间，应隔日对乳腺内使用一次抗生素，并且密切关注是否出现乳腺炎症状。

乳头瘘修复

乳头撕裂会增加该乳腺或乳房患乳腺炎的风险。因为失去乳头管或者括约肌之后，对逆行的细菌是开放的，通常与体细胞数升高或者乳腺炎相关。如果要对瘘管进行手术修复，则需要等到病灶愈合，直到瘘管界限清楚并容易看到为止。乳头需要进行麻醉，如前所述；之后沿着平行于乳头的长轴进行椭圆形切口，包绕瘘管周围。注意最小化切除椭圆形组织的宽度，以保留尽可能多的组织用于闭合切口。伤口的闭合同全层乳头撕裂的修复。

乳房切除术

乳腺全切术用于治疗对药物治疗无反应的坏疽性乳腺炎、泌乳异常的早熟乳房，或者其他局部乳腺疾病等。患有坏疽性乳腺炎的山羊表现出的症状包括乳房变色（发暗）、发凉、疼痛以及肿胀。乳汁中通常含有血液。大部分动物在产羔后 10～15 d 发病。药物治疗很少成功，结果通常导致慢性乳腺炎[18]。乳房切除术作为安全有效的治疗方法，可以保证宠物动物有较好的生活质量，或使具有遗传价值的动物可作为胚胎的供体，以及自然生产的母羊后代可以进行人工饲养[19]。

乳腺全切术要求动物仰卧保定，全身麻醉（图 15-1，另见彩插）。该体位保证在最小张力下有更多的皮肤用于缝合。一些外科兽医倾向于椭圆形皮肤切口。然而，倒置的三叶草型皮肤切口，允许切除的皮肤远离乳房组织并能暴露血管，以允许结扎血管，防止出血(图 15-2，另见彩插)。乳腺的动脉血供应来自外阴动脉和会阴动脉。乳腺血液从外阴静脉、会阴静脉以及大的腹部皮下静脉回流。术者通过在乳腺组织下方手的翻转，实现乳腺组织从外直肌鞘的钝性分离。之后对皮肤进行 X 形缝合，在切线外放置乳胶导管(图 15-3，另见彩插)。切除之后可能留下较大的死腔，应该尽可能将皮下组织与外直肌鞘用可吸收缝线进行缝合来消除死腔。

部分乳房切除用于单侧乳房发病的情况。部分乳房切除是在患病乳房的乳头周围进行椭圆形切口。部分乳房切除在技术上更难操作，因为侧支循环以及需要进行不同切除。一定注意不能破坏剩余的乳腺[20]。

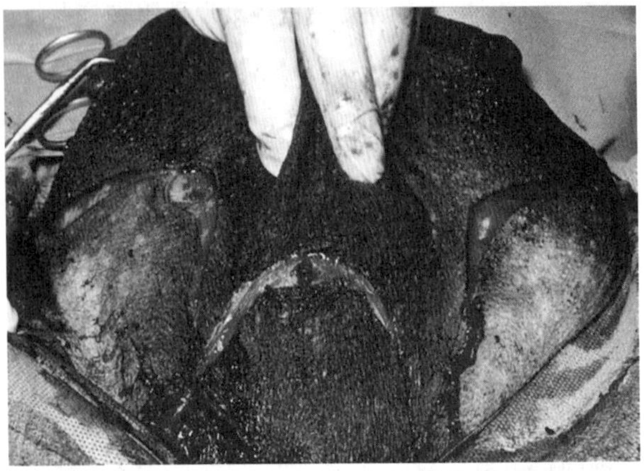

图 15-1　一只 4 岁侏儒山羊乳房切除术的外观，图为 4 个倒三叶草形皮肤切口中的 3 个。图为尾侧观，动物仰卧。助手戴着手套将乳头聚集在一处(来源：Dr. A. N. Baird, Purdue University)。

图 15-2　与图 15-1 中为同一只山羊，可见右侧腹股沟环的外阴静脉。图为尾侧观，皮肤被分离于左侧，右侧为乳腺组织(来源：Dr. A. N. Baird, Purdue University)。

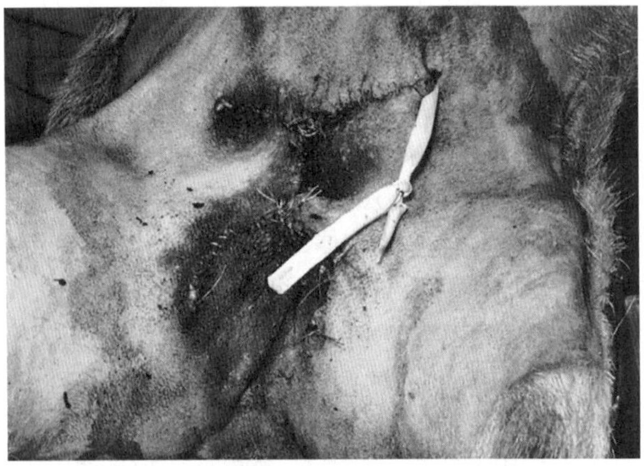

图 15-3　母羊在乳房切除术后皮肤的 X 形闭合，并放置乳胶导管。图示为母羊的右侧观，其臀部在右侧(来源：Dr. A. N. Baird, Purdue University)。

对于患有坏疽性乳腺炎的母山羊，代替乳房完全切除术的一种方法是，在切除乳头的同时结扎乳腺组织的血管。这种手术方式可以使腺体分泌物排出，最终导致乳房无血管坏死。与传统乳房切除术相比，该方法操作快、价格低、山羊的应激少[21]。但是去除乳房，在外观上畜主可能难以接受。

外阴动脉的结扎

对于患有严重坏疽性乳腺炎的羊，麻醉风险较高。在这类情况下，可以选择结扎外阴动脉和静脉，二者从腹股沟管伸出。该手术可以在轻度镇静与局部麻醉情况下，动物侧卧保定完成。这些血管被结扎之后，会限制从乳腺组织吸收毒素，并且乳腺会逐渐萎缩，因为外阴动脉是山羊和绵羊乳腺组织血液供应的主要动脉[17]。

动物需要侧卧保定，腹股沟管周围用 2%利多卡因进行局部浸润麻醉。在该区域切开皮肤，钝性分离找到腹股沟管以及外阴动脉和外阴静脉。每个血管进行三重结扎并切断，在近心端保留 2 处结扎。皮下进行多层缝合以最小化死腔，之后常规关闭腹腔。为了有助于乳腺的外排，医生可以考虑在术后切除乳头[17]。

参考文献

[1] Wiggans GR, Hubbard SM: Genetic evaluation of yield and type traits of dairy goats in the United States, *J Dairy Sci* 84(Suppl 1):E69-E73, 2001.

[2] Smith M, Sherman D: Mammary system. In Smith M, Sherman D, editors: *Goat medicine*, Ames, Iowa, 2009, Wiley-Blackwell.

[3] Jandal JM: Comparative aspects of goat and sheep

milk, *Small Rumin Res* 22:177-185, 1996.

[4] Dietman P, Tranel L: *The Wisconsin goat dairy profitability project*: 2007 and 2008 results for a select group of Wisconsin goat dairies: A collaborative project of the Wisconsin Department of Agriculture, Trade and Consumer Protection, Wisconsin Technical College System, University of Wisconsin-Extension, Iowa State University Extension, and Southwest Badger Resource Conservation and Development Council Madison, Wisc, 2009, Wisconsin Departmentof Agriculture, Trade and Consumer Protection.

[5] California Dairy Herd Improvement Association: 2009 *honor roll* (website): http://caldairygoats.com/cdhiagoats.htm. Accessed February 1, 2011.

[6] Droke EA, Paape MJ, Di Carlo AL: Prevalence of high somatic cell counts in bulk tank goat milk, *J Dairy Sci* 76:1035-1039, 1993.

[7] Paape MJ, et al: Milk somatic cells and lactation in small ruminants, *J Dairy Sci* 84(Suppl 1): E237-E244, 2001.

[8] Contreras A, et al: Mastitis in small ruminants, *Small Rumin Res* 68:145-153, 2007.

[9] Bergonier D, et al: Mastitis of dairy small ruminants, *Vet Res* 34:689-716, 2003.

[10] Poutrel B, et al: Control of intramammary infections in goats: impact on somatic cell counts, *J Anim Sci* 75:566-570, 1997.

[11] Wilson DJ, Stewart KN, Sears PM: Effects of stage of lactation, production, parity and season on somatic cell counts in infected and uninfected dairy goats, *Small Rumin Res* 16:165-169, 1995.

[12] Mauldin J: *Is "two teats" the best answer? Jack &Anita Mauldian's Boer goats* (website): http://www.jackmauldin.com/management/two_teat_question.htm. Accessed December 10, 2010.

[13] Panchadevi SM, Pandit RV: Milking males males: Milking ma *Indian Vet J* 56:590-592, 1979.

[14] Rieck GW, et al: Gynakomastie bei einem Ziegenbock. Ⅱ. Zytogeneticsche Befunde: XO/XY. Mosaik mit variablen Deletionen des Y-Chromosoms, *Zuchthyg* 10:159-168, 1975.

[15] Wooldridge A, et al: Gynecomastic and mammary gland adenocarcinoma in a Nubian buck, *Can Vet J* 40:663-665, 1999.

[16] Lofstedt R, Laarveld B, Ihle S: Adrenal neoplasia causing lactation in a castrated male goat, *J Vet Intern Med* 8:382-384, 1994.

[17] Fubini S, Ducharme N, editors: *Farm animal surgery*, St Louis, 2004, Saunders.

[18] Peer FU, Bhattacharyya HK: Studies on caprine gangrenous mastitis, *Indian J Small Rumin* 13:92-94, 2007.

[19] Cable CS, Peery K, Fubini SL: Radical mastectomy in 20 ruminants, *Vet Surg* 33:263-266, 2004.

[20] Youssef HA: Mastectomy as a radical treatment for some prevalent udder affections in goats in Al-Gasseem, *Assuit Vet Med J* 41:181-193, 1999.

[21] El-Maghraby HM: Comparison of two surgical techniques for mastectomy of goats, *Small Rumin Res* 40:215-221, 2001.

乳腺炎:诊断方法与技术

羊奶质量调查

乳腺炎对于畜主来说是一个“经济、卫生和法律”问题[1]。虽然小反刍动物乳腺炎的临床发病率每年小于 5%[1,2],但是存在问题的羊群乳腺炎临床发病率有 30%～50%。而亚临床乳腺炎的发病率在普通羊群中也较高,特别是在泌乳后期,其慢性感染发病率最高[1]。小反刍动物乳腺炎,特别是山羊,通常持续整个泌乳期和干乳期,而且感染比较常见。亚临床乳腺炎在干乳期的自愈率为 35%～67%(绵羊)与 20%～60%(山羊)[1]。新感染发生在泌乳期的前 1/3 时期,此时开始使用机械挤奶,是哺乳-挤奶的转换期[1]。乳腺炎控制计划应该注重卫生、挤奶系统和过程、干燥方式,以及淘汰。对于临床乳腺炎以及对干法治疗没有反应的亚临床乳腺炎,淘汰通常是最好的选择[1,3](图 15-4)。

预防和控制

卫生

皮肤菌群和乳腺内感染是葡萄球菌和链球菌等病原菌的主要储存场所。感染是在挤奶或哺乳期间传播与建立的[1]。尽管有证据表明作用不大,但是还是鼓励将常用于奶牛的乳房卫生措施用于乳用绵羊和山羊的管理中[3]。干燥、颗粒状的小反刍动物粪便也有助于提高乳房的卫生等级;这在挤

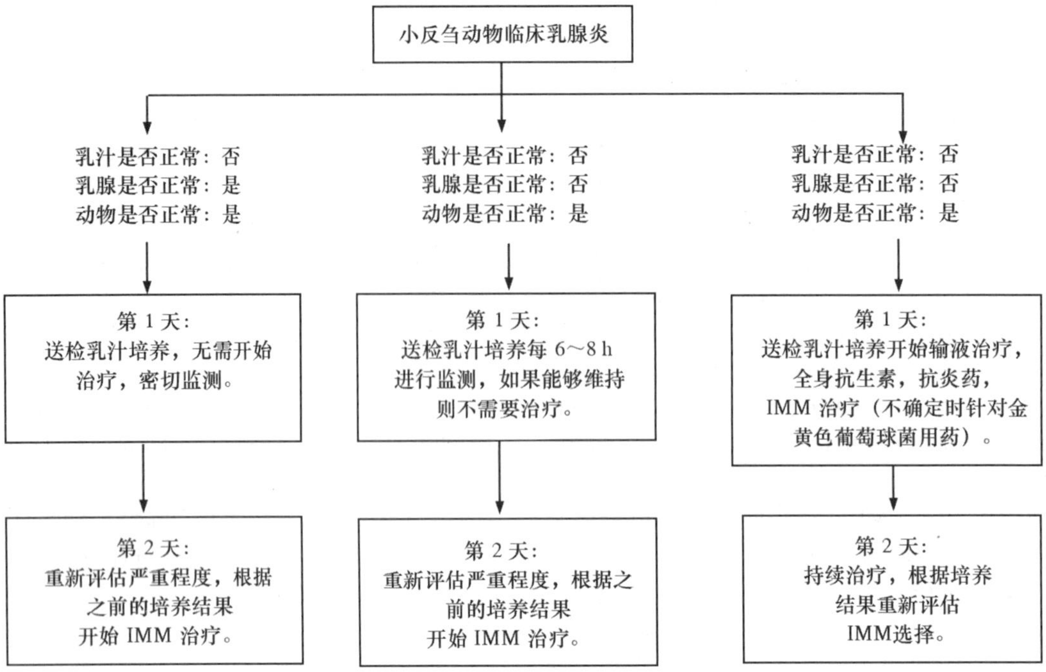

图 15-4　小反刍动物临床型乳腺炎的流程图。

奶时期特别重要，乳头一定要干净且干燥。建议采用乳头浸润，特别是挤奶后浸润，可减少新的乳腺内感染发生率达 30%～40%，并且也能改善集奶罐奶中的体细胞数[4]；在山羊群中，每只羊专用或者一次性使用毛巾可以减少乳腺内感染发生率[5]，在泌乳早期和高发乳腺内感染的羊群中效果最明显。如果畜主不愿采用常规乳头浸润，在高风险期策略性使用乳头浸润方法是比较合理的选择[3-5]。乳头浸润液体要保持干净并且定期更换，使用饮用水避免假单胞菌或者沙雷氏菌的污染[1]。乳腺内灌注时，要保证无菌技术和最小的导管插入程度。不建议不同的乳头之间共用抗生素注射管，但是如果想要共用，先对健康的乳房进行操作[1,3]。任何形式的乳头损伤（如撕裂、冻伤、口疮病毒感染、乳头末端角化过度）都会增加病原定殖的机会。

牧场的卫生条件直接影响乳房的健康。垫料区域应该保持干净与干燥来防止肠道菌群的侵袭。发霉的饲料与垫料会引入真菌病原[1]。应严格监控动物的密度；过度拥挤导致空气流动不佳，湿度升高会增加空气中细菌的数量，皮肤也会更加适合病原菌生存。

挤奶程序

挤奶过程和挤奶系统严重影响乳房健康，可能对乳房造成机械损伤或较脏的设备为细菌提供生存空间。建议采用一定的挤奶顺序，先对初产动物或者没有乳腺炎的动物进行挤奶。这种方法可以降低初次泌乳动物的主要（临床）乳腺炎发生率，以及降低经产动物的次要（亚临床）乳腺炎的发生率[1]。挤奶不当会累积增加泌乳期末的集奶罐中的体细胞数[1]。

挤奶过程中要避免挤奶过度或者挤奶不足、在真空时候移除挤奶器，或者用力过度地按摩乳房或挤奶。挤奶过度会促进乳头末端的角化过度，从而导致细菌定殖；挤奶不足会增加乳房对细菌性病原的敏感性[1]。对于奶牛，是否出奶受到乳头准备程序和时间的直接影响。然而对于绵羊或山羊，不出奶不是直接与乳头准备程序相关，因为大部分羊奶存储在乳腺池中（奶绵羊超过 50%，奶山羊超过 80%），而不是乳腺泡内[3,6]。真空状态下移除挤奶设备、用力过度地乳房按摩以及器械的共享会导致乳腺炎的传播，途径为通过感染羊奶和表面的细菌逆行性进入乳头[1]。

对于机械挤奶系统要优化仪器设备，与生产水平、乳头形状和操作规模相符合。理想的小反刍动物挤奶系统没有完全确定，并且一直在发展之中。每年对设备进行检查和维护是必要的，而且通常都是被忽视的步骤。具体如何进行系统检查的信息在美国国家乳腺炎协会（NMC）以及其他来源有报道。充气设备在由于时间、挤奶和卫生处理导致产生可见破损前需要进行检查和更换。建议的更换频率包括：每 1 000～1 500 次挤奶；每年（对于橡胶充气设备）；隔年（对于硅胶充气设备）[1]，或者每 60 d[3]。挤奶系统每天需要清洗 2 次，采用原位清洗（CIP）系统并使用合适的清洁剂、消毒剂和水温。黑光检查可以检查到混在清洁系统中的乳石或者蛋白质沉积；CIP 过程的详细信息由 NMC 发布。

大多数挤奶系统的机械性建议都是依据奶牛的数据。管道挤奶系统的建立应当有充分的大小和坡度，避免羊奶的撞击。对于小反刍动物，建议使用低管道系统，可以保证较低的更符合乳头末端真空吸力[3,5]。小反刍动物低管道系统中低乳头末端真空吸力的压力在 11.5～12 mm Hg 比较合适[3]；对于高管道系统，有必要适当升高压力。不必要的高真空压力会导致乳头末端角化过度并且增加体细胞数[1]。系统的真空设备与奶牛的类似。管道系统要求的计算方式为每分钟 30 立方英尺（CFM）的基础值加上 1.5 CFM/挤奶单位以及剩余的 3～4 CFM；桶系统需要 10 CFM 加上 1 CFM/单位之和。目前建议的频率为 70～100 次/min，挤奶-间歇的比率为（50∶50）～（70∶30）[3]；为奶牛特定建议值的上限值。

干奶期

干奶期保证在下一个泌乳期之前乳房的恢复和初乳的形成。如果管理适当，该时期是很好的提高乳房健康和治疗已经存在的乳腺内感染的时期。干奶期的形成，由奶量减少或细菌与体细胞浓度增加引起，或者应与下一个产羔日期一致。通常，直接停止挤奶要比逐渐降低挤奶频率更有利于乳房的健康。在干奶期之前降低母山羊或者母绵羊的营养有助于这种方法的实施。

干式疗法有助于治疗现存的感染或者预防在干奶期后期新的感染；前者对于绵羊和山羊更重要[22]。在整个干奶期都存在乳腺内感染的动物，即使接受了合适的治疗也应被淘汰。与没有进行治疗相比，乳腺内干式治疗可以显著增加母绵羊（65%～95.8%）和母山羊（50%～92.5%）的乳腺炎治愈率[1,7]；凝固酶阴性葡萄球菌感染对干式治疗的反应要比金黄色葡萄球菌好[8]。对于亚临床乳腺炎发病率低（30%～40%或者更少）的羊群，仅对感染动物或者一半动物进行选择性治疗是比较合理的方式；或者对所有动物进行干式治疗[1,2,7,8]。对于无支原体的羊群，如果多只山羊个体的体细胞计数（iSCC）大于 200 万细胞/mL，则可能感染了金黄色葡萄球菌（敏感性 100%，特异性 74%），应该进行干式治疗或者淘汰[12]。虽然在泌乳期后会采取措施预防新的乳腺内感染发生，但是干式治疗的动物将失去其乳房健康优势，体现在泌乳天数（DIM）减少 75～100 d[4,8]。

肉用或者毛用羊可以选择非肠道干式疗法。但是不建议用于乳用羊，因为抗生素在乳腺内达到有效浓度会导致其在奶中残留。有限的证据表明，需要 2 次或者 2 次以上非肠道给药，乳腺炎的治愈率才能高于对照组的动物[1]。多项研究表明对母绵羊标签外使用替米考星对乳腺的结构、细菌的排出以及早期断奶羔羊的表现有正向作用[1,9]；但是替米考星不能使用于山羊，因为有存在不良反应的报道。

有些药物理论上对乳腺治疗有作用，但是缺乏临床试验。在美国，依据《动物药物使用明细法案》，标签外使用泰拉菌素（一次性剂量 2.5 mg/kg，皮下注射）和氟苯尼考（20～25 mg/kg，静脉注射或者肌肉注射，每天 2 次）都是合法的。泰妙菌素（25 mg/kg，肌肉注射，每日 2 次）在美国没有注射用剂型，而猪用的泰妙菌素饲料或水添加剂标签外使用是不合法的。在美国，没有标记或不建议食用动物使用的其他药物包括氨基糖苷类的妥布霉素和安普霉素，以及两种氟喹诺酮类（恩诺沙星和诺氟沙星）在美国标签外使用是不合法的[1]。

三种非抗生素的干奶期干预方法为乳头密封剂、乳腺炎疫苗、维生素 E 和硒补充剂。维生素 E 和硒补充剂可以在之后的泌乳期内降低体细胞数[1,3]。乳头密封剂存在外用（如 Stronghold）或者内用（如 Orbaseal）配方。对奶牛的研究表明合理应用乳头密封剂可以在干奶期和哺育前几周的关键时期有助于预防新的乳腺内感染的发生[10]。尽管绵羊和山羊在干奶期不容易发生新的感染，但是这些产品在一些不是出于最理想环境中的动物有益处。外用密封剂需要使用多次——干奶期使用一次，在分娩前 10 d 直到哺乳期间再重复多次使用。内用密封剂要在整个干奶期持续使用，并且在首次挤奶时排出[10]。使用内用密封剂的动物的乳汁可能表现为易凝固的或者乳腺炎性的，但是不会存在 CMT 反应阳性。对于母羊哺育后代的羊群选择外用密封剂更好，除非在分娩期有专门人员可以严格将密封剂材料排出之后再开始哺育。

葡萄球菌和大肠杆菌乳腺炎疫苗是可用的。几种用于小反刍动物的金黄色葡萄球菌疫苗取得了一定的成功。在降低乳腺炎的严重程度方面最有效，但是对降低发生率无效，但是如果目标是预防坏疽性乳腺炎，则具有一定价值，却对降低羊群感染率和降低体细胞数方面没有效果[3]。大肠杆菌J5奶牛疫苗最开始是以山羊为模型的。该疫苗在感染性试验中确实降低了细菌的排出和临床症状[3]。然而，一般在小反刍动物中，大肠杆菌性乳腺炎不是严重的问题，而且当数量增加时，首先应该评估卫生情况。

整体罐装奶细菌计数升高

整体罐装奶细菌计数增加表明奶质量不佳，在超过法定限制时[美国巴氏灭菌奶条例 PMO 等级A，多于10万个菌落形成单位(CFU)/mL；PMO 等级B，超过30万 CFU/mL]会对生产者造成经济危机。第一步是确定细菌的来源：乳腺炎、乳房较脏、器械较脏或者羊奶降温不足。标准整体罐装奶的细菌学测试包括标准平板计数(SPC)、预先孵育(或孵育前)计数(PIC)、实验室巴氏灭菌计数(LPC)以及菌落计数(表 15-1)。SPC 检测是测量羊奶中的细菌总数，通常对来源不敏感。不同于奶牛的感染，较高的 SPC 升高，确实与羊群出现的葡萄球菌性乳腺内感染发病率相关。临床实验室将牛奶培养结果报告中的凝固酶阴性葡萄球菌生长定义为“非严重性的”；但是对于小反刍动物，培养出这些微生物是非常严重的。PIC 检测在羊奶于55℉孵育18 h后，涂板和计数之前进行；该检测适用于嗜冷性细菌，而且 PIC 指示的是非农场性的卫生问题以及羊奶降温问题。LPC 检测是在实验室中对经过巴氏灭菌的温度和时间的羊奶进行的，之后进行涂板和计数；该检测适用于耐热菌，LPC 增加代表挤奶器械不干净，形成生物膜，或者偶然发生的乳房不清洁。大肠杆菌计数通过将羊奶铺于选择培养基进行，提示乳房不清洁(低水平)、器械清洁不佳(高水平)，或者大肠杆菌性乳腺炎(罕见于小反动物)。正确获取整体罐装羊奶的样品非常重要；应该使用灭菌的漏斗从罐子的顶部取2 oz.的样本，该罐羊奶应被彻底激活10 min。

表 15-1 标准整体罐装奶细菌学检测方案

程序/结果/(CFU/mL)	乳腺炎	乳房不清洁	器械不清洁	冷却不充分
SPC>10 000	可能	可能	可能	可能
SPC>100 000	可能(特别是小反刍动物)	不太可能	可能(更容易发生于奶牛)	可能(更容易发生于奶牛)
LPC>200～300	不太可能	可能	可能，更可能	不太可能(在某些情况下可能发生)
PIC 高于 SPC [>(3～4)×SPC 或>50 000]	不太可能	可能	可能，更可能	可能，更可能
SPC 高但 PIC 不升高	可能	不太可能(在某些情况下可能)	可能	不太可能(在某些情况下可能发生)
大肠杆菌计数高(>25～50)	可能(罕见，特别是小反刍动物)	可能	可能	不太可能(在某些情况下可能发生)

LPC：实验室巴斯德灭菌计数；PIC：预先孵育计数；SPC：标准平板计数。

改自 *Murphy S*：Raw milk bacterial tests—standard plate，preliminary incubation，lab pasteurization and coliform count. Sources and causes of high bacteria，*Ithaca*，*NY*，2004，*Quality Milk Production Services*，*p* 704.

这些检测的结果会指导之后的诊断检查(图15-4)。检测结果提示为乳腺炎时，有必要进行后续个体培养，从而分离病原并确定感染动物。有必要增加对乳腺炎的控制，选择治疗，避免在主要的挤奶生产线中涉及个别动物。如果动物卫生情况差，要评估挤奶程序和乳房的清洁分数。在整个挤奶和CIP系统中都要对器械的清洁问题进行完全的监控。任何胶垫或者橡胶组件都要进行密切检查，要评估CIP程序和化学物品，也要检测清洗用的水。牧场挤奶器械的供应商可以作为该检测的机构。如果怀疑冷却或者温度维持不充分，可以使用浸润式温度数据记录仪，如HOBO记录仪在羊奶运输过程中监测温度。

整体罐装奶体细胞计数增加

整体罐装奶的体细胞数通常被忽略，直到违反法律规定出现。这类问题通常在泌乳周期的后期发生，在此时，很难做出根本的改变。尽管体细胞数的非致病性增加不可避免，特别是在山羊中，但是控制亚临床乳腺炎确实会影响体细胞数。关注整体罐装奶体细胞数的年平均值有助于控制泌乳期的混杂因素，并确定羊群乳腺内感染水平。有报道显示绵羊的整体罐装奶体细胞数年平均值与持续性亚临床乳腺炎密切相关($r^2=0.845$)。整体罐装奶体细胞数平均值每增加 10 万细胞/mL，相当于羊群的乳腺内感染发生率增加 2.5%(即 25 万细胞/mL 相当于 16%发病率；100 万细胞/mL 相当于 35%发病率)[1]。尽管对山羊体细胞数的解读比较复杂，一项对 155 只法国山羊的调查显示有类似的相似性：整体罐装奶体细胞数为 75 万细胞/mL 相当于(30%±12%)感染率；100 万细胞/mL 相当于(39%±8%)感染率；150 万细胞/mL 相当于(51%±8%)感染率[1]。鉴于这些原因，有必要将整体罐装奶体细胞数升高作为乳房健康问题进行治疗，直到发现其他问题。

在奶牛中，较高的整体罐装奶体细胞数通常被分类为"奶牛-牛群"和"新感染-长期"两类。记录个体较高的体细胞数，将 15%设置为阈值，用于区分群体问题和少数非常高水平个体。如果是畜群的问题，则使用新感染发生率(阈值为 10%)进行慢性程度分类；新问题的发生通常是由于挤奶技术或者卫生状况的不足。尽管这种方法用在小反刍动物身上没有得到证实，但是理论上可行。多数情况下，慢性的、畜群乳腺内感染水平用于小反刍动物研究。

应获取个体体细胞数和生产记录以确定灌装奶问题的最主要因素和个体培养的可能对象。畜群整体的加利福尼亚乳腺炎检测(CMT)相对便宜，但是获得的信息少。应该进行需氧菌和支原体的培养。如果这些检测的结果支持存在亚临床乳腺炎，则体细胞数占前 50%的动物都需要进行样品的培养；理想状态下，对所有动物进行检测。如前所述，挤奶程序与干式治疗要进行认真评估。引起个体或者整体罐装奶体细胞数增高的非生理性，非感染性原因包括饲喂新鲜危地马拉鳄梨叶(20g/kg)和最近的乳房内输液[3]。

奶质危机干预

由于大多数整体罐装奶的体细胞数和细菌感染发生在泌乳后期，一个快速但暂时的解决办法是找出和移除影响最大的动物，通过羊奶分流、治疗或干燥。可以通过计算或者排列牧群组成成员的贡献选择出这些动物；需要近期个体体细胞数或者细菌定量计数以及产量。每只动物对罐装奶的贡献评估是个体体细胞数或细菌计数乘以产奶量，产奶量首先要转化成呈匹配的单位。这种补救方法可以使生产者保证最大的产量，同时快速符合法规标准。如果潜在的疾病没有得到解决，则可能迅速回到计数升高的状态。在一项 138 头产奶山羊的羊群中，整体细菌计数从 100 万 CFU/mL 降低到 6 000 CFU/mL，仅仅是通过将 13 只动物从主要生产线排除而获得。

抗生素治疗的注意事项与避免残留

对奶用动物用药的重要注意事项包括乳房中的生物利用度和残留问题。给药途径(全身或者乳房内)与药物类型都会影响这些因素。通常，通过全身给药容易进入乳腺组织的抗生素在奶中持续的时间将会延长。由于在美国专门用于小反刍动物的药物很少，应该依据 AMDUCA 指南合理进行标签外使用。在美国，禁止标签外使用的药物[如恩诺沙星(Baytril)、保泰松、氯霉素、甲硝唑]不能用于绵羊和山羊。对头孢菌素的标签外使用的限制，目前正在评估之中。尽管庆大霉素在法律上是允许的，但美国小反刍动物从业者协会支持自愿禁止在反刍动物中使用这种药物，因为其组织排出时间非常长。

比较严峻的挑战是标签外使用药物对合适的休药期的计算。一些研究表明奶牛用乳腺内药物当用于山羊的时候会增加羊奶内的残留[1,3]，干奶期小于 2 个月的山羊，干式治疗残留的风险会增加[3]。通常建议休药期至少为标签的 2 倍[3]。欧盟要求所有标签外使用的泌乳期乳腺内治疗方法都要有 7 d 的休药期，非泌乳期乳腺内用药有 14 d 的休药期[1]。山羊青霉素全身性用药的清除期可变性较高，在将羊奶转入罐装之前要进行残留的检测[3]。

可以参考食用动物避免残留数据库(FARAD)(参见 www.farad.org),查看特定的药物动力学和残留问题。更多 AMDUCA 和标签外药物使用可参考美国兽医协会网站(www.avma.org/reference/amduca/amduca1.asp)。

诊断与治疗方法

加利福尼亚乳腺炎检测

加利福尼亚乳腺炎检测(CMT)广泛用于美国,是一项快速的“动物侧”测试,可以联合临床症状来鉴定乳腺炎。该检测的基础是使用 CMT 反应试剂裂解体细胞,将细胞内的 DNA 和蛋白质沉淀。随后,反应试剂加入奶中发生黏稠度改变则直接与体细胞的相对数量相关。根据黏稠度改变,可以对样本进行半定量评分,对样本进行比较,有助于对严重程度的判读。在美国,常使用的评分等级从“可测”到“+++”。在评估黏稠度改变的同时,CMT 反应试剂也含有 pH 指示剂,在酸性奶中,会从蓝色变成黄色。

由于奶用山羊的体细胞数相对高于奶牛,以及秋季导致的体细胞数季节性变化,对山羊 CMT 结果的判读比奶牛更加复杂。对于临床乳腺炎,检测可以清楚地显示有变化,并且为诊断提供额外的支持。更加复杂的情况是,对于没有乳腺炎动物的临床检测结果出现“可测”或者“+”的结果如何解释?鉴于此,CMT 最好用于评估动物疾病的趋势,或者是比较一半乳房与另一半乳房之间的结果。如果检测结果显示两侧乳房之间确实存在明显差异,确实可以说明一侧乳房的体细胞数增加,则需要进一步的诊断,包括但是不限于更加全面的体格检查、奶培养和体细胞数检测。CMT 也可以作为一种合理的低成本筛查检测,对整体罐装奶体细胞数较高或者高细菌计数的羊群中每只动物进行评估。然而,需要注意的是,如果动物的体细胞数非常高,但是对整体罐装奶只是提供一小部分影响,则相比于产奶量多但是含有中等水平细胞数量的动物,该动物引起的整体罐装奶细胞数目增多的作用较小。所以使用 CMT 作为筛查整体罐装奶的问题存在一项不足之处,即不能进行特异性定量以及之后“贡献百分比”的计算,而在这些情况下,这两项指标能够提供最有效的数据。

操作 CMT 时,等量的奶和 CMT 试剂加入 CMT 板的不同孔中,进行混匀同时评分。CMT 板用白色塑料做成,易于观察形成的“线”,即使黏稠度发生很小的变化。应当快速读取结果,因为孵育时间延长会改变结果。CMT 板在不同测定之间要使用清水清洗(图 15-5)。

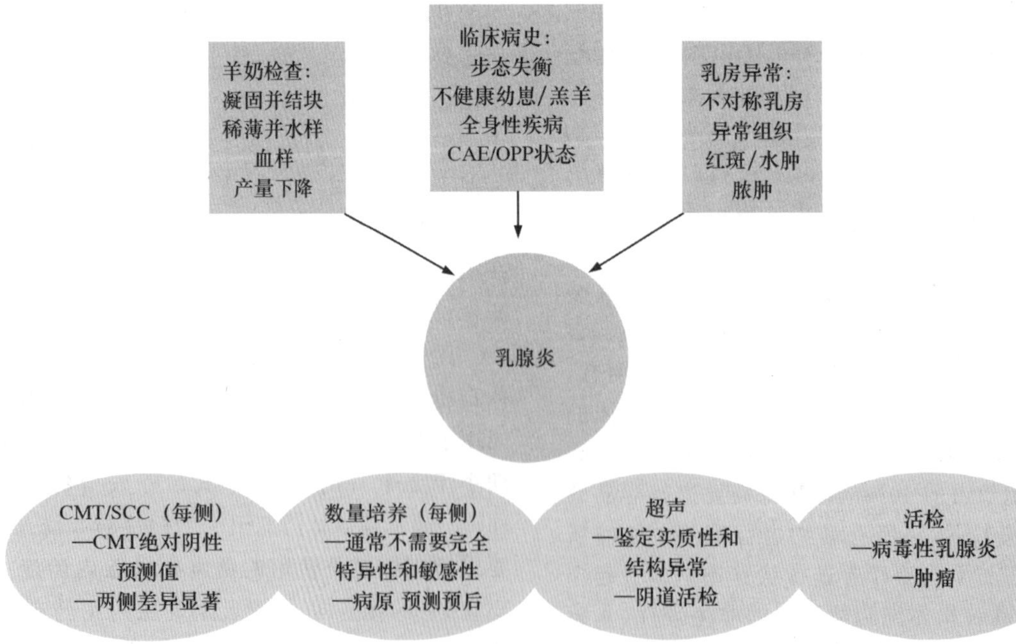

图 15-5 个体动物乳腺炎检查流程图。

体细胞计数检测

对乳用羊群，每月进行个体动物的体细胞数检测是一种鉴定亚临床乳腺炎的敏感且简单的方法。该方法通常作为每月 DHIA 检测方案的一部分；然而，很少有畜主可以充分利用这些数据。返回结果的报告形式可能是实际的计数或者是从实际数据的对数对应的线性分数。或许使用这些数据的最简单方法之一是检测线性分数高于预选“启动分数”的动物，或者在之前检测分数中，其线性分数出现了显著的跳跃。对这些动物要进行鉴定以及“挑出”，并通过动物体格检查和奶培养进一步评估。对这些动物进行 CMT 检测有助于鉴定一侧乳房是否比另一侧乳房差，如果对每侧乳房的奶进行分开培养，要考虑诊断的方法以及预期花费。将这些方法用于检测羊群水平的问题在之前的“诊断与治疗方法”一节中有说明。

使用体细胞数检测的重要注意事项是，一些用于奶牛的自动 SCC 检测方法用于奶用山羊的时候是不可靠的。与奶牛不同，山羊产奶是通过顶浆分泌，导致乳汁中存在大量的无核细胞碎片。如果这些碎片被自动细胞计数仪计为真正的体细胞，那么将会导致假性计数升高。鉴于此，奶用山羊的体细胞数使用细胞核染色来检测更加准确。巴氏灭菌奶规定要求使用这类方法，如绿脓菌素检测方法用于与奶用山羊奶相关的所有监管目的。

羊奶培养和抗生素敏感性检测(药敏试验)

羊奶培养提供了一种廉价和经济有效的方法以确定临床乳腺炎、指导治疗并确定潜在的感染源。应在使用抗微生物药物治疗之前进行培养，并且样本需要无菌采集。使用乳头浸洗液彻底消毒乳头，之后用异丙醇清洗。注意防止操作人员的手对样本或者乳头造成再感染。使用无菌的容器收集样本；收集管的盖子打开后，要维持收集管水平，防止在采集过程中污染物落入收集管中。最重要的一点是，样品的采集是两侧乳房共同采集作为混合的样品，还是每侧分别采集“一半”样品。如果一侧乳房明显比另一侧严重，建议对严重的一侧进行单独采样。对于两侧乳房没有差异的情况，选择更难。理想状态下，对每个个体进行两侧分别采样，尽管通常需要权衡培养的费用与潜在的好处。可以明确的是，在许多情况下，两侧的培养结果并不相同，通常是一侧为培养阴性，另一侧为培养阳性。注意到这种差别，有利于专门对感染的一侧进行乳腺内治疗，由于不需要两侧都治疗而节省药物的花费(表 15-2)。

表 15-2 小反刍动物根据奶培养结果的治疗建议

细菌培养结果	治疗建议	
无生长	若无病：无须抗生素；监测疾病发展	若发病(发热、不食、脱水)：抗炎，若脱水则 IV 或口服补液；监测疾病发展
凝固酶阴性葡萄球菌	若无病：IMM 泌乳期抗生素；继续产奶；记录培养结果；密切关注复发	若发病(发热、不食、脱水)：IMM 泌乳期抗生素；若需要则进行输液治疗；监测疾病发展
金黄色葡萄球菌	若无病：立即隔离动物，停止产奶；考虑淘汰；可选择加大 IMM 治疗，但是需要监测培养状态；监测疾病发展	若发病(发热、不食、脱水)：积极治疗(可能快速恶化)：IV 输液治疗，IMM 泌乳期治疗，使用针对葡萄球菌的有效药物和 NSAIDs；考虑切除乳头，外阴动脉结扎，或者对有全身疾病的有繁殖价值的动物进行乳房切除术；监测疾病的发展
大肠杆菌	若无病：对 CFU 计数高的情况使用 IMM 抗生素(考虑使用对大肠杆菌有足够活性的 IMM 药物，可以是盐酸头孢噻呋)；对 CFU 计数低的进行监测；监测疾病发展	若发病(发热、不食、脱水)：积极治疗(可能迅速恶化)：IV 或口服补液，全身使用有较好抗革兰阴性菌活性的抗生素，对 CFU 计数高的进行 IMM 抗生素、NSAIDs；监测疾病发展

CFU：菌落形成单位；IMM：乳腺内灌注；IV：静脉注射；NSAIDs：非甾体类抗炎药。

羊奶样品在采集之后要快速冷却,防止污染物的增长,并送往实验室检测。如果 24 h 内不能进行孵育,则将样本冷冻直到可以进行检测。评估冷冻对细菌恢复能力的影响,很显然是微不足道的,特别是对金黄色葡萄球菌,在冷冻之后更适合检测,可能是由于细胞壁破裂,细胞内的细胞器释放的原因。临床信息也很重要,有助于判定可能的病原菌,因为这对样本的送检非常重要。例如,如果怀疑支原体感染,在送检表上就应说明这一可能性,在标准需氧菌培养之外需要进行分开的支原体培养。有些情况下,兽医对该羊群熟悉,并且知道其常见的感染微生物,快速培养筛查虽然不能特定指向哪些病原菌,但是足以指导临床处理方法,能最大程度地节省花费。例如,这种情况下,知道病原是革兰阳性、外观为"链球"或者"葡萄球"就足够了。牧场内培养系统,使用组合选择培养基可以允许畜主自己进行羊奶培养的操作,但是想要达到完全有效,需要一些训练和监管。

理想状态下应收集并送检全部临床乳腺炎病羊,以及在每月检测中发现体细胞数有显著变化的羊的羊奶进行培养。最近数据表明许多患有亚临床乳腺炎的患羊可能是新引进的,所以应考虑对存在明显亚临床乳腺炎羊群中近期新引进的动物进行常规筛查。牧场记录应包括培养信息,保证可以评估和鉴定常见的病原,在等待培养结果的期间可以指导治疗。

大多数情况下,在得到抗生素药敏测试结果之前,治疗方法已经确定,药敏结果通常在样本送检 48 h 后得到。药敏类型可能对之后病例的治疗决定有帮助,特别分离到的病原菌是常见的趋势。另外需要注意的一点是,只有少数药物具有乳腺特异性的最小抑菌浓度(MIC)的检测临界点;因此判读得到的药敏结果需要考虑药物的分布以及局部达到的浓度。有必要强调的一点是,目前没有药物是专门用于绵羊或者山羊乳腺炎的。所以,所有这些治疗方案都是药物的标签外使用,必须严格遵守 AMDUCA 的指南进行。

当鉴定羊群水平问题时,使用整体罐装奶进行培养也是有价值的。这些培养提供了羊群中的潜在病原以及羊群中乳腺炎问题的相对程度。进行整体罐装奶培养的样本采集必须在奶罐激活至少 5 min 之后,并且在顶部使用无菌漏斗取样[11]。不能在奶罐的排出口取样。首选的培养方法是 SPC,可以计数每毫升罐装奶中可培养的细菌数。也可以提供不同类型细菌的种类信息并对其相对数量进行评估,有助于确定羊群中存在哪些病原,样本中的主要病原是什么。确定最流行的病原是什么有助于确定问题的来源,因为引起亚临床乳腺炎的病原(通常为凝固酶阴性葡萄球菌)通常不会与挤奶系统卫生较差的相关微生物重叠。

另外两个整体罐装奶培养技术,LPC 和 PIC,可用于现存病原类型的进一步评估。对于 LPC,样本需要同时进行巴氏灭菌程序。该检测用于鉴定嗜热性病原菌(在高热条件下存活并繁殖),通常与挤奶系统或者管道胶垫的消毒和清洁不合理相关。LPC 升高则需要对挤奶系统进一步进行评估,更换并清洁管道胶垫,并且评估清洁方法。第二个检测 PIC,在 SPC 之前,进行中等温度的孵育。该方法检测的病原可能与引起奶变质相关,以及奶罐降温不当或者不及时导致的过度繁殖的微生物。整体罐装奶培养还可以用于评估羊群中感染性微生物的状态,如金黄色葡萄球菌和支原体。如标准羊奶培养,实验室应注意在样本送检时,是否需要支原体培养。

超声检查

乳腺超声检查在确定与乳头池、乳头管或乳头壁相关的病灶时是最有帮助的[12]。用于该检查目的的使用细节见讨论该问题的章节。超声检查也可用于评估乳房上淋巴结脓肿引起的乳腺肿胀点。操作时使用 7.5～10 MHz 的线性或者弧度探头与乳胶支架。使用支架能够获得浅表组织的高分辨率图像,特别是乳头。或者,乳头可以浸在装有水的塑料容器中,探头通过外部容器壁进行成像,实际是创造了比较便宜的支架(图 15-6,另见彩插)。

活组织检查

对于其他诊断方法都不能确定引起乳腺炎的特异性病因时,可以考虑乳腺组织活检。该方法不能用于评估常规乳腺炎病例,应当用于较复杂的病例,有必要进行确诊,并且能够指导治疗方法的确定。活检的并发症包括医源性乳腺炎、含血羊奶的产生,以及乳房水肿。

最好使用 16～18 号弹簧式活检针进行活检。根据笔者的经验,这些活检针的自动性特征能够保证更可靠的样品收集,以及得到高质量的活检样本。通常,皮肤需要无菌处理,针穿透皮肤达到目

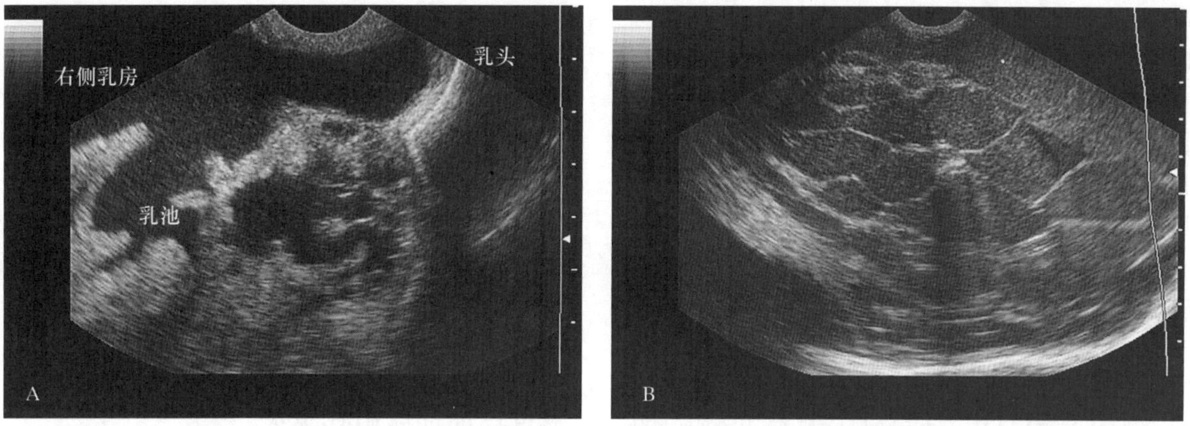

图 15-6　A. 图为 3 岁 LaMancha 杂交山羊右侧乳腺的超声影像，显示为哺乳期山羊乳房的正常影像。乳池为有回声外观，含无回声的乳汁蓄积，并且指向乳头。在实时检查时，乳汁通常呈现为螺旋状。图像使用的是 7 MHz 微凸探头获取的。左侧为背侧。**B.** 图为 4 岁 Pygmy 母山羊乳腺的超声成像，该羊患有慢性乳腺炎，持续 1 年时间。纤维代表粘连，是慢性炎症反应，表现为在乳腺池内的高回声线。正常的乳腺池应该表现为空腔，其中含有无回声的乳汁。该图像使用的是 7 MHz 微凸探头获取的。在乳房切除术之后进行的肉眼检查证实了粘连的存在。

的区域。需注意，有些活检器械在使用时，活检套管会超过活检针 1～2 cm。所以活检器械不能提前太过深入以免错过想要活检的区域。当局部存在损伤的时候，在超声辅助或者引导下活检，可以保证在目的区域取样。活检的样本可以用于细菌培养、病毒分离以及组织病理学分析。一项报道中，活检是使用 Tru-Cut 针穿过乳头管到达乳腺实质完成的[13]。

乳腺炎病原

临床乳腺炎

尽管临床乳腺炎在小反刍动物乳腺炎病例中仅占一小部分，通常小于 5%，但是临床乳腺炎通常是畜主最关注的问题[1]。乳腺炎的临床症状包括乳腺变硬、肿胀、乳腺淋巴结增大，以及可能发热。患病乳腺产的羊奶可能“褪”色，含有絮状物或者凝固，或者比正常情况下稀薄或黏稠。部分动物可能表现为跛行或者步态异常，是由于患病乳腺疼痛引起的。通常乳腺炎仅限于散发，但偶尔也存在群体的暴发[14-16]。即使进行治疗，多数临床乳腺炎也会转变为亚临床乳腺炎。

许多不同的微生物都与小反刍动物的临床乳腺炎相关。最常见的病因是金黄色葡萄球菌[1]。其他相关的微生物还包括：凝固酶阴性葡萄球菌、大肠杆菌、溶血性曼氏杆菌、绿脓杆菌、化脓性隐秘杆菌、链球菌、芽孢杆菌、支原体，以及真菌类微生物[1]。

大肠杆菌乳腺炎

尽管大肠杆菌引起的奶牛乳腺炎非常常见，但是这些微生物不是引起小反刍动物临床乳腺炎的主要因素。大肠杆菌所占的比例为 1.4%～14.2%[17-19]。大肠杆菌，主要为大肠埃希菌与大肠克雷伯菌，二者可在许多小反刍动物临床乳腺炎病例中分离得到。二者均为革兰阴性杆菌，形成灰色或者黄色的潮湿菌落。小反刍动物大肠杆菌性乳腺炎发病率较低的原因可能是由于小反刍动物与牛在粪便黏稠度方面存在差异。小反刍动物的粪便更加干燥，不易导致乳房受到粪便的污染。大肠杆菌性乳腺炎在围产期的母山羊中最常见。

临床症状

大肠杆菌性乳腺炎的临床症状包括发热、心率加快、肿胀，患病乳腺发热、疼痛[20]。虽然大肠杆菌不是乳腺炎的主要致病菌，但是已经在临床病例中分离到[19]。大肠杆菌引起内毒素的释放，导致患病动物严重的系统性疾病。许多大肠杆菌性乳腺炎的临床症状都与脂多糖的释放以及对这些内毒素的全身性反应有关。

治疗

大肠杆菌性乳腺炎治疗必须旨在排除致病菌，

同时对患病动物进行支持治疗。可以使用乳腺内和全身性抗生素治疗。对大肠杆菌性乳腺炎进行抗生素治疗是否有好处存在争议。细菌会快速从乳房排出，引起临床症状的原因主要是对释放的内毒素的反应；所以乳腺内抗生素治疗被认为没有益处[21]。有些研究表明全身性抗生素治疗有好处。对于可能存在败血症的病例，使用全身性抗生素有帮助。所以对于患有疾病的动物应当考虑使用全身性抗生素。支持治疗包括使用抗炎药，如非甾体类抗炎药(NSAIDs)以及静脉输液治疗(见第13章)。在决定NSAIDs使用剂量时，对水合状态的评估是非常重要的。脱水会增加NSAIDs的肾毒性。在水合状态纠正之前，NSAIDs的剂量应减少，以减少可能对肾脏的损伤。

预防

大肠杆菌性乳腺炎是环境性疾病，所以预防策略主要应针对环境。包括提供干燥、干净的垫料，并在挤奶之后彻底擦干乳头。同时需要预防乳头末端的损伤，因为损伤可以增加动物患大肠杆菌性乳腺炎的可能。

绵羊乳腺炎(坏疽性乳腺炎)

绵羊乳腺炎是一种急性乳腺炎，特点是乳房局部缺血性坏死，导致乳房变色。坏疽性乳腺炎中最常见的分离的细菌为金黄色葡萄球菌[19,22]。在一些坏疽性乳腺炎病例中也已分离到溶血性曼氏杆菌、梭状杆菌和大肠杆菌[19]。在一项研究中，金黄色葡萄球菌在60%的病例中分离得到[21]。坏疽性乳腺炎通常见于哺乳期，但是偶尔也在妊娠最后几周出现。

临床症状

坏疽性乳腺炎的临床症状开始为乳头或者乳房的变化，发凉或者水肿。患病动物也可能跛行。患有坏疽性乳腺炎的动物通常会发热或者食欲下降。最终，乳房的颜色从红色变成蓝色，并且分泌物变成水样、发红，偶尔也存在气泡。有时在临床症状出现24 h内动物会死亡。如果动物经过感染初期可以存活，则在乳房上会形成分界线，患病的部位会脱皮。乳腺上淋巴结增大、水肿、出血。组织病理学检查结果显示，结缔组织增生，多个小叶栓塞、坏死[22]。

治疗

根据感染的严重程度，坏疽性乳腺炎的治疗方法不同。早期病例可以使用抗炎药、全身抗生素或者液体支持疗法。随着疾病的发展，乳房的大部分发生坏死，则需要手术切除患病的乳房。可以通过乳房切除术，或者结扎血管和切除乳头实现[23]。坏疽性乳腺炎的死亡率高，特别是没有进行治疗的动物。

金黄色葡萄球菌乳腺炎

金黄色葡萄球菌是小反刍动物临床乳腺炎最常见的病因，占11%～65.3%[17-19]。该病原菌为革兰阳性球菌，成簇或者成对出现，形成大菌落，周围形成不完全的溶血或者形成至2 mm大的完全溶血环(图15-7)。大部分，但并不是全部，分离到的菌表现为双溶血环。

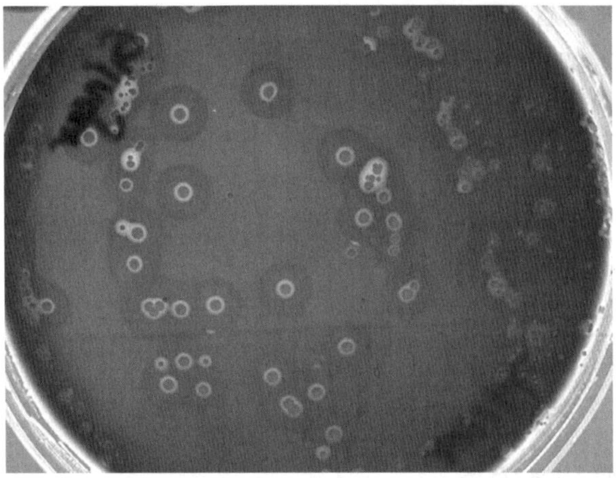

图15-7 金黄色葡萄球菌典型的双溶血带。黑色箭头指向的是完全溶血带；白色箭头指向的是非完全溶血带。

临床症状

金黄色葡萄球菌乳腺炎的临床症状从严重的坏疽性乳腺炎到亚临床乳腺炎不等。急性感染表现为乳房肿胀、发热、疼痛，一般伴有全身性疾病。慢性感染引起产奶量下降，伴有乳房结块或者脓肿[3]。亚临床感染极难治疗，同时应考虑其传染性。

控制

金黄色葡萄球菌主要是通过挤奶传播的。病原菌存在于慢性感染动物体内的微脓肿内，这些动物作为感染源可以感染羊群的其他动物。金黄色葡萄球菌感染很难治愈，培养阳性的动物或者被淘汰或者在最后挤奶，以防止传染给羊群的其他动物。金黄色葡萄球菌是间断性排出的，所以单独一次检测为阴性并不代表该母羊真正没有感染。在动物重新返回主要的挤奶生产线前，要保证连续数次的培养结果都是阴性和体细胞数计数持续较低。金黄色葡萄球菌感染的羊奶在饲喂山羊羔和绵羊羔之前需要进行巴氏灭菌，因为有报道称摄食感染羊奶的山羊羔和绵羊羔会发生腹泻、肺炎甚至死亡[3]。

曼氏杆菌乳腺炎

溶血性曼氏杆菌是绵羊乳腺炎的常见病因，偶尔也可以从山羊奶中分离到。曼氏杆菌为革兰阴性双极杆菌，在血液琼脂培养基中形成中等大小、浅灰色、透明菌落。在血液琼脂培养基中也可见溶血现象。溶血性曼氏杆菌可能是通过山羊羔或绵羊羔的吮奶传播的，通常是上呼吸道正常菌群的一部分[24,25]。临床症状与金黄色葡萄球菌乳腺炎相似，所以要注意与绵羊乳腺炎进行鉴别诊断。

绿脓杆菌乳腺炎

绿脓杆菌为革兰阴性杆菌，形成颗粒状、干燥外观的菌落，颜色多样。绿脓杆菌的来源可能是污染的水或者乳头浸润液、老旧的挤奶器械的充气设备以及潮湿的垫料。病例表现为从亚临床乳腺炎到坏疽性乳腺炎不等[16,26]。患病动物表现出全身临床症状，如食欲下降、发热、沉郁以及乳房发硬、肿胀、疼痛。建议淘汰感染动物和带菌动物；然而，强度治疗可能取得成功[27]。当乳腺炎样本培养出此菌时，要注意公共饮水和乳头浸润液是可能的来源。

化脓性隐秘杆菌感染

化脓性隐秘杆菌为小的革兰阴性杆菌，在血液琼脂生长缓慢，形成非常小的“毛桃”菌落。化脓性隐秘杆菌的感染与乳房多发脓肿有关。有创伤时动物更容易感染该菌。化脓性隐秘杆菌感染在非泌乳期动物中要比泌乳期动物严重很多。对于慢性感染，建议淘汰。如果没有证据表明存在其他病原的感染，可以切除感染的乳头或者乳腺。

其他与临床乳腺炎相关的病原

其他从临床乳腺炎病例中分离得到的病原包括链球菌、微球菌、棒状杆菌、芽孢杆菌[18,27,28]。

支原体乳腺炎

当存在临床乳腺炎症状但是细菌培养为阴性时，则通常怀疑是支原体感染。在患有乳腺炎的羊群中，同时存在关节炎、肺炎，或者角膜结膜炎也可能是支原体感染[29]。几种不同的支原体引起绵羊和山羊的乳腺炎。这些种类根据地理分布和疾病临床症状而不同。

无乳支原体

无乳支原体是与一种特异性传染性乳腺炎相关的病原。目前，在美国无乳支原体感染罕见，但是在地中海、欧洲、中东和南非比较常见。在美国，无乳支原体乳腺炎是需要报告的疾病。传染性乳腺炎的临床症状包括败血症，局限在乳房、关节或眼睛。病原从乳汁、尿液、粪便和口鼻分泌物排出数月，可以作为感染其他动物的感染源[1]。无乳支原体是通过食入或者吸入传播的。环境污染可以发生，也可以作为感染源。

丝状支原体丝状亚种（大菌落）

在美国、爱尔兰和欧洲，丝状支原体丝状亚种（大菌落）在乳腺炎病例中已经得到鉴定[14,19,29-33]。该病原也与呼吸道疾病相关[29]。一些人也将其归类为传染性无乳症的病因。在欧洲该病原引起的疾病非常常见。

腐败性支原体

在加利福尼亚、欧洲和中东，腐败性支原体与乳腺炎、无乳症、流产、关节炎的暴发相关[3,20]。腐败性支原体也可在亚临床乳腺炎中分离鉴定得到，这些亚临床乳腺炎的特征为乳房纤维化或者存在可触诊的炎症，但是在奶中没有可见变化。该病原并不总是引起感染动物发热。

其他支原体

其他几种支原体也与乳腺炎相关。在法国山羊乳腺炎病例中与丝状支原体山羊亚种（*Mycoplasma mycoides* subsp. *capri*）和山羊肺炎支原体（*M. mycoides subsp. capricolum*）都相关。试验感染山羊肺炎支原体导致母山羊发生严重的临床乳腺炎，表现为黏稠发黄的分泌物、体细胞数量增加、无乳以及淋巴结增大。在被哺乳的山羊羔中发生肺炎、多发性关节炎和角膜结膜炎。精氨酸支原体（*M. arginini*）在印度引起母山羊的化脓性乳腺炎，但通常认为不是病原。

临床症状

支原体感染的乳腺炎临床症状在感染后5～7 d发生。感染动物通常在泌乳早期。早期症状见于败血症阶段的初期，包括食欲下降和沉郁。一些动物表现为不合群。败血症阶段之后为化脓性乳腺炎和无乳症。乳汁开始为水样，但是很快变黏稠、结块。产奶量迅速下降，在2～3 d内发展为无乳症。感染的乳房在之后的泌乳期可能恢复产量。支原体通常不同时感染两侧乳房。幼龄动物感染是通过食入感染的羊奶，幼龄羊群会发展形成肺炎和多发性关节炎。如果不予治疗，病死率可高达20%。带菌动物可见于羊群中，可以作为羊群中其他动物的感染源。一些支原体可以从山羊和绵羊的外耳道培养物得到，可以作为病原携带动物的病原储存地[34]。另外，耳螨被认为是在动物之间传播支原体的载体，因为从耳螨中分离出了大量的支原体，通过耳螨在动物之间极易传播[34]。支原体乳腺炎可同时伴随呼吸系统疾病、关节炎或者流产的暴发[30,35]。疾病的急性期可见动物死亡。

诊断

临床乳腺炎暴发或者体细胞计数无原因地升高，并且血液琼脂培养为阴性时可以考虑支原体性乳腺炎。诊断支原体需要特殊的培养，所以需要诊断实验室按特殊要求进行支原体培养。除了乳汁样本，关节液、口腔拭子、耳道拭子、血液、肝脏、脾脏、粪便和尿液都可以作为潜在的培养样本。聚合酶链式反应（PCR）可用于检测支原体感染，并且可以加快检测的速度。在欧洲可以用商品化的酶联免疫吸附试验（ELISA）进行血清学检测，但是目前在美国没有广泛使用。

组织病理学检查可见严重间质炎症反应，在腺泡和导管周围可见单核细胞。此外在导管内也可见单核细胞和脱落的上皮细胞。免疫组织化学染色或者吉姆萨染色可以鉴定病原。

治疗

支原体乳腺炎的治疗通常没有效果。针对支原体有效的抗生素可以用于支原体治疗，但是会导致感染动物转变成带菌动物，而且使用抗生素会严重增加羊奶的休药期。除非支原体在羊群中是季节性的，否则建议屠宰或者淘汰感染动物。在这种情况下，建议对羊群中所有动物进行抗支原体治疗。

控制

支原体通常是通过患有亚临床疾病的带菌动物引入到羊群中。如果允许，可以采用血清学检测羊群的状态[36]。在接受免疫的羊群中，这种检测不能鉴别感染动物与免疫动物[36]。在产奶羊群中，整体罐装奶的培养可以作为羊群中支原体是否存在的开始点。引入带菌动物数月到数年之后会引起疾病的暴发。这种时间上的延后说明支原体的排出是间歇性的。应激会继发病原的排出。无乳支原体感染报道的风险因素包括引进外部的母羊、挤奶器械清洁不足，以及将幼龄动物留在母羊身边[37]。

对于存在支原体的羊群，任何感染的动物都应该被淘汰或者隔离[14]。决定淘汰还是隔离取决于病原在羊群中的流行程度。此外，应避免共用乳房擦巾，建议个体单次使用擦巾。对于无乳支原体感染，环境污染是重要的传染因素。无乳支原体通过动物的尿液和粪便排出，所以清除垫料和未消毒的粪便非常重要。因为支原体没有细胞壁，大多支原体对多数常规的消毒剂都敏感。

一些针对支原体的疫苗已经开发出来，可以使用，但是目前没有商品化[38]。疫苗可以预防临床疾病，但是即使在注射疫苗的情况下还是能够产生病原携带状态。所以疫苗只能作为完整预防计划的一部分。疫苗可能会增加对血清学检测结果判读的复杂性，因为这些检测不能区分接种疫苗的动物与感染的动物。

真菌性乳腺炎

尽管罕见，但是真菌性乳腺炎确实存在，通常是过长时间使用抗生素的结果。存在多种相关病原，包括白色念珠菌、烟曲霉、土曲霉、浅白隐球菌、新生隐球菌、假结核耶尔森杆菌、诺卡菌、粘红酵母和白地霉。真菌乳腺炎的临床症状包括脓性乳腺分泌物，感染乳房结块、发热，体重下降[39]。通常不建议治疗，因为缺乏用于食品性动物的药物。

亚临床乳腺炎

亚临床乳腺炎是引起小反刍动物体细胞数升

高、降低产量的重要原因。亚临床疾病占羊群中乳腺炎病例的主要部分，也是引起高细菌计数和高体细胞数的常见原因。对患有亚临床乳腺炎动物的诊断要比患有临床乳腺炎动物的诊断困难。对于亚临床乳腺炎，很少有外表的症状出现表明存在问题。偶尔，感染动物的乳汁轻微“褪”色，可能含有凝乳块或者血液，但是通常感染的羊奶外观完全正常。一些畜主可能注意到产奶量下降的动物，随后被发现患有亚临床乳腺炎。检查亚临床乳腺炎可能需要一些其他检查如 CMT 或者体细胞计数。

细菌性亚临床乳腺炎

大部分羊群亚临床乳腺炎的常见病因为细菌源性的。凝固酶阴性葡萄球菌是亚临床乳腺炎的首要病因，在山羊和绵羊中的发病率分别为 71%和 78%。第二个主要病因为金黄色葡萄球菌，在山羊中发病率为 8%，绵羊中为 4%[1]。亚临床金黄色葡萄球菌感染可能开始于临床乳腺炎，之后发展为慢性，变成亚临床乳腺炎。

凝固酶阴性葡萄球菌

许多病原都能引起亚临床乳腺炎，包括表皮葡萄球菌、山羊葡萄球菌、溶血性葡萄球菌、模拟葡萄球菌、里昂葡萄球菌、产色葡萄球菌、沃氏葡萄球菌[40-44]。表皮葡萄球菌与山羊葡萄球菌是最常分离到的病菌种类。这些亚临床感染倾向于持续整个泌乳周期，在年龄大的母山羊中以及泌乳后期更常见(图 15-8)。凝固酶阴性葡萄球菌常见于皮肤或者环境中。关于凝固酶阴性葡萄球菌感染的临床重要性在持续争论中[41,44]。整体上，经济重要性不明确，因为这些感染不会引起严重的疾病或者主要的产量减少。许多产奶山羊的牧群中存在较高的感染率。

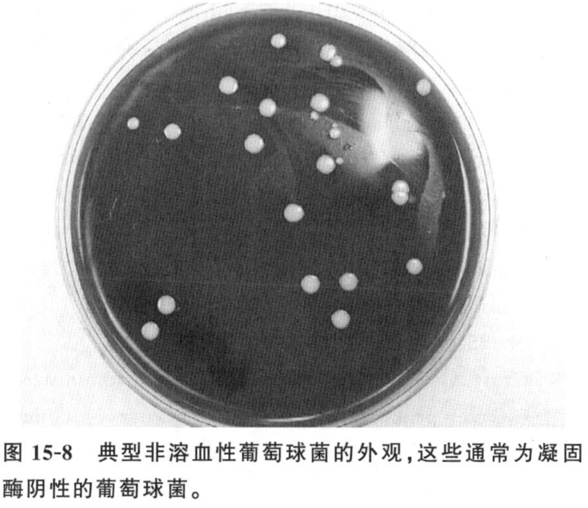

图 15-8 典型非溶血性葡萄球菌的外观，这些通常为凝固酶阴性的葡萄球菌。

凝固酶阳性葡萄球菌

金黄色葡萄球菌是亚临床乳腺炎中最常见的凝固酶阳性葡萄球菌。许多亚临床病例开始于临床病例，并没有完全得到解决，病原没有从乳房中完全排除。慢性金黄色葡萄球菌乳腺炎很难治愈，任何培养检测为阳性的动物都应当从挤奶羊群中淘汰或者放在最后挤奶，以降低将病原传染给其他动物的可能性。只有多次检测培养结果为阴性或者较低的体细胞数之后，动物才能重新返回主要挤奶生产线。

链球菌

在亚临床乳腺炎病例中也分离得到了链球菌。在亚临床乳腺炎病例中发生率在 1.1% ~ 6.8%[18,19,27,28]。除了无乳性链球菌外，其他链球菌都是环境污染源，所以需要按照环境污染源来治疗。

反转录病毒乳腺炎

羊和牛反转录病毒分别为山羊关节炎-脑炎(CAE)和牛进行性肺炎(OPP)的病原，二者均可引起亚临床乳腺炎。尽管乳腺炎不是羊中这些感染的主要临床表现，但是这些病毒引起的乳腺炎将严重影响母山羊和母绵羊的生产性能。

反转录病毒乳腺炎通常指的是“硬乳房”或者“硬袋”。通常为间质性乳腺炎，在分娩时发现。间质性乳腺炎的主要临床表现为乳房坚硬、表面皮肤疏松。皮肤无水肿，不存在发热或者红斑。在泌乳初期，受感染动物泌乳减少或者不泌乳，但是在分娩之后的开始几周泌乳会逐渐增加。产的所有奶外观都表现为正常，但是体细胞数量会显著增加。感染动物全身性疾病症状不明显。乳房上淋巴结可能增大。泌乳正常的母山羊或者母绵羊的乳房也可能发硬。此外，感染的动物可能表现出关节炎和呼吸系统疾病的症状。

反转录病毒乳腺炎的诊断包括身体检查，以排除其他潜在的病因如子宫炎、乳房水肿，或者乳头阻塞。对感染乳房进行活检可以在死亡前进行，但是通常在剖检时候进行。组织病理学变化可能包括在乳腺实质以及导管周围聚积的单核细胞(淋巴细胞、巨噬细胞、浆细胞)。偶尔这些细胞会排列成淋巴滤泡样。细胞的浸润会压迫导管或者伸入导管内，小叶萎缩或者淀粉样物质的出现也有报道。

CAE或OPP检测可以在羊群水平进行或者对单独个体动物进行。检测可选择ELISA、琼脂凝胶免疫扩散(AGID)检测,以及PCR检测。此外,进行细菌和支原体培养以排除细菌性乳腺炎。

遗憾的是,对于CAE或者OPP没有治疗方法。因而建议淘汰感染动物。在分娩前2 d可以注射可的松以减轻临床症状或者使动物更舒服。对CAE和OPP的控制旨在根除羊群中的病毒感染。CAE和OPP的预防方案包括出生后转移山羊羔或绵羊羔,饲喂高温处理的羊初乳或者巴氏灭菌的羊乳,或者饲喂羊代乳品。每年需要对羊群检测2次,所有血清学检查为阳性的动物都要淘汰。另一个选择是采取已知CAE或OPP检测阴性的母羊哺乳山羊羔或绵羊羔(见第16章)。

生乳中人畜共患病病原

由于当今生乳产品的兴趣在增长,兽医应注意与生乳消费相关的潜在风险。目前,美国有29个州允许生乳出售,其他几个州也在努力将出售生乳合法化。生乳支持者认为生乳有高营养质量、营养性增加、口感更好,作为消费生乳的理由。很少有研究证明生乳的营养价值更高、益处更大。反对生乳的人认为公共卫生要求进行巴氏灭菌。由于巴氏灭菌奶条例的规定,大部分报道的羊奶相关的食物性疾病都是与食用生乳相关。在2000—2008年间,由于食用非巴氏灭菌乳制品引起的疾病暴发为12次,相比之下,由于食用巴氏灭菌的乳制品引起的疾病暴发只有2次[45]。特别是在比较生乳和巴氏灭菌后质量上的差异,数据显示,由于食用生乳引起的食源性疾病发生率要高得多。

大量食源性病原从生乳中鉴定并分离得到。最常见的病原被进一步研究其临床严重性,这些病原有空肠弯曲杆菌、产志贺毒素大肠杆菌、李斯特氏菌和沙门氏菌。一些研究评估了这些病原在奶牛整体罐装奶中的发生率。报道结果的总结表明这些病菌的感染率在不同研究中差异很大[45]。有些直接检查这些病原在山羊或者绵羊奶中的感染率;分离得到的菌包括空肠弯曲杆菌、李斯特氏菌、沙门氏菌和大肠杆菌[46-51]。在这些报告中,最常分离到的为金黄色葡萄球菌,培养样品中金黄色葡萄球菌阳性率为7%~43%。除了这些食源性的病原,其他潜在的人畜共患病原也可以在巴氏灭菌的羊乳和乳制品中发现,包括贝氏考克斯菌、禽分枝杆菌副结核亚种、马耳他布鲁氏菌、结核分枝杆菌、牛分枝杆菌,所有这些菌在常规培养检查中都检测不到,需要额外的诊断性检测[53]。在检测生乳中潜在的食源性病原时,需要注意的是要考虑这些病原的来源。尽管这些病原中的几种可以直接排入奶中,其他病原是通过在挤奶之后粪便污染导致的。依据相关的病原,检测和控制防范根据潜在的病原来源而不同。重要的一点是,几种病原是间歇性排出的,所以整体罐装奶检测阴性也不能代表微生物的真实情况,而且单次粪便感染的发生就可能感染整罐奶。

对于自己食用,自制的巴氏灭菌可以降低奶或奶制品中食源性病原的发生率。根据巴氏灭菌奶条例,巴氏灭菌可以通过将奶加热到161℉、15 s完成。其他温度和时间的组合,在巴氏灭菌奶条例之前建立的方法也有效。

参考文献

[1] Bergonier D, et al: Mastitis of dairy small ruminants, *Vet Res* 34:689-716, 2003.

[2] Contreras A, et al: Mastitis in small ruminants, *Small Rumin Res* 68:145-153, 2007.

[3] Smith M, Sherman D: Mammary system. In Smith M, Sherman D, editors: *Goat medicine*, Ames, Iowa, 2009, Wiley-Blackwell.

[4] Paape MJ, et al: Milk somatic cells and lactation in small rumi-nants, *J Dairy Sci* 84(Suppl 1): E237-E244, 2001.

[5] East NE, Birnie EF, Farver TB: Risk factors associated with mastitis in dairy goats, *Am J Vet Res* 48:776-779, 1987.

[6] Caja G, Such X, Roval M: Udder morphology and machine milking ability in dairy sheep. *Proceedings of the 6th Great Lakes Dairy Sheep Symposium*, November 2-4, 2000, Guelph, Ontario, Canada Madison, Wisc, 2001, University of Wisconsin-Madison Extension.

[7] Fox LK, Hancock DD, Horner DD: Selective intramammary antibiotic therapy during the nonlactating period in goats, *Small Rumin Res* 9:313-318, 1992.

[8] Poutrel B, et al: Control of intramammary infections in goats: impact on somatic cell counts, *J Anim Sci* 75:566-570, 1997.

[9] Croft A, et al: The effect of tilmicosin administered to ewes prior to lambing on incidence of clinical mastitis and subsequent lamb performance, *Can Vet J* 41:306-311, 2000.

[10] Godden S: *Use of external and internal teat sealants to prevent new intramammary infections during the dry period*, University of Wisconsin Extension, editor (website): dysci. wisc. edu/uwex/ brochures/ brochures/GoddenTreatSealants. pdf. Accessed January 25, 2009.

[11] Murphy S: Raw milk bacterial tests—standard plate, preliminary incubation, lab pasteurization and coliform counts. Sources and causes of high bacteria counts, Ithaca, NY, 2004, *Quality Milk Production Services*, p 704.

[12] Franz S, Floek M, Hofmann-Parisot M: Ultrasonography of the bovine udder and teat, *Vet Clin North Am Food Anim Pract* 25:669-685, 2009.

[13] Shulaw B: Ewes that don't milk: Part 2, Ohio State University Extension OARDC: *OSU Sheep Team* (website): http: // sheep. osu. edu/2009/04/01/ ewes-that-dont-milk-part-2. Accessed May 10, 2010.

[14] Kinde H, et al: Mycoplasma infection in a commercial goat dairy caused by *Mycoplasma agalactiae* and *Mycoplasma mycoides* subsp. *mycoides* (caprine biotype), *J Vet Diagn Invest* 6:423-427, 1994.

[15] Yeruham I, et al: Investigation and control of mastitis outbreaks caused by *Pseudomonas aeruginosa* in a sheep flock and a goat herd, *Berl Munch Tierarztl Wochenschr* 118:220-223, 2005.

[16] Sela S, et al: Phenotypic and genotypic characterization of *Pseudomonas aeruginosa* strains isolated from mastitis outbreaks in dairy herds, *J Dairy Res* 74: 425-429, 2007.

[17] Suarez VH, et al: Effect of infectious status and parity on somatic cell count and California mastitis test in pampinta dairy ewes, *J Vet Med B Infect Dis Vet Public Health* 49:230-234, 2002.

[18] Lafi SQ, et al: Epidemiological studies of clinical and subclinical ovine mastitis in Awassi sheep in northern Jordan, *Prev Vet Med* 33:171-181, 1998.

[19] Mork T, et al: Clinical mastitis in ewes: bacteriology, epidemiology and clinical features, *Acta Vet Scand* 49:23, 2007.

[20] Dhondt G, Burvenich C, Peeters G: Mammary blood flow during experimental *Escherichia coli* endotoxin induced mastitis in goats and cows, *J Dairy Res* 44:433-440, 1977.

[21] Hogan J, Smith L: Coliform mastitis, *Vet Res* 34: 507-519, 2003.

[22] Abu-Samra MT, et al: Studies on gangrenous mastitis in goats, *Cornell Vet* 78:281-300, 1988.

[23] El-Maghraby H: Comparison of two surgical techniques for mastectomy of goats, *Small Rumin Res* 40: 215-221, 2001.

[24] Scott MJ, Jones JE: The carriage of *Pasteurella haemolytica* in sheep and its transfer between ewes and lambs in relation to mastitis, *J Comp Pathol* 118:359-363, 1998.

[25] Gougoulis DA, et al: Effects of lamb sucking on the bacterial flora of teat duct and mammary gland of ewes, *Reprod Domest Anim* 43:22-26, 2008.

[26] Leitner G, Krifucks O: *Pseudomonas aeruginosa* mastitis outbreaks in sheep and goat flocks: antibody production and vaccination in a mouse model, *Vet Immunol Immunopathol* 119:198-203, 2007.

[27] Hall SM, Rycroft AN: Causative organisms and somatic cell counts in subclinical intramammary infections in milking goats in the UK, *Vet Rec* 160: 19-22, 2007.

[28] Ndegwa EN, Mulei CM, Munyua SJ: Prevalence of microorganisms associated with udder infections in dairy goats on small-scale farms in Kenya, *J S Afr Vet Assoc* 72:97-98, 2001.

[29] Rodriguez JL, et al: High mortality in goats associated with the isolation of a strain of *Mycoplasma mycoides* subsp. *mycoides* (Large Colony type), *Zentralbl Veterinarmed B* 42:587-593, 1995.

[30] DaMassa AJ, Brooks DL, Adler HE: Caprine mycoplasmosis: wide-spread infection in goats with *Mycoplasma mycoides* subsp. *mycoides* (large-colony type), *Am J Vet Res* 44:322-325, 1983.

[31] Bar-Moshe B, Rapapport E: Observations on *Mycoplasma mycoides* subsp. *mycoides* infection in Saanen goats, *Isr J Med Sci* 17:537-539, 1981.

[32] East NE, et al: Milkborne outbreak of *Mycoplasma mycoides* subspecies *mycoides* infection in a commercial goat dairy, *J Am Vet Med Assoc* 182: 1338-1341, 1983.

[33] Blikslager AT, Anderson KL: *Mycoplasma mycoides* subspecies *mycoides* as the cause of a subauricular abscess and mastitis in a goat, *J Am Vet Med Assoc* 201:1404-1406, 1992.

[34] DaMassa AJ, Brooks DL: The external ear canal of goats and other animals as a mycoplasma habitat, *Small Rumin Res* 4:85-93, 1991.

[35] DaMassa AJ: Recovery of *Mycoplasma agalactiae* from mastitic goat milk, *J Am Vet Med Assoc* 183: 548-549, 1983.

[36] Corrales JC, Esnal A: Contagious agalactia in small ruminants, *Small Rumin Res* 68:154-166, 2007.

[37] Al-Momani W, et al: The in vitro effect of six anti-

microbials against *Mycoplasma putrefaciens*, *Mycoplasma mycoides* subsp. *mycoides* LC and *Mycoplasma capricolum* subsp. *capricolum* isolated from sheep and goats in Jordan, *Trop Anim Health Prod* 38: 1-7, 2006.

[38] de la Fe C, et al: Field trial of two dual vaccines against *Mycoplasma agalactiae* and *Mycoplasma mycoides* subsp. mycoides (large colony type) in goats, *Vaccine* 25:2340-2345, 2007.

[39] Jensen HE, Espinosa de los Monteros A, Carrasco L: Caprine mastitis due to aspergillosis and zygomycosis: a pathological and immunohistochemical study, *J Comp Pathol* 114:183-191, 1996.

[40] Valle J, et al: Staphylococci isolated from healthy goats, *Zentralbl eterinarmed B* 38:81-89, 1991.

[41] Deinhofer M, Pernthaner A: *Staphylococcus* spp. as mastitis-related pathogens in goat milk, *Vet Microbiol* 43:161-166, 1995.

[42] Ariznabarreta A, Gonzalo C, San Primitivo F: Microbiological quality and somatic cell count of ewe milk with special reference to staphylococci, *J Dairy Sci* 85:1370-1375, 2002.

[43] Moroni P, et al: Subclinical mastitis and antimicrobial suscepibility of *Staphylococcus caprae* and *Staphylococcus epidermidis* isolated from two Italian goat herds, *J Dairy Sci* 88:1694-1704, 2005.

[44] Leitner G, Merin G: Changes in milk composition as affected by subclinical mastitis in goats, *J Dairy Sci* 87:1719-1726, 2004.

[45] Oliver SP, et al: Food safety hazards associated with consumption of raw milk, *Foodborne Pathog Dis* 6: 793-806, 2009.

[46] Harris N, Kimball T: *Campylobacter jejuni* enteritis associated with raw goat's milk, *Am J Epidemiol* 126: 179-186, 1987.

[47] Little C, De Louvois J: Health risk associated with unpasterurized goats' and ewes' milk on retail sale in England and Wales. A PHLS Dairy Products Working Group Study, *Epidemiol Infect* 122: 403-408, 1999.

[48] Foschino R, Invernizzi A: Microbial composition, including the incidence of pathogens, in goat milk from the Bergamo region of Italy during a lactation year, *J Dairy Res* 69:213-225, 2002.

[49] Muehlher JE, et al: Microbiological quality of raw goat's and ewe's bulk-tank milk in Switzerland, *J Dairy Sci* 86:3849-3856, 2003.

[50] Almeida G, et al: Microbiological characterization of randomly selected Portuguese raw milk cheeses with reference to food safety, *J Food Prot* 70: 1710-1716, 2007.

[51] Desenclos JC, et al: Large outbreak of *Salmonella enterica* serotype paratyphi B infection caused by a goats' milk cheese, France, 1993: a case finding and epidemiological study *BMJ* 312:91-94, 1996.

[52] D'Amico DJ, Groves E, Donnelly CW: Low incidence of foodborne pathogens of concern in raw milk utilized for farmstead cheese production, *J Food Prot* 71:1580-1589, 2008.

[53] Lejeune JT, Rajala-Schultz PJ: Food safety: unpasteurized milk: a continued public health threat, *Clin Infect Dis* 48:93-100, 2009.

第 16 章

血液系统、免疫系统和淋巴系统疾病（多系统疾病）

基础血液学

山羊和绵羊通过颈静脉采血法获得的适量血液样品是进行血液学和生化分析的最佳样本。采样时动物以站立姿势保定（用于山羊和绵羊）或骑跨保定（仅用于绵羊），并将头偏向一侧以充分暴露颈部静脉。在理想条件下，动物应由非血液采样人员进行保定，但是采用骑跨保定或绳套保定动物时，工作人员可同时进行保定和采样操作（见第 1 章，图 1-5 的 A 和 B）。在采血过程中，应保持动物的平静，并且操作时动作尽量轻柔，以减小动物的应激。采样者将采血部位的毛发分离或修剪，充分暴露静脉，然后用没有持针的手指按压胸廓入口正上方的血管，阻碍静脉血回流。等待几秒后静脉充盈，此时采样者可用持针的手轻弹静脉血管以引起血液的振荡利于采样。如果无法确定充盈的血管就是静脉血管，采血人员可通过松开按压在血管上的手，观察血管充盈的现象是否消失。如果血管不再膨胀充盈，此时大致可判断该血管为颈静脉。此外，建议尽量避免选择具有搏动感的血管，因为此类血管往往是动脉血管。采血的部位用酒精或其他消毒药进行消毒处理，也可以用水或洁净的纱布清理。对成年羊进行颈静脉采血一般采用大小为 18 或 20 号、内径为 1～1.5 in. 的针头，而 22 号针头则适用于幼畜（见第 1 章，图 1-5 的 A 和 B）。成年羊或公羊的皮肤较厚，进针相对比较困难。连有真空采血管的注射器可用于血液采集。采血时，针头应斜向下约 30°经皮肤进针以扎入颈静脉血管。静脉进针后血液流出不会呈现波动性，如果出血呈波动性则说明采血针扎入动脉。

通过无菌采血后，采血者取出针头并放松按压胸廓入口的血管。为了防止由于血液渗出造成血肿，应在进针处按压至少 1 min。采集的血液应小心地转移至含抗凝血物质的采血管中以避免红细胞破裂。山羊红细胞偏小，易发生溶血。为了减少溶血现象的发生，采集山羊血时应用针头和注射器，而不用真空采血管。可通过显微镜观察经染色处理的血涂片检测白细胞亚群分布、单个血细胞染色特征和形态特点。白细胞亚群分布的数据比白细胞计数结果往往更具参考意义，这是因为绵羊和山羊在发生炎症时常导致中性粒细胞群发生转变，更多的中性粒细胞为退化、具有毒性或者不成熟的状态，而白细胞总数基本维持不变[1]。用于全血细胞计数时可选择 EDTA 作为抗凝剂，并且在使用前应在采血管中加入足量的 EDTA 以满足血液与抗凝剂的比例。应尽快对采集的血液样本进行处理。如果需要延迟处理，应将血样冷藏于 4℃。此外，因为血液中长时间含有 EDTA 而造成白细胞形态改变，以及一些红细胞寄生虫的分离，所以在冷藏（4℃）血液样本前应先制作血涂片并进行风干保存。冷藏保存 24 h 内的血样仍可进行准确的血细胞计数。

绵羊和山羊的血液学参考指标详见于表 16-1（也可参考附录中表 2-1 和表 2-2 的数据）。山羊的红细胞体积较小，所以其平均红细胞体积（MCV）偏低。6 月龄以内的绵羊或山羊体内红细胞比容、红细胞计数、血红蛋白和血浆蛋白水平均偏低，但白细胞总数偏高。幼畜在出生时红细胞比容值高，随着结肠开始消化吸收后降低。哺乳动物可能含有较低的红细胞比容、红细胞计数和血红蛋白浓度。而高海拔地区牧养的动物如雪羊和盘羊，其体内的红细胞计数、红细胞比容和血红蛋白浓度均较高。

表 16-1 绵羊和山羊正常血液学指标

参数	成年绵羊	成年山羊
红细胞比容/%	27～45	22～36
血红蛋白/(g/dL)	9～15.8	8～12
红细胞计数/($\times 10^6$/μL)	9～17.5	8～17
平均红细胞体积/fL	28～40	15～26
平均红细胞血红蛋白浓度/(g/dL)	31～34	29～35
血小板计数/($\times 10^5$/μL)	2.4～7.0	2.8～6.4
血液总白细胞计数/μL	4 000～12 000	4 000～13 000
分叶核中性粒细胞计数/μL	1 500～9 000	1 400～8 000
杆状核中性粒细胞计数/μL	0	0
淋巴细胞/μL	2 000～9 000	2 000～9 000
单核细胞/μL	0～600	0～500
嗜酸性粒细胞/μL	0～1 000	0～900
嗜碱性粒细胞/μL	0～300	0～100
血浆总蛋白/(g/dL)	6.2～7.5	6.0～7.5
纤维蛋白原/(mg/dL)	100～600	100～500

其他用于贫血等疾病诊断的血液学分析方法

骨髓穿刺和活检

通过骨髓穿刺和髓芯活检术采自活性红细胞生成区的样品用于评估红细胞生成水平，以判断造成贫血和其他异常血象的原因。在绵羊和山羊体内进行活检的部位包括胸骨节、股骨和结肠。而采样的过程应在使用化学镇静剂或常规麻醉的状态下完成(见第 18 章)。活检部位应先进行剃毛和术前准备。采样者应穿戴灭菌手套以保持无菌状态。穿刺采样时，应使用带针头的 3 mL 或 6 mL 注射器，预先吸入 1～2 滴 EDTA，然后经骨刺入骨髓。多次回抽注射器有助于获得适量的样本，此类样本中可能仅包含 0.5 mL 的骨髓。如果样本直接进行后续处理则不需要加入抗凝剂。髓芯样本可通过活检针(型号为 Jamshidi 或 Westerman-Jensen)进行采样。皮肤经手术刀切开后活检针刺入骨骼中，经数次抽吸后得到样本。可能需要进行多位点采样。采样完毕后，需要对切开的皮肤进行缝合或使用皮肤缝合器缝合。

活检样本需固定于 10%福尔马林中性缓冲液中以长期保存。在用福尔马林液固定之前可制作活检组织装片，其制作方法为将活检样本轻柔地滚动于洁净玻片表面后做成临时装片即可。从骨髓组织样本中可获取的信息包括细胞密度、巨核细胞数量、非正常细胞、红细胞和白细胞的成熟状态以及红细胞样细胞与髓样细胞的比例。经普鲁士蓝染色的骨髓样本可显示出其含铁量。

骨髓穿刺和活组织检查是一种十分痛苦和有创伤的手术操作。因此，在术后应对动物预防性地使用抗生素，同时适当给予抗炎药物。

血液培养

当山羊或绵羊处于间歇性或持续性的发热或者某一动物出现多器官感染时，多为发生菌血症。而血液培养对于菌血症的诊断十分有用。理想的样本应在对动物使用抗生素治疗前进行采样。如果无法做到，那么应在采样前应停药 48～72 h。并且，在动物发热前和发热时都需采集血样。而颈静脉采血是获得血液培养样本最常使用的采血方法。如上所述，采血部位应局部剃毛并消毒。采样人员应穿戴灭菌手套，使用无菌的针头和注射器。采集后的血液样本应直接装入血液培养瓶中。从患有菌血症的动物体内采集的血液样本量越多，血液培养呈阳性结果的可能性越高，所以采血量应满足 30 mL。但是如果血量过多，可能会使血液培养瓶中用于吸收抗生素的基质过载而影响使用。采样者在采集血样后、装入培养瓶前应更换无菌针头以避免交叉污染。在下一步进行有氧或无氧条件培养试验以及诊断分析前,样本应冷藏保存。

用于评价贫血状态的 FAMACHA© 检测系统

通过把结膜颜色与 FAMACHA ©检测系统中的标准比色卡进行比对,以评价羊群贫血状态。这种廉价、快速的诊断方法可作为一种替代血液学检测的临床诊断技术,尤其针对因捻转血矛线虫或其他吸血性寄生虫感染进行评价具有重要意义[2,3]。多次试验结果表明,该方法对于山羊或绵羊体内红细胞比容和捻转血矛线虫染虫量具有良好的敏感性。与动物体况评分系统一样,为了确保该系统在使用过程中保持一致性,必须要求技术员在评价过程中使用统一标准[4]。而且,不同的品种可能从比色卡中读取的结果不同。此外,应用电子化设备进行颜色的分析,可更早地判断出动物处于贫血状态,尽管可能价格更贵而且操作更烦琐[5](见第 6 章)。

血象的改变

贫血是最常见,也是最重要的一种血象异常表现。在绵羊和山羊中,贫血常发生于大量失血后,或者因毒素或寄生虫感染导致的溶血,以及某些慢性疾病。失血往往是可恢复的,通常由于消化道或体外寄生虫感染造成。由大面积的创伤引起的失血比较明显,如狗咬伤或其他严重的撕裂伤、阉割或去角操作造成的外伤。急性失血时全血细胞计数(CBC)的结果与正常值基本无异。但是,经过几小时后血流量重新分布后,会明显表现出贫血和低蛋白血症。在失血 1～2 d 后,与红细胞的再生相关的指征如大红细胞症、网织红细胞过多症以及有核红细胞等出现。

有多种因素可导致溶血,其中常见原因包括植物性毒素的摄入、血液原虫病、静脉注射低渗或高渗的物质、接触细菌性毒素、水中毒或者免疫介导的红细胞损伤。食源性毒素包括来源于洋葱、芸薹属植物[如甘蓝、油菜(菜籽油的来源)]等植物中的含硫化合物[6-9],以及硝酸盐、亚硝酸盐和金属铜[10-13]。除了铜中毒以外,溶血症状一般在采食后 1～2 d 内发生。铜中毒可发生在一次性过量摄入后,但在动物身上发生此类溶血更多是由于长期过度摄入含铜物质以及处于一定的应激状态。与绵羊相比,山羊对过量的铜更有耐受性。某些品种的绵羊,特别是萨福克羊,对铜中毒高度敏感(见第 2 章、第 5 章和第 12 章)。

溶血性的细菌毒素包括产气荚膜梭菌 A 型、溶血性梭菌和钩端螺旋体在内的多种微生物[14-15]。可寄生于红细胞内的寄生虫包括绵羊无浆体、羊嗜血支原体和巴贝斯虫等[16-20]。免疫介导的红细胞损伤并不常见。但是,在动物出现寄生虫血症,或使用如青霉素等特定的药物,以及用牛初乳饲喂新生小反刍动物时,可发生由于免疫反应造成红细胞破坏[2]。血浆渗透压的急降可导致红细胞渗透裂解。此类现象可局部发生在快速静注低渗物质的位置,或者发生在为了缓解动物缺水或脱水状态而向体内大量注射水之后(即发生水中毒)。羊海恩茨小体贫血症与硒或铜金属元素的缺乏也有一定相关性[22]。

寄生虫侵袭、免疫调理和有毒植物的摄入往往是造成血管外溶血的原因。受损的红细胞进而被网状内皮系统的细胞清除,使动物出现贫血、苍白、虚弱、精神沉郁、黄疸和小便赤黄。细菌性毒素、血浆渗透压的改变和铜中毒则造成血管内溶血,造成出现血红蛋白血、血红蛋白尿等症状。其他的症状包括发热、神经紊乱和突发死亡,可能与特定的疾病相关。发生非再障性溶血 1～2 d 后应该从血象中观察到红细胞再生的现象。

贫血通常是由于红细胞生成不足引起的,而与红细胞损失或破坏无关。根据定义而言,这类贫血为非再生性贫血。慢性疾病是引起非再生性贫血的主要原因,但在山羊或绵羊的妊娠期以及缺乏某些微量元素(如铁、硒、铜和锌)的动物也可出现此类贫血,往往症状较轻。出现非再生性贫血时,在骨髓中会有铁离子的异常聚集,利用普鲁士蓝染色可观察到骨髓中有大量的铁储存,以此可区别于缺铁引起的贫血。多种因素可导致慢性疾病而引发贫血,例如感染性肺炎、腐蹄病和干酪样淋巴结炎等感染性因素,以及存在营养不良、环境应激源等[1]。

贫血的治疗

多数情况下贫血不需要进行治疗,除非出现急剧且大量的红细胞损失,否则多数贫血动物都能通过减少活动以代偿体内降低的携氧能力。尤其需要注意的是，往往当羊群在移动或人为转移的过程中表现出过度紧张甚至死亡时，饲养管理人员才发现动物的贫血问题。

如果条件允许，应及时处理造成贫血的原因。可通过实施有效的体内外寄生虫防控策略、合理改变日粮以及治疗传染病等方法进行干预。对于发生血管内溶血的动物而言，避免出现因血红蛋白引起的肾小管损伤，关键在于保持动物充足的饮水量。特效化合物可用于治疗某些造成贫血的疾病，如含硫的钼盐(如钼酸铵)或青霉胺可用于治疗铜中毒[13]，亚甲基蓝(15 mg/kg，以 4%的浓度溶解于 5%葡萄糖或生理盐水中，静脉注射)用于治疗硝酸盐中毒，由于成本过高难以群体使用，但对有经济价值的个体动物可能有一定的可行性。兽医工作者应注意，已禁止对食用动物使用亚甲基蓝(见第 12 章)。

全血输血用于治疗严重的急性失血或溶血的动物。对于山羊和绵羊而言，由于输血反应鲜有发生并且在羊体内未发现高亲和力的红细胞抗原，因此在首次输血时可任意选择一只同种的山羊或绵羊作为供体。可应用交叉配血试验以确保血液配型成功，尤其是对于非首次进行输血的动物。血液应该在无菌操作条件下，从供体体内经输液套管收集至开口锥形瓶中，或用导管引流至血包中。采集的血液应该与柠檬酸-葡萄液按 7.5∶1 比例混合，或者以 9∶1的比例与 2% 柠檬酸钠混合，也可与其他合适的抗凝剂配比使用，然后通过含过滤作用的血液输送装置进行输血。如果无法从颈静脉完成输血，血液可被注入腹腔，但由于吸收较慢，使其治疗急性失血的效率较低。应在开始的 15～30 min 内缓慢进行输血。如果没有出现任何不良反应(发烧、紧张、呼吸急促、心动过速、身体颤动)，可适当提高输血的速度。因为被输入的红细胞可能仅存活几天，所以解决导致贫血的原发性疾病十分重要[1]。

血象的变化

外周血的白细胞包括粒细胞(中性粒细胞、嗜酸性粒细胞和嗜碱性粒细胞)和单个核细胞(淋巴细胞和单核细胞)。在发生严重的炎性疾病时可检测到未成熟的中性粒细胞和淋巴细胞。中性粒细胞比例异常往往最能反映出小反刍动物处于炎症状态，而炎症几乎总是感染的后遗症。在轻度的革兰阳性菌感染，以及亚急性或慢性细菌感染时，中性粒细胞数量增加并占据白细胞计数总和的一定比例。当动物发生更严重的感染时，白细胞总数可能偏高或维持正常水平，但是更多的中性粒细胞呈现出中毒的变化或以未成熟的形态出现，如出现杆状核细胞、晚幼粒细胞、中幼粒细胞。在发生严重的急性炎症和许多因革兰阳性菌感染导致的疾病时，可观察到中性粒细胞数量的短暂减少，而后细胞常向中毒或未成熟的形态(如带状细胞、晚幼粒细胞、中幼粒细胞)转变。如患病动物耐过急性发病期，其体内未成熟的中性粒细胞数量增多，然后细胞分化成熟，使得中性粒细胞减少症在发病3～4 d 后可得到缓解。应激(或糖皮质激素的使用)是引起中性粒细胞总数和相对数量增多的另一个重要原因，通过抑制血液内中性粒细胞的着边和血管外渗作用，从而导致血流中此类细胞的数量增多。

嗜酸性粒细胞数量增多通常与寄生虫感染相关。而粒细胞减少罕有临床诊断意义，可视为应激反应的一部分。特发性过敏反应也可作为病变指标，但在临床上十分少见。嗜碱性粒细胞的增多也很少有重要的临床意义。

血液细胞计数中淋巴细胞数量增加通常提示动物存在慢性炎症性疾病，如体内脓肿。在极少数情况下，淋巴细胞增多可能伴有细胞形态异常、细胞数量急剧增多，这预示淋巴增生性肿瘤。淋巴细胞减少症是应激反应的重要组成部分，值得注意的是多种疾病均可产生应激反应。因此，淋巴细胞减少和中性粒细胞的减少可提示应激和炎症的发生，而中性粒细胞形态检查和血浆纤维蛋白原浓度的测定有助于二者的鉴别诊断。高水平的血浆纤维蛋白原，以及中性粒细胞的中毒性病变和未成熟细胞的增多表明炎症的发生。血液单核细胞计数也可提示应激或慢性炎症。对于患病羊群的诊断而言，阐明个体血象的异常变化十分困难，从而凸显了白细胞计数的亚群分析和细胞形态检查的重要性。

极少情况下会针对血象异常进行对症治疗。更为常见和有效的应对措施是根据这些血象检查获得的结果去进行对因治疗。

淋巴系统的评价

对体表淋巴结进行触诊是全身检查的一部分。对于正常的山羊或绵羊进行触诊时，可检查的体表淋巴结包括下颌淋巴结、肩前淋巴结和股前淋巴结。这些淋巴结所在的部位在正常情况下触诊时均无突起或动物表现出痛感。而正常动物其他部位如腮腺、咽后、乳腺、直肠周围和腘窝处的淋巴结可能偶尔能被触诊到。对动物体内纵隔淋巴结、肠系膜淋巴结和其他腹部淋巴结的检查则需专门的诊断程序。

淋巴结肿大可能是局灶性、多发性或者全身性的。当观察到局部单一的体表淋巴结肿大时，由于体内淋巴结的情况不明，因此并不能完全排除多发性或全身性的疾病。肿大的淋巴结往往表明体内存在炎症或者肿瘤。通常情况下，淋巴结的炎性肿胀与传染性因素导致的疾病相关。小反刍动物对嗜淋巴结病原的感染尤为敏感(如干酪样淋巴结炎)。因此，通过抽取淋巴结组织即可找到病原。肿瘤样的淋巴结肿大几乎总是由淋巴肉瘤引起的。

淋巴系统性疾病

淋巴肉瘤

发病机制

体内某种淋巴细胞系发生肿瘤化导致细胞无序地克隆性增生。出现这种转化通常原因不明，但在极少数情况下，特别是在绵羊呈群体性暴发时，淋巴肉瘤的发生与感染牛白血病病毒相关，该情况在动物实验以及在注射无浆体的全血型疫苗中出现。但是牛白血病病毒能否引起山羊的淋巴肉瘤仍然未知。淋巴细胞的大量增殖导致大规模的器质性损伤和浸润。这些病变造成呼吸困难、血流受阻、排尿排便不畅，以及免疫系统功能障碍、器官衰竭、全身不适和恶病质。肿物可能在体内，也可能视诊可见。

临床症状

临床症状可根据肿物所在的部位不同有所差异。其中，最常见的是体重出现缓慢地渐进性下降。有时膨大的肿块较易被发现，常被诊断为干酪样淋巴结炎性脓肿，而多数肿瘤形成于体内或体表淋巴结所在的位置。白血病较少见，非再生性贫血和低蛋白血症一类的慢性疾病或恶病质则常发。骨髓检查可提示淋巴样前体细胞的克隆性增生。

诊断

对肿物的剖检时在切面可见均匀的白色至棕褐色的凸起物，这些凸起可大可小。少数情况下，在网状内皮组织中可观察到弥散性的苍白样变。在显微镜下检查这些病变部位，可观察到异常的淋巴细胞浸润。

预防

防止淋巴肉瘤疾病传播的方法包括避免羊群接触牛白血病病毒以及对工具器械的严格消毒。然而在大多数情况下，动物的淋巴肉瘤似乎是自发性的疾病。

母源抗体被动转移失败

发病机制

幼畜出生时体内就具有能够产生内源性免疫球蛋白的功能性淋巴细胞。在母畜妊娠 80 d 左右时，胎儿体内的淋巴细胞就已经具备分泌抗体的能力。但由于在子宫的保护下缺少对抗原的接触，幼畜在出生时体内免疫球蛋白的基础浓度很低，免疫细胞在受到新的抗原刺激后细胞产生反应过于缓慢。因此幼羊出生后的 6 周内，其免疫力仍不足以应对急性感染。此外，与其他反刍动物一样，羔羊体内没有经胎盘途径吸收的母源抗体，在其生命的最初几个月是依赖于肠道吸收初乳中的抗体来获得充足的免疫球蛋白，以此抵抗病原微生物的侵害。

充分的母源抗体被动转移需要羔羊经消化道摄入足量的优质初乳，以及从中吸收有效的抗体以进入血液。而由于初乳质量、摄入量和吸收的完全性很少受到监测，有效的母源抗体被动转移往往存在偶然性。初乳的质量问题会发生于年轻、发病、营养不良或免疫水平低下的母畜。而产前溢乳或一胎多羔会导致初乳产量不足。初乳的摄入不良往往出现在虚弱或发病的新生羔羊、一胎多羔中存在竞争关系的幼羊以及新生羔羊与母羊分离。而体弱、疾病、低温症、低氧血症、脱水和过早地饲喂蛋白质饲料，以及消化迟缓等因素均可导致新生羔羊对初乳的吸收不良。绵羊和山羊很容易发生上述问题，其原因在于绵羊和山羊都存在一胎多羔的倾向，其中最先吮吸母乳、最强壮的子代会摄入过量的母乳，导致其他新生羔羊无法摄入有效的母源抗体。

从对马属动物的研究数据推断，1 日龄的羔羊体内血浆免疫球蛋白的含量为 800 mg/dL 时，可认为该羔羊获得了有效的母源抗体被动转移。目前仍未有任何研究表明在小反刍动物体内母源抗体水平达到特定浓度时可有效抵抗病原感染。然而，比任何总量标准值更重要的是幼畜对母乳中针对条件性致病病原和主要的病原微生物特异性抗体的吸收程度。而且，800 mg/dL 的血浆免疫球蛋白浓度应为可接受的最低浓度标准，健康的小反刍动物初生羔羊体内血浆免疫球蛋白的浓度应比这一指标高出 50%～200%。

除了免疫球蛋白，初乳中还含有大量无法透过胎盘屏障进入初生羔羊体内的脂溶性维生素。其中，最重要的成分包括维生素 A、维生素 D 和维生素 E，这些维生素对于骨骼的形成、免疫应答和炎性反应都是不可或缺的。新生羔羊初乳摄入不足时容易出现这些维生素的缺乏症。

诊断

从病史可推断新生羔羊具有母源抗体被动转移缺乏，如初生羔羊未在出生当日摄入初乳，或者已知母羊产后无泌乳。有时饲养者可通过举起新生羔羊至齐耳处，保护好幼畜的头和脖子，然后适当摇动其腹部以听到奶液在皱胃中晃动的声音，以此判断羔羊是否摄入足量的母乳。如果新生羔羊出现营养不良的症状，或者在出生后的最初几天发生败血症，也可推断为抗体吸收不足。可以通过实验室测定方法(放射免疫法)对血浆中的免疫球蛋白水平进行定量测定以确诊。也可采用半定量测定免疫球蛋白的方法，如戊二醇交联法、硫酸钠沉淀法以及血液蛋白质组分的测定(见第 8 章，表 8-6)。在临床上，对饮水充足的动物可通过便携式折射仪进行血液总蛋白质浓度的快速检测。体内含水量正常的新生羔羊，其血液总蛋白质浓度在5.5～6.0 mg/dL 以上说明母乳中的抗体成功转移至新生动物的体内。此类方法可应用于群体动物母源抗体被动转移情况的大体分析，但其精确度不足以达到准确测定动物个体体况数据的标准[23](见第 8 章)。

治疗

动物母源抗体被动转移失败本身对动物无致病性，但造成初生羔羊对传染性疾病的易感性显著增强。随着时间的推移，经肠道吸收的初乳量会逐渐下降，尤其在动物已经开始消化吸收其他蛋白质成分时，如母乳中的酪蛋白。此外，某些影响消化道吸收功能的疾病也能引起初乳的吸收减少。出生 24 h 后，动物机体会无法吸收足量的免疫球蛋白。因此，直接在产后对仍表现健康的初生羔羊口服初乳是最佳的治疗手段。曾发现饲喂牛乳后的羔羊(绵羊)体内发生溶血症状，因此最好饲喂同种动物分泌的初乳。为了弥补抗体完全转移失败，应分 2 次饲喂初乳，其中间隔 4～12 h，每次口服的乳量体积占初生羔羊体重的 5%(或者按照每公斤体重大约需要 1.25 g 免疫球蛋白的比例进行饲喂)。从屠宰动物后收集的血液中提取的免疫球蛋白可作为初乳的替代品，但其在机体内的吸收和功效有待测定。在机体对免疫球蛋白吸收期过后，最好通过静脉注射或者腹腔内给药途径向体内输入血浆以提高血液中免疫球蛋白浓度。成年羊作为供体其血浆中免疫球蛋白浓度为 2.5～3.5 g/dL，因此输血量应至少等同于体重的 10%以满足正常的抗体被动转移水平。如果用输血浆代替初乳，适当补充维生素 A、维生素 D 和维生素 E 的注入是有益的。

如果无法得到初乳和血浆，或者成本有限时，应尽快饲喂卫生等级高的牛乳以“封闭”肠道，并在牛乳中添加抗生素等以对传染病进行预防性用药。应注意对初生羔羊的免疫或抗毒素类高免血清的注射是没有保护性的，但可能有一定的作用。

预防

确保初乳质量的最佳方法是通过对母畜进行良好的饲养管理，包括充足的营养、健康检查和疫苗免疫(见第 2 章和第 19 章)。在产前 6 周时对母畜进行疫苗免疫，并在 2 周后加强免疫一次，使初乳中含有高水平的保护性抗体。产前溢乳的问题在马和牛中常发，但在小反刍动物中并不常见。但是，无论是在散养或者圈养羊群中，怀孕的母羊都可能“窃取”其他母羊的仔羊。为了防止这种窃取行为和避免被“收养”的小羊吸吮而造成初乳损失，饲养者应将怀孕母畜与已有初生羔羊的羊群分开饲养。如果难以做到完全的隔离，在合群前应将母羊和其分娩的后代亲密相处于独立的畜栏中 24 h 以上。在羊产仔前，可将其会阴区和乳房周围多余的毛发剃除，将乳头暴露出来以便观察它们是否发生堵塞，以及当妊娠母羊定栏时备好多余的初乳等措施都可用于预防母源抗体被动转移失败。

初生羔羊败血症

发病机制

全身性的细菌感染或细菌感染造成的毒血症是引起初生羔羊败血症的原因。大多数全身性细菌感染是由条件性致病菌引起的,原因在于动物免疫功能低下,或在大量抗原刺激下导致正常的免疫系统处于运转过度的状态。少数原发性病原菌的感染也可导致败血症,但较少发生。引起初生仔畜免疫功能紊乱的最常见原因是母源抗体被动转移失败。而较少见的致病原因包括营养缺乏症(尤其是缺乏硒、铜元素或维生素 E)、应激和其他疾病。

细菌可通过消化道、呼吸道以及皮肤的破溃处(如断脐、阉割、断尾和外伤造成的创口)进入动物体内,其中脐带感染是病原菌入侵最主要的途径。细菌进入体内后先在局部进行繁殖,然后细菌本身或其分泌的毒素进入血液循环引起发病。细菌进入血液循环系统后,可定殖于身体的各个部位,包括肺脏、肝脏、肾脏、中枢神经系统、关节、脐带和各种体腔中。而细菌分泌的毒素倾向于损伤血细胞、血管内皮和器官组织。中毒菌血症或毒血症往往是致命的。而局限于一处或多个部位的慢性细菌感染相对症状较轻,如脐带、淋巴结、关节感染和器官组织脓肿。动物免疫应答能力越强,则其抵御病原侵袭和清除细菌感染的可能性更大。

造成初生羔羊败血症的主要条件性致病菌包括大肠杆菌、链球菌和放线菌(隐秘杆菌属)以及其他微生物(通常为革兰阴性肠道菌)。这些微生物中大多数常见于反刍动物的胃肠道和土壤中,因此在卫生条件差的农场或牧场周围可能会存在大量的病原菌。大肠杆菌的多种菌株、都柏林沙门氏菌、鼠伤寒沙门氏菌和猪丹毒杆菌是引起新生羔羊败血症的主要病原菌。这些微生物可能由患病的成年动物携带,尽管初生仔畜的营养充足、饲养卫生条件良好以及母源抗体转移充分,仍可能在新生动物群体中暴发细菌感染。

临床症状

急性败血症的临床症状与休克一致。在最急性反应期会出现发热,但十分短暂,因此未观察到发热时不能认为不存在细菌感染。感染后期的动物常常出现体温过低的症状。其他的常见的临床症状包括乏力、厌食、微弱的吮吸反射、四肢冰冷、口腔黏膜干燥或有黏液分泌但带有紫蓝色变色(发绀)、巩膜可见增大和充血的血管、心动过速、皮肤长时间紧绷、颈静脉充盈不良。如果相关器官受到影响时,会出现腹泻、关节肿胀、呼吸急促和特征性的神经异常。

诊断

可根据上述初生仔畜的临床症状推断是否患有败血症。具有相似症状的其他异常情况包括动物出现低温症、低氧血症、先天性心血管疾病、神经系统异常或者饥饿。这些疾病或异常扮演诱发因素或并发症的角色,与败血症并存。用于败血症鉴别诊断的临床病理数据包括抗体被动转移失败、高纤维蛋白原血症和白细胞象的左移,尤其是血液中性粒细胞减少、中性粒细胞的毒性细胞病变,或出现中幼粒细胞和晚幼粒细胞。血清的生化分析也可有助于评估动物全身状况[23]。对败血症的确诊方法为细菌的分离培养。对于突发、无法治疗的菌血症而言,发病动物的血液或死后内脏是进行细菌分离培养的最佳病料。如果对于病程较长的败血症,尤其对动物使用抗生素治疗时,抽取脓肿或感染关节中的分泌物进行诊断的准确率更高。

治疗

初生羔羊败血症在感染早期进行干预更有治疗意义。尽管在治疗幼龄肉用动物过程中,药物残留和成本支出是一直需要考虑的问题,但是它们体型较小,以及离屠宰或产奶的时间间隔较长,因此对于临床兽医在选择合适的抗微生物制剂时有更多选择的余地。因为无论是革兰阴性菌还是革兰阳性菌,动物都有可能感染,因此推荐使用单方广谱抗生素或者多种广谱抗生素联合使用(头孢噻呋,肌肉注射给药 1～2.2 mg/kg,每日 1～2 次)。应至少保证连续用药 5 d,确保清除所感染的微生物。非甾体抗炎药物(NSAIDs)可发挥解热、抗炎和抗内毒素的作用(如氟尼辛葡甲胺,静脉注射 1～2 mg/kg 或者肌肉注射。注意:尽管氟尼辛葡甲胺注明肌肉注射使用,但有报道某些种类的动物在肌注该种药物时出现肌炎症)。

如果新生仔畜出现严重脱水或窒息,应该进行输液治疗。抗体被动转移失败或在对抗病原感染过程中抗体耗竭,导致患脓毒血症的初生仔畜体内往往缺乏免疫球蛋白,因此通常向患病动物输注血浆是有治疗效果的。血浆应该来自同一物种,而全血可以在紧急情况下使用，不良反应很少见。

预防

用于提高初乳质量和抗体被动转移的措施有助于预防脓毒血症的发生。可通过降低羊群密度、将初生羔羊和除了其亲代母羊以外的成年羊群实行有效隔离，减少粪便、土壤对设施设备的污染等方法可以减少细菌感染的威胁。对常用设备的日常消毒，尽量减少断尾和阉割处的感染也很重要。浸润消毒断脐处的操作的重要性有待商榷，这种操作在管理良好、干净的羊群中可能是不必要的。但该程序是无害的，并提供了一个检查初生羔羊的机会，所以现有推荐的操作程序是蘸取稀释好的碘酊或氯己定溶液，对断脐处进行浸润消毒[23]。

无并发症型初生羔羊腹泻

发病机制

无并发症型腹泻可能由病毒、细菌或原虫等病原感染引起。这些微生物与导致复杂型腹泻的病原微生物不同，它们不会侵入肠壁以外的部位以及不会引起全身性的毒血症(见第 5 章)。

此类感染的最终结局是大量等渗的肠液流失，进入肠道中与未消化吸收的食物残渣混合。当液体和电解质的流失达到一定程度时，动物会出现脱水、代谢性酸中毒，诱发一系列类似于复杂型腹泻的临床症状。在山羊身上，这种临床状态属于羔羊瘫软综合征的一种。

临床症状

大量水样腹泻且无发热症状是典型的临床特征。伴发严重脱水或酸中毒，使得发病羔羊变得虚弱、迟钝和食欲下降。黏膜处有黏液分泌，提起皮肤后皱褶恢复时间延长，也可能会出现休克迹象。对于羔羊体况的评估常常比临床病理诊断更重要。

轻度的无并发症型新生羔羊腹泻以剧烈腹泻伴发微弱的全身症状为特征。患病动物精神机警、皮肤轻度紧绷、能站立和进食、具有很强的吮吸反射。发生轻度腹泻动物的脱水量不到体重的 5%，血液 pH 为 7.35～7.50，其中碳酸氢盐流失量为 0 mEq/L(见第 3 章)。

中度无并发症腹泻的表现为动物出现剧烈腹泻，行动迟缓却反应灵敏。皮肤松弛，但眼睛光泽正常。患病的山羊或绵羊仍可站立、进食，但进食速度减缓，吮吸反射微弱，头部往往保持低垂状态。脱水量可达 5%～7%，血液 pH 为 7.10～7.25，其中碳酸氢盐流失量为 5 mEq/L。

重度无并发症腹泻的临床表现为严重的腹泻。患病山羊或绵羊行动迟钝，且对外界反应微弱。皮肤提起后形成的皱褶需要长时间才可恢复，眼窝凹陷。患病的羔羊站立时需支撑物，无法独立进行，而且更偏向于保持胸式卧姿、头部抬起。如果可以采食，进食十分缓慢，吮吸反射相对微弱。脱水量可达 8%～10%，血液 pH 为 6.90～7.10，其中碳酸氢盐流失量为 10 mEq/L。

非常严重的无并发症腹泻的表现为剧烈的腹泻和极度的虚弱。提起皮肤后形成的皱褶的恢复所需时间超过 1 min，并且羔羊的眼窝凹陷明显、目光呆滞。对外界刺激无反应，吸吮发射消失。此时动物已无法保存胸式卧姿，而是以侧卧为主。脱水量可达 10%～12%，血液 pH 为 6.8～7.0，其中碳酸氢盐流失量为 15～20 mEq/L。

临床病理变化

白细胞血象应该基本正常，或因应激可能会导致血象异常。血清生化分析或血气分析结果可能显示消化道电解质的流失(低钠血症、低钾血症、代谢酸中毒)和脱水(高白蛋白血症、氮质血症)。

诊断

可根据临床表现，并排除造成并发症型腹泻的因素进行判断。当用保守治疗可缓解症状时也可推断为无并发症型腹泻。对患病动物而言，选择合适的方法进行对症治疗比对腹泻特定病因的鉴定更加重要。可采集粪便样品进行病原的鉴定，其中可用电子显微镜对病毒进行鉴定，以及用分离培养的方法对细菌进行鉴定。而对于微小隐孢子虫的鉴定，可经蔗糖悬浮处理后直接镜检，或进一步用抗酸染色如金胺荧光染色法、荧光抗体标记后用荧光显微镜观察。

治疗

治疗的首要目的在于补充体内水分与流失的电解质，以及恢复体内酸碱平衡。其次是添加营养和补充动物体内持续损失的其他成分。而治疗的程度取决于病情的轻重以及对于经济成本的考虑[24]。

1. 补水：计算水分流失比例，以用于计算最终的补液量。举例:体重为 3 kg 的羔羊水分流失 10%,所需补水量为 0.1×3 kg×1 kg/L=0.3 L 或者 300 mL。

2.补充电解质:当动物腹泻时钠离子、氯离子、碳酸氢根离子和钾离子大致是按细胞外液组分的一定比例流失(除去某些情况下,需要补充较多的碳酸根离子结合和较少的氯离子,详见下一步)。因此,应按损失的比例进行电解质的补充。补充的电解液与正常的细胞外液的组分相似。

3.恢复酸碱平衡:对碳酸氢根离子缺失量的大致估计可通过血气分析和体况鉴定,最终计算出动物所需的总流失量。

举例:体重为 3 kg 的羔羊发病后呈昏迷状态,经血气测定碳酸氢根离子含量为 16 mEq/L。对于新生羔羊而言,细胞外液系数为 0.5。根据上述信息,可计算出碳酸氢根离子缺失总量为 0.5 ×(16 mEq/L)×3 kg×1 kg/L=24 mEq。

因此,对于这一只发病的羔羊而言,首要治疗方案为补液 300 mL 且包含 24 mEq 的碳酸氢根离子,从而使细胞外液(ECF)恢复正常。有多种补液的方式,包括下述几种。

(1)口服(Oral)

• 优点:口服补液的方法较为廉价(无须无菌)且操作简易。与静脉注射相比,口服不太可能会造成心律失常性致死或神经性疾病。

• 缺点:一只动物口服摄入的最大液体量也只能等同于其胃容量(约占体重的 5%),并需要动物仍保持胃肠蠕动良好。消化道受损会造成口服吸收不良,而口服液体吸收速率本身也比较慢。

(2)静脉注射(Intravenous)

• 优点:该方法可快速补充所有流失的成分,甚至可用于濒死的动物。

• 缺点:成本较高(需无菌),稍有不慎可快速造成补液过度。

(3)皮下注射(Subcutaneous)

• 优点:无须静脉通路或胃肠道保持良好的蠕动。

• 缺点:费用较高(需无菌),动物处于严重缺水时经皮下吸收能力差。其吸收速度慢于静脉给药途径,并且只能注射等渗或低渗的液体。

(4)腹腔注射(Intraperitoneal)

优点:无须静脉通路或胃肠道保持良好的蠕动,液体可通过腹腔快速被机体吸收。

缺点:成本较高(需无菌)且可能导致腹膜炎。腹腔注射是补充等渗液的最佳途径,但

注射量相对有限。

总而言之,口服补液适用于胃口良好的羊羔(尤其是对于瓶喂的新生羊)以及刚出现无食欲的羔羊(包括已经开始进行管喂或瓶喂的羊羔)。而对于食欲不振且脱水严重的动物应进行静脉或皮下注射补液。皮下注射的方式最适用于辅助补液。例如,新生羔羊在接受静脉注射补液后,还可皮下注射 300～400 mL 的补液,以提供长效的治疗。如果口服补液后 2～4 h 内病情仍未改善,强烈建议进行静脉给药治疗。

有多种商业化生产的口服液具有很好的疗效。这些口服液中含有电解质(如与血浆成分浓度一致的钠盐)、碱化剂(碳酸氢盐、丙酸盐、乙酸盐、柠檬酸盐等;大多数质量好的产品含碱量大约可达 80 mEq/L)、用于减缓胃排空的葡萄糖或甘氨酸以及助于钠的吸收。其中碳水化合物的含量会有不同,高能量的补液产品中其含量较高,而对于症状较轻、可能不会存在严重的低钠血症的动物需要的能量较少,因此所使用的补液产品中碳水化合物含量较低。补液时要避免使用含化学成分的替代乳或其他无缓冲成分的药剂。

静脉给药时应使用无菌的注射用产品。此类药品一般含碱量在 25～30 mEq/L。可额外加入碳酸氢钠溶液或粉剂以补充体内的碱流失(碳酸氢钠粉剂每克含碱量为 12 mEq,8.4%的碳酸盐溶液含碱量为 1 mEq/mL)。碳酸氢根离子缺乏的补充应缓慢进行,补液时间在 4 h 以上,以避免出现神经性失调。

完成体液的补充后,应考虑进行下述的治疗和补充处理。

①继续补液(可用口服替代静脉注射)以补充渐进性的营养损失(见第 3 章)。

• 每次饲喂时可按体重的 5%等量换算的体积量进行补液,饲喂次数可由正常情况下的每日两次,逐渐增加至每日 3～6 次。首次补充含高能量的营养液 24 h 后,可使用含较低能量的营养液。

• 静脉注射补液可继续使用,并且补液量可提高至维持量的 2 倍,可以持续按此剂量补液至动物食欲恢复。

• 如有必要可增加碳酸氢盐的剂量。

②慎重考虑治疗配方中羊奶的使用。

• 虽然每单位体积的羊奶含能量较高,但电解

质含量较低。

• 羊奶的用量最多占饲喂量一半。用羊奶饲喂腹泻的羔羊可减少体重的下降。自由饮水有助于防止低钠血症的发生。

• 由于电解质会抑制凝乳的形成，所以羊奶不适宜同电解质混合使用（尽管据称醋酸盐是安全的）。

• 在早期，摄入羊奶可能加剧羔羊的腹泻。奶制品在大肠中的发酵可引起渗透性腹泻，进而引起体液流失。断奶 24 h 可能会有助于症状的缓解，但病症拖延时间较长会引起恶病质。

• 羊奶可作为良好的钾源。

造成新生羔羊体弱沉郁的其他因素

对于新生羔羊沉郁和虚弱的病因分析，常常难以将传染性因素剔除在外。而且，临床兽医在制定治疗方案时，往往先入为主地将传染性疾病视为导致临床症状的原因。然而，多种非传染性的系统紊乱也可抑制神经或肌肉的正常功能。成功的治疗取决于对这些机能紊乱的鉴别和纠正。其中，造成新生动物沉郁较为常见的机体异常包括血氧不足、代谢性或呼吸性酸中毒、体温过低或过高、低血糖、脱水、氮质血症和某些电解质失衡。

体温过低或过高的诊断十分简单，可直接根据直肠温度的测定结果进行判断。其中，低温症更为常见，可由机体虚弱、应激和环境压力引发。寒冷有风的天气，或用管饲喂冰冷的替代乳或液体可以导致机体核心体温的快速下降，特别是对于瘦弱的、体表未经母羊充分舔舐的或者被母羊遗弃的新生羔羊而言常常发生。强壮而有活力的新生羔羊可通过骨骼肌活动所产的热量为其身体提供充分的保护，并且足以用于觅食和掩蔽等行为。当肛温下降至 36.7℃（98℉）及以下时会出现临床症状。对于独立的母羊羊圈或羊栏的防风防寒方法包括加热灯的使用（放置在足够远的位置，防止灼伤新生羔羊）、添加热水瓶、毛毯以及注射温孵过的注射液，有助于治疗及预防低温症。在母羊产羔前对其进行剪毛有一定作用，其原因在于可以促使母羊不得不寻找遮蔽风寒的位置。一旦采取这种管理技术，应多加看护，防止母羊群出现严重的低温症。

在新生羔羊中，环境造成体温过高的发生概率远远低于感染导致的发热。因此，对于体温过高的新生羔羊，针对传染性疾病的治疗通常更有意义。应对环境变化引起的热应激，最好的抵御手段包括保持圈舍的凉爽通风、尽量减少刺激，确保摄入足量的液体，以及对成年羊进行剪毛处理。

在一种价格低廉的便携式血糖测定仪的辅助下，低血糖的临床诊断也变得十分容易。导致低温症的因素也可以引起幼龄的绵羊或山羊的低血糖。向温热的替代乳中按照 50 mL/kg 的比例添加葡萄糖（大约 3.5 液体 oz/lb，或者按体重的 5%进行计算），也可按 1 mL/kg 的比例静注或口服浓度为 50%的葡萄糖溶液（葡萄糖浓度约稀释至 5%），通过这些方法可提供足量的能量以纠正低血糖的症状。如果胃肠蠕动消失，静脉给药可能是必要的。而当动物食欲仍未恢复时需要进行进一步的治疗。

除非发生危重病情，新生羔羊应该能够维持机体的核心体温。因此当新生羔羊出现体温过高或者过低时，应对其潜在的致病因素进行诊断。临床兽医和饲养者不应该认为对发冷、虚弱的新生动物提供保暖、增加饲喂就能解决此类问题。

对血氧不足的诊断相对困难。便携式血气分析仪对动脉血的分析以及用 X 光射线机进行胸腔成像可用于该病的诊断，但小反刍动物中仍未普及使用。由于上述原因，血氧不足在实际情况中诊断率低。造成血氧不足的原因可能是胎羊发育早熟或成熟紊乱、感染、沉郁或虚弱（通风不良引起的）、吸入胎粪、肺气肿，疝气和胸腔积液或组织肿块引起。血氧不足很可能是导致小于 3 日龄的新生羔羊发病和死亡的成因。这些动物的病情可通过及时地供氧得到缓解，无论是通过鼻腔插管还是通过氧气面罩的方式。除了可直接影响动物形体、行为和精神状态外，初生羊羔发生血氧不足还可造成消化道功能衰弱，进而引起对初乳的吸收不良。许多动物表现出抗体被动转移失败和继发败血症前，曾一度出现血氧不足。

氮质血症、代谢性酸中毒和电解质失衡在缺少临床病理检查的条件下，都很难进行诊断。因此，治疗这些疾病的首选方法是在动物出现脱水的时候，及时补充可恢复生理性平衡的电解质溶液。代谢性酸中毒经常伴发于明显的碳酸根离子流失（腹泻）或者严重的脱水。但是，羔羊瘫软综合征无上述临床表现，其特征性临床症状为幼羊在出生后最初的 2 周内发生肌无力、厌食和精神沉郁。严格来说，羔羊瘫软综合征是指伴有血浆阴离子间隙指标较高的代谢性酸中毒，但不伴发脱水或者其他已知的常发于新生动物的病症。多种生理失调和致病因素被认为是导致这种无脱水症状的代谢性酸中毒的原因,包括饲喂良好的新生山羊的消化道内羊乳发酵后产生大量挥发性脂肪酸的吸收、短暂性的新生动物肾小管酸中毒以及继发于心血管毒性损伤的乳酸中毒。过度滋生的 A 型产气荚膜梭菌是常见的毒素来源。当出现阴离子间隙偏高时,提示病原导致体内有机酸产生过多的可能性远高于引起体内碳酸氢盐流失。无脱水临床症状的代谢性酸中毒可发生于单个动物也可呈群体性暴发。尽管这种代谢性紊乱与母羊的胎次与产仔数无相关性,但是过度哺乳的幼羊更容易遭受母乳发酵或梭菌滋生。随着山羊产羔季节的到来,这种代谢性的疾病的群体发病率不断增高时,说明羊群中很可能存在传染性病原。有研究报道,羔羊瘫软综合征在肉用山羊中比在奶山羊中更为常见。而对于同一种群或者同一区域的羊群,该病的流行性年年变化且差异显著。在牛犊和骆驼中也有相似的疾病,而相比之下绵羊羊羔在一定条件下可能更易感。

应用血气分析并对其他疾病逐一排除往往是不切实际的,因此饲养者常用羔羊瘫软综合征这一描述指代羔羊出现虚弱且没有发生明显的系统性临床症状(如腹泻)。不同的病理过程可按照其最终导致的病症结局进行分类,如母羊瘦小综合征,而兽医的职责在于诊断出某一特定羊群中相应的病原。而最可能造成新生羔羊体弱沉郁的致病因素已在前面的小节中一一列出。在所列的病名中,败血症与血氧不足是最重要的疾病,因此在出现羔羊瘫软综合征时必须考虑是否患有这两种疾病。目前,对羔羊瘫软综合征的预防和治疗与防治新生羔羊败血症和肠炎的措施一致。而患有羔羊瘫软综合征的羊群可能会主动性自我恢复。但是,对于经济价值高的羊羔,可对血液化学和血碱流失量进行快速检测,从而用 1.3%碳酸氢钠对电解质失衡和血液酸碱度异常进行必要的纠正[25]。

参考文献

[1] Morris DD: Anemia. In Smith BP, editor: *Large animal internal medicine*, ed 2, St Louis, 1996, Mosby.

[2] Vatta AF, et al: Testing for clinical anaemia caused by *Haemonchus* spp. in goats farmed under resource-poor conditions in South Africa using an eye colour chart developed for sheep, *Vet Parasitol* 99: 1-14, 2001.

[3] Kaplan RM, et al: Validation of the FAMACHA eye color chart for detecting clinical anemia in sheep and goats on farms in the southern United States, *Vet Parasitol* 123:105-120, 2004.

[4] Reynecke DP, et al: Validation of the FAMACHA eye colour chart using sensitivity/specificity analysis on two South African sheep farms, *Vet Parasitol* (online postprint article), doi: 10. 1016/j. vetpar. 2009.08.023: http://hdl. handle. net/2263/11638. Accessed November 6, 2009.

[5] Moors E, Gauly M: Is the FAMACHA chart suitable for every breed? Correlations between FAMACHA scores and different traits of mucosa colour in naturally parasite infected sheep breeds, *Vet Parasitol* 166:108-111, 2009.

[6] Selim HM, et al: Rumen bacteria are involved in the onset of onion-induced hemolytic anemia in sheep, *J Vet Med Sci* 61: 369-374, 1999.

[7] McPhail DB, Sibbald AM: The role of free radicals in Brassicainduced anaemia of sheep: an ESR spin trapping study, *Free Radic Res Commun* 16:277-284, 1992.

[8] Smith RH: Kale poisoning: the Brassica anaemia factor, *Vet Rec* 107:12-15, 1980.

[9] Van Kampen KR, James LF, Johnson AE: Hemolytic anemia in sheep fed wild onion (*Allium validum*), *J Am Vet Med Assoc* 156:328-332, 1970.

[10] Maiorka PC, et al: Copper toxicosis in sheep: a case report, *Vet Hum Toxicol* 40:99-100, 1998.

[11] Soli NE, Froslie A: Chronic copper poisoning in sheep. I. The relationship of methaemoglobinemia to Heinz body formation and haemolysis during the terminal crisis, *Acta Pharmacol Toxicol* (*Copenh*) 40: 169-177, 1977.

[12] Todd JR: Chronic copper toxicity of ruminants, *Proc Nutr Soc* 28:189-198, 1969.

[13] Hidiroglou M, Heaney DP, Hartin KE: Copper poisoning in a flock of sheep. copper excretion patterns after treatment with molybdenum and sulfur or penicillamine, *Can Vet J* 25:377-382, 1984.

[14] Decker MJ, Freeman MJ, Morter RL: Evaluation of mechanisms of leptospiral hemolytic anemia, *Am J Vet Res* 31:873-878, 1970.

[15] Smith BP, Armstrong JM: Fatal hemolytic anemia attributed to leptospirosis in lambs, *J Am Vet Med Assoc* 167:739-741, 1975.

[16] Overås J: Studies on *Eperythrozoon ovis* infection in sheep, *Acta Vet Scand* (Suppl 28):1, 1969.

[17] Sutton RH: *Eperythrozoon ovis*—a blood parasite of sheep, *N Z Vet J* 18:156-164, 1974.

[18] Sutton RH, Jolly RD: Experimental *Eperythrozoon ovis* infection of sheep, *N Z Vet J* 21: 160-166,

1973.
[19] Neimark H, Hoff B, Ganter M: *Mycoplasma ovis* comb. nov. (formerly *Eperythrozoon ovis*), an epierythrocytic agent of haemolytic anaemia in sheep and goats, *Int J Syst Evol Microbiol* 54: 365-371, 2004.
[20] Hornok S, et al: Molecular characterization of two different strains of haemotropic mycoplasmas from a sheep flock with fatal haemolytic anaemia and concomitant *Anaplasma ovis* infection, *Vet Microbiol* 136:372-377, 2009.
[21] Nappert G, et al: Bovine colostrum as a cause of hemolytic anemia in a lamb, *Can Vet J* 36:104-105, 1995.
[22] Suttle NF, et al: Heinz body anaemia in lambs with deficiencies of copper or selenium, *Br J Nutr* 58: 539-548, 1987.
[23] Koterba AM, House JK: Neonatal infection. In Smith BP, editor: *Large animal internal medicine*, ed 2, St Louis, 1996, Mosby.
[24] Naylor JM: Neonatal ruminant diarrhea. In Smith BP, editor: *Large animal internal medicine*, ed 2, St Louis, 1996, Mosby.
[25] Rowe JD, East NE: Floppy kid syndrome (metabolic acidosis without dehydration in kids), Proceedings of the 1998 Symposium on the Health and Disease of Small Ruminants Western Veterinary Conference, Las Vegas, Nev, 1998.

入侵组织性梭菌病

入侵组织性梭菌是一类大的革兰阳性杆菌，菌体笔直，长度范围在 3～10 μm。其中，产气荚膜梭菌和溶血性梭菌属于较小的细菌，而诺维梭菌、腐败梭菌和气肿疽梭菌较大。此类细菌最适合在厌氧环境中生长并且产生大量废气。梭菌可形成芽孢体，可能是其存活于土壤中的唯一形态。用显微镜检查土壤中细菌芽孢体的存在有助于梭菌病的诊断。产气荚膜梭菌所形成的芽孢体位于菌体中部且基本形状不变，而其他梭菌的芽孢则偏向于菌体一段，且整个菌体形态略呈棒状。

梭菌可引起非接触性传染疾病。这类细菌定殖于肠道中并且在许多健康动物的粪便中都有残留。一些少数处于静止期的芽孢体也可定位于肝脏和骨骼肌中。可以从土壤中分离得到梭菌，一般认为这些细菌在土壤中的生命周期最短。而在污染了新鲜粪便的场所，尤其是密集或过量使用的饲育场和产房，其土壤中的菌体密度最高。环境中的细菌污染程度与每年中凉爽、潮湿的阶段相关，如深冬和春天。

在绝大多数成年羊群的粪便、肠道内容物和体内器官中，梭菌菌体和毒素的含量少。肠道微生物的竞争共生和肠蠕动可防止梭菌的过度繁殖，而成活的动物器官中的含氧条件则可以避免梭菌在其他组织器官中的滋生。但是，在动物死后，梭菌可快速增殖并侵入其他组织脏器中，因此有必要在动物死后进行快速剖检诊断，以确证梭菌类的细菌感染是否是造成动物死亡的原因。

所有的致病性梭菌都能产生耐热性的蛋白质类外毒素。绝大多数梭菌都能分泌多种毒素，而每一种毒素在疾病中扮演角色的相对比重仍然未知。产气荚膜梭菌的外毒素主要包括以下几种：α，一种可溶解哺乳动物细胞膜的卵磷脂酶；β，一种对胰酶敏感的坏死性毒素；ε，一种需胰酶活化的坏死性毒素，以及 τ，另一种胰酶活化的坏死性毒素。产生毒素的种类用于产气荚膜梭菌的分型。所有 5 种类型(A～E)的产气荚膜梭菌均可分泌 α 毒素。此外。B 型和 C 型的产气荚膜梭菌可分泌 β 毒素(B 型也可分泌 ε 毒素)，D 型分泌 ε 毒素和 E 型分泌 τ 毒素。由于坏死性毒素引起的损伤较 α 毒素严重，所以在梭菌性疾病的诊断中用于鉴定的对象是除了 A 型产气荚膜梭菌以外的其他 4 种产坏死性毒素的梭菌。其他入侵组织性的梭菌产生的毒素与产气荚膜梭菌相似，此外也分泌其他类型的坏死性毒素和溶血性毒素。在许多情况下，这些毒素可以经过化学修饰改造成具有抗原性的类毒素[1-4]。

肠道梭菌感染

发病机制

一般认为，在肠道蠕动迟缓、瘤胃和皱胃功能低下时，肠道内的梭菌类微生物才会增殖。天气和搬运应激、饲料的改变和高能量型饲料的过量摄入都被认为是促进梭菌滋生的原因。与暴发梭菌感染最常见的几种高能量饲料包括乳制品、烘烤类饲料和谷物。在大量繁殖的过程中，细菌产生的毒素会加剧病情的恶化。而体内感染了其他可破坏黏膜屏障的病原微生物时,可能会强化机体对毒素的吸收。

A 型产气荚膜梭菌广泛分布于世界各地,是从土壤中分离到的梭菌中最常见的一类。该梭菌在年龄较小的动物中引起"黄羔病",报道显示此病在绵羊中的发病率高于山羊。用于该病疾病风险评估的因素尚未建立。该病常发于 2~6 月龄的绵羊。在一定适宜的条件下,该病原微生物会大量增殖并且 α 毒素的分泌相应增多。α 毒素可造成微弱的胃肠道损伤,并且通过肠壁吸收进入血液循环,引起溶血和血管炎。该病病程往往不会超过 24 h(见第 5 章)。

临床症状

该病临床症状包括虚弱、沉郁、发热、黄疸、贫血、血红蛋白尿,呼吸窘迫和卧地不起。实验室诊断显示血管内溶血。尸体剖检可见溶血、充血的小肠,体内多灶性点状出血。可根据酶联免疫吸附试验(ELISA)或活体动物实验检测血清中存在 α 毒素且不存在其他类型的梭菌性毒素得出阳性的诊断结果。该病与其他梭菌性疾病相比,群体发病率较低,但是死亡率高。

成年动物对 A 型产气荚膜梭菌引起的溶血性疾病和血管炎较敏感。从远离于感染部位的其他组织器官,如骨骼肌和乳腺中可以分离到该细菌。发生于新生羔羊或青年羊中的致死性皱胃炎或瘤胃炎可归咎于感染 A 型产气荚膜梭菌,但是由于该菌在动物死后会大量增殖,会对疾病的诊断带来困难。

临床病理变化

该病最典型的临床病理变化为核左移的中性粒细胞增多。而其他表明全身性毒血症的病变也可观察到,如代谢性酸中毒、氮质血症,以及肝酶和肌酶的含量增多。

治疗

抗生素如青霉素,以及抗梭菌毒素的使用是主要的治疗手段,然而动物可能在确定治疗方案前已经发生急性死亡。

预防

在美国,条件性授权使用的抗 α 毒素的类毒素已应用于牛的 A 型产气荚膜梭菌病的治疗。防控工作的主体应为加强环境卫生条件,避免肠道环境适合病原微生物的增殖。因为该型梭菌在土壤中生存能力可能强于其他种类的梭菌,所以避免采食土壤对于该病的预防十分重要。

B 型和 C 型产气荚膜梭菌性疾病

B 型和 C 型产气荚膜梭菌引发的病症十分相似,分别称为羔羊痢疾和羊肠毒血症。幼龄的绵羊和山羊均易感。β 毒素是这两种疾病重要的致病因子,而成熟的胰腺分泌的胰蛋白酶原可使该毒素失活,可有效地限制细菌对新生幼畜的易感性。当发生剧烈感染或者由于摄入豆类或甜马铃薯等抑制胰酶作用时,年长的动物可能对这两种疾病变得易感。根据报道,这两种新生羔羊的疾病在地理分布上相对局限(B 型主要发生在英国和南非,C 型主要发生在英国和北美),尽管 C 型产气荚膜梭菌的感染似乎广泛分布于世界各地。

这些疾病最先影响小于 3 日龄的绵羊或山羊羊羔,而较大日龄虚弱的绵羊也可能发病。由于这些年龄阶段的饲养管理方法和本身年龄因素导致的易感性,因此病原主要通过被粪便污染的奶头、手套和设备从口进入到新生羔羊体内造成感染(包括口胃管、奶嘴的使用)。感染严重或者处于疾病开始暴发的动物往往以死亡为结局。急性感染较轻的动物会排出黄色的水样粪便,可能会带有褐色血性斑块;双腿夹住腹部,尤其是当动物被举起的时候,并且伴发肠绞痛、拒食。发病病程往往非常短,但该病总是致死性的。有时出现四肢震颤、昏迷,尤其是在美国地区群体暴发时可见。死后剖检可见感染 B 型产气荚膜梭菌的动物肠段有小的出血性溃疡,感染 C 型产气荚膜梭菌的动物皱胃和整个肠道中出现弥漫性红色的出血与坏疽。发生急促死亡的动物可能仅能观察到少数的剖检病变甚至在肠道中无可见病变。

C 型产气荚膜梭菌在成年绵羊中引起的疾病被称为"羊猝疽"。短暂抑制胰腺胰蛋白酶的分泌可能是该细菌致病的重要因素。动物感染后经常发生死亡或者出现毒血症,不会出现胃肠道疾病典型的濒死症状。死后剖检病变包括核左移的中性粒细胞增多。而其他表明循环系统性毒血症的病变也可观察到,如代谢性酸中毒、氮质血症,以及肝酶和肌酶的含量增多。

诊断

对于这两种细菌性疾病的诊断可根据特征性的损伤病变和毒素检测阳性判断。因为β毒素非常不稳定，因此与其他入侵组织性梭菌的毒素检测相比，该毒素的阴性检测意义不大。

治疗

如果在感染早期确诊，抗生素如青霉素和抗梭菌毒素的使用可能有一定效果，补液和抗炎药物也被推荐使用。而通常当动物死亡或濒死时，还未发现其体内发生此类细菌感染。

预防

一种β类毒素已在美国和其他国家得以使用，通常与ε毒素一同包装。最佳的防控方法为对怀孕母羊进行2次免疫接种，其中二免的时间选择在产羔前3～4周。也可对青年羊进行2次类毒素的免疫接种，在断奶期进行首次免疫。成年羊应每年接受一次加强免疫。

D型产气荚膜梭菌病

D型产气荚膜梭菌分泌ε毒素，可导致肠道通透性增加以及广泛的组织损伤。当过量摄入发酵的淀粉类物质后，如发生在大量采食高能量饲料后（乳制品、谷物和青饲料），该病原微生物在十二指肠中繁殖最快、产毒素最多。采食过量可能是原发性病因，也可能反映出瘤胃中微生物菌群对饲料的突然转变无法适应，如饲料中谷物比例的增加，或者将羊群转移至未放牧过的新草场。除了为这些病原微生物提供营养来源以外，这些可被快速发酵的喂料可能会减缓胃肠道蠕动，使得毒素得到积累。由于这种毒素的前体需经过胰酶剪切才能活化，所以小于2周龄的动物罕有发病。目前该疾病已呈世界性分布。

在自然感染状态下，D型产气荚膜梭菌对山羊和绵羊的致病性不同，可能是由于相对而言二者对毒素的局部和全身性反应有差异，但在动物实验模型感染的条件下，这两种动物表现的症状和病变损伤是相似的。绵羊容易患肠毒血症。最急性感染的绵羊可能在出现病症前就已经死亡，并且无剖检病变。急性感染的绵羊患有呼吸急促、心动过速、发热、厌食、肠绞痛的症状（如侧身躺地和双腿夹住腹部），以及前期表现为行动迟钝而后期发展为癫痫或昏迷的神经异常。黄色的水样腹泻可能说明动物处于发病末期，是绵羊羔羊处于亚临床或者慢性感染状态典型的临床症状。动物死后剖检可见二尖瓣周围的心内膜下出血和心包积液（见第20章）。该病在绵羊中更常发，包括雌性羔羊，单独饲喂且生长迅速的3～8周龄的羔羊，以及在饲育场中刚入场2～3周的羔羊。断尾、阉割以及其他类型的人为干预被认为可以通过降低羊群的食欲以减少该病的发生。该病也可影响未经免疫的成年绵羊，甚至其饲养史中从未有任何应激或饲料改变的记录。

山羊感染该病后易发严重的肠炎，但较少出现神经性和全身性症状，并且病变较轻。病死动物剖检可见伴发黏膜溃疡的伪膜性肠炎，以及肠腔内充满纤维蛋白、血块和水样内容物。无论是自然感染还是实验室感染条件下，都可观察到全身性毒血症的迹象，包括多灶性点状和斑块状出血，体腔中有蛋白质样渗出物、肺气肿，以及脑部血管周围的脑组织软化。但是，与绵羊相比，山羊体内的这些病变较少见且程度较轻。

临床病理变化

该病最典型的临床病理变化为核左移的中性粒细胞增多。也可观察到其他表明全身性毒血症的迹象，如代谢性酸中毒、氮质血症，以及肝酶和肌酶的含量增多。

治疗

与B型和C型一样，在感染早期确诊时可用青霉素和抗梭菌毒素进行治疗，有一定的疗效。也可能会建议对动物进行补液和使用抗炎药物。但往往当动物死亡或濒死时，还未发现其体内发生此类细菌感染。

预防

对怀孕母羊进行2次免疫接种，其中二免的时间选择大约在产羔前3～4周。然后，对于新生羔羊而言，最好的防控方法为摄入足量的含有抗体的母乳。对小于6周龄羊羔进行免疫则产生微弱的保护力。对绵羊羊羔在断奶或进入饲育场的前后应进行二次免疫。不在育种计划中的公羊和成年的母羊应每年加强免疫一次。在实验性感染的条件下，经疫苗免疫后的山羊可有效抵抗该病，但临床数据表明经有效免疫的山羊仍对梭菌性肠炎保持一定的易感性。免疫类毒素可能无法在感染局部提供保护，不能达到抵抗细菌毒素作用的效果，这些毒素在山羊体内引发的局部反应比在绵羊中的作用更强烈[1-4]（见第 5 章）。

非肠道性梭菌感染

诺维梭菌是引起“黑疫”（坏死性肝炎）和“肿头症”的病原，呈世界性分布，在土壤、粪便和健康反刍动物的胃肠道中可以分离得到。该病原微生物也可发现于健康反刍动物的肝脏中。这种细菌体型较大、形状笔直、呈杆状，可在一端形成卵圆形的芽孢体。存在 2 种类型，A 型诺维梭菌分泌 α、γ 和 ε 毒素，是引起肿头症和恶性水肿（详见下文腐败梭菌一节）的其中一种病原微生物；B 型诺维梭菌分泌 α 和 β 毒素，导致黑疫。黑疫发病的季节性和地域性分布与姜片吸虫病相似，在许多国家都是在温暖、潮湿的季节发病率最高。绵羊发生黑疫的概率要低于牛，在山羊中也是非常少见[5-6]。

肿头症

发病机制和临床症状

动物之间头部顶撞造成的伤口被粪便或土壤污染，导致诺维梭菌进入损伤的头部、颈部组织并在其中增殖。这种细菌分泌的毒素积聚后引起局部膨大、浮肿、浆液性出血渗出和局部组织坏疽。伤口部位会隆起并且具有坏疽性气味。全身性的毒血症可能会影响体内器官，导致动物死亡。索氏梭菌感染也可导致类似的症状。

诊断

实验室诊断可检测到肌酶或肝酶的升高，以及未成熟和中毒性的中性粒细胞增多。病死动物剖检可见伤口周围出现局部坏疽。该病的诊断通常基于对特征性病变的鉴定。

治疗

可考虑采纳的主要治疗方法为处理伤口（消毒和清创）和注射抗生素类药物（如青霉素 G 钠盐，20 000 IU/kg，每间隔 6 h 静脉注射一次）。

预防

加强公羊的管理可有助于避免头部顶撞伤。每年接种多价型梭菌类毒素也可发挥一定作用。对于发病率较高的羊群，在交配期前 1 个月对公羊进行一次加强免疫可提供额外的保护力[6]。

黑疫

发病机制

一般认为，在吸虫幼虫迁移至肝脏过程中，制造出条件适宜的厌氧环境，使得在肝巨噬细胞中以孢子化形态存在的诺维梭菌，以及在肝脏中存在的该梭菌芽孢体得以大量增殖并分泌毒素。而感染性的该病原微生物也可能伴随吸虫进入肝脏中。其分泌的坏死性毒素导致肝脏局部出现坏疽，并引发全身性毒血症。

临床症状

患病绵羊体弱无力，无法跟随羊群活动，并表现出全身性虚弱、卧地不起、离群和厌食。可能也会发生呼吸急促和心动过速，在发病早期有发热症状。该病的病名来源于临床症状中呈片状的皮下出血性水肿。与牛相比，这种症状在绵羊身上较少发生，因此往往在动物死亡前很少注意到发生该菌的感染。发病过程通常最多持续 1 d，发病动物均以死亡告终。病程发展迅速，甚至饲养者还未注意到任何异常时动物已经发病身亡。

诊断

该病最典型的临床病理变化为核左移的中性粒细胞增多。而其他表明全身性毒血症的病变也可观察到，如代谢性酸中毒、氮质血症，以及肝酶和肌酶的含量增多。剖检病变包括肝脏的多灶性坏疽、体腔中稻草色样的渗出，以及片状的皮下出血性水肿。

治疗和预防

虽然患黑疫的羊群极少在死亡前得到确诊，但使用抗吸虫药（如氯舒隆，7 mg/kg，口服）和抗生素（如青霉素 G 钠盐，20 000～40 000 IU/kg，静脉注射，每次间隔 6 h）进行治疗，效果最佳。支持性治疗包括营养补充、补液和减少应激等可有助于症状的减轻。尽力控制吸虫的感染是预防该病最有效的方法(见第 6 章)。每年接种多价梭菌类毒素也可发挥一定作用。对于发病风险较高的羊群,在吸虫病流行的前 1 个月对羊群进行一次加强免疫可提供额外的保护力[5,6]。

恶性水肿和羊快疫

腐败梭菌是导致羊恶性水肿最重要的病原。其他侵入组织性梭菌也可以引发该病,但是临床以混合感染腐败梭菌为主。其病因与发生肿头症或黑腿病的原因相似,都是由于携带病原菌的粪便或土壤污染了暴露性的伤口导致感染。类似于梭菌引发的坏死性肝炎,在受损的组织中处于静止期的细菌会活化。这两种情况下都会发生细菌毒素在感染部位的局部蓄积导致坏疽,并引发全身性的毒血症。α、β、γ 和 δ 毒素分别为卵磷脂酶、脱氧核糖核酸酶、透明质酸酶和溶血素。常发感染的部位为去势、断角和注射的位置,以及断脐处和产后子宫处。细菌通过侵入皱胃黏膜导致羊快疫(braxy)。导致羊快疫发生的因素仍未知,但对于 1 岁左右的羊而言,采食带冰霜的饲料与发病相关。无论是恶性水肿还是羊快疫都呈世界性分布,并且绵羊比山羊的发病更为常见。

临床症状

恶性水肿以发生局部或区域性疼痛、水肿、发热和休克的迹象为特征,并且与黑腿病相比,皮下气肿的情况并不多见。子宫感染可能会导致阴道分泌物恶臭。死亡发生在临床症状发作后数小时至数天内。在觉察到任何异常之前,患有羊快疫的动物通常已病发身亡。在极少数情况下可观察到动物沉郁、虚弱以及腹部绞痛的迹象。

诊断

特征性临床病理变化包括中性粒细胞核左移的白细胞增多症。由于毒素对白细胞的杀伤以及溶血作用,也可能出现白细胞和红细胞计数减少。此外,也可能检测到全身性毒血症的诊断数据(代谢性酸中毒、氮质血症、肝酶和肌酶的增加)。恶性水肿的剖检变化包括肌肉肿胀、颜色呈深红色,且布满出血性的蛋白质类渗出物,但少见或不发生气肿。对于羊快疫,皱胃壁呈出血性坏死。这两种疾病都与动物死后胴体被细菌快速分解相关。

治疗与预防

清创和使用抗生素是治疗羊快疫的重要方法。可能还有必要进行支持性治疗,如补液、使用抗炎药(如氟尼辛葡甲胺,2 mg/kg,静脉注射)、补充营养和输血。在损伤性操作的过程中如去势、产科手术、剪毛、断尾和注射时,保持良好的卫生条件有助于预防恶性水肿病。多价梭菌类毒素疫苗的使用可提供一定的保护,并且对于高危动物应该每年接种一次[7,8]。

黑腿病

气肿疽梭菌(*C. chauvoei*)是引起黑腿病最重要的病原。与羊快疫一样,一些属于组织侵入性梭菌的其他菌株也可以造成黑腿病,但是与气肿疽梭菌的混合感染更常见。造成感染的原因与肿头症或恶性水肿相似,都是由于携带病原菌的粪便或土壤污染了暴露性的伤口导致感染。类似于梭菌引发的坏死性肝炎,在受损的组织中处于静止期的细菌会活化。而在伤口处的原发性感染并不明显。在一些病例中,细菌的繁殖似乎发生在距离原发性感染的伤口位置较远的部位。细菌分泌的毒素可造成局部坏疽或全身性的毒血症。其产生的毒素与腐败梭菌类似,并且该病也分布于世界各地,也可导致母羊在产后发生严重的坏疽性乳腺炎。

临床症状

黑腿病的发病特点是疼痛由局部性发展到区域性,可见水肿、发热和休克的迹象。与恶性水肿相比,病灶处更易见跛足、乳房肿胀和皮下肿胀等症状。皮下气肿的现象也很常见,子宫和乳房感染可能分别导致恶臭的阴道和乳腺分泌物,通常在发病后几小时到几天的时间即可出现动物的死亡。但由于病灶(腿部)本身特点,导致发病动物的预后好于感染其他非肠道性梭菌病的动物。

诊断

该病临床病理检测中可观察到的特征性变化包括核左移的中性粒细胞增多症。由于毒素对白细胞的杀伤以及溶血作用,也可能出现白细胞和红细胞计数减少。此外,也可能检测到全身性毒血症(代谢性酸中毒、氮质血症、肝酶和肌酶的增加)。黑腿病最常见的剖检变化由局灶性的肌肉坏死组成,其坏死区域呈红色、棕色或黑色,有捻发音。其他部位如胎儿、尾部末梢或乳腺也可发生感染。而内部器官也可能发生退行性病变,尤其当死后长时间才进行尸体剖检时可见。荧光抗体检测可用于气肿疽梭菌与腐败梭菌的鉴别诊断。

治疗与预防

主要治疗方法为伤口的清理、抗生素的使用(如青霉素G钠盐,20 000～40 000 IU/kg,静脉注射,每次间隔6 h)以及支持性治疗(如补液、使用抗炎药)。在损伤性操作的过程中如去势、产科手术、剪毛、断尾和注射时,保持良好的卫生条件有助于预防黑腿病。多价梭菌类毒素疫苗的使用可提供一定的保护,并且对于高危动物应该每年接种一次[7]。

红尿病

溶血性梭菌是引起红尿病的致病原。这种病原微生物似乎与诺维梭菌关系密切,可能被视为D型诺维梭菌。这两种细菌均可产生β毒素,而二者最大的区别之处在于B型诺维梭菌在特定时期会分泌α毒素。溶血性梭菌的生命周期与其他梭菌相似,似乎能在含有死水的碱性草场上滋生。它定殖于健康动物的肝脏,并在肝脏受损之后大量繁殖,包括吸虫迁移造成的肝损伤或肝脏活检所致。β毒素引起血管内溶血并损伤毛细血管内皮。其结局是造成贫血、肝梗死、出血性肠炎和血红蛋白诱导的肾小管炎。该病呈世界性分布,绵羊比山羊更易发病。该病发生随着吸虫的生命周期变化呈季节性流行(见第5章)。

临床症状

患病动物出现虚弱、精神沉郁的症状,排出红色的尿液和粪便。心跳和呼吸频率变得非常高,且任何应激或运动都会使症状加剧。在发病早期和晚期,分别出现发热和黄疸现象。出现临床症状数小时至数天内死亡。

诊断

血液学检查显示血管内溶血的迹象,包括严重的贫血、血红蛋白血症和血红蛋白尿。成熟的中性粒细胞增多且呈核左移,未成熟的中性粒细胞通常存在毒性变化。血清的生化分析结果可能提示存在器官衰竭性休克。典型的剖检变化为在肝脏内部可观察到细菌增殖导致门静脉区域性梗死,从而形成大片白色坏死灶。对坏死灶进行显微镜检查,可发现其中有大量梭菌样的微生物。常见出血性多浆膜炎,伴随体腔中有微量的血性渗出物。根据特征性病变可推断为红尿病。病原的分离是确诊的依据。

治疗与预防

治疗包括使用抗生素(如青霉素G钠盐,20 000～40 000 IU/kg,静脉注射,每次间隔6 h)和抗吸虫药(如氯舒隆,7 mg/kg,口服),以及进行支持性治疗,包括营养补充和消炎药的使用,以及补液和输血。该病的防治最终还是在于尽力控制吸虫的感染以及其他造成肝损伤的因素。每年进行一次多价梭菌类毒素的加强免疫,除此之外在吸虫病流行的前1个月对羊群进行一次加强免疫,或一年注射两次疫苗[9]。

非侵入性梭菌相关疾病

破伤风和肉毒素中毒都是重要的小反刍动物疾病。这两种疾病的相关内容将于第13章中涉及。

参考文献

[1] Hagan WA, Bruner DW, Timoney JF: *Clostridium perfringens*. In Hagan WA, Bruner DW, Timoney JF, editors: *Hagan and Bruner's microbiology and infectious diseases of domestic animals*, ed 8, Ithaca, NY, 1988, Comstock Publishing.

[2] Blackwell TE: Clinical signs, treatments, and postmortem lesions in dairy goats with enterotoxemia: 13 cases (1979-1982), *J Am Vet Med Assoc* 200: 214, 1992.

[3] Uzal FA, Kelly FA: Enterotoxemia in goats, *Vet Res Comm* 20:481, 1996.

[4] Uzal FA, Kelly FA: Experimental *Clostridium perfringens* type D enterotoxemia in goats, *Vet Pathol* 35: 142, 1998.

[5] Hagan WA, Bruner DW, Timoney JF: *Clostridium novyi*. In Hagan WA, Bruner DW, Timoney JF, editors: *Hagan and Bruner's microbiology and infectious diseases of domestic animals*, ed 8, Ithaca, NY, 1988, Comstock Publishing.

[6] Hamid ME, et al: First report of infectious necrotic hepatitis (black disease) among Nubian goats in Sudan, *Rev Elev Med Vet Pays Trop* 44:273, 1991.

[7] Hagan WA, Bruner DW, Timoney JF: *Clostridium septicum*. In Hagan WA, Bruner DW, Timoney JF, editors: *Hagan and Bruner's microbiology and infectious*

diseases of domestic animals, ed 8, Ithaca, NY, 1988, Comstock Publishing.

[8] Eustis SL, Bergeland ME: Suppurative abomasitis associated with *Clostridium septicum* infection, *J Am Vet Med Assoc* 178:732, 1981.

[9] Hagan WA, Bruner DW, Timoney JF: *Clostridium haemolyticum*. In Hagan WA, Bruner DW, Timoney JF, editors: *Hagan and Bruner's microbiology and infectious diseases of domestic animals*, ed 8, Ithaca, NY, 1988, Comstock Publishing.

青年羊或成年羊的败血症

发病机制

年龄较大的动物通常比新生幼畜对败血症更具抵抗力，因为它们的循环系统中有更多的抗体。但是，这种抵抗力可以被大量的细菌感染抵消，或免疫防御能力的下降可以让条件性致病菌侵入体内。营养不良、寄生虫病、运输、过度拥挤、其他疾病的发病、极端天气和其他应激是造成免疫抑制的主要原因。

临床症状

败血症可能会产生最急性、急性或慢性发病症状。最急性发病可见发热、黏膜充血（包括巩膜）、心动过速、呼吸急促、呼吸困难、关节肿胀、跛足、双腿夹腹、虚弱、精神沉郁、厌食、卧地不起、共济失调和昏迷，有些情况下羊会突然死亡。急性症状与之相似，但动物往往发病持续时间更长，因此更有可能被观察到。而呈慢性症状通常是急性发作后部分病原被清除的结果，也可能没有症状出现。

重要的致败血症细菌

羊放线杆菌（*Actinobacillus seminis*）是革兰阴性杆菌或球杆菌，主要影响公羊和母羊的生殖道。感染可导致公羊发生包皮炎、附睾炎和睾丸炎以及母羊流产。也可能发生其他局部性感染（如腱鞘、关节）和罕见的慢性败血症。血清学检测更适用于群体性感染情况的分析而非对羊群中个体动物的诊断。确诊依赖于细菌学病原分离培养以及与绵羊布氏杆菌进行鉴别诊断。在世界上某些地区，这种杆菌在绵羊中很常见，但在北美的绵羊和山羊中并不常见[1]。

化脓隐秘杆菌（*Arcanobacterium*）是一种致脓肿的细菌，因其诱发的脓肿具有一层厚的包膜以及引起纤维素性炎症反应而具有代表性。该菌偶尔也会引发败血症。它与败血症之间的相关性为化脓隐秘杆菌是继发感染于其所在器官组织被其他共生的细菌破坏后的说法增加了可信度（见第 10 章）。

炭疽杆菌（*Bacillus anthracis*）是导致炭疽的一种大的革兰阳性厌氧菌。它在有氧条件下可形成孢子（如在培养板），但很少在如尸体内部那样氧气浓度低的条件下形成芽孢。这种病原微生物可感染大多数哺乳动物，其中食草动物最容易受到感染。它通常由携带病原的动物从一个地区扩散到另一个地区，也可以在碱性、含氮土壤中繁殖。反复高温的天气和间歇性洪水促进了炭疽杆菌的滋生，其芽孢可能被吸入或摄入；在极少数情况下，芽孢本身可能是通过苍蝇叮咬进行机械性传播。在局部分裂复制可获得进入血液的机会，然后在血液中可进行大量的繁殖。最终，数量巨大的炭疽杆菌定殖于脾脏中。

炭疽杆菌分泌的炭疽毒素由水肿因子（EF）、保护性抗原（PA）和致死因子（LF）三种蛋白质组成。这种复合物会破坏细胞吞噬作用，增加毛细血管通透性，并导致凝血抑制。脾脏充血、全身性水肿、循环性休克和出血性体质是炭疽感染中最常见的病变和症状。一般情况下羊群感染后多以死亡告终。可能在观察到症状之前或发病几小时内动物就发生死亡。对健康动物进行预防性的抗生素用药（土霉素，每天 1 次，剂量为 10 mg/kg，静脉注射），可以在疾病暴发期间减少传播和降低死亡率。该病在许多地区都有报道。炭疽也可造成局部感染，最常发于皮肤破溃处或苍蝇叮咬处。其症状表现包括局部发热、疼痛、肿胀和坏死，然后往往出现全身性的典型症状[2]。

伯氏疏螺旋体（*Borrelia burgdorferi*），是一种通过硬蜱叮咬，从其鼠类宿主传播给反刍动物的人畜共患病原，可引起人莱姆病。该微生物被认为是引起一些反刍动物发烧、体重下降和慢性化脓性关节炎的病原,比方说有数据表明这些发病动物对该螺旋体血清反应呈阳性,有时会对四环素类抗生素产生反应。诚然,该病原学推测仍缺乏足够的证据,这些动物也可能有支原体或者其他感染。而另一种与之相似的病原微生物,可能是泰勒氏疏螺旋体(*Borrelia theileri*),也会引起菌血症和发热,但较为少见[3](见第 11 章)。

人畜共患性传染病

马耳他布鲁氏菌病在山羊中比绵羊更为常见。猪、牛和其他反刍动物也是这种细菌的常见宿主。该病为人畜共患病,感染往往引起轻度乳腺炎和流产。可通过血清学试验、细菌分离培养或者凝集反应对布鲁氏菌病进行诊断[4](见第 8 章)。

鹦鹉热嗜衣原体(*Chlamydophila psittaci*)的具体生命周期尚未清楚。它是一种专性的细胞内寄生虫,以原生体的形式在细胞间传播。它定殖于上皮黏膜组织,包括肠黏膜,并且在肠黏膜中的增殖可造成羊群的持续感染。该病在动物之间的传播方式可能通过直接接触(眼部分泌物、流产胎儿及分泌物),或通过粪口途径,以及昆虫叮咬、鸟类和交配传播(生殖道传播)。发病最常表现为关节炎、结膜炎、肺炎、角膜炎、附睾炎和妊娠中晚期的流产。不同的临床症状可能是由不同的菌株引起的。嗜衣原体病在绵羊中比山羊更常见。诊断往往困难。组织病理学检查可观察到病变组织(包括胎盘)中存在原生体。也有相应的血清学和细胞病理学检测方法。疫苗免疫可用于防止嗜衣原体感染引起绵羊流产[5](见第 8 章)。

伯氏立克次氏体(*Coxiella burnetii*)是一种能够感染山羊和绵羊的立克次氏体,是一种造成羊流产的重要病原,同时也是一种人畜共患病原菌。该病原通过蜱虫的叮咬在动物间进行传播。除了流产,初次感染的山羊和绵羊通常表现轻微短暂的发烧。伯氏立克次氏体可感染人,引起 Q 热。人的感染主要是通过吸入病毒粒子、直接接触患病动物或者接触患病动物的体液(羊水、奶)。相关疫苗研究表明尚未发现能够预防流产和限制病毒扩散的有效疫苗。目前美国尚无疫苗可用[6](见第 8 章)。

红斑丹毒丝菌(*E. rhusiopathiae*)能够引起多种动物(包括家猪和野生啮齿动物)发病,山羊和绵羊感染发病更为常见。红斑丹毒丝菌在某些环境中广泛存在,而且这种人畜共患病能够引起伤口感染。该病多经皮肤损伤感染引起,如剪尾、阉割、剪毛。多发性关节炎是常见的临床症状。细菌的分离培养是该病的诊断方法[7]。

土拉热弗朗西斯菌(巴氏杆菌)的感染在绵羊中更加常见。该病原存在许多宿主,其中最主要的宿主是野兔和啮齿动物。巴氏杆菌能够污染水源。巴氏杆菌病属于人畜共患病,能够引起兔热病。绵羊感染该病主要是通过蜱虫、苍蝇等昆虫的叮咬。绵羊感染后能够发生急性或慢性脓毒症,如果机体免疫功能不健全则可能引发更加严重的疾病。健康的绵羊能够抵抗巴氏杆菌感染。在进行尸体剖检时能够看到脓毒性脾炎和脓毒性肝炎[8](见第 5 章)。

钩端螺旋体感染

发病机制

钩端螺旋体是一类生活在潮湿环境中的螺旋样细菌。这种细菌在宿主体外存活的时间很短,因此受到感染的动物的肾脏,尤其是啮齿动物,对于钩端螺旋体而言就是其生存所需最重要的场所。感染动物通过尿液或其他大多数的体液将这种病原微生物排出体外。而这种病原再通过穿过黏膜和皮肤屏障侵入新的宿主体内,引起菌血症。其引发脓毒症的临床表现从严重(尤其对于新生羔羊)到无症状表现而各有不同。血管内溶血可能是由于溶血毒素或凝集抗体造成[9,10]。动物耐过急性感染期后,可将感染控制在局部,如肾脏、咽部,以及母体和胎儿之间构成的胎盘单位。母羊可能在感染后一个月左右发生流产,而更多的是发生在首次表现出明显的急性症状之后。肾脏的肿大和细胞脱落则可能发生在感染数月之后。钩端螺旋体病具有人畜共患性,人感染后出现流感样症状和脑炎。由于山羊和绵羊并不常感染钩端螺旋体,因此比起其他家畜和野生动物,羊作为主要传染源的可能性更小。

临床症状

急性感染钩端螺旋体可导致败血症,包括发烧、沉郁、呼吸苦难、运动不耐受和虚弱,有时造成死亡。此外,许多动物在感染后会出现血管内溶血的症状,包括贫血、黄疸和血红蛋白尿。

诊断

血管内溶血的迹象如贫血、高胆红素血症、血红蛋白尿和血红蛋白血症是该病所特有的。在慢性感染中,可观察到非特异性炎症反应变化和氮质血症。在急性溶血阶段的濒死动物可能有变深、异染的尿液、膀胱和肾脏。在感染动物的新鲜尿液和血液中,用显微镜在暗视野下可分别出螺旋体,也可用特殊的培养基进行分离培养。如果感染不那么严重,动物体内抗螺旋体抗体滴度的增加可能有助于钩端螺旋体病的诊断[11]。

预防

有多种疫苗可用于绵羊钩端螺旋体病的防治。因为疫苗所提供的保护力是血清特异性的,所以接种的疫苗应适用于地方流行性菌株。波蒙纳钩端螺旋体(*Leptospira pomona*)是共存于绵羊和山羊中最常见的一种菌株。一般认为此类疫苗免疫力的有效期较短,在该病流行地区应每年至少加强免疫 2 次[11](见第 8 章)。

单核细胞增生李斯特氏菌感染

发病机制

在绵羊和山羊中单核细胞增生李斯特氏菌病(*L. monocytogenes*)的发病率相似。这种细菌常污染土壤与粪便,特别是在 pH 大于 5.0 的条件下容易滋生,也可在未经恰当酸化的青贮料以及腐烂的木质碎屑中繁殖(见第 13 章)。动物接触到病原的风险取决于饲料和饲喂环境。对于小反刍动物而言,相较于不当的青贮料预处理,环境中和粪便的污染是更为常见的致病因素,毕竟就世界范围而言绝大多数的绵羊和山羊基本上从未饲喂过青贮料。这种细菌的感染几乎总是来源于消化道。

李斯特氏菌可通过胃肠道入侵机体。最常见的李斯特氏菌感染导致的疾病为败血症,尤其对于那些年龄小于 1 年的羊群。这种细菌似乎很容易从血液中清除,但局部感染却能造成持续存在的问题。肝炎、流产和神经系统疾病是该细菌感染最常见的临床表现。李斯特氏菌可能有嗜中枢神经性,因为许多动物感染后表现的临床症状和尸体剖检结果与弥漫性脑膜炎或脊髓炎相符。患脊髓炎的动物看起来机警,但是会出现后肢甚至四肢瘫痪。而更为人熟知的感染了李斯特氏菌的反刍动物所具有的症状为一种特有的脑干疾病[12]。

临床症状

该病最常发生的是败血症,大部分感染后的动物也会出现神经异常症状。发生脑干病变的动物会表现出症状,主要为单侧的或偶发双侧颅神经损伤,根据不同神经元细胞受到感染而不同。

诊断

该病的诊断是通过从病变组织、体液和青贮料中进行病原微生物的分离。对于致脑干病变的李斯特氏菌感染的鉴定,可由组织病理学对病变部位的微脓肿进行鉴定。免疫组化或聚合酶链式反应(PCR)技术可以用来确诊。

预防

目前尚无疫苗可用,所以应采用不同措施尽量避免感染,包括日常清洁与消毒、提供足够的母源抗体转移给新生幼畜,适当发酵青贮饲料,以及及时清除牧场中腐烂的植物等[12]。(见第 8 章和第 13 章)。

非嗜血性支原体感染

发病机制

支原体是一种非常小且结构简单的细菌,寄生于高等物种的细胞。此类细菌普遍栖息于黏膜表面并且与宿主之间存在共生或致病的相互关系。该病原在动物间的传播可能通过直接或间接接触受感染动物的体液、飞沫的吸入以及由节肢动物作为媒介传播。浅表感染的部位多为眼膜、肺、乳腺以及雌性动物生殖道。该细菌也可进入血液引起败血症、流产、胸膜炎和多发性关节炎。该病的突然发作常发生在饲养密度过大,以及山羊或绵羊的育羔期,此时新生羔羊可将病原传播至母羊,从母羊的嘴部到乳房均可感染,然后反过来羊羔又通过吸收病羊分泌的污染了细菌的乳液而感染。

在美国,山羊和绵羊中最重要的支原体流行菌株是结膜支原体(*Mycoplasma conjunctivae*)和山羊支原体(*Mycoplasma capricolum*),其次为绵羊肺炎支原体(*Mycoplasma ovipneumoniae*)。它们分别导致角膜结膜炎、急性或慢性败血症和肺炎,也是引起这些症状的支原体中最常见的种类。结膜支原体和鹦鹉热嗜衣原体是引发北美地区小反刍动物“红眼病”(pinkeye)最常见的两种病原。据称支原体与一些导致“运输热肺炎”的病毒相似,都均有抑制气管纤毛功能的作用,有助于巴氏杆菌和曼氏杆菌侵入动物下呼吸道以引起发病。在其他国家发现的致病性支原体的血清型主要包括丝状支原体丝状亚种(*Mycoplasma mycoides* subsp. *mycoides*)、丝状支原体山羊亚种(*Mycoplasma mycoides* subsp. *capri*)、无乳支原体(*Mycoplasma agalactiae*)和 F38 株,其中某些菌株单独感染即可造成严重的胸膜肺炎,但目前上述的几种致病性支原体还未在北美地区有报道或流行。

临床症状

角膜结膜炎、乳腺炎、渗出性外阴阴道炎,以及发热、咳嗽、呼吸困难、运动不耐受、流产、跛行、关节肿胀、新生羔羊死亡和沉郁,以上症状均有可能与支原体感染相关(见第 7 章、第 14 章和第 15 章)。

诊断

该病无典型的临床病理变化。在某些地区,当绵羊和山羊出现严重的渗出性胸膜肺炎时应考虑支原体感染。支原体的鉴定可采用对渗出液进行细菌学培养或染色。由于非致病性的支原体非常常见,因此在诊断过程中对于从体表分离的阳性培养物应进行认真的鉴别。

预防

许多国家都有抵御支原体感染的疫苗可使用,但美国除外。控制好蚊虫苍蝇,避免应激和饲养密度过大以及及时将发病动物与健康动物隔离,可有助于防止该病的传播[3](见第 7 章、第 14 章和第 15 章)。

坏死梭杆菌感染

坏死梭杆菌(*Fusobacterium necrophorum*)可引起绵羊发生多种病症,以及在山羊中有相似症状的疾病,或者与这些疾病相关。最为人所知的致病性是造成腐蹄病和肝脓肿,也可能在唇-腿溃疡中发挥重要角色。该菌为肠道革兰阴性厌氧菌,因此当细菌或其分泌的毒素进入血液循环中时,会造成革兰阴性菌型败血症。

坏死梭杆菌侵入健康组织的能力非常弱。但是,这种细菌容易在外伤、长期湿润或感染的部位滋生。除了分泌内毒素之外,这种微生物还会产生杀白细胞毒素和溶细胞毒素,造成细菌繁殖部位及周围组织形成坏疽,同时细菌产生恶臭性的气体。这种现象是有坏死梭杆菌感染引起的特征性症状。临床表现包括坏死和恶臭的局部病灶,常出现在口唇、蹄等部位,也可造成跛行或消化问题。尽力维持干净卫生的饲养环境有利于防止粪便的污染。此外,在设施表面选用良好的材料以及合适的给排水系统,以避免羊嘴部和蹄部的外伤[14](见第 11 章)。

巴氏杆菌和类巴氏杆菌感染

多杀性巴氏杆菌感染

发病机制

多杀性巴氏杆菌(*Pasteurella multocida*)是一种短小的、两端钝圆的革兰阴性菌,潜伏于健康反刍动物的上呼吸道,与其他巴氏杆菌和溶血性曼氏杆菌(*Mannheimia haemolytica*,之前属于巴氏杆菌)相似。该菌可在污染了反刍动物鼻腔分泌物的水或土壤中长期存活。健康的反刍动物潜伏感染多杀性巴氏杆菌的情况比溶血性曼氏杆菌更加常见。当细菌定殖于下呼吸道,或进入血液循环时动物发病。造成肺部或者全身性巴氏杆菌感染的致病因素包括病毒或支原体引起的呼吸道疾病、极端的环境温度、呼吸道受到的有害刺激、搬运、圈养密度过大、改变饲喂高能饲料以及人为应激。这些因素被认为均可导致呼吸道中细菌繁殖增多和机体清除细菌感染的机制受到抑制。巴氏杆菌病是存在于绵羊饲养场中的主要问题,但在规模小的育种场或者小型散养的羊群中并不常见。巴氏杆菌病对某些野生小反刍兽而言也是一种重要的传染病,如野生大角羊。

该病原微生物在动物间的直接传播为鼻部的接触,间接传播则是通过接触患病动物的鼻腔分泌物。在温暖、潮湿的气候中,这种细菌在环境中持续存在的时间更长。巴氏杆菌分泌一种荚膜多糖,这种多糖会抑制细胞吞噬功能,并作为一种内毒素引发一系列的临床症状。不同于溶血性曼氏杆菌,多杀性巴巴氏杆菌似乎不会分泌一种白细胞毒素,这种毒素会直接裂解宿主细胞,造成中性粒细胞的裂解并释放出大量的蛋白酶,进而造成严重的继发损伤。肺炎是多杀性巴氏杆菌造成的主要疾病。但是,巴氏杆菌也能侵入血液中造成新生羔羊败血症和成年羊的出血性败血症。偶尔出现局灶性感染,如发生脓毒性关节炎和乳腺炎。

临床症状

巴氏杆菌引起的肺炎和败血症的临床表现包

括双侧脓性鼻塞，咳嗽、腹泻、厌食和高热。引起败血症的巴氏杆菌病可能病程较短，并且当同时出现多杀性巴氏杆菌性肺炎时病情则更为凶险。巴氏杆菌性乳腺炎则以蓝乳袋病（泌乳期乳腺炎）、坏疽性乳腺炎为特征。

诊断

白细胞血象反映出炎性症状，以及高纤维蛋白血症是最常检测到的两种异常反应。当病羊病情严重且出现败血症时，相较成熟型粒细胞，幼稚型中性粒细胞可能会占据主体地位。可观察到肠道和皱胃的炎症。出血和纤维素性渗出往往不会出现或者程度要弱于溶血性曼氏杆菌的感染。死后剖检可采样进行细菌培养。如果动物具有一定价值，在死前采集血液或气管黏液可用于做细菌分离培养。

预防

目前，已有可用于其他动物的肺炎性巴氏杆菌疫苗，但此类疫苗能否有效防控绵羊和山羊中巴氏杆菌的感染仍存疑虑[15]（见第 7 章和第 8 章）。

溶血性巴氏杆菌病

溶血性曼氏杆菌（溶血性巴氏杆菌生物型 A），一种革兰阴性杆菌，是一种常见的定殖于青年动物扁桃体中的共生菌。随着动物年龄的增大，这种细菌会逐渐被海藻糖巴氏杆菌（曾用名比伯斯坦杆菌）取代，与在年龄较大的动物中所观察到的一致。该病在绵羊中比在山羊中更常见，当该病原微生物通过不同途径进入下呼吸道时引起发病。

临床症状和诊断

最常见的临床表现为地方流行性肺炎，在幼龄的羔羊和相应母羊中可见。出血性支气管肺炎为主要病变，并且以呼吸道症状为主。在某些发病母羊中可见坏疽性乳腺炎（蓝乳袋病），从它们哺乳过感染了细菌的后代可以推测出母羊患病。可引发呼吸道疾病的因素，包括病毒感染、呼吸道受到有害刺激、饲养密度过大以及过强的应激，被认为是易导致这些细菌侵入动物下呼吸道的原因。

预防

目前已有可用于其他动物的溶血性巴氏杆菌疫苗，但此类疫苗能否有效防控绵羊和山羊中巴氏杆菌的感染尚未明确[16]（见第 7 章）。

海藻糖巴氏杆菌感染

海藻糖巴氏杆菌（溶血性巴氏杆菌生物型 T，海藻糖比伯斯坦杆菌）是一种革兰阴性杆菌，可逐渐替代溶血性曼氏杆菌的一种定殖于健康动物扁桃体的共生菌。所报道的病例中，绵羊比山羊发病率高，当细菌进入动物肺部或者血液中时引起发病。细菌在肺部开始大量繁殖，其后果为引发全身性毒血症或者菌血症。症状可见出血性肺炎、肝炎、坏死的扁桃体和胃肠道、出血性浆膜炎。该病的病死率很高。目前研究尚未明确针对曼氏杆菌的疫苗能否发挥任何抵抗海藻糖巴氏杆菌的感染（见第 7 章）。

耶尔森菌病

发病机制

耶尔森菌（*Yersiniae*）是革兰阴性细菌。小肠结肠炎耶尔森菌（*Yersinia enterocolitica*）和假结核耶尔森（*Yersinia pseudotuberculosis*），都有包括人在内的多种哺乳动物和禽类宿主。此类细菌感染山羊后造成类梭菌性小肠炎。耶尔森菌感染家畜的过程中，啮齿动物和鸟类可能是重要的储存宿主。6 月龄以下的羊羔感染后出现肠炎、菌血症和非便血性水样腹泻。严重者出现毒血症，甚至会发生猝死。年龄大一点的山羊或者羊群在慢性接触病原的条件下，往往出现急性病症的症状较轻。取而代之的是慢性腹泻和体重减轻，通常疾病的缓急与肠道和腹部脓肿的形成相关。绵羊罕有感染耶尔森菌。

临床症状

在急性发作的患病动物中主要以小肠炎或败血症为主，而在慢性感染中更常见的症状就是腹泻。

诊断

急性或慢性感染主要通过血液检查的数据结果进行判断。尸体剖检病变特征包括在大量的肠壁和肠系膜淋巴结中出现微脓肿，以及其他的证据表明发生肠炎或败血症。用病变组织进行细菌培养和血清中抗体滴度的增加都具有诊断意义。

预防

避免接触传染源和维持羊群健康有助于避免耶尔森菌感染的损失。

革兰阴性菌引起的败血症

发病机制

革兰阴性细菌及其毒素从细菌繁殖或入侵的场所，通过不同的途径进入动物血液循环中。其中最重要的细菌毒素为内毒素，由一系列的脂多糖构成，是细菌细胞壁的主要组成成分。细菌或内毒素引发系统性的炎症反应，主要通过激活宿主巨噬细胞和刺激细胞因子的释放。这些细胞因子导致炎症、引起白细胞的迁移与聚集、增加毛细血管通透性、刺激下丘脑引起发热并且可局部性或弥散性影响血管收缩。

因为反刍动物肠道有丰富的革兰阴性菌菌群，所以可推断肠道是大多数革兰阴性菌性败血症的来源。采食过量可引起瘤胃中正常革兰阴性菌群的衰减，导致溃疡性肠道病变，从而使细菌侵入机体，为细菌毒素的吸收、病原体的摄入与扩散提供了一个合适的环境和良好的途径。条件性致病菌诱发的革兰阴性败血症最易发生于免疫功能不全的新生羔羊，也可在应激后或免疫功能不全的其他日龄的山羊或绵羊中发生。在此类情况下，应寻找感染的诱因或造成感染的决定性因素。大肠杆菌通常潜伏于粪便中。肺炎克雷伯氏菌则在木质材料中。坏死性梭杆菌在胃肠道和土壤中繁殖，并通过功能不全的胃黏膜或腐蹄处入侵体内。而铜绿假单胞菌潜伏于水源和洗涤剂中。

原发性的病原在成年羊群中相对更为常见。尽管一些大肠杆菌可能符合这一类病原菌，但最重要的一类细菌性病原微生物为沙门氏菌。沙门氏菌感染的来源多种多样，其相同品种的羊可携带该菌，此外还包括牛、啮齿动物、鸟类和其他动物，也可能在饲料中含有沙门氏菌。目前沙门氏菌仅有一种血清型可特异性地在绵羊体内繁殖(绵羊流产沙门氏菌)，且在北美未发现。目前仍未发现对羊有宿主适应性的沙门氏菌。因此，所有造成绵羊和山羊感染的沙门氏菌均有可能来源于其他动物，包括人类。重要的感染山羊和绵羊的沙门氏菌血清型包括鼠伤寒沙门氏菌、都柏林沙门氏菌和蒙得维的亚沙门氏菌。这些感染中大多数导致有轻度全身性症状的菌血症，紧接着造成流产。鼠伤寒沙门氏菌和都柏林沙门氏菌更容易造成成年羊的疾病，如纤维素性坏死性肠炎。

临床症状

患病动物可出现广泛的临床症状，包括伴发低烧的轻度沉郁到出现休克。常见的症状有发热、心动过速、呼吸急促、沉郁与饮水和采食缓慢或断饮废食、虚弱或昏迷、黏膜充血或发绀。病变部位特异性症状表明了感染来源，或者至少说明了主要感染部位。恶臭的气体产出可能与子宫炎或流产相关；呼吸困难和肺部听诊异常可提示肺部感染；叩诊鼓音，可提示瘤胃弛缓、腹胀，可能发生腹泻和胃肠感染。

诊断

发生最急性型革兰阴性败血症最常见的是由全血细胞计数检测异常的白细胞减少综合征。这种状态可能在动物发病几天后逐渐恢复，首先通过幼稚型中性粒细胞的数量增加，然后发展为成熟的中性粒细胞增多以及淋巴细胞数量逐步恢复。当血液学检查时，观察到严重分化不成熟的细胞，以及细胞发生严重的中毒性病变和持续存在的中性粒细胞减少症时，提示发病动物预后不良。血清生化检测值的变化常可反映出疾病的严重程度，即血液学检查结果越正常，革兰阴性菌引发的败血症就越不严重。而越多检测结果表明出现休克或者组织损伤，那么预后就越差。出现代谢性酸中毒且伴有较大的阴离子间隙和氮质血症提示动物处于病程发展的阶段。剖检可见弥漫性炎症的迹象，包括肺部充血，以及多发性浆膜炎，体腔中有渗出物。也可能观察到出血性肺炎或者纤维素性坏死性肠炎，表明细菌侵入的来源。对于所有的发病动物，最佳的诊断方法为对体内组织或渗出液进行细菌培养鉴定。对于活体动物，采集血液、粪便或气管黏液进行细菌培养的检测效果最好。当大量的动物出现感染时，应检测环境性样本(如饲料、水源和垫料)中是否存在病原菌。然而，当对流产胎儿以及胎盘进行细菌培养时，常常生长出大量的细菌而难以进行鉴定。

预防

保持良好的健康和卫生是防止革兰阴性败血症的最佳手段。在美国，抗内毒素疫苗可用于牛，但在小反刍动物中使用太有限，以致无法评估其功效[17]。在羊群暴发此病期间，使用自体菌苗可能有助于预防疾病在农场的传播。

败血症的治疗(对于成年羊和青年羊)

在需制定出重要的治疗方案之前,很少对细菌类的微生物进行鉴定。因此,在用药方面常遵循对症治疗的一般原则和使用广谱性抗生素。抗菌药物是治疗的基础。在肉用或乳用小反刍动物的治疗中,兽医须认真按照药物说明书用药,或者对标签外用药制定合理的用药方案(见附录1)。在山羊中使用标签外用药须非常谨慎,因为在北美地区,合法许可使用于山羊的抗菌药非常少。治疗的成本和可操作性也可能影响用药选择。

除非已知某种细菌为非常疑似的致病原(如梭菌或无浆体),否则兽医应使用可提供广谱性抗菌效果的单一抗生素或复合型抗生素。青霉素、大环内酯类、四环素、头孢菌素等发挥有效抗菌作用的对象可覆盖革兰阳性病原菌,但是其中只有较新的头孢菌素对引起全身性和肠道性疾病的革兰阴性病菌可发挥有效的抗菌作用。呼吸道中的革兰阴性细菌往往对其他类型的抗生素敏感。大环内酯类和四环素对抵抗支原体和立克次体感染也有效果(见附录1)。

因为非甾体抗炎药具有抗炎、解热和抗内毒素作用的特点,所以在严重感染的情况使用时几乎总能发挥一定效果。它们的疗效可能会优于糖皮质激素,因为非甾体抗炎药不会抑制免疫反应。所有此类药物的使用都应视为标签外用药,需根据指导使用(见附录1)。在某些梭菌病中使用特异性的抗血清是可行的,可能在出现广泛的组织坏死前注射是有效果的。严重缺乏抵抗力的动物应输液以防止休克(见第2章)。

其他病因

常见引起脓肿的细菌感染

病理生理学

引起脓肿的细菌通常具有抵抗细胞吞噬作用,从而避免被免疫细胞清除。此外,它们可激活一种炎性反应,使宿主在感染部位形成一层以纤维性组织组成的脓壁。脓肿可能出现在局部,通常是发生在伤口感染后,或者是感染部位周围多点分布,以及在距离较远的部位。对于多灶性或离原发灶较远部位的脓肿,病原微生物一定是通过血液运输或进入白细胞内并随着细胞移行而转移。因此,该病以低度、短暂性菌血症引发的多灶性脓肿或内部脓肿为特征。

最为人熟悉和重要的引起小反刍动物脓肿的细菌是假结核棒状杆菌,这是一种革兰阳性兼性厌氧性的球杆菌,可导致干酪性淋巴结炎。这种细菌感染通常持续存在于羊群或鸡群中,由感染动物的脓肿破溃后排出的脓性物质造成病原微生物在动物群体中传播。这种微生物非常耐寒,因此可以通过直接接触或间接接触受污染的常用设施、设备造成感染。经常发生新购入的羊只携带病菌,合群后将病原引入羊群造成感染,或者将未感染的羊群在受污染的地区放牧后发生细菌感染。马、牛和人也可发生轻微感染。一般认为这种细菌是通过采食、吸入气溶胶或者伤口造成感染。除了细菌入侵下呼吸道感染之外,造成感染的前体条件是机体表面存在损伤。被细菌污染的剃毛刀、用于断尾的剪刀和耳标打孔器都可成为病原传播的媒介。脓肿可形成于感染部位,或更常见的是形成于局部淋巴结中。

临床症状

外部脓肿的临床表现包括表面肿胀、流脓。流脓可能是间歇性的,通常由质地厚重的黄白色脓性物质组成。相比之下,体内脓肿的诊断较难。胸脓肿可能导致呼吸困难或者静脉血回流受阻。腹部脓肿则可导致里急后重、痉挛,偶发肠绞痛。体内脓肿最常见的症状其实是体重减轻,伴发或不伴发间歇热。常见发生体表脓肿的部位包括颌下或下颌下间隙、前龈、股前淋巴结和乳房上淋巴结。头和颈部脓肿病变在山羊中更常见;而绵羊的脓肿多表现在颅骨和尾部,呈较均匀分布,可能是由于剃毛时形成的伤口感染造成的。外部感染很少导致流脓之外的临床症状,虽然有一定程度的恶病质可能发生。而内部感染引发的脓肿临床意义更大[18]。

诊断

根据临床观察到厚重但无恶臭脓性分泌物的特征性病灶进行诊断。可用细菌培养以进一步确诊,这可能对羊群的饲养管理有重要意义。已研发出可鉴定出携带病菌动物的血清学检测方法,可用于在羊群中进行病原的净化。

治疗

多数情况下治疗的意义不大。抗生素敏感性谱(抗菌谱)不能反映出抗生素在脓肿中实际的抗菌效果。对良性脓肿长期使用抗生素以及排脓处理能有一定的疗效,但是体内脓肿很可能持续存在。

预防

已有人尝试使用疫苗以预防羊的细菌性脓肿。疫苗似乎起到减轻病症的效果,但无法达到完全预防感染。此外,使用弱毒活疫苗实际上造成所有免疫动物的感染,因此不应该用于从未感染过该病毒的羊群[18](见第 11 章)。

其他引起脓肿的细菌是发生干酪样淋巴结炎时应重点进行鉴别诊断的病原。化脓性放线杆菌,或称为化脓性棒状杆菌 A(*Actinomyces*, *Corynebacterium*),是另一种污染伤口后造成局部或某一部位的浅表淋巴结感染。它常定殖于受损的内部组织,如继发于肺炎后出现病理生理病变的肺脏、酸中毒后受损的肝脏、受损伤的蹄部和心脏瓣膜等。人们认为这种细菌普遍存在且难以侵入反刍动物,因此对于羊群而言,化脓性放线杆菌不具有与假结核棒状杆菌 *C. pseudotuberculosis* 相同的临床重要性。这种细菌在羊群中的暴发往往反映出管理薄弱。坏死梭杆菌感染的临床症状类似于化脓性链球菌,常见二者的共感染。一般情况下,感染坏死梭杆菌后组织坏死程度更高,与更严重的全身性的急性病变相关,包括死亡。坏死梭杆菌也可产生恶臭的气体,但是化脓性放线杆菌通常不会产生。马红球菌(*Rhodococcus equi*)是一种罕见的造成绵羊肺脓肿的病原。

许多小而聚集的结节性皮肤脓肿可能由类鼻疽假单胞菌(*Pseudomonas pseudomallei*)感染引起(类鼻疽)。感染通常发生在绵羊或山羊被昆虫叮咬过后,而这些昆虫曾叮咬过已感染该菌的啮齿动物。这种微生物存在于许多亚热带地区,包括加勒比地区,但未曾在北美报道过。

分枝杆菌性疾病

发病机制

分枝杆菌是一类小的、需氧的、直的或弯曲状具有厚脂质细胞壁的多形性棒状菌。它们能被抗酸染色法着色,通常是革兰阳性细菌。细菌生活在受感染的多种哺乳动物体内,并在温暖潮湿的环境中可存活数年。动物通过采食或吸入感染。分枝杆菌感染机制的特点是可阻碍其本身与吞噬体和溶酶体的融合,从而能够存活于巨噬细胞中。它们随着巨噬细胞被带到局部淋巴管或淋巴结中,形成肉芽肿。随着病灶的扩大,肉芽肿可能发展为以坏死或钙化灶为中心,周围被巨噬细胞和巨细胞环绕。该疾病可以是局部性、区域性的或全身性的,取决于病菌随着巨噬细胞迁移到的位置与原发感染部位之间的距离。肉芽肿性肺炎、小肠结肠炎和淋巴结炎是最常见的局部性和区域性的病症。

肉芽肿破裂后,其中的病菌可能污染呼吸道分泌物和粪便,造成疾病的传播。所有类型的分枝杆菌感染在北美地区的山羊和绵羊中都不常见,一般认为这两种动物对分枝杆菌有一定的抵抗力。在其他国家,牛分枝杆菌是最常见引起牛结核病的微生物,但禽分枝杆菌在美国更常见。最常见的分枝杆菌感染是约内疾病(副结核病),其病原微生物被重新归类为禽分枝杆菌副结核亚种。小反刍动物的结核分枝杆菌感染在美国很少见。

在美国,大部分地区都有分枝杆菌感染的报道。人对禽分枝杆菌副结核亚种是否具有易感性的问题仍存在争议,而已知其他种类的分枝杆菌都对人具有致病性。

临床症状

最常见的临床症状是消瘦。腹泻可见于结核病和副结核病这两种疾病末期。病程具有潜伏期,在感染数周到数月后才可观察到一定的临床表现。可能会发现患病动物有呼吸道症状,尤其是发生牛分枝杆菌或禽分枝杆菌感染。

诊断

临床病理学检测中异常的报道很少。低蛋白血症可能常见于由结核病或副结核病二者引起的慢性小肠结肠炎。

在患结核病的动物中最常见的剖检病变为肺、肝、淋巴结、脾和肠道等部位出现结节性病灶。组织病理学诊断结果显示这些结节是由巨细胞和抗酸染色阳性细菌组成的肉芽肿。其病灶中心往往是坏死和钙化性病变。在山羊中,肠道病变似乎比肺部病变更常见。

副结核病的病灶集中在回肠结肠连接处和邻

近的肠系膜。该病变区域可能看似正常或明显增厚。在活体动物检测中,可使用超声检查或断层扫描等成像设备观察到肠壁增厚,或者在肺脏或肝脏中有结节样物质浸润。也可根据剖检后观察到特征性病变和病变组织的细菌培养进行诊断。

最好的活体诊断方法为结核菌素变态反应试验,对动物进行从牛分枝杆菌和禽分枝杆菌中纯化的蛋白质成分的皮内注射,观察注射后的动物皮肤出现的反应以判定是否感染。所有的结核病检测都应按照当地相应法规执行。对活体动物的副结核病诊断方法为采集粪便样品进行细菌培养,但是这种检测需要几周到几个月的时间,而且这种方法在绵羊或山羊中的可靠性远远低于在牛中,其灵敏度低至 0.08[19]。血清学检查(如 ELISA)似乎对副结核病的诊断具有敏感性和特异性,有临床症状的小反刍动物的血清 ELISA 检测结果的敏感性和特异性均高于潜伏感染的小反刍动物的检测结果,并且对山羊的检测敏感性高于绵羊[20]。也可用琼脂糖免疫扩散(AGID)方法进行血清学检测,但该方法假阴性率高,尤其在早期感染或病程晚期的检测中。粪便或乳汁样品的 PCR 测定可用于合并的群体样品检测和细菌的分型[21]。

预防

在美国,结核病不应该在羊群中出现地方性流行,因为血清阳性的羊会被隔离或被扑杀。因此,防止羊群接触野生反刍动物和其他可能的来源至关重要。除了会对即将出售但未经消毒处理的乳用山羊群进行检测之外,通常不会进行结核病的检测,所以受感染的动物通常直到出现明显的症状才被发现。

副结核病可能更常见,在羊群中有细菌携带者从而造成病原的持续存在。目前尚无针对这两种疾病的治疗方法,也不应该鼓励采用治疗的方法,因为应该集中精力消除羊群或牛群中的病原感染[22]。

参考文献

[1] Hagan WA, Bruner DW, Timoney JF: *Actinobacillus seminis*. In Hagan WA, Bruner DW, Timoney JF, editors: *Hagan and Bruner's microbiology and infectious diseases of domestic animals*, ed 8, Ithaca, NY, 1988, Comstock Publishing.

[2] Hagan WA, Bruner DW, Timoney JF: *Bacillus anthracis*. In Hagan WA, Bruner DW, Timoney JF, editors: *Hagan and Bruner's microbiology and infectious diseases of domestic animals*, ed 8, Ithaca, NY, 1988, Comstock Publishing.

[3] Hagan WA, Bruner DW, Timoney JF: *Borrelia burgdorferi*. In Hagan WA, Bruner DW, Timoney JF, editors: *Hagan and Bruner's microbiology and infectious diseases of domestic animals*, ed 8, Ithaca, NY, 1988, Comstock Publishing.

[4] Hagan WA, Bruner DW, Timoney JF: *Brucella melitensis*. In Hagan WA, Bruner DW, Timoney JF, editors: *Hagan and Bruner's microbiology and infectious diseases of domestic animals*, ed 8, Ithaca, NY, 1988, Comstock Publishing.

[5] Hagan WA, Bruner DW, Timoney JF: *Chlamydia psittaci*. In Hagan WA, Bruner DW, Timoney JF, editors: *Hagan and Bruner's microbiology and infectious diseases of domestic animals*, ed 8, Ithaca, NY, 1988, Comstock Publishing.

[6] Hagan WA, Bruner DW, Timoney JF: *Coxiella burnetii*. In Hagan WA, Bruner DW, Timoney JF, editors: *Hagan and Bruner's microbiology and infectious diseases of domestic animals*, ed 8, Ithaca, NY, 1988, Comstock Publishing.

[7] Hagan WA, Bruner DW, Timoney JF: *Erysipelas rhusiopathiae*. In Hagan WA, Bruner DW, Timoney JF, editors: *Hagan and Bruner's microbiology and infectious diseases of domestic animals*, ed 8, Ithaca, NY, 1988, Comstock Publishing.

[8] Hagan WA, Bruner DW, Timoney JF: *Francisella tularensis*. In Hagan WA, Bruner DW, Timoney JF, editors: *Hagan and Bruner's microbiology and infectious diseases of domestic animals*, ed 8, Ithaca, NY, 1988, Comstock Publishing.

[9] Decker MJ, Freeman MJ, Morter RL: Evaluation of mechanisms of leptospiral hemolytic anemia, *Am J Vet Res* 31:873-878, 1970.

[10] Smith BP, Armstrong JM: Fatal hemolytic anemia attributed to leptospirosis in lambs, *J Am Vet Med Assoc* 167:739-741, 1975.

[11] Hagan WA, Bruner DW, Timoney JF: *Leptospira interrogans*. In Hagan WA, Bruner DW, Timoney JF, editors: *Hagan and Bruner's microbiology and infectious diseases of domestic animals*, ed 8, Ithaca, NY, 1988, Comstock Publishing.

[12] Hagan WA, Bruner DW, Timoney JF: *Listeria monocytogenes*. In Hagan WA, Bruner DW, Timoney JF, editors: *Hagan and Bruner's microbiology and infectious diseases of domestic animals*, ed 8, Ithaca,

NY, 1988, Comstock Publishing.

[13] Hagan WA, Bruner DW, Timoney JF: The genera *Mycoplasma* and *Ureaplasma*. In Hagan WA, Bruner DW, Timoney JF, editors: *Hagan and Bruner's microbiology and infectious diseases of domestic animals*, ed 8, Ithaca, NY, 1988, Comstock Publishing.

[14] Hagan WA, Bruner DW, Timoney JF: *Fusobacterium necrophorum*. In Hagan WA, Bruner DW, Timoney JF, editors: *Hagan and Bruner's microbiology and infectious diseases of domestic animals*, ed 8, Ithaca, NY, 1988, Comstock Publishing.

[15] Hagan WA, Bruner DW, Timoney JF: *Pasteurella multocida*. In Hagan WA, Bruner DW, Timoney JF, editors: *Hagan and Bruner's microbiology and infectious diseases of domestic animals*, ed 8, Ithaca, NY, 1988, Comstock Publishing.

[16] Hagan WA, Bruner DW, Timoney JF: *Pasteurella haemolytica*. In Hagan WA, Bruner DW, Timoney JF, editors: *Hagan and Bruner's microbiology and infectious diseases of domestic animals*, ed 8, Ithaca, NY, 1988, Comstock Publishing.

[17] Hagan WA, Bruner DW, Timoney JF: The genus *Salmonella*. In Hagan WA, Bruner DW, Timoney JF, editors: *Hagan and Bruner's microbiology and infectious diseases of domestic animals*, ed 8, Ithaca, NY, 1988, Comstock Publishing.

[18] Hagan WA, Bruner DW, Timoney JF: *Corynebacterium pseudotuberculosis*. In Hagan WA, Bruner DW, Timoney JF, editors: *Hagan and Bruner's microbiology and infectious diseases of domestic animals*, ed 8, Ithaca, NY, 1988, Comstock Publishing.

[19] Kostoulas P, et al: Bayesian estimation of sensitivity and specificity of serum ELISA and faecal culture for diagnosis of paratuberculosis in Greek dairy sheep and goats, *Prev Vet Med* 76:56-73, 2006.

[20] Nielsen SS, Toft N: Ante mortem diagnosis of paratuberculosis: a review of accuracies of ELISA, interferon-gamma assay and faecal culture techniques, *Vet Microbiol* 129:217-235, 2008.

[21] Whittington RJ, et al: Rapid detection of *Mycobacterium paratuberculosis* in clinical samples from ruminants and in spiked environmental samples by modified BACTEC 12B radiometric culture and direct confirmation by IS900 PCR, *J Clin Microbiol* 36:701-707, 1998.

[22] Hagan WA, Bruner DW, Timoney JF: The genus *Mycobacterium*. In Hagan WA, Bruner DW, Timoney JF, editors: *Hagan and Bruner's microbiology and infectious diseases of domestic animals*, ed 8, Ithaca, NY, 1988, Comstock Publishing.

血液与组织寄生虫病

绵羊无浆体、羊附红细胞体和巴贝斯虫感染

绵羊无浆体和绵羊嗜血支原体(原称为附红细胞体)是寄生于红细胞内、无细胞壁的微小细菌[1-5]。根据分子生物学分析对这些形态相似的微生物进行了重新分类。其他种类的支原体也能感染绵羊[1]。这些微生物通过昆虫或者节肢动物在不同动物之间进行传播。已知可携带绵羊无浆体的节肢动物包括蜱和蝇;而在绵羊嗜血支原体的传播中,苍蝇发挥更重要的作用。用于皮下注射的针头以及去势、断尾、除角质的工具与设备在医源性传播中扮演关键角色。当这些病原侵入未感染过的宿主体内后,这些微生物可立刻繁殖,导致被感染的红细胞数量迅速增加,而机体在感染 1～2 周后才启动免疫应答。当慢性感染的动物发生免疫抑制后,也会出现相似的病原增殖过程。宿主对绵羊无浆体感染的体液和细胞免疫应答,可诱导产生针对被寄生的红细胞的免疫调理作用,进一步使受感染的细胞被网状内皮系统细胞所清除。绵羊嗜血支原体的感染能够引起更严重的血管内溶血。这两种病原的感染都能造成溶血性贫血。

羊巴贝斯虫和莫氏巴贝斯虫有着相似的生活史,并且引发的疾病也类似。在美国,此类寄生虫感染已被净化,但仍可上报疫情。与牛巴贝斯虫病相比,巴贝斯虫属对小反刍动物致病性通常比较弱。

急性感染后存活的动物体内寄生虫的数量下降至较低水平,但是很难完全清除感染,于是这些动物成为传染源以感染其他动物。绵羊和山羊很容易被这两种寄生虫感染;而山羊通常不会发生严重的临床症状和寄生虫血症。

临床症状

动物在发生急性感染和溶血症的期间会出现

发热的症状。溶血症期间还会表现出其他症状包括虚弱、黏膜苍白和尿液发黑。尽管在一些感染了绵羊嗜血支原体的羊中可能会出现血红蛋白尿，但是多数情况下，尿液颜色变化是由于胆红素的增加引起的。通常只有在发生急性溶血后才能看到黄疸。动物受到应激后会导致症状加重，并且往往在转移或处理动物时能注意到此类感染。慢性感染的动物可能在临床表现十分正常，但应激会导致感染复发，或者可能表现出身体状况不佳和羊毛质量差等亚健康症状。巴贝斯虫病偶尔会诱发中枢神经系统异常一类的并发症。

诊断

主要的实验室确诊依据是检测到红细胞内的再生性贫血。慢性感染的绵羊通常呈现高数量的有核红细胞。因为绵羊嗜血支原体消耗葡萄糖，特别是在未立即处理的血液样本中，可能会检测到低血糖和代谢性酸中毒。通过血涂片镜检观察病原进行确诊。特殊的染料能够使病原在镜检时更加明显可见。尸体剖检可见黏膜苍白或黄疸、脾脏肿大。感染绵羊嗜血支原体后，一些病例中可以看到血管炎的一些症状，如组织、腔室水肿和渗出物。

治疗

支原体和无浆体对四环素类抗生素敏感(土霉素，10 mg/kg，每日 1 次静脉注射)。巴贝斯虫病比较难进行治疗。对巴贝斯虫有效的药物包括三氮脒、喷他脒和二丙酸咪唑苯脲(1.2 mg/kg，肌肉注射，10 d 后重复一次)。对所有血液寄生虫感染的支持治疗方案包括全血输血，营养支持和补液。

预防

在大多数情况下，预防主要是将寄生虫感染量维持在低水平，而不是完全消除。该策略确保持续刺激免疫反应，而根除常常会使动物易再次发生急性感染。对虫媒的控制对上述疾病的预防也十分重要[6,7]。

白细胞的无浆体感染

发病机制

在近期已对无浆体家族的成员进行重新分组。其中的两种微生物，绵羊埃里希氏体和嗜吞噬细胞无浆体(原称埃里希氏体或无浆体)感染羊的白细胞，引起发热、免疫抑制和某些器官损伤。这类病原的主要危害在于绵羊在怀孕后期感染后发生流产，而且增加绵羊对其他传染性疾病的易感性。无浆体通过硬蜱进行传播，诱发蜱传热或草地热。该病的发生随着蜱虫的生命周期具有季节性。包括人在内的许多其他物种也能被临床感染。该病原感染粒细胞和某些单核细胞，导致严重的持续性中性粒细胞减少症和急性淋巴细胞减少症。感染后 1～2 周发热，可持续 2 周，偶尔复发。慢性感染很常见。受感染的白细胞引发的免疫机能紊乱，从而在脾脏、肺脏、肝脏和肾脏组织中可能出现继发性损伤，但器官特异性病变通常是继发其他病原感染的结果。因此，对于嗜吞噬细胞无浆体感染造成羊群发病的确诊时，往往需要透过动物表现的明显症状去进行判断。

绵羊埃里希体感染后造成持续 1～2 周的发热症状(又称埃里希体病)。因为这种病原体对单核细胞具有偏嗜性，所以其造成免疫抑制的程度和后果要弱于绵羊嗜吞噬细胞无浆体感染。

诊断

对无浆体特异性的诊断最好通过对深染的粒细胞边缘小体的鉴定进行，或者偶尔出现的深藏于细胞胞浆中的较大的乏质体包涵体。在急性发热阶段或慢性感染期间的组织中，可以在其血液涂片的单核细胞边缘观察到着色的无浆体。也可观察到病变的淋巴结和脾脏。这两种无浆体都可感染绵羊和山羊，但在北美地区尚无报道。绵羊嗜吞噬细胞无浆体在欧洲西北部出现，包括英国、斯堪的纳维亚和印度，而绵羊埃里希氏体主要在与印度洋接壤的国家流行。

治疗和预防

治疗和预防工作的重点是在蜱虫流行的季节中减少蜱虫和细菌的数量[8,9]。这两种病原均对四环素敏感。

肉孢子虫和新孢子虫感染

发病机制

肉孢子虫是一种具有双宿主生活史的原生动物寄生虫。在食肉动物摄取绵羊或山羊肌肉中的囊肿后，有性繁殖发生在食肉动物的肠道(主要是狗和野生犬科动物)。孢子囊通过食肉动物的粪便排出,然后被绵羊或山羊摄取。孢子囊在反刍动物肠道中孵化并在无性繁殖的三个阶段期间侵入血管内皮中。在第三阶段(摄取后 8～10 周),裂殖子进入反刍动物的肌肉组织和囊肿。临床症状并不常见,但可能发生于病原在宿主体内繁殖和侵袭肌肉组织的阶段。与肉孢子虫相比,新孢子虫具有相似的生活史并导致类似的症状,只是新孢子虫似乎更易导致流产并影响中枢神经系统。

临床症状

大多数的感染没有症状。然而,如果摄入大量孢子囊,宿主的肠道、血管和肌肉在肉孢子虫生活史阶段可能发生组织损伤。可能发生的临床症状包括发烧、跛足或僵硬的步态,不愿意移动和腹泻。如果生物侵入大脑或阻断血液流入大脑,可能会出现中枢神经系统异常(失明、心理改变、癫痫发作)。在摄入后 4 周内可能发生流产。对于严重的慢性感染,可观察到消瘦和厌食。

诊断

最典型的病变是血液中肌肉酶活性[肌酸激酶(CK),天冬氨酸氨基转移酶(AST)]的增加。贫血很常见,可能是由血管外溶血引起的。可检测到脑脊液中轻度单核细胞的增多,也可能数量正常。剖检时肌肉可能会显示出苍白的条纹或肉眼可见的囊肿。发生血管炎的其他证据包括表面出血性浆膜、体腔积液和淋巴结病变。受感染组织的显微镜或超微结构观察应显示病原微生物的存在。可采用特异性抗体检测,并且与弓形虫抗体无交叉反应。通常血液抗体效价在发病时达到峰值,并且应显著高于基线值。抗体也可用于鉴定组织切片样本中的病原。

治疗

绵羊感染肉孢子虫属寄生虫后可用盐霉素治疗(200 ppm,配合全价料使用)、莫能菌素(0.5～1 mg/kg,口服),或者氨丙啉(25～40 mg/kg,口服)。药物如磺胺嘧啶和甲氧苄氨嘧啶(25～44 mg/kg,肌肉注射,每日 1 次)、乙嘧啶(0.5 mg/kg,口服,每日 1 次),并且已有一些使用克林霉素成功治疗新孢子虫感染的案例。

预防

预防感染的关键在于避免饲料被已感染孢子虫的食肉动物的粪便污染,以及防止饲养场中的食肉动物摄入生肉。但是,这些措施在用犬放牧的或者散养羊群的情况下可能难以做到。使用抗球虫药似乎能减少临床发病的概率[10]。

刚地弓形虫感染

发病机制

刚地弓形虫属于原虫的一种,具有与肉孢子虫相似的生活史,二者不同之处在于弓形虫的终末宿主是猫,并且似乎有更多种类的哺乳动物和禽类作为其中间宿主,包括人在内。卵囊需在猫的粪便中经过几天的发育后成为具有感染性的孢子化卵囊,并且大多数反刍动物是通过食入被猫粪便污染的饲料造成感染。人可通过消化吸收了来源于感染动物的生肉或奶而感染弓形虫。

流产、胎停和新生羔羊的死亡是几种常发于绵羊和山羊中的临床疾病症状。而弓形虫应被视为一种引起小反刍动物围产期出血的最常见病原之一。流产通常发生在妊娠期的最后一个月。发热以及由血管炎引起疾病、神经性疾病不太常见。

临床症状

在成年动物中除了流产之外很少见其他临床表现,但与全身性的结节病有关。临床症状包括发热、呼吸困难、抑郁和厌食。感染弓形虫出现神经性症状比肉孢子虫感染更常见,尤其是发生在子宫里被感染的羊羔。

诊断

实验室诊断中没有与弓形虫病相关的典型病理变化。在多种组织中都可能观察到肉孢子虫病相似的结节样病变,包括大脑。流产或胎停的胎羊除了脑部、肝脏或肺部组织发生了病变,其余看似正常,胎羊浸渍更常见。胎盘一般都是异常的,无论是肉眼观察还是通过显微镜检查都可见胎盘子叶的坏死。用显微镜检查体内组织中的病原体是最常见的诊断方法。血清学检查也是可行的诊断手段。

治疗和预防

治疗新孢子虫感染的类似药物可有效的对抗弓形虫病。防止食入被猫粪污染的饲料以及禁食被弓形虫感染的病死动物,是阻止这种寄生虫传播的最重要方法。这两种方法在大多数小反刍动物的饲养管理过程中可能较难操作。弓形虫从一只羊直接传播给另一只羊的情况是罕见的。抗球虫药物可能也有一些预防效果[11](见第 6 章)。

参考文献

[1] Hornok S, et al: Molecular characterization of two different strains of haemotropic mycoplasmas from a sheep flock with fatal haemolytic anaemia and concomitant *Anaplasma ovis* infection, *Vet Microbiol* 136:372-377, 2009.

[2] Neimark H, Hoff B, Ganter M: *Mycoplasma ovis* comb. nov. (formerly *Eperythrozoon ovis*), an epierythrocytic agent of haemolytic anaemia in sheep and goats, *Int J Syst Evol Microbiol* 542:365-371, 2004.

[3] Sutton RH, Jolly RD: Experimental *Eperythrozoon ovis* infection of sheep, *N Z Vet J* 21:160-166, 1973.

[4] Sutton RH: *Eperythrozoon ovis*—a blood parasite of sheep, *N Z Vet J* 18:156-164, 1970.

[5] Overås J: Studies on *Eperythrozoon ovis* infection in sheep, *Acta Vet Scand Suppl* 28 (Suppl 28):1, 1969.

[6] Hagan WA, Bruner DW, Timoney JF: *Anaplasma ovis*. In Hagan WA, Bruner DW, Timoney JF, editors: *Hagan and Bruner's microbiology and infectious diseases of domestic animals*, ed 8, Ithaca, NY, 1988, Comstock Publishing.

[7] Hagan WA, Bruner DW, Timoney JF: *Eperythrozoon ovis*. In Hagan WA, Bruner DW, Timoney JF, editors: *Hagan and Bruner's microbiology and infectious diseases of domestic animals*, ed 8, Ithaca, NY, 1988, Comstock Publishing.

[8] Hagan WA, Bruner DW, Timoney JF: *Ehrlichia phagocytophilia*. In Hagan WA, Bruner DW, Timoney JF, editors: *Hagan and Bruner's microbiology and infectious diseases of domestic animals*, ed 8, Ithaca, NY, 1988, Comstock Publishing.

[9] Lepidi H, et al: Comparative pathology, and immunohistology associated with clinical illness after *Ehrlichia phagocytophilia*-group infections, *Am J Trop Med Hyg* 62:29, 2000.

[10] Dubey JP: Sarcocystosis. In Howard JL, editor: *Current veterinary therapy*, ed 3, Philadelphia, 1993, WB Saunders.

[11] Dubey JP: Toxoplasmosis. In Howard JL, editor: *Current veterinary therapy*, ed 3, Philadelphia, 1993, WB Saunders.

急性病毒性疾病

蓝舌病

蓝舌病是一种感染驯养和野生反刍动物的急性病毒性传染病,其病原为呼肠孤病毒科、环状病毒属的 RNA 病毒。在北美地区,该病毒由变翅库蠓(*Culicoides varipennis*)传播[1,2];在其他地区,该病毒由库蠓属的其他成员传播。该病毒具有 24 种血清型,其中 6 种在美国有报道。对于家畜而言,绵羊对该病最敏感。山羊和牛感染后罕有发展成急性疾病(见第 8 章)。

临床症状

蓝舌病有两种不同的病症类型,分别为生殖性疾病和多器官系统性急性血管炎。在发生血管炎时,往往体温急骤上升,先于精神沉郁、厌食和体重骤降的发生。会并发白细胞减少症。患病动物可能出现嘴唇、舌头、喉咙、耳朵和胸部的水肿。其他症状包括唾液分泌过多、充血以及口腔和舌的黏膜发绀(因此称为蓝舌病)。而这两种蓝舌病共有的临床症状是鼻腔分泌大量分泌物,很快变得黏稠并且在鼻孔周围和口鼻处结痂,引起表皮脱落。口腔病变发展为出血斑、糜烂和溃疡灶。肺水肿通常很严重,并可能发展为肺炎。皮肤损伤可发展为局部性皮炎。受感染的绵羊可能因为肌纤维病变或蹄叶炎表现出卧地不动、跛行。蹄冠的皮肤发绀或出血病变可以蔓延到角质组织。动物恢复后,一个很明显的脊状线会在蹄冠中持续存在数月。在严重的情况下,蹄冠会发生脱落。死亡率差异大,该病毒在非洲流行比在美国更致命,死亡率 2%～30%不等。

蓝舌病引起的生殖问题和胎羊畸形的类型随着病毒毒株、宿主类型和环境因素的变化差异巨大。产生畸形的影响包括流产、胎停和胎羊瘫软,如活着的“假羊羔”。先天性的缺陷包括积水性无脑畸形。

诊断

在世界上常发蓝舌病的地区，往往仅基于临床症状就可以做出诊断。病毒可以从血液、精液或组织(流产胎羊的脾脏和大脑)中分离得到。在病毒血症发热期时，从血液中分离到病毒即可做出确诊。血清学诊断包括 2 种类型的蓝舌病病毒抗原，P7 和 P2。前者存在于所有的蓝舌病病毒，后者决定于血清型。一般采用补体结合实验、琼脂凝胶免疫扩散(AGID)，或某种 ELISA 方法检测血清。竞争型 ELISA 被认为是用于蓝舌病病毒抗体分型的最佳血清检测方法。也可采用直接标记的荧光抗体检测。目前基于 PCR 的诊断方法可用于蓝舌病的检测，且十分敏感和特异性，可用于区分血清型。

其他有助于诊断的临床病理变化包括在发热阶段的早期出现白细胞减少症，以及出现肌肉僵硬和跛行后血清中肌酸激酶相应升高。

治疗

治疗是非特异性的，包括支持治疗和护理。因为动物食欲废绝，应通过胃管饲喂粥苜蓿颗粒，或加强软料和青贮料的饲喂。广谱抗生素(如环氧土霉素，5 mg/kg，肌肉注射，每日 1～2 次)通常用于治疗继发性肺炎和皮炎。应保持羊群使用软性的垫料和良好的场地。保持充足的饮水和必要的遮阳。非甾体类抗炎药为治疗蓝舌病的常用药(如氟尼辛葡甲胺，剂量为 1.1～2 mg/kg，静脉注射)。

预防

作为蓝舌病的传播媒介，库蠓难以被完全清除，所以在黄昏和傍晚这些库蠓活动的高峰期应将羊群圈于围栏内。饲养者应尝试在满水的水槽、化粪系统周围较浅的积水区等易滋生蚊虫的地方进行灭蚊，同时使用驱虫喷雾等驱虫剂以减少羊群与蚊虫的接触。基于地方性流行毒株和病毒血清型的弱毒疫苗已在世界上的部分地区使用。不同的血清型抗体之间确实存在一些交叉保护。至少在繁殖季节来临前 2 周进行免疫，以防止对胎羊的致畸作用。接种疫苗的公羊可能会有轻微生育能力下降的风险。暴发感染时可对羔羊进行紧急免疫。怀孕的动物不能接种弱毒疫苗。

蓝舌病痊愈的绵羊，会对同一毒株或某些其他类型的蓝舌病病毒产生可维持数月的稳定抵抗力。绵羊对蓝舌病病毒感染的有效抵御需要体液免疫和细胞免疫共同参与[1,2]。

小反刍兽疫

病原学

小反刍兽疫(peste des petits ruminants，PPR)是反刍动物的一种最急性或急性、热性传染病，往往具有致死性，其病原为副黏病毒科、麻疹病毒属的小反刍兽疫病毒。绵羊对该病的易感性要低于山羊和白尾鹿。牛的感染仅为亚临床经过，而病毒会在野生的有蹄类动物以及骆驼中偶尔流行。该病毒与牛瘟病毒的血清抗体有交叉反应。在地理分布上，病毒遍布北非、中东部和亚洲邻近地区，据报道可能已扩散至南非和欧洲。

发病机制

小反刍兽疫通过气溶胶经呼吸道传播是主要的感染途径。在发病过程中，病羊所有的分泌物和排泄物均带毒且具有感染性，但是不存在隐性感染。小反刍兽疫病毒靶向作用于淋巴组织，破坏淋巴结、肠道集合淋巴结、扁桃体、脾淋巴滤泡和盲肠淋巴结等淋巴生发中心的淋巴细胞，造成免疫抑制。部分淋巴细胞被其他细胞所取代，包括浆细胞、巨噬细胞、嗜酸性粒细胞基质，偶尔也有中性粒细胞。口腔和消化道中的上皮细胞层对 PPR 病毒非常敏感。随着消化道黏膜的受损，病羊体重下降和腹泻会更加严重。潜伏期一般为 2～6 d，最多可能 10 d。

临床症状

绵羊和山羊感染 PPR 病毒后产生的临床症状与牛瘟非常相似，但是病程更急。对于急性型，绵羊和山羊会出现典型症状，体温急剧升高，达到 40～41℃(104～106℉)。几天之内，受感染动物的病症发展为流涕和流泪、精神抑郁、口渴厌食和出现白细胞减少症。结膜和其他黏膜充血，然后有浆液性的分泌物和脓性的黏液分泌物产生。绵羊和山羊的口腔出现含坏死灶的溃疡，导致过多的唾液分泌。之后随着病程发展(2～3 d 内)会出现腹泻，可能量大但少见出血，并伴发腹痛、呼吸急促、消瘦和严重脱水。最终可能会继发感染巴氏杆菌导致支气管性肺炎。病羊的死亡通常发生在出现发热症状 5～10 d 后。发生小反刍兽疫的怀孕绵羊或者山羊可能发生流产。

诊断

对 PPR 的诊断可基于临床症状、病理变化和流行病学调查的结果进行。可以通过从血液或组织包括淋巴结、扁桃体、脾和肺中分离病毒以确诊。可用免疫捕获 ELISA 或 PCR 方法，在发展到出现明显临床症状的数日前即可检测到病毒感染[3]。大多数血清学检查（补体结合试验或 AGID 测试）不能区分 PPR 和牛瘟。特征性的剖检病变包括坏死性口炎，通常波及下唇内侧和下齿龈、唇角周围的颊面部、以及舌头可自由活动区域的腹侧。皱胃常出现糜烂病灶。在小肠、肠道集合淋巴结处有明显的感染灶，尤其在十二指肠最前段和回肠末端。结肠可能感染严重。病变发生在回盲瓣附近，盲肠结肠结合处以及直肠处，表现为肠道黏膜线状出现，常被称为“斑马线”。

治疗和预防

PPR 病毒感染无特效的治疗方法。支持疗法可降低死亡率，包括使用抗菌和抗炎药物，以及补充营养。在美国，如有疑似 PPR 的病例应通知州和联邦的兽医。用于清除牛瘟的方法在净化和控制 PPR 感染中同样有效。对所有发生感染的绵羊和山羊，以及与感染动物接触的其他动物进行扑杀，并对尸体进行焚烧、掩埋的无害化处理和相应补偿。在防控工作中，以疫区的净化和隔离为前提。可对绵羊和山羊免疫牛瘟疫苗以预防 PPR，或者同步注射抗 PPR 的高免牛血清与有毒力的 PPR 病毒疫苗以达到防控目的[4,5]。

跳跃病（绵羊传染性脑脊髓炎）

发病机制

跳跃病的病原属于囊膜病毒，与其他经节肢动物传播的脑炎病毒有相关性。主要感染绵羊羊羔，偶见松鸡、山羊和牛感染；极少数情况下感染猪、鹿、啮齿动物和人。目前，该病只分布于苏格兰和爱尔兰地区，尽管在东欧再次发现疑似的疫情[6]。在硬蜱流行的季节常发生该病的传播，蓖子硬蜱被认为是该病病原最重要的感染性宿主。在绵羊中常与嗜吞噬细胞无浆体共感染，可能诱发中枢神经系统的感染。

多数绵羊在持续几天的发热和病毒血症后可自行清除该病毒感染，但是其他绵羊会发展为严重的致死性病毒性脑炎。这种病毒潜伏于多种分泌物中，包括乳汁。而受污染的乳汁是造成其他动物和人感染脑炎的重要来源。疾病的缓急程度取决于动物群体免疫力，因为之前接触该病毒后会在动物体内形成长期的免疫保护力。新生羔羊可从经免疫的母羊获得母源抗体的保护作用。高效价的抗体水平似乎可减短病程和降低血液中的病毒载量，以此防止病毒侵入中枢神经系统。首次感染的羊群可能出现高达 60％的死亡率。

临床症状

大多数感染的绵羊会出现严重的双相热、厌食和精神沉郁。羊羔可能在出现明显症状前死亡。一部分感染的绵羊也会发展为中枢神经性疾病，包括过度兴奋、肌颤和肌僵。共济失调和肌力异常可影响动物的行为，出现跳跃步态，因此得名跳跃病。

诊断

该疾病无肉眼可观的典型病变。对出现神经性症状的动物进行脑组织的显微检查，可见病毒性脑膜炎。诊断需根据病史（所处地区、症状和时间）、特征性病变的鉴定、病毒的分离，或者对新鲜脑组织的荧光抗体染色结果来进行。在存活羊群体内测得病毒特异性抗体滴度升高时，强烈怀疑感染跳跃病病毒。

预防

在该病流行地区可使用疫苗以控制感染。在硬蜱流行的季节应做好虫媒的防控。产羔季节也应该在接触硬蜱的阶段，定时加强母源抗体的保护。

口蹄疫和水疱性口炎

发病机制

口蹄疫是由一种小核糖核酸病毒引起的高度传染性疾病，该病在美国已被净化。水疱性口炎是由一种弹状病毒引起的疾病，在美国该病已被阶段性消除。这两种疾病症状非常相似，难以区分，并且同为人畜共患病且均须上报疫情。口蹄疫的宿主范围广泛，包括大多数的有蹄类牲畜（包括猪在内，但不包括马）以及多种其他类型的哺乳动物。水疱性口炎也可以感染多种有蹄类动物，包括猪和马。对于这两种疾病，绵羊和山羊的易感性低于牛,尤其是水疱性口炎。

这两种病毒通过气溶胶和机械性传播,主要定殖于皮肤和黏膜中。挤奶机、苍蝇、鸟类和人类都可能是重要的机械传播媒介。水疱性口炎的病灶往往维持在感染的部位,皮肤受损处易发生感染。该病常发于口腔黏膜表面、蹄冠和趾间,以及乳头端的皮肤。在美国,水疱性口炎的暴发易发生在夏季或秋季,在严冬来临时结束。

病毒血症在口蹄疫发生中起重要作用。病毒存在于感染动物体内绝大多数组织和体液中,可以通过牛奶、肉、骨头和相关产品,以及在精液和切割牛皮机器的表面、节肢动物的叮咬传播。口蹄疫病毒还会从感染部位通过血液循环扩散至其他敏感的组织,包括疱疹性口炎的常发部位,以及鼻腔、乳腺上皮和瘤胃肉柱。一种罕见的"恶性"口蹄疫也会引起致死性心肌炎。

这两种疾病均有的基本症状为在感染 2～14 d 后出现水疱并迅速破溃。皮肤或黏膜层的破溃处进而形成深层溃烂,动物似乎有强烈的痛感。组织损伤和炎症总是与继发细菌性感染混合出现,造成比单纯的病毒感染更高的发病率和致死率。发病率与动物的食欲废绝、卧地时间的增加,以及口唇、乳房和蹄部发生继发感染的情况相关。

临床症状

绵羊和山羊通常出现轻微病变,在许多暴发病毒感染的情况中,病羊作为携带者或多重宿主的意义比其原发感染的临床意义更大。然而,观察到以下病变时应高度怀疑动物患有此类疾病:在最严重的病羊中,在病灶处出现水疱、糜烂和溃疡。病变部位可能会出现轻微红肿斑块,如果是发生感染,这些位置可能会出现严重的炎性出血和坏死。其他症状由于感染部位和严重程度的不同而有所差异。舌和口腔病变引起唾液分泌旺盛、吞咽困难和拒绝采食。蹄部病变是小反刍动物感染中最常见的临床表现,可导致跛行和卧地不起。乳头病变是造成排斥挤奶或哺乳,以及产奶量下降的原因。发热也可能发生在疾病早期,此时水疱是最明显的病变。随后,发热消退,水疱破溃后逐渐被糜烂和溃疡灶取代。可能出现流产,尤其是在口蹄疫中,而流产可能与发热相关,并非由于胎儿感染病毒所致。

除非患有恶性型的口蹄疫并且继发其他严重的感染而病情危重,口蹄疫常常是自限性的,大多数动物可在发病 2～3 周后恢复。在破溃的病灶愈合后,含有引发水疱炎的口蹄疫病毒的表皮迅速脱落。口蹄疫病毒在水疱表皮中可存活 6 个月,而且发病动物身体中所有的分泌物和组织都应考虑具有感染性,包括牛奶、精液、肉和内脏。两种病毒都具有造成人畜共患的能力,人感染后症状与轻度的流感相似。这些疾病都是自限性的,但是人感染后可向体外排出大量的病毒以传染给其他动物。

诊断

没有特征性的临床病理变化的报道。死前的大体病变相似,包括在口腔、蹄部和乳房出现水疱、糜烂和溃疡灶。口蹄疫可导致乳腺和瘤胃黏膜上皮细胞的病变。显微镜下可见表皮的棘细胞中水肿变性,无包涵体。继发的细菌感染可导致更深层的溃疡,并导致对病灶的病毒性病原学鉴定掺入一定的复杂性因素。在恶性口蹄疫中,心肌切面可出现"虎斑心"的病变。

可通过具有发生这些病毒感染风险的某一季节或某一地区中出现上述的特征性病变以进行推断。在北美地区,对口腔溃疡的病灶进行鉴别诊断时应首先考虑蓝舌病病毒的感染。对口蹄疫的确诊需要结合病毒分离(从水疱中分离)、免疫组化染色和血清学检测。对于传染源的鉴定十分重要。对水疱性口炎而言,则需通过补体结合试验、对水疱液中病毒的荧光抗体染色或者通过检测到特异性抗体滴度的提高来进行诊断。在美国,动物感染这两种疾病中任一种都须被强制隔离并有可能被无害化处理(尤其是发生口蹄疫)。

预防

在出现疫情时,注意个人卫生和避免接触新的羊群对于防止疾病在羊群之间传播十分重要。口蹄疫疫苗在世界多地可使用,但不包含美国。大多数国家对发病动物进行扑杀或隔离。有抗水疱性口炎病毒的疫苗可用,如果暴发疫情的风险较高,则是常用疫苗。但接种疫苗并不能防止该病毒的感染或脱落。良好的蹄部和乳头护理,以及饲喂软料以维持健康和完整的黏膜屏障以抵御病原入侵,可能对防止病毒的传播有所帮助[9-11]。

传染性脓疱

传染性脓疱(羊口疮)是由具有人畜共患性的副痘病毒属病毒引起的。可感染所有年龄的羊,但临床疾病一般只有在年轻的、仍在哺乳期的羔羊中出现。病羊的唇部、鼻子和乳房出现特征性的丘疹和脓疱，该现象可持续 2～4 周（见第 4 章和第 10 章）。

绵羊痘和山羊痘

发病机制

绵羊痘和山羊痘是由两种关系密切的痘病毒引起的。一些毒株对绵羊和山羊均有感染性，但大多数毒株具有宿主种属特异性。受感染的羊只通过病毒以气溶胶，或者间接和直接接触的形式传播，造成病毒在羊群中持续存在。作为机械传播媒介，苍蝇在某些羊群中的痘病流行中可扮演重要角色。病毒在环境中可保持感染性长达 6 个月。

发生痘病毒感染后，出现病毒血症和口腔、鼻腔以及眼部黏膜炎症。感染数日后出现红斑性丘疹的痘病病变。轻微感染以痘疹集中出现在无毛或少毛的皮肤部位为特征。严重感染则引起口腔、呼吸道和腹腔的病变。继发感染常见于重症型痘病，且死亡率较高。疾病的严重性与毒株的致病性、动物品种的易感性和免疫状态相关。如果受感染的动物存活下来，病变部位会在 3～4 周内愈合。这两种疫病在美国已被净化，并且如有疫情发生须上报。人可在接触这些病毒后出现轻微的症状。

临床症状

在感染最初阶段，可出现发热、食欲不振、结膜炎和上呼吸道症状。此后不久就可观察到出现痘疹。继发感染可以导致多种临床症状，表明病原侵犯呼吸道、败血症和应激的发生。

诊断

出现典型的痘疹时可高度提示痘病的发生。显微镜检查可见病变部位细胞胞浆中出现嗜酸性包涵体、皮肤棘层松解以及脓疱形成于表皮层，偶见于真皮层。病毒粒子可在超微结构检查中观察到。

严重型绵羊痘和山羊痘具有典型的临床症状和显微结构的病理变化，但感染轻度的痘病可能产生的临床症状较不典型，在诊断上难以与其他病毒感染造成的口唇部增生性或溃疡性病变进行区分。在急性病毒血症期间，病毒可从血液和组织（主要是皮肤）中分离到，可用抗体染色的方法对慢性感染动物的组织病料中鉴定出病毒。血清学方法可用于检测康复动物体内抗痘病毒抗体的效价升高。

治疗和预防

这两种疾病均无特效疗法。抗生素的使用可能对治疗继发的细菌感染有效。明智地使用杀虫剂和限制病羊的活动可防止病毒的扩散。痘病毒的疫苗在一些国家可使用，但不包括美国。在非痘病毒流行的地区，感染的羊群会被隔离或扑杀。由于其环境抵抗力较强并且向羊群中持续补充易感动物，造成这两种病毒性传染病难以在羊群中净化[12,13]。

参考文献

[1] Hagan WA, Bruner DW, Timoney JF: Bluetongue. In Hagan WA, Bruner DW, Timoney JF, editors: *Hagan and Bruner's microbiology and infectious diseases of domestic animals*, ed 8, Ithaca, NY, 1988, Comstock Publishing.

[2] Walton TE: Bluetongue in sheep. In Howard JL, editor: *Current veterinary therapy*, ed 3, Philadelphia, 1993, WB Saunders.

[3] Couacy-Hymann E, et al: The early detection of peste-des-petitsruminants (PPR) virus antigens and nucleic acid from experimentally infected goats using RT-PCR and immunocapture ELISA techniques, *Res Vet Sci* 87:332-335, 2009.

[4] Hagan WA, Bruner DW, Timoney JF: Peste des petits ruminants. In Hagan WA, Bruner DW, Timoney JF, editors: *Hagan and Bruner's microbiology and infectious diseases of domestic animals*, ed 8, Ithaca, NY, 1988, Comstock Publishing.

[5] Commission on Foreign Animal Disease: Pest of small ruminants. In Commission on Foreign Animal Disease, editor: *Foreign animal diseases*, Richmond, Va, 1984, US Animal Health Association.

[6] Hubálek Z, et al: Antigenic similarity of central European encephalitis and louping-ill viruses, *Acta Virol* 39:251-256, 1995.

[7] Hagan WA, et al: *Hagan and Bruner's microbiology and infectious diseases of domestic animals*, ed 8, Ithaca, NY, 1988, Comstock Publishing.

[8] Commission on Foreign Animal Disease: Louping ill of sheep. In Commission on Foreign Animal Disease, editor: *Foreign animal diseases*, *Richmond*, Va, 1984, US Animal Health Association.

[9] Hagan WA, Bruner DW, Timoney JF: Foot and

mouth disease. In Hagan WA, Bruner DW, Timoney JF, editors: *Hagan and Bruner's microbiology and infectious diseases of domestic animals*, ed 8, Ithaca, NY, 1988, Comstock Publishing.

[10] Hagan WA, Bruner DW, Timoney JF: Vesicular stomatitis. In Hagan WA, Bruner DW, Timoney JF, editors: *Hagan and Bruner's microbiology and infectious diseases of domestic animals*, ed 8, Ithaca, NY, 1988, Comstock Publishing.

[11] Commission on Foreign Animal Disease: Foot and mouth disease. In Commission on Foreign Animal Disease, editor: *Foreign animal diseases*, Richmond, Va, 1984, US Animal Health Association.

[12] Hagan WA, Bruner DW, Timoney JF: The genus *Capripoxvirus*. In Hagan WA, Bruner DW, Timoney JF, editors: *Hagan and Bruner's microbiology and infectious diseases of domestic animals*, ed 8, Ithaca, NY, 1988, Comstock Publishing.

[13] Commission on Foreign Animal Disease: Sheep and goat pox. *In Commission on Foreign Animal Disease Foreign animal diseases*, Richmond, Va, 1984, US Animal Health Association.

慢性病毒性疾病

山羊病毒性关节炎-脑炎

山羊关节炎-脑炎病毒(Caprine arthritis-encephalitis virus,CAEV)是一种有囊膜的、单链RNA病毒,属于慢病毒属。与其他逆转录病毒相似,CAEV在复制前会与宿主染色体DNA发生整合。病毒能够保持潜伏感染或零星地进行有效的病毒复制。CAEV与绵羊慢病毒密切相关,有关于这两种病毒发生重组的报道[1]。

临床症状

在一定时间内,可能感染CAEV的山羊中仅有10%出现临床症状。多达85%的血清抗体阳性动物临床无异常表现。CAEV产生4类临床症状,分别为脑脊髓炎、关节炎、间质性肺炎和顽固性乳腺炎。病症类型通常随年龄变化而有所差异。关节炎常发于性成熟的山羊,而2~4月龄的羔羊感染后常发脑脊髓炎。间质性肺炎和顽固性乳腺炎在成年山羊中更常见。一些受感染的动物患消耗性疾病,其特点为恶病质和被毛粗糙。

诊断

以病史以出现一种以上的上述症状为依据,可大致推断出发生CAEV感染。一般来说,对于个体动物的检疫最好采用ELISA方法,其灵敏度比琼脂糖扩散试验(AGID)高。而对于群体动物的筛选而言应选择AGID,因为这种方法的特异性较好。在山羊还未对近期的CAEV感染进行血清转化的时候,用AGID检测会出现假阴性的结果。一些山羊个体本身需要长达数月甚至数年才能完成血清转化,有些动物可能从未发生转化。分娩或发病晚期的检测也可能会导致假阴性结果。由于母源抗体的存在,假阳性结果可出现在大于90日龄的山羊中。为此,建议在首次进行血清学检测时,山羊至少需6月龄。PCR检测具有高特异性和敏感性,可检出接触病原感染仅1 d的动物。其他较少使用的实验室诊断方法包括Western blot技术检测抗体和Northern blot技术检测线粒体RNA(mtRNA)。因为对血清学检测结果的分析受到多种条件制约,所以对CAEV相关疾病而言,只能通过鉴别诊断活检样本中的特征性病变,或者从动物死后的病料中分离到病毒来进行确诊。

治疗

尚无任何针对CAEV相关症状的特效疗法,尽管目前一些针对获得性免疫缺陷症的化疗药可能对该病有一定疗效(齐多夫定、干扰素IFN-α和IFN-γ、白介素-2和抗病毒药物)。年龄较小的山羊感染山羊关节炎-脑炎后,对于卧地不起的小羊,采用物理疗法有一定的疗效,并且用瓶喂有助于维持水分和热量的摄入。抗生素可治疗山羊继发细菌感染引起的间质性肺炎和乳腺炎。一般而言,出现脑炎的山羊预后不良,以及对出现其他症状的山羊预后持谨慎态度。

预防

因为山羊关节炎-脑炎病毒为终身感染,所以对该病的预防是至关重要的。山羊感染后,分泌的初乳以及羊奶是最重要的感染来源。禁止新生羔羊从受感染母羊吮吸初乳,可用经巴氏消毒处理过的羊奶(加热到56℃或132.8℉,60 min)或者无

CAEV 感染的母羊分泌的羊奶替代。对同群中的所有山羊每年进行 2 次血清学检查；血清反应阳性的山羊应该隔离或扑杀，避免已感染病毒的山羊和未感染的山羊发生直接接触。当连续 2 个测试期中都没有血清反应阳性的山羊时，该羊群被认定为无 CAEV 感染[2,3]。由于有最新证据表明存在逆转录病毒在山羊和绵羊之间的传播，因此所有的防控手段在有绵羊的情况下也适用[4]。

绵羊病毒性进行性肺炎

绵羊进行性肺炎(ovine progressive pneumonia,OPP)是一种以死亡告终的逆转录病毒病，造成肺部(在美国地区)和中枢神经系统(在世界其他地区)慢性、渐进性、衰弱性的炎症。该病也被称为梅迪-维斯纳病(源于冰岛语中“呼吸困难、消瘦”)。其病毒属于逆转录病毒亚科、慢病毒属，与 CAEV 非常相近。已发现存在 OPP 和 CAEV 之间的重组[1]。OPP 主要感染绵羊，山羊的感染少见[5,6]，并在全世界除了澳大利亚和新西兰以外的地区流行。该病的潜伏期很长且病程持久。

发病机制

只有 2 岁以上的成年绵羊(或偶见山羊)可感染绵羊进行性肺炎病毒(ovine progressive pneumonia virus,OPPV)。该病毒通过直接接触的方式传播，可能以呼吸道和唾液分泌物，以及分泌的羊奶和初乳为主[7]。经胎盘垂直传播也有一定的重要性。发病动物或无临床症状的动物均可向外排毒。病毒侵入单核细胞和巨噬细胞造成感染，并随着这些细胞扩散至肺脏、淋巴结、脉络丛、脾、骨髓、乳腺和肾脏。与 CAEV 感染相似，OPPV 通过将病毒重组到宿主 DNA 中以逃避宿主细胞和体液免疫系统。只有当单核细胞向巨噬细胞分化时病毒才以低拷贝量进行复制(限制性复制)，并且产生抗原变异，使得已有的抗体无法发挥中和作用。低拷贝量复制的 OPPV 在宿主体内引发持续性的抗原刺激，导致多种靶器官发生慢性炎症和由此引发的淋巴细胞增殖。该病毒可能阻止 B 细胞分化为浆细胞，从而干扰免疫调理功能。在感染后 2～3 周出现血清转换。

临床症状

在美国，血清学调查结果表明该病的感染率在 30%～67%，但是小于 5%的羊死于 OPPV 感染。冰岛绵羊、特塞尔绵羊、边区莱斯特绵羊和芬兰兰德瑞斯绵羊似乎是 OPPV 的易感品种。山羊也对该病易感。具有较强的抵抗力的绵羊品种则包括朗布依埃绵羊、萨福克绵羊和哥伦比亚绵羊。

多种临床症状与 OPPV 相关，包括消瘦(瘦母羊综合征)、呼吸困难(偶尔干咳)、肺炎、乳腺炎(“硬袋症”)、后肢麻痹、关节炎、血管炎。在北美，肺炎和顽固性的无菌性乳腺炎是常见的感染后遗症。与绵羊肺腺瘤病毒(引起肺腺瘤的病原)的共感染会加剧呼吸道症状。

维斯纳型，即神经型的病变在山羊中更常见。病程可持续 1 年，在此期间可观察到一些不显著的临床症状，包括头部倾斜或后肢无力，随后发展到运动不协调、全身颤抖以及少数情况下出现更严重的脑神经通路症状。

诊断

基于临床表现、对治疗的反应不明显、特征性的剖检病变和血清学检测可做出推断。该病的确诊需通过 PCR 方法检测或者从白细胞(全血样本中的白细胞层)中进行病毒的分离。较便宜和快速的血清学检测方法包括琼脂糖扩散试验(AGID)、ELISA 和间接免疫荧光抗体检测。AGID 常用于群体性筛选性诊断，但 ELISA 方法在对个体动物检测时具有更高的敏感性，并可检测到感染早期产生的抗体[8]。与 CAEV 一样，假阴性结果和假阳性结果都有可能出现(详见 CAEV 的部分，其中有针对性的举例说明)。

特征性剖检病变包括全身性的消瘦萎缩和组织致密、不塌陷的肺脏，或者致密、有斑点的乳腺，这两种病灶区域均有淋巴结病变。显微镜检查结果表明这些组织的间隙中有非脓毒性的单核细胞浸润，尽管这些细胞浸润可能因继发其他感染而复杂化。对脑组织的镜检结果可证明发生伴有脑白质病变的脑膜性脑炎。

治疗

无治疗 OPPV 感染的特效疗法。支持性疗法，包括适当的饲养管理和使用抗生素控制继发感染，可延长患病动物数周或数月的寿命。但这种疾病最终是致命的。由于预后不良以及出生动物感染 OPPV 临床病理羊的风险，因此不推荐进行长期治疗。

预防

唯一已知的防止羊群感染 OPPV 的方法是避免动物接触到该病毒。在生产实践中,减少水平传播的途径,包括对挤奶机、去角设备、断尾和去势工具在使用前和用于不同动物时进行消毒。受污染的饲料和水也是潜在感染来源,感染和未感染的动物不应共享饲料和饮水。基于血清学检测结果,隔离或扑杀血清反应阳性的动物可能有助于减少感染。尽管从母羊所分泌的初乳中很容易分离到 OPPV,但尚未明确 OPPV 能否通过初乳传播。然而,许多疾病预防指南建议应将患病母羊的子代在开始哺乳前与病羊隔离,然后由瓶喂牛乳和进行人工饲养。在合群前,应先对新添羊只进行隔离和血清学检查。并且,确保新添的绵羊购于无 OPPV 感染的羊群,是避免引入新的感染最重要的一步。因为存在跨种传播的潜在可能性,所有针对绵羊的预防措施也适用于有接触山羊的情况。至少每年一次对羊群进行该病的血清学检查,直到连续 2 年的检测结果都为阴性为止[9,10]。

羊痒病

羊痒病是小反刍动物中另一种属于“慢病毒感染”类的疾病(见第 13 章)。该病无发热症状,是一种引起绵羊慢性、渐进退化性的中枢神经系统障碍的疾病,山羊偶发。病原的特性尚未明确,据推测可能由纤维性蛋白(羊痒病相关纤维蛋白)组成。

绵羊、山羊和摩弗伦羊(欧洲盘羊)是羊痒病的自然宿主,其中绵羊的易感性最强。通常小于 2 岁的动物感染后不出现临床症状,而大于 5 岁的动物感染后可发病。经实验证明,该病可由水平和垂直传播。绵羊感染后,在发展至出现临床症状前 20 个月可在其乳汁[11,12]、尿液[13]和精液[14]中检测到这种特异的痒病蛋白。此外,最近从具有相似的慢性消耗性疾病的鹿中发现的数据表明,这种感染性的蛋白因子可以在动物发病前就经唾液[15]和粪便[16]排出体外。这些相关的证据有助于解释痒病具有水平传播的传染途径。

临床症状

痒病的发病徐缓。最初,病羊仅表现出细微的行为变化如轻度的不安、目光呆滞或凝视,对牧羊犬的反应迟钝和变得胆怯、离群。几个月后,可观察到绵羊的运动不耐受、步态笨拙且不稳、双耳耷拉。然后,患病的绵羊发生皮肤瘙痒,从而导致病羊在粗糙的固定物表面不断用力摩擦皮肤的行为(因此该病称为“痒病”)。这些为了缓解瘙痒的举动导致羊的表皮脱落和羊毛受损,全身状态和行动的协调能力也明显变差。

诊断

与该病唯一相关的组织学病理变化为中枢神经系统的退行性病变,包括脑干和脊髓中的神经元细胞出现双边对称性的空泡化,并且伴随海绵样变性[17]。对羊的扁桃体、第三眼睑或直肠黏膜处的淋巴结组织进行免疫组化染色可用于出现临床症状前的诊断[18],但用此类方法做出的诊断结果可信度较差。

边界病病毒感染

边界病病毒(broder disease virus,BDV)属于黄病毒科瘟病毒属,该病毒家族还包括牛病毒性腹泻(bovine viral diarrhea,BVD)病毒和经典猪瘟(猪霍乱)病毒。该病毒呈螺旋状、有囊膜,是一种不会引起细胞病变的 RNA 病毒。它很少引起成年动物发病,其主要危害在于感染子宫中的胎羊。由于该病毒最早在沿着英国威尔士边境地带的绵羊中报道,因而得名“边界病”。而该病的别名如“被毛颤抖病”和“茸毛羔”是源于新生羔羊感染 BDV 后出现的特征性临床症状。重要之处在于,尽管 BDV 与 BVD 病毒在遗传上差异较大,但是绵羊和山羊也可感染 BVD 的某些毒株[19-21]。因此,“边界病”这一名称可以指由 BDV 或 BVD 病毒引起的疾病。

发病机制

可通过接触含有受感染动物体液或组织的分泌物和排泄物造成 BDV 的水平传播。病毒可穿过完整的黏膜,并且能够快速地在羊群中扩散。持续感染的绵羊或山羊是主要的传染源。这些先天性感染 BDV 的动物通常无症状,并且血清抗体阴性,潜伏携带大量病毒。在不断出现问题的羊群中可能存在此类携带病毒的羊只,也可能在更新羊群时,向无边界病病毒的羊群引入此类持续感染 BDV 的羊只。可能存在源于其他物种的交叉感染,尤其是牛。

免疫系统功能完整的成年羊很少表现出任何急性感染的症状。但是如果怀孕的母羊或母鹿被感染,病毒可能垂直传播于胚胎或胎羊。胚胎或胎羊感染后,由于妊娠阶段的不同而出现从胎儿被吸收到正常分娩等不同的结局。此类感染是边界病造成危害之中最重要的一方面。

BDV主要靶向的器官系统是胎儿中枢神经系统。该病标志性病变是少突胶质细胞的髓鞘形成减少或细胞变性。有三种因素导致这种病变：第一个是由病毒造成的直接损伤；第二种是病毒诱导的甲状腺功能抑制造成甲状腺激素分泌减少。而此类激素的下调，进而造成中枢神经系统中一种同样有助于髓鞘形成的核苷酸浓度降低。第三个因素是病毒感染引起免疫功能的疾病。边界病病毒可引起宿主产生针对该病毒的特异性迟发型超敏反应，引起中枢神经系统炎症，也会导致免疫抑制。边界病病毒感染后，通常是由条件性病原的继发感染造成动物死亡，如寄生虫、腹泻和支气管肺炎。

临床症状

临床症状取决于胎儿感染病毒时所处的妊娠阶段。不同的动物之间所表现出症状的缓急也有所不同，这与胎儿免疫系统的发育程度不一致相关。如果胎儿在母羊妊娠45 d之内感染则发生死亡、死胎会被重吸收或流产。此类损失通常会被饲养者忽视。存在边界病病毒感染的羊群，其主要特征为存在大量可受孕的母羊，但羊羔的数量非常少。如果母羊妊娠45～80 d时所怀胎儿感染边界病病毒后，发育迅速的系统受损，如皮肤和神经、淋巴、甲状腺和骨骼系统。这些胎儿出生时会出现先天性畸形：羊羔有异常的羊毛（多毛但质地厚而粗乱）、身材矮小、头圆、腿短并且皮肤有色素沉着，特别是颈部背部。这种疾病的一个特征是在清醒状态下发生强直阵挛性震颤（因此被称为“被毛颤抖病”），这可能妨碍站立或哺乳。大多数患病绵羊羊羔在出生后几天内死亡。如果它们幸存下来，毛发的变化会在9～12周内消失，中枢神经系统的症状会在20周内消失。在相同妊娠阶段感染的山羊，除了很少出现被毛的变化外，其他症状与绵羊相似。如果胎羊在妊娠第80天之前感染并且仍然存活，它们可能会出现持续感染并且免疫力下降。这种羊羔出生时个体小，普遍虚弱。

因为病毒会在易感羊群中迅速传播，因此典型的边界病暴发会在第一年导致流产和出生虚弱的羔羊，然后在接下来的几年中，随着成年绵羊获得免疫力从而不会造成重大损失。然而，如果将新的幼龄母羊引入母羊群中，可能会在种群中造成持续性的重大损失。

诊断

边界病病毒抗原可通过荧光抗体试验在流产胎儿和持续性感染动物的皱胃、胰腺、肾脏、甲状腺、皮肤和睾丸组织中检测到[22]。然而，与对牛检测的情况一样，对于持续性感染的小反刍动物，耳部切口样本的免疫组织化学染色并不是一种可靠的检测方法。从血清、肝素化全血，或组织取自受感染的羔羊的大脑、脊髓、脾和骨髓中可以分离到病毒，或者用ELISA方法检测到病毒抗原。如果母源抗体水平较高，病原检测时使用全血比血清效果好；对于未吸吮初乳的新生羔羊和幼羊，血清是用于检测病原的合适样本。

该病毒抗体可以通过血清中和、琼脂糖扩散试验和用抗BVD的高免血清的补体结合试验来进行定量。血清学检查可用于检测妊娠晚期（第80天之后）新生幼畜和未接种疫苗的动物的感染情况，但结果可能会被哺乳期新生幼畜中存在的母源抗体、以及年长动物的前期感染、疫苗接种等因素所干扰。在未哺乳的新生羔羊体内只要检测到抗体水平，即表明存在妊娠期的宫内感染，而血清中和滴度为1∶(20～320)，表明成年羊感染。脑脊液中存在特异性抗体提示边界病病毒感染。对羔羊哺乳前的血清学检测阴性结果并不能排除该病毒的感染，因为持续感染的羔羊往往对BDV免疫耐受，因此出生时检测不到抗体滴度。这些动物随后可能产生的抗体与正常动物的抗体效价不可区分。尽管持续感染的动物对其携带的毒株没有免疫反应，但它们可能对包括疫苗株在内的其他病毒株有反应。

与BVD一样，越来越流行使用PCR检测在血液和组织样本中的BDV。这类方法似乎优于其他诊断技术，除了用于检测发生自溶的组织[23]。实时荧光定量PCR技术也可用于区分BDV与BVD病毒，以及用于病毒分型[24]。

大体剖检常见包括脑积水、脑穿孔、头小畸形、小脑发育不全、肋骨曲度异常、头颅畸形、颅骨额骨隆起、眼眶间距离缩短、冠臀长度缩短、骨干长度缩短、次生毛发滞留和异常的皮肤色素沉着。主要的组织病理变化包括髓鞘发育不良和脊髓白质细胞增多。神经胶质细胞看似正常。

治疗

没有针对边界病感染的治疗方法。支持性疗

法可能包括协助受感染羔羊的护理和帮助站立、提供良好的垫料和坚实的场地,以及治疗条件性病原微生物的继发感染。

预防

对于边界病的防控主要通过从群体中清除持续感染的带毒动物和防止引入新的带毒动物来实现。这种方法在封闭的群体中是最容易执行的,但在小反刍动物中尤其困难,因为这些动物群体经常有引种的需求。为了鉴定出病毒携带者,必须对羊群中的每只动物进行病毒分离;必须对病毒携带者进行扑杀。此外,所有未出生的动物必须被视为潜在的携带者,并在出生时进行测试。当连续 2 批绵羊或山羊出生时没有任何边界病病毒阳性动物时,这群羊很可能没有边界病。另一种解决方法是停止繁育行为,直到所有动物都被证明没有感染为止。新引入的动物在入群之前应该被隔离和检测。与全血病毒分离试验相比,取耳部皮肤,应用荧光抗体染色检测病毒的试验进行群体活检筛选的成本更低,操作性更强。

疫苗接种在预防感染方面的作用尚不清楚。目前还没有针对边界病病毒的疫苗,但一些报告表明,牛的 BVD 疫苗(失活或灭活的产品)可能对存在感染风险的绵羊有一定帮助。然而,这些疫苗在防止接种动物发病方面比预防子宫内感染更有效,因为它们不能防止短期的病毒血症。接种疫苗可减少病毒血症和胎儿感染,但不能消除病毒血症和胎儿感染。因此,疫苗在减少经济损失方面发挥了作用,但疫苗接种计划并不能取代以清除带毒动物为主要控制手段的做法[25,26]。

参考文献

[1] Pisoni G, et al: Demonstration of coinfection with and recombination by caprine arthritis-encephalitis virus and maedi-visna virus in naturally infected goats, *J Virol* 81:4948-4955, 2007.

[2] Hagan WA, Bruner DW, Timoney JF: Caprine arthritis-encephalitis. In Hagan WA, Bruner DW, Timoney JF, editors: *Hagan and Bruner's microbiology and infectious diseases of domestic animals*, ed 8, Ithaca, NY, 1988, Comstock Publishing.

[3] Phelps SL, Smith MC: Caprine arthritis-encephalitis virus infection, *J Am Vet Med Assoc* 203:1663-1666, 1993.

[4] Gjerset B, et al: Impact of natural sheep-goat transmission on detection and control of small ruminant lentivirus group C infections, *Vet Microbiol* 135:231-238, 2009.

[5] Pisoni G, Quasso A, Moroni P: Phylogenetic analysis of small ruminant lentivirus subtype B1 in mixed flocks: evidence for natural transmission from goats to sheep, *Virology* 339:147-152, 2005.

[6] Shah C, et al: Direct evidence for natural transmission of small ruminant lentiviruses of subtype A4 from goats to sheep and vice versa, *J Virol* 78:7518-7522, 2004.

[7] Peterhans E, et al: Routes of transmission and consequences of small ruminant lentiviruses (SRLVs) infection and eradication schemes, *Vet Res* 35:257-274, 2004.

[8] De Andres D, et al: Diagnostic tests for small ruminant lentiviruses, *Vet Microbiol* 107: 49-62, 2005.

[9] Hagan WA, Bruner DW, Timoney JF: Maedi-visna. In Hagan WA, Bruner DW, Timoney JF, editors: *Hagan and Bruner's microbiology and infectious diseases of domestic animals*, ed 8, Ithaca, NY, 1988, Comstock Publishing.

[10] Cutlip RC: Maedi-visna. In Howard JL, editor: *Current veterinary therapy*, ed 3, Philadelphia, 1993, WB Saunder.

[11] Horiuchi M, et al: A cellular form of prion protein (PrPC) exists in many non-neuronal tissues of sheep, *J Gen Virol* 76:2583-2587, 1995.

[12] Maddison BC, et al: Prions are secreted in milk from clinically normal scrapie-exposed sheep, *J Virol* 83: 8293-8296, 2009.

[13] Andrievskaia O, et al: Prion protein in sheep urine, *J Vet Diagn Invest* 20:141-146, 2008.

[14] Ecroyd H, et al: Compartmentalization of prion isoforms within the reproductive tract of the ram, *Biol Reprod* 71:993-1001, 2004.

[15] Mathiason CK, et al: Infectious prions in the saliva and blood of deer with chronic wasting disease, *Science* 314:133-136, 2006.

[16] Tamgüney G, et al: Asymptomatic deer excrete infectious prions in faeces, *Nature* 461: 529-532, 2009.

[17] Hagan WA, Bruner DW, Timoney JF: Scrapie. In Hagan WA, Bruner DW, Timoney JF, editors: *Hagan and Bruner's microbiology and infectious diseases of domestic animals*, ed 8, Ithaca, NY, 1988, Comstock Publishing.

[18] Dennis MM, et al: Evaluation of immunohistoche-

mical detection of prion protein in rectoanal mucosa-associated lymphoid tissue for diagnosis of scrapie in sheep, *Am J Vet Res* 70:63-72, 2009.

[19] Juliá S, et al: First report of BVDV circulation in sheep in Argentina, *Prev Vet Med* 90: 274-277, 2009.

[20] Løken T: Pestivirus infections in ruminants in Norway, *Rev Sci Tech* 11:895-899, 1992.

[21] Hewicker-Trautwein M, et al: [Immunohistochemical studies on organ tropism of different biotypes of BVD virus in experimentally infected sheep fetuses], *Dtsch Tierarztl Wochenschr* 104: 436-439, 1997.

[22] Terpstra C: Diagnosis of border disease by direct immunofluorescence, *Vet Sci Comm* I:75-77, 1977.

[23] García-Pérez AL, et al: Detection of border disease virus in fetuses, stillbirths, and newborn lambs from natural and experimental infections, *J Vet Diagn Invest* 21:331-337, 2009.

[24] Vilbek S, Paton DJ: A RT-PCR assay for the rapid recognition of border disease virus, *Vet Res* 31:437-445, 2000.

[25] George LW: Diseases of the nervous system. In Smith BP, editor: *Large animal internal medicine*, ed 2, St Louis, 1996, Mosby.

[26] Radostits OM, Gay CC, Blood DC, editors: *Veterinary medicine*, ed 9, Philadelphia, 2000, WB Saunders.

第17章

心血管系统疾病

心血管系统检查

心脏听诊

检查心脏健康的最基本方法是胸部听诊。在这个过程中，临床兽医将听诊器放在动物腋窝区的胸腔上，然后检测心率、心律和心脏收缩的强度，并倾听任何异常的声音。腋窝区，即第二肋骨和第四或第五肋骨之间胸部的腹侧 1/3 处，有相对较少的羊毛或毛发覆盖物，允许听诊器听诊头和皮肤之间良好的接触。临床兽医应该从胸部两侧倾听心脏，每侧 2～3 个肋间间隔处。听诊中有两个重要因素需要考虑：①需要将听诊器听诊头放到肘部下方，以评估心脏的颅面；②将听诊头置于腹侧，覆盖胸骨而不是胸部，错误操作可阻碍有效的听诊。

正常心率随绵羊或山羊的年龄而变化。新生羔羊和小羊的心率通常为 120～140 次/min，而成年羊的心率通常为 66～80 次/min。小羊通常在 3 月龄时达到成年的心率。在紧张或兴奋状态下，动物的心率会增加。所以在临床兽医检测动物的心率之前，应给这些动物一定时间使其适应约束。焦虑、低血容量、低静脉血池、动脉低血压、快速性心律失常和心脏功能不良也会造成心动过速。迷走神经病变、缓慢性心律失常和晚期休克是造成心动过缓的原因。

正常的心律是有规律的。最常见的心律异常是窦性心律失常，即吸气时心率加快，呼气时心率减慢。关于绵羊和山羊的其他心律失常的报道并不常见，但一个合理的假设是，心房和心室颤动、不同程度的房室传导阻滞、早搏和逸搏以及病理性快速心律失常会与其他物种描述的情况类似。

心脏收缩强度的检测通常是主观的。左侧的声音比右侧的声音大，振幅随动物身体状况的变化而变化。S_1（房室瓣膜关闭或心室收缩开始）和 S_2（半月瓣膜关闭或心室舒张开始）都应该可以听到[1]。

外周脉搏

心脏外周脉搏强度和心脏收缩同步性检测是评估心脏输出量有效性的最简单方法。在绵羊和山羊，特别是成年羊中，外周动脉很难找到。其中最大的血管是股动脉（大腿内侧）和肱动脉（前腿内侧近端）。面部动脉（腹外侧下颌）和颈动脉（颈腹外侧）也可用于某些动物的脉搏检测。脉搏微弱或缺失与低血压和低心输出量一致。脉搏旺盛与高动力性休克或血液从主动脉回流到心脏（主动脉瓣功能不全）或肺（动脉导管未闭合，左至右分流）相一致。由于很难将任何一种测压装置放置在有意识的绵羊或山羊身上，因此脉搏通常是手工测量的。

静脉充盈、脉搏和血压

检测颈静脉充盈和脉搏可使操作人员评估右心脏功能和血容量。患有低血容量症的绵羊和山羊可能有很微弱的颈静脉，即使在人工压缩几分钟后也看不到或摸不到。相比之下，患有右心衰或限制性心包疾病的绵羊和山羊可能有可见或可触及且强壮的未阻塞的颈静脉，并且有正压。颈静脉搏动是右心房血液回流或心室收缩的结果。右心房收缩时，无瓣膜防止血液反流；当头部抬高或不超过心底水平时，微弱的脉搏消失是常见的非病理性现象。即使在头部抬高的情况下，脉搏也会进一步延伸至颈部，这通常是三尖瓣关闭不全的结果。这种脉搏与右心室收缩同时发生，是由心室血通过功能不全的瓣膜回流引起的。右心衰竭或者右心衰竭和颈静脉扩张同时存在都可以导致三尖瓣关闭不全。

检测静脉压力需要一个血压计。最常见的检测方式是将充满液体的管子插入颈静脉。管子的一端连接到血压计传感器和测量仪器上。许多心电图仪也有测量血压的功能。静脉管可以留在颈静脉或推进到中央静脉和心脏。颈静脉和中央静脉的压力通常从负压到高达 5 cm 水柱的正压变化。正压是由于高血容量(由过量的液体给药或肾功能异常引起)、限制性心包疾病和心脏功能障碍引起的。如果静脉高压变得严重，且持续时间较长，就会出现水肿。

黏膜检查

黏膜的颜色、血管的外观、水化作用和毛细血管再充盈时间可以用来检查。最常被检查的黏膜是口腔、眼结膜、巩膜和阴道黏膜。

正常的黏膜是淡粉色到淡红色的，在某些品种的绵羊和山羊中，黑色素膜的高频率出现有时会使黏膜检查变得困难。过度苍白的黏膜可归因于贫血或灌注不足；然而值得注意的是，反刍动物的膜往往比许多单胃动物的膜苍白，因为它们的红细胞和角质化膜较小。贫血反刍动物的膜通常是白色的，而不是淡粉色，巩膜血管变得非常小。有一种用于估计贫血的半定量颜色比较系统（FAMACHA)(见第 6 章和第 16 章)。在某些动物中，通过观察在口腔或阴道膜上施加微指压后毛细血管再灌注时间，可以将贫血与低灌注区分开来。在正常动物中，颜色会在 1.5～2 s 内恢复。超动力型休克时再灌注时间较短(常伴有膜变红)，低灌注时再灌注时间较长。

正常膜的颜色向紫色或蓝色变化是紫绀的表现。紫绀是由于血红蛋白氧合不良引起的，可由中枢氧合不良(右至左心分流、肺病)、无功能血红蛋白(高铁血红蛋白血症或硫血红蛋白血症)和局部血管淤滞(低动力休克、心输出量差、体温过低)引起。在中央氧合不良的情况下，所有黏膜甚至可能是无色素的皮肤都会出现蓝紫色变色，而血管淤滞可能只影响某些区域，如牙龈边缘。血管淤滞时巩膜血管常充血、迂曲、呈紫色。1/3～1/2 的血红蛋白必须经过脱氧，才能使细胞膜变成紫绀；因此紫绀通常只在血氧分压(局部或中心)已经很低时发生。

胆红素的积累会导致黏膜变黄，这种情况被称为黄疸。黄疸由血管内或血管外溶血、肝内胆红素摄取减少和胆道排泄物减少引起；在绵羊和山羊中，最常见的是由溶血造成的。

水化可以通过观察黏膜的湿润度或黏性来评定。这是一种通过对正常动物多加观察而提高的主观判断。身体失水表明体液应该成为治疗方案的一部分。然而，只有当体液流失超过总体重的 5%时，脱水现象才会在临床上变得明显(见第 3 章和第 16 章)。

血气分析

血气分析可以为低灌注动物提供有价值的信息。在没有腹泻、酮血症或谷物过食的绵羊和山羊中，代谢酸中毒通常是由于灌注不足的组织产生的乳酸引起的。用于分析的静脉血可从任何可触及的外周静脉获得；血液样本应采用厌氧收集并储存在肝素化容器中。确定灌注不足是由于血氧含量(肺气体交换)不足还是组织血流(血容量和压力)不足造成的，需要进行动脉血气分析。动脉血最常见于肱动脉、股动脉或内侧隐动脉，但在精力旺盛的动物中，这些动脉很难获取。当给瘦弱的动物采血时，临床医生必须避免不必要的压力。耳廓动脉和下肢外周动脉可用于麻醉病羊。动脉血氧含量不足表明从右到左分流心脏疾病(如从右到左动脉导管未闭或心室间隔缺损伴随或不伴随大血管异常)或肺部疾病。动脉血氧含量不足的原因不同，需要大量的心肺检查[1]。

心电图

心电图检测对患有心律失常的绵羊和山羊最有效。最常用的方法是使用基端导联：阳性电极(LA)置于左侧第五肋间隙的肘部水平处心尖上，阴性电极(RA)置于右颈静脉沟心脏底端的高度处，接地(LL)位于远离心脏的脊背或其他部位。局部使用酒精可以改善皮肤接触，如果复合物很小，可能需要剪羊毛(图 15-1)。喘息和肌肉震颤等行为通常会导致成年绵羊受到基线干扰。

心电图应显示明显的 P 波(心房去极化)、QRS 波复合波(心室去极化)和 T 波(心室复极化)。QRS 波群的 R 分量(正偏转后的负偏转)通常最为突出，而 Q 分量（第一个正偏转前的负偏转）通常不存在。T 波可以是正的，也可以是负的，并且可以在单个条带上变化。

心电图应定期检查 P 波和 QRS 波群的出现情况：规则的 P-P、R-R 和 P-R 间隔；外观相同的 P 波和 QRS 波群；正常振幅的 T 波。Q-T 间隔与心率成反比。P 波的缺失可导致心房颤动或心室或室上起搏器上升。QRS 波群的缺失提示房室传导阻滞。

超声心动图

超声心动图是一种安全、无创、方便的在站立动物身上进行的诊断性超声成像方法，但由于费用昂贵，很少用于小反刍动物。尽管如此，在绵羊和山羊中确认心内和心包疾病的存在是非常有用的，包括瓣膜性心内膜炎、心包炎和心包积液、心肌病、充血性心力衰竭和先天性心脏缺陷。超声心动图可用于检测心脏室大小、瓣膜运动、各种结构成分的壁厚、血流和心内血流动力学。

超声心动图有 3 种基本模式。

（1）M 型超声心动图，用于检测壁厚、心腔直径和瓣膜运动。

（2）三维超声心动图，用于检测心脏结构之间的解剖关系，并确定其相对运动。

（3）多普勒超声心动图，用于检测血流方向、湍流和速度。

利用这些超声技术，可以检测心脏和大血管（如肺动脉和主动脉）内的压力值。两种主要的多普勒模式是脉冲波和连续波。另一种常用的方法是彩色血流多普勒，它可将多普勒信号转换为任意选择的颜色标度，用于对血液的方向、速度和湍流进行半定量检测。彩色血流多普勒的使用主要局限于专业实践和转诊机构，因为需要大量的专业知识和经验来解释这些发现，而且对于许多较小规模的机构来说，这种设备的成本高昂。

超声心动图可用于站立或侧卧的小反刍动物。传感器放置的最佳位置是在肘部右侧第三肋间空间上方；应选择适合肋间间隙的高频传感器。如果不能从右侧看到整个心脏，则可以使用左侧的相同位置。在使用耦联凝胶之前，检查者可以选择剪下绵羊或山羊的羊毛，以提高图像分辨率。

超声心动图可对心脏结构进行系统的询问（检查），以确定心室大小、心肌功能、瓣膜外观和运动，以及主动脉和肺动脉血流，并检测心脏内部或周围是否存在异常。所有的心脏结构都应该在长轴和短轴视图上成像[1]。

其他成像方式

许多兽医使用便携式无线电图像设备或固定式小动物 X 射线机进行动物胸部 X 光诊断。多数绵羊和山羊可以使用与大型犬相同的射线照相技术进行检查。如果医生怀疑动物可能因心力衰竭、瓣膜病变或异常的心外膜或心内流动而导致心室或大血管扩大或扩张，则放射线照相检查是最有帮助的。一些肺部疾病也可以被观察到。

侧位胸片在绵羊和山羊中最容易获得，而且仅在使用物理约束的情况下才能进行成像。腹侧背视图可能需要使用镇静剂，但对胸深的小反刍动物的用处有限。绵羊羊毛中的灰尘和异物会在射线照相胶片上造成伪影，因此在拍 X 光片前应检查纤维。

横截面成像技术如计算机断层扫描（CT）和磁共振成像（MRI），由于成本和可用性，在绵羊和山羊身上的应用有限，但随着更多的对这类设备的实践投资，它们的应用将增加。这两种检查方法都有助于识别在常规 X 射线检查中被覆盖的组织掩盖的细微形态缺陷，如血管异常或其他心脏畸形。绵羊和山羊相对容易成像，因为这两种检查设备的设计适用于人类或较大体型动物。

先天性心脏病

先天性心脏缺陷是指动物出生时出现的心脏结构或功能异常。可能的病因包括母体病毒感染导致胎儿感染，或代谢紊乱、胎盘功能不全引起的胎儿缺氧、妊娠时使用的药物、接触毒素、早孕营养缺乏和遗传因素。

绵羊和山羊最常见的缺陷是室间隔缺损（VSD）[2,3]。其他报告的缺陷包括心房或心室发育不全、心肌肥厚、动脉导管未闭（PDA）、心房间隔缺损、瓣膜异常、法洛四联症以及由于头部或躯干部分器官重复发育导致的心脏异常。

发病机制

心室间隔缺损是一个开口，主要位于室间隔膜部分，分隔左、右心室。这种缺陷可能是妊娠期心室间隔融合失败的结果。出生后，血液从左心室经孔流向右心室和右心室流出道。这种分流增加了流向肺循环的血液流量,并使静脉回流到左心房和心室,从而导致左心的容量过载。最终,左心衰竭可能导致血液通过肺部回流到右心,从而导致右心衰竭。如果缺损较大,大量血液被分流,可能首先发生右侧充血性心力衰竭。这种缺陷被认为是一种简单的常染色体隐性遗传性状,多发生在南绒山羊和萨能山羊,并在其他品种呈放射状发生。

很少有大的室间隔缺损能引起如此严重的右心室肥厚,以至于缺氧血被泵入心脏的左侧并从主动脉流出。这种“反向 VSD”或所谓的艾森曼格综合征,导致低氧血症。

法洛四联症是一种更为复杂的异常,包括室间隔缺损、肺动脉狭窄、主动脉覆盖和右心室肥厚。该病可使进入系统循环的缺氧血增多,严重降低了动脉血的含氧量。

PDA 和房间隔缺损不常见,往往是暂时性的。两者都会导致含氧血液通过肺部循环,但不会降低动脉血中的氧含量。除非大量血液循环,否则这些病变通常不会引起临床疾病。在某些情况下,任何一种缺陷都可能被检测到,并在生命的最初几个月自动解决[1]。

临床症状

与所有先天性心脏缺陷相关的主要临床症状包括厌食、生长率下降、运动不耐受、嗜睡和虚弱。其他症状,如休息时呼吸困难或运动时发绀可能提示一个特定的缺陷。充血性心力衰竭的症状可能占主导地位,也可能出现心动过速和心脏杂音。

与室间隔缺损相关的最常见的杂音是在右三尖瓣上方听到的全收缩杂音,通常在胸腔两侧都能听到。PDA 杂音也常在胸廓两侧听到,但在肩部左侧第三或第四肋间最响亮。杂音在整个收缩期和舒张期呈高音且连续。它的强度随着心率、运动和兴奋的增加而增加。法洛四联症可引起室性心动过速(VSD)和肺动脉瓣杂音。

诊断

若在小羊或山羊身上发现杂音并伴有发育不良的迹象,很可能是先天性心脏病。超声心动图是无创诊断心脏异常和评估分流术分流效果的首选诊断方法。二维超声心动图可直接成像 VSD,并可测量缺损的大小。彩色血流多普勒可用于观察血流返流。PDA 和法洛四联症可能难以用超声心动图显示。VSD 和 PDA 的临床病理表现通常不显著,但法洛四联症可能与细胞体积增加和血红蛋白浓度(红细胞增多症)有关。X 射线可用于诊断先天性心脏缺陷。心脏肥大型、肺血管减少,或存在覆盖的主动脉均可作为这些缺陷的证据。如果适用,心导管插入术可用于提供有关先天性心脏缺陷的补充信息。

治疗和预后

对于小反刍动物来说,没有一种治疗先天性心脏缺陷的方法在经济上是可行的。前列腺素抑制剂已成功用于人类,以关闭 PDA,但是这些药物的疗效尚未在绵羊或山羊中进行评估。在缺乏临床症状的情况下,有缺陷的动物也可能具有正常的生产性能,但对于有充血性心力衰竭症状的动物,预后较差。

预防

由于遗传在先天性心脏缺陷中的作用尚不清楚,因此受影响的动物一般不应繁殖。

获得性心脏病

心水病(考德里氏体病)

心水病,或称考德里氏体病,是一种由埃里希氏体(之前为考德里氏体)引起的急性、经蜱传播的败血病。所有反刍动物都是易感动物,特别是美利奴羊和安哥拉山羊。鸟类、陆龟和各种哺乳动物也可以作为宿主。该病不具有传染性,主要通过花蜱属传播,尤其是希伯来花蜱和彩饰花蜱。埃里希氏体存在于宿主的肠上皮细胞中。寄主蜱需要 3 次饱血蜕皮才能完成其生命周期;而且第三个寄主必须是大型哺乳动物。受感染的母羊会发生卵巢感染,并将埃里希氏体垂直传给后代。

这种疾病主要局限于花蜱属普遍存在的地区,包括非洲撒哈拉以南、马达加斯加、印度洋和加勒比海的一些岛屿以及欧洲。报告中描述了佛罗里达州从进口乌龟身上发现了感染该病原的蜱,以及美国从人和鸟类身上发现了未感染该病原的媒介蜱[4-6]。一些北美洲花蜱已被证明是该病的媒介,但这种疾病在美国从未发生。心水疾病严重损害了疾病流行地区反刍动物的健康和畜牧业。

发病机制

埃里希氏体最初在靠近感染部位的巨噬细胞和中性粒细胞中繁殖。当这些细胞破裂时，埃里希氏体被释放到循环系统中，并侵入血管壁，特别是大脑的毛细血管内皮细胞。血管炎导致不同部位的积液，包括心包囊（"心水"）[5,6]。

临床症状

绵羊和山羊的潜伏期各不相同，介于 14～17 d。根据动物的易感性（安哥拉山羊是非常敏感的；8 日龄以下的羔羊和 6 周以下的幼崽对反刍动物埃里希氏体有天生的抵抗力）和该病毒的毒性，确定了 3 种不同的心胸疾病的临床类型。特急型的水胸病相对罕见，最常见于水胸疾病流行地区的原始外来反刍动物品种。临床表现可能是突然死亡，没有先兆症状或发烧和抽搐，有时会出现严重腹泻。急性型是最常见的，表现形式通常包括突发性发热（温度高达 107℉），随后出现厌食、抑郁和呼吸窘迫，从而导致呼吸急促和发绀。临床症状可能会在几天内出现，包括咀嚼运动、眼睑抽搐、舌头突出、行为改变、转圈和高步步态、宽基步态和肌肉筋膜痉挛。过敏、眼球震颤、口吐白沫、平卧、癫痫发作和昏迷可在疾病的晚期发生。死亡通常发生在临床症状出现后 1 周内。在一些对疾病具有很高的天然抵抗力的国产绵羊品种中，发现了一种温和或亚急性的疾病（心水热）。这种疾病在老龄动物中更常见，其特点是短暂发热。心水热的动物可能会成为其他动物的感染源，因为埃里希氏体在绵羊体内存活长达 223 d 不被清除，在山羊体内长达 8 d 不被清除[4-6]。

诊断

心水病能通过对蜱虫载体的鉴定和利用吉姆萨染色的脑皮质组织切片中的显微镜检被明确诊断。从山羊身上获得脑活检标本，用于死前诊断。这种病原菌也可在大血管的内膜层和肾小球和淋巴结的部分找到。一种常见的确认诊断的生物试验，包括将疑似感染的动物的新鲜血液接种到易感染的绵羊中，也可以进行间接免疫荧光试验。

治疗

在疾病早期，土霉素（每 12 h 静脉注射 1 次，6～10 mg/kg，持续 3～4 d）可能会有所帮助。长效四环素也有效，但必须在疾病早期使用。在疾病的后期，神经系统阶段的治疗效果较差。

预防

草地蜱虫控制是防治心水病的主要措施，但由于花蜱对杀螨剂产生了抗性，而且蜱虫以许多宿主为食，繁殖率很高，因此控制是很难实现的。在某些地方，完全消除花蜱属的蜱虫侵染是不可能的，而且在任何情况下都是不可取的，因为低水平的蜱虫存在，对生物体发展免疫力是有效的。在南非的一些地方，在夏季的几个月里，每隔 14 d 给山羊群注射一次四环素以控制感染，然后给予抗生素已被作为一种免疫小反刍动物的手段。这种方法可以有效地防止反刍动物埃里希氏体的同源菌株引起的疾病，但对异源菌株没有效果。

反刍动物埃里希氏体减毒活株可作为疫苗，但尚未在牧场试验中得到证实。疾病后的免疫力不是终身的；再次感染后易感性出现的时间各不相同，范围在 6～58 个月。绵羊死亡率在 6%～80%，这取决于品种（波斯羊或非洲羊与美利奴羊）。安哥拉山羊的死亡率可以超过 90%[4-6]。

营养性肌变性（白肌病）

营养性肌变性，或白肌病，产生两种不同的综合征：心脏型和骨骼型（见第 2 章和第 11 章）。这两种疾病都会影响年轻的、生长迅速的农场动物，但心脏病通常会影响出生后第 1 周的幼崽。它主要是由于饮食中缺乏硒或维生素 E 或两者均缺乏引起的。如果动物在妊娠期食用硒缺乏的食物，最容易受到影响[7,8]。

发病机制

硒和维生素 E 的缺乏可导致细胞膜和蛋白质的破坏，损害细胞完整性。这两种营养素都是生物抗氧化剂。在没有它们存在的情况下，细胞损伤是由于在正常的细胞代谢过程中释放的自由基和过氧化物造成的。许多缺乏硒或维生素 E 或两者都缺乏的动物没有出现营养性肌变性，有时这两种营养素必须都缺乏才能引起临床症状。

临床症状

心脏和骨骼综合征的临床症状范围从急性到亚急性。白肌病常导致严重虚弱或猝死。患有心脏病的小反刍动物经常表现出呼吸系统症状，因为它们会影响到心脏、横膈膜和肋间肌肉。呼吸系统症状包括呼吸困难、呼吸急促、鼻涕冒沫或带血；相关的躁狂症状包括严重虚弱、平卧和猝死。听诊常显示心脏杂音和不规则的快速心跳。临床病程通常较短，通常 24 h 内死亡。存活于急性期的小反刍动物可能由于心脏残余损伤而无法存活，并可能在生命后期表现出骨骼肌受累的迹象。

诊断

白肌病确切的死前诊断是基于对不足全血中硒水平和血浆维生素 E 水平的测量。血浆硒浓度反映当前的饮食或最近的注射情况，而全血浓度（或谷胱甘肽过氧化物酶分析）也包括过去几个月硒与细胞内硒酶结合的程度。因此，只有在饮食没有改变的情况下，血浆才是有用的。

肝脏组织样本可用于测量体内硒的储存量。硒含量的定量分析有助于诊断。尸检损伤包括肌肉纤维上的白色条纹和代表急性凝固性坏死或慢性纤维化和钙化区域的苍白区域。提示有白肌病的非特异性临床病理发现包括肌酸激酶（CK）、天冬氨酸氨基转移酶（AST）和乳酸脱氢酶（LDH）显著升高，也可能存在脱水和肌红蛋白尿的迹象。

治疗

尽管治疗得当，心脏型白肌肉病往往预后不良。经肠外注射维生素 E 和硒制剂并提供适当的支持性护理对该病的治疗是由帮助的。复合补充剂的维生素 E 含量不足以纠正维生素 E 缺乏症。口服和注射维生素 E 产品均可用[7,8]。

预防

给母体补充适量的补充剂可达到预防该病的目的，主要通过盐混合物或总配给量进行补充（饮食中的硒含量为 0.1～0.3 ppm）。在妊娠晚期，可能需要注射维生素 E 和硒[7,8]（见第 2 章和第 9 章）。

获得性心内膜炎

获得性心内膜炎最常见于成年小反刍动物，由感染、退行性改变、炎症、创伤和四个心脏瓣膜中的一个或多个特发性功能障碍引起的瓣膜功能不全所造成的。由于感染性、肿瘤性或炎症变化，心脏瓣膜可能形成营养性病变，这是营养性瓣膜性心内膜炎的病理学表现。慢性活动性感染，如脚部或肝脏脓肿、瘤胃炎和脐静脉炎，可导致持续或反复的菌血症，使动物易患细菌性心内膜炎。常见的细菌分离株包括化脓菌（放线菌）和 α 溶血性链球菌[9]。

发病机制

瓣膜上的营养性病变会干扰正常血流，导致心脏功能障碍。功能障碍可能是由于瓣膜无法正常关闭导致的血液泄漏，或是由于阻塞的出口干扰了血液的排出。营养性病变也很容易破裂，导致在肺部、肾脏和关节等处出现栓塞性脓肿。

瓣膜功能不全导致心腔容积过载。随着时间的推移，心室舒张末期容积的增加会导致舒张末期压力轻微升高，可能造成代偿性肥大。最终，心室的收缩力受损，导致舒张末期压力进一步升高，顺应性降低。根据瓣膜不同，其他后遗症可能包括肺静脉高压和左心衰竭（主动脉和二尖瓣返流）或中心静脉压升高和右心衰竭（三尖瓣返流）。

临床症状

受影响的动物最初无临床症状，但有可听见的心脏杂音，受影响的心脏瓣膜上的最大强度点（PMI）指向异常血流方向。杂音的强度与病变的严重程度无关。慢性心内膜炎的疾病表现可能包括周期性或间歇性发热、体重减轻、运动不耐、厌食和充血性心力衰竭的症状（心动过速、呼吸窘迫、咳嗽、颈静脉扩张、皮下水肿和腹水）[10]。在牛身上，有腹泻、产奶量减少和跛足的报道，小反刍动物也可能有这些症状。

诊断

完整的超声心动图检查是诊断获得性心内膜炎的最佳方法。二维超声心动图最适合于检测瓣膜病变和功能障碍，以及测量心室功能。病变的直径必须至少为 2～3 mm 才能被发现。M 形超声检查有助于检测心室扩大和左心室缩短率的降低。彩色血流、脉冲波或连续波多普勒超声检查有助于量化瓣膜返流的严重程度。

在不能进行超声心动图检查的情况下，可以根据胸廓听诊来做出诊断。左心尖或右心尖的收缩性心脏杂音或左心底的舒张性杂音提示瓣膜功能不全。

在发热期间，最好是在使用抗生素之前，对血样进行细菌培养，有助于确定细菌性心内膜炎的病因。其他非特异性临床病理发现包括非再生性贫血、有或无左移的中性粒细胞增多症、高球蛋白血症和高纤维蛋白原血症。影像学改变包括全身性或局灶性心脏增大和弥漫性肺炎。心电图可显示继发于心室增大或潜在心肌疾病的心律失常。非特异性试验，如用于压力测量的心导管插入术和核心血管造影，可能分别显示心肌功能障碍和心脏增大，但成本高昂。

治疗

治疗和预后取决于瓣膜病变的原因、持续时间和严重程度。当瓣膜功能不全时，预后往往很差。退行性病变可能是无症状的，通常进展缓慢，有助于保护预后。如果超声心动图未发现异常或有轻微返流，预后良好。

细菌性心内膜炎应长期服用广谱抗生素治疗，治疗可能持续数周至数月。根据药物的敏感性和穿透组织的能力选择杀菌抗生素。然而，细菌性心内膜炎即使长期使用抗生素也会预后不良。

植物心脏毒性

在北美，含有能毒死牲畜的强心苷类(cardenolides)的重要植物包括夹竹桃、洋地黄、印度大麻或罗布麻、山谷百合、月桂、乳草、杜鹃花和多肉植物。影响自主神经系统和心脏功能的植物源性药物包括：颠茄属植物阿托品和曼陀罗属植物阿托品、毒蝇伞属植物毒蕈碱、麻黄属植物麻黄碱、紫头鼠尾草属植物麦角胺和烟草属植物尼古丁。棉酚是棉籽中有毒的多酚醛，它尤其影响绵羊和山羊，导致心肌、肝脏和肾脏坏死，并降低生殖功能。在紫杉(红豆杉属)和假藜芦(藜芦属)中发现的生物碱具有直接和间接的心脏效应。疯草(黄芪属和棘豆属)的摄入会导致血管阻力增加，进而导致胎儿心脏肥大和潜在的心脏功能衰竭，在母羊怀孕期间摄入会导致流产。

许多不同的心脏毒性植物已在北美以外的地区被鉴定出来。这类植物包括：非洲乌骨木属[12]；肝毒性的非洲加仑属[13]以及南部非洲的神经毒性奇峰锦属[14,15]。

针对植物毒素的解毒剂很少。因此预防是最有效的治疗方法。一般来说，大多数有毒植物是不可食的，生长在过度放牧的牧场上。有毒性的植物可以用干草、青贮饲料或谷物遮掩。大多数植物中毒都可以通过提供足够数量的不含有毒植物的饲料以及保持适当的放牧管理、杂草控制计划和饲料收获技术来预防。山羊比绵羊更有好奇心，因此它们常通过口对环境进行探索，这使其更容易受到毒性植物的影响。

发病机制

植物中产生对心脏有毒性作用的主要物质是多种具有心脏活性的糖苷。糖苷在植物体内的浓度随季节、成熟期、部分植物和环境条件而变化。强心苷能阻断细胞内的钠离子、钾离子和 ATP 酶，使钠在神经组织和心肌等可兴奋细胞中积聚，导致心肌收缩增加，心律改变。这些苷类物质也是有效的胃肠道刺激物。

棉酚有许多毒性作用，很难说哪一种更具致病性；它能结合铁，抑制许多酶，并结合钙调蛋白，导致贫血和大多数内脏器官的损害。

如前所述，植物中发现的影响自主神经系统的因子也可能影响心脏功能。紫杉中的生物碱通过阻止钠通过细胞膜的运动来抑制心肌传导，导致各种心律失常，包括变时性和变力性效应降低造成的心律失常和心室性心动过速或心室纤颤。尼古丁作用的生物碱，如那些烟草特有的生物碱，通过刺激神经胶质然后阻断它们而引起毒性，导致瘫痪。绵羊比牛更不易受到这些影响。像颠茄这样的三烷生物碱含有阿托品，它能阻止乙酰胆碱毒在神经突触处的合成。心脏效应是心动过速。

临床症状

绵羊和山羊急性心糖苷中毒的许多临床症状是由于心脏供血不足以及胃肠道刺激引起的缺氧直接导致的，可能包括恶心、腹痛、厌食、唾液增多、白内障或出血性腹泻、昏迷和抽搐，在某些情况下会突然死亡。这种中毒可导致多种心脏传导异常，包括心动过缓、病程后期的心动过速、心跳减慢、心脏传导阻滞和房性或室性心律失常。临床表现出现在摄入植物 4～12 h 后。如果没有死亡，症状可能持续 2～3 d。反刍动物由于体内持续释放出糖苷，可能导致该病复发。心脏毒素通常在发现任何临床症状之前就会导致死亡。

红豆杉中毒可引起心脏和神经系统症状。心脏症状包括心动过缓和心搏骤停。神经系统症状包括抑郁、震颤、呼吸困难、崩溃和猝死。亚急性毒性引起肠胃炎和腹泻。

颠茄中毒可导致胃肠功能减退、厌食、心跳和呼吸加快、腹泻、排尿过多、视力受损和精神错乱，但极少造成死亡。随着含尼古丁植物的食用，会出现共济失调、虚弱、中枢神经系统刺激、震颤和肿胀等症状，并可能因呼吸麻痹死亡[16,17]。

过量摄入棉酚会导致呼吸困难和快速死亡。受影响的动物心电图上 ST 段加快，T 波增高[18]。呼吸困难在慢性病动物身上也很明显，还有体重减轻、虚弱以及潜在性的肝脏或充血性心力衰竭等症状。

诊断

确定心脏毒性植物摄入的诊断需要证明动物牧场和瘤胃中存在心脏毒性植物。临床症状提示摄入有心脏毒性的植物，但不是病理学的。心脏听诊和心电图检查结果可能提示心律紊乱。夹竹桃中毒，导致心动过缓或心动过速、房室传导阻滞、ST 段下降、室性早搏和心室纤颤[19]。尸检损伤也无特异性，包括出血性胃肠炎和伴有充血和出血的心脏苍白斑点。组织病理学证据可能包括心肌变性和坏死以及肝脏和肾脏的类似损伤。一种人血清放射免疫测定法可用于测量地高辛或毒毛花苷的含量，但这种测试往往具有宿主和糖苷特异性，可能不适合用于检测疑似动物中毒。该测试可能与夹竹桃苷发生交叉反应。从中毒动物身上提取的生物碱可通过质谱分析来鉴定。

流产是胎儿局部中毒的主要表现。对受感染羊羔的超声检查可发现中毒早期出现心动过速和纤颤，随后出现心动过缓，最终出现心搏停止[11]。其他异常包括子叶畸形和体腔积液。尸检发现胎儿心脏因右心室扩张而增大。

治疗

消除对有毒植物的持续接触是处理和预防的重要组成部分。在发生明显的全身吸收之前，可能需要进行瘤胃切除术，以便洗胃并清除任何剩余的心脏毒性植物。转群可能有助于恢复瘤胃运动(见第 5 章)。护理应包括提供液体，将压力降至最低并使用活性炭(2 g/kg)、β-肾上腺素阻滞剂和抗心律失常药物来治疗心脏心律失常。抗心脏糖苷的抗原结合片段抗体已被用于治疗洋地黄和夹竹桃中毒。

预防

预防包括注意牧场和检查所有饲料。如果存在其他可口的现成食物，动物通常不会食用这些有毒植物。

离子载体中毒

离子载体包括莫能菌素、拉沙里菌素、盐霉素、马杜拉明和那拉菌素。一些被批准用作抗球虫制剂，另一些被用于提高绵羊、山羊、鸡和牛的饲料转化效率。不同物种的电离层毒性差异很大，马是最敏感的。当敏感物种食用为其他物种配制的含有离子载体的饲料时，以及在饲料混合过程中出现错误时，通常会发生中毒[20,21]。另一个来源是接触来自离子载体饲养的鸡等家禽的粪便[22]。

同时使用各种抗生素，包括红霉素、氯霉素和磺胺类药物，可以增强离子载体的毒性。即使在治疗剂量下，莫能菌素也能增强硒的毒性。

发病机制

过量的离子载体摄入会导致特定离子的优先转运，从而导致离子梯度的改变和细胞生理功能的紊乱。心肌损伤会导致纤维化，从而造成性能下降或充血性心力衰竭。随着扩张型心肌病的发展，细胞代谢发生变化，导致心电图异常和心输出量减少[20]。对心输出量减少的补偿包括肾素-血管紧张素-醛固酮系统的激活和动脉阻力的增加。结果是心室前负荷(静脉回流)和后负荷(动脉阻力)增加，导致肺水肿，心脏收缩力进一步降低。心室扩张，进一步降低心输出量，出现心力衰竭的迹象。

临床症状

严重莫能菌素中毒的绵羊的症状包括嗜睡、僵硬、肌肉无力、步态不稳、心搏过速、呼吸急促、轻度到中度呼吸困难、轻度黏液性腹泻和平卧。压力或运动后可能会突然死亡。心脏听诊可提示心律失常，肺听诊可提示肺水肿。充血性心力衰竭的迹象，可能出现颈静脉扩张、周围水肿和循环衰竭等症状，可发现心脏杂音并伴有心室扩张。山羊的体征可能相似。奶山羊的产奶量可能会下降[20]。

诊断

该病可通过分析可疑饲料不适当的离子载体浓度来进行诊断。根据临床症状、特征性尸检损伤和临床病理发现，包括骨骼和心肌损伤、肾脏损伤和红细胞脆弱性增加等特征，可以做出推定性的诊断。提示红细胞脆弱性特征包括碱性磷酸酶、间接胆红素、血尿素氮、肌酸激酶、肌酐、低密度脂蛋白和谷草转氨酶浓度升高，钙、钾浓度和尿液酸碱度可能降低。心肌同工酶 CK 和 LDH 的异常值高度并结合与此诊断一致的历史信息可提示莫能菌素中毒。心电图可显示窦性心动过速和其他心律失常。超声心动图可产生正常结果或显示扩张型心肌病的证据，心室增大，室间隔和左心室自由壁厚度减小，心肌功能降低。左心室和右心室的舒张末期尺寸可能明显增大，左动脉尺寸增大，左心房-主动脉根部尺寸比增大。心导管插入术可显示与扩张型心肌病相一致的心内压升高。尸检结果包括纤维化、心肌退化和心肌坏死的显微特征。心脏可能会明显扩张、苍白，也有苍白的条纹。骨骼肌的肌病很明显，以肉眼检查时出现的苍白、斑驳、条纹和水肿为特征。充血性心力衰竭的证据可能反映在胸腔积液、心包积液和肝肺被动充血中[20-22]。

鉴别诊断的主要考虑因素包括白肌病和虚弱、呼吸急促和呼吸困难的传染原因。当多种动物受到影响时，还应考虑其他基于饲料的毒性和碳酸钠过量。

治疗

对于最近摄入包含离子载体的饲料的动物，目前还没有专门的解毒剂或经过测试的治疗方法。一般性治疗包括服用活性炭；提供静脉输液以纠正电解质失衡、维持肾功能和减少休克（但其量不足以加重充血性心力衰竭）；针对心律失常的具体治疗方案（如使用地高辛、奎尼丁、血管扩张剂或利尿剂）；在羊圈内休息。扩张型心肌病动物预后较差。

预防

预防措施包括小心地混合包含离子载体的饲料，在喂养过程中谨慎排除为其他物种配制的动物饲料，避免接触离子载体家禽的垫料。离子载体处理过的适当浓度的硒饲料对预防硒中毒很重要。

囊虫病

发病机制

羊带绦虫是一种绦虫，在家犬或其他犬科动物的肠道内有产卵成熟期。绵羊或山羊充当中间宿主，在牧场或被狗粪便污染的干草中吞食虫卵。幼虫在动物的肠道中孵化，并迁移到心脏和其他肌肉中形成囊肿。囊肿在摄入后 7～10 周成熟，然后迅速退化。退行性病变可能导致猝死、步态或咀嚼异常，或健康不良，这取决于受感染的肌肉。死亡是最常见的临床表现。该病不是人畜共患病。

诊断

判断羊只与受感染的犬或其粪便是否有过接触，这对诊断有帮助。在有心脏损害的绵羊中，已发现心电图变化，包括窦性心动过速和心律失常、房颤或不稳定、病理性 Q 波、R 波振幅降低和 T 波倒置[23]。该病最常见的特征是在尸检或屠宰时，可在心脏、横膈膜和各种骨骼肌中发现多处白色、3～10 mm 长的卵圆形病灶。这些内部病变的存在被称为羊麻疹或膀胱虫感染。感染数周后，病变呈囊性，随后变为干酪样变性。老龄动物可发现钙化结节。

预防

这种疾病可能是小反刍动物在其特定地区成规模死亡的主要原因。受感染的绵羊没有有效的治疗方法，因此必须努力减少犬的感染和从犬向绵羊或山羊的传播。预防策略是尽量减少牛群或羊群的暴露，应包括用有效的抗绦虫剂治疗犬，使受感染的犬尽可能远离牧场，并限制犬接触受污染的肉或动物尸体。

心包疾病

心包炎

心包炎是一种心包炎症，导致液体或渗出物积聚在心包的内脏和顶叶层之间。大型动物感染的病因包括异物穿透造成的创伤（硬件疾病）、外部创伤、血源性感染传播（败血症）、肺单腔感染的扩展以及特定的病毒或肿瘤原因。这种情况在绵羊和山羊中很少见。

发病机制

心包炎主要分为渗出性心包炎和狭窄性心包炎，或两者兼而有之。包膜壁层和内脏层之间的炎症导致液体积聚。随着时间的推移，心包炎导致心脏膨胀率降低，从而造成心室舒张末期压力升高，这反过来又削弱了心脏在舒张期间的充盈能力；这会使心房压力升高，静脉回流到心脏的频率降低，从而削弱了心肌的灌注。灌注减少会导致心室收缩力、脑卒中体积和心输出量等的下降，动脉压和肾血流量也会降低。心脏最初通过收缩血管、增加心率和钠滞留来进行补偿，增加血管容积以维持心脏输出量。

外伤性网状心包炎是由尖锐的金属物体穿透网状壁、膈膜和心包囊而引起的感染性炎症。在网状收缩或腹压升高(如排尿)时，异物被推入网状结构的颅壁。异物允许来自网膜的细菌进入心包囊(心包和网膜很近)。牛的心脏经常发出“飞溅”的声音，合称为“洗衣机杂音”，是由于心包内的气体和液体积聚而引起的急性、亚急性或慢性纤维蛋白性化脓性心包炎。心包囊发炎后，其发病机制与其他原因引起的心包炎相似。由于放牧习惯，绵羊很少受到创伤性网状心包炎的影响。由于山羊好奇的天性和饮食习惯，它们可能更容易患上这种疾病。非创伤性心包炎通常由败血症引起。

临床症状

听诊时最准确的心包炎临床症状包括心音低沉、心动过速和腹侧胸腔内的肺音减弱或消失。心音的振幅可以在响亮和安静地心跳之间交替(双频)。背肺音可能更明显。非特异性临床症状包括发烧、厌食、抑郁和体重减轻。充血性心力衰竭的症状可能很明显，包括颈静脉扩张或搏动、呼吸急促或呼吸困难，以及运动不耐受。在肘部外展触诊和听诊时咕噜或屏气时可观察到胸痛症状。临床体征取决于心包炎的发展速度和积液量。

诊断

心包穿刺或超声心动图检查可明确诊断心包炎。前一种技术提高了对积液的检测，并允许抽吸液体样本用于细菌和真菌培养，应使用超声心动图引导抽吸。超声心动图有助于检测心功能，并能显示积液和气体的位置和程度。一个常见的发现是右心室和左心室游离壁周围以及降主动脉和左心室后壁之间的无回声空间。如果心脏压塞前是压迫性的，右心室舒张性衰竭和右心房衰竭较为明显。心包炎的心电图表现包括QRS波群振幅降低、电交替和S-T段抬高或滑脱，可在标准肢体导联中记录右轴偏差。临床病理变化是非特异性的，可能包括血液浓度变化、轻度贫血、白细胞增多、中性粒细胞减少或淋巴细胞减少以及高纤维蛋白原血症；也可能存在低蛋白血症和高球蛋白血症，肝酶、肌酐、胆红素和血清尿素氮及心肌同工酶AST、CK和LDH升高。对反刍动物的胸或者网状组织、横膈膜进行放射学检查可能有帮助，尤其是对外伤性网状心包炎的诊断。在颅骨网或后胸可见金属异物。心包炎时可见明显的心包肿大，这是心包积液遮蔽心脏轮廓的结果，腔静脉和横膈膜可见模糊、气管背侧移位、间质性肺炎。

治疗

在大多数情况下，外伤性网状心包炎的治疗往往没有效果，而且在经济上也不可行。开始时，它时常是为了抢救和短期生存。通过瘤胃切除术去除异物可以防止进一步的并发症，但很少有疗效。心包引流可通过心包穿刺、第五肋骨切除、灌洗或心包切除反复进行。然而，在这些手术后，心脏功能往往不能恢复正常。采用肋骨切开技术进行开胸和心包切除可能是治疗反刍动物创伤性、限制性心包炎的有效方法。该病需要长期使用抗生素治疗。非创伤性心包炎的治疗需要预后得到一定的保护。放置在心包中的留置胸管可以引流、灌洗和局部注射抗生素。这些措施可以每天执行一到两次，使用全身广谱抗生素治疗。非甾体抗炎药(NSAIDs)是有用的辅助药物，皮质类固醇在没有细菌参与的情况下也可以使用。利尿剂在短期内可能有助于缓解充血性心脏病的某些症状。液体可以帮助缓解脱水和逆转休克症状。

预防

在有这种情况的羊群中，可以在怀孕前使用小磁铁防止金属异物穿透心包。然而，由于这种情况的罕见性质，它们的日常使用是没有保证的。

血管疾病

非洲锥虫病

人和动物可能会感染锥虫。锥虫只能在舌蝇(舌蝇属)中完成其发育周期。锥虫在其脊椎动物宿主的血液、组织和体液中繁殖，并在它们进食时通过吸血蝇的唾液在脊椎动物宿主之间传播。已知会感染山羊和绵羊的锥虫物种包括刚果锥虫、活动锥虫、布鲁氏锥虫、伊氏锥虫和猿猴锥虫。前三种对这些小反刍动物具有中度致病性，而后三种仅具有轻度致病性。

发病机制

锥虫进入皮肤后，通过淋巴系统进入血液并繁殖，感染后潜伏持续 10～14 d。这种感染的特点是寄生虫血症一段时间后，寄生虫消失。这种感染模式的发生是由于抗原变异：锥虫改变其糖蛋白表面涂层的抗原性质，以逃避宿主的免疫系统。这种免疫系统的规避策略延长了感染时间，并导致慢性病。一些锥虫倾向于侵入血管外的空间，如眼房水和脑脊液。锥虫的致病性随寄主种类的不同而不同。锥虫可能在疾病过程的早期产生溶血素，从而导致宿主贫血。随后，吞噬活性增加导致大量红细胞的破坏，这可能在没有寄生虫血症的情况下发生[24]。

临床症状

临床症状是可变的和非特异性的，取决于贫血的发病速度和器官损伤的程度。整个畜群都可能会受到影响，生产的各个方面都会受到损害——生育能力、出生体重、哺乳期、断奶体重、生长和生存能力。锥虫病可能使动物易患其他掩盖潜在锥虫感染的疾病。

锥虫病可能是急性、亚急性或慢性的，最后一种是最常见的。急性病常导致流产。奶山羊的产奶量可能会突然下降。动物可能出现抑郁、厌食和僵硬的步态。身体检查显示有心动过速、呼吸急促和轻微发烧。可发现黏膜充血和泪液过多。受影响的动物通常会卧倒和厌食，并在临床症状出现后 1～3 周内死亡。如果动物存活下来，可能会发展到亚急性阶段，其特征是无精打采、体重减轻、表面淋巴结肿大和毛发变暗、干燥。在这种情况下，听诊结果与其他形式的急性心脏病相似，也会出现苍白的黏膜和明显的颈静脉搏动。该病可能会持续数周或数月，或者会发展成慢性疾病。受影响的动物表现出毛发干枯、皮肤缺乏弹性、嗜睡、消瘦、外周淋巴结病、苍白的黏膜、运动和应激不耐症。死亡可能发生在感染后数月甚至数年，通常由充血性心力衰竭引起。当动物因营养不足、生产需求增加或并发疾病而受到压力时，亚临床的锥虫病会转变为急性发作[24]。

诊断

由于寄生虫病是间歇性的、临床症状为非特异性的，寄生虫感染并不总是产生疾病症状，因此诊断是困难的。PCR 检测被认为是最敏感的诊断方式，但并非所有受感染动物都表现出临床疾病[25]。尽管病理性锥虫病的初步诊断可以根据临床体征、传播媒介的存在以及在畜群中使用锥虫杀虫剂的历史进行，但明确的诊断需要在新鲜血液涂片、吉姆萨染色的血液涂片或更不常见的淋巴涂片上鉴定锥虫。用暗场相衬法对离心血液的血沉棕黄层进行检测是最灵敏的直接显微检查方法，且在寄生虫数量少的情况下是有用的。致病性锥虫必须与更普遍的、非致病性物种区别开来，这些物种在牛身上特别常见，如泰氏锥虫。由于寄生虫血症是间歇性的，因此经常需要在单个动物进行重复采血。完整的血细胞计数显示贫血的证据支持了这一诊断。

间接诊断方法包括间接荧光抗体试验（IFA）和酶联免疫吸附试验（ELISA）。这些测试对单个临床病例的诊断帮助不大，但对检测群体感染却很有用。刚果锥虫和布鲁氏锥虫都容易感染大鼠和小鼠，对这些病原体的检测可用于间接诊断感染。

治疗

治疗包括使用杀锥虫药物和维持疗法。患有急性、亚急性和亚临床疾病的动物比患有慢性疾病的动物对治疗的反应更好，因为慢性感染会对造血系统造成不可逆转的损害。大多数杀锥虫剂的治疗指数较低，随宿主种类的不同而不同；杀锥虫的效果也因锥虫的种类而异；锥虫对药剂的抗性很常见。一些锥虫杀虫剂对羊只皮肤有刺激性，可能在注射部位引起严重的炎症。

在感染布鲁氏杆菌的绵羊和山羊中，首选的杀锥虫剂是重氮氨苯脒乙酰甘氨酸盐，其剂量率应高于牛推荐的剂量率（肌肉注射或皮下注射，7 mg/kg）。使用杀锥虫剂后的保护通常持续 2～4 个月，视情况而定。动物治疗前后必须休息。维持疗法包括提供液体、有利于休息的环境、良好的营养、可能的输血。

预防

媒介控制、压力和营养管理以及绵羊和山羊耐锥虫品种的选择都有助于控制或预防锥虫病。目前还没有疫苗可用于锥虫病的治疗。动物可以用杀虫剂（拟除虫菊酯）来防止舌蝇和其他蝇类的叮咬，可通过在高峰季节战略性地使用锥虫杀虫剂来实现控制。持续的寄生虫学和临床监测对于确定控制措施的有效性至关重要[24]。

休克

发病机制

休克是多种病理作用的结果，遗憾的是，很多状况往往未得到兽医的重视。造成休克的众多的原因包括败血症、局部细菌感染、心肌炎、脱水、电解质和酸碱紊乱以及心血管异常。休克的致病机制是组织灌注不足和器官功能不全，这可能是由于血管张力或完整性不足、心脏输出量差和电容血管内血液淤积所致。

休克开始于激素介导的高动态期，其特征是伴随脉冲、心动过速伴有剧烈地心跳，以及黏膜毛细血管充盈时间缩短。这个阶段是短暂的，经常被忽视，但很快就会出现循环衰竭的低动力阶段。

临床症状

大多数临床异常反映器官灌注不足或心血管系统无法维持灌注。常见的体征包括虚弱、闭塞、四肢发冷、脉搏微弱的心动过速、排尿和排便减少、黏膜发紫或苍白、呼吸浅。其他的迹象也是可能的，这取决于刺激诱因。

诊断

大多数临床病理变化反映了休克的诱发原因，而其他变化则反映了休克时发生的变化。后者包括有机酸中毒、氮质血症和应激性高血糖症。诊断是通过识别临床特征和临床病理异常进行的。

治疗

器官灌注和功能的恢复是治疗的主要目标，最好通过静脉输液来完成。初始灌注约为动物体重的 8%的休克药剂量。任何等渗液体在大多数紧急情况下都是适用的，因为这些液体对血管体积有积极的影响。多离子、酸碱平衡的液体是最有用的。持续治疗取决于动物对最初灌注的反应。在休克动物中，口服和皮下注射液体不太可能恢复足够的心血管功能（见第 3 章和第 16 章）。

血管活性药物可能有助于增加血压，但如果可能，这些药物应与液体结合使用。皮质类固醇可能对非感染性休克有益，因为它们具有抗炎症和膜稳定作用；但由于大多数小反刍动物休克的病例都是由感染引起的，所以这些药物的作用有限。在特定情况下，可能需要使用针对原发性疾病过程的其他治疗，如使用抗菌药物、抗毒素或消炎药物。

参考文献

[1] Reef VB, McGuirk SM: Congenital cardiovascular disease. In Smith BP, editor: *Large animal internal medicine*, ed 2, St Louis,1996, Mosby.

[2] Saperstein G, Leipold HW, Dennis SM: Congenital defects of sheep, *J Am Vet Med Assoc* 167:314-322, 1975.

[3] Dennis SM, Leipold HW: Congenital cardiac defects in lambs, *Am J Vet Res* 29:2337-2340, 1968.

[4] Hagan WA, Bruner DW, Timoney JH: Heartwater disease. In Hagan WA, Bruner DW, Timoney JF, editors: *Hagan and Bruner's microbiology and infectious diseases of domestic animals*, ed8, Ithaca, NY, 1988, Comstock Publishing.

[5] Commission on Foreign Animal Diseases: Heartwater. In Commissionon Foreign Animal Diseases, editors: *Foreign animal diseases*, Richmond, Va, 1984, US Animal Health Association.

[6] Oberem PT: Heartwater. In Howard JL, editor: *Current veterinary therapy*, ed 3, Philadelphia, 1993, WB Saunders.

[7] Welker B: Nutritional myodegeneration. In Howard JL, editor: *Current veterinary therapy*, ed 3, Philadelphia, 1993, WB Saunders.

[8] Maas J, et al: Nutritional myodegeneration. In Smith BP, editor: *Large animal internal medicine*, ed 2, St Louis, 1996, Mosby.

[9] Reef VB, McGuirk SM: Valvular heart disease. In Smith BP, editor: *Large animal internal medicine*, ed 2, St Louis, 1996, Mosby.

[10] Scott PR, Sargison ND: Extensive ascites associated with vegetative endocarditis and *Sarcocystis myositis* in a shearling ram, *Vet Rec* 149:240-241, 2001.

[11] Bunch TD, Panter KE, James LF: Ultrasound studies of the effects of certain poisonous plants on uterine function and fetal development in livestock, *J Anim Sci* 70:1639-1643, 1992.

[12] Joubert JP, Schultz RA: The treatment of *Urginea sanguinea* Schinz poisoning in sheep with activated charcoal and potassium chloride, *J S Afr Vet Assoc* 53:25-28, 1982.

[13] Van Der Lugt JJ, et al: Galenia africana L. poisoning in sheep and goats: hepatic and cardiac changes, *Onderstepoort J Vet Res* 59:323-233.

[14] Botha CJ, et al: Krimpsiekte, associated with

thalamic lesions, induced by the neurotoxic cardiac glycoside, cotyledoside, isolated from *Tylecodon wallichii* (Harv.) *Toelken* subsp, *wallichii*, *Onderstepoort J Vet Res* 64:189-194, 1997.

[15] Botha CJ, Kellerman TS, Schultz RA, et al: Krimpsiekte in a sheep following a single dose of *Tylecodon ventricosus* (Burm. f.) Toelken and the isolation of tyledoside D from this plant species, *Onderstepoort J Vet Res* 65:17-23, 1998.

[16] Fowler ME: Cardiotoxic plants. In Howard JL, editor: *Current veterinary therapy*, ed 3, hiladelphia, 1993, WB Saunders.

[17] Galey FD: Glycosides. In Smith BP, editor: *Large animal internal medicine*, ed 2, St Louis, 1996, Mosby.

[18] Morgan S, et al: Clinical, clinicopathologic, pathologic, and toxicologic alterations associated with gossypol toxicosis in feeder lambs, *Am J Vet Res* 49: 493-499, 1988.

[19] Aslani MR, Movassaghi AR, Mohri M, et al: Clinical and pathological aspects of experimental oleander (*Nerium oleander*) toxicosis in sheep, *Vet Res Commun* 28:609-616, 2004.

[20] McCoy CP: Ionophores: monensin, lasalocid, salinomycin, and narasin. In Howard JL, editor: *Current veterinary therapy*, ed 3, Philadelphia, 1993, WB Saunders.

[21] Jones A: Monensin toxicosis in 2 sheep flocks, *Can Vet J* 42:135-136, 2001.

[22] Bastianello SS, et al: Cardiomyopathy of ruminants induced by the litter of poultry fed on rations containing the ionophore antibiotic, maduramicin. Ⅱ. Macropathology and histopathology, *Onderstepoort J Vet Res* 62:5-18, 1995.

[23] Kostov I, Georgieva D: Changes in the ECG telemetry of lambs infected with, *Cysticercus ovis*, *Vet Med Nauki* 22:56-61, 1985.

[24] Commission on Foreign Animal Diseases Commission on Foreign Animal Diseases: African trypanosomiasis. Commission on Foreign Animal Diseases, editor: *Foreign animal diseases*, Richmond, Va, 1984, US Animal Health Association.

[25] Bengaly Z, et al: Validation of a polymerase chain reaction assay for monitoring the therapeutic efficacy of diminazene aceturate in trypanosome-infected sheep, *Vet Parasitol* 96:101-113, 2001.

第 18 章 麻醉管理

具备麻醉牛经验的兽医，会发现牛与绵羊和山羊在解剖学和生理学上具有相似性。绵羊和山羊的固定和镇痛是通过物理束缚和局部麻醉技术来实现的。绵羊和山羊的痛觉与其他动物类似。因此，像其他动物一样，在羊的兽医护理和常规管理实践中，常常使用多种镇痛方式来预防或缓解羊的疼痛。有时外科手术需要全身麻醉，在这种情况下，应使用平衡麻醉技术来提供麻醉、镇痛和肌肉松弛，从而最大限度地减少手术和麻醉引起的应激反应。

目前，被批准用于山羊的麻醉药只有一种（眼科用药丙美卡因），用于绵羊的也只有一种（硫喷妥钠）。只有在动物健康受到威胁或不经治疗动物会死亡的情况下，才会允许使用其他药物。尽管应该考虑动物体内麻醉药物残留量的问题，但严格规定麻醉药为短期使用，并且用药后的动物在手术后不能立即进入市场交易；此外，麻醉剂一般是通过静脉注射或吸入给药且具有高活性，低剂量就可产生全身麻醉，因此前面提到的药物残留过量的问题是比较少见的[1]。表 18-1 总结了食用动物避免药物残留数据库（FARAD）推荐的一些绵羊和山羊的标签外使用止痛药、镇静剂和注射麻醉剂的肉和乳的停药间隔[2,3]。临床医生在使用未经批准的药物时，应查阅 FARAD 的建议，因为停药间隔可能会有所变化。

麻醉前准备

家养反刍动物有多个胃，包括巨大的不完全排空的瘤胃，因此反刍动物容易受到由麻醉或者躺卧引起的并发症的影响。其中鼓胀、臌胀、返流和吸入性肺炎是常见的并发症。在进行反刍动物麻醉时，应当采用适当的预防措施来应对这些并发症。当条件允许时，成年动物在进行麻醉之前应该禁食 12～24 h、禁水 8～12 h。但是不建议对新生幼畜进行禁食处理，因为在新生阶段容易造成低血糖[4]。此外，在一些不具备禁食条件的紧急情况下，应采取预防措施来避免胃液和消化物的返流。有效的预防措施主要包括气管内插管和头部固定，固定其头部使其喉锁区域相对高于口腔和胸腔入口处，从而防止唾液和瘤胃内容物汇集到口腔中。

通常在麻醉诱导前进行颈静脉穿刺和导管插入术。16 号导管适用于成年绵羊和山羊；18 号导管适用于幼小动物。绵羊和山羊的导管插入技术与犊牛中使用的技术相似（图 18-1，另见彩插）。

在绵羊和山羊中进行插管比其他动物要困难。难操作的原因主要有以下几点：口腔不能完全张开；下颌间隙狭窄，喉部开口远离舌根部。在麻醉开始后，应在动物保持俯卧时迅速完成插管。此时，如果有助手用一圈纱布包住其上颌，另一圈纱布包住其下颌和舌头，方便于把握，然后逐渐拉开上颌，使其嘴完全张开，这样可以更好地完成插管（图 18-2）。同时，助手应该使动物的颈部尽可能地保持伸展状态，以便能看清楚喉部情况[5]。此时可以用长喉镜片（25～35 cm）来按压舌根和会厌，以便看清楚喉部。下一步放置"导管线"（10 F、22 in. 的聚乙烯犬齿状导管，其长度是气管导管长度的 3 倍），气管导管可以顺着导管线滑动到对应位置。这种方法相对较容易操作（图 18-2）。为了防止瘤胃内容物的回流和吸入，气管导管应该选择带套囊的，并且在操作过程中要一直使动物保持俯卧位直到套囊臌胀。

表 18-1 FARAD 推荐的绵羊和山羊使用一种或多种麻醉药后的停药期*

药物	剂量	肉用停药期/d	奶用停药期/h
乙酰丙嗪	≤0.13 mg/kg IV	7	48
阿司匹林	典型用法 100 mg/kg PO	1 1	24 24
布托啡诺	0.02～0.05 mg/kg SC 或 IV	2	72
地托咪定	≤0.08 mg/kg IM 或 IV 0.05～0.08 mg/kg IV	3 7	72 72
DMSO	未指定	4	96
愈创木酚甘油醚	≤100 mg/kg IV	3	48
氟尼辛葡甲胺	0.5～1 mg/kg IV	10	72
氯胺酮	≤2 mg/kg IV 或 10 mg/kg IM	3	48
酮洛芬	每天≤3.3 mg/kg IV，持续 3 d	7	24
利多卡因和肾上腺素	浸润，硬膜外腔	1	24
保泰松	每隔一天 5 mg/kg	6～8 个月	
超短效巴比妥酸盐	硫戊巴比妥：≤5.5 mg/kg； 硫喷妥钠：≤9.4 mg/kg	1	24
妥拉唑林	2～4 mg/kg IV	30	无
甲苯噻嗪	0.016～0.1 mg/kg IV； 0.05～0.3 mg/kg IM； 0.3～2.0 mg/kg	10 5	120 72
育亨宾	≤0.3 mg/kg IV	7	72

* 每当在食品动物（产肉或奶）中使用未经批准的药物时，临床医生应向相关部门询问适当的停药期。

DMSO：二甲基亚砜；IV：静脉注射；PO：口服；SC：皮下注射；IM：肌肉注射。

数据来自：*Craigmill AL*，*Rangel-Lugo M*，*Riviere JE*：*Extralable use of tranquilizers and general anesthetics*，J Am Vet Med Assoc 211：302，1997；*Fajt VR*：*Label and extralabel drug use in small ruminants*，Vet Clin North Am Food Anim Pract 17：403，2001；*George LW*：*Pain control in food animals. In Steffey EP*，*editor*：Recent advances in anesthetic management of large domestic animals，*Ithaca*，*NY*，2003，*International Veterinary Information Service*；*Damian P*，*Craigmill AL*，*Reviere JE*：*Extralabel use of nonsteroidal anti-inflammatory drugs*，J Am Vet Med Assoc 211：860，1997.

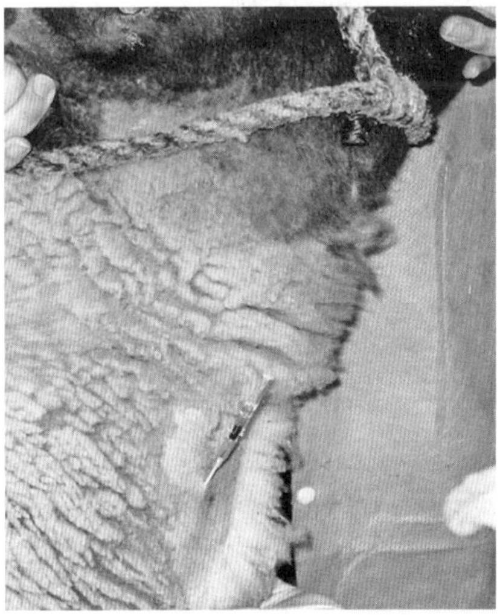

图 18-1 右颈静脉的静脉导管。因为在多数情况下，食管位于颈部的左侧。因此，多数兽医选择右颈静脉置入导管。

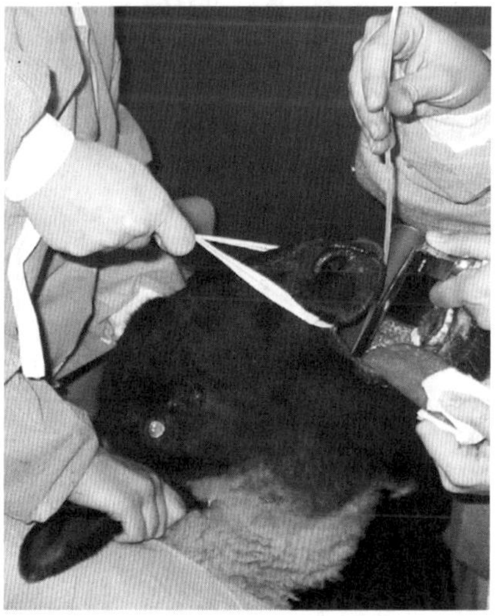

图 18-2 气管插管时头部的姿势。在引导导管和喉镜的帮助下进行气管插管。

麻醉前用药

一般情况下，小反刍动物很少需要预先麻醉镇静。然而，在体型较大或较有力的动物中，使用镇静剂可以最大限度地减少由强行约束产生的应激压力，减轻诱导过程，降低麻醉剂的剂量要求，从而可能预防灾难性低血压（表 18-2）。

吩噻嗪衍生物

乙酰丙嗪马来酸酯没有镇痛作用，只具有轻微的镇静功能，此药对心率和呼吸功能的影响极小；但使用此药可能会有低血压和增加返流的风险[6,7]。临床兽医应避免使用尾静脉进行静脉注射给药，因为此处非常靠近尾椎动脉[6]。山羊或绵羊在注射此药剂后有发生因阴茎脱垂造成创伤性损伤的可能。此外，乙酰丙嗪禁止在虚弱和低血容量的动物中使用[6]。

表 18-2 绵羊和山羊中常用的麻醉前用药的剂量

麻醉前用药	绵羊用量	山羊用量
阿托品	0.066 mg/kg IV 0.005～0.01 mg/kg SC 或 IM； 0.02～0.04 mg/kg IV	0.066 mg/kg IV 0.005～0.01 mg/kg SC 或 IM； 0.02～0.04 mg/kg IV
格隆溴铵	0.002～0.005 mg/kg IV； 0.005～0.01 mg/kg IM 0.01～0.02 mg/kg SC 或 IM； 0.005～0.01 mg/kg IV	0.002～0.005 mg/kg IV；0.005～0.01 mg/kg IM 0.01～0.02 mg/kg SC 或 IM； 0.005～0.01 mg/kg IV
乙酰丙嗪	体重低于 50 kg：0～0.2 mg/kg IV 体重超过 50 kg：0.05～0.1 mg/kg IV 或 IM 0.05～0.1 mg/kg SC 或 IM； 0.025～0.05 mg/kg IV 0.04～0.09 mg/kg IM；0.01～0.02 mg/kg IV	体重低于 50 kg：0.1～0.2 mg/kg IV 体重超过 50 kg：0.05～0.1 mg/kg IV 或 IM 0.05～0.1 mg/kg SC 或 IM； 0.025～0.05 mg/kg IV 0.04～0.09 mg/kg IM；0.01～0.02 mg/kg IV
水合三氯乙醛	30～60 mg/kg IV	30～60 mg/kg IV
地托咪定	镇静用药 0.001～0.007 mg/kg IV； 躺卧 45～60 min 0.04 mg/kg IM， 0.05～0.08 mg/kg IV	镇静用药 0.001～0.007 mg/kg IV； 躺卧 45～60 min 0.04 mg/kg IM， 0.05～0.08 mg/kg IV
咪达唑仑	0.1～0.5 mg/kg SC，IM 或 IV	0.1～0.5 mg/kg SC，IM 或 IV
甲苯噻嗪	0.01～0.02 mg/kg IV，站立镇静 30～60 min 0.1～0.2 mg/kg IV 或 0.2～0.3 mg/kg IM， 躺卧 60 min 0.1～0.3 mg/kg IV 或 SC 0.1～0.3 mg/kg SC 或 IM； 0.025～0.1 mg/kg IV ≤0.1 mg/kg IV；0.1～0.6 mg/kg IM	0.01～0.02 mg/kg IV，站立镇静 30～60 min 0.05～0.11 mg/kg IV 或 0.11～0.22 mg/kg IM，躺卧 60 min 0.1～0.3 mg/kg IV 或 SC 0.1～0.3 mg/kg SC 或 IM；0.05～0.1 mg/kg IV ≤0.1 mg/kg IV；0.1～0.6 mg/kg IM

IV：静脉注射；SC：皮下注射；IM：肌肉注射。

数据来自：*Blaze CA*，*Glowaski MM*，*editors*：Veterinary anesthesia drug quick reference，*St Louis*，2004，*Elsevier Saunders*；*Muir WW*，*et al*，*editors*：Handbook of veterinary anesthesia，*St Louis*，2007，*Mosby Elsevier*；*Cornick-Seahorn JL*，*editor*：The practical veterinarian：veterinary anesthesia，*Boston*，2001，*Butterworth Heinemann*.

α_2-肾上腺素能受体激动剂及其拮抗剂

α_2-肾上腺素能受体激动剂

目前应用于大型动物的最受欢迎的 α_2-肾上腺素能受体激动剂可能就是甲苯噻嗪盐酸盐。反刍动物对甲苯噻嗪非常敏感，其中山羊对此药比绵羊更加敏感[7]。甲苯噻嗪是一种有效的镇静剂、镇痛剂和肌肉松弛剂，常常被用作反刍动物的前驱麻醉剂或麻醉辅助剂。单独使用甲苯噻嗪时，其具有剂量依赖效应，随剂量的变化可实现动物的镇静、静止以及完全卧床和固定的效果。甲苯噻嗪也可能会引起一些副作用如心动过缓、低血压、低氧血症、高碳酸血症、肺水肿、高血糖、低胰岛素血症、尿量增加和类催产素效果[8]。因此，对于既往存在心肺疾病或尿路梗阻的动物，应谨慎使用此药。在给药甲苯噻嗪后，经常会观察到动物的尿量有高达 6 倍的增加[9]。由于此药可能导致早产和胎膜滞留，应避免在反刍动物妊娠后期使用此药[10]。据报道，清醒状态下的绵羊侧卧时会使其动脉氧分压（Pa_{O_2}）显著降低[11]。但是当使用甲苯噻嗪时，动物即使在站立状态，仍有可能发生这种低氧血症[12,13]。严重的低氧血症和肺水肿已被认为是绵羊在甲苯噻嗪麻醉下死亡的原因[14-16]。支气管痉挛和静脉痉挛可能是促进低氧血症发生的因素，支气管痉挛和静脉痉挛是由支气管和血管平滑肌上的 α_2-受体激活后诱导的短暂血小板聚集，造成肺微栓塞并诱导肺血管内巨噬细胞活化引起细胞因子和其他炎症介质的释放引起的[17]。

硬膜外注射甲苯噻嗪（0.07～0.1 mg/kg）与利多卡因，可以产生持久的、良好的躯体镇痛作用，可用于公羊的阉割（不加利多卡因，持续麻醉 8 h）及矫正母羊阴道脱垂（同时注射 0.5 mg/kg 利多卡因，持续 24 h 麻醉）[18,19]。然而，仅用甲苯噻嗪诱导的内脏镇痛可能不足以用来做结扎精索手术[18]。

静脉注射 0.02 mg/kg 的盐酸地托咪定产生的麻醉效果与注射 0.04 mg/kg 的甲苯噻嗪产生的效果相当[20]。将盐酸地托咪定的注射量提高到 0.03 mg/kg 可以诱导绵羊的躺卧，此效果等同于注射 0.15 mg/kg 的甲苯噻嗪和 0.01 mg/kg 的美托咪定[21]。地托咪定的药理作用与甲苯噻嗪非常相似[21]。所有的 α_2 拮抗剂都可能引发低氧血症和肺水肿，但是据报道地托咪定引发低氧血症的程度较轻[17]。此外，反刍动物对地托咪定的敏感程度要低于甲苯噻嗪。与甲苯噻嗪不同，静脉注射地托咪定低于 0.04 mg/kg 时，对妊娠牛的子宫不会产生类催产素的作用。尽管剂量高于 0.04 mg/kg 的地托咪定可能会增加子宫肌肉的电活动，但它不会引起一些分娩特征潜能的同步暴发。地托咪定的治疗剂量一般不会引起反刍动物的流产[22,23]，所以此药对于怀孕期的绵羊和山羊来说可能是安全的。

静脉注射 0.001～0.007 mg/kg 的美托咪定盐酸盐会产生剂量依赖型的镇静和镇痛效果，当注射量达到 0.005 mg/kg 时，在绵羊中产生的镇痛效果与 0.015 mg/kg 的芬太尼相当[24]。肌肉注射 0.04 mg/kg 的美托咪定能诱导动物平卧 58 min，同时产生良好的镇痛效果及显著的、30～45 min 的肌肉松弛。绵羊通常会在恢复扶正反射后的 1.5～2 h 后恢复正常[25]。在使用丙泊酚诱导、异氟醚维持麻醉时，如果在诱导前 30 min 肌肉注射任一剂量（0.005～0.01 mg/kg）美托咪定作为前麻醉剂都会导致呼吸频率和心率的降低。接受较高剂量美托咪定的绵羊的平均动脉血压值显著高于接受较低剂量或未注射前麻醉剂美托咪定的绵羊。通常，美托咪定的使用降低了在手术期间用于诱导的异丙酚和用于麻醉的异氟醚的剂量要求[26]。在利用美托咪定（0.02 mg/kg，IV）、氯胺酮（2 mg/kg，IV）麻醉的绵羊中，当呼吸室内空气正常时，其动脉氧分压、动脉 pH 和动脉氧（O_2）饱和度降低，动脉二氧化碳（Pa_{CO_2}）的分压显著增加。补充纯氧可能会提高动脉氧分压和血红蛋白饱和度[27]。

α_2-肾上腺素能受体拮抗剂

甲苯噻嗪、地托咪定和美托咪定的药理作用可以被育亨宾、妥拉唑林或阿替美唑等 α_2-肾上腺素能受体拮抗剂有效拮抗（表 18-3）。这些拮抗剂可用于缩短动物麻醉后的恢复时间并防止激动剂使用过程中有时会出现的明显不良反应，尤其是意外导致的药物过量时。但是，这些拮抗剂并非没有风险。据报道，注射大剂量的育亨宾（0.8 mg/kg，IV）会导致绵羊的死亡[28]。对于拮抗剂的给药方式，一般建议为缓慢注射以避免动物的某一部位突然意识到疼痛和兴奋。据文献报道，快速注射妥拉唑林可引起明显的心脏刺激、心动过速、心输出量增加、血管扩张、冠状动脉血管舒张和胃肠道窘迫等问题[29]。与其他物种相比，反刍动物和骆驼科动物对妥拉唑林更加敏感，并且目前已有几篇报道称动物在使用妥拉唑林后死亡[30,31]。妥拉唑林（1.5 mg/kg）单独静脉注射荷斯坦犊牛时，会引起咳嗽、排便频率增加和呼吸力的轻微增加。当将注射剂量提高后（2～10 mg/kg，IV）会观察到更多的不良反应如鲜红色的结膜黏膜、咳嗽、鼻涕、流涎、呼吸力增加（呼吸困难）、中枢神经系统抑制、腹痛、紧张、头部按压的迹象、不安和排便频率转变至严重腹泻等。尽管有这些不良反应，以上研究中的犊牛最终都顺利地恢复了正常[31]。因此，目前推荐在反刍动物包括绵羊和山羊中使用较低剂量的妥拉唑林（0.5～1.5 mg/kg，IV）。在 6 只山羊中使用阿替美唑（0.1 mg/kg，IV）来拮抗美托咪定（0.02 mg/kg，IV）诱导的镇静和躺卧时，所有的山羊都在（86±24）s 内实现了站立。其中 4 只羊有毛发直立的现象并且所有的 6 只羊似乎有所兴奋并发出叫声[32]。尽管如此，当向健康的动物静脉缓慢注射适量 α_2-肾上腺素能受体拮抗剂时，一般不会发生不良反应。

表 18-3 在山羊和绵羊中常用拮抗剂的剂量

药剂	绵羊用量	山羊用量
α_2-肾上腺素能受体拮抗剂		
阿替美唑	0.05 mg/kg IV 0.125～0.2 mg/kg 缓慢 IV	0.05 mg/kg IV 0.125～0.2 mg/kg 缓慢 IV
妥拉唑林	2 mg/kg 缓慢 IV 0.5～1.5 mg/kg 缓慢 IV	2 mg/kg 缓慢 IV 0.5～1.5 mg/kg 缓慢 IV
育亨宾	0.125～0.22 mg/kg 缓慢 IV 0.1～0.3 mg/kg IV 1 mg/kg，IV 0.3～0.5 mg/kg IM	0.125～0.22 mg/kg 缓慢 IV 0.1～0.3 mg/kg IV 0.3～0.5 mg/kg IM
苯二氮䓬类药物拮抗剂		
氟马西尼	0.1～1 mg/kg IV	0.1～1 mg/kg IV
神经肌肉阻滞药物拮抗剂		
腾喜龙	0.5 mg/kg IV	0.5 mg/kg IV
新斯的明	0.02～0.04 mg/kg IV	0.02～0.04 mg/kg IV
吡啶斯的明	0.2 mg/kg IV	0.2 mg/kg IV
非特异性拮抗剂		
多沙普仑	5～10 mg/kg IV 0.2～0.4 mg/kg IV	5～10 mg/kg IV
阿片拮抗剂		
纳美芬	0.25～30 μg/kg IV	0.25～30 μg/kg IV
纳洛酮	0.01～0.02 mg/kg IV，滴定	0.01～0.02 mg/kg IV，滴定
纳曲酮	0.05～0.1 mg/kg SC	0.05～0.1 mg/kg SC

IV：静脉注射；IM：肌肉注射；SC：皮下注射。

数据来自：*Blaze CA*，*Glowaski MM*，*editors*：Veterinary anesthesia drug quick reference，*St Louis*，2004，*Elsevier Saunders*；*Muir WW*，*et al*，*editors*：Handbook of veterinary anesthesia，*St Louis*，2007，*Mosby Elsevier*；*Cornick-Seahorn JL*，*editor*：The practical veterinarian：veterinary anesthesia，*Boston*，2001，*Butterworth Heinemann*.

苯二氮䓬类药物

苯二氮䓬类药物如地西泮和咪达唑仑被归类为次要镇静剂，具有抗焦虑、抗惊厥和松弛中枢肌肉的作用。地西泮和咪达唑仑会产生轻微的心血管抑制。因此，想避免因使用甲苯噻嗪或其他 α_2-肾上腺素能受体激动剂产生的副作用如缺氧、肺水肿或气道压力升高等现象时，可以使用苯二氮䓬类药物作为替代剂来实现小动物的镇静。

地西泮具有温和的镇静催眠作用，并伴有松弛肌肉、实现抗焦虑的效果。它常用于高危动物的抗焦虑作用，因为它在治疗剂量下对心血管和肺的影响最小。地西泮还可与氯胺酮联合使用，来改善麻醉期间的肌肉松弛[33]。

在山羊中，肌肉注射咪达唑仑（0.6 mg/kg）能够产生大约 20 min 的镇静状态。静脉注射咪达唑仑 0.6～1.2 mg/kg 时会出现 10～20 min 的平卧休眠状态。增加剂量至 1.2 mg/kg 会加强对反射抑制的程度，并且使动物处于轻度的麻醉平面状态，这可以通过观察山羊对尾部夹等机械刺激的反应来证明[34]。

麻醉剂（表 18-4）

注射用麻醉剂

硫喷妥钠可用于诱导绵羊和山羊的麻醉；其产生的麻醉的深度及肌肉松弛的程度足以进行气管内插管手术，并且可以通过施用额外的增量剂量来延长麻醉时间[4]。硫喷妥钠和愈创木酚甘油醚的混合物可用来诱导、实现和维持短期麻醉。此混合物的终浓度为 5%（50 mg/mL）的愈创木酚甘油醚和 0.2%（2 mg/mL）的硫喷妥钠[35]。硫喷妥钠会对心血管产生轻微的抑制。在使用硫喷妥钠快速诱导麻醉后，通常会立即出现中度心动过速、平均动脉血压轻微下降和短暂的呼吸抑制现象。在硫喷妥钠麻醉期间，经常会出现短暂性的呼吸暂停，一般会在几分钟内恢复自主呼吸。如果呼吸暂停的时间过长，应对动物进行气管插管和通气，直到其自主呼吸恢复[36]。硫喷妥钠麻醉的动物的恢复主要依赖于药物从大脑到外周组织的再分配。注射大剂量或延长输注会导致恢复时间延长。因此，如果外科手术时间需要超过 1 h，则不建议用硫喷妥钠来维持麻醉[36]。

表 18-4　在山羊和绵羊中常用全身麻醉剂的剂量

麻醉剂	绵羊用量	山羊用量
愈创木酚甘油醚	30～90 mg/kg IV；肌肉松弛后，加氯胺酮 1.1 mg/kg IV	30～90 mg/kg IV；肌肉松弛后，加氯胺酮 1.1 mg/kg IV
阿曲库铵（神经肌肉阻滞药）	初始剂量为 0.2 mg/kg IV； 重复剂量 0.1 mg/kg IV	初始剂量为 0.2 mg/kg IV； 重复剂量 0.1 mg/kg IV
依托咪酯	0.5～1 mg/kg IV	5～10 mg/kg IV
氯胺酮	22 mg/kg SC 或 IM；2～4 mg/kg IV	11 mg/kg SC 或 IM；2～4 mg/kg IV
乙酰丙嗪 氯胺酮	0.55 mg/kg IV 2.2 mg/kg IV	无
地西泮 氯胺酮 地西泮 氯胺酮 地西泮 氯胺酮	0.11 mg/kg IV 4.4 mg/kg IV 0.25～0.5 mg/kg IV 4～7.5 mg/kg IV 0.28 mg/kg IV 5.5 mg/kg IV	0.11 mg/kg IV 4.4 mg/kg IV 0.28 mg/kg IV 5.5 mg/kg IV
愈创木酚甘油醚（5%）＋氯胺酮（0.1%）	诱导：2 mL/kg IV，50%～75%首次计算剂量 维持：每小时 2.2 mL/kg 或者直到起效	诱导：2 mL/kg IV，50%～75%首次计算剂量 维持：每小时 2.2 mL/kg 或者直到起效
美托咪啶 氯胺酮 美托咪啶 氯胺酮	0.02 mg/kg IV 2 mg/kg IV 0.02 mg/kg IV 0.5～1 mg/kg IV	0.02 mg/kg IV 2 mg/kg IV 0.02 mg/kg IV 0.5～1 mg/kg IV
甲苯噻嗪 氯胺酮 甲苯噻嗪 氯胺酮	0.22 mg/kg IM；等待 10 min 10～15 mg/kg IM 0.03～0.2 mg/kg IV 或 IM 5 mg/kg IV	0.22 mg/kg IM；等待 10 min 11 mg/kg IM 0.03～0.2 mg/kg IV 或 IM 5 mg/kg IV

续表 18-4

麻醉剂	绵羊用量	山羊用量
愈创木酚甘油醚(5%),甲苯噻嗪(0.01%)和氯胺酮(0.1%～0.2%)	诱导:0.67～1.1 mL/kg 维持:每小时 2.2 mL/kg 至起效	诱导:0.67～1.1 mL/kg 维持:每小时 2.2 mL/kg 至起效
愈创木酚甘油醚(5%),甲苯噻嗪(0.005%)和氯胺酮(0.1%～0.2%)	诱导:0.5～1 mL/kg 维持:每小时 1.5～2 mL/kg	诱导:0.5～1 mL/kg 维持:每小时 1.5～2 mL/kg
巴夫龙(神经肌肉阻滞药)	0.005 mg/kg IV	0.005 mg/kg IV
丙泊酚	诱导:3～4 mg/kg IV 或 4～8 mg/kg IV 保持:每小时 18～40 mg/kg IV(灌输) 4～6 mg/kg IV	麻醉前用药:地托咪定 0.01 mg/kg IM 加布托啡诺 0.1 mg/kg IM 诱导:3～5 mg/kg IM 保持:每小时 31 mg/kg 4～6 mg/kg
地西泮 丙泊酚	0.28 mg/kg IV 4～6 mg/kg IV	0.28 mg/kg IV 4～6 mg/kg IV
硫喷妥钠	10～16 mg/kg IV	10～16 mg/kg IV
愈创木酚甘油醚(5%) +硫喷妥钠(0.2%)	诱导:2 mL/kg IV,50%～75%首次计算剂量 保持:每小时 2.2 mL/kg 至有效	诱导:2 mL/kg IV,50%～75%首次计算剂量 保持:每小时 2 mL/kg/至有效
替他来明+唑拉西泮(舒泰)	2～6 mg/kg IM;1～4 mg/kg IV 5.5 mg/kg IV,麻醉持续 100 min 5.5 mg/kg IV 和布托啡诺 0.1 mg/kg IV,麻醉持续 100 min	2～6 mg/kg IM;1～4 mg/kg IV 5.5 mg/kg IV,麻醉持续 100 min 5.5 mg/kg IV 和布托啡诺 0.1 mg/kg IV,麻醉持续 100 min
甲苯噻嗪 舒泰	0.05～0.1 mg/kg IV 或 IM 2～4 mg/kg IV 或 IM	0.05～0.1 mg/kg IV 或 IM 2～4 mg/kg IV 或 IM
维库溴铵(神经肌肉阻滞药)	0.005 mg/kg IV	0.005 mg/kg IV

IV:静脉注射;SC:皮下注射;IM:肌肉注射。

数据来自:*Blaze CA*, *Glowaski MM*, *editors*: Veterinary anesthesia drug quick reference, *St Louis*, 2004, *Elsevier Saunders*; *Muir WW*, *et al*, *editors*, Handbook of veterinary anesthesia, *St Louis*, 2007. *Mosby Elsevier*; *Cornick-Seahorn JL*, *editor*: The practical veterinarian: veterinary anesthesia, *Boston*, 2001, *Butterworth Heinemann*.

盐酸氯胺酮是一种游离衍生物,可能是绵羊和山羊中最常用的注射用麻醉剂。乙酰丙嗪、地西泮、甲苯噻嗪和美托咪定可与氯胺酮联合使用,以达到增强麻醉期间的镇痛程度和肌肉松弛度的效果。与其他常规麻醉药不同,氯胺酮不会降低心血管功能;相反,由于中枢交感神经刺激,氯胺酮麻醉期间心率和动脉血压会增加。氯胺酮(1 mg/mL)和愈创木酚甘油醚的混合物可用于维持短期麻醉[37]。愈创木酚甘油醚(50 mg/mL)、氯胺酮(1～2 mg/mL)和甲苯噻嗪(0.1 mg/mL)(GKX)的组合,通常称为"三点滴",可用于诱导和维持麻醉[38]。

舒泰(Pfizer Animal Health,New York)是一种将谷氨酰胺(解离剂)和唑拉西泮(苯二氮䓬)按比例 1∶1混合制成的专利组合。与氯胺酮相比,舒泰能产生更好的肌肉松弛、更强力的镇痛效果且持续麻醉时间更久。在反刍动物中,舒泰诱导的麻醉是平稳和快速的,恢复过程通常是渐进的、长期的[16]。与氯胺酮类似,这种药物不会抑制心血管反而会产生刺激[37]。在舒泰诱导麻醉期间可能会发生通气不足和体温过低的现象。在严重通气不足和低氧血症的情况下,可能需要辅助或控制通气来补充氧气。在整个恢复期间,应将动物置于俯卧并提供支撑[16]。

异丙酚是一种独特的短效麻醉剂。在结构上,该药与兽医临床中目前可用的任何注射麻醉剂无关联性。异丙酚仅微溶于水,一般在无菌玻璃瓶中配制成含有 10 mg 异丙酚、100 mg 大豆油、22.5 mg 甘油和 12 mg/mL 卵磷脂的乳液。由于该乳液不含防腐剂，在打开瓶口后，应在 8 h 内使用或丢弃[37]。单剂量的异丙酚（2 mg/kg）能诱导约 10 min 的麻醉，且在 20～30 min 内动物能完全恢复[4,39]。异丙酚最好用于吸入麻醉前的诱导；它也可以通过连续输注来维持短期麻醉[40-42]。在山羊中，联合使用地托咪定、布托啡诺和异丙酚诱导麻醉，并持续静脉输注异丙酚维持麻醉，可为阉割或卵巢切除提供充分的麻醉效果[43]。

一项研究评估了异丙酚（3 mg/kg，IV）、硫喷妥钠（8 mg/kg，IV）和氯胺酮（10 mg/kg，IV）作为山羊氟烷麻醉前诱导剂的使用效果。结果表明，异丙酚作为诱导剂要优于硫喷妥钠或氯胺酮，因为其能够迅速而平稳地恢复正常。在氟烷麻醉 30 min 后，静脉注射异丙酚的动物恢复站立的时间为（18 ± 2.4）min，而注射硫喷妥钠和氯胺酮的动物恢复站立的时间分别为（43.9 ± 7.3）min 和（76.9 ± 10.3）min[44]。

在对山羊进行核磁共振成像（MRI）过程中，允许使用氯胺酮和异丙酚输注的全静脉麻醉（TIVA）来对山羊进行固定和麻醉。山羊首先使用咪达唑仑（0.4 mg/kg，IV）镇静，然后静脉注射异丙酚（1 mg/kg）和氯胺酮（3 mg/kg）来诱导麻醉，并通过恒定输注异丙酚（每分钟 0.3 mg/kg）和氯胺酮（每分钟 0.03 mg/kg）来维持麻醉，有或没有七氟烷都可以。用异丙酚和氯胺酮麻醉的山羊动脉血压值升高，呼吸频率显著降低。总之根据经验，氯胺酮和异丙酚输注麻醉对于接受 MRI 手术的动物是实用且安全的[45]。

吸入麻醉剂

使用吸入麻醉剂对动物进行麻醉时，需要专业且昂贵的设备。但是，吸入麻醉剂的麻醉效果较好，能够允许兽医进行长时间和复杂的手术。在山羊和绵羊的麻醉中，氟烷或异氟烷均是安全有效的吸入麻醉剂。一般不建议对健康的成年动物使用面罩吸入麻醉剂，但是对较小或虚弱的动物来讲是可以使用的。对于大多数绵羊和山羊来说，使用带有双二氧化碳（CO_2）吸收罐的小动物麻醉机就足够用了。兽医还要警惕一种由氟烷诱发的肝炎，这是一种急性的病症，病发时会有大量的肝脏细胞坏死。这种病不常见，但是当山羊长时间处于氟烷麻醉时可能会发生[46,47]。临床症状主要表现为抑郁、食欲不振、流涎、磨牙、向前冲且 24 h 内通常会出现黄疸。天冬氨酸转氨酶、胆红素、碱性磷酸酶、肌酐和血尿素氮的血清浓度显著升高。动物通常在发病 4 d 内出现死亡，组织病理学检查显示为肝中心小叶坏死。在一些病例中可以观察到近端肾小管坏死、皱胃溃疡和肝性脑病等现象[46,47]。严重的低血压、低氧血症和肝脏缺氧可能会促进氟烷的还原代谢，导致其产生有毒的自由基[48]。因此，通过仔细监测和支持疗法保持正常的心血管功能和充足的氧合作用是麻醉成功的关键。

近年来，异氟醚和七氟醚逐渐成为受欢迎的吸入麻醉剂。与氟烷相比，这两种麻醉剂具有较低的效力（氟烷：0.96%；异氟烷：1.29%；七氟醚：2.33%）[49]和较低的脂质溶解度（氟烷：2.36；异氟烷：1.41；七氟醚：0.69）[50]。因此，这两种吸入麻醉剂对于动物的麻醉诱导和恢复通常比氟烷更快。由于这两种吸入麻醉剂起作用机制涉及较少的肝脏代谢（氟烷：20%；异氟烷：0.25%；七氟醚：3%～5%），因此使用时不会产生氟烷型肝炎[50]。异氟烷和七氟醚对心血管和肺功能具有相似的影响，其中包括血管舒张和动脉血压、呼吸频率、潮气量和每分钟通气量的剂量依赖性降低。氟烷麻醉期间，动脉血压的降低已被证明是心肌收缩力下降和随后心输出量减少的结果。与氟烷相反，异氟醚和七氟醚的血管舒张作用被认为是动脉血压降低的主要因素[49]。

局部麻醉剂

局部麻醉剂通过阻断动作电位沿神经轴突的可逆传播来达到麻醉的效果。局部麻醉剂可以通过注射到手术部位的组织中产生局部麻醉，也可以在主神经的神经周围区域施用来产生区域麻醉（见第 8 章）。在小反刍动物中，使用局部或区域麻醉可以安全无痛地进行许多外科手术。

所有的局部麻醉剂具有相似的物理性质和分子结构。它们大多是具有亲水性末端、亲脂性末端和中间烃链的弱碱性叔胺。它们通常以水溶性盐的酸溶液形式来使用。酸性盐在组织中被中和，释放碱，然后碱穿透细胞膜并中断动作电位的传播。这种作用机制意味着局部麻醉剂在 pH 较低的内膜组织中效果较差，因为在这些条件下药物的基本单位释放较少[51]。根据中间链的结构，局部麻醉药被分类为酯键或酰胺键药物。血浆和肝脏的胆碱酯酶可以将酯键局部麻醉剂（如普鲁卡因，丁卡因）水解。酰胺键局部麻醉剂（如利多卡因、布比卡因、甲哌卡因）的代谢依赖于肝脏的微粒体酶[51]。

利多卡因可能是兽医临床最常用的局部麻醉剂，其产生的麻醉会维持 0.75～2 h。如果局部麻醉剂伴随肾上腺素同时给药，会降低药物的全身吸收；这是由于肾上腺素能够诱导注射区域周围组织的血管收缩，从而减缓了药物的吸收。因此可用浓度为 5～20 μg/mL 的肾上腺素（1∶200 000～1∶50 000）与利多卡因溶液混合注射，来延长局部麻醉的持续时间[52]。甲哌卡因（5 mg/kg）产生的麻醉会维持 1.5～3 h，布比卡因（2 mg/kg）产生的麻醉会维持 4～8 h，可用于需要较长麻醉时间的手术[51,53]。大剂量单次或小剂量重复注射局部麻醉剂可能会对绵羊或山羊产生毒性，尤其是对幼崽。产生毒性的一些临床症状主要为眼球震颤、肌肉束缚、刺激中枢神经系统继而引发角弓反张和抽搐、低血压、呼吸停止和循环衰竭等，在一些案例中也可能会引起死亡[51]。在一项研究中，利多卡因的最大安全剂量被定为 13 mg/kg[54]。在另一项研究中，静脉累积注射 5.8 mg/kg、18 mg/kg 和 42 mg/kg 的利多卡因分别在成年绵羊、新生绵羊和胎羊中诱发毒性体征[55]。在绵羊中静脉注射甲哌卡因的剂量达到 7.5～7.9 mg/kg 时会诱导惊厥，剂量达到 52～69 mg/kg 时会导致心血管衰竭[56]。布比卡因的效力大约是利多卡因的 4 倍，所以其 0.5%的溶液能产生神经元阻滞程度与 2%的利多卡因溶液相同[57]。

有研究者建议[58]，在小反刍动物中使用最多 6 mg/kg 的利多卡因或甲哌卡因和 2 mg/kg 布比卡因。考虑到这一最大安全剂量，临床医生应分别将利多卡因和甲哌卡因溶液稀释至 1%和 0.5%，以防止在羊羔和小山羊中过量使用这些药物[58]。如果因意外服用过量药物导致癫痫发作或抽搐持续时间超过 1～2 min，应给药地西泮（0.1 mg/kg，IV）或硫喷妥钠（5 mg/kg，IV）[57,59]。

围术期管理和复苏期

麻醉期间监护

在整个麻醉过程中应连续监测动物，检测外周脉搏；如果有条件的话，整个麻醉过程要使用心电图。为了确保动物具有充分的通气和气体交换，还要使用二氧化碳图来评估呼气末 CO_2，并使用脉搏血氧仪以评估动脉 O_2 饱和度，这已成为围术期常规检测的一部分。在麻醉机的呼吸系统（Y 片）和气管内管末端的连接点处直接收集用于测定呼气末 CO_2；用红外吸收法来测定 CO_2 的分压。如果麻醉患畜健康且肺组织中没有先天存在的扩散紊乱，则正常的呼气末 CO_2 应与肺泡 CO_2 密切相关。

脉搏血氧仪可用来测定动脉血红蛋白 O_2 饱和度，其传感器夹置于舌动脉或耳动脉上。正常动脉血红蛋白 O_2 饱和度应始终接近 98%～100%。示波血压计可用来测量间接动脉血压，可将压力套囊分别放置在尾部或大腿中部以及尾骨或背跖动脉上。表 18-5 列出了心率、呼吸频率、动脉血压和各种动脉血气的正常值。

表 18-5 麻醉绵羊和山羊的正常生命体征及其数值

生命体征	绵羊和山羊的数值
心率（次/min）	80～150
呼吸频率（次/min）	20～40
收缩动脉压（mm Hg）	80～120
平均动脉压（mm Hg）	75～100
舒张压（mm Hg）	60～80
动脉二氧化碳分压（Pa_{CO_2}）（mm Hg）	28～36
动脉氧分压（Pa_{O_2}）（mm Hg）	72～90
动脉 pH	7.48～7.58

数据来自：*Riebold TW, Geiser DR, Goble DO: Clinical techniques for food animals anesthesia. In Riebold TW, Geiser DR, Goble DO, editors:* Large animal anesthesia: principles and techniques, *ed 2, Ames, Iowa*, 1995, *Iowa State University Press*; *Alon E, et al: Effects of propofol and thiopental on maternal and fetal cardiovascular and acid-base variables in the pregnant ewes*, Anesthesiology 78:562, 1993.

在麻醉期间，应通过静脉途径给予平衡电解质溶液（每小时 5～10 mL/kg）以维持动物正常的水合作用。在新生幼畜和幼犊麻醉期间还需额外补充 5%葡萄糖溶液，以防发生低血糖。循环温水毯可用于维持麻醉和恢复期间的体温。

绵羊和山羊通常能逐渐平稳地从麻醉中恢复。在这些动物中很少发生出现谵妄和过早地尝试站立的现象。如果有必要的话，在整个恢复期间，要使动物保持俯卧。如果麻醉期间出现返流，应冲洗口腔和咽部，以防止吸入瘤胃内容物及随后的吸入性肺炎。气管内插管应保持原位，直到动物重新开始咀嚼和咳嗽后利用气管套囊将其取出。

病理生理学改变对麻醉的影响

梗阻性尿路结石通常继发于尿结石，使动物无法排尿(见第 12 章)，常见于年轻阉割山羊。在没有膀胱破裂的尿道梗阻的病例中，可以使用局部浸润或硬膜外镇痛技术进行会阴尿道造口手术。全身麻醉后进行膀胱修复、膀胱造口术、阴茎尿道造口术和管膀胱切开术[60,61]。在梗阻性尿路结石病例中，禁止使用甲苯噻嗪、地托咪定、美托咪定和其他 α_2 激动剂，因为它们强大的利尿作用可以在梗阻解除和膀胱排空之前导致膀胱破裂[8]。大多数的常规麻醉方案可以安全地用于阻塞性尿石和膀胱破裂的病例。然而，应当根据动物的身体状况调整麻醉剂量，特别是当血液检查存在血尿素氮和血清肌酐水平增加或低蛋白血症时[60]。

如本书各章所述，绵羊和山羊的干酪性淋巴结炎是一种由假结核棒状杆菌引起的慢性传染病。气道阻塞可能是由于咽部肿大的淋巴结所致。在某些病例中，呼吸困难严重到足以引起呼吸窘迫症。这种情况下的治疗方案包括引流或者切除脓肿的淋巴结。根据脓肿的大小和侵入性，来确定麻醉的范围，有时需要全身麻醉以确保固定，以便在解剖期间不会损害重要的组织和结构(如颈动脉、迷走神经、食道)[62]。对于有呼吸困难症状的动物要谨慎处理，并尽可能地减轻其压力。因为压力和兴奋可能会加重呼吸困难的严重程度，导致严重的低氧血症甚至死亡。在此病中，要快速诱导麻醉并进行气管插管维持气道。气管插管可能很困难，因为喉部可能被肿胀的咽部组织遮蔽，因此在麻醉诱导前应将气管上 1/3 的皮肤夹住并做手术准备。如果发生气管插管困难，可以进行气管切开术以确保通气。气管切开术和气管插管也可以在全身麻醉诱导前进行局部麻醉。麻醉可由静脉注射麻醉药或通过气管插管吸入麻醉药进行诱导。如果可能的话，气管插管应放置 48～72 h。如果需要在手术结束后取出气管插管，则在取出气管插管之前，临床医生应先将袖口放气并确保良好的气流，以评估气管插管的侧气道通畅性。

剖宫产可作为选择性外科手术来进行，以挽救有价值的胎儿并缓解绵羊和山羊的难产。此时，选择合适的麻醉剂和麻醉技术对母体和胎儿的存活至关重要。妊娠会引起一些生理变化，而这些变化可能会影响麻醉反应。荷尔蒙的变化会导致动物每分钟通气量增加，因此对吸入麻醉药的需求量将减少(氟烷减少 25%，甲氧氟烷减少 32%，异氟烷减少 40%)且麻醉诱导速度比非妊娠动物更快[61]。由于怀孕和分娩所需的心脏功能增加，所以动物的心率和心输出量都会增加。因此，长时间分娩或困难分娩后精疲力竭或容易休克的动物可能会出现心脏储备减少、肺部充血和心力衰竭；并且患有心血管疾病的动物也有风险[61]。此外，由于子宫增大引起的腹内压增加而导致静脉充血，进而会减少通过硬膜外注射进行局部麻醉给药的可用空间，从而导致麻醉溶液的颅内迁移。这种迁移可能导致交感神经阻滞、严重的母体低血压，并减少子宫胎盘灌注。因此，用于产生足够硬膜外麻醉的局部麻醉剂的剂量应减少至非妊娠动物使用量的 1/3～1/2[61]。当在分娩期间使用大剂量或重复剂量诱导(或增强)子宫收缩的药物(如催产素)时，会引起外周血管舒张和低血压，从而降低子宫或胎盘的灌注，进而降低胎儿存活率。患有严重低血压的动物应当在诱导前和麻醉期间补充具有平衡电解质的液体[61]。

无论是全身麻醉还是局部麻醉都适用于剖宫产手术。麻醉方案的选择应基于母体和胎儿的安全考虑。大多数麻醉剂具有穿过血脑屏障的化学性质，这些特性使它们能够穿过胎盘，进而抑制胎儿中枢神经系统。唯一的例外是神经肌肉阻滞剂，如琥珀酰胆碱、潘库溴铵和阿曲库铵等，这些药物具有四级分子结构，不能像其他麻醉剂那样容易地穿过胎盘。为了提高胎儿的生存能力，在诱导前应夹紧切口并做无菌处理，麻醉诱导和取出胎儿之间的时间应尽可能短，麻醉浓度应保持在最小值。由于这些原因，除了经济上的考虑，通常选择局部麻醉用于此手术。在大多数食源性动物中，沿切口局部注入麻醉剂和腰骶部硬膜外或蛛网膜下腔麻醉是剖宫产最常用的两种麻醉技术。普鲁卡因和丁卡因是对氨基苯甲酸的酯，不会在母体和胎儿体内积累。利多卡因、甲哌卡因、布比卡因和依替卡因是酰胺键类局部麻醉剂，这些药物依赖肝微粒体酶来消除药物作用[51]。这些药物从注射部位被吸收后，其血药浓度缓慢下降。它们会在胎儿中积聚，在大剂量给药时导致胎儿抑制[61](见第 8 章)。

对于兴奋或暴躁的动物要在麻醉前注射镇定剂，并且要优先选择具有低脂溶性、作用时间短和对心血管抑制弱的全身麻醉剂。低剂量的硫喷妥钠、甲苯噻嗪和氯胺酮的组合“三点滴”可用于诱导麻醉；通过“三点滴”静脉输注或使用吸入麻醉剂(氟烷或异氟烷)来维持麻醉效果。即使使用注射麻醉技术，也应在这些动物中进行气管插管，以防止可能发生的吸入性肺炎，并建议补充 O_2。分娩后立即给予多沙普仑或 α_2 拮抗剂来解除由麻醉作用引起的新生儿呼吸道或中枢神经系统抑制。

围术期麻醉并发症

返流和吸入性肺炎

尽管术前禁食、禁水，但在绵羊和山羊的麻醉期间还是有可能会发生轻度（主动）和深度（被动）返流。主动返流是一种必要的反射性保护机制，阻止咽部、上呼吸道和上消化道吸入物质。当食管肌肉和经腔压力梯度由于麻醉作用而松弛时，会发生被动返流。吸入胃酸或胃内容物可导致吸入性肺炎，其特征是呼吸道阻塞、支气管痉挛、呼吸困难、低氧血症和紫绀。在吸入大量颗粒物质或极酸性物质后，可能会由于Ⅱ型肺泡细胞和肺毛细血管内膜细胞的破坏而导致肺出血或水肿。在一些严重的病例中，动物会在还未进行气管插管保护气道时就已经死亡。因此，对于将要接受麻醉的反刍动物，建议术前禁食，进行气管插管，并充分地插入套囊，以防止吸入性肺炎[63]。在手术过程中，在动物颈部下面放置一个沙袋或其他柱状的垫子以抬高枕骨，并避免手术时对瘤胃和其他腹部内部器官剧烈操作，这有助于减少吸入性肺炎的发生。如果在插管完成前出现返流，临床医生应该迅速降低动物的头部或将气管插管放入食管，并插入套囊，使瘤胃内容物从口中流出，而另一管放入气管[4]。静脉注射氨茶碱（5 min 内给予 2～4 mg/kg，或 20 min 内给予 11 mg/kg）或其他支气管扩张剂以及 100%的 O_2，可以减轻抽吸时的支气管痉挛。如果动物在返流初期的一系列损害中存活，应注射皮质类固醇和广谱抗生素治疗肺炎[4,35]。

瘤胃臌胀

由于在麻醉期间动物无法咀嚼，因此动物可能会发生瘤胃性鼓室，导致由摄入物发酵产生的气体积聚（见第 5 章）；进而使腹部和膈肌内的压力增加，导致肺功能残余容量减少和通气受损。麻醉后立即将动物置于俯卧位有助于消除瘤胃中积聚的气体。然而，在动物仍然麻醉并且手术正在进行的同时，可能需要进行瘤胃减压。通过胃管或将 12 号针插入腹壁可排出积聚的气体，从而减少腹部和膈膜上的压力，改善通气。大多数麻醉剂，尤其是 α_2 激动剂和阿片激动剂，会降低胃肠动力；如果必要，可以给予拮抗剂来治疗瘤胃臌胀。术前禁食会减少瘤胃中可发酵的摄取物的数量，从而减少围手术期发生瘤胃臌胀的机会[63]。

肺换气不足

在清醒绵羊中，侧卧可导致明显的低氧血症[11]。在麻醉期间，可能由于异常的手术体位与呼吸抑制作用而导致动物出现严重的通气不足和低氧血症（特征是 $PaCO_2$ 显著增加和 PaO_2 减少）。如果使用吸入麻醉剂，应通过以 20～25 cm H_2O 的正压力挤压呼吸袋来辅助或控制通气。还可以使用 O_2 需求阀，通过气管插管或气管导管向镇静和俯卧的动物补充 O_2，特别是麻醉方案使用到甲苯噻嗪时。呼吸暂停有时可能会发生并持续在整个麻醉期间。在进行任何药物治疗之前，麻醉师应确保动物处于足够的麻醉平面下。可以施用呼吸兴奋剂（多沙普仑，0.1～0.5 mg/kg，IV）来诱导呼吸。如果呼吸抑制症状持续存在，可以通过连续静脉输注（每分钟 5～10 μg/kg）多沙普仑来缓解该症状[64]。

心血管衰竭

在麻醉期间，主要表现为脉压持续下降、低血压（平均动脉压低于 60～75 mm Hg）、毛细血管回流时间增加、黏膜苍白、心动过缓（心率低于 70～80 次/min）或心动过速（心率大于 150 次/min）可导致动物心血管衰竭。导致围术期出现心血管衰竭的原因包括内毒素诱导的外周血管显著舒张、由脱水或失血引起的严重血容量不足，以及深度麻醉导致心肌的持续抑制。如果发现动物有心血管衰竭的前兆，要及时治疗。首先要改善致病状态，快速给予支持性液体（90 mL/kg）、减少麻醉剂用量，甚至停止麻醉[64]。然后，对症治疗，包括使用治疗低血压的血管活性药物（如多巴胺、去氧肾上腺素、麻黄碱）、治疗心肌抑制的正性肌力药物（如多巴酚丁胺）、治疗心动过缓的变时性药物（如阿托品、格隆溴铵）和使用抗心律失常药物（如利多卡因）治疗室性心律失常如室性心动过速或室性早搏。多巴酚丁胺（每分钟 1～5 μg/kg）是 β_1 激动剂，当以低剂量给药时，会通过增加心肌收缩力来增加心输出量和动脉血压。多巴酚丁胺很少会使心率增加，除非机体在总体血量减少的情况时[65]。多巴胺具有剂量依赖性，包括多巴胺能的 α-激动剂和 β-激动剂。当以每分钟 1～2 μg/kg 的速度静脉输注多巴胺时，它会通过刺激多巴胺能受体来增加肾脏灌注。将输注速率增加至每分钟 2～10 μg/kg 时，会刺激 $β_1$ 受体并导致心率增加。在输注速度小于每分钟10 μg/kg 时，血管收缩和随后由 $α_1$ 受体刺激介导的动脉血压增加的现象不明显[65]。去氧肾上腺素（2～4 mg/kg 静脉推注或静脉输注每分钟 0.2～0.4 μg/kg）和麻黄碱（22～66 μg/kg，静脉注射）均用于治疗麻醉动物的低血压[66]。麻黄碱似乎比多巴酚丁胺或多巴胺具有更长的持续作用时间（30～60 min），但是在麻黄碱给药后动物可能会发生心动过速[66]。

如果心血管衰竭长时间未得到治疗，可能会导致心脏骤停和死亡。需要实施心脏复苏术（CPR）时一定要遵循 ABC 技术。首先通过气管内插管打开气道，然后通过挤压 Ambu 袋或使用麻醉机上的再呼吸袋（12～20 次/min）和心脏压迫（80～100 次/min）建立人工循环来控制呼吸。在实施心脏复苏术后，也应继续放置静脉导管。如果静脉导管插入不成功，则应该给予急救药物。急救药物应该用无菌水或盐水稀释至 5～10 mL 的体积，然后通过气管插管给药。通过气管插管施用急救药物的剂量应该为静脉注射剂量的 2～2.5 倍。肺部吸收药物有时候比通过肌肉、皮下或静脉内给药更有效[64]。在 CPR 期间经常使用的急救药物及其他用品包括 100% 的 O_2、平衡电解质溶液、阿托品、利多卡因和肾上腺素。根据动物的情况，也有可能使用到前面提到的血管活性药物。

电除颤是转换心室颤动最有效的治疗方法，但在野外情况中并不实用。肾上腺素（10 μg/ kg，IV）通常是治疗心室颤动的首选药物。肾上腺素可诱导外周血管收缩，增加动脉舒张压和颅内的冠状动脉血流，有助于心室颤动由细颤（fine）转化为粗颤（coarse），并通过刺激 α-和 β-肾上腺素能受体产生正性肌力作用。肾上腺素潜在副作用包括心肌和脑氧需求增加，复苏后心律失常和心动过速。利多卡因（0.5～2 mg/kg，IV）可用于治疗复苏后室性心律失常[64]。也可通过静脉注射氯化钾（1 mg/kg）和乙酰胆碱（6 mg/kg）进行化学除颤，然后给予 10% 氯化钙（1 mL/10 kg）。虽然这种技术对除颤无效，但这种技术通常将颤动转变为停搏[64]。正常窦性心律实际上更容易从心搏停止开始。

预防是围术期并发症的最佳治疗方法，这需要麻醉师是专心且灵敏的。麻醉前应进行仔细的评估和准备，并正确地实施麻醉方案可以预防大多数与麻醉相关的并发症；密切监控可以在早期快速制定纠正措施，以避免潜在的危险情况。因此可以说，在麻醉方面“没有安全的麻醉或麻醉技术，只有安全的麻醉师”。

围术期疼痛管理

近年来，由于公众对动物福利意识的提高，兽医对家畜的疼痛管理有了改善。尽管兽医经常难以在农场主的财务考虑与管理动物疼痛的伦理和合法性之间建立平衡，但兽医麻醉学的重点始终是恢复动物正常的生理、预防疼痛的发生、预防疼痛的级联及沿着级联在各个层次上发作的疼痛[67]。疼痛可能源于先前存在的疾病过程，也可能源于创伤性损伤或手术。如果疼痛具有医源性原因，如与手术相关的疼痛，则疼痛将很容易治疗，但当疼痛是由自然发生的疾病引起时，预测或预防疼痛的发生是不可能的。

疼痛管理的经验法则是，如果在疼痛开始前给予镇痛药（先发性镇痛），则需要较少的镇痛药即可缓解疼痛。此外，使用先发性镇痛技术也会减少维持外科手术麻醉所需的麻醉剂量。强烈建议使用通过不同止痛机制或途径起作用的镇痛药或镇痛技术组合或顺序给药的多模式疗法。由于药物的协同作用，这种多模式疗法能使每种药物的镇痛作用最大化，同时能够降低个体药物剂量，因而将每种药物的副作用最小化。目前已可以将阿片类药物、$μ_2$ 激动剂、非甾体类抗炎药（NSAIDs）和氯胺酮单独或组合施用以产生多模式（平衡）镇痛疗法。例如，局部麻醉剂的注射或 NSAID 与低剂量的阿片类药物或 $α_2$-激动剂、NSAID 和阿片类药物、NSAID 和 $α_2$-激动剂、阿片样物质（神经镇痛）和 $α_2$-激动剂相结合是术中和术后的疼痛管理中最常用的多模式方案[68]。在考虑整体病例管理的背景下，选择用来缓解疼痛的镇痛药或者局部麻醉剂，以达到优化患畜的生存质量并恢复正常功能的效果。在反刍动物中，这一目标也必须考虑到动物医学药物使用和 AMDUCA 中制定的药物残留和标准问题[69]。

系统性疼痛管理(表 18-6)

表 18-6　绵羊和山羊中使用镇痛剂和非甾体类抗炎药的剂量

药物	剂量	持续时间/h
阿片类药物		
芬太尼贴剂 芬太尼注射液	5 mg 或 10 mg/70 kg 经皮给药 1～6 μg/kg IV;在麻醉期间每小时 1～5 μg/kg IV	72～96(3～4 d)
哌替啶	3.3～4.4 mg/kg SC 或 IM 10 mg/kg IM(山羊)	
吗啡	0.1～0.5 mg/kg IM 0.5～1 mg/kg IV 0.05～0.1 mg/kg 硬膜外给药	4 12 24
丁丙诺啡	0.005～0.01 mg/kg SC 0.005～0.1 mg/kg IV 或 IM 0.005 mg/kg IM	6 8～12 12
布托啡诺	0.05～0.5 mg/kg IV 或 IM 0.05 mg/kg SC 镇静 0.05～0.5 mg/kg IM; 镇静及运动失调 0.4 mg/kg IV	2～4 6
乙酰丙嗪 布托啡诺 格隆溴铵	0.05 mg/kg IM 0.01 mg/kg IM 0.01 mg/kg IM	
地西泮 布托啡诺	0.1～0.5 mg/kg IM 或 IV 0.01 mg/kg IM	
咪达唑仑 布托啡诺	0.05～0.025 mg/kg IM 或 IV 0.01 mg/kg IM	
甲苯噻嗪 布托啡诺 甲苯噻嗪 布托啡诺	0.1～0.2 mg/kg IV 0.01～0.02 mg/kg IV 0.02 mg/kg IM 0.05～0.07 mg/kg IM	
非甾体类抗炎药		
阿司匹林	50～100 mg/kg PO 100 mg/kg PO	12～24 12
双氯芬酸	1 mg/kg IV 或 IM	
氟尼辛葡甲胺	1～2.2 mg/kg PO, 1～2.5 mg/kg SC, 1 mg/kg IV	24 12
酮洛芬	2 mg/kg IV 3 mg/kg IV 或 IM	12 24
卡洛芬	2 mg/kg PO, SC, IV 4 mg/kg SC	24
保泰松	5 mg/kg PO 10 mg/kg PO	24 24

IV:静脉注射;SC:皮下注射;IM:肌肉注射;PO:口服。

数据来源:*Anderson DA*, *Muir WW*: *Pain management in cattle*, North Am Vet Clin Food Anim Pract 21:623, 2005; *Wegner K*: *Anesthesia and analgesia*. *In SRR Hankell*, *editor*: Blackwell's fiveminute veterinary consult, *Ames*, *Iowa*, 2008, *Wiley-Blackwell*.

阿片类镇痛药

阿片类镇痛药如吗啡、哌替啶、芬太尼、丁丙诺啡和布托啡诺已经被有效地应用于绵羊和山羊的疼痛控制。这些药物可与位于神经元细胞膜上的 μ、κ 或 δ 阿片受体结合，然后引发细胞变化，使细胞膜超极化并抑制脊柱疼痛传递。μ 受体的激活导致神经元内物质 P 的消耗，从而减少了整体的炎症和神经疼痛传递。兽医实践中使用的大多数阿片类药物被分类为纯 μ 受体激动剂或部分 μ 受体激动剂。高剂量的阿片类药物有时会出现副作用，包括胃和肠排空时间增加以及心动过速。有趣的是，通常在其他物种中观察到的过度兴奋现象，但在反刍动物中不常见[70]。

吗啡在绵羊和山羊中的镇痛效果较差。在注射吗啡的动物中，只有 1/3 的动物获得较好的镇痛效果[70]。对于这些动物，吗啡应该进行肠胃外给药而不是口服给药，因为药物能被瘤胃微生物破坏掉。建议每 4～6 h 通过静脉或皮下注射按 0.05～0.1 mg/kg 的剂量给药。但是，有报道称给山羊注射高剂量（10 mg/kg）的吗啡时可产生很好镇痛作用[70]。

盐酸哌替啶是一种合成阿片类药物，其镇痛效力仅为吗啡的 10%～50%。它能产生温和的镇静和镇痛作用。它的给药可以与组胺释放相联系[71]。在 1 岁的山羊中，哌替啶（10 mg/kg，IM）作为前麻醉剂在硫喷妥钠麻醉诱导前 10 min 使用。插管后，该组合提供 20 min 的手术麻醉，山羊会在 90 min 内完全恢复[72]。

芬太尼是一种类似于吗啡的纯 μ 激动剂，其效力为吗啡的 75～100 倍。芬太尼可以肠胃外或透皮给药。当胃肠外给药时，芬太尼在 5 min 内诱导镇痛，能持续 20 min。静脉注射芬太尼可能会引起一些异常行为如异食癖、失速起搏、眼球震颤、过度兴奋和运动失调[70]。透皮贴剂的剂量为 0.025、0.05、0.075 和 0.1 mg/h。对于 30～50 kg 的山羊，合适的透皮贴剂的剂量为 0.05 mg/h。在放置贴剂后的 18～24 h 能观察到镇痛效果，一片贴剂大约能持续 3 d，因此在贴剂放置 48 h 后应该更换新的贴剂。由于药物从透皮贴剂中吸收缓慢，在芬太尼未起效的期间应该给予另一种速效镇痛剂以缓解疼痛[67]。当动物经胃肠外给予芬太尼时，建议停药 3 d 后才能屠宰上市。但是，瘤胃唾液再循环可能会延长芬太尼的作用，因此以上确定的休药期可能存在问题[73]。

曲马多是可待因和吗啡的合成类似物[74]。该药物通过作用于中枢的阿片、肾上腺素能和 5-羟色胺能受体产生镇痛作用[75]。曲马多有一些其他阿片类药物不具有的优点：该药物不是受控或管制药物，因此其使用流程不用那么复杂；其呼吸抑制的副作用较小，被人滥用的可能性较小[74,76]，并且对马来说不会造成中枢神经系统的极度兴奋[77]。研究表明曲马多可有效治疗人和犬的中度到重度术后疼痛[78,79]。曲马多对阿片 μ 受体具有低亲和力，因此对于治疗中度疼痛，如果要产生与吗啡相同的镇痛效果，使用的曲马多的剂量是吗啡的 10 倍还要多[80]。然而，对于更严重的疼痛，10 倍剂量的曲马多仍不如吗啡有效[81]。人、犬和猫通过口服给药能很好地吸收曲马多，生物利用度分别能达到 70%、65% 和 93%[82-84]，而山羊对其口服吸收率较低，据报道，口服单剂量 2 mg/kg 的曲马多其生物利用度仅为 36.9%[85]。瘤胃的表面积大、固体物质含量高、复杂的微生物区系被认为是山羊曲马多口服吸收相对犬和猫较低的原因[85]。尽管如此，山羊血浆中非离子化的曲马多的含量相对更高，这是因为曲马多的 pK_a 值为 9.41，但瘤胃中较高的胃 pH 为 6.8，单胃动物的胃中 pH 为 1.0～2.0。此外，反刍动物的肠肝再循环增加了药物的吸收，导致山羊血浆中曲马多浓度高达（542.9±219.5）ng/mL[85]。对人来说，缓解轻度至中度疼痛需要的最低血药浓度为 100～150 ng/mL[78,82]。山羊口服给药后的消除半衰期为（2.67±0.54）h，比人短[76]但比马长[77]。对山羊静脉注射 2 mg/kg 的曲马多，此时药物在血浆中的浓度不足以提供有效的镇痛作用。因为曲马多在血浆中的浓度下降很快，能迅速低于其最小有效浓度[85]。因此，山羊通过口服曲马多的方式更佳，首先口服在生理上更容易操作，其次口服相对静脉注射提供的镇痛效果更强。曲马多能够穿过胎盘，出现在胎儿循环中，并且在给药后 16 h 内还检测到母乳中低浓度的母体药物及其活性代谢物（M1）[76]。然而，在山羊中没有确定曲马多的乳或肉类停药时间。

丁丙诺啡是部分 μ 激动剂，其镇痛效力是吗啡的 25 倍。丁丙诺啡很难通过胃肠道吸收。由于丁丙诺啡对 μ 受体的高亲和性和低特异性，它的作用很难被阿片类拮抗剂逆转。肌肉注射丁丙诺啡（0.005～0.01 mg/kg）45 min 内会起到镇痛效果，此效果能持续 240 min。在服用丁丙诺啡的绵羊中，可观察到前进性行走、频繁快速的头部运动、咀嚼以及对听觉和视觉刺激过敏等现象[86]。在对山羊实施外科手术后，每隔 6 h 肌肉注射丁丙诺啡 0.01 mg/kg，能够提供令人满意的镇痛效果。在山羊中不能观察到上述绵羊中使用丁丙诺啡所产生的对中枢神经系统（CNS）的影响（Edmondson M：个人交流，2010）。

布托啡诺是一种 κ 激动剂和 μ 拮抗剂，其镇痛效力约为吗啡的 3～5 倍。布托啡诺具有独特的“天花板效应”，也就是说，在达到有效作用后，剂量的进一步增加不会增强其药理作用[87]。布托啡诺可能会对中枢神经系统有轻微地刺激，尤其是在还未感觉到疼痛的动物中使用时，可能会出现面部肌肉、嘴唇和头部的抽搐[88]。布托啡诺是反刍动物中最常用的阿片类药物，推荐剂量为每 4～6 h 静脉或皮下注射 0.02～0.05 mg/kg[67]。布托啡诺可以单独用于绵羊和山羊并可产生轻度镇静作用。在静脉注射 0.05 mg/kg 剂量的布托啡诺的绵羊中未出现任何的行为异常，但是注射剂量提高到 0.4 mg/kg 时能观察到运动失调，注射剂量为 0.1～0.2 mg/kg 时开始发生兴奋行为[7,88,89]。布托啡诺经常与镇静剂联合使用，以便为小手术和诊断程序提供良好的持续镇静作用。它也可在术后给药，来减轻疼痛。在绵羊和山羊中，可以同时给予甲苯噻嗪和布托啡诺，这样会产生长达 60 min 的深度镇静和躺卧[4]。在奶牛中，在给药布托啡诺 36 h 后，其乳汁中可以检测到此药物的残留物。因此，对于提供肉类和牛奶的动物建议分别提供 4 d 和 72 h 的停药期[70]。

非甾体类抗炎药

非甾体类抗炎药（NSAIDs）用于镇痛、解热和抗炎。其是通过介导抑制环氧合酶（COX）、脂氧合酶和血栓素酶起作用的。COX 作用于花生四烯酸以释放前列腺素和其他炎症介质，而 COX 抑制剂如 NSAIDs 可阻止这些介质的产生。此外还有证据表明，NSAIDs 可通过中枢抑制涉及 α_2 和 μ 受体的疼痛反应来产生镇痛作用。根据它们对不同受体的亲和力，不同的 NSAIDs 似乎具有不同的活性；例如，氟尼辛葡甲胺是一种极好的内脏镇痛药，而保泰松对缓解肌肉骨骼疼痛非常有效。氟尼辛葡甲胺、酮洛芬和保泰松是非特异性 COX 抑制剂，而乙哚乙酸和卡洛芬是选择性 COX-2 抑制剂。临床观察表明，特异性 COX-2 抑制剂在反刍动物中不是有效的镇痛药[67,90]。所有 NSAIDs 都具有良好的口服吸收率，允许口服给药。然而，人们发现动物对此药的清除率随物种与年龄的不同而存在差异。此外，一些 NSAIDs 具有窄的安全边际，使得治疗指数通常相对接近毒性指数。因此，不建议根据其动物的药物用量来给出给药方案[73]。

阿司匹林虽然未被美国食品和药物管理局（FDA）批准用于食用动物，但是每日 2 次口服 100 mg/kg 剂量的阿司匹林可以用来治疗发烧和轻微的关节或肌肉疼痛。食用动物避免药物残留数据库（FARAD）建议牛奶和肉类的停药时间为 24 h[70]。

氟尼辛葡甲胺是 COX-1 抑制剂。它被批准用于肉牛和哺乳期奶牛的发烧与呼吸道疾病、内毒素血症和急性乳腺炎相关的炎症。该药物仅被批准用于静脉内给药，剂量为 1.1 mg/kg，每天 2 次，或剂量为 2.2 mg/kg，每天 1 次；此时产生的镇痛效果可持续 6～12 h。此剂量最多可重复给药 3 d。建议的肉类停药时间在美国为 4 d，在加拿大为 6 d，奶类停药时间为 36 h[67,73]。

临床证明，苯丁酮在缓解与肌肉骨骼损伤和慢性骨关节炎相关的疼痛方面，比氟尼辛葡甲胺更有效。由于缺乏可预测的停药时间，苯丁酮是一种高度监管的药物。该药物具有高度的蛋白质结合性，与其他大型动物相比，在牛（30～80 h）以及绵羊和山羊（15～20 h）中具有非常长的药物半衰期。当先以 24 mg/kg 的负荷剂量，然后以 12 mg/kg 的单日剂量对牛给药时，给药 82 h 后在牛奶中仍可检测到该药物。由于消费者的担心，目前严禁在 20 月龄以上的奶牛中使用苯丁酮，并且强烈建议不要在其他产奶牛和产肉动物中使用此药[91]。在人体中，苯丁酮被认为是一种致癌物质，据报道它可诱导血液恶液质（如再生障碍性贫血，白细胞减少、粒细胞缺乏症、血小板减少症），并且在某些情况下会导致死亡。一些报道描述了由于接触含有药物残存的食物而引起的特异性血清病型超敏反应；但目前尚未确定引起此反应的药物阈值浓度[92]。美国动物医学药物使用和澄清法案认为，使用苯丁酮是不合理的，因为对于食用动物已经有一些其他有效的非甾体类抗炎药（如阿司匹林和氟尼辛葡甲胺）被批准应用[91]。苯丁酮一般建议应用于有价值的种畜。当种畜有严重的慢性疾病时，一般不必将其屠宰，为了采集胚胎或精液可使用苯丁酮缓解镇痛，最后执行安乐死。第一次注射苯丁酮的肉类停药时间至少为 45 d；在第一次治疗的基础上，每增加一天治疗时间，建议增加 5 d 停药时间，如果需要，最长可达 6～8 个月[66,73]。尽管没有非甾体类抗炎药被批准用于小反刍动物，但应优选使用氟尼辛葡甲胺而不是苯丁酮，因为氟尼辛葡甲胺被批准可用于食用动物。

美国食品和药物管理局(FDA)未批准酮洛芬用于食用动物。酮洛芬具有短的血浆半衰期(30 min)和小体积分布(0.2 L/kg)。在血浆浓度峰值时，牛奶中酮洛芬的浓度低于测试敏感度水平，表明该药物可以安全地用于产奶反刍动物，其具有短暂且可预测的牛奶停药时间。推荐的肉类停药时间为 4～7 d。一些临床医生认为酮洛芬没有氟尼辛葡甲胺的效果好[73]。但是，如果满足标签外使用的标准，酮洛芬可以按 3.3 mg/kg 剂量每天给药一次。酮洛芬(3 mg/kg，PO)在热铁断角前和热铁断角后 2 h 和 7 h 给药，可减少 4～8 周龄小牛的疼痛相关行为[67,70]。

与苯丁酮和阿司匹林相比，卡洛芬具有更高的效力和更低的溃疡性。然而，一般认为卡洛芬对 COX-1 和 COX-2 酶的作用较弱。以 0.7 mg/kg 和 4 mg/kg 的剂量进行静脉注射该药，卡洛芬的治疗血浆浓度至少维持 72 h[70]。在单次静脉注射 0.7 mg/kg 剂量后，在患乳腺炎牛的乳汁中可检测到卡洛芬[70]。与酪洛芬类似，卡洛芬与氟尼辛葡甲胺相比没有任何优势，因为它的清除时间过长并且可在牛奶中检测到，因此不建议将其用于食用动物[70]。

双氯芬酸是一种较新近引入的非甾体抗炎药，是治疗创伤后疼痛、术后伤口痛觉过敏、与运动和肿胀相关的疼痛以及马跛引起的关节痛的有效止痛药[93-95]。据报道，双氯芬酸还可有效治疗牛和水牛的急性无菌性关节炎和肌炎[96,97]以及缓解因阉割引起的羔羊疼痛[98,99]。在绵羊中，已证明双氯芬酸与链霉素、利福平或四环素联合使用时，对布鲁氏菌和血吸虫病非常有效[100,101]。双氯芬酸在以 1 mg/kg 的剂量对绵羊进行静脉和肌肉给药后，其消除半衰期的值分别为(2.84±1.94) h 和(2.12±1.60) h。因此，建议每日 2 次和 3 次剂量给药以维持有效的血浆浓度[102]。

α_2-肾上腺素能受体激动剂

α_2-肾上腺素能受体激动剂通常和阿片类药物组合使用以提供良好的镇痛作用。这两种药物具有协同作用，因此在较低剂量的两种药物下都可以获得更大的镇痛效果。更详细的信息在前面章节“麻醉前用药”中有所介绍。

氯胺酮

亚麻醉剂量的氯胺酮通过阻断 N-甲基-*D*-天冬氨酸(NMDA)受体有效预防或减轻疼痛。氯胺酮可与阿片类或非甾体抗炎药联合使用，每 6～8 h 按 0.25～0.5 mg/kg 剂量肌肉注射给药，以减轻山羊因烧伤、多关节炎或骨髓炎引起的严重疼痛[53]。

疼痛管理的药物组合

与使用不同类型的麻醉剂来产生平衡麻醉(即无意识、镇痛和肌肉放松)的技术类似，组合使用不同类别的镇痛药可以防止多个水平的疼痛传播，同时最大限度地减少麻醉的副作用。当药物之间具有协同作用时，可以通过降低每一种药物的使用剂量来减少其副作用。一些药物组合如甲苯噻嗪(0.02 mg/kg，IV)加布托啡诺(0.05 mg/kg，IV)，或地托咪定(0.01 mg/kg，IV)加布托啡诺(0.05 mg/kg)的组合，可为奶牛提供良好的镇静作用[103]。另一种组合如肌肉注射甲苯噻嗪(0.02～0.05 mg/kg)，布托啡诺(0.01～0.025 mg/kg)和氯胺酮(0.04～0.1 mg/kg)也能产生良好的镇静作用。对于能产生强烈疼痛的手术，如去势，可以静脉注射高于推荐剂量的药物来诱导良好适当的镇痛[67]。

恒速输注

通过恒速输注(CRI)进行镇痛或镇痛组合给药有几个优点：可以使用低剂量的镇痛剂来维持稳态药物的血浆浓度；可避免药物作用的峰值和波动；最重要的是，可以持续缓解患有严重和偶尔慢性疼痛的患畜其疼痛。

利多卡因是兽医常用的局部麻醉剂。应用利多卡因治疗马匹结肠手术后肠梗阻的案例也越来越多。在这种情况下，利多卡因能提供多种有益效果，包括通过其局部麻醉作用实现的镇痛；通过促进胃肠运动(促动力)预防肠粘连和肠梗阻；通过提供抗炎作用使缺血区域的再灌注损伤最小化[104,105]。在马的剖腹手术中，利多卡因 CRI 已被证明在 1.3 mg/kg 的负荷剂量和 0.05 mg/(kg·min)的输注下能提供良好的长期镇痛[105]。每 4 h 伴随恒速输注给予低剂量利多卡因(每分钟 0.05 mg/kg)和地托咪定(0.1 mg/kg，IV)，能显著减少食用动物的腹膜疼痛[70]。

在一项研究中[106]，对106只体重45～60 kg的绵羊通过肌肉注射甲苯噻嗪(5 mg,IM)进行镇静，随后持续静脉恒定输注甲苯噻嗪(2 mg/h)90 min;然后通过对电刺激的腿抬起反应来测试稳态镇痛效果，发现在输注开始后10 min并一直持续到研究结束(90 min)，甲苯噻嗪可以产生稳定的镇痛作用。氯胺酮通过阻断NMDA并刺激阿片受体来产生强烈的镇痛作用。研究表明，氯胺酮还可能具有强效抗炎作用，因其具有抑制细胞因子和中性粒细胞趋化作用[67]。氯胺酮是治疗确定疼痛的有效镇痛药，可在微剂量下提供镇痛作用，并可用于长期缓解疼痛。氯胺酮可用于每小时0.4～1.2 mg/kg的恒速输注[67]。

布托啡诺已被证明是优良的反刍动物内脏镇痛药。在成年牛中，可通过低剂量氯胺酮的恒速输注来维持长期镇痛；其给药方式为将10～20 mg布托啡诺加入5 L平衡电解质溶液中，并以1～2 L/h的速率给药[67]。目前，尚未有在绵羊和山羊中使用布托啡诺的报告。然而，在上述方案中，5 L平衡电解质溶液中加入布托啡诺10～20 mg最终使其浓度为0.002～0.004 mg/mL。如果该溶液以1～2 L/h的速率给予体重为60 kg的小反刍动物，则每小时给予布托啡诺的剂量为2～4 mg，给药剂量为0.03～0.06 mg/kg;此剂量仍然在小反刍动物的推荐剂量范围内。

特定神经阻滞

本书中描述的许多用于指定外科手术的局部麻醉技术已被相关外科介绍的那部分内容所涵盖。尽管如此，在本章中将分别介绍3种常用的局部和区域麻醉技术：尾部硬膜外阻滞、腰骶部硬膜外阻滞和局部脱角麻醉。在实践中，常规地进行尾部硬膜外麻醉，偶尔进行腰骶部硬膜外麻醉，但很少使用局部麻醉技术去角。为了去除成年山羊或公羊的大角，首选是全身麻醉。然而，有时需要局部麻醉以去除角，因此本章也将讨论局部脱角麻醉。

尾部硬膜外阻滞

如果执行得当，尾部硬膜外麻醉使会阴、外阴、阴道和直肠脱敏。为了确定注射部位，临床医生应抓住动物的尾巴，尽可能定位靠头侧的椎间隙，并通过“泵”尾来增强对此位置的定位。在绵羊和山羊中，注射部位要么在第五骶骨和第一尾骨椎骨之间的间隙中，要么在第一尾骨与第二尾骨椎骨之间。注射的区域应进行夹持和消毒处理。将针(规格18～20号、4 cm)以与皮肤呈90°放入正确的间隙。将针头(没有连接的注射器)从腹侧穿过弓间韧带推入神经管底部[107]。进入硬膜外腔时应注意轻微的真空。如果血液在轮毂处显现或从针中流出，则注射失败，应将针取出，因为此时针头已错误地放入静脉窦中。一般来说，2%利多卡因在1 mL/45 kg的剂量下能达到足够的镇痛效果，因此1～2 mL的总剂量对大多数绵羊和山羊均有效。镇痛在1～5 min内发生，持续时间约为1 h[4](表18-7)。

表18-7 硬膜外阻滞所需麻醉剂及药物的剂量

药物	绵羊用量	山羊用量
利多卡因	浸润0.05 mg/kg 硬膜外滴注1 mL、2%/50 kg 硬膜外滴注0.22 mg/kg 胸腔内滴注1 mg/kg	浸润0.05 mg/kg 硬膜外滴注1 mL、2%/50 kg 硬膜外滴注0.22 mg/kg 胸腔内滴注1 mg/kg
布比卡因	浸润0.05 mg/kg 硬膜外滴注0.05 mg/kg 胸腔内滴注1 mg/kg	浸润0.05 mg/kg 硬膜外滴注0.05 mg/kg 胸腔内滴注1 mg/kg
美托咪啶	硬膜外滴注0.02 mg/kg,5 mL无菌水	硬膜外滴注0.02 mg/kg,5 mL无菌水
甲苯噻嗪	硬膜外滴注0.03 mg/kg 硬膜外滴注0.15 mg/kg, 5 mL无菌水	硬膜外滴注0.03 mg/kg 硬膜外滴注0.15 mg/kg, 5 mL无菌水
吗啡(无防腐剂)	硬膜外滴注0.1～0.2 mg/kg	硬膜外滴注0.1～0.2 mg/kg

数据来自：*Blaze CA*, *Glowaski MM*, *editors*: Veterinary anesthesia drug quick reference, *St Louis*, *Elsevier Saunders*, 2004; *Muir WW*, *et al*, *editors*, Handbook of veterinary anesthesia, *St Louis*, 2007 *Mosby Elsevier*; *Cornick-Seahorn JL*, *editor*: The practical veterinarian: veterinary anesthesia, *Boston*, 2001, *Butterworth Heinemann*.

布比卡因、甲苯噻嗪（0.05～0.07 mg/kg，用生理盐水或利多卡因稀释至硬膜外阻滞所需的体积）、地托咪定（0.04 mg/kg）和美托咪定（0.015 mg/kg）这四种药物已用于尾部硬膜外阻滞，其提供的镇痛时间分别为 4 h、4～5.5 h、3～4 h 和 7 h[67]。在绵羊中，硬膜外注射芬太尼（0.0015 mg/kg）不会产生镇痛作用[108]。将芬太尼和甲苯噻嗪（0.2 mg/kg）组合使用比单独使用芬太尼效果更好：能够缩短芬太尼的起作用时间[（4.5±0.5）min∶（10±1.1）min]；延长镇痛持续时间[（315±6）min∶（96±6）min]。尾部硬膜外注射芬太尼和甲苯噻嗪对心肺功能无明显影响，相关值均维持在基线范围内[108]。在尾侧硬膜外或腰骶部鞘内注射 α_2 激动剂（如甲苯噻嗪、地托咪定、美托咪定）后，可发生中枢神经系统抑制效应，如镇静、运动失调，有时还可发生卧位。这种中枢神经系统的抑制效应是由于以下几个原因：药物可从硬膜外腔吸收进入全身循环；药物的颅内迁移效应或药物的局部麻醉作用，特别是甲苯噻嗪。静脉注射 α_2 拮抗剂阿替美唑（0.005 mg/kg）可逆转硬膜外甲苯噻嗪所致的中枢神经系统抑制效应，但不影响硬膜外镇痛[109]。

腰骶部硬膜外阻滞

如果操作适当，腰骶部硬膜外阻滞可为膈肌尾部提供镇痛（腹壁脐部、腹股沟区、腹股沟区和会阴区）[2]。在绵羊和山羊中，可以通过触诊的方式发现注射部位。在两个髂骨翼和颅侧之间绘制一条假想线，与背侧中线交叉处的软点即为注射部位[4]（图 18-3）。在绵羊和山羊中，这个腰骶部空间位于最后一个腰椎棘突的尾部。将最后一个腰椎和第一个骶椎之间部位的皮肤夹住并做消毒处理。将针（规格 18～20 号、4～9 cm）以与皮肤呈 90°推入，偶尔需要将针轻微地上挑。如果遇到脊髓液或血液，则表明针进入了蛛网膜下腔，应将针撤回并再次插入。进入硬膜外腔时应注意到轻微的真空。如果将局部麻醉剂注入蛛网膜下腔，则在 3～5 min 内就会发生后肢麻痹[107,110]。在穿过硬膜外间隙后，针头穿过弓间韧带[110]。然后可以缓慢注射药物并且没有阻力。使用 2% 利多卡因盐酸盐溶液（0.3～0.5 mL/10 kg 体重）可为大多数外科手术提供足够的镇痛作用[110]，注射 2% 利多卡因盐酸盐溶液 5～15 min 后发生镇痛和后肢麻痹；这些影响的持续时间为 1～2 h[107,110]。

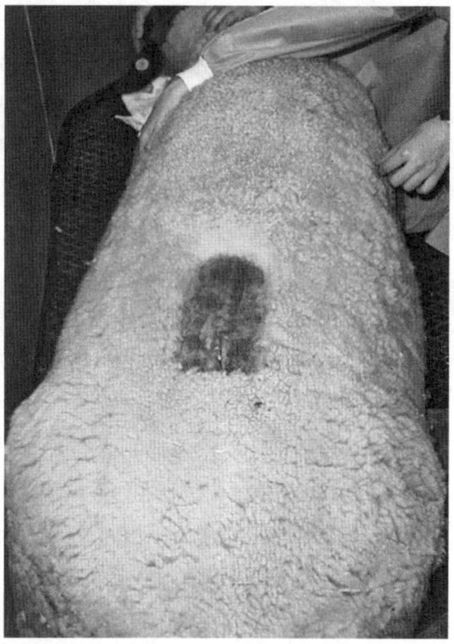

图 18-3 腰骶部麻醉。注射部位位于背侧中线、最尾端腰椎后面、髂骨翼背侧之间。临床兽医可用拇指按压髂骨翼，食指指示要注射的部位。找准该部位后，将针垂直插入，可以无阻力地注射麻醉剂。

利多卡因（2 mg/kg）和甲苯噻嗪（0.05 mg/kg）组合，或者利多卡因（2 mg/kg）和丁丙诺啡（0.005 mg/kg）组合，通过腰骶部注射可以用于对山羊术后的鞘内镇痛。研究结果表明，与利多卡因-甲苯噻嗪组合相比，鞘内注射利多卡因-丁丙诺啡组合可产生更好、更持久的镇痛效果并且对血液动力学和呼吸系统损害更少。注射甲苯噻嗪和利多卡因组合的山羊的心率和动脉血压显著降低，而动脉血二氧化碳分压显著升高。这两种组合疗法均可较好地缓解山羊手术后的疼痛。但是，丁丙诺啡与利多卡因的镇痛持续时间至少为 6 h，大约是甲苯噻嗪与利多卡因组合的 2 倍[111]。在另一项研究中，有人将吗啡（0.1 mg/kg，无防腐剂）和布比卡因（1.5 mg/kg）注入腰骶部硬膜外腔，以比较它们在腹部手术后的麻醉效果。在山羊中，吗啡镇痛 22 h，布比卡因仅持续 3 h[112]。接受吗啡治疗的山羊术后（59±9）min 内站立，而接受布比卡因治疗的山羊则保持卧位（285±49）min[112]。虽然山羊长时间的俯卧与麻醉的副作用无关，但是当需要山羊术后尽快恢复站立或者更长的麻醉效果时，应首选吗啡作为腰骶部硬膜外阻滞的药物[113]。

尾部或腰骶部硬膜外镇痛的临床应用

无论采用何种阉割方法，都会导致动物急性疼痛,因此最好在动物的幼年阶段进行阉割。一般认为橡皮圈阉割会导致慢性疼痛。而通过测定皮质醇反应产生应激的手段,已证明无血去势器阉割是产生疼痛感最轻的手术。尾部硬膜外利多卡因(1 mL/90 kg)联合睾丸内或阴囊内利多卡因和全身的 NSAID 是临床上最有效的方法[70]。羔羊断尾也是常见的操作。幼年时的热断尾与对照羔羊的行为改变或皮质醇反应无关。当使用橡胶环与 Burdizzo 钳夹持技术时,推荐使用含利多卡因或布比卡因的环。

利多卡因在难产期间产生的尾部硬膜外麻醉可能有助于活胎的分娩。然而,利多卡因不会阻断阴道头侧和子宫颈的疼痛感觉,因此可能无法提供足够的镇痛来减少紧张及潜在的有害行为。此时,可在尾部硬膜外注射利多卡因时加入布托啡诺(0.04 mg/kg, IV),来缓解疼痛。乙酰丙嗪(0.02 mg/kg,IV)已被用于为母马提供镇静作用。当单独使用时,乙酰丙嗪不具有镇痛作用,但当与阿片类药物如布托啡诺一起使用时,乙酰丙嗪将增强阿片类药物的镇痛作用。当麻醉的目标是有助于活胎的分娩时,全身或硬膜外滴注甲苯噻嗪或其他 α_2-激动剂不是一个好的选择,因为 α_2-激动剂可导致子宫流血和向胎儿输送氧气减少。然而,当用于去除死胎时,甲苯噻嗪(0.04 mg/kg,IV)可提供良好的镇静和镇痛作用[67]。

角麻醉

因为成年山羊或公羊的去角手术是非常血腥的,所以应该尽可能地使用全身麻醉。然而,在某些情况下,临床兽医可能会选择使用局部麻醉。用于公羊去角的局部麻醉技术与用于牛的局部麻醉相似[114,115]。在公羊中,在颧骨脊下方 1～2 cm 处向角方向注射局部麻醉剂(1～2 mL 的 2%利多卡因)。另一种方案需要在羊角底部 1～2 cm 处画3～4 cm 的线框。皮下注射的点位于垂直于沿着从羊角底部到眼睛的最短直线上。第三种方案是使用环形阻滞物绕在羊角的周围,然后通过局部麻醉剂的组织渗透达到麻醉效果。在临床实践中(特别是 D. G. Pugh),环形阻滞的方法已产生了可重复的结果。此外,由于利多卡因具有潜在的毒性,2%的利多卡因应与等体积的无菌盐水混合后使用[116]。

在山羊中,可以通过"阻断"泪腺神经的角膜分支来麻醉角和紧邻的皮肤。在眼眶基部尾脊附近,将针插入 1.5～2 cm 的深度并注射局部麻醉剂(1～2 mL、2%利多卡因)可实现神经的麻醉。在一些动物中可以通过触诊定位到位于眼睛的背内侧并与眼眶边缘相邻的耳内神经的角膜分支(图 18-4),可以在约 1 cm 深处施用局部麻醉剂(1～2 mL 的 2%利多卡因)。通过麻醉这两个部位,可以获得良好的角膜镇痛效果[116]。

去角是食用动物中经常进行的程序。当用于角膜神经阻滞和环状阻滞时,单独使用利多卡因可以提供 90～120 min 的局部麻醉。布比卡因具有更持久的效果,可缓解 4 h 的疼痛。甲苯噻嗪有时与利多卡因联合给药,可使镇痛持续时间延长至 3 h。在去角方案中使用类 NSAID 酮洛芬进行全身给药,无论有或没有甲苯噻嗪的局部麻醉剂,都能极大地改善动物的舒适度,从而带来生产优势[70]。

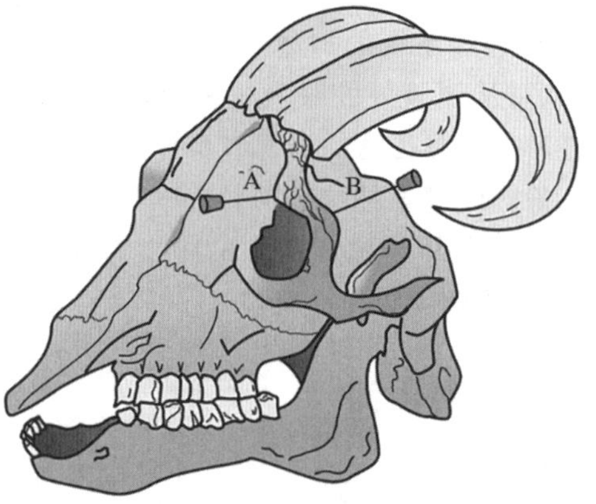

图 18-4 滑车内神经(A)的角部分支和泪腺神经的角部分支(B)的位置。局部麻醉可以渗入这两个区域,以获得良好的角部及周围皮肤的镇痛。

关节内镇痛

在绵羊中,进行关节切开术后可以通过关节内镇痛来缓解疼痛。手术前口服保泰松(1 g,每日 1 次,连续 5 d),术前 24 h 涂抹透皮芬太尼(15 mg),然后切开前在关节内注射利多卡因(40 mg;2 mL)并在切口闭合后注射布比卡因(10 mg;2 mL),这个组合具有良好的镇痛效果。尽管该研究未评估该组合诱导镇痛的总持续时间,但在犬中进行的类似研究表明[117]该组合用药的镇痛持续时间约为 24 h[118]。

参考文献

[1] Papich MG: Drug residue considerations for anesthetics and adjunctive drugs in food-producing animals, *Vet Clin North Am Food Anim Pract* 12:693, 1996.

[2] Craigmill AL, Rangel-Lugo M, Riviere JE: Extralabel use of tranquilizers and general anesthetics, *J Am Vet Med Assoc* 211:302,1997.

[3] Fajt VR: Label and extralabel drug use in small ruminants, *Vet Clin North Am Food Anim Pract* 17:403, 2001.

[4] Riebold TW: Ruminants. In Thurmon JC, Tranquilli WJ, Benson GJ, editors: *Lumb & Jones' veterinary anesthesia*, ed 3, Baltimore, 1996, Lea & Febiger.

[5] Short CE: Preanesthetic medications in ruminants and swine, *Vet Clin North Am Food Anim Pract* 2:553, 1986.

[6] Gross ME, Booth NH: Tranquilizers, α_2-adrenergic agonists, and related agents. In Adams HR, editor: *Veterinary pharmacology and therapeutics*, ed 7, Ames, Iowa, 1995, Iowa State University Press.

[7] Taylor PM: Anesthesia in sheep and goats, *In Pract* 13:31, 1991.

[8] Greene SA, Thurmon JC: Xylazine—a review of its pharmacology and use in veterinary medicine, *J Vet Pharmacol Ther* 11:295, 1988.

[9] Thurmon JC, et al: Effects of xylazine hydrochloride on urine in cattle, *Aust Vet J* 54:178, 1978.

[10] Rosenberger G, Hempel E, Baumeister M: Contributions to the effect and applicability of Rompun in cattle, *Vet Med Rev* 2:137,1996.

[11] Mitchell B, Williams JT: Respiratory function changes in sheep associated with lying in lateral recumbency and with sedation by xylazine, *Proc Assoc Vet Anaesth Great Br Ire* 6:30, 1976-1977.

[12] Doherty TJ, et al: Antagonism of xylazine-induced sedation by idazoxan in calves, *Can J Vet Res* 51:244, 1987.

[13] Waterman AE, Nolan A, Livingston A: Influence of idazoxan on the respiratory blood gas changes in conscious sheep, *Vet Rec* 121:105, 1987.

[14] Hsu WH, Schaffer DD, Hanson CE: Effects of tolazoline and yohimbine on xylazine-induced central nervous system depression, bradycardia, and tachypnea in sheep, *J Am Vet Med Assoc* 190:423, 1987.

[15] Hsu WH, et al: Effects of idazoxan, tolazoline, and yohimbine on xylazine-induced respiratory changes and central nervous system depression in ewes, *Am J Vet Res* 50:1570, 1989.

[16] Lin HC, et al: Telazol and xylazine anesthesia in sheep, *Cornell Vet* 83:117, 1993.

[17] Kästner SBR: α_2-agonists in sheep: a review, *Vet Anaesth Analg* 33:79, 2006.

[18] Scott PR, et al: Assessment of xylazine hydrochloride epidural analgesia for open castration of rams, *Theriogenology* 42:1029, 1994.

[19] Gessert ME, Scott PR: Combined xylazine and lidocaine caudal epidural analgesia injection in the treatment of ewes with preparturient vaginal or cervico-vaginal prolapse, *Agr Pract* 16:15, 1995.

[20] Ruckebusch Y, Allal C: Depression of reticuloruminal motor functions through the stimulation of α_2-adrenoceptors, *Vet Pharmacol Ther* 10:1, 1987.

[21] Celly CS, et al: Comparative cardiopulmonary effects of four α-2 adrenoceptor agonists in sheep, *Vet Surg* 22:545, 1993.

[22] Pyörälä E, et al: Detomidine to pregnant cows, *Nord Vet Med* 38:237, 1986.

[23] Jedruch J, Gajewski Z: The effect of detomidine hydrochloride (Domosedan) on the electrical activity of the uterus in cows, *Acta Vet Scand* 82:189, 1986.

[24] Muge DK, et al: Analgesic effects of medetomidine in sheep, *Vet Rec* 135:43, 1994.

[25] Mohammad FK, Zangana IK, Abdul-Latif AR: Medetomidine sedation in sheep, *J Vet Med A* 40:328, 1993.

[26] Kästner SR, et al: Comparison of two pre-anesthetic medetomidine doses in isoflurane anesthetized sheep, *Vet Anaesth Analg* 33:8, 2006.

[27] Tulamo R-M, Raekallio M, Ekblad A: Cardiovascular effects of medetomidine-ketamine anaesthesia in sheep, with and without 100% oxygen and its reversal with atipamezole, *J Vet Anaesth* 22:9, 1995.

[28] Hsu WH, Schaffer DD, Hanson CE: Effects of tolazoline and yohimbine on xylazine-induced central nervous system depression, bradycardia, and tachycardia in sheep, *J Am Vet Med Assoc* 190:423, 1987.

[29] Yellin TO, Sperow JW, Buck SH: Antagonism of tolazoline by histamine H_2-receptor blockers, *Nature* 253:561, 1975.

[30] Read MR, Duke T, Toews AR: Suspected tolazoline toxicosis in a llama, *J Am Vet Med Assoc* 216:227, 2000.

[31] Lin HC, Riddell MG: Tolazoline: Dose responses and side effects in non-sedated Holstein calves, *Bov Practitioner* 42:86, 2008.

[32] Carroll GL, et al: Effect of medetomidine and its antagonism with atipamezole on stress-related hormone, metabolites, physiologic responses, sedation, and mechanical threshold in goats, *Vet Anaesth Analg* 32:147, 2005.

[33] Gray PR, McDonell WN: Anesthesia in goats and sheep, Part Ⅱ: general anesthesia, *Cont Edu* 8:S127, 1986.

[34] Stegmann GF, Bester L: Sedative-hypnotic effects of midazolam in goats after intravenous and intramu-

scular administration, *Vet Anaesth Analg* 28: 49, 2001.

[35] Thurmon JC, Benson GJ: Anesthesia in ruminants and swine. In Howard JL, editor: *Current veterinary therapy*, ed 3, Philadelphia, 1993, WB Saunders.

[36] Thurmon JC, Tranquilli WJ, Benson GJ: Injectable anesthetics. In Thurmon JC, Tranquilli WJ, Benson GJ, editors: *Lumb & Jones' veterinary anesthesia*, ed 3, Baltimore, 1996, Lea & Febiger.

[37] Lin HC: Dissociative anesthetics. In Thurmon JC, Tranquilli WJ, Benson GJ, editors: *Lumb & Jones' veterinary anesthesia*, ed 3, Baltimore, 1996, Lea & Febiger.

[38] Lin HC, et al: Effects of anesthesia induced and maintained by continuous intravenous administration of guaifenesin, ketamine, and xylazine in spontaneously breathing sheep, *Am J Vet Res* 54 1993, 1913.

[39] Handel IG, et al: Observations on the pharmacokinetics of propofol in sheep, *Proceedings of the Fourth International Congress of Veterinary Anaesthesia Utrecht*, Netherlands, 1991, Utrecht University.

[40] Waterman AE: Use of propofol in sheep, *Vet Rec* 122:26, 1988.

[41] Reid J, Nolan AM, Welsh E: Propofol as an induction agent in the goats: a pharmacokinetic study, *J Vet Pharmacol Ther* 16:488, 1993.

[42] Lin HC, Purohit RC, Powe TA: Anesthesia in sheep with propofol or with xylazine-ketamine followed by halothane, *Vet Surg* 26:247, 1997.

[43] Carroll GL, et al: Detomidine-butorphanol-propofol for carotid artery translocation and castration or ovariectomy in goats, *Vet Surg* 27:75, 1998.

[44] Prassinos NN, Galatos AD, Raptopoulos D: A comparison of propofol, thiopental or ketamine as induction agents in goats, *Vet Anaesth Analg* 32:289, 2005.

[45] Larenza MP, et al: Comparison of the cardiopulmonary effects of anesthesia maintained by inhalation of sevoflurane in goats undergoing magnetic resonance imaging, *Am J Vet Res* 66 2135, 2006.

[46] Fetcher A: Liver diseases of sheep and goats, *Vet Clin North Am Large Anim Pract* 5:525, 1983.

[47] O'Brien TD, et al: Hepatic necrosis following halothane anesthesia in goats, *J Am Vet Med Assoc* 189:1591, 1986.

[48] Riebold TW, Geiser DR, Goble DO: Clinical techniques for food animal anesthesia. In Riebold TW, Geiser DR, Goble DO, editors: *Large animal anesthesia: principles and techniques*, ed 2, Ames, Iowa, 1995, Iowa State University Press.

[49] Hikasa Y, et al: Anesthetic potency and cardiopulmonary effects of sevoflurane in goats: comparison with isoflurane anhalothane, *Can J Vet Res* 62:299, 1998.

[50] Muir WW, et al: Inhalation anesthesia. In Muir WW, et al: *Handbook of veterinary anesthesia*, ed 4, St Louis, 2007, Mosby Elsevier.

[51] Stoelting RK: Local anesthetics. In Stoelting RK, editor: *Pharmacology and physiology in anesthetic practice*, Philadelphia, 1987, JB Lippincott.

[52] Skarda RT: Techniques in local analgesia in ruminants and swine, *Vet Clin North Am Food Anim Pract* 2:621, 1986.

[53] Wegner K: Anesthesia and analgesia. In Hankell SRR, editor: *Blackwell's fve-minute Veterinary Consult*, Ames, Iowa, 2008, Wiley-Blackwell.

[54] Scarratt WK, Trout HF: Iatrogenic lidocaine toxicosis in ewes, *J Am Vet Med Assoc* 188: 184, 1986.

[55] Morishima HO, et al: Toxicity of lidocaine in adult, newborn, and fetal sheep, *Anesthesiology* 55: 57, 1981.

[56] Santos AC, et al: Does pregnancy alter the systemic toxicity of local anesthetics? *Anesthesiology* 70:991, 1989.

[57] Hall LW, Clarke KW: General principles of local analgesia. In Hall LW, Clarke KW, editors: *Veterinary anaesthesia*, ed 9, London, 1991, Baillière Tindall.

[58] Ewing KK: Anesthesia techniques in sheep and goats, *Vet Clin North Am Food Anim Pract* 6: 759, 1990.

[59] Alon E, et al: Effects of propofol and thiopental on maternal and fetal cardiovascular and acid-base variables in the pregnant ewe, *Anesthesiology* 78:562, 1993.

[60] Smith MC, Sherman DM: Urinary system. In Smith MC, Sherman DM, editors: *Goat medicine*, ed 2, Ames, Iowa, 2009, Wiley-Blackwell.

[61] Benson GJ: Anesthetic management of ruminants and swine with selected pathophysiologic alterations, *Vet Clin North Am Food Anim Pract* 2:677, 1986.

[62] Smith MC, Sherman DM: Subcutaneous swellings. In Smith MC, Sherman DM, editors: *Goat medicine*, ed 2, Ames, Iowa, 2009, Wiley-Blackwell.

[63] Steffey EP: Some characteristics of ruminants and swine that complicate management of general anesthesia, *Vet Clin North Am Food Anim Pract* 2: 507, 1986.

[64] Kruse-Elliott KT: Management and emergency intervention during anesthesia, *Vet Clin North Am Food Anim Pract* 12:563, 1996.

[65] Riebold TW, Geiser DR, Goble DO: Anesthetic

emergencies. In Riebold TW, Geiser DR, Goble DO, editors: *Large animal anesthesia: principles and techniques*, ed 2, Ames, Iowa, 1995, Iowa State University Press.

[66] Klein L: Anesthetic complications of equine anesthesia, *Vet Clin North Am Equine Pract* 6:665, 1990.

[67] Jones M: Clinical application in pain management, *The 80th Annual Canadian Western Veterinary Conference*, Vancouver, British Columbia, Proceedings, 2008.

[68] Lerche P, Muir WW: Pain management in horses and cattle. In Gaynor JS, Muir WW, editors: *Handbook of veterinary pain management*, ed 2, St Louis, 2009, Mosby Elsevier.

[69] Sundlof SF: Legal and responsible drug use in cattle industry: extra-label use, *Vet Med* 93:673, 1998.

[70] George LW: Pain control in food animals. In Steffey EP, editor: *Recent advances in anesthetic management of large domestic animals*, Ithaca, NY, 2003, International Veterinary Information Services.

[71] Flacke JW, et al: Histamine release by four narcotics: a double blind study in humans, *Anesth Analg* 66:723, 1987.

[72] Singh B, Kumar A: Meperidine as preanesthetic to thiopentone anesthesia in goats, *Indian J Anim Sci* 58:1279, 1988.

[73] Navarre CB: Prudent use of pain relief in food animals, *Proceedings of the 39th Annual Meeting of the American Association of Bovine Practitioners*, St Paul, Minn p50, September 21-23, 2006.

[74] Shipton EA: Tramadol—present and future, *Anesth Intensive Care* 28:363, 2000.

[75] Raffa B, et al: Opioid and non opioid components independently contribute to the mechanisms of action of tramadol, an atypical opioid analgesic, *J Pharmacol Exp Ther* 260:275, 1992.

[76] Scott LJ, Perry CM: Tramadol: a review of its use in perioperative pain, *Drugs* 60:139, 2000.

[77] Shilo Y, et al: Pharmacokinetics of tramadol in horses after intravenous, intramuscular and oral administration, *J Vet Pharmacol Ther* 31:60, 2007.

[78] Lehmann KA, Schroeder-Bark U, Horrichs-Haermeyer G: Postoperative patient-controlled analgesia with tramadol: analgesic efficacy and minimum effective concentrations, *Clin J Pain* 6:212, 1990.

[79] Mastrocinque S, Fantoni DT: A comparison of preoperative tramadol and morphine for the control of early postoperative pain in canine ovariohysterectomy, *Vet Anaesth Analg* 30:220, 2003.

[80] Hopkinsins D, et al: Comparison of tramadol and morphine via subcutaneous PCA following major orthopaedic surgery, *Can J Anaesth* 45:435, 1998.

[81] Houmes RJM, et al: Efficacy and safety of tramadol versus morphine for moderate and severe postoperative pain with special regard to respiratory depression, *Anesth Analg* 74:510, 1992.

[82] Malonne H, et al: Pharmacokinetic evaluation of a new oral sustained release dosage form of Tramadol, *Br J Clin Pharmacol* 57:270, 2004.

[83] Kukanich B, Papich MG: Pharmacokinetics of tramadol and the metabolite *O*-desmethyltramadol in dogs, *J Vet Pharmacol Ther* 27:239, 2004.

[84] Pypendop BH, Ilkiew JE: Pharmacokinetics of tramadol, and its metabolite *O*-desmethyl-tramadol in cats, *J Vet Pharmacol Ther* 31:52, 2007.

[85] De Sousa AB, et al: Pharmacokinetics of tramadol and *O*-desmethyltramadol in goats after intravenous and oral administration, *J Vet Pharmacol Ther* 31:45, 2007.

[86] Nolan A, Livingston A, Waterman AE: Investigation of the antinociceptive activity of buprenorphine in sheep, *Br J Pharm* 92:527, 1987.

[87] Murphy MR, Hugg CC Jr: "Ceiling effect" of butorphanol (Stadol) as an anesthetic supplement [abstract], *Anesthesiology* 55:261, 1981.

[88] Waterman AE, Livingston A, Amin A: Analgesic activity and respiratory effects of butorphanol in sheep, *Res Vet Sci* 51:19, 1991.

[89] O'Hair KC, et al: Cardiopulmonary effects of nalbuphine hydrochloride and butorphanol tartrate in sheep, *Lab Anim Sci* 38:58, 1988.

[90] Anderson DE: Pain management: treatment, management, and prevention, *Proceedings of the North American Veterinary Conference*, Orlando, Fla, 2007.

[91] Davis JL, et al: Update on drugs prohibited from extralabel use in food animals, *J Am Vet Med Assoc* 235:528, 2009.

[92] New animal drugs, phenylbutazone, extralabel animal drug use, order of prohibition, *Fed Regist* 68: 9528, 2003.

[93] Ramesh N, et al: A study on toxicity of diclofenac in dogs, *Indian Vet J* 79:668, 2002.

[94] Bertone JJ, et al: Clinical feld trial to evaluate the efficacy of topically applied diclofenac liposomal cream for the relief of joint lameness in horses, *Proceedings of the 48th Annual Convention of the*

American Association of Equine Practitioners, Lexington, Ky, 2002, AAEP, p 190.

[95] Singh NK, et al: Evaluation of epidural xylazine and ketamine for the management of posttraumatic pain in goats, *Indian J Vet Surg* 22:73, 2001.

[96] Mahajan DN, Ali MS, Singh B: Therapeutic effcacy of diclofenac sodium in clinical and experimental cases of arthritis and myositis in cattle and buffaloes, *Indian J Vet Surg* 22:73, 2001.

[97] Gupta AK, et al: Evaluation of homogenous synovial in the treatment of acute aseptic arthritis in horses: gross and histopathological studies, *Centaur* 18: 6, 2001.

[98] Graham MJ, Kent JE, Molony V: Effects of four analgesic treatments on the behavioral and cortisol responses of 3-week-old lambs to tail docking, *Vet J* 153:87, 1997.

[99] Molony V, et al: Reduction in pain suffered by lambs at castration, *Vet J* 153:205, 1997.

[100] Farag MM, Salama MA, Abou-Basha L: Experimental murine schistosomiasis: reduced hepatic morbidity after pre- and/or post-infection treatment with ibuprofen or diclofenac sodium, *Ann Trop Med Parasitol* 89:497, 1995.

[101] Munoz-Criado S, Munoz-Bellido JL, Garcia-Rodriguez JA: in vivo activity of nonsteroidal anti-inflammatory agents, phenothiazines, and antidepressants against Brucella species, *Eur J Clin Microbiol Infact Dis* 15:418, 1996.

[102] Altaher AY, et al: Pharmacokinetics of diclofenac in sheep following intravenous and intramuscular administration, *Vet Anaesth Analg* 33:241, 2006.

[103] Lin HC, Riddell MG: Preliminary study of the effects of xylazine or detomidine with or without butorphanol for standing sedation in dairy cattle, *Vet Therapeutics* 4:285-291, 2003.

[104] Cook VL, Blikslager AT: Use of systemically administered lidocaine in horses with gastrointestinal tract disease, *J Am Vet Med Assoc* 232:1144-1148, 2008.

[105] Mudge MC: Review of the analgesic, prokinetic, and anti-inflammatory uses of IV lidocaine, *Proceedings of the 53rd Annual Convention of the American Association of Equine Practitioners*, Orlando, Fla, December 1-5, 2007 Lexington, Ky, 2007, AAEP, pp 245-248.

[106] Grant C, Summersides GE, Kuchel TR: A xylazine infusion regimen to provide analgesia in sheep, *Lab Anim* 35:277-281, 2001.

[107] Purohit RC: Anesthesia. In Wolfe DF, Moll HD, editors: *Large animal urogenital surgery*, Baltimore, 1998, Williams & Wilkins.

[108] Aminkov BY, Dinev D, Pascalev M: The antinociceptive and cardiopulmonary effects of extradural fentanyl-xylazine in sheep, *Vet Anaesth Analg* 29:126-132, 2002.

[109] Haerdi-Landerer MC, Schlegel U, Neiger-Aeschbacher G: The analgesic effects of intrathecal xylazine and detomidine in sheep and their antagonism with systemic atipamezole, *Vet Anaesth Analg* 32:297-307, 2005.

[110] Hooper RN: General surgical techniques for small ruminants: Part Ⅱ, *Proceedings of the Small Ruminants for the Mixed Animal Practitioner Western Veterinary Conference*, 1998, Las Vegas, Nev.

[111] Staffer F, et al: A comparison of subarachnoid buprenorphine or xylazine as an adjunct to lidocaine for analgesia in goats, *Vet Anaesth Analg* 36: 502-511, 2009.

[112] Pablo LS: Epidural morphine in goats after hindlimb orthopedic surgery, *Vet Surg* 22: 307-310, 1993.

[113] Hendrickson DA, Kruse-Elliott KT, Broadstone RV: A comparison of epidural saline, morphine or bupivacaine for pain relief after abdominal surgery in goats, *Vet Surg* 25:83-87, 1996.

[114] George AN: A note on the anatomy of the horns of sheep, *Br Vet J* 111:391, 1955.

[115] Greenough PR, Johnson L: The integumentary system: skin, hoof, claw, and appendages. In Oehme FW, Prier JE, editors: *Textbook of large animal surgery*, Baltimore, 1974, Williams & Wilkins.

[116] Hooper RN: General surgical techniques for small ruminants: Part I, *Small Ruminants for the Mixed Animal Practitioner Western Veterinary Conference*, 1998, Las Vegas, Nev.

[117] Sammarco JL, et al: Post-operative analgesia for stifle surgery: a comparison of intra-articular bupivacaine, morphine, or saline, *Vet Surg* 25:59-69, 1996.

[118] Shafford HL, Hellyer PW, Turner S: Intra-articular lidocaine plus bupivacaine in sheep undergoing stifle arthrotomy, *Vet Anaesth Analg* 31:20-26, 2004.

第 19 章 羊群健康方案

羊群健康的定义

建立羊群健康方案的目的是为了提高绵羊群整体的健康和福利，减少疾病和其他损失，提高生产效率，使羊群效益最大化。生产记录、健康记录和财务记录的使用和分析是衡量方案成功与否的关键。不管采用何种方法，绵羊群健康方案都应该包含一个书面组件，该组件涉及所有生产单元疫苗接种、营养、繁殖和寄生虫控制，以及总体生产力等情况。

绵羊群健康方案被开发用于多方面。在美国它们可以由个体生产者使用，也可以通过自愿或强制性地与州和联邦动物卫生官员合作，纳入控制和根除特定疾病方案。个体经营者所使用的方案一般都是按年计划的方式来解决以下问题：通过使用适当的疫苗接种时间表来预防常见疾病（表 19-1）；减少疾病发生的风险因素的管理策略；为生产阶段提供适当的营养水平；代谢状态和生产力的评估等。

表 19-1　绵羊常用疫苗免疫程序

绵羊类别	免疫管理
妊娠母羊	
妊娠中期	在流行病区，给母羊或之前接种过疫苗的母羊接种疫苗，防止弯曲杆菌和衣原体引起的流产
分娩前 1 个月	接种梭菌属疫苗（C 型和 D 型产气荚膜梭菌、诺维梭菌、气肿疽梭菌、梭状芽孢杆菌、破伤风梭菌）
产后 2～4 周	为以前未接种过疫苗的母羊重复接种衣原体和弯曲杆菌疫苗，并每年给其他母羊注射加强针
小羊	
1～2 月龄 3～4 后周重复免疫	为已免疫母羊生产的小羊接种梭菌属疫苗（C 型和 D 型产气荚膜梭菌、诺维梭菌、气肿疽梭菌、梭状芽孢杆菌、破伤风梭菌）
1～3 周龄 间隔 3～4 周重复免疫 2 次	为未免疫母羊生产的小羊接种梭菌属疫苗（C 型和 D 型产气荚膜梭菌、诺维梭菌、气肿疽梭菌、梭状芽孢杆菌、破伤风梭菌）
公羊和 1 岁以上的羊	
对于母羊	与母羊同时接种，重点是梭状芽孢杆菌在流行病区应接种狂犬病疫苗

为了提供正确的建议，兽医必须有一个完善的关于羊产业和个体生产系统的知识库。顾客和兽医应该一起工作，以概述所有相关细节的记录保存系统。

兽医随访通常按照主要生产活动的时间安排（如在配种前，妊娠中期，产羔前、中、后期，夏季中期）。在第一次随访时，兽医将给绵羊群中每只母羊进行身体状况评分（BCS），这对于提出营养和饲养管理建议是非常必要的。公绵羊的评估应包括一般体格检查和繁殖性能评估（见第 8 章）。书面记录应表明公羊的 BCS 和体重、体检中发现的问题，以及处理任何对育种至关重要问题的行动计划。妊娠中期探视主要集中在 B 超和胎儿计数和胎龄。在这些结果的基础上，兽医可以根据胎儿数量和怀孕阶段情况，制定适当和经济地喂养母绵羊的计划（见第 2 章）。兽医随访对于预防妊娠晚期的代谢疾病至关重要。对妊娠晚期母羊进行访问、检查，对妊娠晚期母绵羊营养状况进行审查、建议，能让母绵羊在产羔时发挥其遗传潜力。

正确饲养的母绵羊能生产最多的初乳，能以最小的困难产羔，并且表现出良好的母性。妊娠最后 2 个月对于绵羊羔生长和生存的能力至关重要。此时访问时，兽医可以回顾预防疾病的策略，如在产前 4 周接种梭状芽孢杆菌疫苗，并提供一个干净的环境。产羔时期的管理计划，包括设施的布局和使用等也需要被审查。这项计划应包括对农场人员的教育，以认识到当产羔出现问题时进行必要干预（表 19-2 和表 19-3）。

表 19-2　产春羔和产羔通用管理日历

月份	管理措施
1 月	评估饲料条件；监测母羊的身体状况以及是否有必要补充饲喂；确保摄入足够的矿物质、盐和水；在妊娠的最后 1 个月接种梭状芽孢杆菌病和其他地方病疫苗
2 月	为妊娠母羊补充饲料，并考虑产前剪毛；生产时检查乳头，识别新产下的羊羔；确保羔羊摄取足够的初乳；启动产前和产后驱虫程序；产前和产后的饲料或矿物质混合物中保持离子载体，以减少牧场的球虫污染
3 月	单胎羊和双胞胎要分开；根据需要，限制和饲喂母羊及其幼崽；饲喂母羊以维持奶产量；继续驱虫程序
4 月	继续给哺乳期母羊补充饲料；用 FAMACHA 评分和“智能浸透”来监测寄生虫
5 月	让小的、发育不良的小羊羔和小羊断奶；停止为母羊补充饲料；监测体内寄生虫（用 FAMACHA 评分和使用 McMaster 技术的粪蛋计数）
6 月	继续寄生虫控制程序（FAMACHA）并监测寄生虫
7 月	监测内部寄生虫；观察是否有热应激现象；断奶
8 月	继续寄生虫控制程序；继续断奶；补充替代母羊和公羊；选择替换的母羊和公羊；识别和淘汰性能不佳的公母羊；对公羊进行繁殖性能评价。筛选标准包括以下内容： · 生长速度慢 · 不孕（已错过一季） · 乳房性状不良（太大或太小） · 牙齿不良 · 结构缺陷（脚、腿或背部畸形） · 小的、软的或有其他异常的睾丸（使公羊无法进行繁殖性能评估） · 不健康（由年老或慢性疾病引起）
9 月	在公羊母羊合群前后的 2～3 周，为每只母羊和公羊在鲜绿的草地补充 0.5 lb/d 的饲料；继续寄生虫控制程序
10 月	开始配种；根据牧场大小和条件，保持良好的公母比；在配种季节开始后，继续给母羊补充饲料 2～3 周
11 月	评估饲料条件；确定母羊的身体状况，制订冬季补充和喂养计划；控制体内外寄生虫；去除一些雄性个体的饲料以恢复身体状况；确定妊娠状况和胎儿数量
12 月	评估母羊的身体状况，必要时补充饲料；监控体内和外部的寄生虫

表 19-3　周期性兽医管理

季节周期时间段	兽医访问评价
配种前	母羊 BCS;发情前营养和饲喂建议;公羊繁殖性能测试
妊娠中期	B 超检测;胎儿数量及胎龄;BCS
产羔前	梭菌属的疾病的疫苗接种;营养审查;产羔管理计划;人工干预生产标准审查;BCS
夏季中期	BCS;FAMACHA 评分 、智能浸透

BCS：体况得分。

应对发病率、死亡率、淘汰和增长率设置最低标准和目标生产参数(表 19-4),同时也应该为羊群设置质量保证项目。到目前为止,绵羊包装行业还没有要求生产商参与绵羊群的质量保证项目,但是这些项目已经存在,并且在未来由于消费者的需求而变得更加普遍。质量保证项目对生产者进行良好的生产实践教育,并鼓励从业者和地区生产者之间的合作。表 19-2 给出了春羔的管理日历示例。

表 19-4　生产目标

生产参数	目标
妊娠期	
母羊	高于 95%
小母羊	高于 75%
可见流产	低于 5%
产羔期	
母羊	高于 90%
小母羊	高于 70%
死胎	低于 2%
断奶	高于 95%

绵羊群健康项目的生物安全性

生物安全项目是控制传染病的关键因素。这些项目包含了各种管理措施,以减少从外源引入一种新疾病的可能性。

生物安全项目的另一个好处是它有可能减少已经出现在羊群中的传染病的传播。引入新的个体进入现有绵羊群时,需要科学合理的方法以防止新的疾病进入绵羊群。实际的生物安全原则包括直接从原产农场购买动物、用清洁和消毒的运输工具运输、将它们安置在隔离设施中隔离 1 个月,定期观察瘙痒、跛行、外部肿块和无法解释的体重减轻等情况。此外,隔离的羊也应被纳入羊群的常规疫苗接种计划中,用有效的驱虫药驱虫,并对它们的蹄进行修剪和外观检查是否有跛行。

在进行外观检查和了解种群起源及历史之前,生产者或兽医可能会使用足浴(在 10%硫酸锌溶液中浸泡 15 min)来控制腐蹄病。在隔离期间,可对羊进行血清学检测,以确定其是否患有与采购方绵羊的相关疾病。如果对羊进行的各种疾病的检测是在采购前,采购方应要求对方提供正式的测试表格和结果,用以检查分析。新引入的羊应彻底检查是否有传染病的明显临床表现或传染性疾病如传染性脓疱病(“口疮”或羊口疮)、角膜结膜炎(“红眼病”)、外部寄生虫、干酪性淋巴结炎、痒病、跛行、草莓样腐蹄病、溃疡性皮肤病和其他值得关注的传染性疾病。

农场生物安全

生产者应按以下做法和原则作为农场动物有效生物安全计划的关键。

- 不要将患病动物运回农场或市场。表 19-5 列出了一些应该留在农场直到完全康复的疾病。
- 新引入的动物需隔离 2～4 周。这期间,新动物和农场原有动物之间不能有接触,通过饲养在一个封闭的绵羊群来严防疾病传入农场,并从已知的来源购买动物(表 19-6)。
- 有限制的进入农场:车辆和步行需有交通管制标志;保持访客登记记录;避免疾病跟踪——在牲畜拍卖市场或公共场所需穿着不同的鞋子、衣服和帽子,在与家畜接触前也需更换衣服。
- 提供良好的营养(水、饲料和矿物质)和管理计划(包括疫苗接种、驱虫等),以维持健康羊群。及时上报患有不平常疾病或治疗无效的病畜给当地兽医、州兽医或美国农业部兽医机构,早期发现可以挽救动物的生命。

表 19-5　需隔离直至康复的动物疾病

疾病名称	生物安全性*	人畜共患病†	备注
传染性脓疮(口疮,痘疮)	是	是	口腔外结痂,佩戴手套
干酪样淋巴结炎(干酪样腺)	是	是——不常见	头部、颈部或身体的脓肿
角膜结膜炎(“红眼”)和或结膜炎	是	否	
癣/真菌	是	是	佩戴手套
腐蹄病(非晒伤或烫伤)	是	否	蹄底通常变形;不包括生长过度的脚趾;脚烫伤只影响脚趾之间

* 生物安全性:可采取预防措施以保护家畜免受疾病影响,并保持家畜健康、疾病传播最小化、疾病预防最大化。

† 人畜共患病:可导致人类与人类饲养的畜禽之间自然传播的疾病和感染疾病。

表 19-6　可导致流产但无临床表现的动物疾病

疾病名称	生物安全性	人畜共患病	备注
弓形体病	让猫远离饲料	是	流产;怀孕的女性应该谨慎地对待新生羊羔或小羊
衣原体病	是	是	流产
弯曲杆菌病	是	很少	流产——很少
Q热	山羊和绵羊可作为载体	是	通常在处理分娩液体和胎盘时,饮用未经高温消毒的奶

疫苗接种程序

通过定期和正确地使用疫苗可以减少特定疾病的发病率和控制严重程度。几乎没有疫苗在预防疾病方面有100%的有效性。然而适当地使用疫苗,在大多数情况下,它们的益处将远远超过其缺点。地区兽医可以提供关于当地流行疾病的建议,因为不同地区的农场有不同的需求。当地兽医应与生产商合作,为母绵羊、幼龄绵羊羔、商品或育肥绵羊羔、后备种羊和公绵羊设计专门针对农场的疫苗接种计划。对地区流行疾病的了解和实验数据的诊断是制定疫苗接种计划的最佳基础,疫苗接种应该按照标签说明使用。

梭菌病是所有羊都应该接种疫苗的唯一常见疾病。有关将其他疫苗纳入个别群体健康计划的决定应基于该地区流行性疾病的知识和特定群体的需要。在已知会发生疫病但没有疫苗可用的地区,应该通过适当的管理措施来控制这种疾病的危险因素。经常参加展示的羊感染传染性疾病的风险更大,因此相较于一个封闭的羊群,这类绵羊群更应该通过接种疫苗来预防疾病。

在美国,可用于绵羊其他疾病的疫苗包括:一些与流产有关的感染如弯曲杆菌和鹦鹉热衣原体引起的感染、多系统疾病如干酪性淋巴结炎、肌肉骨骼疾病如腐蹄病、神经系统疾病如狂犬病、皮肤疾病如传染性脓疱(口疮)等。如果过去的历史数据表明该羊群有感染某种疾病的风险,那么可以将对应的疫苗纳入免疫计划(框19-1)。该免疫计划可针对农场个性化进行修改。

框 19-1　寄生虫控制程序相关建议总结*

1. 确保农场使用的抗虫药或混合抗虫药确实有效(杀死至少90%的活虫)。在除虫前后检查粪便数量是否有抗性。
2. 在春季使用FAMACHA“智能浸透”,并每2～4周继续评估一次,直到在寒冷的天气中不再存在嗜血杆菌感染的危险。
3. 使用驱虫药。当寄生虫处于低活力状态并已传播水平低时(如冬天),可减少接触除虫药的频率。
4. 在产期前1个月开始驱虫,每隔2～4周一次,直至羊羔出生后2～4周结束。
5. 驱虫药战略(当寄生卵处于增加水平或降雨后10～14 d)增强了控制寄生程序的有效性。
6. 4 in以上放牧;尽可能使用“干净”或“安全”的牧场(作物果实,如菊苣等一年生牧草);利用轮牧或与牛或马共同放牧(当心:永久的牧场会滋生寄生虫)。
7. 对新进动物进行除虫处理,并将它们放置在非牧草的环境中,如干燥的空地或谷仓,在处理后的72 h内将它们转移到安全的牧场。治疗后10～14 d检查排便数量。

续框 19-1

8. 如果有有效的药物,每年轮换使用抗寄生虫药物。
9. 剂量充足时,确定生产群中最重的动物的剂量。
10. 识别和选择对内部寄生虫具有耐药性的个体动物,以进行群体选择留种和繁殖。

*更深入的建议详见第 6 章。

体内寄生虫控制程序

绵羊致病性线虫和原虫的流行病学取决于该地区的气候,因此体内寄生虫的控制程序必须根据该绵羊群所在的国家或地区来制定。寄生虫控制程序还必须考虑到羊群是圈养、放牧还是轮牧。成功的项目实施需定期监测驱虫药的功效和合适的驱虫设备,如精心设计的羊圈和溜槽,以及自动注射器或喷枪的使用。寄生虫控制程序的其他组成部分包括使用多种策略来最小化线虫卵在牧草上的累积。这一目标可以通过在冬季住所、春季后 4 周和产羔后 3 周用杀幼虫药对母羊进行驱虫来实现。通过管理实践也能增强控制效果,减少依赖化学驱虫药,如 FAMACHA“智能浸透”、断奶羔羊的草地清洁、将牛或马放牧在上一年放牧过羊的草地上来清除线虫卵、选择和培育抗线虫绵羊品种(见第 6 章)。

当绵羊群必须在接近地面的地方吃草,并且营养投入有限时,线虫感染会逐步增强,压力较大的绵羊中发生典型的临床寄生虫病。兽医和生产者应该创建一个详细的整个绵羊群健康计划的年度日历。生产者应记录在生产中的任何执行细节。框 19-1 总结了改善寄生虫控制项目的建议。表 6-1 显示了一些常用的抗寄生虫药和抗球虫药,对控制绵羊和山羊的寄生虫有帮助。

体外寄生虫控制程序

羊蜱蝇和咬虱是绵羊最常见的外寄生虫,许多绵羊群尚未传入这些寄生虫。所有新购买的绵羊都应该在隔离的情况下进行预防性治疗,以防止引入寄生虫。在羊群中,任何一种寄生虫都是地方性的,所有的绵羊都应该同时处理,这样一个群体就不会成为再引种的寄生虫的储藏所。经过治疗的绵羊应该与任何被污染的建筑物隔离 2 周,因为在这段时间内建筑物也可以作为储藏所。在整个羊群得到适当的处理后,没必要进行进一步的治疗。从绵羊群中重新引入带虫绵羊或整个羊群没经过恰当治疗,应监测羊群是否有外寄生虫感染。在第 6 章中描述了一个外部寄生虫控制程序。

绵羊群健康监测

程序记录应该包含被划分为生产组的后备组。从记录中获得的重要资料可包括:公绵羊与母绵羊的比例;妊娠率;产羔百分比;母绵羊与公绵羊的死亡数及原因;羔羊断奶前后的死亡率及原因;公绵羊发病率及治疗效果(尤其是用于配种的公绵羊)。

母绵羊群的平均体况评分(BCS)应该在配种、产羔和断奶时被记录下来(见第 2 章)。如果没有达到目标分数,生产者和兽医需要确定原因并做出适当的管理改变。如果得到了正确的更改,那么未来的分数应该会提高,进而提高生产力。

如果死亡率超过正常值,应对代表性的羊进行尸检,以确定死亡原因。大体的检测结果可以通过附加的实验室检测进行进一步的确认。

扑杀和尸体处理

扑杀的做法应该基于遗传、生产力、低繁殖力、发育不达标、寄生虫和疾病易感性以及疾病(如跛行、干酪性淋巴结炎、痒病、进行性肺炎)。并不是所有患病或瘦弱的羊都达到被扑杀的程度。每个扑杀操作都必须有一个尸体处理计划。尸体处理程序应符合当地和州的相关法律,尸体的大小和数量应是无害环境的,且对生产者应切实可行。许多州法律允许绵羊进行堆制肥料(框 20-2)。如果操作正确,任何大小的绵羊都可以堆肥。但对于某些疾病(如痒病、口蹄疫),根据法律,动物尸体可能需要被焚烧。

初生羔羊护理

对于初生绵羊羔的管理来说,一个“剥、啜、剪、浸”的策略是一个很好的建议。农场主可以从母羊乳头上剥掉一些蜡质堵塞物,这样羊羔就可以啜饮初乳,也可以剪下和将脐带浸入 7%的碘酊或者另一种防腐剂或收敛剂中(如氯己定或聚维酮碘溶液)。农场主和兽医应该能够识别正常的母性和新生羔羊行为,以及功能正常的乳腺。对正常性状和情况的识别可以发现异常并做适当处理。

在产羔前要准备好设备和设施,做好记录以便后期改进指导管理。无论母绵羊是在圈养还是放养,都应该根据预测的产羔日期和胎儿的数量(如果有的话）将它们分组饲养。这样分组可以定制饲喂水平，在经济上是合理的；可以减少代谢疾病的发生，并防止胎儿喂养不足或过量，得到有活力的小羊羔。当羔羊出现死亡时，建议当地兽医对具有代表性的病例进行尸检，并基于尸检结果修改管理办法（见第 20 章）。

修剪羊毛管理

剪毛对绵羊来说是很大的应激。因此，应对剪毛进行合理设计，以便使应激最小化。许多预防保健程序经常在剪毛过程中执行，如产羔前预防接种疫苗对抗梭状芽孢杆菌疾病，尤其是 C 型和 D 型产气芽孢杆菌和破伤风梭菌。若曾经有初生绵羊羔腹泻是因为或疑似由大肠杆菌感染，母羊应在产羔前 30 d 左右接种大肠杆菌疫苗。在剪毛过程中经常执行的其他程序包括：挑选不具竞争性的、有脓肿、患乳腺炎的绵羊，修蹄和驱虫。所有这些程序都必须考虑到绵羊和剪毛的人的健康。例如，刚修剪过的羊蹄会割伤剪毛的人。应鼓励农场主在剪毛时出现，并接受修剪工人的观察结果作为宝贵的专业意见。在母绵羊产羔前修剪羊毛可减少妊娠毒血症的发病率，促使母绵羊因为寒冷去寻求庇护所（在温暖、干燥的环境中产羔），因羊毛重量减少而降低母羊的维持需要，同时提高新生儿在母绵羊乳头下吸奶而不是嘬母羊的毛。大多数小型羊群设施缺乏永久性的修剪装置。因此，许多修剪工人在胶合板或室内外的地毯上进行修剪，以便于卡车装载以及每天在许多农场上使用。这样的表面很容易传播细菌、真菌，甚至是来自其他农场的病毒。因此，农场主应该提供自己的剪毛设施。

蹄部护理

羊的部分年度护理应该包括对其蹄的状况和长度的评估。根据地区的地形和降雨量，有些羊群不需要每年修蹄，但美国中西部和东部地区的大多数羊群需要定期修蹄。这一过程的时机并不重要，只要没有发生蹄部过度生长，因为它会使羊患上其他蹄部疾病，如趾脓肿、腐蹄病等。许多农场的母羊的修蹄时间选择在分娩前后，此时，母羊被限制饲养并且定期照料。许多牧场的羊群只需要修剪一些个别的羊。这些羊充分地将蹄部暴露在干燥、崎岖的地形，有些品种的羊更容易蹄部发育迟缓。公羊应在配种前 4～8 周修蹄，配种前 1 周禁止修蹄，以免过度修剪造成暂时的跛行。框 11-2 给出了一种通用的腐蹄病预防程序（见第 11 章）。

设施的设计和功能

绵羊舍应合理设计和搭建以便有良好的通风效果和有效的粪便处理。

水资源的可利用性和设计

水是所有年龄段的绵羊所必需的物质。它应该质量好而且容易得到，清洁度、味道、杂质和温度均对进水的质量有影响。供水质量直接影响动物生产力或健康的关键时期，如产羔时、妊娠晚期和哺乳期（见第 2 章）。

管理在维持羊群健康方面的作用

管理水平决定了农场经营的成败和可持续性。优秀的管理者会对羊群的护理作出及时正确的决定。因此，羊群对达成预期目标也能响应。在当今的经济环境中，良好的管理决策是结合了记录数据和观察的主观发现。

携带病原绵羊引入的特殊疾病

绵羊可以携带并将一些肉眼看不到的疾病引入羊群。这些疾病包括腐蹄病、衣原体病、弯曲杆菌病、Q 热和抗驱虫药的线虫。一般来说，尚无法检测这些疾病，或者从经济角度考虑，对整个羊群进行检测是不实际的。因此，所有被新引入羊群的羊都应该进行完整的体格检查，并与其他羊隔离 21～30 d，以减少疾病的传入。所有新引入的羊都应该被隔离在一个没有任何草的干燥的地方或混凝土上，并使用三种类型的驱虫药中的每一种产品进行积极的除虫。14 d 后进行粪便虫卵计数，然后将粪便虫卵计数阴性的羊放置在先前放牧的牧场（而不是在干净或安全的牧场上）。

山羊群健康管理

山羊群健康管理和预防的目的是尽量减少可预见问题的潜在副作用，并防止意外问题的发生。山羊群健康项目的目标是通过一般的饲养、营养管理、寄生虫控制、疫苗接种和环境管理来提高山羊群的生产力。要达到这个目标，就必须了解各种管理方法和常见的疾病问题。最终的成功在于执行山羊群健康项目所体现的积极结果，但这需要从业人员和农场主之间的有效沟通。有效的沟通可以通过定期的随访、制作简报、提供网站链接或其他资源给农场来实现。交换的信息应包括每个特定农场的书面山羊群健康计划和对山羊群生产的定期评估。兽医人员应随时向农场主通报山羊生产中的任何新技术、新出现的疾病信息、当前的治疗建议和预防医学。对于典型的忙碌从业者来说，这是一个远大的目标。然而，通过现有的计算机程序，从业者可以采用这样的“模板”，根据各个农场的细微差别进行调整。

由于山羊具有良好的适应性，它们比其他任何家畜都能在更多样化的生产系统中生存。山羊可以根据生产种类分为产奶类、产毛类、肉用类、宠物类和展示类。有关山羊群健康管理和预防医学的最大信息来源是产奶和产毛山羊。然而，肉羊行业继续扩张，本章将包含其中的羊群健康建议。山羊群健康管理项目必须根据山羊群的规模、目的和农场主的生产目标的不同而个性化定制。总的来说，从业者应该记住有些地区饲养山羊群容易造成经济损失，需努力解决这些问题(框19-2)。为了将山羊群健康信息组织成一种简单的、可用的、容易记住的样式，山羊群可以被分为4个类群：繁殖母山羊和干奶期母山羊、产羔母山羊和新生山羊羔、山羊羔和断奶山羊，以及公山羊。

框19-2　引起北美地区羊群经济损失的主要原因

1. 繁殖性能不佳。
2. 母羊临产疾病。
3. 初生死亡率高。
4. 断奶疾病。
5. 妊娠或哺乳期母羊营养管理不佳。
6. 寄生虫病。
7. 缺乏良好的生物安全项目。

繁殖母山羊和干奶期母山羊

这一类山羊的主要疾病是妊娠毒血症、流产和假妊娠。在这段时间内过度控制的母山羊有患妊娠毒血症、阴道脱垂和难产的风险。该时期母山羊饲养管理的主要目标是适当的营养，避免早期妊娠肥胖，在妊娠晚期提供足够的营养以支持胎儿的快速生长。

适当的摄食管理可以避免妊娠毒血症。首先，减少饲喂量来防止母山羊哺乳后期肥胖。对母山羊在妊娠早期(哺乳期后期)提供高质量的饲料直至最后3个月左右，也就是开始补充饲料的时候。对于干奶期母山羊，干草日粮应保持至少10%的蛋白质和1～2 lb/只谷物补充剂。如果环境条件过于寒冷和潮湿，可以增加谷物的补充。农场主应保持母山羊的身体状况评分在3.5～3.75。如果在一个山羊群中检测到了妊娠毒血症，那么应进行酮尿检测(见第2章和第5章)。

正如在其他章节中所讲的，许多山羊流产的感染性和非感染性原因都得到了确认。如果确实发生了流产，兽医应积极诊断。若母山羊发生了流产就应被隔离，如果可以的话，流产区域应进行消毒。流产的胎儿和胎盘如果没有被送到实验室，就应该被焚烧或掩埋。良好的生物安全措施是预防传染性流产的主要手段。所有新引进的山羊，包括公山羊，都应隔离。繁殖期和干奶期的母山羊群不能引入新山羊。在发生衣原体或弯曲杆菌流产的山羊群中，所有母山羊都应在繁殖季节之前接种疫苗。表19-7概述了繁殖母山羊和干奶期母山羊的管理原则。

表19-7　繁殖母山羊和干乳期母山羊的管理

管理实践	管理安排介入
保持合理营养	分娩前5～7周接种C型和D型产气荚膜梭菌和破伤风类毒素疫苗
维持合适的BCS：2.5～3.5分(5分制)	配种季节前1个月接种衣原体和弯曲杆菌疫苗(在早前诊断过的羊群)
确保充足的干奶期	
不再在配种群里引入新的动物	产羔前2～3个月除虫(如果合适的话)
配种后40～60 d诊断妊娠	给患有妊娠毒血症历史的群体监测尿酮水平
修蹄	在贫瘠地区，产羔前30～45 d给母羊添加维生素E和硒
产房选择一个干净、干燥、通风良好的地方，或者是一个排水良好、干净的牧场	自由选择矿物混合饲料时应确保充足的硒摄入量
	若羊群有传染性流产的历史，可考虑饲料中增加离子载体或四环素

产羔母山羊和新生山羊羔

母山羊产羔应该是有预期的而不是被当作意料之外的事情。在可能的情况下，妊娠母山羊应得到充分的锻炼直至产羔。母山羊分娩时应置于清洁、温暖、干燥、通风良好的地方。奶山羊乳头可以在预产期前2周修剪整齐。山羊羔出生时做好常规处理的准备，包括肚脐浸泡、初乳喂养和制定应对与分娩有关的紧急情况的程序，将减少新生山羊羔的损失。为此，应为所有农场人员编制设备清单，同时工作时间表也应考虑到分娩期间参加分娩的可能性。使用前列腺素诱导分娩（如 $PGF_2\alpha$、2.5～20 mg，肌肉注射）以确保母山羊生产。

影响新生山羊羔存活率的因素主要是体温过低、低血糖和因初乳摄入延迟或不足而引起的传染病。在这一类群山羊中易出现的其他疾病包含败血症、肺炎、脐静脉炎和腹泻。适当的设备和管理技巧可以降低这些疾病的发病率和严重性。

母山羊和新生山羊羔应该被放置在温暖、干燥、防风的地方。环境病原微生物可通过饲床定期改变而降低。新生山羊羔应该接受足够数量的高质量初乳，母源抗体若转移新生山羊羔失败会增加疾病和死亡的发生率。在母山羊喂养山羊羔的农场，可以对初乳的摄入量进行视觉评估。如果摄取量有问题，应检测新生山羊羔的免疫球蛋白水平。人工喂初乳是保证充分摄取的最明确的方法。

山羊关节炎-脑炎病毒（CAEV）的主要传播方式为山羔羊通过吸吮含病毒的初乳和常乳而进行的水平传播，主要发生在奶用羊中。基本上，实施CAEV控制程序的目标是新生奶用羊羔。但是，也可以采取多方面的控制措施，使保护最大化。山羊羔出生后应立即擦干并与母山羊分开，为防止CAEV的传播，初乳可以在饲喂前56℃（133℉）热处理60 min。患有CAEV疾病的母山羊可能有正常大小的乳房，乳腺在触诊时很结实，可能表现为低乳症或无乳症（见第13章和第16章）。

应该正确识别新生山羊羔及其母山羊，并相应地更新记录。应检查新生山羊羔是否有任何先天性异常。若有没有接种过C型、D型产气荚膜梭菌和破伤风疫苗的母山羊产出的山羊羔，应在出生后的第1周注射抗毒素。在此期间，对产奶羊乳房的构造、产奶量、乳品质都要进行严格的评估。应当制定标准的挤奶程序，特别注意使用高质量的设备、良好的乳房卫生和乳样记录。需为产奶母山羊提供足够空间的饲槽。公山羊应该与哺乳期的母山羊分开，以防止出现公山羊气味。表19-8总结了这一类山羊的生产管理实践。

山羊羔和断奶山羊

断奶可能发生在6～12周的奶山羊羔或失去母亲的山羊羔，这取决于喂养和管理系统。肉用山羊羔通常在4～6个月断奶。在断奶期常见的疾病包括肺炎、球虫病和胃肠道线虫病。肠毒血症和神经系统山羊关节炎-脑炎也可能出现。

这类疾病与管理实践密切相关。呼吸道疾病的发病率可能会通过提供适当的通风、保持环境温度6～27℃（43～81℉）而减少，以及防止过度拥挤。控制球虫病主要是减少环境中感染性卵囊的数量。定期清除被污染的饲床、降低饲养密度、使用可移动的饲舍可以减少卵囊的有效数量。然而，这种疾病仍可能在农场里出现，有必要在饲料中添加抗球虫药。常用剂量见表6-1。在密集的生产条件下，谨慎地在羔羊1～4月龄时开始服用抗球虫药物（见第6章）。

表19-8 产羔母山羊和新生羔羊的管理

管理实践	管理安排介入
为临产母羊和新生羔羊提供适当的保护措施： • 干燥 • 防风 • 保暖 • 通风良好 • 干净的草垫 • 定期更换草垫 • 定期清理饲舍及母羊乳头；对乳房做检查和触诊	出生4 h内确保摄入足量高质量的初乳 实施关节炎-脑炎病毒（CAEV）控制程序的措施： • 饲喂巴氏消毒过的初乳或奶 • 擦干初生羔羊并立即与母羊分开 • 封住CAEV阳性母羊乳头，用碘浸肚脐 对未接种母羊产下的羊羔在出生后第1周内使用C型、D型产气荚膜梭菌和破伤风抗毒素疫苗，并在3～4周内注射加强针

续表 19-8

管理实践	管理安排介入
评估羊羔初乳摄入量： • 外观 • IgG 检测 精确识别每一个新生羔羊 先天畸形检查 出生 1 周内引入干草及饲喂	在贫瘠区，羊羔出生两周内注射维生素 E 和硒 给 2～14 日龄的产奶用羔羊去角 检查是否有额外的乳头，在 7 日龄内去除 对 4～14 日龄的公羊阉割

IgG：免疫球蛋白 G。

第一次夏季放牧时，断奶山羊羔可能要承受严重的体内寄生虫负荷。根据农场特定的寄生虫管理方法，一些研究人员主张在放牧之前进行驱虫。在没有家畜放牧的最小周期的“新”牧场上放牧，可以减少最初的感染寄生虫的可能。寄生虫监测策略可能包括使用 FAMACHA 和复合粪便虫卵计数(见第 6 章和第 16 章)。

在断奶之前，应给山羊羔提供一些干草和浓缩精料，以减少断奶应激。根据遗传、营养水平和管理实践，春羔可能有足够的体重(70%的成年山羊体重)进入秋季育种母羊群。在产奶山羊群中，全年产羔是可行的，可进行繁殖控制，在第 2 章和第 8 章有详细介绍。

在孕期接种过疫苗的母羊的山羊羔，应在 1～2 月龄时接种 C 型和 D 型产气荚膜梭菌和破伤风疫苗。对于断奶的山羊羔，还没有呼吸道疾病的相关疫苗。

在肉用山羊育肥项目中，幼龄公山羊饲喂高浓缩饲料，经常会出现胀气、尿路结石和肠毒血症等情况。根据经验，尿结石可能在 2～3 月龄的波尔山羊公羔中被诊断出来。持续供应干净的淡水，并将盐浓度增加到最高日粮的 4%是防止结石的有效策略。也可使用酸化剂，在阉割和未阉割的公山羊中，建议持续给予日粮 1%～2%的氯化铵。在集约化管理条件下，脑灰质软化症可在任何年龄的山羊中发生。然而，断奶有关的应激和厌食更易使山羊羔和断奶山羊羔患上这种疾病。断奶的肉用山羊羔食用含有大量精料或谷物的饲料也很容易受到影响。导致脑灰质软化症的原因包括硫胺素缺乏、硫胺素活性的抑制、水或饲料被硫酸盐污染。增加粗饲料比例、减少饮食中的谷物部分、减少硫酸盐摄入、日粮中包含硫胺素等都是很好的治疗方法。表 19-9 列出了这一类群山羊的生产管理实践措施。

表 19-9　小山羊及断奶山羊羔管理

管理实践	管理安排介入
早期饮食中添加干草或浓缩料 提供合适的饲舍以减少呼吸道疾病： • 确保通风良好 • 维持舒适的温度 • 防止过度拥挤 • 走出圈舍前确保足够的围栏 3～4 月龄的母羊与公羊分开，以避免交配 检查外羊只生殖器的异常情况，如雌雄间性	已免疫的母羊产下的羊羔在 1～2 月龄时接种 C 型和 D 型产气荚膜梭菌和破伤风疫苗 实施控制球虫病措施： • 定期更换草垫 • 考虑采用流动饲舍 • 饲料或水中添加抗球虫药 实施抗寄生虫策略： • 走出圈舍前使用驱虫药 • 在新牧场上放牧 • 定期进行 FAMACHA 评估和粪便计数 制定措施以防止肉用羊后期患尿结石： • 保持 2∶1的日粮钙磷比 • 在饮食中提供高水平的盐(高达 4%)和 1%～2%的氯化铵 • 摄入足够的微量矿物质 • 确保充足、干净的饮水

公山羊

在群体健康管理实践中，公山羊常常被忽视。尿结石可能是公山羊最重要的疾病。虽然尿结石在阉割的公山羊中更常见，但未阉割的公山羊（尤其是肉用山羊）也会发生尿结石，尿石症可能导致公山羊不能作种用。提供淡水，将日粮中的盐浓度提高到 2%～4%，以及使用尿酸化剂在公山羊群的健康管理中与在山羊羔和断奶山羊羔的管理中一样重要。

公山羊在配种季节会变得非常好斗，可能会伤害工作人员或其他设施。在配种季节，公山羊会向它们的脸上和前肢上撒尿，这可能导致严重的尿烫伤，继发细菌性皮炎和恶臭。

公山羊在进入配种季节前应保证良好的身体状况，应定期修蹄、驱虫和健康检查。在配种季节前，公山羊应进行繁育性能评估，包括精液评估和性欲测试（表 19-10）。

表 19-10 公山羊的管理

管理实践	管理安排介入
提供充足的锻炼机会	与母羊同时接种 C 型和 D 型产气荚膜梭菌和破伤风类毒素疫苗
在配种季节前确保足够高的 BCS 评分（3～3.5 分）	监测粪便数量，并管理驱虫药
定期修蹄	制定预防尿路结石的措施： • 保持 2:1的日粮钙磷比 • 在饮食中提供高水平的盐（高达 4%）和 1%～2%的氯化铵 • 摄入足够的微量矿物质 • 确保充足、干净的饮水
在配种季节前 1～2 个月进行繁殖性能检查	
将凡士林涂于尿灼烧伤处	

BCS：体况评分。

疫苗接种程序

肠毒血症和破伤风

山羊疫苗接种程序包括抗 C 型产气荚膜梭菌、D 型产气荚膜梭菌（肠毒血症）和破伤风梭菌疫苗。一些多价梭菌疫苗，包括抗羊黑疫、恶性水肿和细菌性血红蛋白尿疫苗被用于山羊。这些疾病在山羊中并不常见，采用疫苗来预防经济上并不合理，但是许多疫苗含有七八种菌苗。疫苗接种的部位应注意事项包括产生斑块、跛行的潜在影响，以及屠宰时需修饰的部位的反应，或者导致比赛时表现不佳。在颈侧或肘部后方的皮下注射通常是首选，成年羊也可在肋骨上方注射。所有山羊应首先接种梭状芽孢杆菌和破伤风类毒素产品，并在 3～4 周内第二次接种疫苗。妊娠母山羊每年应在分娩前 1 个月接种疫苗。公山羊、满 1 岁的山羊和其他成年山羊应该同时接受每年 1 次的加强免疫，以简化处理。饲喂大量浓缩饲料的山羊可能需要每 6 个月接种一次加强免疫。母山羊配种前 1 个月也需要加强免疫。

由已免疫母山羊所产的山羊羔应在 1～2 月龄时接种疫苗，在 3～4 周后再加强免疫。由非免疫母山羊所产山羊羔应在 1～3 周龄时接种疫苗，3～4 周后再加强免疫。C 型和 D 型产气荚膜梭菌抗毒素可用于治疗因初乳抗体被动转移失败的病例，也可用于流行地区。同样的，破伤风抗毒素也可使用，并且若之前的疫苗接种情况不明，也应该在常规的外科手术（如阉割、去角）和分娩之前使用。破伤风抗毒素的剂量对幼龄山羊羔为 150～250 U，成年山羊为 400～750 U（框 19-3）。

框 19-3 山羊常规疫苗接种程序

妊娠母羊

• 在妊娠最后 1 个月时接种 C 型和 D 型产气荚膜梭菌和破伤风疫苗

羔羊

• 已免疫的母羊产下的羊羔在 1～2 月龄时接种 C 型和 D 型产气荚膜梭菌和破伤风疫苗，3～4 周内重复免疫

• 未接种母羊产下的羊羔在出生后第 1 周内使用 C 型、D 型产气荚膜梭菌和破伤风抗毒素疫苗，间隔 3～4 周重复免疫 2 次

公羊和 1 岁羊

• 公羊和 1 岁羊与妊娠母羊同时接种，重点是梭菌属类疫苗

• 在流行病区，值得接种狂犬病和钩端螺旋体病疫苗

配种母羊

• 母羊配种前接种衣原体和弯曲杆菌疫苗，妊娠中期重复免疫

传染性脓疱

一般来说，只有在山羊群中鉴定出传染性脓疱(口疮、羊口疮、传染性脓疱皮炎)，才应给山羊接种疫苗预防该病。疫苗制剂因含有活病毒，因此也是一种将病毒引入农场的手段。这种病毒一旦被引入，每年都可能在环境中存在。对于已经接触过疫苗病毒或通过自然感染接触过的羊群，农场主可以考虑实施疫苗方案。在暴发期接种疫苗和隔离未受影响的动物可以缩短疾病的持续时间。疫苗接种应与工作区域、羊圈和污染物的消毒相结合。

此外，对于经常参加展示或引入新动物的农场，可以考虑接种疫苗来预防流行病。一开始农场所有动物均应接种传染性脓疱疫苗，此后建议每年为 6～8 周的新生山羊羔和新引入的山羊接种疫苗。接种疫苗的首选部位是耳郭、腋窝或尾巴下面。皮肤轻轻划痕，然后用病毒悬液。接种的位置通常在 1～3 d 内会出现结痂。没有结痂可能表明接种失败或以前接触过病毒。接种疫苗的时间应在展示前的 6～8 周，以确保结痂消失。可使用商用或自家疫苗。

值得注意的是，传染性脓疱是一种人畜共患疾病，可通过结痂、疫苗或病灶来传播。兽医在处理患病的动物或疫苗时应戴手套。若意外自我注射，疫苗可能引起严重后果。

干酪样淋巴结炎

干酪样淋巴结炎是由假结核棒状杆菌引起的一种常见的山羊疾病。感染这种病原体会导致淋巴结和器官的脓肿，进而导致生产性能下降、体重减轻或死亡。该微生物在环境中可能存活几个月，污染物也会传播疾病。这种疫苗可以单独使用，也可以与 C 型和 D 型产气荚膜梭菌和破伤风疫苗联合使用。疫苗本身可以引起受感染山羊严重的局部或全身性反应，也可干扰某些形式的血清学检测。在自然条件下，疫苗预防疾病传播的能力是值得怀疑的。自体或商业疫苗可减少单个动物病变的严重程度(见第 10 章)。对于所有进入农场的动物，无论是在展览会上购买的还是从展会回来的，都应该启用隔离程序，以防止微生物进入农场。有效地识别和迅速扑杀受感染的动物是防止山羊群感染的主要方法。

其他疫苗

控制流产的疫苗

不建议为控制母羊流产而进行常规的疫苗接种。在美国，与山羊流产有关的最常见的微生物是衣原体(嗜衣原体)和弓形虫。值得注意的是，弯曲杆菌是绵羊流产最常见的原因之一，但很少与北美山羊的流产有关(见第 8 章)。

美国没有批准可用于山羊衣原体的疫苗，但对有问题的山羊群可使用绵羊疫苗。疫苗可能会引起组织不良反应。最初，所有配种期的山羊和 1 岁后备山羊都应在配种季节前 60 d 和 30 d 接种。若是连续年份，所有的成年山羊都应在配种季节开始前 2～4 周接种疫苗。在一些特殊山羊群中，将绵羊衣原体和弯曲杆菌的联合疫苗用于罕见的弯曲杆菌感染是一个问题。这些疫苗的效率是有问题的，因为这两种疾病有几种生物类型，而针对一种生物类型的疫苗可能没有交叉保护作用。

刚地弓形虫可引起世界各地山羊的流产。农场主应尽可能减少山羊群接触猫的排泄物，因为排泄物里可能有感染性卵囊。新西兰和欧洲已经提供了疫苗来帮助控制这种疾病。单核细胞增生李斯特氏菌可能导致山羊流产，但这种疾病的表现并不常见。连续接种活病毒疫苗对妊娠母山羊挑战病毒提供了保护。在美国没有商业上可用的疫苗(见第 8 章)。

牛钩端螺旋体病疫苗可用于饲养在牛或猪周围的山羊，或饲养在曾发生过钩端螺旋体导致流产的地区。

其他疫苗的注意事项

由节瘤偶蹄形菌引起的腐蹄病常发生在温暖潮湿的月份。一些研究人员建议接种疫苗以控制地方性的腐蹄病。接种疫苗应该间隔 30 d，然后每年一次，最好在雨季开始之前。农场主应知道注射部位反应比较常见。目前对该病的控制和预防措施见第 11 章。

在山羊和牛科动物中，角膜结膜炎是由不同微生物引起的，尽管这两种疾病都能形成“红眼”并且具有相似的临床症状。牛莫拉氏菌疫苗可在山羊中使用但并不能保证有效(见第 14 章)。

美国没有批准在山羊中使用的狂犬病疫苗。

在流行病区,建议为山羊接种已被批准的良种家畜或宠物使用的灭活疫苗(见第 13 章)。

一些牛呼吸道疾病疫苗偶尔被山羊生产者和兽医使用。这些疫苗的有效性及其在降低山羊“呼吸系统疾病综合征”方面值得怀疑(见第 7 章)。

山羊群营养管理原则

下面简要概述基本营养原则,更详细的分析见第 2 章。

根据体型大小,山羊的营养需求比其他反刍动物要大。它们几乎具有独特的吃草和觅食能力,可以利用各种各样的稻科植物类、豆类、杂草和嫩叶类作为食物。日粮中,山羊似乎更喜欢大约 50%的嫩叶、20%的稻科植物类和豆类以及 20%的草料。

高质量的草料加上最低限度的谷物喂养,再加上微量矿物质和盐的补充以及淡水,一般足以满足山羊的大部分营养需求,特别是作为宠物饲养的山羊。然而,妊娠母山羊在分娩前、后 1 个月需补充饲料。在母山羊妊娠晚期、哺乳期早期和配种的公山羊也需补充浓缩精料,尤其是在饲料质量和数量都不理想的情况下。然而,过量的谷物喂养会导致健康问题。给某些肉用山羊喂食谷物可能带来经济效益,但与饲料引发的健康问题相比,不一定更经济。在奶用山羊哺乳早期,相对高水平的谷物饲养可以激发很高的产奶潜力。山羊应该按照年龄和生产用途分群。

母山羊在发情或是在配种季节或配种季节前 3～4 周内增加采食量,会增加排卵率,特别是中等体况的动物。通过自由摄食高质量牧草和补充谷物,可催促发情。过度或过低的条件均易使妊娠母山羊患妊娠毒血症。在妊娠的最后 3 个月(尤其是奶山羊),应该限制对豆类的自由摄食,以防止摄入过量的钙,因为钙的摄入会使动物更容易患上产乳热。缺硒地区的妊娠母山羊应该在妊娠的最后几个月在日粮中补充维生素 E 和注射硒。山羊应全年自由采食含有硒的微量矿物盐制剂。为牛设计的盐或矿物质可能不适合山羊,特别是在硒和矿物盐不足地区或处于生长或哺乳期的山羊(见第 2 章)。

正确饲喂初乳对山羊羔的健康和生存至关重要。奶山羊群饲喂的初乳应经过适当处理,以控制山羊关节炎-脑炎病毒(CAEV)。如果没有可用的羊初乳,可以使用高温处理的牛初乳。为促进瘤胃发育,山羊羔应从出生第 1 周开始间歇饲喂优质干草。成年公山羊和阉割公山羊的饲喂与非妊娠或干奶期的母山羊类似。公山羊饲料应注意预防尿路结石。身体状况评分可用于监测山羊长期的能量摄入。由于它们的好奇心和吃草习惯,山羊会接触到有毒的植物,但不太可能吃到任何给定植物的致命数量。然而,当饲料供应有限时,它们就有可能产生与摄入量有关的毒性。此外,圈养的山羊可能更容易采食它们能吃到范围内的任何东西,包括有毒的植物。

生产管理

在奶山羊生产过程中,监测乳和乳房健康状况是生产管理的一个重要方面。所有的动物都应该有准确的识别标识。奶山羊通过脖子上的标签或耳号来识别。塑料耳标通常用于肉用山羊。完整的记录对产奶和产毛山羊的管理都很重要。通过使用卡片或计算机系统,可以将记录保存在每只羊上。奶山羊的记录应保存在奶山羊促进协会(DHIA),无论是以单只山羊还是整个山羊群为单位。多种记录的模型可以评估山羊群的生产力,供执业兽医使用。

不具备生产性的母山羊应该被识别和淘汰,包括妊娠失败、流产,或者不能哺乳山羊羔至断奶,以及产下的山羊羔有基因缺陷等。未通过繁殖性能测试的公山羊不可与母山羊配种,或者淘汰性欲低的公山羊。根据农场的目的,应集中增加产羔数、生长率、产奶量以改善山羊群(见第 15 章)。

设备

由于山羊天生好奇,所以用于山羊饲养的设施管理最重要的方面是栅栏。设置栅栏的两个目标是把山羊关在里面,把捕食者关在外面,但这两个目标的实现都非常困难。一个 6 in×12 in、高 48 in 的编织铁丝网是最适合有角山羊的围栏。电栅栏也可用于周边或交叉在栅栏上。栅栏需易于操纵。此外,山羊需要一些躲避恶劣天气的地方,特别是在产羔或剪毛的时候(尤其是安哥拉山羊)。夏天提供阴凉,冬天保护动物免受风、雨或雪的伤害。山羊能很好地忍受寒冷的天气,只要它们的身体是干燥的,并且能在风中活动。

供料器对补充提供谷物或浓缩精料及可自由采食的矿物质是必要的。它们的构造应该使山羊不能躺下或在里面排泄。供料器的空间保证每只成年山羊有 1.5～2 ft 间距。山羊喜欢新鲜、干净的水，并且应该持续供应。应注意防止捕食者，特别是牧场有肉用山羊或宠物山羊时。牧场通常会使用警卫犬(大白熊犬)，不过驴子和美洲驼也会遭到捕食者的攻击，其他这些食草动物可能成为山羊的同伴。

根据山羊的生产状况将其分成不同的群。公山羊和母山羊应分开，繁殖年龄的母山羊与其他动物分开。肉用山羊羔应该被放在一个“育成群”的群体中。肉用山羊饲养的空间为 6～8 只成年羊对应一头成年母牛及其牛犊。在同一块土地上可以饲养多达 10 只成年山羊，如果这片嫩草土地主要是供一头母牛及其牛犊食用。虽然对空间提出了许多要求，但是对于 55～110 lb(25～100 kg)的山羊来说，每只建议至少是 15 ft^2(若单独饲养)到 11.5 ft^2(若 5 只或更多成群饲养)。低于 60 lb 的山羊允许最低 10 ft^2(若单独饲养)或 7.5 ft^2(若 5 只或更多成群饲养)，而山羊体重超过 50 lb 应该有 20 万 ft^2(若单独饲养)或 15 ft^2(若 5 只或更多成群饲养)。过度放养会使羊群易遭受寄生虫的损失、牧草产量不足、生产成本增加。牧场轮作是实现最大利润的关键。

生物安全性

良好的生物安全是任何山羊群健康计划成功的支柱。阻止病原微生物进入农场比试图消灭它更经济。有效的生物安全策略包括从无传染性疾病的山羊群中购买山羊，购买前检查，对疾病进行检测，在农场进行至少 30 d 的隔离检疫，在检疫期间进行重新检测，提供抗菌药物和抗寄生虫药物治疗无明显临床特征却携带病原体状态，以及对引入的山羊进行某些疾病的免疫接种。农场主应充分了解生物安全原则，但不能将生物安全视为预防多种疾病的唯一途径。相反，如果从疾病传播的角度来看，生物安全将变得更加简单。准确识别所有可能的传播途径，然后集中精力防止疾病的传播，这将有助于生物安全项目的成功。疾病传播途径见框 19-4。许多疾病是通过新引进的动物传入山羊群的，因此，对所有引进动物实施良好的检疫和检测程序是至关重要的。框 19-5 给出了农场山羊检疫程序的一个示例。

框 19-4　山羊疾病传播路径

1. 喷雾剂——经由水滴
2. 直接接触
   - 开放性创伤、黏膜、皮肤、血液、唾液、鼻子对鼻子接触、摩擦、叮咬
   - 生殖传播
3. 携带疾病的污染物从一个动物传播给另一个动物
   - 去角器、纹身钳、针、注射器、瓶子、五金器具、畜舍
   - 交通运输工具、拖车、人类传播的有机物质
4. 口蹄疫是动物在食用受污染的饲料或水，或舔食和咀嚼环境物体后传播的疾病
5. 媒介传播——昆虫把疾病从一种动物传播给另一种动物

改自：C. B. Navarre，ISU。

框 19-5　隔离检疫原则

1. 检疫隔离地带应远离畜群
2. 检疫隔离区和病区不能是同一个畜舍
3. 检疫所有到农场的动物
   - 展示类动物
   - 配种返回农场的动物
   - 新购买的动物
4. 保持 2～4 周的检疫期
5. 每天观察被隔离的动物是否有任何疾病的迹象
   - 红眼病
   - 羊痘疮
   - 羊关节炎-脑炎(CAE)
   - 腐蹄病
6. 对被隔离的动物进行适当的测试
   - 驱虫剂耐药性测试
   - CAE
   - 干酪样淋巴结炎
   - 约内氏病
7. 给被隔离的动物使用驱虫药
8. 检查和治疗外部寄生虫

基本生物安全管理原则

在生物安全领域，保持一个封闭的山羊群体是防止疾病发生的最有效的策略。一旦取得了理想的遗传基础，农场主应该保有令人满意的后备母山羊。对大多数农场来说，引进新的公山羊是必要的，这些新的公山羊应该经过一个标准化的农场隔离检疫期。对后备母山羊使用未配种过的公山羊可以增强这一目标。山羊群中的所有动物都应该有永久的唯一标识，以便在疾病暴发时保持准确的记录。农场主应详细记录所有外出的动物。若有任何新的动物或从展会返回农场的动物应进行隔

离检疫(框 19-5)。农场主应该认识到购买、租赁或借来的公山羊都可能将干酪样淋巴结炎、羊关节炎-脑炎或约内氏病引入羊群。

兽医应鼓励农场主和所有农场工作人员保持良好的卫生。在与隔离开的不同群的动物接触时，应该更换衣服。应向所有进入农场的人提供橡胶靴、肥皂和刷子。农场应该有维护良好的栅栏，并锁好门，做好访客登记。应避免过多的车辆来往，在交通繁忙的地区应适当铺路或碎石垫路。啮齿类动物、猫科动物和野生动物可能携带可传染给山羊群的疾病，应该采取措施减少这些动物可获得的食物。一些工人主张对农场里的猫进行阉割，以控制数量。兽医应该通过进行完整的尸检或将整个动物送进诊断实验室来对群体死亡的原因进行诊断。流产的胎儿、胎盘和尸体应该被掩埋或焚烧，以防止疾病传播。

应对新的农场工作人员进行相关培训。农场主应熟悉山羊正常的呼吸、反刍、行走、身体姿势和社会交流等状态。对病畜的早期鉴定和隔离检疫可阻止一些流行病在山羊群中传播。

生殖管理

高效的生殖管理对山羊企业的盈利能力至关重要。在美国，山羊的生殖管理主要集中在奶用和毛用山羊生产系统上。然而，引进的外来肉羊品种(南非波尔山羊、新西兰 Kiko 山羊)应鼓励更多地强调生殖管理，以增加出生的后代数量和饲料转化率。在奶用山羊群中，生产不合季节的山羊羔和羊奶是为了获得市场溢价。

一般来说，母山羊在北美确实是季节性多次发情的，而且在靠近赤道的地方仅仅是多次发情。这一规则例外的品种是公认的，在北美，尤其是美国南部的一些山羊可能是全年都发情的品种。在温带地区，典型的母山羊发情周期在 8 月到次年 3 月之间，在 10—12 月期间为最佳配种时间。这种时间安排导致了 1—3 月间产山羊羔。过渡期约为配种季节前后 2 个月。“最深”的休情期是 4 月。

为了满足供给和需求，奶山羊群生产商的目标通常是全年不间断地获得羊乳。这就需要控制母山羊的生殖周期，这在第 8 章中有详细介绍。为了管理牧草和饲料、优化人员使用，以及在每年特别的时间点上满足市场肉类高价格，肉用山羊也需要制定控制产羔的程序。一个紧密的产羔季节将使农场主密切关注新生山羊羔和断奶山羊羔，这一时机也将促进春草利用的最大化，从而以循环的方式对整体山羊群健康做出积极的贡献。

肉用山羊的生殖效率目标包括高受孕率(大于 90%)、最佳产羔数(1.5～2 个)、高存活率(大于 90%)和小于 12 个月的产羔间隔。确定交配时间标志着年度生产周期的开始。它可以根据某一地区理想的产期来计算，以利用良好的春季牧草。公山羊应该与母山羊合群 32 d(相当于 1.5 个繁殖周期)，让母羊群在同一个月内产羔。这个短暂的产羔期应该会产生统一生产的山羊羔，并使断奶程序和其他山羊群健康管理实践简单合理化。在完成了 32 d 的任务后，公山羊就完成了当年的任务。妊娠应在配种后 45～60 d 内确认。

受控制的产山羊羔程序(2 年 3 胎)需要过季繁殖。正确的营养、强化的管理实践、早期断奶和激素控制是成功的必要条件。如果提高产羔数是育种计划的目标，那么每年至少要更换 20% 的母山羊。通过保留双胞胎母山羊作为替代者来提高这个比例。选择高生育能力的公山羊也有助于实现这一目标。由于品种的变化，初次发情年龄将会有所不同，但整体来说母羊 6～8 月龄有发情迹象。只有当它们的体重达到成年体重的 60%～70%时，才可以列入配种计划中。

在选择公山羊时，要记住特定山羊群的最终目标。产奶量、产双羔和肌肉标准只是检查公山羊作为潜在种用公羊的几个参数。尽管人工授精在奶牛品种中应用更普遍，但人工授精在现代山羊群中正成为更普遍的技术。所有公山羊在配种前必须保持良好的身体状况。在繁殖季节到来之前，每只公山羊都要接受全面的身体检查、阴囊周长的测定和育种性能评估(见第 8 章)。

寄生虫控制策略

本节总结了当前针对山羊的寄生虫控制策略的建议，更详细的资料见第 6 章。有规律的间隔驱虫已不再适用于山羊群。此外，没有任何寄生虫控制程序广泛适用于各种山羊群。相反，农场主需要根据宿主、寄生虫和农场交流的具体情况提出一种综合的方法来控制寄生虫。

消化道线虫是影响山羊生产最严重的问题，在世界范围内造成了重大的经济损失。捻转血矛线虫是影响肉用羊和毛用羊的最重要线虫。在奶山羊中，其他几种胃肠道线虫如奥斯特线虫、毛圆线虫和细颈线虫等在某些地理区域可能较为重要。

与其他疾病过程一样，在制定寄生虫控制策略时，宿主、寄生虫和环境相互作用是很重要的。在温暖、潮湿的环境中，血矛线虫生长旺盛。在炎热的夏季(30～60 d)感染性阶段幼虫存活时间短，冬季(4～8 个月)生存时间长。在恶劣的天气条件下，血矛线虫可在宿主体内保持低生物活性，或变得代谢不活跃，然后在有利的环境条件出现时苏醒。这种冬眠导致了寄生虫更好生存，并且增加了从春天到秋天的传播概率。例如，随着春天的到来，临产母山羊的排便数量将增加。对山羊的胃肠道寄生虫实施控制程序需要了解它们生命周期的重要部分。

驱蠕虫药

目前获准用于山羊的驱蠕虫药有莫仑太尔、噻苯咪唑、芬苯达唑和吩噻嗪。莫仑太尔和噻苯咪唑目前市场上买不到；对芬苯达唑的广泛耐药性已经出现。因此，给山羊使用牛用驱虫药已成为普遍现象。表 6-1 和附录 1 总结了当前常用驱虫药。从业人员应定期在网站 http://www.farad.org 上查阅 FARAD 规则，及时掌握驱虫药的任何更改信息。

一般情况下，对山羊使用驱虫药的剂量是牛或绵羊剂量的 1.5～2 倍，但也有例外，如本书所述。苯并咪唑类属广谱驱虫药，是一种白色液体，包括奥芬达唑、非班太尔、芬苯达唑和阿苯达唑。这些药物对寄生虫成虫具有良好的杀灭活性，对幼虫的效果较差。它们通常对山羊是安全的并有很大的安全范围。但丙硫苯咪唑具有致畸作用，不建议用于妊娠 45 d 内的母山羊。

大环内酯类也是广谱驱蠕虫药，它们都是一种透明的液体，可以是阿维菌素，包括伊维菌素，多拉菌素和乙酰氨基阿维菌素，也可以是米尔贝霉素，如莫昔克丁。这些药物具有驱幼虫和成虫活性。总体来讲，大环内酯类具有广泛的安全性，并在羊体内表现出持久的功效。然而，对这组药物的抗药性相当普遍。目前的建议是根据牛的剂量给山羊皮下注射莫昔克丁。其他药物都是口服的，用量是牛剂量的 1.5～2 倍。如果局部使用，这类驱虫药几乎没有效果。

胆碱能激动剂或膜去极化剂，包括咪唑类，如左旋咪唑；也可以是四氢嘧啶，包括噻嘧啶和莫仑太尔。这些驱虫药具有与苯并咪唑类相似的杀线虫活性。左旋咪唑的安全范围很窄，使用剂量应该是牛剂量的 1.5 倍。目前莫仑太尔市场上买不到。

对奶山羊获批可用的驱虫药产品包括莫仑太尔、噻苯咪唑和芬苯达唑。驱虫药应在有效期内使用。另外，一些研究人员建议每年更换驱虫药种类。

寄生虫综合防控

在改变或轮换使用驱蠕虫化学药品之前，农场主应该设定一个控制羊群中寄生虫的目标而不是打算彻底消灭寄生虫。管理和治疗的协调结合是实现控制的必要条件。一个寄生虫综合防控方案应设计在多个方面执行，如框 19-6 所述，同时寄生虫综合防控应侧重于放牧实践，但总体目标应是减少舍饲率和减少牧场的感染幼性虫污染。

框 19-6　山羊群实施综合寄生虫防治策略的步骤

1. 隔离检疫新动物
   - 将新动物放置在干燥的地区
   - 粪便虫卵计数(每克粪便中寄生虫虫卵数即 EPG)
   - 采用两种不同等级的双剂量广谱驱虫药驱虫*
   - 首次治疗后 14 d 采用 EPG 计数
   - 释放新的动物到“肮脏”的牧场
2. 驱虫药的管理
   - 对体重最重的动物称重
   - 在舌根上使用驱虫药
   - 如果使用阿维莫菌素或苯齐美达唑，在给药前 24 h 停止进食
3. 与农场主合作确定羊群的抗虫性情况
   - 粪便虫卵计数还原试验(FECRT)†
   - 幼虫发育分析(LDA)‡
4. 根据粪便和 LDA 结果调整农场使用的驱虫方案
5. 治疗选择的动物
   - 基于 FAMACHA 评估的单个动物§
     √只对得分为 3 分、4 分或 5 分的动物进行驱虫
     √用这种方法培训生产者
   - 在放牧的奶用山羊群中的动物
     √对初次泌乳羊和经产羊在泌乳前使用驱虫剂
6. 如果在山羊群中有抗性记录
   - 同时考虑使用两种不同的药剂
   - 定期进行 FECRT 测试，以评估驱虫剂的有效性
7. 开发和维护管理方法以补充寄生虫控制程序¶

* 一些作者提倡 3 种等级药物的治疗方案(*Kaplan*，2009)

† 关于如何执行 FECRT 的说明请参见框 6-1。

‡ 可以在 http://www.scsrpc.org 上获得信息，或者与佐治亚大学兽医诊断实验室联系 Ray Kaplan 博士。

§ 有关资料可在 http://www.scsrpc.org 查阅；Kaplan 博士也可提供 FAMACHA 卡片。

¶ 参见框 19-7，了解补充寄生虫控制策略的管理措施。

实践中使用的管理系统随感染的程度而异(框19-7)。在干燥的环境下饲养的山羊(如奶山羊)可能感染胃肠道线虫的概率较低。肉用山羊的牧场上有大量的灌木和高高的杂草,它们很少接触到有感染性的寄生虫幼虫。这些山羊几乎没有免疫力,如果它们在遍布寄生虫的牧场上吃草,则很容易受到感染。在干旱年份和某些牧场地区,寄生虫感染可能不明显,而在潮湿、温和的地区,寄生虫感染则是一个持续的问题。当出现干旱、天气恶劣或缺乏足够的饲料(或牧场)时,应注意特别护理,因为这些情况可能会增加动物的集中度,从而易感染寄生虫。当必须圈养时,畜舍的料槽应该设计成让山羊群吃得舒适,但不允许它们进入或在饲槽里排便。显然,饲料不应该放在地上。山羊习惯成群,晚上在同一个地方睡觉,这种行为模式促进了寄生虫感染集中暴发的可能性。

粪便虫卵计数是山羊寄生虫控制措施的有效工具。麦克马斯特氏法计数每克粪便中虫卵数(EPG)在春季或初夏达到500～1 000个,或秋季EPG超过2 000个,表明感染严重。粪便样品在驱虫当天和10～14 d后采集。麦克马斯特氏法漂浮测定(见第6章)驱虫前后的粪便样品,并比较EPG计数结果。如果EPG值下降小于90%则存在抗药性,应对动物转用另一类驱虫药。定期进行虫卵计数可以帮助兽医决定何时给动物驱虫。

框 19-7 畜群管理系统及寄生虫控制策略

1. 零放牧
   - 确保高质量饲草或饲料
   - 把饲草料放在饲槽上而非地上
   - 粪便虫卵还原试验(FECRT)
2. 季节性放牧
   - 轮流放牧
   - 理想情况下,让牧场全年休息
   - 维持高草料高度
   - 防止过度放牧
   - 提供篱笆周围的吃草区域
   - 产羔前30 d给怀孕的母羊服用驱虫药
   - 刚断奶的羊使用驱虫药
   - 把动物放在“干净的牧场”
   - 监测FAMACHA
   - 监测FECRT
3. 连续放牧
   - 提供充足的吃草区域
   - 降低放养密度
   - 牧场每30 d轮作一次可能会减少幼虫数量
   - 考虑混合放牧以减少草地上的幼虫数量
   - 监测FAMACHA
   - 监测FECRT

驱虫药的抗药性

据报道,所有种类的驱虫药对各种寄生虫的有效性都在下降或不一致。寄生虫对两种或两种以上主要类型的驱虫药的抗药性也日益受到关注。蠕虫种群暴露于驱虫药的次数与抗药性的出现有明显的相关性。多种因素导致了寄生虫的抗药性。在绵羊和山羊之间有不同的驱虫药的生物药效率,当将这些药物以绵羊的剂量为参数给山羊服用时,药物浓度不足以达到使寄生虫死亡。

给山羊使用的驱虫药用量不足,将不会产生最佳标准结果。寄生虫“遇到”驱虫药,但数量或浓度不足以杀死它们。随着时间的推移,这些治疗的失败导致了抗药寄生虫亚群的产生和生存,这些寄生虫在环境中繁殖。最后新出现的证据表明,某些线虫可能会产生内在的遗传抗药性(见第6章)。

球虫病

正如前面提到的,除了血矛线虫感染,球虫病可能是刚断奶的肉用和奶用山羊羔面临的主要问题。在牧场放牧的山羊羔似乎很少受到球虫病的影响,但在狭小的空间里,这些山羊羔很容易受到感染。控制球虫病的管理工作应以降低环境湿度和降低饲养密度为目标。饲养在可移动的羊舍可以使阳光穿透舍内,以减少卵囊的存活率。在有球虫问题的山羊群或集约化生产的山羊群中,可以把抗球虫药添加在饲料或饮水中,剂量列于表6-1。

推荐阅读

Bretzlaf K: Production medicine and health programs for goats. In Howard J, editor: *Current veterinary therapy in food animal practice*, Philadelphia, 1993, WB Saunders.

Craig TM: Helminth parasites of the ruminant gastrointestinal tract. In Anderson DE, Rings RM, editors: *Current veterinary therapy: food animal practice*, ed 5, St Louis, 2009, Saunders.

Kaplan RM, et al: Anthelmintic treatment in the era of resistance. In Anderson DE, Rings RM, editors: *Current veterinary therapy: food animal practice*, ed 5, St Louis, 2009, Saunders, pp 470-478.

Mobini S：Infectious causes of abortion. In Youngquist RS，Threlfall WR，editors：*Current therapy in large animal theriogenology*，St Louis，2007，Saunders，pp 575-584.

Olcott B：Production medicine and health problems in goats. In Howard JL，Smith BJ，editors：*Current veterinary therapy in food animal practice*，Philadelphia，1999，WB Saunders.

Scott P：Health and production management in sheep flocks. In Radostits OM，editor：*Herd health：food animal production medicine*，Philadelphia，2001，Saunders.

第20章 尸体剖检

系统、详细的尸检不仅能够缩短诊断时间、降低检测费用，并且最有可能做出准确的诊断。剖检之前需考虑潜在的人畜共患病，如强烈怀疑死因是狂犬病或其他需报告的疾病，则应由相应的诊断实验室进行尸体解剖。

诊断时应将福尔马林固定的组织样品、新鲜或冷冻的组织和体液，以及适当的微生物培养样品一并交给临床检测实验室进行确诊。仅仅依靠初步诊断、少量组织样品或养殖户口述的临床症状，容易忽略关键问题导致误诊。虽然常将临床兽医进行的尸检称为“野外尸检”，但尸检最好不要在牧场或养殖区域进行。大多数绵羊和山羊个体较小，可将尸体转移至合适的其他区域进行尸检。

需注意的是，在绵羊毛较厚或山羊绒较多时，尸体即便在冬天也会在死后迅速发生自溶。死后迅速冷冻或新鲜解冻的尸体比自溶尸体更有利于诊断。

总体观察的描述和解释

在肉眼检查中遇到的病变可用以下特征进行描述[1]：位置、颜色、大小和重量、形状、硬度、数量或百分比、内容物、气味。

单个器官的重量有助于诊断，如肝脏重量可因毒性肝病的存在与否而有所不同，同时甲状腺肿大可使甲状腺重量增加。胃肠道内容物的体积或腔室中液体的量亦可提供可靠的客观数据。一些常见的诊断，如外伤、雷击和某些类型的胀气，只能通过肉眼检查来确定(图 20-1A 和 B)。在这种情况下，如没有适当的病史和外观描述，仅将组织交给诊断实验室进行组织病理学检测和培养，实验室可能无法进行最后的确诊。

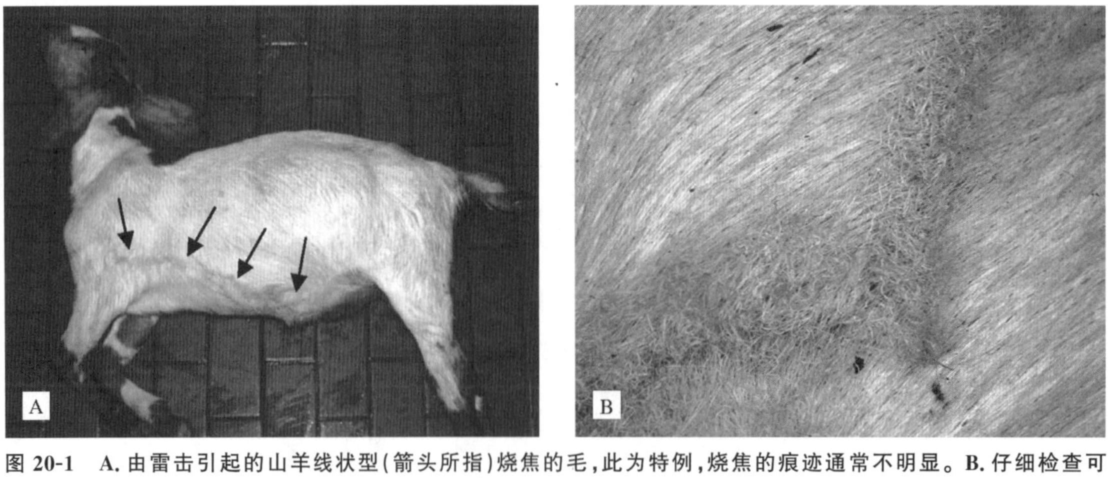

图 20-1　A. 由雷击引起的山羊线状型(箭头所指)烧焦的毛，此为特例，烧焦的痕迹通常不明显。**B.** 仔细检查可见烧焦卷曲的毛。

表 20-1 为常见的全身病理过程及其特征性尸检病变和可能的原因[2-8]。表 20-2 列出了可能需要大体检查才能诊断的胃肠道疾病[6,8-13]。表 20-3 为可能与病理变化相混淆的“假性病变”[4](图 20-2,另见彩插)。细致的临床观察和野外尸检是美国抵御外来或必须报告的家畜疾病的第一道防线,表 20-4 为在必须报告的传染病感染羊中可能观察到的尸检病变[14-32]。

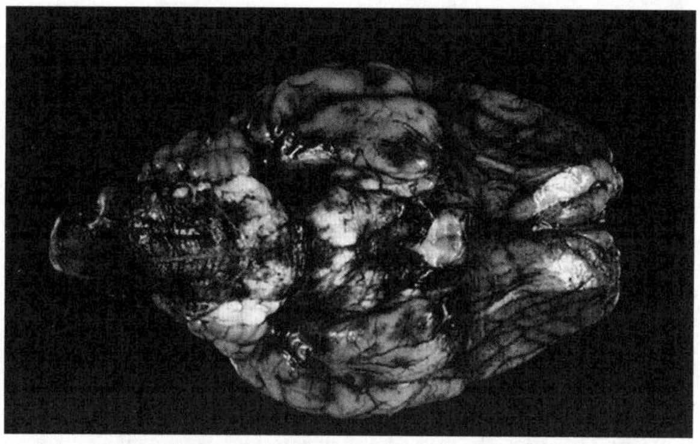

图 20-2　脑膜黑色素沉着病是一种“假性病变”的例子,本图来自一只 2 岁黑脸杂交母羊(来源:Dr. William Castleman, Gainesville, Florida)。

表 20-1　常见的系统病理过程及尸检结果和潜在原因

病理过程	可能的病变	病因
心源性休克	肺充血和水肿,颈静脉扩张,肝脏增大呈“肉豆蔻”样,全身浮肿,水肿,腹水,颌下腺水肿,心包积液,胸膜积液,腹膜积液,心脏病变(心脏扩大,心肌炎,包虫性囊肿,心肌脓肿,出血、苍白,心肌白色条纹,形态缺陷,心肌矿化)[2]	缺氧,室性心动过速和其他心律失常,心肌病,先天性缺陷,高血压,心内膜炎(慢性感染,使用长血管导管),细菌或病毒感染,营养缺乏(硒、铜),心脏毒性物质或植物(如维生素 D、杜鹃花属/杜鹃花),莫能菌素中毒,触电或雷击,血流障碍,液体超负荷[3]
血流障碍	心包液或渗出液积聚,腔静脉或肺部血栓	血栓,先天性(主动脉瓣狭窄),心包填塞(创伤性网状心包炎,冠状动脉破裂),肿瘤,臌胀(腹部或瘤胃扩张),肝衰竭
低血容量性休克	肾脏苍白或肿胀,脾脏收缩	出血,液体流失(脱水)
出血	血液外渗,组织苍白(肺、黏膜),水样/稀薄血液,体腔可见血液,脾脏收缩	肠出血,被捕食者攻击,内脏破裂(脾脏、子宫、皱胃),难产性肝破裂,子宫或卵巢动脉破裂,皱胃溃疡,主动脉破裂,动脉瘤破裂[4]
液体流失(脱水)	眼球凹陷,皮肤弹性降低	腹泻,烧伤,急性肠梗阻,电解质紊乱,酸碱失衡[5]
分布异常性休克	循环血液减少,毛细血管积聚,脾脏充血,肺水肿	内毒素血症,败血症(革兰阳性或阴性细菌性败血症),体液迅速减少(腹水缺失),[10]神经功能障碍,过敏性休克,神经源性休克,感染性休克[2,5]
过敏性休克	肺充血,细支气管黏液分泌,肺水肿,肠壁气肿或水肿[5]	反复使用抗生素,疫苗或节肢动物生物制品
神经性休克	同心源性休克类似的非特异性大体损伤	创伤,触电,雷击,恐惧和应激[2]
感染性休克	瘀点,巩膜充血,瘀血,淋巴结肿大,脾肿大,心包腔或关节腔或脑膜的纤维素样渗出物[5]	菌血症
内毒素血症(毒性或感染性休克)	病变与毒血症相同[5]	革兰阴性菌的细胞壁脂多糖
毒血症(中毒性休克)	肝实质苍白或强化,肾脏增大,肾上腺增大,心肌出血,凝血功能障碍,血管通透性增加,充血,肠道扩张,糖尿[6]	细菌毒素(肠毒血症),破伤风,无机毒素,植物毒素,硝酸盐毒性,蛇咬伤,异生素毒性(如来自替米考星)[4],尿素毒性

续表 20-1

病理过程	可能的病变	病因
浮肿	组织、胸膜腔、腹腔[5]、皮下组织或胸腹部液体积聚	充血性心力衰竭，静脉回流受阻，内毒素血症，过敏性休克，血管炎，淋巴流阻塞
缺氧	流涕，肺病变，发绀	贫血，心力衰竭，肺炎，鼻炎，肺水肿，传染病，中毒（氰化物、硝酸盐或一氧化碳中毒），代谢病（妊娠毒血症），肿瘤，气胸，气管塌陷，变应性肺炎，高热，外伤（横膈疝、项圈过紧）[4]
低体温	肺充血，广泛性阻塞	冷应激、风吹雨淋、剪毛之后[4]
过热	组织充血，黏膜点状出血，皮下组织、皮肤充血	传染病，环境温度过高
肝功能衰竭	肝脏形状改变（大或小），肝结构改变（坚硬、易碎），瘀斑，小叶纹理增强	肝炎，肝病
肾功能不全	尿闭，肾肿大苍白，输尿管或肾盂膨大	尿结石，肾小球肾炎，肾炎，肾病
凝血功能障碍	瘀点或瘀斑性出血，皮下出血，器官间隙积血	弥漫性血管内凝血，减少维生素 K 依赖性凝血（摄入有毒植物、杀鼠剂中毒），蛇咬伤，真菌毒素（曲霉菌、镰刀菌），肝吸虫（肝片吸虫），细菌感染[7]
消瘦	皮下，心包脂肪组织减少，肌肉萎缩，毛发或羊毛质量差，口腔疾病，肝实质改变	牙齿疾病，蛋白质-能量营养不良[5]，微量元素缺乏，胃异物，慢性肠炎，慢性肝病，传染病（朊病毒病、逆转录病毒感染、慢性败血症、慢性寄生虫），植物中毒，肿瘤，淀粉样变性[8]

表 20-2 消化道疾病及尸检结果和潜在原因（见第 5 章）

消化系统疾病	可能的病变	原因
食管阻塞	食道扩张，食道壁变薄或出血	咀嚼不足，食物大而硬，异物，胃管损伤，食管周围组织受损
瘤胃酸中毒	瘤胃臌胀，内容物呈粥样并有“发酵”气味，瘤胃 pH＜5.5[9,10]，瘤胃上皮细胞充血易脱落[11]，脱水（眼睛凹陷），慢性病（瘤胃内壁损伤、肝脓肿）[11]；尿液 pH 5.0～6.0；红细胞压积＞35%[6,9]	瘤胃发酵过快，摄入易消化的碳水化合物（玉米、燕麦、小麦、大麦、水果、甜菜、土豆等）[9]
瘤胃臌胀、积食	瘤胃扩张，食道“臌胀线”，后躯水肿，粪干稀少	蛋白质能量或微量元素营养不良，摄入异物（塑料袋）[8]，脱水，豆类，摄入高纤维/难消化饲料，摄入沙子，食用了马饲料[9]
泡沫性臌胀	食管“臌胀线”，肝脏扁平，膈肌破裂；后躯水肿苍白[11]	食用豆科牧草（苜蓿），牧场谷物茂盛，高谷物饮食
非泡沫性臌胀	瘤胃臌胀，食道“臌胀线”	抑制嗳气（瘤胃功能障碍，食道梗阻，新引入谷物饮食，神经功能受损，低钙血症，内毒素血症，疼痛，腹膜炎，某些药物（如甲苯噻嗪）[9,12]
皱胃阻塞	皱胃扩张，内容物干燥生面团样，性状似瘤胃内容物	粗饲料质量差，异物阻塞（植物性结石、毛性结石），蛋白质-能量营养不良，皱胃无力，萨福克和多塞特羊的排空缺陷，自主神经功能异常[9,11]

续表 20-2

消化系统疾病	可能的病变	原因
幼龄动物皱胃胀气[10]	皱胃臌胀，充满奶汁	食入大量代乳粉，饲喂的干草中混有粪便[13]
皱胃破裂[6]	腹腔含有饲料，胃大弯撕裂并伴有出血	皱胃阻塞，皱胃胀气，皱胃无力
皱胃扭转[6]	扭转部位出血和充血	气体积聚和位移[10]
肠扭转[6]	出血，气体扩张，肠系膜裂隙(撕裂)	肠内气体积聚
肠套叠	常见的嵌入部位是回盲瓣	与成年动物的肠内团块、幼龄动物的肠炎、绵羊食道口线虫有关[9]
肠梗阻、肠闭锁	膨大的肠中含有水样内容物，肠腔分裂形成失败，多于出生后 1 周发病	多路系统先天性缺失疾病
盲肠或盲肠系膜扭转	前胃、皱胃、小肠膨大	气体积聚和位移[9,10]
直肠脱垂	直肠组织突出	羔羊腹泻；饮食不平衡，尿石症，在茂盛的草场放牧；继发于慢性咳嗽，断尾，生长植入物，狂犬病，肛门闭锁[9]
肛门闭锁	直肠不通	先天性畸形

表 20-3 尸检时的假性病变

假性病灶	尸检结果
野鸟破坏	眼球缺失，肛门损害
巴比妥盐安乐死	软，注射部位组织变色变深
射击安乐死(畜主不会告知兽医安乐死的方法)	出血、骨折，子弹
肝脏尸斑	血液沉降所致[4]
尸体溢出消化液	支气管、鼻腔含有瘤胃液[4]
死亡后瘤胃臌胀(死后臌胀)	直肠或阴道脱垂
死亡过程中伴发末梢病变	细支气管出血导致气管泡沫
先天性黑变病	黑色素沉着于脑膜或其他组织(图 20-2)
正常胎盘误认为病变	薄膜顶端坏死，尿囊小体，羊膜斑块(图 20-17 和图 20-18)
自溶	瘤胃黏膜脱落，死后 GI 断裂，肠道旁组织发黑[4]，胆囊旁组织污染
横膈膜破裂(死后)	瘤胃产气伴随自溶，臌胀或外伤导致横膈膜破裂

GI：胃肠道。

表 20-4 世界范围内重要的或美国之外须报告的传染病以及地区分布和剖检病变

疾病*已知病原体	地区分布	尸检发现
朊病毒病		
绵羊痒病 OIE 列为 B 类	北美，欧洲，亚洲，澳大利亚[14]	消瘦，毛发稀少，摩擦导致皮肤外伤[14]
病毒病		
口蹄疫 口蹄疫病毒属(细小 RNA 病毒科) OIE 列为 A 类，美国农业部收录	非洲，亚洲，欧洲，南美洲，北美曾有[15]	高发病率，低死亡率，通常感染幼小动物，山羊和绵羊损害轻微或无明显症状 牙垫、唇、齿龈或舌出现水疱或糜烂，水疱或糜烂还可能出现在冠状带或指间隙，乳腺泌乳减少，心肌灰色或黄色病变，还可能流产[16]

续表 20-4

疾病* 已知病原体	地区分布	尸检发现
水疱性口炎 水泡病毒属(弹状病毒科) OIE 列为 A 类,美国农业部收录	南美洲,中美洲,北美洲[15]	绵羊和山羊并不常发,发病率高,致死率低,舌、齿龈、唇、冠状带或乳头出现水疱,继发细菌性乳腺炎[16]
狂犬病 OIE 列为 B 类 狂犬病病毒属(弹状病毒科)	除一些太平洋小岛和澳洲外,全世界均有分布[17]	无肉眼可见的损伤
小反刍兽疫 麻疹病毒属(副黏病毒科) OIE 列为 A 类,美国农业部收录	非洲,中东,印度次大陆[15]	消瘦,从口腔到结肠的胃肠道炎性病变,脱水,排泄物染色,下唇、相连的牙龈、面颊联合、舌的活动部出现口炎,硬腭、咽、食管上 1/3、瘤胃、网胃、瓣胃、皱胃等也可能出现损害,回盲瓣和盲肠结肠联合处充血、派尔斑坏死,结肠部混有“斑马纹”;呼吸器官损害,鼻黏膜、鼻甲、喉和气管糜烂和瘀斑,支气管肺炎,淋巴结肿大,结膜炎,外阴阴道炎[16]
牛瘟 麻疹病毒属(副黏病毒科) OIE 列为 A 类,美国农业部收录	非洲、中东、亚洲、欧洲和南美洲曾经也有[15]	消瘦,脱水 消化道损伤:口腔黏膜大量小而灰色的坏死灶,灰色坏死上皮脱落后露出红色糜烂,侵蚀齿龈、唇、软硬腭、颊部和舌底,食道和胃糜烂,皱胃充血浮肿,派尔斑坏死,肠黏膜纤维蛋白渗出,盲肠和结肠浮肿和/或腔内积血,结肠隆起处充血,似老虎或斑马纹,淋巴结肿大或水肿[16]
绵羊痘和山羊痘 山羊痘病毒属(痘病毒科) OIE 列为 A 类,美国农业部收录	非洲,中东,亚洲[11]	皮肤上有 1～3 cm 直径的斑点,特别是在腹股沟、腋窝、会阴部;鼻、口、乳腺、外阴或包皮的黏膜上的丘疹;鼻炎鼻涕;乳腺炎,多发性黏膜坏死灶,淋巴结肿大;皱胃、瘤胃、大肠、舌、软硬腭、气管和食道黏膜表面丘疹;肾脏、肝脏和睾丸表面出现苍白色区域;出血性肠炎,肺部多灶性坚硬区域,可能流产[16,17]
羊脑脊髓炎(跳跃病) 黄病毒属(黄病毒科)	苏格兰,英格兰,爱尔兰[17]	没有特征性的严重病变[17]
裂谷热 白蛉病毒属(布尼亚病毒科) OIE 列为 A 类,美国农业部收录	非洲,中东[16,17]	肝坏死、质脆、柔软,呈红色至黄棕色;瘀点出血;斑片状充血,肝实质中有 1～2 mm 的小灰白色斑点,皱胃黏膜中有瘀斑,黑巧克力棕色皱胃内容物;胆囊和肝淋巴结壁水肿和出血[16]
内罗毕羊病 内罗毕病毒属(布尼亚病毒科) OIE 列为 B 类	非洲[16]	出血性和卡他性肠胃炎,后躯及臀部常被血液和粪便混合污染;皱胃远端、回肠、回盲瓣、盲肠和结肠的纵褶出血或充血,盲肠和结肠充血或出血表现为黏膜的纵向条纹(“斑马条纹”);结肠可见水样带血内容物,结肠浆膜、胆囊黏膜下层、心外膜和心内膜出血;流鼻涕,淋巴结、脾脏肿大;组织大量出血、水肿、胎膜出血、可导致流产[16]
赤羽病毒感染 布尼亚病毒属(布尼亚病毒科) 美国农业部收录	非洲,亚洲,澳洲[15]	无严重病变的脑炎,死胎,胎儿虚弱或流产,骨骼肌萎缩、肌腱挛缩、关节挛缩,脑水肿,斜颈,脊柱侧凸,下颌短小[15]
韦塞尔斯布朗病 甲病毒属 人畜共患病	非洲[18]	胎儿和新生儿的肝脏增大,呈黄褐色,并有大量针尖装白色区域;常出现黄疸;积水性无脑畸形、小头畸形、关节挛缩、胎儿羊膜水肿[16,18]

续表 20-4

疾病*已知病原体	地区分布	尸检发现
蓝舌病 环状病毒属(呼肠孤病毒科) OIE 列为 A 类,美国农业部收录	热带和亚热带气候区均有分布,欧洲,北美[15]	血管损伤,消耗性凝血功能障碍,全身水肿,充血,出血,糜烂,上消化道溃疡(口腔、食道、前胃),肺动脉内膜下出血,肺水肿,胸腔积液,心包积液,面侧水肿,左心室乳头肌坏死;胚胎或胎儿死亡:空洞性脑病,水肿性脑炎[16]
博尔纳病 博尔纳病毒属(单负病毒目)[17]	欧洲	无特征性病变;可能出现软脑膜充血,脑水肿[16]
山羊关节炎-脑炎(CAE) 非致癌逆转录病毒(慢病毒亚科)[17] OIE 列为 B 类	全球	消瘦,慢性多发性滑膜炎,退行性关节病,滑膜增生,淋巴结肿大,肺部弥漫性肺炎(间质性肺炎),乳腺炎[17]
羊进行性肺炎(梅迪-维斯纳病) 逆转录病毒(慢病毒亚科)[17] OIE 列为 B 类	非洲,北美,南美,欧洲,亚洲	非塌陷性肺纹理增重,肺部弥漫性增厚 支气管扩张,纵膈淋巴结肿大,乳腺增厚质硬,滑膜增厚,动脉炎[17]
羊肺腺癌(南非羊肺炎、肺腺瘤病) β逆转录病毒(逆转录病毒科) OIE 列为 B 类	非洲,北美,南美洲,欧洲,亚洲[17]	肺部出现坚硬隆起的病灶,前腹区和膈叶肺部肿瘤,支气管泡沫过多,支气管和纵隔淋巴结肿大,偶有转移,继发性肺炎,肺脓肿,胸膜炎[17]
伪狂犬病 猪疱疹病毒-1(疱疹病毒科) OIE 列为 B 类	北美,南美,欧洲[17]	无特征性的严重病变,在通常情况下出现皮肤损伤,皮下水肿,肺瘀血和水肿,心包水,心内膜出血[17]
细菌病		
炭疽病 炭疽杆菌 OIE 列为 B 类,美国农业部收录	世界范围	尸僵不全,快速腐败产气,口腔流出黑焦油状血液,尸体广泛分布瘀斑,体腔内出现血色液体,出血性肠炎,脾肿大伴有"黑莓果酱"样黏稠物[19]
类鼻疽伯克霍尔德杆菌感染 美国农业部收录	亚洲,澳大利亚,中东,非洲,加勒比海,南美洲(热带地区)[20]	眼睛和鼻子的大量分泌物,多器官(肺、脾、肝)和淋巴结脓肿导致皮下多发性脓肿,脓肿或含有绿色脓汁,主动脉病变,关节积液,脑膜浑浊[20]
羊水心胸病(心水) 反刍动物埃利希氏体属(考德里氏体属) OIE 列为 B 类,美国农业部收录	非洲	心包积液,心包液呈淡红色至稻草色,红细胞比容减少,血清橙黄色,胸腔积液,肺水肿,腹水,淋巴结、纵隔水肿,气管内泡沫,心内膜下瘀点出血,大脑轻微肿胀,部分脑疝,有时脾肿大[16]
山羊传染性胸膜肺炎 山羊支原体山羊肺炎亚种 OIE 列为 B 类,美国农业部收录	非洲,印度次大陆	病变通常局限于胸腔;肺部 1～2 cm 黄色结节,肺叶实变(肝细胞化),肺部有一侧或双侧胸膜炎,胸膜稻草色[16]
传染性无乳 无乳链球菌、山羊支原体山羊肺炎亚种、腐败支原体、丝状支原体丝状亚种蕈样大菌落型[16] OIE 列为 B 类		死亡率很低 乳腺炎伴小叶间水肿导致纤维化,多发性关节炎,角膜结膜炎致角膜溃疡 脾脏、肝脏的急性病变及关节周围水肿,可能与肌肉充血有关,在腕关节、滑膜和充血关节腔,以及流产[16]
布鲁氏杆菌病 流产布鲁氏菌,马耳他布鲁氏菌,羊种布鲁氏菌 OIE 列为 B 类,美国农业部收录	世界范围	子宫炎,睾丸炎,附睾炎,滑膜炎,流产——胎盘炎(胎盘水肿、胎盘坏死灰白色区域、绒毛膜表面棕红色渗出物、绒毛膜表面有皮质斑块),多胎儿器官炎症,血液流出性体液在多个体腔,胎儿肺炎[21,22]

续表 20-4

疾病*已知病原体	地区分布	尸检发现
Q 热引起的流产 贝纳柯克斯体 OIE 列为 B 类	世界范围	流产——子叶间坏死性胎盘炎，胎儿病变较小，可能是非自发的[16]
结核 牛分枝杆菌 牛分枝杆菌亚种	世界范围	成年动物临床症状不明显 任何淋巴结可见肉芽肿（最常见于支气管、咽后、纵隔淋巴结）；支气管肺炎，肠溃疡，腹泻，胃肠道相关的淋巴结肿大；多器官粟粒性肉芽肿；乳腺炎、子宫炎等多种形式[23]
副结核 鸟副结核分枝杆菌 OIE 列为 B 类	南北美洲，亚洲，欧洲，非洲，澳洲[24]	肠黏膜增厚和皱缩，空肠远端和回肠中最明显；肠系膜淋巴管可增厚，呈线状，回盲部和肠系膜淋巴结肿大；在晚期病例中，皱胃壁水肿，腹腔和心包腔积液[24]
土拉菌病 土拉热弗朗西斯菌 美国卫生与人类服务部收录	北美，欧洲，亚洲[21]	皮肤上可能存在大量蜱虫；多灶性暗红色皮下区域充血，蜱附着区相关组织坏死；淋巴结肿大、充血，肺水肿[21,25]
沙门氏菌性流产 肠沙门氏菌亚种羊流产沙门氏菌血清型 OIE 列为 B 类	全球分布，特别是在欧洲、亚洲	子宫炎，子宫扩大，子宫内有恶臭；腹膜炎，羔羊肺炎，流产，胎盘炎；胎盘子叶可能苍白、水肿；胎儿肺炎；快速自溶，胎儿呈现"熟肉样"外观，皮下组织有瘀伤和严重水肿[21]
羊流行性流产（OEA） 衣原体性流产 OIE 列为 B 类	世界范围	羔羊肺炎、肝炎，母羊血样阴道分泌物、流产，尿囊绒毛膜增厚，绒毛膜表面褐色分泌物，子宫内间隙的不透明性和子叶绒毛膜表面的白灰色病灶；胎儿肝脏上可能有白斑[26,27]
钩端螺旋体病 OIE 列为 B 类	世界范围	黄疸，血红蛋白尿，多发性关节炎，流产，胎儿皮下组织黄疸，浆膜表面瘀点出血，肾脏肿大；胎儿可能自溶[28]
寄生虫		
巴贝丝虫性流产 绵羊巴贝丝虫、莫氏巴贝丝虫、粗糙巴贝丝虫	北美，南美，非洲，亚洲，澳大利亚[4]	血管内溶血，尿暗红色，黏膜黄染，血液稀薄，脾肿大，肝脏肿胀呈红色，肾脏深红色或黑色[16]
锥虫病 刚果锥虫、布氏锥虫、活跃锥虫	非洲	贫血，黏膜苍白，脂肪萎缩，肺水肿，皮下水肿，腹水，胸膜积液，淋巴结和脾脏肿大；也可能出现淋巴结萎缩[16]
包虫病 棘球蚴 OIE 列为 B 类	世界范围	多器官包虫囊肿；常见于肺和肝脏；囊肿直径通常小于 10 cm，也可能更大[29]
节肢动物		
螺旋锥蝇蝇蛆病 东半球（欧亚非澳）：嗜人锥蝇 OIE 列为 B 类	南美，墨西哥	尸检时难以确认；开放性创口常被幼虫损坏（肚脐、蜱叮咬、阉割部位、带刺铁丝疮、口腔溃疡）；死亡时间较长，幼虫明显增多；需要进一步尸检确认[16]
西半球（美洲）：倍氏金蝇 OIE 列为 B 类	非洲，亚洲	尸检时难以确认；开放性伤口被幼虫毁坏；可见幼虫虫体[16]
羊痒螨	北美，欧洲	掉毛、疥癣、消瘦

续表 20-4

疾病*已知病原体	地区分布	尸检发现
希伯来钝眼蜱 南非希伯来钝眼蜱	非洲[31]	皮肤可见虫体；是牛、羊心水病的传播媒介
彩饰钝眼蜱 热带希伯来钝眼蜱	非洲，加勒比海地区[32]	皮肤可见虫体；是牛和羊心水病、内罗毕羊病和贝氏柯克斯体的传播媒介[32]
篦子硬蜱	欧洲	皮肤可见虫体，是羊跳跃病、反刍动物蜱传热的传播媒介[17]

* OIE(国际兽疫局，世界动物卫生组织)列出了可能需要政府干预的疾病的兽医办公室：A 类，可能传播非常严重的传染性疾病，造成广泛的社会经济或公共卫生后果，影响国际贸易；B 类，在国际贸易中具有社会经济意义和/或公共卫生重要性的主要传染性疾病。

美国农业部收录的病原或美国卫生与人类服务部收录的病原是被视为对公共、动物或植物健康构成威胁的病原，受美国联邦法律——2002 年"公共卫生安全和生物恐怖主义准备和反应法案"的管制。该法律由美国农业部(USDA)和美国卫生与人类服务部(HHS)等部门执行。

剖检准备和所需设备

如果不去除脊髓，在准备充足的前提下，熟练的兽医和助手可以在 1 h 内完成尸检。在可控的环境温度和足够的照明条件下，将尸体放在适当高度的桌子上进行检查可最大限度地提高操作人员的舒适度。在开始检查之前，需做必要的准备，如水、冷藏设备、秤、盛装样品的容器、记录表格、尸检工具和数码相机等。

剖检工具和用品包括：锯、长柄剪、解剖刀和磨刀器、手术刀、镊子、剪刀、止血钳、骨钳、剪毛剪、尺子、相机(最好是数码的)、塑料切割板、尸检表，以及永久性记号笔、铅笔、签字笔、福尔马林固定容器、组织盒、粪便容器、清洁培养皿、注射器、针头、带拭子和收集管的商业培养套件(培养皿)、普通拭子、采血管、绳子和塑料样品袋(无菌采样袋)等。框 20-1 列出了针对不同测定程序所需采血管的类型。使用统一的尸检单可以节省时间、减少遗漏、促进沟通，并可作为书面记录。锋利的解剖刀和切割板能够避免操作者受伤，同时易于将用于固定的组织样品切割成适当大小。

全面"清洁"的尸检程序应尽量减少瘤胃、肠内容物和血液的溢出，这样既能增强病灶的清晰度，减少潜在病原体的暴露和苍蝇的附着，也便于快速清理。使用个人防护设备(手套、围裙和口罩)可最大程度减少人畜共患病原体或有毒物质对人的侵害。如果怀疑患有外来疾病或易感的人畜共患病，建议由专业人员佩戴专业的防护装备，如 N95 型口罩，非渗透性(如高密度聚乙烯合成纸)连体工作服、丁腈或塑料手套和面罩进行操作。

病史及临床资料

如果提供了农场山羊群或绵羊群的病史、临床病理资料和鉴别诊断表，则提交给临床检测实验室的剖检样品最好由诊断专家或有经验的兽医病理学专家进行解释。农场管理实践和临床数据的回顾记录在尸检提交表上或作为附件提供。病史可能包括牧场情况、草料类型、载畜率、补充饲料、干草和谷物储存方法、天气信息以及过去疾病暴发的流行病学等信息。

样品的数码摄影

新鲜尸体剖检样品的数码摄影照片提供了一次收集信息的机会，这将有助于畜主、兽医、植物专家、毒理学专家、流行病学专家和病理学专家之间的沟通。照片可能有助于一个有趣案例的出版或可以作为法律目的的证据(注：最好在尸体剖检的早期，以垂直于尸体结构或感兴趣区域的角度拍摄照片，并应描绘出没有过多血液和消化物的组织)。相机中的图片应该在拍摄之间进行检查，以确保适当的曝光和对焦。去除组织并选择一个合适的拍照背景可能有助于病变的可视化。如果拍照必须推迟 24 h，则组织置于 Klotz 溶液并保持在冷冻环境中保存将保持器官的颜色。

血、尿、粪便、体液和新鲜组织样品的收集，临床病理学分析，细菌培养、病毒学、分子生物学和毒理学研究

在处死被检动物之前应选用适当的采血管进

行血液的采集[33]（表 20-5），新鲜血液可用于血清生化研究、血细胞计数（CBC）、血清学检测以及血液分析等。如不能及时做实验室检测，应在采血时制备血液涂片[33]。骨髓的细胞学研究同样应在动物存活或刚处死时采集样品。根据自溶程度，死后数小时至数天采集并冷藏的血液仍可用于血清学检测，凝血后应尽快分离血清。新鲜尿液的培养可用于临床病理学检测。尸检时用试纸条检测糖尿可用于羊肠毒血症的诊断，尿中酮体的检测可用于妊娠毒血症诊断[11]。尿液采集后应立即进行尿液分析和尿液细胞学研究，因尿液中菌群生长迅速，时间长会影响检测结果的准确性。用含乙二胺四乙酸（EDTA）的容器盛装尿液样本可抑制细菌的过度生长[33]。死后收集的粪便可用于粪便漂浮法检测，检测结果可用于羊群健康计划（见第 6 章）。

框 20-1　静脉采血管和用途

塞子颜色	材料	用途
红色	无抗凝剂	血清：大多数生化检测，传染病的血清学研究
绿色	锂或肝素钠	血浆：红细胞酶（GSH-Px、SOD、转酮醇酶），生化分析的大部分成分，内分泌学研究，血细胞比容，血红蛋白
紫色/淡紫色	EDTA	全血：血液学，铅
宝蓝色塑料塞	没有或肝素	微量元素，尤其是锌，因橡胶塞会影响锌的分析
蓝色	枸橼酸钠缓冲液	用真空采血针采集动物全血：凝血研究（纤维蛋白原、凝血酶原时间）
灰色	草酸钾/氟化钠	全血：血糖测定

EDTA：乙二胺四乙酸；GSH-Px：谷胱甘肽过氧化酶；SOD：超氧化物歧化酶。

表 20-5　左侧卧位尸检时样品的收集

组织位置	新鲜	固定	注释
皮肤		X	水疱、斑点、糜烂从黏膜皮肤结合处取样
颈淋巴结	X	X	可用于培养或 PCR 检测
乳腺		X	培养可用于乳腺炎的诊断；可以对两叶取样标记并比较
外生殖器		X	取小囊泡，如乳头瘤病毒
骨髓	X	X	将样品放入福尔马林杯中；安乐死动物的新鲜样本可用于细胞学分析
关节囊		X	可选——CAE 诊断时可能很重要，可用于新生儿败血症的诊断
骨		X	可选——营养性疾病很重要，维生素 D 缺乏
骨骼肌		X	采集深色、苍白、出血性的部位（梭菌性肌炎、硒缺乏、外伤确诊）
舌		X	取黏膜面的小囊泡或损伤
口腔黏膜		X	取牙龈或硬腭面的小囊泡
扁桃体		X	声门旁的带状位置
甲状腺	X	X	测定重量，新鲜组织可用于碘缺乏等矿物分析
甲状旁腺		X	不易找到
气管		X	取损伤部位（病毒或细菌性气管炎）
食管		X	取臌胀线
肺	X	X	可在多个位点进行取样，新鲜组织可用于培养、病毒学或 PCR 分析
纵膈淋巴结	X	X	新鲜组织可用于培养、病毒学或 PCR 分析
心包膜		X	对梭菌性肌炎或外伤性心脏周围网状组织炎的诊断很重要

续表 20-5

组织位置	新鲜	固定	注释
胸膜		X	
颈胸神经节		X	可选——用于自主神经系统疾病诊断
肾上腺	X	X	疱疹病毒诊断时需要对样品进行冷冻
腹腔肠系膜神经节		X	可选用于自主神经系统疾病的诊断(皱胃排空缺失)
胰腺		X	易与脂肪组织混淆
肝脏	X	X	毒物或矿物质分析需用至少 100 g 的新鲜组织,新鲜组织可用于培养、病毒学或 PCR 研究
胆囊		X	
脾脏	X	X	新鲜组织可用于培养、病毒学或 PCR 研究
瘤胃		X	取完整的黏膜层
网胃		X	取完整的黏膜层
瓣胃		X	取完整的黏膜层
皱胃		X	取完整的黏膜层
十二指肠		X	有症状时检查胆管乳头位置并在此取样
空肠	X	X	应打结保存多个新鲜组织样本,用于细菌培养、寄生虫检测、病毒学研究及 PCR 检测
肠系膜淋巴结	X	X	取新鲜样品用于培养、病毒学研究及 PCR 检测
回肠		X	应连同肠系膜相关淋巴(如派尔集合淋巴结)组织一同取样
回盲瓣		X	是寄生虫鉴别的重要位置
盲肠	X	X	取新鲜样品用于培养、寄生虫、病毒学研究及 PCR 检测
结肠	X	X	取新鲜样品用于培养、寄生虫、病毒学研究及 PCR 检测
直肠		X	
膀胱		X	内容物可用于病原培养
肾	X	X	是毒理学诊断的重要组织;取样量应大于 100 g;可用于培养或病毒研究
阴道/子宫颈		X	
子宫	X	X	培养物可用于子宫炎的诊断
卵巢		X	组织病理学检查时卵巢应纵向切片并完整保存;应同时保存两个卵巢
脑	X	X	参见有关狂犬病、羊跳跃病、绵羊痒病的相关章节
眼睛		X	将眼球周围脂肪组织和肌肉全部去除后对眼球进行整体固定;可以使用 Bouin's 溶液或 10%的福尔马林
耳		X	可选——耳朵常被忽视,对其培养可用于支原体或其他耳炎的诊断
鼻黏膜	X	X	新鲜组织可用于培养、病毒学研究或 PCR 检测
脊髓	X	X	可以采取多段标本并用夹型标签标记或放置在盒子中以指定脊髓区域或空间位置

采集用于培养的新鲜病料要在尸体刚一打开后、器官尚未移动时熟练快速地进行。眼房水(眼前房)和玻璃体眼液(眼后房)可分别收集到单独的管中低温保存。尸检开始时最好先对肺、心包液、皱胃内容物(胎儿)、肝脏、肾脏和脾脏进行取样用于细菌培养,去除内脏后可以对管状器官(肠、胆囊和膀胱)进行取样。不能立即培养时可用带有培养基的拭子对脓肿和隔室中的液体进行取样,随后将样品带回到实验室。若要培养肠内容物,应将肠段的两个游离端用绳子结扎以封闭肠管改善厌氧微生物的活力(图 20-3)。

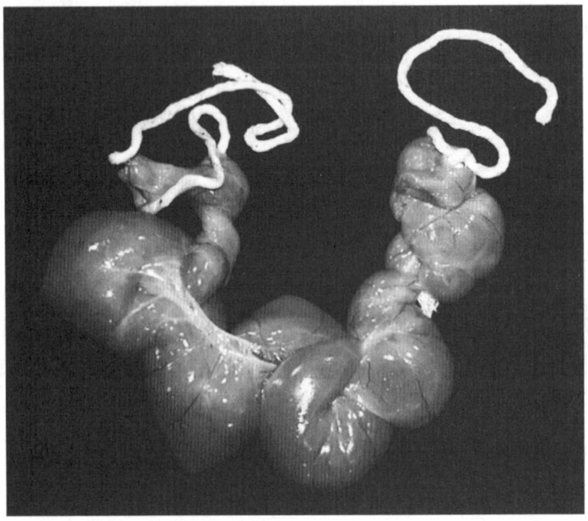

图 20-3 肠道标本的制备。首先将肠道捆绑,然后取出并提交完整的腔内容物用于培养。

用于毒理学、病毒学研究和分子检测的新鲜组织可以在尸体剖检后期将器官移除后进行病料采集。虽然一些分子检测可选用福尔马林固定的组织,但大部分实验室不接受将这些组织用于聚合酶链式反应(PCR)测定。从福尔马林固定的石蜡包埋组织中提取 DNA 需要调整常规操作程序,并且在福尔马林中浸泡的时间越长,敏感性越低[34]。病毒学和 PCR 检测需要的新鲜组织样品在 20 g 以内就可进行,而常规毒理学测定所需的新鲜肝脏、肾脏和胃内容物需要 100 g 以上。新鲜的甲状腺可用于分析和碘有关的甲状腺肿(见第 2 章和第 9 章)。胃内容物的采集对于有毒植物、杀虫剂和其他毒素的鉴定至关重要。所有组织在收集、运输、储存的过程中均应单独标记并存放于相应的容器或塑料袋中,不同器官、组织不能混合存放。进行硝酸盐或亚硝酸盐分析时,除采集瘤胃液外还需采集干草或血浆、血清或眼液样品。谷物或干草中的硝酸盐或霉菌毒素分析时,需要至少 1 L 瘤胃液。

狂犬病、羊跳跃病和羊瘙痒症诊断所需脑组织的收集

如果临床病史表明羊只极有可能狂犬病病毒感染,则应将羊的头部或整个尸体提交给相应的诊断部门。狂犬病使用标准荧光抗体技术进行实验室诊断,一般需提供大部分脑组织,也可以是沿矢状面切割的脑或新鲜完整或冷冻的大脑。解剖人员不能对疑似狂犬病病例的脑或其他新鲜组织进行解剖和观察进行诊疗。脑组织和头部的冷藏时间不应超过 2 d,如超过,应对样品进行冷冻保存。

如果诊断为狂犬病的可能性较低,可以将大脑沿矢状面切开(稍微偏离中心)。较大的一半冷冻保存,以便狂犬病实验室进行进一步的处理,较小的矢状切面部分可以整体固定在福尔马林中。在固定之前,应取一小块新鲜组织样品冻存并对脑膜或脓肿进行细菌培养。如果临床兽医在组织病理学检查中发现狂犬病的证据,则可以将冻存的较大部分大脑送到相应的实验室进行确诊。在患有羊跳跃病的国家,可遵循详细的操作程序[33]。

如果怀疑有羊痒病,则取小部分固定的脑组织观察其特征性显微变化,并采用免疫组织化学染色检测羊痒病朊病毒蛋白(PrP^{Sc})。如果临床症状明显提示羊痒病或尸检是按照羊痒病诊断流程进行的,则应将脑干的闩整体固定。闩位于小脑下方,可将小脑尾部全部横切分离后从脑干的背侧观察到该 Y 形区域,第四脑室在此处变窄形成脊髓的中央管(图 20-4)。对符合羊痒病症状的羊进行尸检时,其他特定的组织采集要求按相应规定进行(见第 13 章)。

固定组织的收集

用苏木精和伊红染色对组织进行常规镜检可以诊断特定疾病,还可进一步指导最佳诊断方法的选择。根据组织的可用部分、临床数据、总体诊断和完整的尸检确定组织病理学分析所需组织的取样量和位置。表 20-5 列出了可以保存用于组织病理学分析、培养和其他诊断测试的组织。在固定液较少时,可将悬浮组织用纸巾包裹,以确保组织全部浸没。用于脱钙的骨样品应首先在 10% 中性福尔马林中固定,然后(在诊断实验室中)用市售的脱钙溶液脱钙。准备用于电子显微镜检查的组织需切得非常薄(2～3 mm)并在尸检时置于戊二醛或 Trump's 溶液中固定[33]。

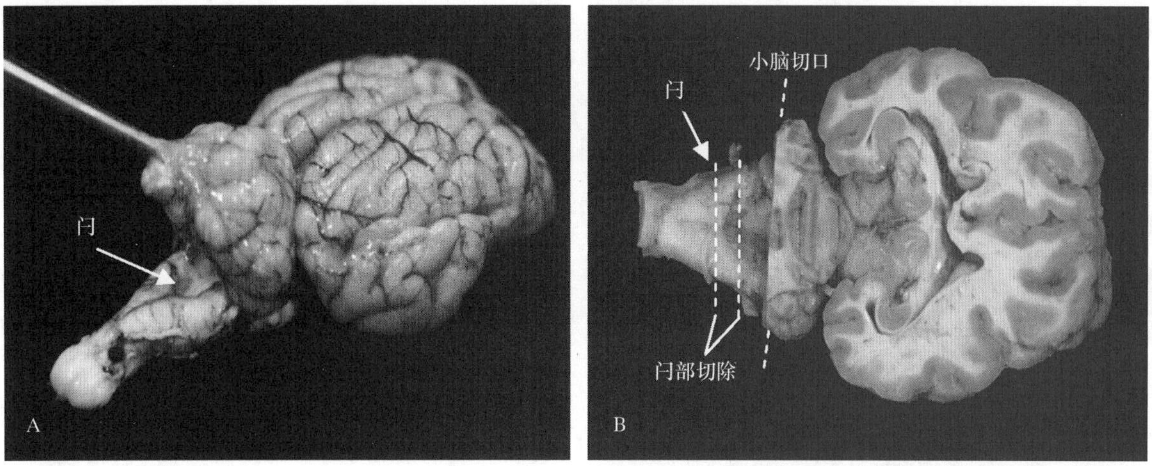

图 20-4　绵羊脑。A. 将小脑抬起以展示延髓闩部位置的新鲜大脑。**B.** 同一大脑经固定并从背侧切开，以显示在痒病检测时切除闩部的位置。闩部位于小脑下方，是一个在脑干背侧可见的 Y 形区域，在第四脑室变窄形成脊髓的中央管处，必须切除小脑才可观察到该结构。羊痒病操作规程通常要求将闩部固定在一个完整的横截面上(闩部切除)。

骨髓样品的采集应选取刚刚死亡或刚刚安乐死的动物，尸检时最先进行骨髓样品的固定。造血细胞易碎，死后形态迅速发生变化，可将骨髓或其他易碎组织装在病理组织盒一同置于固定液中。一些病理学家习惯将肠、肌肉、皮肤和神经切片在卡片上干燥 3 min 之后再浸入固定液中[33]，但在大部分病理学实验室并不常采用这一方法。

用于组织病理学检查的组织最好在解剖过程中取样，如从舌尖到肛门，虽然直接对特定病变进行取样很重要，但正常组织和异常组织之间的过渡区更有意义，如“肺炎线”。肾脏切片应包含肾囊、皮质、髓质和盆腔上皮[4]。用于显微镜检查的组织应切成片状且厚度大于 0.5 cm 并立即浸入福尔马林溶液中，组织-福尔马林比为 1∶10。通常，组织可混合放置于足量福尔马林的同一容器中，组织盒可用于保持小的组织或识别组织的解剖位置，如气管、前胃、肠、淋巴结或脊髓切片，也可用夹式标签对所选器官的解剖位置进行标记(图 20-5，另见彩插)。组织盒或纸质标签应使用“永久性”水笔或铅笔进行书写。

大而易碎的组织如大脑可先在大桶福尔马林溶液中固定几天。大样品特别是大脑的固定可能需要数天甚至更长时间，同时伴随组织自溶。眼球可在修剪掉脂肪组织和覆盖眼球的肌肉后进行整体固定。许多兽医病理学家和眼科诊断医生都建议将眼球放入 Bouin's 固定液中，如果没有，可以使用足量的福尔马林溶液固定。当组织完全固定后，可以将其装在密封的塑料袋中，并加入少量福尔马林(2～5 mL)，保持运输过程中的湿润。如果怀疑患有先天性心脏病，可将附有大血管的整个心脏进行固定，便于兽医病理学家或心脏病诊断专家对其进行形态学评估。

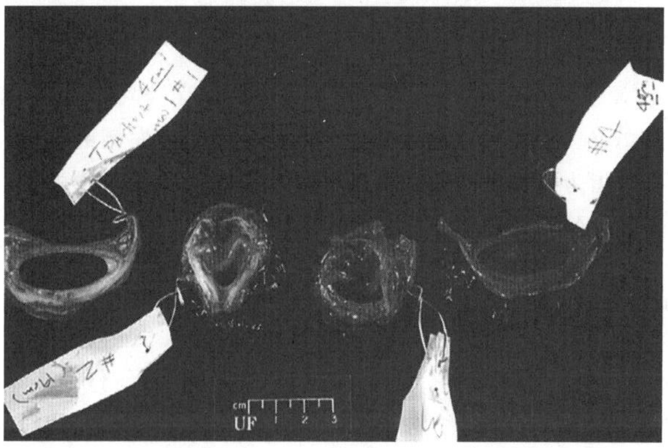

图 20-5　组织标签可用于标记相同器官不同位置的“相似”组织切片，如气管、淋巴结、脊髓和肠。可在浸入福尔马林前用不溶性水笔在厚纸或纸板上书写。

尸体剖检程序

定位：左侧卧位

尸检时兽医可根据自己的习惯选择定位方式。侧卧位可以更好地探查背腹和胸腔的器官和结构，也是野外尸检最实用的位置(图 20-6)。一些已有的操作规程也主张行中线切口在支架中对羊进行尸检[33]。侧卧位的一个缺点是它难以对器官(如肺)的对称性或成对器官(如淋巴结)的大小差异进行估计。一些诊断病理学家倾向于将尸体以右侧卧位放置,便于观察脾脏,而大部分人习惯使用左侧卧位,其优点是解剖初期就可对幽门、回盲部连接和胆囊进行观察,这些结构有利于确定胃肠道和肝脏的方向。

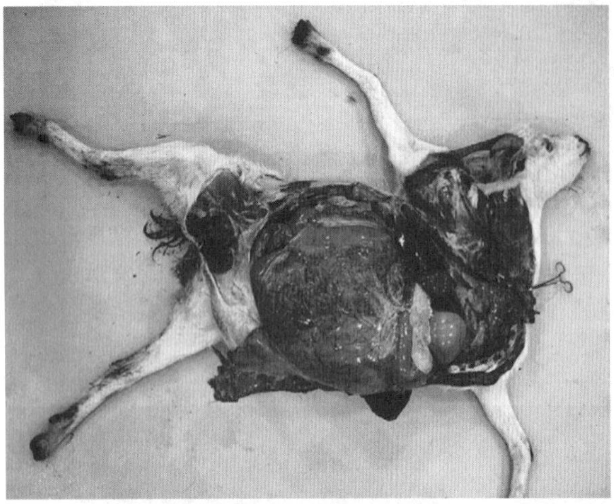

图 20-6 山羊尸检的定位。尸体行中线切口左侧卧位,箭头所指为皱胃幽门部。止血钳固定在臂丛神经的残端上,分隔开颈胸神经节。

外部检查:皮肤、蹄、体孔

在尸检开始之前对胴体进行称重和测量,对体况进行评分(见第 2 章,图 2-1)。顶臀长度的测定和发育特征的观察对于流产和新生羔羊死亡十分有用。记录尸体左右、两侧的外部特征包括体孔(鼻孔、耳朵、嘴、肛门、外阴、外泌尿生殖开口和乳头管)、脐、被毛、皮肤和蹄。检查黏膜可判断贫血或黄疸(黄疸症)。如果要在左侧卧位进行尸检,则应在尸检之前检查“下侧”(左外侧肌肉和骨骼等),评估乳腺和外生殖器的对称性和硬度,在胴体打开之前触诊淋巴结(注意:应在此时对皮损部位进行采样和培养)。

外部检查:肌肉骨骼系统

在打开胴体之前检查肌肉和骨骼,可屈曲四肢评估骨折或关节疾病。尸僵在死后大约 3 h 开始,在 12 h 达到峰值,之后逐步衰退,持续时间取决于环境条件。如果尸体处于尸僵状态并且在死亡后没有移动,可记录四肢和头部的体位。例如,如果动物以角弓反张的姿势死亡并且具有可见的外伤,则可怀疑破伤风。如果判断为疑似病例,应打开并检查下肢的关节间隙,收集关节液和其他组织用于临床病理学分析和病原培养。

剥皮:右侧皮下组织-脂肪组织、淋巴结、肌肉

尽管操作者可根据自己的习惯选择用刀方式,但是“上挑式”切割皮肤可减少刀刃的钝化和尸检区域的污染。如果前肢呈向后反射状,则直接切断前肢附近的臂丛神经,臂丛神经的游离端可用止血钳夹紧用于指示颈胸神经节的位置。切除腹股沟皮肤和肌肉后,检查右侧髋关节面,包括腹股沟和乳腺淋巴结、骨盆丛、髋关节和关节面。应记录皮下脂肪组织的颜色和硬度,检查组织是否有瘀伤或出血。

打开腹腔和胸腔及胸腹腔检查

在不刺破瘤胃的情况下,沿着肋骨的下缘完全切除腹壁肌肉组织和腹膜,瘤胃破裂会影响对腹腔病变的观察。将腹部中线右侧的腹侧肌肉组织切除,形成一个装腹腔脏器的“碗”状结构。脐、胎儿血管系统(脐动脉和静脉)和脐尿管在胎儿和新生羔羊中完好无损(图 20-7)。

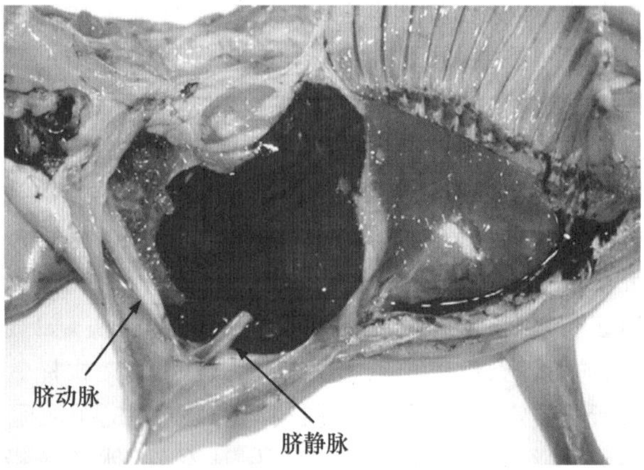

图 20-7 矢状切除术打开怀孕 15 周的山羊腹部。脐动脉、脐尿管和脐静脉的交界处形成内脐。

记录腹腔液体的数量和性状;在切割肋骨和胸骨之前用刀尖刺穿完整的横膈膜,以检验胸腔的负压;从插入点沿右侧肋骨胸廓切除膈肌,将全部膈肌留在原位作为解剖分区。这个界标可用于识别液体的来源(腹腔积液与胸腔积液)以及评估横膈疝的存在。用长柄剪和刀子去除右侧肋骨的背侧和腹侧附件,注意不要切除血管、臂神经和胸腔入

口处的气管。在切除前检查右肋骨的胸膜表面是否有骨折或粘连。

在查看胸腹腔右侧面时，操作者应该暂停对器官的操作，观察和拍摄胃肠道在“体内”的位置及隔室液体的量，记录好操作前器官的详细状况和图像数据。根据需要，使用无菌镊子、剪刀、针头或注射器对可能适合细菌培养的肺、肝、脾和其他器官或渗出物进行取样。完成这些操作后，可将小肠翻转到椎骨肌肉组织上方，观察脾脏和左侧腹腔。

胸腔检查

在移除心脏和肺之前，应检查胸腔的器官和结构。检查心包腔液的量以及是否有渗出物。收集心包液或胸腔液用于培养、血清学检测（如胎儿的钩端螺旋体病）或临床病理分析（见第 8 章）。应收集新鲜的死后心血用于血清学研究，并检查纵隔、淋巴结和胸导管。

喉咙和颈部检查

应将颈部右下侧至下颌骨联合处皮肤全部切除，并小心剥离血管系统、食管和气管，暴露右侧颈部和下颌淋巴结，此处的病变对于酪样淋巴结炎（由假结核棒状杆菌引起）的诊断至关重要。皮下或与内脏相关的单个淋巴结在固定时，可用标签标记或置于标记的组织盒中，之后对病变进行观察、拍摄，如颈静脉注射出血或颈部创伤出血。如果怀疑有甲状腺肿，可以摘取和称重甲状腺（见第 9 章）。

内脏（舌头、食道、气管、肺和心脏）的去除

在去除内脏（舌头、食道、气管、肺和心脏）之前，剥离和移除颈胸神经节。神经节最好采用钝性分离，以增加第一肋骨和臂丛神经在解剖位置的关联性。沿着下颌骨分支的内侧切割并移除舌头，将舌头和相关肌肉一同取出。切除舌骨连接及咽背部组织，剥离喉、气管和食道。将舌头附带气管和食道，包括甲状腺、颈静脉和颈动脉一同从颈部的肌肉组织中剥离出来。

沿着胸椎切除胸腔器官（心脏、肺、背主动脉和食道），以横膈膜形成一个贯穿食道和腔静脉的完整横切面。检查和为组织病理学评估采样前可对“摘除”的器官适当冲洗。触诊肺部并评估成对器官如肺和甲状腺的对称性。食道可以沿头到尾的方向打开并查找“臌胀线”，该线是由于腹胀造成血液从头颈部回流受阻引起颅、充血组织和苍白的下部组织之间的微弱分界线。气管应从喉部纵向打开，切口继续进入每个支气管分支，气管腔可能含有与休克、血液或肺线虫相关的大量黏液。

为了便于检查肺动脉，应在心脏附着在肺部时打开心脏。可以采用椭圆形切口打开心脏的左右两侧以保留心脏的结构，同时可检查瓣膜、隔室和大血管。心脏应按以下血流顺序系统地检查：尾侧或颅侧静脉＞右心房＞右动脉瓣（三尖瓣）＞右心室＞肺动脉瓣＞肺动脉＞动脉导管（如果有）＞肺部血管＞肺静脉＞左心房＞左侧动脉瓣（二尖瓣）＞左心室＞主动脉瓣＞主动脉（见第 17 章）。纵向切除肺动脉并随后进入肺的每个肺叶检查血栓栓塞。在幼龄动物中，应先检测动脉导管的闭合状态，之后再将心脏从肺部移除。

移除腹部器官：肾上腺、胰腺、脾脏、肝脏、前胃、皱胃、小肠、盲肠、升结肠、降结肠、肠系膜

在移除腹部脏器之前应检查肾上腺和腹腔-肠系膜神经节（图 20-8），这些神经节可用于自主神经功能障碍引起的皱胃排空缺陷的微观诊断[35]（见第 5 章）。通过评估肾周脂肪组织以评估身体状况，之后可切断肾动脉并切除肾脏，留下输尿管，将肾脏翻到脊柱肌肉组织外侧，稍后进行检查。在器官移除前从胆管乳头位置打开十二指肠并挤压胆囊，检查胆囊和胆管的通畅性（图 20-9）。除此之外，在移除内脏之前，其他胃肠道管腔均不可打开。

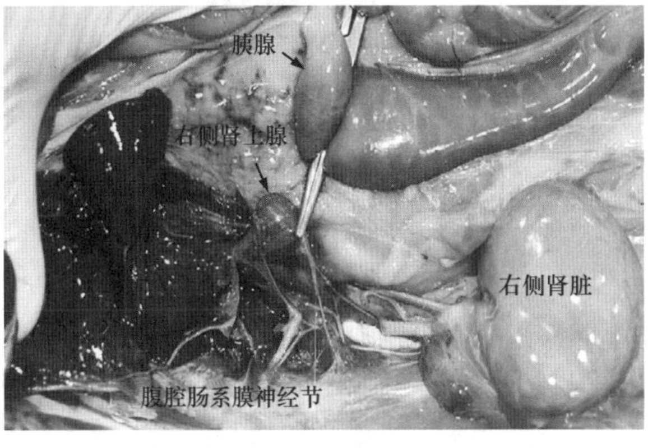

图 20-8 腹腔肠系膜神经节位于腹后右侧。腹腔肠系膜神经节位于右侧肾上腺下、靠近胰腺和右侧肾脏。

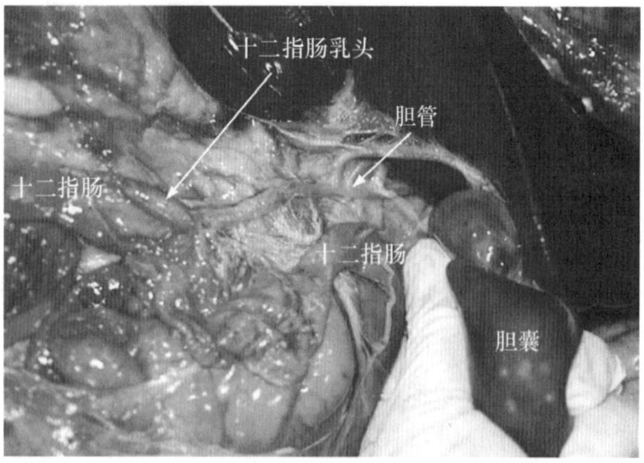

图 20-9 检查胆管通畅性，切除十二指肠，显露十二指肠乳头。压迫胆囊使黄绿色的胆汁通过胆管并从乳头状开口流出。

剥离脊椎骨侧的背主动脉，移除肝、脾和胃肠道，将连接有肾脏的泌尿生殖道继续保留在腹腔中。将整个胃肠道按顺序摆放后进行采样，收集内容物和组织样品进行组织病理学检查。肠系膜右侧易于检查回盲部和幽门（图 20-10），左侧易于检查结肠螺旋环。结肠螺旋环的最后一个离心曲难以与小肠区分，可通过粪球的存在来区别。对用于组织病理学检查的组织表面黏膜应避免接触，以免破坏。检查连接肠的空肠淋巴结和淋巴管（图 20-11），厌食症动物中可清晰地观察到扩张的淋巴管；这种扩张可反映肠内容物的摄取情况、淋巴管性水肿或副结核病（由副结核分枝杆菌引起的）（见第 5 章）。

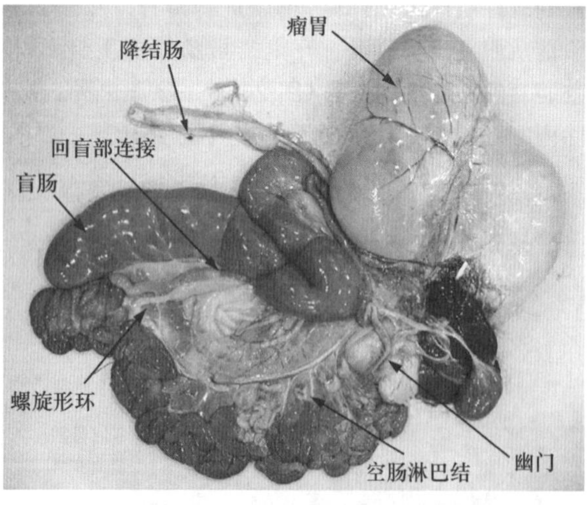

图 20-10 胃肠道的正面，按照其顺序进行检查，盲肠、回盲部连接、降结肠和幽门是肠道检查的解剖学标志。正常情况下，可见到升结肠最后一个螺旋型环和空肠淋巴结。图中山羊盲肠臌胀。

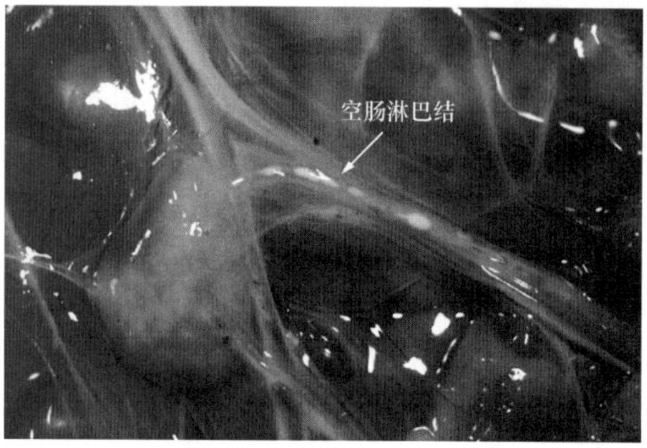

图 20-11 一个空肠淋巴结（afferent lymph vessel），其传入淋巴管可能含有从肠道吸收的白色物质。

仔细检查胃肠道需要遵循系统的方法，一些病理学家倾向于最后检查前胃，因瘤胃内容物溢出会影响对肠道的观察。尸检时常不重视瘤胃的检查，但瘤胃病变或内容物可能对确定死因至关重要，如内容物硬度和臌胀程度在过食谷物和豆类诊断中非常有用，而瘤胃、皱胃和肠道中饲料成分的鉴定对疾病的诊断同样重要。瘤胃内容物的 pH 需在尸体剖检时测定，pH 小于 5.5 表明酸中毒，毒理分析时至少需要采集 500 mL 瘤胃内容物。鉴定瘤胃、皱胃和肠内容物中的植物种类、种子、寄生虫、无机碎片或有毒物质可在浅盘中进行筛选（图 20-12A）。寄生虫检查时可用清水轻柔冲洗前胃、皱胃和肠黏膜面（图 20-12B）。回盲部可作为肠道检查的重要界标（见第 6 章）。回肠和盲肠的切片因含有肠相关淋巴组织（GALT）（即派尔集合淋巴结）可用于组织病理学研究。对羊的全部小肠黏膜表面进行检查非常耗时，如果根据临床症状初步判断胃肠疾病的可能性较低，则可在剖检时对肠黏膜面进行抽检。器官重量（肝脏和脾脏）和胃肠道内容物的量（沙子、食糜）可用于确认疾病的进程。

泌尿生殖道

检查连接肾脏的输尿管可确定下泌尿道的通畅性（在下部梗阻的情况下表现肾盂积水）或检测肾盂肾炎（由肾盂肾炎棒状杆菌引起），去除肾被膜便于栓塞的观察，可用长柄剪或锯切开坐耻骨打开骨盆。这样就可将整个泌尿生殖系统从肾脏一直解剖到外部开口。遇有严重膀胱扩张，应重点检查整个阴茎的尿道以确定是否有尿路结石。在公山羊或公绵羊的阴茎乙状弯曲部可能存在阻塞物（见第 12 章，图 12-8 和图 12-12，另见彩插）。

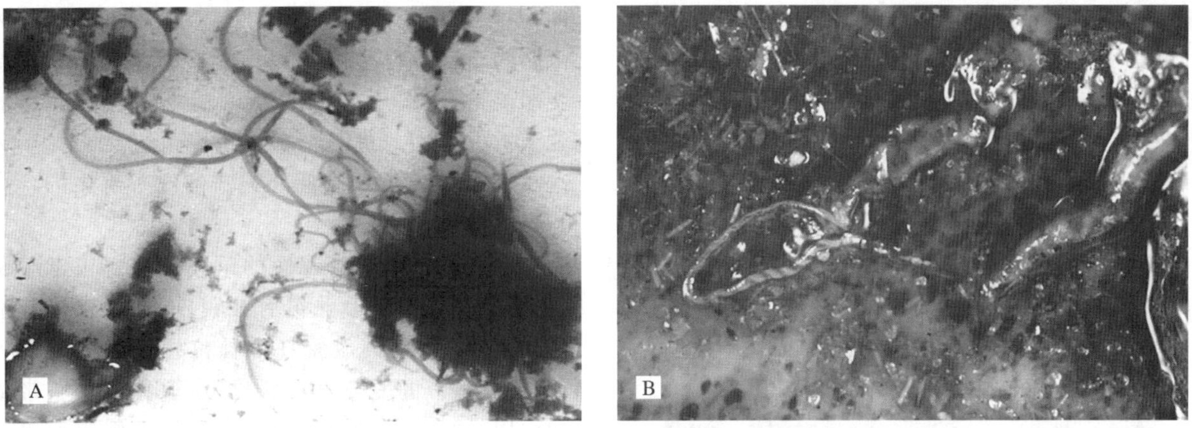

图 20-12　A. 在一次性托盘上筛选的真胃内容物，可见大量的捻转血矛线虫虫体（螺旋状杆或线状蠕虫）。B. 皱胃黏膜表面的捻转血矛线虫虫体[5]。皱胃的黏膜表面可见多灶性出血。

头部和脑的切除以及垂体、眼、耳朵、口腔、牙齿和鼻腔的检查

尸体取背卧位，将头颈部伸至桌边，当头部伸到桌边缘后切断寰枕关节连接，取下头部，同时收集脑脊液。去除头盖骨的皮肤、毛发和肌肉，定位解剖标志锯开颅骨，有角的绵羊或山羊可在死后沿前后方向将额窦切开去除双角（图 20-13）。在无角或已去角的羊头上，可以通过连续 5 次切割打开颅骨。横切口 1 定位在眼睛周围的眼眶骨，前后向切口 2 和 3 通常由眶上孔的位置决定。枕骨-顶骨裂隙和枕髁用于定位倾斜切口 4 和 5（图 20-14A 和 B）。在移除颅骨并进行脑膜的检查和活组织（用于培养）检查后，将头骨倒置并轻敲借助重力移除大脑，应逐个剪断颅神经附着体分离大脑，注意在操作的过程中要轻柔不要破坏大脑。

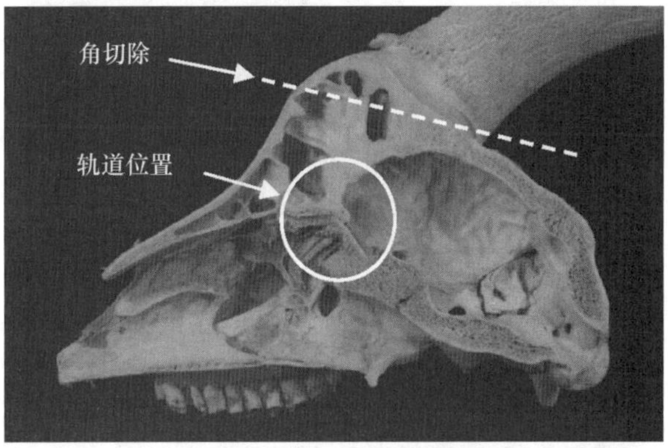

图 20-13　山羊颅骨的矢状切面，图中标示了角切除的标志位置和眼眶在颅骨的位置（location of orbit）。可穿过额窦背侧平面切除犄角（horn cut）。

如果怀疑患狂犬病，则按照特殊疾病方案进行。如要移除闩部进行绵羊瘙痒症检测，则不能对大脑进行矢状切割，而需将位于小脑下方脑干的背侧完整的闩作为样本（图 20-14）。移除下颌骨，以外耳道和鼓

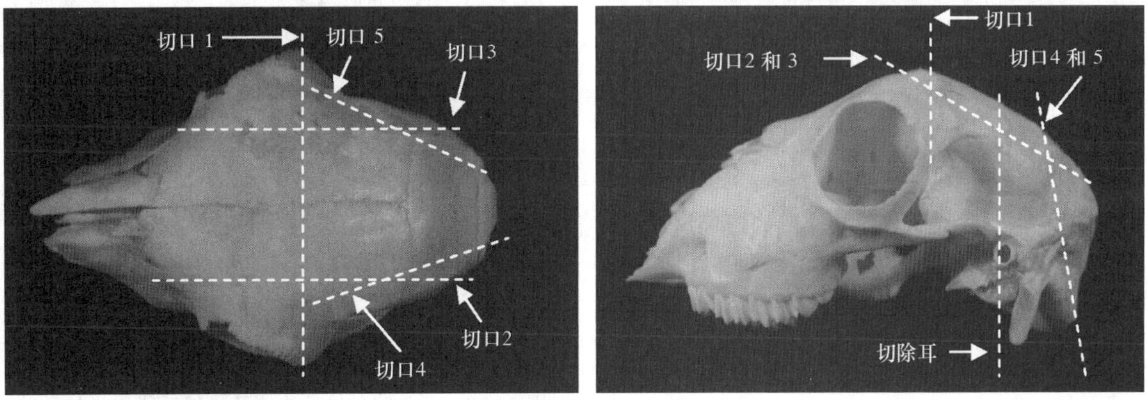

图 20-14　母绵羊颅骨：A. 正面；B. 侧面。白线为取出大脑所需的锯切颅骨位置，以及进入耳朵和鼓泡所需的“切除耳”（ear cut）位置。切口 1 为眼眶后缘横切，切面 2 和 3 位于矢状平面垂直于切口 1 并且略微向内倾斜。切口 2 和切口 3 开始于眶上孔内侧。切口 4 和 5 从顶骨-枕骨裂隙和切口 2 和 3 的连接处开始连续倾斜地穿过枕骨髁。“切除耳”是完全横向切割外耳道和鼓膜泡。

膜泡作为定位点横向锯穿头部，可对暴露出的内耳和鼓室腔进行检查、取样培养。垂体位于垂体窝（蝶鞍）中通过结缔组织与大脑连接（图 20-15）。沿矢状平面完全切开颅骨后检查鼻腔（图 20-16）。

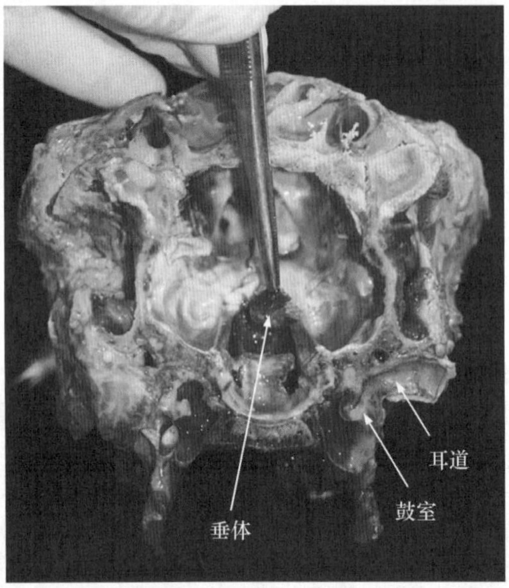

图 20-15　去除大脑后在头部的后侧形成的完整横截面，图中可见耳道和鼓室。切除颅腔底膜以移除垂体窝（蝶鞍）中的垂体。

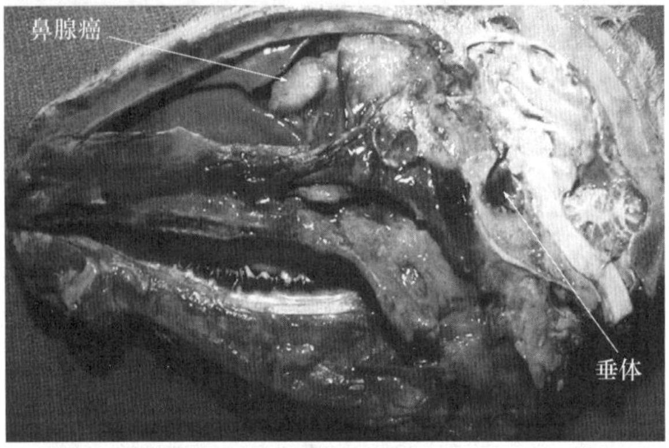

图 20-16　3 岁公羊的地方性鼻腔肿瘤。图为大脑移除前的头部矢状切面，显示了鼻甲、鼻窦、大脑、垂体和鼻腺癌的位置，鼻腔肿瘤造成筛状板变形。

左侧皮下组织和脊髓的去除

翻转尸体并检查左侧的皮下组织和肌肉。最后，可以使用电动尸检锯、骨钳或小型巴恩斯钳打开椎管。去除脊髓耗时较长，可根据实际需要决定是否去除。

胎儿、新生幼羔、死胎和胎盘的尸检

胎儿或新生幼羔尸检的程序类似于成年动物的程序。此外，当打开腹腔时，应注意不要切除内部脐的结构。观察福尔马林中肺的浮力可确定新生幼羔是否吸入空气。用无菌针头和注射器取胎儿皱胃内容物并进行培养，在没有胎膜的情况下，这种菌群测定可反映胎儿流产前在羊水中的生长情况。

胎儿脐带和羊膜表面的羊膜斑块属正常现象（图 20-17）。如果胎儿覆有被膜，应用清水轻轻清洗胎盘，之后将其放置在最佳位置进行完整性评估，记录脐带的完整性和长度，应取完整的脐带横切面用于组织病理学检查。尽管绒毛膜表面可能覆有污染物，但应对子叶进行取样用于培养或冷冻进行 PCR 检测。进行绒毛膜尿囊的组织病理学检查时，应对子宫角和身体等多个部位进行取样。在正常胎盘中，子叶间区域应薄且透明。非妊娠子宫角的尖端通常可能有黄色、坏死、膜覆盖（图20-18）。

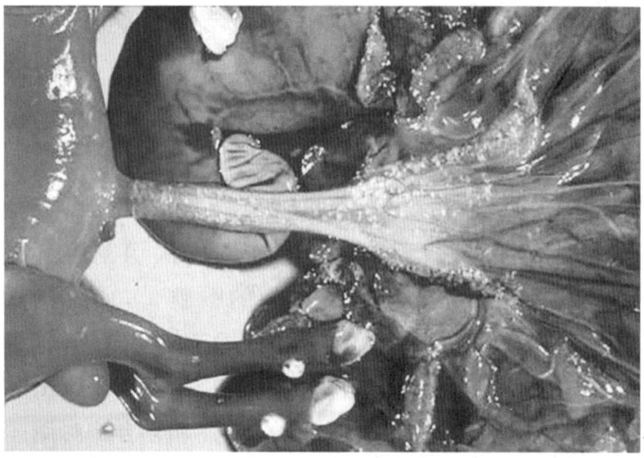

图 20-17　正常的胎儿和脐带含有羊膜斑块。羊膜斑块属偶发的正常现象，由羊膜的胎儿侧的多层角蛋白聚集组成。正常的胎儿和脐带伴羊膜斑块。

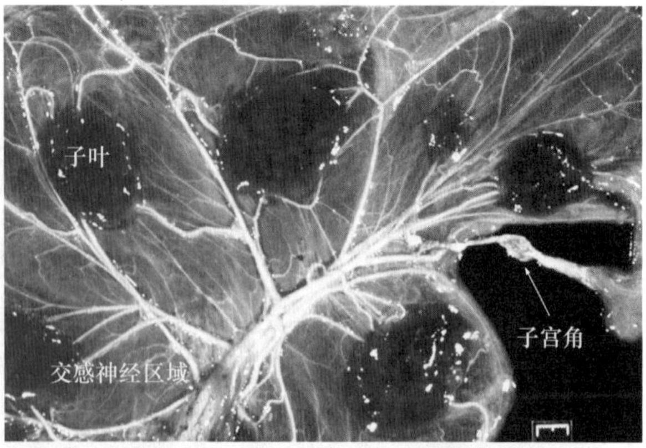

图 20-18　正常胎盘的母体侧可见绒毛膜尿囊的子叶和交感神经区域，以及来自非妊娠子宫角的绒毛尿囊膜的坏死尖端，正常绒毛膜尿囊的交感神经区域应该薄且透明，子宫角的坏死尖端是非致病性或称“假性”。

诊断样品的包装和运输

样品的包装和运输既耗时又复杂，国际上、美国以及美国国内不同州的法律在诊断样品的运输方面有一定差异。美国动物卫生协会的外来动物疾病（“灰皮书”）提供了有关运输要求的详细信息，可在线获取（www. aphis. usda. gov/emergency_response/downloads/nahems/fad）。

样品应在适当的温度下用密封容器邮寄，并做防水标记。新鲜组织应单独包装，虽然可与福尔马林固定组织组合。提交表或尸检表应放置于单独的塑料袋中，以防止液体意外溢出造成损坏。标本的邮寄和发货时间应避开节假日。如果运输时间延长，如将样品长时间滞留在常温的收发室，则可能发生解冻或加温。

遗骸的清理和处置

有关反刍动物遗骸处理的相关法律因不同国家、州和市政当局而存在一定差异。遗骸处理时应注意消化或焚烧设施的地理位置。胴体处理方法包括深埋、填埋、焚烧、提炼、堆肥（框 20-2）和碱水解（化学消化）[7]。怀疑患有羊痒病或人畜共患病的动物尸体应该焚烧、灰化、深埋或化学消化。如上所述，美国动物卫生协会的“灰皮书”提供了灭活单个病原体所需的特定化学品的详细信息。

框 20-2 羊的堆肥

- 一个好的堆肥栏或堆肥器需 5～10 ft^2，侧面（如波纹状铁丝、细铁丝网）应有足够的孔在堆肥过程中进行充分的气体交换。
- 堆肥器建造地应远离羊群，但应有充足的供水，以保持堆肥材料的湿润。所有堆肥器的径流都应该远离羊群供水系统。
- 应将胴体、流产材料或内脏放入堆肥器中，底部和侧面铺 1 ft 厚的锯末，屠体上部覆盖 1～1.5 ft 的锯末，每 10 lb 的胴体重量需要大约 1 ft^3 的锯末，越新鲜的锯末堆肥效果越好。
- 应加入水要达到水与干物质比为（50∶50）～（60∶40）。在多雨季节，应该遮盖堆肥器防止积水过多。
- 应将 2～4 ft 长的温度计插入堆中并监测温度。温度应保持在 130℉持续 1 周，以杀死绝大多数致病菌。如果堆肥器温度降至 100℉以下，则应加水并使材料充气（即搅拌）。
- 堆肥材料可于 21～30 周后安全地放置到牧场上。但是，如果动物死于瘙痒病，畜主应通知当地、州或联邦当局，并遵循屠体处理推荐指南（如焚烧）。

改自：*Estienne MJ*：*Disposing of dead goats*，Practical Goat Farming Seminar，1998. *Salisbury*，*Md*：*http*：*//www. sheepandgoat. com/compost. html. Accessed March* 12，2011.

致谢

感谢肯塔基州列克星敦的 K. B. Poonacha 博士和 Lenn R. Harrison 博士、肯塔基州乔治城的 Ralph Giles 博士、佛罗里达州盖恩斯维尔佛罗里达大学 Claus Buergelt 博士对尸检技术的指导。同时感谢肯塔基州列克星敦的 Helm Roberts 先生的计算机成像辅助，以及亚拉巴马州诺塔萨尔加的 Dorothea Dillman 女士和 Frank Dillman 先生对尸检的支持。

参考文献

[1] King JM：*The necropsy book*，Ithaca，NY，1989，Cornell University/Arnold Printing Corp，NewYork State College of Veterinary Medicine.

[2] Moisier DA：Vascular disorders and thrombosis. In McGavin MD，Zachary JF，editors：*Pathologic basis of veterinary disease*，ed 4，St Louis，2007，Mosby Elsevier.

[3] Smith MC，Sherman DM：Cardiovascular system. In Smith MC，Sherman DM，editors：*Goat medicine*，ed 2，Ames，Iowa，2009，Wiley-Blackwell.

[4] Smith MC，Sherman DM：Sudden death. In Smith MC，Sherman DM，editors：*Goat medicine*，ed 2，Ames，Iowa，2009，Wiley-Blackwell.

[5] Radostits OM，et al：General systemic states. In Radostits OM，et al：*Veterinary medicine*，ed 10，Philadelphia，2007，Saunders Elsevier.

[6] Smith MC，Sherman DM：Digestive system. In Smith MC，Sherman DM，editors：*Goat medicine*，ed 2，Ames，Iowa，2009，Wiley-Blackwell.

[7] Smith MC，Sherman DM：Blood，lymph，and Immune systems. In Smith MC，Sherman DM，

editors: *Goat medicine*, ed 2, Ames, Iowa, 2009, Wiley-Blackwell.

[8] Smith MC, Sherman DM: Wasting diseases. In Smith MC, Sherman DM, editors: *goat Medicine*, ed 2, Ames, Iowa, 2009, Wiley-Blackwell.

[9] Navarre CB, Pugh DG: Disease of the gastrointestinal system. In Pugh DG, editor: *Sheep and goat medicine*, Philadelphia, 2002, Saunders Elsevier.

[10] Radostits OM, et al: Disease of the alimentary tract I. In Radostits OM, et al: *Veterinary medicine*, ed 10, Philadelphia, 2007, Saunders Elsevier.

[11] Johnson DD, Libal MC: Necropsy of sheep and goats, *Vet Clin North Am Food Anim Pract* 2: 129-147, 1986.

[12] Machen MR, et al: Disease of the neurologic system. In Pugh DG, editor: *Sheep and goat medicine*, Philadelphia, 2002, Saunders Elsevier.

[13] Lutnaes B, Simensen E: An epidemiological study of abomasal bloat in young lambs, *Prevent Vet Med* 1: 335, 1983.

[14] Radostits OM, et al: Disease associated with prions. In Radostits OM, et al: *Veterinary medicine*, ed 10, Philadelphia, 2007, Saunders Elsevier.

[15] Radostits OM, et al: Diseases associated with viruses and *Chlamydia* Ⅰ. In Radostits OM, et al: *Veterinary medicine*, ed 10, Philadelphia, 2007, Saunders Elsevier.

[16] *Foreign animal diseases* 2008, ed 7, St Joseph, Mo, 2008, United States Animal Health Association.

[17] Radostits OM, et al: Diseases associated with viruses and *Chlamydia* Ⅱ. In Radostits OM, et al: *Veterinary medicine*, ed 10, Philadelphia, 2007, Saunders Elsevier.

[18] Swaneoel R, Coetzer JAW: Wesselsbron disease. In Coetzer JAW, Tustin RC, editors: *Infectious Diseases of Livestock*, ed 2, Cape Town, 2004, Oxford University Press.

[19] Radostits OM, et al: Diseases associated with bacteria Ⅰ. In Radostits OM, et al: *Veterinary medicine*, ed 10, Philadelphia, 2007, Saunders Elsevier.

[20] Radostits OM, et al: Diseases associated with bacteria Ⅴ. In Radostits OM, et al: *Veterinary medicine*, ed 10, Philadelphia, 2007, Saunders Elsevier.

[21] Radostits OM, et al: Diseases associated with bacteria Ⅲ. In Radostits OM, et al: *Veterinary medicine*, ed 10, Philadelphia, 2007, Saunders Elsevier.

[22] Godfroid J, et al: Brucella melitensis infection. In Coetzer JAW, Tustin RC, editors: *Infectious diseases of livestock*, ed 2, Cape Town, 2004, Oxford University Press.

[23] Radostits OM, et al: Diseases associated with bacteria Ⅳ. In Radostits OM, et al: *Veterinary medicine*, ed 10, Philadelphia, 2007, Saunders Elsevier.

[24] Buergelt CD, et al: Paratuberculosis. In Coetzer JAW, Tustin RC, editors: *Infectious diseases of livestock*, ed 2, Cape Town, 2004, Oxford University Press.

[25] O'Toole DO, et al: Tularemia in range sheep: an overlooked syndrome? *J Vet Diagn Invest* 20: 508-513, 2008.

[26] Navarro JA, et al: Kinetics of infection and effects on the placenta of *Chlamydophila abortus* in experimentally infected pregnant ewes, *Vet Pathol* 41:498-505, 2004.

[27] Moeller RB: Causes of caprine abortion: diagnostic assessment of 211 cases (1991-1998) *J Vet Diagn Invest* 13:265-270, 2001.

[28] Ellis WA, et al: Leptospirosis as a cause of reproductive failure, *Vet Clin North Am Food Animl Pract* 10:463-478, 1994.

[29] Cullen JM: Liver, biliary system, and exocrine pancreas. In McGavin MD, Zachary JF, editors: *Pathologic basis of veterinary disease*, ed 4, St Louis, 2007, Mosby Elsevier.

[30] Radostits OM, et al: Diseases associated with arthropod parasites. In Radostits OM, et al: *Veterinary medicine*, ed 10, Philadelphia, 2007, Saunders Elsevier.

[31] Norval RAI, Horak IG: Vectors: ticks. In Coetzer JAW, Tustin RC, editors: *Infectious diseases of livestock*, ed 2, Cape Town, 2004, Oxford University Press.

[32] Radostits OM, et al: Diseases associated with Rickettsiales. In Radostits OM, et al: *Veterinary medicine*, ed 10, Philadelphia, 2007, Saunders Elsevier.

[33] Howie F: Necropsy and sampling techniques. In Aitken ID, editor: *Diseases of sheep*, ed 4, Oxford, 2007, Blackwell Publishing.

[34] Nieves Ortega JA, et al: Evaluation of *Chlamydophila abortus* DNA extraction protocols for polymerase chain reaction diagnosis in paraffin-embedded tissues, *J Vet Diagn Invest* 19:421, 2007.

[35] Pruden SJ, et al: Abomasal emptying defect of sheep may be an acquired form of dysautonomia, *Vet Pathol* 41:164, 2004.

附录 1

绵羊和山羊常用药物和建议剂量

一般原则

在附录 1 中列出的某些药物和用途，在美国或其他国家或地区可能是非法的、不可用的或带有附加标签的。兽医应有责任熟悉其执业领域的药物管制法律。临床医生应了解并采取具体步骤，帮助教育生产者减少食用动物中的药物残留。

除非某种药物对山羊有禁忌或毒性，那么如果提供的参考剂量仅针对绵羊而没有山羊，此时通常可以将绵羊的剂量推用到山羊，反之亦然(D. G. Pugh 建议)。此处给出的一些麻醉剂剂量与第 18 章说明的剂量相同，因此照此引用。回顾第 18 章，这两处给出的参考剂量可能不同，临床医生应比较二者的差别并根据实际情况确定最佳剂量。

立足于证据的方法

为了提供有证据支持的方法和表明本附录中所列剂量的置信度，已用符号标示所提供的参考剂量的证据质量及类型。证据符号中使用的类别在本节末尾定义。下表中的每种剂量后在括号中给出了特定的名称。

例如，某种剂量经至少一项大型的高质量的随机对照试验证明有效后则将其归类为 A-1，若某种剂量根据专家组意见验证有效，则可定义为 B-5。在本附录中只列出具有 A 或 B 资质认定的剂量，但是资质类型也随着药物与物种的不同而变化，资质变化范围从 A-1 到 B-6，最高的资质水平在名称后给出(换而言之，即使是较低的资质水平也同样支持给出的特定剂量)。

所有证据符号均来自未公开的数据分析(由 V. R. F. 进行分析)，尚未进行同行评审。对于某些剂量，引用的参考文献不构成唯一的证据，而是作为相关已发布数据的示例提供。

证据水平(字母的含义)

A：充足证据支持使用。

B：中等证据支持使用。

C：缺乏证据支持使用。

D：中等证据支持不使用。

E：充足证据支持不使用。

证据类型(数字的含义)

1：特定物种的证据至少经过一个大型的随机对照试验或是多个小型随机对照试验而来。

2：特定物种的证据经过小型随机对照试验、疾病模型、大规模病例调查、使用代替终点进行的药代动力学研究而来；或是来自认为适合进行比较的针对不同物种精心设计的试验。

3：精心设计的特定物种试验(无对照或小规模的病例研究)的惊人结果。

4：没有替代终点的药代动力学研究。

5：体外研究。

6：临床权威人士的意见或专家委员会的报告。

附表 山羊和绵羊常用药物和建议剂量

药物	绵羊	山羊
马来酸乙酰丙嗪（见第 18 章）	肌注 0.05～0.10 mg/kg[A-1][1-3]	肌注 0.05～0.10 mg/kg[A-1][1-3] 肌注 0.2 mg/kg,治疗抽搐
乙酸(5%溶液)	口服 0.5～1.0 L/只,用于氨中毒[B-3][5-7]	口服 0.5～1.0 L/只,用于氨中毒[B-3][5-7]
阿苯达唑	口服 7.5 mg/kg,治疗线虫和吸虫[A-1][8,9] 口服 10 mg/kg,治疗绦虫[A-2][10]	口服 10 mg/kg,治疗吸虫[A-1][8] 口服 10 mg/kg,治疗绦虫[A-3][10,11]
氯化铵	日粮的 0.5%～1.0%,用于预防尿结石[A-1][12-19]	日粮的 0.5%～1.0%,用于预防尿结石[A-1][12-19]
钼酸铵	每只口服 100 mg/d,与硫酸钠合用以增强铜的消除[A-1][20-22]	每只口服 300 mg/d,与硫酸钠合用以增强铜的消除[A-1][23]
四硫代钼酸铵	一天一次,静注 3.4 mg/kg,持续 4 d[B-3][24]	
阿莫西林-克拉维酸	静注(阿莫西林成分)20 mg/kg,一天 2～3 次[B-4][25,26] 肌注 7 mg/kg,用于预防肺炎[B-2][27] 每 1/4 乳房 200 mg 阿莫西林加 50 mg 克拉维酸盐 [B-4][28]	静注(阿莫西林成分)20 mg/kg,一天 2～3 次[B-4][25,26] 每 1/4 乳房 200 mg 阿莫西林加 50 mg 克拉维酸盐 [B-4][28]
三水阿莫西林	肌注 10 mg/kg,一天 2～3 次[B-4][30,31]	肌注 10 mg/kg,一天 2～3 次[B-4][30,31]
氨苄西林钠	静注 10 mg/kg,一天 3～4 次[B-4][30,32]	静注 10 mg/kg,一天 3～4 次[B-4][30,32]
氨苄西林-舒巴坦	肌注 13.3 mg/kg（氨苄青霉素成分),一天 2～3 次[B-4][33]	肌注 13.3 mg/kg（氨苄青霉素成分),一天 2～3 次[B-4][33]
三水氨苄西林	肌注 10 mg/kg[B-4][34]	肌注 10 mg/kg[B-4][34]
氨丙啉	口服 50 mg/kg,连续 5 d,用于治疗 [A-2][35] 口服 55 mg/kg,一天 2 次,连续 21 d,用于治疗[A-2][36] 15 mg/kg 添加到饲料,用于预防[A-2][38]	口服 50 mg/kg,连续 5 d,用于治疗[A-2][35] 口服 50 mg/kg,连续 21 d,用于治疗[A-2][37]
阿司匹林	口服 100 mg/kg,一天 2 次[B-4][39-41]	口服 100 mg/kg,一天 2 次[B-4][39-41]
阿替帕唑(见第 18 章)	0.1～0.2 mg/kg,缓慢静注[A-2][42,43] α_2 激动剂后,鞘内或蛛网膜下膜缓慢静注 0.005 μg/kg[B-2][44,45]	0.1～0.2 mg/kg,缓慢静注[A-2][42,43] α_2 激动剂后,鞘内或蛛网膜下膜缓慢静注 0.005 μg/kg[B-2][44,45]
阿托品(见第 18 章)	静注 0.05～0.2 mg/kg,预防麻醉过程中心动过缓[A-2][46] 静注 0.15～0.5 mg/kg,治疗有机磷中毒[A-3][47-49](一些建议是静注和肌注或皮下注射剂量的 1/3～1/2,但缺乏该方法疗效的公开数据)	静注 0.05～0.2 mg/kg,预防麻醉过程中心动过缓[A-2][46] 静注 0.15～0.5 mg/kg,治疗有机磷中毒[A-3][47-49](一些建议是静注和肌注或皮下注射剂量的 1/3～1/2,但缺乏该方法疗效的公开数据)
阿奇霉素	静注或肌注 20 mg/kg[B-4][50,51]	静注或肌注 20 mg/kg[B-4][50,51]
丁丙诺啡	每 6 h 肌注一次,每次 0.01 mg/kg[B-3][52,53] 皮下注射 0.5 mg/kg[B-3][54] 静注 6 μg/kg[B-3][55]	
布托啡诺	肌注或皮下注射 0.2～0.5 mg/kg,用于镇静镇痛[A-2][3,54,56,57]	肌注 0.2～0.5 mg/kg,用于镇静镇痛[A-2][3,56,57] 静注 0.1 mg/kg,用于减少压力反应[B-3][58]

续附表

药物	绵羊	山羊
葡萄糖酸钙	静注 11 mg/kg（大概 1 g/200 lb），用于治疗低钙血症[A-3][59]	静注 11 mg/kg（大概 1 g/200 lb），用于治疗低钙血症[A-3][59]
硼葡萄糖酸钙	静注或皮下注射 50～100 mL（20%），用于治疗低钙血症[A-3][60-62]	静注或皮下注射 50～100 mL（20%），用于治疗低钙血症[A-3][60-62]
卡洛芬	皮下注射或肌肉注射 4 mg/kg[A-1][53,63-65]	皮下注射或肌肉注射 4 mg/kg[B-2][53,63-65]
头孢喹诺	肌注 1 mg/kg，一天一次[B-4][66,67]	肌注 1 mg/kg，一天一次 [B-4][66,67]
头孢噻呋钠	肌注 1.0～2.2 mg/kg，一天一次，用于呼吸系统疾病[A-1]；用于所有其他的症状[B-4][68-71]	肌注 1.0～2.2 mg/kg，一天一次，用于呼吸系统疾病[A-1]；用于所有其他的症状[B-4][68-71]
头孢呋辛	每 12 h，往乳房内注入 250 mg，共 3 次[B-3][72]	每 12 h，往乳房内注入 250 mg，共 3 次[B-3][73]
苄星头孢匹林		挤奶后往乳房内灌注 300 mg，治疗干乳期奶牛乳腺炎[B-3][74]
活性炭	500 g 加入 4 L 液体中[A-2][75]	500 g 加入 4 L 液体中[A-2][75]
水合氯醛	报道在牛中，静注 100～150 mg/kg[B-3][76,77]	
金霉素	每只 80 mg/d，以降低胎儿弯曲杆菌造成的感染[A-1][78]	
氯吡格雷	第 1 天静注负荷剂为 6 mg/kg，负荷后每天3 mg/kg[B-3][79]	第 1 天静注负荷剂为 7 mg/kg，负荷后每天 3.4 mg/kg[B-3][79]
氯前列烯醇	间隔 9～11 d，肌注 100～125 μg，用于同期发情和早期妊娠终止[A-1][80-84]	间隔 9～11 d，肌注 100～125 μg，用于同期发情和妊娠终止 [A-1][80-83,85,86] 肌注 100 μg，10 h 后肌注 50 μg，用于诱导分娩[B-2][87]
氯舒隆	口服 7～21 mg/kg，治疗吸虫[A-2][88-90]	口服 7～15 mg/kg，治疗吸虫[A-2][91,92]
氯氰碘柳腰	口服 10 mg/kg，治疗吸虫和羊鼻蝇[A-1][93-97]	
达氟沙星	皮下注射或静注 6 mg/kg，用于肺炎[B-2][98]和其他细菌的感染[B-4][99]	皮下注射或静注 6 mg/kg，用于肺炎[B-2][100]和其他细菌的感染[B-4][99]
癸氧喹酯	0.5 mg/kg 添加入饲料至少 28 d，用于预防球虫[A-1][101,102] 妊娠期，2 mg/kg 添加入饲料，预防刚地弓形虫引起的流产和降低羔羊死亡率[A-1][102,103]	0.5 mg/kg 添加入饲料至少 28 d，预防球虫[A-1][101]
地托咪定(见第 18 章)	鞘内注射 0.01 mg/kg[B-3][44] 肌注 0.01～0.02 g/kg[A-2][105,107,108]	肌注 0.01～0.04 mg/kg[A-2][104-106]
地塞米松	一次肌注 15 mg，用于妊娠终止[A-3][109,110] 肌注 0.05～0.44 mg/kg，作为抗炎药[A-2][112-114]	一次肌注 10 mg，诱导分娩[A-2][111] 一次静注 0.44 mg/kg，作为抗炎药[A-2][115]（更高剂量或超过一定剂量可能会导致免疫抑制[116]）
地塞米松磷酸钠	静注 5～6 mg/kg，用于休克[B-3][117,118]	静注 5～6 mg/kg 用于休克 [B-3][117,118]
葡萄糖	静注 4～10 g，用于妊娠毒血症 [B-3][119,120] 虚弱羔羊腹腔内注射，10 mL/kg(20%溶液)，[B-3][121]	静注 4～10 g，用于妊娠毒血症[B-3][119,120]

续附表

药物	绵羊	山羊
地西泮(见第 18 章)	静注 0.3～0.4 mg/kg[A-2][52,122-124] 静注 1 mg/kg,用于抽搐[A-3][125]	静注 0.3～0.4 mg/kg[A-2][52,122-124] 静注 1 mg/kg,用于抽搐[A-3][125] 静注 0.06 mg/kg,刺激食欲[B-2][126]
地克珠利	口服 1 mg/kg[A-2][127-129]	
地诺前列素(前列腺素 $F_2\alpha$)	肌注 15 mg 两次,每次间隔 10 d,用于同步发情[A-2][130,131] 10 mg/kg,终止早期妊娠[A-2][135]	一次肌注 5～10 mg,用于诱导分娩,同步发情;治疗子宫积液,黄体溶解[A-2][132-134]
多巴胺	静注 5～20 μg/(kg·min),升高血压 [B-3][136-138]	每分钟静注 5～20 μg/(kg·min),升高血压[B-3][136-138]
多拉菌素	肌注 200 μg/kg,用于胃肠道寄生虫[A-2][139] 肌注 200 μg/kg,治疗羊狂蝇[A-2][139] 肌注 300 μg/kg,治疗痒螨和胃肠道线虫[A-2][140]	口服 400 μg/kg[A-2][141]
多沙普仑	静注 5.5 mg/kg[B-2][142]	
EDTA(钙 EDTA)	静注 100～110 mg/kg,持续 4 d,治疗铅中毒[B-2][143-145]	
恩诺沙星	一天一次静注或肌注或皮下注射 5 mg/kg B-4][146,147]	一天一次,皮下注射 5～7.5 mg/kg[B-4][147,148]
肾上腺素	静注或肌注或皮下注射 0.01 mg/kg[B-3][149]	
乙酰胺基阿维菌素	0.5 mg/kg,通常用于治疗胃肠道线虫和羊狂蝇[A-2][150,151]	通常 0.5 mg/kg [A-2][152]
红霉素	肌注 10 mg/kg,一天 1～2 次[B-2][153-156]	肌注 10 mg/kg,一天 1～2 次[B-2][153-156]
戊酸雌二醇		注射 GnRH 后,肌注 0.2 mg/kg,用于诱导发情[B-2][157]
非班太尔	口服 5～12 mg/kg[A-2][158-160]	口服 5 mg/kg[A-2][161]
芬苯达唑	口服 5 mg/kg[A-2][162](传闻此剂量可能在临床上无效,可能需要口服 10～20 mg/kg 的剂量来控制绵羊、山羊的线虫感染)	口服 5 mg/kg[A-2][162]
芬太尼贴在剃干净的皮肤上	每小时 2 μg/kg[B-2][52]	
苯丙胺		肌注 0.5 mg,用于妊娠终止[B-3][163]
氟苯尼考	肌注 20～30 mg/kg[B-4][164] 皮下注射 40 mg/kg [B-4][165]	肌注 20 mg/kg[B-4][166,167]
氟马西尼	静注 20 μg/kg,用于逆转苯二氮䓬的作用[B-3][168]	
氟尼辛葡甲胺	静注 1 mg/kg[B-2][169] 皮下注射或静注,2.5 mg/kg[A-1][65,72]	肌注 2.5 mg/kg[A-1][73]
促卵泡激素	参见第 8 章生殖部分	参见第 8 章生殖部分
速尿	静注或口服 0.5～1.0 mg/kg,用于心力衰竭或利尿[B-2][170-172]	静注或口服 0.5～1.0 mg/kg,用于心力衰竭或利尿[B-2][170-172]

续附表

药物	绵羊	山羊
甘草酸	静注 0.01 mg/kg[B-2][46]	静注 0.01 mg/kg[B-2][46]
灰黄霉素	口服 7.5 mg/kg,连续 7 d[B-3][173]	
愈创甘油醚	静注 50 mg/kg[B-3][174]	
愈创甘油醚-氯胺酮-甲苯噻嗪(见第 18 章)	每小时 1.2 mL/kg,用于诱导麻醉;每小时 2.6 mL/kg,用于维持麻醉(愈创甘油醚,50 mg/mL;氯胺酮,1 mg/mL;甲苯噻嗪,0.1 mg/mL) [B-3][175]	
肝素	推注 200 U/kg,用于抗凝[B-2][79]	推注 350～400 U/kg,用于抗凝[B-2][79]
透明质酸钠	每周 20 mg,关节内注射,持续 5 周[B-2][176,177]	
高渗盐水(7%)	静注 4 mL/kg,5～10 min[B-2][178-180]	静注 4 mL/kg,5～10 min[B-2][178-180]
布洛芬	静注 12.5～15 mg/kg[B-2][181,182]	静注 14～25 mg/kg 或口服 50 mg/kg[B-3][181-183]
咪多卡	肌注 2 次,每次 1.2 mg/kg,每次间隔 10～14 d[B-2][184]	
胰岛素	皮下注射 0.4 IU/kg 胰岛素,治疗妊娠毒血症[B-3][120]	
伊维菌素	口服 200 μg/kg[A-1][185] (传闻此剂量可能在临床上无效,可能需要口服 300 μg/kg 的剂量来控制绵羊、山羊的线虫感染)	口服 200 μg/kg[A-1][185] (传闻此剂量可能在临床上无效,可能需要口服 300 μg/kg 的剂量来控制绵羊、山羊的线虫感染)
氯胺酮(见第 18 章)	硬膜外麻醉 1 mg/kg[A-2][174] 静注 4～7.5 mg/kg[A-2][122,124]	与咪达唑仑联合静注 4～5 mg/kg [B-2][186,187] 静注 10 mg/kg [A-1][188] 每分钟 0.03 mg/kg,恒速输注,用于麻醉[B-2][189]
酮洛芬	静注 3 mg/kg[A-2][107,190,191]	静注 3 mg/kg[A-2][107,190,191]
拉沙里菌素	每只 15～70 mg/d(20～30 g/t 加入饲料),用于预防球虫[A-1][192,193]	
左旋咪唑	口服 8 mg/kg[A-1][194,195] (传闻此剂量可能在临床上无效,可能需要口服 12 mg/kg 的剂量来控制绵羊、山羊的线虫感染)	口服 8 mg/kg[A-1][194,195]
利多卡因(见第 18 章)	硬膜外麻醉 4 mg/kg[A-3][122] 尾部硬膜外麻醉 0.5～0.6 mg/kg [B-3][196] 静注 3 mg/kg,作为抗心律不齐药物[B-2][197]	
盐酸林可霉素	肌注 10 mg/kg,一天一次[B-3][198]	肌注 10 mg/kg,一天一次[B-3][198]
林可霉素-大观霉素	5 mg/kg 的林可霉素与 10 mg/kg 的大观霉素,治疗腐蹄病和脲原体[B-3][199,200];治疗嗜皮菌病[B-2][201]	
镁	静注或皮下注射 200～400 mg/kg,治疗低镁血性抽搐[A-2][202,203]	
甘露醇	0.3～2 mg/kg,静注 5～10 min[B-3][204-206]	0.3～2 mg/kg,静注 5～10 min[B-3][204-206]

续附表

药物	绵羊	山羊
甲苯哒唑	口服 15 mg/kg[A-2][207-212]	口服 15 mg/kg[A-2][207-212]
美托咪定(见第 18 章)	静注 0.005～0.020 mg/kg[A-2][42,213]	静注 0.005～0.020 mg/kg[A-2][42,213]
醋酸丙三醇	口服一天 2 次，每次 0.125 mg，或一天一次 0.25～0.3 mg，用于同期发情[A-1][214-217]	口服一天 2 次，每次 0.125 mg，或一天一次 0.25～0.3 mg，用于同期发情[A-1][214-217]
美索巴莫	静注 22 mg/kg，治疗抽搐[B-6][4]	静注 22 mg/kg，治疗抽搐[B-6][4]
美索丙嗪(美索比妥)	静注 3～5 mg/kg [B-3][218,219]	
亚甲基蓝	静注 2～15 mg/kg (取决于严重程度)，治疗硝酸盐中毒[A-3][220-225]	静注 2～4 mg/kg (取决于严重程度)，治疗硝酸盐中毒[A-3][220-225]
甲氧氯普安	肌注或静注 0.5 mg/kg[B-3][226,227]	肌注或静注 0.5 mg/kg[B-3][226,227]
咪达唑仑	0.3～0.4 mg/kg 静脉注射，用于催产和镇痛[B-2][3,168,228]	用 0.3～0.6 mg/kg 催产[A-2][3,186,187,228]
矿物油	0.5～1.0 L 口服对治疗牛浮肿疗效显著	
莫能霉素钠	每只 15 mg/d 预防流产，提高带弓形虫的小羔羊出生体重[A-1][231,232] 控制球虫病的浓度为 11～22 ppm	
酒石酸莫仑太尔	1.0 lb 配给药量(0.44 g 莫仑太尔)/45 kg [A-2][234] 10 mg/kg 口服[A-2][235]	1.0 lb 配给药量(0.44 g 莫仑太尔)/45 kg [A-1][234] 10 mg/kg 口服 [A-1][235]
莫西克丁	200～500 μg/kg 口服或皮下注射[A-1][236] 300 μg/kg 皮下注射，用于长久存活的牛皮癣[B-2][237]	200 μg/kg 皮下注射[B-2][238,239] 400 μg/kg 口服[B-3][141]
诺龙	每周 1～1.5 mg/kg，辅助贫血治疗[B-6][240,241]	每周 1～1.5 mg/kg，辅助贫血治疗[B-6][240,241]
可溶性新霉素粉	22 mg/kg，口服，每日 2 次，溶于水或者用牛奶代替，用于对新霉素敏感引起的大肠杆菌病防治和控制[A-1][242,243]	22 mg/kg，口服，每日 2 次，溶于水或者用牛奶代替，用于对新霉素敏感引起的大肠杆菌病防治和控制[A-1][242,243]
甲基硫酸新斯的明	0.02～0.03 mg/kg 皮下注射[A-1][244]	0.02～0.03 mg/kg 皮下注射[A-1][244]
奈韦拉平	治疗成体线虫，7.5 mg/kg 口服 [B-2][245] L4 期幼虫或吸虫 20 mg/kg 口服[A-2][245,247]	胃肠道和肺线虫 10 mg/kg 口服 2 d 或 7.5 mg/kg 口服 3 d[B-2][248]
氯硝柳胺	绦虫剂量为 75 mg/kg[A-1][249]	绦虫剂量为 75 mg/kg[B-3][11,249]
硝碘酚腈	10 mg/kg 皮下注射，用于吸虫病治疗[B-2][93,250]	
6 mg 含量甲基炔诺酮	添加一半(3 mg)，用于同步发情[B-2][251,252]	添加一半(3 mg)，用于同步发情[B-2][251,252]
炔诺孕酮戊酸雌二醇	1.5 mg 炔诺孕酮加上 0.5 mg 雌二醇[B-3][253]	0.375 mg 炔诺孕酮加上 0.625 mg 雌二醇[B-3][251]
阿苯达唑	5 mg/kg 口服对线虫和绦虫没有效用[A-2][254-257]； 10 mg/kg 口服有效用[B-1][259,260] 30 mg/kg 口服，每周 1 次，连续数周，治疗囊性包虫病[B-1][259,260]	5 mg/kg 口服对线虫和绦虫没有效用[A-2][254-257] 10 mg/kg 口服有效用[A-2][209,258]
氯羟柳胺	15 mg/kg 口服用以治疗线虫[A-1][93,250]	

续附表

药物	绵羊	山羊
注射用土霉素	10 mg/kg 静脉注射或肌肉注射，每日一次，持续 7～10 d，用以治疗李氏杆菌病[B-3][261]	
四环素(饲料添加)	22 mg/kg，每日一次口服，连续 7～14 d[A-1，用于大肠杆菌肠炎和巴氏杆菌性肺炎；B-4 用于其他症状][262] 每只 100～150 mg/d，在繁殖前添加可以用来预防衣原体流产[B-6][263] 每只 400～500 mg/d，用以衣原体流产大面积暴发[B-6][263]	22 mg/kg，每日 1 次，口服，持续 7～14 d[A-1，用于大肠杆菌肠炎和巴氏杆菌性肺炎；B-4 用于其他症状][262] 每只 100～150 mg/d，在繁殖前添加可以用来预防衣原体流产[B-6][263] 每只 400～500 mg/d，用以衣原体流产大面积暴发[B-6][263]
土霉素(水溶)	22 mg/kg，每日一次，持续 14 d [A-1，用于大肠杆菌肠炎和细菌性肺炎；其他症状参考 B-4][264]	22 mg/kg，每日一次，持续 14 d [A-1，用于大肠杆菌肠炎和细菌性肺炎；其他症状参考 B-4][264]
长效土霉素	20 mg/kg 静脉滴注 1 次，预防衣原体人工流产[B-2][265,267]用于治疗巴氏杆菌肺炎[B-2][268]；两次间隔 7 d，用于治疗足腐病[B-2][269] 20 mg/kg 每 72 h 肌肉注射 1 次[B-4][270,271]	20 mg/kg 每 72 h 肌肉注射 1 次[B-3][270-272]
催产素	20～50 IU 的催产素，静脉注射、肌肉注射或皮下注射，用于产科胎盘的保留[A-1][273,274]	20～50 IU 的催产素，静脉注射、肌肉注射或皮下注射，用于产科胎盘的保留[A-1][273,275]
青霉胺	每日 50 mg/kg 口服，促进铜的排除[A-2][20,276,277]	每日 50 mg/kg 口服，促进铜的排除[B-3][23]
青霉素 G 钠或钾	每 4～6 h 静脉注射 20 000～40 000 IU/kg [B-4][278,279]	每 4～6 h 静脉注射 20 000～40 000 IU/kg [B-4][278,279]
普鲁卡因青霉素 G	10 000 IU/kg 静脉注射，每日 1 次[B-3][280-282] 50 000 IU/kg 皮下注射，每日 1 次，持续 7～14 d，用于李氏杆菌病[B-3][283] 15 000 IU/kg 肌肉注射，每 8 h 注射一次，持续 7～10 d ，用于李氏杆菌或溶血性梭菌感染[B-3][261,284]	10 000 IU/kg 静脉注射，每日 1 次[B-3][280-282] 50 000 IU/kg 皮下注射，每日 1 次，持续 7～14 d，用于李氏杆菌病[B-3][283] 15 000 IU/kg，每 8 h 注射一次，持续 7～10 d，用于李氏杆菌感染[B-3][261]
青霉素/新生霉素(停产乳牛治疗)	半注射器 200 000 IU 的青霉素另加 200 mg 的新生霉素[B-2][285]	
戊巴比妥	10～30 mg/kg 静脉注射[B-3][219,286] 6～75 mg/kg 静脉注射，以控制手足抽搐或癫痫发作[B-3][287,288]	
保泰松	4 mg/kg 静脉注射或口服[B-2][289,291]	4～10 mg/kg 静脉注射或口服[B-2][291,292]
泊洛扎林	3 g/50 kg 饲料，以防止胀气[B-2][293]	
吡喹酮		60 mg/kg 口服治疗牛血吸虫感染[B-2][294]
孕母马血清(促性腺激素)	400～500 IU，适用于在繁殖前去除孕激素和进行超数排卵[A-2][295-299] 1 000～1 500 IU，用于超数排卵[A-2][303,304]	200～400 IU，用于同期发情前 2 d 去除孕激素[A-3][300-302] 750～1 250 IU 皮下注射，用于超数排卵[A-2][305,306]

续附表

药物	绵羊	山羊
泼尼松龙		每 12 h 肌肉注射 1 mg/kg,用于免疫抑制剂,直到病情缓解,然后每 48 h 肌肉注射 1 mg/kg [B-3][307]
丙泊酚	2.0~6.0 mg/kg 静脉注射用于引产 [A-2][3,189,213] 每分钟 0.3 mg/kg 静脉恒速输液[B-3][189]	2.0~6.0 mg/kg 静脉注射用于引产 [A-2][3,189,213] 每分钟 0.3 mg/kg 静脉恒速输液[B-3][189]
丙二醇	60~100 mL 口服[B-3][308,309] 15~30 mL 每天 2 次,妊娠期毒血症 [B-6][310]	60~100 mL 口服[B-3][308,309] 15~30 mL 每天 2 次,妊娠期毒血症 [B-6][310]
噻嘧啶	25 mg/kg 口服[A-1][209,311-314]	20~40 mg/kg 口服[B-2][315]
盐霉素	0.5~2.0 mg/kg 口服,用于牛[B-2][316] 饲料添加在 10~30 ppm[B-2][317,318]	
碳酸氢钠	2~3 L 等渗溶液(1.3%,156 mmol/L)静脉注射,治疗妊娠毒血症(60~70 kg 母羊)[B-3][319] 0.5~1.0 L 5%溶液治疗瘤胃酸中毒 [B-3][320]	23~63 mL、5%溶液静脉注射,用于小羊全身无力综合征[B-3][321]
碘化钠	每周 3 g 静脉注射[B-3][322] 每 7~10 d 静脉注射 70 mg/kg[B-6][323]	
亚硝酸钠	20 mg/kg 亚硝酸钠和硫代硫酸钠联合静脉注射,用于氰化物中毒 [B-2][324-326]	
丙酸钠	12.5 g 口服,用于妊娠毒血症 [B-3][120]	
硫酸钠	每只 1 g/d 口服加钼酸铵增加铜的消除 [A-1][20-22]	
硫代硫酸钠	500 mg/kg 硫代硫酸钠联合亚硝酸钠静脉注射,用于氰化物中毒 [B-2][324-326]	每只 300 mg/d,配合钼酸铵增加铜的消除[A-2][23]
司坦唑醇	25~50 mg/周,肌肉注射,用于贫血的辅助治疗[B-6][240,241]	25~50 mg/周,肌肉注射,用于贫血的辅助治疗[B-6][240,241]
磺胺嘧啶	100 mg/kg 静脉注射[B-4][327]	
磺胺甲氧嘧啶	50 mg/kg 口服连续 5 d,减少球虫卵囊脱落 [B-2]128	
磺胺二甲嘧啶	200 mg/kg 口服连续几天,减少球虫卵囊脱落 [B-2][328] 100 mg/kg 静脉注射[B-4][328]	200 mg/kg 口服剂量,然后 100 mg/kg 口服持续 4 d[B-3]
磺胺二甲嘧啶-乙胺嘧啶	第 1 天:165 mg/kg 磺胺嘧啶肌肉注射加上 2 mg/kg 乙胺嘧啶腹腔注射;第 2 天和第 3 天:83 mg/kg 磺胺二甲嘧啶肌肉注射加 1 mg/kg 乙胺嘧啶腹腔注射[B-2][329]	
磺胺喹恶啉	每 125 lb(体重)1 匙 24%粉末,加入饮用水 3~5 d(约 125 mg/kg),用于牛[B-2][330,331]	每 125 lb(体重)1 匙 24%粉末,加入饮用水 3~5 d(约 125 mg/kg),用于牛[B-2][330,331]
丙酸睾酮	25 mg 肌肉注射,每周 3 次,用于贫血的辅助治疗[B-6][240]	25 mg 肌肉注射,每周 3 次,用于贫血的辅助治疗[B-6][240]

续附表

药物	绵羊	山羊
噻苯唑	44 mg/kg 口服[A-2][332](据说这种药可能只有很少临床效用,只适用于绵羊和山羊)	44 mg/kg 口服[A-2][332]
硫胺素	10 mg/kg 或 25 mg/kg 静脉注射,每日 2 次,或 75 mg/kg 皮下注射,作为铅中毒的辅酶[B-3][143,333,334] 10 mg/kg 静脉注射或皮下注射,可用于多发性脑软化[B-3][335,336]	10 mg/kg 或 25 mg/kg 静脉注射,每日 2 次,或 75 mg/kg 皮下注射,作为铅中毒的辅酶[B-3][143,333,334] 10 mg/kg 静脉注射或皮下注射,可用于多发性脑软化[B-3][335,336]
硫喷妥钠(见第 18 章)	13～20 mg/kg 静脉注射[B-3][337,338]	6～8 mg/kg 静脉注射[B-2][174,188]
替莱他明-唑拉西泮(舒泰)(见第 18 章)	1.1～5.5 mg/kg 静脉注射[B-3][57,339,340]	1.1～5.5 mg/kg 静脉注射[B-3][57,339,340]
替米考星	10 mg/kg 皮下注射,用于细菌肺炎[A-1][341,342] 10 mg/kg 皮下注射,用于治疗乳腺炎[B-2][343]	(据报道称,这种药物可能导致一些山羊死亡)
妥拉唑林(见第 18 章)	2 mg/kg 静脉注射[A-2][286,344]	2.2 mg/kg 静脉注射[A-2][345]
托曲珠利	20 mg/kg 口服每次[B-2][346]	
三氯苯达唑	10～20 mg/kg 口服,用以治疗吸虫[A-1][347-351]	5 mg/kg 口服,用以治疗吸虫[B-2][347]
磺胺甲氧苄啶	初生羔羊 30 mg/kg 肌肉注射,每日一次[B-4][352]	初生羔羊 20 mg/kg 肌肉注射,每日一次[B-4][353]
泰拉霉素	2.5 mg/kg 皮下注射[B-2][354-356]	2.5 mg/kg 皮下注射[B-2][354-356]
泰乐菌素	20 mg/kg 每 12～24 h 肌肉注射一次[B-3][357,358]	20 mg/kg 肌肉注射[B-3][359]
维生素 B_{12}	0.05～0.2 mg 肌肉注射或 2 mg 皮下注射,用于维生素 B_{12} 缺乏[A-2][360-364]	
维生素 K_1	据报道 1.1 mg/kg 肌肉注射或 2.2 mg/kg 皮下注射,用于牛[B-2][365-367]	据报道 1.1 mg/kg 肌肉注射或 2.2 mg/kg 皮下注射,用于牛[B-2][365-367]
噻拉嗪(见第 18 章)	0.05～0.22 mg/kg 静脉注射或肌肉注射[A-2][108,122,368-370]	0.05～-0.22 mg/kg 静脉注射或肌肉注射[A-2][186,371,372]
育亨宾(见第 18 章)	0.2～0.25 mg/kg 静脉注射[A-2][45,344,373,374]	0.2～0.25 mg/kg 静脉注射[A-2][45,344,373,374]

EDTA:乙二胺四乙酸;GnRH:促性腺激素释放激素;IA:关节内注射;IM:肌肉注射;IMM:乳腺内灌注;IP:腹腔注射;IU:国际单位;IV:静脉注射;PO:口服;SC:皮下注射。

参考文献

[1] Acepromazine maleate, Atravet 10 mg injectable. Guelph, Canada: Wyeth Animal Health, Accessed December 1, 2009.

[2] Doherty TJ, Rohrbach BW, Geiser DR: Effect of acepromazine and butorphanol on isoflurane minimum alveolar concentration in goats, *J Vet Pharmacol Ther* 25:65-67, 2002.

[3] Dzikiti TB, et al: Sedative and cardiopulmonary effects of acepromazine, midazolam, butorphanol, acepromazine-butorphanol and midazolam-butorphanol on propofol anaesthesia in goats, *J S Afr Vet Assoc* 80:10-16, 2009.

[4] Smith MC, Sherman DM: Nervous system. In Smith MC, Sherman DM, editors: *Goat medicine*, ed 2, Ames, Iowa, 2009, Wiley Blackwell.

[5] Halliburton JC: Nonprotein nitrogen-induced ammonia

toxicosis in ruminants. In Howard JL, Smith RA, editors: *Current veterinary therapy* 4: food animal practice, Philadelphia, 1999, WB Saunders, pp 242-243.

[6] Word JD, et al: Urea toxicity studies in the bovine, *J Anim Sci* 29:786-791, 1969.

[7] Ortolani EL, Mori CS, Rodrigues Filho JA: Ammonia toxicity from urea in a Brazilian dairy goat flock, *Vet Hum Toxicol* 42:87-89, 2000.

[8] U. S. Food and Drug Administration Center for Veterinary Medicine (website): *Code of Federal Regulations; Part 520 oral dosage form new animal drugs; Section 520. 45a; albendazole suspension.* Accessed November 2, 2009.

[9] Moreno L, et al: Dose-dependent activity of albendazole against benzimidazole-resistant nematodes in sheep: relationship between pharmacokinetics and efficacy, *Exp Parasitol* 106:150-157, 2004.

[10] Morris DL, et al: Comparison of albendazole and praziquantel therapy of *Echinococcus granulosus* in naturally infected sheep, *Vet Parasitol* 36: 83-90, 1990.

[11] Smith MC, Sherman DM: Digestive system. In Smith MC, Sherman DM, editors: *Goat medicine*, ed 2, Ames, Iowa, 2009, Wiley-Blackwell.

[12] Romanowski RD: Biochemistry of urolith formation, *J Am Vet Med Assoc* 147:1324-1326, 1965.

[13] Manning RA, Blaney BJ: Epidemiological aspects of urolithiasis in domestic animals in Queensland, *Aust Vet J* 63:423-424, 1986.

[14] Stewart SR, Emerick RJ, Pritchard RH: Effects of dietary ammonium chloride and variations in calcium to phosphorus ratio on silica urolithiasis in sheep, *J Anim Sci* 69:2225-2229, 1991.

[15] Stewart SR, Emerick RJ, Pritchard RH: High dietary calcium to phosphorus ratio and alkali-forming potential as factors promoting silica urolithiasis in sheep, *J Anim Sci* 68:498-503, 1990.

[16] Bushman DH, Emerick RJ, Embry LB: Effect of various chlorides and calcium carbonate on calcium, phosphorus, sodium, potassium and chloride balance and their relationship to urinary calculi in lambs, *J Anim Sci* 27:490-496, 1968.

[17] Jones ML, Streeter RN, Goad CL: Use of dietary cation anion difference for control of urolithiasis risk factors in goats, *Am J Vet Res* 70:149-155, 2009.

[18] Crookshank HR, et al: Effect of chemical and enzymatic agents on the formation of urinary calculi in fattening steers, *J Anim Sci* 19:595-600, 1960.

[19] Stratton-Phelps M, House JK: Effect of a commercial anion dietary supplement on acidbase balance, urine volume, and urinary ion excretion in male goats fed oat or grass hay diets, *Am J Vet Res* 65:1391-1397, 2004.

[20] Hidiroglou M, Heaney DP, Hartin KE: Copper poisoning in a flock of sheep. Copper excretion patterns after treatment with molybdenum and sulfur or penicillamine, *Can Vet J* 25: 377-382, 1984.

[21] Kupper J, et al: Treatment of chronic copper poisoning in dairy sheep with oral ammonium molybdate and sodium sulphate, *Schweiz Arch Tierheilkd* 147:219-224, 2005.

[22] Ross DB: The effect of oral ammonium molybdate and sodium sulphate given to lambs with high liver copper concentrations, *Res Vet Sci* 11: 295-297, 1970.

[23] Cornish J, et al: Copper toxicosis in a dairy goat herd, *J Am Vet Med Assoc* 231:586-589, 2007.

[24] Ortolani EL, Antonelli AC, de Souza Sarkis JE: Acute sheep poisoning from a copper sulfate footbath, *Vet Hum Toxicol* 46:315-318, 2004.

[25] Escudero E, Carceles CM, Vicente S: Pharmacokinetics of amoxi-cillin/clavulanic acid combination and of both drugs alone after intravenous administration to goats, *Br Vet J* 152:551-559, 1996.

[26] Carceles CM, et al: Pharmacokinetics of amoxicillin/clavulanic acid combination after intravenous and oral administration in goats, *Vet Q* 17:134-138, 1995.

[27] Gilmour NJ, et al: Treatment of experimental pasteurellosis in lambs with clavulanic acid and amoxycillin, *Vet Rec* 126:311, 1990.

[28] Buswell JF, Barber DM: Antibiotic persistence and tolerance in the lactating sheep following a course of intramammary therapy, *Br Vet J* 145:552-557.

[29] Buswell JF, Knight CH, Barber DM: Antibiotic persistence and tolerance in the lactating goat following intramammary therapy, *Vet Rec* 125:301-303, 1989.

[30] Fernandez C, et al: Pharmacokinetics of sodium and trihydrate amoxicillin in sheep after intravenous and intramuscular administration, *J Vet Pharmacol Ther* 30:263-266, 2007.

[31] Elsheikh HA, et al: Pharmacokinetics of amoxicillin trihydrate in Desert sheep and Nubian goats, *Vet Res Commun* 23:507-514, 1999.

[32] Craigmill AL, Pass MA, Wetzlich S: Comparative pharmacokinetics of amoxicillin administered

intravenously to sheep and goats, *J Vet Pharmacol Ther* 15:72-77, 1992.

[33] Escudero E, et al: Pharmacokinetics of an ampicillin-sulbactam combination after intravenous and intramuscular administration to sheep, *Can J Vet Res* 63:25-30, 1999.

[34] Elsheikh HA, Osman IA, Ali BH: Comparative pharmacokinetics of ampicillin trihydrate, gentamicin sulphate and oxytetracycline hydrochloride in Nubian goats and desert sheep, *J Vet Pharmacol Ther* 20:262-266, 1997.

[35] Horak IG, Raymond SM, Louw JP: The use of amprolium in the treatment of coccidiosis in domestic ruminants, *J S Afr Vet Med Assoc* 40:293-299, 1969.

[36] Hammond DM: Amprolium for control of experimental coccidiosis in lambs, *Cornell Vet* 57: 611-623, 1967.

[37] Fitzsimmons WM: Amprolium as a coccidiostat for goats, *Vet Rec* 80:24-26, 1967.

[38] Talmon P, et al: [Coccidiosis in lambs: observations in the preventive use of an amprolium-containing medicated feed], *Tijdschr Diergeneeskd* 114: 611-617, 1989.

[39] Ali BH: Comparative pharmacokinetics of salicylate in camels, sheep and goats, *Eur J Drug Metab Pharmacokinet* 28:125-128, 2003.

[40] Coetzee JF, et al: Attenuation of acute plasma cortisol response in calves following intravenous sodium salicylate administration before castration, *J Vet Pharmacol Ther* 30:305-313, 2007.

[41] Gingerich DA, Baggot JD, Yeary RA: Pharmacokinetics and dosage of aspirin in cattle, *J Am Vet Med Assoc* 167:945-948, 1975.

[42] Carroll GL, et al: Effect of medetomidine and its antagonism with atipamezole on stress-related hormones, metabolites, physiologic responses, sedation, and mechanical threshold in goats, *Vet Anaesth Analg* 32:147-157, 2005.

[43] Ranheim B, et al: Medetomidine and atipamezole in sheep: disposition and clinical effects, *J Vet Pharmacol Ther* 23:401-404, 2000.

[44] Christina Haerdi-Landerer M, Schlegel U, Neiger-Aeschbacher G: The analgesic effects of intrathecal xylazine and detomidine in sheep and their antagonism with systemic atipamezole, *Vet Anaesth Analg* 32:297-307, 2005.

[45] Kinjavdekar P, et al: Influence of yohimbine and atipamezole on haemodynamics and ECG after lumbosacral subarachnoid administration of medetomidine in goats, *J Vet Med A Physiol Pathol Clin Med* 50:424-431, 2003.

[46] Pablo LS, Webb AI, McNicholas WT Jr: The effects of atropine and glycopyrrolate on heart rates in conscious mature goats, *Vet Surg* 24:531-534, 1995.

[47] Bakima M, et al: Respiratory and pulmonary haemodynamic changes during experimental organophosphate poisoning in goats, *Vet Res Commun* 13: 127-133, 1989.

[48] Boermans HJ, et al: Terbufos poisoning in a dairy herd, *Can Vet J* 25:335-338, 1984.

[49] Younger RL, Wright FC: Acute coumaphos toxicosis in cattle: antidotal therapy with pralidoxime chloride and atropine, and related alterations of blood and serum enzymatic activities, *Am J Vet Res* 32: 1053-1063, 1971.

[50] Carceles CM, et al: Pharmacokinetics of azithromycin after i. v. and i. m. administration to sheep, *J Vet Pharmacol Ther* 28: 475-479, 2005.

[51] Carceles CM, et al: Pharmacokinetics of azithromycin after intravenous and intramuscular administration to goats, *J Vet Pharmacol Ther* 28: 51-55, 2005.

[52] Ahern BJ, et al: Comparison of the analgesic properties of transdermally administered fentanyl and intramuscularly administered buprenorphine during and following experimental orthopedic surgery in sheep, *Am J Vet Res* 70:418-422, 2009.

[53] Schauvliege S, et al: Refined anaesthesia for implantation of engineered experimental aortic valves in the pulmonary artery using a right heart bypass in sheep, *Lab Anim* 40:341-352, 2006.

[54] O'Hair KC, et al: Cardiopulmonary effects of nalbuphine hydrochloride and butorphanol tartrate in sheep, *Lab Anim Sci* 38:58-61, 1988.

[55] Nolan A, Livingston A, Waterman AE: Investigation of the antinociceptive activity of buprenorphine in sheep, *Br J Pharmacol* 92:527-533, 1987.

[56] Waterman AE, Livingston A, Amin A: Analgesic activity and respiratory effects of butorphanol in sheep, *Res Vet Sci* 51:19-23, 1991.

[57] Howard BW, et al: The cardiovascular response of sheep to tiletamine-zolazepam and butorphanol tartrate anesthesia, *Vet Surg* 19:461-467, 1990.

[58] Carroll GL, et al: Stress-related hormonal and metabolic responses to restraint, with and without butorphanol administration, in pre-conditioned goats, *Lab Anim Sci* 48:387-390, 1998.

[59] Doze JG, Donders R, van der Kolk JH: Effects of

intravenous administration of two volumes of calcium solution on plasma ionized calcium concentration and recovery from naturally occurring hypocalcemia in lactating dairy cows, *Am J Vet Res* 69: 1346-1350, 2008.

[60] Farningham DA: Formation of calcium complexes by borogluconate in vitro and during calcium borogluconate infusion in sheep, *Res Vet Sci* 39: 70-74, 1985.

[61] Melendez P, et al: Metabolic responses of transition Holstein cows fed anionic salts and supplemented at calving with calcium and energy, *J Dairy Sci* 85: 1085-1092, 2002.

[62] Elias E, Shainkin-Kestenbaum R: Hypocalcaemia and serum levels of inorganic phosphorus, magnesium parathyroid and calcitonin hormones in the last month of pregnancy in Awassi fat-tail ewes, *Reprod Nutr Dev* 30:693-699, 1990.

[63] Paull DR, et al: Effects of a topical anaesthetic formulation and systemic carprofen, given singly or in combination, on the cortisol and behavioural responses of Merino lambs to castration, *Aust Vet J* 87:230-237, 2009.

[64] Colditz IG, et al: Effect of the non-steroidal anti-inflammatory drug, carprofen, on weaned sheep following non-surgical mulesing by intradermal injection of cetrimide, *Aust Vet J* 87:19-26, 2009.

[65] Paull DR, et al: The effect of a topical anaesthetic formulation, systemic flunixin and carprofen, singly or in combination, on cortisol and behavioural responses of Merino lambs to mulesing, *Aust Vet J* 85:98-106, 2007.

[66] Shpigel NY, et al: Efficacy of cefquinome for treatment of cows with mastitis experimentally induced using, *Escherichia coli*, *J Dairy Sci* 80:318-323, 1997.

[67] Errecalde C, et al: Plasma disposition of cefquinome in goats after intramuscular application, *Invest Vet* 3: 89-94, 2001.

[68] U. S. Food and Drug Administration Center for Veterinary Medicine (website): *Code of Federal Regulations; part 522 implanta tion or injectable dosage form new animal drugs; section 522. 313c; ceftiofur sodium*. Accessed November 2, 2009.

[69] Courtin F, et al: Pharmacokinetics of ceftiofur and metabolites after single intravenous and intramuscular administration and multiple intramuscular administrations of ceftiofur sodium to dairy goats, *J Vet Pharmacol Ther* 20:368-373, 1997.

[70] Craigmill AL, et al: Pharmacokinetics of ceftiofur and metabolites after single intravenous and intramuscular administration and multiple intramuscular administrations of ceftiofur sodium to sheep, *J Vet Pharmacol Ther* 20:139-144, 1997.

[71] Freedom of information summary (serial online): *Naxcel sterile powder (ceftiofur sodium)*, Supplement to NADA 140-338, 2001, pp 1-9 (Sponsored by Pharmacia & Upjohn Company): www. fda. gov/downloads/AnimalVeterinary/Products/ApprovedAnimalDrugProducts/FOIADrugSummaries/ucm049842. Accessed March 12, 2011.

[72] Fthenakis GC: Field evaluation of flunixin meglumine in the supportive treatment of ovine mastitis, *J Vet Pharmacol Ther* 23:405-407, 2000.

[73] Mavrogianni VS, Alexopoulos C, Fthenakis GC: Field evaluation of flunixin meglumine in the supportive treatment of caprine mastitis, *J Vet Pharmacol Ther* 27:373-375, 2004.

[74] Fox LK, Hancock DD, Horner SD: Selective intramammary antibiotic therapy during the nonlactating period in goats, *Small Rumin Res* 9:313-318, 1992.

[75] Pass MA, Stewart C: Administration of activated charcoal for the treatment of lantana poisoning of sheep and cattle, *J Appl Toxicol* 4:267-269, 1984.

[76] Berger J: A comparison of some anaesthetic techniques in young calves, *Br Vet J* 122:65-73, 1966.

[77] Singh J, et al: Oxygen environment and acid-base status of the jugular, portal and renal veins and brain sinus of bovines in the conscious and sedated states, *Zentralbl Veterinarmed A* 28: 559-568, 1981.

[78] U. S. Food and Drug Administration Center for Veterinary Medicine (website): *Code of Federal Regulations; 21 CFR 558. 128; new animal drugs for use in animal feeds; chlortetracycline*, 2009, pp 421-425. Accessed March 12, 2011.

[79] Connell JM, et al: Anticoagulation of juvenile sheep and goats with heparin, warfarin, and clopidogrel, *ASAIO J* 53:229-237, 2007.

[80] Challis JR, et al: Production of prostaglandin Falpha in ewes following luteal regression induced with a prostaglandin analogue, Estrumate (cloprostenol; I. C. I. 80996), *Prostaglandins* 11:537-543, 1976.

[81] Fernandez-Moro D, et al: Preovulatory follicle development in goats following oestrous synchronization with progestagens or prostaglandins, *Reprod Domest Anim* 43:9-14, 2008.

[82] Nuti LC, et al: Synchronization of estrus in dairy

goats treated with prostaglandin F at various stages of the estrous cycle, *Am J Vet Res* 53:935-937, 1992.

[83] Reid RN, Crothers I: Prostaglandin F2 alpha for oestrus synchronisation or abortion in Polwarth ewes, *Aust Vet J* 56:22-24, 1980.

[84] Nancarrow CD, Evison BM, Connell PJ: Effect of embryos on luteolysis and termination of early pregnancy in sheep with cloprostenol, *Biol Reprod* 26:263-269, 1982.

[85] Day AM, Southwell SR: Termination of pregnancy in goats using cloprostenol, *N Z Vet J* 27:207-208, 1979.

[86] Tyrrell RN, et al: Termination of early pregnancy in ewes by use of a prostaglandin analogue and subsequent fertility, *Aust Vet J* 57:76-78, 1981.

[87] Maule Walker FM: Lactation and fertility in goats after the induction of parturition with an analogue of prostaglandin F2 alpha, cloprostenol, *Res Vet Sci* 34: 280-286, 1983.

[88] Conboy GA, Stromberg BE, Schlotthauer JC: Efficacy of clorsulon against *Fascioloides magna* infection in sheep, *J Am Vet Med Assoc* 192:910-912, 1988.

[89] Zimmerman GL, et al: Efficacy of clorsulon against mature, naturally acquired *Fasciola hepatica* infections in cattle and sheep, *Am J Vet Res* 47: 1665-1667, 1986.

[90] Foreyt WJ: Evaluation of clorsulon against immature *Fascioloides magna* in cattle and sheep, *Am J Vet Res* 49:1004-1006, 1988.

[91] Sundlof SF, et al: Efficacy of clorsulon for the treatment of experimentally induced infections of *Fasciola hepatica* in goats, *Am J Vet Res* 52: 111-114, 1991.

[92] Rehbein S, Visser M: Efficacy of an injectable ivermectin/clorsulon combination against *Fasciola hepatica* in sheep, *Vet Rec* 145:468, 1999:1999.

[93] Mooney L, et al: The comparative efficacy of four anthelmintics against a natural acquired *Fasciola hepatica* infection in hill sheep flock in the west of Ireland, *Vet Parasitol* 164:201-205, 2009.

[94] Costa CT, et al: Anthelmintic activity of *Azadirachta indica* A. Juss against sheep gastrointestinal nematodes, *Vet Parasitol* 137:306-310, 2006:2006.

[95] Coles GC, Rhodes AC, Stafford KA: Activity of closantel against adult triclabendazole-resistant, *Fasciola hepatica*, *Vet Rec* 146:504, 2000.

[96] Dorchies P, Alzieu JP, Cadiergues MC: Comparative curative and preventive efficacies of ivermectin and closantel on *Oestrus ovis* (Linne 1758) in naturally infected sheep, *Vet Parasitol* 72: 179-184, 1997.

[97] Suarez VH, et al: Epidemiology of *Oestrus ovis* infection of sheep in Argentina's Western Pampas, *Parasite* 11:405-410, 2004.

[98] Godinho K, et al: Efficacy of danofloxacin in the treatment of pneumonic pasteurellosis in specific pathogen-free lambs, *Vet Rec* 160:770-771, 2007.

[99] Escudero E, et al: Pharmacokinetics of danofloxacin 18% in lactating sheep and goats, *J Vet Pharmacol Ther* 30:572-577, 2007.

[100] Ozdemir U, et al: Effect of danofloxacin (Advocin A180) on goats affected with contagious caprine pleuropneumonia, *Trop Anim Health Prod* 38:533-540, 2006.

[101] U. S. Food and Drug Administration Center for Veterinary Medicine (website): *Code of Federal Regulations; part 558 new animal drugs for use in animal feeds; section 558. 195; decoquinate*, 2001. Accessed November 2, 2009.

[102] Deccox 6% premix for medicated feeding stuff for sheep and cattle, NOAH Compendium of Data Sheets for Animal Medicines (website): http://www.noahcompendium.co.uk/AlpharmaBelgium_bvba/documents/S3341.html. Accessed November 28, 2009.

[103] Buxton D, et al: Decoquinate and the control of experimental ovine toxoplasmosis, *Vet Rec* 138: 434-436, 1996.

[104] Clark TP, Purohit RC, Wilson RC: Evaluation of sedative and analgesic properties of detomidine in goats, *Agr Pract* 14:29-33, 1993.

[105] Carroll GL, et al: Detomidine-butorphanol-propofol for carotid artery translocation and castration or ovariectomy in goats, *Vet Surg* 27:75-82, 1999.

[106] Singh AP, et al: Evaluation of detomidine as a sedative in goats, *Acta Vet Hung* 39: 109-114, 1991.

[107] Stafford KJ, et al: The stress caused by laparoscopy in sheep and its alleviation, *N Z Vet J* 54:109-113, 2006.

[108] Waterman AE, Nolan A, Livingston A: Influence of idazoxan on the respiratory blood gas changes induced by alpha 2-adrenoceptor agonist drugs in conscious sheep, *Vet Rec* 121:105-107, 1987.

[109] Bosc MJ: The induction and synchronization of lambing with the aid of dexamethasone, *J Reprod*

Fertil 28:347-357, 1972.

[110] Edey TN, et al: Dose rate, time of injection and litter size effects on dexamethasone-induced parturition in Border Leicester × Merino ewes, *Aust Vet J* 62:104-105, 1985.

[111] Thakur MS, Verma SK: Use of dexamethasone for induction of parturition in goats, *Arch Exp Veterinarmed* 44:459-463, 1990.

[112] Lohuis JA, et al: Effect of dexamethasone on experimental *Escherichia coli* mastitis in the cow, *J Dairy Sci* 71:2782-2789, 1988.

[113] Lohuis JA, et al: Effect of steroidal anti-inflammatory drugs on *Escherichia coli* endotoxin-induced mastitis in the cow, *J Dairy Sci* 72:241-249, 1989.

[114] Anderson KL, Hunt E: Anti-inflammatory therapy in acute endotoxin-induced bovine mastitis, *Vet Res Commun* 13:17-26, 1989.

[115] Anderson KL, Hunt E, Davis BJ: The influence of antiinflammatory therapy on bacterial clearance following intramammary Escherichia coli challenge in goats, *Vet Res Commun* 15:147-161, 1991.

[116] Zamri-Saad M, et al: Cellular and humoral responses in the respiratory tract of goats following intranasal stimulation using formalin-killed *Pasteurella haemolytica* A2, *Vet Microbiol* 65: 233-240, 1999.

[117] Schuler JJ, Erve PR, Schumer W: Glucocorticoid effect on hepatic carbohydrate metabolism in the endotoxin-shocked monkey, *Ann Surg* 183: 345-354, 1976.

[118] Shatney CH, Lillehei RC: Serum complement levels in canine endotoxin shock: relation to survival and to corticosteroid therapy, *Adv Shock Res* 9:265-274, 1983.

[119] Van Saun RJ: Pregnancy toxemia in a flock of sheep, *J Am Vet Med Assoc* 217:1536-1539, 2000.

[120] Henze P, et al: Spontaneous pregnancy toxaemia (ketosis) in sheep and the role of insulin, *Zentralbl Veterinarmed A* 45: 255-266, 1998.

[121] Eales FA, Small J, Gilmour JS: Resuscitation of hypothermic lambs, *Vet Rec* 110:121-123, 1982.

[122] Vesal N, Oloumi MM: A preliminary comparison of epidural lidocaine and xylazine during total intravenous anaesthesia in Iranian fat-tailed sheep, *Zentralbl Veterinarmed A* 45:353-360, 1998.

[123] Celly CS, et al: Cardiopulmonary effects of clonidine, diazepam and the peripheral alpha 2 adrenoceptor agonist ST-91 in conscious sheep, *J Vet Pharmacol Ther* 20:472-478, 1997.

[124] Coulson NM, et al: The cardiorespiratory effects of diazepamketamine and xylazine-ketamine anesthetic combinations in sheep, *Lab Anim Sci* 39: 591-597, 1989.

[125] McKeough VL, Collett MG, Parton KH: Suspected *Vestia foetida* poisoning in young goats, *N Z Vet J* 53:352-355, 2005.

[126] Van Miert AS, Koot M, Van Duin CT: Appetite-modulating drugs in dwarf goats, with special emphasis on benzodiazepine-induced hyperphagia and its antagonism by flumazenil and RO 15-3505, *J Vet Pharmacol Ther* 12:147-156, 1989.

[127] Mundt HC, et al: Study of the comparative efficacy of toltrazuril and diclazuril against ovine coccidiosis in housed lambs, *Parasitol Res* 105(Suppl 1):S141-S150, 2009.

[128] Alzieu JP, et al: Economic benefits of prophylaxis with diclazuril against subclinical coccidiosis in lambs reared indoors, *Vet Rec* 144:442-444, 1999.

[129] Platzer B, et al: Epidemiology of *Eimeria* infections in an Austrian milking sheep flock and control with diclazuril, *Vet Parasitol* 129:1-9, 2005.

[130] Godfrey RW, et al: Estrus synchronization and artificial insemination of hair sheep ewes in the tropics, *Theriogenology* 51: 985-997, 1999.

[131] Godfrey RW, Gray ML, Collins JR: A comparison of two methods of oestrous synchronisation of hair sheep in the tropics, *Anim Reprod Sci* 47: 99-106, 1997.

[132] Alan M, Tasal I: Efficacy of prostaglandin F2alpha and misoprostol in the induction of parturition in goats, *Vet Rec* 150: 788-789, 2002.

[133] Bretzlaff KN, Hill A, Ott RS: Induction of luteolysis in goats with prostaglandin F2 alpha, *Am J Vet Res* 44:1162-1164, 1983.

[134] Hesselink JW: Hydrometra in dairy goats: reproductive performance after treatment with prostaglandins, *Vet Rec* 133: 186-187, 1993.

[135] Audicana L, Harvey MJ: Termination of early pregnancy in sheep with dinoprost or cloprostenol: comparison of two commercial preparations, *Vet Rec* 133:574-576, 1993.

[136] Rolbin SH, et al: Dopamine treatment of spinal hypotension decreases uterine blood flow in the pregnant ewe, *Anesthesiology* 51:37-40, 1979.

[137] Bernstein D, Crane C: Comparative circulatory effects of isoproterenol and dopamine in lambs with experimental cyanotic heart disease, *Pediatr Res* 29: 323-328, 1991.

[138] Sun Q, et al: Optimal adrenergic support in septic shock due to peritonitis, *Anesthesiology* 98:888-896, 2003.

[139] Dorchies P, et al: Efficacy of doramectin injectable against *Oestrus ovis* and gastrointestinal nematodes in sheep in the southwestern region of France, *Vet Parasitol* 96:147-154, 2001.

[140] Hertzberg H, et al: Effect of a single injection of doramectin on gastrointestinal nematode infections of sheep grazing on alpine pastures, *Schweiz Arch Tierheilkd* 143:305-311, 2001.

[141] Terrill TH, et al: Anthelmintic resistance on goat farms in Georgia: efficacy of anthelmintics against gastrointestinal nematodes in two selected goat herds, *Vet Parasitol* 97:261-268, 2001.

[142] Bairam A, et al: Interactive ventilatory effects of two respiratory stimulants, caffeine and doxapram, in newborn lambs, *Biol Neonate* 61:201-208, 1992.

[143] Olkowski AA, Gooneratne SR, Christensen DA: The effects of thiamine and EDTA on biliary and urinary lead excretion in sheep, *Toxicol Lett* 59:153-159, 1991.

[144] Meldrum JB, Ko KW: Effects of calcium disodium EDTA and meso-2, 3-dimercaptosuccinic acid on tissue concentrations of lead for use in treatment of calves with experimentally induced lead toxicosis, *Am J Vet Res* 64:672-676, 2003.

[145] Aronson AL, Hammond PB, Strafuss AC: Studies with calcium ethylenediaminetetraacetate in calves; toxicity and use in bovine lead poisoning, *Toxicol Appl Pharmacol* 12:337-349, 1968.

[146] Rahal A, et al: Pharmacokinetics of enrofloxacin in sheep following intravenous and subcutaneous administration, *J Vet Pharmacol Ther* 29:321-324, 2006.

[147] Elsheikh HA, et al: Disposition kinetics of enrofloxacin (Baytril 5%) in sheep and goats following intravenous and intramuscular injection using a microbiological assay, *Res Vet Sci* 73: 125-129, 2002.

[148] Ramesh S, Rao GS, Malik JK: Pharmacokinetic disposition of subcutaneously administered enrofloxacin in goats, *Vet Res Commun* 26: 563-569, 2002.

[149] Burchfield DJ, et al: Effects of graded doses of epinephrine during asphxia-induced bradycardia in newborn lambs, *Resuscitation* 25:235-244, 1993.

[150] Cringoli G, et al: Efficacy of eprinomectin pour-on against gastrointestinal nematode infections in sheep, *Vet Parasitol* 112:203-209, 2003.

[151] Habela M, et al: Efficacy of eprinomectin pour-on in naturally *Oestrus ovis* infested merino sheep in Extremadura, South-West Spain, *Parasitol Res* 99: 275-280, 2006.

[152] Chartier C, et al: Activity of eprinomectin in goats against experimental infections with *Haemonchus contortus*, *Teladorsagia circumcincta* and, *Trichostrongylus colubriformis*, *Vet Rec* 144:99-100, 1999.

[153] Rendell DK, Callinan AP: Comparison of erythromycin and oxytetracycline for the treatment of virulent footrot in grazing sheep, *Aust Vet J* 75: 354, 1997.

[154] Ambros L, et al: Pharmacokinetics of erythromycin in nonlactating and lactating goats after intravenous and intramuscular administration, *J Vet Pharmacol Ther* 30:80-85, 2007.

[155] Goudah A: Pharmacokinetics and mammary residual depletion of erythromycin in healthy lactating ewes, *J Vet Med A Physiol Pathol Clin Med* 54:607-611, 2007.

[156] Piriz S, et al: Comparison of erythromycin and oxytetracycline for the treatment of ovine footrot, *Acta Vet Hung* 49:131-139, 2001.

[157] Mizinga KM, Verma OP: LHRH-induced ovulation and fertility of anestrous goats, *Theriogenology* 21:435-446, 1984.

[158] Burger HJ: Efficacy of febantel in sheep experimentally infected with five species of gastrointestinal nematodes, *Vet Rec* 103: 572-574, 1978.

[159] Thomas H: The efficacy of febantel on gastrointestinal nematodes in sheep, Res Vet Sci 25: 290-293, 1978.

[160] Lyons ET, Drudge JH, Tolliver SC: Activity of febantel on natural infections of gastrointestinal helminths in lambs in a controlled test, *Am J Vet Res* 49:901-902, 1988.

[161] Chartier C, et al: Individual fluctuations in efficacy of febantel against *Muellerius capillaris* in goats, *Vet Res* 26:116-123, 1995.

[162] U. S. Food and Drug Administration Center for Veterinary Medicine (website): *Code of Federal Regulations; part 520. oral dosage form new animal drugs; section 520. 905a; fenbendazole suspension.* Accessed November 2, 2009.

[163] Haibel GK, Hull BL: Induction of parturition in goats with fenprostalene, *Theriogenology* 30: 901-903, 1988.

[164] Shen J, et al: Bioavailability and pharmacokinetics

of florfenicol in healthy sheep, *J Vet Pharmacol Ther* 27:163-168, 2004.

[165] Lane VM, et al: Intravenous and subcutaneous pharmacokinetics of florfenicol in sheep, *J Vet Pharmacol Ther* 27:191-196, 2004.

[166] Ali BH, Al-Qarawi AA, Hashaad M: Comparative plasma pharmacokinetics and tolerance of florfenicol following intramuscular and intravenous administration to camels, sheep and goats, *Vet Res Commun* 27:475-483, 2003.

[167] Atef M, et al: Disposition kinetics of florfenicol in goats by using two analytical methods, *J Vet Med A Physiol Pathol Clin Med* 48:129-136, 2001.

[168] Kyles AE, Waterman AE, Livingston A: Antinociceptive activity of midazolam in sheep, *J Vet Pharmacol Ther* 18:54-60, 1995.

[169] Stubsjoen SM, et al: Exploring non-invasive methods to assess pain in sheep, *Physiol Behav* 98: 640-648, 2009.

[170] Larvor P, Rayssiguier Y: Hypomagnesaemia following theophylline or furosemide injection in ewes: renal versus extrarenal effect, *J Physiol* 227:365-375, 1972.

[171] Rademaker MT, et al: Comparison of chronic neutral endopeptidase inhibition and furosemide in an ovine model of heart failure, *J Cardiovasc Pharmacol* 27:439-446, 1996.

[172] English PB, Becvar WE: Effects of furosemide on the external balances of water, sodium, potassium, and chloride in sheep, *Am J Vet Res* 32:1371-1379, 1971.

[173] Power SB, Malone A: An outbreak of ringworm in sheep in Ireland caused by, *Trichophyton verrucosum*, *Vet Rec* 121:218-220, 1987.

[174] Guedes AG, et al: Effects of preoperative epidural administration of racemic ketamine for analgesia in sheep undergoing surgery, *Am J Vet Res* 67: 222-229, 2006.

[175] Lin HC, et al: Effects of anesthesia induced and maintained by continuous intravenous administration of guaifenesin, ketamine, and xylazine in spontaneously breathing sheep, *Am J Vet Res* 54: 1913-1916, 1993.

[176] Cake MA, et al: Synovial pathology in an ovine model of osteoarthritis: effect of intraarticular hyaluronan (Hyalgan), *Clin Exp Rheumatol* 26: 561-567, 2008.

[177] Tytherleigh-Strong G, Hurtig M, Miniaci A: Intra-articular hyaluronan following autogenous osteochondral grafting of the knee, *Arthroscopy* 21: 999-1005, 2005.

[178] do Nascimento P Jr, et al: Hypertonic 15% sodium pyruvate offers no initial resuscitation advantage compared with 8% hypertonic NaCl in sheep with multiple hemorrhages, *Shock* 27:565-571, 2007.

[179] Svensen CH, et al: Natriuresis and the extracellular volume expansion by hypertonic saline, *J Surg Res* 113:6-12, 2003.

[180] Ogino R: Effects of hypertonic saline and dextran 70 on cardiac diastolic function after hemorrhagic shock, *J Surg Res* 107: 27-36, 2002.

[181] Demling RH, LaLonde C, Goad ME: Effect of ibuprofen on the pulmonary and systemic response to repeated doses of endotoxin, *Surgery* 105: 421-429, 1989.

[182] Emau P, et al: Ibuprofen prevents *Pasteurella hemolytica* endotoxin-induced changes in plasma prostanoids and serotonin, and fever in sheep, *J Vet Pharmacol Ther* 8:352-361, 1985.

[183] DeGraves FJ, Anderson KL, Aucoin DP: Pharmacokinetics of ibuprofen in lactating dairy goats, *Am J Vet Res* 54:434-437, 1983.

[184] McHardy N, et al: Efficacy, toxicity and metabolism of imidocarb dipropionate in the treatment of *Babesia ovis* infection in sheep, *Res Vet Sci* 41: 14-20, 1986.

[185] U. S. Food and Drug Administration Center for Veterinary Medicine (website): *Code of Federal Regulations*; *21 CFR 520. 1195*; *oral dosage form new animal drugs*; *ivermectin liquid*, 2009, pp 171-172: Accessed March 12, 2011

[186] Stegmann GF: Observations on some cardiopulmonary effects of midazolam, xylazine and a midazolam/ketamine combination in the goat, *J S Afr Vet Assoc* 70:122-126, 1999.

[187] Stegmann GF: Observations on the use of midazolam for sedation, and induction of anaesthesia with midazolam in combination with ketamine in the goat, *J S Afr Vet Assoc* 69:89-92, 1998.

[188] Prassinos NN, Galatos AD, Raptopoulos D: A comparison of propofol, thiopental or ketamine as induction agents in goats, *Vet Anaesth Analg* 32: 289-296, 2005.

[189] Larenza MP, et al: Comparison of the cardiopulmonary effects of anesthesia maintained by continuous infusion of ketamine and propofol with anesthesia maintained by inhalation of sevoflurane in goats undergoing magnetic resonance imaging, *Am J Vet Res* 66:2135-2141, 2005.

[190] Lizarraga I, Chambers JP: Involvement of opioidergic and alpha2-adrenergic mechanisms in the central analgesic effects of non-steroidal anti-inflammatory drugs in sheep, *Res Vet Sci* 80:194-200, 2006.

[191] Arifah AK, Landoni MF, Lees P: Pharmacodynamics, chiral pharmacokinetics and PK-PD modelling of ketoprofen in the goat, *J Vet Pharmacol Ther* 26:139-150, 2003.

[192] U. S. Food and Drug Administration Center for Veterinary Medicine (website): *Code of Federal Regulations; 21 CFR 558.311; new animal drugs for use in animal feeds; lasalocid*, 2009, pp 449-457. Accessed March 12, 2011.

[193] Horton GM, Stockdale PH: Lasalocid and monensin in finishing diets for early weaned lambs with naturally occurring coccidiosis, *Am J Vet Res* 42:433-436, 1981.

[194] United States Food and Drug Administration Center for Veterinary Medicine (website): *Code of Federal Regulations; 21 CFR 520.1242a; oral dosage form new animal drugs; levamisole powder for oral solution*, 2009, pp 175-176. Accessed March 12, 2011.

[195] U. S. Food and Drug Administration Center for Veterinary Medicine (website): *Code of Federal Regulations; 21 CFR 520.1242b; oral dosage form new animal drugs; levamisole hydrochloride tablet or oblet (bolus)*, 2009, pp 176. Accessed March 12, 2011.

[196] Scott PR, Gessert ME: Evaluation of caudal epidural lignocaine injection during dystocia correction in ewes, *Vet Rec* 138:19-20, 1996.

[197] Edjtehadi M, Mehrabani D: Prevention of epinephrine-induced arrhythmias with lidocaine during thiopental and methoxyflurane anesthesia in sheep, *J Appl Anim Res* 27:55-59, 2005.

[198] Plenderleith RW: Treatment of cattle, sheep and horses with lincomycin: case studies, *Vet Rec* 122:112-113, 1988.

[199] Marcus S, et al: Lincomycin and spectinomycin in the treatment of breeding rams with semen contaminated with ureaplasmas, *Res Vet Sci* 57:393-394, 1994:1994.

[200] Venning CM, Curtis MA, Egerton JR: Treatment of virulent footrot with lincomycin and spectinomycin, *Aust Vet J* 67:258-260, 1990.

[201] Jordan D, Venning CM: Treatment of ovine dermatophilosis with long-acting oxytetracycline or a lincomycin-spectinomycin combination, *Aust Vet J* 72:234-236, 1995.

[202] Richards IS: The effect of magnesium sulphate on convulsions induced by annual ryegrass toxicity, *Aust Vet J* 58:115-117, 1982.

[203] West DM, Bruere AN: Hypomagnesaemic tetany in sheep, *N Z Vet J* 29:85-87, 1981.

[204] Towstoless MK, et al: Placental and renal control of plasma osmolality in chronically cannulated ovine fetus, *Am J Physiol* 253:R389-R395, 1987.

[205] Herin P, et al: Ovine fetal response to water deprivation: aspects of the role of vasopressin, *Q J Exp Physiol* 73:931-940, 1988.

[206] Rabinowitz L, Gunther RA: Renal concentrating ability in sheep during urea, mannitol, and methylurea diuresis, *Am J Physiol* 222:801-806, 1972.

[207] Bauer C, Conraths FJ: Comparative efficacy of moxidectin and mebendazole against gastrointestinal nematodes in experimentally infected lambs, *Vet Rec* 135:136-138, 1994.

[208] Kelly JD, Chevis RA, Whitlock HV: The anthelmintic efficacy of mebendazole against adult *Fasciola hepatica* and a concurrent mixed nematode infection in sheep, *N Z Vet J* 23:81-84, 1975.

[209] Lyons ET, et al: Controlled tests of activity of several antiparasitic compounds against natural infections of *Haemonchus contortus* and other helminths in lambs from a flock established in 1962, *Am J Vet Res* 54:406-410, 1993.

[210] Taylor MA, et al: Effectiveness of strategic anthelmintic dosing in controlling *Haemonchus contortus* infections in sheep in the United Kingdom, *Vet Rec* 129:189-192, 1991.

[211] Uhlinger C, Fetrow J, Johnstone C: A field evaluation of benzimidazole and nonbenzimidazole drugs in a herd of dairy goats, *J Vet Intern Med* 2:113-116, 1988.

[212] Van der Westhuizen B, Newcomb K, Guerrero J: Anthelmintic efficacy of mebendazole suspension against induced helminth infections in South African sheep and cattle, *Am J Vet Res* 45:779-782, 1984.

[213] Kastner SB, et al: Comparison of two pre-anaesthetic medetomidine doses in isoflurane anaesthetized sheep, *Vet Anaesth Analg* 33:8-16, 2006.

[214] Windorski EJ, et al: Effects of melengestrol acetate and P. G. 600 on fertility in Rambouillet ewes outside the natural breeding season, *Theriogenology* 70:227-232, 2008.

[215] Safranski TJ, Lamberson WR, Keisler DH: Use of

melengestrol acetate and gonadotropins to induce fertile estrus in seasonally anestrous ewes, *J Anim Sci* 70:2935-2941, 1992.

[216] Jabbar G, Umberger SH, Lewis GS: Melengestrol acetate and norgestomet for the induction of synchronized estrus in seasonally anovular ewes, *J Anim Sci* 72:3049-3054, 1994.

[217] Powell MR, et al: Use of melengestrol acetate-based treatments to induce and synchronize estrus in seasonally anestrous ewes, *J Anim Sci* 74: 2292-2302, 1996.

[218] Voss LJ, et al: A comparison of pharmacokinetic/pharmacodynamic versus mass-balance measurement of brain concentrations of intravenous anesthetics in sheep, *Anesth Analg* 104:1440-1446, 2007.

[219] Collan R: Anesthetic and paraoperative management of sheep for total heart replacement, *Anesth Analg* 49:336-343, 1970.

[220] Wendel WB: The control of methemoglobinemia with methylene blue, *J Clin Invest* 18: 179-185, 1939.

[221] Neilson FJ: Nitrite and nitrate poisoning with special reference to 'grasslands tama' ryegrass, *N Z Vet J* 22:12-13, 1974:1974.

[222] Burrows GE, et al: The prophylactic effect of corn supplementation on experimental nitrate intoxication in cattle, *J Anim Sci* 64: 1682-1689, 1987: 1987.

[223] Mondal DB, Pandey NN: Dosing regimen of methylene blue and its comparative efficacy with tolonium chloride and ascorbic acid in induced acute nitrate toxicity in goats, *Indian J Anim Sci* 70:572-575, 2000.

[224] Burrows GE: Nitrate intoxication, *J Am Vet Med Assoc* 177:82-83, 1980.

[225] Burrows GE: Methylene blue: effects and disposition in sheep, *J Vet Pharmacol Ther* 7: 225-231, 1984.

[226] Huhn JC, Nelson DR: The quantitative effect of metoclopramide on abomasal and duodenal myoelectric activity of goats, *Zentralbl Veterinarmed A* 44:361-371, 1997.

[227] Stafford KJ, Leek BF: Dopamine-sensitive receptors that evoke rumination and modify reticulo-ruminal activity in sheep, *J Vet Pharmacol Ther* 11:171-176, 1988.

[228] Upton RN, Martinez AM, Grant C: Comparison of the sedative properties of CNS 7056, midazolam, and propofol in sheep, *Br J Anaesth* 103: 848-857, 2009.

[229] Min BR, et al: In vitro rumen fermentation and in vivo bloat dynamics of steers grazing winter wheat to corn oil supplementation, *Anim Feed Sci Technol* 133:192-205, 2007.

[230] Miltimore JE, et al: Bloat investigations. I. Reduction of bloat incidence in dairy cattle with penicillin and antifoaming agents, *Can J Anim Sci* 44:96-101, 1964.

[231] Buxton D, et al: Further studies in the use of monensin in the control of experimental ovine toxoplasmosis, *J Comp Pathol* 98:225-236, 1988.

[232] Buxton D, Donald KM, Finlayson J: Monensin and the control of experimental ovine toxoplasmosis: a systemic effect, *Vet Rec* 120:618-619, 1987.

[233] Horton GM, Stockdale PH: Oocyst discharge, rumen metabolism and performance of early weaned lambs with naturally occurring coccidiosis fed monensin, *Can Vet J* 22:175-178, 1981.

[234] U. S. Food and Drug Administration Center for Veterinary Medicine (website): *Code of Federal Regulations; part 558 new animal drugs for use in animal feeds; section 558. 360; morantel tartrate*. Accessed November 2, 2009.

[235] Reinemeyer CR, Pringle JK: Evaluation of the efficacy and safety of morantel tartrate in domestic goats, *Vet Hum Toxicol* 35(Suppl 2): 57-61, 1993: 1993.

[236] U. S. Food and Drug Administration Center for Veterinary Medicine (website): *Code of Federal Regulations; 21 CFR 520. 1454; oral dosage form new animal drugs; moxidectin solution*, 2009, p 190. Accessed March 12, 2011.

[237] O'Brien DJ, et al: Evaluation of the persistent activity of injectable endectocides against, Psoroptes ovis, *Vet Rec* 149:522-523, 2001.

[238] Pomroy WE, et al: Multiple resistance in goat-derived *Ostertagia* and the efficacy of moxidectin and combinations of other anthelmintics, *N Z Vet J* 40:76-78, 1992.

[239] Varady M, Praslicka J, Corba J: Efficacy of moxidectin against multiple resistant *Ostertagia* spp. in lambs, *N Z Vet J* 43:89-90,1995.

[240] Constable PD: Therapeutic management of cardiovascular diseases. In Howard JL, Smith RA, editors: *Current veterinary therapy 4: food animal practice*, Philadelphia, 1999, WB Saunders.

[241] Navarro JF, Mora C: In-depth review effect of androgens on anemia and malnutrition in renal

failure: implications for patients on peritoneal dialysis, *Perit Dial Int* 21:14-24, 2001.

[242] U. S. Food and Drug Administration Center for Veterinary Medicine (website): *Code of Federal Regulations; part 558 new animal drugs for use in animal feeds; section 558. 364; neomycin sulfate*. Accessed November 2, 2009.

[243] U. S. Food and Drug Administration Center for Veterinary Medicine (website): *Code of Federal Regulations; part 520 oral dosage form new animal drugs; section 520. 1484; neomycin sulfate*. Accessed November 2, 2009.

[244] U. S. Food and Drug Administration Center for Veterinary Medicine (website): *Code of Federal Regulations; part 522 implantation or injectable dosage form new animal drugs; section 522. 1503; neostigmine methylsulfate injection*. Accessed November 2, 2009.

[245] Richards LS, et al: The anthelmintic efficacy of netobimin against naturally acquired gastrointestinal nematodes in sheep, *Vet Parasitol* 26:87-94, 1987.

[246] Richards LS, et al: The anthelmintic efficacy of netobimin against experimental infections of *Fasciola hepatica* in sheep, *Vet Parasitol* 26:71-77, 1987.

[247] Bauer C, Hafner M: Efficacy of two formulations of netobimin against gastrointestinal helminths in sheep, *Vet Rec* 127: 621-622, 1990.

[248] Cabaret J: Efficacy of netobimin against *Muellerius capillaris* and resistant strain of digestive tract strongyles in dairy goats, *Am J Vet Res* 52:1313-1315, 1991.

[249] Elliott DC: Tapeworm (*Moniezia expansa*) in sheep: anthelmintic treatment studies to assess possible pathogenic effects and production loss in young infected animals in the field, *N Z Vet J* 32: 185-188, 1984.

[250] Coles GC, Stafford KA: Activity of oxyclozanide, nitroxynil, clorsulon and albendazole against adult triclabendazole-resistant, *Fasciola hepatica*, *Vet Rec* 148:723-724, 2001.

[251] Bretzlaff KN, et al: Synchronization of estrus in dairy goats given norgestomet and estradiol valerate at various stages of the estrous cycle, *Am J Vet Res* 53:930-934, 1992.

[252] Ainsworth L, Wolynetz MS: Synchronization of estrus and reproductive performance of ewes treated with synthetic progestogens administered by subcutaneous ear implant or by intravaginal sponge pessary, *J Anim Sci* 54:1120-1127, 1982.

[253] Spitzer JC, Carpenter RH: Estrus and pregnancy rates following synchronization with chronolone intravaginal sponge or norgestomet ear implant in cycling ewes, *Theriogenology* 16:287-294, 1981.

[254] Chalmers K: The efficacy of oxfendazole against natural infections of nematodes and cestodes in sheep, *N Z Vet J* 25: 266-269, 1977.

[255] Baker NF, Fisk RA: Anthelmintic efficiency of oxfendazole in California lambs, *Am J Vet Res* 38: 1315-1316, 1977.

[256] Downey NE: Controlled trials of the anthelmintic oxfendazole in ewes and lambs naturally infected with gastrointestinal nematodes, *Vet Rec* 101:260-263, 1977.

[257] Elliott DC: Removal of *Haemonchus contortus*, *Ostertagia circumcincta* and *Trichostrongylus* spp. from goats, by morantel citrate, levamisole hydrochloride, fenbendazole, and oxfendazole, *N Z Vet J* 35:208-210, 1987.

[258] Kistner TP, Wyse D: Efficacy of oxfendazole against an ovine isolate of benzimidazole resistant *Haemonchus contortus*, *Aust Vet J* 54: 469-470, 1978.

[259] Gavidia CM, Gonzalez AE, Lopera L, et al: Evaluation of nitazoxanide and oxfendazole efficacy against cystic echinococcosis in naturally infected sheep, *Am J Trop Med Hyg* 80: 367-372, 2009.

[260] Dueger EL, Moro PL, Gilman RH: Oxfendazole treatment of sheep with naturally acquired hydatid disease, *Antimicrob Agents Chemother* 43:2263-2267, 1999.

[261] Schweizer G, et al: Clinical findings and treatment of 94 cattle presumptively diagnosed with listeriosis, *Vet Rec* 158:588-592, 2006.

[262] U. S. Food and Drug Administration Center for Veterinary Medicine (website): *Code of Federal Regulations; 21 CFR 558. 450; new animal drugs for use in animal feeds; oxytetracycline*, 2009, pp 488-490. Accessed March 12, 2011.

[263] Hall RF, Waldham DG, DeLong WJ: The prevention of chlamydial abortion in sheep and goats, *Proceedings of the Third International Conference on Goat Production and Disease*, Tucson, Arizona, January 10 to 15, 1982, Medford, Wisc, 1982, Dairy Goat Journal, p 540.

[264] U. S. Food and Drug Administration Center for Veterinary Medicine (website): *Code of Federal Regulations; 21 CFR 520. 1660d; oral dosage form new animal drugs; oxytetracycline powder*, 2009, pp

196-198. Accessed March 12, 2011.

[265] Joussellin W, Valentin-Smith A: La terramycine longue actionson emploi dans les pneumopathies bovines, ovines et porcines et la prevention de la chlamydiose ovine, *Bull Soc Vet Prat France* 67:459-480, 1983.

[266] Rodolakis A, et al: Efficacy of a long-acting oxytetracycline against chlamydial ovine abortion, *Ann Rech Vet* 11:437-444, 1980.

[267] Wilsmore AJ, et al: The use of a delayed hypersensitivity test and long-acting oxytetracycline in a flock affected with ovine enzootic abortion, *Br Vet J* 142:557-561, 1986.

[268] Gilmour NJ, Sharp JM, Gilmour JS: Effect of oxytetracycline therapy on experimentally induced pneumonic pasteurellosis in lambs, *Vet Rec* 111:97-99, 1983.

[269] Thornsberry RM: Goat foot rot infection clinical trial, *N Engl J Large Anim Health Winter*: 26-27, 2002.

[270] Escudero E, et al: The pharmacokinetics of a long-acting formulation of oxytetracycline in sheep and goats, *J Vet Pharmacol Ther* 19:75-77, 1996.

[271] Escudero E, Carceles CM, Serrano JM: Pharmacokinetics of oxytetracycline in goats: modifications induced by a long-acting formulation, *Vet Rec* 135: 548-552, 1994.

[272] Giadinis ND, et al: Mortality in adult goats attributed to *Mycoplasma capricolum* subspecies, *capricolum*, *Vet Rec* 163:278-279, 2008.

[273] U. S. Food and Drug Administration Center for Veterinary Medicine (website): *Code of Federal Regulations; 21 CFR 522. 1680; implantation or injectable dosage form new animal drugs; oxytocin injection*, 2009, p 300. Accessed March 12, 2011.

[274] Majeed AF, Taha MB: Obstetrical disorders and their treatment in Iraqi Awassi ewes, *Small Rumin Res* 17:65-69, 1995.

[275] Majeed AF: Obstetrical problems and their management in Iragi goats, *Small Rumin Res* 14:73-78, 1994.

[276] Humann-Ziehank E, Bickhardt K: Effects of d-penicillamine on urinary copper excretion in high-copper supplemented sheep, *J Vet Med A Physiol Pathol Clin Med* 48:537-544, 2001.

[277] Botha CJ, et al: The cupruretic effect of two chelators following copper loading in sheep, *Vet Hum Toxicol* 35:409-413, 1993.

[278] Ziv G, Shani J, Sulman FG: Pharmacokinetic evaluation of penicillin and cephalosporin derivatives in serum and milk of lactating cows and ewes, *Am J Vet Res* 34:1561-1565, 1973.

[279] Cooke IM, et al: Pharmacokinetics of penicillin G in plasma and interstitial fluid collected with dialysis fiber bundles in sheep, *Vet Res* 27: 147-159, 1996.

[280] McCarthy FD, et al: Incidence and control of subclinical mastitis in intensively managed ewes, *J Anim Sci* 66:2715 2721, 1988.

[281] Oukessou M, Benlamlih S, Toutain PL: Benzylpenicillin kinetics in the ewe: influence of pregnancy and lactation, *Res Vet Sci* 49:190-193, 1990.

[282] Phukan A, et al: Experimental production of enterotoxaemia in goats and its treatment, *Int J Anim Sci* 15:233-236, 2000.

[283] Kumper H: Therapy of central nervous system listeriosis in sheep, *Tierarztl Prax* 19: 369-372, 1991.

[284] Randhawa SS, et al: An outbreak of bacillary haemoglobinuria in sheep in India, *Trop Anim Health Prod* 27:31-36, 1995.

[285] Gonzalo C, et al: Effects of selective and complete dry therapy on prevalence of intramammary infection and on milk yield in the subsequent lactation in dairy ewes, *J Dairy Res* 71:33-38, 2004.

[286] Hsu WH, et al: Effects of idazoxan, tolazoline, and yohimbine on xylazine-induced respiratory changes and central nervous system depression in ewes, *Am J Vet Res* 50:1570-1573, 1989.

[287] Panter KE, Baker DC, Kechele PO: Water hemlock (*Cicuta douglasii*) toxicoses in sheep: pathologic description and prevention of lesions and death, *J Vet Diagn Invest* 8:474-480, 1996.

[288] Peterson DW, et al: A comparative study of sheep and pigs given the tremorgenic mycotoxins verruculogen and penitrem A, *Res Vet Sci* 33:183-187, 1982.

[289] Cheng Z, McKeller Q, Nolan A: Pharmacokinetic studies of flunixin meglumine and phenylbutazone in plasma, exudate and transudate in sheep, *J Vet Pharmacol Ther* 21:315-321, 1998.

[290] Cheng Z, Nolan AM, McKellar QA: Measurement of cyclooxygenase inhibition in vivo: a study of two non-steroidal antiinflammatory drugs in sheep, *Inflammation* 22:353-366, 1998.

[291] Cheng Z, et al: Pharmacokinetic and pharmacodynamic studies on phenylbutazone and oxyphen-

butazone in goats, *Vet Rec* 140:40-43, 1997.

[292] Eltom SE, Guard CL, Schwark WS: The effect of age on phenylbutazone pharmacokinetics, metabolism and plasma protein binding in goats, *J Vet Pharmacol Ther* 16:141-151, 1993.

[293] Lippke H, Vetter RL, Jacobson NL: Poloxalene for bloat prevention in lambs, *J Anim Sci* 28: 819-821, 1969.

[294] Monrad J, et al: Treatment efficacy and regulatory host responses in chronic experimental *Schistosoma bovis* infections in goats, *Parasitology* 133:151-158, 2006.

[295] Awel H, et al: Estrus synchronization in sheep with synthetic progestagens, *Trop Anim Health Prod* 41: 1521-1524, 2009.

[296] Ozyurtlu N, Kucukaslan I, Cetin Y: Characterization of oestrous induction response, oestrous duration, fecundity and fertility in Awassi ewes during the non-breeding season utilizing both CIDR and intravaginal sponge treatments, *Reprod Domest Anim* 45:464-467, 2010.

[297] Haresign W, Lamming GE: Comparison of LH release and luteal function in cyclic and LH-RH-treated anoestrous ewes pretreated with PMSG or oestrogen, *J Reprod Fertil* 52:349-353, 1978.

[298] Cunningham NF, et al: Plasma hormone levels and reproductive behaviour in anoestrous ewes after treatment with progesterone and PMSG, *J Reprod Fertil* 60:177-185, 1980.

[299] de Graaf SP, et al: Embryo production from superovulated sheep inseminated with sex-sorted ram spermatozoa, *Theriogenology* 67: 550-555, 2006.

[300] Shin ST, et al: Laparoscopy vs. laparotomy for embryo transfer to produce transgenic goats (*Capra hircus*), *J Vet Sci* 9:103-107, 2008.

[301] Gacitua H, Arav A: Successful pregnancies with directional freezing of large volume buck semen, *Theriogenology* 63:931-938, 2005.

[302] Al-Merestani MR, Zarkawi M, Wardeh MF: Improving the reproductive efficiency, pregnancy diagnosis and monitoring the resumption of luteal activity in indigenous Damascus goats, *Reprod Domest Anim* 38:36-40, 2003.

[303] Whyman D, Moore RW: Effects of PMSG and the prostaglandin F-2 alpha analogue, cloprostenol, on superovulation, fertilization and egg transport in the ewe, *J Reprod Fertil* 60:267-272, 1980.

[304] Willard ST, et al: Administration of 6-methoxybenzoxazolinone (MBOA) does not augment ovulatory responses in St. Croix White ewes superovulated with PMSG, *Anim Reprod Sci* 93: 280-291, 2006.

[305] Armstrong DT, et al: Endocrine responses of goats after induction of superovulation with PMSG and FSH, *J Reprod Fertil* 67:395-401, 1983.

[306] Armstrong DT, et al: Superovulation treatments and embryo transfer in Angora goats, *J Reprod Fertil* 67:403-410, 1983:1983.

[307] Valdez RA, et al: Use of corticosteroids and aurothioglucose in a pygmy goat with pemphigus foliaceus, *J Am Vet Med Assoc* 207: 761-765, 1995.

[308] Wierda A, et al: Effects of trenbolone acetate and propylene glycol on pregnancy toxaemia in ewes, *Vet Rec* 116:284-287, 1985.

[309] Andrews AH: Effects of glucose and propylene glycol on pregnancy toxaemia in ewes, *Vet Rec* 110:84-85, 1982.

[310] Edmondson MA, Pugh DG: Pregnancy toxemia in sheep and goats. In Anderson DE, Rings DM, editors: *Current veterinary therapy: food animal practice*, ed 5, St Louis, 2009, Saunders Elsevier, pp 144-145.

[311] Hordegen P, et al: The anthelmintic efficacy of five plant products against gastrointestinal trichostrongylids in artificially infected lambs, *Vet Parasitol* 117:51-60, 2003.

[312] Cornwell RL: Field trials in sheep with the anthelmintic pyrantel tartrate. Comparative trials in the prevention of *Nematodirus* infection in lambs, *Vet Rec* 79:626-629, 1966.

[313] Cornwell RL, et al: Field trials in sheep with the anthelmintic pyrantel tartrate. Ⅳ. Comparison of pyrantel tartrate and tetramisole in the prevention of parasitic gastro-enteritis, *Vet Rec* 80: 676-679, 1967.

[314] Cornwell RL, et al: Field trials in sheep with the anthelmintic pyrantel tartrate. 3. Comparison of pyrantel and tetramisole in the prevention of *Nematodirus* infection in lambs, *Vet Rec* 80: 434-436, 1967.

[315] Chartier C, Pors I, Benoit C: Efficacy of pyrantel tartrate against experimental infections with *Haemonchus contortus*, *Teladorsagia circumcincta* and *Trichostrongylus colubriformis* in goats, *Vet Parasitol* 59:69-73, 1995.

[316] Benz GW, Ernst JV: Efficacy of salinomycin in

treatment of experimental *Eimeria bovis* infections in calves, *Am J Vet Res* 40:1180-1186, 1979.

[317] McAllister TA, et al: Effect of salinomycin on giardiasis and coccidiosis in growing lambs, *J Anim Sci* 74:2896-2903, 1996.

[318] Salinopharm 12% Premix, Huvepharma Products (website): http://www.huvepharma.com/products/int/Medicated_Feed_additives/Anticoccidials/Salinopharm% C2% AE_12% 25_Pre mix. Accessed December 17, 2009.

[319] Kronfeld DS: Ketosis in pregnant sheep and lactating cows. A review, *Aust Vet J* 48:680-687, 1972.

[320] Braun U, Rihs T, Schefer U: Ruminal lactic acidosis in sheep and goats, *Vet Rec* 130:343-349, 1992.

[321] Bleul U, et al: Floppy kid syndrome caused by d-lactic acidosis in goat kids, *J Vet Intern Med* 20: 1003-1008, 2006.

[322] Taylor AW: Actinobacillosis in sheep, *J Comp Pathol* 54:228-237, 1944.

[323] Smith BP: Actinomycosis (lumpy jaw). In Smith BP, editor: *Large animal internal medicine*, ed 3, St Louis, 2002, Mosby, pp 699-700.

[324] Soto-Blanco B, Stegelmeier BL, Gorniak SL: Clinical and pathological effects of short-term cyanide repeated dosing to goats, *J Appl Toxicol* 25: 445-450, 2005.

[325] Burrows GE: Cyanide intoxication in sheep; therapeutics, *Vet Hum Toxicol* 23:22-28, 1981.

[326] Burrows GE, Way JL: Cyanide intoxication in sheep: enhancement of efficacy of sodium nitrite, sodium thiosulfate, and cobaltous chloride, *Am J Vet Res* 40:613-617, 1979.

[327] Youssef SA, et al: Some pharmacokinetic and biochemical aspects of sulphadiazine and sulphadimidine in ewes, *J Vet Pharmacol Ther* 4:173-182, 1981.

[328] Gjerde B, Helle O: Effects of leucocyte extract, levamisole and sulphadimidine on natural coccidial infections (*Eimeria* spp.) in young lambs, *Acta Vet Scand* 28:33-45, 1987.

[329] Buxton D, Thomson KM, Maley S: Treatment of ovine toxoplasmosis with a combination of sulphamezathine and pyrimethamine, *Vet Rec* 132: 409-411, 1993.

[330] U. S. Food and Drug Administration Center for Veterinary Medicine (website): *Code of Federal Regulations; 21 CFR 520.2325a; oral dosage form new animal drugs; sulfaquinoxaline drinking water*, 2009, pp 227-228: http://www.fda.gov/Animal Veterinary/default.htm. Accessed March 12, 2011.

[331] Whitten LK: Further field experiments on the use of coccidiostatic drugs in unweaned lambs, *N Z Vet J* 4:25-26, 1956.

[332] U. S. Food and Drug Administration Center for Veterinary Medicine (website): *Code of Federal Regulations; part 520 oral dosage form new animal drugs; section 520.2380b; thiabendazole drench or oral paste*. Accessed November 2, 2009.

[333] Bratton GR, et al: Thiamin as treatment of lead poisoning in ruminants, *Mod Vet Pract* 62:441-446, 1981.

[334] Dey S, et al: Treatment of lead toxicity in calves, *Vet Hum Toxicol* 37:230-232, 1995.

[335] Ramos JJ, et al: Polioencephalomalacia in adult sheep grazing pastures with prostrate pigweed, *Can Vet J* 46:59-61, 2005.

[336] Low JC, et al: Sulphur-induced polioencephalomalacia in lambs, *Vet Rec* 138:327-329, 1996.

[337] Hikasa Y, et al: Clinical, cardiopulmonary, hematological and serum biochemical effects of sevoflurane and isoflurane anesthesia in oxygen under spontaneous breathing in sheep, *Small Rumin Res* 36:241-249, 2000.

[338] Edjtehadi M: Effects of thiopentone sodium, methoxyflurane and halothane on haematological parameters in sheep during prolonged anaesthesia, *Clin Exp Pharmacol Physiol* 5:31-40, 1978.

[339] Carroll GL, Hartsfield SM, Hambleton R: Anesthetic effects of tiletamine-zolazepam, alone or in combination with butorphanol, in goats, *J Am Vet Med Assoc* 211:593-597, 1997.

[340] Doherty TJ, et al: The effect of tiletamine and zolazepam on isoflurane minimum alveolar concentration in goats, *J Vet Pharmacol Ther* 25:233-235, 2002.

[341] U. S. Food and Drug Administration Center for Veterinary Medicine (website): *Code of Federal Regulations; 21 CFR 522.2471; implantation or injectable dosage form new animal drugs; tilmicosin*, 2009, pp 317. Accessed March 12, 2011.

[342] Naccari F, et al: Effectiveness and kinetic behaviour of tilmicosin in the treatment of respiratory infections in sheep, *Vet Rec* 148:773-776, 2001.

[343] Croft A, et al: The effect of tilmicosin administered to ewes before lambing on incidence of clinical mastitis and subsequent lamb performance, *Can Vet J* 41:306-311, 2000.

[344] Hsu WH, Schaffer DD, Hanson CE: Effects of tolazoline and yohimbine on xylazine-induced central nervous system depression, bradycardia, and tachypnea in sheep, *J Am Vet Med Assoc* 190:423-426, 1987.

[345] Mpanduji DG, et al: Comparison of the effects of atipamezole and tolazoline on analgesia, cardiopulmonary and rectal temperature changes induced by lumbosacral epidural injection of medetomidine in goats, *Small Rumin Res* 40:117-122, 2001.

[346] Gjerde B, Helle O: Chemoprophylaxis of coccidiosis in lambs with a single oral dose of toltrazuril, *Vet Parasitol* 38:97-107, 1991.

[347] Wolff K, et al: Efficacy of triclabendazole against *Fasciola hepatica* in sheep and goats, *Vet Parasitol* 13:145-150, 1983.

[348] Boray JC, et al: Treatment of immature and mature *Fasciola hepatica* infections in sheep with triclabendazole, *Vet Rec* 113:315-317, 1983.

[349] Smeal MG, Hall CA: The activity of triclabendazole against immature and adult *Fasciola hepatica* infections in sheep, *Aust Vet J* 60:329-331, 1983.

[350] Foreyt WJ: Efficacy of triclabendazole against experimentally induced *Fascioloides magna* infections in sheep, *Am J Vet Res* 50:431-432, 1989.

[351] Stansfield DG, et al: Field trials of triclabendazole against mixed age infections of *Fasciola hepatica* in sheep and cattle, *Vet Rec* 120:459-460, 1987.

[352] Batzias GC, Delis GA, Koutsoviti-Papadopoulou M: Bioavailability and pharmacokinetics of sulphadiazine, N4-acetylsulphadiazine and trimethoprim following intravenous and intramuscular administration of a sulphadiazine/trimethoprim combination in sheep, *Vet Res Commun* 29:699-712, 2005.

[353] Tras B, et al: Concentrations of sulfadoxine and trimethoprim in plasma, lymph fluids and some tissues 24 h after intramuscular administration to Angora goats, *Vet Q* 20:62-64, 1998.

[354] Robb EJ, et al: Efficacy of tulathromycin or enrofloxacin for initial treatment of naturally occurring bovine respiratory disease in feeder calves, *Vet Ther* 8:127-135, 2007.

[355] Washburn KE, et al: The safety of tulathromycin administration in goats, *J Vet Pharmacol Ther* 30:267-270, 2007.

[356] U. S. Food and Drug Administration Center for Veterinary Medicine (website): *Code of Federal Regulations; 21 CFR 522. 2630; implantation or injectable dosage form new animal drugs; tulathromycin*, 2009, pp 322-323. Accessed March 12, 2011.

[357] Ball HJ, Logan EF, Campbell JN: *Mycoplasma californicum* mastitis in ewes as an experimental model for antibiotic treatment, *Epidemiol Infect* 98:369-378, 1987.

[358] Ball HJ, McCaughey WJ: Experimental intramuscular inoculation of tylosin in the elimination of ureaplasmas from ewes, *Vet Rec* 120: 557-558, 1987.

[359] El Hassan SM, Harbi MS, Abu Bakr MI: Treatment of contagious caprine pleuropneumonia, *Vet Res Commun* 8:65-67, 1984.

[360] Smith SE, Koch BA, Turk KL: The response of cobalt-deficient lambs to liver extract and vitamin B_{12}, *J Nutr* 44:455-464, 1951.

[361] Marston HR, Smith RM: Control of cobalt-deficiency in sheep by injection of vitamin B_{12}, *Nature* 170:792-793, 1952.

[362] Anderson JP, Andrews ED: Response of vitamin B_{12} of grazing cobalt-deficient lambs, *Nature* 170:807, 1952.

[363] Shallow M, Ellis NJ, Judson GJ: Sex-related responses to vitamin B_{12} and trace element supplementation in prime lambs, *Aust Vet J* 66:250-251, 1989.

[364] Grace ND, West DM, Sargison ND: The efficacy of a subcutaneous injection of soluble Vitamin B_{12} in lambs, *N Z Vet J* 46:194-196, 1998.

[365] Dwyer CJ, Downing GM, Gabor LJ: Dicoumarol toxicity in neonatal calves associated with the feeding of sweet vernal (*Anthoxanthum odoratum*) hay, *Aust Vet J* 81:332-335, 2003.

[366] Goplen BP, Bell JM: Dicoumarol studies: Ⅳ. Antidotal and antagonistic properties of vitamin K_1 and K_3 in cattle, *Can J Anim Sci* 47:91-100, 1967.

[367] Alstad AD, Casper HH, Johnson LJ: Vitamin K treatment of sweet clover poisoning in calves, *J Am Vet Med Assoc* 187: 729-731, 1985.

[368] Nolan A, Livingston A, Waterman A: Antinociceptive actions of intravenous alpha 2-adrenoceptor agonists in sheep, *J Vet Pharmacol Ther* 10:202-209, 1987.

[369] Lin HC, et al: Comparison of tiletamine-zolazepam-ketamine and tiletamine-zolazepam-ketamine-xylazine anaesthesia in sheep, *Aust Vet J* 71:239-242, 1994.

[370] Ludbrook G, et al: A method for frequent measurement of sedation and analgesia in sheep using the

response to a ramped electrical stimulus, *J Pharmacol Toxicol Methods* 33:17-22, 1995.

[371] Kumar A, Thurmon JC: Cardiopulmonary, hemocytologic and biochemical effects of xylazine in goats, *Lab Anim Sci* 29: 486-491, 1979.

[372] Liu DM, et al: Physiologic effects of electroacupuncture combined with intramuscular administration of xylazine to provide analgesia in goats, *Am J Vet Res* 70:1326-1332, 2009.

[373] Mohammad FK, Zangana IK, Abdul-Latif AR: Reversal of medetomidine sedation in sheep by atipamezole and yohimbine, *Vet Hum Toxicol* 37: 97-99, 1995.

[374] Ndeereh DR, Mbithi PM, Kihurani DO: The reversal of xylazine hydrochloride by yohimbine and 4-aminopyridine in goats, *J S Afr Vet Assoc* 72: 64-67, 2001.

附录 2

参考范围和单位转换

通常情况下，解读患畜数据资料最好的参考资源就是实验室检测标准，用公开的参考范围通常结果都会令人失望，除非是特定的参考区间对应特定的群体。样本的处理以及仪器和检测方法(包括试剂在内)都是有明确界定的，要适合患畜的测试环境。

一些具有选择性的群体可变因素可能会影响数据的参考范围，因此对患病动物数据的理解应当包括动物年龄、性别、物种、品种、功能、饲料、妊娠和哺乳状态。从实验的角度来看，不同的仪器是基于不同的科技原理的，因而相同的样本就可能会产生显著不同的结果。即使是相同的仪器倘若使用不同的方法或者试剂不同，也可能产生没有可比性的数据结果。不同的实验室会使用类似的仪器、方法和试剂，报告的结果可能使用不同的单位，这个差别可以用下面的转换表来修正。

尽管表中提供的几个可以相信的数据的来源，但是在实践过程中通常会缺乏如前所述的基本信息的背景意义。如果附录中所包含的参考范围是解读患畜数据的唯一参考依据或者是最佳来源，那么从业者就要意识到期间存在的差异或者是重大局限性。咨询下实验室可能对此结果有益，一些应该谨慎的事情或者是常识也应该广泛应用。更多关于参考原则的发展可以在接下来的章节中详尽讨论，其参考范围的使用也能在文献中查得到公认的来源。

附录框 2-1　摄氏温度和华氏温度的相互转换

- 将摄氏温度转换为华氏温度，将摄氏温度乘以 1.8，然后将结果加上 32。

  例如：40℃

  1.8×40＋32＝104℉

- 将华氏温度转换为摄氏温度，从华氏温度中减去 32，然后乘以 0.556。

  例如：104℉

  (104－32)×0.556＝40℃

附录表 2-1　红细胞参数

测量项	绵羊		山羊	
	范围	均值	范围	均值
红细胞比容(PCV)/%	27～45	35	22～38	28
血红蛋白(Hb)/(g/dL)	9～15[1,2]	11.5[1]	8～12[1,2]	10[1]
红细胞(RBCS)/10^6 μL	9～15[1,2]	12[1]	8～18[1,2]	13[1]
平均红细胞体积(MCV)/fL	28～40[1,2]	34[1]	16～25[1,2]	19.5[1]
平均红细胞血红蛋白含量(MCH)/pg	8～12[1,2]	10[1]	5.2～8[1,2]	6.5[1]
平均红细胞血红蛋白浓度(MCHC)/(g/dL)	31～34[1,2]	32.5[1]	30～36[1,2]	33[1]
血小板计数/($n\times10^3$/μL)	205～705[2] 800～1 100[1]	500[1]	300～600[1,2]	450[1]
红细胞直径/μm	3.2～6.0[1]	4.5	2.5～3.9	3.2
红细胞寿命/d	125		140～150	
髓系红细胞比率(M/E)	0.7[1] 0.8～1.7[2]		0.77～1.7[1] 0.7～1[2]	

附录表 2-2　白细胞参数、血浆蛋白和纤维蛋白原

测量指标	山羊			绵羊		
	比率	范围	均值	比率	范围	均值
白细胞计数(WBC)/(数量/μL)		4 000～12 000[2]			4 000～13 000[2]	
中性粒细胞计数(seg)/(%数量/μL)	10～50[2]	700～6 000[1,2]	2～400[1]	30～48[1]	1 200～7 200[1,2]	3 250[1]
条带中性粒细胞(band)/(%数量/μL)		0			0	
淋巴细胞计数(lymph)/(%数量/μL)	40～75[2]	2 000～9 000[1,2]	5 000[1]	50～70[1]	2 000～9 000[1,2]	5 000[1]
单核细胞计数(mono)/(%数量/μL)	6～[2]	0～750[1,2]	200[1]	0～4[1]	0～50[1,2]	250[1]
嗜酸性粒细胞计数(eos)/(%数量/mL)	0～10[2]	0～1 000[2]	400[1]	1～8[1]	50～650[1,2]	450[1]
嗜碱性粒细胞计数(baso)/(%数量/mL)	0～3[2]	0～300[1,2]	50[1]	0～1[1]	0～120[1,2]	50[1]
血浆蛋白(PP)/(g/dL)	6～7.5[1,2]		6.0～7.5[1,2]			
纤维蛋白原/(mg/dL)		100～500[1,2]			100～400[1,2]	

附录表 2-3　血清生物学价值

测量项	山羊	绵羊
丙酮/(mmol/L)	0～1.72[3]	
乙酰胆碱酯酶/(U/L)	640[3]	270[3]
白蛋白/(g/dL)	2.4～3.0[2,3]	2.7～3.9[2,3]
碱性磷酸酶(ALP)/(U/L)	68～387[2,3]	93～387[2,3]
精氨酸酶(ARG)/(U/L)	0～14[3]	
天冬氨酸转氨酶(AST,SGOT)/(U/L)	60～280[2,3]	167～513[2,3]
β-羟基丁酸酯(β-OHB)/(mmol/L)	正常:<0～7 中度:0.8～1.6 重度喂养不足:1.7～3.0 妊娠 毒血症:>6.5	
碳酸氢盐(HCO_3^-)/(mmol/L)	20～25[3]	
胆红素总量/(mg/dL)	0.1～0.5[2,3]	0.10～1.71[3]
未结合胆红素(UCB)/(mg/dL)	0～0.12[3]	
结合胆红素(直接)/(mg/dL)	0～0.27[2,3]	
胆固醇/(mg/dL)	52～76[1]	80～130[1]
二氧化碳(tCO_2)/(mmol/L)	21～28[3]	25.6～29.6[3]
肌酸激酶(CK)/(U/L)	8～13[3]	0.8～9[2,3]
肌酐/(mg/dL)	1.2～1.9[3]	1～1.82[2,3]
γ-谷氨酰转移酶(GGT)/(U/L)	44 ± 11[2] 20～523	20～56[3]

附录表 2-3

测量项	山羊	绵羊
球蛋白/(g/L)或(g/dL)	3.5～5.7[3]	2.7～4.1[3]
葡萄糖/(mg/dL)	50～80[2,3]	50～75[2,3]
谷氨酸脱氢酶(GD)/(U/L)	20[3]	
血红蛋白/(mg/dL)	90～140[3]	80～120[3]
黄疸指数	2～5[3]	2～5[3]
异柠檬酸脱氢酶(ICD)/(U/L)	0.4～8.0[3]	
乳酸脱氢酶(LDH)/(U/L)	238～440[2] 88～487	
乳酸/(mmol/L)	1～1.33[3]	
总血清蛋白质/(g/dL)	6～7.9[3]	6.4～7[2,3]
山梨醇脱氢酶/(U/L)	5.8～27.9[3]	14～23.6[3]
血尿素氮(BUN)/(mg/dL)	8～20[2,3]	10～20[2,3]

附录表 2-4 血清电解质和矿物质浓度

测量项	山羊	绵羊
钙/(mg/dL)	11.5～12.8[1]	8.9～11.7[1]
磷酸盐/(mg/dL)	5.0～7.3[1]	4.2～9.1[1]
镁/(mg/dL)	2.2～2.8[1]	2.8～3.6[1]
钠/(mEq/L)	139～152[1]	142～155[1]
氯化物/(mEq/L)	95～103[1]	99～110.3[1]
钾/(mEq/L)	3.9～5.4[1]	3.5～6.7[1]
碳酸氢盐(HCO_3-)/(mEq/L)	20～25[1]	
铁/(mmol/L)	29.7～39.7[3]	
铁/(μg/dL)	162～222[3]	
铜/(mmol/L)	9.13～25.2[3]	
铅/(μmol/L)	0.24～1.21[3]	0.24～1.21[3]
铅/(μg/dL)	5～25[3]	5～25[3]

附录表 2-5 绵羊血清和肝脏中的维生素以及矿物质浓度

测量项	匮乏	充足	中毒
维生素 A(血清)/(ng/mL)[7]	新生:＜20 一岁:＜150 成年:＜150	30～100 225～500 225～500	
维生素 A(肝脏)/(μg/g 干重)[7]	新生:＜20 一岁:＜40 成年:＜40	50～100 100～500 300～1 100	
维生素 E(肝脏)/(mg/dL 干重)[7]	新生:＜3 一岁:＜10 成人:＜10	7～35 20～40 20～40	

续附录表 2-5

测量项	匮乏	充足	中毒
硒(血清)/(ng/mL)[7]	新生：<20 一岁：<50 成人：<5	50～90 80～120 110～160	
锌(血清)/ppm	0.22～0.45[8]	0.8～2[7,8]	30～50
锌(肝脏)/(mg/kg 干重)		105～250	>400
铜(血清)/(mg/kg)	<0.6	0.7～2.0[7,8]	3.3～20
铜(肝)/(mg/kg 干重)	0.5～4.0	88～350[7]	250～400
铁(血清)/(mg/kg)(可溶性元素)		1.6～2.2[7]	
铁(肝)/(mg/kg 干重)		105～1 050	
锰/(μg/g 干重)		7～15	
钼/(μg/g 干重)		1.5～6	

附录表 2-6 脑脊液分析

参数	山羊	绵羊
白细胞/(数量/mL)	0～5	0～4
红细胞/(数量/mL)		
钙/(mg/dL)	5.1～5.5	4.6
镁/(mg/dL)	2.2～2.8	2.3
氯化物/(mg/dL)	128～148	116～130
磷/(mg/dL)	1.2～2	
钾/(mg/dL)	3.0～3.3	3.0
钠/(mg/dL)	145～157	131
氢离子/pH	7.3～7.4	
葡萄糖/(mg/dL)	52～85	70
总蛋白/(mg/dL)	29～42	12

附录表 2-7 尿液分析

成分	正常结果
颜色	浅黄色
葡萄糖	阴性
酮	阴性
蛋白质	阴性
比重	1.015～1.045
胆红素	阴性
浑浊度	清晰
结晶	较少
管型	少量透明
上皮细胞	偶有
γ-谷氨酰转移酶(GGT)	<40 U/L
红细胞(RBCs)	<5/μL
白细胞(WBCs)	<5/μL

附录表 2-8 穿刺[4,5]

特征	参考值
异味	无
颜色	无色到黄色
浑浊度	清亮至略微浑浊
总蛋白质	≤3 g/dL
中性粒细胞	<10 000
比重	<1.018

附录表 2-9　滑液分析[6]

特征	正常	炎症或低度感染	败血症	退行性关节病
颜色	清亮	黄色到红色	黄色到红色	黄色
透明度	透明	透明	絮状	透明
白细胞/(数量/μL)	＜200	2 000～10 000	30 000～100 000	200～2 000
中性粒细胞/%	＜25	＞75	＞75	25
黏度	高黏度	较差	较差	可变

附录表 2-10　对公制单位、倍数和约数的命名[9]

前缀	值
milli-	1/1 000
centi-	1/100
deci-	1/10
deca-	10
hecto-	100
kilo-	1 000

附录表 2-11　其他单位换算[9]

转换	乘
gr 转 mg	64.799
oz 转 g	28.35
lb 转 g	453.6
lb 转 kg	0.453 6
t 转 metric t	0.9
g 转 oz	0.035
kg 转 lb	2.205
metric t 转 t	1.102
mg/lb 转 g/t	2
g/lb 转 g/t	2 000
lb/t 转 g/t	453.6
mg/g 转 mg/lb	453.6
mg/kg 转 mg/lb	0.453 6
μg/kg 转 g/lb	0.453 6
ppm 转 mg/lb	0.453 6
mg/lb 转 ppm	2.204 6
ppm 转 g/t	0.907
g/t 转 g/lb	0.000 5
g/t 转 lb/t	0.002 2
g/t 转%	0.000 11
%转 g/t	9 072.2
g/t 转 ppm	1.1
%转 ppm	除以 10 000
ppm 转%	10 000

附录表 2-12　英制单位和公制单位的转换

值	换算值
1 oz	28.5 g
1 lb	16 oz
1 kg	1 000 g
1 t	2 000 lb 1.07 kg
1 metric t	1 000 kg 2 205 lb 1.102 t
1 mg/kg	1 ppm

附录表 2-13　英制和公制容量/体积的单位当量[9]

值	当量
1 cm^3	1 mL
1 品脱(美)	28.875 立方英寸 0.5 夸脱 0.473 16 L
1 夸脱(美)	57.75 立方英寸 2 品脱(美) 0.946 3 L
1 加仑(美)	231 立方英寸 8 品脱(美) 4 夸脱(美) 3.785 3 L
1 L	2.113 4 品脱 1.057 夸脱(美) 0.2642 加仑(美)
1 蒲式耳	2 150.42 立方英寸 1.244 立方英尺 9.309 加仑(美)

参考文献

[1] Kramer JW: Normal hematology of cattle, sheep, and goats. In Feldman BF, Zinkl JG, Jain NC, editors: *Schlam's veterinary hematology*, ed 5, Philadelphia, 2000, Williams & Wilkins.

[2] Duncan JR, Prasse KW: *Veterinary laboratory medicine—clinical pathology*, ed 2, Ames, Iowa, 1986, Iowa State University Press.

[3] Kaneko JJ, Harvey JW, Bruss ML: *Clinical biochemistry of domestic animals*, ed 6, San Diego, Calif, 2008, Academic Press.

[4] Belknap EB, Navarre CB: Differentiation of gastrointestinal diseases in adult cattle, *Vet Clin North Am Food Anim Pract* 16:63,2000.

[5] Kopcha M, Schultze AE: Peritoneal fluid. Part Ⅱ. Abdominocentesis in cattle and interpretation of non neoplastic samples, *Comp Cont Educ Pract Vet* 13:703, 1999.

[6] Orsini JA: Septic arthritis (infectious arthritis). In Smith BP, editor: *Large animal internal medicine*, ed 2, St Louis, 1996, Mosby.

[7] Braselton WE: Unpublished data, Michigan State University Animal Health Diagnostic Laboratory, Lansing, MI, 2010.

[8] D'Andrea G, Robert S: Unpublished data, Auburn University Veterinary Diagnostic Laboratory, Auburn, Al, 2009.

[9] Ensminger ME, Oldfield JE, Heinemann WW: *Feeds and nutrition*, ed 2, Clovis, Calif, 1990, Ensminger Publishing.

索　　引

图 1-6

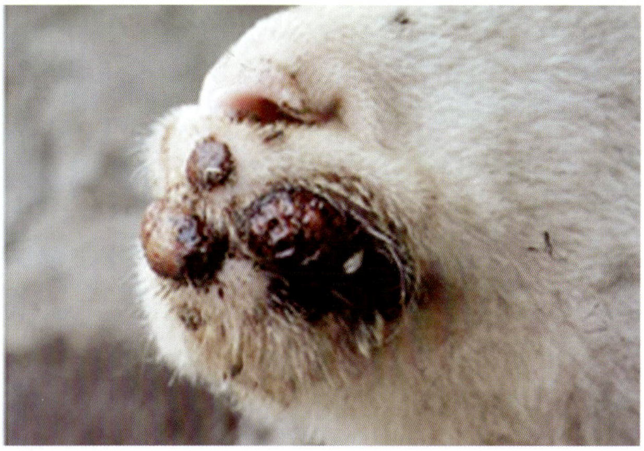

图 4-6

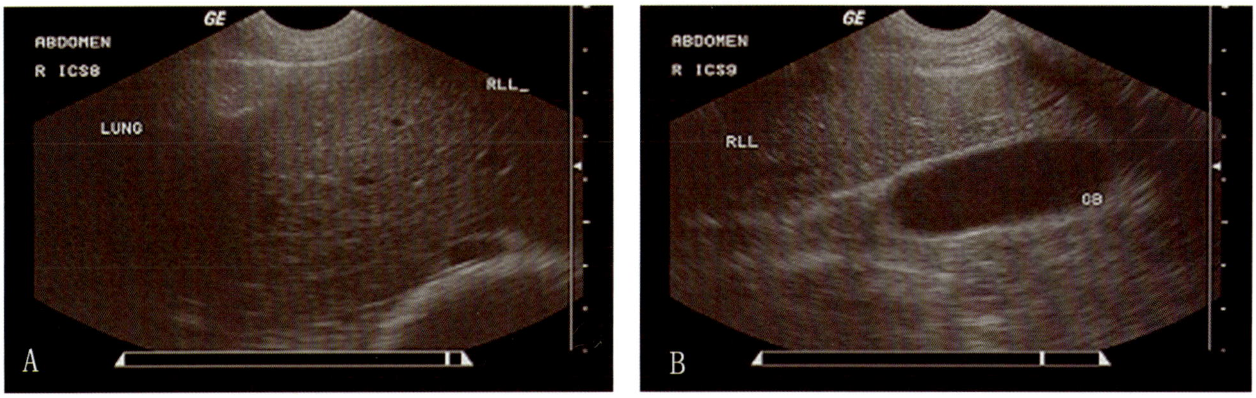

图 5-4

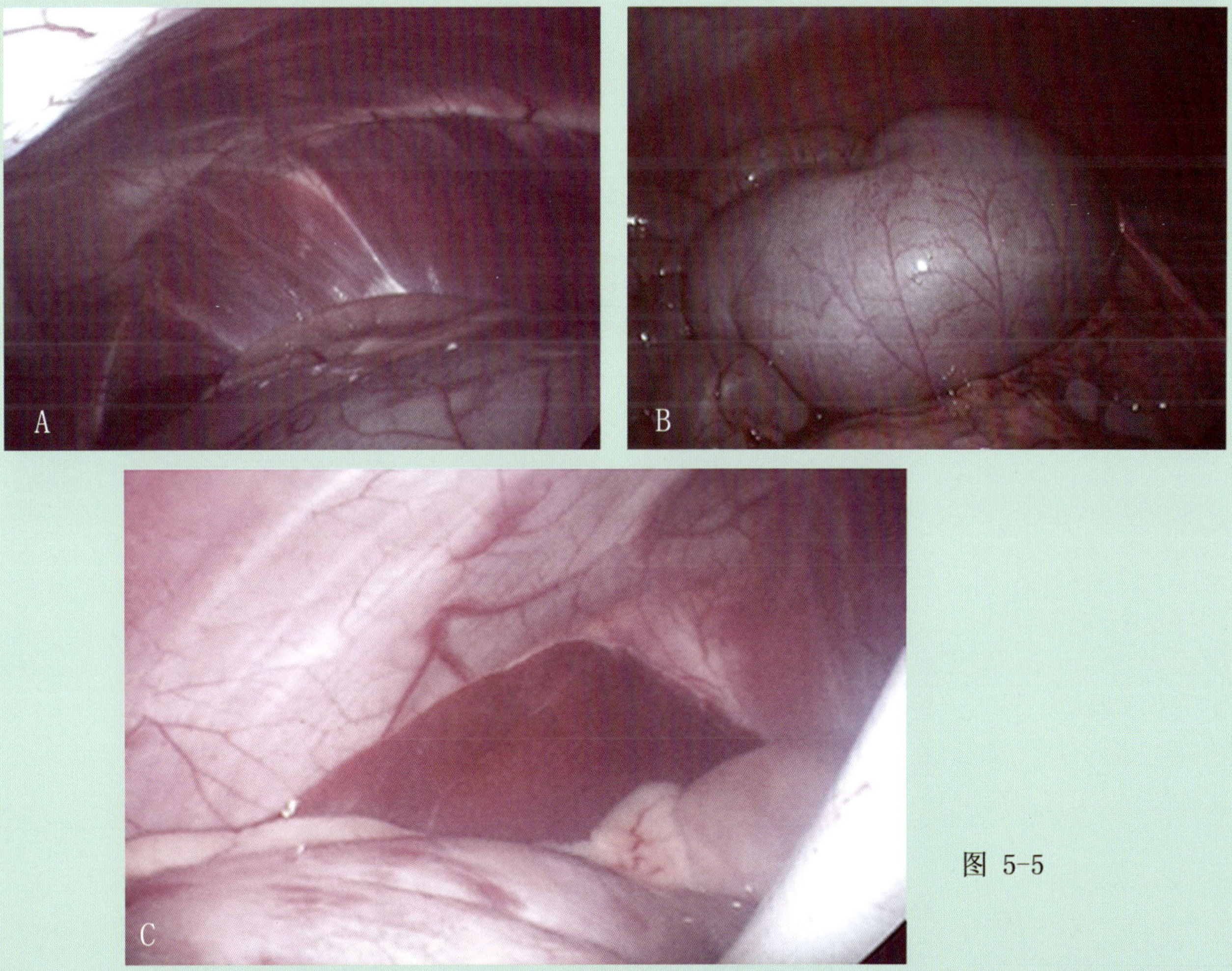

图 5-5

译者注：限于篇幅，在此仅列出文中黑白印刷时模糊照片的彩图，其图的标题以及解释见相关正文中的图。

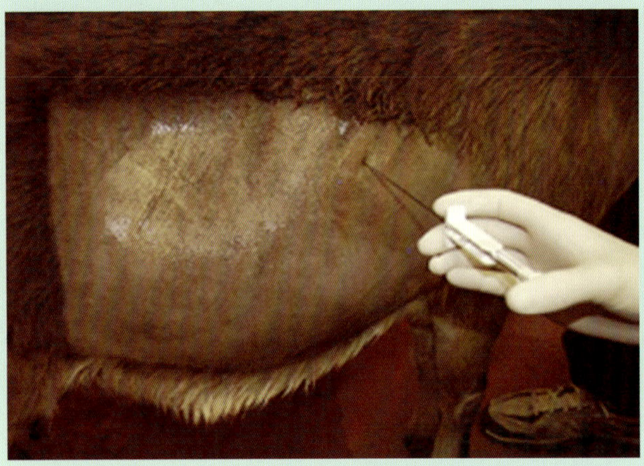

图 5-6

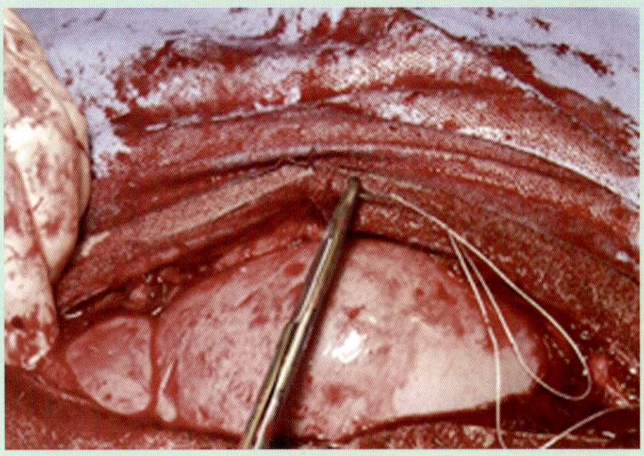

图 5-7

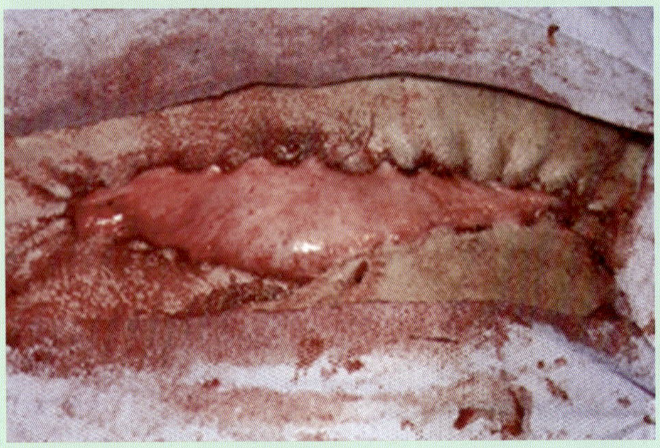

图 5-8

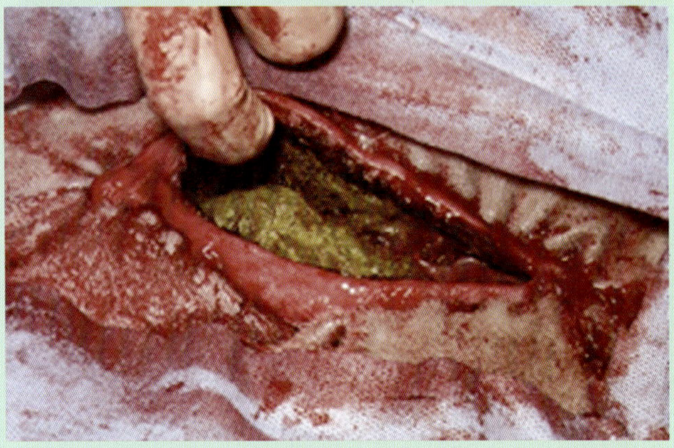

图 5-9

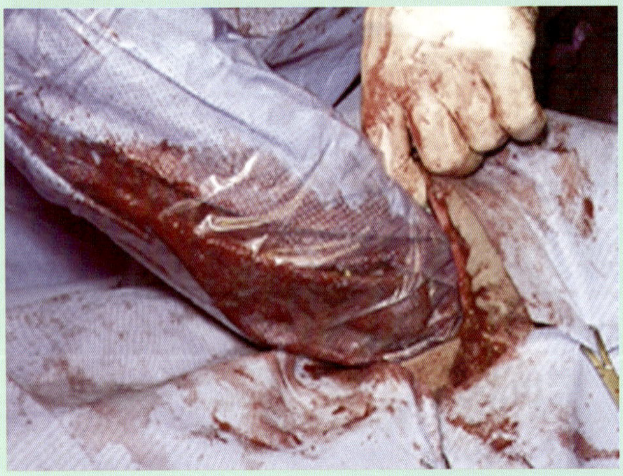

图 5-10

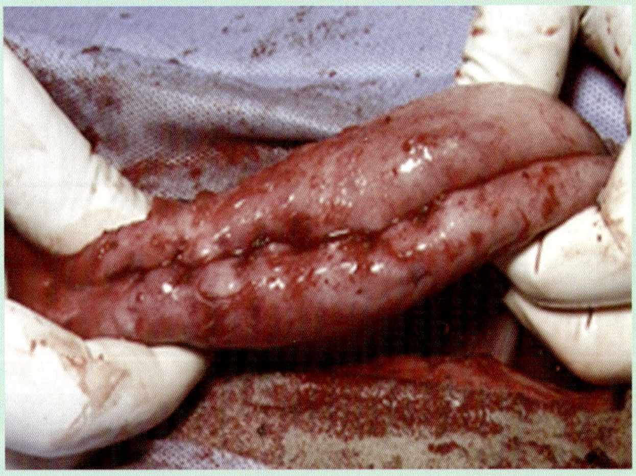

图 5-11

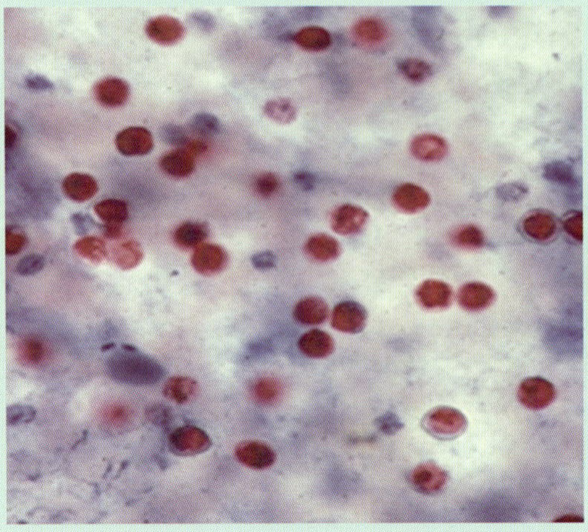

图 5-12

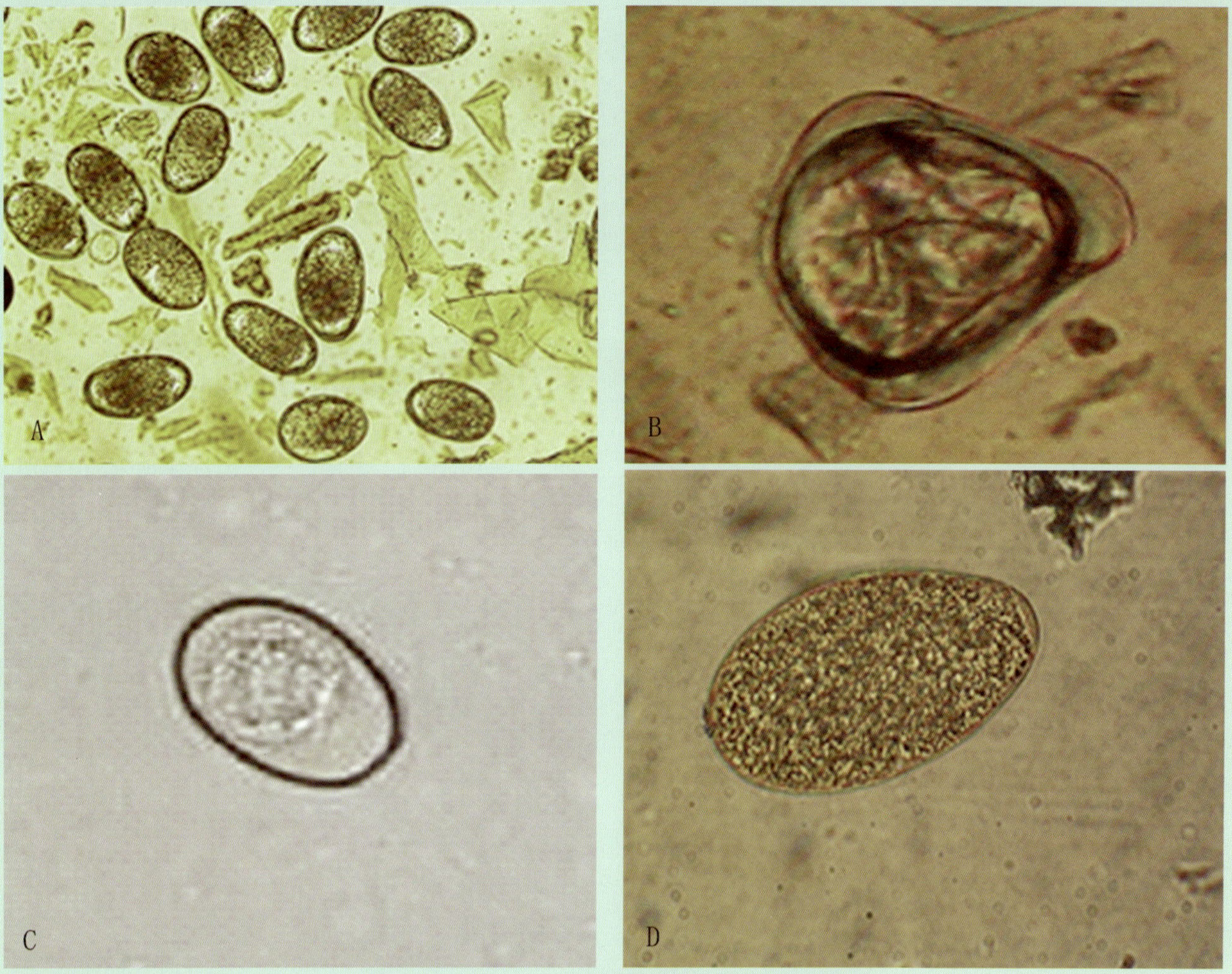

图 6-2

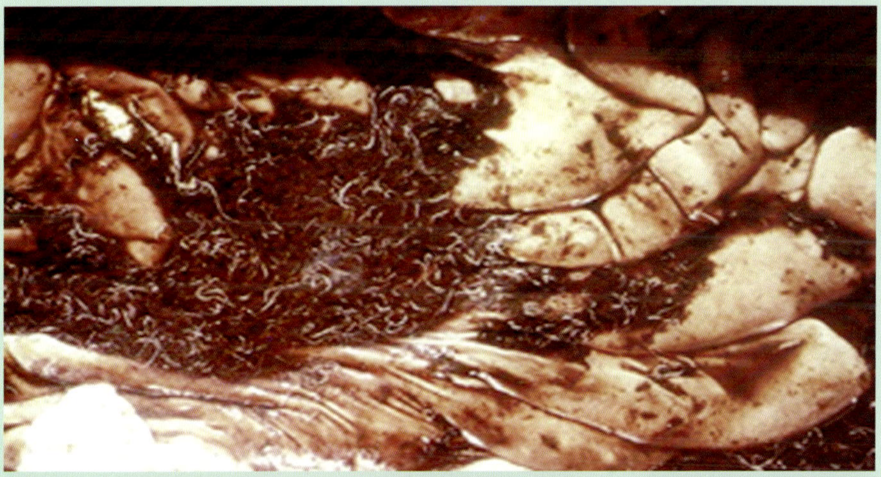

图 6-4

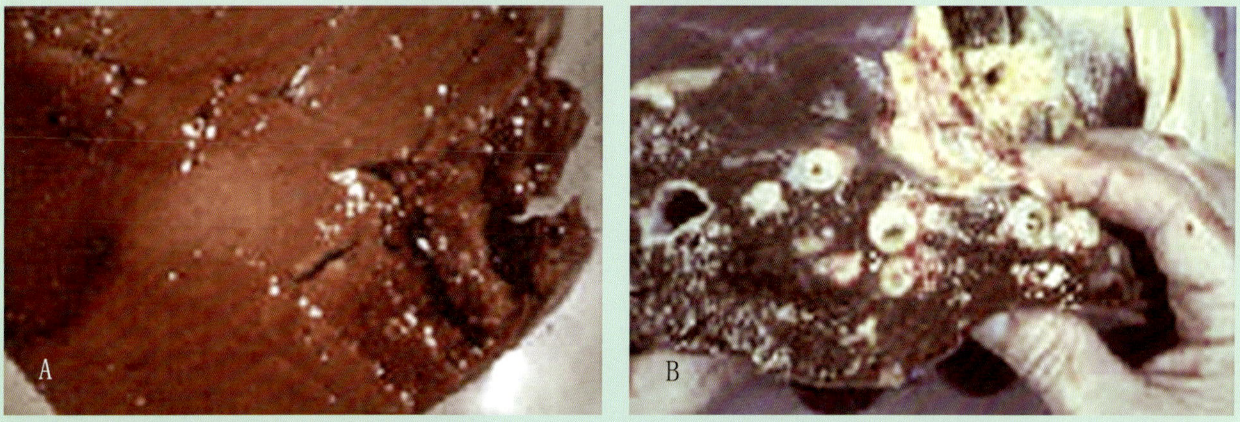

图 6-5

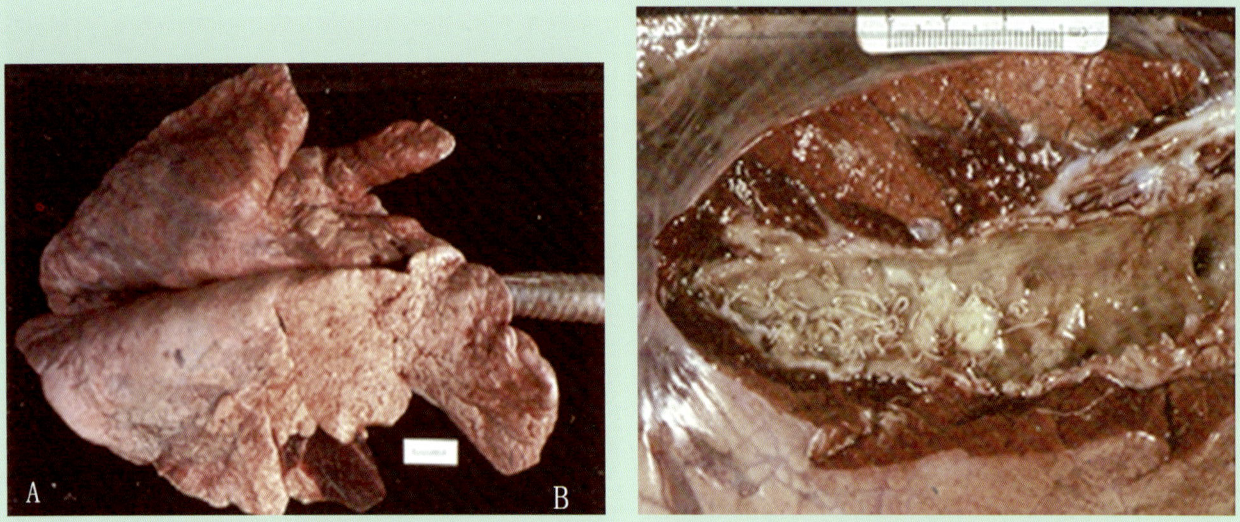

图 6-6

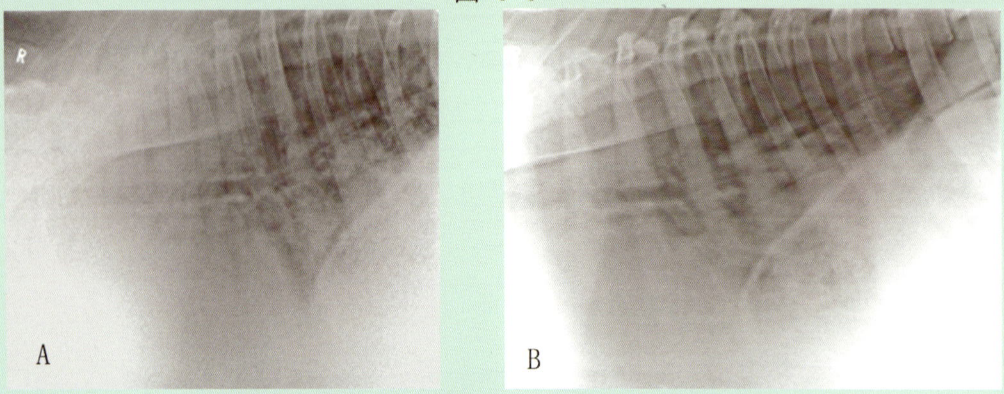

图 7-2

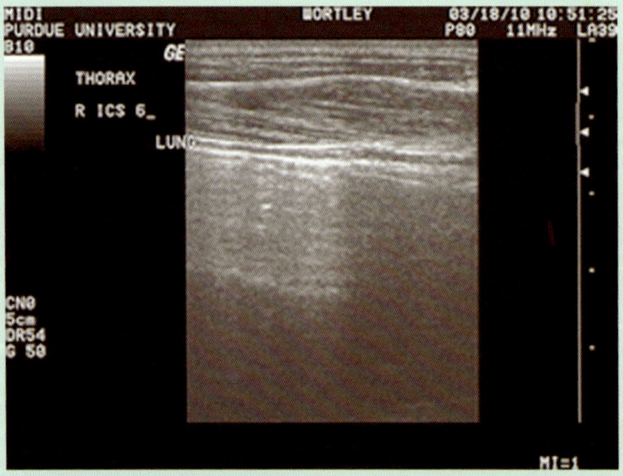

图 7-3

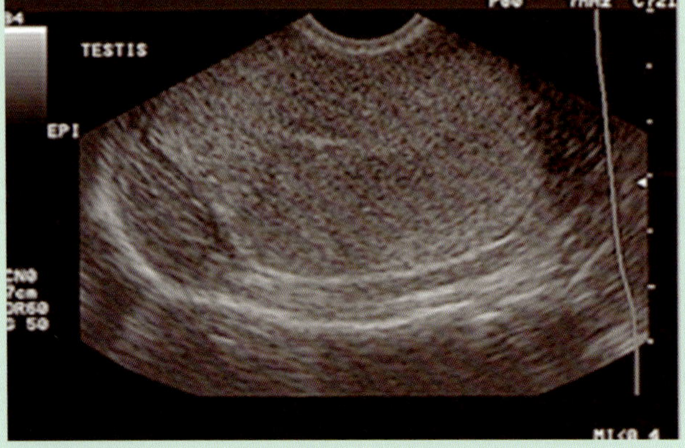

图 8-5

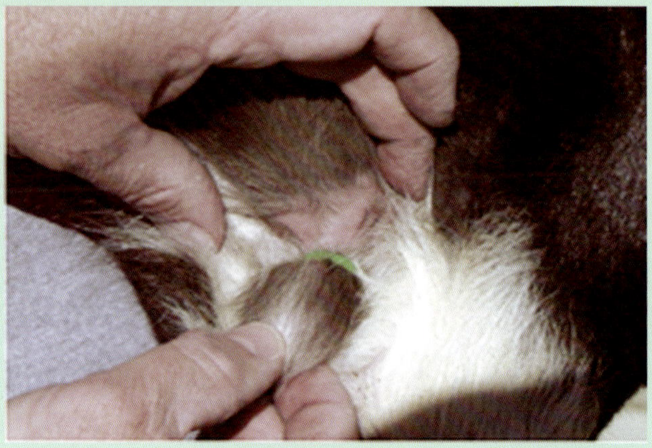

图 8-7

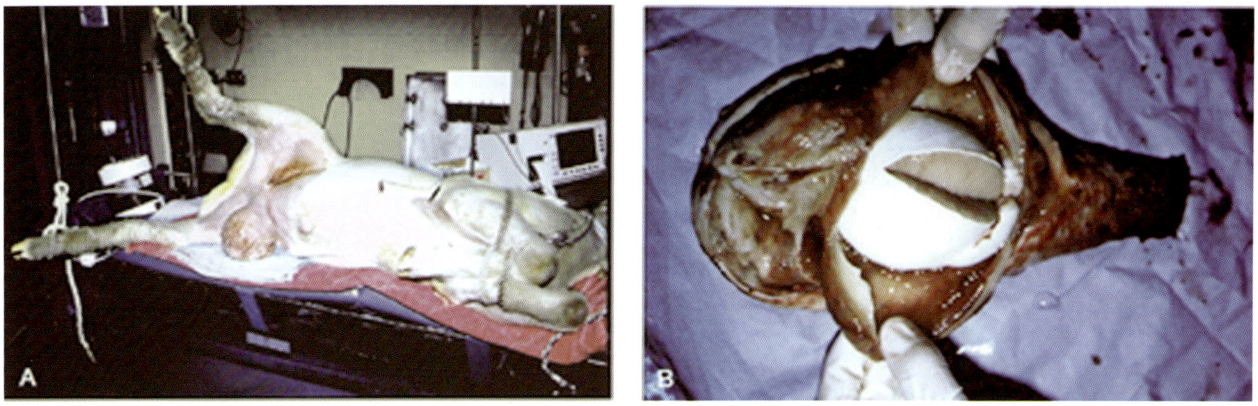

图 8-10

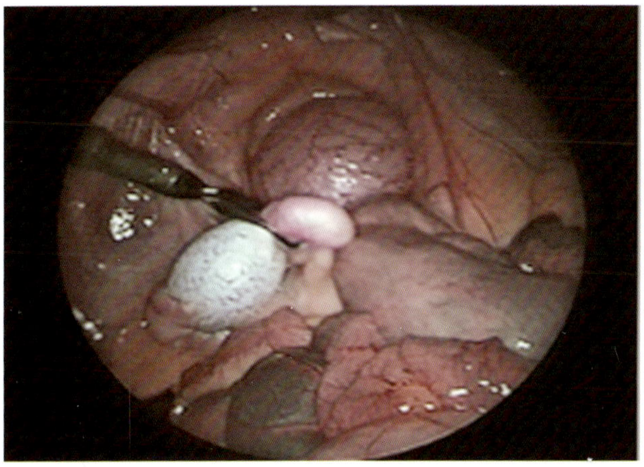

图 8-11

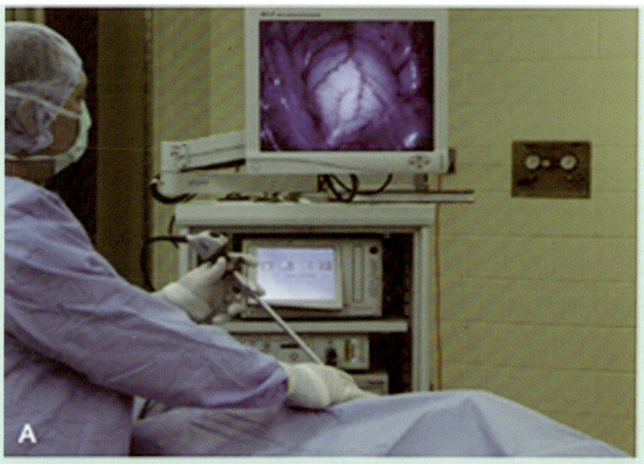

图 8-12 A

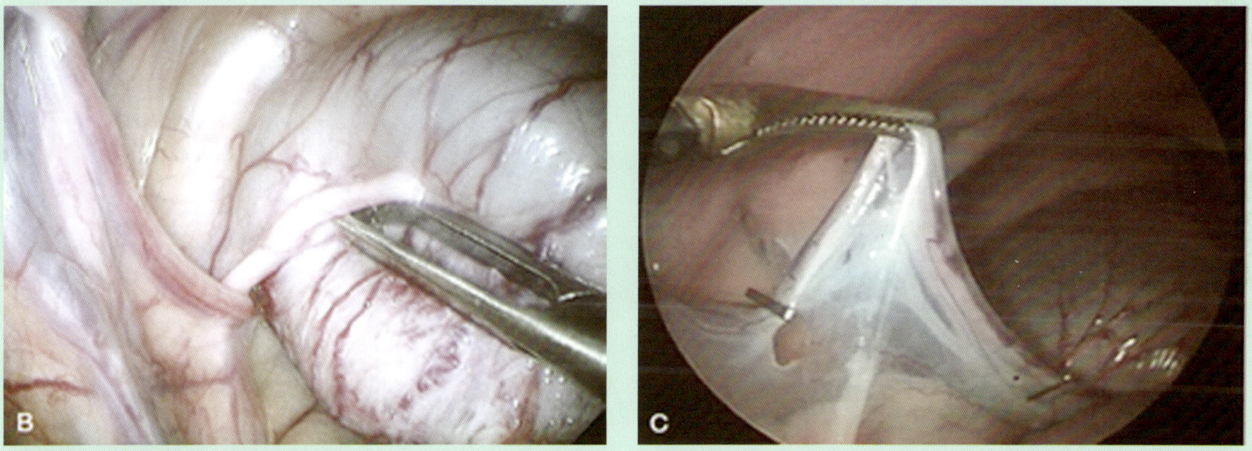

图 8-12 B C

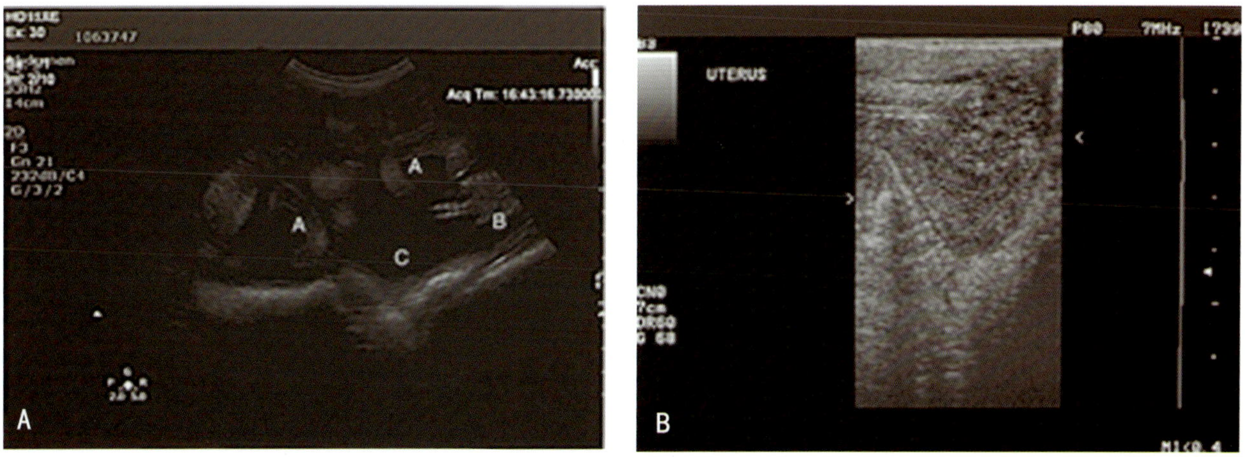

图 8-20

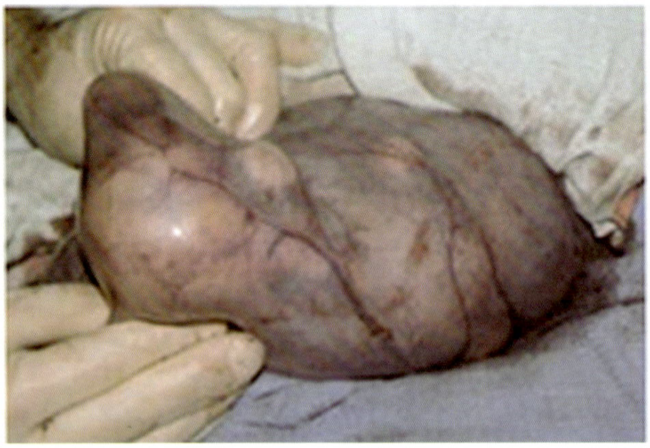
图 8-21

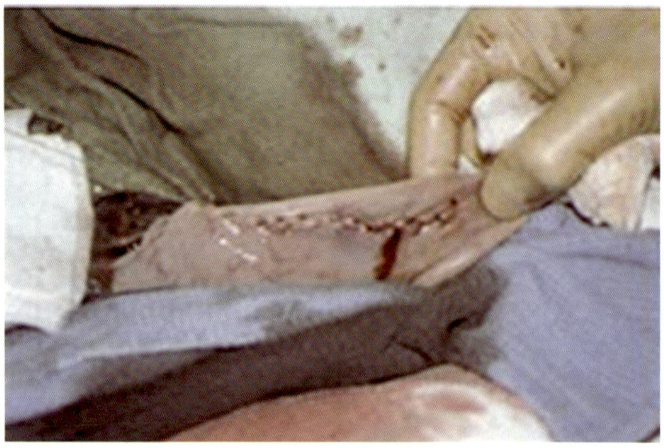
图 8-22

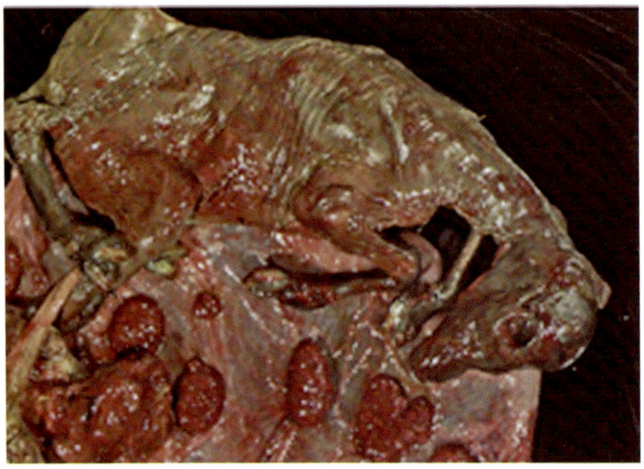
图 8-24

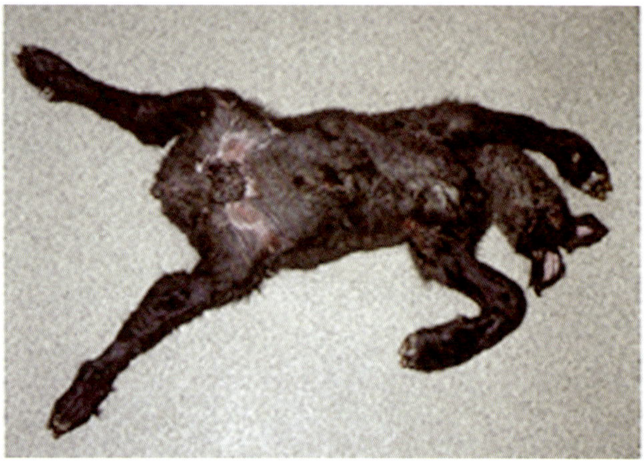
图 8-26

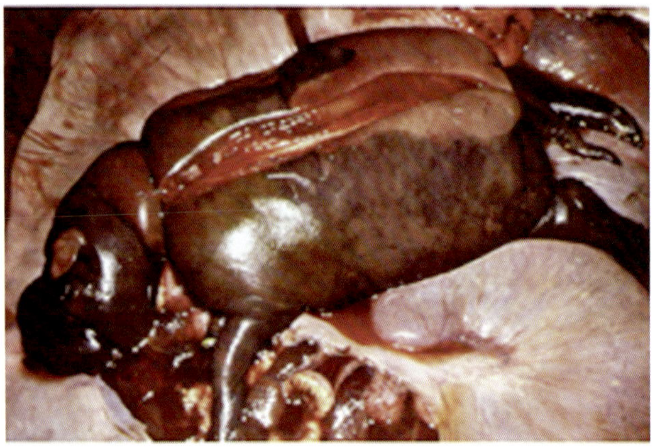
图 8-28

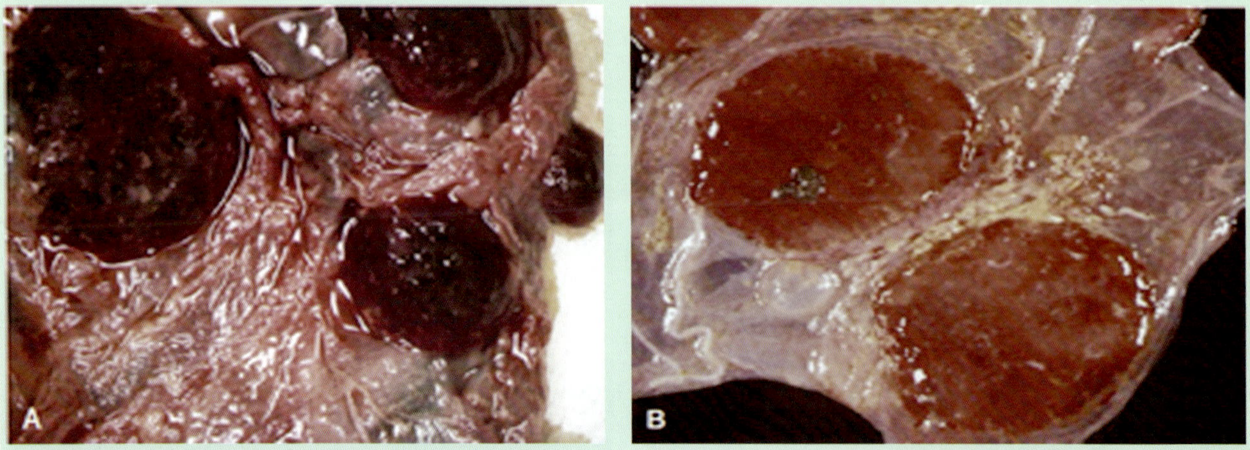

图 8-29

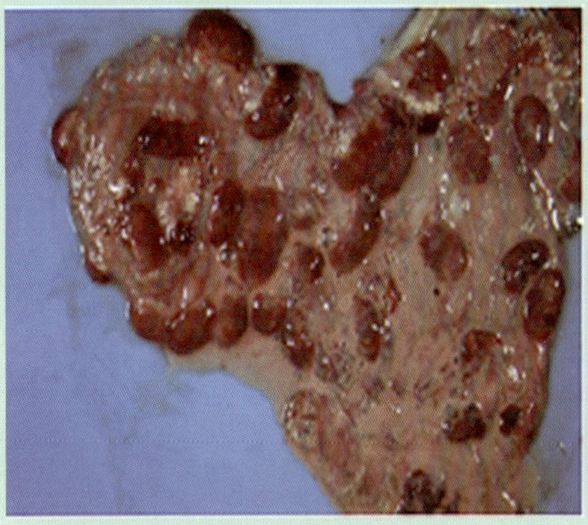

图 8-30

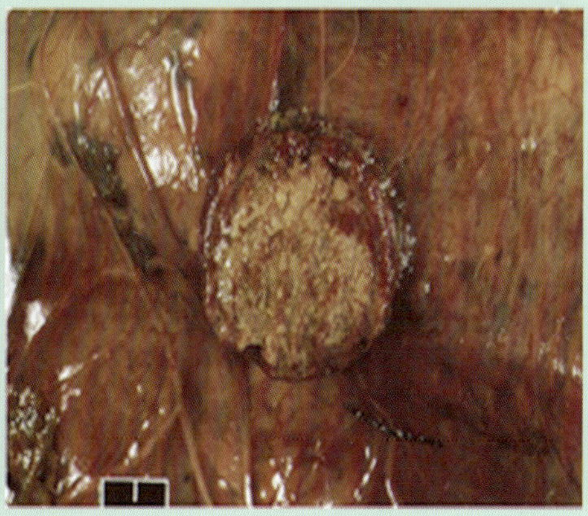

图 8-34

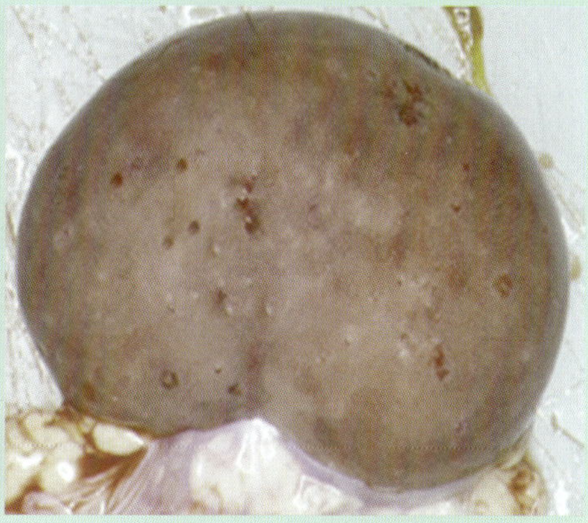

图 8-37

图 9-1

图 10-5

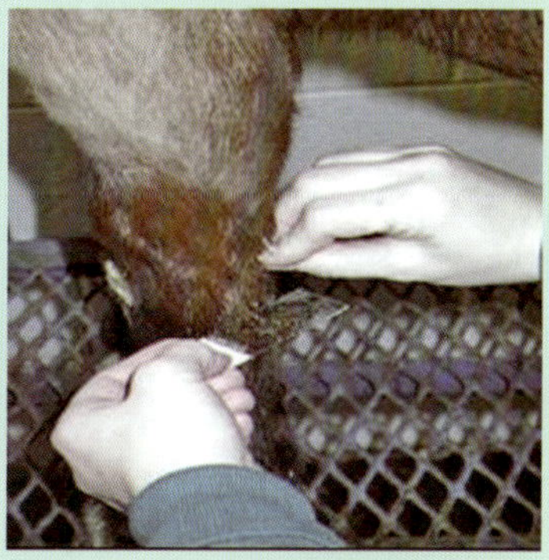

图 10-8

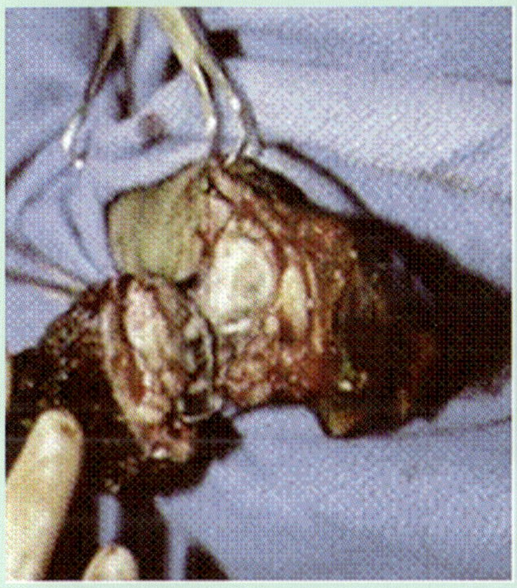

图 11-4

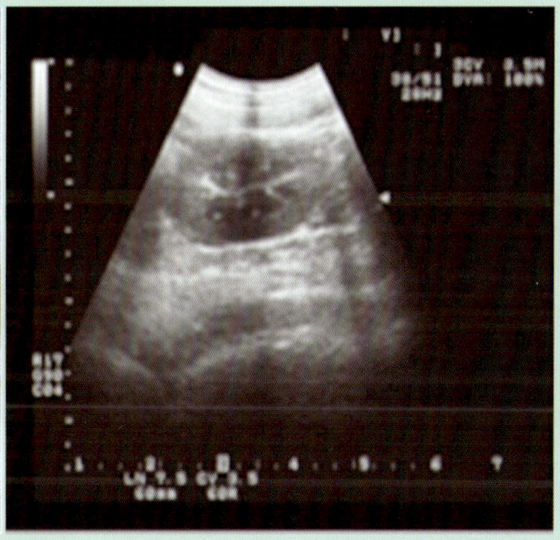

图 12-3

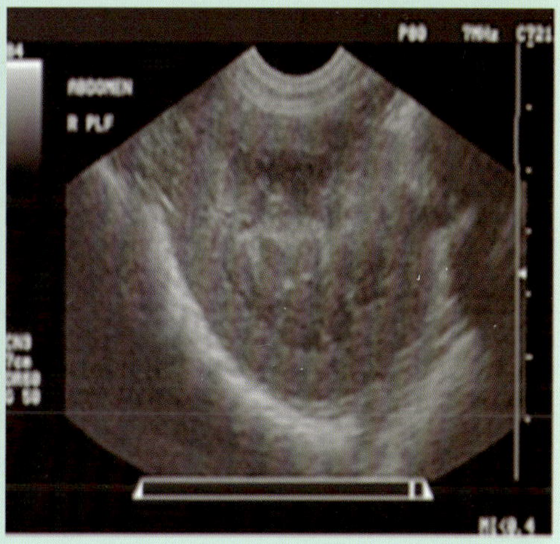

图 12-4

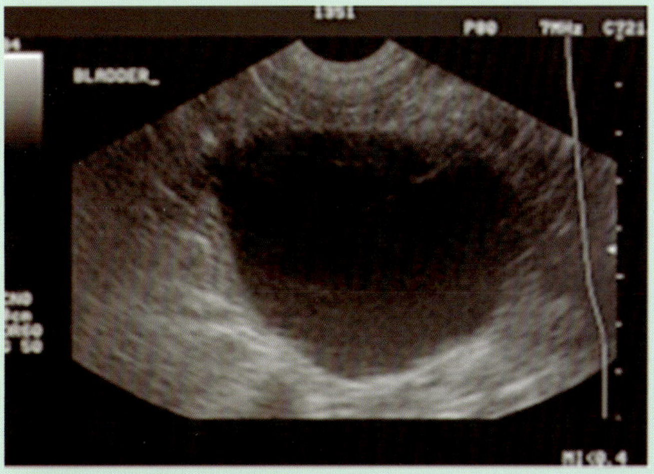

图 12-5

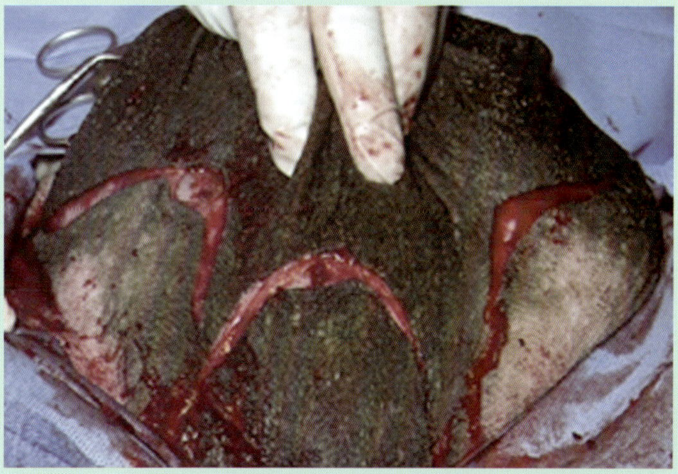

图 15-1

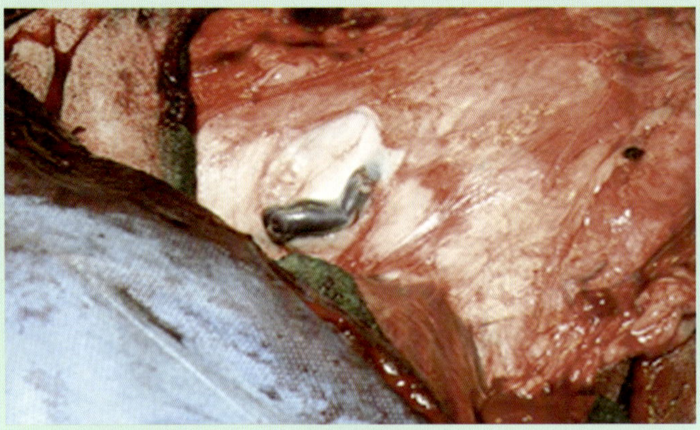

图 15-2

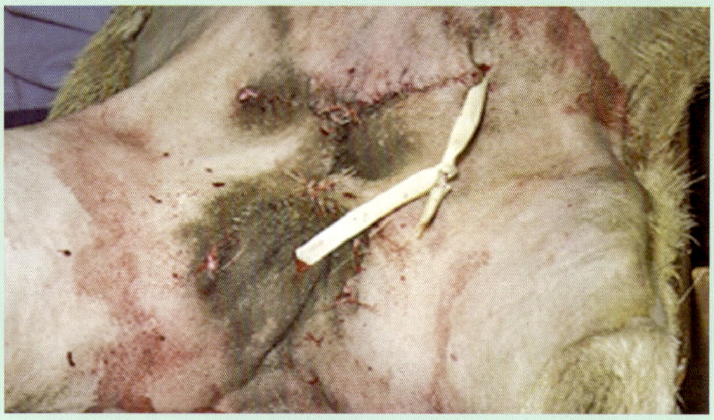

图 15-3

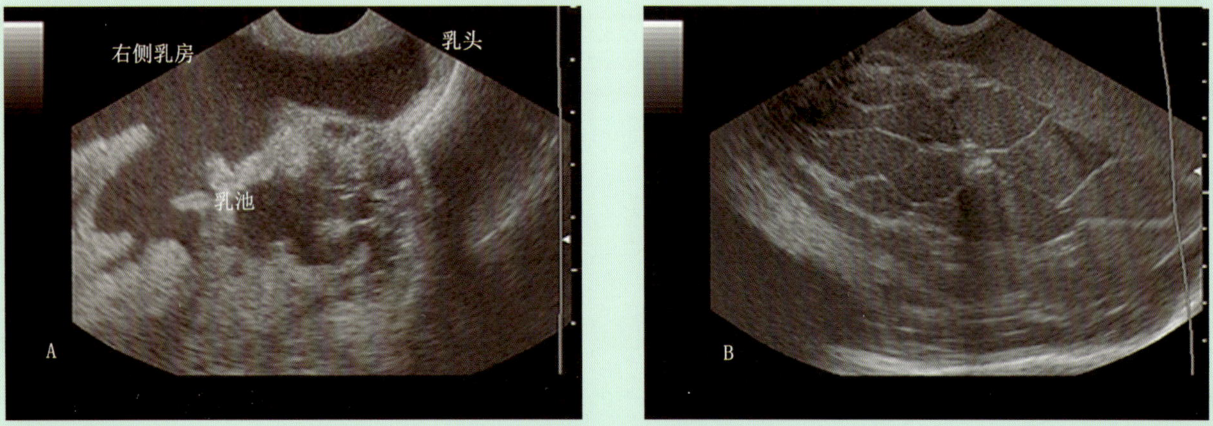

图 15-6

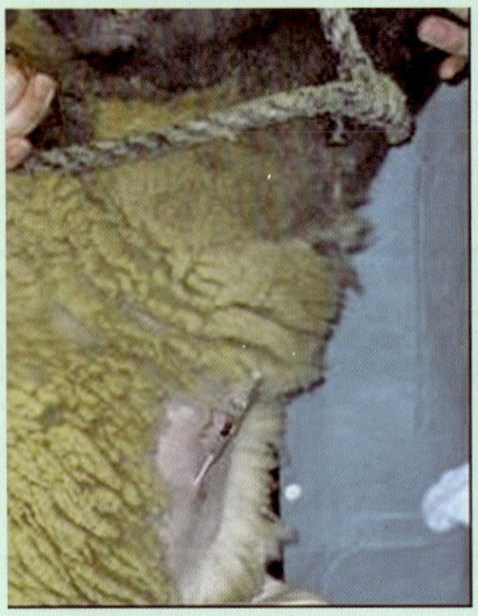

图 18-1

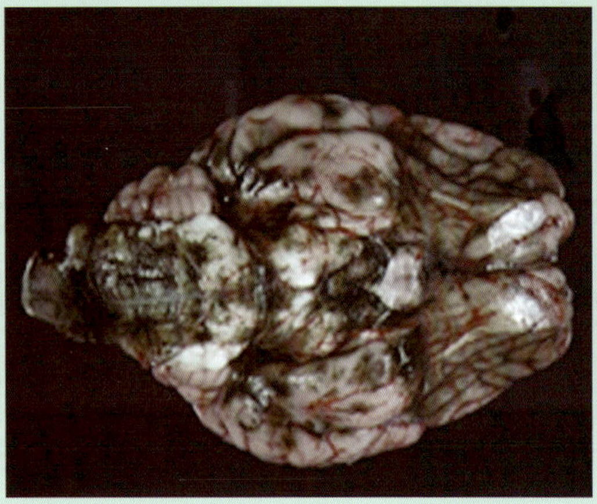

图 20-2

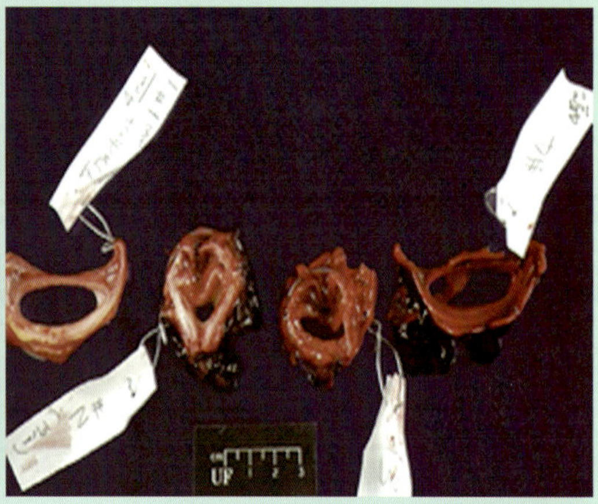

图 20-5

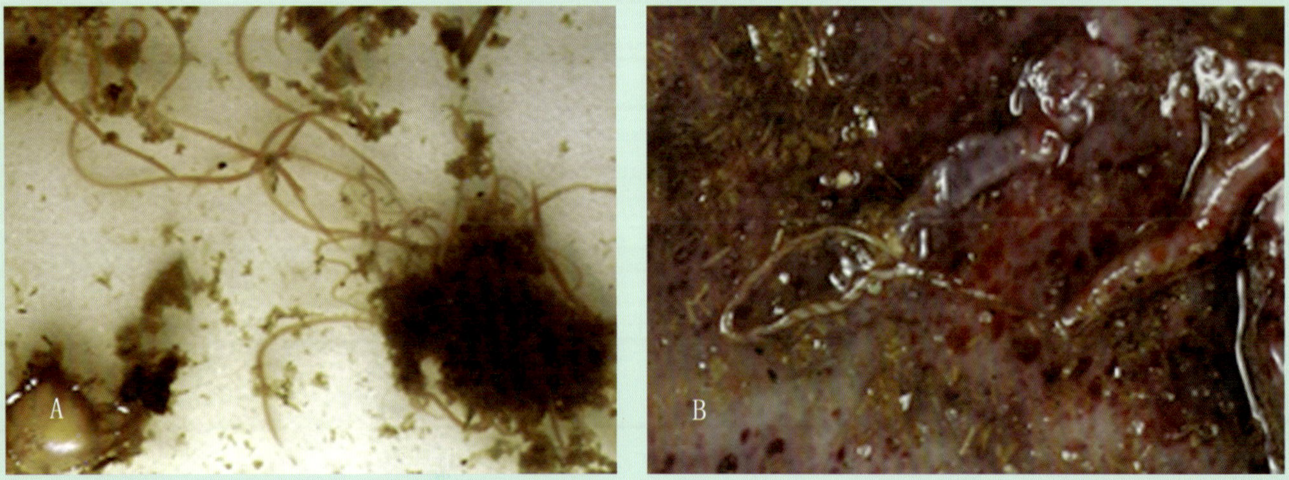

图 20-12